Christiane P. Krüger

Das Katzen-Homöopathie-Buch

Christiane P. Krüger

Das Katzen-Homöopathie-Buch

Ein Handbuch für Therapeuten
und Tierbesitzer

Narayana-Verlag

Christiane P. Krüger
Das Katzen-Homöopathie-Buch
Ein Handbuch für Therapeuten und Tierbesitzer

1. Auflage 2017
2. überarbeitete Auflage 2021
3. Auflage 2026
ISBN: 978-3-943309-43-0

Layout: Nicole Laka – www.nicole-laka.de
Coverabbildungen: Christiane P. Krüger

Herausgeber: Narayana Verlag,
Blumenplatz 2, 79400 Kandern, Tel.: +49 7626 974970-0
E-Mail: info@narayana-verlag.de, Homepage: www.narayana-verlag.de

Inhalt

SEKTION 3 641

VERZEICHNISSE 803

Vorwort

Katzen sind einzigartig!

Katzenpersönlichkeiten zeigen eine breite Vielfalt an Wesensarten – vom liebenswürdigen „Kuscheltier“, über den rabiaten Mäusefänger, die witzige Spielkatze bis zum krallenbewehrten, charmanten „Teufel“. Gerade dieses faszinierende Spektrum an Temperamenten bezaubert die Katzenliebhaber.

Umso schmerzlicher ist es, wenn die Gesundheit unserer kleinen Raubtiere mit der üblichen Medizin oft nicht befriedigend unterstützt oder wiederhergestellt werden kann.

Daher suchen zunehmend mehr Tierbesitzer Hilfe bei der Homöopathie.

Die homöopathische Medizin ist eine seit über 200 Jahren bestehende Wissenschaft, die weder einfach anzuwenden, noch im Schnellkurs zu erlernen ist. Ihr Studium erfordert jahrelanges Bemühen; und schließlich stellt uns jeder Patient vor neue, individuelle Fragen: Der Homöopath hat niemals ausgelernt!

Dieses Fachbuch wendet sich an interessierte Tierbesitzer und an Studenten der Homöopathie, aber auch der versierte Praktiker wird viele neue Anregungen für die Therapie schwieriger Pathologien finden.

Die kurz gefasste Einführung in das Wesen der Homöopathie und ihre Anwendung bildet die Voraussetzung für den sinnvollen Einsatz dieses Buches.

Die angegebenen Indikationen entsprechen dem Wissensstand einer 40-jährigen Erfahrung. Sie sind dennoch nicht als endgültig anzusehen, sondern müssen fortlaufend durch weitere Erkenntnisse ergänzt und erweitert werden.

Zwischen den Zeilen der trockenen fachlichen Informationen schimmern manchmal die amüsanten und liebenswerten Züge der Katze hervor.

Das „Katzen-Homöopathie-Buch“ gibt keine fixen Rezeptanweisungen, sondern es will zum eigenen Arbeiten und Erkennen von therapeutischen Möglichkeiten anleiten. Der Leser wird so zum Studenten und kann sich hier grundlegende Kenntnisse der homöopathischen Medizin erarbeiten.

Die Angaben in diesem Buch können jedoch dem angehenden professionellen Homöopathen nicht in vollem Maße das spezielle Studium der homöopathischen Theorie, der Arzneimittelehre und den Gebrauch des Repertoriums etc. ersetzen. Für eine eigene therapeutische Praxis muss zusätzliches Wissen erworben werden.

Vorausgesetzt ist immer der gewissenhafte und wohl überlegte Einsatz der homöopathischen Medizin.

Zum Entstehen dieses Buches gilt mein Dank in erster Linie den Patienten und den daraus erworbenen homöopathischen Erfahrungen. Erst daraus lassen sich Erkenntnisse sammeln für eine passende Arzneimittelwahl.

Mein Dank geht ganz besonders an meine Tochter Ina für Inspirationen, Korrekturen und Zeichnungen, sowie an meinen Sohn für die technische Unterstützung. Weiterhin danke ich der Tierärztin Dr. Brigitta Monhart und dem homöopathischen Tierarzt Ulrich Stach für medizinische Beratungen.

Und nicht zuletzt danke ich dem Narayana Verlag für seine Geduld und insbesondere Frau Cynthia Ewert und Frau Katja Kappeler für die freundliche Kooperation und Begleitung.

Möge das „Katzen-Homöopathie-Buch“ allen Katzen- und Tierliebhabern sowie ihren Therapeuten Impulse vermitteln, dass es in vielen Fällen – auch bei scheinbar aussichtslosen Krankheiten – doch noch eine Lösung geben kann!

Viele der angesprochenen Themen lassen sich auch auf den Hund und andere Lebewesen anwenden.

Christiane P. Krüger, August 2016

Huldigung an DIE KATZE
– in all ihren Facetten (cum grano salis)

Dieses Buch sei ihrem Wohlergehen in guten
und der Heilung in weniger guten Lebensphasen gewidmet -
für

die erhabene Majestät
das schüchterne Häschen
das attraktive Biest
das anschmiegsame Kuschelkätzchen
die obszöne Sängerin
die aufdringliche Schmusekatze
das scheue Mimöschen
das durchsichtige Engelchen
die zierliche Primaballerina
die geliebte Mia
die bequeme Sofa-Kissen-Katze
die freche Neugierige
das einfache Dorfkind
die unnahbare Prinzessin
die eigensinnige Charakterkatze
das eitle Mädchen
das naive Stubenkätzchen
die unerziehbare Straßenkatze
die wilde Hexe mit den Leuchtaugen
die angstvoll-aggressive Neurotische
die arrogante Schönheit
die psychotisch Sensible
die eifersüchtige Zicke
der possessive Alleinherrscher
die liebevolle Supermutter
die widersprüchliche Kratzbürste
den listigen Dieb
die autarke Einzelgängerin
die Gepflegte mit dem Waschzwang
die erotisch-affektierte Nutte
die mitfühlende Helferin
die elastische Athletin
das herzige Spielkätzchen
den pfiffigen Frechdachs
die unbelehrbare Panikerin
den durchtriebenen Schmuseteufel
den robusten Rocky
den mächtigen Zorro
den rabiaten Kämpfer
den pedantischen Dickkopf
den schnurrenden Schmeichler
den braven Peter
den Lautlosen mit den Samtpfoten
den gerissenen Tunichtgut
den emotionalen Liebhaber
den erhabenen Pascha
den gerissenen Schlauberger
den opportunistischen Lebenskünstler
den unverschämten Eindringling
den unwiderstehlichen Gigolo
den skrupellosen Vogelmörder
den destruktiven Teufel
den unsteten Herumtreiber
und alle anderen exklusiven Persönlichkeiten,
wie sie sonst noch heißen mögen,

...immer ehrlich engagiert in ihren verschiedenen Rollen, denen wir alle zu Diensten sein dürfen.

»DIE KATZE« gilt für alle Geschlechter!

Sektion 1

KAPITEL 1

EINFÜHRUNG

Allgemeine Einleitung

Die Homöopathie erfordert ein gründliches Umdenken hinsichtlich Verständnis von Gesundheit und Krankheit:

Nicht das Beseitigen von definierten Krankheiten, Symptomen, Erregern oder das Korrigieren von Laborbefunden steht im Vordergrund, sondern der gesamte Organismus soll in seiner Eigenregulation derart gestärkt werden, dass er Krankheiten aus eigener Kraft überwinden kann.

Daher gibt es kein spezifisches Homöopathikum »gegen« Durchfall oder Katzenschnupfen, es muss vielmehr ein spezielles Mittel für den jeweiligen Patienten mit seinen individuellen Beschwerden verordnet werden.

Das therapeutische Angebot der Homöopathie ist ungleich viel umfangreicher als das der akademischen Medizin: Hier stehen weit mehr als 1000 geprüfte Arzneimittel zur Verfügung, die jedoch nur mit genauer Sachkenntnis erfolgreich eingesetzt werden können.

Daher ist auch die Ausbildung zum Homöopathen wesentlich umfangreicher als die des Hochschul-Mediziners: Neben der klinischen Medizin muss er die genauen Einzelheiten von zahlreichen verschiedenen Homöopathika und deren Anwendung genau kennen.

Die therapeutischen Möglichkeiten durch die Homöopathie sind bis heute noch kaum erkannt, geschweige ausgeschöpft; es gibt gerade für die Tierhomöopathie noch unendlich viel zu erforschen.

Die homöopathische Medizin wird noch heute häufig verunglimpft, belächelt und nicht ernst genommen. Die Ursache dafür wurzelt in mangelndem Verständnis: Die akademische Medizin denkt überwiegend pauschal in Paradigmen des materialistischen, kartesianischen Denksystems: Wenn die Bakterien beseitigt sind oder wenn die Laborbefunde stimmen, sei der Patient gesund. Dass dieses Postulat keineswegs immer stimmt, haben viele Menschen am eigenen Leib oder bei ihren Tieren bereits erlebt.

Mit der Homöopathie werden die selbstgesteuerten, vernetzten und rückgekoppelten Lebensvorgänge reorganisiert; damit dient sie als eine Regulationstherapie der Erhaltung oder Wiederherstellung des Lebens.

Den Krankheitserregern wird durch das aktivierte Immunsystem ihre Tätigkeit und Auswirkung entzogen, die Hormondrüsen werden zur normalen Funktion stimuliert und das erkrankte Gewebe regeneriert.

Die Homöopathie zielt damit nicht primär auf mechanische Reparaturen, sondern stellt die übergeordnete energetische Steuerung wieder her. Durch die optimierte Selbstregulation werden z. B. Infektionen oder organische Funktionsstörungen überwunden.

Auch die Heilung nach chirurgischen Maßnahmen kann durch passende Homöopathika wesentlich unterstützt werden.

Die Grenzen der Homöopathie bestehen im Reaktionsmangel des schwerstkranken Organismus, wenn eine Selbstregulation eingeschränkt oder nicht mehr möglich ist:

Bei erschöpfter Lebenskraft in hohem Alter, bei irreparablen Schäden organischer Art oder im bereits fortgeschrittenen Krankheitsgeschehen ist keine Wiederherstellung der Gesundheit möglich.

Hier kann die Homöopathie bestenfalls noch lindernd eingreifen.

Mitunter ist es schwierig, das optimal passende Homöopathikum zu finden. Wenn im lebensbedrohlichen Zustand kein Simile identifiziert werden kann, muss zunächst schulmedizinisch behandelt werden; erst anschließend können weitere homöopathische Überlegungen zum Herausfinden des geeigneten Mittels getroffen werden, das die Regeneration des Patienten ermöglicht.

Aufbau des Buches

Kapitel 1 – Einführung

In diesem **Kapitel** geht es um Angaben zum Inhalt und Gebrauch des Buches, um Daten und Bedürfnisse der Katze.

Kapitel 2 – Homöopathische Grundlagen

Die Basis jeder homöopathischen Behandlung ist durch ihre theoretischen Grundlagen gegeben.

> Ohne Kenntnis dieser Grundlagen fehlt das Verständnis für eine sinnvolle Anwendung der homöopathischen Medizin!

Die erfolgreiche homöopathische Therapie setzt nicht nur die genauen Kenntnisse der Medizin und der homöopathischen Arzneien voraus, sondern auch die Kenntnis des therapeutischen Vorgehens!

In mangelnden Grundkenntnissen wurzeln die Ursachen für falsche Verordnungen, die dem Patienten möglicherweise mehr schaden als nutzen.

Das Studium der kurz gefassten Einführung in das Wesen der Homöopathie und Anwendung ihrer Arzneien bildet die Voraussetzung für den sinnvollen Einsatz dieses Buches.

Der fundiert ausgebildete Homöopath muss jedoch über weitaus differenziertere Kenntnisse verfügen, als sie im Rahmen dieses Buches erklärt werden können (Literatur 6, 20, 22, 23, 24, 31, 50, 58 u. a.).

Dieses Kapitel kann und will also keineswegs das gesamte eigene Grundlagen-Studium der homöopathischen Medizin ersetzen!

Sektion 2 – Die homöopathische Behandlung von Katzen

Das **Kapitel** umfasst die Darstellungen der wichtigsten Erkrankungen der Katze mit den häufigsten infrage kommenden homöopathischen Arzneien.

Für die Anwendung dieser Arzneien sind entsprechende Indikationen, Modalitäten und Vorschläge für Dosierung und Potenzen angegeben. Letztere sind keineswegs bindend, sondern als ungefähre Richtlinien anzusehen; Abweichungen sind nach Art der individuellen Reaktion des Patienten immer möglich und in jedem Fall besonders zu bedenken.

Speziell die großen Kapitel (z. B. Verletzungen, Verdauungsapparat) sind folgendermaßen gegliedert:

- Kurze allgemein verständliche Erklärungen der jeweiligen Erkrankungen
- Fragestellungen zur Fallaufnahme (Anamnese)
- Übersicht und Kurz-Repertorium zu den wichtigsten infrage kommenden Arzneien
- Beschreibung der einzelnen Arzneien

Sektion 3: Arzneimittellehre für die Katze

Diese **Sektion** enthält die Beschreibung der wichtigsten homöopathischen Arzneien in Form einer kurz gefassten Arzneimittellehre, speziell ausgerichtet auf die Katze.

Es ist nicht möglich, alle erwähnten Homöopathika erschöpfend darzustellen; darum sei hier auf die homöopathischen Arzneimittellehren der Human-Homöopathie verwiesen sowie auf die der Veterinär-Homöopathie.

Für präzise Arzneimittelwahl benötigt jeder Homöopath ein Repertorium.

Sektion 4: Verzeichnisse

Dieser **Abschnitt** liefert Verzeichnisse mit Seitenangaben zu bestimmten Themenbereichen:

Ein ausführliches Glossar mit Erklärungen von medizinischen und homöopathischen Fachbegriffen, ferner zwei Sachverzeichnisse, ein Arzneimittelverzeichnis, ein Abbildungsverzeichnis sowie Literaturangaben

Kurze Anleitung zum homöopathischen Vorgehen

Die folgenden Empfehlungen richten sich speziell an Tierbesitzer und angehende Homöopathen, die noch über wenig eigene Erfahrung verfügen:

STUDIUM DER GRUNDLAGEN

Studieren Sie bitte das *Kapitel 1, Einführung, Abschnitt Die Katze – Wesen – physiologische Daten, Seite 7*, und anschließend das *Kapitel 2, Homöopathische Grundlagen, Seite 20*, damit Sie sich mit dem Denken der Homöopathie vertraut machen.

Vielleicht haben Sie bereits mit homöopathischen Arzneien behandelt.

Dennoch ist es für die erfolgreiche Therapie unbedingt notwendig, sich genauestens mit den Regeln und Gesetzmäßigkeiten der Homöopathie vertraut zu machen.

Falsch eingesetzte und zu häufig gegebene homöopathische Arzneien können den Patienten kränker werden lassen als zuvor (siehe *Kapitel 2, Abschnitt Falsche Anwendung der Homöopathie, Seite 70*).

Jede Medizin hat ihre Vorschriften und Regeln hinsichtlich Anwendung und Dosierung von Arzneien.

Ohne Kenntnis der homöopathischen Grundlagen sind Sie in der Therapie des Patienten verloren.

Die homöopathische Medizin behandelt den individuellen Patienten, das individuelle Kranksein, mit einer individuell gewählten und individuell dosierten Arznei; sie behandelt nicht eine Krankheit nach pauschaler Bezeichnung mit einem pauschal dafür gewählten Präparat – dessen Indikation vielleicht auf dem Beipackzettel, auf einer Indikationsliste des Herstellers oder in manch einer Tierzeitschrift angegeben ist.

FALLAUFNAHME

Nachdem Sie diese Einführung im *Kapitel 2, Homöopathische Grundlagen, Seite 20*, studiert haben, schreiben Sie gemäß den angegebenen Fragen zur Anamnese (Fallaufnahme) Ihre Beobachtungen nieder und sortieren sie anschließend nach Themen, Schwerpunkten und besonders auffallenden Merkmalen.

Vielleicht gehen Sie anschließend direkt zu Ihrem Patienten und untersuchen oder beobachten gezielt gewisse Besonderheiten gemäß den Angaben des betreffenden Kapitels zur Anamnese bzw. der Arzneimittellehre. Dabei beachten Sie besonders das, was Ihnen jetzt ungewöhnlich oder »komisch« erscheint oder was Ihre Katze von einer anderen unterscheidet.

Vergegenwärtigen Sie sich auch – gemäß Anleitung – zusätzlich den Charakter und das Verhalten Ihrer Katze. Schreiben Sie diese Beobachtungen nieder!

Das Aufschreiben ist deshalb wichtig, weil der niedergeschriebene Text Ihnen die Problematik wesentlich gründlicher vor Augen führt, als wenn Sie sich diese nur »denken« und anschließend »nicht vergessen wollen«.

Wenn das geschehen ist, ziehen Sie im schwierigen Fall eine zweite Person zu und gehen Sie mit dieser nochmals Ihre Beobachtungen durch. Ihre Wahrnehmungen werden sich vertiefen und präzisieren, andere verlieren möglicherweise an Bedeutung.

HERAUSFINDEN DES SIMILE

Jetzt erst machen Sie sich auf die Suche nach einer passenden Arznei!

Wenn eine brisante oder lebensgefährliche Situation vorliegt, ist es sehr nützlich, wenn Sie bereits vor der Therapie über die Homöopathie und ihre Vorgehensweise informiert sind.

Es ist schwierig, im Akutfall den »eigenen Angehörigen« – das eigene Haustier – selbst homöopathisch zu behandeln.

Darum arbeiten Sie am besten mit einer ruhigen, besonnenen Person zusammen, die ihre kranke Katze in diesem Fall nicht unbedingt kennen muss, jedoch ein wenig »Katzenverstand« mitbringen sollte.

RICHTLINIEN FÜR DIE THERAPIE

Das erste Gebot lautet:
Nerven behalten, Abstand gewinnen, das eigene Tier wie ein fremdes ansehen, sonst sieht man »den Wald vor Bäumen« nicht mehr!

Was ist im Akutfall jetzt aktuell? Was muss als erstes besser werden?

Bitte betrachten Sie dies aus der Sicht der Katze, nicht aus der Sicht der Ansprüche des Besitzers oder seiner Kinder! Die kranke Katze möchte Ruhe haben und nicht z. B. von anderen Haustieren, von Kindern oder überbesorgten Besitzern belästigt werden!

Das zweite Gebot:
Beobachtungen aufschreiben, diese dann genau und kritisch überdenken, am besten gemeinsam mit einer zusätzlichen Person!

Dann erst überlegen Sie das passende Arzneimittel und geben es dem Patienten.

Bitte notieren Sie sich die gegebene Arznei, deren Potenz, Dosierung sowie Datum und evtl. Uhrzeit!

Das dritte Gebot:
Der weitere Verlauf muss genau beobachtet werden.

Im Akutfall registrieren Sie – je nach Situation – stündlich oder alle 6 bis 12 Stunden, ob und was sich verändert hat.

Die Reaktion des Patienten ist ausschlaggebend für die weitere Dosierung der Arznei.

Wenn sich im Akutfall gar keine Besserung zeigt, wurde wahrscheinlich ein nicht passendes Homöopathikum gegeben. Dann schreitet die ursprüngliche Krankheit weiter fort und gibt dann umso deutlichere Anhaltspunkte für die Wahl eines besser passenden Arzneimittels.

Im chronischen Fall sollte der Verlauf der Heilung ebenfalls in gewissen Abständen – ebenfalls am besten schriftlich – verfolgt werden. Dazu führen Sie am besten eine Kartei und schreiben auf, wann, aufgrund welcher Symptome welches homöopathische Arzneimittel in welcher Dosierung gegeben wurde und wie der Patient reagiert hat.

Ein größerer Katzenbestand bzw. eine homöopathische Praxis setzt das Führen eines genauen Dossiers von jedem einzelnen Tier voraus.

Falls sich dieselbe Erkrankung irgendwann wiederholen sollte, dann lässt sich nachvollziehen, welches Mittel bei welchem Tier bzw. bei welcher individuellen Erkrankung wirksam gewesen ist.

Zusätzlich wächst durch rekapitulierte Erfahrungen Ihr Vertrauen und Fachkenntnis in der Homöopathie.

Und wenn Sie einen homöopathischen Spezialisten hinzuziehen, wird Ihre Aufzeichnung seine Arbeit ungemein erleichtern.

Das erste Verbot:
Lassen Sie sich nicht von ängstlichen Mitmenschen beeinflussen und in Panik versetzen. Im Zweifelsfall sollten Sie natürlich den Tierarzt hinzuziehen; dennoch können Sie im kritischen Fall bis dahin bereits homöopathische Erste Hilfe einleiten.

Berücksichtigen Sie, dass Sie eine Pharmakotherapie, die Ihnen widerstrebt, ablehnen dürfen, sofern sie nicht zur Erhaltung des Lebens unbedingt notwendig ist.

Das zweite Verbot:
Geben Sie niemals in panischer Angst Hals über Kopf die nächstbeste homöopathische Arznei – und dann noch eine, weil Sie vielleicht meinen, »viel hilft viel«: Der Organismus kann nicht auf mehrere Reize gleichzeitig adäquat reagieren und Sie können dann weder seine Reaktion einschätzen, noch einen beginnenden Heilungsvorgang beurteilen. Die Symptome verschwimmen und eine wirksame homöopathische Therapie ist nicht mehr möglich.

Solche aus homöopathischer Sicht »verdorbenen Fälle« sind entweder gar nicht oder erst nach mehreren Wochen des Abwartens homöopathisch zu therapieren.

In solchen Fällen muss zunächst schulmedizinisch behandelt werden.
Eine sichere Arzneimittelwahl ist ebenfalls nicht möglich, wenn der Patient unter dem Einfluss starker »Schmerzmittel« bzw. »Entzündungshemmer« (NSAID, siehe *Glossar*) steht, weil diese die wahlanzeigenden Symptome verschleiern.

Die passende homöopathische Arznei wirkt besser als jedes »Schmerzmittel« und erzeugt keine zusätzlichen »unerwünschten Nebenwirkungen«.

Die Katze – Wesen – physiologische Daten

WESEN UND KONSTITUTION DER KATZE

Vor ca. 5000 Jahren begann die Wildkatze zum Freund des Menschen zu werden.

Im Gegensatz zum Gefährten »Hund« hat sie sich eine gewisse Eigenständigkeit erhalten: Sie kann durchaus ohne den Menschen in der freien Natur leben und sich ausschließlich von Feldmäusen oder Vögeln ernähren.

Die »zugelaufene« Katze sucht sich »ihren Menschen« selbst aus, nachdem sie sich (möglicherweise) ihren bis dahin unliebsamen Bezugspersonen entzogen hat.

Die reine Wohnungskatze ist jedoch »ihrem Menschen« und seinen Einflüssen meist zeitlebens »ausgeliefert«.

»Rassekatzen« verfügen häufig nicht mehr in vollem Masse über die ursprünglichen Katzen-Eigenschaften; sie sind auf das Leben mit Menschen angewiesen und damit im wahrsten Sinn zur »Hauskatze« geworden.

Verhalten und physiologische Daten sollten jedem homöopathischen Katzen-Therapeuten geläufig sein. Abweichende Besonderheiten zu beobachten und zu registrieren, bilden die wichtigsten Bestandteile der homöopathischen Anamnese.

Die Raubtiermerkmale der Katze sind unverkennbar: Das Raubtiergebiss, die spitzen Krallen, die rasante Reaktionsfähigkeit und die enorme Sprungkraft sind auf Beutefang ausgerichtet, sogar das scheinbar harmlose Spiel mit dem sprichwörtlichen Wollknäuel deutet Aggressivität an.

Eine Entsprechung zu dieser Aggressivität kann man in den »primär aggressiven« und destruktiven Erkrankungen vieler Katzen vermuten, die sich in Erkrankungen der »aggressiven Abwehr« des Immunsystems äußern können. Viele Erkrankungen der heutigen Katze verlaufen »primär aggressiv« und destruktiv.

PHYSIOLOGISCHE DATEN DER KATZE

Die **Körpertemperatur** der Katze sollte unter 39 °C liegen, oberhalb davon beginnt das Fieber.

Die **Blutmenge** der Katze beläuft sich auf ca. einen halben Liter **Blut**; das ist wichtig zu wissen im Fall einer starken Blutung.

Die **Herzfrequenz** beträgt ca. 120 bis 130 Schläge, die **Atemfrequenz** liegt bei 20 bis 30 Atemzügen pro Minute, im Tiefschlaf liegt die Atemfrequenz niedriger.

Das **Haarkleid** sollte geschmeidig, glatt und glänzend sein. Verfilzungen sind bei kurzhaarigen Katzen ein Zeichen mangelnder Gesundheit.

Die gesunde Katze pflegt sich täglich regelmäßig zu putzen, teilweise verbunden mit dem »zwanghaften« Bemühen, den eigenen Duft zu verbreiten und um quasi jedes einzelne Härchen zu sortieren.

Das **Körpergewicht** richtet sich nach der Größe der Katze (2,5 bis 8 Kg). Sie sollte jedoch nur so viel »Speck auf den Rippen« tragen, dass man problemlos beim Streicheln die Rippen tasten kann. Viele Hauskatzen leiden heute unter Adipositas (Fettsucht) – meist eine Folge von Bewegungsmangel oder / und übermäßiger Futteraufnahme.

Das »Depotfett« befindet sich – besonders ausgeprägt im Winter – als weiche, hängende Masse am Bauch.

Lebenserwartung der Katze: Gemäß Fachliteratur gilt die Katze zwischen 12 und 15 Jahren bereits als »alt«, viele Katzen werden jedoch wesentlich älter! Meine älteste Katzenpatientin starb im Alter von 26 Jahren eines natürlichen Todes (siehe *Kapitel 21, Anna – 25-jährige Katze mit erstickender Atmung, Seite 622*).

Katzen werden also im Durchschnitt etwas älter als die meisten Hunde.

Jeder Tierbesitzer – Katzenbesitzer – sollte sich beim Anschaffen eines solchen Hausgenossen bewusst sein, dass er für die nächsten eineinhalb Jahrzehnte die Verantwortung für dieses Tier zu tragen hat.

Bewegungspparat: Die Katze ist ein **Zehengänger**, im Vergleich zum Menschen läuft sie – wie der Hund – auf den unteren drei Finger- bzw. Zehengliedern. Die Krallen sind im Normalfall durch die Zugwirkung der Strecksehne eingezogen und nicht sichtbar. Bei alten und kranken Katzen beobachtet man in diesem Bereich eine Schwäche, indem zumeist die Krallen der Hinterzehen nicht mehr ganz eingezogen werden – ein möglicherweise wichtiges homöopathisches Symptom.

Die Gliedmaßen der Katze zeichnen sich durch eine starke Winkelung aus. Das verleiht der Katze einerseits

1

Nicht umsonst spielt die Katze im Bereich des Aberglaubens eine bedeutende Rolle.

2

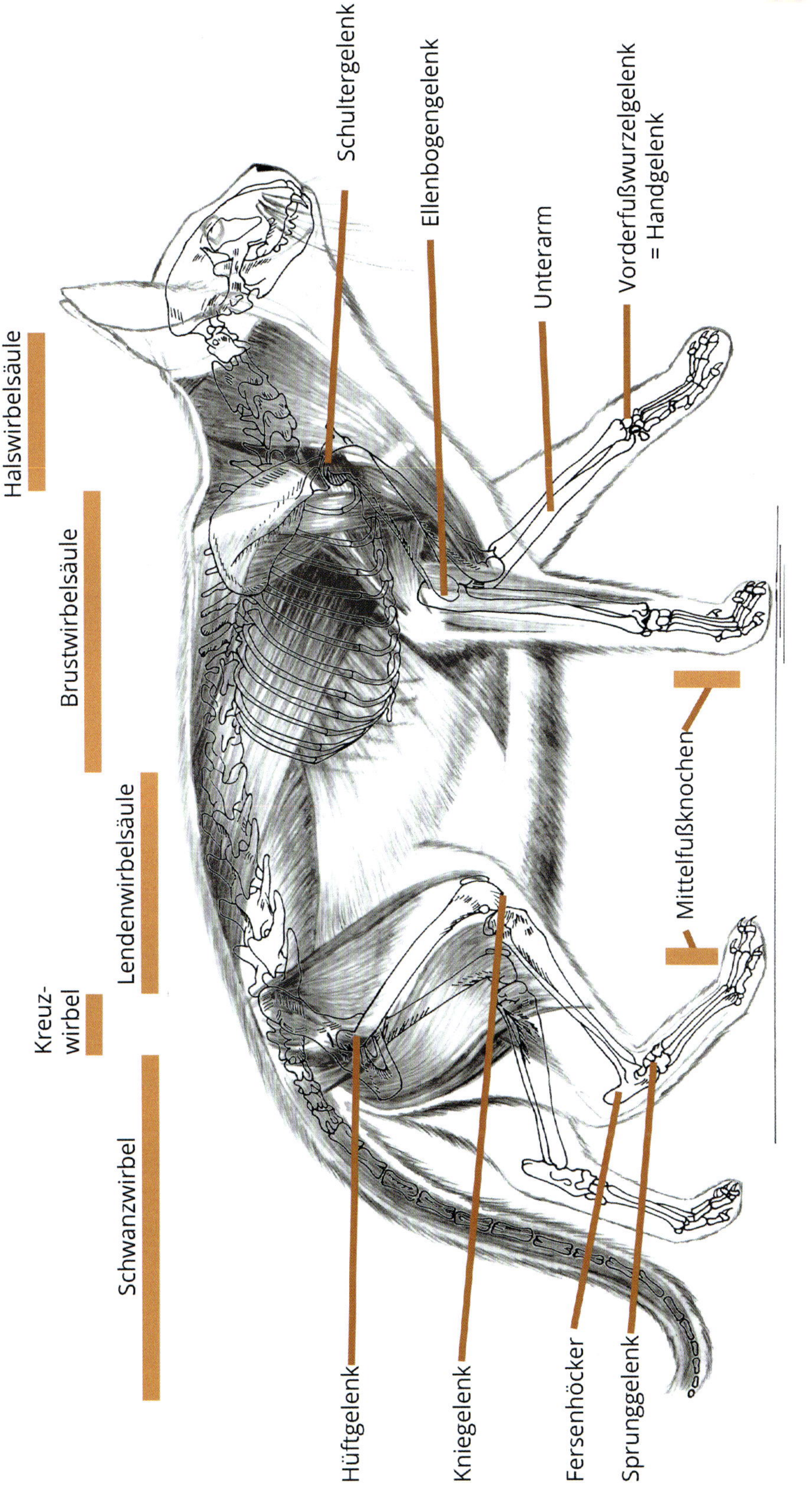

Halswirbelsäule
Brustwirbelsäule
Lendenwirbelsäule
Kreuz-
wirbel
Schwanzwirbel
Schultergelenk
Ellenbogengelenk
Unterarm
Vorderfußwurzelgelenk
= Handgelenk
Mittelfußknochen
Hüftgelenk
Kniegelenk
Fersenhöcker
Sprunggelenk

3

Diese Katze hat all ihre »Antennen« »ausgefahren« und beobachtet neugierig ihre Umgebung. In diesem Fall eine Phosphorus-Katze, aber auch andere Katzen können diesen Ausdruck zeigen.

4

5

Gespannter Ausdruck einer wilden, freilebenden Katze, hier in hektischer Eile und augenblicklich fluchtbereit.
Die eng stehenden Ohren zeigen Stress und Erregung des Tieres an.
Ich hatte für das halb verhungerte Tier gerade etwas Fisch zur Hand, was sie gierig verschlang. Während des Schluckens warf sie angstvolle Blicke in die Umgebung.
Kaum war der Teller leer, verschwand sie in hektischen Sprüngen.
Am nächsten Tag – um die gleiche Zeit – war sie wieder da und verlangte jetzt schreiend nach Futter. Ich musste erst den Teller mit Fisch parat machen. Währenddessen warf sie sich immer wieder gegen meine Beine, um sich daran zu reiben. Aber bereits vor der Berührung mit meiner Hand schlug sie augenblicklich aggressiv und knurrend mit den Krallen (Angst-Aggression).
Wahrscheinlich eine Arsenicum-Katze:

- *Verlangen nach Gesellschaft, aber Abneigung dagegen*
- *Panische Angst, dass etwas passiert*
- *Angst verletzt zu werden (?)*

Unten dagegen zwei neugierig angespannte junge Kätzchen auf dem Untersuchungstisch.

die bekannte enorme Sprunkraft, begünstigt aber andererseits das Entstehen von Gelenkerkrankungen.

Geschlechtsreife: Der Kater kann schon ab einem Alter von 6 Monaten geschlechtsreif werden, die weibliche Katze erlebt meist im Alter von ca. 9 Monaten ihre erste Rolligkeit. Edelkatzen sind i.d.R. später geschlechtsreif.

Die **Tragzeit** der Katze beträgt ca. 61 bis 64 Tage. Sie wirft im Normalfall 3 bis 6 Welpen, anfangs noch kaum zur Fortbewegung fähige, zahnlose und blinde »Nesthocker«.

Die jungen Kätzchen sollten wegen prägender Sozialisierung durch Mutter und Geschwister erst ab der 12. Lebenswoche an ihre zukünftigen Besitzer abgegeben werden.

Eine frühere Abgabe bildet häufig die Voraussetzung für späteres unerwünschtes Verhalten.

Kastration: Kater sollten – wenn nicht zur Zucht vorgesehen – ab der Geschlechtsreife kastriert werden.

Weibliche Katzen sollten frühestens ca. 2 Wochen nach der ersten Rolligkeit kastriert werden.

Eine Kastration während der Rolligkeit bringt wegen erhöhter Blutungsneigung sowohl dem Chirurgen als auch der Katze unnötigen Stress.

Die Entwicklung der Geschlechtshormone leistet – auch bei der Katze – einen wichtigen Beitrag zum »Erwachsenwerden«.

SINNESSYSTEM DER KATZE

Das Jagd- und Raubtier »Katze« verfügt über ein äußerst sensibles Sinnessystem, dessen Wahrnehmungsvermögen das des Menschen in vieler Hinsicht bei Weitem übertrifft (Literatur: 37, 63):

Das Auge mit dem Sehvermögen ist der schärfste Sinn der Katze. Am besten sieht sie bei Tageslicht und in der Dämmerung.

Die Augen fungieren als eine Art hochsensibler »Bewegungsmelder«: Jede ungewöhnliche Bewegung eines Grashalms könnte ein verborgenes Beutetier signalisieren.

An der Netzhaut befindet sich – wie beim Hund – das Tapetum lucidum, das frontal einfallendes Licht hellgelb reflektiert. Im Dunkeln kann dieser Anblick durchaus gespenstisch wirken, wenn scheinbar aus dem Nichts plötzlich zwei hell leuchtende Augen auftauchen. Dieses Phänomen hat sicherlich zu dem mystischen bzw. abergläubischen Aspekt beigetragen, der bereits im Mittelalter der Katze zugeordnet wurde und als »Katzensabbat« viele Katzen das Leben gekostet hat.

Die Nickhaut, das dritte Augenlid, fungiert als eine Art »Scheibenwischer« für das Auge. Eine vorgefallene Nickhaut der wachen Katze ist fast immer ein Krankheitszeichen, z.B. für starken Wurmbefall oder für eine andere schwere Erkrankung.

Panische Angst kann sich auch im hellen Licht durch extrem weit gestellte **Pupillen** zeigen, die dann kaum noch auf das Licht der untersuchenden Taschenlampe reagieren.

Bei der entspannten Katze sind die Pupillen im hellen Licht nur als schmale, senkrechte schwarze Striche in der (zumeist) gelblichen Iris erkennbar.

Solche Beobachtungen sind für die homöopathische Fallaufnahme wichtig.

Gehör und **Gleichgewichtssinn** sind das zweitwichtige Sinnesorgan der Katze. Sie kann Frequenzen bis zu 650 kHz wahrnehmen, der Mensch nur bis ca. 25 kHz.

6

Der Ausdruck der entspannten Katze: Die Ohren sind seitlich gestellt, die Augen halb geschlossen. Voll Vertrauen und schnurrend sitzt die Pulsatilla-Katze auf dem Untersuchungstisch.

Auf diese Weise versteht sie z. B. die »Unterhaltung« der Mäuse zu orten, um sie dann sicher für den Fang ins Visier nehmen.

Der ausgeprägte Gleichgewichtssinn verhindert – gemeinsam mit den kraftvollen, spitzen Krallen – das Herabfallen von schwankenden Baumästen. Bei einem Sturz aus der Höhe sorgt er dafür, dass die Katze fast immer auf den Pfoten landet.

Aber glatte oder glitschige Oberflächen – wie ein metallenes Fensterbrett oder die Behälter mit Altöl der Autowerkstatt – lassen jede noch so geschickte Katze stürzen. Vergiftungen mit Altöl sind nicht selten und können dieselben fatalen Vergiftungen auslösen, wie sie von der »Ölpest« der Meeresvögel bekannt sind.

Das Geruchsorgan ist ein weiterer Schwerpunkt im Katzen-Sinnes-System.

Alles Fremde, insbesondere etwas Fressbares, wird intensiv und äußerst misstrauisch berochen.

In der Praxis sind Katzen bei Weitem nicht so leicht durch Leckerli zu bestechen wie der Hund!

Tastsinn: Die Katze verfügt über einen ausgeprägten »Tast-Sinn«, entsprechende Organe finden sich nicht nur in den »Tasthaaren« (Schnurr- oder Sinushaaren), sondern auch an Ohren und Pfoten.

KÖRPERSPRACHE UND AUSDRUCKSVERHALTEN

Das Ausdrucksverhalten der Katze zu erkennen, bildet für die Bewertung der homöopathischen Anamnese einen wichtigen Gesichtspunkt.

Die Körperstellung dient der Kommunikation mit der Umwelt. Weil diese der des Hundes weitgehend widerspricht, kommt es infolge von »Missverständnissen« zu der sprichwörtlichen Feindschaft zwischen Hund und Katze.

Die Katze verfügt über eine **ausgeprägte Mimik**, die allerdings bei langhaarigen Tieren für den Menschen nicht immer leicht zu erkennen ist.

Die Stellungen von Ohren, Lippen, Schnurrhaaren und Schwanz signalisieren uns die »Stimmung« der Katze, die je nach Temperament unterschiedlich deutlich gezeigt werden:

Die **»Schnurrhaare«**, besser **»Sinushaare«,** wirken wie »Antennen« für Sinnesreize und dienen gleichzeitig dem Ausdrucksverhalten. Je nach Temperament der Katze können sie bei gespannter Aufmerksamkeit so weit nach vorn aufgestellt werden, dass sie die waagerechte Linie der Nasenspitze überragen. Bei besonders empfindsamen und temperamentvollen Katzen, die eines der übersensiblen, extrovertierten konstitutionellen Mittel (*Phosphorus*, *Arsenicum*, *Ignatia*, *Lachesis*, *Tuberculinum* o. a.) benötigen, kann dieses Phänomen besonders deutlich beobachtet werden.

Ruhigere oder phlegmatische Katzen zeigen diese Mimik seltener oder nur dann, wenn ganz besonderes Interesse geweckt wird.

Seitlich hängende Schnurrhaare signalisieren Gleichgültigkeit oder Desinteresse.

Auch die **Stellung der Ohren** vermittelt die Stimmung: Bei der »gestressten Katze« werden die Ohren zum engen Zusammenstehen ausgerichtet , bei der entspannten oder trägen Katze stehen sie eher seitlich vom Kopf ab.

Jeder kennt die furchterregende Mimik einer bösen Katze, die mit entblößten Zähnen, aufgerissenem Maul, mit flach angelegten Ohren und Schnurrhaaren giftig spuckende Aggression herausfaucht.

Die Mimik findet ferner ihren Ausdruck durch die Stellung des **Schwanzes.**

Auch er gehört zum »Stimmungsbarometer«. Jeder Katzenbesitzer kennt die buschig aufgestellten Schwanzhaare beim Imponiergehabe, den senkrecht erhobenen »Triumph-Schwanz« nach erfolgreichem Mäusefang oder den nervös »peitschenden« Schwanz bei Aufregung.

Der Schwanz-Stellreflex beim Kraulen der Kruppe gibt uns oft einen ersten Aufschluss, wie schwer krank unser Patient ist: Fehlt dieser Reflex, dann ist mit schwerer Krankheit zu rechnen.

Das **Lautgeben** umfasst ein weites Spektrum der Kommunikation mit der Umwelt – für die Homöopathie ein ebenfalls auffallendes Zeichen. Es gibt ausgesprochen »geschwätzige« Katzen, mit denen man sich regelrecht unterhalten kann (*Lachesis*, *Phosphorus*); andere Katzen müssen uns sofort mitteilen, dass sie jetzt »da« sind (*Lycopodium*,

Pulsatilla); jammernde Katzen signalisieren uns: »Was soll ich machen?« (z. B. *Pulsatilla*). Auch die Stimmqualität kann uns wesentliche Hinweise auf die homöopathische Arznei geben: Es gibt heisere oder stimmlose Katzen (z. B. *Phosphorus*, *Lachesis*, *Causticum*), laute orgelnde Stimmen mit zunehmender Intensität (*Lachesis*); ärgerliche, fauchende Stimmen (z. B. *Arsenicum*, *Nux vomica*, *Bryonia*, *Chamomilla*, *Staphysagria*) und schließlich noch die schweigsamen Katzen wie z. B. *Natrium muriaticum*, *Acidum phosphoricum*, *Ignatia* oder *Lachesis* etc.

LIEBLINGSPLÄTZE DER KATZE

Katzen bevorzugen – ebenso wie z. B. Bienen und Ameisen – solche Sitz- und Liegeplätze, die für uns Menschen als »geopathisch« eingestuft werden. Das können Verwerfungen der Erde, Wasseradern oder Kreuzungen des Curry-Gitters o. ä. sein.

Hunde dagegen vermeiden solche geopathisch belasteten Orte.

Das Bett des Besitzers genießt jedoch – wie beim Hund – den größten Vorzug.

DAS VERHALTEN UND DER »7. SINN« DER KATZE

Schließlich verfügt die Katze zusätzlich zu ihren Sinnesorganen über einen »7. Sinn«. (Literatur 68).

Viele Katzen sind »hellsichtig« oder »hellfühlend«; d. h. sie nehmen Geschehnisse wahr, die uns unerklärlich erscheinen.

So besitzt sie einen »magnetischen Sinn«, der sie Magnetfelder oder Erdbeben vorausfühlen lässt. Nach einem Wohnungswechsel der Besitzer kann sie mit diesem Sinn sogar über große Distanzen zurück »nach Hause« finden, wo sich ihr persönliches – vielleicht bevorzugtes – Territorium befindet.

Rupert Sheldrake (Literatur 68) berichtet z. B., die Katze stehe daheim nachweislich immer dann von ihrem Liegeplatz auf und lege sich auf dem Fensterbrett in Warteposition, sobald ihr Besitzer im 300 km entfernten Büro den Entschluss fasst, in sein Auto zu steigen und nach Hause zu fahren.

Katzen sind über alle Maßen sensibel für alle Einflüsse und Energien, die von ihren Besitzern, engen Bezugspersonen und ihrer Umwelt ausgehen.

Diese übermäßige Sensibilität ist häufig der Auslöser für Verhaltensstörungen, die bei unerwarteten Veränderungen im Katzenleben auftreten können (*Kapitel 20, Seite 576*).

Ursprünglich dienen Urinieren und Kot-Absetzen zum Kennzeichnen des jeweiligen Katzenreviers.

Fühlt sich die Katze in ihrem psychischen Gleichgewicht gestört, wird sie das am häufigsten durch Markieren zur Schau tragen: Urinieren oder Kot-Absetzen in der Wohnung oder in unserem Bett kann – wenn nicht durch klinische Krankheit bedingt – durch einen für uns nicht ersichtlichen störenden Einfluss ausgelöst werden: Lappalien wie z. B. ein umgestellter Sessel, ein renoviertes Zimmer, eine neue Katzenkiste, ungewohnte Katzenstreu, aber auch einschneidende Ereignisse im Katzenleben wie eine bevorstehende Reise der Besitzer, ein neuer zwei- oder vierbeiniger »Nebenbuhler«, oder Übergabe der Katze an einen neuen Besitzer, können Unsauberkeit oder andere Verhaltensprobleme nach sich ziehen.

Weitere Faktoren können in der Empfänglichkeit der Katze für psychische »Traumen« bestehen, z. B. Streit in der Bezugs-Familie, demütigende Äußerungen über die Katze (»dieses blöde Vieh«), abweisende Stimmung oder Verhalten eines Familienmitglieds gegen die Katze, ein versehentlicher Fußtritt oder – schlicht und einfach – wenn sich die Katze in ihrer Präsenz nicht als genügend »gewürdigt« fühlt.

Ebensolche »Hysterie« kann sich in Fellknabbern, Kratzen an Teppich, Sofa oder Tapete oder Zerstören von Gegenständen (z. B. Gläser, Blumenvase) äußern.

Die Katze »spürt« im Allgemeinen genau, was wir vorhaben: Viele Katzenbesitzer haben es immer wieder beobachtet: Wenn ein Besuch beim Tierarzt angesagt ist, verschwindet die Katze rechtzeitig und tritt erst wieder auf, wenn der Termin verstrichen ist. Dasselbe kann passieren, wenn ein der Katze nicht genehmer Besuch angekündigt ist – etc.

7

»Lieben« Katzen Homöopathie? Katzen suchen gern die Nähe homöopathischer Arzneien.

DIE KATZE UND IHRE BEZUGSPERSONEN

Die Sensibilität der Katze reagiert meist intensiver als andere Haustiere auf die »Ausstrahlung« ihrer Besitzer.

Generell ist es aus der Tierpsychologie bekannt, dass Haustiere das »Spiegelbild ihrer Besitzer« darstellen: Je enger die Beziehung zwischen Haustier und Mensch, desto intensiver wird das Tier durch das Energiefeld des Menschen beeinflusst. Störungen in der Lebenskraft der Katze resultieren häufig aus »unbewussten Sendungen« ihrer Bezugsperson.

Ärger und Nervosität der Besitzer – z. B. durch Stress im Beruf – reflektiert die Katze z. B. durch unmotiviertes Knabbern oder Kratzen – ähnlich einzuschätzen wie etwa das Fingernägelkauen der Kinder – oder im Extremfall die Automutilation (Selbstzerstörung) durch Knabbern an der Haut (z. B. Leckekzem).

Ein Beispiel

Ein junges Pärchen lebte in bester Beziehung zueinander und zu ihren 5 Katzen – beide berufsmäßige Musiker mit regelmäßigen Übungsstunden daheim.

Nach einem heftigen Streit ging die Partnerschaft auseinander. Er musste in eine andere Wohnung umziehen, doch mit ihr allein blieb der fünffache Katzenfrieden bestehen.

Eines Tages mussten die beiden in ihrer Wohnung miteinander zum letzten Mal eine Geigensonate üben. Sein Geigenkasten stand geöffnet hinter ihm. Nun stiegen alle Katzen hinter seinem Rücken in den Geigenkasten, um dort ausgiebig zu urinieren – eine hässliche Bescherung – waren die Katzen nur das »ausführende Organ« der ärgerlichen Katzenbesitzerin?

Im früheren friedlichen Beisammensein der beiden Partner war so etwas nie vorgekommen!

Die Wohnungskatze ist den Einflüssen ihrer Besitzer – ihrem »morphogenetischen Feld« (Sheldrake, Literatur 68) – permanent ausgesetzt, was mitunter zum Entstehen von Krankheiten beiträgt. Die Freigängerkatze dagegen kann sich als einziges Haustier ihren unangenehmen Bezugspersonen entziehen und sympathischeren »zulaufen«.

KATZEN UND HOMÖOPATHIE

Katzen haben eine besondere Affinität für die Homöopathie, wie es das nebenstehende Foto und auch das Titelbild zeigt. Es handelt sich hier nicht um gestellte Aufnahmen! Es ist immer wieder zu beobachten, dass Katzen die Nähe von homöopathischen Arzneien suchen.

Für die Homöopathie ist es besonders bei der Katze eindrucksvoll, die Reaktion auf die Arzneigabe zu beobachten.

Homöopathische Globuli werden am besten oral (durchs Maul) verabreicht.

Die Katze ist jedoch den süßen Geschmack der Globuli nicht gewohnt. Oder empfindet sie diese als geschmacklose Fremdkörper? Daher wird fast jede Katze durch diesen »Spontanangriff« auf das Maul (Eingabe der Globuli) irritiert, verängstigt oder gereizt reagieren.

Nach der Eingabe der Globuli werden wir die Katze ausgiebig loben und mit sanft zugehaltenem Maul an der Kehle kraulen, damit ihre Maulschleimhaut inzwischen die Arznei aufnimmt.

Waren die Globuli die »Richtigen«, d. h. stimmte die Arzneiwahl, wird die Katze nach wenigen Sekunden der Irritation sich mit angenehmem Gesichtsausdruck die Lippen lecken und die Globuli »lutschen« oder schlucken.

War es dagegen eine »falsche Verordnung«, wird die Katze sehr wahrscheinlich die Kügelchen vehement und im hohen Bogen – wie auch Pharma-Präparate – ausspucken. (*Arsenicum*-Katzen mit ausgeprägter Angst-Aggression sind hier ausgenommen, da wir die Globuli meist gar nicht erst ins Maul geben können!)

Ein ähnliches Experiment ist möglich, wenn die Arzneiwahl für die Katze nicht sicher ist: Die Globuli werden in ein Stück Papier (z. B. Papiertaschentuch) gewickelt und dieses mit Klebestreifen verschlossen. Anschließend legt man das kleine Päckchen auf den Sitzplatz bzw. unter die Katze: Handelt es sich um die heilende Arznei, wird die Katze schnurrend darauf sitzen bleiben; anderenfalls steht sie auf und sucht einen anderen Platz.

Aus zahlreichen Berichten ist folgendes bekannt: Die »hellfühlende« Katze sucht ihren kranken Besitzer oder Familienangehörigen, legt sich immer wieder an dessen Seite bzw. in die Nähe der kranken oder schmerzenden Stelle, was der kranke Mensch als angenehm und wohltuend empfindet.

Einzelne Beobachtungen zeigen erstaunlicherweise folgendes Phänomen:

Manche Haustiere, die emotional sehr intensiv mit ihrer Bezugsperson verbunden sind, reagieren zusammen mit dem Menschen wie ein einziger Organismus. Dabei ist es möglich, dass die Katze bzw. das Haustier – anstelle seines Besitzers erkrankt, sodass dieser gesund bleibt.

Wenn nun die kranke Katze stirbt oder euthanasiert wird, erkrankt erst dann der Besitzer selbst.

Das ist ein Phänomen, welches die »morphische Resonanz« (Literatur 67) bestätigt.

Jeder verständnisvolle Tierbesitzer mag sich vorstellen, welche Folgen nicht nur der Entschluss zur (nicht indizierten) Euthanasie, sondern auch dessen Durchführung nach sich ziehen!

DIE FÜTTERUNG DER KATZE

Die Katze ist grundsätzlich ein **Fleischfresser:** Sie hat einen höheren Eiweißbedarf als beispielsweise der Hund. Dagegen benötigt sie weder pflanzliche Stoffe, noch andere Kohlenhydrate. Die Magensäure der Katze ist schärfer als die des Menschen; sie ermöglicht es, auch die knöchernen Bestandteile einer Maus oder eines Vogels zu verdauen. Im Gegensatz zum Hund wird es nicht gelingen, die Katze rein vegetarisch zu ernähren, da einige für sie essentiellen Bestandteile des Fleisches nicht über pflanzliche Nahrung gedeckt werden können.

Wer seine Katze zum Vegetarier machen möchte, sollte sich besser einen Pflanzenfresser halten, nicht aber den kleinen »Tiger«!

Diese Tatsache steht häufig im Widerspruch zum konfektionierten Katzenfutter, das zum großen Teil aus pflanzlichen Stoffen besteht.

Zu diesem Thema gibt es ein sehr empfehlenswertes Büchlein von E. Grimm: »Katzen würden Mäuse kaufen« – kein Märchenbuch, sondern das »Schwarzbuch« des Tierfutters (Literatur 21). Hier wird nicht nur über Ernährung und Zusammensetzung des gängigen Katzenfutters, sondern auch über die chemische Zusatzstoffe im Futter für Hunde und Menschen informiert.

Wenn die »glückliche Katze« ihre Maus fangen darf, erlebt sie dabei aufbauenden »Eustress« (»Wohlfühlstress«): Sie lauert und starrt voller

Faszination eine Ewigkeit auf das Mauseloch, die Sinne sind auf volle Aufmerksamkeit »geschaltet«, und wenn die Maus dann endlich auftaucht, wird sie voll intensiver Freude langsam und begeistert zu Tode gespielt. Das verletzt zwar unsere ethischen Gefühle, aber wenn wir die Maus »retten«, entgeht der Katze der Spaß, das stolze »Siegesgefühl« und damit die »emotionale Befriedigung«, ein essenzielles Bedürfnis aller Lebewesen.

Zum Schluss wird die sterbende Maus wollüstig zerbissen und – oft zum größten Teil – verspeist; oder sie wird uns als Siegestrophäe in stolzer Haltung mit »Triumphgeschrei« vor die Füße gelegt.

Wenn die Maus gesund und groß genug für die Sättigung war, legt sich die Katze für die nächsten Stunden zum »Verdauungsschlaf« nieder.

Wenn erneuter »Appetit« auf Mäuse aufkommt, wird die nächste Maus »verspielt«.

Weniger »sadistisch« veranlagte Katzen können sich auch mit einer Wollmaus zufrieden geben, erleben aber nicht das »Siegesgefühl« der erfolgreichen Jagd.

Der Fertigfutter-Katze dagegen entgehen solche Eustressfaktoren, ein zusätzlicher Anlass zum Faul- und Dickwerden:

Für sie stehen die als »lecker« beworbenen und katzengerecht »parfümierten« Trocken- oder Nassfutter (fachlich ausgedrückt: das »maskierte« Futter) meist permanent im Fressnapf zur Verfügung. Es ist für alle Beteiligten »bequem«, zwischendurch ein paar Maulvoll von diesen mit künstlichen Duftstoffen angereicherten Bröckchen zu nehmen, die Katze braucht sich nicht anzustrengen, bringt keine schmutzigen oder blutigen Pfoten nach Hause und schläft mit ihrem satten Bauch, bis der Appetit auf die nächsten »Katzen-Delikatessen« wieder angeregt wird.

Katzen sind jedoch keine »Dauerfresser« wie das Pferd.

Für die Katze bedeutet die immerdar bereitstehende Fertignahrung denselben Futteranreiz, den Kinder erleben, wenn ihnen ständig ein Buffet mit Schokolade, Eiscreme, Gummibärchen, Milchshakes oder die leckersten Fast-Food-Burger mit künstlich aufbereiteten Soßen (Geschmacksverstärker, Farbstoff) und synthetischen, »wertvollen« Vitaminen zur Verfügung stehen.

Das Ergebnis ist dasselbe wie für die Fertigfutter-Katzen: Trägheit, Fettsucht (»die 10-Kilo-Katze«), schließlich Stoffwechselstörungen mit Nierenerkrankungen, Leber- und Herzverfettung, ganz zu schweigen von Hormonstörungen, die u. a. durch Zusatzstoffe (z. B. auch Jod) oder mangelnde Lebensfreude gefördert werden.

Natürlich ist nicht jeder Katze der Zugang »zur Maus« möglich. Es gibt jedoch Alternativen, die aber »die Maus« dennoch nicht vollkommen ersetzen können:

Katzen lieben es, mit dem Futter »Beute-Fang-Spiele« zu veranstalten. Dafür eignen sich in der Wohnung z. B. gesäuberte rohe Hühnerherzen oder Hühnermägen, die – wenn sie genügend »tot gespielt« sind – mit den Reißzähnen zerschnitten und zerbissen werden können. Sie erfüllen so gleichzeitig den Sinn des »Zähneputzens« gegen Zahnstein-Ablagerungen.

Im Gegensatz dazu werden die zum »Zähneputzen« vorgesehenen konfektionierten »Bröckchen« meist nur einmal zerbissen und dann gierig im Stück abgeschluckt – und belasten dann Magen und Darm.

Als weitere Alternativen zum Fertigfutter könnte anderes Muskelfleisch (möglichst roh), Innereien, Fisch (am besten ebenfalls roh, auch aufgetauter Gefrierfisch), Hüttenkäse (ohne Jodsalz!) oder gekochtes Ei angeboten werden. Die Katze ist wählerisch und anspruchsvoll: Sie legt Wert auf wechselnde Geschmacksrichtungen, denn schließlich schmeckt auch jede Maus oder jeder Vogel ein wenig anders.

Dagegen ist das raffiniert beworbene Trockenfutter alles andere als artgemäß: Katzenmagen und -dünndarm sind nicht dafür konstruiert (ebenso wenig wie beim Hund), Trockenfutter stundenlang aufzuweichen. Dabei werden wertvolle Verdauungssäfte (z. B. Pankreasenzyme, Gallenflüssigkeit) sinnlos »verschwendet«; solche unnötigen Belastungen des Organismus führen zu vermehrter – allerdings individueller – Anfälligkeit für

Erkrankungen. Eine gute Konstitution kann jedoch vieles ertragen!

Fleisch – bzw. »die Maus« – enthält ca. 70 bis 90 % Wasser; wie viel enthält das Trockenfutter?

Die Katze deckt ihren Flüssigkeitsbedarf normalerweise überwiegend aus ihrer fleischlichen Nahrung; insgesamt sollte sie täglich wenigstens 150 ml Wasser zu sich nehmen.

Das Trockenfutter benötigt aber zum Aufweichen zusätzliche Flüssigkeit, um auf das 3- bis 5-fache Volumen aufzuquellen; das ist oft mehr als die Katze durchschnittlich trinkt; die Folge ist eine negative Flüssigkeitsbilanz und harter Kot. Latenter Mangel an Flüssigkeit vermindert zusätzlich die Filtrationsleistung der Nieren und kann der Entstehung von Nierenkrankheiten und Blasensteinen Vorschub leisten.

Ein fadenscheiniges Argument, die Katze könne ja mehr trinken, wenn sie es brauche!

Das industriell hergestellte Nassfutter ist – was den Wassergehalt anbetrifft – das kleinere Übel, aber abgesehen von Wasser und Gelatine unterscheidet es sich inhaltsmäßig kaum vom Trockenfutter.

Auf dem 100 g-Katzenfutter-Döschen steht z. B. als besonders betontes Qualitätsmerkmal geschrieben: »Mit 5 % Rindfleisch« – 5 g sind ein halber Teelöffel; das übrige sind Pflanzenfasern (Kohlenhydrate), minderwertige Fette und »Nebenprodukte tierischer Herkunft«: Mehl aus Federn, Köpfen und Füßen von Hühnern, zermahlene Kuhklauen, Fischmehl (Restprodukte aus Fischfang und Fischverarbeitung) etc. Früher nannte man diese Stoffe »Abfall«.

Eine Katze würde niemals freiwillig Mehl aus Federn oder Klauenhorn anrühren! Unverdauliches aus der gefangenen Beute wird entweder gleich »ausgespuckt« oder später erbrochen.

Nach dem Tierfuttergesetz müssen die Herkunft der »Nebenerzeugnisse tierischer Herkunft« oder die (möglicherweise) gentechnisch hergestellten Produkte ebenso wenig wie Geschmacksverstärker (Glutamat) und andere Aroma- oder Farbstoffe deklariert werden.

Mit diesen »Nebenprodukten« kann logischerweise der Bedarf an natürlichen Vitaminen, Mineralstoffen und anderen essentiellen Stoffen nicht gedeckt werden, darum sind hier entsprechende Zusätze – z. B.Aminosäuren, Taurin u. a. – notwendig, die dann aber als besonders werbewirksam ausdrücklich definiert werden. Künstliche, rotbraune, fleischfarbene Farbstoffe übertünchen das ursprünglich fahlweiße synthetische Gemisch.

Diese Futtermittel sind der Gesundheit der Katze alles andere als zuträglich!

Das ebenfalls künstlich zusammengesetzte, teure »Diätfutter« soll dann den entgleisten Stoffwechsel regenerieren oder den Appetit zügeln – womit sich die »Katze in den Schwanz beißt«: Künstliche Duftstoffe regen den Katzenappetit an, deren Ergebnis – Fettsucht und Stoffwechselstörungen – soll das »Diätfutter« wieder in Ordnung bringen.

Das zugesetzte Jodsalz soll den faulen, verlangsamten Stoffwechsel bzw. die Schilddrüsenfunktion unterstützen. Aber gerade das leistet Vorschub für Schilddrüsen-Erkrankungen mit Unruhe, sinnlos aufgeregtem Verhalten und Abmagerung trotz vermehrter Futteraufnahme.

Viele Katzen verabscheuen Diätfutter und fressen dann lieber gar nichts – der beste Diätplan für die überfettete Katze.

Hier klinken sich dann die besorgten Katzenbesitzer ein und füttern wieder das vorgängige konfektionierte Futter – bedauernswerte kranke Katzen!

Viele Katzenbesitzer glauben fälschlicherweise der Werbung, das synthetisierte Futter sei besser als Fleisch- oder Fischfütterung! Folglich gab es noch nie so viele kranke Katzen (und andere kranke Haustiere) und noch nie so viele Tierärzte wie heute! Erkrankungen des Immunsystems waren vor 30 Jahren noch kaum bekannt!

Das »ausgewogene« und künstlich synthetisierte Futter kann als »Summe der Teile« bei weitem nicht das »Ganze« – die natürliche Nahrung – ersetzen.

Alle Stoffe, die der Katzennahrung heute als lebensnotwendig zugesetzt werden, kommen natürlicherweise auch im rohen Fleisch und Fisch vor und das in gut verfügbarer Form und natürlicher Zusammensetzung. Der gesunde Organismus resorbiert alles aus der natürlichen Nahrung was er braucht.

Katzen leben seit Jahrtausenden mit dem Menschen zusammen und bekamen noch nie eine derart »ausgewogene« Ernährung. Hätten die Hauskatzen ohne diese nicht schon seit Generationen Schaden nehmen müssen oder wären längst ausgestorben? Haben sie nicht schon seit jeher im Kuhstall von Milch und Mäusen gelebt?

Das konfektionierte Futter und speziell das Trockenfutter »ernährt« also nicht nur die Katze und die Futtermittelindustrie, sondern auch den Tierarzt und die Pharma-Hersteller.

Konfektioniertes Futter, insbesondere Trockenfutter, ist ein wesentlicher und unterschätzter pathogener Faktor für die Katze! Gleichzeitig zur homöopathischen Behandlung muss die Ernährung auf artgemäßes Futter eingestellt werden.

Dennoch sei ausdrücklich erwähnt:

Es gibt – vereinzelt – heute sehr gute Tierfutterzubereitungen, welche durchaus die physiologischen Bedürfnisse der Katze befriedigen – aber leider nicht das »Erlebnis Maus«.

KAPITEL 2

HOMÖOPATHISCHE GRUNDLAGEN

Allgemeines zur Homöopathie

Die homöopathische Medizin wurde vor mehr als 200 Jahren von dem Arzt, Pharmakologen und Chemiker Dr. Samuel Hahnemann (1755-1843) entwickelt.

Sie bildet ein eigenständiges medizinisches System mit Diagnose und Therapie und folgt – ebenso wie andere klassische Naturheilverfahren – einem Naturgesetz.

Das Grundgesetz aller Homöopathen gilt heute wie damals:

»Ähnliches werde durch Ähnliches geheilt.«
Lateinisch: »Similia Similibus Curentur.«
Griechisch: »Homoion Pathos« – Homöopathie – »Ähnliches Leiden«

Das Kriterium der Ähnlichkeit bezeichnet also eine Beziehung zwischen dem pathogenen (die Krankheit erzeugenden) Reiz und dem therapeutischen Reiz durch die Arznei.

Mit anderen Worten ausgedrückt, bedeutet homöopathische Behandlung:

»Wähle in jedem Fall eine Arznei, welche ein ähnliches Leiden hervorrufen kann, als sie heilen soll!«.

Daraus folgt: Die Auswahl der Arznei für den Patienten geschieht nach individuellen Kriterien, welche die Charakteristik der Arznei zu den individuellen Krankheitszeichen und den persönlichen Eigenheiten des Patienten in Beziehung setzt.

Für die Wahl des geeigneten homöopathischen Mittels ist die medizinische Bezeichnung einer Krankheit also weitaus weniger wichtig als die subjektiven und objektiven Krankheitszeichen des Patienten.

Die Leitidee der »Heilung durch Ähnlichkeit« gab es bereits im Altertum bei Hippokrates (ca. 400 v. Chr.) und im Mittelalter bei dem berühmten Arzt Paracelsus (1494-1541), aber erst Hahnemann formulierte bindende Gesetze und Vorschriften für die praktische Anwendung der homöopathischen Medizin.

Die Homöopathie unterliegt damit nicht unklaren Spekulationen, sondern wissenschaftlich reproduzierbaren Kriterien.

Hahnemann's Postulat:

»Die Heilung soll »schnell, angenehm, dauerhaft, sicher und nach deutlich einzusehenden Gründen geschehen«,

gilt als ethisches Grundprinzip eines jeden solide arbeitenden Homöopathen – gleichgültig, ob er Menschen, Tiere oder Pflanzen behandelt.

Dieses Ähnlichkeitsgesetz entspricht dem Jahrtausende alten Naturgesetz der Resonanz bzw. dem der Entsprechung, das bereits von dem weisen Hermes Trismegistos im Alten Ägypten oder früher – »bevor Abraham war« – beschrieben wurde.

Die Erfolge Hahnemanns sprechen für die Homöopathie: Er heilte schwerste Krankheiten wie Cholera, Ruhr, Malaria, Tuberkulose, schwerste Infektionen, Geisteskrankheiten und vieles mehr – wohlgemerkt ohne die heute üblichen Pharma-Präparate.

Werden die Prinzipien der Homöopathie richtig verstanden und angewendet, ruht in ihr für die Heilung vielfältigster Erkrankungen ein gewaltiges Potential, welches noch immer unterschätzt wird.

Negative Vorurteile, Fehlinterpretationen und mangelnde Kenntnisse führen dazu, die Homöopathie zu verunglimpfen und sogar lächerlich zu machen.

Wer sich jedoch um ihr Verständnis bemüht und ihre Grundlagen studiert, wird sie nicht mehr ablehnen können. Es gab zahlreiche Gegner der Homöopathie, die bei ihrem Studium »vom Saulus zum Paulus« wurden, d. h. vom radikalen Gegner zum einzigartigen Verfechter der homöopathischen Medizin.

Die Homöopathie erlebte ihre Blütezeit bis zum Beginn der Ära der Antibiotika, in der damals überraschend und ohne viel Überlegung des Therapeuten akute Krankheitssymptome beseitigt werden konnten, jedoch ohne damit eine grundlegende und dauerhafte Heilung zu erzielen.

Seit den letzten 50 bis 60 Jahren erfährt die Homöopathie erneut einen deutlichen Aufschwung: Viele Patienten bemerken, dass sich nach Pharma-Behandlung ihrer akuten Symptome anschließend chronische Krankheiten entwickeln. Diese widersetzen sich oftmals nachhaltig der weiteren schulmedizinischen Therapie – trotz aller aufwendigen Diagnostik. Darum verlangen viele Patienten vermehrt nach der Homöopathie.

Um die heilsame Wirkung der Homöopathie vollends zu erzielen, ist ihre genaue Anwendung, die den stringenten Gesetzen und Regeln von Hahnemann folgen, notwendig.

Er sagte dazu: **»Macht's nach, aber macht's genau nach!«**

Wer Hahnemann's Vorschriften vernachlässigt oder ignoriert, wird Misserfolge ernten oder Schäden verursachen.

Samuel Hahnemann schrieb sein wissenschaftliches Konzept in dem **ORGANON der Heilkunst** (Literatur 24) nieder, das in 291 Paragraphen die bindenden Richtlinien für die Anwendung der homöopathischen Medizin am Patienten in allen Einzelheiten beschreibt. **J.T. Kent** (1849-1916), einer seiner wichtigsten Nachfolger, schrieb dazu seine Kommentare, deren Lektüre grundlegend für jede ernstzunehmende Homöopathie-Ausbildung ist (Literatur 31); ferner gehören dazu die Werke »Die reine Arzneimittellehre« und »Die chronischen Krankheiten« von Hahnemann (Literatur 22 und 23).

Hahnemann hat bei seinem Schaffen und der Darlegung und Praktizierung der Homöopathie in erster Linie den Menschen im Blick. Aber er plädierte von Anfang an auch für die Anwendung am Tier. In neuester Zeit werden homöopathische Mittel sogar bei Pflanzen erfolgreich eingesetzt (Literatur 30, 42).

Für die Therapie hält die Homöopathie einen unerschöpflichen Schatz an Heilmitteln bereit, das gesamte Spektrum der Natur, um Krankheiten aller Art zu behandeln: Die Bandbreite reicht von Verletzungen und deren Folgen, Infektionen, Infektionskrankheiten, organischen Funktionsstörungen oder Organschäden, immunologischen Erkrankungen, psychischen bzw. Verhaltensstörungen bis zum Krebs.

Gerade bei der Behandlung von Krankheiten, die von der modernen Hochschulmedizin nicht geheilt werden können, wächst die Nachfrage nach der Homöopathie bei Menschen und Tieren.

Darüber hinaus sei erwähnt, dass es in der Homöopathie kein Problem mit »multiresistenten Erregern« gibt!

Die Lebenskraft

Die »Lebenskraft« wird seit jeher in allen traditionellen Medizin-Formen als Fundament des Lebens betrachtet.

Sie lenkt als oberste organisierende Instanz alle körpereigenen Vorgänge und hält jeden Organismus durch eine reaktionsfähige, ausgleichende Eigenregulation in gesunder Balance. Die Ziele sind Lebenserhaltung sowie psychisches und körperliches Wohlbefinden.

Bei Hahnemann heißt es dazu im ORGANON § 9:

»Im gesunden Zustand des Menschen – des Organismus – (Anmerkung d. Verfasserin) waltet die geistartige, als Dynamis den materiellen Körper belebende Lebenskraft unumschränkt und hält alle Teile in bewundernswürdig harmonischem Lebensgang...«

Die Lebenskraft nutzt energetische Quantenphänomene für die Kommunikation mit den Zellen: Zahlreiche in Körperorganen verteilte Sensoren vermitteln der Lebenskraft – vergleichbar einer Steuerungszentrale – die Signale des Körpers; sie veranlassen entsprechende Regulations- und Reparaturvorgänge, die den Organismus gesund erhalten sollen.

Wenn pro Sekunde im menschlichen Körper 10 Millionen Zellen absterben und gleichzeitig wieder ersetzt werden, ist es angemessen, die Lebenskraft als eine mächtige, intelligente und formgebende Entität zu verstehen.

Sie gewährleistet damit die grundlegenden Vitalfunktionen (Bewusstsein, Atmung, Herz und Kreislauf, Ernährung und Ausscheidung), das Immunsystem (die körpereigene Abwehr) und regeneriert Schäden, die im Krankheitsfall oder im Laufe des Lebens eingetreten sein können; sie hält auch die Psyche in einem ausgeglichenen Wohlgefühl und sorgt für ein angemessenes Sozialverhalten.

Mit diesem Verständnis stellt jeder lebende Organismus ein selbst gesteuertes und selbstregulierendes System dar, das ein stabiles Gleichgewicht in seinen Körperfunktionen und seiner Gemütsverfassung anstrebt (Literatur 20, 50, 53, 77, 78).

Gerät die Lebenskraft durch schädliche Einflüsse (»Noxen«) aus dem Gleichgewicht, dann entstehen Störungen im geschädigten Bereich; Regulationsvorgänge geraten ins Stocken; der betroffene Organismus empfindet anfangs ein Unwohlsein und später lokalisierbare Beschwerden. Das Resultat sind letztlich schwer heilbare chronische Krankheiten.

Solche »Noxen« können in psychischen (z. B. Schreck, Angst, Kummer) oder physischen Einflüssen (z. B. Kälte, Verletzung, Vergiftung u. Ä.) bestehen. Ein solcher vorgeschädigter Organismus ist empfänglich für Krankheitserreger verschiedenartigster Ausprägung und damit ist der Weg z. B. für Infektionen bereitet.

Verliert die Lebenskraft ihr regulierendes Gleichgewicht, beginnt der Organismus Krankheitssymptome zu entwickeln. Diese Symptome erhalten lateinische oder griechische Namen, z. B. den des Entdeckers oder schlicht die Bezeichnung »Syndrom«, ein Sammelbegriff für ein komplexes Krankheitsgeschehen.

Wird die Lebenskraft durch Noxen aus dem Gleichgewicht gebracht, dann versucht sie zunächst, mit sinnvollen »Verteidigungsmaßnahmen« gegenzusteuern bzw. zu regulieren.

Zielgerichtete Reaktionen können sein:

- Formen der Ausscheidungen sollen schädliche Substanzen eliminieren, z. B. durch Erbrechen, Durchfall oder Haut-Ausscheidungen etc.
- Fieber beschleunigt alle Stoffwechselvorgänge mit dem Bemühen, vermehrt Abbauprodukte des Stoffwechsels (Toxine) auszuscheiden. Ab einer Körpertemperatur von 40 °C sterben Viren ab
- eine erhöhte Zahl an weißen Blutkörperchen (Leukozyten) ermöglicht das Abtöten von Krankheitserregern. Leukozyten fungieren als »Fresszellen« (Phagozytose) und gehen dabei zugrunde; die abgestorbenen Reste werden als Eiter ausgeschieden
- ein »Anschwellen« und »Verdicken« der erkrankten Region ist eine Strategie, die das weitere Ausbreiten von Krankheitserregern verhindern soll
- Hinken oder Lahmheit aufgrund von Schmerzen zeigen an, dass der erkrankte Körperteil geschont werden muss.

Viele – als krankhaft bezeichnete – Symptome resultieren also aus dem sinnvollen Bedürfnis der Lebenskraft, sich schädlichen Einflüssen zu widersetzen und eine Selbstheilung einzuleiten.

Symptome sind nie die Krankheit selbst, sondern nur die Folge oder der Ausdruck der Regulation durch die Lebenskraft.

Eine Therapie ist erst dann notwendig, wenn diese »Verteidigungsmaßnahmen« nicht ausreichen, bzw. wenn die Eigenregulation die Fähigkeit verloren hat, die Wiederherstellung zu erzielen.

Die Lebenskraft stellt die übergeordnete Instanz für die Gesundheit dar – gemäß Definition der World-Health-Organization:

> *»Gesundheit ist ein Zustand des vollständigen körperlichen, geistigen und sozialen Wohlbefindens und nicht allein das Fehlen von Krankheit und Gebrechen.«*

Die heutige Hochschulmedizin berücksichtigt die Lebenskraft kaum: Sie ist materiell nicht messbar, sondern nur subjektiv am mehr oder weniger guten Wohlbefinden des Patienten zu erkennen.

Mit diesem Verständnis ist es nachvollziehbar, dass ein Beseitigen der Symptome nicht zur Gesundung führen kann. Erst wenn die Grundlage der Erkrankung, die gestörte Lebenskraft, sich wieder in Balance befindet, kann der Patient als geheilt betrachtet werden. Vorausgesetzt ist allerdings, dass schädigende Einflüsse beseitigt werden (z. B. schlechte Lebensbedingungen, falsche Ernährung, Kälte, Nässe, Ärger, Kummer etc.).

In einer zur Heilung führenden Therapie kann es daher nicht darum gehen, die Symptome zu beseitigen; vielmehr sollte die Lebenskraft in die Lage versetzt werden, die Ordnung im Organismus wieder herzustellen und aufrecht zu erhalten.

Voraussetzung für eine Genesung bildet in jedem Fall sowohl beim Menschen als auch beim Tier eine »gesunde Lebensweise«, die frei ist von krankmachenden Einflüssen.

Der entscheidende Unterschied zwischen Homöopathie und der derzeit anerkannten Hochschulmedizin ist also darin zu sehen: Die Hochschulmedizin richtet die Behandlung auf Symptome und Krankheitserreger; sie behandelt und beseitigt diese durch physische oder chemische Maßnahmen. Die Lebenskraft mit ihren körpereigenen Regulationsvorgängen bleibt davon jedoch weitgehend unberührt.

Gelingt es der schulmedizinischen Therapie, die jeweils aktuellen Symptome zu reduzieren, dann werden diese infolge der unbeeinflussten Lebenskraft in absehbarer Zeit wahrscheinlich wieder auftreten, sich möglicherweise verändern oder ausbreiten und allmählich in chronische Krankheitszustände übergehen.

Nicht zu vernachlässigen sind die schädigenden, toxischen Nebenwirkungen der meisten Pharma-Präparate.

Ziel jeder homöopathischen Behandlung ist es, die Lebenskraft, die körpereigenen Regulationsvorgänge und damit die Gesundheit zu stabilisieren. Krankmachende Einflüsse sollten dann aus eigener Kraft ausgeglichen werden können.

Bei Auftreten von behandlungsbedürftigen Symptomen, wird die Lebenskraft – wenn notwendig mit Hilfe der passenden homöopathischen Arznei – dafür sorgen, dass die Krankheitserscheinungen verschwinden und Krankheitserreger ihre krankmachenden Eigenschaften im Organismus verlieren.

Wenn die Lebenskraft sich im Zuge der Genesung stabilisiert, dann normalisieren sich zuerst die Vitalfunktionen; gleichzeitig bessert sich das subjektive Wohlbefinden. Das ist auch beim Tier deutlich zu beobachten. Erst anschließend kehren untergeordnete Körperfunktionen zur Norm zurück (z. B. Fieber, übersteigerte Ausscheidungen, Bewegungsunlust etc.).

Grundprinzip der Homöopathie

Die folgenden drei Zeilen zeigen das Grundprinzip der homöopathischen Medizin:

- Die gestörte Lebenskraft lässt die Symptome entstehen
- die Symptome weisen den Weg zur passenden homöopathischen Arznei
- diese wiederum bringt die Lebenskraft ins Lot und führt zur Genesung.

8

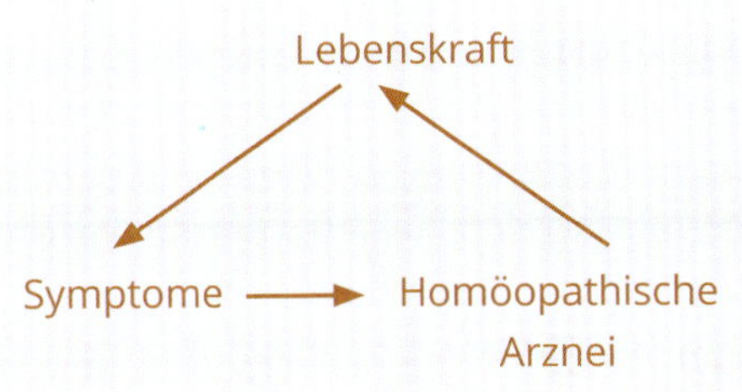

Das individuelle Kranksein bildet den »Wegweiser« für den individuellen Einsatz des passenden Simile, der heilenden Arznei. Aus diesem Grunde gibt es keine Standardanweisungen für den Gebrauch homöopathischer Arzneien.

Eine stabilisierte Lebenskraft sorgt dafür, dass der Organismus den krankmachenden Einflüssen widerstehen kann. Auf diese Weise wird der Patient weniger krankheitsanfällig, was sich auch als eine Art Prophylaxe (Krankheitsvorbeuge) für die Zukunft auswirken wird.

Eine richtige homöopathische Therapie ist demnach frei von unerwünschten Nebenwirkungen.

Bei falscher Anwendung können jedoch unerwünschte Reaktionen durchaus auftreten (siehe *Kapitel 2, Abschnitt Falsche Anwendung der Homöopathie, Seite 70*). Diese sind aber nicht im Sinn von klinischen »Nebenwirkungen« zu verstehen – wie bei Pharma-Präparaten, sondern es handelt sich dabei um Reaktionen, die ausschließlich bei falscher Anwendung der Homöopathie auftreten können.

ARZNEIMITTELPRÜFUNG – ARZNEIMITTELBILD – MATERIA MEDICA

Die Ausgangssubstanzen homöopathischer Arzneien wurden grundsätzlich am Menschen – vereinzelt auch am Tier – geprüft: Der Prüfer nimmt wiederholt eine minimale Menge einer solchen, häufig giftigen Substanz ein. Damit wird seine Selbstregulation, seine Lebenskraft, gestört und es entstehen im Laufe der Prüfung Beschwerden und Krankheitssymptome subjektiver und / oder objektiver Art.

Die Symptome, die bei diesen Prüfungen auftraten, wurden genauestens protokolliert, nach Organbereichen sortiert und in ihrer Art und Weise **(Modalitäten)** registriert.

Es gibt Arzneistoffe, die den gesamten Organismus beeinflussen – auf körperlicher und psychischer Ebene – und andere Stoffe, deren Wirkung sich eher auf lokalisierte Symptome beschränkt.

Ein Arzneistoff wurde jeweils von mehreren Prüfern getestet und auch heute vervollständigen und bestätigen Nachprüfungen die Ergebnisse aus den letzten zwei Jahrhunderten.

Diesen Vorgang nennt man **homöopathische Arzneimittelprüfung**.

Damit liegen exakte Prüfungen zur Schadwirkung von diversen Giftstoffen und Mineralien in Mikrodosierung vor, z. B. auch solche von Aluminium, Fluor, Jod und Quecksilber!

Solche Vergiftungssymptome von Mikrodosen sollten auch in der Mineralstoff-Therapie (»Oligo-Therapie«, Nahrungsergänzung, Mineralstoffzusätze) Beachtung finden!

Das Resümee vieler Arzneimittelprüfungen eines Mittels sowie die Bestätigung seiner Wirksamkeit in der erfolgreichen Therapie am kranken Patienten ergeben das **Arzneimittelbild.**

Entsprechend dem Simile-Gesetz wird die Arznei in Beziehung zum Patienten gesetzt und wird so bei zutreffender Entsprechung zum Heilmittel, zum **»Simile«**, zum »Ähnlichen«.

Als **»Simillimum«** (lateinisch: das »Allerähnlichste«) bezeichnet man den »Volltreffer«, der den Patienten oft überraschend schnell genesen lässt.

In den letzten 200 Jahren wurden zahlreiche Prüfungen von Stoffen unterschiedlichster Herkunft durchgeführt, deren Ergebnisse die **homöopathische Materia medica** bilden, den Arzneischatz der Homöopathie, beschrieben in zahlreichen **Arzneimittellehren**.

Weit mehr als 1000 geprüfte homöopathische Mittel sind heute bekannt.

Es gibt zahlreiche Werke verschiedener Autoren zur Materia medica, die weltweit in fast allen Sprachen zur Verfügung stehen

Eines der gebräuchlichsten Nachschlagewerke für den ausgebildeten Homöopathen ist das **»Repertorium homöopathicum«**, eine Art Lexikon aller Symptome und Modalitäten, die in Arzneimittelprüfungen beobachtet und dort nach Organbereichen und Modalitäten sortiert wurden; hier sind die entsprechenden homöopathischen Mittel aufgelistet.

Das Repertorium ist das »Handwerkszeug« des ausgebildeten Spezialisten für Homöopathie, damit er in komplexen Krankheitsfällen das passende Mittel finden kann (Repertorium, vom Lateinischen "reperire" = wiederfinden).

In dem vorliegenden Buch ist bei einigen vielschichtigen Erkrankungen für die Auswahl der Arzneien eine Art Kurz-Repertorium mit den wichtigsten Arzneien aufgezeichnet.

An einzelnen Stellen wird auf Rubriken im Repertorium verwiesen, zumeist in Anführungszeichen gesetzt.

TIERHOMÖOPATHIE

Die Prinzipien der homöopathischen Medizin wurden – wie bereits erwähnt – ursprünglich für den Menschen entwickelt. Hahnemann forderte jedoch prinzipiell auch die Anwendung am kranken Tier, die sich grundsätzlich nicht von der am Menschen unterscheidet.

Die Tierhomöopathie verfügt über eine fast genauso alte Tradition wie die Homöopathie für den Menschen. Die ersten Tiere wurden bereits um 1815 erfolgreich homöopathisch behandelt.

Arzneimittelprüfungen am Tier haben sich für die Praxis zum größten Teil als wenig brauchbar erwiesen; sie bestätigen zwar den klinischen Wirkungsschwerpunkt des Ausgangsstoffes, aber viele Modalitäten und subjektive Symptome, die dabei auftreten, können nicht eindeutig im Sinne individueller Zeichen gedeutet werden. Darum müssen die Krankheitssymptome der Tiere zwangsläufig über die Arzneimittelbilder des Menschen interpretiert werden. Daher ist es nicht immer einfach, bestimmte Symptome am Tier wiederzufinden.

Zusätzlich müssen spezielle Tierkrankheiten bzw. die der Katze, welche es beim Menschen nicht gibt (z. B. die Otitis externa mit Milbenbefall, chronischer Katzenschnupfen), entsprechend auf Basis einer vergleichenden Krankheitsanschauung gedeutet werden.

Diese Kenntnisse lernt der Spezialist für Tierhomöopathie während seines Studiums.

Notwendige Erklärungen von Organfunktionen und medizinischen Fachbegriffen werden, soweit nötig, im Text oder Glossar erklärt.

Entscheidend ist das Beobachten und Erkennen von homöopathisch brauchbaren Symptomen am Tier, was auch dem medizinischen und homöopathischen Laien nach entsprechender Information in gewissem Umfang möglich ist.

Nicht selten muss jedoch ein Tierarzt zugezogen werden, insbesondere wenn es um lebensgefährliche Erkrankungen geht oder wenn eine exakte medizinische Diagnostik – z. B. Röntgen, Laborstatus – erforderlich ist.

In der kurativen Praxis begegnen dem Therapeuten zahlreiche Erkrankungen, in denen keine medizinische Diagnose bezeichnet werden kann. Jedoch die individuellen Symptome des Patienten ermöglichen dennoch das Herausfinden eines passenden homöopathischen Mittels, um eine Heilung zu ermöglichen.

MEDIZINVERSTÄNDNIS IN HOMÖOPATHIE UND HOCHSCHULMEDIZIN

Wer homöopathisch therapieren will, muss sich ein neues Verständnis der Medizin aneignen: Die Hochschulmedizin »denkt« überwiegend in den Paradigmen von logischen Kausalketten, die Homöopathie nutzt zusätzlich das analoge Denken und berücksichtigt kybernetische Steuerungssysteme von Organfunktionen.

Die Schulmedizin therapiert die Symptome überwiegend im Sinn einer Palliativmedizin:

- Schmerzmittel werden gegen Schmerzen verabreicht; die primäre Ursache wird oft zu wenig berücksichtigt
- entzündungshemmende Substanzen (z. B. NSAIDs) lindern zwar die Entzündung, können aber nicht das erkrankte Gewebe oder Organ regenerieren
- Beruhigungsmittel sollen z. B. Verhaltensstörungen oder epileptische Krampfanfälle dämpfen
- Juckreiz wird durch Pharma-Präparate beseitigt, häufig ohne dessen Ursache zu berücksichtigen
- Antibiotika werden gegen – auch gegen vermutete – Bakterien eingesetzt etc.

Oft erklären Schulmediziner Patienten dann für »gesund«, wenn ihre Symptome beseitigt wurden.

Es gibt zahlreiche homöopathischen Arzneien, die ebenfalls solche Zustände heilen können. Diese jedoch erfassen das Umfeld, das der Erkrankung zugrunde liegt, und regenerieren gleichzeitig die geschädigte Organfunktion, soweit das bei schwersten Schäden möglich ist. Z. B. die Erreger verlieren durch gestärkte Immunabwehr ihre krankmachende Eigenschaft und das verbesserte Allgemeinbefinden lässt den Patienten schneller genesen.

FALLBEISPIEL 1
Kater – Lungenentzündung

Der unkastrierte Kater Mirko hat sich bei nasskaltem Wetter in der Nacht »herumgetrieben« und die Katzendamen »angesungen«. Nun liegt er daheim, frisst und trinkt nicht, hat 40 °C Fieber und leidet unter Husten und Atemnot. Die Besitzer konsultieren den Tierarzt. Dieser diagnostiziert eine Lungenentzündung, verabreicht ein Antibiotikum, gemischt mit Kortison und »Schmerzmittel« bzw. »Entzündungshemmer« (NSAID). Die Antibiotika-Therapie soll noch 10 Tage lang fortgesetzt werden.

Das Fieber geht nun zurück auf die Normaltemperatur, Atemnot und Husten lassen nach, aber der Kater ist apathisch und verweigert sein Futter. Nach 3 Tagen stellt sich ein Brechdurchfall ein als Folge der schlecht vertragenen Pharma-Präparaten und verminderter Immunabwehr durch Kortison. Beim nächsten Tierarztbesuch bekommt der Kater ein anderes Antibiotikum, zusätzlich ein Mittel gegen Erbrechen und einen »Säureblocker« für den Magen, dessen Schleimhaut durch die verabreichten Medikamente nun gereizt ist.

Nun mag der Kater gar nicht mehr fressen und verkriecht sich, sobald er die Tabletten in der Hand seiner Besitzer sieht. Wenn er nun gewaltsam seine

Medikamente ins Maul bekommen soll, wehrt er sich in Todesangst.

Nun wird er in die Tierklinik eingestellt und bekommt die Arzneien in Form von Infusionen.

Da seine Lebenskraft noch einigermaßen funktioniert, kann er bald entlassen werden, aber die nächste Erkrankung ist vorauszusehen.

Hätte er in diesem Zustand zum Schluss noch die angeblich obligatorische Impfung erhalten, würde er wahrscheinlich noch kränker.

Vor 45 Jahren wurde an der tiermedizinischen Universität jedem Studenten eingeschärft, Kortison sei in akuten, fieberhaften Prozessen absolut kontraindiziert, weil es das Immunsystem schwächt. Heute dagegen wird das regelmäßig praktiziert; das Ergebnis besteht im beschleunigten Verschwinden der aktuellen, akuten Symptome, die sich anschließend umso häufiger zu chronischen Krankheiten entwickeln und weitaus schwieriger zu behandeln sind.

Die Nebenwirkungen durch Pharma-Präparate schwächen zusätzlich die Lebenskraft.

Die akute fieberhafte »Erkältung« oder Lungenentzündung hätte mit dem passenden Homöopathikum innerhalb von 1 bis 3 Tagen geheilt werden können – ohne Folgeerkrankungen.

FALLBEISPIEL 2
Katze – Hautausschlag

Eine Katze wird tierärztlich behandelt wegen eines krustigen, nässenden, stark juckenden Hautausschlags – mit der Schulmedizin scheinbar kein Problem: Sie bekommt ein Antibiotikum und Kortison; Juckreiz und Hautausschlag verschwinden, kehren aber nach einigen Tagen wieder. Nun wird zusätzlich zu derselben wiederholten Therapie ein Diätfutter gegeben, weil man eine Futtermittelallergie vermutet. Trotzdem erscheint die Hauterkrankung nach wenigen Wochen erneut. Nun bekommt die Katze langfristig Prednisolon-Tabletten (synthetisches Kortison) und damit tritt keine Hauterkrankung mehr auf. Jedoch einige Wochen später entwickelt das Tier epileptische Anfälle, die nun als ganz neue Erkrankung mit Barbituraten (Beruhigungsmittel für das »überreizte« Nervensystem) lebenslang therapiert werden sollen.

Die Katze ist nun permanent schläfrig, spielt nicht mehr und unternimmt kaum noch Ausflüge nach draußen. Die epileptischen Anfälle treten trotzdem weiterhin sporadisch auf, sind aber nicht mehr so schlimm wie zu Beginn.

Beim geschilderten Fall ist eine »Unterdrückungsreaktion« eingetreten, ein aus der Homöopathie bekannter Krankheitsverlauf: Die Hauterkrankung ist eine Ausscheidungsfunktion des Körpers. Diese wurde mit Pharma-Präparaten beseitigt; stattdessen hat sich die Symptomatik verlagert und spielt sich nun an einem anderen Organsystem – hier am Zentralnervensystem – ab.

Das passende Homöopathikum wird die Epilepsie zur Ruhe kommen lassen, aber gleichzeitig wird der Hautausschlag wieder auftreten, der dann wiederum ein passendes Simile verlangt:

Die Heilung verläuft in umgekehrter Reihenfolge des Auftretens der Symptome, d. h. zuerst werden die zuletzt beobachteten Symptome, die späteren anschließend geheilt. (Zum Thema »Unterdrückung« siehe *Kapitel 2, Abschnitt Entstehung chronischer Krankheiten, Seite 35*, zum Thema »Hering'sche Regel« siehe *Kapitel 2, Abschnitt Ablauf der Heilung, Seite 67*).

DAS HOMÖOPATHISCHE SYMPTOM

Nicht nur Krankheit und Heilung, sondern auch **das homöopathische Symptom** sind in der Homöopathie anders definiert als in der Hochschulmedizin.

Die Schulmedizin nennt die Diagnose z. B. »Pneumonie«, »Eosinophiles Granulom« oder »Katzenschnupfen-Komplex« und ist bemüht, Symptome pauschal mit einer Standardtherapie (Palliativtherapie mit Antibiotika, Kortison und »Entzündungshemmern«) zu beseitigen.

Der Homöopath kennt zwar auch die diagnostischen Bezeichnungen, nutzt aber zusätzlich individuelle **Symptome** und **Modalitäten** des Krankheitsgeschehens. Diese Angaben bilden die »Wegweiser« zum passenden homöopathischen Mittel.

Die homöopathischen Symptome beziehen sich nicht auf den Namen oder die Diagnose einer Krankheit, sondern den ganzen Komplex des Geschehens mit seinen individuellen Modalitäten, d. h. mit der Art und Weise, **wie, wo, warum, wann und unter welchen Umständen** sich die Symptome äußern.

DIE HOMÖOPATHISCHE ARZNEI

Es gibt homöopathische Arzneien mit unterschiedlicher »therapeutischen Breite«.

Viele homöopathische Mittel können in gleicher Weise für akute, subakute oder chronische Krankheiten des ganzen Organismus oder einzelner Organsysteme indiziert sein. Solche »großen Arzneien« bezeichnet man als »Polychreste«. Andererseits gibt es auch »kleine Mittel«, die nur für einen begrenzten klinischen Einsatzbereich zuständig sind.

In der Alltagspraxis gelangen jedoch die »großen Mittel« am häufigsten zur Anwendung.

Herkunft der homöopathischen Arzneien

Die Ausgangssubstanzen homöopathischer Arzneien stammen aus verschiedenen Naturreichen.

- Aus dem **Pflanzenreich** stammen z. B. *Belladonna* und *Pulsatilla*
- aus dem **Mineralreich** z. B. *Phosphorus*, *Silicea* oder *Natrium muriaticum*
- aus dem **Tierreich** z. B. Schlangengifte oder Präparate aus einem ganzen Lebewesen, z. B. *Formica rufa* (Ameise)
- **Nosoden** werden aus sterilisierten Produkten von krankem Körpergewebe hergestellt, aus Bakterien oder Zersetzungsprodukten von Organen: z. B. *Psorinum*, *Pyrogenium* oder *Tuberculinum*
- **Imponderabilien** (nicht wägbare oder »strahlende« Mittel) sind z. B. *Sol* (potenzierte Sonnenstrahlen) oder *X-Ray* (potenzierte Röntgenstrahlen)
- **Sarkoden** bestehen aus potenziertem, gesundem Körpergewebe.

Arzneien mineralischer Herkunft oder solche aus chemischen Elementen greifen in der Regel tiefer in die Regulation des Organismus ein als solche aus dem Pflanzenreich. Diese Mittel müssen daher vorsichtiger dosiert werden als solche aus dem Pflanzenreich (Ausnahmen: *Lycopodium*, *Thuja*). Dasselbe gilt für Arzneien, die aus giftigen Tieren gewonnen wurden.

Sarkoden nehmen hier eine gewisse Sonderstellung ein. Da sie keine krankmachenden Eigenschaften haben (Ausnahme: potenzierte Hormondrüsen), verfügen sie auch nicht über ein starkes Potenzial zur Heilung von Krankheiten. Sie können bestenfalls zur Unterstützung lokaler Schäden oder als Palliativ eingesetzt werden.

POTENZIERUNG

Die Lebenskraft (griechisch: **Dynamis;** lateinisch: **Potentia Vitae**) steuert über energetische Informationen (siehe *Kapitel 2, Abschnitt Die Lebenskraft, Seite 22*) die Dynamik aller psychischen und körperlichen Vorgänge. Daher ist es nachvollziehbar, dass eine gestörte, aus dem Gleichgewicht geratene Lebenskraft nicht durch materielle, nach Körpergewicht dosierte Stoffe reguliert werden kann.

Ebenso wenig wie ein Klempner den streikenden Computer mit der Rohrzange reparieren kann, so muss in ähnlicher Weise auch die Lebenskraft durch einen ihr angemessenen Impuls korrigiert werden, um gleichsam die Feinabstimmung wieder optimal zu justieren.

Um seine Arzneien auf die Lebenskraft, der »Dynamis« des Patienten, einzustellen, entwickelte Hahnemann das »Dynamisieren« oder »Potenzieren« seiner Heilstoffe.

Arten der Potenzierung

Das Potenzieren einer flüssigen Ausgangssubstanz geschieht folgendermaßen:

Ein Pflanzensaft z. B. wird stufenweise mit einem Wasser-Alkohol-Gemisch verdünnt, wobei die Flüssigkeit nach jedem Verdünnungsschritt 10-mal (besser häufiger) kräftig geschüttelt werden muss.

Die Herstellung von homöopathischen Arzneimitteln wird im Arzneimittelgesetz geregelt, welches aber nicht in jedem Fall mit den Anweisungen Hahnemanns übereinstimmt.

Der Verdünnungsprozess erfolgt im Verhältnis 1:10 (**Dezimal-Potenz**) oder 1:100 (**Centesimal-Potenz**):

- 1 ml der Ausgangslösung wird in 9 ml (bzw. 99 ml) Wasser-Alkohol-Gemisch gegeben, 10-mal schütteln
- davon 1 ml in ein neues Glas, dazu 9 ml (bzw. 99 ml) Wasser-Alkohol-Gemisch, 10-mal schütteln
- davon wiederum 1 ml in 9 ml (bzw. 99 ml) Wasser-Alkohol im neuen Glas, dann 10-mal schütteln usw.

Die Bezeichnung der Potenzstufe richtet sich nach der Anzahl der Verdünnungsschritte:

Eine D 6-Potenz (6. Dezimal-Potenz) wurde 6-mal 1:10 verdünnt und dazwischen 6-mal mit je 10 kräftigen Schüttelschlägen dynamisiert.

Eine C 30-Potenz (30. Centesimal-Potenz) wurde 30-mal 1:100 verdünnt mit jeweils 30 zwischengeschalteten (10-maligen) Schüttelschlägen.

Das Resultat dieser Art von Potenzierung bezeichnet man als **Dilution** (flüssige Verdünnung).

Feste Substanzen werden durch Verreiben mit Milchzucker im Mörser mit Pistill potenziert.

Hahnemann forderte diese Zubereitung auch für die Potenzierung frischer Pflanzen.

1 g der Ausgangssubstanz wird eine Stunde lang mit 99 g Milchzucker verrieben.

Anschließend wird 1 g dieser Verreibung in einer neuen Reibeschale mit 99 g neuem Milchzucker verrieben usw.

Die Verreibung fester Ausgangsstoffe bezeichnet man als **Trituration.**

Die Trituration dient im Bereich von tiefen Potenzen auch zur Herstellung von **Tabletten**, die aus gepresstem Milchzucker bestehen.

Höhere Potenzen als die C 4 werden in flüssiger Form (Dilution) weiter potenziert.

Erstaunlicherweise ist eine mineralische Ausgangssubstanz nach vierstündiger Trituration in einen wasserlöslichen Zustand übergegangen.

Q- oder LM-Potenzen sind eine Sonderform der Potenzierung. Sie werden ab der C 3 in 1: 50'000er-Schritten potenziert.

Wer diese Potenzen beim Tier einsetzen will, hat in den meisten fällen mit Kommunikationsproblemen seitens der Tierbesitzer zu rechnen: Hier muss täglich das individuelle Befinden des Patienten in Augenschein genommen werden, das über die weitere der Q-Potenz entscheidet.

Diese Potenzen können z. B. bei Krebserkrankungen oder bei gleichzeitiger schulmedizinischer Therapie indiziert sein.

Die **Globuli** (»Kügelchen«) sind eine weitere Zubereitungsform der homöopathischen Arznei; sie bestehen aus Saccharose und Stärkemehl. Sie werden mit einer minimalen Menge der Dilution befeuchtet und anschließend getrocknet. Homöopathische Globuli stellen die effektivste und kostengünstigste Zubereitung homöopathischer Arzneien dar.

Bei der Herstellung homöopathischer Mittel unterscheidet man **»Mehrglas-Potenzen«** und **»Einglas-Potenzen«**: Für die Anfertigung von »Mehrglas-Potenzen« wird für jeden Verdünnungsschritt ein neues Glas eingesetzt, wie oben beschrieben. Sie werden auch als **»Hahnemann-Potenzen«** z. B. mit »C 30 H« oder »CH 30« bezeichnet.

Oberhalb der C 30 bis zur C 1000 (M) und C 10000 (XM) oder höher ist der Aufwand an Glasmaterial zu groß, daher setzt man hier in der Regel die Methode der »**Einglas-Potenzierung**« ein: Für jeden Verdünnungsschritt wird dasselbe Gefäß benutzt. Die flüssige C 30-Potenz (zum Beispiel) wird fortgegossen und mit den restlichen am Glas haftenden Tropfen wird weiterpotenziert: 99 ml Wasser-Alkohol aufgießen, schütteln; 99 ml fortgießen, auffüllen, schütteln, fortgießen usw. Dieses Verfahren wird nach dem Entdecker **Korsakoff** benannt und heute fast bei allen Hochpotenzen oberhalb der C 30 eingesetzt. Die Bezeichnung lautet dann: »C 200 K«, »CK 200«, »M K« oder »XM K«.

Man unterscheidet **hohe, mittlere und tiefe Potenzen**.

Die C 30 gilt als mittlere Potenz, höhere Dynamisationen zählen zu den Hochpotenzen.

Letztere werden bis zur zehntausendsten (XM), sogar millionsten Potenz (MM) angewendet. Sie sollten **ausschließlich dem homöopathischen Spezialisten vorbehalten bleiben** und von homöopathischen Laien oder »Einsteigern« weder unüberlegt noch ohne entsprechende Kenntnisse verabreicht werden.

Je höher die Potenz, desto intensiver, tiefgreifender und vor allem präziser ist die Wirkung.

Tiefere Potenzen haben ein breiteres, aber weniger spezifisches Wirkungsfeld.

Hochpotenzen bedürfen genauester Indikation und Dosierung: Z.B eine 10 000er Potenz (XM) darf im chronischen Fall nicht vor Ablauf von 2 bis 3 (oder mehr) Monaten bzw. einzig im Fall von Wiederauftreten der früheren Symptome wiederholt werden. Anderenfalls sind unerwünschte Reaktionen möglich. Hier gibt es stringente Vorschriften für die Anwendung und Dosierung (Literatur 6, 20, 31, 41, *Kapitel 2, Abschnitt Auswahl der Potenz-Art und Dosierung, Seite 58*).

Die **Aufbewahrung homöopathischer Arzneien** erfolgt am besten in Form von Globuli an einem lichtgeschützten, strahlungsfreien Ort, nicht auf Fernseher, Mikrowelle, nahe einem Lautsprecher, Handy, schnurlosen Telefon, W-LAN- oder Bluetooth-Gerät etc.

Beitrag zum Verständnis homöopathischer Potenzen

Zum allgemeinen Verständnis sei betont: Durch das Potenzieren werden **nicht generell die materiellen Eigenschaften der Ausgangssubstanz** verstärkt! Im Arzneimittelbild können zwar analoge, aber nicht grundsätzlich dieselben Schwerpunkte beobachtet werden. Z. B. die homöopathische Zubereitung von

Digitalis wirkt zwar auch auf das Herz, darf jedoch nicht nach klinischen, sondern einzig nach seinen individuellen Symptomen und Modalitäten verordnet werden. Das potenzierte Digitalis-Präparat hat neben der Herz-Symptomatik auch einen wesentlichen Einfluss auf Symptome der Leber, Lunge, der Harnwege und Geschlechtsorgane.

Das Potenzierungsverfahren (»Verdünnung«) hat nichts mit dem viel zitierten »Tropfen im Bodensee« zu tun. Vielmehr handelt es sich hier um ein Verfahren zur Herstellung von feinsten, resorbierbaren Substanzen, wahrscheinlich sogar kleiner als Nanopartikel.

Mit jedem Verdünnungsschritt werden die materiellen Bestandteile und Giftstoffe der Ausgangssubstanz »herausgeschüttelt« oder »herausgerieben«, um gleichsam deren Information von materiellen Bestandteilen zu befreien und diese auf die Trägersubstanz (Wasser, Alkohol oder Zucker) zu übertragen bzw. aufzumodulieren.

Das Verdünnungsmedium fungiert also als ein Trägerstoff, dem die arzneispezifische Information aufgeprägt wird. Über die Fähigkeit von Wasser – Informationen zu speichern und weiterzugeben – gibt es zahlreiche Forschungsergebnisse (Literatur 16, 27, 57).

Bereits niedrige Potenzen übernehmen in stabiler Weise die Information der Ausgangssubstanz.

Mit jedem Potenzierungsschritt nehmen Stärke und Präzision der Wirkung zu.

Oberhalb eines bestimmten Verdünnungsgrades (Mehrglas-Verfahren) ist kein Molekül der Ausgangssubstanz mehr vorhanden. Das ist ab der D 23 (23-mal 1:10 verdünnt und verschüttelt) (Lohschmidt'sche Zahl) oder ab der C 12 (12-mal 1:100 verdünnt und verschüttelt) der Fall.

Die so hergestellten, d. h. *potenzierten Arzneien* wirken umso stärker, je höher die Potenz ist. In diesem Sinn bedeutet »potenzieren« gleichsam das »Freisetzen von Kraft« aus der Ausgangssubstanz, die der Lebenskraft des kranken Patienten und seiner Pathologie angemessen sein muss. Um eine Heilwirkung zu erreichen, muss die »Kraft« der ähnlichen Arznei die »Kraft« der ähnlichen Erkrankung um ein Geringes übertreffen, damit sie »ausgelöscht« werden kann (Hahnemann, ORGANON § 27).

Physik der potenzierten Arznei

Die Wirkungsweise potenzierter Arzneimittel stellt die heutige Medizin-Wissenschaft mit ihrem materialistisch ausgerichteten Paradigma vor scheinbar unlösbare Probleme: Die derzeitige Hochschulmedizin postuliert, dass eine Arznei durch einen definierbaren und chemisch-pharmazeutisch nachweisbaren Wirkstoff funktioniere, der nach Körpergewicht dosiert und dessen Nebenwirkungen in Kauf genommen werden müssen.

Mit dem derzeitigen Denksystem der Medizin lässt sich eine medizinische Wirksamkeit von einem Stoff ohne materiell nachweisbaren Inhalt nicht vereinbaren.

Es gibt jedoch auf dem Gebiet der Physik diverse Ansätze zu einer Erklärbarkeit der Wirkungsweise potenzierter Arzneien: Autoren wie F.A.Popp, Resch/Gutmann, Warnke (Literatur Nr. 53, 57, 78) und viele andere zeigen, dass der Potenzierungsvorgang Einfluss nimmt auf die Molekularstruktur der Trägersubstanz (Wasser, Zucker).

Der Nobelpreisträger Luc Montagnier sowie indische Forscher fanden einen Bezug zu Nanopartikeln in hochverdünnten Lösungen, die minimale Radiowellen aussenden (Literatur 9, 44).

Der Physiker Dr. Ulrich Warnke (Literatur 78) sieht durch die Homöopathie einen quantenphysikalischen Einfluss auf die Atomstruktur in den Mikro-Bestandteilen des Patienten: Die Drehrichtung (Spin) der Elektronen sei im Krankheitsfall nicht korrekt, werde aber durch das passende Mittel korrigiert.

Jeder Homöopath weiß, dass die homöopathische Arznei dem Organismus eine nicht materielle Information übermittelt. Die Homöopathie weist damit auch deutliche Analogien zur heutigen Informatik auf: Die Informationen homöopathischer Arzneien können seit mehr als 25 Jahren auf einem Computer gespeichert, abgerufen und auf Trägermedien übertragen werden (Literatur 14, 55).

Es ist allenthalben bekannt, dass man Informationen nicht chemisch-pharmazeutisch nachweisen kann.

Potenzieren in eigener Anfertigung

Sollte in einem dringenden Fall kein potenziertes Homöopathikum oder keine passende Potenz zur Verfügung stehen, kann man für den eigenen Bedarf in einem einfachen Vorgang z. B. einen Pflanzensaft selbst potenzieren:

FALLBEISPIEL 3: Mutterkatze – Milchmangel

Samstagabend, die Apotheken für den Erwerb der homöopathischen Arznei haben bereits geschlossen.

Eine Katzenmutter hat 6 Junge geworfen, aber hat viel zu wenig Milch.

Ein altbewährtes Rezept aus der menschlichen Hebammen-Praxis empfiehlt der Frau bei Milchmangel, 1 bis 2 l Brennnesseltee zu trinken.

Die Katzenmutter würde uns aber alle Krallen zeigen und lieber die Jungen verhungern lassen, als Brennnesseltee zu trinken!

Darum folgendes »Rezept«:

Man rupfe einige zarte Brennnesselblätter ab, schneide sie so fein wie Petersilie für die Suppe, gieße die Pflanzenteile in einem fest verschließbaren Glas mit einer geringen Menge (1 bis 2 Esslöffel) kochenden Wassers auf – am besten zusammen mit einem Esslöffel hochprozentigen Alkohols – und lasse das Ganze ca. 10 Minuten ziehen. Dann schlage man das Gefäß kräftig auf einen elastischen Gegenstand (z. B. Telefonbuch) und presse ca. 1 ml konzentrierter Brennnessel-Lösung heraus.

Man nehme ein neues Glas, fülle 1 ml des Saftes ein, zusätzlich eine knappe Tasse (ca. 100 ml) Leitungswasser – am besten wieder mit einer Spur Alkohol – und schlage das Ganze wiederum mindestens 10-mal so kräftig es geht.

Dann schütte man den Inhalt fort, fülle dasselbe Glas mit den noch am Rand anhängenden Tropfen wiederum mit einer knappen Tasse frischen Wassers auf (jetzt ohne Alkohol – da ungeeignet für Katzen!) und schüttele erneut.

Das Ergebnis ist eine C 2-Einglas-Potenz.

Davon gebe man der Katzenmutter alle 10 bis 15 Minuten einen Tropfen auf die Nase – für ca. 1 bis 2 Stunden.

Weitere Einzelgaben können – bei Bedarf – im Abstand von 4 bis 6 Stunden verabreicht werden.

Die Katze wird das Eingeben oder Auf-die-Nase-Tropfen ohne Krallen dulden und innerhalb der nächsten Stunden ihre Milchleistung steigern.

Das Potenzieren zum eigenen Bedarf lässt sich natürlich auch in 1:10-Schritten für eine Dezimal-Potenz anwenden; dafür eignet sich z. B. eine 20-ml-Einmal-Spritze, die den notwendigen Raum für die Verwirbelungen beim Schütteln freigibt.

VERABREICHUNG HOMÖOPATHISCHER ARZNEIEN AN DIE KATZE

Homöopathische Mittel können pur in Form von Globuli oder auch in Wasser aufgelöst mittels Spritze direkt ins Maul gegeben werden (orale Gabe).

Alkoholische Zubereitungen dagegen sind für die Katze ungeeignet, unverträglich und absolut kontraindiziert.

Theoretisch reicht der Schleimhautkontakt mit einem einzigen Globulus – unabhängig von Körpergewicht und Körpergröße, denn die Lebenskraft richtet sich nicht nach dem Körpergewicht!

Selbst Arzneien für Augenkrankheiten wirken am besten über die Maulschleimhaut.

In der Praxis sollte jedoch die Anzahl der Globuli so bemessen sein, dass eine sichere, möglichst großflächige Berührung mit der Maulschleimhaut gewährleistet ist. Am besten bewährt sich eine »Prise«, d. h. so viele Globuli wie man zwischen zwei Fingern halten kann, um sie ins Maul zu schieben.

Wenn die Katze allzu widerspenstig ist, kann man mit in Wasser aufgelösten Globuli die Nase oder eine Vorderpfote benetzen, die Katze wird diese dann ablecken.

Viele Katzen haben – wie bereits beschrieben – eine Art »siebenten Sinn«: Wenn die homöopathische Arznei das passende Simile für den Krankheitszustand des Tieres ist, werden die meisten Katzen nach kurzer Verwirrung die Globuli »lutschen«. Wenn die gewählte Arznei keinen Bezug zum Geschehen hat (ein falsch gewähltes Mittel), dann wird die Katze die »Kügeli« im hohen Bogen ausspucken – wie sie es auch meistens zu tun pflegt, wenn ihr Pharma-Präparate oral verabreicht werden sollen.

Allerdings muss man der Katze zum »Schmecken« ein paar Sekunden Zeit gönnen; denn sie ist meist etwas verunsichert über den ungewohnt süßen Geschmack. Am besten krault man in dieser Situation sanft, aber bestimmt, die Kehle und verhindert dabei, dass die Globuli sofort wieder ausgespuckt werden.

Im Zweifelsfall kann man die homöopathische Arznei auch übers Futter »servieren« oder auf einem besonders guten Leckerbissen platzieren.

Üblicherweise erfolgt die Wirkung der Arznei auf den Organismus durch den Kontakt mit der Schleimhaut.

Eine Injektion der Arznei ist nur in Ausnahmefällen gerechtfertigt. Injizierte Homöopathika – bis zur C 30 – wirken erfahrungsgemäß bis zu 24 Stunden länger als die orale Gabe.

Kriterien der Ähnlichkeit: Arten von Erkrankungen

Dieses Thema kann im Rahmen dieses Buches nur als kurze Übersicht bearbeitet werden. In diesem Zusammenhang sei ganz besonders auf das Studium der Fachliteratur verwiesen (Literatur 20, 29, 31, 50, 58, 61, 77, 79, 80).

Es gibt verschiedene Arten von Erkrankungen, die ein unterschiedliches Vorgehen durch die Homöopathie erfordern: Die Symptome des Patienten werden nach Art der Krankheit unterschiedlich in ihrer Rangordnung bewertet.

Das Prozedere der chronischen Erkrankung unterscheidet sich von dem des akuten oder lokalen Leidens: Im ersten Fall müssen **alle besonderen Symptome** des ganzen bisherigen Lebens, im anderen Fall nur **die zur Zeit aktuellen Symptome** zur Auswahl des Simile herangezogen werden. Gerade im Akutfall dürfen beide nicht miteinander vermischt werden.

Das Kriterium der »Ähnlichkeit« muss also definiert werden: Welche Symptome, welche Beobachtungen führen zur Wahl des passenden Arzneimittels?

Diese Frage lässt sich erst durch Erklärung verschiedener Arten von Erkrankungen bzw. ihrer Tragweite beantworten.

CHRONISCHE ERKRANKUNGEN

Entstehung chronischer Krankheiten

Die Homöopathie verfügt über eine spezielle Anschauung der Pathogenese, der Entstehung von Krankheit:

Jedes Lebewesen bringt – erblich bedingt – eine gewisse Anlage zu bestimmten Krankheiten mit auf die Welt. Insbesondere kranke Muttertiere – aber auch die gesundheitlichen Schwächen der Väter – vererben die Tendenz zu entsprechenden Krankheitsdispositionen. Im Laufe des Lebens kommen erworbene Schäden hinzu, die sich auf Körper und Psyche auswirken können und wiederum als »Schwachpunkt« auf die Nachkommen übertragen werden (epigenetische Einflüsse).

Diese Krankheitsdisposition bildet die Voraussetzung, den »Nährboden«, für chronische Erkrankungen (Literatur 31, 52, 58).

Chronische Erkrankungen treten in der Regel langsam auf und verschlimmern sich allmählich im Laufe von Monaten oder Jahren bis zum Lebensende – gemäß Erfahrung der Homöopathie.

Zahlreiche krankmachende Faktoren können dazu führen, dass sich aus der Krankheitsbereitschaft manifeste Erkrankungen entwickeln: Solche Einflüsse sind z. B. Stress in jeder Form (körperlicher ebenso wie psychischer Stress), Folgen von nicht ausgeheilten Erkrankungen, »Schlacken« infolge ungenügend ausgeschiedener Abbauprodukte des Stoffwechsels, Belastungen durch Nebenwirkungen oder schlecht vertragene Pharma-Präparate etc.

Dieses Phänomen ist besonders deutlich beim Menschen in der unterschiedlichen Erkrankungsweise von Kindern und älteren Personen erkennbar:

Kinder leiden meist an Erkrankungen, die sich über vermehrte Ausscheidung der Schleimhäute (z. B. Schnupfen, Ohrenentzündung, Darmkatarrh) äußern, zu verstehen als eine Art Ausscheidung toxischer Stoffe (siehe *Kapitel 2, Abschnitt Die Lebenskraft, Seite 22*).

Bei den Alten haben sich im Laufe des Lebens chronische Erkrankungen und organische Schäden entwickelt, die nach Ansicht der Homöopathie zum Teil durch vorangegangene, nicht ausgeheilte Erkrankungen entstanden sind. Solche Erkrankungen schreiten »von außen nach innen« – von äußeren auf innere, lebenswichtigere Organe – fort. Sie bilden die Variationen der früheren Leiden auf unterschiedliche Organsysteme, sind aber in den meisten Fällen keine isolierten oder »neuen« Krankheiten (Literatur 52, 58).

Dagegen muss die Heilung in umgekehrter Reihenfolge, d. h. »von innen nach außen« verlaufen. (siehe *Kapitel 2, Abschnitt Ablauf der Heilung, Seite 67*).

In der Traditionellen Chinesischen Medizin werden Entstehung und Verlauf chronischer Erkrankungen sinngemäß beschrieben:

»Was Stuhl und Urin nicht ausscheiden können,
das muss die Lunge tun,
was die Lunge nicht ausscheiden kann,
das muss über die Haut geschehen,
was die Haut nicht ausscheiden kann,
führt (infolge organischer Schäden)
zum (vorzeitigen) Tode.«

Diese Ausscheidungsfolge ergänzt die Krankheitsanschauung der Homöopathie.

Entwicklung und Verlauf chronischer Krankheiten

Eine chronische Erkrankung kann – gemäß Definition der Homöopathie – nicht aus eigener Kraft überwunden werden. Die Eigenregulation ist auf dem kranken Niveau gleichsam »eingefroren«. Mehr oder weniger akute Verschlimmerungen können mit einem vorübergehenden Stillstand der Krankheitssymptome abwechseln, aber die Krankheit schreitet langsam, aber sicher bis zum Lebensende weiter fort.

Pharma-Präparate können solche Zustände im besten Fall vorübergehend – auch über Jahre – zum Stillstand bringen, nicht aber heilen. Währenddessen entwickeln sich allmählich fortschreitende und tiefgreifende Gesundheitsschäden, die im Anfangsstadium meist nicht bemerkt werden. Vielen Menschen ist diese Entwicklung solcher chronischer Erkrankungen auch bei ihren Tieren längstens bekannt.

Chronische Krankheiten schreiten von außen nach innen fort, wie es die erwähnte Chinesische Medizin beschreibt: Wenn Erkrankungen auf der Oberfläche, z. B. Hautausschläge, wiederholt mit Pharma-Präparaten »beseitigt« werden, ohne dass die Lebenskraft »in Ordnung« gebracht wurde, so wird sich dieses Krankheitspotential wahrscheinlich später an einem anderen, übergeordneten (lebenswichtigeren) Organ im Inneren manifestieren: Es könnte dann – anstelle des Hautausschlags – z. B. ein Asthma oder eine Erkrankung des Zentralnervensystems auftreten (siehe Fallbeispiel 2).

Dabei handelt es sich nicht um eine isolierte »neue« Krankheit, sondern es handelt sich um die Variationen eines vorangegangenen Geschehens, das sich nun an einem anderen Organ abspielt.

Ein solches Fortschreiten der Erkrankung auf übergeordnete Organssysteme nennt man in der Homöopathie »Unterdrückung«.

Dieses Phänomen der Unterdrückung kommt gerade in der Tiermedizin gar nicht selten vor und gipfelt häufig in Unheilbarkeit und schließlich in Euthanasie.

Therapie chronischer Krankheiten

Für chronische Krankheiten ist die **konstitutionelle Therapie** indiziert.

Unter dem Begriff »Konstitution« versteht man in der Homöopathie die angeborene und erworbene Bereitschaft (Anlage oder Disposition) für Krankheiten.

Diese Therapie erfolgt mit der Gabe eines **»Konstitutionsmittels«**. Dieser Ausdruck ist eigentlich unrichtig; besser müsste es heißen »mit einem nach konstitutionellen Gesichtspunkten verordneten homöopathischen Arzneimittel«. Dennoch soll – der Kürze des Ausdrucks wegen – die Bezeichnung »konstitutionelles Mittel« beibehalten werden.

Am Beginn einer konstitutionellen Therapie muss in der Anamnese die **»Gesamtheit der Symptome«** des Patienten aufgenommen werden; das sind möglichst alle homöopathisch verwertbaren Zeichen und Modalitäten seit der Geburt des Patienten, wenn möglich zusätzlich die Krankheiten und gesundheitlichen Schwächen seiner Eltern (»Familien-Anamnese«).

Zur Fallaufnahme gehört es, alle Organbereiche (»von Kopf bis Fuß« – oder besser – »von Nase bis Schwanzspitze«) und zusätzlich das Verhalten des Patienten nach **auffallenden Besonderheiten** (§ 153 des ORGANON) zu untersuchen, die den Patienten von anderen Artgenossen unterscheiden (Literatur 51, 76) (siehe *Kapitel 2, Abschnitt Die Erste Säule der Homöopathie: Der Patient, Seite 44*).

Die Ergebnisse werden bewertet und nach **ungewöhnlichen, charakteristischen Eigentümlichkeiten geordnet** (Literatur 20, 24, 31).

Solche auffallenden und besonders ausgeprägten Symptome sind spezielle »Wegweiser« (**Leitsymptome)** zur passenden Arznei.

Der Homöopath wählt anhand dieser Angaben ein Homöopathikum aus, welches die größtmögliche Ähnlichkeit zu dieser Symptomatik aufweist und verabreicht es dem Patienten. Damit kann er dem gesamten Organismus einen gezielten Impuls für die Wiederherstellung seiner optimalen Eigenregulation geben.

Ablauf der Therapie chronischer Krankheiten

Chronische Erkrankungen können durch eine »**homöopathische Kur**« gebessert bzw. geheilt werden; darunter versteht man eine homöopathische Langzeittherapie, die sich über große Zeiträume erstrecken kann: Die Arznei wird im Abstand von Monaten oder Jahren beim Auftreten von wahlanzeigenden Symptomen in unterschiedlichen Potenzstufen (C 200, M, XM oder höher) wiederholt gegeben, bis der Patient von seinen chronischen Beschwerden befreit ist. Auch interkurrente akute Erkrankungen erfordern die Gabe eines entsprechenden passenden Mittels.

Sollte der Patient bereits früher auf ein Homöopathikum gut reagiert haben, das aber zur Zeit nicht mehr indiziert ist, dann sind **die derzeit aktuellen, bzw. die übrig gebliebenen, nicht beeinflussten Symptome für die Wahl des neuen Simile heranzuziehen.**

Hier gibt es tabellarische Anweisungen, welches Homöopathikum zu welchem Ergänzungs- oder Folgemittel passt (Literatur 56, 66).

Als Zwischenmittel kann auch die Einzelgabe einer Nosode indiziert sein, um das Reaktionsvermögen des chronisch kranken Patienten zu aktivieren.

Die individuellen Symptome des Patienten sind für den Therapeuten bei der Wahl des jeweiligen indizierten Simile ausschlaggebend.

Mit diesem Therapieansatz ist es nicht nur möglich, akute, wiederholt auftretende oder chronische Erkrankungen zu heilen, sondern auch im Sinn einer Prophylaxe (Vorbeuge) die Gesundheit für die Zukunft zu stabilisieren.

Mit einer derartigen Behandlung kann sogar ein Tierbestand oder eine ganze Zuchtlinie im Verlauf von generationsübergreifender Therapie von ihrer erblichen Krankheitsdisposition befreit werden.

Eine solche Therapie sollte allerdings von einem erfahrenen Therapeuten durchgeführt werden.

KAUSAL BEDINGTE ERKRANKUNGEN

Eine »kausal bedingte Erkrankung« lässt sich auf einen einzigen definierbaren, krankmachenden Faktor (»Kausa«) zurückführen:

»Nie wieder gesund seit…« oder **»Folgen von…«**

Bei einer solchen Erkrankung werden alle Symptome, Modalitäten und Veränderungen – auch psychische – berücksichtigt, die seit diesem Ereignis aufgetreten sind.

Derartige Erkrankungen sind in der Tierwelt nicht selten: Folgen von Verletzungen, von Kaltwerden, von Kastration, von Trockenfutter, von Kummer, sozialer Zurücksetzung, von nicht ausgeheilten Infektionen etc.

FALLBEISPIEL 4:

Die Katze hat sich draußen bei nasskaltem Wetter eine Blasenentzündung zugezogen. Sie uriniert häufig in die Wohnung, weil sie der plötzliche Harndrang auf dem Weg zu ihrer »Katzenkiste« überwältigt. Am Folgetag tropft schleimiger Urin unwillkürlich heraus. Die antibiotische Therapie bessert die Entzündungssymptome, aber der unwillkürliche Harnabgang bleibt bestehen.

Die Ursache, Kausa, der Erkrankung – Erkältung bei nasskaltem Wetter – führt zu dem Simile »*Dulcamara*«, was die Inkontinenz in kurzer Zeit in Ordnung bringt.

Hier sollte sich eine konstitutionelle Therapie mit einem »Folgemittel« – möglicherweise mit *Calcarea, Lycopodium, Pulsatilla* o. a. – anschließen, um ähnlichen Erkrankungen vorzubeugen.

FALLBEISPIEL 5:

Die Katze hat eine chronische Gehörgangsentzündung; sie kratzt und schüttelt permanent das juckende Ohr, das angefüllt ist mit schmieriger, stinkender, dunkler Absonderung. Der Tierarzt stellt nicht nur die Gehörgangsentzündung, sondern zusätzlich einen Befall mit Ohrmilben fest. Die Katze bekommt die allgemein üblichen Ohrentropfen, die ein Antibiotikum, ein Mittel gegen Pilze und ein Kortison-Präparat enthalten. Zusätzlich wird ein Antiparasitikum auf dem Rücken zwischen die Schulterblätter eingerieben, das nicht nur Flöhe, sondern auch die Ohrmilben beseitigen soll.

Das Ohrenschütteln hört auf, die Gehörgänge werden sauber gepflegt.

Aber nach einigen Wochen oder Monaten kehrt dieselbe Erkrankung wieder. Es wird dieselbe Therapie durchgeführt. Dieses Geschehen wiederholt sich sporadisch ein- oder mehrmals pro Jahr. Irgendwann entwickelt sich in den Tiefen des Gehörgangs ein eitriger Prozess, der nicht mehr durch die erwähnten Präparate beherrscht werden kann. Die Katze zeigt plötzlich Symptome von Schwindel und Taumeln.

Nun wird eine schwerwiegende Entzündung im Innenohr bzw. Labyrinth diagnostiziert, entstanden durch eine eitrige Entzündung, die durch das Trommelfell nach innen durchgebrochen ist. Die Aussichten für eine Heilung durch Pharma-Präparate sind gering.

Der behandelnde Homöopath berücksichtigt hier zunächst die Ursache der Erkrankung, die **»Unterdrückung«**: Das Tier erhält – je nach Symptomatik – ein Mittel wie z. B. *Sulfur* oder *Silicea* (oder ein anderes Mittel). Darauf sollte sich die Erkrankung des Innenohrs bessern. Anschließend wird sich wahrscheinlich nochmals die Otitis im äußeren Gehörgang manifestieren. Nun sollte eine konstitutionelle Therapie folgen, welche auch die ursprüngliche Ohrmilben-Otitis berücksichtigt.

Dieses Beispiel verdeutlicht den Verlauf der Heilung »von innen nach außen«.

Schließlich gibt es auch »Folgen von ...-Erkrankungen«, die »konstitutionell« behandelt werden, sofern das Krankheitsgeschehen bereits vor dem betreffenden auslösenden Ereignis vorhanden war, aber danach verstärkt in den Vordergrund tritt.

Kausal bedingte Erkrankungen mit chronischem Verlauf müssen auch dann »konstitutionell« therapiert werden, wenn die nach kausalen Kriterien gewählten Homöopathika keine Heilung oder nur eine vorübergehende Besserung bringen.

Diese beiden Formen chronischer Erkrankungen sind nicht immer klar voneinander zu trennen.

AKUTE ERKRANKUNGEN

Eine akute Erkrankung definiert die Homöopathie folgend:

Akute Krankheiten beginnen plötzlich und verlaufen heftig; sie können entweder aus eigener Kraft überwunden werden (Spontanheilung) oder sie führen zum Tode.

Derartige Krankheiten können einen Körperteil oder den gesamten Organismus betreffen und rasant bis zur Lebensgefahr voranschreiten. In diesem Fall ist die Lebenskraft von dem krankmachenden Ereignis überwältigt und erheblich aus dem Gleichgewicht geraten (z. B. septische Infektion, schwere Verletzung).

Akute Störungen können sich auch in einem lokalisierten Geschehen äußern, bei dem das Allgemeinbefinden des Patienten nicht wesentlich getrübt ist. Hier ist die Lebenskraft in geringerem Ausmaß betroffen (z. B. Trauma einer Kralle, lokal begrenzte Infektion).

Eine akute schwere Krankheit benötigt eine Arznei, die eine Ähnlichkeit zu diesem jetzt aktuellen Krankheitszustand aufweist.

Die heilende Arznei muss in Relation stehen zu Art, Schwere und Fortschreiten (Pathogenität) der vorliegenden Erkrankung.

Darüber hinaus muss der bisherige Verlauf, evtl. die Vorbehandlung und der derzeitige Zustand des Patienten berücksichtigt werden. Hier findet die Konstitution momentan keine oder nur untergeordnete Beachtung. Nach Abklingen des akuten Zustands sollte eine konstitutionelle Therapie folgen, um die Lebenskraft zu stabilisieren und damit einem Wiederauftreten der akuten Erkrankung vorzubeugen.

Die Wahl der Arznei im Akutfall richtet sich nach dem derzeitigen Zustand des Patienten: Bei Lebensgefahr muss zuerst die akute Situation erfasst und gebessert werden; nach deren Abklingen kann – wenn notwendig – eine Folgearznei für das Restgeschehen angebracht sein.

Ein weit verbreiteter Fehler ist es, die aktuellen mit den chronischen Symptomen zu vermischen! Dann ist eine richtige Arzneiwahl oft nicht möglich!

Ein destruktiv-fortschreitendes Krankheitsgeschehen benötigt auch ein Heilmittel mit entsprechend »destruktivem Potenzial« im Arzneimittelbild.

Beispiel

Eine lebensgefährliche Sepsis durch eine Wunde ist nicht z. B. mit *Calendula* zu heilen (wie harmlosere Wunden vor dem Entstehen von Komplikationen), sondern benötigt eine Arznei wie z. B. *Lachesis* oder *Pyrogenium*.

Umgekehrt darf eine frische, noch nicht schwerwiegend infizierte Wunde nicht mit einem solchen »Sepsis-Mittel« behandelt werden, da sonst Komplikationen provoziert werden können.

Die Genesung kann durch ein einziges Simile gelingen oder es kann eine – nach der Symptomatik gewählte – Abfolge verschiedener, zueinander passender Arzneien angebracht sein (z. B. bei gleichzeitiger Verletzung verschiedener Arten von Gewebe).

Potenz und Dosierung der Arznei wird entsprechend der Schwere der Erkrankung gewählt: Eine schwere Krankheit erfordert einen stärkeren »Impuls« für die Lebenskraft als ein nicht lebensbedrohliches Geschehen (siehe *Kapitel 2, Auswahl der Potenz-Art und Dosierung, Seite 58*).

»Akute« und »lokale« Erkrankungen bzw. »klinische Homöopathie« können nicht in jedem Fall eindeutig voneinander differenziert werden.

Auch bei akuten Erkrankungen sollte immer die gesamte Symptomatik des Patienten beachtet werden:

Nach der Behandlung der akuten Krankheit sollte zur endgültigen Stabilisierung der Lebenskraft ein konstitutionelles Mittel verabreicht werden, ausgewählt nach der »Gesamtheit der Symptome«.

KLINISCHE HOMÖOPATHIE FÜR LOKALISIERTE KRANKHEITEN

Die klinische Homöopathie betrifft die Behandlung von lokalisierten Erkrankungen (ohne einen konstitutionellen Bezug). Jedoch sollte auch hier immer die gesamte Symptomatik mit Modalitäten (»Was gibt es sonst noch?«) Beachtung finden.

Lokale Krankheiten entstehen häufig durch äußere Einwirkung ohne zugrunde liegende Krankheitsbereitschaft. Dazu gehören z. B. Verletzungen und deren Folgen.

Die klinische Homöopathie nutzt z. B. Arzneien mit einem speziellen Bezug zu einer bestimmten **Lokalisation** oder **Gewebeart**, zum Beispiel:

- *Hypericum* hat den Schwerpunkt in Verletzungen von Nerven und nervenreichem Gewebe.
- *Euphrasia* bezieht sich besonders auf spezielle Erkrankungen der Augen.
- *Carduus marianus* ist ein Spezifikum für die geschädigte Leber.

- *Flor de Piedra* ist ein spezielles Heilmittel für Stoffwechselerkrankungen mit Schwerpunkt bei Leber, Magen, Darm und Schilddrüse.

Dabei handelt es sich um eine **klinische, pathologische, organspezifische** oder **organotrope Verordnung.**

Eine solche Erkrankung kann unabhängig von der Konstitution bei jedem Lebewesen auftreten.

»EINSEITIGE KRANKHEITEN«

Hahnemann benannte Erkrankungen, die sich durch fehlende oder nur wenige Symptome auszeichnen (§§ 172 ff. des ORGANON) als »einseitige Krankheiten«. Sie erfassen eine lokalisierte Erkrankung, die (noch) nicht den gesamten Organismus betrifft oder es handelt sich um ein latentes Geschehen, wie Krebs, das sich entweder mit unspezifischen Beschwerden oder rein lokalen Symptomen äußert.

Solche Erkrankungen sollten möglichst von einem erfahrenen Homöopathen behandelt werden.

»UNÄHNLICHE ERKRANKUNGEN«: SCHÄDEN DURCH PHARMA-PRÄPARATE

In den §§ 38 bis 42 des ORGANON beschreibt Hahnemann eine weitere Sonderform von Krankheiten: Das gleichzeitige Vorhandensein zweier »unähnlicher Erkrankungen« in einem Organismus.

Hahnemanns ursprüngliche These lautete, es könne nur eine einzige Krankheit im Organismus aktiv sein, die durch eine »ähnliche« ausgelöscht wird (Simile-Gesetz).

In den oben genannten Paragraphen erweitert er seine Ansicht. Zur bereits vorhandenen Krankheit oder Disposition tritt eine zusätzliche neue Krankheit hinzu, die in der Regel nicht durch die konstitutionelle Therapie beeinflusst werden kann.

Diese zusätzliche Krankheit spielt besonders heute bei der Katze eine wichtige Rolle: Sie betrifft in erster Linie das Immunsystem (Autoimmunkrankheit) und lässt infolge »Immunkrankheit« scheinbar die bereits vorhandene Krankheitsdisposition in den Vordergrund treten.

Arzneien, die für die augenscheinlichen Erkrankungen angezeigt sind, wirken nicht, weil primär die Immunitätslage und Reaktionsfähigkeit beeinträchtigt sind.

Unter verschleierter Symptomatik entwickelt sich somit – teilweise langsam – ein unheilbarer Verlauf. Unterstützt wird das Geschehen durch zusätzliche immunsuppressive Therapie der Schulmedizin (obwohl sie vorübergehend lindern kann).

Krankheiten wie FIP, FIV, FORL etc. waren vor ca. 30 Jahren noch weitgehend unbekannt. Auch der chronische Katzenschnupfen und die Stomatitis ulcerosa (Maulfäule) wurden früher nicht in dieser Häufigkeit beobachtet wie heute.

Die homöopathische Behandlung dieser Krankheiten stößt mit der oben erwähnten Homöopathie für chronische Krankheiten auf Schwierigkeiten: Die konstitutionelle Therapie versagt in den meisten dieser Fälle.

Die Erfahrungen der kurativen Praxis hat sich nach langer Suche herausgestellt, dass bei dieser Art von Erkrankungen am häufigsten die Antidote gegen Quecksilbervergiftung indiziert sind. Hier drängt sich der Gedanke an die enorme Belastung mit Merthiolat (organisch gebundenes Quecksilber) aus den gängigen Impfstoffen für Tiere auf (siehe *Kapitel 4, Abschnitt Reaktionen auf Impfungen, Seite 154*). Auch andere Adjuvanzien begünstigen offensichtlich das Entstehen von Immunerkrankungen und Krebs.

In den letzten 30 Jahren hat die Belastung der Tiere, speziell der Katze, durch Pharma-Präparate erheblich zugenommen. Impfungen werden immer intensiver propagiert und häufiger verabreicht, ebenso die toxischen Präparate gegen Ekto- und Endoparasiten; nicht zuletzt tragen auch »Unterdrückungen« und falsche Fütterung zur Pathogenese schwerer Erkrankungen bei.

Die Schäden wirken sich – im Sinn der Miasmen-Theorie – generationsübergreifend aus. Das heißt, auch eine im jetzigen Leben noch nicht derart belastete Katze kann in diesem Sinn erkranken, wenn ihre Eltern oder andere Vorfahren geimpft oder mit toxischen Präparaten behandelt worden sind.

Aufgrund dessen ist zu erwarten, dass derartige Erkrankungen in Zukunft an Schwere und Häufigkeit weiterhin zunehmen.

Als schwierig erweist sich darüber hinaus, dass »einseitigen Krankheiten« nicht immer von den »unähnlichen« differenziert werden können und sie erfordern ebenfalls einen erfahrenen Homöopathen.

Einzelheiten zu diesem Thema sind in den Kapiteln von Anamnese zu akuten Allgemeininfektionen (Seite 125) bis Erkrankungen der Katzen-Ohren (Seite 183), Verletzungen der Maulhöhle (Seite 320) und Krebs- und Tumorerkrankungen der Katze (Seite 474) beschrieben.

Miasmen

Die Miasmentheorie ist eine umstrittene Hypothese der homöopathischen Medizin und wird von Außenseitern als »exotische Idee« lächerlich gemacht. Hahnemann verwendete diesem Ausdruck ursprünglich synonym für »Krankheit«: Er spricht in seinen Werken vom »akuten« und »chronischen Miasma«.

Erst von seinen Nachfolgern (z.B. Kent) wurde die bis heute vertretene Hypothese bestimmter Krankheitsverlaufsformen formuliert, welche ursprünglich die drei Formen chronischer Krankheiten »Psora«, »Sykose« und »Syphilis« betrifft.

Die Theorie der Miasmen basiert ursprünglich auf Hahnemanns Suche nach der Ursache chronischer Krankheiten. Er postulierte einen »unterdrückten« Hautausschlag (Krätze) als generellen Auslöser chronischer Krankheiten (»Mutter aller Krankheiten«), die er **Psora** (griech.: Krätze) nannte.

Zur Erklärung dieser Nomenklatur sollt hier folgendes erklärt werde: Zu Zeiten Hahnemanns waren als chronische Krankheiten einzig Gonorrhoe und Syphilis bekannt, die er **»Sykose«** (Feigwarzenkrankheit) und **»Syphilis«** benannte.

Hahnemann beobachtete, dass sich Krankheiten der Eltern als entsprechende Anlage bzw. Disposition bei Kindern und Enkeln wiederfinden lassen (Literatur 6, 29, 31 u.a.).

Man bezeichnet heute derartige Formen anlagebedingter Krankheiten als **miasmatische Belastung.**

In der jüngsten Vergangenheit wurden diese Miasmen – insbesondere von dem mexikanischen Homöopathen Ortega (Literatur 50) stilisiert: **»Psora«** wird verstanden als »Mangel«, im Sinn einer mangelnden Widerstandskraft oder Reaktionsweise von Psyche oder Gewebe; »**Sykose**« steht für überschießende Reaktionsweise von Psyche oder Gewebe und steht oft im Zusammenhang mit Erkrankungen des Urogenital, mit Papillomen (Warzen) und »Rheuma«. **»Syphilis« oder »syphilitische Reaktionsweise«** bezeichnet eine zerstörerische Tendenz des Krankheitsgeschehens und/oder der Psyche.

Später wurde die Miasmentheorie durch das »**Krebsmiasma**« (Kanzerogenität) und das **»tuberkulinische Miasma**« erweitert.

Von »Krebsmiasma« spricht man, wenn Eltern und/oder Großeltern unter Krebs gelitten haben und wenn der jetzige Patient die Zeichen einer Präkanzerose (Vorstufe von Krebs) aufweist: Z.B. mangelndes Durchsetzungsvermögen gegen psychische oder physische Unterdrückungen wie Misshandlung oder möglicherweise eine Art Immunschwäche.

Das tuberkulinische Miasma findet man bei Patienten, die unter wechselnden Beschwerden leiden oder die zu unsteten, »wandernden« Absichten, Handlungen und Aufenthaltsorten neigen.

Darüber hinaus gibt es weitere Vorstellungen von verschiedenen Homöopathen, die im Falle chronischer Erkrankungen weitere Miasmen nennen; man spricht berechtigterweise von einem »Impf-Miasma« (»Quecksilber-Miasma«), »Malaria-Miasma«, »Hepatitis-Miasma«, »Tollwut-Miasma« etc.

Die Miasmentheorie ist ein wichtiger Denkansatz der Medizin, weil er einen erblich bedingten Aspekt für die Entstehung chronischer Krankheiten in den Blickpunkt rückt (siehe *Kapitel 17, Abschnitt Prophylaxe von erblichen Schäden, Seite 535*).

Es sollte nicht unerwähnt bleiben, dass die Theorie der Miasmen auch unter Homöopathen selbst umstritten ist: Die Bewertung der Miasmentheorie – auch durch Ärzte mit 50-jähriger Erfahrung – reicht von »Unsinn« bis zum einzigen Kriterium der Verordnung.

Heute existieren zahlreiche Strömungen der Homöopathie, die sich mit diesen und anderen neuen Theorien über das Simile-Prinzip hinweg setzen und damit gegen Hahnemanns Forderung verstoßen, »nach deutlich einzusehenden Gründen« zu therapieren. Der sicherste und erfolgreichste Weg der homöopathischen Heilung ist jedoch noch immer der von Hahnemann.

Bei der Katze finden wir gegenwärtig häufig Erkrankungen, die zum tuberkulinischen, zum Krebsmiasma oder zum »Quecksilber-Miasma« gehören. Es gibt jedoch auch »psorische«, »sykotische«, seltener auch »syphilitische« Katzen.

Die Vorstellung der Miasmatik gewinnt bei der Betrachtung der »primär chronischen Erkrankungen« bzw. der »Autoimmunerkrankungen« (z. B. Katzenschnupfen, Stomatitis, FORL, FIV, FIP, Leukose u. Ä.) eine besondere Bedeutung: Miasmatische Belastungen – besonders solche durch Pharma-Präparate – wirken sich infolge des schnellen Generationswechsels der Katze (ca. 10 bis 15 Generationen seit 1980) als epigenetischer Einfluss aus (siehe *Kapitel 2, Abschnitt »Unähnliche Erkrankungen«: Schäden durch Pharma-Präparate, Seite 40*).

Anwendung der Homöopathie: Die »drei Säulen« der Homöopathie

Hahnemann hat in seinen umfangreichen Werken, insbesondere im »ORGANON der Heilkunst« (Literatur 24), die Richtlinien für die homöopathische Medizin niedergelegt, kommentiert von seinem Schüler Kent und anderen Autoren (Literatur 31, 41, 50, 61, 69, 77, 79, 80).

Die Anwendung des Ähnlichkeitsprinzips für diese Medizin wird derart erklärt:

Der Therapeut muss – gemäß dem Gesetz »**Ähnliches** (1. Säule) werde durch **Ähnliches** (2. Säule) **geheilt** (3. Säule)« – über die drei wichtigsten Kriterien der Homöopathie Bescheid wissen (§ 3 des ORGANON):

- **Kenntnis des Patienten und seiner Krankheit** (1. Säule)
  Dazu gehören:
  - die Fallaufnahme (Anamnese) des Patienten
  - eine medizinische Diagnose, die sich nicht nur auf den Krankheitsnamen beschränken darf
  - die Beurteilung der Lebenskraft bzw. der Schwere der Erkrankung

9

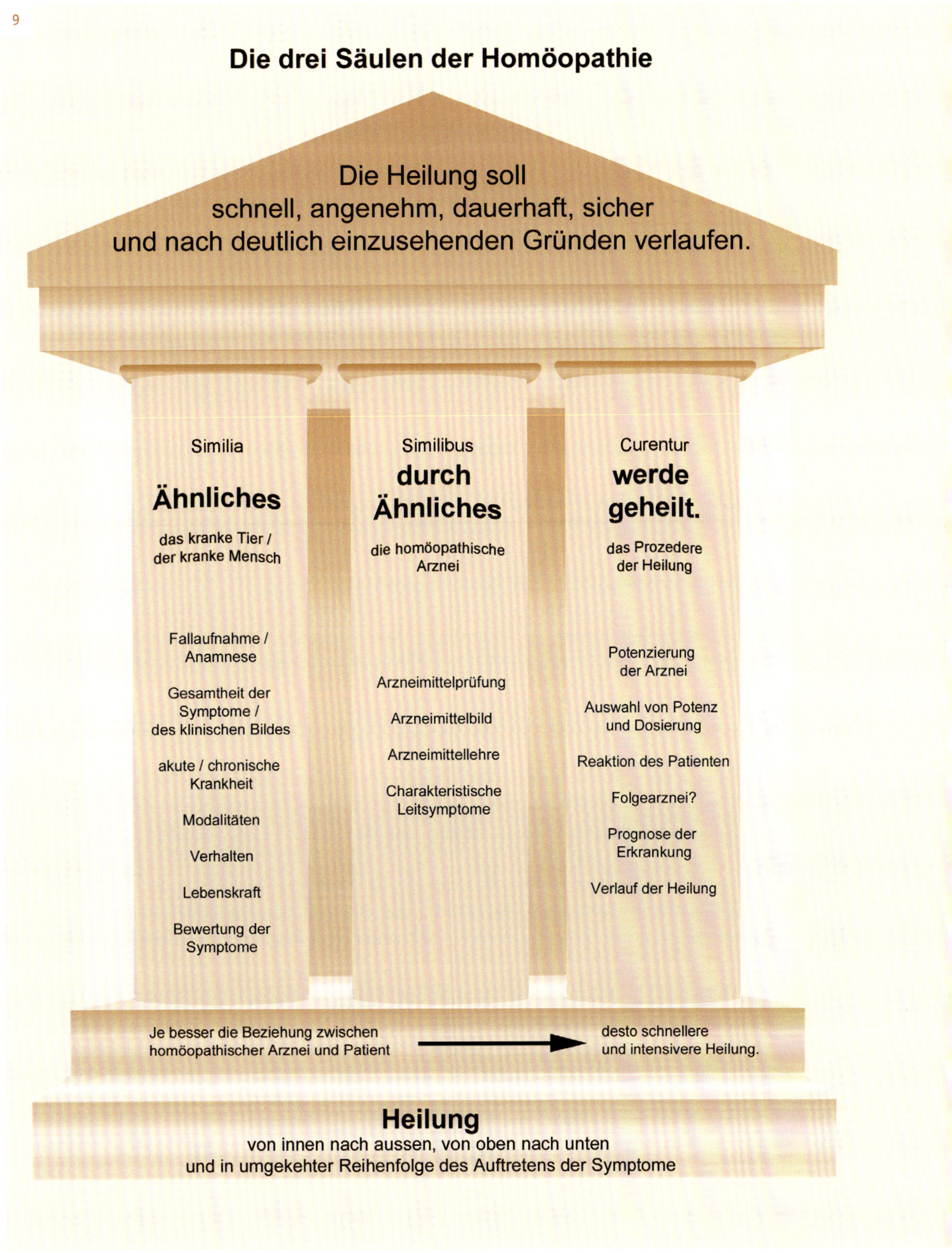
Die drei Säulen der Homöopathie
Die Heilung soll
schnell, angenehm, dauerhaft, sicher
und nach deutlich einzusehenden Gründen verlaufen.
Similia
Ähnliches
das kranke Tier / der kranke Mensch
Fallaufnahme / Anamnese
Gesamtheit der Symptome / des klinischen Bildes
akute / chronische Krankheit
Modalitäten
Verhalten
Lebenskraft
Bewertung der Symptome
Similibus
durch Ähnliches
die homöopathische Arznei
Arzneimittelprüfung
Arzneimittelbild
Arzneimittellehre
Charakteristische Leitsymptome
Curentur
werde geheilt.
das Prozedere der Heilung
Potenzierung der Arznei
Auswahl von Potenz und Dosierung
Reaktion des Patienten
Folgearznei?
Prognose der Erkrankung
Verlauf der Heilung
Je besser die Beziehung zwischen homöopathischer Arznei und Patient
desto schnellere und intensivere Heilung.
Heilung
von innen nach aussen, von oben nach unten
und in umgekehter Reihenfolge des Auftretens der Symptome

- der bisherige Verlauf und die voraussichtliche Entwicklung (Prognose) der Erkrankung
- die Vorbehandlung des Patienten
- die Vorgeschichte (möglichst auch der Elterntiere)
- sowie die hierarchische (rangmäßige) Bewertung der Symptome.

- **Kenntnis von den Arzneien** (2. Säule)

Das betrifft Kenntnis der Arzneimittelbilder sowie Wirkungsart und -weise der Arzneien, beschrieben in zahlreichen Arzneimittellehren (Literatur Nr. 6, 11, 13, 17, 45, 46, 48, 49, 75, 76 u. a.).

Zum Nachschlagen von Symptomen eignen sich besonders folgende Werke: Literatur 7, 8, 10, 25, 26, 38, 40, 45, 46, 48, 71.

Ferner sei auf die gängigen Repertorien verwiesen (Literatur 39, 47, 66, 81).

- **Kenntnis über den Vorgang der Heilung** (3. Säule)
  - Auswertung der Fallaufnahme, Auswahl der Arznei
  - Dosierung der Arznei
  - Beobachtung der Reaktion des Patienten auf die Arznei
  - Danach richtet sich die weitere Dosierung der Arznei oder gegebenenfalls die Entscheidung für die Gabe einer Folgearznei (Literatur 6, 20, 31, 79).

DIE ERSTE SÄULE DER HOMÖOPATHIE: DER PATIENT

Die erste Säule betrifft den Patienten: In der **Fallaufnahme**, **Anamnese** (griechisch: Wiedererinnerung) werden seine homöopathischen und medizinischen Symptome festgestellt, nach ihrer Art und Weise (**Modalitäten**) erfragt, schriftlich(!) festgehalten und anschließend nach ihrer Wichtigkeit und Besonderheit **bewertet**.

Dabei sei nochmals daran erinnert: Die Homöopathie behandelt das individuelle Kranksein des Patienten, nicht eine medizinische Diagnose oder einen Krankheitserreger.

Anamnese für die chronisch kranke Katze – »Gesamtheit der Symptome«

Zunächst werden die Anhaltspunkte für die Anamnese einer chronischen Krankheit beschrieben. Die Fallaufnahme für spezielle, auch akute Krankheiten findet sich in den späteren, organbezogenen Kapiteln.

Die Fallaufnahme bei chronischen Krankheiten erfordert einen nicht unerheblichen zeitlichen Aufwand, der den einer schulmedizinischen Anamnese bei Weitem übertrifft.

Ziel der Anamnese ist, die **Gesamtheit der Symptome** des Patienten aufzunehmen, um »den Inbegriff der Krankheit« (Hahnemann) zu erfahren und genaue Anhaltspunkte für die Arzneimittelwahl finden zu können (Literatur 19, 51, 66).

Zusätzlich liefert sie Anhaltspunkte, die es später ermöglichen, den Verlauf der Heilung zu verfolgen und bei Bedarf für die nicht gebesserten Symptome ein entsprechendes Folgemittel zu verordnen.

Die Anamnese beim Tier – bei der Katze – nutzt dieselbe Strategie wie für den Menschen.

Hier ist mitunter reinste kriminalistische Arbeit zu leisten, weil uns die Katze nicht ihren Tageslauf und ihre Erlebnisse im Freigang »erzählen« kann.

Die Anamnese umfasst:

- den Spontanbericht des Besitzers
- die eigenen Beobachtungen der Katze während der Anamnese
- die Befragung des Besitzers
- die klinische Diagnose (soweit möglich)
- und die Ergebnisse der eigenen klinischen Untersuchung.

Oft nutzen die Behandler für die Befragung der Bezugsperson und die Beobachtung der Katze als Vorlage einen homöopathischer **Fragebogen** mit den wesentlichen Fragen für die Anamnese.

Der Bericht der Bezugsperson und die eigenen Aufzeichnungen sollten **möglichst wörtlich** und spontan – d. h. zunächst ungeordnet – auf einem neuen, unbeschriebenen Blatt notiert werden.

Die spätere Wahl des passenden Mittels wird erleichtert, wenn wir bereits alle die Fakten besonders kennzeichnen, die uns aus den Äußerungen des Tierbesitzers auffallen, die **ungewöhnlich** sind (der Besitzer nennt sie häufig »komisch«), besonders **betont**, **wiederholt geäußert** oder beobachtet werden. Genauso wichtig sind die **eigenen Beobachtungen** des Patienten während der Anamnese.

Eine Anamnese beim Tier ist mit der Situation beim Kinderarzt vergleichbar: Wir bekommen die notwendigen Informationen aus zweiter oder gar dritter Hand, d. h. sie werden häufig bereits von den Bezugspersonen gedeutet. Hier ist es besonders wichtig, diese Äußerungen – soweit möglich – infrage zu stellen und sich selbst von deren Richtigkeit zu überzeugen.

Viele Tierbesitzer projizieren ihre eigenen Wünsche, Ideale oder Lebenserwartungen auf ihr Haustier:

Interessant ist, dass Ehepartner das eigene Tier oftmals gegensätzlich interpretieren, dabei werden manchmal schwerwiegende Partnerschaftsprobleme offenbar, unter deren Spannungen besonders die Katze leidet.

Einige Tierbesitzer sehen ihre Katze als Kind- oder Partner-Ersatz oder sogar als Spielzeug; persönliche und familiäre Spannungen oder übermäßige Nervosität des Besitzers führen häufig zu »unerwünschtem Verhalten« wie Unsauberkeit oder Fellknabbern (siehe *Kapitel 1, Abschnitt Die Katze und ihre Bezugspersonen, Seite 14* und *Kapitel 20, Verhalten – Gemütssymptome, Seite 576*).

Grundsätzlich bei allen Haustieren müssen wir – ganz besonders bei Katzen – beachten, dass sie die unbewussten Projektionen ihrer Bezugspersonen, quasi als Spiegelbild, ausleben (siehe *Kapitel 1, Abschnitt Die Katze – Wesen – physiologische Daten, Seite 7*).

Aufgrund dessen ist es in der Anamnese beim Tier immer wichtig, auch den Besitzer zu beobachten und seine Äußerungen entsprechend einzuschätzen: Seine Gemütsverfassung, seine Stimmung und sein Verhältnis zu seiner Katze geben uns wichtige Informationen.

Beispiel

Wenn der stolze, männliche Besitzer eines Katers ausdrücklich dessen Männlichkeit betont (»Mein Kater wird nicht kastriert, dann ist er ja kein Mann mehr!«), dann ist jedem Homöopathen klar, dass dort sein Problem liegt, das wiederum den Kater beeinflusst; dort wurzelt wahrscheinlich des Katers kämpferisches Naturell, bei dem er sich immer wieder Verletzungen durch seine Nebenbuhler zuzieht.

In jedem Falle ist es günstig, den Besitzer und sein Haustier gleichzeitig homöopathisch zu behandeln.

Nicht selten brauchen beide dasselbe oder ein nahe verwandtes Homöopathikum.

Besonders die psychische Verfassung des Katzenbesitzers/-besitzerin gilt es bei den Aussagen kritisch zu beachten: Manche können ihre Katze objektiv und klar beschreiben, andere wollen uns ihre Sympathie spüren lassen und antworten, um uns scheinbar einen Gefallen zu tun. Daher sollten die Fragen zur Anamnese so gestellt werden, dass sie dem Besitzer die Antwort nicht in den Mund legen, sondern alle Möglichkeiten einer Antwort offen lassen:

Falsche Frage: »Ach, Sie haben aber eine liebe Katze, die zeigt sicher niemals die Krallen?«

Richtige Frage: »Wie hält es Ihre Katze mit Liebenswürdigkeit, Unzufriedenheit oder Ärger?«

Falsche Frage: »Bei diesem Durchfall wird sie sicher auch erbrechen!«

Richtige Frage: »Wie ist es mit Erbrechen?«

Unterschiedliche Arten von Symptomen

I. Symptome des **Verhaltens** werden beim Menschen **Geistes- und Gemütssymptome** genannt. Um diese zu eruieren, müssen wir den Patienten während der ganzen Fallaufnahme genau beobachten und vielleicht sogar bestimmte Verhaltensweisen provozieren; zum Zweiten soll der Besitzer das Verhalten seiner Katze in eigenen Worten und gemäß unseren Fragen beschreiben. Hier lauten die Fragen häufig: »Was macht sie / er, wenn ...?«

II. Die **Modalitäten** bezeichnen **die Art und Weise des Leidens.**
Die sogenannten **W-Fragen** geben darüber Auskunft.
In dieser Art sollte jede Beschwerde, jedes Symptom des Patienten spezifiziert werden.
WER ist krank?
WAS hat der Patient, welche Art der Beschwerde oder Erkrankung?
WO sind die Symptome / Beschwerden lokalisiert?
WIE äußert der Patient seine Beschwerden? Wie leidet er?
Leidet er überhaupt oder leidet eher sein Besitzer?
Was bessert, was verschlimmert das Geschehen?
WARUM gibt es diese Erkrankung, gibt es einen oder mehrere Auslöser?
WANN treten die Beschwerden auf und **seit wann,** unter welchen Umständen bestehen sie?
WAS gibt es noch?
Symptome, die nicht im offensichtlichen Zusammenhang mit den aktuellen Beschwerden stehen, sind für den Homöopathen oft besonders wichtig.

III. Es gibt **objektive Symptome,** die wir sehen, beobachten oder wahrnehmen können, z. B. die Beschaffenheit von Absonderungen und Ausscheidungen, den sichtbaren Zustand von Gewebeveränderungen, auffallende Bewegungen, Beschaffenheit des kranken Körperteils, Geruch oder Geräusche.

IV. Es gibt **subjektive Symptome**, die der Patient fühlt und die wir durch sein Verhalten beobachten oder deuten können.

Möglichkeiten der konstitutionellen Anamnese

1. Es gibt den **»kurzen Weg« der Befragung**, wenn bereits von Anfang an deutliche Hinweise auf ein spezielles Simile vorliegen. Dann muss nach weiteren Symptomen untersucht werden, die dieses infrage kommende Mittel bestätigen. Diese Methode ist zwar zeitsparend, eignet sich aber einzig für einen Homöopathen mit langjähriger Erfahrung und sehr guten Kenntnissen der Arzneien: Es besteht die große Gefahr von Fehleinschätzungen von Krankheit, Patient oder Arznei.

2. Der **»lange Weg« der Anamnese** mit der »Kopf-zu-Fuß-Anamnese« bietet eine größere Sicherheit für die Wahl der passenden Arznei. Dieser wird im folgenden Kapitel beschrieben.

Beobachtung der Katze

Generell muss die Katze während der ganzen Fallaufnahme genau beobachtet werden.

Der Hausbesuch bietet den Vorteil, dass wir das Tier in seiner gewohnten Umgebung wahrnehmen können. Doch hier werden wir eher das gewohnte Verhalten beobachten.

In fremder Umgebung – unter gewissen Stressbedingungen – lässt sich leichter feststellen, ob wir einen unbefangenen, angstvollen oder auch aggressiven Patienten vor uns haben.

Die klinische Untersuchung der Katze sollte erst am Ende der Anamnese vorgenommen werden, weil diese häufig Angst und Unbehagen auslöst und damit das Verhalten beeinflusst.

Die Anamnese beginnt also, sobald wir den Patienten zum ersten Mal sehen.

- Was fällt auf? Äußerlich erkennbare Veränderungen, Körpergeruch, Geräusche, Schmerzäußerungen?
- Wie verhält sich die Katze, wenn die Transportkiste geöffnet wird:
  - Will sie angstvoll zusammengekauert oder desinteressiert darin sitzenbleiben?
  - Will sie aus eigenem Antrieb heraus steigen?
- Wie reagiert sie, während wir sie herausnehmen?
  - Schnurren, fauchen, Angst-Aggression, davonspringen, verstecken?
  - Klammert sie angstvoll – wie ein Kleinkind – am Besitzer?
  - Berührungsempfindlichkeit?
- Wie reagiert sie anschließend?
  - Bleibt sie gelassen auf dem Untersuchungstisch sitzen?
  - Geht sie unbefangen in der Praxis umher, um alles zu beäugen und zu beriechen?
  - Sitzt sie in Todesangst fauchend in einer Ecke?
- Rennt sie unter den nächststehenden Stuhl um dort ängstlich kauernd abzuwarten?
- Versteckt sie sich hinter dem Vorhang? Traut sie sich jammernd nicht wieder hervor?

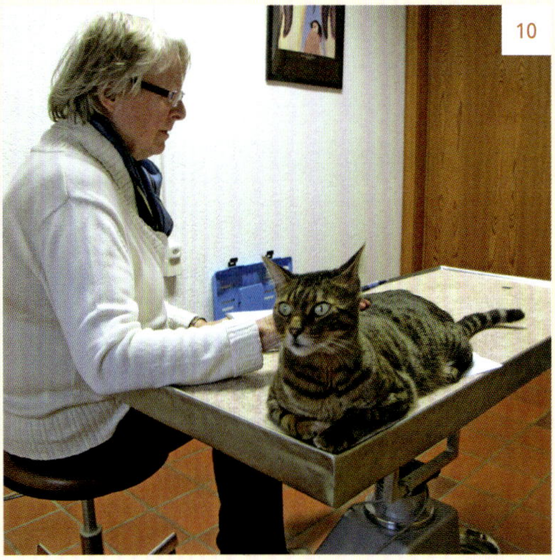
10

- Will sie auf den Schrank oder auf die Fensterbank springen?
- Sitzt sie ängstlich, gelassen oder gelangweilt auf dem Schoß des Besitzers?
- Läuft sie ziellos in der Praxis umher?
- Sind dabei Bewegungsstörungen erkennbar?
- Was gibt es sonst noch zu beobachten?
- Wie reagiert der Besitzer auf das Verhalten der Katze?

Das seien nur einige Anhaltspunkte, die später für die »Geistes- und Gemütssymptome« ausgewertet werden.

Die Befragung des Patientenbesitzers

Eingangs müssen wir die Bezugsperson über Sinn, Weg und Ziel der homöopathischen Therapie aufklären, damit sie versteht, warum sie so viele detaillierte Fragen beantworten soll.

Danach soll sie berichten, was der Katze fehlt, welche Probleme es gibt und was das Tier am meisten beeinträchtigt (Spontanbericht).

Währenddessen oder anschließend müssen diese Angaben hinterfragt werden z. B.: »Beschreiben Sie das bitte etwas ausführlicher!« oder »Was meinen Sie damit?« oder »Wie ist das genau?«

In diesen Zusammenhang gehört auch die Auskunft über frühere Krankheiten, vorangegangene Therapien, deren Verträglichkeit, Reaktionen und Erfolg.

Bedeutsam ist es, nach dem Einsatz homöopathischer Arzneien – auch nach Schüssler Salzen – zu fragen. Viele Menschen meinen noch immer, die Homöopathie könne nicht schaden oder die Globuli seien keine wirksame Arznei! Durch falschen Gebrauch homöopathischer Mittel können Symptome von unbeabsichtigten Arzneimittelprüfungen provoziert werden (siehe *Kapitel 2, Abschnitt Falsche Anwendung der Homöopathie, Seite 70*) oder das Reaktionsvermögen wird durch die Gabe zu vieler verschiedener Homöopathika blockiert.

Alle Bereiche des Organismus sollten im Gespräch mit dem Katzenbesitzer abgefragt und mit den oben erwähnten »**W-Fragen**« genau definiert werden.

Kopf-zu-Fuß-Anamnese der körperlichen Symptome für die Katze

Signalement und äußere Kennzeichen der Katze:

- Jungkatze, erwachsene, alte, rollige, kastrierte Katze/Kater, Zuchtkatze oder -kater
- Farbe, Haarkleid, Haarkleidschäden
- Haltungsbedingungen – andere Katzen oder Haustiere im Haushalt
- Wohnungs-, Freigängerkatze, wild lebende Katze
- Allgemeiner Eindruck, Bewusstseinslage, Anteilnahme, Ernährungszustand
- Altersgemäße Entwicklung, Form des Körpers (z. B. dicker Bauch bei schmaler Brust)
- Äußerlich erkennbare Veränderungen, Körpergeruch, Ausscheidungen
- Zahnung, Zahnwechsel, Geschlechtsreife, Rolligkeit, Kastration
- Trächtigkeit, Zeit um die Geburt, während der Laktation

Vorbericht:

- Daten von Impfungen, Wurmkuren, Medikamenten und deren mögliche Nebenwirkungen!
- Vorbehandlung mit Homöopathika, Schüssler Salzen oder Bioresonanz
- Wiederholte Anwendungen von Antiparasitika
- Verträglichkeit oder Reaktionen auf Pharma-Präparate oder Impfungen
- Fütterung – Unverträglichkeiten
- Frühere Erkrankungen – Operationen – Verletzungen – Unfälle
- Besteht ein Zusammenhang zwischen Vorbehandlung oder Vorerkrankungen und Erkrankung?

Äußere Merkmale – Körperform:

- Körperhaltung, Haarkleid, Wunden, Verletzungen, Umfangsvermehrungen, Tumoren
- Lautäußerungen
- Schmaler – breiter Brustkorb, Bemuskelung
- Aufgetriebener, schlanker, eingefallener Bauch
- Abmagerung – wo? – einzelner Körperteile oder Regionen?
- Körpergewicht der Körpergröße angemessen, Adipositas

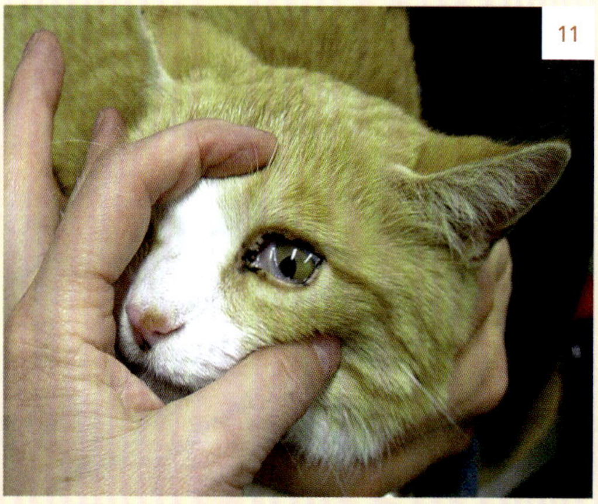
11

12

Besonderheiten während der Anamnese: »Sonderbare Symptome« bei Katzen:

Links: Katze mit »Sommersprossen«:
Diese blonde Katze bekommt jeden Sommer aufs Neue dunkle Punkte an den Rändern der Augenlider – ein sonderbares, auffallendes, homöopathisches Zeichen, das für Phosphorus oder Sulfur sprechen kann.
Rechts: Ein besonderes Merkmal bei manchen Katzen sind die haararmen Regionen über der Stirn bzw. an der Schläfe mancher Katzen. Hier muss der Homöopath besonders an Arsenicum, Calcarea carbonica, Lycopodium, Natrium muriaticum, Phosphorus oder Silicea denken.

- Körpergröße – altersgemäßes Wachstum bei Jungtieren

Zentralnervensystem:
- Reaktionslage, Anteilnahme, Wahrnehmungsvermögen, Stereotypien
- Bewegungsart, Koordination der Bewegungen, Lähmungen
- Lebensfreude, Spielverhalten, Apathie
- Krampfanfälle (z. B. bei schweren Nierenerkrankungen, Epilepsie)

Kopf:
- Gesicht, Augen, Nase, Ohren, Sinneswahrnehmungen, Schwindel
- Beschaffenheit, Schmerzen, Entzündungen, Absonderungen
- Deren Eigenschaften – Menge, Geruch, Konsistenz, Farbe, Haarkleid

Maul:
- Maulschleimhaut, Zähne, Zunge, Zahnfleisch, Speichelfluss, Schmerzen, Neubildungen
- Absonderungen – Menge, Geruch, Beschaffenheit, Farbe

Hals innen:
- Schleimhäute: Absonderungen, Geruch, Konsistenz, Farbe
- Stimmäußerungen (häufig, laut, leise, heiser, stimmlos)
- Schlucken, verschlucken, Schmerzen

Hals außen:
- Drüsen, deren Beschaffenheit, Schilddrüse, Umfangsvermehrung
- Haut-, Haarbeschaffenheit

Atemwege:
- Obere oder tiefere Atemwege, Nase, Rachen, Kehlkopf, Bronchien, Lunge
- Nasenflügelatmung
- Entzündung, Geräusche, Art der Atmung, Husten, evtl. mit Würgen, Atemnot, Asthma, Schmerzen
- Absonderungen: Auswurf, Farbe, Konsistenz, Geruch

Brust außen:
- Haut, Haar, Schmerzen, Tumoren
- Gesäuge (das Repertorium bezieht sich auf den Menschen: Die »Mamma« sitzt an der Brust!)

Herz – Kreislauf:
- Körpertemperatur (fröstelig oder warmblütig), liegt auf warmen oder kühlen Plätzen
- Kälte oder Wärme, auch einzelner Körperteile
- Farbe der Schleimhäute – Kapillar-Füllung
- Blut, Blutbild
- Herz- Kreislauf-Funktion, Schwellungen, Ödeme
- Schwindel
- Neigung zu Blutungen

Abdomen:
- Form des Abdomen: aufgetrieben, gebläht, eingefallen, Aszites, Tumore
- Magen – Appetit, Futter- und Tränkeaufnahme, Schlucken
- Übelkeit, Erbrechen, Regurgitieren von Futter oder Tränke
- Durchfall, Brechdurchfall (Gastroenteritis), Obstipation (Verstopfung) – wie, welcher Art?
- Leberfunktion, Pankreas, Diabetes, Milz
- Bauchschmerzen, Blähungen, Darmtätigkeit
- Operationen, mögliche Folgen

After – Rektum:
- Beschaffenheit des Afters (z. B. wund), Sauberkeit, Kotreste
- Kotabsatz – Häufigkeit und Art der Entleerung (z. B. schießender, spritzender, ineffektiver Drang)
- Flatulenz (Blähungsabgang)
- Kot – Menge, Beschaffenheit, Farbe, Geruch, Konsistenz, unverdaute Nahrung
- Schmerzen
- Sauberkeit, Markieren, unwillkürlicher Kotabgang
- Endoparasiten, Wurmbefall

Harnwege:
- Nierenfunktion, Harnsteine, Urin (Menge, Beschaffenheit, Geruch, Farbe, Bestandteile)
- Blase – Harnabsatz, Blasensteine, Entzündungen, Operationen, Schmerzen
- Sauberkeit, Inkontinenz, Markieren

Genital weiblich:

- Kastration o. a. Operationen, Erkrankungen (auch frühere)
- Rolligkeit, Sexualverhalten, Trächtigkeit, Geburt, Auffälligkeiten von Welpen, Totgeburt
- Sexualzyklus, Sexualverhalten, Fruchtbarkeit
- Gesäuge
- Mutterverhalten
- Absonderungen aus dem Genital – Beschaffenheit, Farbe, Konsistenz, Geruch

Genital männlich:

- Kastration, Sexualverhalten, Sauberkeit, Markieren
- Beschaffenheit äußerer Geschlechtsorgane

Haut – Haarkleid:

- Beschaffenheit des Fells, Befall mit Ektoparasiten, Juckreiz, Geruch, Absonderungen
- Hautausschläge, Schuppen, Haarfilz, Haarausfall, Warzen, Tumore
- Wunden – Wundheilung
- Lymphknoten, erkennbare oder tastbare Umfangsvermehrungen oder Hautveränderungen, Tumore

Extremitäten und Rücken:

- Haut und Haar, Muskulatur, Muskelatrophie, Überempfindlichkeit gegen Berührung
- Bewegungsdrang, Bewegungsstörungen: Lahmheit, Rückenschmerzen
- Bewegungskoordination, Lähmung
- Pfoten, Krallen
- Bevorzugte Körperstellung oder -haltung

Schlaf:

- Schlaflage, Einfluss von Mondphasen
- Nachtaktivität – wann?
- Ruhephasen – wann?

Ablauf des Tages

- Phasen von Aktivität, von Dösen oder Schlaf
- Hunger – wann?

Anamnese der Verhaltenssymptome der Katze

Neben den angeführten körperlichen Symptomen gehören die Geistes- und Gemütssymptome (Verhaltenssymptome) zu den wichtigen Bestandteilen der Anamnese. Hahnemann betont im § 212 des ORGANON ausdrücklich den hohen Stellenwert dieser Symptome.

Die Verhaltenssymptome des Tieres müssen wir analog zum Zweibeiner deuten – entsprechend den am Menschen durchgeführten Arzneimittelprüfungen.

Es ist nicht zu umgehen, das Tier zu »vermenschlichen«, obwohl das in der akademischen Wissenschaft als schwer verpönter Fehler gilt: Der Besitzer beschreibt unwillkürlich sein Tier, seine Katze, wie einen Menschen oder wie ein Kind, das sich durch sein Verhalten so ausdrückt, als habe es Verstand und könne reden.

Verstandesmäßige Äußerungen müssen wir jedoch beim Tier in manchen Fällen in den Hintergrund stellen. Hier ist es nicht angebracht, Äußerungen des Tieres im Arzneimittelbild wörtlich zu nehmen. Wenn es z. B. vom Menschen heißt, er esse Kot, so ist das grundsätzlich von demselben Symptom des Tieres zu unterscheiden:

- Ein Stuhl-essender Mensch ist »geisteskrank«, ein kotfressendes Tier leidet wahrscheinlich unter einer Imbalance im Mineralstoffwechsel oder Vitaminhaushalt.
- Ein Mensch dem schwindelig ist und der z. B. nach rechts taumelt, wird es vermeiden, dieses Symptom zu zeigen, weil andere Menschen denken könnten, er sei betrunken. Das Tier schwankt – ohne derartige gedankliche Hemmungen oder es geht sogar rechts herum im Kreis.
- Das »Beißen« bzw. Aggressionsspiel hat natürlich bei der Katze einen anderen Stellenwert als beim Menschen.
- Die Schläfrigkeit der Katze zu bestimmten Tageszeiten ist normal, wenn sie als teilweise nachtaktives Tier zu unserer Schlafenszeit »unterwegs« ist.

Bei den Verhaltenssymptomen der Tiere sind also **artspezifische Verhaltensweisen** zu berücksichtigen.

Das Tier äußert seine Emotionen »ungeniert«, d. h. hier ist die Fallaufnahme beim Tier sogar zum Teil einfacher als beim Menschen, weil es »ehrlich« sein Verhalten zeigt, ohne auf die Reaktion der Umwelt zu achten.

Viele Menschen sind es gewohnt, sich selbst als etwas darzustellen, was sie »sein möchten«, aber tatsächlich nicht »sind«. In der humanmedizinischen Anamnese ist es die Aufgabe des Homöopathen, solche »Masken« zu hinterfragen und zu durchschauen.

Das Tier dagegen offenbart uns möglicherweise die echte Projektion seines Besitzers: Wenn z. B. der Besitzer äußert, nein, er selbst werde nie zornig, habe sich »immer im Griff«, dann lebt vielleicht sein Haustier solche unterdrückten Aggressionen an seiner Stelle aus.

Mit anderen Emotionen wie Angst, übersteigertem oder fehlendem Selbstwert verhält es sich ebenso.

Der englische Biologe Rupert Sheldrake (Literatur 67, 68) zählt das zum Phänomen der **morphischen Resonanz**, der englische Homöopath Philipp M. Bailey (Literatur 3) nennt diese Art wortloser Beeinflussung zwischen Eltern und Kind »**psychische Osmose**«; der homöopathische Tierarzt Jacques Millemann bezeichnet das Haustier als »**emotionalen Schwamm**« seiner Besitzer.

Insbesondere bei der Übertragung der Verhaltenssymptome der Katze mit ihrem »7. Sinn« (siehe *Kapitel 1, Abschnitt Das Verhalten und der »7. Sinn« der Katze, Seite 13*) dürfen derartige Übertragungen nicht fehlgedeutet werden. Hier wäre es gerade bei den sogenannten Verhaltensstörungen wichtiger, in erster Linie den Besitzer homöopathisch zu behandeln und nicht primär sein Spiegelbild, sein Haustier.

Spezielle Verhaltens-Symptome der Katze

Sofern man die genannten Probleme berücksichtigt, gelingt es recht gut, die Symptome der Katze in der humanmedizinischen Arzneimittellehre bzw. im Repertorium wiederzufinden.

13

Dieser aufdringliche, freche junge Phosphorus-Kater angelte uns auf der Bank vor der Praxis zuerst den Käse vom Frühstücksbrot.

14

Anschließend besuchte er die Feldmäuse und starrte ewige Zeit – fast wie in Trance – das Mauseloch an – oder hörte er zu wie die Mäuse singen?

Im Folgenden seien einige Anhaltspunkte gegeben:

Als besonders auffallend sind Verhaltensweisen zu bewerten, die **gegen die Arterhaltung oder gegen den Lebenswillen verstoßen.** Dazu gehört z. B. die fortgesetzte Aggressivität gegen Tiere, die sich bereits unterworfen haben, die Verstümmelung des eigenen Körpers (Automutilation) oder das gestörte Mutterverhalten.

Das Thema **»Durchsetzungsvermögen«** ist bei Mensch und Tier ein wesentliches, lebenserhaltendes Prinzip. Es kann sich in beide Richtungen äußern: Als ein zu stark ausgeprägtes Verlangen nach hohem Rang oder ein zu wenig gezeigtes »Selbstwertgefühl«.

Zu diesem Thema seien einige ausgewählte Rubriken aus dem Repertorium zitiert, die bei **deutlicher Ausprägung** den Weg zum passenden Mittel mitbestimmen können. Die wörtlich genaue Ausdrucksweise variiert jedoch zwischen den verschiedenen Repertorien und ihren unterschiedlichen Auflagen.

Die ranghohe Katze:

- Hochmut
- Machtliebend
- Diktatorisch
- Drohend
- Frech, unverschämt
- Herausfordernd
- Eifersucht
- Beschwerden durch Demütigung (Verlust des sozialen Ranges, Missachtung)

Die rangniedrige Katze:

- Mangelndes Selbstvertrauen
- Nachgiebig, unterwürfig
- Beschwerden durch Tadel
- Milde, behutsam, sanft
- Wohlwollend
- Zaghaft, feige
- Zurückhaltend, reserviert, schüchtern, vorsichtig
- Unentschlossen
- (Beschwerden durch) Zorn mit Angst (»Angstbeißer«)

Die zornige oder ärgerliche Katze

- Reizbarkeit
- Tadelsüchtig
- Zorn heftig
- Neid, Eifersucht
- Unterdrückter Zorn
- Beschwerden durch Demütigung (Verlust des Ranges)
- (Beschwerden durch) Zorn mit Angst (»Angstbeißer«)
- Zorn mit Empörung (z. B. Katze verlässt knurrend das Geschehen ohne weitere Unmutsäußerung)
- Beschwerden durch unterdrückten Zorn (nicht ausgelebter Zorn)
- Schimpfen, Schreien, Kämpfen, Streitsucht, Wildheit, Raserei
- Hass, Töten
- Zerstörungssucht

Die Katze mit ruhigem Temperament

- Langsamkeit
- Faulheit, Langeweile, Trägheit, Phlegma
- Geistesabwesend, teilnahmslos
- Gelassenheit
- Sitzt gedankenversunken
- Will Ruhe haben, will nicht gestört werden

Die Katze mit cholerischem, reizbarem Temperament

- Reizbarkeit, Zorn, Grobheit
- Erregung
- Feurig, frech, unverschämt
- Impulsiv, übereilt, Eile
- Eigensinnig, widerspenstig
- Ekstase (steigert sich in Erregung hinein)
- Eifersucht

Die fröhliche, lustige Katze

- Spielen, spielt Possen
- Redselig, geschwätzig
- Fröhlich, Frohsinn
- Heiterkeit, Lachen, Spaßen
- Geschäftig
- Lästig
- Neugierig
- Witzig
- Wollüstig

Die liebenswürdige Schmeichelkatze

- Sanft, milde, behutsam
- Mitfühlend
- Verlangen nach Sympathie, Mitgefühl
- Erwidert Sympathie, Zuwendung
- Küsst jeden, umarmt jeden
- Schmeicheln
- Will magnetisiert werden (Streicheln, Körperkontakt)
- Redselig, geschwätzig, erzählen
- Lästig, aufdringlich
- Will getragen werden
- Trost (Zuwendung) bessert oder Verlangen nach Trost

Die unruhige Katze

- Verlangen zu reisen, zu wandern
- Ruhelosigkeit, Eile, Ungeduld
- Unbedacht, unbesonnen, ungestüm, verwegen
- Beschwerden durch Erwartung
- Geschäftig, Beschäftigung bessert, Erregbarkeit, Nervosität
- Mannstoll, sexuelle Gedanken

Die »mimosenhafte« Katze

- Empfindlich, leicht beleidigt
- Launisch
- Leicht erschreckt
- Beschwerden durch Zorn mit Angst
- Hysterisch
- Ekstase (hineinsteigern in Emotionen)
- Pedant, gewissenhaft in Kleinigkeiten (z. B. auch permanentes Putzen), Rituale
- Unentschlossen, wählerisch, anspruchsvoll, unzufrieden
- Will getragen werden
- Waschzwang (Leckekzem), verstümmelt sich selbst

Die reservierte, introvertierte Katze

- Reserviert, zurückhaltend, vorsichtig, verlegen
- Entfremdet – wem? Der Familie, »dem Menschen« (anderen Katzen)
- Misanthrop
- Abneigung angefasst werden, berührt werden (wo?), angesehen werden
- Zorn bei Berührung
- Scheu, schüchtern, furchtsam, zaghaft
- Abweisende Stimmung, reserviertes Wesen
- Verdrießlich
- Versteckt sich, unentschlossen
- Vergnügen abgeneigt, ernst
- Mürrisch, unfreundlich

Die traurige Katze

- Weinen, jammern
- Beschwerden durch Kummer
- Beschwerden durch den Tod eines Freundes, von Eltern oder Kind
- Heimweh
- Ernst, freudlos
- Seufzen
- Trost – Verlangen oder Abneigung (Zuwendung, Streicheln)
- Verlassenes Gefühl

Die ängstliche Katze

- Leicht erschreckt, Beschwerden durch Angst, Schreck
- Todesangst
- Misstrauen, Argwohn
- (Beschwerden durch) Zorn mit Angst (»Angstbeißer«)
- Furcht, will entfliehen, versteckt sich
- Furcht, Panikattacken, Todesangst
- Will getragen werden, klammern
- Weinen, schreien
- Furcht im Dunkeln
- Furcht vor bzw. Angst beim Alleinsein
- Furcht durch Lärm, Geräusche
- Furcht bei Gewitter (nicht gleich Lärm!), bei Sturm
- Furcht, dass etwas passiert (z. B. angegriffen werden)
- Furcht vor Menschen (vor Katzen o. a.Tieren)
- Furcht vor Leiden, Schmerzen (z. B. beim Tierarzt, bei der Versorgung von Wunden)
- Hypochondrische Angst vor Krankheit, um die Gesundheit (z. B. beim Tierarztbesuch)
- Furcht an engen Plätzen (eingeengt sein z. B. in der Transportkiste, durch Auf-dem-Arm-Tragen)
- Furcht vor Mäusen (!), Insekten

Diese Einteilung soll nur Hinweise geben, ist weder bindend noch vollständig. Eine Katze kann gleichzeitig »ängstlich« und »ranghoch«, »mimosenhaft« und »fröhlich« oder eine »aggressive Schmusekatze« sein, die während des Streichelns plötzlich als »Schmuseteufel« in wollüstige Aggressionen ausbricht.

Bewertung und Hierarchisation der Symptome

Der Anamnese folgt die hierachische (rangmäßige) Ordnung der notierten Symptome:

- **An erster Stelle stehen die auffallenden, ungewöhnlichen, sonderbaren, charakteristischen Symptome (§153 ORGANON).**
  Solche Symptome, die den medizinischen Erwartungen oder dem artspezifischen Verhalten der Katze widersprechen, sind dabei enorm wichtig.
  Zum Beispiel:
  - Fieber ohne Durst (Durst ist bei erhöhter Körpertemperatur zu erwarten)
  - Guter Appetit bei Fieber (der fiebernde Patient hat normalerweise keinen Hunger)
  - Fehlendes Spielverhalten bei einer scheinbar gesunden Katze
  - Auffallende Aggressivität gegen jeden
  - Fehlendes Putzverhalten einer anscheinend gesunden Katze
  - Fehlende Schmerzäußerungen bei schwerer Verletzung
  - Fehlendes Interesse der Katze an schnell bewegten Gegenständen
- **An zweiter Stelle rangieren die Gemütssymptome bzw. Verhaltenssymptome (siehe oben)**
- **An dritter Stelle stehen Allgemeinsymptome:**
  - Allgemeine Modalitäten (besser oder schlechter durch ...)
  - Die modalisierten aktuellen Beschwerden (der Mensch würde sagen: »Ich habe ..., besser durch ...«)
  - Begierden und Abneigungen (z. B. Futter, Temperatur, Wetter, Sauberkeit, Sitzplatz)
  - Symptome der Sexualität (auch Beschwerden im Zusammenhang mit der Kastration)
  - Frühere Erkrankungen, Operationen, Vergiftungen
- **An vierter Stelle stehen Ursache oder Auslöser der Erkrankung**
  Ausnahme: Wenn die Erkrankung eindeutig durch einen bestimmten Auslöser hervorgerufen wurde, dann gehört dieser Faktor zu den »auffallenden Symptomen« und muss hochrangig bewertet werden.
  An dieser Stelle rangieren besonders solche Faktoren, welche die bisherige Pathologie zusätzlich verschlimmert haben.
- **An letzter Stelle und am wenigsten wichtig sind die Lokalsymptome, das sind Beschwerden, für die keine Modalitäten zu eruieren sind z. B. Bauchschmerzen, Hinken, Juckreiz oder die medizinische Bezeichnung der Erkrankung.**

Schema der Hierarchisation der homöopathischen Symptome (Literatur 4, 6, 31)

I. **Auffallende, sonderliche, ungewöhnliche, charakteristische, eigenheitliche Zeichen und Symptome**
   - Symptom an sich ist sonderlich
   - Symptom wird durch seine Modalität sonderlich
   - Symptom wird durch seine Lokalisation sonderlich
   - Symptom wird durch seine Empfindung sonderlich
   - Symptom wird durch seine Erstreckung zu einer Körperregion sonderlich
   - Symptom wird durch Beginn und Ende sonderlich
   - Erwartetes Symptom fehlt
   - Auftreten von widersprüchlichen Symptomen

- Symptom wird durch seine Begleitumstände sonderlich
- Symptom wird durch sein periodisches Auftreten sonderlich
- Symptom wird sonderlich, indem es abwechselnd mit anderen Symptomen auftritt
- Symptom wird sonderlich, indem es anstelle eines anderen auftritt
- Symptom wird auffallend durch seine besondere Abfolge

II. **Geistes- und Gemütssymptome/Verhaltenssymptome**

- Willenslage: Betrifft alles, was für die Lebenserhaltung und den »Komfort« notwendig ist
- Gemütslage – Emotionen – Prägungen
- »Vernunft« und »Verstand« (es gibt auch Tiere, die kaum aus Erfahrungen lernen!)

III. **Allgemeinsymptome – »ICH-nahe« Symptome** (Der Mensch würde sagen: »Ich habe ...«, »mir ist ...«)

- Sekrete und Wundverhalten (Farbe, Geruch, Beschaffenheit u. a. Modalitäten)
- Abneigungen, Zuneigungen, Unverträglichkeiten (z. B. Temperatur, Wetter, Körperstellung)
- Sexualverhalten u. a. Sexualsymptome
- Schlaf
- Allgemeine Modalitäten (besser oder schlimmer durch ...)

IV. **Ursachen**

- Trauma (physisch oder/und psychisch)
- Schreck, Schock u. Ä.
- Operationen, Impfungen etc.

V. **Lokalsymptome** (ohne weitere Modalitäten oder Definition)

Die Art der Hierarchisation leistet einen entscheidenden Beitrag zum Herausfinden des Simile.

Besonders das Erkennen und die Bewertung der »sonderlichen und auffallenden Symptome« setzt Kenntnisse der Spezies »Katze« und ihres Verhaltens voraus.

Grundsätzlich kann jedes Symptom zum »Sonderlichen«, d. h. in den höchsten Rang erhoben werden, wenn es besonders ausgeprägt, auffallend oder ungewöhnlich ist.

DIE ZWEITE SÄULE: DIE HOMÖOPATHISCHE ARZNEI

Die Symptome der homöopathischen Arznei sind das Resultat der Arzneimittelprüfungen am gesunden Menschen, die wir analog am Tier, an der Katze, wiedererkennen müssen. Diese Symptome können sich auf körperlicher und/oder psychischer Ebene äußern.

In manchen Arzneibildern findet sich eine schwerpunktmäßige Tendenz zu liebenswürdigem Verhalten (z. B. *Pulsatilla*), andere zusätzlich zu Schreckhaftigkeit oder Reizbarkeit (z. B. *Phosphorus*), andere zu zurückhaltendem, »reserviertem« Verhalten (z. B. *Natrium muriaticum*, *Silicea*, *Thuja*), wieder andere zu Aggressivität etc.

Jedes Arzneimittelbild enthält gewisse körperliche Schwerpunkte und gleichzeitig psychische Besonderheiten.

Jedes Arzneimittelbild enthält eine Fülle verschiedener Symptome, die jedoch niemals alle gleichzeitig in einem Patienten vorkommen werden.
Negativsymptome des Arzneimittelbilds (»Das ... hat er aber nicht!«) dürfen daher nicht überbewertet werden.

Ein und dasselbe Mittel kann für ganz unterschiedliche Arten und Lokalisationen von Erkrankungen zuständig sein, für chronische und akute Zustände.

Aufgabe der passenden homöopathischen Arznei ist es, im Organismus die »Ordnung« (die Selbstorganisation durch die Lebenskraft, die »Normalität«) wieder herzustellen.

So kann dieselbe Arznei für unterschiedliche Gewebereaktionen zuständig sein:

- Z. B. *Calcium*-Verbindungen können sowohl die pathologische (krankhafte) Zubildung und oder Mangel an Knochensubstanz (Osteoporose) regulieren.
- *Calendula* sorgt für gesunde Wundheilung, d. h. sie normalisiert eine mangelnde oder eine überschießende Wundgranulation.
- Andere Arzneien regulieren die Darmtätigkeit, sowohl Krämpfe als auch eine Darmlähmung, Verstopfung oder Durchfall.

Diese scheinbare Widersprüchlichkeit erscheint dem homöopathischen Laien anfangs schwer verständlich.

> In den Arzneimittelbildern geht es mehrheitlich um »ein Thema«, das sich in polar entgegengesetzten Symptomen äußern kann.

Beispiele:

- *Phosphorus* kann für eine akute Lungenentzündung indiziert sein, für Verhaltensstörungen im Sinn von übermäßiger Schreckhaftigkeit, für aufdringliche »Schmusetiere«, für den Fall einer chronischen Leber- oder Nierenerkrankung, für eine akute oder chronische Darmentzündung und für eine gesamte Persönlichkeitsstruktur mit der Disposition (Anlage) zu bestimmten Krankheiten.
- *Bellis perennis* ist ein »kleines Mittel« für eine spezielle Art akuter Verletzungen und Wunden von stark durchblutetem Weichteilgewebe.
- *Echinacea* ist eine Arznei, die speziell auf das Immunsystem und die Blutzusammensetzung wirkt: Sie stimuliert – wenn erforderlich – die Aktivität der Leukozyten im Sinn einer gesteigerten Immunabwehr; sie kann im Krankheitsfall die Zusammensetzung der Blutzellen regenerieren und sie kann dazu beitragen, toxische Stoffe aus dem Körper zu eliminieren (z. B. Entzündungsprodukte oder harnpflichtige Substanzen bei gestörter Nierenfunktion).

Die verwirrende Vielfalt von Symptomen der Arzneimittelbilder lässt sich anhand von **Charakteristika** und **Leitsymptomen** überblicken, die gleichsam den »roten Faden« im Arzneimittelbild ausmachen.

Diese Charakteristika sind im *Kapitel 3, Trauma – Verletzungen und Wunden, Seite 82*, für die jeweils speziellen Krankheitsschwerpunkte und zum großen Teil in der *Arzneimittellehre*, Seite 642, im Überblick beschrieben.

Komplexmittel

Manche Hersteller homöopathischer Arzneien vereinfachen das oftmals schwierige Herausfinden des passenden Arzneimittels: Die wichtigsten Arzneien für einen Krankheitskomplex – z. B. zum Thema »Verletzung«, »Durchfall« oder »Stoffwechsel« – werden in einer Mischung aus verschiedenen organotropen (organbezogenen) Mitteln zusammengestellt. Damit wird die individuelle Differenzierung der Arzneien umgangen und eine Art »Allround-Arznei« – vergleichbar mit einem Schrotschuss auf eine Zielscheibe – für diese Art der Krankheit kreiert. Solche Präparate nennt man **Komplexmittel**. Dieser »Schrotschuss« ist immer ein Kompromiss: Vielleicht erreicht ein Schrotkorn das Zentrum der Zielscheibe – die Krankheit –, vielleicht aber auch nicht.

Auf dem Markt gibt es eine große Anzahl homöopathischer Komplexmitteln. Manche dieser Zusammenstellungen enthalten nur wenige, andere 20 und mehr Arzneien, meist in tiefer Dezimalpotenz (D 3 bis D 6). Es ist möglich, dass diese Arzneien den Patienten vorübergehend positiv beeinflussen, meist aber nicht »heilen«; ferner ist es nicht sicher, ob auch eine passende Arznei in der Mischung enthalten ist.

Werden jedoch solche Komplexmittel über einen längeren Zeitraum (über Wochen oder Monate) regelmäßig verabreicht, wird früher oder später eine ungewollte Arzneimittelprüfung provoziert. Das trifft umso eher zu, wenn in dem betreffenden Präparat hohe Potenzen – C 30 oder höher – enthalten sind.

Häufig eingesetzte »**Potenzakkorde**« (Mischung verschiedener Potenzen z. B. von D 6 bis D 200) sind als »Hochpotenzen« einzustufen und dürfen im chronischen Fall weder täglich, noch mehrmals pro Woche verabreicht werden! Das gilt umso mehr, wenn in einem solchen Präparat die »Potenzakkorde« mehrerer Homöopathika aus dem Mineralreich enthalten sind.

Wenn solche Mittel keine bessernde Wirkung erzeugen, ist anschließend die Wahl des passenden Mittels unmöglich, weil nicht mehr unterschieden werden kann, welche Symptome vom Patienten selbst herstammen und welche durch die Arznei hervorgerufen oder verändert wurden.

Solche Reaktionen werden gar nicht selten beobachtet: Das Mittel *Belladonna* ist zum Beispiel in vielen Komplexmitteln enthalten. Bei regelmäßiger Einnahme bzw. Verabreichung kann dadurch – im Sinn einer Arzneimittelprüfung – jeden Abend hohes Fieber erzeugt werden.

Eine ungewollte Arzneimittelprüfung mit *Sulfur* oder *Psorinum* kann Hautausschläge, eine solche mit *Silicea* Abszesse und Eiterungen provozieren.

Wie in jeder Art von Medizin so müssen auch für die Homöopathie die Regeln der Dosierung beachtet werden!
Die homöopathische Therapie gibt IMPULSE zur Wiederherstellung der Eigenregulation. Zu häufige Impulse verwirren die Lebenskraft und setzen Schäden.

DIE DRITTE SÄULE: DER VORGANG DER HEILUNG

Dieser Abschnitt befasst sich mit der Anwendung homöopathischer Arzneien und der Vorgehensweise für die Heilung des Patienten.

Auswertung der Anamnese und Auswahl der Arznei

Zu Beginn müssen die Symptome und sonstigen auffallenden Zeichen des Patienten nach ihrer Wichtigkeit sortiert, bewertet und anschließend in eine Ähnlichkeitsbeziehung zur Arznei gesetzt werden. Je besser diese Beziehung – insbesondere die der »auffallenden Symptome« – desto bessere Wirkung ist zu erwarten.

Es gibt verschiedene Kriterien dieser Ähnlichkeit, die sich nach dem Krankheitsgeschehen richten (siehe *Kapitel 2, Abschnitt Kriterien der Ähnlichkeit: Arten von Erkrankungen, Seite 34*)

Akute Erkrankungen benötigen meist eine Arznei, die einen besonderen Bezug zu genau diesem derzeit aktuellen Krankheitsgeschehen aufweist.

- Z. B. zu einer akut kranken Durchfall-Katze passt eine Arznei mit speziellem Schwerpunkt in diesem Bereich.
- Die Autounfall-Katze braucht eine Arznei, mit dem Bezug zu dieser speziellen Art von Trauma.
- Eine akute Lungenentzündung benötigt eine Arznei mit Schwerpunkt im Bereich der Atemwege.

- Eine Katze mit wiederkehrenden Harnwegserkrankungen (z.B. FLUTD, Erkrankungen der abführenden Harnwege) benötigt in der akuten Phase eine Arznei, die den Harnabfluss normalisiert, anschließend ein »Konstitutionsmittel«, das die gesamte Anfälligkeit für derartige Erkrankungen ausheilt (zusätzlich eine katzengemäße Fütterung, siehe *Kapitel 1, Wesen und Konstitution der Katze, Seite 7* und Literatur 21).

Auswahl der Potenz-Art und Dosierung

Hahnemann schreibt:

> *»Die Angemessenheit einer homöopathischen Arznei für einen gegebenen Krankheitsfall beruht nicht allein auf der Wahl der passenden Arznei, sondern ebenso auf der Wahl der passenden Potenz und richtiger Dosierung.«*

Das Ziel der homöopathischen Behandlung besteht – wie erwähnt – nicht in einer Dauermedikation, sondern in einem Impuls zur Eigenregulation des Organismus.

Dieser Impuls hat nichts mit einem im Körper kreisenden Wirkstoff oder »Blutspiegel« zu tun, der eine vorhersehbare Zeit braucht, bis er »anflutet« oder abgebaut ist und an Wirkung verliert. Vielmehr geht es um den Impuls, der die Lebenskraft stabilisiert; die Dauer dieser Stabilisierung kann je nach Krankheit, Stress- oder anderen Störfaktoren sowie je nach der Intensität des Heil-Impulses mehrere Stunden, über Jahre oder das ganze Leben lang anhalten.

> **Die Homöopathie wirkt durch die Qualität** (Beschaffenheit) **der Arznei, nicht durch ihre Menge** (Quantität)!

Die Lebenskraft ist bei allen Lebewesen eine Art »absoluter Wert«, unabhängig von Körpergröße, Gewicht oder Entwicklungsstand: Einer Maus verabreicht man zur Behandlung ihrer Krankheit genauso viele Globuli wie einem Elefanten.

Die Dosierung, d.h. die Intensität der Arznei, ist individuell und richtet sich nach der

- Lebenskraft des Patienten
- nach seiner Reaktionsfähigkeit
- nach Schwere und Dauer der Erkrankung
- sowie nach der beobachteten Reaktion auf die einzelne Gabe.

Ebenso richtet sich die Dauer einer homöopathischen Behandlung nach diesen Kriterien.

Eine funktionelle Störung (gestörte Funktion eines Organs) benötigt zur Wiederherstellung weniger Zeit als eine organische Veränderung (Gewebeveränderung).

Liegt eine schwere, lebensgefährliche Erkrankung vor, »verbraucht« sich die Energie der Arznei schneller als im chronischen, nicht gefährlichen Fall; das bedeutet wiederum, sie darf nur bei Bedarf – bei erneuter Verschlechterung – wiederholt werden.

> Bringt eine Arznei bei angemessener Potenz und Dosierung in absehbarer Zeit nicht den gewünschten Erfolg, hat es keinen Sinn die Anzahl der Globuli zu erhöhen, sie weiterhin oder in häufigerer Gabe zu verabreichen.
> Stattdessen muss die Situation überdacht und ein besser passendes Mittel gefunden werden.

Wirkungsweisen verschiedener Potenzierungsarten

Über die Verwendung der passenden Potenzhöhe gibt es keine Einigkeit unter den Homöopathen. Erfahrene Therapeuten verwenden jedoch mehrheitlich hohe C-Potenzen (Literatur 6, 20, 73).

Die Erfahrung hat bewiesen, dass chronische Krankheiten weder durch tiefe Dezimal-, noch Centesimal- oder Q-Potenzen geheilt werden können.

Centesimalpotenzen

Niedrige C-Potenzen, z. B. C 3, C 4, C 6, in täglichen Gaben oder alle 2 Tage verabreicht, eignen sich zur Behandlung von Patienten mit bereits vorliegenden organischen Schäden.

Hahnemann hatte Dynamisationen bis zur C 30 und C 60 verwandt, aber seine Schüler erprobten bereits die C 200.

Seit der 2. Hälfte des 19. Jahrhunderts werden bis heute von erfahrenen Homöopathen am häufigsten **hohe C-Potenzen** eingesetzt, verordnet entsprechend der **Kent'schen Skala**: C 30, C 200, M und XM, CM, MM:

C 30 oder C 200 können am Anfang der Therapie gegeben werden; wenn diese Potenz nicht mehr genügend wirkt, d. h. wenn im chronischen Fall nach Wochen oder Monaten alte Symptome wieder auftreten sollten, kann die nächst höhere Potenz (C 1000 oder M) gegeben werden. Schließlich später die XM, dann die entsprechend höhere Potenz – oder es wird wieder mit einer tieferen Potenz fortgefahren. Der Wechsel der Potenzen verhindert eine Art Gewöhnung an denselben Impuls.

Bei sicherer Wahl der passenden Arznei kann die Therapie auch mit einer XM-Potenz begonnen werden. Eine gute Lebenskraft und das Fehlen organischer Schäden müssen jedoch zusätzlich vorausgesetzt sein. Damit erreicht man oft überraschende und souveräne Heilungen, möglicherweise sogar bereits nach einer einzigen Gabe – sowohl in manchen akuten als auch chronischen Krankheiten.

Hohe C-Potenzen stabilisieren die Lebenskraft im chronischen Fall über mehrere Wochen, Monate oder sogar über Jahre, ohne dass sie wiederholt werden müssen. Damit ist ihre Anwendung weitaus einfacher zu überblicken als die tieferen Potenzen, die wiederholt gegeben werden müssen.

Hohe Potenzen dürfen erst nach deutlichem Wiederauftreten der früheren Symptome wiederholt verordnet werden, anderenfalls wird ein schwierig therapierbarer Rückfall in die alte Erkrankung auftreten!

Diese Therapie mit hohen C-Potenzen hat sich weltweit bis heute durchgesetzt. Es gibt dazu seit ca. 150 Jahren umfassende Beobachtungen und zahllose Fallberichte über Heilungen von akut und chronisch kranken Patienten, die wir uns zunutze machen sollten (Literatur 13).

Über die Wirkungsdauer homöopathischer Mittel im **chronischen Krankheitsfall** gibt es in Kents Vorlesungen (Literatur 31) die besten Angaben, die zur Basislektüre jedes seriösen Homöopathen gehören.

Eine definierte »Wirkungsdauer« von Hochpotenzen kann in keinem Fall angegeben werden. Die »Wirkungsdauer« bezieht sich auf die Zeitspanne, in der die Lebenskraft durch die Arznei derart stabilisiert sein sollte, dass es zur Heilung bzw. nicht zu einem Rückfall kommt.

Als »Faustregel« für diese »mindeste Wirkungsdauer« von Hochpotenzen kann für chronische Krankheiten folgendes angenommen werden:

- Eine Gabe der **konstitutionell verordneten C 200 sollte die Lebenskraft für mindestens 4 Wochen** stabilisieren. Das gilt besonders für Homöopathika aus dem Mineralreich; das passende Simile »wirkt« jedoch meist wesentlich länger.

- Eine Gabe der **C 1000 (M) oder 10 000 (XM) muss die Lebenskraft für mindestens 6 Wochen** stabilisieren (im chronischen bzw. konstitutionellen Fall), in den meisten Fällen hält die Wirkung des richtigen Simile **wesentlich längere Zeit** (Monate oder Jahre!) an.

Ein Mittel aus dem Mineralreich muss in dieser Potenz wesentlich länger »wirken«.

Sollte die Besserung durch diese Potenzen im chronischen Fall weniger als 6 Wochen anhalten, ist davon auszugehen, dass wahrscheinlich ein falsches Mittel – oder ein »Teilsimile« – gegeben wurde, das einen gewissen vorübergehenden Palliativ-Effekt, aber keine Heilung erzeugte.

Auch bei schwer oder nicht heilbaren Krankheiten (Immunschwäche, Krebs) kann eine solche Reaktion vorkommen, prognostisch kein gutes Zeichen (Literatur 31).

> Diese Richtlinie soll jedoch nicht bedeuten, dass die Hochpotenz pauschal nach 6 Wochen wiederholt werden soll!

Eine Hochpotenz darf erst dann erneut gegeben werden, wenn frühere Symptome wieder auftreten. Um das beurteilen zu können, muss seit Beginn der Therapie eine detaillierte Anamnese vorliegen, deren Angaben Aufschluss geben, welche Symptome gebessert waren und welche nun wieder beobachtet werden. Danach entscheidet sich jedes weitere Vorgehen.

> Durch eine zu frühe Wiederholung hoher Potenzen können heftige Verschlimmerungen ausgelöst werden. Aus diesem falschen Vorgehen resultieren die schlimmsten Fehler vieler Therapeuten!

Sofern bei langfristiger Therapie mit demselben Mittel noch unbeeinflusste Restsymptome bestehen bleiben, muss ein passendes **»Folgemittel«** ausgewählt werden (Literatur 56, 66).

Die Abfolge solcher Mittel im Laufe einer chronischen Therapie beläuft sich beim Menschen oft auf mehrere Jahre; man bezeichnet das als **»homöopathische Kur«** (siehe *Kapitel 2, Abschnitt Chronische Erkrankungen, Seite 35*).

J.T. Kent schreibt zum Einsatz von hohen Potenzen in seiner Arzneimittellehre Folgendes im Kapitel von *Hepar sulfuris* (Literatur 32):

> *»Wenn unsere Arzneien nicht die Kraft hätten, Menschen zu töten, dann wären sie nicht kraftvoll genug kranke Menschen zu heilen. Es ist wichtig für Euch zu realisieren, dass ihr mit Rasierklingen hantiert, wenn ihr mit hohen Potenzen arbeitet. Ich wäre lieber in einem Zimmer zusammen mit einem Dutzend »wilder Affen«, die mit Rasierklingen um sich schlagen, als in den Händen eines unkundigen Verschreibers von Hochpotenzen.«*

Q- oder LM-Potenzen

Q- oder LM-Potenzen wurden erst Anfang des 20. Jahrhunderts in Hahnemanns lange verschollener 6. Ausgabe des ORGANON entdeckt (Literatur 24).

Hier beschreibt Hahnemann seine jüngsten Forschungen zur Verwendung der Potenzen.

In der Zwischenzeit hatten und haben sich bis heute jedoch die C-Potenzen durchgesetzt,

Über die Verwendung von **Q- Potenzen** herrscht heute noch immer keine Einigkeit, die Richtlinien für ihre Anwendung sind recht diffus; sie gehören – wenigstens ab Q 4 – in den Bereich der »Hochpotenzen«.

Q-Potenzen sind beim Tier schwierig anzuwenden, da ihr Einsatz eine präzise »engmaschige Beobachtung« des Patienten erfordert. Geringste Veränderungen im Befinden des Patienten müssen sofort für die Dosierung der Folge-Gabe beachtet werden. Damit ist der Tierbesitzer meist überfordert. Angaben zur Verwendung dieser Potenzen finden sich in der Literatur Nr. 6, 20, 73.

Q 1 bis Q 3 werden meist täglich verabreicht, höhere Q-Potenzen seltener.

Die Intensität der Q-Potenz muss durch tägliches Verdünnen und Umrühren verändert werden, sodass keine »Gewöhnung« an den Arzneireiz und auch keine überschießende Reaktion im Sinn einer Arzneimittelprüfung entstehen kann.

Q-Potenzen eignen sich für den Beginn einer homöopathischen Therapie, wenn der Patient noch unter dem Einfluss schulmedizinischer Medikamente steht (z. B. Immunsuppressiva, substituierte Hormone, Mittel gegen Epilepsie o. Ä.), die allmählich reduziert werden müssen. Einfacher anzuwenden sind in diesem Fall allerdings niedrige C-Potenzen.

Der homöopathische »Impuls« verbraucht sich schneller, wenn er zusätzlich zur Erkrankung noch gegen die Nebenwirkungen von Pharma-Präparaten »ankämpfen« muss. Daher empfiehlt sich in einem solchen Fall ein geringer, aber regelmäßig wiederholter homöopathischer Impuls, z. B. durch eine Q-Potenz, der die Lebenskraft allmählich soweit stärkt, dass ein Pharma-Präparat reduziert bzw. abgesetzt werden kann. Erst dann empfiehlt sich der Übergang auf eine höhere, länger wirkende C-Potenz.

Beim Tier ist die Therapie mit Q-Potenzen kompliziert. Sie sind in ihrer aktuellen Wirkung schwieriger einzuschätzen als hohe C-Potenzen. D. h. oftmals ist es nicht einfach zu erkennen, ob es dem Patienten damit schon besser geht oder ob die Therapie mit dieser Potenz noch unverändert fortgesetzt werden muss. Die Entscheidung, ob das richtige, falsche oder ein »Teil-Simile« gegeben wurde, ist nicht immer so klar ersichtlich wie bei der Verwendung mittlerer oder hoher C-Potenzen.

Potenzen von Q 6 bis Q 18 oder höher können sehr leicht durch zu häufige Gaben überdosiert werden, wenn die Bezugspersonen nicht absolut präzise beobachten und uns täglich über den Patienten informieren.

Dezimal-Potenzen

Dezimal-Potenzen wirken grundsätzlich weniger intensiv als Centesimal-Potenzen.

Die Vorteile tiefer **Dezimal-Potenzen** bestehen in einer breiten, unspezifischen und oft organotropen Wirkung. Sie eignen sich daher gut für den organbezogenen Gebrauch.

Daher sind Komplexmittel, die »gegen eine Krankheit« wirken sollen, zumeist aus niedrigen D-Potenzen zusammengesetzt.

Mit nicht genau passenden tiefen Potenzen lassen sich im Akutfall (wie mit der Schulmedizin) durchaus brauchbare **Palliativ-Effekte** erzielen, meist jedoch keine dauerhafte Heilung.

Bei chronischen Krankheiten können sie zu **Unterdrückungen** führen: Z. B. der chronische juckende Hautausschlag verschwindet, stattdessen stellt sich nach einiger Zeit eine chronische Erkrankung der Atemwege oder anderer innerer Organe ein (siehe *Kapitel 2, Abschnitt Entstehung chronischer Krankheiten, Seite 35*).

Als Dosierung gibt es in Packungsbeilagen oder Zeitungsartikeln häufig rezeptmäßig Anweisungen: »Man nehme 3 x täglich D 6 ...«.

Im perakuten Fall kann diese Dosierung zu schwach sein, d. h. die Erkrankung des Patienten schreitet weiter fort: Der »Wettlauf« zwischen der fortschreitenden Krankheit und der Arznei kann sich zugunsten der Krankheit entwickeln.

Nach Hahnemann muss die Wirkung der Arznei immer »angemessen«, d. h. »um ein Geringes« stärker sein als die »Kraft« der Krankheit.

Das ist mit D-Potenzen – auch mit höheren – weitaus schwieriger als mit hohen C-Potenzen zu erreichen.

Eine chronische Krankheit ist damit sehr wahrscheinlich nicht zu heilen.

Potenzempfehlung für den Laien

Die Verwendung der C 30 hat sich für den homöopathischen Laien oder »Einsteiger« als besonders geeignet erwiesen.

Bei akuten Prozessen kann diese Potenz jeweils in unterschiedlicher Dosierung erfolgreich eingesetzt werden.

Eine Einzelgabe der C 30 reicht in vielen Fällen nicht aus, um eine deutliche Reaktion des Patienten zu erzielen; sie muss gehäuft, d. h. in kurzen Abständen, z. B. alle 10 Minuten für 1 bis 2 Stunden, oder alle Stunde wiederholt gegeben werden (kumulierte Gabe)(siehe das folgende Kapitel). Dann muss die weitere Reaktion des Patienten beobachtet werden, ob nochmals eine Gabe notwendig ist. Auf diese Weise kann die Intensität des heilenden Impulses nach Bedarf verändert werden.

Falls im chronischen Fall momentan keine klare Arzneimittelwahl möglich ist, kann mit der C 30 getestet werden (siehe *Kapitel 2, Abschnitt Testverfahren, Seite 74*) wie der Patient reagiert. Dann entscheidet es sich, ob eine höhere Potenz indiziert ist oder ob ein anderes Homöopathikum gewählt werden muss.

Wenn die Arzneiwahl nicht sicher ist, darf keine Hochpotenz verabreicht werden!

Dosierung im Akutfall

Im **Akutfall** ist die Erkrankung schnell entstanden und benötigt einen entsprechend kräftigen Impuls zur schnellen Wiederherstellung des Patienten, sofern der Patient nicht bereits langfristig vorgeschädigt war.

Die Intensität der C 30-Potenz lässt sich verstärken, indem sie am Anfang der Behandlung kumuliert gegeben wird, d. h. in Form häufiger Gaben in kurzen Abständen:

Dazu können ca. 5 Globuli in einem Glas Wasser aufgelöst werden. Der Patient bekommt davon nun alle 5 bis 15 Minuten einige Tropfen oder ca. 0,5 bis 1 ml aus einer neuen Spritze direkt ins Maul – verteilt über einen Zeitraum von 1 bis 2 Stunden.

Je lebensbedrohlicher die Erkrankung ist, desto intensiver – mit häufigeren Gaben der C 30 – muss anfangs der heilende »Impuls« für die Lebenskraft sein.

Die Arzneigabe kann dann nach Bedarf in Größeren Abständen als Einzelgabe wiederholt werden (siehe Abb. *»Wirkungsweise einer homöopathischen Arzneigabe«, Seite 63*).

Sobald eine positive Reaktion des Organismus beobachtet wird, müssen diese Arzneigaben zunächst aussetzen, um den weiteren Verlauf zu beobachten.

Werden die Arzneigaben dennoch fortgesetzt, so ist es möglich, dass sich der anfangs gebesserte Zustand des Patienten erneut verschlechtert. Dann gilt es zu warten. Nur im äußersten Notfall ist ein »Antidot« zu erwägen (siehe Literatur 56 und 66 zu Arzneimittelbeziehungen).

Weitaus einfacher ist jedoch **auch im Akutfall der Einsatz der C 200** – wie in den *Kapiteln 3*, ab Seite 82, und *Kapitel 21, Katzen-Kasuistik, Seite 602* häufig angegeben. Hier reicht oft eine Einzelgabe der C 200 (oder einer höheren Potenz) aus, um den akut kranken Patienten wieder herzustellen.

Es ist ein Irrtum, wenn speziell für akute Krankheiten tiefe Potenzen empfohlen werden!

Wiederholung der Arznei im Akutfall:
Erst bei Wiederauftreten, bei erneuter Verschlechterung oder Stillstand der Besserung darf die Arznei – hier speziell die C 30 – nochmals einmalig gegeben werden, deren Wirkung dann genau beurteilt werden muss.

Je besser es dem Patienten geht, desto größer müssen die Abstände zwischen den Arzneigaben werden.

Tritt keine Besserung oder gar eine Verschlimmerung ein, dann war die Arznei nicht die richtige; dann muss ein anderes, besser passendes Mittel gefunden und eingesetzt werden.

Dosierung im chronischen Fall

Ein **chronisches Krankheitsgeschehen** ist allmählich entstanden und schreitet auf dem Wege zur Heilung bzw. Besserung auch langsamer voran als die akute Erkrankung. Deshalb muss der Impuls durch die Arznei weniger intensiv einsetzen. Die Arznei wird nun – je nach Reaktion des Patienten und je nach Potenz-Höhe – in größeren Abständen über einen längeren Zeitraum verabreicht.

15

»Wirkungsweise einer homöopathischen Arzneigabe«

Diese Abbildung soll die Dosierung einer homöopathischen Arznei veranschaulichen.
Die Lebenskraft des Patienten wird symbolhaft als Baum dargestellt, der krankmachende Einfluss als Windstoß; dieser bringt die Lebenskraft (den Baum) aus der Balance und lässt ihn mehr oder weniger tief umstürzen.
Je stärker die Lebenskraft aus der Balance geraten ist, desto kräftiger und stärker muss auch die Kraft sein, die den Baum wieder aufrichten soll, quasi als »Sturm aus der anderen Richtung«: Dieser muss die Kraft des krankmachenden Einflusses ein wenig übertreffen.
Übertragen auf Stärke und Dosierung der homöopathischen Potenz bedeutet das folgendes:
Will man den Patienten durch eine C 30-Potenz therapieren, so muss diese am Anfang häufiger gegeben werden – hier dargestellt durch die kurzen Pfeile. Je besser es dem Patienten geht, d. h. je weiter sich der Baum aufgerichtet hat, desto größer müssen die Abstände zwischen den einzelnen Gaben werden. Bei fortschreitender Besserung des Patienten darf die Arznei nicht mehr wiederholt werden.
Würde die Gabe trotzdem weiter fortgesetzt werden, dann würde der Patient nach anfänglicher Besserung eine Verschlechterung erfahren – der Baum würde quasi zur anderen Seite umkippen.
Von einem erfahrenen Therapeuten kann der »Baum« mit einer einzigen Gabe in hoher Potenz entsprechend eines einzigen starken Heilimpulses (der durchgezogene Pfeil) ins Lot zurückgebracht werden So kann also eine Einzelgabe einer Hochpotenz den Patienten zur Genesung führen. Hier wird deutlich, dass auch in diesem Fall die Arznei nicht wiederholt werden darf, solange der Patient keinen Rückfall erleidet.
Bekommt nun der »Baum« (die Lebenskraft) eine nicht passende Arznei, z. B. eine ordentliche Portion Dünger, so passt dieser Impuls nicht zu seinem »Kranksein«: D. h. der Baum würde sich durch »das falsche Mittel« nicht aufrichten können; der Patient bleibt also »am Boden« und seine Erkrankung schreitet ungehindert weiter fort.
Geschieht ein solcher Fehler mit einer C 30-Potenz, so ist es schnell möglich, diesen durch die Gabe der richtigen Arznei aufzuheben und zu berichtigen.

Dagegen kann die Gabe einer falschen Arznei in hoher Potenz schwerwiegende Komplikationen nach sich ziehen.
Daher sollte der homöopathische Laie besser mit der C 30-Potenz arbeiten, sofern es hier nicht anders angegeben ist.
Diese Darstellung zeigt auch, dass die gleichzeitiger Gabe mehrerer homöopathischer Mittel die saubere Beurteilung der Reaktion des Patienten unmöglich macht.
Wer jetzt denken könnte, der »Baum« müsse durch einen Kran aufgerichtet und an einem Pfosten befestigt werden, der denkt in den Dimensionen der Schulmedizin: Es geht hier gleichnishaft um die dauerhafte Wiederherstellung der <u>Eigenregulation</u>!

Dosierung der C 30

- Für die Verwendung der C 30 in chronischen Krankheitsfällen hat es sich bewährt, die C 30 am ersten Tag der Therapie einmal zu geben (evtl. zweimal innerhalb einer Stunde) und je eine weitere Gabe am 2. und 4. oder 5. Behandlungstag.
- Wird nach dem ersten Tag bereits eine Besserung beobachtet, dann darf die nächste Gabe noch nicht verabreicht werden, sondern erst, wenn an einem der folgenden Behandlungstage eine Stagnation oder erneute Verschlimmerung der bereits bekannten Symptomatik auftritt. Ähnlich verhält es sich mit den darauf folgenden Gaben. Einzig die Reaktion des Patienten entscheidet über die weitere Dosierung.
- Sofern die Arzneigabe in dieser Art erfolgt, ist die nächste Gabe erst nach weiteren 7 bis 10 Tagen indiziert. Das betrifft besonders die Arzneien aus dem Mineralreich.

Diese Dosierung scheint recht kompliziert; daher sollte bei guter Wirkung der C 30 bei erneutem Rückfall die Therapie mit einer höheren Potenz (C 200) fortgesetzt werden.

Welpen und Jungtiere brauchen oft nur eine Einzelgabe der C 30. Ihre Reaktionsweise ist i.a. intensiver als die von älteren, »verschlackten« Patienten, bei denen es im Organismus gleichsam mehr aufzuräumen gibt als bei einem Welpen.

Souverän wirkt bei einem erwachsenen Patienten die Einzelgabe einer hohen Potenz (C 200, M oder XM), die nur ein einziges Mal gegeben werden darf. Ausnahmen gibt es bei schweren, akuten Verletzungen.

In komplizierten Krankheitsfällen ist es möglich, dass nach Wochen – oder Monaten – für die noch vorhandenen »Restsymptome« ein Folgemittel erforderlich ist. Chronische und langwierige Fälle verlangen oft eine Abfolge von zueinander passenden Homöopathika in jeweils wechselnden Potenzen.

Eine Arznei aus dem Pflanzenreich kann häufiger als eines aus dem Mineralreich erforderlich sein (Ausnahme: z. B. *Lycopodium*, *Thuja*).

Eine Injektion der C 30 (gleichgültig, ob subkutan, intravenös oder intramuskulär) wirkt in der Regel einen Tag länger als eine orale Gabe.

Dosierung von Potenzen oberhalb der C 30

Die Dosierung von Potenzen oberhalb der C 30 erfolgt im chronischen Fall nur in Form einer einzigen Gabe. Hier ist die Dosierung wesentlich einfacher als die der C 30: Gaben höherer Potenzen stabilisieren die Lebenskraft im konstitutionellen Fall über Wochen oder Monate und dürfen erst nach erneuter Verschlechterung – d. h. bei erneuter Verschlimmerung der bereits bekannten Symptomatik – einmalig wiederholt werden.

Im chronischen Krankheitsfall kann jedoch die C 200 durchaus zu schwach sein; das betrifft besonders Verhaltensprobleme oder Erkrankungen des Immunsystems.

Auch **Potenzakkorde** (Mischung aus Potenzen der D 6, D 12, C 30 bis D 198 oder D 200) zählen zu den Hochpotenzen und dürfen im chronischen Fall maximal einmal pro Woche und darauf folgend nur in größeren Abständen gegeben werden.

Alle Dosierungsangaben sind grundsätzlich nicht bindend.

Jede Dosierung muss individuell bleiben, weil die »Wirkungsdauer« der Arznei je nach Lebenskraft des Patienten immer variiert: Der eine ist durch eine frühere Krankheit vorgeschädigt und benötigt einen intensiveren oder langfristigeren »Heilimpuls« als der andere mit einer gesunden oder übersensiblen Reaktionslage.

> Nach heilender Regulation der Lebenskraft, d. h. bei anhaltendem Wohlbefinden des Patienten darf keine weitere Arznei gegeben werden.

Beispiele für die Dosierung

FALLBEISPIEL 5

Bei einem Kater, Freigänger, hat sich im Laufe der letzen 36 Stunden ein akuter, schwerer Durchfall entwickelt. Nach anfänglichem Erbrechen am Morgen des ersten Krankheitstages frisst und trinkt das Tier nichts; Kater, Kot und Katzenkiste stinken intensiv nach Aas; seit ca. 8 Stunden (Mittag des 2. Krankheitstages) ist er so schwach, dass er sich kaum mehr auf den Beinen halten kann; er bleibt trotzdem nicht auf seinem Lager, sondern sucht sich wechselnde Liegeplätze, liegt dort zeitweilig flach auf der Seite, rutscht dann unruhig umher; er setzt reichlich schmierig-schleimigen, jetzt auch blutigen Kot ab, der den After reizt; er möchte sich gern den After lecken und putzen, aber dafür fehlt ihm die Kraft, sodass er bei den Putzversuchen umfällt; der After ist blutrot entzündet. Die Konsistenz der Haut lässt bereits eine beginnende Austrocknung erkennen; das ganze Tier ist kalt; die Körpertemperatur liegt bei 37,5 °C.

Die Symptome, die zur Arzneimittelwahl führen, sind folgende:

- Überraschend schnell eintretende Schwäche bei akuter Krankheit
- Kotgeruch wie Aas
- Kot wundmachend
- Kot blutig, schleimig
- Ruhelosigkeit, wechselt die Liegeplätze
- Untertemperatur (Hypothermie)

Diagnose: Der Kater leidet unter einer *Arsenicum*-Krankheit.

Dosierung der C 30:
Einige Globuli (2 bis 5 Stück) in einem Glas Wasser auflösen; davon alle 5 bis 10 Minuten einige Tropfen ins Maul geben, wahrscheinlich 2 Stunden lang; dann sollte sich eine erste Besserung im Allgemeinbefinden einstellen. Danach wird er in einen heilsamen Schlaf fallen.

Spätestens nach 3 bis 4 Stunden sollte er etwas getrunken haben.

Bei Stillstand der Besserung oder spätestens bei erneuter Verschlechterung sind einzelne Gaben der C 30 zu wiederholen, bei Besserung keine weitere Gabe; diese Arzneigaben sind bis zur Genesung fortzusetzen, die spätestens 48 Stunden nach Therapiebeginn deutlich eingetreten sein sollte.

Dosierung von Arsenicum C 200:

	Ars.	Carb-v.	Verat.	Lach.	Merc.	Kali-p.	Rhus-t.	Merc-c.	Cham.
Total	19	7	7	7	7	5	5	5	4
Rubrics	7	4	3	3	3	3	3	2	3
Kingdoms									
Traditional Miasms									
Allgemeines; SCHWÄCHE, Entkräftung; schnell zunehmend (4)	3		3						
Allgemeines; SCHWÄCHE, Entkräftung; Sterben, zum (2)	2								
Stuhl; GERUCH; Aas, wie (14)	3	3		3		3	2		
Stuhl; SCHARF, wundmachend (56)	3	1	3	2	3	1		2	2
Stuhl; SCHLEIMIG; blutig (68)	2	2		2	3		1	3	1
RUHELOSIGKEIT, Nervosität; Bett; will aus einem Bett in das andere (15)	3		1		1		2		1
fever, heat; HYPOTHERMIA (46)	3	1				1			

Der Kater bekommt einmal ca. 2 bis 5 Globuli am besten direkt ins Maul. Nach 1 bis 2 Stunden wird sich eine leichte Besserung zeigen: Er hat getrunken, liegt ruhig auf seinem Platz und schläft.

In schwersten Fällen – je nach Reaktion des Patienten – kann die C 200 bei Stillstand der Besserung bereits nach ca. 20 Stunden aufs Neue indiziert sein.

Die Besserung sollte kontinuierlich fortschreiten. Wenn der Kater am Folgetag noch nicht »fit« sein sollte, wenn dann der Kot noch immer flüssig herausrinnt, benötigt er eine zweite bzw. dritte Gabe der C 200, dann allerdings sollte er gesund werden. Wenn die Gaben von *Arsen* keine weitere Besserung bringen, ist möglicherweise als Folgemittel *Carb-v* indiziert.

Dosierung der C 1000 (M) oder C 10 000 (XM):

Wenn der Kater vor dieser akuten Erkrankung ganz gesund war, kann seine Lebenskraft für diese schwere Krankheit eine hohe Potenz vertragen: Er bekommt 2 bis 5 Globuli der M- oder XM-Potenz ins Maul und wird am nächsten Morgen gesund sein, zumindest wesentlich gebessert. Am nächsten Tage kann er wieder auf die Jagd nach Mäusen gehen.

Die M- oder XM-Potenz darf in diesem Fall nicht wiederholt werden!

Wenn diese Maßnahmen keine Besserung bringen, liegt wahrscheinlich ein Fehler in der Anamnese vor: Die Krankengeschichte muss neu aufgenommen und ein besser passendes Mittel gewählt werden.

FALLBEISPIEL 6:

Der eben genannte Kater hat keine homöopathische Therapie erfahren, sondern wurde in die Tierklinik eingestellt. Er bekam Antibiotika und wurde durch Infusionen zur Ergänzung der verlorenen Körperflüssigkeiten am Leben erhalten; die Tierärzte stellen bei diesem schweren Durchfall keine gute Prognose. Weil die antibiotische und entzündungshemmende Therapie nur wenig Erfolg bringt, bekommt er zusätzlich ein Kortikoid (Kortison). Glucose-Infusionen sollen seine Schwäche lindern. Nach einigen Tagen Intensiv-Therapie ist er noch immer schwach und hat 1 kg an Gewicht verloren.

- Nach einer Woche geht es zwar besser, aber er ist noch nicht wieder munter, mag das Diätfutter nicht fressen; aber im Laufe der zweiten Krankheitswoche geht es langsam zunehmend besser.
- Einige Wochen später: Nach dem ersten Mäusefang bekommt er wieder Durchfall und muss erneut Antibiotika bekommen.
- So geht es hin und her mit wiederkehrendem Durchfall und verschiedenen Pharma-Präparaten; der Kater besteht nur aus Haut und Knochen, frisst schlecht und stinkt noch immer. Die Schulmedizin bezeichnet seine Krankheit jetzt als »IBD« (Inflammatory Bowel Disease).

Nun entschließen sich die Besitzer für eine homöopathische Therapie:

Die Symptome sind in abgeschwächter Form noch immer wie früher vorhanden, der Kater braucht auch in diesem Zustand noch *Arsenicum album.*

Jetzt ist die Dosierung allerdings anders:

- Von der C 30 benötigt er jeweils eine Gabe am 1., 2. und 3. Tag; weitere Gaben richten sich nach seiner Reaktion, zunächst im Abstand von 2 Tagen, dann von 4 Tagen, bis sich seine Lebenskraft wieder stabilisiert hat.

- Sollte er anstelle der C 30 die C 200 bekommen, so reicht jetzt eine Einzelgabe aus, die – nur bei Bedarf – nach einigen Tagen oder später wiederholt werden kann.
- Wenn der Kater bereits vor der Erkrankung konstitutionelle Zeichen von *Arsenicum* hatte, kann er mit einer Einzelgabe einer höheren Potenz dauerhaft gesund werden.

Reaktion des Patienten auf die Arznei

Die Reaktion des Patienten gibt Aufschluss,

- ob das verabreichte Arzneimittel das richtige, passende Simile gewesen ist
- und ob die Arznei überhaupt wiederholt werden muss oder in welchem Abstand

Die **Wirkungsdauer** der Arznei ist individuell unterschiedlich.

Als »Wirkungsdauer« ist die Zeitspanne gemeint, in der sich die Lebenskraft in ihrer gesunden Funktion stabilisiert hat. Das kann Wochen, Monate oder sogar Jahre, vielleicht bis zum Lebensende, andauern (siehe *Kapitel 2*, Abschnitt *Auswahl der Potenz-Art und Dosierung, Seite 58*).

Ablauf der Heilung

Grundsätzlich muss die Heilung in bestimmter Reihenfolge ablaufen, formuliert von dem homöopathischen Arzt Constantin Hering (**Hering'sche Regel**, 1. Hälfte des 19. Jh.) (Literatur 6, 20, 34, 61).

Die Heilung soll von oben nach unten
(von Kopf zu Fuß und vom übergeordneten zum untergeordneten Organsystem),
von innen nach außen
(zuerst innere Organe, danach die Körperperipherie, z. B. auch die Haut)
und in umgekehrter Reihenfolge wie die Symptome aufgetreten sind, erfolgen.
(Die zuletzt aufgetretenen Symptome sollten als erste verschwinden).

Nach der Gabe des Mittels – auch nach kumulierter Gabe – muss der Patient in diesem Sinn genau beobachtet werden:

- Wie verändert sich sein Zustand?
- Wie verändern sich die Modalitäten, die zur Auswahl der Arznei geführt haben?
- Was bessert sich zuerst?
- Was verschlimmert sich möglicherweise?

Dementsprechend entscheidet sich, ob die angefangene Therapie fortgesetzt werden soll oder ob der Wechsel zu einem anderen Arzneimittel erforderlich ist.

- Bei lokalen, nicht ganz akuten Erkrankungen ohne gestörtes Allgemeinbefinden (z. B. chronische Verletzungsfolgen) wird man möglicherweise erst nach mehreren Tagen eine Veränderung beobachten können.
- Bei einer gefährlichen akuten Krankheit muss der Verlauf entsprechend schnell – gemäß den oben genannten Erklärungen zur Lebenskraft – verlaufen:
- Zuerst müssen sich die lebenserhaltenden Vitalfunktionen (wie Herz, Kreislauf, Atmung, Flüssigkeitshaushalt, Nierenfunktion, Bewusstseinslage) und gleichzeitig das subjektive Wohlbefinden bessern: Dabei können die Symptome der Erkrankung durchaus noch für kurze Zeit bestehen bleiben; der Patient sollte sie jedoch besser ertragen können.

Je schlechter der Allgemeinzustand, desto deutlicher muss diese Erstwirkung erkennbar werden.

- Der Blick wird wacher;

- das Tier hebt den Kopf, nimmt mehr Anteil an der Umgebung;
- der bisher kalte Körper sollte wärmer werden (z. B. Ohren, Maul, Extremitäten);
- die zuvor blassen Schleimhäute sollten rosa werden (Ausnahme: Länger bestehende Anämie);
- Herzfunktion und Puls sollte sich in Qualität und Frequenz normalisieren;
- eine Atemnot sollte leichter werden;
- der dehydrierte Patient sollte selbständig etwas Wasser aufnehmen;
- akute Schmerzen müssen nachlassen;
- meist folgt dabei ein tiefer Genesungsschlaf;
- generell ist es positiv zu bewerten, wenn gestockte Ausscheidungen in Gang kommen (z. B. Abszessöffnung mit austretendem Eiter, Nasenausfluss, Kot- bzw. Urinabsatz).

Verläuft die Heilung nach der Arzneigabe nicht entsprechend der Hering'schen Regel, dann wurde eine falsche Arznei gegeben, die zu unerwünschten Reaktionen führen kann.

Es darf z. B. nicht geschehen, dass ein Symptom (z. B. Schmerzen, Durchfall, Hautausschlag) verschwindet, während sich das Allgemeinbefinden verschlechtert.

Eine Reaktion entgegen der Hering'schen Regel bedeutet für den Homöopathen höchste Alarmstufe, diese Arznei sofort abzusetzen und durch eine besser passende zu ersetzen, anderenfalls könnte sich eine Entwicklung im Sinn einer »Unterdrückung« (siehe *Kapitel 2, Abschnitte Medizinverständnis in Homöopathie und Hochschulmedizin, Seite 27* und *Kriterien der Ähnlichkeit: Arten von Erkrankungen, Seite 34*), d. h. das Krankheitsgeschehen verlagert sich auf ein anderes Organ. Schlimmstenfalls kann sich ein Fortschreiten der Erkrankung eingestellt haben, was einen homöopathischen Spezialisten oder einen Klinikaufenthalt erfordert.

Seltene Ausnahmen dieser Regel kann es bei zentralnervösen oder Krebserkrankungen geben. Das Ziel der Therapie ist eine **kontinuierlich fortschreitende Besserung des Patienten.**

Im akuten Zustand sollte er innerhalb weniger Tage genesen.

Im länger bestehenden oder chronischen Krankheitsfall kann es einige Tage dauern, bis sich am Patienten eine Veränderung der Beschwerden zeigt.

Organische Schäden – wie z. B. Leberschäden, chronische Herz- oder Nierenerkrankungen – benötigen zur Regeneration möglicherweise einige Wochen, soweit diese noch möglich ist. Dasselbe kann für die primär chronischen Erkrankungen zutreffen (z. B. Katzenschnupfen, Immunerkrankung).

Aber auch hier muss möglichst bald eine Schmerzlinderung bzw. gebessertes Allgemeinbefinden eintreten.

Häufig beobachtet man Schmerzfreiheit, obwohl der krankhafte Prozess noch existiert, für den sich dann erst allmählich eine Besserung abzeichnet.

Ein solcher Patient bedarf natürlich der Schonung und sollte noch keinem »sozialen Stress« durch Katzenkollegen, durch Freigang oder überbesorgte Besitzer ausgesetzt sein. Zusätzlich ist eine artgemäße Fütterung angebracht.

Zusammenfassend lässt sich sagen, dass sich akute Erkrankungen (Infektionen, Entzündungen oder Störungen in der Eigenregulation) unter dem richtigen Mittel bei richtiger Dosierung schnell bessern.

Organische Erkrankungen (z. B. aus dem Bereich der inneren Medizin) sowie anatomisch erkennbare Veränderungen benötigen zur Regeneration längere Zeit. Auch im Fall solcher Erkrankungen kann die Homöopathie zumindest Linderung verschaffen.

Zum Thema »Verlauf der Heilung« sei jedem angehenden Homöopathen das Studium der entsprechenden Literatur empfohlen: z. B. Kent (Literatur 31), Vithoulkas (Literatur 77), Luc de Schaepper (Literatur 61), Genneper/Wegener (Literatur 20).

Erstreaktion

Das Problem der »**Erstverschlimmerung**« geistert als gefürchtetes Phantom bei den wenig homöopathisch Informierten herum. Ein besser passender Ausdruck würde lauten **»Erstreaktion«**.

Eine leichte Reaktion kann bei länger bestehenden Erkrankungen auftreten: Die »Kraft« der Arznei muss die »Kraft« der Krankheit geringfügig übertreffen, damit sie »ausgelöscht« werden kann (Hahnemann, ORGANON; Literatur 24). Anderenfalls kann keine Heilung eintreten. Dabei kann es in seltenen Fällen vorübergehend zu einer leichten Reaktion des Patienten kommen, indem sich seine derzeitigen Beschwerden kurzfristig und geringgradig verstärken – verbunden mit verbessertem subjektivem Befinden.

Das passiert jedoch nicht im akuten oder lebensbedrohlichen Krankheitsfall!

Häufig zeigt sich die »Erstreaktion« auch nur in einem kurzfristig vermehrten Schlafbedürfnis.

Die Erstreaktion kann bei chronischen Erkrankungen auftreten, wenn der Patient z. B. unter Stoffwechselstörungen leidet, deren Abbauprodukte sich im Körper abgelagert haben. Solche »Schlacken« muss der Organismus aktivieren und anschließend zur Ausscheidung bringen. Während dieses Vorgangs kann es vorübergehend zu einer Verschlimmerung der bestehenden Symptome kommen. Hier handelt es sich um eine willkommene Heilreaktion, die von besserem Allgemeinbefinden und schließlich von zunehmender Gesundung gefolgt sein muss.

Es dürfen jedoch keine neuen, nie da gewesenen Symptome auftreten!

Ein fachkundiger Homöopath kann derartige Reaktionen richtig einschätzen, wenn er vorher eine vollständige Anamnese aufgenommen hat.

Darüber hinaus können im Laufe einer langfristigen, chronischen Behandlung frühere, »längst vergessene« Symptome wieder zum Vorschein kommen, die im Rahmen der Genesung gleichsam angeklickt, aktiviert und anschließend abgebaut werden. Das sind willkommene Zeichen der Gesundung, die der erfahrene Homöopath sehr zu schätzen weiß.

Die »Erstreaktion« darf nicht mit der Reaktion auf eine falsche Arznei verwechselt werden: Es dürfen niemals neue oder schwerwiegende Symptome auftreten, die es zuvor nicht gegeben hat. Derartige Reaktionen kommen zustande, wenn ein »falsches Mittel« zu häufig oder in zu hoher Potenz gegeben wurde, was eine unbeabsichtigte Arzneireaktion oder eine zusätzliche Erkrankung auslösen kann.
Ein »falsches Mittel« kann auch eine Verschlimmerung der vorliegenden Erkrankung auslösen, die allmählich wieder abklingt, ohne anschließende Besserung des ursprünglichen Zustands.
Das ist die häufigste Form der falsch verstandenen »Erstverschlimmerung«!

Auch aus diesem Grunde wird dem homöopathischen Laien (Katzenbesitzer) anfangs der Einsatz von C 30-Potenzen (wenn nicht anders angegeben) empfohlen, die bei gewissenhaftem Umgang.

Allerdings gibt es in der Literatur zur Tierhomöopathie gelegentlich Angaben zu Standard-Dosierungen (z. B. »C 200 täglich eine Woche lang« oder »C 30 einmal täglich für 4 Wochen «), die oft zu falschen Reaktionen des Patienten – im Sinn einer Arzneimittelprüfung führen. Hier ist große Vorsicht geboten!

Fehlende oder unerwünschte Reaktion

Nach der Gabe einer homöopathischen Arznei muss – wie beschrieben – die Reaktion des Patienten beobachtet werden.

Wurde ein nicht passendes homöopathisches Mittel gegeben, ändert sich beim Patienten in den meisten Fällen zunächst gar nichts, die bisherige

Krankheit besteht weiterhin oder schreitet umso schneller fort.

Tritt keine positive Reaktion ein, dann stellen sich also folgende Fragen:

- War die Wahl der Arznei richtig?
- Wurde eine nicht passende Arznei gegeben?
- War die Dosierung der vorliegenden Erkrankung angemessen, zu häufig oder zu selten?
- Handelt es sich um eine chronische Erkrankung, die eine längere Zeit der Reaktion erfordert?
- Hat der Patient andere Medikamente – auch Homöopathika oder Schüssler Salze – bekommen, die das Bild verfälschen?
- Gab es zusätzliche energetische Therapieanwendungen (z. B. Akupunktur oder Bioresonanz), die homöopathischen Arzneimitteln entgegen wirken können?
- Hat der Patient eine zusätzliche schulmedizinische Therapie erhalten (z. B. »Schmerzmittel« NSAIDs, Impfung, Wurmkur, Akarizide)? Daher verschleierte Reaktion?

Falls neue Symptome auftreten:

- Schreitet die bestehende Krankheit entsprechend dem bekannten pathologischen Verlauf ungehindert weiter fort?
- Gab es diese Symptome bereits früher?
- Entwickelt der Patient Symptome einer Arzneimittelprüfung?
- Hat der Patient inzwischen zusätzliche Medikamente (auch homöopathische) bekommen?

Um diese Fragen zu beantworten, muss die Vorgeschichte des Patienten sowie das betreffende Arzneimittelbild des wahrscheinlich falsch gewählten Mittels betrachtet werden.

Wird nun tatsächlich die Gabe eines falschen Mittels festgestellt, dann muss ein besser passendes Mittel verabreicht werden.

Ein »Antidot« – nachzulesen in den »Arzneimittelbeziehungen« – ist nur dann notwendig, wenn kein besser passendes Mittel gefunden werden kann oder wenn der Patient wider Erwarten überschießend reagiert.

»Antidote« für bestimmte Arzneien sollten dem Tierbesitzer genannt werden. Sie können die Wirkung des indizierten Homöopathikums einschränken bzw. die Regeneration der Lebenskraft des Patienten beeinflussen. Zu diesen Antidoten gehören ätherische Öle, Kamillentee, konzentrierte Kräutermischungen, manche Mineralstoffergänzungen etc.

Falsche Anwendung der Homöopathie

Das Gesetz »Ähnliches werde durch Ähnliches geheilt« impliziert auch die Tatsache, dass etwas »nicht Ähnliches« durchaus schaden kann; während der wiederholten Einnahmen in einer Arzneimittelprüfung wird dieses Phänomen offenbar, indem der Proband die Symptome des eingenommenen Arzneistoffes bzw. Mittels entwickelt.

In der Anwendung der Homöopathie werden oft schwerwiegende Fehler gemacht:

Eine gute homöopathische Therapie erfordert vom Behandler höchste Genauigkeit, Aufmerksamkeit und präzise Kenntnisse.

Das größte Problem der Homöopathie sind Therapeuten mit unzureichenden fachlichen Kenntnissen, die Dank einer – häufig oberflächlichen – Ausbildung glauben, die Wissenschaft der Homöopathie zu »beherrschen«.

Die Homöopathie fordert einen gewissen Grad von Bescheidenheit mit der Bereitschaft, lebenslang Neues von Patienten und von den Arzneien dazuzulernen! Kein Homöopath hat jemals »ausgelernt«!

Jeder Patient muss individuell in Beziehung zu »seiner« speziellen Arznei gesetzt werden. Demzufolge geben statistische Ergebnisse oder »Doppel-Blind-Versuche« in der Homöopathie häufig Anlass zu Fehlinterpretationen.

Diese Tatsache zeigt sich auch in folgenden Phänomen: Jeder Therapeut wirkt mit seinem eigenen Energiefeld »anziehend« – im Sinn einer Resonanz – auf bestimmte Patienten und Erkrankungen, die eine Beziehung zu ihm selbst aufweisen. Auch in diesem Sinn wirkt sich das »Ähnlichkeitsgesetz« aus!

FEHLER UND DEREN FOLGEN

- Zum häufigsten Fehler gehört die **Anwendung von homöopathischen »Rezeptanweisungen« aus der Literatur**:
  - »Man nehme Mittel »XY« in D 6, 3-mal täglich über ... Wochen«!
  - Oder: »Bei der Z-Erkrankung kann das Mittel »YZ« hilfreich sein«!
  - Oder: »Bei einer Hüftdysplasie gebe man *Calcarea fluorica* D 30 täglich über 4 Wochen«!

  Derartige Anweisungen schaden dem Patienten und dem Ruf der homöopathischen Medizin!

- Das **homöopathische Mittel wird nach einer Krankheitsbezeichnung ausgewähl**t; in den meisten Fällen folgt eine falsche oder nur teilweise richtige Arzneimittelwahl.
  Ein »Teil-Simile« verwirrt den Krankheitsverlauf und zieht Fehler in der Dosierung nach sich.

- Die **Fallaufnahme – Anamnese – erfordert äußerste Präzision** und dauert im chronischen Fall manchmal mehr als eine Stunde.

  Hier darf nicht an Zeit gespart werden!

  Eine unzureichende und nicht vollständige Anamnese führt häufig zu falscher Mittelwahl. Die Reaktion des Patienten kann dann nicht genau verfolgt werden.

- Die **Symptome des Patienten werden nicht richtig – entsprechend der Hierarchisation – bewertet**; die Folge ist eine **falsche Mittelwahl.**

- Das falsche oder nicht ganz richtige Mittel wird in **unpassender Potenz** gegeben:
  - Die Potenz war zu niedrig. Eine Reaktion des Patienten ist nicht zu beobachten: Sie wird nun gehäuft verabreicht und langsam geht es dem Patienten schlechter, was fälschlicherweise als »Erstverschlimmerung« angesehen wird. Der Patient erhält das Mittel weiterhin oder in höherer Potenz: Es geht ihm zunehmend schlechter und evtl. entwickeln sich allmählich Symptome einer Arzneimittelprüfung.
  - Auf die zu hohe Potenz ist keine Reaktion des Patienten erkennbar, das Mittel wird wiederholt gegeben: Es geht dem Patienten schlechter, und allmählich entwickeln sich Symptome einer Arzneimittelprüfung.
  - Der unkundige Therapeut denkt nun: »Jetzt habe ich gute Symptome« – und verordnet nach dem Symptomengemisch, bestehend aus der ursprünglichen Krankheit und den neuen Arzneimittelsymptomen, ein neues Mittel – und die Problematik der falsch gewählten Mittel in unpassender Potenz beginnt von vorne.
  - So geht es weiter: Es werden in Folge immer neue Homöopathika verordnet, evtl. neu auftretende Symptome (z. B. Krallenbettentzündung, Durchfall, Juckreiz) werden als willkommene Ausscheidungen (»Erst-

verschlimmerung«) fehlgedeutet. Aber der Patient wird immer kränker.

- Weil der Zustand des Patienten sich nun weiter verschlechtert, vermutet der unkundige Therapeut eine »energetische Blockade« und gibt – als »Reaktionsmittel« eine Hochpotenz von *Sulfur*: Aber nun ist der »Fall« endgültig »verdorben« und in den nächsten Monaten keiner homöopathischen Therapie mehr zugänglich. Solche Therapiefehler sind leider gar nicht selten!

- Weitere Fehler entstehen häufig **durch Anwendung von Komplexmitteln, die hohe Potenzen enthalten** und vom Hersteller fälschlicherweise in zu häufiger Dosierung empfohlen werden.

FALL-BEISPIEL: HOMÖOPATHISCH FALSCH BEHANDELTER HUND

FALLBEISPIEL 7

Ein drastischer und haarsträubender Verstoß gegen alle homöopathischen Gesetzmäßigkeiten ist der folgende Fall aus einer homöopathisch-tierärztlichen Praxis:

Dieser Hund steht stellvertretend für eine jede gründlich falsch angewandte Homöopathie. (Kommentare der Verfasserin zum Krankheitsverlauf sind in Kursivschrift angegeben).

Die Daten des Patienten wurden aus Gründen des Datenschutzes verändert.

Der Neufundländer-Rüde Amy, geboren im März 2009, ist das schwächste Mitglied seines Wurfes und bekommt wegen Lebensschwäche am 2. Lebenstag eine Injektion mit einem Antibiotikum zwischen die Schulterblätter – »als Vorbeuge gegen mögliche Krankheitserreger«.

Daraus entwickelt sich eine großflächige infizierte Wunde, die nach intensiver schulmedizinischer Therapie im Alter von 6 Monaten (August 2009) als ca. 6 cm große verhärtete Narbe mit noch immer erkennbarer Einstichstelle der damaligen Injektion erkennbar ist.

Durch den Narbenzug und faltige Verwachsungen zwischen Haut und darunter liegendem Gewebe kommt es nun zu Bewegungsstörungen, die vergebens intensiv physiotherapeutisch behandelt werden.

Im November 2009 kommt der Hund in die besagte homöopathische Behandlung:

Er bekommt zweimal pro Woche ein Komplexmittel für die Haut, das aus 27 homöopathischen Einzelmitteln im Potenzakkord von D 6 bis zur D 198 besteht, zusätzlich einmal täglich ein Komplexmittel aus 20 verschiedenen Homöopathika »zur Aktivierung der Abwehr«, ferner 1- bis 3-mal pro Tag *Graphites* D 12 und *Silicea* D 12.

Wie soll ein Organismus auf derart viele und zusätzlich viel zu hoch dosierte Reize reagieren?

Graphites und Silicea sind äußerst tiefgreifende Mittel aus dem Mineralreich, die niemals in dieser Dosierung verabreicht werden dürfen, ohne Schäden im Sinne einer Arzneimittelprüfung zu setzen!

Wegen fehlender Besserung wird die Narbe im Januar 2010 operiert.

Präoperativ bekommt der Hund 20 Tage lang *Arnica* D 30, postoperativ täglich *Staphysagria* D 30 und *Calendula* D 30.

Arnica, präoperativ gegeben, verursacht eine Erschlaffung und vermehrte Durchlässigkeit der Kapillaren und verhindert ge-

meinsam mit den Nachwirkungen der zuvor gegebenen Mittel (Graphites, Silicea) die Narbenbildung; jetzt blockieren zusätzlich die überdosierte Staphysagria und Calendula zuverlässig jede Wundheilung.

Wegen postoperativem Erbrechen mehrfache Gaben von *Nux vomica* D 30 und *Arsenicum* D 30.

Das bringt sogar den lesenden Homöopathen zum »Würgen«!

Im Februar 2010 werden wegen Bildung von Seromen *(Zysten bestehend aus Gewebeflüssigkeit)* und mangelnder Heilung zusätzliche Drainagen gelegt *(antibiotikagetränkte Mullgaze durch die Wunden)*.

Ab Ende Februar 2010 tägliche Gaben von *Arnica, Bellis perennis, Calendula, Graphites* und *Staphysagria* je in D 30, zusätzlich 3-mal pro Woche dieselben Komplexmittel wie im November 2009, zusätzlich Lasertherapie.

Diese zusätzlichen Überdosierungen verschlimmern weiterhin den Zustand.

Nachoperation im März 2010, weil die frischen Narben erneut aufgebrochen sind. Darauf erfolgt keine Heilung, sondern auch die neuen Nähte reißen wieder auf und entwickeln sich zu nässenden Fisteln.

Die Wundränder sind aufgequollen und krustig verhärtet.

Die daraus abgeleitete medizinische Diagnose »Allergie auf das Nahtmaterial« *spottet jeglichem homöopathischen Verständnis.*

Die Operationsnarben verlaufen nun kreuzweise, längs und quer über die Schulterblätter, jeweils ca. 15 bis 20 cm lang, die früher rosafarbenen Wundränder sind nekrotisch und schwärzlich verfärbt ohne jede Heilungstendenz, zusammengehalten durch tief ins Gewebe einschneidendes Nahtmaterial.

Im Mai 2010 zunehmende Lahmheit vorn links, schlimmer nach längerem Liegen. Die schulmedizinische »Schmerztherapie« (Metacam®) bringt keine Besserung.

Der Physiotherpeut theoretisiert *(in seinem Unverständnis über die vorliegende Pathologie)*, der Hund habe nie richtig laufen gelernt, die Koordination der Muskulatur sei seit dem Welpenalter nie richtig geprägt worden.

Im Juni 2010 Kastration des Rüden ohne Probleme.

Wegen starker Lahmheit am linken Vorderbein werden Röntgenaufnahmen, Computertomographie, Liquorpunktion und andere neurologische Untersuchungen (!) durchgeführt, bleiben jedoch ohne Befund.

Jeder Student lernt in der Anatomie, dass Abszesse und Absonderungen aus der Gegend zwischen den Schulterblättern nach unten zwischen Rumpf und Schulterblatt »absacken« und durch Verwachsungen unter dem Schulterblatt Bewegungsstörungen und Lahmheiten auslösen!

Trotz aller falscher medizinischer Maßnahmen ist es bewundernswürdig, mit welcher Lebenskraft der Hund die homöopathische »Misshandlung« und Arzneimittelprüfungen bis dahin überlebt hat.

Homöopathisch ist ihm – zumindest im Lauf des nächsten Jahres – nicht zu helfen.

Vielleicht wurde er wegen vermeintlicher Therapieresistenz und chronischer Lahmheit »aus Mitleid mit seinem Leiden« euthanasiert.

Die schwache Lebenskraft des damaligen neugeborenen Welpen wäre durch eine einzige Gabe von Calcarea carbonica C 30 (schwere Hunderasse mit massivem Körperbau) in Ordnung gebracht worden und er hätte sich – ohne Antibiotikum – zu einem prächtigen Junghund entwickeln können!

Grenzen der Homöopathie

Eine immanent wichtige Vorbedingung für die Therapie ist der direkte Kontakt zum Tier bzw. die Möglichkeit, einen brauchbaren Vorbericht, Angaben im Sinn der Anamnese sowie eine medizinische Diagnose – so weit möglich – zu erhalten.

Ohne homöopathisch nutzbare Symptome kann keine passende Arznei gefunden werden!
Allein nach medizinischer Diagnose kann kein Homöopathikum verordnet werden!

Eine weitere Bedingung für eine erfolgreiche homöopathische Therapie ist ein reaktionsfähiger Organismus mit regenerationsfähigen Organen und Gewebe.

Wenn das nicht gegeben ist, kann im besten Fall eine Linderung erreicht werden.

Ferner müssen für die Genesung natürlich verbesserte Lebensbedingungen geschaffen werden.

Schlussfolgernd kann gesagt werden, dass eine optimale homöopathische Therapie nicht unter gleichzeitigem Einsatz von schulmedizinischer Pharmakotherapie (»Schmerzmittel«, Kortison u.ä. Palliativmedizin) möglich ist. Auch zusätzliche homöopathische Mittel, Komplexmittel oder anderweitige Therapien (z.B. Bioresonanz) können die Reaktion auf das gewählte Homöopathikum verschleiern und eine Verlaufsbeurteilung der homöopathischen Therapie unmöglich machen.

Außerdem erschwert die Zugabe von Mineralien oder anderer medizinisch wirksamer Substanzen die Beurteilung des Heilungsverlaufs. Solche Zusatzfuttermittel enthalten möglicherweise Stoffe, die ihrerseits Nebenwirkungen oder neue Krankheitssymptome hervorrufen können. Auch konzentrierte Kräuterextrakte können bei empfindlichen Patienten unerwünschte Reaktionen auslösen.

Die Symptome des Patienten sind die Wegweiser zur heilenden homöopathischen Arznei; die Reaktion des Patienten auf diese Arznei ermöglicht die Bestätigung der richtigen Arzneiwahl und zeigt den Weg für die weitere homöopathische Therapie.

Gesetzt den Fall, es kann kein homöopathisches Mittel gefunden werden oder ist dieses zur Zeit nicht verfügbar, muss schulmedizinisch behandelt werden.

Weiterhin kann in bestimmten Fällen eine schulmedizinische Therapie für die Erhaltung des Lebens notwendig sein – z.B. im Fall von schwerem Blutverlust, Dehydrierung (Austrocknung), im akuten allergischen Schock oder in der Unfallmedizin.

Eine schulmedizinische Diagnostik (Laboruntersuchungen, Röntgen u.Ä.) kann in manchen Fällen das homöopathische Vorgehen erleichtern.

Testverfahren

Die Anwendung der homöopathischen Medizin kann weder schnell erlernt, noch aus dem Stegreif, durch »Intuition« oder nach »Rezeptanweisungen« aus der Literatur ohne eigene Kenntnisse angewendet werden.

Trotzdem glauben viele Tierbesitzer, Therapeuten und auch Tierärzte oftmals, sie könnten allein mit Hilfe eines Testverfahrens ohne entsprechende homöopathisches Kenntnisse eine wirksame homöopathische Medizin betreiben. Das ist in den meisten Fällen nicht möglich.

Der Einsatz von Testverfahren hängt weitgehend mit Fähigkeiten und Erkenntnisgrad der testenden Person zusammen.

Auch kinesiologische und andere radiästhetische Testverfahren (auch Radionik und bioelektronische Funktionsdiagnostik nach Voll) erfordern unverzichtbare Kenntnisse über die zugrundeliegende Erkrankung sowie das Wissen über Wesen, Verlauf und Ergebnis der Therapie.

Beispiel:
Die Fragestellung der Radiästhesie nach dem heilenden Mittel für »den Husten« des Patienten kann nicht zur heilenden Arznei führen.

»Der Husten« ist ein Symptom, dem zahlreiche pathologische Faktoren zugrundeliegen: z. B. eine Allergie, ein Fremdkörper in den Atemwegen, eine Bronchitis, Lungenentzündung, Kehlkopfentzündung oder eine Herzerkrankung.

Im Anschluss an eine solche unklare Fragestellung ergeben sich oft mehrere scheinbar indizierte Mittel, die dann miteinander verabreicht werden, ohne einen deutlichen Heilerfolg zu erzielen. Nach dem Motto »Viel hilft viel!« werden solche Mischungen in wiederholter Abfolge gegeben, was den Patienten schließlich im Sinn mehrerer Arzneimittelprüfungen immer schwerer erkranken lässt.

Derart unklare Fragestellungen können niemals zu einem heilenden Arzneimittel führen.

Auch für einen radiästhetischen Test muss »die Gesamtheit der Symptome«, d. h. ein ganzheitlicher Aspekt beachtet werden.

Als Ziel der Therapie sollte nicht nach Beseitigung der Krankheit oder der Symptome gefragt werden, sondern z. B. »nach der Wiederherstellung der Vollkommenheit« des Patienten oder eine ähnliche Formulierung. Die Frage nach »Wiederherstellung der Gesundheit« hat sich als zu unklar erwiesen. »Gesundheit« ist in der Radiästhesie offensichtlich ein zu ungenauer Begriff.

Radiästhetische Testverfahren können nur dann sinnvolle Ergebnisse bringen, wenn der Testende absolut frei von vorgefasster Meinung ist.

Ist das Denken des Behandlers voreingenommen, z. B. *Thuja* sei das heilende Homöopathikum, so wird der radiästhetische Test sehr wahrscheinlich auch auf *Thuja* hinweisen, obwohl es nicht das passende Simile ist.

Testverfahren können jedoch beim Tier sehr nützlich sein, wenn es darum geht, mehrere infrage kommende Homöopathika voneinander zu differenzieren.

In unklaren Krankheitsfällen – wie chronischer Katzenschnupfen, chronische Erkrankungen der Maulhöhle oder ähnliche Immunerkrankungen – kann das passende Simile nicht in jedem Fall nach homöopathischen Kriterien gefunden werden, weil es oftmals an differenzierenden Symptomen von Seiten des Patienten fehlt.

Gerade in solchen Fällen bietet sich eine Testmethode an wie z. B. die Kinesiologie.

Der beste »Tester« ist jedoch der Patient selbst: Die meisten Katzen sind – wie bereits erwähnt – »hellfühlend«, d. h. ihre Sinneswahrnehmungen umfassen ein weitaus größeres Spektrum als die des Menschen (siehe Rupert Sheldrake, Literatur 68).

Bestehen im akuten Problemfall mangels homöopathisch nutzbarer Symptome Zweifel über die richtige Arzneimittelwahl, gibt es die Möglichkeit, die Katze selbst »entscheiden« zu lassen, welches Mittel ihr in welcher Potenzstufe am besten erscheint:

- Es besteht z. B. die Möglichkeit, der Katze eine Reihe von Trinknäpfen anzubieten, in denen jeweils eines der infrage kommenden Arzneimittel aufgelöst wurde. Die Katze wird sich das am besten passende Homöopathikum aussuchen und davon trinken.
- Eine Alternative dazu könnte sein, einige Globuli der fraglichen Arznei in Papier eingewickelt mit Klebeband an der Innenseite des Halsbands

zu befestigen, um Hautkontakt herzustellen. Damit wird das Homöopathikum in das Energiefeld des Patienten eingebracht.

Je nach Schwere der Erkrankung und Höhe der Potenz wird der Patient dann mehr oder weniger schnell eine Reaktion zeigen: Entweder verschlechtert sich das Allgemeinbefinden oder der Ausdruck von Gesicht und Körper verbessert sich in augenfälliger Weise. Oft genügen dafür 30 Minuten, im chronischen Fall sind mehrere Stunden der Beobachtung notwendig.

Sollte der Patient eine Verschlechterung zeigen, ist das ein Zeichen, die Arznei sofort vom Körper zu entfernen und ein besseres Mittel zu suchen. Im Fall einer Besserung sollte das Homöopathikum verabreicht werden.

Diese Methode bietet den Vorteil, dass eine nicht passende Arznei wieder aus dem Energiefeld des Patienten entfernt werden kann und keine unwiderrufliche Wirkung zeitigt.

Dagegen kann der Effekt einer über die Schleimhaut verabreichten, nicht passenden Hochpotenz nicht »zurückgerufen« werden.

In diesem Sinn kann auch eine Hochpotenz, die wir über längere Zeit in der Hosentasche tragen, Symptome von Müdigkeit oder mangelndem Wohlbefinden auslösen, wenn wir in Resonanz zu diesem Mittel stehen; Hahnemann nannte das »Idiosynkrasie«.

- Als weitere sehr wirksame Testmethode kann der Katze ein Papiertütchen, in dem die fraglichen Globuli eingewickelt sind, unter ihren augenblicklichen Sitzplatz gelegt werden.
  Ist das Homöopathikum »richtig«, d. h. ein gutes Simile oder gar das Similimum, dann wird die Katze darauf sitzen bleiben und mit wohligem Ausdruck zu schnurren beginnen. Ist es dagegen »nicht richtig«, wird das Tier bald aufstehen und einen anderen Platz aufsuchen, um sich dem Energiefeld der Arznei zu entziehen.

FALLBEISPIEL 8

Die Katze Mia litt unter einer verschleppten Augenverletzung mit eitriger, äußerst schmerzhafter Orbitalphlegmone (eitrige Entzündung der gesamten Augenhöhle), die zum Wochenende eskalierte. Im Fall einer derart gefährlichen Erkrankung (möglicher Eiterdurchbruch ins Gehirn) muss sofort das passende Homöopathikum gegeben werden, das in der Regel schneller und effektiver wirkt als jedes Antibiotikum oder »Schmerzmittel«.

Nach der vorliegenden brisanten Symptomatik konnte in diesem Fall nicht genau entschieden werden, ob *Phytolacca* oder *Mercurius* als Simile eingesetzt werden sollten.

Unter den kauernden Körper der Katze wurde ein Tütchen mit *Mercurius* C 1000 gelegt. Nach wenigen Minuten (!) begann die Katze zu schnurren.

Nach 15 Minuten stand sie auf und begann – zum größten Erstaunen der Besitzerin – mit einem Ball zu spielen!

Mercurius wurde daraufhin ins Maul gegeben. Die Orbitalphlegmone heilte ohne weitere Medikamente in wenigen Tagen aus. Der Augapfel war jedoch nicht mehr zu retten und trocknete ein.

Andere Medikamente oder eine Operation waren nicht erforderlich.

Äußerliche Maßnahmen

Zusätzliche Erleichterung kann der Patient durch unterstützende äußerliche Maßnahmen erfahren:

- Je nach Leiden der Katze sollte sie bei Frieren oder Untertemperatur gewärmt werden – auch bei sommerlich-warmen Außentemperaturen oder im warmen Zimmer;
- bei Hitze oder Blutfülle ist Kühlung angezeigt – sofern der Patient das als angenehm empfindet und keine Abwehrreaktionen zeigt;
- Wunden sollten mit verdünntem **Ringelblumentee** (*Calendula*) gereinigt und evtl. mit Ringelblumencreme versorgt werden. Der Tee wird weit besser vertragen und wirkt effektiver als die verdünnte alkoholische Tinktur. Es gibt kein besseres Heil- und Pflegemitte für Wunden als die *Calendula*-Zubereitung!
- Die potenzierte *Calendula* ist dagegen mit Vorbehalt einzusetzen: Sie verfügt über spezielle Indikationen, die nicht bei jeder Verletzung gegeben sind!
- Wenn in sehr seltenen Fällen die *Calendula* schlecht vertragen wird, kann stattdessen auch eine verdünnte Teezubereitung aus **Gänseblümchen** (*Bellis perennis*) eingesetzt werden.
- Bei Erkrankungen der Augen lindert die äußerliche Anwendung eine filtrierte Zubereitung aus **Augentrosttee** *(Euphrasia)* Schmerzen und Juckreiz.
- Die wirkungsvollste Begleitung des Patienten und gleichzeitig die beste Vorbeuge gegen Krankheiten sind Lebensumstände, die der Natur der Katze gerecht werden: Dazu gehören gutes, artgemäßes Futter (weder Trockenfutter, noch konfektioniertes Fertigfutter), genügend Möglichkeiten für Bewegung und Spiel und nicht zuletzt die liebevolle Zuwendung durch den Menschen.

Beispiele für den Gebrauch dieses Buches

Zusammenfassung:

1. Fallaufnahme – Anamnese
   Was muss behandelt werden?
   Welche Symptome sind festzustellen? Notieren!
2. Herausfinden und Verabreichen der passenden Arznei und in passender Dosierung; notieren!
3. Anschließend den Patienten beobachten:
   Seine Reaktion bestätigt, ob die richtige oder eine nicht passende Arznei gegeben wurde.
   Seine weitere Reaktion zeigt, ob in bestimmten Fällen eine Wiederholung der Arznei oder Folgearznei indiziert ist.

PRAKTISCHE BEISPIELE

Erstes Beispiel

Angenommen, Sie wollen den Durchfall Ihrer Katze homöopathisch behandeln.

Schritt 1

- Sie haben bereits das *Kapitel 2, Homöopathische Grundlagen*, studiert.
- Dann gehen Sie auf den *Abschnitt Anamnese zur Gastroenteritis, Seite 351 Anamnese/Fallaufnahme zum Thema »Durchfall«.*
- Studieren Sie die Fragen zur Anamnese Ihrer Katze, schreiben Sie Ihre Feststellungen und Beobachtungen dazu auf und unterstreichen, was Ihnen dazu besonders auffällt oder unerklärlich »komisch« vorkommt.
- »Vielleicht« oder »manchmal« ist in diesem Sinn nicht »auffallend« und sollte nur nebenbei berücksichtigt werden.

Schritt 2

- Nun gehen Sie zum nächsten *Abschnitt Kurz-Repertorium zum Thema »Durchfall« und »Gastroenteritis«*, Seite 352 und suchen im *Kurz-Repertorium* die Angaben heraus, die zu den Beschwerden Ihrer Katze passen.
- Die infrage kommenden Mittel studieren Sie in der Beschreibung der Mittel in den *Abschnitten Die wichtigsten und häufigsten Mittel für die Gastroenteritis bzw. Enteritis, Weitere Mittel für Erbrechen bzw. Gastroenteritis* und *Seltener vorkommende Mittel für Magenbeschwerden, Erbrechen usw.*, Seite 371.

Schritt 3

- Wenn Sie in der Auswahl des passenden Mittels noch nicht sicher sind, gehen Sie zum *Kapitel Arzneimittellehre für die Katze* (im Anhang), und lesen dort nach, ob sich ihre Arzneimittelwahl bestätigt.
- Im Zweifelsfall nutzen Sie eine der beschriebenen Testmethoden, um mehrere infrage kommende Mittel zu differenzieren (*Abschnitt Testverfahren*, Seite 74).

Schritt 4

- Jetzt verabreichen Sie ihrem Patienten diese Arznei in der angegebenen Dosierung oder entsprechend der Angaben in *Abschnitt Auswahl der Potenz-Art und Dosierung,* Seite 58.

Schritt 5

- Nun beobachten Sie die Reaktion ihrer Katze:
- Verläuft die Besserung wie in *Abschnitt Ablauf der Heilung, Seite 67*, beschrieben? Dann warten Sie den weiteren Verlauf ab und dosieren die Arznei nur dann nach, wenn der Vorgang der Besserung nicht weiter fortschreitet.
- Berücksichtigen Sie dabei, dass der Vorgang der Heilung je nach Schwere der Erkrankung eine gewisse Zeit erfordert!

Zwischenschritt

- Wenn sich keine oder nur eine unbefriedigende Besserung einstellt, gehen Sie zurück zum ersten Schritt und betrachten kritisch, was Sie in der Anamnese übersehen oder nicht richtig eingeschätzt haben könnten.
- Erwägen Sie eine andere Arznei, die besser zu ihrem Patienten passt und verfahren dann wie in den anderen Schritten beschrieben oder »testen« Sie Ihre Katze entsprechend *Kapitel 11, Erkrankungen von Leber, Stoffwechsel und Endokrinium, Seite 382.*
- Bei richtiger Mittelwahl sollte sich bald das Allgemeinbefinden bessern und spätestens am Folgetag eine bessere Kotbeschaffenheit beobachtet werden.

Schritt 6

- Wenn der Durchfall vorbei ist und sich der Zustand des Tieres in den nächsten Wochen stabilisiert hat, sollten sie ein konstitutionelles

Mittel herausfinden und Ihrer Katze verabreichen, damit sich ihr Gesundheitszustand auch für die Zukunft stabilisiert.

- Lesen Sie dazu die *Kapitel 2, Abschnitte Chronische Erkrankungen, Seite 35* und *Anwendung der Homöopathie: Die »drei Säulen« der Homöopathie, Seite 42.*

Zweites Beispiel

Angenommen, Sie wollen den chronisch wiederkehrenden Hautausschlag einer Katze homöopathisch behandeln; berücksichtigen Sie dabei bitte, dass die Fallaufnahme einer chronischen Erkrankung und das Herausfinden des passenden Mittels viel Arbeit, Zeit und Geduld erfordert!

Schritt 1

- Nachdem Sie das *Kapitel 2* studiert haben, gehen Sie nun zum *Kapitel 14, Hauterkrankungen der Katze, Seite 445,* und studieren die *Abschnitte Allgemeines, Seite 446* und *Homöopathische Therapie von Hauterkrankungen der Katze, Seite 454.*

Schritt 2

- Erheben Sie gemäß *Kapitel 14, Hauterkrankungen der Katze, Seite 445* eine Anamnese von Ihrem Patienten. Vielleicht ist es nötig, zusätzlich die Angaben zur Fallaufnahme im *Abschnitt Anamnese für die chronisch kranke Katze – »Gesamtheit der Symptome«, Seite 44* zu berücksichtigen.

Schritt 3

- Studieren Sie nun den *Abschnitt Übersicht, Schlüsselsymptome und Kurz-Repertorium, Seite 456* und prüfen, welche Symptome auf Ihre Katze zutreffen.

Schritt 4

- Jetzt lesen Sie die Angaben zu den infrage kommenden Arzneien (*Abschnitt Homöopathisches Vorgehen und Dosierung der Arzneien für Hauterkrankungen, Seite 473*) und schätzen ein, welche am besten zu Ihrem Patienten passt. Im Zweifelsfall empfiehlt es sich, im *Kapitel Arzneimittellehre für die Katze, Seite 642* das Mittel zusätzlich zu studieren.

Schritt 5

- Nun lesen Sie den *Abschnitt Homöopathisches Vorgehen und Dosierung der Arzneien für Hauterkrankungen, Seite 473* und entscheiden sich für eine Potenz, die der Patient nun erhalten soll. Falls Sie über die Potenzwahl noch nicht sicher sind, können Sie sich zusätzlich in dem *Abschnitt Auswahl der Potenz-Art und Dosierung, Seite 58* nochmals informieren.

Schritt 6

- Jetzt beobachten Sie den Verlauf der Reaktion des Patienten gemäß *Abschnitt Reaktion des Patienten auf die Arznei, Seite 67.*

Bedenken Sie, dass die Heilung eine gewisse Zeit erfordert! Chronische Krankheiten benötigen oft Wochen oder Monate bis zur Heilung!

- Wiederholen Sie diese Arznei nach mehreren Wochen oder Monaten, sofern die Hauterkrankung nochmals mit denselben Symptomen auftreten sollte.

Schritt 7

- Wenn nach mehreren Monaten und wiederholter Gabe des anfangs gewählten Mittels noch nicht geheilte Symptome übrig bleiben, wählen Sie für diese eine neue Arznei und berücksichtigen dafür die Angaben zu den Arzneimittelbeziehungen (Literatur 58, 66).
- Wenn der Patient gemäß Schritt 6 keine Besserung zeigt, gehen Sie zurück zum Schritt 2 und überprüfen die Anamnese, ob Sympto-

me übersehen oder falsch bewertet haben und wählen ein anderes Homöopathikum.

Der Schweizer Alt-Lehrmeister der Homöopathie, Dr. Jost Künzli von Fimmelsberg, sagte seinen Studenten folgendes:

Ein guter Homöopath zeichnet sich aus durch

- eine ausführliche Fallaufnahme und Auswertung, was oft eine Menge Zeit und Arbeit erfordert;
- er verabreicht nur eine einzige Arznei, die bei Bedarf wiederholt werden kann;
- und er wartet ab und beobachtet die Reaktion des Patienten. Erst dann entscheidet er über die weitere Therapie.

Diese Direktiven sollte sich jeder homöopathische Therapeut zu Herzen nehmen!

Aphorismus von J.T. Kent:
Was wie Intuition erscheint,
ist nur die Anwendung dessen, was wir verstanden haben.
Du musst die innere Natur eines Patienten sehen und erfühlen,
so, wie ein Künstler das Bild sieht und fühlt, das er malt.
Übe das Erfühlen können des Organischen,
des Lebens,
der Seele!

Sektion 2

DIE HOMÖOPATHISCHE BEHANDLUNG VON KATZEN

KAPITEL 3

TRAUMA – VERLETZUNGEN UND WUNDEN

Allgemeines

Die homöopathische Medizin verfügt über außerordentlich wirksame Arzneien für Verletzungen aller Art (Literatur z. B. Nr. 54).

Dennoch sei hier ausdrücklich der Stellenwert der Schulmedizin – insbesondere auf dem Gebiet der Diagnostik von Verletzungen – erwähnt:

Auf eine genaue medizinische Diagnose (z. B. Knochenfraktur, Verletzung innerer Organe) kann in vielen Fällen nicht verzichtet werden. Auch die Unfallchirurgie kann bei schwerwiegenden Verletzungen zur Erhaltung des Lebens bzw. der Lebensqualität entscheidend beitragen.

Alle Verletzungen und Unfallfolgen können jedoch effektiv durch die Homöopathie unterstützt oder sogar endgültig geheilt werden – sofern keine irreversiblen Schäden eingetreten sind.

Alle im Folgenden angegebenen Indikationen gelten grundsätzlich für alle Lebewesen, nicht nur für die Katze!

Die Angaben in diesem Kapitel resultieren aus 35-jähriger Erfahrung, obwohl sie manchen Literaturangaben widersprechen!

Es gibt eine Fülle homöopathischer Arzneien für Verletzungen, die jeweils nach Art, Ursache und Verlauf des Geschehens spezifiziert und in unterschiedlicher Dosierung und Abfolge einzusetzen sind.

Der Aspekt »Verletzung« bezieht sich in den meisten Fällen auf einen Ausschnitt aus dem betreffenden Arzneimittelbild, das auch für diverse andere Erkrankungen als Simile infrage kommen kann.

Viele der genannten Indikationen genießen zum Thema »Verletzung« den Stellenwert von »Schlüsselsymptomen«, die jedem Homöopathen für die »Erste Hilfe« geläufig sein sollten – nicht nur für die Katze, sondern auch für jedes andere Lebewesen.

In diesem Kapitel kommen jeweils spezifische Indikationen eines homöopathischen Mittels (Leitsymptome) zum Ausdruck:

Es wird nicht die klinische Diagnose »Verletzung« therapiert; vielmehr haben die »Verletzungsmittel« einen spezifischen Bezug

- zur Art der Verletzung und ihren eventuellen Folgen
  (z. B. stumpfes Trauma, Wunde, Schnittverletzung, Zerrung)
- zur Ursache der Verletzung
  (z. B. Verkehrsunfall, Sturz, Schlag, Quetschung, Verbrennung)
- zur Lokalisation der Verletzung
  (z. B. Wirbelsäule, Kopf, Pfote, Schwanz)
- zur Art des verletzten Körpergewebes
  (z. B. Weichteilgewebe, Knochen, Nerven, Blutgefäß)
- zur Reaktion des Organismus auf eine Verletzung
  (z. B. übermäßige/fehlende Schmerzen oder Blutung, psychische Reaktionen)
- Besserung/Verschlimmerung durch Kälte oder Wärme u. a. Modalitäten).

Die Therapie von Verletzungen nimmt in der homöopathischen Gesetzmäßigkeit eine gewisse Sonderstellung ein: Als einziges Fachgebiet können je nach Art und Schwere der Verletzung in kurzer Abfolge mehrere verschiedene Mittel angebracht sein, abhängig von der Reaktion des Patienten und den oben genannten Angaben.

Die Indikationen der einzelnen Mittel resultieren aus dem Arzneimittelbild und der Erfahrung aus der Praxis.

Es gibt keine pauschalen Anweisungen; auch im Fall von Verletzungen ist immer eine individuelle Arzneimittelwahl erforderlich!

Die Dosierung muss ebenfalls immer individuell gewählt werden.

Die hier angegebenen Richtlinien basieren auf eigenen Erfahrungen sowie auf denen von homöopathischen Kollegen der Human- und Tiermedizin.

Gerade beim Thema »Verletzungen« muss die Dosierung der Arznei im rechten Verhältnis zum Krankheitsgeschehen stehen:

Schwere Verletzungen (z. B. Autounfall) benötigen einen intensiven arzneilichen Impuls (wiederholte Gaben der C 30 oder – wesentlich besser – Einzelgaben einer hohen Potenz), weil sich der heilende Impuls der Arznei schneller als bei einer leichten Wunde »verbraucht«.

Bei eintretender Besserung muss die Arzneigabe seltener erfolgen bzw. aufhören siehe *Kapitel 2, Auswahl der Potenz-Art und Dosierung, Seite 58.* Die Intervalle der Arzneigaben müssen mit zunehmender Besserung größer werden. Es gibt keine Dauertherapie und keine Standarddosierung.

Daher ist es auch für eine erfolgreiche homöopathische Therapie von Verletzungen immer notwendig, den Patienten genau zu beobachten, wie sich der Allgemeinzustand, die Schmerzäußerungen und Wundheilung etc. entwickelt.

Verletzungen bei der Katze

Verletzungen und Wunden gehören zu den häufigen akuten Erkrankungen der Katze und können durchaus schwerwiegende Folgen nach sich ziehen, die dann schwierig zu behandeln sind.

Die Katze tendiert zu besonderen Arten von Verletzungen: An erste Stelle stehen Verkehrsunfälle, die am häufigsten zu dem berüchtigten »Katzentod« führen.

An zweiter Stelle stehen Biss- und Kratzwunden, die häufig durch anschließende Infektionen unangenehme Komplikationen nach sich ziehen. Gerade kleine Kratzwunden, die anfangs noch nicht zu Schmerzäußerungen führen, können im dichten Fell leicht übersehen werden und sich dann zu septischen Allgemeininfektionen entwickeln (siehe *Kapitel 4, Infektionen und Entzündungen, Seite 113*).

Andere Verletzungsarten sind weitaus seltener, dennoch nicht weniger gravierend.

Grundsätzlich heilen alle Verletzungen unter homöopathischer Therapie weitaus schneller als unter Pharmakotherapie und entwickeln in der Folge weniger Probleme.

Z.B bei einer Querschnittslähmung helfen *Hypericum* und *Arnica* unvergleichlich viel besser als eine Therapie mit Kortikoiden, »Schmerzmitteln« (NSAIDs) oder Vitamin-B-Präparaten – sofern keine Durchtrennung des Rückenmarks vorliegt.

Schulmedizinische Präparate können natürlich zusätzlich angewandt werden. »Schmerzmittel« lindern zwar Schmerzen und Entzündungen, verhindern aber das Erkennen der Wirkung des homöopathischen Mittels und machen damit die Entscheidung für die Wiederholung der Arznei oder den Einsatz einer Folgearznei unmöglich. Das richtig gewählte Homöopathikum wirkt ebenfalls schmerzstillend und entzündungshemmend, regeneriert und repariert aber gleichzeitig das geschädigte Gewebe.

Auch chirurgische Maßnahmen können bzw. sollten durch homöopathische Arzneien unterstützt werden.

Diese Angaben für den Unfallpatienten gelten für alle Lebewesen!

Bei Anwendung unpassender Arzneien, durch zu häufige Gaben oder/und übermäßige Dosierung kann eine Heilung durchaus verhindert werden, sodass unabsehbare Komplikationen möglich werden (siehe *Kapitel 2, Abschnitt Falsche Anwendung der Homöopathie, Seite 70*.

Anamnese/Fallaufnahme zur homöopathischen Therapie von Verletzungen der Katze

WAS?

- Was ist passiert? Bewusstseinslage? Schmerzen? Welcher Art ist die Verletzung?
- Klinische Untersuchung: Vitalfunktionen: Bewusstseinslage, Herz- und Kreislauf-Situation, Atmung, Schleimhautbeschaffenheit, Absonderungen, Wunden, Frakturen etc.
- Welche Verletzung ist am schlimmsten? Ist eine Genesung voraussichtlich möglich?
- Worunter leidet das Tier am meisten? Leidet es überhaupt?
- Besteht überhaupt die Möglichkeit einer Wiederherstellung? Indikation für Euthanasie?
- Welche aktuellen oder Spätfolgen der Verletzung sind derzeit zu erwarten?
- Bereits erkennbare Lebensgefahr? Muss sofort ein Tierarzt für die Lebenserhaltung zugezogen werden bzw. eine schulmedizinische Diagnostik oder Therapie erfolgen?
- Was kann man bis zum Eintreffen in Praxis oder Klinik tun?
- Welches Gewebe ist betroffen?
- Blutung, offene Wunde, Knochenbruch, Gehirnerschütterung
- Verletzung der Wirbelsäule
- Hunde-, Katzenbiss, Prellung, Schnittwunde, zerfetzte oder Schälwunde, Fraktur etc.
- Chirurgische Wunde etc.

WARUM?

- Was **ist oder war** der Auslöser der Verletzung? Was ist am wahrscheinlichsten?
- Verkehrsunfall, Sturz, Verrenkung, Kippfensterverletzung etc.
- Unfall, Sturz, Chirurgie etc.

WAS muss als erstes getan werden?

- Wiederbelebung, Schocktherapie, Blutstillung
- Linderung von Schmerzen oder Panik
- Ruhige Lagerung, im Käfig, in der Wohnung?

WANN?

- Wie lange liegt die Verletzung zurück?
- Unter welchen äußeren Umständen ist sie eingetreten? (z. B. Verschmutzung, Wetter, Temperatur, Stress, Panik)

WO?

- Welche Körperregion, welches Organ, welches Gewebe ist am meisten betroffen?
- Tiefgreifende oder oberflächliche Verletzung/Wunde?

WIE?

- Wie ist der bisherige Verlauf, das Fortschreiten der Verletzungsfolgen?
- Wie äußert der Patient seine Beschwerden?
- Wie ist sein momentanes Verhalten – im Gegensatz zum Verhalten im gesunden Zustand (z. B. stilles Leiden, Zittern, Wimmern, Schreien, Aggressivität)?
- Wie verhält sich der Patient, um sein momentanes Leiden zu lindern?
- Was bessert und was verschlimmert seinen Zustand (z. B. Zuwendung, Berührung, Kälte- oder Wärmeanwendung)?

WELCHE Begleitumstände gibt es?

- Z. B. Unterkühlung, Überhitzung, Durchnässung
- Lecken an der erkrankten Stelle
- Bereits eingetretene Sepsis
- Dehydration (Austrocknung)
- Geruch des Körpers oder von Absonderungen

WER?

- Welpe, junge Katze (Zahnung, Zahnwechsel, Geschlechtsreife)
- Erwachsene Katze, rollige Katze, Trächtigkeit, Laktation, altes Tier
- Kastrierte Katze/Kater oder nicht kastrierte Katze/Kater (betrifft z. B. mögliche Unfallursache)
- Ist das Tier bereits vorgeschädigt? Vorgeschichte, verabreichte Medikamente, Nebenwirkungen?

Schnellorientierung zu Verletzungen allgemein

Für einen sinnvollen Einsatz homöopathischer Arzneien muss die Art und Ursache der Verletzung erkannt werden. Um das herauszufinden, ist mitunter ein beinahe kriminalistisches Nachforschen notwendig.

Die Kenntnis und Anwendung dieser wenigen »Verletzungsmittel« kann nicht nur heilen, sondern auch ganz wesentlich den vielen möglichen Folgeerkrankungen vorbeugen (z. B. Lähmungen und anderen Bewegungsstörungen, Infektionen).

Im Zweifelsfall muss die Situation mit bildgebenden Verfahren (Ultraschall, Röntgen, MRT) geklärt werden.

SCHNELLORIENTIERUNG ÜBER DIE WICHTIGSTEN HOMÖOPATHISCHEN »VERLETZUNGSMITTEL«

Die folgenden Angaben sind alphabetisch geordnet. Diese Abfolge bezieht sich nicht auf die Reihenfolge der Indikationen oder auf eine Abfolge der Arzneigabe!

Aconitum napellus – Acon

- Akutmittel
- Unbeherrschbare Angst, Panik, Schreien wegen Schock und Schmerzen
- Evtl. sofort nach dem Unfall zu geben

Apis mellifica – Apis

- Akutmittel
- Schmerzhafte Stichverletzungen in Körperhöhle (z. B. Gelenk, Bauchhöhle), Synovitis
- Akut schmerzender Bienenstich, evtl. mit lebensgefährlicher Allergie, Erstickungsgefahr

Argentum metallicum – Arg

- Verletzungen von Knorpelgewebe, schlecht heilend, z. B. Ohrmuschel, Nasenknorpel

Arnica montana – Arn

- Akutmittel
- **Das erste und wichtigste Mittel für stumpfe Verletzungen**, Prellung, Sturz, Verkehrsunfall, chronische Unfallfolgen, Gehirnerschütterung, Verletzung der Wirbelsäule, Verletzungsschock
- Wundfieber

Arsenicum album – Ars

- Psychischer Schock nach Unfall mit Todesangst, Aggressivität, Selbstzerfleischung
- Vernachlässigte, zersetzte Wunden, Sepsis, Wundgangrän.

Bellis perennis – Bell-p
- Akutmittel
- Tiefe Fleischwunden, auch stark blutende Wunden, evtl. begleitende Unterkühlung

Bryonia – Bry
- Verrenkungen, Gelenkerguss, Verletzungen der Wirbelsäule, Rippenfraktur
- Schlimmer durch jede Bewegung, schlimmer durch Wärmeanwendung
- Besser durch Ruhe und Gegendruck

Calcarea carbonica – Calc
- Schlecht heilende Knochenfrakturen bei ruhigen, dicken oder jungen Katzen
- Folgemittel nach Verrenkungen

Calcium phosphoricum – Calc-p
- Komplizierte Knochenfrakturen
- Verletzungen von Wachstumsfugen, besonders bei jungen Tieren (*Silicea*, *Phosphoricum acidum*)

Calendula – Calen
- Akutmittel
- Oberflächliche, zerfetzte Hautwunden, Schälwunden, evtl. bereits mit beginnender Infektion
- Schlecht heilende Wunden oder Wundnaht, Muskelriss, Schusswunden

Carbolicum acidum – Carb-ac
- Akutmittel: Allergischer Schock durch Wundgangrän oder Bienenstich (wenn *Apis* nicht hilft)

China officinalis – Chin
- Schwäche nach schwerem Blutverlust

Conium maculatum – Con
- Chronische Folgezustände von zurückliegenden Verletzungen der Wirbelsäule mit Lähmungen, beginnend an den Hinterextremitäten

Gunpowder – Gunp
- Tiefe verschmutzte und infizierte Wunden, Gasbrand, Schusswunden, evtl. mit Osteomyelitis

Hypericum – Hyp
- Akutmittel
- **Erstes Mittel für schmerzhafte Verletzungen von Nerven und nervenreichem Gewebe**
- Intensive Schmerzen durch Verletzungen, Bissverletzungen, Schädel-Hirn-Trauma, Rücken(-mark)-Verletzung, traumatisch bedingte Lähmung, Querschnittslähmung
- Starke Schmerzen durch oder nach Injektion (Nervenverletzung)

Ledum palustre – Led
- Folgemittel zu *Arnica* im Falle von schwerem, flächigem Bluterguss, besser durch Kälte
- Bissverletzungen, Kratz- und Stichwunden, schmerzhafte Injektionen, Insektenstiche
- Akute Quetschungen von Gesichts- und Kopfhaut, Pfoten, Krallen (*Hypericum*)

Lyssinum – Lyss
- Schmerzhafte Bisswunden durch ein wütendes Tier, schlecht heilend mit oder ohne Infektion
- Angst-, Panik- oder aggressive Zustände nach Tollwut-Impfung, auch deren Spätfolgen (VORSICHT!)

Nitricum acidum – Nit-ac
- Chronische Folgen von Verletzungen der Wirbelsäule mit auffallendem Schweiß der Pfoten

Opium – Op
- Akutmittel
- Bewusstlosigkeit, Koma, Schmerzlosigkeit, Apathie nach schwersten Kopf- o.a. Verletzungen

Rhus toxicodendron – Rhus-t
- Verstauchungen, Zerrungen von Gelenken, Wirbelsäule, Sehnen, Bändern, Muskeln
- Schlimmer bei beginnender, besser durch fortgesetzte Bewegung und Wärme

Ruta – Ruta
- Stumpfe Verletzungen, Prellungen, ähnlich *Arnica*, wenn diese nicht hilft
- Verrenkung, Verletzungen der Knochenhaut, der Gelenkkapsel

Silicea – Sil

- Chronische Folgen von Verletzungen, schlecht heilende, chronisch eiternde Wunden, Fisteln
- Treibt eingedrungene Fremdkörper, Holz-, Glassplitter u. Ä. aus
- Schlechte Heilung von Knochenfraktur, Knochensplitter

Staphysagria – Staph

- Akutmittel
- Schnittverletzungen, Stichverletzungen (z. B. durch spitze Zähne), Operationswunden
- Spezifikum **nach Kastration des Katers (einmal C 30)**
- Inkontinenz nach der Kastration der Katze
- Beschwerden nach Katheterisierung der Blase

Sulfuricum acidum – Sul-ac

- Fluktuierender Bluterguss, Blutohr, Blutauge, Schusswunden
- Gangrän durch zerfetzte Wunden

Symphytum – Symph

- Unterstützt die Heilung von Knochenfrakturen, Regeneration von Knorpel
- Verletzungen an Knochen des Kopfes, Knochen-(haut-)Entzündung

SCHNELLORIENTIERUNG FÜR BLUTUNGEN

Bellis perennis – Bell-p

- Blutungen aus tiefen Fleischwunden

Hamamelis – Ham

- Verletzungen von größeren Venen, dunkle Sickerblutung
- Venöser, fluktuierender Bluterguss, Blutohr im Anfangsstadium
- Gefahr von Venenentzündung, Thrombose

Lachesis mutus – Lach

- Dunkle Blutungen aus septisch infizierten Wunden (siehe *Kapitel 4, Infektionen und Entzündungen, Seite 113*), septische Thrombose

Millefolium – Mill

- Verletzungen mit hellroter, arterieller Blutung
- Innere Blutungen nach Unfall, Schlagverletzung, Sturz aus der Höhe, aus dem Fenster
- Blutungsneigung bei Operationen: Nach vorangegangener falscher Gabe von *Arnica*

Phosphorus – Phos

- Hellrote Blutungen, fehlende oder zu schwache Gerinnung

SCHNELLORIENTIERUNG FÜR DIE WUNDGANGRÄN

Arsenicum album -Ars

- Vernachlässigte jauchige, stinkende Wunden mit Sepsis

Carbo vegetabilis – Carb-v

- Vernachlässigte alte Wunden, fehlende Granulation bei blass-grauem Gewebe
- Evtl. erschöpfte Lebenskraft, Endstadium, Kollaps, Untertemperatur, Sepsis

Lachesis mutus – Lach

- Septisch infizierte, schmerzhafte, blaurot-geschwollene Wunden mit Zerfall von Gewebe

Secale cornutum – Sec

- Absterbendes, schwarzes Gewebe oder Geschwür nach Quetsch- oder Schälwunde

Silicea – Sil

- Chronische Wunden oder Fisteln ohne Heilungstendenz, schmerzarm

Sulfuricum acidum – Sul-ac

- Gangrän durch Quetschungen (Fuchsfalle, geklemmter Schwanz)
- Bisswunden, zerfetzte Wunden, Schusswunden

SCHNELLORIENTIERUNG FÜR KNOCHENBRÜCHE

Jeder Knochenbruch muss zum Ausheilen ruhig gestellt werden, z. B. durch Gips- oder Lightcast-Verband; bei komplizierten Frakturen müssen die Knochenteile chirurgisch fixiert werden.

Anschließend muss der Patient in jedem Fall ruhig gestellt werden.

- Auch am Anfang eines Knochenbruchs ist die Gabe von *Arnica* und *Hypericum* wichtig (C 200 oder höher).
- Für einen einfachen glatten Knochenbruch reicht zur beschleunigten Heilung eine Einzelgabe *Symphytum* C 30 aus. Zu häufige Gaben können die Frakturheilung verhindern und zu Komplikationen führen.
- Junge, im Wachstum begriffene Tiere benötigen – je nach Art der Fraktur – eine Einzelgabe *Calcarea carbonica* oder *Calcium phosphoricum* in der 30. oder 200. Potenz – abhängig von Konstitutionstyp.
- Langsame Heilung von Knochenbrüchen bei jungen Tieren: *Calcarea, Calcarea fluorica, Calcarea phosphorica, Silicea*
- Verletzungen oder Abrisse der Epiphysenfugen (Wachstumszonen) brauchen – je nach Konstitutionstyp – *Calcium phosphoricum*, *Calcium carbonicum* oder *Silicea*.
- Für die verzögerte Heilung von Frakturen, auch komplizierten Frakturen erwachsener Tiere: **Calc**, Calc-f, **Calc-p**, Ph-ac, Phos, Puls, **Ruta**, Sil, Symph (weitere Angaben im Repertorium, Literatur 39, 47, 66, 81).
- Steifheit der betroffenen Gliedmaße nach Abheilung der Fraktur (z. B. nach Abnahme von Schiene oder anderer Stabilisierung) reagiert i.a. gut auf **Rhus toxicodendron** (Steifheit besser durch fortgesetzte Bewegung).

Verzeichnis und Kurz-Repertorium für spezielle Arten von Verletzungen

In diesem Rahmen sind die häufigsten und wichtigsten Arzneien erwähnt. Zusätzliche Angaben können im Repertorium (Literatur 39, 47, 66, 81) nachgesehen werden. Weitere Auskünfte geben die Nachschlagewerke der Homöopathie, insbesondere Nr. 7, 10, 48.

Einige dieser Arzneien sind auch im im *Kapitel 19, Notfälle, Seite 548* oder im *Stichwortverzeichnis* beschrieben.

Als Kriterium für die Auswahl des Mittels bzw. seiner Abfolge gilt immer folgendes: An erster Stelle stehen Arzneien, die für die Lebenserhaltung notwendig sind, an zweiter Stelle das Leiden des Tieres: Worunter leidet das Tier am meisten? Das ist z. B. nicht primär der Knochenbruch, sondern die dadurch verursachten Schmerzen. In einem solchen Fall wäre z. B. die Gabe von *Arnica* oder *Hypericum* anfangs wichtiger als die Gabe von *Symphytum*, das erst später indiziert sein kann.

Entscheidend sind die Beschwerden des Patienten, nicht das übertriebene Mitleid der Tierbesitzer!

Verkehrsunfall, Sturz: Acon, **Arn,** Bell-p, Bry, **Hyp,** Rhus-t, Ruta, Sil

Atemstillstand nach Verletzung: Arn, Hyp, Op

Verrenkung, Verstauchung: Arn, Bry, Rhus-t, Ruta (*Kapitel 13, Bewegungsstörungen der Katze, Seite 424*)

Schlagverletzung (Stockschlag, Fußtritt u. Ä.): Acon, Arn, Bell-p, Bry, Hyp, Ruta, Symph

Offene Wunden

Wunden mit Substanzverlust, Riss-, Schürfwunden: Arn, Bell-p, Calen

Schälwunden (abgeschälte Hautareale): Calen, Sec (Gangrän)

Stark oder lange blutende Wunden: Bell-p, Ham, Mill, Phos

Tiefe Fleischwunden: Bell-p

Schusswunden: Arn, Calen, Gunp, Hyp, Pyrog, Sul-ac

Hundebiss, Katzenbiss: Arn, Bell-p, Calen, Echi, Hyp, Led, **Lyss**, Staph

Wunden im Bereich der Extremitäten: Arn, Calen, Hyp, Led

Splitter- oder Stichverletzung: Apis (Stich ins Gelenk), Bell-p (tiefe Wunde), Hyp, Led, Staph

Stichverletzungen (Nadel, Glasscherbe): Apis, Calen, Hyp, **Led**, Staph

Kopfverletzung

Akutes Schädel-Hirn-Trauma: Arn, Hyp, Op

Schädelbruch: Acon, Arn, Calen, Hyp, Led, Ruta, später: Sil, Calc-p, Symph

Koma nach Kopfverletzung: Arn, Op

Chronische Folgen von Kopfverletzung: Arn, Nat-m, **Nat-s**, Sil

Verletzung der Nase: Arn, Bell-p, **Hyp**, Led

Nasenbluten nach Verletzung der Nase: Arn, Ham, Mill, Phos, Staph

Wirbelsäule, akute Verletzungen: **Arn**, Bry, **Hyp**, Op, Rhus-t, Ruta

Wirbelsäule, chronische Verletzungsfolgen (*Kapitel 7, Neurologische Erkrankungen, Seite 200* und*Kapitel 13, Bewegungsstörungen der Katze, Seite 424*): Arn, Calc, Calc-f, Calc-p, Con, Nat-sulf, Nux-v, Rhus-t, Ruta, Sil

Lähmungen durch Verletzungen der Wirbelsäule – *Kapitel 7, Neurologische Erkrankungen, Seite 200* und *Kapitel 19, Notfälle, Seite 548*

Haut bläulich verfärbt nach Verletzung (Bluterguss): **Arn**, Con, Lach, Led, **Sul-ac**

Verletzungen, Wunden im Bereich der Pfoten: Arn, Calen, **Hyp**, Ham, **Led**, Mill

Verletzungen von Gelenken, Sehnen, Bändern: Arn, Bry, Calen, Rhus-t, Ruta, Sil

Knochenbrüche: Arn, Bry, Calc, Calc-p, Calen, Calc-f. Hyp, Ruta, Sil, Symph

Verletzung durch Fuchsfalle u. Ä. (Trümmerfraktur mit zerfetztem Gewebe): Acon, Arn, Ars, Bell-p, Calen, Carb-ac, Echi, Gunp, Hyp**,** Pyrog, Ruta, Sec, Sul-ac, Symph

Insektenstich, akute Reaktion: Apis, Carb-ac, Led

Augenverletzungen – *Kapitel 5, Erkrankungen der Augen, Seite 158*

Genitalverletzungen – *Kapitel 16, Gynäkologie und Andrologie, Seite 492*

Verletzungsschock: Arn, Hyp, Op (*Kapitel 19, Notfälle, Seite 548*)

Verbrennungen – *Kapitel 19, Notfälle, Abschnitt Verbrennungen, Seite 568*

Chronische Folgen von Verletzungen

- Angst/Schreck bleibt nach einer Verletzung zurück: *Acon, Arn, Op, Stram*
- Wesensveränderungen, Verwirrung, »Depression«, chronische Schmerzen nach Kopf- oder Wirbelsäulen-Verletzung: *Nat-s*
- Gedächtnisverlust nach Kopfverletzung: *Arn, Hyp, Op*
- Schwerhörigkeit nach Kopfverletzung: *Arn*
- Neuralgien, Nervenschmerzen nach Verletzungen: *All-c, Hyp, Phos, Xan*
- Einnässen im Schlaf nach Kopfverletung: *Sil*
- Einnässen nach Kastration von Katze oder Kater: *Staph*
- Harnverhaltung nach Verletzung: *Arn, Hyp* (*Kapitel 12, Erkrankungen der Harnwege, Seite 404*)
- Asthma, asthmatische Atmung nach Verletzung der Wirbelsäule: *Hyp*

Sonderfälle von Verletzungen

DIE UNFALLKATZE

Verkehrsunfälle sind die häufigste Ursache für den »Katzentod«. Daher gilt diesem Thema besondere Aufmerksamkeit.

Bei Unfällen mit Auto, Motorrad etc. stehen Prellungen und Erschütterungen im Vordergrund: Blutergüsse, Schälwunden, Quetschungen, Verrenkungen, Knochenbrüche, Wirbelsäulen- und Kopfverletzungen.

- Wenn das Tier nach dem Verkehrsunfall in totaler Panik durch Schreck und Schmerzen hektisch und unruhig permanent schreit und nicht zu beruhigen ist, dann wäre *Aconitum* das erste Mittel, gefolgt von *Arnica* und *Hypericum*.
- Anschließend oder sofort nach dem Unfall ist das wichtigste Mittel *Arnica*, in möglichst hoher Potenz (C 10 000 (XM)) gegeben.
  Es lindert augenblicklich Schmerzen und lässt Sickerblutungen ins Gewebe zum Stillstand kommen oder kann sie sogar verhindern, wenn sofort nach dem Unfall gegeben (Literatur 34, Kapitel »*Arnica*«). *Arnica* ist nicht nur für Blutergüsse in der Körperperipherie zuständig, sondern beschleunigt auch deren Resorption im Bereich von Gehirn und Rückenmark und beugt so Spätschäden wie Lähmungen entscheidend vor.

- Das zweite Mittel ist *Hypericum*, am besten wenige Minuten nach *Arnica*, ebenfalls in möglichst hoher Potenz (XM) gegeben. *Hypericum* lindert wie *Arnica* in wenigen Minuten Schmerzen und heilt oder beugt Schäden an Nervengewebe vor, die später zu lebenslangen Lähmungen führen können.
- Diese Arzneien sind zu wiederholen, sobald wieder Schmerzen auftreten.
  Das Tier äußert diese, indem es an den verletzten Teilen zu lecken beginnt oder jammert. Bei Nachlassen der Schmerzen hört es auf zu lecken, hört auf zu klagen und wird wieder ruhig.
- Es ist erstaunlich, dass bei bereits eingetretener Querschnittslähmung mit den beschriebenen Mitteln eine weitgehende Regeneration der Beweglichkeit hergestellt werden kann – vorausgesetzt, es liegt keine Durchtrennung des Rückenmarks vor.
  Bei bereits eingetretener Lähmung kann die Gabe von *Hypericum* XM (nach Abklingen der akuten Schmerzen) nach 5 bis 7 Tagen wiederholt werden, sofern notwendig.
- Bei Bewusstlosigkeit nach dem Unfall sollten die Reflexe und die Kreislaufsituation untersucht werden: z. B. Prüfen der Pupillenreaktion auf Licht, Testen des Afterschließmuskels, Reaktion auf Kitzeln im Ohr. Wenn diese Reflexe fehlen oder deutlich vermindert sind, braucht der Patient wahrscheinlich zuerst *Opium*. Je nach Schwere sollte die Potenzhöhe erwogen werden: Bei drohendem Atemstillstand oder Cheyne-Stokes-Atmung sollte als lebensrettende Massnahme *Opium* XM gegeben werden. In leichteren Fällen kann auch eine C 30 bei Bedarf wiederholt gegeben werden.
  Zusätzlich kann künstliche Beatmung und Herzmassage zur Wiederbelebung beitragen – aber Vorsicht, wenn möglicherweise Knochenbrüche oder Verletzungen der Wirbelsäule vorliegen.
- Um die Schwere eines solchen Unfalls richtig einschätzen zu können, sollte natürlich durch Röntgen in zwei oder mehreren Projektionen **(!)** eine klare Diagnose über Schäden am Skelettsystem erstellt werden.
  Bei schwerwiegenden irreversiblen Veränderungen ist eine Euthanasie zu erwägen.
- Für Folgeschäden sind die anderen »Verletzungsmittel« einzusetzen.

STURZ AUS DEM FENSTER

Glatte oder feuchte metallene Fensterbretter bieten den Katzenkrallen keinen Halt, die Katze stürzt herunter. Normalerweise landet sie auf »allen Vieren«, wenn sie aus entsprechender Höhe fällt.

Dabei bestehen Gefahren durch Erschütterung oder Risse von inneren Organen.

Millefolium ist das passende Mittel für derartige innere Verletzungen und Blutungen (Kreislaufsituation beachten!). In Schock oder Koma nach Fenstersturz kann *Opium*, evtl. auch *Hypericum* indiziert sein.

DIE »KIPPFENSTER-KATZE«

Katzen sind nicht nur neugierig, sondern versuchen auch in manchmal unsinniger Weise ihren Willen durchzusetzen.

Angekippte Fenster sind für sie daher kein Hindernis, in oder aus der Wohnung zu gelangen. Der nach unten sich verengende Fensterspalt führt häufig dazu, dass die Katze mit dem Rumpf darin hängen bleibt und sich aus dieser Klemme weder vorwärts noch rückwärts befreien kann.

Je nach Dauer und Abwehrverhalten können dabei mehr oder weniger schwere Verletzungen entstehen.

Häufig sind Verletzungen der Wirbelsäule und des Rückenmarks mit teilweiser oder vollständiger Querschnittslähmung. Hier sind *Hypericum* und *Arnica* die wichtigsten Mittel (beide am besten sofort nacheinander in der XM-Potenz gegeben), die das Schlimmste abwenden können, wenn nicht bereits ein oder mehrere Wirbel luxiert sind und das Rückenmark zerquetscht haben.

Wenn diese Mittel die Lähmung nicht vollständig regenerieren, dann wären später weitere Arzneien zu erwägen z. B. *Conium*, *Phosphorus*, *Rhus toxicodendron*, *Bryonia*, *Natrium sulfuricum* (siehe *Kapitel 7, Neurologische Erkrankungen, Seite 200*).

- Quetschungen der Niere mit blutigem Urin: *Arnica* XM
- Rippenfraktur mit flacher, kaum merklicher Atmung wegen starker Schmerzen: *Bryonia* XM
- Quetschung der Lungen, Lungenblutung: *Millefolium* C 200
- Quetschung des Herzens durch eingedrückte Brustwand – verbunden mit hochgradiger Atemnot, Schmerzen und Angst: *Cactus* C 30, bei Bedarf wiederholen
- Quetschungen am Gesäuge einer laktierenden Katze mit Tendenz zur Verhärtung: *Conium* C 200 oder höher.

RIPPENFRAKTUR

Eine Fraktur von Rippen kann durchaus ohne Therapie ausheilen, sofern sie nicht Lunge, Zwerchfell oder das Herz (siehe oben) verletzt haben.

Wer jedoch selbst eine Rippenfraktur erlebt hat, kennt die quälenden Schmerzen beim Atmen. In diesem Fall ist *Bryonia* die passende Arznei, welche Schmerzen lindert, ebenfalls am besten in einer Einzelgabe der XM-Potenz zu geben. Niedrigere Potenzen wirken langsamer und weniger nachhaltig.

Eine Verletzung der Lunge durch gebrochene Rippe(n) erfordert *Millefolium*. Es ist überraschend, wie schnell und intensiv hier die Einzelgabe einer C 200 oder höheren Potenz wirkt.

BECKENFRAKTUR

Beckenfrakturen sind eine häufige Folge von Verkehrsunfällen.

Bei allen unfallbedingten Bewegungsstörungen sollte nach der oben beschriebenen Notfalltherapie in wenigsten 2 Projektionen (horizontal und vertikal) geröntgt werden, ob und wo eine Fraktur oder Luxation eingetreten ist.

Eine Osteosynthese oder ähnliche Operation kann notwendig sein. Häufig aber heilen Beckenfrakturen unter der beschriebenen Therapie und gelegentlicher Gabe von *Symphytum* C 30 selbständig. Bei jungen Tieren kann eine Einzelgabe von *Calcarea phosphorica* C 200 die Heilung beschleunigen und eine geordnete Kallusbildung ermöglichen.

Eine solche Katze sollte 2 bis 3 Wochen in einem Käfig oder in der Transportkiste gehalten werden, weil jede zusätzliche Bewegung Verschiebungen der frakturierten Knochen nach sich ziehen kann und eine Heilung verhindert. Menschen müssen in ähnlichen Fällen ebenfalls »Bettruhe« halten! Hier gilt es nicht, aus übertriebenem Mitleid die Katze laufen zu lassen oder herumzutragen und so die Heilung zu verhindern!

Natürlich sollte eine weibliche Katze kastriert werden, weil nach Ausheilen von Frakturen durch Verschiebungen im knöchernen Becken Schwierigkeiten bei einer Geburt möglich sind.

Bei bestimmten Formen von Beckenfrakturen sollte man jedoch auch eine Euthanasie erwägen.

HÜFTGELENKSLUXATION

Luxationen der Hüftgelenke werden genauso häufig durch Unfälle verursacht wie Frakturen der Beckenknochen.

Die Diagnose kann nur durch Röntgen in zwei Ebenen festgestellt werden: In seitlicher und zusätzlich in Rückenlage.

Ein geschickter Tierarzt kann mit – wahrscheinlich mehrfacher – Röntgenkontrolle das Hüftgelenk in tiefer Narkose ohne Operation reponieren (sofern keine Beckenfraktur vorliegt).

Dann ist nach einigen Gaben von *Arnica*, *Rhus toxicodendron* oder *Bryonia* – je nach Symptomatik – eine Wiederherstellung der Beweglichkeit möglich. Diese Mittel können auch in Abfolge nacheinander indiziert sein. Die Symptome von *Rhus toxicodendron* und *Bryonia* sind unten beschrieben (siehe auch *Kapitel 13*,).

Heute wird eine derartige Veränderung häufig operiert. Dann wären für die Nachsorge ebenfalls die unter »Verrenkung« angegebenen Arzneien indiziert (siehe *Kapitel 13, Bewegungsstörungen der Katze, Seite 424*).

Allerdings kann sich die Hüftluxation auch ohne Therapie bei ca. 3 Wochen Käfighaltung so stabilisieren, dass die Katze möglicherweise wieder laufen kann.

VERLETZUNGEN DURCH EINGEKLEMMTE KÖRPERTEILE (SCHWANZ, PFOTE, ZUNGE)

Derartige Verletzungen sind überaus schmerzhaft und erfordern in der Regel anfangs *Hypericum* XM und *Arnica* XM, evtl. auch zuvor *Aconitum* (vorherrschende Panik).

Es ist immer wieder überraschend, wie schnell *Arnica* und *Hypericum* XM die Schmerzen beseitigen. Wenn sie erneut auftreten (Lecken an der schmerzhaften Stelle), dann sollten sie wiederholt gegeben werden; das kann frühestens nach 4 bis 8 Stunden der Fall sein. Mit jeder Gabe <u>müssen</u> die Schmerzintervalle größer werden, nach maximal 4 Gaben sollte auch in schwersten Fällen bleibende Schmerzfreiheit erreicht sein.

- Anschließend an diese Arzneien ist möglicherweise *Ledum* für die Reste von diffusen Blutergüssen indiziert.
- Gebrochene oder gesplitterte Zehenknochen an den Pfoten werden häufig als Sequester abgestoßen. Hier kann eine Einzelgabe *Silicea* C 200 die Heilung fördern. Die Katze kann auch noch mit 2 oder 3 Zehen laufen!
- Quetschwunden mit anschließender Wundgangrän und evtl. Sepsis erfordern *Sulfuricum acidum* (Folgemittel zu *Arnica*), evtl. auch *Secale*.
- Eine herausgerissene Kralle benötigt anfangs *Hypericum*, später *Ledum*.
- Schälwunden und zerquetschtes Gewebe am Schwanz machen oft eine Amputation erforderlich.
- Auch hier könnte *Sulfuricum acidum* – beginnende Wundgangrän – indiziert sein.
- Selten gibt es auch bei der Katze Verletzungen an der Zunge: Beim gierigen Verschlingen der knorpeligen Abschnitte der Luftröhre von Geflügel (»Gurgel«) kann sich ein solcher runder Abschnitt über die Zunge stülpen und diese abschnüren. Die Folge ist ein mächtiges, bläuliches Aufschwellen der Zunge, die aus dem Maul hängt. Hier kann einzig *Lachesis* (siehe *Kapitel 4, Infektionen und Entzündungen, Seite 113*) als einmalige Gabe gleichzeitig mit dem Entfernen des Fremdkörpers die Zunge regenerieren, vorausgesetzt, sie war nicht bereits in Fäulnis zerfallen.

INSEKTENSTICHE – ZECKENBISSE

Der akute, hochschmerzhafte Bienen- oder Wespenstich erfordert eine Einzelgabe *Apis* C 30; diese Medikation bewirkt überraschend schnelle Schmerzfreiheit.

Wenn das Tier keine massiven Schmerzen äußert, ist kein *Apis* erforderlich, sondern *Ledum*.

Sollte sich eine allergische Reaktion (anaphylaktischer Schock) mit Zuschwellen der oberen Atemwege, röchelnder Atmung und Erstickungsgefahr einstellen, dann kann dieser Zustand bekannterweise sehr schnell durch eine Einzelgabe *Apis* C 200 innerhalb weniger Minuten beherrscht werden.

Sollte dadurch innerhalb von 15 Minuten keine Besserung eintreten, wäre *Acidum carbolicum* C 200 indiziert.

Sicherer ist es jedoch, in einem solchen Fall ein Kurzzeit-Kortikoid zu injizieren, sofern sofort verfügbar.

Bei harmlosen Insektenstichen mit einer geringen Schwellung oder Entzündung reicht eine Gabe *Ledum* C 30 aus, die bei Bedarf wiederholt werden kann.

Eine nicht indizierte Gabe von *Apis* C 200 oder wiederholte *Apis* C 30 kann zu heftigen prallen Entzündungen und Ödemen führen! Gegenmittel: *Ledum*.

Zeckenbisse erfordern ebenfalls *Ledum*; hier reicht meist eine Einzelgabe der C 30 aus. Häufigere Gaben ohne auffallende Gewebereaktion können unnötige Entzündungen provozieren.

Wiederholte Gaben von *Ledum* C 30 – etwa im Abstand von 10 bis 14 Tagen – können den Befall mit Zecken wirksam vermindern; das gilt für alle Lebewesen.

CHIRURGISCHE VERLETZUNGEN

Gemäß einem weit verbreiteten Irrtum wird *Arnica* vor und nach einer Operation empfohlen. *Arnica* ist die wichtigste Arznei für stumpfe Verletzungen. In der Chirurgie wird jedoch überwiegend geschnitten, und nicht »gequetscht«. Daher ist hier – besonders bei Bauchoperationen (Kastration der weiblichen Katze) – *Arnica* kontraindiziert. Sie führt zu vermehrter Blutungsbereitschaft aus Kapillaren, schränkt die Übersicht im Operationsfeld ein und führt zu unnötigen Nachblutungen (Ausnahme: Osteosynthese)!

Sollte ein Tier vor der Operation von seinem besorgten Besitzer bereits eine nicht angebrachte Gabe *Arnica* bekommen haben und es kommt zu derartigen diffusen Sickerblutungen, dann ist *Millefolium* angezeigt. Eine Einzelgabe der C 30 stoppt augenblicklich die Blutungsneigung.

- Blutungsbereitschaft bei Kastration eine rolligen Katze erfordert ebenfalls eine Einzelgabe von *Millefolium* C 30.
- Nach der Kastration des Katers: *Staphysagria*. *Arnica* ist hier kontraindiziert, sie führt zu sickernden Nachblutungen!
- Beschwerden nach Bauchoperationen:
  - Bauchschmerzen: *Bellis perennis*, *Hypericum*, *Nux vomica*, *Staphysagria*
  - Verwachsungen: *Staphysagria*
  - Verstopfung, Darmlähmung nach Bauchoperation: *Carbo vegetabilis*, *Opium*, *Staphysagria*
- Schlechte Heilung einer Wundnaht: *Calendula* C 30 (Einzelgabe!) oder *Staphysagria* C 30 (Schnittwunde)
- Übermäßige Schmerzen an einer Operationswunde: *Hypericum*, *Staphysagria*
- Straff gespannte Hautnaht über einer Operationswunde: *Kalium phosphoricum*
- Beschwerden, Schmerzen nach Osteosynthese: *Arnica*, *Hypericum*, *Symphytum*
- Schmerzen nach Gelenkoperation: *Arnica*, *Bryonia*, *Ruta*
- Schmerzen nach Amputation: *Allium cepa*, *Phosphoricum acidum*, *Staphysagria*
- Übermäßige Schwäche nach Operation: *Aceti acidum*, *Carbo vegetabilis*, *Hypericum*
- Schmerzen nach intramuskulärer Injektion in den Hinterschenkel (z. B. »Ischias«): *Hypericum* oder *Ledum*
- Beschwerden nach schlecht vertragener Narkose: *Nux vomica* C 200, nach schlecht vertragener Inhalationsnarkose: *Phosphorus*.

FUCHSFALLE

Einklemmen in einer Fuchsfalle o. ä. führt oft zu grausamen Verletzungen, z. B. offene Trümmerfrakturen. Anschließend ist die Entwicklung einer septischen Osteomyelitis (Knochenmarksentzündung) oder Knochennekrose durch Verschmutzung wahrscheinlich. Antibiotika sind in solchen Fällen häufig nur wenig oder gar nicht wirksam.

Hier stellt sich die Frage nach Euthanasie. Zumindest müssen solche Verletzungen chirurgisch versorgt werden.

Wenn das Tier am Leben erhalten werden soll, kommen anfangs *Arnica* und *Hypericum*, evtl. auch *Calendula* infrage. Bei noch vorhandenen Panikzuständen wären am Anfang *Aconitum*, bei ausgeprägter Angst-Aggression *Arsenicum* vorher zu geben.

Für eine septische Wundinfektion kommen *Echinacea*, *Acidum sulfuricum*, *Gunpowder* oder *Lachesis* infrage.

Bei Sequesterierung von Knochensplittern wäre auch an *Silicea* (chronische, süßliche, weißliche, schmerzarme Eiterung) oder im Akutfall auch an *Hepar* (stinkend, sehr schmerzhaft, sehr empfindlich gegen Kälte) zu denken.

Für eine Trümmerfraktur mit Osteomyelitis wird wahrscheinlich eine Amputation oder Euthanasie empfohlen. Eine homöopathische Therapie kann jedoch durchaus erfolgreich sein und dem Tier mit einiger Fürsorge einen lebenswerten Zustand ermöglichen, vielleicht sogar eine Restitutio:

Arsen: jauchig stinkender Gewebezerfall, Unruhe nach Mitternacht, Angst-Aggression wegen Schmerzen

Bell-p: Tiefe, blutende Fleischwunden

Calendula: Schlecht heilende Wunden von zerfetztem Gewebe; zusätzliche regelmäßige Umschläge mit (warmem!) Calendula-Tee

Echinacea: Septisch infizierte Wunden, Krallen, Knochen, wenn keine Anhaltspunkte für andere Arzneien gegeben sind

Gunpowder: Septische Infektionen, Osteomyelitis durch Wunden, die mit Erde verschmutzt sind, evtl. gasbildende Bakterien (Anaerobier) in der Wunde

Hypericum: Zusätzliche Gabe bei starken Schmerzen

Pyrogenium: Allgemeine Sepsis durch eitrig zersetztes Gewebe, mit oder ohne Fieber, schlechter Allgemeinzustand

Secale: Wundgangrän, schlimmer durch Wärmeanwendung

Sulfuricum acidum: Wundgangrän ausgehend von diffusen Blutergüssen, Schwäche, Erschöpfung

Symphytum: Fördert die Kallusbildung von Frakturen

PSYCHISCHE AUFFÄLLIGKEITEN WÄHREND ODER NACH UNFALLVERLETZUNGEN

- Panisches Schreien mit Todesangst erfordert *Aconitum*.
- Wenn lange nach dem Unfall in ähnlicher Situation (z. B.Bremsenquietschen oder Hundebellen) noch immer Panikreaktionen auftreten, dann ist noch immer *Aconitum* erforderlich (am besten als einmalige Gabe der XM-Potenz), um die »Angstneurose« zu heilen.
- Wenn das Tier nach dem Unfall in panischer Todesangst um sich beißt und niemanden an sich herankommen lässt, dann ist *Arsenicum album* (C 200 oder M-Potenz) das erste passende Mittel. Erst wenn sich das Tier anschließend beruhigt hat, können weitere Mittel verabreicht werden. Tiefe Potenzen sind hier kaum wirksam. Wenn der Patient niemanden an sich heran lässt,

kann das potenzierte *Arsenicum* – aufgelöst in Leitungswasser in einer Spritze – aus geringer Entfernung dem Tier mit Druck ins Maul, auf die Nase oder in die Augen gesprüht werden.

- Wenn die Katze nach dem Unfall keine Schmerzen oder ähnliche Reaktion zeigt – evtl. sogar trotz wacher Bewusstseinslage, dann ist *Opium* (Folgen von »Totstellreflex«) zunächst das passende Simile (200. höhere Potenz).
- Eine besondere Situation kann bei Todesangst speziell bei (ehemaligen) »Raubtieren« (wie der Katze) beobachtet werden: Wenn sich solche Tiere »gefangen« fühlen – z. B. in einem Gips- oder Lightcast-Verband, in einer geschienten Gliedmaße oder nach Osteosynthese o. Ä.- dann kann sich ein panischer Zustand von Todesangst entwickeln: Das Tier zerbeißt ohne Rücksicht auf eigene Verletzungen voller Panik den Verband, kann sich sogar dabei die Zähne ausbeißen oder die betroffene Gliedmaße zerstören und verstümmeln. Als Arzneien für einen solchen Zustand können *Arsenicum album* oder *Stramonium* (»zerstört seinen Körper«) infrage kommen. In einer derart kritischen Verfassung sollte die Psyche schnellstens mit einer sehr hohen Potenz (XM) beruhigt werden.
- Ein ähnliches Verhalten kann auch beim konstitutionellen *Lachesis*-Patienten im Laufe einer Verletzung beobachtet werden: Unverträglichkeit von jeglicher Einengung, z. B. Verband oder Aufenthalt im Käfig mit ausgeprägter Platzangst und Aggressivität. Solche *Lachesis*-Symptome waren dann jedoch bereits vor der Verletzung vorhanden.
- Bleibende psychische Veränderungen, insbesondere quälende Angst, Ruhelosigkeit, Wasserscheu, Schluckbeschwerden, evtl. Krampfanfälle nach dem Biss eines wütenden Hundes oder Katze: *Lyssinum*.

Beschreibung der wichtigsten homöopathischen »Verletzungsmittel«

Weiterführende Angaben finden sich in der Literatur, speziell Nr. 7,10, 48, 54.

Die Potenzangaben sind als Vorschläge zu verstehen, nicht als bindenden Vorschriften.

Die Einzelgabe einer Hochpotenz ist einfacher in der Anwendung als wiederholte Gaben von tiefen Potenzen! Die Reaktion des Patienten ist dabei deutlicher, die Gefahr von Überdosierung geringer!

Aconitum napellus – Acon

Indikationen

- Akuter Zustand **sofort** nach einem Unfall
- Ausgeprägte Panik, lautes Schreien wegen Schock, Schreck und/oder extremer Schmerzen mit Angst.
- Kann nicht beruhigt werden
- Heißer Körper, evtl. aufgerissenes, heißes, trockenes Maul mit Hechelatmung.
- Wenn diese Symptome fehlen, ist *Aconitum* nicht angebracht!
- Anschließend sind wahrscheinlich *Arnica* und *Hypericum* indiziert

Dosierung

Einzelgabe der C 200 reicht meist aus, in schwersten Fällen auch höhere Potenz.

Bei chronischen Panikzuständen, die nach Schreck zurückbleiben: XM-Potenz.

Allium cepa – All-c

Indikation

- Lokale Nervenentzündung bestehend lange nach der Verletzung oder Amputation mit starken Schmerzen

Dosierung

Einzelgabe der C 200.

Apis mellifica – Apis

Indikationen

- Sehr schmerzhafte Stichverletzungen, z. B. Nähnadel, Fischgräte, evtl. mit Infektion
- Akuter Bienen- oder Wespenstich mit heftigen stechenden Schmerzen, evtl. Schreien
- Allergische Reaktion auf Insektenstiche (Bienen, Wespen):
  Zuschwellen der Atemwege mit Erstickungsgefahr (Glottisödem) (siehe *Kapitel 19, Notfälle, Seite 548*)
- Stichverletzungen in Körperhöhle (z. B. ins Gelenk, Bauchhöhle) und deren Folgen (**Vorsicht!**)
- Dabei pralle, rosarote Schwellungen/Ödeme
- Synovitis mit prallem, rosa Erguss, anfangs sehr schmerzhaft, später im chronischen Zustand schmerzarm
- Infizierte (Stich-)Wunden mit sehr schmerzhaftem Ödem, Tendenz zum Geschwür, nicht zum Abszess

Modalitäten

- Im akuten Zustand sehr schmerzhaft und extrem berührungsempfindlich
- Im chronischen oder länger bestehenden Fall nicht immer schmerzhaft!
- In jedem Fall besser durch Anwendung von Kälte.

Wichtig! Bei Infektion Verwechslungsgefahr zwischen *Apis* und *Lachesis:*
Apis: pralle, glänzende, schmerzhafte, rosa Schwellung
Lachesis: Sehr häufig vorkommende Arznei bei sich ausbreitenden Infektionen der Katze!
- Infizierte Stelle ist bläulich verfärbt, Phlegmone, Eiterung und Sepsis, auffallend dunkle Blutung durch Sepsis
- Weiches, schmerzhaftes Gewebe, aber nicht prall geschwollen
- Geschwüre bis zur Gangrän

Beide: Berührungsempfindlichkeit, besser durch Anwendung von Kälte

Dosierung

- Im lebensgefährlichen allergischen Schock alle 5 bis 10 Minuten je eine Gabe C 30 bis zur Besserung, dann sofort aufhören oder eine Einzelgabe der C 200 geben.
- Stich in eine Körperhöhle (z. B. Drahtzaun, Stich mit spitzem Gegenstand, chirurgische Punktion) mit Gefahr von beginnender Sepsis: Stündliche Gaben der C 30 bis zur Besserung, am Folgetag – je nach Reaktion – noch 1 bis 3 Gaben C 30 (evtl. zusätzliche Gabe von Antibiotika)
- Im chronischen Fall eine Gabe C 30 pro Tag, bei Besserung sofort aufhören!
- Im chronischen Fall wirkt *Apis* eher langsam, aber kontinuierlich, der Erguss geht langsam zurück!
- Im Akutzustand, z. B. allergischer Schock, sehr schnelle Wirkung!

Vorsicht: Falsche oder zu häufige Gabe von *Apis* kann zu heftigen Verschlimmerungen mit prallen, entzündlichen Ödemen führen, Gegenmittel: *Ledum*

Arnica montana – Arn

Vorsicht, bei äußerlicher Anwendung von Arnica-Tinktur auf offenen Wunden wegen möglicher Hautreizungen. Arnica-Tinktur – auch in stark verdünnter Form – verhindert zuverlässig die Wundheilung!

Indikationen (C 200 und höhere Potenzen)

- Die erste Arznei für alle stumpfen Verletzungen, Sturz, Prellung, Verkehrsunfall (Ausnahme: *Aconitum*, s.o.)
- Verletzungsschock, evtl. mit Atemstillstand
- Quetschungen kleiner Blutgefäße/Kapillaren (diffuser, schmerzhafter Bluterguss)
- Geschlossene Wunden, Blutergüsse, Prellungen
- Schwere Biss- und Schlagverletzungen
- Gehirnerschütterung
- Spätfolgen von Verletzungen (»nicht mehr gesund seit …«)
- Akute körperliche Überanstrengung (z. B. Katze läuft kilometerweit nach Hause, z. B. nach Umzug)

Spezielle Indikationen und Beispiele

- Bewusstlosigkeit, Atemstillstand durch Verletzungsschock (*Hypericum*, *Opium*)
- Stumpfe Verletzungen wie Sturz jeder Art, Fußtritt, Stockschlag
- Wundinfektion nach Quetschung oder anderem stumpfem Trauma: Fördert oder verhindert Wundeiterung – je nach Stadium der Erkrankung
- Zellgewebsentzündung (Phlegmone) nach infizierter Quetschwunde
- Schmerzen nach Zahnbehandlung, nach komplizierter Zahnextraktion
- Geburtstrauma, nach Schwergeburt oder Geburtshilfe, mindert Wundschmerz und Infektionsrisiko (*Hypericum*)
- Spätfolgen von Verletzungen – neben *Arnica*:
- Chronische Folgen von Wunden oder Verletzungen, z. B. Beschwerden seit Kopfverletzung
- Sehstörungen, Gehörstörungen seit der Kopfverletzung: *Natrium sulfuricum*
- Angst bleibt nach Verletzung bestehen: *Aconitum*, *Natrium muriaticum*, *Opium*
- Ruhelosigkeit, Nervosität, bleibt bestehen nach leichter mechanischer Verletzung: *Arnica*

Modalitäten

- Berührungsempfindlichkeit verletzter Stellen (Blutergüsse), »weiß nicht, wie er liegen soll«, z. B. nach Verkehrsunfall

Kontraindikation

- Kontraindiziert bei starken äußeren Blutungen
- Bei Verletzung von großen Blutgefäßen
- Bei tiefen Wunden!
- Niemals vor, während oder nach einer Bauchoperation geben, erhöht die Blutungsgefahr, weil hier keine Gewebequetschungen im Vordergrund stehen!!!

- **Ausnahme:** Operationen mit intensiver physikalischer Einwirkung: Knochenoperationen, Osteosynthese, Reposition einer Gelenkluxation.

Dosierung

Die Dosierung richtet sich nach der Schwere der Erkrankung: Bei schwerster Verletzung kann *Arnica* C 200, M oder XM bereits nach Stunden wiederholt werden (z. B. schwerer Verkehrsunfall, Gehirnerschütterung), wenn der Patient nach vorheriger Besserung wieder Schmerzreaktionen zeigt (z. B. Wimmern oder Lecken an der erkrankten Gegend).

Bei Schädel-Hirn-Trauma, Verletzung der Wirbelsäule oder bei übermäßig schmerzhaften Verletzungen muss zusätzlich *Hypericum* gegeben werden.

Arsenicum album – Ars

Indikationen

- Schlecht heilende, vernachlässigte Wunden, z. B. Bisswunden, Quetsch- oder Risswunden
- Schmierige bis jauchige, stinkende Zersetzung des betroffenen Gewebes (Gangrän)
- Schwarzwerden der Wundränder durch Absterben des Gewebes
- Kalte, trockene oder seltener heiße, feuchte Gangrän
- Septische Osteomyelitis nach offener Knochenfraktur, z. B. Fuchsfalle
- Schwerste Zustände von Sepsis (Blutvergiftung), bis zum Kollaps

Modalitäten

- Tendenz zu Untertemperatur, besser durch Wärmeanwendung
- Übermäßig schneller körperlicher Verfall, schnell fortschreitende Schwäche
- Zustand generell schlimmer nach Mitternacht mit ängstlicher Unruhe und häufigem Trinken

Psychische Reaktionen nach Unfall oder tierärztlicher Versorgung:

- Todesangst, Panik, Schreien, unbeherrschbares Um-sich-Beißen
- Will trotz schwerster Verletzungen davonrennen, sich verstecken
- Selbstzerstörung, Zerbeißen eigener verletzter Körperteile durch Panik

Dosierung

Einzelgaben der C 200 oder höhere Potenz, Wundheilung beobachten, während fortschreitender Heilung nicht wiederholen.

Bellis perennis – Bell-p

Innerliche und äußerliche Anwendung

Äußerlich: Tee, Abkochung von Gänseblümchenblüten als lauwarmer Umschlag für Pickel, Hautausschläge, Wunden

Indikationen

- Weichteilverletzungen, tiefe, blutende Muskelverletzungen, Fleischwunden
- Verletzungen der Gebärmutter: »*Arnica* der Gebärmutter« (z. B. nach Kaiserschnitt oder Geburtshilfe)
- Operationsfolgen von tiefliegendem Gewebe (z. B. Schmerzen nach Bauchoperation)
- Stumpfe Verletzungen, wenn der Patient gleichzeitig unterkühlt war oder ist
- Frische Fälle von Unterkühlung, wenn noch keine Krankheitssymptome aufgetreten sind (z. B. Sturz in eiskaltes Wasser); Vorbeuge gegen derartige Folgeerkrankungen (siehe *Kapitel 19, Seite 548*)
- Schmerzen in den ausgedehnten Bauchdecken am Ende der Trächtigkeit
- Quetschung von Drüsengewebe (z. B. Gesäuge bei der Kippfensterverletzung)

Dosierung

Einzelgabe der C 200, M oder XM, je nach Schwere der Wunde.

Bryonia alba – Bry

Indikationen

- Folgen von Zerrung, Verstauchungen, evtl. mit Gelenkerguss
- Lumbago (»Hexenschuss«) durch Zerrung oder Bandscheibenvorfall
- Schmerzen durch Prellung der Brustwand, evtl. Rippenfraktur, mit extrem schmerzhafter Atmung (Verkehrsunfall, Fußtritt)

Modalitäten
- Schlimmer durch jede Art von Bewegung oder Erschütterung
- Nur absolute Ruhe lindert die Beschwerden
- Besserung durch Kühlen (im Akutfall)!
- Gegendruck bessert, drückt sich gegen die Wand oder liegt ganz still auf der schmerzenden Stelle
- Wärmeanwendung verschlimmert und provoziert Abwehr (im Akutfall)!

Dosierung
Je nach Schwere der Verletzung und nach der Schmerzäußerung M- oder XM-Potenz.

Cactus grandiflora – Cact

Cactus hat das charakteristische Merkmal, als ob der Körper oder Körperteile von metallenen Drähten eingeschnürt seien. Das trifft im Rahmen von Verletzungen besonders auf den gequetschten Brustkorb zu, z. B. durch Fußtritt oder bei der »Kippfenster-Katze«.

Indikationen
- Herzquetschung durch Thoraxtrauma
- Einschnürung am Thorax bzw. des Herzens mit beängstigenden Schmerzen, Angst und Atemnot

Dosierung
Einzelgabe der C 30, bei Bedarf wiederholen.

Calcarea carbonica – Calc

Indikationen
- Schlechte Heilung von Knochenfrakturen oder Knochenriss, speziell bei jungen Katzen
- Auch bei ruhigen, dicken, gefräßigen (Edel-) Katzen (konstitutionelles Mittel)

Dosierung
Als konstitutionelles Mittel M- oder XM-Potenz.

Calcium phosphoricum – Calc-p

Indikationen
- Knochenfrakturen oder Knochenriss, speziell bei jungen Tieren
- Epiphysenriss (Wachstumsfuge) oder deren Entzündung durch Verletzung

Dosierung
Einzelgabe der C 200 oder höher, nicht wiederholen!

Calendula officinalis – Calen

Allgemeines
Äußerliche Anwendung
- »Pflanzliches Antiseptikum«
- Anzuwenden als frisch zubereitete und gefilterte Abkochung (Tee) oder in 3 bis 6 %iger wässriger Lösung der Tinktur
- Umschläge, Waschungen, Baden oder Einsprühen von infektionsgefährdeten Wunden
- Ideal zum Reinigen verschmutzter Wunden (besser geeignet und verträglicher als Jodpräparate!)

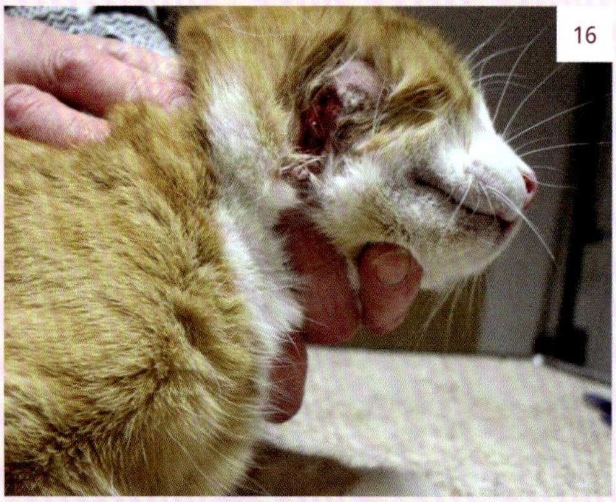

Alte, schmerzarme Wunde am rechten seitlichen Unterkiefer, noch nicht vorbehandelt. Diese Wunde ist durch eine Einzelgabe Calendula XM innerhalb von 10 Tagen verheilt, zusätzliche Wundspülung mit Calendula-Tee; keine zusätzliche Therapie.

Indikationen

- Heilung von Wunden mit Substanzverlust, die nicht genäht werden können (z. B. Riss-, Schälwunden)
- Schlechte Heilungstendenz von Wunden, z. B. Aufklaffen einer Wundnaht, ausgerissene Fäden
- Beugt vor bzw. verhindert Wundinfektion
- Bringt oberflächliche Fremdkörper oder Verschmutzung (z. B. Sand) aus Wunden zum Abstoßen durch Austreten von Gewebeflüssigkeit, z. B. bei großflächige Abschürfungen oder Schälwunden
- Wichtig für Schusswunden
- Verhindert zuverlässig Gewebezersetzung und Eiterung, wenn rechtzeitig in passender Dosierung gegeben
- Verhindert Allgemeininfektion, grenzt evtl. vorhandene Wundinfektion auf lokalem Raum ein
- Bringt evtl. bereits vorhandenen Eiter zum Zusammenziehen, Reifen und Entleeren
- Fördert die Heilung auch bei schlecht heilenden, alten Wunden, z. B. im Bereich der Pfoten
- Stellt die Vitalität im Gewebe für die Wundheilung wieder her
- Muskelrisse, Risse von Muskelhüllen (Faszien)

Dosierung

- Für kleine Verletzungen (z. B. Schürfwunden) reicht eine einmalige Gabe der C 30.
- Wenn bereits eine deutliche Wundeiterung an einer Risswunde vorhanden ist, anfangs 2 x tägl. C 30 geben, dann Reaktion beobachten und evtl. am Folgetag noch 1 x geben; Wiederholung nur bei Bedarf!
- Bei Besserung bzw. fortschreitender Heilung nicht wiederholen!

Vorsicht: Überdosierung kann die Wundheilung verhindern und Komplikationen, z. B. Eiterung auslösen!

Carbo vegetabilis – Carb-v

Indikationen

- Vernachlässigte alte Wunden, fehlende Granulation bei blass-grauem Gewebe (mangelhafte Durchblutung)
- Violette schmerzlose Wundgangrän
- Kontinuierliche Sickerblutungen bei nachlassender Lebenskraft
- Endstadium bei schwersten Erkrankungen, Verletzungen, Kollaps, Sepsis, Untertemperatur
- Entscheidung zum Leben oder Sterben, eine kaum zu erwartete Erholung ist durchaus möglich!

Dosierung

Je nach Schwere der Erkrankung: Lokale schlecht heilende Wundgangrän: Einmalige Gabe der C 30; im Endzustand reicht meist eine einmalige Gabe der C 200 aus.

Carbolicum acidum – Carb-ac

Indikationen

- Zerfetzte Wunden mit jauchiger Absonderung und extremer Schwäche
- Allergischer (anaphylaktischer) Schock durch Bienen-, Wespenstich, wenn *Apis* nicht hilft, Schlangenbiss

Dosierung

Einzelgabe der C 200, nicht wiederholen.

China – Chin

Indikationen

- Folgen von Blutverlust, blasse Schleimhäute, ausgeprägte Schwäche
- Dabei mürrisches Wesen, berührungsempfindlich, besser durch starken Druck
- Nervös, überempfindlich gegen Lärm, Geruch
- Neigung zu Blähungen möglich

Dosierung

Je nach Zustand des Patienten C 30, C 200 bis XM.

Conium maculatum – Con

Indikationen

Hinweis: *Conium* ist eine Arznei, die nicht im Akutfall, sondern im Gefolge von Verletzungen indiziert ist!

- Folgen von Verletzungen, auch chronische oder lange bestehende Folgen
- Langfristige Folgen von Verletzungen der Wirbelsäule (nach *Arnica* und *Hypericum* indiziert) mit Lähmungen und/oder Inkoordination der Hinterhand (*Kapitel 7, Neurologische Erkrankungen, Seite 200*).
- Folgen von stumpfen Verletzungen von Weichteilgewebe mit Verhärtungen
- Verletzungen von Drüsen, speziell Gesäuge mit anschließenden Verhärtungen bis hin zum Krebs
- Verletzungsfolgen am Auge, grauer Star (Katarakt) durch Prellung des Augapfels

Dosierung

Einzelgaben der C 200, bei genauer Indikation auch höher, bei Lähmung evtl. wiederholen.

Echinacea angustifolia oder purpurea – Echi

Indikationen

- »Der große Blutreiniger«, eliminiert toxische und infektiöse Produkte aus Blut und Gewebe
- Schwäche des Immunsystems, mangelhafte Reaktion
- Adynamisches oder fehlendes Fieber bei unklaren Infektionen
- Fördert Aktivität der Blutzellen (Phagozytose)
- Fördert Eiterung, verhindert damit Allgemeininfektion
- Septisch infizierte, zerfetzte Wunden, Bisswunden von »giftigen Tieren« (auch durch aggressive Katzen!)

- Septischer Zerfall, Gangrän von Körpergewebe, stinkende faulige Absonderungen
- Reaktionsarme Wunden mit Tendenz zur Gangrän
- Zusatzmittel für schwerste Verletzungen, z. B. durch Fuchsfalle, Osteomyelitis durch offene Splitterfraktur
- Reaktionslose, infizierte Wunden, die nicht auf Antibiotika reagieren (»multiresistente Keime«)

Dosierung

Je nach Schwere Einzelgabe der C 30 oder C 200.

Gunpowder – Gunp

Indikationen

- Wichtige Arznei für Infektionen von tiefen oder Schusswunden, auch durch gasbildende Bakterien (Anaerobier) und andere schlecht heilende Wunden
- Osteomyelitis bei offener Knochenfraktur z. B. nach Verletzung durch eine Fuchsfalle

Dosierung

Je nach Schwere des Zustands Einzelgabe der C 200 oder höhere Potenz.

Hamamelis – Ham

Indikationen

- Schmerzhafte Verletzungen von Weichteilen mit dunkler (venöser) Blutung
- Zerquetschte Venen, z. B. an den Extremitäten, mit starker, dunkler Blutung, auch Sickerblutung;
- Venöse Blutung unter die Haut nach Venenverletzung unter Druckverband, auch nach Wundnaht;
- Venöse Sickerblutungen nach fehlgeschlagener Blutentnahme oder intravenöser Injektion/Infusion
- Fluktuierender Blutsee (Hämatom) nach derartigen Verletzungen unter der Haut
- Fördert die Resorption (Auflösen) von fluktuierendem oder dickem Bluterguss
- Verhindert die Entwicklung einer Thrombose (Venenentzündung, Venenverschluss);
- Unstillbares dunkles, langsam tropfendes Nasenbluten;
- Bei septischer Thrombophlebitis: *Lachesis*, *Crotalus horridus*, *Pyrogenium*, selten auch *Apis* erwägen

Dosierung

Einzelgabe der C 200, bei leichtem Bluterguss reicht eine Einzelgabe der C 30.

Hypericum perforatum – Hyp

Indikationen

- Die wichtigste Arznei für Verletzungen von Nerven und nervenreichem Gewebe
- Unerträgliche, auch unverhältnismäßige Schmerzen nach Verletzungen, Wunden, Operation
- Kopfverletzung, Gehirnerschütterung, Schädel-Hirn-Trauma (*Arnica*, *Opium*)
- Hirn- und Rückenmarksverletzungen, Hirn- und Rückenmarkserschütterungen
- Stauchungen, Verrenkungen der Wirbelsäule (»Schleudertrauma«)

- Schmerzlose Lähmungen nach Verletzungen
- Wiederherstellung der Leitfähigkeit des Rückenmarks und seiner Nerven (soweit anatomisch möglich)
- Nervenlähmung z. B. nach Verkehrsunfall, auch schmerzlose, schlaffe Lähmung
- Heftige einschießende Nervenschmerzen an verletzten Teilen
- Nervenschmerzen nach intramuskulärer Injektion, wenn dabei ein Nerv getroffen wurde (z. B. N. ischiadicus)
- Lumbago (Rückenschmerzen) durch »eingeklemmten Nerv« (Diskushernien)
- Verletzungen von Nerven, in nervenreichem Gewebe mit schlimmsten Schmerzen: · Verletzungen der Zunge, Schmerzen durch Zahnverletzung, gebrochener Zahn siehe *Kapitel 10, Abschnitt Erkrankungen von Zahn und Zahnfleisch, Seite 325*
- Verletzungen der Nase, der Ohren, Quetschung von Schwanz oder Pfoten, herausgerissene Kralle
- Übermäßige Schmerzen nach einer Operation
- Phantomschmerz nach Amputation, z. B. des Schwanzes
- Perforierende Stichverletzungen, z. B. an Pfoten oder Ohren

Dosierung

Wie bei *Arnica*: Einzelgabe der XM-Potenz, *Hypericum* wirkt absolut schmerzlindernd, kann Schmerzmittel ersetzen. Aber auch die XM-Potenz muss bei Wiederauftreten der Schmerzen wiederholt werden!

Lachesis mutus – Lach

Indikationen

- Geschwürige, septisch entzündete Wunden, vernachlässigter Zustand siehe *Kapitel 4, Infektionen und Entzündungen, Seite 113*
- Bläuliche Verfärbung, schwärzliche Wundränder, Gangrän
- Septisch infizierte Schusswunden, Biss-, Kratz- u. a. Wunden
- Sepsis evtl. mit »Blutzersetzung« (Hämolyse) bis zu Lebensgefahr
- Diffuse, evtl. sich ausbreitende Schwellung, Phlegmone
- Infizierter Bluterguss mit Hämolyse und anschließendem Gangrän
- Thrombose durch Venenkatheter (Venenverweilkanüle, »Butterfly«)
- Septische Thrombophlebitis

Modalitäten

- Sehr schmerzhaft bei Berührung des erkrankten Teils
- Wärme verschlimmert
- Panik durch jede Einengung, z. B. Verband, kleiner Käfig u. Ä.

Dosierung

Einzelgabe der C 200 reicht in der Regel aus.

Ledum palustre – Led

Indikationen

- »Homöopathischer Eisbeutel«, Besserung aller Beschwerden durch Kälteanwendung!
- Verletzungen von Gewebe, das direkt dem Knochen aufliegt (z. B. Kopf)
- Verletzungen, Quetschungen von Pfoten oder Krallen (gemeinsam mit *Hypericum*), evtl. mit Panaritium
- Stichverletzungen, die sich infizieren, z. B. infizierte Injektionsstelle
- Folgemittel nach *Arnica*, wenn ausgebreitete Blutergüsse vom Gewebe resorbiert werden müssen
- Erstes Mittel für den Bluterguss durch intravenöse Injektion oder Infusion.

- fluktuierender (blutgefüllter) Bluterguss: *Hamamelis*
- infizierter Bluterguss: *Lachesis*, *Crotalus horridus*)
- Geschlossene, stumpfe oder Stichverletzung:
- Stichverletzungen, z. B. an Extremitäten, evtl. mit äußerlich fühlbarer Kälte
- Frischer Katzen-, Ratten-, Hundebiss (noch ohne Infektion)
- Insektenstiche, Zeckenbisse mit schmerzhafter Schwellung und Tendenz zur Infektion (*Apis*).
- Perforierende Stichverletzungen, z. B. an Pfoten oder Ohren
- Panaritium durch verletztes Krallenbett

Modalitäten

- In jedem Fall Besserung durch Kälte bzw. äußerliche Kälteanwendung
- Schlimmer durch Wärme
- Gegenmittel gegen falsch gegebene *Apis*.

Dosierung

Einzelgabe der C 200, bei Bedarf wiederholen.

Lyssinum – Lyss

Nosode aus dem Speichel eines an Tollwut erkrankten Hundes

Indikationen

VORSICHT! Nicht beherrschbar aggressive Tiere – auch Katzen – sollten euthanasiert werden!

- Laut Literaturangaben sollen Schmerzen durch den Biss »wütender« Tiere (besonders von Hunden) nach Gabe dieses Mittels augenblicklich aufhören
- Schlechte Wundheilung, bläuliche Verfärbung der Bisswunde
- Infektion, die an die Indikation von *Lachesis* denken lässt, welche jedoch nicht bessert
- Infizierte Hunde- oder Katzenbisse (o. Ä.), die nicht oder unzureichend auf Antibiotika reagieren
- Mögliche psychische Folgen: Ruhelosigkeit, Angst vor dem Alleinsein, Platzangst, Schluckzwang, Speichelfluss, Schluckbeschwerden
- Überempfindlich gegen glänzende Gegenstände, gegen das Geräusch von Wasser
- Evtl. Epilepsie-ähnliche Krampfanfälle
- Chronische Folgen von Hundebiss (oder anderer wütender Tiere): Nie wieder gesund seit dem Biss

Auslöser

- Biss eines wütenden Tieres (Hund, Katze, Ratte o. Ä.)
- Beschwerden – wie beschrieben – nach schlecht vertragener Tollwut-Impfung

Dosierung

Einzelgabe der C 200 oder höher.

Millefolium – Mill

Indikationen

- Wichtig für alle hellen, evtl. pulsierenden schmerzlosen Blutungen (Druckverband!)
- Evtl. bei mangelhafter Gerinnung;
- Schmerzlose innere Blutungen nach mechanischen Verletzungen wie z. B. Fenstersturz, Verkehrsunfall
- Innere Verletzungen, z. B. durch Fußtritt
- Innere Verletzungen, Milzriss, Bluthusten (Lungenriss)
- Blutungsneigung, Sickerblutungen während Bauchoperationen, wenn der Patient zuvor *Arnica* bekommen hat oder wenn die Katze während der Rolligkeit operiert werden soll.

- Blutungen nach der Kastration des Katers (*Staphysagria*)
- Andere sickernde Nachblutungen nach Operationen

Dosierung
Häufige Gaben der C30 alle 5 bis 10 Minuten, Druckverband anlegen, wenn möglich!

Natrium muriaticum – Nat-m

Indikationen
- Spätfolgen von Kopf- oder Rückenverletzungen mit konstitutionellen Merkmalen
- Schwäche nach Blutverlust (wenn *China* nicht bessert)

Dosierung
Konstitutionelles Mittel, daher Verordnung in hoher Potenz – C200, M oder XM.

Natrium sulfuricum – Nat-s

Indikationen
- Häufige und wichtige Arznei für Folgen von Kopf- und Rückenverletzungen (traumatische Meningitis)
- Chronische Schmerzen oder Tendenz zu schmerzarmen Paresen nach Rückenverletzung
- Chronisches Hirnödem, evtl. daher Neigung zu Krämpfen
- Depression, Schwindel, Mattigkeit, quälende Kopf- und Rückenschmerzen anhaltend nach Verletzung
- Persönlichkeitsveränderungen nach Kopfverletzung (»Depression«)

Modalitäten
- Schlimmer bei feuchtkaltem Wetter
- Durchfall als Begleitsymptom ist möglich, aber selten

Dosierung
Einzelgabe der XM-Potenz.

Nitricum acidum – Nit-ac

Indikation
- Verletzungen der Wirbelsäule mit auffallendem lokalem Schweiß an einer oder mehreren Pfoten
- Chronische Rückenschmerzen, treten immer wieder plötzlich auf

Dosierung
Einzelgabe der C200 oder höherer Potenz.

Nux vomica – Nux-v

Indikationen
- Symptome ähnlich einer Verletzungsfolge, tatsächlich aber Lumbago oder Diskushernie
- Ausgelöst durch Kälte, Vergiftung, Arzneimittelunverträglichkeit, auch durch Verletzung
- Auffallende Berührungsempfindlichkeit am Rücken mit Äußerungen von Zorn
- Aggressives Wesen in diesem Zustand
- Evtl. Lähmung oder Schwäche der Hinterhand
- Evtl. begleitend erschwerter Kotabsatz bis Obstipation

Dosierung
Einzelgabe der XM-Potenz.

Opium – Op

Indikation

- Bewusstlosigkeit, Reaktionsstarre, fehlende Reflexe nach z. B. Verkehrsunfall
- Schmerzen, die eigentlich zu erwarten sind, werden nicht empfunden bzw. gezeigt (Schmerzlosigkeit)
- Schädeltrauma, Hirnblutung, Verletzung des Rückenmarks im oberen Halsbereich
- Verletzungsschock mit Bewusstlosigkeit, mit tiefer schnarchender Atmung, Cheyne-Stokes-Atmung
- Koma, anhaltende Bewusstlosigkeit nach schwerem Unfall
- Apathischer Zustand mit fehlender, verminderter oder verzögerter Reflexerregbarkeit: z. B. kein Schütteln durch Kitzeln im Ohr, fehlender Pupillenreflex auf Licht
- Schlaffer oder offen stehender After
- Folgen von Schreck oder Schock mit einer Art Totstellreflex
- Auch anhaltende Folgen von Schreck (z. B. nach Unfall) mit mangelnder Reaktionfähigkeit, Schläfrigkeit
- Indiziert bei anhaltendem Koma, wenn *Arnica* und *Hypericum* nicht bessern

Modalität

Warmer Körper (!)

Dosierung

Je nach Schwere des Zustands wiederholte Gaben der C 30 oder einfacher: Einzelgabe der C 200 oder höherer Potenz.

Phosphorus – Phos

Indikation

- Blutungen von Wunden, hellrot, ohne Gerinnungsneigung (zugrunde liegender Leberschaden?)
- Osteomyelitis nach offenen Knochenfrakturen mit weiteren *Phosphorus*-Symptomen, dabei einmalige Gabe einer hohen Potenz
- Spätfolgen von Wirbelsäulentrauma (siehe *Kapitel 7, Neurologische Erkrankungen, Seite 200*)

Dosierung

1 bis 2 Gaben C 30 im Abstand von mindestens 8 bis 12 Stunden sollten im Fall von Blutungen ausreichen, nicht öfter wiederholen! Im Zweifelsfall eine andere Arznei wählen.

Phosphoricum acidum – Ph-ac

Indikationen

- Blutende schmerzhafte Wunden
- Schlechte Heilung nach Amputation, chronische Amputationsschmerzen, z. B. nach Schwanz-Amputation
- Schlechte Heilung von Knochenfraktur, schwache Kallusbildung

Dosierung

Je nach Schwere Einzelgabe der C 200 oder höherer Potenz.

Pyrogenium – Pyrog

Indikationen
- Septische Infektionen nach vernachlässigten Wunden, Trümmerfraktur mit Osteomyelitis
- Nach Besserung sind entsprechende Folgemittel zur vorliegenden Verletzung auszuwählen
- Infektionen, Sepsis auch mit antibiotikaresistenten Erregern
- Ekelhaft stinkende Absonderungen/Eiter
- Divergenz zwischen Puls/Allgemeinbefinden und Körpertemperatur:

Schneller Puls und schlechter Zustand bei geringem Fieber und umgekehrt

Dosierung
Je nach Schwere der Erkrankung Einzelgabe der C 30 oder C 200.

Rhus toxicodendron – Rhus-t

Indikationen
- Zerrung, Verrenkung, Stauchung oder andere Verletzungen von Gelenken, Sehnen, Muskeln, z. B. Rücken
- Verstauchung, Verrenkung von Gelenkkapsel (Arthritis)
- Muskelentzündungen bis zur Lähmung durch Nass- oder/und Kaltwerden

Modalitäten
- Leitsymptome: Schlimmer bei beginnender Bewegung nach der Ruhe mit Steifheit und Schmerzen
- Besser durch fortgesetzte Bewegung, evtl. schlimmer durch weitere Bewegung oder Anstrengung
- Im schwersten Fall KEIN Einlaufen, sondern Ruhelosigkeit, wechselt immer wieder Stellung oder Lage
- Schlimmer oder ausgelöst durch Kälte, Zugluft oder Nasswerden, wenn vorher erhitzt (z. B. Lumbago)
- Generell besser durch Wärmeanwendung, Patient sucht die Wärme, leidet unter Kälte und Nässe
- Beschwerden sind im schweren Fall begleitet von nervöser oder motorischer Unruhe
- Unruhe und Schmerzen schlimmer abends und nachts
- Evtl. leichte warme Schwellung des erkrankten Teils

Dosierung
Einzelgabe der 200. bis XM-Potenz, bei Bedarf wiederholen.

Ruta graveolans – Ruta

Indikationen
- Prellungen, Schmerzen am ganzen Körper »wie zerschlagen«, nach Unfall, wenn *Arnica* versagt oder nicht mehr bessert
- Verrenkung von Gelenken, Rücken, mit ähnlichen, aber nicht so deutlichen Symptomen wie *Rhus toxicodendron*
- Prellung der Knochenhaut, Knochenhautentzündung bei komplizierten Frakturen
- Folgen von Gelenkoperationen
- Wichtig für verrenkte Gelenke, ohne deutliche *Rhus-toxicodendron*-Symptome
- Knochenfrakturen (*Symphytum, Calcarea carbonica, Calcarea phosphorica*), frische kleine Knochenabsprengung
- Verletzungen des Vorderfußwurzelgelenks und/oder des Sprunggelenks
- Gelenkschäden der kleinen Zehengelenke

- Lähmungsartige, schmerzhafte Schwäche durch Verkehrsunfall, Neigung zum Liegen (»alles tut weh«)

Modalitäten

- Ähnlichkeit mit *Rhus toxicodendron*, aber ohne derart deutliches »Einlaufen« durch fortgesetzte Bewegung
- Keine Nasskalt-Verschlimmerung, keine Ruhelosigkeit, aber Neigung zum ruhigen Liegen
- Besser durch Wärme

Dosierung

Je nach Schwere der Schmerzen Einzelgabe der C 200 oder höherer Potenz.

Secale cornutum – Sec

Indikationen

- Wundgangrän bis gangränöses Geschwür, infizierte Wunden mit pergamentartig absterbendem Gewebe
- Folgen von Schäl- oder Quetschwunden, z. B. abgeklemmter Schwanz, Pferdebiss
- Kalte und trockene oder heiße und nässende Gangrän/Geschwür
- Schmerzarm, aber schmerzhaft durch Anwendung von Wärme
- Evtl. Abspreizen der Zehen

Modalität

- Besser durch Anwendung von Kälte (im Gegensatz zu *Arsen*)

Dosierung

Einzelgabe der C 30 oder C 200, bei beginnender Besserung nicht wiederholen.

Vergleiche die Modalitäten von *Arsenicum* beim Wundgangrän!

Silicea terra – Sil

Silicea ist eine Arznei für chronische Folgen von Verletzungen und Wunden, verbunden mit mangelnder Regenerationskraft des Körpers. Die Kieselsäure ist ein sehr tiefgreifendes Mittel und darf daher nicht zu häufig wiederholt werden.

Indikationen

- »Nie wieder gesund seit ...«, seit einer Verletzung
- Langfristige Folgen von kleinen, unscheinbaren Verletzungen/Wunden
- Schlechte Wundheilung, sogar von kleinen Verletzungen der Haut (konstitutionelles Merkmal)
- Vernachlässigte Wunden mit chronischer Eiterung
- Wunden, die sich zu Fisteln oder Geschwüren entwickelt haben
- Fistelnde, ältere Operationswunden, fistelnde Fäden
- Fisteln, auch durch eingedrungene Fremdkörper
- Treibt ohne Schmerzen eingedrungene Fremdkörper aus (Nadeln, Kaktusstacheln, Holz- oder Glassplitter, Nahtmaterial von früherer Operation, Osteosynthese-Material u. Ä.)
- Wiederaufbrechen von bereits geheilten Wunden
- Chronische Folgen von Sehnen- und Gelenkverletzungen, auch von Knochenbrüchen
- Chronische Schmerzen nach Sturz, Verrenkung, meist bei *Silicea*-Konstitution
- Chronische Folgen von Verletzungen der Wirbelsäule, evtl. Koordinationsstörungen
- Chronische Folgen von Gehirnerschütterung
- Panaritium, chronisch, durch Verletzung am Krallenbett
- Schlechte Heilung von Knochenfraktur oder -verletzung (*Ruta, Symphytum, Calcarea phosphorica*).
- Schmerzarme Sequestrierung von verletzten Knochen, Abstoßen von Knochensplittern

- Knocheneiterung oder -fistel (süßlich-widerlicher Geruch)

Modalitäten

- Besserung durch Wärmeanwendung, Neigung zum Frieren
- Schlimmer durch Kälte, Zugluft und kalten Wind
- Weißlich-durchsichtiger Eiter, der das umliegende Gewebe wund macht
- In vielen solchen Fällen ist *Silicea* gleichzeitig das konstitutionelle Mittel des Patienten oder zumindest mit diesem verwandt.

Dosierung

Silicea ist ein sehr intensiv wirkendes Arzneimittel und darf nicht zu häufig gegeben werden.

Als Dosierung empfiehlt sich die Gabe der C30 am 1., 2. und 8. Tag, wenn nicht bereits nach der ersten oder zweiten Gabe eine deutliche Besserung zu beobachten ist. Bei Bedarf frühestens 10 Tage nach der letzten Gabe nochmals geben. Im chronischen Fall, z. B. Fistel, empfiehlt sich eine Einzelgabe einer höheren Potenz (z. B. C200).

Wenn sich nach zu häufigen Gaben von *Silicea* eine Tendenz zu Eiterungen zeigt, ist *Hepar sulfuris* das passende Gegenmittel.

Wenn nach zu häufiger oder falscher Gabe von *Silicea* ein immer schlechter werdendes Allgemeinbefinden auftritt, kann *Fluoricum acidum* diesen Zustand in Ordnung bringen. In jedem dieser Fälle muss ein passendes Simile verabreicht werden. Die Heilung wird nicht allein durch ein Antidot erreicht!

Staphysagria – Staph

Indikationen

- Wichtig für alle (schmerzhaften) Schnittverletzungen, fördert überraschend schnell die Heilung
- Auge: Verletzung der Hornhaut – erstes Mittel!!!
- Überdehnung von Gewebe (z. B. durch Wundnaht nach Operation)
- Überdehnung von Körperöffnungen mit deren anschließender Schwäche, Schmerzen oder Lähmung
- Schmerzhafte Operationswunden, besonders von Bauchoperation
- Beschwerden nach Zahnbehandlung, Schmerzen nach Zahnextraktion
- Verletzungen im Genital:

  Katze
  - Verletzungen des äußeren Genital bei Geburt (*Calendula*)
  - Inkontinenz nach Kastration oder anderer Bauchoperation

  Kater
  - Wichtigste Arznei nach der Kastration (*Arnica* würde evtl. zu Nachblutungen führen!)
  - Auch für psychische Veränderungen (Aggressivität oder »Depression«) nach Kastration
  - Inkontinenz nach der Kastration

Beispiele

- Schnittverletzung durch Glasscherbe
- Erkrankungen nach (wiederholtem) Katheterisieren der Blase, z. B. Lähmung des Blasenschließmuskels
- Unverständlich lang andauernde Schmerzen an einer Operationsnarbe (anhaltendes Lecken)
- Anhaltende Bauchschmerzen, z. B. nach Bauchoperation
- Spezifikum für das Einnässen nach Bauchoperation oder Kastration von Katze oder Kater

Modalitäten

- Empfindlich gegen Berührung
- Besser durch Wärme

- Verhaltensstörungen, Aggressivität speziell nach Kastration
- Schlimmer nach Erregung und Ärger
- Schlimmer nach Zahnbehandlung

Dosierung

Je nach Schwere der Verletzung C 200 bis XM-Potenz, einmalige Gabe.

Nach der Kastration des Katers reicht meist eine einmalige Gabe der C 30.

Sulfuricum acidum – Sulf-ac

Indikationen

- Fluktuierender Bluterguss, Blutohr, Blutauge, evtl. indiziert nach *Hamamelis*
- Großflächiger Bluterguss mit absterbendem Gewebe
- Gangrän durch zerfetzte Wunden, Schusswunden
- Indiziert bei passenden Modalitäten nach *Arnica*
- Begleitet von auffallender Schwäche

Dosierung

Je nach Schwere C 30 (evtl. wiederholt) oder C 200.

Symphytum officinalis – Symph

Bekannt als «*Arnica* der Knochen«.

Indikationen

- Beschleunigt die Heilung von Knochenfrakturen, -fissuren (Knochenanriss)
- Indiziert auch nach Osteosynthese (auch *Ruta, Calcarea carbonica, Calcarea phosphorica*)
- Bei verzögerter Frakturheilung, Knochenentzündung
- Schmerzen der Knochenhaut nach Verletzungen mit großer Berührungsempfindlichkeit (*Ruta*);
- Verletzungen, Prellungen des Augapfels (*Kapitel 5, Erkrankungen der Augen,*).

Modalität:

Schlimmer durch Bewegung, besser durch Wärme.

Dosierung

Symphytum C 30 am 1. und 4. Tag einmal gegeben bringt komplizierte Frakturen zum schnelleren Abheilen, aber Vorsicht: Zu häufige Gaben können die Heilung verhindern.

KAPITEL 4

INFEKTIONEN UND ENTZÜNDUNGEN

Allgemeines zum Thema »Infektionen« und »Entzündungen«

Es gibt zahlreiche homöopathische Arzneien für Entzündungen und Infektionen aller Art. Fast jedes Arzneimittel der Materia medica hat irgendeinen Bezug zu diesem Krankheitskomplex.

Das Thema »Infektionen und Entzündungen« umfasst jedoch in den meisten Arzneimittelbildern nur einen kleinen Ausschnitt seines gesamten Bildes, jedes Mittel verfügt über ein weitaus größeres Spektrum an Wirkungsschwerpunkten und Indikationen.

Grundsätzlich werden alle Infektionen kompliziert durch eine schulmedizinische Vorbehandlung mit Antibiotika, Kortison oder »Entzündungshemmern« (NSAIDs). Durch diese Medikation werden zwar die akuten Symptome abgeblockt, aber der Patient ist damit keineswegs geheilt. In vielen Fällen entwickelt sich anschließend ein chronischer Krankheitsverlauf, der auch homöopathisch nicht immer einfach zu beherrschen ist.

Im *Abschnitt Wundinfektionen, Seite 115*, geht es zunächst um infizierte Wunden bzw. deren Infektionen zu behandeln.

Folgeerscheinungen von Wunden und Verletzungen sollten nach der akuten Phase mit einem nach konstitutionellen Gesichtspunkten gewählten Mittel therapiert werden.

Im *Abschnitt Akute Allgemeininfektionen, Seite 125* geht es um Infektionen, die nicht spezielle Organsysteme, sondern den ganzen Organismus der Katze betreffen oder sich in diese Richtung ausbreiten können.

Entzündungen, Infektionskrankheiten und Infektionen spezieller Organe sind in den jeweils organbezogenen Kapiteln beschrieben.

Bei Katzen gibt es diverse spezifische Formen von Allgemeininfektionen bzw. Infektionskrankheiten.

Dabei handelt es sich zum Teil um Virus- oder Autoimmunerkrankungen, zum Teil auch um eine zugrunde liegende erbliche oder erworbene Schwäche des Immunsystems.

In vielen Fällen liegt seit mehreren Katzengenerationen eine »miasmatische Belastung« vor, aufgrund der sich Erkrankungen des Immunsystems entwickeln können (siehe *Kapitel 2, Abschnitt Miasmen, Seite 41*).

Im *Abschnitt Reaktionen auf Impfungen, Seite 154* geht es um Reaktionen und Folgekrankheiten von schlecht vertragenen Impfungen, die als eine Art künstlicher Infektion aufgefasst werden können; hinzu kommen Erkrankungen durch Nebenwirkungen von Adjuvanzien und anderen Bestandteilen der Impfstoffe.

Nach medizinischer Nomenklatur ist die »Entzündung« durch ihre **fünf Merkmale** definiert:

Rötung, Überwärmung, Schwellung, Schmerz und gestörte Funktion im betroffenen Gebiet.

Aber nicht alle homöopathischen »Entzündungsmittel« zeigen diese Merkmale. Gerade darin besteht der entscheidende Unterschied zwischen den einzelnen Arzneien.

Für eine homöopathische Behandlung spielt – wie hier wiederholt erwähnt – der genaue Name des Krankheitserregers eine untergeordnete Rolle; entscheidend sind vielmehr die Symptome des Patienten mit allen zugehörigen Modalitäten.

Dennoch gibt die Kenntnis des Erregers Aufschluss über den zu erwartenden Verlauf, über die Tragweite der Erkrankung und mögliche Folgeerkrankungen sowie mögliche Hinweise für den Einsatz von spezifischen Nosoden.

Alle diese Erkrankungen nehmen bei Stress und geschwächtem Immunsystem einen schwereren Verlauf.

Antibiotische, chemotherapeutische und z. T. auch immunsuppressive Therapien (Kortison u. Ä.) werden allenthalben empfohlen, führen aber keineswegs zum dauerhaften Erfolg.

Neurologische Erkrankungen (Erkrankungen von Nerven oder Nervensystem) durch die unten genannten Erreger werden zusätzlich begünstigt durch neurotoxisch wirkende Pharma-Präparate (»Nervengifte«), wie beispielsweise zu häufig verabreichte Wurmkuren mit dem Wirkstoff Avermectin, durch Spot-on-Präparate gegen Ektoparasiten oder durch häufige Impfungen (Schwermetall- und andere Belastungen durch deren Hilfsstoffe). Durch solche Stoffe kann die Blut-Hirn-Schranke durchlässig werden für Krankheitserreger (Literatur Nr. 5 und 26), die normalerweise nicht das Zentralnervensystem befallen.

Das Thema der gefürchteten »multiresistenten Keime« (Krankheitserreger, die nicht auf Antibiotika reagieren) spielt in der Homöopathie keine Rolle. Durch das passende Simile wird die Lebenskraft des Patienten derart gestärkt, dass die Erreger dem Organismus nicht schaden können. Es werden also nicht die Erreger »abgetötet« oder beseitigt, sondern die Lebenskraft, die körpereigene Abwehr gestärkt (*Kapitel 2, Abschnitt Die Lebenskraft, Seite 22, Medizinverständnis in Homöopathie und Hochschulmedizin, Seite 27, Reaktion des Patienten auf die Arznei, Seite 67*). Das heißt, die Erreger können den Organismus nicht mehr beeinträchtigen.

Wundinfektionen

Verletzungen von Haut und tieferem Gewebe werden besonders bei der Katze sehr häufig von Krankheitserregern besiedelt.

Je nach Art und Virulenz der Erreger sowie Abwehrlage des Patienten kann sich eine solche Wunde mehr oder weniger schnell entzünden, zum Abszess, Geschwür, zur Gangrän oder zur septischen Allgemeininfektion entwickeln.

Zellgewebsentzündung (Phlegmone) und **Erysipel (Rotlauf)** sind bakterielle Infektionen, die im Gefolge von Wunden auftreten können. Unter Erysipel versteht man eine Infektion der oberen Hautschichten; eine Phlegmone betrifft tiefer liegendes Gewebe mit der Tendenz zur Eiterung.

Diese Erkrankungen beginnen mit einer meist schmerzhaften **Schwellung** im verletzten Teil. Häufig ist die Wunde jedoch so klein, dass sie im dichten Fell kaum bemerkt wird.

Das Geschehen kann im schlimmsten Fall binnen einiger Stunden zur **Sepsis** mit Lebensgefahr fortschreiten und benötigt dann ein entsprechend passendes, »brisantes« Arzneimittel (z. B. *Lachesis*).

Die Situation kann sich zu einem **Abszess** entwickeln, der normalerweise aufbrechen, sich entleeren und abheilen sollte. Fieber und gestörtes Allgemeinbefinden können das Geschehen begleiten, müssen aber nicht immer vorhanden sein.

Eine Wunde mit ungenügender Heilungstendenz kann sich zu einer **Fistel** entwickeln, die immer wieder aufbricht und meist nur in wiederholten, begrenzten Zeitintervallen Sekret absondert.

Wenn die Wunde mit Zeichen einer Entzündung keinerlei Heilungstendenz aufweist, dann spricht man von einem **Geschwür** (Ulcus), das oberflächlich bleiben oder sich tief ins Gewebe hineinfressen kann.

Absterben, Zerfall und Fäulnis von Gewebe bezeichnet man als **Nekrose** oder **Gangrän,** was sich aus infizierten Wunden oder schweren Gewebequetschungen entwickeln kann. Derartige Erkrankungen können lokalisiert bleiben oder sich zu einer septischen und lebensgefährlichen Allgemeininfektion eskalieren.

In vielen Fällen kann eine Vergrößerung oder Entzündung der **regionalen Lymphknoten** vorliegen.

Die Dosierung der potenzierten Arznei richtet sich streng nach der Schwere der Erkrankung und der Reaktion des Patienten. Die Arznei darf niemals während einer beginnenden oder fortschreitenden Besserung wiederholt werden.

ANAMNESE FÜR INFIZIERTE WUNDEN

WER?

- Alter, Lebenskraft (starker oder geschwächter Organismus)
- Vorgeschichte, Vorerkrankungen, Vorbehandlung (auch homöopathische!), mit welchem Erfolg?
- Belastung mit Pharma-Präparaten/Impfung: welche und wann zuletzt?
- Haltungsbedingungen (Wohnungskatze, Freigänger, wild lebende Katze)
- Allgemeinzustand

WAS?

- Frische, alte, chronische, vernachlässigte, reaktionslose Wunde, Heilungstendenz?
- Kleine, große, zahlreiche Wunden
- Schnitt-, Stich-, Schälwunde, zerrissenes Gewebe
- Tiefe Fleischwunde, oberflächliche Hautwunde
- Gefahr von Absterben von Haut- o. a. Gewebeteilen
- Verschorfte Wunde mit darunter liegender Entzündung/Eiter
- Wunde durch eingedrungenen Fremdkörper
- Wiederaufbrechen einer alten Wunde
- Erysipel, Phlegmone, Eiterung, Abszess, Fistel, Geschwür, Gangrän
- Entzündung oder Schwellung der regionalen Lymphknoten
- Fieber, wie lange? Wie hoch? Wann (morgens, abends, schwankende Temperatur)?

WIE?

- Wie leidet der Patient? Schmerzen, Schwellung, Fieber, Apathie, Kollaps
- Sind Zustand des Patienten und Schmerzen der Erkrankung angemessen? Schmerzlosigkeit von sonst schmerzhaften Prozessen
- Allgemeinbefinden, Vitalfunktionen (Herz-Kreislauf, Atmung, Bewusstseinslage etc.)
- Schmerzen, wie geäußert?
- Absonderung, Geruch, Konsistenz, Farbe, Schwellung – wo?
- Schwellung, Entzündung der regionalen oder anderer Lymphknoten?
- Absonderung macht die Umgebung wund? Haarkleid erhalten oder lokaler Haarausfall?
- Verlauf/Entwicklung der Erkrankung:
- Schnelles Fortschreiten der Heilung
- Tendenz zur langsamen Verschlimmerung (Allgemeinzustand oder lokales Geschehen)
- Überraschend schnelles Fortschreiten der Erkrankung
- Stillstand der Heilung oder Verschlimmerung
- Was tut der Patient, um sich Erleichterung zu verschaffen?
- Was bessert oder verschlimmert den Zustand?

WARUM?

- Ist ein Auslöser der Erkrankung bekannt?
- Infektion durch verschmutze Wunde
- Infizierte Bisswunde (z. B. durch verunreinigte Zähne oder Maul des beißenden Tieres)
- Kann eine Vergiftung (Zimmerpflanzen, vergiftete Maus) ausgeschlossen werden?

WANN?

- Wann ist die Wunde entstanden, wann zuerst beobachtet worden?
- Unter welchen Umständen geht es dem Patienten besser oder schlechter?
- Zu welcher Tageszeit geht es am schlechtesten?

WAS begleitet?

- Gibt es begleitende Erkrankungen oder Symptome, die mit dem aktuellen Geschehen scheinbar nichts zu tun haben?
- Allgemeinbefinden, Bewusstseinszustand, Anteilnahme, Schmerzen
- Apathie, Ruhelosigkeit, überraschende Munterkeit
- Aufnahme von Futter/Tränke
- Störungen der Atemwege, Harnwege, Verdauungsapparat, Urin- und Kotabsatz
- Hitze, Frieren, Schüttelfrost
- Angst, Aggressivität oder auffallend freundliches Verhalten
- Begleitende anderweitige Erkrankung, Absonderungen
- Begleitumstände, Wetterlage, Außentemperatur, Nässe

Die infizierte Wunde darf nicht mit einem Hautausschlag verwechselt werden!

DIE WICHTIGSTEN HOMÖOPATHISCHEN MITTEL FÜR WUNDINFEKTIONEN

Aconitum napellus – Acon

Indikationen

- Anfangsstadium: Plötzlich und heftig beginnende, heiße, trockene, rote Entzündung
- Evtl. anfangs helle Blutung
- Noch keine Eiterung
- Heftige Schmerzen
- Begleitende Symptome: Angst, Panik und Unruhe
- Lokale intensive Hitze oder sehr heißer Körper, trockene Schleimhäute
- Kein langsamer, sich über Tage hinziehender Verlauf!
- Derartige Infektionen werden begünstigt bei trocken-eiskaltem Wetter, durch Kaltwerden
- Begünstig auch durch Hitze, z. B. überhitztes Auto

Dosierung

2 bis 3 Gaben der C 30 oder Einzelgabe der C 200.

Apis mellifica – Apis

Indikationen

- Wundinfektionen durch Stichverletzungen, insbesondere in Körperhöhlen (z. B. Gelenk)
- Äußerst schmerzhafte, prall-glänzende Gewebeschwellung, Erysipel, Lymphangitis
- Evtl. wassergefüllte Schwellung, als Zyste (sackähnliche Wasseransammlung)
- Erysipel oder Allergie nach Impfung

Modalitäten

- Extrem berührungsempfindlich, Patient schreit bei der lokalen Untersuchung (im Akutfall)
- Keine Entwicklung zum abgegrenzten Abszess, stattdessen später Bildung von Geschwür
- Besser durch Kälteanwendung, aber Umschläge sind wegen Berührungsempfindlichkeit unmöglich
  - Patient vermeidet jede Art von Wärme, sucht kühle Plätze

Dosierung

Zwei Gaben der C 30 oder eine Einzelgabe der C 200 reichen i.A. aus, nur bei erneut auftretenden Schmerzen wiederholen!

Achtung! Falsche Anwendung erzeugt pralle, glänzende Ödeme, Antidot: *Ledum*

Arnica montana – Arn

Indikationen

- Infizierte Quetschwunden, stumpfes Trauma mit Abschürfung oder Wunde, infizierter Bluterguss
- Infektionen an geklemmten Körperteilen (z. B. Pfote, Kralle, Schwanz)
- Infektionen nach gesplitterter Knochenfraktur (evtl. Folgemittel notwendig)
- Tendenz zu Abszess, Geschwür, Gangrän
- Quälende Schmerzen, Berührungsempfindlichkeit
- Ruhelos, »weiß nicht wie liegen, alles schmerzt«
- Wundfieber ist möglich (z. B. nach Verkehrsunfall)

Dosierung

Je nach Schwere des Traumas: wiederholte Gaben der C 30, besonders für ältere Wunden, auch einmalige Gabe einer höheren Potenz (bei dieser Indikation).

Arsenicum album – Ars

Indikationen

- Erstes Mittel für die Verkehrsunfall-Katze, die bei kaltem Wetter unterkühlt gefunden wird
  Hinweis: Anschließend sind wahrscheinlich andere Arzneien zur Heilung erforderlich
- Fortgeschrittene Fälle von infizierten Wunden, ernster Zustand mit Lebensgefahr
- Oder primär schwerer Verlauf, besonders bei Schwäche des Immunsystems
- Geschwür mit jauchigem, aashaft stinkendem Eiter, evtl. Wundgangrän (oft antibiotikaresistent)
- Oft verbunden mit allgemeiner Sepsis im letzten Stadium
- Auffallender, überraschend schnell fortschreitender körperlicher Verfall – binnen Stunden
- Begleitet von Untertemperatur, Frieren und Angst, evtl. Angst-Aggression

Modalität

- Verschlimmerung und Ruhelosigkeit nach Mitternacht trotz großer Schwäche

Dosierung

Je nach Allgemeinzustand wiederholte Gaben der C 200.

Belladonna – Bell

Indikationen

- Infizierte Wunden im Anfangsstadium: auffallend rote, heiße, schmerzhaft geschwollene Wunde
- Oder bereits geformter Abszess kurz vor dem Aufbrechen
- Sehr schmerzhaft (»pochender Schmerz«), besser durch Kühlen
- Die Wunde wird häufig intensiv beleckt, was schnell zum Aufbrechen des Abszesses führt
- Evtl. sehr hohes Fieber, das aber nicht zwingend bei lokal begrenzter Entzündung vorliegen muss

Dosierung

Meist reicht eine Einzelgabe der C 200 aus.

Hinweis: Oft ist ein Folgemittel für die endgültige Heilung notwendig.

Calcarea sulfurica – Calc-s

Indikationen

- Geeignet für schmerzarme Eiterungen von Wunden, besonders in chronischen Fällen
- Z. B. alte infizierte Bisswunden, versteckt im langen Fell
- Z. B. alte infizierte, chronisch nässende Krallenbettentzündung, wenn *Silicea* versagt
- Eiterung hört nicht auf nach Entleerung eines Abszesses
- Eiter dick, gelblich, klumpig, stinkend (aber weniger intensiv als der von *Hepar*)
- Schlechte Wundheilung mit gelblichen Eiterkrusten
- Pyodermie (eiternde Haut) an Abschürfungen, aber kaum schmerzhaft (Gegensatz zu *Hepar*)

Modalität

- Keine Verschlimmerung durch Kälte wie *Hepar*

Dosierung

Einzelgabe der C 200.

Calendula officinalis – Calen

Indikationen

- Infizierte oder fistelnde Hautwunden, Rissverletzungen mit Substanzverlust der Haut
- Pyodermie von flächigen Schälwunden (Verkehrsunfall), nicht kälteempfindlich wie *Hepar*!
- Beginnende Infektion, Fortschreiten bis zur Wundgangrän möglich
- Keine übertriebenen Schmerzen, (noch) keine Lebensgefahr
- Nässende, eitrige Operationswunden (z. B. nach Verkehrsunfall)
- Ausgerissene Fäden, eitrige Wundnaht
- Eingedrungene Fremdkörper (z. B. Sand) werden durch Absonderung von Gewebeflüssigkeit ausgespült

Dosierung

Je nach Größe und Schwere der Verletzung bzw. Stadium der Infektion: Eine Einzelgabe der C 30, die bei Bedarf wiederholt werden kann; bei Besserung Abstände vergrößern bzw. aufhören.

Vorsicht, zu häufige Gaben können die Situation verschlimmern!

Carbo vegetabilis – Carb-v

Indikationen

- Verschleppte, alte infizierte Wunden ohne Heilungstendenz
- Wundgangrän, jauchige Absonderung aus der Wunde des schwer geschädigten Patienten
- Oder lokalisiertes Geschehen: schlecht durchblutete, kalte, reaktionslose, infizierte Wunde
- Oder letztes Stadium vor dem Tode in fortgeschrittenen Fällen
- Eiskalter, fast lebloser Körper, kalter Atem, Untertemperatur, letztes Stadium der Sepsis
- Erleichtert das Sterben oder führt zurück zum Leben

Dosierung

Je nach Zustand des Patienten C 30 oder in schweren Fällen Einzelgabe der C 200.

Conium maculatum – Con

Indikationen

- Schlecht heilende, alte Wunden ohne Heilungstendenz
- Evtl. verbunden mit Schwellungen der regionalen Lymphknoten
- Wiederaufbrechen alter oder bereits geheilter Weichteilverletzungen
- Verhärtungen oder Verklebungen von Gewebe nach Weichteilverletzungen

Dosierung

Einzelgabe der C 200.

Echinacea angustifolia oder purpurea – Echi

Indikationen

- »Tonikum für das Immunsystem«
- Reaktionsarme Entzündungen, wenn die scheinbar passenden Arzneien nicht helfen
- Auch indiziert bei schlechter Immunitätslage
- Sepsis durch verschleppte, infizierte Wunden, wenn momentan keine klare Arzneiwahl möglich ist, z. B. bei verletzt aufgefundenen Katzen mit Infektionen ohne bekannte Vorgeschichte
- Drohende oder bereits beginnende Sepsis durch ulzerierten Krebstumor (Spezifikum!), anschließend spezifisches »Krebsmittel« geben (siehe *Kapitel 15, Krebs- und Tumorerkrankungen der Katze, Seite 474*!)

Dosierung

Oft reicht eine Gabe der C 30 aus, in schweren Fällen einmalige Gabe der C 200.

> **Hinweis:** Wahrscheinlich ist ein spezifisches Folgemittel notwendig

Gunpowder – Gunp

Indikationen

- Wundinfektionen durch starke Verschmutzung mit Sand und Erde
- Auch Infektion mit gasbildenden Erregern (Knistern der Haut durch Gasbläschen) (*Pyrogenium*)
- Infizierte Schusswunden
- Infektionen schwerster Wunden, Osteomyelitis
- Schnelles Fortschreiten einer Wundgangrän
- Abszess oder Gangrän an Impfstelle

Dosierung

Einzelgabe der C 200.

Hepar sulfuris – Hep

Indikationen

- Erysipel, Phlegmone, Pyodermie, Abszess an Wunden
- Übermäßig schmerzhaft und berührungsempfindlich, heftige aggressive Abwehr
- Daher (beim Tier) ähnlich wie *Lachesis*, aber der *Hepar*-Patient friert und sucht warme Plätze auf
- Kälteanwendung provoziert heftige Abwehr und Aggressivität
- Weniger schnelle Tendenz zur allgemeinen Sepsis als bei *Lachesis*
- Beteiligung der regionalen Lymphknoten ist möglich
- Verlauf: Phlegmonöse Schwellung, dann Eiterung bzw. Abszess, der nach Entleerung heilen sollte
- Eher Tendenz zum lokalisierten Abszess, seltener auch zur generalisierten Sepsis
- Abszess kann enorme Ausmaße annehmen im Verhältnis zur Körpergröße!
- Eiter: reichlich, gelblich bis blutig, stinkend »wie alter Käse«
- Eingedrungene Fremdkörper werden durch schmerzhafte Eiterung abgestoßen

> **Achtung!** Nach Abszesseröffnung und Eiterabfluss darf kein *Hepar* mehr gegeben werden! Dann evtl. anschließend Wundspülung mit lauwarmem Calendula-Tee

Dosierung

In den meisten Fällen reicht eine Einzelgabe der C 200 aus.

Wenn die Abszesshöhle sich nicht nach wenigen Tagen schließt, ist eine Einzelgabe *Silicea* C 30 indiziert.

Lachesis mutus – Lach

Indikationen

- Eine der wichtigsten Arzneien für Wundinfektionen und Sepsis, speziell bei der Katze:
- Infektion bereits Stunden oder erst am Morgen nach der Verletzung beginnend
- Bei lokalisierter Erkrankung sind die regionalen Lymphknoten entzündlich vergrößert
- Bläulich-rote Verfärbung und Anschwellen der Wundränder oder der Wunde selbst
- Begleitend auch dunkle Sickerblutung möglich
- Septische Infektion eines Blutergusses oder einer Vene, z. B. nach Blutabnahme oder Venenkatheter
- Hochgradige Berührungsempfindlichkeit der erkrankten Stelle
- Untersuchung löst zornige Abwehr aus
- Gestörtes Allgemeinbefinden, meist erst am Morgen bemerkt oder schlimmer am Morgen
- Bei septischer Allgemeininfektion hohes Fieber, speziell am Morgen
- Anschließend möglicherweise Entwicklung von Erysipel oder Phlegmone, Lymphangitis, Abszess
- Venenentzündung, Thrombose, Thrombophlebitis
- Speziell linksseitig lokalisiert, aber auch Infektion einer rechtsseitigen Wunde möglich
- Evtl. Übergang in Sepsis mit Lebensgefahr
- Dabei möglicherweise punktförmige Schleimhautblutungen (Petechien)
- Auch Übergang in lokalisierten Abszess oder eiterndes Geschwür möglich
- Möglicher Übergang in geschwüriges eosinophiles Granulom, oft an einer Extremität!
- Dabei Absonderung von dunklem, hämolytischem Blut, evtl. gemischt mit stinkendem Eiter

Modalitäten

- Verschlimmerung besonders nach dem Schlaf bzw. am Morgen
- Besser durch Anwendung von Kälte! (Differenzierung gegen *Hepar!*)
- Bläuliche Verfärbung des erkrankten Teils, besonders deutlich an weißem Körperteil
- Bei Blutabnahme solcher Tiere fällt dunkel verfärbtes Blut auf
- Bei Wundbehandlung oder Operation sieht man dunkle Sickerblutungen aus den Kapillaren

Dosierung

In der Regel reicht eine einmalige Gabe der C 200 aus, um die Heilung zu erreichen.

Ledum palustre – Led

Indikationen

- Entzündung, schmerzhafte Infektion von Stichverletzungen oder Insektenstichen
- Entzündung von Tierbissen im Anfangsstadium, noch ohne allgemeine Sepsis
- Infektion durch Insektenstich oder Zeckenbiss
- Entzündung und Schmerzen nach Injektionen ohne allgemeine Sepsis
- Krallenbettentzündung nach Verletzung
- Kälte der erkrankten Stelle ist möglich, muss aber nicht zwingend vorhanden sein!

Modalitäten

- Beschwerden besser durch Kälteanwendung
- Wärme ist unerträglich!

Dosierung

Wiederholte Gaben der C 30 oder Einzelgabe der C 200.

Lyssinum – Lyss

Indikationen

Nosode aus dem Speichel eines tollwütigen Hundes

- Indiziert bei infizierter Bisswunde eines exzessiv wütenden Tieres (Hund, Katze, Ratte o. Ä.)
- Lokale, nicht heilende Infektion mit bläulichen Rändern, wenn weder Antibiotika noch *Lachesis* helfen
- Begleitend evtl. zentralnervöse Symptome: wasserscheu
- Krämpfe durch plötzliches spiegelndes Licht oder Geräusch von fließendem Wasser
- Krämpfe der Schluck- und Schlundmuskulatur
- Überempfindliche und überaktive Sinne
- Überempfindlich gegen strahlende Wärme

Dosierung

Bei klarer Indikation Einzelgabe der C 200.

Mercurius solubilis – Merc

Indikationen

- Destruktiver Verlauf einer Wundinfektion
- Phlegmone, Lymphangitis, Geschwür, Sepsis, Nekrose, Gangrän
- Sehr schmerzhaft, mit Entzündung des regionalen Lymphknotens
- Schmieriger, reichlicher, wundmachender, stinkender Eiter, der lokal das Fell zerstört
- Übergang in ein sich tief einfressendes, nekrotisierendes Geschwür ist möglich

Modalitäten

- Schmerzen schlimmer nachts mit Unruhe
- Begleitend evtl. schmieriger Speichelfluss

Dosierung

Einzelgabe der C 200.

Myristica sebifera – Myris

Indikationen

- Spezifikum für infizierte Verletzungen am Krallenbett (Panaritium)
- Dort sehr schmerzhafte Wundinfektionen mit Phlegmone und anschließendem Abszess
- Fördert Bildung und Durchbruch von Eiter mit anschließender Heilung
- Verhindert damit eine Lymphangitis
- Fördert Abgrenzen der Entzündung und Zusammenziehen von Eiter
- Erleichtert nach Absonderung des Eiters das Abheilen

Dosierung

Ein bis zwei Gaben der C 30.

Pulsatilla pratensis, nigricans oder vulgaris – Puls

Indikationen

Wichtig und häufig vorkommend!

- Schmerzarme, schmierige Eiterung von Wunden
- Schnelle Bildung eines schmerzarmen Abszesses möglich
- Reichlich milder, geruchsarmer, weiß-gelblicher Eiter, »wie Kaffeerahm«
- Begleitend verminderte oder fehlende Tränkeaufnahme möglich

Modalitäten
- Patient leidet unter heißem Wetter oder verschlimmert sich dadurch
- Patient liebt es, gestreichelt oder auf dem Arm getragen zu werden!

Dosierung
Einzelgabe der C 200 oder höhere Potenz bei konstitutionellen Symptomen.

Pyrogenium – Pyrog

Indikationen
- Fortgeschrittener Zustand allgemeiner, schwerer Sepsis durch fauliges, nekrotisches Gewebe
- Durch verschleppte, infizierte Wunden, auch durch gasbildende Erreger (z. B. Anaerobier)
- Besonders bei bereits eingetretener Fäulnis in jauchigen Entzündungen
- Divergenz zwischen Fieber und Allgemeinzustand:
  - Hohes Fieber bei guter Allgemein- und Kreislaufsituation und umgekehrt

Modalität:
- Besser durch Wärme, schlimmstenfalls Schmerzen am ganzen Körper

Dosierung
Oft reicht die C 30 aus, in schweren Fällen Einzelgabe der C 200.

Rhus toxicodendron – Rhus-t

Indikationen
- Sehr schmerzhaftes Erysipel an Wunden, besser durch Wärmeanwendung
- Evtl. Bläschen am Wundrand, wundmachende Absonderung

Modalitäten
- Besserung bzw. Abschwellen durch fortgesetzte Bewegung – sofern möglich
- Verschlimmerung und Ruhelosigkeit abends und nachts
- Schlimmer durch Kälte und Zugluft
- Evtl. begleitend schmerzhafte Verrenkungen, Verstauchungen von Gelenken
- Evtl. begleitende Venenentzündung

Dosierung
Einzelgabe der C 200.

Secale cornutum – Sec

Indikationen
- Wundgangrän, schwarzes, nekrotisches Gewebe infizierter Wunden, besonders Quetschwunden
  - Z. B. gangränöse Schälwunden nach Verkehrsunfall
- Gangrän, z. B. bei geklemmtem Schwanz o. ä. mit pergamentartig austrocknenden Hautresten
- Gangrän nach Quetschung durch Fuchsfalle, überfahrene Pfote o. Ä.
- Kalte und trockene oder heiße und nässende Gangrän/Geschwür

Modalitäten
- Besser durch Kälte, Schmerzen schlimmer durch Anwendung von Wärme

Dosierung
Wiederholte und streng kontrollierte Gaben der C 30.

Silicea terra – Sil

Indikationen

- Mangelnde Lebenskraft zur Regeneration der Gesundheit:
- Wunden heilen nicht, chronische reaktionsarme Entzündung
- Daher auch unerwünschte Reaktionen auf Impfung: Abszess, Erysipel
- *Silicea*-Entzündungen entwickeln sich bevorzugt nach schlecht vertragener Impfung!
- Schwellung der regionalen Lymphknoten ist möglich
- Folgemittel für *Hepar*, wenn sich die Abszesshöhle nicht schließt
- Langwierige oder wiederkehrende Entzündungen, Fisteln, auch durch eingedrungene Fremdkörper (z. B. Splitter, Glasscherben, Schilfhalm, schlecht vertragenes Nahtmaterial)
- Fremdkörper werden schmerzfrei abgestoßen (*Hepar* mit schmerzhafter Eiterung)
- Fistelnde Knochenentzündungen, z. B. nach offener Fraktur, Knochenmarksentzündung
- Wenig, wässrig-schleimiger, grauweißer, evtl. wundmachender Eiter

Modalität

- Verschlimmerung durch Kälte/Abkühlung/Zugluft
- Patienten neigen zum Frieren, haben oft ein sanftes Gemüt, lassen sich gut behandeln

Dosierung

Einzelgabe der C 200.

Vorsicht! *Silicea* ist ein sehr intensiv und tiefgreifend wirkendes Mittel! Zu häufige Gabe von *Silicea* kann die Wundheilung verzögern und die Entstehung von Abszessen oder Eiterungen auslösen!

Staphysagria – Staph

Indikationen

- Entzündungen von Wunden, speziell Schnitt- und Stichwunden
- Infizierte Bisswunden spitzer Zähne (*Ledum*), verbunden mit »Demütigung« durch andere Tiere (»Mobbing«)
- Daraus Entwicklung von sehr schmerzhaften Geschwüren mit auffallend dicken, evtl. juckenden Krusten
- Erste Arznei nach jeder größeren Operation
- Anhaltende Bauchschmerzen nach Bauchoperation, evtl. durch Verklebungen der serösen Häute
- Nach Kastration des Katers, einmalige Gabe der C 30 (*Kapitel 16, Gynäkologie und Andrologie, Seite 492, Kapitel 19, Notfälle, Seite 548*)
- Infektionen der Harnwege nach wiederholtem Katheterisieren (*Kapitel 12, Abschnitte Erkrankungen der abführenden Harnwege (FLUTD), Seite 409; Kurz-Repertorium einiger Symptome von Harnwegserkrankungen, Seite 412; Beschreibung der wichtigsten Arzneien für Erkrankungen der Harnwege, Seite 413*)
- Beschleunigt die Wundheilung von chirurgischen Wunden, beugt Infektionen vor

Dosierung

Je nach Schwere C 200 oder höhere Potenz.

Sulfuricum acidum – Sul-ac

Indikationen

- Schnell beginnende Wundgangrän nach Entzündung von Quetschwunden mit dunklem Bluterguss
- Evtl. zusätzliche bakterielle Wundinfektion, auch antibiotikaresistent
- Folgemittel bei derartigen Erkrankungen für *Arnica*

Dosierung

Evtl. wiederholte Gaben der C 30.

Sulfur – Sulf

Indikationen

- Wundinfektionen auf der Basis einer derzeitigen »*Sulfur*-Konstitution«
- Mangelnde Immunreaktionen, evtl. durch vorangegangene Kortisontherapie
- Viele Arten von Hautinfektionen, auch durch Wunden bedingt (siehe *Kapitel 14, Hauterkrankungen der Katze, Seite 445*)
- Chronische Eiterung, Phlegmone nach Verletzung, evtl. resistent gegen Antibiotika
- Anschließend evtl. Geschwür bis zum Gangrän
- Eiter gelb, braun, blutig, stinkend, wundmachend
- Rötung der Umgebung der Wunde
- Schmutziger , stinkender Patient, meist stumpfes, verfilzendes Fell
- Mangelndes Putzverhalten

Dosierung

Einzelgabe der C 200.

Akute Allgemeininfektionen

»Unsere Katze ist krank. Wir wissen nicht, was sie hat. Sie frisst nicht, sie spielt nicht, sie liegt nur herum.«

Das ist häufig der Anfangszustand einer Allgemeininfektion.

Allgemeininfektionen beginnen in der Regel mit einer unklaren Störung im Befinden, fehlender Futteraufnahme und evtl. Fieber. Im Anfangsstadium sind diese Erkrankungen meist noch nicht sicher zu diagnostizieren. Sie können sich zu einer Erkrankung eines Organsystems oder in eine der unten genannten Infektionskrankheiten (siehe *Kapitel 4, Abschnitt Spezielle systemische Infektionskrankheiten der Katze, Seite 137*) entwickeln. Dennoch kann bereits in diesem Anfangsstadium eine homöopathische Therapie beginnen, die dem weiteren Fortschreiten möglicherweise Einhalt gebietet.

Lokalisierte Infektionen/Entzündungen werden in den entsprechenden Kapiteln besprochen (z. B. Atemwege, Verdauungsapparat, Genital usw.)

ANAMNESE ZU AKUTEN ALLGEMEININFEKTIONEN

WER?

- Junge, ältere, alte Katze, kastriert, nicht kastriert
- Freigänger, Wohnungskatze, wild lebende Katze
- Lebenskraft (starker oder geschwächter Organismus)
- Ernährungszustand, Aussehen, Haarkleid, Anteilnahme
- Vorgeschichte, Vorerkrankungen, Vorbehandlung (auch homöopathische!), mit welchem Erfolg?
- Belastung mit Pharma-Präparaten, Wurmkur, Impfung, wann zuletzt?
- Stressfaktoren: Zahnwechsel, Trächtigkeit, Geburt, Laktation, Umzug, neuer Wohnort
- Haltungsbedingungen, Parasitenbefall
- Fütterung, Ergänzungsfutter mit evtl. homöopathisch wirksamen Bestandteilen (!)
- Insekten- und Zeckenexposition
- Vorbehandlung: Nebenwirkung von Pharma-Präparaten
- Folgen von von toxischen Insekten- oder Zecken-Mitteln (Repellentien, Sport-on-Präparate)

WAS?

- Welche Erkrankung? Klinische Diagnose! Fieber? Schmerzen?
- Plötzlich begonnen, langsam entstanden, in welchem Zeitraum?
- Harmloser Beginn oder primär gefährliche Erkrankung
- Ersterkrankung? Rezidiv? Gab es früher ähnliche Erkrankungen?
- Hat sich die Erkrankung bereits lokalisiert? Sind definierbare Symptome zu erkennen?
- Lokale oder Allgemeininfektion
- Intensität der Erkrankung: Fieber, Sepsis, Lebensgefahr.

WO?

- Ist bereits eine beginnende Lokalisation der Erkrankung erkennbar?
- Welches Gewebe ist betroffen? Schleimhäute, Haut, Zellgewebe, Lymphknoten, Blutgefäße
- Welches Organ? (Siehe spezielle Kapitel)
- Wo hat es angefangen, welche Seite?
- Ausbreitung wohin? lokalisiert, oberflächliches, tiefer liegendes Gewebe
- Oder noch unspezifische Allgemeininfektion

WIE?

- Wie ist der Allgemeinzustand?
- Wie leidet der Patient? Schmerzen, Schwellung, Fieber, Kollaps etc.
- Allgemeinbefinden? Vitalfunktionen (z. B. Herz-Kreislauf, Atmung, Bewusstseinslage, Nierenfunktion)
- Futter-, Tränkeaufnahme, Urin- und Kotabsatz, Körpertemperatur
- Farbe der Maul-, Augen- und Nasenschleimhaut (z. B.: blass – Anämie, weiß bis grau – Sepsis
- Kollaps, Gelbsucht (Lebererkrankung)
- Blutungsneigung
- Petechien, punktförmige Blutungen aus Kapillaren in die Schleimhäute an Maul, Nase, Auge
- Andere Blutungen, Nasenbluten, Störungen in der Blutgerinnung
- Hitze, Fieber, Kälte des Körpers/einzelner Teile
- Warmer, kalter oder heißer Körper, Nase, Kopf, Ohren, Pfoten
- Fieberverlauf, z. B. periodisch wiederkehrend, Tageszeit, Schwankungen
- Änderungen im Verhalten, Berührungsempfindlichkeit

WAS bessert, was verschlimmert? WIE erfährt der Patient Erleichterung?

- Anwendung von Wärme, Kälte, Ruhe, Bewegung, im Zimmer, im Freien
- Körperstellung

WARUM?

- Ist ein Auslöser oder eine Ursache bekannt? Was war los?
- Verletzungsfolge, Überhitzung, Erkältung, Unterkühlung
- »Ausgerissene« Katze, z. B. tagelang nicht »nach Hause« gekommen
- Nasswerden, Unterkühlung, Zugluft, z. B. nach Erhitzung
- Vorangegangene Operation, Untersuchung, Beruhigungsmittel, Narkose
- Schlecht vertragene Impfung/Pharma-Präparate, andere Therapie?
- Hormonelle Einflüsse: nach Kastration, Trächtigkeit, Geburt, Aufzucht von Jungen, Laktation
- Hormontherapie (z. B. »Katzenpille« o. Ä.)
- Futterwechsel, z. B. Umstellung auf (neues) Trockenfutter
- Psychischer Auslöser: Stress, Aufregung, Panik, Ärger, Kummer, Zurücksetzung, Konkurrenz
- Stress: Besitzerwechsel, Tierheimkatze, Verreisen, Wohnungsumzug, Renovierung der Wohnung
- Ansteckung: Sind noch andere Katzen im Haushalt oder in der Nähe ähnlich erkrankt?

WANN?

- Wann ist die Erkrankung erstmals aufgetreten oder bemerkt worden?
- Wann hat sie angefangen? Seit wann besteht sie?
- Tageszeit, Wetterlage, Außen- oder Raumtemperatur, Wetterwechsel, Jahreszeit
- Bei welcher Gelegenheit sonst?

WAS begleitet?

- Gibt es begleitende Erkrankungen oder Symptome, die mit dem aktuellen Geschehen scheinbar nichts zu tun haben?
- Verhalten: Kontaktsuche, Verlangen oder Abneigung gegen Zuwendung, Streicheln
- Aggressivität, Verkriechen, Spielverhalten, Sauberkeit, Apathie, Reaktionslosigkeit
- Unerwünschtes Verhalten, Stereotypien o. a. Verhaltensstörungen
- Schmerzen und deren Lokalisation, wie geäußert? Unter welchen Umständen?
- Schwäche? Wo (z. B. Hinterhand), wie? Schwindel, Taumeln
- Absonderungen: Wo, wann, welcher Art, Beschaffenheit, Körpergeruch
- Schüttelfrost, Hitze des Körpers, wo?
- Abweichungen vom üblichen Verhalten
- Unruhe, Angst, Schreckhaftigkeit, Gleichgültigkeit, Apathie
- Reizbarkeit, Aggressivität, Verlangen nach Gesellschaft, nach Alleinsein, nach Zuwendung
- Empfindlich gegen Berührung – allgemein oder nur an der erkrankten Stelle
- Bewegungsstörungen, Lahmheit, Lähmung, unwillkürliche Bewegungen, Koordinationsstörungen
- Atemnot, Veränderung der Atmung, Nasenflügelatmung, Herzklopfen, Durchfall usw.
- Blutung, Schwellung, Ödeme, wo, wie?

WAS gibt es noch?

- Was ist möglicherweise vergessen worden?
- Sonstige Abweichungen vom Gewohnten

BESCHREIBUNG DER ARZNEIEN FÜR AKUTE ALLGEMEININFEKTIONEN

Schnell oder plötzlich beginnende Entzündungen/ Infektionen/Infektionskrankheiten: *Acon, Apis, Ars, Bapt, Bell, Bry, Cham, Echi, Ferr-p, Hep, Ign, Lach, Nux-v, Phos, Puls, Pyrog, Rhus-t, Sulf*

Aconitum napellus – Acon

Indikationen

- Arznei für den plötzlichen Anfang einer Infektion
- Noch ohne Lokalisation, evtl. noch keine klare Diagnose möglich
- Heftig, plötzlich und hochakut beginnende, fieberhafte Allgemeininfektion
- Evtl. wiederkehrende Fieberschübe, dazwischen evtl. Phasen von Schüttelfrost
- Schneller, heftiger Fieberanstieg (40 °C und höher), verbunden mit Angst und Unruhe
- Angstvoller, aufgeregter Blick mit aufgerissenen Augen
- Plötzliches hohes Fieber, sehr heißer Körper, evtl. Hechelatmung, trockene Schleimhäute
- Je nach Art der Erkrankung evtl. heftige Schmerzen

Hinweis: Niemals langsamer Verlauf akuter Infektionen

Modalitäten

- Beginn meist gegen Abend, häufig bei trocken-kaltem Wetter, Ostwind, auch bei Hitzschlag
- Heiße, rote, trockene Entzündung, klopfende, prall gefüllte Arterien, trockenes Maul
- Schlimmer abends und nachts, gegen Mitternacht
- Überraschend schneller Fieberanstieg über 40 °C
- Hochrote trockene Schleimhäute, heißer Kopf, Nase, Ohren
- Schlimmer durch Wärme, besser an kühlen Plätzen

Dosierung

Ein bis drei Gaben der C 30 innerhalb einer Stunde reichen meist aus, wenn nötig, sollte nach der vorliegenden Symptomatik ein Folgemittel ausgewählt werden; oder Einzelgabe der C 200.

Apis mellifica – Apis

Indikationen

- Plötzlich oder schnell fortschreitende, allergische oder entzündliche Reaktionen, Fieber möglich
- Erysipel mit praller, glänzender, sehr schmerzhafter Schwellung, besser durch Kühlen
- Hochgradige Empfindlichkeit gegen Berührung der erkrankten Stelle
- Fieberhafte Infektionen, die sich zu Meningitis, Enzephalitis, Nierenversagen, Lungenerkrankungen o. ä. entwickeln können (siehe dort)

Modalitäten

- Begleitet von ängstlicher Ruhelosigkeit, Wimmern oder Schreien

Dosierung

Einzelgaben der C 30, bei Besserung oder fehlender Reaktion nicht wiederholen!

Arsenicum album – Ars

Indikationen

- Meist am Morgen beobachteter schlechter Allgemeinzustand
- Beginn bereits in der vorangegangenen Nacht (nach Mitternacht)
- Überraschend schnell zunehmende Schwäche, evtl. mit ängstlicher Unruhe
- Patient kann sich kaum auf den Pfoten halten, permanente kauernde Haltung
- Im schlimmsten Fall flache Seitenlage
- Anfangs Fieber, dann schneller Übergang in kalten Körper, kalte Pfoten – trotz Fiebers (!)
- Fieber geht schnell in Untertemperatur über
- Schnell eintretende Dehydration (Austrocknung)
- Fehlende Futteraufnahme
- Keine Tränkeaufnahme oder wiederholt in »kleinen Schlückchen kalten Wassers«
- Oft bereits am Anfang der Erkrankung aashafter Körpergeruch bzw. Ausscheidungen
- Meist schwierig zu untersuchen wegen panisch-aggressiver Abwehr
- Anfang einer schwerwiegenden Erkrankung (kalter Körper bei Fieber!)

Auslöser

- Folgen von Kaltwerden, Vergiftung, Schreck, Panik, schwere Infektion
- Beginn z. B. einer Gastroenteritis o. a. Sepsis ist möglich

Dosierung

Einzelgaben der C 200, bei Bedarf im perakuten Fall bis zu Besserung wiederholen.

Bacillinum – Bac

Indikationen

- Unklare Allgemeininfektionen, wenn kein anderes Mittel infrage kommt.
- Sollte – je nach Symptomatik – Tage oder Wochen später von einem passenden „Akut-Mittel" bzw. konstitutionellen Mittel gefolgt werden.

Dosierung

Eine Einzelgabe einer C 200.

Baptisia – Bapt

Indikationen

- Schwerste fieberhafte, septische Erkrankungen mit schnell eintretender und fortschreitender Erschöpfung
- Seltener vorkommend, aber ähnlicher Verlauf wie bei *Arsenicum*
- *Baptisia* zeigt aber keine Verschlimmerung nachts bzw. nach Mitternacht
- Evtl. plötzlicher Fieberanstieg
- Apathie, Benommenheit, Verwirrung
- Schmerzen im ganzen Körper, daher Unruhe
- Entwickelt sich evtl. zu Rachenentzündung, Maulfäule, Endometritis oder Meningitis
- Aashaft stinkende Absonderungen
- Indiziert, wenn *Arsenicum* versagt oder Folgemittel zu *Arsenicum* in schwersten septischen Zuständen

Dosierung

Einzelgaben der C 200, bei Bedarf wiederholen

Belladonna – Bell

Indikationen

- Arznei für den schnellen, heftigen Anfang von Infektionen, abends sehr hohes Fieber, 40 °C bis 42 °C
- Alle 5 Entzündungsmerkmale:
  - Entzündungen mit intensiver Röte, Hitze, Schwellung, Schmerzen und lokaler Funktionsstörung
- Fieberhafte Allgemeinerkrankung noch ohne Lokalisation oder bereits lokalisierte Entzündung
- Auffallend heiße Körperoberfläche, evtl. Hechelatmung
- Hitze evtl. mit Anfällen von Schüttelfrost – aber kein generelles Frieren!
- Trockene, rote Schleimhäute; trockenes, heißes, rotes Maul
- Heißer Kopf und Ohren, dabei evtl. kalte Extremitäten
- Voller, kräftiger Puls, evtl. sichtbares Pulsieren der Arterien, z. B. im Maul, an wenig behaarten Ohren
- Fieber steigt am späten Nachmittag und Abend bis Mitternacht
- Morgens 1 bis 2 Grad weniger Fieber, abends erneuter Fieberanstieg (intermittierendes Fieber). Evtl. »Fieberkrampf«, Benommenheit, Unruhe bis Delirium bei Reizung des Zentralnervensystems
- Fieber oft verbunden mit Lichtscheu und Überempfindlichkeit aller Sinnesorgane
- Evtl. erweiterte Pupillen

Modalitäten

- Besserung durch Abkühlen
- Evtl. Stöhnen bei jedem Atemzug

Hinweis: Im Unterschied zu *Aconitum* fehlt bei *Bell* die Angst! *Belladonna*-Fieber kommt häufiger vor als das von **Aconitum**. Das *Aconitum*-Stadium kann auch unbemerkt in das von *Belladonna* übergehen. *Bell.* kann einen sehr akuten Zustand schnell abblocken, aber häufig ist ein passendes Folgemittel notwenig.

Dosierung

Wiederholte Einzelgaben der C 30, evtl. eine Einzelgabe der C 200.

Bryonia – Bry

Indikationen

- Langsamer Beginn der Erkrankung binnen 2 bis 3 Tagen (seltener vorkommend als *Belladonna*)
- Auffallende Empfindlichkeit gegen Berührung, Katze schreit auf, sobald sie gestreichelt werden soll!
- Infektionskrankheiten mit Rücken-, Glieder-, Muskelschmerzen, besser durch absolute Ruhe
- Spätere Lokalisation z. B. in Atemwegen (Pneumonie) möglich

- evtl. septisches oder wiederkehrendes (intermittierendes) Fieber

Modalitäten

- schlimmer durch jede Art von Bewegung oder Erschütterung
- Evtl. Stöhnen synchron mit der Atmung
- Nur absolute Ruhe lindert die Beschwerden
- Besser durch Gegendruck, liegt auf der schmerzhaften Stelle, drückt sich an die Wand!
- Lässt sich nicht gern berühren, aber kräftiges Anfassen (»Druck«) bessert
- Schlimmer durch jede Form vom Wärme
- Trockenes Maul, harter, schwierig zu entleerender Kot, evtl. fehlender Kotabsatz
- Trinken großer Mengen auf einmal, angeboten aus dem vorgehaltenen Trinknapf
- Verschlimmerung, Fieber schlimmer am späteren Abend und am Vormittag

Auslöser

Kaltwerden, Ärger, Kummer, unterdrückte Absonderungen, neue Umgebung

Dosierung

Einzelgabe der C 200, im schweren Fall bei Bedarf wiederholen.

Chamomilla – Cham

Indikationen

- Infektionen, Fieber bei jungen Katzen, speziell während Zahnwechsel
- Bei »jungen Müttern« während und nach der Geburt
- Oder ausgelöst durch exzessiven Ärger
- Verbunden mit akutem Zorn und unbeherrschbarer Aggressivität
- Überempfindlich, übermäßig starke, unerträgliche Schmerzen
- Beginnende, noch nicht klar erkennbare Erkrankungen in Rachen, Ohren oder Bauch möglich

Modalitäten

- Warmer Körper, Fieber morgens, vormittags, abends und nachts
- Ein Ohr warm und rot, das andere blass oder kühl
- Besser durch Streicheln und Reiben des Bauches
- Unerwartet heftige Aggressivität von sonst friedlichen, lieben Tieren

Hinweis: *Chamomilla* ist niemals indiziert bei zur Zeit ruhigen, friedlichen Tieren!

Dosierung

Für Welpen Einzelgabe der C 30, sonst der C 200.

Vorsicht bei der Eingabe wegen Verletzungsgefahr durch die aggressive Katze (wie bei *Arsenicum, Hepar* oder *Nux vomica*)!

Echinacea angustifolia oder purpurea – Echi

Indikationen

- »Tonikum für das Immunsystem« insbesondere bei gestörter körpereigener Abwehr, Immunschwäche
- Fördert die Aktivität und Funktion von Blutzellen und Immunsystem
- Unklare Entzündungszustände, unklare Diagnose, fehlende Modalitäten
- Evtl. beginnende Immunerkrankungen (s. u.)
- Vorbeuge und Therapie von beginnenden Entzündungen oder Infektionen
- Unklares Fieber auch nach schlecht vertragener Impfung
- Nachsorge bei verzögerter Heilung von Infektionen/Infektionskrankheiten

Modalitäten

- Besserung durch Ruhe und Niederlegen, schlimmer durch Anstrengung

Dosierung

Einmalige Gabe der C 30, höhere Potenzen als Einzelgabe bei Immunerkrankungen.

Achtung! Überdosierung kann aber unterschwellige Entzündungen aktivieren!

Ferrum phosphoricum – Ferr-p

Indikationen

- Fieberhafte Infektionen im Anfangsstadium (nicht häufig vorkommend bei der Katze!)
- Fieber evtl. noch ohne erkennbare Lokalisation einer Krankheit
- Beginnendes Fieber ohne *Aconitum*- oder *Belladonna*-Symptome: keine Ruhelosigkeit, keine Angst
- Noch ohne deutliche individualisierende Symptome, Fieber ohne Diagnose
- Blutandrang zum Kopf, zu Schleimhäuten mit Wärme und Rötung
- Vorherrschend Schwäche mit blassen Schleimhäuten, schwacher Puls, rote, warme Ohren
- Erkrankungen besonders bei jungen Katzen
- Mittel »der zweiten Reihe«, wenn bei beginnendem Fieber jegliche Modalitäten fehlen
- Noch keine Absonderungen, trockene, gerötete Schleimhäute, heißer Kopf
- Evtl. noch ohne subjektives Krankheitsgefühl, Patient kann noch weitgehend fit sein
- Oder bereits große Schwäche mit der Neigung zum Niederlegen (wie z. B. *Gelsemium*-Patienten)
- Infolge fieberhafter Blutfülle helle Blutungen aus Nase o. a. Schleimhäuten möglich

Modalitäten

- Besser durch kühlende Anwendung, durch Ruhe
- Schlimmer am frühen Morgen

Dosierung

Einzelgaben der C 30, bei Bedarf wiederholen.

Hepar sulfuris – Hep

Indikationen

- Allgemeininfektion beginnt mit extremem Frieren und Reizbarkeit
- Übermäßige Schmerzempfindlichkeit, Berührungsempfindlichkeit mit Äußerungen von Zorn (z. B. warnendes Knurren)!
- Allgemeininfektion (wie »Grippe«) mit lokalisierten, äußerst schmerzhaften Entzündungen
- Mit anschließender Tendenz zu stinkender Eiterung des entzündeten Gewebes
- Heftiger Zorn bei Berührung der schmerzhaften Region!
- Fieber schlimmer ab Nachmittag
- Frieren mit Zittern, auch trotz warmen Wetters, schlimmer durch den kleinsten Luftzug
- Die Katze »kriecht in den Kachelofen«

Modalitäten

- Große Empfindlichkeit (der betroffenen Gegend) gegen Kälte
- Schmerzen besser durch Wärme, trotz Entzündung, schlimmer im Freien und im Kalten

Dosierung

Bei deutlichen Symptomen reicht eine Einzelgabe der C 200 aus.

Ignatia amara – Ign

Indikationen

- Die übersensible *Ignatia*-Katze ist scheinbar schwer krank ohne klinisch fassbare Diagnose
- Psychische Überempfindlichkeit, evtl. mit Übersprungshandlungen (Knabbern, Lecken)
- Scheinkrankheiten aller Art können psychisch ausgelöst sein
- Besonders verbunden mit »unsinnigen«, unverständlichen oder widersprüchlichen Symptomen

Auslöser

- durch Familienstreit, durch Kummer der Besitzer/in
- durch neugeborenes Baby oder neuen tierischen Hausgenossen
- durch Kummer, Abwesenheit der Bezugsperson
- durch Umzug, Wohnungsrenovierung, Umstellen von Möbeln etc.

Dosierung

Einzelgabe der C 200, bei Bedarf wiederholen oder höhere Potenz.

Lachesis mutus – Lach

Indikationen

- Primär septische lokale oder Allgemeininfektion – Blutvergiftung – »Blutzersetzung« (Hämolyse)
- Schnell fortschreitende Entzündung mit schneller Entwicklung einer Sepsis
- Sepsis schwerster Form mit Lebensgefahr, auch bei noch unklarer Diagnose
- Störungen der Blutgerinnung, Anämie, auch durch Bakterientoxine
- Bei schwerstem, septischem Krankheitsverlauf auch andere »Schlangenmittel«, z. B. *Crotalus horridus*

Modalitäten

- Symptome beginnen oder verschlimmern sich nach dem Schlafen, d. h. nach Aufwecken oder morgens
- Symptome beginnen auf der linken Seite, gehen dann evtl. nach rechts
- Berührungsempfindlich mit Zorn, starker Druck bessert (nicht wie *Hepar sulfuris*!)
- Lässt sich nicht gern Maul oder Nase untersuchen wegen Berührungsempfindlichkeit
- Berührungsempfindliche Kehle mit Äußerungen von Zorn – besonders in chronischen Fällen
- Verschluckt sich beim Trinken, Flüssigkeit kommt zur Nase heraus (Schlüsselsymptom bei Tonsillitis)
- Patient sucht kühle Plätze
- Besser, wenn Ausscheidungen (z. B. Schleim, Eiter) in Gang kommen

Dosierung

Einzelgabe der C 200, Wiederholung meist nicht notwendig.

Nux vomica – Nux-v

Indikationen

- Fieberhafte Allgemeinerkrankungen mit sehr breitem Spektrum an möglichen Folgeerkrankungen
- Erkrankung entwickelt in 1 bis 2 Tagen
- Meist mit beginnenden oder begleitenden Magen-Darm-Beschwerden

Auslöser

- Kaltwerden oder »nächtliches Herumtreiben« (z. B. des Katers)
- Infektionen begünstigt durch toxische Belastungen und Vergiftungen (verdorbenes Futter, schlecht vertragene Pharma-Präparate)

Modalitäten

- Schlimmer am Morgen, besser abends, besser durch Anregung und Ablenkung
- »Vergisst« die Beschwerden durch Aufregung!
- Heftiges Frieren, Schüttelfrost, sucht sehr warme Plätze
- Besserung durch Wärmeanwendung
- Meist begleitet von fehlender Futteraufnahme (»Übelkeit«)
- Rückenschmerzen bei Fieber, evtl. Nachschleppen der Hinterbeine beim Laufen
- Evtl. werden die Krallen der Hinterpfoten wegen Schwäche nicht ganz eingezogen
- Oft berührungsempfindlicher Bauch mit Abwehrverhalten
- Schwieriger, mühsamer Kotabsatz, harter, schmaler Kot
- Erhöhte Erregbarkeit von Reflexen, z. B. am Afterschließmuskel beim Fiebermessen
- Heftiges Schütteln der Ohren durch leichtes Kitzeln im Ohr
- Mürrisches, gereiztes bis ärgerliches Wesen, will nicht gestört sein, sucht Ruhe und Wärme
- Evtl. begleitet von Lumbago oder Bandscheibenvorfall

Dosierung

Einzelgabe der C 200, evtl. höhere Potenz.

Opium – Op

Indikationen

- Schwerste Infektionen mit unerwarteter Schmerzlosigkeit von sonst schmerzhaften Prozessen
- Verminderte Erregbarkeit von Reflexen (Pupillen, Afterschließmuskel, Ohrenschütteln)

Dosierung

C 30 evtl. in wiederholter Gabe, in schweren Fällen einmalige Gabe der C 200.

Phosphorus – Phos

Indikationen

- Die Erkrankungen können langsam auftreten mit anfangs wenig bedrohlichen Symptomen
- Oder können sich schnell heftig, gefährlich und lebensbedrohlich entwickeln.
- Jedes Organgewebe kann im Sinn einer Infektion/Infektionskrankheit betroffen werden:
- Bakterielle und Virusinfektionen, Folgen von Bakterientoxinen
- Septisches Fieber, morgens und abends
- Häufig, jedoch nicht immer, wird der Beginn der Erkrankung nicht rechtzeitig bemerkt, weil das Tier trotz Krankheit anfangs noch munter erscheint und trotz Fiebers noch gut frisst.
- Erkrankungen des Immunsystems

Auslöser

- Kaltwerden
- Virus- oder bakterielle Infektionen

Modalitäten

- Verlangen nach Zuwendung, erwidert diese (»Schmusekatze«)
- Oder sehr scheu, schüchtern und schreckhaft, aggressiv nach Zwangsmaßnahmen (»Schmuseteufel«)
- *Häufig* (nicht in jedem Fall) Verlangen nach eiskalter Tränke, die evtl. wenig später im Schwall erbrochen wird
- Schlimmer durch Temperaturwechsel (vom warmen Zimmer nach draußen und umgekehrt)

Dosierung

Einzelgabe der C 200, weitere Dosierung nur, wenn notwendig.

Pulsatilla pratensis, nigricans oder vulgaris – Puls

Indikationen

- Entzündung von Schleimhäuten
- Mit reichlichem, mildem, rahmartigem, weißgelblichem Eiter
- Hohes Fieber, oft schon am Morgen oder Vormittag, meist ohne Verlangen zu trinken
- Eitrige Infektionen von oberen Atemwegen und Augen, Genital oder Harnwegen
- Eitrige Weichteilverletzungen oder Hautwunden, schmerzarm, reichlich rahmiger Eiter

Modalitäten

- Wehleidige, liebe Patienten, lassen sich gern versorgen und streicheln
- Generell zu wenig Tränkeaufnahme, speziell bei hohem Fieber, daher Gefahr von Austrocknung
- Neigung zum Frieren, aber Verlangen nach frischer Luft (Liegen am Fensterspalt)
- Schlimmer durch Kaltwerden und bei heißem Sommerwetter, bei Wetterwechsel, bei Föhn
- Generelle Besserung im Freien, durch langsame Bewegung (z. B. auf dem Balkon)
- Besser durch Zuwendung, Gesellschaft und Ablenkung
- Erkrankungen häufig bei jungen Katzen, während Zahnung, Zahnwechsel, während der Rolligkeit, um die Geburt

Dosierung

Einzelgabe der C 200 oder höherer Potenz.

Pyrogenium – Pyrog

Indikationen

- Schwerste septische Zustände, z. B. durch Endometritis
- Evtl. unterschwellige Sepsis durch nicht erkannte »Herdinfektionen« (»Fäulnisherde«, z. B. Zahnwurzelabszess, Gebärmutterentzündung, »vergessener Welpe« nach der Geburt)
- Unerklärbare Mattigkeit, fehlendes Spielverhalten
- Eine gute Reaktion auf eine Einzelgabe *Pyrogenium* C 30 dient hier quasi als Diagnostikum für einen versteckten septischen Prozess bei gänzlich unklarer Diagnose, anschließend spezifisches Folgemittel wählen

Modalitäten

- Schlimmer abends und nachts
- Frieren, besser durch Wärme

Dosierung

Einzelgabe der C 30, bei schwerstem septischen Zustand Einzelgabe der C 200.

Rhus toxicodendron – Rhus-t

Indikationen

- Langsam beginnende fieberhafte Allgemeininfektionen, beginnen abends
- Gleichzeitig Rückenschmerzen und Unruhe, besser durch fortgesetzte Bewegung (Umherwandern)

Auslöser

- Kaltwerden besonders bei feuchtem Wetter (»nächtliches Herumtreiben« bei kaltem Regen)

Modalitäten

- Generell besser durch Anwendung oder Aufsuchen von Wärme

Dosierung

Einzelgabe der C 200 oder höherer Potenz.

Sulfur – Sulf

Indikationen

- Infektionen aller Art sind möglich:
- Akut beim vorgeschädigten Patienten z. B. durch Kortison
- Häufiger chronischer adynamischer Verlauf von reaktionsarmen Infektionen, wenn andere Mittel nicht helfen
- Stillstand der Immunreaktion, weder besser noch schlimmer oder kontinuierliche Verschlimmerung
- Chronischer Verlauf von Infektionen, besonders nach immunsuppressiver Therapie (Kortison u. Ä.)
- Chronischer Verlauf nach schlecht vertragener Impfung
- Auch durch Stoffwechselstörungen, mangelnde Ausscheidung von Abbauprodukten

Modalitäten

- Meist warmblütige Patienten (Gegensatz zu *Silicea*), wesentlich seltener frierende Patienten
- Intensiver, wie schmutziger Körpergeruch oder Geruch wie die eingenommenen Pharma-Präparate
- Warme, heiße, rote Schleimhäute bzw. Körperöffnungen

Hinweis: Kann reaktionsarme Entzündungen und evtl. Eiterungen aktivieren

Nicht geeignet für den Anfang von FIP, FIV oder andere Immunschwächekrankheiten!!!

Vorsicht! Die Gabe von falschen, zu vielen oder zu häufig gegebenen Homöopathika ist keine Indikation für eine Hochpotenz von *Sulfur*, sondern verdirbt »den Fall« endgültig (siehe *Kapitel 2, Abschnitt Falsche Anwendung der Homöopathie, Seite 70*)!

Vorsichtige Dosierung

Reaktion muss genau beobachtet werden.

- Je eine Gabe der C 30 am 1., 3. Tag, nur bei Bedarf nach weiteren 7 Tagen wiederholen.
- Bei sicherer Indikation auch höhere Potenz.

Überschießende Reaktionen im Sinn einer Verschlimmerung sind bei Überdosierung oder zu hoher Potenz möglich!

AKUTE UND CHRONISCHE ENTZÜNDUNGEN DER TONSILLEN BZW. DES LYMPHATISCHEN RACHENRINGS

Tonsillitis und Rachenentzündungen können sich zu Allgemeininfektionen entwickeln, können jedoch auch als lokalisierte Erkrankung verlaufen.

Diese Arzneien sind auch im *Kapitel 4, Abschnitt Akute Allgemeininfektionen, Seite 125*, im *Kapitel 8, Erkrankungen der Atemwege, Seite 246*, und *im Kapitel 10, Abschnitt Erkrankungen von Maulhöhle und Rachen, Seite 320*, beschrieben.

Arzneien für die akute Tonsillitis der Katze: Acon, (Apis), Ars, Bapt, Bell, Cham, Hep, (Kali-bi, Kali-chl), Lach, Merc, Nux-v, Phos, Phyt, Sil, Sulf, Tub-K

Arzneien für die chronische oder wiederkehrende Tonsillitis der Katze: Bac, Bar-c, Calc, Carc, Hep, Lach, Lyc, Nat-m, Nit-ac, Sil, Tub

PERITONITIS

Dieser Absatz betrifft nicht die FIP (**F**eline **I**nfektiöse **P**eritonitis)!

Die Peritonitis oder Bauchfellentzündung ist eine gefürchtete Pathologie durch eine septische Infektion im Bauchraum:

Mattigkeit und fehlendender Appetit sind die ersten Symptome. Die Bauchdecken sind meist schmerzhaft gespannt, Erbrechen oder Fieber können vorhanden sein. Die Schleimhäute sind bei schlechter Kapillarfüllung grauweiß verfärbt. Im Blutbild sind die entsprechenden Veränderungen zu beobachten.

Antibiotische und entzündungshemmende (NSAID) Therapien sind nicht oder nur vorübergehend erfolgreich.

Mit homöopathischer Therapie gibt es dagegen oft überraschende Heilungen (überraschend für den Schulmediziner, nicht für den Homöopathen!).

Die wichtigsten Homöopathika für die Peritonitis sind: *Bryonia, Lachesis, Pyrogenium, Staphysagria.*

Bryonia alba – Bry

Indikationen

- Lokalisierter Entzündungsprozess im Bauchraum, keine generalisierte Sepsis
- Bauchdecken sind überaus schmerzempfindlich gegen leichte Berührung, evtl. mit Schreien

Modalitäten

- Starker Gegendruck bessert, Katze presst sich gegen eine feste Begrenzung
- Evtl. begleitet von hartem oder fehlendem Kotabsatz

Auslöser

Diese Symptome können z. B. nach der Kastration der weiblichen Katze beobachtet werden, bedingt durch überwiegend traumatische Reizung des Peritoneums (Bauchfell).

Dosierung

Eine Einzelgabe der C 200 sollte ausreichen.

Lachesis mutus – Lach

Indikationen

- Septische Bauchfellentzündung, schwere, lebensgefährliche Pathologie!
- Symptome: berührungsempfindliche Bauchdecken mit deutlicher, schmerzhafter Abwehrspannung
- Apathie, Mattigkeit, grauweiße Schleimhäute
- Schlechte Kapillarfüllung, Tendenz zu Hämolyse, dunkel verfärbtes Blut
- Bei Operation: Sickerblutungen aus allen Kapillaren, auffallend dunkles Blut
- Fieber kann vorhanden sein

Modalität:

- Allgemeine Verschlimmerung nach dem Schlafen
- Nach operativer Eröffnung der Bauchhöhle: schwarz verfärbte Darmteile o. a. Organe
- Oder blutiges, evtl. bereits stinkende Flüssigkeit im Bauchraum

Auslöser

- Peritonitis durch verschluckten Fremdkörper, der im Darm steckengeblieben ist
- Verbunden mit schwarzen, absterbenden Darmteilen

- Durch septische Gebärmutterentzündung oder bereits geplatzte vereiterte Gebärmutter
- Durch Puerperalsepsis (»Kindbettfieber«, septische Entzündung der Geburtswege)
- Durch zurückgebliebene Plazenta nach der Geburt mit Sepsis (*Pyrogenium*)
- »Vergessener«, nicht ausgetriebener toter Fötus
- Peritonitis nach Endoskopie im Bauchraum oder Punktion, z. B. der Blase
- Peritonitis nach Laparatomie (Bauchoperation), z. B. Kastration der Katze, Darmoperation
- Durchbruch von Magen oder Darm mit Austritt von Darminhalt in die Bauchhöhle

Hinweis: Wenn die schulmedizinische Therapie nicht genügend wirkt, werden solche Tiere euthanasiert. Mit der Therapie durch *Lachesis* und evtl. zusätzlich *Pyrogenium* haben Sie eine gute Chance für die Heilung!

Dosierung

Meist reicht eine Einzelgabe der C 200 aus.

Pyrogenium – Pyrog

- Auslöser und Symptome sind fast dieselben wie bei *Lachesis*
- Jedoch die berührungempfindlich gespannten Bauchdecken stehen nicht im Vordergrund
- Im schwersten Fall Tendenz zu Hämolyse, dunkel verfärbtes Blut
- Im schwersten Fall Ruhelosigkeit wegen Schmerzen am ganzen Körper

Indikationen

- Apathisches Verhalten, Schwäche, Erschöpfung, Nasenflügelatmung
- Hohes Fieber bei mäßigem Befinden mit unauffälliger Herzaktion
- Oder gering erhöhte Temperatur mit sehr schlechtem Befinden bei heftiger Herzaktion

Dosierung

Einzelgabe der C 30 oder im schweren Fall der C 200, evtl. gefolgt von *Lachesis*. Aber eine falsche Gabe von *Lachesis* kann dem Patienten schaden! Die individuellen Symptome entscheiden.

Spezielle systemische Infektionskrankheiten der Katze

Den im Folgenden beschriebenen chronischen Erkrankungen der Katze werden in den meisten Fällen von einer Reaktionsschwäche, Perversion oder Erkrankung des Immunsystems begleitet oder ausgelöst; zum Teil sind sie ansteckend, besonders für geschwächte oder gestresste Katzen, zum Teil können sie vom Muttertier auf die Welpen übertragen werden.

Infektionskrankheiten spezieller Organsysteme sind in den entsprechenden Kapiteln nachzulesen.

Als Auslöser werden diverse Viren diskutiert, die ursächlich oder infolge anderer Infektionen, als Einzel- oder Mischinfektion auftreten können.

Zu diesen Erkrankungen gehören folgende Erkrankungen:

- FIP – Feline infektiöse Peritonitis
- FIV – Felines Immundefizienz-Virus, »Katzen-AIDS«
- FeLV – Felines Leukosevirus – Katzenleukose
- Feline infektiöse Anämie (Hämobartonellose)

- Katzenschnupfen-Komplex (siehe *Kapitel 8, Abschnitt Der chronische Katzenschnupfen, Seite 259*)
- Erkrankungen von Zähnen und Maulhöhle (siehe *Kapitel 10, Abschnitt Erkrankungen von Maulhöhle und Rachen, Seite 320*)
- Diverse Augenerkrankungen (siehe *Kapitel 5, Seite 158*)
- Zum Teil auch die Chronische Niereninsuffizienz, CNI (siehe *Kapitel 12, Seite 404*) sowie
- die Katzenseuche – Panleukopenie – Feline Parvovirusinfektion – FPV (siehe *Kapitel 10, Abschnitt Gastroenteritis – Durchfall, Seite 349*)

Die Untersuchungen und Erforschung von einigen dieser Erkrankungen haben erst ab ca. 1980 begonnen und noch immer bestehen wesentliche Unklarheiten.

All diese Erkrankungen haben an Verbreitung in den letzten ca. 35 Jahren erheblich zugenommen. Die zunehmende Schwäche im Bereich der Infektabwehr ist sehr wahrscheinlich auch den folgenden Faktoren zuzuschreiben:

- generationsübergreifende (!) schulmedizinische Palliativmedizin mit »unterdrückenden« Maßnahmen (*Kapitel 2, Abschnitte Medizinverständnis in Homöopathie und Hochschulmedizin, Seite 27* und *Kriterien der Ähnlichkeit: Arten von Erkrankungen, Seite 34*)
- die immunsuppressive Therapie (Kortison u. Ä.)
- sehr wahrscheinlich auch die zu häufig eingesetzten Impfungen.

Nicht zu vergessen sind in diesem Zusammenhang übermäßige und nicht immer gerechtfertigte Belastungen mit toxischen Nebenwirkungen von Pharma-Präparaten zur Bekämpfung von Endo- und Ektoparasiten (»Nervengifte«) und die allenthalben propagierte, aber dennoch nicht artgemäße Fütterung mit Trockenfutter.

Auch aus der Humanmedizin ist es bekannt, dass in den letzten Jahrzehnten die Zahl der chronischen Krankheiten erheblich zugenommen hat – im Gegensatz zu deren akutem Auftreten.

Diese Mutmaßungen leiten sich aus der seit mindestens 150 Jahren beobachteten Miasma-Theorie her: Jede nicht ausgeheilte Erkrankung oder toxische Belastung der Eltern bereitet den Weg für die entsprechenden gesundheitlichen Schwächen der Kinder und Kindeskinder.

Gemäß homöopathischer Krankheitslehre ist es verständlich, dass nach den erwähnten generationsübergreifenden medizinischen Unterdrückungen von Krankheitsäußerungen und den toxischen Nebenwirkungen von Pharma-Präparaten (Literatur 82) nun quasi die oberste Instanz der Lebenserhaltung, das Immunsystem, aus der Ordnung gerät.

Nach der klinischen Symptomatik können die genannten Infektionskrankheiten der Katze nicht immer eindeutig differenziert und bestimmten Erregern zugeordnet werden. Einzig die immunologischen Befunde liefern dafür Anhaltspunkte; jedoch falsch-positive oder falsch-negative Ergebnisse sind dabei nicht auszuschließen.

Es ist nicht sinnvoll, eine Katze ohne Krankheitssymptome, aber mit positivem serologischen Test von einer der erwähnten Infektionskrankheiten einzuschläfern! Der positive Titer bedeutet einzig, dass ein Kontakt mit dem Erreger stattgefunden hat. Ob die Katze später daran erkrankt, ist möglich, aber keineswegs sicher.

Allerdings ist eine Übertragung auf andere immungeschwächte (!) Katzen möglich.

Auch der Effekt von prophylaktischen Impfungen erweist sich als fragwürdig, weil in der Praxis immer wieder Katzen vorgestellt werden, die trotz empfohlener, »vorschriftsmäßiger« Impfungen an den geimpften Infektionen erkranken.

Der Schulmedizin stehen zur Therapie lediglich der Einsatz von Antiinfektiva wie Antibiotika, »Entzündungshemmer« (NSAIDs), Immunsuppressiva oder Hormonpräparate zur Verfügung; eine vorübergehende Besserung kann damit erreicht werden.

In diesem Zusammenhang erscheint es widersprüchlich, wenn eine bereits vorliegende Imbalance des Immunsystems mit immunsuppressiven Medikamenten behandelt wird.

Aber auch die homöopathische Medizin hat ihre Probleme mit solchen Krankheiten, weil bei vielen

Patienten nicht genügend differenzierende Symptome vorliegen, um die infrage kommenden Arzneien zu unterscheiden.

»Immunschwäche« gehört in der Homöopathie zu dem Symptom »Reaktionsmangel«; damit ist eine ungenügende und unverständliche Reaktion des Patienten auf sorgfältig ausgewählte Homöopathika gemeint.

Die primär chronischen Infektionen wie FiV, FiV, Leukose etc. müssen zwangsläufig zu den »einseitigen Krankheiten« – im Sinn der Homöopathie (*Kapitel 2,Abschnitt »Einseitige Krankheiten«, Seite 40*, und *Kapitel 15, Seite 474*) – gezählt und entsprechend mit einer passenden Abfolge homöopathischer Mittel therapiert werden. Das erste Ziel ist es, eine gesunde Reaktion des Immunsystems wieder herzustellen. Das gelingt in vielen Fällen mit potenzierter *Echinacea* oder mit der Nosode *Carcinosinum*.

Die homöopathische Medizin beschreibt keine Angaben zu Krankheiten, die es vor mehr als ca. 50 Jahren noch nicht gegeben hat. Daher gilt es für eine gezielte homöopathische Therapie dieser Erkrankungen noch sehr viele Erfahrungen zu sammeln.

Neben den unten angegebenen Arzneien können auch die Nosoden der entsprechenden Erreger zum Einsatz gelangen.

Die Nosodentherapie ist jedoch häufig nur eine Art Kompromiss, um die Krankheit zunächst abzumildern oder zum Stillstand zu bringen. Ein passendes Simile wirkt in der Regel tiefgreifender auf den kranken Organismus als die Nosode eines Krankheitserregers; dennoch sollte die Therapie mit Nosoden nicht außer Acht gelassen werden.

Von vielen dieser Nosoden existiert keine Arzneimittelprüfung; sie müssen nach dem z. T. bekannten klinischen Bild der Erkrankung eingesetzt werden (Literatur 59, 74). Jedoch bei Mischinfektionen – z. B. Katzenschnupfen – ist das praktisch kaum möglich.

In Einzelfällen können solche Nosoden radiästhetisch getestet werden (siehe *Kapitel 2, Abschnitt Testverfahren, Seite 74*). Vorausgesetzt dafür ist Übung, Erfahrung und absolutes Freisein von vorgefassten Meinungen.

Die homöopathisch zubereiteten Impfstoffe (Impfnosoden) bringen erfahrungsgemäß kaum einen befriedigenden Effekt.

Außer den erwähnten Homöopathika können für die folgenden Erkrankungen auch folgende Nosoden infrage kommen:

- *Chlamydien-Nosode*
- *Calicivirus-Nosode*
- *FIP/FIV -Nosode*
- *Feline Leukose-Nosode* oder andere *Leukämie-Nosoden* (z. B. der Fa. Staufen-Pharma)
- *Feline Herpes-* oder *Herpes-simplex-Nosode*

Zusätzlich können die **Präparate der alternativen Krebstherapie** eingesetzt werden (*Kapitel 15, Krebs- und Tumorerkrankungen der Katze, Seite 474*):

- Koch'sche Molekulart-Therapie – Chinone (insbesondere Para-Benzochinon und Carbonylgruppen SSR)(Stichwortverzeichnis und Literatur 33 c)
- Präparate des Intermediärstoffwechsels – Biokatalysatoren (Literatur 33 g)
- Potenzierte *Artemisia annua* (Literatur 33 a)

Die folgenden Angaben zu den infrage kommenden Homöopathika sind wahrscheinlich nicht vollständig. Hier bedarf es weiterer Erfahrungen. Jeder Patient muss individuell erfasst werden; es gibt keine Standardverordnungen!

LEUKOSE – FELINES LEUKÄMIE-VIRUS (FELV) – PANLEUKOPENIE

Die Leukose der Katze ist eine primär chronisch verlaufende, häufig tödlich endende Erkrankung der Katze.

Der Erreger ist das Feline Leukämie Virus (FeLV), das mit dem der Immunschwäche (»Katzen-AIDS«, Felines Immundefizienz-Virus/FIV) verwandt ist.

Diese Erreger greifen direkt in die genetische Information der Zelle ein.

Die Infektion erfolgt von Katze zu Katze durch direkten Kontakt mit Körperflüssigkeit. An der Kontaktstelle vermehren sich die Viren. Je nach Lokalisation – Nase, Maul, Augen, Bisswunde – können sich zunächst an der betroffenen Schleimhaut oder Haut die ersten Symptome entwickeln.

Die Symptomatik kann demnach recht unterschiedlich in Erscheinung treten oder bei guter Immunitätslage vorläufig gänzlich fehlen. Daher kann die Diagnose »Leukose« nicht durch das klinische Bild, sondern einzig durch immunologische Tests gestellt werden, deren Aussagen aber möglicherweise von Labor zu Labor variieren.

Die meisten FeLV-positiven Katzen sind anfangs nicht krank und nicht gesund. Sie sind matt, spielen nicht mehr, sie fressen täglich weniger und magern ab. Fieberschübe kommen vor, werden aber in diesem Zustand vom Besitzer nicht immer bemerkt. Vielleicht fällt später die porzellanweiße Nase oder das schneeweiße Zahnfleisch der gähnenden Katze auf. Doch dann ist die Erkrankung bereits fortgeschritten.

Nach der Infektion kann sich das Virus im Knochenmark vermehren und zu entsprechenden Symptomen gestörter Blutbildung führen:

Aus dieser Sicht können sich unterschiedliche Abläufe zeigen:

- **Erkrankungen des Blutes**
  - mit hochgradiger Anämie (aplastische Anämie, weiße Schleimhäute), Milzvergrößerung
  - Verminderung der Leukozyten, unklares Fieber
  - generalisierte schmerzlose Lymphknotenschwellungen
  - Verminderte Thrombozyten mit Gerinnungsstörungen und Blutungsneigung
- **Abwehrschwäche – Immundefizienz**
  - gegen alle möglichen Erreger mit Infektionsbereitschaft, z. B. für:
  - Katzenschnupfen, Augenentzündungen und ähnliche Schleimhauterkrankungen
  - Blutparasiten (z. B. Hämobartonellen)
  - Erregern von Hautkrankheiten
- **Krebserkrankungen** durch fehlgeleitete Immunreaktion (Autoimmunerkrankungen)

FeLV ist der wichtigste Faktor für die Entstehung von Krebs bei der Katze!

  - Leukämie mit Anämie, Appetitlosigkeit, Abmagerung, Schwäche, Gelbsucht
  - Lymphome an Darmlymphknoten evtl. mit chronischem Durchfall
  - Lymphome am Bauch- oder Brustfell (Mesenterium, Mediastinum)
  - Lymphosarkome
- **Übersteigerte Immunreaktionen – Autoimmunreaktionen**
  - Betreffend Nieren, Augen, Bewegungsapparat, Nervensystem etc.
  - Sterilitäten (fehlende Fruchtbarkeit), Totgeburten

Aufgrund dieser Vielfältigkeit kommen diverse Homöopathika infrage, die individuell nach bestehender Symptomatik wie bei einseitigen oder chronischen Krankheiten eingesetzt werden müssen. In den meisten Fällen reicht dazu nicht eine einzige Arznei aus, sondern es muss – je nach Entwicklung, Lokalisation und Verlauf dieser Erkrankung(en) eine Abfolge an Homöopathika eingesetzt werden.

Eine der wichtigen und in den meisten Fällen indizierte Arznei ist *Echinacea* (*purpurea* oder *angustifolia*) in Einzelgabe der C 30 oder C 200; die weit verbreitete Echinacea-Tinktur ist hier nahezu unwirksam, abgesehen von der Unverträglichkeit für die Katze durch ihren Alkoholgehalt.

Echinacea C 30 oder C 200 – im Anfangsstadium einer solchen unklaren Erkrankung gegeben – kann das Fortschreiten der Erkrankung verhindern.

In schweren oder fortgeschrittenen Fällen kann auch eine höhere Potenz zu überraschender Besserung führen, aber meist keine Heilung erzielen. Anschließend muss ein individuell passendes Homöopathikum gefunden werden, dessen Wirkung oft erst nach der Gabe von *Echinacea* eintritt.

Echinacea ist schwerpunktmäßig indiziert und hoch wirksam bei der jeder Form von »Desorganisation des Blutes«, sowohl in der septischen, als auch in der primär destruktiven Situation einer FeLV- oder FIV-Erkrankung, mit oder ohne Beteiligung des Knochenmarks.

Dazu gehören die meisten Formen der gestörten Physiologie des Blutes:

- der Anämie, auch die aplastische Anämie (»Knochenmarkdepression«)
- die Leukämie/Leukose
- die Agranulozytose (Leukopenie)
- sowie die anderen Erkrankungen des Immunsystems

Zusätzlich oder im Wechsel kann versucht werden, das Immunsystem mit wiederholten Gaben von *Propolis* C 6 zu verbessern.

Propolis verfügt über Eigenschaften, die man als »antibiotisch« und »immunstärkend« bezeichnet und man kann hier zumindest zusätzlichen Infektionen vorbeugen. Zu häufige Gaben von *Propolis* können jedoch Herzbeschwerden provozieren.

Das häufigste Homöopathikum für die FeLV und ihre Folgeerscheinungen ist *Arsenicum album*, in der C 200 oder in höherer Potenz als Einzelgabe – wiederholt einzig nach erneuter Verschlechterung des Allgemeinbefindens – evtl. unterstützt (jedoch nicht zu gleicher Zeit!) von *Echinacea*.

Schließlich gibt es noch ein drittes hochwirksames Homöopathikum: Potenziertes *Cisplatinum*. Dieses Mittel ist aus der schulmedizinischen Krebstherapie (Zytostatikum) hinlänglich bekannt, insbesondere seine Wirkung auf das Knochenmark mit gestörter Blutbildung und -zusammensetzung.

Die Symptome der Nebenwirkungen dieses Pharma-Präparates kann man als eine Art Arzneimittelprüfung betrachten.

Für den homöopathischen Gebrauch ist es keine Arznei, die auf Verdacht eingesetzt werden kann (wie *Echinacea*), sondern sollte bei fortgeschrittenen, aussichtslosen Fällen verabreicht werden – in wiederholter Einzelgabe der C 30 oder einmalig in C 200.

Dasselbe trifft für *Sulfanilamid* (*Sulfa*) zu.

Versuchsweise kann hier auch die potenzierte *Artemisia annua* (Literatur 33 a) in täglichen Gaben der C 4 eingesetzt werden (siehe *Kapitel 15,*).

Ebenso können die Leukämie-Nosoden der Fa. Staufen-Pharma unterstützend verordnet werden. Sie können jedoch in den meisten Fällen keine dauerhafte Heilung bewirken.

Eine zusätzliche Therapie mit potenzierten Thymus-Präparaten kann versucht werden.

Mangelnder Appetit, Futterverweigerung, schlechtes Haarkleid und zunehmende Abmagerung kommen bei allen der genannten Arzneien vor. Hier kann *Alfalfa* (C 3 oder C 4) in täglichen Gabe unterstützend wirken. Dasselbe gilt für *Levico aqua* und Chinon-Präparate.

Der Einsatz von *Viscum album* (Mistel-Präparate) hat sich nicht bewährt.

In vielen Fällen sind die im Folgenden angegebenen Arzneien – wegen mangelhafter Arzneimittelprüfung und wegen unklarer Symptome des Patienten – nicht klar zu differenzieren.

Daher seien radiästhetische Tests empfohlen (siehe *Kapitel 2,Abschnitt Testverfahren, Seite 74*).

Die zuverlässigste Testmethode ist – wie oben bereits beschrieben – der Test an der Katze selbst: Die Katze zeigt ihre Reaktion eindeutig, wenn man einen Hautkontakt zu der infrage kommenden Arznei herstellt: Die in Papier verpackten Globuli können der Katze auf ihren Lieblingsplatz gelegt werden; sie wird durch ihr positives oder abweisendes Verhalten signalisieren, ob ihr die Globuli »zusagen« oder nicht: Sie wird auf der passenden Arznei schnurrend sitzen bleiben. Anschließend sollten die betreffenden Globuli ihr eingegeben werden.

Übersicht zu den möglichen Homöopathika für die Leukose der Katze

Leukose, Leukämie, Leukozythämie: Ars, Bac, **Chin,** Cis-Plat, Echi, Nat-m, Ph-ac, **Sulfa,** Tub

Lymphatische Leukose/Leukämie: Ars, Ars-i, Bac, Cean, **Cis-Plat**, **Echi**, Phyt, Tub

Aplastische Anämie: China, **Cis-plat, Echi,** Sulfa

Leukopenie: Ars, **Cis-Plat, Echi**

Leukose mit Gerinnungsstörungen, Thrombopenie: Ars, **Cis-Plat,** Crot-h, Lach, Phos, Sulfa

Leukose mit schmerzlosen Schwellungen der Lymphknoten: Ars, Echi, Ph-ac, Sil, Tub-K, Tub

Lymphatische Leukose mit Schwellung der Milz: Ars, Cean, Chin, Nat-m, Phos

Leukose mit Beteiligung der Mesenterial-Lymphknoten: Ars, **BAC,** Calc, **Echi,** Sil, Tub-K

Leukose mit Hauterkrankung: Ars, Levico, Sil

Adenokarzinom, Krebs der Drüse(n): Ars, Ars-i, Carb-an, Con, Lap-a, Phyt, Scroph-n

Lymphom, Lymphosarkom: Ars, Ars-i, Carb-a, Carbn-s, Cean, Cund, Phos, Phyt

Tumoren ulzeriert, mit bestehender oder Gefahr von Sepsis: Echi

Leukose mit chronischem Durchfall: Ars, Ars-i, **BAC,** Chin, Ph-ac, Phos, Sil, Tub-K, Syc-Co

Zusätzliche Mittel für die Rekonvaleszenz bei Schwäche und Appetitmangel: Alfalfa, Card-m (Leber), Levico

Alfalfa – Alf

- Ein Stärkungsmittel für den geschwächten Organismus, bessert das Wohlbefinden
- Kann in täglichen Gabe in tiefer Potenz (C 4 oder D 8) zum Anregen des Appetits gegeben werden

Arsenicum album – Ars

- Gehört mit *Arsenicum iodatum* zu den wichtigsten Arzneien für die FeLV
- Je nach Immunitätslage schnell oder langsam zunehmende Schwäche und Abmagerung
- Blasse Schleimhäute, Nickhautvorfall
- Jede mögliche Störung in der Zusammensetzung des Blutes
- Schwäche des Immunsystems, kann sich an jedem Organ äußern:
- Z. B. (Gastro-) Enteritis, Nierendegeneration, Augen, Schnupfen, Zahnfleisch etc.
- Nebenbefund z. B. livide, begrenzte, gangränöse oder entzündete Bezirke am Zahnfleisch

Modalitäten

- Verschlimmerung des Befindens nach Mitternacht
- Ruhelosigkeit trotz Schwäche, Katze wandert nachts umher
- Besonders nachts Verlangen wiederholt kleine Schlucke zu trinken

Indikationen

- Schläft z. B. zusammengekauert mit der Nase 5 mm über dem Trinknapf, um immer wieder die Zunge zu befeuchten bzw. ein kleines Schlückchen zu trinken

- Brennende Schleimhäute, daher Belecken von kalten Gegenständen
- Scharfe, wundmachende Absonderungen
- Evtl. fein-mehlige Hautausschläge und damit verfilztes Haar
- Liebt warme Plätze, Neigung zum Frieren
- Evtl. kadaverähnlich stinkender Durchfall oder Geruch aus dem Maul
- Ängstlich-aggressive Katzen, keine »Schmusekatze«, bei fortgeschrittener Apathie jedoch nicht mehr deutlich erkennbar

Dosierung

Einzelgabe der C 200, die bei Bedarf bei genauer Indikationsstellung wiederholt werden kann.

Arsenicum iodatum – Ars-i

Indikationen

- Warmblütige, hyperaktive Patienten, aber empfindlich gegen Kälte und Wind
- Tendenz zu Überfunktion der Schilddrüse während anderer *Arsenicum*-Symptomen
- Enorme Schwäche, Hinfälligkeit, fortschreitende Abmagerung
- Vergrößerte Lymphknoten, Lymphom, Lymphosarkom, Milzschwellung
- Tendenz zu Asthma
- Hautausschläge mit großflächigem, schuppigem Abblättern

Wichtig: Auf keinen Fall jodhaltiges Fertigkatzenfutter füttern!!!

Dosierung

Vorsichtige Dosierung der C 30, wenn das hektische Verhalten nachlässt, kann anschließend *Arsenicum album* indiziert sein.

Bacillinum – Bac

wichtig in unklaren Fällen, wenn gut gewählte Mittel nicht wirken oder kein anderes Mittel in Frage kommt.

Carbo animalis – Carb-an

Indikationen

- Steinharte Lymphome oder Lymphosarkome
- Evtl. mit livider Verfärbung

Dosierung

Vorsichtige Einzelgaben der C 30, bei Verschlimmerung nicht wiederholen!

Carbo vegetabilis – Carb-v

Indikationen

- Endstadium von Leukose bei schwachen, apathischen Patienten
- Erleichtert das Sterben oder ermöglicht eine Erholung
- Begleitend Darmerkrankungen, Durchfall, Flatulenz

Dosierung

Vorsichtige Einzelgaben der C 30

Wichtig: bei Verschlimmerung nicht wiederholen!

Bei sterbenden Patienten: Einzelgabe der C 200, die Lebenskraft der Katze »entscheidet« dann, ob sie sich bessert oder sterben »will«

Carduus marianus – Card-m

Indikationen

- Unterstützendes Mittel bei Lebererkrankung
- Gelbsucht, Stauungsikterus, intensiv gelbe Haut und Schleimhäute

Dosierung

Wiederholte, bei Bedarf tägliche Gaben der C 4 oder C 6, bei Besserung Abstände vergrößern.

Ceanothus americanus – Cean

Indikationen

- Lymphatische Leukämie
- Besonders auffallende starke Milzvergrößerung
- Grünlicher Urin
- Linksseitiges Mittel, linksseitig aufgetriebener Oberbauch
- Folgemittel notwendig (z. B. *Conium*, *Natrium arsenicosum*, *Natrium muriaticum*)

Dosierung

Tägliche Gaben von C 4 oder C 6, bei Besserung Abstände vergrößern.

China officinalis – Chin

Indikationen

- Fördert die Blutbildung in chronischen Fällen von Anämie
- Begleitend Milzschwellung und Lebererkrankung, Gerinnungsstörungen
- Ärgerliche, reizbare Stimmung, berührungsempfindlich
- Auffallende Schwäche, Gliederschmerzen
- Periodisch wiederkehrende Verschlechterungen
- Evtl. wiederholte Fieberschübe

Dosierung

Einzelgaben der C 30, bei sicherer Indikation Einzelgabe der C 200.

Cisplatinum – Cisplat

Indikationen

- Gebräuchliches Zytostatikum der schulmedizinischen Krebstherapie (»Penicillin des Krebs«)
- Die Indikationen entsprechen den Nebenwirkungen dieses Stoffes:
- Homöopathisch indiziert (C 30 oder höher) bei: Leukopenie, Anämie, Thrombopenie, Neutropenie, Knochenmarkdepression
- Nur geeignet für schwere fortgeschrittene, auch zu versuchen in aussichtslosen Fällen
- Stimuliert überraschend schnell das Allgemeinbefinden (auch bei Zytostaticatherapie)
- bessert und regeneriert die Blutbeschaffenheit in schweren Fällen
- Fehlender Appetit, Unvermögen zu trinken
- Hämorrhagische Schleimhautentzündungen, Gerinnungsstörungen, Gelbsucht
- Gestörte Natrium-Kalium-Magnesium-Balance
- Interstitielle Pneumonie, Lungenfibrose, Nekrose der Nieren
- Interstitielle Nephritis, mangelnde oder fehlende Harnbildung
- Darmblutungen, Blutungen in den Harnwegen
- Neurologische Störungen

- Gliederschmerzen, Hauterkrankungen, Haarausfall

Dosierung

Genaue Kontrolle nach Einzelgaben der C 30.

Conium maculatum – Con

Indikationen

- Weniger bei der Leukose, eher beim Lymphom/Lymphosarkom indiziert
- Steinharte Tumoren
- Begleitet von Neigung zum Taumeln mit Schwindel, speziell nach Schütteln des Kopfes
- Unsicherer Gang, Schwäche/Lähmung, ausgehend von den Hinterextremitäten

Dosierung

Einzelgabe der C 30, bei sicherer Indikation auch C 200.

Dysentery compound – Dys-co

»Darmnosode« (Literatur 48, 60)

Indikationen

- Vegetativ übererregbarer Patient (Schilddrüse?)
- Verdauungsstörungen o. a. Symptome schlimmer durch Aufregung
- Zwischenmittel für chronische *Arsenicum-album-*, *Arsenicum-iodatum-*, *Phosphoricum-acidum-*, *Phosphorus-* oder *Silicea-*Patienten

Dosierung

Einzelgabe der C 30, bei Bedarf als »Reaktionsmittel« wiederholen.

Echinacea angustifolia oder purpurea – Echi

Synptome und Indikationen

- Stimuliert besonders in potenzierter Form (ab C 6 und höher) intensiv das Immunsystem
- Normalisiert die Blutbildung, Blutzusammensetzung und Blutzellen
- Kann bereits bei Verdacht, bzw. am Beginn der Erkrankung gegeben werden
- Sepsis durch ulzerierte Tumoren (!)

Dosierung

Evtl. unterstützende Einzelgabe der C 30 zu anderen Mittel bei genereller Immunschwäche.

In schwersten, fortgeschrittenen Fällen auch C 200 oder höher.

> **Hinweis:** Zu häufige Gabe provoziert latente Entzündungen

Lachesis mutus – Lach

Indikationen

- Erkrankungen mit Thrombopenie und Gerinnungsstörungen, Sepsis
- Weitere *Lachesis*-Symptome: Druckempfindliche Kehle, »Geschwätzigkeit«, possessives Verhalten
- Begleitend evtl. Schilddrüsenadenom

Modalitäten

- Schlimmer nach dem Schlafen

Dosierung

Vorsichtige Dosierung der C 30 (Reaktion genau kontrollieren!), bei sicherer Indikation Einzelgabe der C 200.

Lapis albus – Lap-a

Indikationen

- Lymphome o. a. Tumoren von derb-elastischer Qualität wie Gummi

Dosierung

Beginn mit C 3 oder Q 3, einmal tgl. dann alle 7 Tage eine Stufe höhere Potenz (C 4, 5, 6 usw. oder Q 1, 2, 3, 4 usw.).

Levico aqua – Lev

Aus der Mineralquelle Levico Therme, Trentino, Italien, enthält *Arsenicum, Cuprum, Ferrum* u. a.

Indikationen

- Unterstützendes Mittel für geschwächte, anämische Patienten, regt den Appetit an
- Unterstützend bei begleitenden Hauterkrankungen, Epilepsie, bei fortschreitender Abmagerung
- Wichtig für die Rekonvaleszenz

Hinweis: Nicht indiziert, wenn der Patient *Arsenicum* in höherer Potenz erhält!

Dosierung

Einmal täglich C 4 oder D 8.

Natrium muriaticum – Nat-m

Indikationen

- Chronische, langsam entstandene Formen von FeLV
- Langsam stetig fortschreitende Verschlimmerung
- Lymphatische Leukämie
- Haarausfall
- Zahnfleisch: Schwellung und Bluten
- Folgen von Kummer, trauriges, abweisendes Verhalten
- Periodisch wiederkehrende Verschlechterungen bzw. Fieberschübe
- Weitere konstitutionelle Symptome von *Natrium muriaticum* (siehe *Kapitel 20, Abschnitt Gemütssymptome – Verhaltenssymptome und Arzneimittelbild, Seite 579*)

Dosierung

Einzelgabe der C 200, bei sicherer Indikation auch höhere Potenz.

Phosphorus – Phos

Gehört weniger zu den primär wichtigsten Arzneien der Leukose

Indikationen

- Indiziert bei Anämie mit Störungen der Blutgerinnung
- Bei chronischem, unwillkürlich abgehendem Durchfall/Kot

Dosierung

Je nach Zustand des Patienten Einzelgabe der C 200 oder höhere Potenz.

Phosphoricum acidum – Ph-ac

Wichtiger in diesem Zusammenhang als *Phosphorus*

Indikationen

- Viele Symptome von *Phosphorus*, aber viel mehr Schwäche und Erschöpfung
- Gleichgültigkeit, Apathie im Laufe schwerer Krankheit
- Chronisches schwächendes Fieber
- Chronischer Durchfall, evtl. sogar ohne erwartete Schwäche, unwillkürlicher Kotabgang

Dosierung

Einzelgabe der C 200 oder höhere Potenz.

Phytolacca decandra– Phyt

Lymphome, auch maligne, Schwerpunkt Rachenraum, Mandibular-Lymphknoten, Parotis

Indikationen

- Auch ulzerierte Lymphome (*Echinacea*)
- Bevorzugt auf der rechten Seite
- Neigung zum Zusammenbeißen der Zähne bzw. Kauen
- Kopf manchmal auffallend an die Brust gezogen
- Evtl. rote Zungespitze
- Schmerzen an der Zungenwurzel, daher vorsichtiges, langsames Fressen

Modalität

- Schlimmer bei nasskaltem Wetter

Dosierung

Bei sicherer Symptomatik Einzelgabe der C 200.

Silicea terra – Sil

Leukoseerkrankung mit konstitutionellen Symptomen

Indikationen

- Frierende, sensible, nachgiebige, rangniedrige Katzen, scheu und schüchtern, nicht aufdringlich
- Lymphome u. ä. der Mesenterial-Lymphknoten (am Darm)
- Chronischer, resistenter Durchfall
- Langsam fortschreitender Verfall
- Folgen bzw. Verschlimmerung nach schlecht vertragener Impfung (*Echinacea*)

Dosierung

Je nach Zustand des Patienten Einzelgabe der C 200 oder höhere Potenz.

Sulfanilamidum – Sulfa

Homöopathisch zubereitetes Sulfonamid

Indikationen

- Verlangsamung aller Körperfunktionen
- Eine der Hauptwirkungen: Blutbildung und -zusammensetzung:
- Aplastische (fehlende Bildung von Blutzellen) u. a. Formen der Anämie
- Chronische Leukämie, Agranulozytose, Leukopenie, Thrombopenie
- Gerinnungsstörungen, Blutungsneigung
- Chronische interstitielle Nephritis
- Erniedrigte Körpertemperatur

Dosierung

Genaue Kontrolle nach Einzelgaben der C 30.

Sulfur – Sulf

Auftreten der FeLV im Zusammenhang Immunsuppression (z. B. Kortison)

Dosierung
Arznei für den unklaren Anfang in einmaliger Gabe der C 30, dann evtl. Folgemittel wählen.

Sycotic compound – Syc-Co

Darmnosode (Literatur 48, 60)

Indikationen
- Evtl. Zwischenmittel bei chronischem Durchfall u. a. Schleimhautentzündungen
- Komplementär zu: *Lyc*, *Nat-m*, *Nit-ac*, *Puls*, *Sil*, *Sulf*, *Thuj* u. a.

Dosierung
Einzelgabe der C 30, bei Bedarf als »Reaktionsmittel« wiederholen.

Tuberculinum Koch – Tub-K

Tub-K ist gelegentlich bei der Katze im Fall von Schwäche des Immunsystems angezeigt

Aber nicht eines der ersten Mittel bei der FeLV, sondern einmaliges Zwischenmittel bei chronischem Verlauf

Indikationen
- Wechsel von Allgemeinbefinden, Symptomen und Stimmung
- Chronische Schwäche, chronischer Durchfall
- Evtl. Ruhelosigkeit trotz schlechter klinischer Befunde
- Evtl. wiederkehrende Fieberschübe, Milzschwellung
- Atemwegserkrankungen, Husten, Asthma, Tonsillitis, Schwellung der Mandibular-Lymphknoten
- Lidrandentzündungen

Modalitäten
- Durchfall morgens, Schwellungen von Lymphknoten
- Begleitend Nierendegeneration
- Schlimmer morgens, besser im Freien, schlimmer im warmen Zimmer

Dosierung
Streng kontrollierte Einzelgabe der C 30.

Dosierung dieser Arzneien
Wenn die Arzneiwahl nicht durch eindeutige Symptome gesichert ist, sollte sie nicht höher als C 30 gegeben werden. Die Reaktion muss dann besonders genau beobachtet werden.

Wegen der Schwere der Erkrankung empfiehlt sich besondere Vorsicht beim Einsatz höherer Potenzen. Die Lebenskraft könnte durch höhere Potenzen oder zu häufige Gaben überfordert werden.

IMMUNDEFIZIENZ-SYNDROM – FELINES IMMUNDEFIZIENZ-VIRUS (FIV) – »KATZEN-AIDS«

Das FIV-Virus ist verwandt mit dem Leukosevirus. Die Krankheitssymptome können denen der Leukose und der FIP ähneln, daher kann die Diagnose ebenfalls nur immunologisch gestellt werden, deren Ergebnisse jedoch nicht immer eindeutig sind.

Die Ansteckung erfolgt durch Kontakt mit der erkrankten Katze oder ihren Ausscheidungen, durch Bissverletzungen oder durch das Muttertier auf die Föten bzw. Welpen.

Die Erkrankung beginnt mit einer generalisierten Schwellung der Lymphknoten, mit Fieber und Mangel an Leukozyten.

Danach kann die Erkrankung zum scheinbaren Stillstand kommen, aber die Immunschwäche nimmt infolge von gestörter Funktion der B- und T-Helferzellen weiterhin zu.

In dieser Situation können sich Erkrankungen bzw. Entzündungen an jedem Organ entwickeln, da der Organismus für Erreger aller Art empfänglich wird.

An erster Stelle stehen Mattigkeit und fehlender Appetit. Mögliche Erkrankungen finden sich Im Maul (Stomatitis), Schnupfen, als chronische Augenentzündungen, in Form von chronischem oder wiederkehrendem Durchfall, Abmagerung, Haarkleidschäden oder/und Erkrankungen des Zentralnervensystems.

Die Schulmedizin sieht keine Heilungschancen; lediglich die Sekundärerkrankungen können durch Antibiotika, »Entzündungshemmer« (NSAID), Kortison oder andere Immunsuppressiva vorübergehend gelindert werden.

Auch hier kann das Immunsystem durch Gaben von potenzierter *Echinacea* (C 30 oder höher) stimuliert werden.

Im Anfangsstadium kann eine Einzelgabe von *Echinacea* C 30 oder C 200 sogar eine dauerhafte Heilung bringen.

Zusätzlich oder im Wechsel kann auch bei der FIF das Immunsystem mit wiederholten Gaben von *Propolis* C 4 oder C 6 verbessert werden.

Propolis verfügt über Eigenschaften, die man als »antibiotisch« und »immunstärkend« bezeichnet und kann hier zusätzlichen Infektionen vorbeugen. Zu häufige Gaben von *Propolis* können jedoch Herzbeschwerden provozieren.

Diese Mittel dürfen jedoch nicht bei gutem oder sich besserndem Allgemeinbefinden der Katze wiederholt werden, auch wenn sie serologisch positiv ist!

Hier können dieselben Mittel wie für die Leukose infrage kommen.

Im Zweifelsfall kann als Zwischenmittel die *FIV-Nosode* C 30 oder 200 gegeben werden.

Auch *Carcinosinum* C 200 (eine einmalige Einzelgabe!) oder *Tuberculinum Koch* C 30 wären zu erwägen.

Carcinosinum scheint ein ganz wesentliches Stimulans für die Aktivität der Hypophyse und damit des Immunsystems zu sein.

Die Dosierung richtet sich streng nach der Reaktion des Patienten!

Weil mit diesen Mitteln bisher zu wenig Erfahrungen existieren, ist auch hier eine radiästhtische Testung des Patienten empfehlenswert.

Die entsprechenden Sekundärerkrankungen sind in den jeweiligen Kapiteln beschrieben.

FELINE INFEKTIÖSE PERITONITIS (FIP)

Die Infektion mit diesem Virus (Coronavirus) muss nicht in jedem Fall zum Ausbruch der Erkrankung führen. Es gibt viele Katzen, die sich ohne Erkrankung mit dem Erreger auseinandersetzen, aber diesen auf andere Katzen mit geschwächtem Immunsystem (!) übertragen können. Nach der Ansteckung kann es Monate bis zum Ausbruch der Erkrankung dauern; Stressfaktoren und andere Belastungen (z. B. Impfungen) erhöhen die Wahrscheinlichkeit des Krankheitsausbruchs.

Die Erkrankung verläuft primär chronisch und führt fast immer zum Tode.

Die FIP zeigt gewisse miasmatische Analogien zur Tuberkulose des Menschen; aus dieser Sicht könnten analoge Homöopathika infrage kommen.

Die Diagnose kann wegen der Vielfältigkeit der möglichen Symptome einzig durch serologische Untersuchung gestellt werden; aber – wie bereits erwähnt – die Ergebnisse sind nicht immer sicher.

Es ist jedoch nicht angebracht, eine symptomfreie Katze wegen eines positiven FIP-Titers einzuschläfern; ob die Katze später wirklich an FIP erkrankt, ist ebenfalls ungewiss.

Auch das FIP-Virus beeinflusst direkt die Aktivität des Immunsystems, indem es in die weißen Blutkörperchen (Makrophagen) eindringt und sie zerstört. Je mehr sich der Organismus gegen das Geschehen wehrt, desto mehr werden diese Makrophagen (»Fresszellen«) vernichtet und umso mehr Viren werden freigesetzt.

Anschließend entwickeln sich Entzündungen an den Wänden von Blutgefäßen und an den Umhüllungen von Organen, die sich zu knotigen Veränderungen mit fibrinösen (klebrigen) Ausschwitzungen entwickeln und Serum absondern können.

Im Rahmen dieser Reaktionen kann es zum Erguss von Flüssigkeit im Bauch- oder Brustraum (Aszites, Pleuraerguss) kommen.

Die auftretenden Symptome richten sich zunächst nach der Art der betroffenen Organe.

Häufig gehört konstantes Fieber mit fehlendem Appetit, grauweiß oder gelblich verfärbte Schleimhäute zu den ersten Symptomen. Diese Formen von Fieber sprechen in der Regel nicht auf Antibiotika an!

Es können gleichzeitig chronische oder wiederkehrende Erkrankungen in der Maulhöhle, an Atemwegen, Harnwegen, Haut etc. auftreten.

Nach Ausbildung eines deutlichen Aszites (Bauchwassersucht) hat die Katze meist nicht länger als 2 bis 3 Wochen zu leben. Mit gezielter homöopathischer Therapie besteht immerhin eine kleine Hoffnung.

Im beginnenden Akutfall gibt es mit homöopathischen Mitteln durchaus Chancen für eine Heilung. Wenn aber bereits organische Veränderungen eingetreten sind im Sinn einer Polyserositis (Entzündung vieler Organumhüllungen bzw. -auskleidungen) oder fortgeschrittener Aszites (Bauchwassersucht), dann ist der Katze wahrscheinlich nicht mehr zu helfen.

Im Anfangsstadium der FIP stehen konstantes, antibiotikaresistentes Fieber, Schwäche, Apathie, fehlender Appetit und grauweiß bis gelblich verfärbte Schleimhäute in Vordergrund.

Hier kann erstaunlicherweise eine Gabe *Echinacea* in C 30 oder C 200 das Immunsystem so weit stabilisieren, dass die Erkrankung nicht weiter fortschreitet und ausheilt.

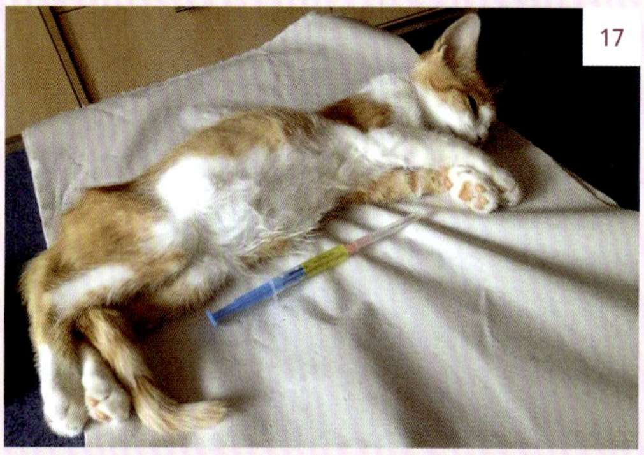

17

Eine Katze im fortgeschrittenen Stadium einer FIP-Infektion. Das Tier ist bereits extrem abgemagert und zeigt einen hochgradigen Aszites. Solche Patienten sind in der Regel nicht mehr zu retten.

Wer bei einem solchen Patienten trotzdem einen Therapieversuch starten will, der möge mit einer Einzelgabe Echinacea C 200, anschließend Tuberculinum Koch C 30 beginnen. Wenn die Lebenskraft sich etwas erholt hat, könnte man Kalium jodatum folgen lassen.
Die Dosierung richtet sich streng nach Reaktion und Allgemeinbefinden des Patienten.
Der Aszites benötigt Wochen, um sich zurückzubilden.
(Foto: Monhart)

Bei Vorliegen von kontinuierlichem Fieber, das weder auf ein Antibiotikum noch auf ein »gut gewähltes« Homöopathikum anspricht, kann eine Einzelgabe *Echinacea* C 200 zur Genesung führen.

In späteren Stadien ist es möglich, dass durch *Echinacea* XM eine Wende zum Positiven eingeleitet wird.

Die Echinacea-Tinktur – nicht potenziert – ist in diesem Fall wirkungslos.
Zu erwägen sind bei bereits vorliegendem Aszites nach der Gabe von *Echinacea* ferner die *Jod*verbindungen, (z. B. *Arsenicum iodatum* oder *Kalium iodatum*), die einen besonderen Bezug zu Drüsenaffektionen und serösen Exsudaten in Körperhöhlen haben.

Ob auch hier die wiederholte Gabe einer tiefen Potenz von *Propolis* wirksam ist, muss die Erfahrung noch zeigen.

Das Symptomenbild der FIP ähnelt der »Tabes mesenterica«; das ist ein Begriff aus der Medizin des 19. Jahrhunderts, der sich noch in der heute gebräuchlichen homöopathischen Literatur findet; er bezeichnet tuberkulöse Erkrankungen des Lymphsystems in Brust- und Bauchhöhle. Derartige Angaben aus Repertorium und Literatur eröffnen Anhaltspunkte für den Einsatz von Arzneien für FIP und ähnliche Erkrankungen.

Arsenicum iodatum – Ars-i

»Frühstadium der Tuberkulose«

Einige Erkrankungen der Katze – so der »Immunschwächekomplex« – erinnern an ähnlich verlaufende Tuberkuloseerkrankungen des Menschen

Schwerpunkt: Erkrankungen in Brust- und Bauchraum

Indikationen

- Fieber speziell am Nachmittag
- Schnelle Abmagerung mit oder ohne Futteraufnahme, erkennbar bei der Katze besonders an Brustwand und Rücken, während das Depotfett noch an der Unterseite des Bauches erhalten ist.
- Anämie, Ruhelosigkeit tags und ganz speziell nachts (Schilddrüse?)
- Erkrankungen von Herzmuskel und Milz, evtl. Atemnot mit giemender Atmung (wie Asthma)
- Blähungen, daher aufgetriebenes Abdomen, Schwellung und Entzündungen der Mesenterialdrüsen
- Neigung zu sehr wundmachenden, extrem stinkenden Absonderungen

Dosierung

Vorsichtige und kontrollierte Gaben der C 30.

Bacillinum – Bac

- die FIP erinnert (aus der Sicht der Homöopathie) an Tuberkulose, obwohl gerade die Katze nicht an TBC erkrankt. Daher sollte man Bacillinum oder Tub-K für einen Therapieversuch im Fall einer FIP erwägen.

Dosierung

Eine Einzelgabe der C 200.

Kalium iodatum – Kali – i

Tuberkulöse und syphilitische Erkrankungen

Drüsenerkrankungen, chronische Nephritis, Augenerkrankungen

Indikationen

- Warmblütiger Patient (im Gegensatz zu anderen *Kalium*-Verbindungen), besser in frischer Luft
- Schwerpunkt: Resorption von Flüssigkeitsansammlungen in Bauch- und Brustraum
- Freundlich, aber reizbar, aggressiv, sofern nicht bereits Apathie eingetreten ist

Dosierung

Vorsichtige und kontrollierte Gaben der C 30.

Kalium muriaticum – Kali-m

Für die vorwiegend »trockene FIP«, bei der die serösen Exsudate (noch) nicht überwiegen, steht es hier an erster Stelle (nicht gleich *Kali-chlor*!)

Indikation

- Schwerpunkt fibrinöse Ausschwitzungen

Dosierung

Vorsichtige und kontrollierte Gaben der C 30.

Über die Wirkung der Nosode *Syphilinum* auf derartige Erkrankungen bestehen keine positiven Erfahrungen.

Wer eine derart destruktive Erkrankung behandelt, muss berücksichtigen, dass **die Besserung des Allgemeinbefindens der erste und wichtigste Maßstab für die Dosierung der Arznei darstellt!**

Als erstes Symptom müssen sich Anteilnahme, Ausdrucksverhalten, Körperhaltung und Appetit verbessern. **Aber eine zu häufige Dosierung des Simile kann zum letzten Zusammenbruch des Immunsystems führen.**

Die Arznei darf erst dann wiederholt werden, wenn die Besserung tagelang auf bedenklichem Zustand verbleibt, gar nicht fortschreitet oder wenn es dem Patienten erneut schlechter geht.

Ein Aszites braucht Wochen, bis er sich zurückbildet!

Die Punktion der Bauchhöhle (Absaugen der Flüssigkeit) ist sinnlos, da sie sich binnen eines Tages wieder füllt – unter Verlust von Körperflüssigkeit und lebenswichtigen Mineralstoffen.

Ebenso läuft eine zusätzliche Kortisontherapie (schwächt das Immunsystem) der homöopathischen Therapie zuwider, die im Gegenteil auf eine Normalisierung des Immunsystems abzielt.

INFEKTIÖSE ANÄMIE – HÄMOBARTONELLEN

Hämobartonellen gehören zu Familie der Bakterien der Mycoplasmaceen. Die Bakterien werden durch Flöhe (oder andere Insekten – Zecken?) oder durch die Muttermilch auf die Katzenwelpen übertragen.

Diese Erreger parasitieren auf der Oberfläche der roten Blutkörperchen und zerstören diese während wiederkehrender Fieberschübe. Die Erkrankung geht daher mit einem Mangel an roten Blutkörperchen (Erythrozyten) einher. Infolge vermehrten Abbaus der Erythrozyten kann eine Gelbsucht auftreten. Als Reaktion auf deren intensive Nachbildung dieser Blutzellen kommt es zur Vergrößerung der Milz.

Im chronischen Fall und bei relativ guter Immunitätslage können sich die Symptome auch einzig in einer Art Anämie (blasse Schleimhäute) zeigen.

Die Erkrankung ähnelt der Malaria des Menschen, daher kommen zur Therapie auch ähnliche Homöopathika infrage.

Die beiden wichtigsten Arzneien sind *China* und *Natrium muriaticum*; unterstützt werden kann die Therapie durch *Artemisia annua* (Literatur 33a) in täglichen Gaben der C 4 oder C 6 (*Kapitel 15, Krebs- und Tumorerkrankungen der Katze, Seite 474*).

China – Chin

Wichtiges Mittel bei Zerstörung von Blutzellen, wie bei Malaria

Indikationen

- Akutfall: Schwäche bis Lähmung, blasse Schleimhäute, eingefallene Augen, Facies hippocratica
- Periodisch wiederkehrendes Fieber, anfallsweise, jeden 2. oder 7. Tag, oder im Abstand von Stunden

Modalitäten

- Anfälle von Schüttelfrost, besser durch Wärme
- Begleitend Gliederschmerzen
- Fehlender Appetit oder Heißhunger im Fieber, auch nächtlicher Heißhunger
- Neigung zu Blähungen, deren Abgang nicht bessert
- Berührungsempfindlicher Bauch, aber Druck bessert
- Schlimmer linke Seite, schlimmer im Kalten
- Begleitend evtl. Gelbsucht, Leberbeschwerden, Milzvergrößerung

Dosierung

Einzelgabe der C 200.

Natrium muriaticum – Nat-m

Eher chronische Zustände der Hämobartonellose

Indikationen

- Chronisch wiederkehrende Schwächezustände evtl. mit Fieber
- Matte, reservierte Tiere, blasse Schleimhäute, zunehmende Abmagerung

Modalitäten

- Verschlimmerung jeweils gegen 10 bis 11 Uhr vormittags; auch mit Frieren verbunden
- Beschwerden »kommen und gehen mit der Sonne«
- Schlimmer bei heißem Wetter oder durch Sonne

Dosierung

Einzelgabe der C 200, bei konstitutionellen Symptomen auch höhere Potenz.

Hinweis: Nach *China* geben, wenn *China* nicht wirkt!

TOXOPLASMOSE

Die Toxoplasmose ist eine Infektion, die durch den einzelligen Organismus Toxoplasma Gondii ausgelöst wird. Der Parasit entwickelt sich über verschiedene Zwischenstadien; betroffen sein können sowohl Schweine, Vögel, Wildtiere als auch der Mensch. Der Endwirt ist die Katze, welche die ansteckungsfähigen Erreger mit dem Kot ausscheidet.

Die Infektion verläuft bei Tieren und Menschen meist ohne bemerkenswerte Symptome. Eine durchgemachte Infektion führt zu lebenslanger Immunität.

Auf den Menschen wird die Toxoplasmose jedoch am häufigsten durch den Genuss von rohem Schweinefleisch übertragen, wesentlich seltener durch Schmierinfektionen mit infiziertem Katzenkot.

Grippeähnliche Krankheitssymptome durch eine Toxoplasmoseinfektion werden besonders bei geschwächtem Immunsystem beobachtet.

Beim Menschen kann eine Neuinfektion während der Schwangerschaft zum Tod oder zu Missbildungen des Embryos führen.

Katzen mit geschädigtem Immunsystem können akute oder chronische Symptome entwickeln – wie Atemwegsbeschwerden, Asthma, unklares Fieber, Lymphknotenschwellungen, Durchfälle, Entzündungen an Augen (Iris, Chorioidea, Retina), Herzmuskel, Leber (Gelbsucht) oder Bewegungsapparat.

Bei Katzenwelpen kann die Infektion zum Tode führen.

Ältere Toxoplasmose-Katzen mit geschwächtem Immunsystem erkranken häufiger an chronischen Verdauungsproblemen und zentralnervösen Störungen.

Die Infektion wird durch serologische Untersuchung im Labor nachgewiesen.

Die Symptomatik allein erlaubt keine klare differenzierende Diagnose, ob eine kranke Katze primär unter Immunschwäche, einer zusätzlichen Toxoplasmose oder einer anderen Krankheit leidet.

Für die homöopathische Therapie sind – wie immer – die individuellen Symptome für die Arzneimittelwahl wahlanzeigend.

Bei unklaren Erkrankungen, die nicht auf ein solches, gewissenhaft ausgewähltes Homöopathikum ansprechen, sollte man immer auch an den Einsatz der *Toxoplasmose-Nosode* denken – ebenso an die Nosode *Tuberculinum Koch*.

Beide Mittel dürfen jedoch nicht gleichzeitig gegeben werden. Eine Beobachtungszeit von mindestens einer Woche nach der Gabe der C 30 sollte eingehalten werden. Besser wäre jedoch eine längere Zeit der Beobachtung.

Bei unklaren Schwächen des Immunsystems kann es sinnvoll sein, solche möglichen »Krankheitschichten« durch eine Abfolge entsprechender Nosoden wie eine »Zwiebelschale« abzutragen.

Reaktionen auf Impfungen

Das Thema »Impfungen« gehört zwar nicht ausdrücklich zum Kapitel natürlich erworbener »Entzündungen« oder »Infektionskrankheiten«, sondern eher zu den »künstlich zugefügten« Immunreaktionen bzw. Infektionen; dennoch sei dieses Thema an dieser Stelle erwähnt.

Zu diesem Schwerpunkt gibt es reichliche Literaturangaben, von denen ein Teil unter Nr. 26 genannt ist.

Über den Wert von Impfungen streiten die Befürworter und die Gegner seit mindestens 130 Jahren.

Sicher ist, dass die Impfungen keineswegs garantieren, dass die geimpfte Erkrankung nicht auftritt.

Weiterhin kann eine Immunreaktion auf das Impfvirus erzeugt werden; ob aber das Impfvirus mit den inzwischen möglicherweise mutierten Feldviren (in der Natur vorkommend) übereinstimmt, ist eine andere Frage. Es ist also möglich, dass kein oder nur ein unzureichender Infektionsschutz erreicht wird.

Auch die Notwendigkeit, Impfungen jährlich zu erneuern (boostern), ist nicht durch entsprechende Untersuchungen bewiesen; die finanziellen Erträge durch Impfungen bei Haustieren machen allerdings mindestens ein Drittel des (schulmedizinischen) tierärztlichen Umsatzes aus!

Prof. Horzinek (Vet-Universität Utrecht) betont, reine Wohnungskatzen brauchen nicht geimpft zu werden.

Von den Reaktionen bei Menschen und Tieren ist hinlänglich bekannt, dass Impfungen das Entstehen von allergischen und anderen Erkrankungen begünstigen.

Unerwünschte Impfreaktionen können durch das Impfvirus selbst, durch Adjuvanzien bzw. Konservierungsstoffe oder andere Bestandteile hervorgerufen werden.

Wer die im Beipackzettel angegebenen Inhaltsstoffe der Impflösungen studiert, wird mit Erstaunen feststellen, dass deren Menge und Konzentration nicht nach dem Körpergewicht des Tieres bemessen sind.

Ein junges Kätzchen mit 1 kg Körpergewicht bekommt dieselbe Dosis Tollwut-Impfstoff wie ein gewaltiger 12 kg schwerer Main-Coone-Kater oder ein 700 kg schweres Pferd!

In den Impfstoffen sind verschiedene Adjuvanzien (Hilfsstoffe) und Conservantien (Konservierungsstoffe) enthalten.

Dazu gehört besonders in vielen Tollwut-Impfungen noch immer das organisch gebundenes **Quecksilber** (Merthiolat, Thiomersal oder Thimerfonat). Diese Stoffe enthalten ca. 50 % reines Quecksilber.

Quecksilber ist ein seit ca. 1930 verwendeter antibakterieller, giftiger Stoff, der nur noch in wenigen Impfstoffen für den Menschen, jedoch in manchen Impfstoffen gegen Katzenkrankheiten enthalten ist.

Die Angaben für die Konzentration von Quecksilberverbindungen in den Impfstoffen schwanken zwischen 0,1 mg bis 0,1 % oder 0,2 % von 1 ml Injektionslösung.

Die toxische Belastung durch Quecksilber ist gerade für kleine Tiere immens:

Die Tollwut-Impfung soll ab einem Alter von 14 Wochen verabreicht werden. Ein 14 Wochen altes Kätzchen wiegt ca. 1 bis 1,5 kg und bekommt mit dieser Impfung 0,1 bis 0,2 **mg** Merthiolat (= 1000 bis 2000 **µ**g = **Mikro**gramm); das sind 500 bis 1000 µg reines Quecksilber.

Für Menschen wurde in 2003 von der WHO der maximale Grenzwert der Quecksilberbelastung erneut festgelegt: Er beträgt pro kg Körpergewicht pro Woche 0,25 **µ**g (Mikrogramm) (Methylquecksilber, orale Dosis) (Literatur 26 a).

Jeder möge die Quecksilberbelastung für ein solches Kätzchen selbst ausrechnen!

Bei menschlichen Säuglingen wird vor der Quecksilberbelastung durch manche Impfstoffe gewarnt, d. h. es werden vielfach schon andere Conservantien als Merthiolat eingesetzt. Der zweibeinige Säugling wiegt jedoch mehr als ein Kätzchen!

Im Laufe von jährlich wiederholten Impfungen, die möglicherweise Quecksilber enthalten, kumuliert sich zunehmend die Belastung des Organismus mit *Mercurius*.

Quecksilber ist bekanntlich ein hochgiftiges Schwermetall, dessen Vergiftung sich jedoch erst Wochen oder Monate nach der Exposition bemerkbar machen kann.

Aus der homöopathischen Arzneimittelprüfung wissen wir, dass Quecksilbervergiftungen letztlich den ganzen Körper betreffen und destruktive Schäden an Immunsystem, Schleimhäuten, Lymphsystem, inneren Organen, Nervensystem und schließlich auch an Knochen bis hin zum Krebs anrichten können.

Vielleicht liegt in der systematischen Impfung der vergangenen 35 bis 40 Jahre eine Ursache für die zunehmende Zahl am Immunerkrankungen mit Beteiligung des Lymphsystems, Stomatitis, Katzenschnupfen, Augenerkrankungen etc.?
Die generationsübergreifende Verabreichung von Quecksilber hat sich wahrscheinlich zu einem regelrechten »Quecksilber-Miasma« bei Katze, Hund und Pferd entwickelt (siehe *Kapitel 2, Seite 20*).

Für die erwähnten Krankheiten der Katze gelangen bevorzugt die aus der Homöopathie bekannten Antidote gegen eine Quecksilbervergiftung zur Anwendung. Das würde die Hypothese eines »Quecksilber-Miasmas« bestätigen.

Das Antidot gegen Quecksilber ist nicht der potenzierte *Mercurius*!

Hier die Rubrik aus dem Mac Repertory für die homöopathische Antidote gegen Quecksilber:
acon, agn, alumn, anan, ang, ant-c, arg, arn, ars, asaf, **Aur**, aur-m, aur-s, bell, bor, bry, calad, calc, calo, camph, carb-an, **Carb-v**, caust, chel, chin, cic, cina, clem, cocc, coff, colch, con, cupr, dig, dulc, euph, euphr, ferr, fl-ac, graph, guai, **Hep**, hydr, iod, iris, kali-bi, kali-chl, **Kali-i**, **Lach**, laur, led, lyc, lycps, merc-i-r, mez, mur-ac, nat-m, **Nat-s**, **Nit-ac**, nux-v, op, ph-ac, **Phyt**, plat, podo, puls, rheum, rhod, rhus-g, rhus-t, sabad, sars, sel, sep, sil, spong, **Staph**, still, stram, stront-c, sul-i, **Sulph**, syph, thuj, valer, verat, viol-t, zinc

Es ist inzwischen unter Homöopathen bekannt, dass eine gute homöopathische Therapie toxische Belastungen mit Schwermetallen zwar eliminiert, ob aber bereits eingetretene organische Störungen regeneriert werden können, bleibt zweifelhaft.

Aluminium-Hydroxid ist in zahlreichen Impfstoffen enthalten, z. B. 3 % in 1 ml Injektionslösung.

Auch die Aluminiumvergiftung ist aus der homöopathischen Arzneimittelprüfung und aus der Aluminium-verarbeitenden Industrie bekannt: Sie greift langsam zunehmend das Zentralnervensystem an und führt so zu gestörter Koordination des Bewegungsapparates, zu fortschreitenden Lähmungen und schließlich zu Demenz.

Ob aber die bekannten homöopathischen Antidote gegen *Alumina* (*Cadmium sulfuricum, Nux vomica, Pulsatilla, Sulfur*) eine Lähmung durch Aluminiumvergiftung infolge Nervendegeneration aufheben können, erscheint fraglich.

Weitere spezielle Zubereitungen oder Zusätze in Impfstoffen sind Antibiotika, Formalin, Paraffin, Saponin und andere, die als Injektion verabreicht, ebenfalls nicht gut verträglich sind und allergische Reaktionen auslösen können.

Manche Impfviren werden auf Nährböden bestehend aus Krebszellen gezüchtet. Ob die Reste der Nährböden bei der Herstellung des Impfstoffes vollständig eliminiert werden können, ist nicht erwiesen.

In der Anti-Impfliteratur (Literatur 26) wird auch erwähnt, dass in den Impfstoffen Verunreinigungen durch fremde infektiöse Viren vorkommen können.

Auch andere toxische Produkte können im Impfstoff enthalten sein: In manchen Impfstoffen (z. B. Tollwut) bestimmter Hersteller ist zum Abtöten des Impfvirus der **Wirkstoff Beta-Propiolacton** enthalten, eine bekannte Chemikalie, die »als krebserregend gilt« (http://de.wikipedia.org/wiki/Propiolacton).

Über die Neben- oder Fehlwirkungen von Impfungen informiert in Einzelheiten die entsprechende Literatur (Literatur 26), ferner die Non-Mainstream-Presse.

Manche Impfstoffe für Tiere (z. B. Leukose-Impfung) werden **gentechnisch** hergestellt (rekombinante Impfstoffe). Die Impfgegner beklagen fehlende Untersuchungen über mögliche Schadwirkungen dieser Präparate.

Jedes Tier sollte vor einer Impfung gründlich untersucht werden; das ist in den Kosten für eine Impfung bereits enthalten. Kranke oder gestresste Tiere (egal, welcher Art!) sind in jedem Fall von einer Impfung auszuschließen! Dazu gehören auch Stressfaktoren wie Operationen (Kastration!), Besitzerwechsel, Wohnungswechsel, Tierheimaufenthalt für die Ferien etc.

Daran ändert auch eine gleichzeitige »prophylaktische Gabe« von Antibiotika nichts.

Auch immunsuppressiv therapierte Tiere (z. B. Kortison, Prednisolon u. Ä.) dürfen nicht geimpft werden!

Ebenso sollte jeder Verdacht auf eine Immunschwächekrankheit oder Krebs eine Impfung von vornherein ausschließen.

Eine »homöopathische Impfung« gibt es nicht. Die Definition »Impfung« ist für eine serologisch nachweisbare Antigen-Antikörper-Reaktion auf die geimpften Erreger vorbehalten.

Es ist jedoch sehr wohl möglich, homöopathische Arzneien als Vorbeuge gegen Krankheiten einzusetzen. Dafür hat sich speziell die konstitutionelle Therapie als geeignet erwiesen.

Es gibt sogar vereinzelte Veröffentlichungen, dass gezielte wiederholte Gaben spezieller Homöopathika die entsprechende Erkrankung verhüten sollen; z. B. Hunde erkrankten nach Gaben von *Distemperinum* (*Nosode der Hundestaupe*) trotz Infektionsdruck nicht (Literatur 12, 59).

Unerwünschte Reaktionen auf Impfungen

Unerwünschte Reaktionen auf Impfungen werden gar nicht selten beobachtet, jedoch von offizieller Seite als solche meist nicht anerkannt.

Dabei ist zu erwähnen, dass der Impfstoff derart zubereitet ist, dass er ca. 4 Wochen (oder länger?) an der Impfstelle verbleibt. Unter der lockeren Haut von Hund und Katze kann das Präparat natürlich in Richtung Bauch oder unter das Schulterblatt zwischen Rumpf und Schulter absinken (Schmerzen beim Laufen?).

Daher können Reaktionen auf Impfungen durchaus noch Wochen nach einer Impfung auftreten!

Eine gefürchtete Reaktion besteht in dem »Impfsarkom« oder »Vakzine-induzierten Sarkom«, das nach offizieller Angabe in maximal 1 % der mit Tollwut oder FeLV geimpften Katzen auftreten soll (nach eigener Erfahrung der beobachteten Fälle jedoch häufiger!). Daher wird auch dem impfenden Tierarzt von offizieller Seite empfohlen, die Impfung an einer gut zugänglichen Stelle zu injizieren, damit ein möglicher Tumor für die Chirurgie einfacher zugänglich sei. Chirurgisch entfernte »Impfsarkome« pflegen jedoch umso schlimmer zu rezidivieren (wiederkehren) und infiltrativ zu wachsen. (»Impfsarkom«, siehe *Kapitel 15, Krebs- und Tumorerkrankungen der Katze, Seite 474*).

In den homöopathischen Repertorien (Literatur 39, 47, 66, 81) finden sich verstreut diverse, sehr gute Angaben über Impfreaktionen, die sich in erster Linie auf Reaktionen nach der Pockenimpfung des Menschen beziehen. Dennoch haben sich diese Angaben auch bei Impfreaktionen auf andere Impfstoffe bei Menschen und Tieren immer wieder bewährt.

Die wichtigsten und häufigsten Arzneien für Impfreaktionen sind: *Echinacea*, *Silicea*, *Sulfur* und *Thuja*.

Malandrinum (Nosode der Pferde-Mauke) war eines der wichtigsten Homöopathika für Probleme nach der menschlichen Pockenimpfung und kann auch indiziert sein, wenn Impfstoffe aus dem Bereich der Poxviren verabreicht werden (z. B. Zylexis® oder manche Leukose-Impfstoffe aus modifiziertem Kanarienvogel-Pocken-Virus).

Wenn mit den angegebenen Homöopathika keine Besserung erreicht werden kann, sollte man den Einsatz der Nosoden aus den Impfstoffen erwägen (z. B. *Herpes-*, *Calici-*, *Chlamydien-*, *Leukose-*, *Lyssinum-* oder ähnliche Nosoden).

Diese Mittel beziehen sich jedoch auf die Reaktionen auf das Impfvirus, nicht auf die der Zusatzstoffe!

Die Beschreibung der angegebenen Mittel findet sich in den entsprechenden Kapiteln (z. B. Atemwege, Verdauungsapparat, Zentralnervensystem etc.)

Allgemeines, Reaktionen auf Impfungen: Acon, Ant-t, Apis, Ars, Bac, Bell, Bufo, Carc, Echi, Graph, Gunp, Hyos, Hep, Kali-chl, **Maland**, Med, Merc, **Mez**, Phos, Psor, Rhus-t, Sabin, Sars, Sep, **SIL.**, Skook, Stram, **SULPH**, Syc-co, **THUJ**, **Tub.**, **Vac**, Vario

Entzündungen von Schleimhäuten (speziell der Augen, Atemwege)**:** Echi, Thuj

Abszess nach Impfung: Gunp, Sil

Gangrän der Impfstelle: Gunp

Fieber nach Impfung: Carc, Echi, Sulf, Thuj

Augenentzündung nach Impfung: Thuj

Asthma (u. a. Erkrankungen der Atemwege) **nach Impfung**: Thuj

Husten nach Impfung: Sil, Thuj

Magenbeschwerden, Übelkeit nach Impfung: Sil, Thuj

Durchfall nach Impfung: Ant-t, (Apis), Sil, Thuj

Verstopfung nach Impfung: Thuj

Nierenentzündung nach Impfung: Apis, Merc-c

Schwellung der Injektionsstelle: Apis, Echi, Sulf

Akute Allergie nach Impfung: Apis, Echi

Entzündung, Abszess nach Impfung: Echi, Hep, Sulf

Erysipel nach Impfung: Apis, Sil

Krallen-(bett)-entzündung, eitrig: Hep, (Sil ?), Thuj

Hautausschläge nach Impfung: Echi, Kali-m, Maland, Mez, Sil, Skook, Sulf, Syc-co, Thuj

Hautausschläge, stark juckend nach Impfung: Mez, Sil, Thuj

Hautausschläge auf dem Kopf: Mez

Urticaria nach Impfung: Maland, Nit-ac, Thuj

Lähmung nach Impfung: Arg-n, Caust, Gels, Lyss, Nux-v, Phos, Sec, (Maland?) Sil, Thuj

Epilepsie nach Impfung: Cupr, Sil, Thuj

Krebs nach Impfung: Aur-m, Sil, Thuj u. a. (siehe *Kapitel 15, Seite 474*)

Mammakarzinom nach Impfung: Thuj

Angst und Unruhe nach oder seit der Impfung: Thuj (!)

Schlafstörungen nach Impfung: Thuj

Verhaltensprobleme nach der Tollwut-Impfung: Lach, Lyss (siehe *Kapitel 20, Seite 576*)

Warzen nach Impfung: Nit-ac, **Thuj**, Sabin (siehe *Kapitel 14, Seite 445*)

Dosierung

In diesem Zusammenhang ist es besonders wichtig, dass die Höhe der Potenz der Schwere der Erkrankung angepasst wird.

Tritt z. B. nach einer Impfung geringes Fieber mit Abgeschlagenheit oder fehlendem Appetit auf, so reicht meist eine Einzelgabe *Echinacea* C 30 aus; sie kann bei Bedarf (und nur dann!) nach 24 Stunden wiederholt werden.

Bei schwereren Allgemeinbeschwerden empfiehlt sich eine Einzelgabe der C 200.

Zu häufige Gaben oder zu hohe Potenzen können die Situation unnötig verschlimmern.

Schwere konstitutionelle Schäden wie wiederholt auftretende Epilepsie, Lähmung oder ängstliche Unruheerscheinungen sollten mit der Einzelgabe einer höheren Potenz des passenden Mittels behandelt werden.

KAPITEL 5

ERKRANKUNGEN DER AUGEN

Allgemeines

Augenerkrankungen sind bei allen Tieren ein gefürchtetes Problem, das nicht selten zu gestörtem Sehvermögen oder sogar zum Erblinden führt.

Trotz Antibiotika, »Entzündungshemmern« (NSAIDs) und Kortisontherapie ist es nicht immer möglich, das erkrankte Auge wieder herzustellen; die regelmäßige Applikation von derartigen Augensalben oder -tropfen erregt meist heftigste Abwehr von Seiten der Katze, die sich mit jeder Anwendung zunehmend verstärkt.

Homöopathische Arzneien werden jedoch durch das Maul verabreicht; die direkte Anwendung am Auge ist nicht erforderlich.

Unterstützend kann bei fast jeder Augenerkrankung ein frisch zubereiteter und gut filtrierter **Tee aus Augentrost** (*Euphrasia*) äußerlich zum Aufweichen und Abspülen verklebter Absonderungen angewendet werden. Die Tiere dulden meist ohne Abwehr die Behandlung mit einem Wattebausch, der satt mit diesem Tee getränkt wurde. Diese Anwendung ist auch bei banaler Reizung der Lidbindehaut sehr hilfreich.

Akute Erkrankungen der Augen entstehen häufig durch Verletzungen und/oder Infektionen.

Chronische Probleme sind häufig deren Folgen oder sie sind vergesellschaftet mit dem chronischen Katzenschnupfen bzw. geschwächtem Immunsystem.

Das chronisch tränende Auge ohne schwerwiegende Entzündung ist oft die Folge eines verstopften Tränen-Nasen-Gangs. Bei brachygnathen (kurznasigen) Katzenrassen kann dieser vollständig fehlen; die immer etwas tränenden Augen gehören dann zur nicht heilbaren »Berufskrankheit« der Perserkatzen.

Anamnese bei Erkrankungen der Augen

WER?

- Welpe, Jungtier, erwachsene Katze, Kater, älteres Tier
- Prädisposition durch Rasse (z. B. Perser o. ä. Rassekatze)
- Freigänger, Wohnungskatze, Haltung in Gemeinschaft mit anderen Katzen (Verletzungsmöglichkeit?)
- Allgemeinzustand, Futter-, Tränkeaufnahme, Atmung, Kot-, Urinabsatz, Nierenfunktion
- Derzeitige andere oder frühere Krankheiten?
- Vorbehandlung, mit welchen Präparaten?
- Homöopathische Vorbehandlung, mit welchen Mitteln, Dosierung, mit welchem Ergebnis?

WAS?

- Akute Ersterkrankung? Wiederauftreten eines chronischen Geschehens (wann, wodurch)?
- Folge- oder Begleiterkrankung eines anderen pathologischen Geschehens (z. B. Katzenschnupfen)
- Reaktion nach einer Impfung?
- Konjunktivitis, Keratitis, Hornhautgeschwür, Iritis, Blutung, Retinitis, Linsentrübung etc.
- Entzündung: Katarrh, Konjunktivitis (eitrig, wundmachend, ulzerierend)
- Lidrandentzündung, Phlegmone, Erysipel, Abszess, Fistel, Folliculitis, Chemosis
- Virus- oder bakterielle Infektion

- Hypopyon (Eiteransammlung in der vorderen Augenkammer)
- Verletzung, Verletzungsfolge, Fremdkörper, Blutung, Blutauge
- Nach innen wachsende Wimpern (z. B. nach Entzündung)
- Verklebungen der Lider, von inneren Organen der Augen (Synechie)
- Hornhauttrübung, diffus, punktförmig, wolkig, rauchig, Narben, verdickte Hornhaut
- Vaskularisation (Durchwachsen mit Blutgefäßen) der Kornea (Pannus)
- Striktur, Verstopfung des Tränen-Nasen-Gangs
- Synblepharon (Verkebung der Lider)
- Pterygium (gutartige Gefäßwucherung auf der Hornhaut) (*Euphrasia, Calcarea, Mercurius*)
- Begleiterscheinung von Katzenschnupfen
- Blindheit – seit wann, wodurch, schnell oder langsam entstanden etc.
- Bewegungen des Bulbus, verdrehte Augen, Nystagmus (neurologische Zeichen, *Kapitel 7, Neurologische Erkrankungen, Seite 200*)

WIE?
- Schmerzhaft, schmerzlos, allergisch, entzündlich, eitrig
- Auge zugekniffen (Blepharospasmus), offen, lichtscheu, sucht Dunkelheit
- Nickhautvorfall, Chemosis (vorquellende Schwellung der Bindehaut)
- Verdickte, krustige Lider
- Farbe der Lidbindehaut: gerötet, blutrot, bläulich, blass, grau, gelblich
- Absonderungen (Farbe Konsistenz, Geruch)
  - Wässrig, Eiter, fehlende Absonderung (trockenes Auge)
  - Reichlich, gering, fehlend
  - Durchsichtig, gelblich, weiß, grau, blutig
  - Flüssig, zäh, klebrig, fadenziehend, geleeartig
  - Wundmachend, mit Ausfall der umgebenden Haaren
  - Rötung der Lidränder
  - Gerötete Lidbindehaut, Sklera, Kornea
- Pupille: Erweitert, verengt, gelähmt (fehlende Reaktion auf Licht)
- Lichtscheu, Reaktion im Dunkeln
- Schmerzen, Berührungsempfindlichkeit

WAS bessert, was verschlimmert?
- Wärme, Kälte, Wind, im Freien, im Zimmer
- Warme, kalte Umschläge
- Helligkeit, Dunkelheit
- Reiben, Kratzen, Druck, leichte Berührung
- Zwinkern, Blinzeln, Zukneifen, spastischer Lidschluss

WO?
- Rechtes, linkes Auge, beiderseits
- Beginnend am rechten, übergehend aufs linke Auge oder umgekehrt
- Lidrand, Bindehaut, Tränensack, Sklera, Kornea, vordere Augenkammer, Innenauge
- Begonnen im äußeren Augenbereich, an inneren Organen des Auges
- Bulbus (Augapfel), Orbita (Augenhöhle)
- Innenauge: vordere Augenkammer, Iris, Linse, Retina, Chorioidea, Nervus opticus

WARUM?
- Verletzung, Ansteckung, Medikamente, auslösende Stressfaktoren
- Schlecht vertragene Impfung
- Akute Verletzung, Verletzungsfolge (Kratzwunden, Fremdkörper)
- Allergisches Geschehen
- Katzenschnupfen-Komplex, Immunschwächekomplex

WANN, seit wann?
- Wie lange bestehend, akut oder chronisch, wiederkehrend
- Tageszeit, Jahreszeit, Periodizität, Wetter
- Wetterlage, Kaltwerden, Zugluft, Wind, Sonne, Hitze
- Seit Stressfaktor (z. B. Kastration, Operation, Tierpension, Konkurrenz)
- Bei welcher Gelegenheit sonst?

WAS begleitet?
- Allgemeinbefinden? Vitalität, Bewusstseinslage, Fieber
- Verhalten: Abweichungen vom Gewohnten:

  - Reizbarkeit, Aggressivität, Apathie, Benommenheit, Verlangen nach Zuwendung
  - Gesellschaft, Alleinsein
  - Ruhe, Unruhe, Aufregung, Angst
- Appetit, Futteraufnahme, Durst, Kot, Urin, Körpergeruch
- Andere Erkrankungen, andere Infektion
- Schmerzen (wo, wie stark, wann, wie werden sie geäußert?)
- Hautausschlag o. a. Erkrankung um die Augen, Haarausfall
- Andere Erkrankung: z. B. Schnupfen, Stomatitis, Otitis, Hauterkrankungen
- Schwäche des Immunsystems

Homöopathie für Augenverletzungen

Augenverletzungen sind bei der Katze gar nicht selten, häufig aufwendig zu behandeln, und Schäden sind nicht immer zu regenerieren.

Die Homöopathie bietet aussichtsreiche Therapiemöglichkeiten.

Die angegebenen Mittel gelten auch für die Therapie nach chirurgischen Eingriffen.

Verletzungen der Konjunktiva oder Hornhaut sind immer hochgradig schmerzhaft!

Wenn für eine infizierte Verletzung am Auge nicht das passende Mittel gefunden werden kann, muss zunächst schulmedizinisch therapiert werden!

Eingedrungene Fremdkörper müssen notfalls chirurgisch entfernt werden!

KURZ-REPERTORIUM FÜR VERLETZUNGEN AM AUGE

Verletzungen der Augen: Acon, Arn, Bell, Bry, Calen, Con, Euphr, Ham, Hep, Hyp, Lach, Led, Ruta, Sil, Staph, Sulf-ac, Sulf, Symph, Thios

Übermäßige Schmerzen bei oder nach Augenverletzung: Acon, Bry, Hyp, Symph, Staph

Kratzwunden, Riss- u. a. Verletzungen der Hornhaut: Staph (erstes Mittel)

Kratzwunden an den Lidern oder Bindehaut: (noch ohne Infektion): Led

Infektionen nach Augenverletzung: (siehe auch *Kapitel 5,*, Seite 167): Acon, Apis, Bell, Euphr, Hep, Lach, Merc, Phos, Puls, Sil, Sulf

Verletzungen der knöchernen Augenhöhle: (Orbita) oder der Gesichtsknochen: Led, Ruta, Sil

Verletzungen durch Fremdkörper: Acon, Arn, Cocc-c, Hep, Puls, Sil, Staph

Verletzungen der Lider: Calen

Blutung im Auge: Ham, Sulf-ac

Katarakt nach stumpfer Augenverletzung: Arn, Con, Sil, Symph

Schäden an der Retina: Acon, Arn, Bell, Ham, Lach, Led, Phos

Ablösung der Retina durch Verletzung: Gels

Verklebungen im Augeninneren nach Verletzung: Symph, Thios

Aufhellung von undurchsichtigen Hornhautnarben nach Verletzung: Cad-s, Euphr, Sil, Thios

BESCHREIBUNG DER WICHTIGSTEN ARZNEIEN FÜR AUGENVERLETZUNGEN

Aconitum napellus – Acon

Erstes Mittel für die akute Augenverletzung

Indikationen

- Plötzliche, heftige, unerträgliche Schmerzen, z. B. durch eingedrungenen Fremdkörper
- Oder durch akute Abschürfung/Verletzung der Hornhaut
- Fest zugekniffenes Auge, Angst, Unruhe, Aufregung durch heftigste Schmerzen
- Noch keine oder nur geringe Absonderung von Tränen, heißes, trockenes Auge
- Sehr stark gerötete Bindehaut und Sklera
- Frische, plötzlich entstandene Entzündung der Hornhaut durch Fremdkörper, Staub o. Ä.

Dosierung

C 30 wiederholte Gabe bis zum Nachlassen der Schmerzen oder Einzelgabe von *Aconitum* 200; bei extremen Schmerzen auch einmalige Gabe einer höheren Potenz.

Hinweis: Kontraindiziert bei ruhigem, schmerzarmem Zustand

Arnica montana – Arn

Erstes Mittel für stumpfe Verletzungen am Auge, Schlagverletzung, Verkehrsunfall

Indikationen

- Lähmung der Pupille durch stumpfes Trauma
- Entzündung der Iris durch stumpfe Schlagverletzung
- Evtl. mit Abschürfung an der Hornhaut
- Traumatisch bedingte Entzündung innerer Organe des Auges
- Berührungsempfindlich, evtl. je nach Schmerzen mit beginnender Entzündung der Hornhaut
- Erstes Mittel für den Bluterguss an der Bindehaut oder um das Auge, Lichtscheu
- Wässriger oder blutiger Tränenfluss durch Verletzung
- Vorbeuge für Folgeerkrankungen, auch nach Augenoperation

Dosierung

Arnica C 200 einmal geben, bei schwerem Trauma oder Kopfverletzung höhere Potenz.

Belladonna – Bell

Anfangsstadium einer Entzündung

Indikationen

- Extreme Rötung (»knallrot«) und trockene Hitze des Auges im Anschluss an die Verletzung
- Berührungsempfindlich, lichtscheu, zugekniffenes Auge

Dosierung

Belladonna C 30 1- bis 2-mal geben, bei Bedarf Folgemittel erwägen.

Bryonia – Bry

Indikationen
- Übermäßige Schmerzen nach stumpfer oder entzündeter Augenverletzung

Modalitäten
- Schlimmer durch jede Bewegung der Augen oder des Körpers
- Katze vermeidet jede Bewegung
- Fester Druck auf das erkrankte Auge bessert, leichte Berührung verschlimmert
- Katze drückt das Auge fest gegen das Kissen oder Lehne des Sofas

Dosierung
Einzelgabe der C 200.

Calendula officinalis – Calen

Wichtiges Mittel für die frische Abschürfung der Hornhaut (nicht für die Kratzwunde auf der Hornhaut!)

Das wichtigste Mittel für Riss- oder Kratzverletzungen an Augenlid oder Bindehaut.

Indikationen
- Geeignet für frische Entzündungen oder beginnende Eiterung nach einer Wunde
- Ein traumatisch bedingter Defekt am Lidrand durch eine Verletzung muss chirurgisch versorgt werden, der Lidschluss muss erhalten werden.

Dosierung
C 30.

Hinweis: Bei trockener, heilender Wunde nicht wiederholen!

Coccus cacti – Coc-c

Schmerzhafte Verletzung durch festsitzenden Fremdkörper, wenn kein anderes Mittel hilft.

Dosierung
Einzelgabe der C 200.

Conium maculatum – Con

Unverhältnismäßige Lichtscheu nach geringer Augenverletzung

Beginnende Linsentrübung (Katarakt) nach stumpfer Verletzung des Augapfels

Dosierung
Bei sicherer Indikation einmalige Gabe der C 200 oder höherer Potenz, anderenfalls C 30.

Euphrasia officinalis – Euphr

Das wichtigste Arzneimittel für eine Entzündung am Auge, die sich **nach** einer Hornhautverletzung entwickelt, nicht sofort nach einer Verletzung geben!

Achtung: In potenzierter Form nicht für die frische Augenverletzung geeignet! Sondern für chronische Folgen von Hornhautverletzung (Besser äußerlich als Tee anwenden)

Indikationen

- Scharfer, wundmachender Tränenfluss mit Juckreiz
- Hornhauttrübung nach Verletzung
- Kann evtl. zurückbleibende, undurchsichtige Narben wieder durchsichtig machen (*Thiosinaminum*)
- Indiziert, auch wenn sich die Entzündung auf die Hornhaut oder aufs Innenauge ausbreitet
- Auch geeignet für schmerzarme chronische Bindehautentzündung nach Hornhautverletzung, wenn diese nicht auf Antibiotika reagiert

Dosierung

Einzelgabe der C 200, bei Bedarf wiederholen oder höhere Potenz geben.

Hinweis: Der Euphrasia-Tee kann ohne spezielle Modalitäten äußerlich angewandt werden; für den Einsatz der potenzierten Präparate müssen die passenden Modalitäten gemäß Simile-Gesetz erfüllt sein!

Hamamelis – Ham

Venöse, dunkle Blutung durch Schlagverletzung, auch innerhalb des Auges

Fördert die Resorption von Blutgerinnseln in der Augenhöhle und im Inneren des Auges

Indikationen

- Fluktuierender Bluterguss um das Auge oder in der Bindehaut
- Mittel für Bluterguss nach Augenoperation

Hinweis: Der Bluterguss im gesamten Augeninneren – »Blutauge« – erfordert evtl. anschließend *Acidum sulfuricum*

Dosierung

C 30 wiederholt geben, bis die Blutung steht oder einmalige Gabe der C 200.

Hepar sulfuris – Hep

Indikationen

- Phlegmonöse oder eitrige Infektionen der Augen nach Verletzung oder durch Infektion
- Extrem empfindlich gegen Berührung, aggressiver Zorn, da sehr schmerzhaft
- Äußerst schmerzhafte Schwellung der Bindehaut
- Reichlicher, weiß-gelblicher, wundmachender, stinkender Eiter
- Wundwerden der Lidränder und der Umgebung des Auges durch schmierigen Eiter
- Treibt durch Eiterung eingedrungene Fremdkörper aus der Bindehaut aus

Dosierung

Eine Einzelgabe der C 200 sollte ausreichen (**Foto 10d**).

Hypericum perforatum – Hyp

Indikationen

- Arznei für starke Schmerzen nach Verletzung an empfindlichen Organen wie dem Auge
- Wichtig nach Verkehrsunfall, durch Schlag aufs Auge
- Augenverletzung durch Unfall meist verbunden mit Gehirnerschütterung
- Nach Abschürfung der Hornhaut
- Auch für Schmerzen nach Augenoperation

Hinweis: *Aconitum* wäre dabei unruhig mit panischer Angst durch Schmerzen!

Dosierung

Einzelgabe der C 200, bei wieder auftretenden Schmerzen wiederholen.

Bei schwerer Kopfverletzung XM-Potenz.

Ledum palustre – Led

Das zweite Mittel nach *Arnica*

Hinweis: Aber nicht gleichzeitig, da beide Mittel einander antidotieren!

Indikationen

- Bluterguss nach stumpfer Verletzung des Auges und seiner Umgebung (»blaues Auge«)
- Generell die wichtigste Arznei für Prellungen und Schlagverletzungen im Gesicht

Modalität: Besser durch kalte Umschläge

Dosierung

Ledum C 200: Einzelgabe, nur bei Bedarf noch einmal wiederholen.

Opium – Op

Indikationen

- Lähmung der Pupille
- keine Reaktion auf Licht
- ausgelöst durch Schädel-Hirn-Trauma

Dosierung

Je nach Schwere des Zustands wiederholte Gaben der C 30 oder höherer Potenz.

Ruta graveolens – Ruta

Wichtigste Arznei für die Verletzung der knöchernen Augenhöhle mit Prellung der Gesichtsknochen

Indikation

- Schmerzen am Periost

Dosierung

Einzelgabe der C 200.

Silicea terra – Sil

Chronische Folgen von Augenverletzungen

Indikationen

- Festsitzender Fremdkörper im oder am Auge, kann durch *Silicea* schmerzlos abgestoßen werden
- Chronische Eiterung der Hornhaut nach Hornhautverletzung
- Schlechte Heilung von Knochenverletzung am Schädel/um das Auge, z. B. nach Verkehrsunfall
- Abstoßen von Knochensplittern noch Wochen nach einer Verletzung im Gesicht bzw. der Augenhöhle

Dosierung

Eine Einzelgabe der C 200, im konstitutionellen Fall höhere Potenz.

Staphysagria – Staph

- Das erste Mittel für die akute Verletzung der Hornhaut, Kratz-, Biss- und Schnittwunden
- Festsitzender Fremdkörper in der Bindehaut
- Wichtigstes Mittel nach allen Augenoperationen

Dosierung

Einzelgabe der C 200.

Sulfuricum acidum – Sulf-ac

Nach *Hamamelis* das wichtigste Mittel für das Blutauge (mit Blut gefüllter Augapfel)

Indikationen

- Meist verbunden mit vergrößertem Bulbus durch erhöhten Augendruck
- Eine Wiederherstellung des Sehvermögens nach einem derartigen Bluterguss ist fraglich, möglicherweise trocknet der Augapfel ein. Dessen operatives Entfernen ist dann nicht notwendig

Dosierung

Im frischen Fall am ersten Tage 2 Gaben der C 30, dann einige Tage einmal täglich.

Hinweis: Sobald der Augendruck im Augapfel zurückgegangen ist, Mittel absetzen und den weiteren Verlauf beobachten.

Symphytum officinalis – Symph.

- Folgen von stumpfen Verletzungen, Schlag auf den Augapfel
- Kann dem Katarakt (grauer Star, Linsentrübung) nach stumpfer Augenverletzung vorbeugen (*Conium*)
- Folgemittel nach *Arnica* und *Ledum*, wenn danach noch Schmerzen im Augapfel bestehen

Indikationen

- Das Auge wird zwar geöffnet, ist aber noch immer hochempfindlich gegen jede Berührung
- Löst beginnende Verklebungen im Innenauge, z. B. zwischen Iris und Linse, z. B. bei fortbestehender verzögerter oder fehlender Pupillenreaktion

Dosierung

Einzelgabe der C 200.

Weitere Erkrankungen am Auge

Viele Erkrankungen am Auge können schulmedizinisch nicht erfolgreich behandelt werden.

Bevor operiert oder der Augapfel entfernt wird, sollte die Möglichkeit einer homöopathische Therapie – in schweren Fällen möglichst gemeinsam mit einem Spezialisten – überlegt werden.

ENTZÜNDUNGEN AM UND IM AUGE

Es gibt in der Homöopathie fast keine Arznei, die nicht auch für eine Bindehautentzündung zuständig sein kann. Daher sind in den meisten Fällen dieser Erkrankung noch weitere Symptome – auch anderer Körperregionen – vorhanden, mit Hilfe derer das passende Arzneimittel besser gefunden werden kann, als allein nach der Bindehautentzündung.

Augenerkrankungen der Katze sind häufig vergesellschaftet mit gleichzeitigem Katzenschnupfen oder – seltener – auch mit Erkrankungen der Nieren.

Die **Bindehautentzündung** (**Konjunktivitis**) kann durch Bakterien, Viren, selten auch durch Pilze, durch mechanische Reizung (Luftzug, Staub) oder durch Allergien entstehen.

Bei der Konjunktivitis liegt eine Rötung mit Tränenfluss und/oder eitriger Absonderung vor, Schmerzen können vorhanden sein.

Bei einer einfachen Bindehautentzündung ist die Hornhaut noch nicht geschädigt.

Als **Chemosis** bezeichnet man eine spezielle Form der entzündlichen oder allergischen Konjunktivitis: Die Lidbindehäute sind derart geschwollen, dass sie über den Augapfel vorquellen und einen erschreckenden Anblick bieten. Dieses Geschehen ist jedoch homöopathisch in der Regel gut zu beeinflussen.

Wenn sich eine **bakterielle oder Virusinfektion** entwickelt, können auch die inneren Organe des Auges angegriffen werden. Solche Formen der Konjunktivitis sind häufig mit dem Katzenschnupfen- und möglicherweise auch mit dem Immunschwächekomplex verbunden (*Kapitel 4, Abschnitt Spezielle systemische Infektionskrankheiten der Katze, Seite 137*).

Lichtscheu ist ein häufiges Begleitsympton von Augenerkrankungen.

Die häufigsten Erreger von Konjunktivitis bei der Katze sind **feline Herpesviren (FHV-1)**.

Die Erstinfektion verläuft meist mit gleichzeitigen Schnupfen- oder anderen Symptomen der Atemwege. Diese Erstinfektion kann abheilen, wird aber in vielen Fällen unter Stress wieder auftreten und schließlich in einer chronischen Konjunktivitis/Keratitis – oft mit gleichzeitigem chronischem Katzenschnupfen – übergehen. Bei diesen Erkrankungen wird oft ein bräunlicher oder wässrig-blutiger, eitriger Tränenfluss beobachtet, der als dunkel-bräunliche Kruste am inneren Augenwinkel haftet.

Herpesinfektionen am Auge können auch Geschwüre der Hornhaut oder Verwachsungen im Innenauge auslösen.

Weitere Erreger für derartige Augeninfektionen können **Caliciviren, Chlamydien** oder **Mycoplasmen** sein; auch sie gehören mit zu den Erregern des Katzenschnupfens.

All die genannten Erreger können einzeln oder gleichzeitig miteinander vorkommen.

Chlamydien erzeugen mitunter eine bernsteinfarbene Verfärbung der Iris (Iris-Heterochromie). Hier kann die *Nosode der Chlamydien* indiziert sein.

Durch schulmedizinische Therapie kommt es nach Absetzen der Arzneien (Antibiotika oder Virustatika) meist zu Rückfällen. Die Impfung bietet keine Garantie für den Schutz gegen diese Krankheiten.

Auch die homöopathische Therapie ist schwierig.

18

Bei manchen Katzen entwickelt sich im Laufe einer Augenentzündung eine unterschiedliche Färbung der Iris (Iris-Heterochromie): Eine Verfärbung der Iris ins Bräunliche: Die gesunde Iris ist gelb bis gelbgrün, die kranke hellbraun bis bernsteinfarben. Wenn keine bessere Arzneiwahl möglich ist, kann es gelingen, die chronische Entzündung mit der Nosode der Chlamydien zu behandeln (C 200). Nach einigen Wochen kann sich die Verfärbung zurückbilden, sodass auch das kranke Auge seine ursprüngliche Farbe wieder erlangt.
Die bei dieser Katze bereits über ein Jahr vorliegende Linsentrübung ließ sich nicht beeinflussen.

Die am häufigsten indizierten Homöopathika sind hier *Arsenicum album* und *Phosphorus*, bei vorliegender Immunschwäche auch später gefolgt von einer Einzelgabe (!) der Nosode *Carcinosinum*.

Aber auch andere Mittel müssen in Betracht gezogen werden.

Die individuellen Modalitäten leiten den Weg zur passenden Arznei.

Der beidseitige **Vorfall des dritten Augenlids** (Nickhaut) wird oft bei starkem Wurmbefall beobachtet. Hier ist zunächst eine spezifische Wurmkur – je nach Art der Parasiten – mit einem Pharma-Präparat erforderlich. Anschließend sollte mit einem der im *Kapitel 10, Abschnitt Wurmbefall, Seite 381* erwähnten Mittel dafür gesorgt werden, dass die Empfänglichkeit des Darmes für wiederholten Wurmbefall schwindet.

Auch eine Entzündung der Lidbindehaut an der Nickhaut (z. B. Follikulitis, Zysten) kann zum Vorfall des dritten Augenlids führen.

Ferner wird bei fast jeder schweren, lebensgefährlichen Erkrankung auch ein Vorfall der Nickhaut beobachtet, der nichts mit einem Wurmbefall zu tun hat.

Eine **Hornhautentzündung** (Keratitis) kann durch Folgen einer Verletzung, durch Viren oder Bakterien ausgelöst werden. Die Hornhaut sollte absolut fleckenfrei und durchsichtig sein. Durch Entzündungen entstehen weißliche, pigmentierte oder von Blutgefäßen durchzogene Trübungen bzw. Narben, die das Sehvermögen einschränken.

Das **Hornhautgeschwür** kann sich aus einer Hornhautentzündung entwickeln.

Achtung: Die Therapie dieser Erkrankung sollte unter Aufsicht eines Tierarztes oder eines erfahrenen homöopathischen Spezialisten durchgeführt werden.

Erkrankungen innerer Organe des Auges

Dazu gehören solche der vorderen Augenkammer, der Iris, der Linse und ihrer Aufhängung, Uveitis, schließlich Glaskörper und Retina.

Diese gefürchteten Erkrankungen führen nicht selten zur Erblindung. Sie können durch Infektionen, Allergien, Autoimmunerkrankungen oder beim Immunschwächekomplex vorkommen.

Erkrankungen im Innenauge sind oft Manifestationen von FeLV, FIP oder FIV (*Kapitel 4, Abschnitt Spezielle systemische Infektionskrankheiten der Katze, Seite 137*).

Derartige Erkrankungen können mit den in *Kapitel 15, Seite 474*, erwähnten Präparaten therapiert werden – im Sinne eines »Zwischenmittels« oder bis ein passendes Simile gefunden wird. (Chinon-Präparate, Carbonylgruppen).

Erblindung ohne besondere Symptome kann auch durch den Mangel an der für die Katze essenziellen **Aminosäure Taurin** ausgelöst werden. Taurinmangel entsteht, wenn Katzen vegetarisch oder ausschließlich mit gekochtem Fleisch gefüttert werden. Das am ehesten artgemäße Katzenfutter besteht in rohem Fleisch oder Fisch, woraus genügend verfügbares Taurin aufgenommen werden kann.

Erblindung bei schwerer Nierenerkrankung (CNI) kann *Terebinthinae oleum* (Ter) erfordern.

VERSTOPFTER TRÄNEN-NASEN-GANG

Der Tränen-Nasen-Gang dient dazu, überfüssige Tränenflüssigkeit durch die Nase abfließen zu lassen. Er reicht vom inneren Augenwinkel bis zur Öffnung an der Innenseite der Nasenlöchlein.

Ist der Tränen-Nasen-Gang durch vorangegangene Entzündung verschwollen oder verstopft, kommt es zum ständigen Überfließen der Tränen aus dem Auge, ohne dass eine Entzündung erkennbar ist.

Bei brachygnathen (kurznasigen) Katzenrassen kann der Tränen-Nasen-Gang – genetisch bedingt – vollständig fehlen; daher ist dieser Tränenfluss z. B. bei Perserkatzen in der Regel nicht heilbar.

Die unten angegebenen Mittel werden nach konstitutionellen Gesichtspunkten oder nach der Art der vorangegangenen oder bestehenden Bindehautentzündung verordnet.

Die wichtigsten Mittel für die Stenose (Verengung) **des Tränen-Nasen-Gangs:** *Calc*, *Euphr*, *Merc*, *Nat-m*, *Puls*, *Sil*, *Staph*

Eine chronische Verstopfung nach abgeklungener Entzündung am Auge benötigt häufig eine Einzelgabe *Silicea* C 200.

Kurz-Repertorium für Augenerkrankungen der Katze

Traumatische Bindehautentzündung (*Kapitel 5, Abschnitt Homöopathie für Augenverletzungen, Seite 161*)

Allergische Bindehautentzündung/Augenentzündung: Apis, Ars, Euphr, Lach, Nat-m, Nux-v, Phos, Rhus-t

Akute Augenentzündungen, Konjunktivitis: Acon, Bell, Dulc, Euphr, Hep, Puls, Phos, Rhus-t

Akute oder chronische Augenentzündungen: All-c, Arg-n, Ars, BAC, Calc, Echi, Euphr, Merc, Nat-m, Phos, Puls, Sulf, TUB

Bindehautentzündung durch kalte Luft/Zugluft: Acon, Bell, Calc, Dulc, Euphr, Puls, <u>Rhus-t</u>, Sil

Eitrige Bindehautentzündung (Bakterien, Viren): Arg-n, Calen, Hep, Phos, Puls, Rhus-t, Sil u. a.

Absonderung blutig: <u>Ars</u>, Hep, Merc, <u>Phos</u>, Puls, Rhus-t, <u>Sil</u>

Absonderung wässrig-klarer Schleim: Euphr, Dulc, Kali-chl

Absonderung klebrig-zäh, fadenziehend oder gallertig: Kali-bi, Lyc, Nat-m

Absonderung wundmachend: Ars, Calc, Euphr, Hep, Merc, Nit-ac, Rhus-t, Sulf

Lidrandentzündung durch wundmachende Absonderungen: Arg-n, Bac, Calc, Euphr, Graph, Hep, Merc, Nat-m, Sep, Sil, Staph, Sulf, Tub-K

Augenentzündungen mit Katzenschnupfen: All-c, <u>Ars</u>, Aur, BAC, Calc, Cinnb, <u>Echi</u>, Euphr, Hippoz, Kali-bi, Kali-j, Kali-m, Lach, Lyc, Merc, Merc-c, Nat-m, Nux-v, <u>Phos</u>, Puls, <u>Sil</u>, Sulf, TUB

Augenerkrankungen mit gleichzeitiger Nierenerkrankung: <u>Ars</u>, <u>Ter</u>

Augenentzündung nach Impfung: Echi, Thuj

Chemosis: <u>Apis</u>, Arg-n, <u>Ars</u>, Kali-j, Lyc, <u>Rhus-t</u>

Chronische Herpesinfektionen: <u>Ars</u>, Phos, Herpes-simplex-Nosode (unterstützend)

Erkrankungen der Netzhaut oder **Chorioidea:** Phos (häufig) und viele andere Mittel!

Nosoden bei Augenentzündungen mit Katzenschnupfen: Bacillinum, Calici, Chlamydien, Herpes-simplex, Feline Herpes-Nosode, Hippozaeninum, Toxoplasmose, Mycoplasmen, Tuberculinum-Koch (*Kapitel 8, Abschnitt Der chronische Katzenschnupfen, Seite 259*)

Augenerkrankungen, speziell bei »Immunschwächekomplex«: <u>Ars</u>, BAC, Carc, Echi, Phos, TUB

Verklebungen im Innenauge, ungleichmäßige Begrenzung der Iris/Pupille: Ars, Euphr, Nit-ac, Merc, Sil

Hornhautentzündung: Apis, <u>Ars</u>, BAC, Bell, <u>Calc</u>, Con, Euphr, Graph, Hep, Kali-bi, Lyc, Puls, Rhus-t, Sep, Sil, Sulf, Thuj, TUB

Hornhautgeschwür: Apis, Arg-n, Ars, Bell, Calc, Con, Euphr, Graph, Hep, Kali-bi, Nat-m, Nit-ac, Puls, Rhus-t, Sil, Sulf

Hornhauttrübung dicht, weiß, mit Gelatineähnlicher Absonderung: Kali-bi

Hornhauttrübung rauchig: Calc-s

Hornhauttrübung wolkig: Kali-j, Phos, Sulf

Hornhautnekrose: Para-Benzochinon oder andere Chinon-Präparate (siehe *Kapitel 15, Abschnitt Weitere Möglichkeiten der alternativen Krebstherapie, Seite 490* und *Arzneimittellehre für die Katze*)

Erkrankungen im Innenauge: Apis, Arg-n, Ars, Bell, Bry, Calc, Dulc, Euphr, Hep, Kali-bi, Nat-m, Nit-ac, Phos, Puls, Rhus-t, Sil, Staph, Sulf

Asymmetrische Iris (nach Iritis), Pupillenrand wie »zerrissen«: Ars, Euphr, Merc, Nit-ac, Sil

Verstopfter Tränen-Nasen-Gang: Calc, Euphr, Merc, Nat-m, Puls, Sil, Staph, Thios

Erkrankungen der Retina: Calc, Gels, Lach, Nux-v, Phos

Augenerkrankungen gleichzeitig mit Nierendegeneration: Ars, **Tub,** Carc (im chronischen Zustand), Ter, oder Chinon-Präparate (siehe *Kapitel 12, Erkrankungen der Harnwege, Seite 404*, *Kapitel 15, Abschnitt Weitere Möglichkeiten der alternativen Krebstherapie, Seite 490*

Plattenepithelkarzinom am Lid oder nahe am Auge: Con, Cund, Lach, Thuj, Chinon-Präparate

Melanom am oder im Auge: Carb-an (Spezifikum), Chinon-Präparate (*Kapitel 15, Abschnitt Weitere Möglichkeiten der alternativen Krebstherapie, Seite 490*)

Beschreibung der wichtigsten Arzneien für Erkrankungen am oder im Auge

Aconitum napellus – Acon

Indikationen

- Sehr schmerzhafte und plötzliche, akute, heiße Augenentzündung
- Trocken, geringe oder fehlende Absonderung

Auslöser

Fremdkörper, Staub oder Sand, kalter Wind, Zugluft

Modalitäten

Plötzliche, extreme Schmerzen, Auge zugekniffen, Lichtscheu

- Unruhe, Aufregung bis Panik, ängstlicher Ausdruck
- Schlimmer bei kaltem Wetter, bei kaltem Wind
- Lässt sich das Auge nicht untersuchen, heftige, angstvolle Abwehr

- Auch geeignet für chronisch wiederkehrende Augenentzündungen, ausgelöst durch kalten Wind

Dosierung
Zwei Gaben der C 30 innerhalb ca. 15 Minuten oder einmalige Gabe der C 200.

Apis mellifica – Apis

Alle *Apis*-Augenerkrankungen (außer akuten Allergien) sind äußerst schmerzhaft!

Häufig für Herpesinfektionen (*Apis* ist eines der Komplementärmittel zur *Natrium-muriaticum*-Konstitution).

Indikationen
- Lidrand: Entzündungen mit deutlicher Schwellung
- Bindehautentzündung: akut: häufig allergische Ursache oder schmerzhaftes Erysipel (»Rotlauf«-Infektion)
- Vorgequollene, trockene Konjunktiva wie blass-rosa Wassersäckchen (Chemosis)
- Der Bulbus verschwindet hinter dieser Schwellung, daher erschreckender Anblick binnen kurzer Zeit!
- Meist verbunden mit auffallender Schwellung (Ödem) der Augenlider bzw. Augenumgebung
- Hornhautentzündung, Hornhauttrübung, Hornhautgeschwür, Pusteln
- Auch Erkrankungen, die bis ins Innenauge fortschreiten

Vorsicht! Destruktive Tendenz! Spezialisten konsultieren.

Modalitäten
- Schleimig-eitrige Absonderung
- Rechtes Auge betroffen oder zuerst rechts, dann links
- Ausgeprägte Lichtscheu
- Besser im Kühlen, schlimmer durch Wärme
- Hochgradige Berührungsempfindlichkeit bei Entzündung des Auges (außer bei akuter Allergie)

Dosierung
Eine Einzelgabe der C 200, die bei Bedarf (nur dann!) wiederholt werden kann.

Argentum nitricum – Arg-n

Indikationen
- Lidrand: Gerötete, verdickte oder geschwollene, durch Sekrete verkrustete Lidränder
- Chronische, geschwürige Lidrandentzündung
- Bindehautentzündung schmerzhaft, mit reichlicher Eiterbildung, quillt aus dem Tränensack hervor
- Blutrote, vorquellende Schwellung im inneren Augenwinkel
- Konjunktivitis der Neugeborenen
- Hornhautgeschwür, Hornhauttrübung
- Fortschreitende Erkrankungen des Innenauges möglich.

Vorsicht! Destruktive Tendenz! Spezialisten konsultieren.

Modalitäten
- Ausgeprägte Lichtscheu
- Schlimmer durch jede Art von Wärme, besser durch Kälte
- Verlangen nach Süßem(!), das aber schlecht vertragen wird
- Meist verbunden mit Blähungen und wiederkehrendem Durchfall
- Neigung zu hektischer Unruhe, Erwartungsangst, z. B. vor dem Tierarztbesuch
- Platzangst, Panik in der Transportkiste

Dosierung
Wiederholte Gaben der C 30 bis zur Besserung oder Einzelgabe der C 200.

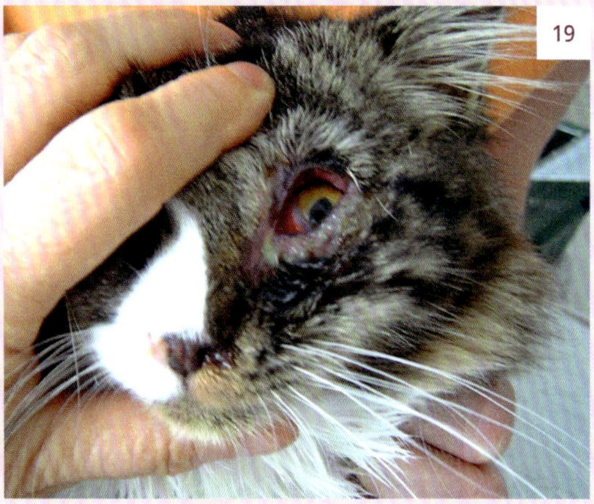

Diese Katze litt schon sein Monaten unter dieser Augenentzündung mit wundmachender Absonderung.
Sie war außerordentlich sensibel, ängstlich und aggressiv und ließ sich kaum untersuchen.
Das Foto entstand während panischer Abwehr der Katze als ein zufälliger Schnappschuss.
Die Augenentzündung heilte aus nach einer Gabe Arsenicum album C 1000.

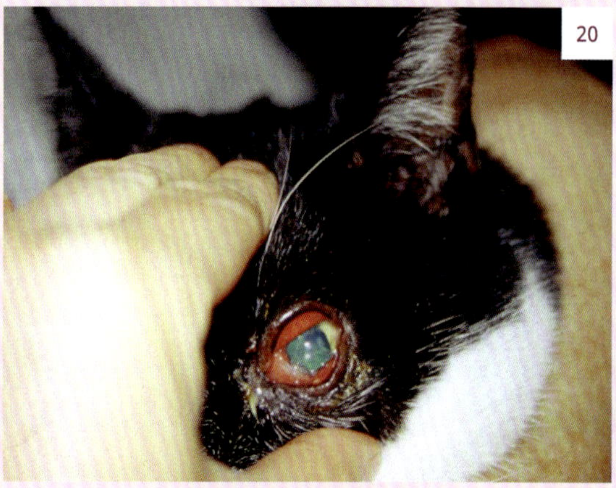

Chemosis *– Vorquellen der Lidbindehaut – bei einer chronischen Augenentzündung einer Arsenicum-Patientin. Die eitrige Absonderung ist hier nur mäßig wundmachend.*
Entscheidend für die Mittelwahl war unter anderem das reservierte und häufig aggressive Verhalten beim Streicheln.
Bei einer Apis-Chemosis wäre die Konjunktiva hellrosa und würde stärker vorquellen, »wie mit Wasser gefüllt«.

Arsenicum album – Ars

Das wichtigste Mittel für Augenerkrankungen der Katze, speziell im Zusammenhang mit Nierenerkrankungen oder »Immunschwächekomplex«

Indikationen

- Lidrand: feinschuppige Lider, Lidränder u. a. schuppige, mehlige Hautausschläge
- Bindehautentzündung: meist chronisch mit grauroter Schwellung
- Allergisch oder durch Infektion (Herpes u. a.)
- Entzündung mit wundmachendem Tränenfluss, Schleim oder Eiter
- Evtl. leichtes Vorquellen der grau-roten Bindehaut durch Schwellung (Chemosis)
- Auge evtl. zugekniffen, je nach Schwere der Erkrankung extreme Lichtscheu
- Hornhautentzündung durch Herpesviren, wiederkehrend
- Geht von einem auf das andere Auge über
- Hornhautgeschwür der Hornhautoberfläche

Vorsicht! Destruktive Tendenz, Fortschreiten der Erkrankung ins Innenauge, Uveitis möglich

- Verklebungen im Innenauge, ungleichmäßige Begrenzung der Iris/Pupille

Modalitäten

- Im schweren Fall starke Schmerzen, schlimmer nachts mit auffallender Unruhe, Umherwandern
- Schlimmer nach Mitternacht
- Besser durch Wärme bzw. im warmen Zimmer
- Begleitend evtl. Nierendegeneration

Dosierung

Einzelgabe der C 200, bei Bedarf wiederholen.

Belladonna – Bell

Indikationen

- Plötzlich entstandene Augenentzündung mit extremer, trockener Rötung
- Mit lokaler Hitze und Lichtscheu, evtl. bereits hohes Fieber
- Auge zugekniffen, weite Pupillen
- Kein Tränenfluss, verdickte, glasig-trübe Hornhaut, evtl. Hornhautentzündung

Hinweis: Zum Ausheilen der Erkrankung ist meist anschließend ein Folgemittel notwendig

Auslöser

Kälte, Zugluft, Sommerhitze, Hitzschlag

Dosierung

Einzelgabe der C 200.

Bryonia – Bry

Indikationen

- Wiederkehrende Augenentzündungen mit flüssiger Absonderung, weniger eitrig
- Erkrankungen des Innenauges, mit Tendenz zu Verklebungen

Modalitäten

- Extrem schmerzhaft bei jeder Bewegung des Auges oder des Körpers
- Vermeidet jede Bewegung, sucht aber Gegendruck, drückt das Auge gegen das Sofa
- Schlimmer durch Wärme, Lichtscheu

Dosierung

Einzelgabe der C 200.

Bacillinum – Bac

- Bei chronischen Augenentzündungen, wenn kein anderes Mittel infrage kommt.

Dosierung

Eine Einzelgaben der C 200.

Calcarea carbonica – Calc

Geeignet als konstitutionelle Verordnung bei ruhigen, phlegmatischen (Rasse-)Katzen

Indikationen

- Bindehautentzündung
- Reichlich milde Absonderung, oft verbunden mit demselben Nasenausfluss
- Häufig Juckreiz am Auge
- Hornhauttrübung, -entzündung, schmerzarm
- Graue, kleine Flecke auf der Hornhaut durch Ansammlungen von Lymphzellen
- Entzündung der Iris mit Tendenz zu Verklebungen und andere Erkrankungen im Innenauge
- Häufig: Verstopfter Tränen-Nasen-Gang

Modalitäten

- Schlimmer durch Sonne, Kalt- und Nasswerden
- Auge krampfhaft zugekniffen
- Evtl. Verschlimmerung im Zusammenhang mit dem Mondwechsel: Vollmond, Neumond
- Weitere Symptome des konstitutionellen Bildes

Dosierung

Bei sicherer Indikation mit konstitutionellen Symptomen: M- oder XM-Potenz als einmalige Gabe.

Chamomilla – Cham

Augenentzündungen bei Katzenwelpen, während Zahnung/Zahnwechsel

Indikationen

- Hornhautpusteln, ausgeprägte Lichtscheu, zugekniffene Augen
- Verklebte Lidränder
- Gereiztes, ärgerliches, aggressives Wesen, evtl. verbunden mit wundmachendem Durchfall
- Darf nicht an freundliche »Schmusekatzen« gegeben werden!

Dosierung

Einzelgabe an Welpen der C 30, bei älteren Katzen evtl. C 200.

Conium maculatum – Con

Indikationen

- Bindehautentzündung
- Hornhautentzündung, oberflächliches Hornhautgeschwür beginnt rechts, dann linkes Auge
- Lider zugekniffen, Tränenfluss, wenn sie manuell geöffnet werden
- Hornhautgeschwür, schmerzarm, oberflächlich
- Entzündungen im Innenauge

Modalitäten

- Ausgeprägte Lichtscheu (auch ohne Augenerkrankung), besser im Dunkeln
- Tränenfluss, auch ohne Augenerkrankung
- Evtl. begleitend: Schwäche der Hinterbeine, Taumeln, Schwindel beim Schütteln des Kopfes
- »Frustrierte«, nicht kastrierte Kater o. a. Beschwerden durch »unterdrückten Sex«

Dosierung

Einzelgaben der C 30, bei sicherer Indikation höhere Potenz.

Dulcamara – Dulc

Indikationen

Augenentzündungen

Auslöser

- Durch »Herumtreiben« bei nasskaltem Wetter, in feuchtkalten Nächten
- Durch kalte Zugluft
- Auch evtl. übergreifend auf innere Organe des Auges, Iritis durch feuchte Kälte
- Erkrankungen häufig verbunden mit Blasenreizung, Durchfall oder Rückenschmerzen

Dosierung

Bei sicherer Indikation C 200.

Echinacea purpurea oder angustifolia – Echi

- Augenerkrankungen im Zusammenhang mit Immunschwächekomplex (FeLV, FIV, FIP)
- Auch im Zusammenhang mit erfolglos therapiertem Katzenschnupfen oder Stomatitis

Dosierung

Einzelgabe der C 30 oder C 200 (Die Urtinktur ist hier kaum wirksam!).

Euphrasia officinalis – Euphr

»Breitspektrum-Arznei« für die Augen von Bindehaut bis Innenauge, dennoch spezifische Indikationen!

Indikationen

- Lidränder: Juckreiz, Schwellung, Wundwerden durch wundmachende Tränen oder Absonderungen
- Bindehautentzündung mit schleimig-eitriger, reizender Absonderung, mit Nasenausfluss
- Entzündung nach Hornhautverletzung (nicht für die frische Hornhautverletzung!)

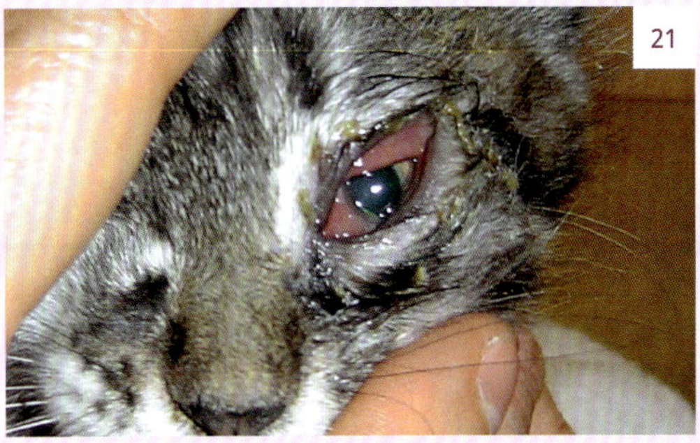

Beginnende Euphrasia-Augenentzündung: Reichlicher Tränenfluss, die Ansätze für Wundwerden der Lidränder sind bereits erkennbar, beginnende Trübung der Hornhaut.

- Hornhautentzündung auch durch Allergie, Zugluft oder Erreger
- Schleimige Absonderung schwimmt und klebt auf der Hornhaut
- Daher Neigung zum Reiben, was aber die Schmerzen der Lider und Bindehaut verschlimmert
- Beginnende Konjunktivitis, Entzündung greift anschließend auf andere Organe des Auges über
- Erkrankungen aller Organe des Auges möglich, auch des Innenauges, mit Tendenz zu Verklebungen
- Oberflächliches Hornhautgeschwür anschließend an die Bindehautentzündung
- Verklebungen im Innenauge, erkennbar z. B. an ungleichmäßigem Rand der Pupille

Modalitäten

- krampfhaft zugekniffene Augen
- Haarausfall an Augenwinkel bis Nase durch wundmachende Absonderungen

Dosierung

Wiederholte Gaben der C 30 oder Einzelgabe der C 200.

Graphites – Graph

Eher selten bei der Katze, ruhige, phlegmatische, adipöse Tiere

Indikationen

- Lidränder: Gerötete, schorfige, hornig-krustige, wunde, verdickte Lidränder (häufiger beim Hund)
- Morgens verklebte Lider, Risse besonders im äußeren Augenwinkel
- Nach innen wachsende Wimpern bei chronischen Entzündungen
- Hornhautentzündung, Hornhautgeschwüre tief, Blutgefäße auf der Hornhaut, Lichtscheu
- Entzündung der Iris
- Wundmachender Tränenfluss, evtl. auch gleichzeitig wundmachender Nasenausfluss

Modalitäten

- Meist zusätzlich typische klebrig-krustige Hautausschläge, schwartig verdickte Haut
- Brüchige oder abschilfernde Krallen

Dosierung

Bei sicherer Indikation mit konstitutionellen Symptomen: M- oder XM-Potenz.

22

	Hep.	Ars.	Sil.	Bell.	Merc.	Lach.	Sulph.	Cham.	...
Total	23	12	9	11	10	9	9	12	
Rubriken	10	7	7	6	6	6	6	5	
Familien									
EYE; INFLAMMATION; children, infants, in (32)	2	3		2	2	1	2	2	
EYE; INFLAMMATION; erysipelatous; lids, of (1)	2								
EYE; INFLAMMATION; purulent (17)	2		1						
EYE; INFLAMMATION; lids; margins, chronic blepharitis (48)	2	1	1	1	1	1	2	2	
EYE; PAIN; General; touch; agg. (33)	3		1	2	2	1	1		
EYE; PAIN; General; warmth; amel. (17)	3	3	2						
EYE; DISCHARGES of mucus or pus; acrid (25)	2	1			1		2	2	
MIND; ANGER, irascibility; tendency; violent (92)	3	2	1	1		1	1	3	
MIND; TOUCHED; aversion of being (63)	1	1	2	2	1	2	1	3	
GENERALITIES; TOUCH; agg.; slight (28)	3	1	1	3	3	3			

Dieses junge Kätzchen lief im Winter in einem Reitstall herum, niemand konnte es anfassen: Bei jeder Berührung wurde es zu einem aggressiven Wirbel aus Krallen und Zähnchen. Daher konnte es von wohlwollenden Reitern nicht zum Tierarzt transportiert werden.
Es hielt sich überwiegend im geheizten Reiterstübchen auf, lag meist auf dem Heizkörper und hatte dort alles mit schleimigen, stinkenden Absonderungen beschmiert.
Trotz der Erkrankung war es noch munter und lustig bei guter Futter- und Tränkeaufnahme.
Das Kätzchen bekam eine Gabe Hepar sulfuris C 200 mit dem Futter, und nach wenigen Tagen war die Erkrankung ausgeheilt: Nun bevorzugte das Tierchen wieder das Mäusejagen im kalten Pferdestall.

Hepar sulfuris – Hep

Indikationen

- Phlegmonöse bis eitrige, sehr schmerzhafte Entzündungen
- Lidrand: eitrige, sehr schmerzhafte Lidrandentzündung, Haarausfall an den Lidern
- Bindehautentzündung, eitrig, meist bakteriell bedingt, sehr schmerzhaft
- Eiter verschmiert ums Auge, Haare gehen dort aus
- Eiter reichlich, gelb-weiß, evtl. blutig, stinkend
- Katze lässt das Auge wegen Berührungsempfindlichkeit nicht behandeln, aggressive Abwehr!
- Zellgewebsentzündung der ganzen Augenhöhle mit anschließender Eiterung (Vorsicht!)
- Eitrige Hornhautentzündung, Hornhautabszess
- Eiter in der vorderen Augenkammer, evtl. auch im Augeninneren (Vorsicht!)
- Lider beim geringsten Luftzug krampfhaft geschlossen

Modalitäten

- Schlimmer durch jede Art von Kälte, durch den geringsten Luftzug
- Besser durch Wärme (ein Mensch würde vorsichtig die warme Hand darüber halten, ohne Berührung.)

Dosierung

Einzelgabe der C 200 sollte ausreichen.

Kalium bichromicum – Kali-bi

Indikationen

- Augenentzündung, eitrige Hornhautentzündung, dicht-weiße Hornhauttrübung
- Erstaunlich schmerzarm (auffallend!)
- Mit gelb-weiß-klebrig-gallertiger oder fadenziehender Absonderung, die am Lidwinkel klebt
- Wenig Tränenfluss, sondern zäh-klebrige Absonderung, geringe Lichtscheu

- Tiefes, schmerzarmes Hornhautgeschwür mit weißer Trübung der Kornea
- Entzündung im Innenauge, z. B. der Iris, mit Verklebungen

Dosierung
Einzelgabe der C 200, bei Bedarf wiederholen oder höhere Potenz.

Lycopodium clavatum – Lyc

Indikationen
- Augenerkrankung zuerst rechts, dann links oder einseitig nur links
- Augenkatarrh bis eitrige Entzündung, verklebte Wimpern
- Meist verbunden mit Schnupfen
- Weitere konstitutionelle Symptome

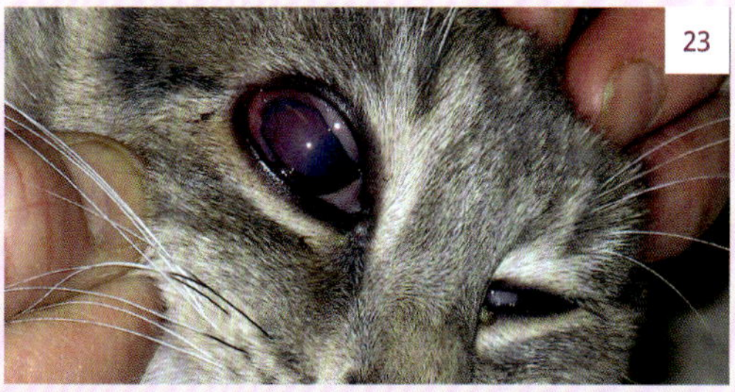
23

Diese Katze leidet unter einer seit Wochen bestehenden Keratitis, Kortison wirkte nur vorübergehend. Auffallend ist hier die geringe Absonderung von gallertiger Konsistenz aus dem Auge.
Klebrige geleeartige Absonderungen sind ein Schlüsselsymptom für Kalium bichromicum.

Dosierung
Bei sicherer, konstitutioneller Indikation M- oder XM-Potenz.

Mercurius solubilis – Merc – Mercurius corrosivus – Merc-c

Folge von Infektion oder infizierter Verletzung

Indikationen
- Hochgradig schmerzhafte Phlegmone um das Auge, in der Bindehaut oder Augenhöhle
- Aggressiver, schmieriger, stinkender, evtl. blutiger Eiter, der das Gewebe reizt und zerstört

Vorsicht wegen Erblindungsgefahr!

Modalitäten
- Schmerzen schlimmer nachts
- Verklebungen im Innenauge, ungleichmäßige Begrenzung der Iris/Pupille
- Entzündung der Lidränder mit Tendenz zu deren Verklebung (Symblepharon)

Dosierung
Eine Einzelgabe der C 200, die nur bei Bedarf (!) wiederholt werden darf.

In schwersten Fällen Gabe von *Mercurius sublimatus corrosivus.*

Natrium muriaticum (Natrium chloratum) – Nat-m

Konstitutioneller Bezug

Indikationen
- Lidränder: Schuppiger Hautausschlag um die Augen, wunde Lidränder und Augenwinkel
- Nach innen wachsende Wimpern nach chronischen Entzündungen
- Bindehautentzündung mit Follikeln (punktförmige Entzündungen)
- Allergische oder erregerbedingte Entzündung, auch fortschreitend ins Innenauge
- Verstopfter Tränen-Nasen-Gang

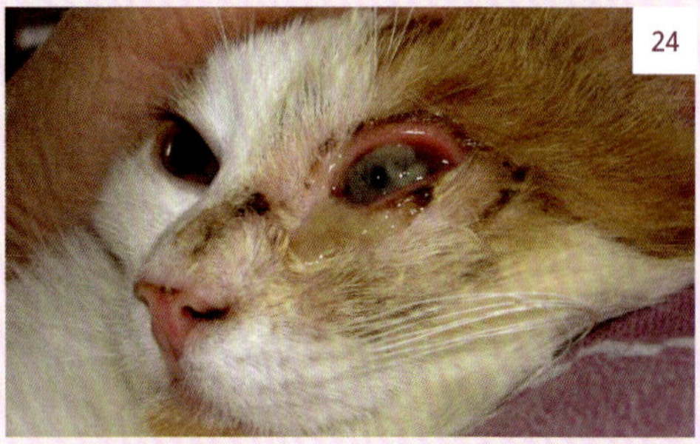

24

Orbitalphlegmone nach infizierter Kratzwunde am linken Auge, Katze Mia
Diese Katze wurde bereits im Kapitel 2 Abschnitt Testverfahren, Seite 74 beschrieben.
Nach einer verschleppten Kratzwunde auf der Hornhaut entwickelte sich eine lebensgefährliche, phlegmonöse Entzündung der Augenhöhle.
Die entzündlich geschwollenen Lidränder, der stinkende, wundmachende Eiter, die Schmerzen und der gefährliche Krankheitszustand gaben den Ausschlag für die Wahl von Mercurius C 1000.
Nachdem diese Katze 15 Minuten auf den in Papier eingewickelten Globuli gesessen hatte, begann sie zur Überraschung der Besitzerin mit einem Ball zu spielen!
Mercurius C 1000 wurde oral eingegeben. Die Erkrankung heilte innerhalb weniger Wochen ohne Komplikationen oder weitere Arzneigaben ab; der Augapfel trocknete allmählich ein.
Anschließend gutes Befinden; die Katze musste sich natürlich erst an das einäugige Sehen gewöhnen.

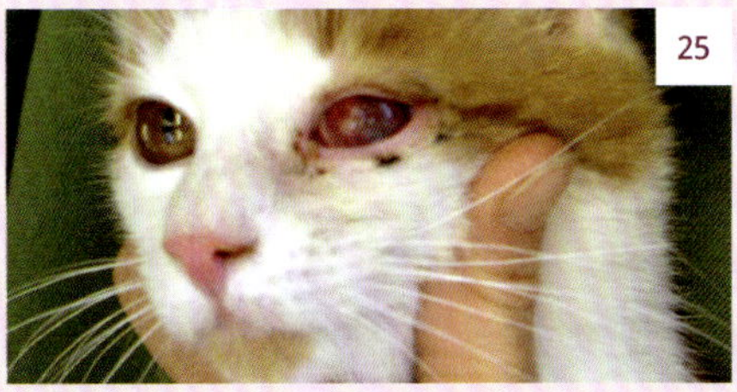

25

Dieselbe Katze 3 Wochen nach der Gabe von Mercurius C 1000 in der schmerzfreien Heilungsphase bei bestem Allgemeinbefinden.

Modalitäten

- Empfindlichkeit gegen Sonne und Hitze (des ganzen Organismus, nicht nur der Augen)
- Neigung zu allergischen Erkrankungen u. a. konstitutionelle Symptome
- Reserviert und zurückhaltend, keine »Schmusekatze«

Dosierung

Bei deutlichen konstitutionellen Symptomen einmalige Gabe der M- oder XM-Potenz.

Nitricum acidum – Nit-ac

Indikationen

- Seltener am Katzenauge
- Schwellung der Lider, rissig, leicht blutend
- Chronische Entzündungen am Auge, Tendenz zum Entropium
- Heftige Schmerzen »wie von einem Splitter«
- Hornhautentzündung mit oberflächlichen Pusteln
- Oberflächliches Hornhautgeschwür, extrem schmerzhaft, zugekniffene Augen
- Sehr schmerzhafte Entzündung der Iris mit Verklebungen im Innenauge

Modalitäten

- Schlimmer durch jede Form von Kälte

Dosierung

Einzelgabe der C 30 oder C 200.

Phosphorus – Phos

Entzündungen aller Organe des Auges möglich

Degenerative Erkrankungen im Augenhintergrund, von Retina und Sehnerv

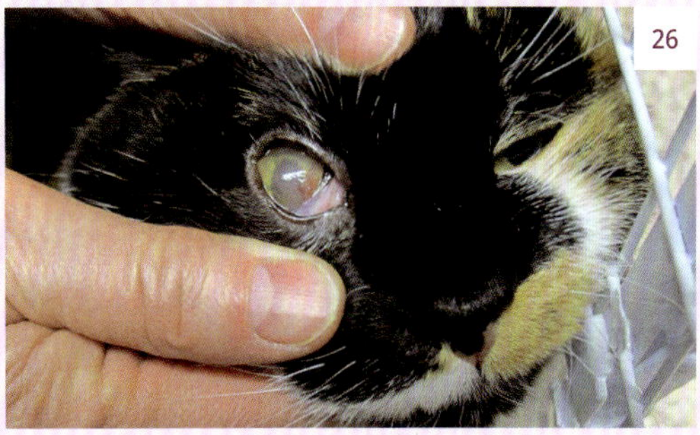

26

Diese Katze leidet unter einer Herpesvirusinfektion am rechten Auge, die nach Einzelgabe von Phosphor C 200 innerhalb von 2 Wochen ausheilte.

Verordnung meist nach konstitutionellen Gesichtspunkten

Indikationen

- Bindehautentzündung: Augenkatarrh oder eitrige Entzündung, häufig chronisch verlaufend
- Absonderung von wässrigem, grauweiß-schleimigem Sekret
- Blutige Tränen, braunblutige Sekretreste am inneren Augenwinkel (neben *Silicea* das häufigste Mittel)
- Liebe, aufdringliche, ängstliche, schreckhafte »Schmusekatzen«

Dosierung

Einzelgabe der C 200, bei sicheren konstitutionellen Symptomen auch höhere Potenz.

Pulsatilla pratensis, nigricans oder vulgaris – Puls

Bindehautentzündung

Indikationen

- Milder, reichlicher, cremiger, weiß-gelblicher, eitriger, selten blutiger Ausfluss, nicht wundmachend!
- Eiterung im Bindehautsack oder nur wässrig »schwimmende« Augen
- Oft verbunden mit demselben rahmigen, reichlichen Nasenausfluss
- Dabei oft verstopfter Tränen-Nasen-Gang
- Innenauge: Entzündung von Iris und Augenhintergrund (selten)

Auslöser

- Kaltwerden, Infektion
- Bevorzugt bei Welpen während der Zahnung, bei jungen Katzen im Zahnwechsel

Indikationen

- Schlimmer bei heißem Sommerwetter oder durch kalte Zugluft
- Evtl. konstitutioneller Bezug

Hinweis: Nicht zu verwechseln mit *Argentum nitricum:* Der *Pulsatilla*-Patient ist auffallend liebenswürdig und zeigt ausgeprägtes Verlangen nach Zuwendung und Gesellschaft!

Dosierung

Bei sicheren konstitutionellen Zeichen M- oder XM-Potenz, bei Welpen reicht oft eine Einzelgabe der C 30 aus.

Rhus toxicodendron – Rhus-t

Eine der häufigen Arzneien für viele akute und chronische Augenerkrankungen

»Breites Spektrum«: vom leichten Katarrh, eitriger Entzündung bis zur Entzündung im Innenauge

Auslöser

- Durch Allergie, Staub, Virusinfektion, Bakterien, Kaltwerden, Zugluft, Nasswerden

Indikationen

- Wundmachender Tränenfluss mit lokalem Haarausfall
- Auch gelblich-eitrige, blutige, wundmachende Absonderung
- Tränen schießen hervor, wenn das Auge manuell geöffnet wird, heftige Abwehr!
- Erkrankungen aller Augenorgane möglich: Entzündung von Bindehaut, Hornhaut, Iris, Sklera
- Entzündung der ganzen Augenhöhle (Vorsicht!)
- Evtl. Schwellung und Vorquellen der Bindehaut (Chemosis)
- Follikulitis an Bindehaut und Nickhaut

Modalitäten

- Ausgeprägte Lichtscheu, sucht die Dunkelheit, Auge permanent zugekniffen
- Sehr schmerzhaft, auch durch Berührung
- Schlimmer im Freien, durch leichtesten Luftzug
- Schmerzen treiben zu Unruhe, Umherwandern, schlimmer abends
- Augenentzündungen ausgelöst durch kalte Zugluft, Nässe und Kälte
- Schmerzen schlimmer durch Bewegen der Augen
- Begleitend evtl. Steifheit im Bewegungsablauf, besser durch fortgesetzte Bewegung

Dosierung

Einzelgabe der C 200, bei ausgeprägten Symptomen und sicherer Indikation auch höhere Potenz.

Silicea terra – Sil

Bevorzugt für chronische Augenerkrankungen, meist mit konstitutionellem Hintergrund

Bindehautentzündung, chronisch, auch chronisch eiternde Entzündung

Indikationen

- Blutiger Tränenfluss möglich
- Chronisches tiefes Hornhautgeschwür, Hornhautabszess, meist schmerzarm
- Verstopfter Tränen-Nasen-Gang
- Innenauge: chronische Entzündung und Eiterung im Augeninneren
- Verklebungen im Innenauge, ungleichmäßige Begrenzung der Iris/Pupille

Modalitäten

- Wenig Lichtscheu, geringe Schmerzen
- Augenentzündungen begünstigt durch feuchte Kälte, durch Kaltwerden, Zugluft
- Häufig beim konstitutionellen *Silicea*-Patienten (schüchterne »Engelchen«)
- Auch evtl. ausgelöst durch schlecht vertragene Impfung

Dosierung

Einzelgabe der C 200, nicht wiederholen.

Staphysagria – Staph

Erstes Mittel für die frische Hornhautverletzung, Hautausschläge um die Augen und an den Lidern

Indikationen

- Lider: Wiederkehrende Knötchen, Entzündung besonders links
- Entzündung der Lidränder, evtl. Juckreiz
- Bindehautentzündung, verstopfter Tränen-Nasen-Gang
- Entzündung der Iris mit Verklebungen
- Erkrankungen nach Operation am Auge

Auslöser

- Folgen von Ärger, besonders von nicht geäußertem Zorn
- Folgen von Augenoperation

Dosierung

Einzelgabe der C 200, bei sicherer Indikation auch höhere Potenz.

Sulfur – Sulf

Stoffwechselstörungen mit Rötung der Augenlider, Bindehaut und anderer Körperöffnungen

Auslöser

- Augenentzündungen durch Staub, Erreger, speziell bei geschwächtem Immunsystem

Indikationen

- Entzündete, juckende rote Lidränder, Lider und Bindehaut
- Wundmachende, juckende Absonderungen
- Chronische oder wiederkehrende Entzündung von Bindehaut, Hornhaut, auch durch Herpesviren
- Hornhautgeschwür, alle möglichen Innenaugenerkrankungen
- Sehr schmerzhaft, ausgeprägte Lichtscheu

Modalitäten

- Alle Augenerkrankungen schlimmer durch Kontakt mit Wasser und Waschen
- Schlimmer im Winter

Auslöser

- Infektion, Immunsuppression, geschwächte Immunitätslage
- Nebenwirkung von (Depot-) Kortison
- Nach schlecht vertragener Impfung
- Nach durch Pharmakotherapie unterdrückten Hautausschlägen

Dosierung

Einzelgaben der C 30, evtl. einmal pro Woche oder Einzelgabe der C 200.

Vorsicht bei vorangegangener Kortisonbehandlung, es können Erstreaktionen auftreten!

Thiosinaminum – Thios

Organotropes Mittel für Verklebungen von Gewebe, Verklebungen von inneren Organen des Auges, speziell nach chronischen Entzündungen

Indikationen

- Z. B. Verklebung zwischen Iris und Linse mit gestörter Pupillenreaktion
- Oder verzerrte, verzogene Iris durch Narben oder Verklebungen

- Indiziert, wenn kein anderes Mittel gefunden werden kann
- Zu versuchen bei undurchsichtigen Hornhautnarben, die nicht auf *Silicea* oder *Euphrasia* angesprochen haben

Dosierung

C 4 für 8 bis 10 Tage einmal täglich.

Thuja occidentalis – Thuj

Knötchen an den Lidrändern, an Bindehaut oder Iris

Abschuppende Hautausschläge an Lidern und Lidrändern

Graugrünliche, schleimige Absonderung

Entzündung der Hornhaut, der Sklera, Hornhautgeschwür

Modalitäten

- Besser durch Wärme

Auslöser

- Nach schlecht vertragener Impfung!

Dosierung

Einzelgabe der C 200.

Achtung: In schwierigen Fällen derartiger Augenerkrankungen sollte immer ein erfahrener Homöopath zugezogen werden!

Krebserkrankungen am Auge

Tumoren am oder **im Auge** sind häufig maligner Natur (bösartig), neigen zu Metastasierung und sind schwer zu beeinflussen.

Die Schulmedizin empfiehlt eine möglichst frühzeitige Operation. Diese ist jedoch nicht immer möglich, wenn das Augenlid betroffen und der Lidschluss nicht mehr gewährleistet wäre.

Die Homöopathie hat einige Therapeutika zu bieten, die jedoch nicht einfach zu differenzieren sind.

Im Zweifelsfall muss auch hier der radiästhetische Test genutzt werden.

Nähere Angaben zu den genannten Mitteln gibt es auch im *Kapitel 15, Abschnitt Weitere Möglichkeiten der alternativen Krebstherapie, Seite 490*.

Krebs am Auge: Ars, Aur-m-n, Calc, Carb-an, Con, Cund, Lach. Lyc, Phos, Sil, Thuj, Chinon-Präparate, Carbonylgruppen (*Kapitel 15, Abschnitt Weitere Möglichkeiten der alternativen Krebstherapie, Seite 490*)

Krebs am Auge, Plattenepithelkarzinom: Con, Cund, Lach, Thuj

Krebs am Auge, Tränendrüsen: Carb-an, Thuj

Melanom am Auge: Carb-an

KAPITEL 6

ERKRANKUNGEN DER KATZEN-OHREN

Erkrankungen und Entzündungen am und im Ohr gehören zu den häufigen Erkrankungen der Katze (auch beim Hund). Anders als beim Menschen finden wir seltener primäre Entzündungen im Mittelohr; viel häufiger wird die Entzündung des Gehörgangs mit anschließenden Komplikationen beobachtet.

Allgemeines zu Erkrankungen am Katzenohr

Erkrankungen am Ohr können in vielen Formen und durch unterschiedlichste Auslöser vorkommen. Ein enger, stark behaarter und damit schlecht belüfteter Gehörgang (wie bei manchen Hunderassen) begünstigt das Angehen von Infektionen.

Die ohrenkranke Katze zeigt dies durch vermehrtes Schütteln des Kopfes, Kratzen an den Ohren und evtl. schiefe Kopfhaltung.

Verletzungen der Ohrmuschel durch Katzenkämpfe sind nicht selten und können bis zu phlegmonösen Entzündungen und Eiterungen eskalieren. Derartige Erkrankungen sind nicht immer auf den ersten Blick von einer bakteriellen Gehörgangsentzündung zu unterscheiden. Die entsprechenden Homöopathika sind in solchen Fällen jedoch dieselben.

Eingedrungene Fremdkörper wie z. B. Getreidegrannen müssen natürlich mechanisch entfernt werden.

Die Auskleidung des Gehörgangs steht wie Haut und Haar in enger Beziehung zu Stoffwechsel und Darmfunktion. Eine Überproduktion an Ohrenschmalz ist ähnlich zu beurteilen wie eine Seborrhoe (übermäßige Absonderung von Hautfett). Auf diesem Nährboden gedeihen bevorzugt Bakterien, Pilze und Ohrmilben, die meist nicht die primäre Ursache der Gehörgangsentzündung darstellen.

Auch allergische Gehörgangsentzündungen beruhen auf Störungen im Stoffwechsel und können zu quälendem Juckreiz, Reizungen und Entzündungen im Gehörgang führen.

Das Reinigen, Ausspülen oder Behandlungen mit Pharma-Präparaten ist auf die Dauer wenig erfolgreich, wenn nicht der gesamte (Haut-)Stoffwechsel der Katze in Ordnung gebracht wird.

Häufiges Reinigen der Ohren mit den dafür erhältlichen Detergenzien (Alkohol, Desinfektionsmittel) reizen die Auskleidung des Gehörgangs und führen letztlich zu vermehrter Absonderung von Schuppen, Talg und Ohrenschmalz.

Die homöopathische Therapie berücksichtigt den gesamten Organismus für die Therapie einer chronischen Otitis externa (Entzündung des Gehörgangs), nicht in erster Linie die lokalen Symptome.

Bei den erwähnten akuten phlegmonösen oder eitrigen Prozessen muss allerdings zuvor ein Simile für den akuten Zustand gegeben werden, gefolgt von der Therapie für das chronische Geschehen.

Die meisten schulmedizinischen Verordnungen für Gehörgangsentzündungen bestehen in Ohrentropfen, die als »Allround-Arznei« Antibiotika, Antimykotika (Präparate gegen Pilzbefall) und Kortison (Entzündungshemmer) enthalten. Beim Befall mit Ohrmilben (Ohrräude) werden zusätzlich milbenabtötende Substanzen (Akarizide wie Avermectin-Präparate, siehe Glossar) verabreicht.

In schweren Fällen wird der Schulmediziner eine Ohrreinigung oder Ohrspülung vornehmen.

Mit dieser Therapie kommen die zum Teil sehr schmerzhaften Beschwerden der Patienten schnell zum Stillstand.

Aber nach Wochen oder Monaten treten oft Rezidive auf; oder es entwickelt sich ein chronischer Verlauf, sodass derartige Ohrentropfen immer wieder oder sogar lebenslang verabreicht werden müssen.

In chronisch-wiederkehrenden Fällen kann es es zur Perforation (Durchbruch) des Trommelfells mit anschließender Mittelohr- oder Innenohrerkrankung kommen.

Die Folge sind dann degenerative Erkrankungen, die mit Schwindel, Taumeln und Koordinationsstörungen oder Krampfanfällen einhergehen können.

In diesem Fall muss zuerst die Arznei für den Schwindel bzw. zentralnervöse Symptome gegeben werden (z. B. *Conium*). Anschließend wird sich vermehrte eitrige Absonderung aus dem Ohr entwickeln, die dann mit einem der entsprechenden Folgemittel, z. B. *Calcarea, Lycopodium, Pulsatilla, Silicea* o. a. bis zur Genesung behandelt werden muss.

Die Otitis externa von Katze und Hund sind aus der Sicht der Homöopathie wie eine Hauterkrankung zu bewerten. Derartige Entzündungen gibt es beim Menschen nur selten. Daher ist auch das Repertorisieren der vorliegenden Symptome als lokale Erkrankung wenig ergiebig und führt oftmals zu Arzneien wie *Sulfur*, *Psorinum* oder *Calcarea*; doch diese Mittel werden keineswegs die Mehrzahl aller Otitiserkrankungen so günstig beeinflussen, wie es nach der Repertorisation den Anschein haben könnte.

Ohrmilben sondern im Gehörgang eine krümelige, schwärzliche Masse ab; dieses Phänomen diese Absonderung ist »normal« (pathognomonisch) im Sinn der Homöopathie und für die Mittelwahl nicht zu verwerten: Die Rubrik »Ohr, Absonderung schwarz« führt daher zu nicht passenden Mitteln. Vielmehr ist in diesem Fall die Rubrik des Repertoriums für die Ektoparasiten zuständig: »Kopf, Läuse« oder »Haut, Läuse«.

Aus diesen Gründen ist es wichtig, eine genaue Anamnese zu erheben, welche im chronischen Fall das ganze Tier mit der »Gesamtheit der Symptome« erfasst, wobei die Ohrenerkrankung nicht an erster Stelle steht (zur Hierarchisation siehe *Kapitel 2, Seite 20*).

Der Auslöser für derartige Ohrenerkrankungen ist häufig derselbe wie für Hauterkrankungen: Störungen im Hautstoffwechsel beruhen in den meisten Fällen auf einer gestörten Ausscheidung von Abbauprodukten des Stoffwechsels, die nicht genügend über Kot und Urin ausgeschieden werden (*Kapitel 2, Abschnitte Medizinverständnis in Homöopathie und Hochschulmedizin, Seite 27, Kriterien der Ähnlichkeit: Arten von Erkrankungen, Seite 34*, und *Chronische Erkrankungen, Seite 35*).

Ein wesentlicher ursächlicher Faktor bei derartigen Erkrankungen ist die Fütterung: An dieser Stelle sei nochmals betont, dass Trockenfutter keine artgerechte Ernährung für die Katze (auch nicht für den Hund) darstellt!

Auch das landläufige konfektionierte Nassfutter aus den »Katzenschälchen« besteht in den meisten Fällen aus minderwertigen »Nebenerzeugnissen tierischer Herkunft«, wertlosem pflanzlichem Ballast, fleischfarben angefärbt, mit künstlichen Nahrungsergänzungen und Vitaminen versetzt und mit »leckeren«, synthetischen Katzen-Geschmacksstoffen »veredelt« (Es gibt Ausnahmen mit erstklassigem Katzenfutter!).

Das heißt, speziell die chronischen Erkrankungen von Gehörgang und Haut müssen von einer Umstellung auf katzengemäßes Futter und entsprechende Haltungsbedingungen begleitet werden (*Kapitel 1, Abschnitt Die Katze – Wesen – physiologische Daten, Seite 7* und Literatur 21).

Anamnese bei Ohrenerkrankungen

Für die chronische Otitis sollten zusätzlich die »konstitutionelle Anamnese« aus dem *Kapitel 2, Abschnitt Die Erste Säule der Homöopathie: Der Patient, Seite 44* erhoben werden.

WER?

- Wohnungskatze, Freigänger, wild lebende Katze
- Katze, Kater, Rasse, Haltung (Ansteckung?), Fütterung
- Lebensalter: Welpe, Jungtier, erwachsenes oder altes Tier
- Vorerkrankungen, begleitende Erkrankungen, evtl. Impfreaktionen
- Zugrunde liegende Schwäche des Immunsystems (Leukose, FIV o. Ä.)
- Bisherige Therapie, auch homöopathische, womit? Dosierung? Wann zuletzt? Erfolg?
- Reaktionen auf Impfungen

WAS?

- Ersterkrankung, Rezidiv oder chronische Erkrankung, bisheriger Verlauf, Fortschreiten?
- Akute Erkrankung? Schmerzen? Phlegmone, Eiterung?
- Fieber?
- Allgemeinbefinden, Anteilnahme, Kreislauf, Futter-, Tränkeaufnahme, Kot, Urin
- Verhalten bei der Untersuchung: duldsam, freundlich, aggressiv, »Notwehrverhalten«?
- Phlegmone, Eiterung, Abszess, Sepsis
- Chronische Otitis externa, Milbenbefall?
- Beschaffenheit des Gehörgangs (rot, blass, abschuppend)
- Absonderungen: Farbe, Geruch, Menge, Beschaffenheit
- Verletzung, Biss- oder Kratzwunde
- Othämatom (Blutohr, fluktuierender Bluterguss zwischen Haut und Ohrknorpel)
- Schwindel, Gleichgewichtsstörungen, Nystagmus, andere zentralnervöse Störungen
- Anderweitige begleitende Erkrankungen?
- Sonnenbrand an der weißen Ohrspitze
- Plattenepithelkarzinom an der Ohrmuschel

WO?

- Ohrmuschel, Gehörgang, Mittelohr, Innenohr, begleitet von zentralnervösen Störungen
- rechts, links, von rechts nach links gehend oder umgekehrt
- Beteiligung von Mandibular- o. a. Lymphknoten
- Juckreiz – auch an anderen Körperteilen?

WIE?

- Ist der Zustand des Tieres bedenklich, lebensbedrohlich, gering oder gar nicht getrübt?
- Äußere Beschaffenheit, Temperatur des Ohres, Berührungsempfindlichkeit, Schmerzen
- Kopf-Schief-Haltung
- **Otitis externa:**
  - Beschaffenheit des Gehörgangs
  - Phlegmonöse Schwellung, Abszess, Eiterung
  - Trocken, krümelig, schuppig, wund, schmierig, wässrig, Pilzbefall, Ohrmilben
  - Absonderung: Vermehrtes Ohrenschmalz – dunkel, hell, Farbe?
    - wässrig, blutig, schleimig, eitrig, stinkend, geruchlos
  - Mykose (Pilzbefall, häufig nach Einsatz von Antibiotika!)
  - Temperatur des äußeren Ohrs
  - Schmerzhaft, schmerzlos, Juckreiz
- **Otitis media, interna**: Wie ist das Verhalten, der Allgemeinzustand des Patienten?
  - Gibt es zentralnervöse Störungen? Gleichgewichtsstörungen, Nystagmus?
  - Gesichtslähmung, wo?
- **Was bessert oder verschlechtert?**
  - Anwendung von Wärme – Kälte?
  - Kratzen, Reiben, Kopfschütteln, Berührung
  - Kopf-Schief-Haltung, Schwindel, im-Kreis-Laufen
  - Im Freien, durch Ablenkung, durch Zuwendung

WARUM?

- Gibt es einen Auslöser?
- Andere begleitende Erkrankungen, Ohrmilben, Ektoparasiten, Wurmbefall
- Schlechte Verträglichkeit von Pharma-Präparaten
- Zugluft, Sturz in verschmutztes Wasser
- Verletzungsfolge, Katzenkratzwunden? Haut, Ohrknorpel?
- Fremdkörper im Gehörgang (müssen mechanisch entfernt werden!)
- Unsinnig wiederholtes Ohrenputzen durch Besitzer
- Eskalation eines chronischen Zustands?
- Reaktion oder Verschlimmerung nach Impfung?

WANN?

- Wann ist der Schmerz – Juckreiz am meisten ausgeprägt? Z. B. morgens, abends
- Temperatur, Jahreszeit, Wetter, Stress, sonstige Umstände
- Im warmen Zimmer, nach dem Herumtoben, durch Langeweile
- Juckreiz gleichzeitig auch an anderen Körperteilen?

WAS BEGLEITET?

- Andere Erkrankungen, Allgemeinbefinden, Fieber, Futter-, Tränkeaufnahme
- Andere Schäden der Haut, des Haarkleids, Ekzeme
- Katzenschnupfen, Augenerkrankungen, weitere Erkrankungen der Atemwege
- Schmerzäußerungen, generalisierter oder lokaler Juckreiz – wo?
- Zahnwechsel, Rolligkeit, Trächtigkeit, Laktation, Kastration
- Schwindel, Taumeln, Nystagmus, Gehen im Kreis, Unruhe
- **Verhalten:**
- Gibt es Veränderungen im Verhalten im Vergleich zum gesunden Zustand?
- Sozialer Rang, Spielen, Aggressivität, »Schmusekatze«, Unnahbarkeit, Angst
- »Geschwätzig«, »besitzergreifend«, eifersüchtig
- Freundlich, aggressiv, ruhig, nervös, unruhig, apathisch
- Verhalten nachts
- Konstitutionelle Anamnese im chronischen Fall (*Kapitel 2, Abschnitte Chronische Erkrankungen, Seite 35*, und *Die Erste Säule der Homöopathie: Der Patient, Seite 44*).

Bei der chronischen Otitis sollte grundsätzlich ein konstitutioneller Ansatz (anschließend an die möglicherweise notwendige akute Therapie) gefunden werden. Erst in zweiter Linie sind Homöopathika wie *Kalium sulfuricum, Bacillinum, Kreosotum, Echinacea, Morgan pure* oder ähnliche zu erwägen.

Kurz-Repertorium: Ohrenerkrankungen der Katze

Akute Otitis externa: Acon, Apis (selten), Bell, Cham, Hep, Lach, Lyc, Merc, Nux-v, Puls, Rhus-t

Chronische Otitis externa: Ars, Calc, Calc-s, Echi, Lach, **Lyc,** Nat-m, Psor, Sil, Sulf, Tell, Thuj

Phlegmonöse Entzündung am/im Ohr: Ars, Apis, Bell, Hep, Lach, Merc, (Rhus-t selten) Sulf

Eitrige Otitis externa: Calc, Calc-s, Hep, Lyc, Merc, Puls, Psor, **Sil,** Sulf

Wundmachende Absonderungen aus dem Ohr: Ars, Hep, Lyc, Merc, Nat.m, Sulf

Intensive Schmerzen bei Otitis: Acon, Apis, Ars, Bell, Bry, Cham, Hep, Lach, Merc, Puls, Sulf

Ohrmilben: Ars, **Lyc,** Merc, **Nat-m**, Psor, Staph, Sulf

Pilzbefall mit Juckreiz: Bac, Psor, Staph, Sulf

Gehörgang überwiegend trocken, schuppig, juckend: Ars, Lyc, Nat-m, Psor, Sulf

Ohrenschmalz vermehrt: Calc, Hep, Lach, Lyc

Gehörgang voll von schmieriger, dunkler Absonderung: Lyc

Gehörgang, dünnflüssige Absonderung: Con, Hep, Lach, Merc, Sil

Gehörgang-, Innenohrpolypen: (Calc), Merc, Nit-ac, Thuj

Entzündung Mittelohr: Acon, Apis, Ars, Bell, Calc, Calc-s, Echi, Hep, Kali-bi, Lyc, Merc, (rechts)**,** Puls (links)**,** Sil, Sulf

Entzündung Mittelohr, chronisch: Kali-s

Entzündung Mittelohr, wiederkehrend: Psor u. a.

Chronische Otitis mit Schwindel: Ars, Calc, Calc-s, **Con**, Cupr, Merc

Othämatom – Blutohr: Im Fall von anfänglichen Schmerzen: Arn, Hyp

Schmerzarmes Blutohr: Bell-p (?), Ham (akut), Sulf ac (C 6 tgl.)

Knotige Verhärtungen nach Blutohr: Conium (C 6), Sil

Verletzung der Ohrknorpel, z. B. durch Biss, schlechte Heilungstendenz**:** Arg, Calen, Sil (*Kapitel 3, Seite 82*)

Juckreiz ist kein differenzierendes Merkmal bei der Otitis externa, kommt bei all den genannten Mitteln vor; Reaktionen wie scheinbares Jucken entstehen auch durch unangenehmes Gefühl im Ohr als Folge von klebrigen oder eitrigen Absonderungen, welche die Katze entfernen will.

Sonnenbrand an der Ohrmuschel weißer Katzenohren**:** Ant-c, Ars, Bell, Canth, Sol (*Kapitel 19, Notfälle, Seite 188*)

Plattenepithelkarzinom an der Ohrmuschel: Cund, Merc-d, Sil, Sul-ac (*Kapitel 15, Krebs- und Tumorerkrankungen der Katze, Seite 474*)

Es gibt zahlreiche Homöopathika, die nur selten bei Ohrenerkrankungen der Katze vorkommen: z. B. *Apis*, *Aurum*, *Borax*, *Causticum*, *Graphites*, *Kreosotum*, *Nitricum acidum* oder *Tellur*. Daher sei hier auf die Arzneimittellehren der Human-Homöopathie verwiesen (Literatur 7, 10, 17, 25, 28, 48, 61 u. a.).

Beschreibung der wichtigsten Homöopathika für Ohrenerkrankungen der Katze

Aconitum napellus – Acon

Indikation

- Plötzlich, heftig und sehr schmerzhaft beginnende Mittelohrentzündung (perakut)
- Auffallend heiße Ohren, evtl. hohes Fieber, heißer Körper, trockenes Maul
- Ängstlicher Ausdruck, Tendenz zu Panik

Modalität:

- Schlimmer nachts

Dosierung

Einmalige Gabe der C 200, bei Welpen auch C 30.

Apis mellifica – Apis

Indikation

- Sehr schmerzhafte Mittelohrentzündung (selten bei der Katze!)

Modalitäten

- Plötzliches, gellendes Aufschreien durch Schmerzen! Vermeidet jede Bewegung!
- Schmerzen schlimmer beim Schlucken
- Heiße, rote Schwellung, besser durch Abkühlung
- Extrem berührungsempfindlich, Katze verkriecht sich!
- Keine Absonderung

Dosierung

Einzelgaben der C 30, die bei Bedarf kumuliert oder wiederholt gegeben werden können.

Argentum metallicum – Arg-m

Schwerpunkt Verletzungen von Knorpel

Indikation

- Entzündung und Verhärtung des Ohrknorpels mit chronischer Eiterung
- Z. B. durch Bisswunden in die Ohrmuschel (*Kapitel 3, Trauma – Verletzungen und Wunden, Seite 82*)

Dosierung

Einzelgabe der C 30, bei Bedarf einmal wiederholen.

Arsenicum album – Ars

Neben *Lycopodium* eines der häufigsten Mittel für die Otitis der Katze; *Arsenicum* speziell für die trockene, abschuppende, wunde Otitis externa

Indikation

- Sehr starker Juckreiz, evtl. Schmerzen im Laufe des Kratzens
- Häufig mit begleitendem Ohrmilbenbefall
- Fortgeschrittener Zustand: wundmachende, jauchige, kadaverartig stinkende, eitrige Absonderung
- Evtl. destruktiv, fortschreitend ins Mittel- und Innenohr

Modalitäten

- Kratzen und Unruhe schlimmer nachts, nach Mitternacht
- Häufig dabei noch feines, glänzendes, sauberes Haarkleid

Dosierung

Einzelgabe der C 200, bei konstitutionellen Symptomen auch höhere Potenz.

Belladonna – Bell

Perakute oder akute, heiße Entzündung in Gehörgang oder Mittelohr, sehr schmerzhaft

Indikation

- Auffallend heiße Ohren, trockenes Maul und Nase, evtl. hohes Fieber, keine Angst
- Evtl. begleitet von Meningitis mit Apathie oder zentralnervöser Reizung

Modalitäten

- Schlimmer beim Kauen

Dosierung

Eine Einzelgabe der C 200.

Bryonia – Bry

Indikation

- Extrem schmerzhafte, akute Ohrenentzündung, besonders rechts, kein Juckreiz
- Plötzliche stechende Schmerzen
- Berührungsempfindlich, aber intensiver Gegendruck bessert

Modalitäten

- Schlimmer durch jede Bewegung, z. B. beim Fressen
- Schlimmer durch Wärmeanwendung

Dosierung

Einzelgabe der C 200.

Calcarea carbonica – Calc

Indikation

- Chronische Gehörgangsentzündung auf konstitutioneller Grundlage (häufig bei Edelkatzen)
- Verbunden mit wiederkehrenden akuten Schüben, evtl. Polypen im Ohr
- Ekzem, Entzündung im Gehörgang, evtl. auch im Mittelohr mit chronischer, geruchsarmer Eiterung

Modalitäten

- Ohrschmerzen schlimmer beim Schlucken (Beobachten!)
- Anfangs eher rechtsseitig, dann auch links
- Eitrige, zäh-klebrige, stinkende Ohrenabsonderung, meist verbunden mit chronischem Schnupfen
- Auch oft verbunden mit Schwellung der Mandibular-Lymphknoten
- Evtl. Schwerhörigkeit oder Taubheit
- Meist ruhige, aggressionsarme Wohnungskatzen
- Bevorzugt während Zahnwechsel

Dosierung

Einzelgabe der C 200, bei deutlichen konstitutionellen Symptomen einmalige Gabe einer höheren Potenz.

Calcarea sulfurica – Calc-s

Indikation

- Chronische oder chronisch rezidivierende Otitis
- Schmerzarm, besonders rechtsseitig
- Absonderung von gelblichem, zäh-klebrigem Eiter

Dosierung

Einzelgabe der C 200.

Chamomilla – Cham

Indikation

- Akute, sehr schmerzhafte Entzündungen im Ohr von Jungtieren, evtl. mit Fieber
- Auffallend reizbares, aggressives Wesen
- Heißer Körper oder Fieber
- Evtl. ein Ohr heiß, das andere kühl

Modalitäten

- Schlimmer nachts, überempfindlich gegen Geräusche
- Schlimmer während Zahnung/Zahnwechsel
- Schlimmer abends und nachts

Dosierung

Einzelgaben der C 200, bei Welpen der C 30.

Conium maculatum – Con

Indikation

- Chronische reichliche, pappige, klebrige, dunkle Absonderungen, verstopfen den Gehörgang
- Arznei für die Folgen von chronisch unterdrückter Entzündung bzw. Eiterung im Ohr
- Dann Übergang der Entzündung ins Innenohr
- Schwindel bei chronischer Mittelohr- oder Innenohrentzündung

Modalitäten

- Schwindel und Taumeln beim Bewegen des Kopfes, z. B. beim Schütteln, geht im Kreis, Nystagmus
- Evtl. begleitend Entzündung der Ohrspeicheldrüse mit Verhärtung

Dosierung

Einzelgabe der C 200.

Cuprum metallicum – Cupr

Indikation

- Weitere Arznei für die Folgen von chronisch unterdrückter Entzündung/Eiterung im Ohr (u. a. Erkrankungen)
- »Metastasen zum Gehirn«, d. h. Erkrankung entwickeln sich zu zentralnervösen Beschwerden
- Verdrehter Kopf, geht evtl. im Kreis, Nystagmus
- Krampfanfälle, Epilepsie, beginnen mit Einschlagen der Pfoten, dann Umfallen
- Tonisch-klonische Krämpfe (»Strampeln«) (*Kapitel 7, Neurologische Erkrankungen, Seite 200*)

Dosierung

Einzelgabe der C 200.

Echinacea angustifolia oder purpurea – Echi

Indikation

- Indiziert bei septischen Zuständen durch schwerste Otitis
- Oder: Arznei »der zweiten Wahl«, wenn die angegebenen Arzneien bei Schwäche des Immunsystems zu wenig wirken oder wenn im schweren Zustand keine passende Arznei gefunden werden kann

Dosierung

Einzelgabe der C 200, evtl. Folgemittel wählen.

Hamamelis – Ham

Indikation

- Die erste Arznei für das Blutohr (Ohrmuschel wie aufgeblasen durch Bluterguss infolge Verletzung)

Dosierung

2 bis 3 Gaben C 6 oder eine Gabe der C 200, dann einige Tage abwarten.

Hinweis: Folgemittel evtl. *Acidum sulfuricum*, wenn diese Therapie nicht genügend wirkt.

Achtung: Ein Absaugen des Blutohrs ist unsinnig, weil sich der Erguss binnen eines Tages wieder füllt.

Hepar sulfuris – Hep

Indikation

- Heftige, überaus schmerzhafte akute Otitis, auch durch Fremdkörper im Ohr!
- Phlegmonöse, schmerzhafte Schwellung, dann Eiterung bzw. Abszess
- Reichlich stinkender, evtl. blutiger, wundmachender Eiter, füllt den ganzen Gehörgang aus
- <u>Extrem berührungsempfindlich</u> (mit Schreien), überempfindlich gegen alle Schmerzen
- Untersuchung des betroffenen Ohres ist unmöglich wegen aggressiver Abwehr

Modalitäten

- Schlimmer durch jede Art von Kälte, schlimmer nachts
- Wesentlich gebessert durch Anwendung von Wärme, duldet keine Berührung des kranken Ohrs

- Eiterung treibt eingedrungenen Fremdkörper aus
- Es ist sinnlos, solch einem Tier gewaltsam ins Ohr schauen zu wollen, es sollte eine Gabe *Hepar* C 200 bekommen, dann kann es am nächsten Tag untersucht werden.

Hinweis: Möglicherweise ist keine Folgearznei notwendig, sondern die Erkrankung heilt durch *Hepar* aus.Wenn notwendig, ist *Silicea* das am häufigsten indizierte Folgemittel.

Kalium sulfuricum – Kali-s

Indikation

- Chronische Gehörgangs- und Mittelohrentzündung
- Chronischer Tubenkatarrh nach rezidivierten, nicht ausgeheilten Ohrenentzündungen
- Oft verbunden mit Taubheit oder Schwerhörigkeit
- Gelbliche Absonderungen aus dem Ohr

Modalitäten

- Schlimmer im warmen Zimmer (ähnlich *Pulsatilla*)

Dosierung

Einmalige Gabe der C 200.

Lachesis mutus – Lach

Indikation

- Ohrenerkrankungen sind meist Begleitsymptom anderer *Lachesis*-Erkrankungen oder -Konstitution
- Phlegmonöse Entzündung, extrem schmerzhaft und berührungsempfindlich, evtl. mit Schreien

Modalitäten

- Ohrschmerzen schlimmer beim Schlucken
- Katze versucht, vorsichtig mit der Pfote »im Ohr zu bohren«
- Schwere, oft septische Mittelohrentzündung (Vorsicht!)
- Entzündungen beginnen auf der linken Seite, gehen dann aufs rechte Ohr
- Schlimmer nach dem Erwachen aus dem Schlaf
- Besser durch Kühlen, aber duldet keine Berührung!

Dosierung

Einmalige Gabe der C 200.

Lycopodium clavatum – Lyc

Indikation

- Das häufigste Arzneimittel für die chronisch juckende Otitis externa, bzw. Ekzem im Gehörgang mit oder ohne Ohrmilben
- Schmierige, eitrige Absonderung
- Chronische Otitis rechts, geht dann aufs linke Ohr oder nur einseitig links
- Ekzem im äußeren Gehörgang, meist mit dicker, gelber oder dunkler, stinkender Absonderung
- Häufig Kopf-Schief-Haltung speziell nach rechts

Modalitäten

- Verschlimmerung am späten Nachmittag und morgens, durch kalte Zugluft
- Kann fortschreiten bis Taubheit, verbunden mit Schwindel
- Neben *Arsenicum, Natrium muriaticum* und *Psorinum* das häufigste Mittel für Ohrmilbenbefall
- Meist zusätzlich konstitutionelle Merkmale: Konkurrenzkämpfe, sucht den höchsten Rang

- Sitzplatz so hoch wie möglich, um alles »im Blick« zu halten
- Feige in Konfliktsituationen, Schmusen und Streicheln nur, wenn es gerade passt

Hinweis: Konstitutionelle Anamnese!

Dosierung

Es ist immer wieder erstaunlich zu beobachten, wie sich ein chronisch erkrankter, schmieriger Gehörgang wenige Wochen nach *Lyc* M oder XM in ein sauberes, schmerzloses Ohr verwandelt!

Achtung: Vorausgesetzt sind die passenden konstitutionellen Symptome.

Mercurius solubilis – Merc

Indikation

- Schleimhauterkrankungen mit Beteiligung der regionalen Lymphknotenschwellung
- Meist gleichzeitig Erkrankungen anderer Schleimhäute: Augen, Maul oder Nase
- Stinkende, wundmachende, reichliche Absonderungen, zerstören das Fell
- Stinkender, widerlich-schmieriger Eiter, der sich aus den Ohren absondert
- Otitis externa, media oder interna, chronisch oder akut

Modalitäten

- Ohrschmerzen schlimmer beim Schlucken
- Unverträglichkeit von Hitze und Kälte, besser gleichbleibende, angenehme Temperatur!
- Besser durch Ruhe und Niederlegen
- Generelle Verschlimmerung nachts
- Begleitend häufig reichlicher, stinkender, seifenartiger Speichelfluss
- Eher selten bei der Katze, andere Arzneien kommen bei der Otitis weitaus häufiger vor!

Dosierung

Einzelgabe der C 200.

Morgan pure – Morg – Darmnosode

Indikation

- Unterstützende Zwischenmittel in C 30 – wenn nötig – für den *Calcarea-*, *Lycopodium-* oder *Sulfur*-Patienten
- Schwerpunkt Haut, Leber, Kreislauf, chronische Otitis externa
- Hautausschläge: Gelenkbeugen, Haaransatz, Nase, Maulwinkel
- Haarausfall

Modalität

- Juckreiz schlimmer im Warmen, schlimmer durch Nässe

Dosierung

Einzelgabe der C 200.

Morgan-Gaertner – Morg-g – Darmnosode

Unterstützendes Zwischenmittel in C 30, wenn nötig bei chronischer Kur

Geeignet z. B. für nervöse *Lycopodium*-Patienten

Dosierung

Einzelgabe der C 200.

Natrium muriaticum – Nat-m

Indikation

- Häufiges Mittel für die Otitis der Katze
- Juckende oder allergische Haut- und Schleimhauterkrankungen
- Aufgrund von Allergien, gestörter Assimilation oder/und Dissimilation
- Eher trockene, stark juckende Gehörgangsentzündung, oft begleitet von Ohrmilben
- Häufig Haarkleidschäden und Hautausschläge, bei denen primär das Haar ausgeht
- Unverträglichkeit von Sonnenhitze
- Reservierte Katzen, meiden Blickkontakt, keine »Schmusetiere«!

Auslöser

- Häufig Kummererlebnisse in der Vergangenheit, Tierheimkatzen
- Weitere konstitutionelle Symptome

Dosierung

Im konstitutionellen Fall Einzelgabe der M- oder XM-Potenz.

Nitricum acidum – Nit-ac

Indikation

- Schmerzhafte Entzündung, Ekzem des Gehörgangs, besonders rechtsseitig
- Wundes Ekzem am/im Ohr
- Reichlich, fließendes Ohrschmalz, blutig-eitrige, jauchige Absonderung, evtl. Abszess
- Polypen und Zysten im Gehörgang und evtl. Knötchen an der Ohrmuschel
- Ein Ohr heiß, das andere kalt
- Schmerzen treten heftig und plötzlich auf
- eher selten bei der Katze

Dosierung

Einzelgabe der C 200.

Nux vomica – Nux-v

Indikation

- Trockener, überempfindlicher Gehörgang mit quälendem Juckreiz
- Ohrenschmerzen beim Fressen
- Abneigung gegen Lärm wegen Überempfindlichkeit des Gehörs
- Frierender, ärgerlicher, reizbarer Patient, z. B. nach intensivem Stress

Hinweis: Wichtig nach schlecht vertragenen Pharma-Präparaten

Dosierung

Einzelgabe der C 200.

Psorinum – Psor

Indikation

- Ekzem im Gehörgang mit unerträglichem Juckreiz
- Beständiges Kratzen und Reiben mit der Pfote
- Evtl. Befall mit Ohrmilben
- Häufig begleitet von Malassezien-Dermatitis (schwärzlich verdickte schwartige Haut an Ohrmuschel und/oder Gehörgang o. a. Körperstellen)

- Absonderung: braun, blutig, jauchig, stinkend, dick, dünn, gelb
- Meist weitere Hauterkrankungen vorhanden, struppiges, wie fettiges Haarkleid
- Heftig stinkende Ausdünstung der gesamten Haut und Ohren (wie ungewaschen)
- Neigung zum Frieren

Modalitäten

- Schlimmer im Winter und beim Warmwerden im warmen Zimmer

Dosierung

Bei sicherer Indikation Einzelgabe der C 200, jedoch bei Kortison-vorbehandelten Patienten empfiehlt sich der Therapiebeginn mit der C 30; auch geeignet als einmalige Zwischengabe in C 30 bei langfristiger Otitis-Therapie.

Pulsatilla pratensis, nigricans oder vulgaris – Puls

Indikation

- Häufig akute Otitis, aber auch chronischer Verlauf
- Heiße, gerötete Ohren, häufig bei Jungtieren im Zahnwechsel oder bei der Mutterkatze
- Heftige Schmerzen mit Wimmern bei wehleidigen, nach Mitleid jammernden Tieren
- Evtl. begleitet von Augenentzündung oder/und Schnupfen
- Besserung abwechselnd mit Verschlimmerung, widersprüchliche Zustände
- Ausfluss reichlich gelblich-grünlich, nicht stinkend, Schleim oder Eiter, anschließend evtl. Krusten
- Schwerhörigkeit bis Taubheit bei chronischen Entzündungen im Ohr

Modalitäten

- Schlimmer nachts, besser im Freien und tagsüber, schlimmer im warmen Zimmer
- Besser durch jede Form von Zuwendung, leckt unsere Hände
- Häufig dabei zu geringe Tränkeaufnahme, Unverträglichkeit von Trockenfutter
- Liebe, ruhige, aggressionsfreie, »samtpfötige Schmusekatzen«
- Lassen sich widerspruchslos untersuchen

Dosierung

Einzelgabe der C 200, bei konstitutionellen Symptomen auch höhere Potenz.

Rhus toxicodendron – Rhus-t

Indikation

- Eher selten für die Otitis externa der Katze
- Ohrenentzündungen ausgelöst durch kalte Zugluft, Sturz in schmutziges Wasser
- Wundmachende blutig-eitrige Absonderung, verbunden mit heftigem Juckreiz
- Rote Bläschen an den betroffenen Stellen

Modalitäten

- Besser durch Wärmeanwendung
- Beginnend meist am linken Ohr

Dosierung

Einzelgabe der C 200, bei ausgeprägten Symptomen des Bewegungsapparates auch höhere Potenz.

Silicea terra – Sil

Indikation

- Chronische oder wiederkehrende Ohrenentzündungen
- Geringer, aber konstanter weiß-durchsichtig-schmieriger, wundmachender Ausfluss aus dem Ohr
- Evtl. geschwürige Veränderungen tief im Gehörgang
- Auch bei Fremdkörper im Ohr, dabei relativ wenig Schmerzen (Gegenteil von *Hepar*)
- Nicht übermäßig schmerzhafte Erkrankung
- Evtl. verbunden mit Schwerhörigkeit oder Taubheit
- Schlecht heilende Wunden am Ohr
- Frierender Patient, besser durch Wärme
- Meist weitere Schleimhautabsonderungen, evtl. zugrunde liegende Immunschwäche
- Evtl. hornig verhärtete oder entzündete Ohrknorpel, z. B. nach Bissverletzung
- Reservierte, sanfte, aggressionsfreie, schüchterne »Engelchen-Katzen«
- Lassen sich streicheln, suchen aber nicht ausdrücklich unsere Nähe, nicht aufdringlich

Erkrankungen werden begünstigt durch wiederholte Impfungen.

Hinweis: Konstitutionelle Anamnese!

Dosierung

Einmalige Gabe der C 200, im konstitutionellen Fall auch höhere Potenz.

Staphysagria – Staph

Indikation

- Otitis externa mit Milbenbefall und Ektoparasiten im Fell
- Hautausschläge um die Ohren
- Evtl. indiziert im zeitlichen Zusammenhang mit der Kastration

Achtung: Sanfte Katzen, die aber sehr böse werden können, wenn sie sich lange genug geärgert haben!

Dosierung

Bei sicherer Indikation M- oder XM-Potenz

Sulfur – Sulf

Indikation

- Chronische oder verschleppte Fälle, meist gleichzeitige oder vorangegangene anderweitige Hauterkrankungen
- Indiziert, wenn beim vorbehandelten Patienten ein »Reaktionsmittel« erforderlich ist
- Eitrig-stinkende, wundmachende Absonderung aus den Ohren, wiederkehrend, besonders links
- Hautausschläge, Geschwüre im Gehörgang, außen an den Ohren, wund, schuppig, krustig
- Unerträglicher Juckreiz an Körper und Ohren, schlimmer im Warmen
- Auch Befall mit Ohrmilben oder Pilzen (Mykose)
- Schmerzen evtl. schlimmer beim Schlucken, besonders bei und nach Reinigen der Ohren
- Gerötete Körperöffnungen (Nase, Lippen, Augen, After)
- Allmählich entstehende Taubheit durch wiederkehrende Ohrenentzündungen
- Struppiges, schmutziges Haarkleid, stinkende Ausdünstung der Haut
- Wenig Neigung sich zu putzen
- Indifferenter, fauler »Katzenpascha«, wenig zu beeindrucken
- Erkrankungen in Folge schlecht vertragener Impfungen

Auslöser

- Stoffwechselstörungen, auch durch Trockenfutter
- Nach häufigen Gaben von Antibiotika und Kortison

Dosierung

1 bis 2 Gaben der C 30 im Abstand von 3 Tagen können ausreichen

Beim Vorliegen weiterer oder konstitutioneller *Sulfur*-Symptome eine Einzelgabe der C 200 oder einer höheren Potenz

Hinweis: Vorsicht mit zu häufigen Gaben, die bestehende Erkrankung könnte verschlimmert werden.

Sulfuricum acidum – Sul-ac

Wichtigstes Mittel für den Krebs an den Ohrspitzen Wichtiges Mittel für das fluktuierende Blutohr, wenn *Hamamelis* nicht genügend gewirkt hat

Dosierung

Tägliche Gabe der C 6 bis zur Besserung.

Thuja occidentalis – Thuj

Indikation

- Grün-grau-gelbliche, stinkende, chronische Absonderungen, besonders rechts
- Schmerzen und Juckreiz
- Malassezien-Dermatitis (schwärzliche Verdickung der Haut der Ohrmuschel)
- Allmähliche Entwicklung der Otitis polyposa, die den Gehörgang verengt
- Warzen, blutende Polypen/Tumoren im Ohr
- Daraus entwickeln sich Mittelohrerkrankungen
- Reservierte, unpersönliche Katzen, vermeiden Blickkontakt
- Kein häufiges Arzneimittel für die Katze, umso häufiger beim Hund

Auslöser

- Erkrankungen werden begünstigt durch wiederholte Impfungen

Dosierung

Konstitutionelle Mittel wie *Arsenicum*, *Calcarea*, *Lycopodium*, *Natrium muriaticum*, *Pulsatilla*, *Silicea*, oder *Thuja* (o. a.) wirken am besten als einmalige Gabe der 1000. (M-) oder XM-Potenz.

Nur im Fall von langfristiger Vorbehandlung mit Kortison o. ä. empfiehlt sich anfangs eine Einzelgabe der 30. C-Potenz, die zweite Gabe ist dann erst 1 bis 2 Tage später indiziert. Die Dosierung richtet sich streng nach der Reaktion des Patienten.

Wenn ein solches Mittel nichts bewirkt, darf es vorerst nicht wiederholt werden, weil sonst falsche Reaktionen im Sinn einer Arzneimittelprüfung möglich sind. In einem solchen Fall muss ein anderes Mittel gewählt werden, z. B. *Psorinum*, *Sulfur* oder *Morgan pure*.

Bei sehr starken Schmerzen können z. B. *Acon*, *Apis*, *Bell*, *Bry*, *Cham*, *Hep*, *Lach*, *Merc* oder *Puls* in der C 30 anfangs kumuliert gegeben werden (1 Stunde lang alle 10 Minuten bis zur Besserung).

Bei beginnender Besserung müssen die Abstände vergrößert bzw. die Gaben eingestellt werden! Weitere Dosierung evtl. am 1., 3. und 5. Tag bis zur Besserung. Bei fortschreitender Besserung müssen die Abstände der Gaben weiterhin vergrößert werden.

Auch hier kann die Einzelgabe eine höheren Potenz des passenden Simile eine schnelle Heilung bringen.

Für Zwischengaben von *Morgan Gaertner*, *Morgan pure*, oder *Sulfur* reichen einzelne Gaben der C 30 aus.

Das Gleiche gilt für *Echinacea*: Zu häufige Gaben von potenzierter *Echinacea* können eine unnötige Entzündung oder Eiterung provozieren.

Im Fall von zentralnervösen Symptomen empfiehlt sich eine Einzelgabe der genau gewählten C 200 z. B. *Belladonna*, *Conium*, *Cuprum* – siehe *Kapitel 7, Neurologische Erkrankungen, Seite 200*.

Äußerliche Anwendung zum Spülen des Gehörgangs

Mit einer Mischung aus *Calendula*- (Ringelblume) und Bellistee (Gänseblümchen) kann verklebtes Sekret aus dem Gehörgang entfernt werden: Eine geringe Menge lauwarmen Tees mit einer Spritze in den Gehörgang geben, durchkneten und (draußen!) schütteln lassen.

Im Wechsel kann auch verdünnte 3 bis maximal 5 %-ige Propolis-Lösung eingesetzt werden.

Starke ätherische Öle, z. B. Teebaumöl, sind unverträglich für die Katze!

Bei extremen Schmerzen im nicht eitrigen Gehörgang kann Johanniskrautöl Linderung schaffen.

Die wiederholte Anwendung öliger Lösungen können jedoch die Durchlüftung der Gehörgänge behindern und das Angehen von Erregern fördern.

Bei durchgebrochenem Trommelfell sind derartige Spülungen nicht angebracht!

KAPITEL 7

NEUROLOGISCHE ERKRANKUNGEN

Allgemeines

Dieses Kapitel lässt sich auch für Hunde und andere Lebewesen anwenden!

Der Fachbereich »Neurologie« umfasst Erkrankungen und Funktionsstörungen des Nervensystems. Dazu gehören Erkrankungen des Gehirns, des Rückenmarks und peripherer Nerven, welche die willkürlichen (durch Bewusstsein steuerbar) und unwillkürlichen Funktionen des Organismus versorgen.

Die Organe in Gehirn und Nervensystem steuern die Bewusstseinslage und sämtliche lebensnotwendigen Prozesse im Organismus.

Zum Zentralnervensystem gehören nicht nur die »Schaltzentralen« für wichtige Lebensfunktionen, sondern dort ist auch ein Teil der hormonellen Steuerung des Organismus lokalisiert.

Im Rückenmark verlaufen die motorischen Nervenfasern, welche koordinierte Bewegungen des Körpers ermöglichen, sowie sensible Nervenfasern, die dem Hirn und den Sinnesorganen Rückmeldungen aus der Körperperipherie vermitteln.

Erkrankungen in Hirn und Rückenmark behindern diesen Informationsfluss; daher können Bewusstseinsstörungen, Hormonstörungen (*Kapitel 11, Erkrankungen von Leber, Stoffwechsel und Endokrinium, Seite 382*), Schwäche, Lähmungserscheinungen (auch von Sinnesorganen und inneren Organen), Koordinationsstörungen, Sensibilitätsstörungen, Missempfindungen oder Schmerzen entstehen.

Eine besondere Erkrankungsform neurologischer Erkrankungen sind die Krampfanfälle oder Konvulsionen, die durch unkoordinierte Nervenimpulse aus dem Gehirn entstehen.

Bei diesem Krankheitskomplex gilt es zu beachten, dass Erkrankungen an Hirn bzw. Zentralnervensystem zur hierarchisch »höchsten Instanz« eines Organismus gehören: Viele Erkrankungen des Zentralnervensystems bergen daher ein lebensgefährdendes Potenzial in sich. Alle neurologischen Erkrankungen erfordern daher auch für die homöopathische Therapie eine genaue klinische Untersuchung und Diagnose.

Die schulmedizinische Prognose hinsichtlich einer Heilung neurologischer Erkrankungen ist nicht immer aussichtsreich. Die Behandlung mit Pharma-Präparaten strebt in erster Linie eine Linderung der Beschwerden an.

Aber auch die homöopathische Therapie ist bei derartigen Erkrankungen wegen der Fülle der infrage kommenden Arzneien nicht immer einfach; sie kann jedoch durchaus eine Wiederherstellung ermöglichen, wenn keine schwerwiegenden organischen Schäden vorliegen und sofern das passende Homöopathikum gefunden werden kann.

Neurologische Erkrankungen sind bei Haustieren – insbesondere bei älteren Tieren – keine Seltenheit. Solche Erkrankungen erfordern in jedem Fall besondere Aufmerksamkeit und absolut gewissenhafte homöopathische Arzneimittelwahl.

Für die homöopathische Therapie von zentral-nervösen Erkrankungen steht ein sehr weit gefächertes Angebot an speziellen Homöopathika zur Verfügung; zu diesem Thema gibt es zahlreiche Literaturangaben, die viele Bände füllen können. Im Rahmen dieses Buches finden daher nur die wichtigsten Mittel Erwähnung.

In speziellen Fällen sei daher dem Tierbesitzer der Besuch eines ausgebildeten Homöopathen empfohlen, der nach den Gesetzen von Hahnemann arbeitet.

Der homöopathische Therapeut benötigt zusätzlich zu diesen Angaben ein Repertorium (Literatur 47, 81) und eine gute Arzneimittellehre (z. B. Literatur 28, 38, 48).

Neurologische Probleme gliedern sich in folgende Bereiche:

INFEKTIONEN UND ENTZÜNDUNGEN DES NERVENSYSTEMS

Solche Erkrankungen können sich folgendermaßen manifestieren:

- Entzündungen des Gehirns durch Erreger oder Trauma (Enzephalitis, Meningitis)
- Entzündungen des Rückenmarks (Spinale Meningitis, spinale Myelitis)
- Periphere Neuritis (Nervenentzündung)

Diese Erkrankungen sollten schulmedizinisch abgeklärt werden. Immunologische Diagnosen können jedoch nicht immer eine Infektion – z. B. eine Neuro-Borreliose oder Herpesinfektion – sichern oder ausschließen; das gilt besonders für chronische Fälle.

Für akute Erkrankungen müssen in erster Linie die aktuellen Symptome berücksichtigt werden. Sie dürfen nicht mit konstitutionellen bzw. chronischen Symptomen vermischt werden.

Im chronischen Fall sollte zunächst konstitutionell therapiert werden. Die danach übrig bleibenden Symptome weisen dann auf spezielle Folgemittel hin.

Bei der Katze können chronische Erkrankungen des Zentralnervensystems auch mit einer Schwäche des Immunsystems verbunden sein (siehe *Kapitel 4, Abschnitt Spezielle systemische Infektionskrankheiten der Katze, Seite 137*). Hier sind die besonderen und auffallenden Symptome und Modalitäten des gesamten Patienten wegleitend.

Eine **Infektion** muss von einer **Verletzungsfolge** differenziert werden, was bei Freigängerkatzen nicht immer auf den ersten Blick zu differenzieren ist.

LÄHMUNGEN

Lähmungserscheinungen können durch folgende Faktoren ausgelöst werden:

- Verletzungsfolgen (z. B. Schäden an Hirn, Rückenmark oder peripheren Nerven)
- Folgen von Infektionen oder Infektionskrankheiten
- Entzündungen oder Erkrankungen peripherer Nerven (Neuritis)
- Radikulitis – Schäden und Schmerzen der segmentalen Nerven des Rückenmarks (z. B. bei Läsionen der Wirbelsäule)
- Folgen von zentralnervösen Durchblutungsstörungen (z. B. Apoplex)
- Degenerative Erkrankungen von Hirn oder Nervenleitbahnen (z. B. Demenz, Lähmungen)
- Tumore.

Verletzungen von Kopf, Wirbelsäule bzw. Rückenmark, von peripheren Nerven, sowie deren Folgeerkrankungen können Lähmungen verschiedenster Art nach sich ziehen. Erkrankungen wie **»Lahmheit«** (z. B. Gelenkerkrankungen) und **»Lähmungen«** sind besonders beim Tier nicht immer einfach zu differenzieren und bedürfen oft einer speziellen, evtl. auch bildgebenden Diagnostik.

In vielen Fällen ist erst dann eine gezielte homöopathische Arzneimittelwahl möglich.

Infektionen des Nervensystems oder deren Teile sind – besonders in chronischen Fällen – nicht immer klinisch zu verifizieren. Derartige Erkrankungen sind zum Teil noch nicht genügend erforscht (z. B. die Vector-borne diseases). Eine exakte Fallaufnahme, Arzneimittelwahl und Therapie mit dem am besten passenden Simile sollte unbedingt versucht werden. Im Zweifelsfall sollten auch entsprechende Nosoden in Erwägung gezogen werden (z. B. *Borrelien-* oder *Herpes-Nosode* oder andere).

Im *Kapitel 7, Abschnitt Lähmungen,* werden auch Erkrankungen berücksichtigt, die z. B. auf Erkrankungen der Wirbelsäule, durch Apoplex oder degenerative Vorgänge zurückzuführen sind.

Neurologische Ausfälle nach **Apoplex** oder anderen **zerebralen Durchblutungsstörungen** erfordern häufig ähnliche Homöopathika wie Lähmungen anderer Ursachen.

Die homöopathische Therapie nutzt auch hier zum Finden des passenden Simile in erster Linie die Symptome und Modalitäten des Patienten, sowie einen definierten Auslöser, sofern dieser als eindeutige Ursache rekonstruiert werden kann.

Die Homöopathika, welche für die Therapie von **chronischen Lähmungserscheinungen** infrage kommen, sind häufig schwierig voneinander zu differenzieren. Oft kommen dieselben Mittel für Verletzungsfolgen, für Schäden im Gefolge von Infektionen oder für apoplektischen Ausfälle infrage.

In vielen Fällen kann die Leitfähigkeit von Rückenmark oder peripheren Nerven durch die Homöopathie wieder hergestellt, zumindest jedoch gebessert werden – wenn nicht irreversible Schäden vorliegen.

Die schulmedizinische Therapie bietet in solchen Fällen weit weniger Chancen auf Besserung.

Eine gezielte Physiotherapie kann die Wiederherstellung auch beim Tier durchaus unterstützen.

KRAMPFANFÄLLE, KONVULSIONEN

Konvulsionen gehören in der Homöopathie zu den am schwierigsten zu therapierenden Krankheiten.

Der Ausdruck »Konvulsion« ist heute in der modernen Medizin nicht mehr üblich, findet sich jedoch in den homöopathischen Repertorien und zugehörigen Arzneimittelprüfungen noch als Bezeichnung für alle Formen von »Krampfanfällen«.

Unter **»Epilepsie«** versteht man eine spezielle Form von Konvulsionen oder »Anfallsleiden«: Wiederholt auftretende Krampfanfälle durch gleichzeitige, nicht koordinierter Erregung von Zellen des Gehirns.

Krampfanfälle können auch durch starken Wurmbefall, Nierenschäden oder andere Stoffwechselstörungen ausgelöst werden.

SCHWINDEL

Zustände von Schwindel können auch bei der Katze beobachtet werden.

Als Auslöser können diverse Hirnerkrankungen, epileptische Anfälle, ins Innenohr durchgebrochene Ohrenentzündungen, schlimmstenfalls auch Tumoren u. Ä. infrage kommen.

Meningitis – Enzephalitis – Myelitis

Akute Entzündungen in Gehirn, Hirnhäuten und/oder Rückenmark sind in der Regel begleitet von Fieber, intensiven Schmerzen und möglicherweise Benommenheit bis zu Bewusstlosigkeit.

Reflexe fehlen oder sind verzögert. Bewegungsstörungen, Lähmungserscheinungen oder Krämpfe können vorhanden sein.

Im Laufe der neurologischen Untersuchung müssen daher die Reflexe, z. B. der Pupllenreflex durch Lichtreiz, das Kopfschütteln beim Kitzeln im Ohr und der Schließmuskelreflex bei Berührung des Afters sowie Bewegungsablauf und Stellreflexe der Gliedmaßen geprüft werden.

Die Spezifizierung eines Krankheitserregers ist für die Homöopathie in den meisten Fällen von sekundärer Bedeutung, kann aber Aufschluss geben über den zu erwartenden Krankheitsverlauf. Wichtiger sind die individuellen Symptome des Patienten (seltene Ausnahmen).

Die Symptome der spinalen Myelitis (Entzündung des Rückenmarks) finden sich zum Teil im *Kapitel 7,Abschnitt Lähmungen – Neurologisch bedingte Bewegungsstörungen, Seite 211*.

ANAMNESE MENINGITIS, ENZEPHALITIS, MYELITIS

WER?

- Jungtier, erwachsenes, altes Tier, Geschlecht
- Haltungsbedingungen (Freigänger, Wohnungskatze), Allgemeinzustand, Vitalität
- Vorerkrankungen, Erkrankungen anderer Haustiere (Ansteckung?)
- Gleichzeitige Erkrankungen auch im Sinn von Immunschwäche oder Viruserkrankungen
- Vorbehandlung schulmedizinisch oder homöopathisch, womit? Ergebnis?

WAS?

- Klinische Diagnose (soweit möglich), Vitalfunktionen, Fieber
- Heißer oder kühler Körper, Herz- und Kreislaufsituation, Atmung
- Futter-, Tränkeaufnahme, Kot- und Harnabsatz
- Reaktion auf Sinnesreize (z. B. Licht, Lärm, Berührung)
- Bewusstseinslage, Apathie, Koma, Unruhe, Erregung, Aggression o. a. psychische Auffälligkeiten
- Körperhaltung, Bewegungsart, Koordination, Lähmung, Schmerzen

WIE?

- Plötzlicher oder langsamer Beginn der Erkrankung
- Fortschreiten der Erkrankung schnell oder langsam, chronisch, rezidivierend
- Periodisch wiederkehrende Beschwerden, in welchem Abstand, wann?
- Reflexe erhöht, vermindert, fehlend
- Opisthotonus, Emprosthotonus (krampfhaft zusammengekrümmte Haltung)
- Auffallende Muskelatrophie, auch einzelner Muskelgruppen
- Sensibilität der Körperoberfläche, einzelner Körperteile, Hyperästhesie, Schmerzen
- Unwillkürliche Bewegungen, Koordinationsstörungen beim Gehen, auch im Dunkeln
- Zittern, Krämpfe – wo, wann, wie? Schmerzhaft, schmerzlos, tonisch, klonisch?
- Chorea (anfallsweise, unwillkürliche, sinnlose Bewegungen)
- Lähmung – schmerzhaft, schmerzlos, spastisch, schlaff
- Zuckungen des ganzen Körpers, einzelner Muskelgruppen – wo? Beuger, Strecker?
- Aufregung, Panik, Zittern, Verkriechen, Apathie, Stupor
- Kaumuskelkrampf (Trismus), Zähneknirschen
- Augen: Pupillengröße, -reaktion, verdrehte Augen, Augenrollen (Nystagmus), Blindheit
- Lautgeben, Schreien, Jammern, Schnarchen, Atemnot
- Gestörtes Fress- oder Trinkverhalten (Zunge?), Erbrechen
- Raumorientierung, zielloses Umherlaufen, Im-Kreis-Gehen, Sehstörungen
- Erkennen der Bezugspersonen, Verlangen nach – oder Abneigung gegen – Zuwendung
- Angst, Unruhe, Aggressivität

WAS bessert, verschlechtert?

- Temperatur, Kälte, Wärme, Zuwendung, Reiben, Massage, Futteraufnahme etc.

WARUM?

- Ist ein Auslöser bekannt? Unfall, Verletzung, Impfung, Vergiftung, Infektion o. a.?
- Erkrankung des Innenohrs, Virusinfektion
- Hitzschlag (z. B. überhitztes Auto, Balkon)

WO?

- Reaktion des ganzen Körpers, einer Seite, Vorder-, Hinterextremitäten
- Rechte oder linke Seite, von rechts nach links gehend oder umgekehrt, diagonal
- Lähmung oder Krämpfe (siehe auch *Kapitel 7, Abschnitte Lähmungen – Neurologisch bedingte Bewegungsstörungen, Seite 211 und Konvulsionen – Krampfanfälle – Anfallsleiden – Epilepsie, Seite 224*)
- Lähmung von Streck- oder Beugemuskeln
- Berührungsempfindlichkeit, wo?

WANN?
- Tageszeit, Jahreszeit, Wetterlage, unter welchen Umständen sonst?

WAS begleitet?
- Anderweitige Erkrankungen, scheinbar ohne Zusammenhang mit dem derzeitigem Zustand
- Ungewöhnliches Verhalten (z. B. Angst, Erschrecken, Aggressivität, Spielen)
- Fress- oder Trinkverhalten (z. B. Heißhunger, Trinken, zu viel oder zu wenig)
- Koordination von Maul und Zunge
- Zeichen lokaler oder allgemeiner Schwäche
- Ungewöhnliche Stimmäußerungen, Heiserkeit, Stimmlosigkeit, Schreien
- Abnormes Sexualverhalten

Kurz-Repertorium zum Thema Meningitis, Enzephalitis, Myelitis

Da hier nicht alle infrage kommenden Homöopathika beschrieben werden können, seien Ausschnitte einiger Rubriken mit den wichtigsten Mitteln aus dem Repertorium (Literatur 39, 47, 66, 81) zitiert.

Akute Entzündungen am Zentralnervensystem (Hirn, Rückenmark): Acon, Apis, Arg-n, **Bell (wichtigstes!)**, Bry, Gels, Hell, Hyos, Hyp, Op, Phos, Stram

Meningitis durch unterdrückten Hautausschlag oder nach Infektionen: Apis, Bell, Bry, Lach, Merc, Phos, Rhus-t

Meningitis durch unterdrückte Otitis oder Otorrhoe (Ausfluss aus dem Ohr): Puls, Sulf

Idiopathische Enzephalitis (ohne erkennbare Ursache): Bell, Calc, Phos, Sec, Sulf u. a.

Enzephalitis bei Neugeborenen: Acon, Apis, Arn, Ars, Bell, Bry, Calc, Cina, Hell, Hyos, Ign, Op, Phos, Stram, Sulf, Zinc

Traumatische Enzephalitis: Acon, Arn, Bell, Con, Hyper, Nat-s, Rhus-t, Sil

Cerebrospinale Meningitisenzephalitis: Agar, Apis, Bell, Bry, Cic, Cimic, Cupr-acet, Echi, Gels., Hell, Op, Stram, Sulf, Zinc

Fieber, cerebrospinales (Fieber mit Hirnhautentzündung oder Hirnhautreizung): Acon, Agar, Ant-t., **Apis**, Arn, Ars, Bapt, **Bell**, Bry, Cupr, Eup-per, **Gels**, Glon, Hell, Hyos, Ign, Lyc, Nat-m, **Nat-s**, Nux-v, **Op**, Phos, Rhus-t, Zinc

Hirnreizung nach Impfung: Acon, Ant-t, Apis, Ars, **Bell**, Echi, Merc, Phos, Sil, Sulf, Thuj

Spinale Myelitis: Apis, Ars, Bell, **Gels**, Lach, Nat-s, Nux-v, **Op**, **Phos**

In seltenen Fällen kann auch die Feline Herpes- oder Herpes-simplex-Nosode indiziert sein.

DIE HÄUFIGSTEN HOMÖOPATHIKA FÜR MENINGITIS, ENZEPHALITIS, MYELITIS

Apis mellifica – Apis

Auslöser

- Kummer, Eifersucht, Wut, Ärger, Infektionen
- Unterdrückung von Hautausschlägen (*Bryonia*)
- Unterdrückung (nicht ausleben) von stimuliertem Sex (unkastrierter Kater bei rolliger Katze)

Indikation

Hinweis: *Apis*-Hirnerkrankungen können genauso schnell entstehen wie die von *Bell*

- Blasse Schwellungen im Gesicht, um die Augen
- »Wahnsinnig machende Kopfschmerzen«
- Gellendes, schrilles Aufschreien (Crie encephalique), bewusstlos, ruhelos nachts
- Kälteanwendung bessert, schlimmer durch Wärme und bei warmem Wetter
- Eine Körperhälfte krampft, andere gelähmt, einseitige Lähmung
- Evtl. fehlende Sinnesreflexe (Auge, Schlucken)

Dosierung

Vorsichtige Dosierung mit bei Bedarf wiederholten Gaben der C 30, bei sicherer Indikation höhere Potenz.

Hinweis: *Apis* folgt möglicherweise der *Belladonna*, nach *Apis* folgt evtl. *Helleborus*

Belladonna – Bell

Nachtschattengewächs

Wichtigstes Mittel für das erste Stadium der Enzephalitis/Meningitis:

Heftigster Verlauf der wichtigen drei Nachtschattengewächse (*Belladonna*, *Hyoscyamus*, *Stramonium*)

Indikation

- Sehr hohes Fieber (evtl. 42 °C!), heißer Kopf und Ohren, Extremitäten dabei heiß oder kalt
- Trockene Schleimhäute
- Pulsierende Halsschlagadern, stark gefüllte, pulsierende Blutgefäße im Kopfbereich
- Opisthotonus oder Emprosthotonus möglich
- Lichtscheu oder Verlangen nach Helligkeit
- Pupillen erweitert oder verengt, evtl. Blindheit
- Erregung, irrationale Lautgebung, Schreien; keine Angst, sondern Erregung bis Raserei möglich
- Verdrehte oder halb offene Augen, Grimassen, krampfhafte Kaubewegungen
- Evtl. unsinniges Um-sich-Beißen
- Zeitweilig bewusstlos oder heftiger Zustand von Verwirrung
- Plötzliche Krämpfe, konvulsive Bewegungen, unwillkürlicher Urin- und Kotabgang (*Kapitel 7, Abschnitt Konvulsionen – Krampfanfälle – Anfallsleiden – Epilepsie, Seite 224*)
- Überempfindlich gegen Sinnesreize (Licht, Lärm, Berührung)

Dosierung

Bei sicherer Indikation Einzelgabe der M- oder XM-Potenz.

Bryonia alba – Bry

Indikation

- Symptome entwickeln sich langsamer als bei den Nachtschattengewächsen
- Entwickeln sich binnen ca. 2 bis 3 Tagen
- Beim Tier evtl. schwierig zu erkennen, evtl. nach *Belladonna* indiziert
- Ruhiges Verhalten, meidet jede Bewegung, Stupor, extreme Kopf- oder Rückenschmerzen
- Drückt Kopf und/oder Körper fest gegen einen harten Gegenstand
- Extreme Schmerzen durch leichte Berührung, evtl. sogar mit Schreien
- Trinkt eine große Menge auf einmal, wenn angeboten
- Evtl. konstante Kaubewegungen
- Übergang evtl. in *Helleborus*-Meningitis möglich

Hinweis: Keine Aggressivität, sondern Schmerzen!

Begleitsymptom

Fehlender Kotabsatz, Obstipation

Auslöser

Infektion, unterdrückte Hautausschläge

Dosierung

Bei sicherer Indikation Einzelgabe der M- oder XM-Potenz.

Cantharis – Canth

Indikation

- Anfälle von Wut und Raserei (*Lyssinum*), evtl. Opisthotonus oder Emprosthotonus
- Begleitend: häufiger Harndrang, schmerzhafter, tröpfelnder Harnabgang
- Evtl. sexuell übererregt bis zu Nymphomanie (auch beim Kastraten!)

Dosierung

Bei sicherer Indikation Einzelgabe der M- oder XM-Potenz.

Cicuta virosa – Cic

Indikation

- Das Mittel mit dem schlimmsten Opisthotonus, Kopf bis 180 °C nach hinten gestreckt
- Schlimmste spastische Verrenkungen
- Überwiegend tonische Krämpfe

Dosierung

Bei sicherer Indikation Einzelgabe der M- oder XM-Potenz.

Cuprum metallicum – Cupr

Indikation

- Schlafsucht mit Zuckungen, Opisthotonus
- Zuckungen beginnen in der Körperperipherie
- Beginn mit eingeschlagenen Vorderpfoten bzw. zusammengekrümmten Zehen
- Schreien
- Kurze krampfhafte Atmung
- Nach Fieber extreme Schwäche

Auslöser

Unterdrückte Hautausschläge, Impfungen, Nasswerden, heftige Emotionen

Dosierung

Einzelgabe der C 200, bei sicherer Indikation Einzelgabe der M- oder XM-Potenz.

Echinacea angustifolia oder purpurea – Echi

Echinacea, »der große Blutreiniger«, Stimulans des Immunsystems

Indikation

- Bei allen Infektionen kann die Situation des Patienten durch eine Einzelgabe *Echinacea* C 30, in schweren Fällen auch in höherer Potenz, gebessert werden, ganz besonders im Fall einer vorliegenden oder vermuteten »Immunschwäche«.
- Echinacea ist auch indiziert, wenn momentan kein besser passendes Mittel gefunden werden kann.
- Ein Folgemittel sollte jedoch anschließend gegeben werden.

Dosierung

Einzelgabe der C 30 oder C 200.

Gelsemium sempervirens – Gels

Indikation

- Beginnende zentralnervöse Erkrankungen, auch nach Sonnenstich, Zeckenbiss (Borreliose, FSME o. Ä.)
- Symptome entwickeln sich binnen weniger Tage zu extremer Schwäche bis Lähmung
- Schwäche nach wenigen Schritten, muss dann sitzen oder kauern
- Symptome beginnen mit Schmerzen am Nacken, Kopfschmerzen, heißer Kopf, Nase und Ohren
- Opisthotonus wegen Kopfschmerzen
- Zuerst motorische Lähmung, anschließend Lähmung des Sensoriums
- Benommenheit, Schläfrigkeit mit zufallenden Augen
- Allgemeines Zittern, auch der Zunge
- Inkoordination der Extremitäten, evtl. Blindheit
- Fieber ohne Durst
- Auch für chronische Folgezustände mit extremer, scheinbar unerklärlicher Schwäche indiziert

Modalität

- Beginn und Verschlimmerung bei heißem Wetter

Dosierung

Einzelgabe der C 200 oder höherer Potenz.

Helleborus niger – Hell

Indikation

- Eher ruhiger Zustand mit Benommenheit, Stupor bis bewusstlos, Wahrnehmungsstörungen
- Hirnödem oder Wasserkopf (Hydrocephalus)
- Offene Pupillen ohne Reaktion auf Licht
- »Murmelndes Delirium«, das Tier »brummelt« vor sich hin
- Häufiges Zähneknirschen, Speichelfluss möglich
- Automatische Bewegungen eines Vorder- oder Hinterbeins, unwillkürliche Kopfbewegungen
- Zusammengezogene Ohren (Stirnrunzeln)
- Wenig Urin, Besserung des Zustands bei vermehrtem Harnabgang
- Folge von Infektionen, auch nach unterdrückten Infektionen

Dosierung

Bei klarer Indikation M- oder XM-Potenz.

Hyoscyamus niger – Hyos

Nachtschattengewächs

Indikation

- Zustand von bewusstlosem Stupor bis zu gelegentlicher Raserei möglich
- Fieber oft vorhanden, aber nicht so hoch wie bei *Belladonna*
- Opisthotonus möglich
- Überwiegend benommener Zustand, dabei sexuelle Erregung möglich, auch beim Kastraten!
- Leise unkontrollierte Lautgebung, zuckt, Fliegenschnappen mit dem Maul (sinnlose Zuckungen)
- Kopfschlagen hin und her
- Erweiterte oder verengte Pupillen
- Schwieriges Schlucken, speziell von Flüssigkeit, Schluckkrämpfe (*Lyssinum*)
- Überempfindlich gegen das Geräusch von fließendem Wasser
- Evtl. epileptische Anfälle

Auslöser

Unterdrückte Milch o. a. Absonderungen, Kummer, Hypersexualität, Eifersucht

Dosierung

Bei klarer Indikation M- oder XM-Potenz (vergleiche *Lyssinum*!).

Lachesis mutus – Lach

Indikation

- Krampfanfälle als Folge von unterdrückten Absonderungen, bei Infektionen oder Sepsis
- Koma, Zittern, Kopfrollen
- Berührungsempfindliche Kehle, evtl. schnarchende Atmung
- Bläuliche Schleimhäute des Kopfes

Modalitäten

- Zustand schlimmer nach dem Schlaf oder Anfälle während des Schlafes beginnend

Auslöser

Folgen von Apoplex, Lähmung, Hemiplegie

Dosierung

Einzelgabe der C 200.

Lyssinum – Lyss

Nosode aus dem Speichel eines tollwütigen Hundes

Indikation

- Spasmen in Rachen, Ösophagus, Unvermögen zu schlucken
- Krämpfe in Kaumuskeln, Zähne fest zusammengebissen mit Knirschen
- Daher Speichelfluss
- Aufgeregter oder angeregter Gemütszustand, überscharfe, wache Sinne
- Fühlt sich wie angegriffen, daher heftiges, aggressives »Notwehrverhalten«
- Unbeherrschbare Aggressivität mit Beißen, »Beißwut«
- Zwanghaftes Zerbeißen von Gegenständen
- Krämpfe der mimischen Muskulatur (wie »Grinsen«)
- Unerträgliche Angst
- »Geschwätziges« Delirium, besonders nachts, schnelle, schrille Laute
- Abneigung gegen Wasser oder Verlangen zu baden
- Rückenschmerzen mit Muskelspasmen und Hyperästhesie
- Steife Gliedmaßen, Lähmungen, Inkoordination

Modalitäten

- Schlimmer durch helles Licht, Blitzlicht, glänzende Gegenstände
- Schlimmer durch das Geräusch von Wasser

Auslöser

- Vorangegangene oder mehrfache Tollwut-Impfung
- Erkrankte Jungtiere, deren Mütter in Trächtigkeit gegen Tollwut geimpft wurden
- Folgen von Schreck und Angst
- Folgen von Bissen wütender Tiere

Dosierung

Einzelgabe der C 200 oder höherer Potenz.

Hinweis: Euthanasie erwägen wegen unkontrollierbarer Aggressivität!!!

Opium – Op

Indikation

- Bewusstseinsstörung, Stupor, Lethargie, fährt zwischendurch auf wie erschrocken
- Augen halb geschlossen, keine Reaktion auf Licht
- Reflexe deutlich verzögert oder fehlend
- Schnarchende, tiefe, evtl. langsame Atmung, beim Ein- und/oder Ausatmen
- Opisthotonus möglich
- Warmer Körper, evtl. feuchte Pfoten

Auslöser

Schreck, Vergiftung, Narkose, Apoplex, Kopfverletzung

Dosierung

Wiederholte Gaben bis zu beginnender Besserung oder Einzelgabe einer höheren Potenz.

Stramonium – Stram

Nachtschattengewächs

Indikation

- Enzephalitis mit den heftigsten Krämpfe unter den 3 Deliriumsmitteln (*Belladonna, Stramonium, Hyoscyamus*)
- Tonisch-klonische Krämpfe oder starrer Krampfzustand im Opisthotonus
- Evtl. einseitig gelähmt, andere Seite krampft
- Benommenheit, Stupor, Opisthotonus oder seltener Emprosthotonus
- Wildes, auch zorniges Delirium mit Intervallen von Erschöpfung
- Lautes Schreien mit hoher oder immer schriller werdender Stimme

Vorsicht: Beißt um sich!

- Evtl. Zwerchfellkrampf mit unregelmäßiger Atmung
- Stürzt auf eine Seite, reißt den Kopf plötzlich hoch
- Krampf der Kaumuskeln (Trismus), schwieriges Schlucken (*Lyssinum*)
- Krämpfe der mimischen Muskulatur (wie »Grinsen«)
- Erweiterte oder verengte Pupillen
- Fällt nach vorn, stolpert
- Verlangen nach Licht, aber glänzende Dinge lösen Krämpfe aus

Modalitäten

- Alles schlimmer nachts und im Dunklen, bis zu Panikzuständen

Dosierung

Bei sicherer Indikation Einzelgabe der M- oder XM-Potenz (Vergleiche *Lyssinum*).

Hinweis: Im Fall von unbeherrschbarer Aggressivität Euthanasie erwägen!!!

Lähmungen – Neurologisch bedingte Bewegungsstörungen

Lähmungen müssen von Lahmheiten (primäre Erkrankungen am Bewegungsapparat) differenziert werden, was mitunter beim Tier auf Schwierigkeiten stoßen kann. Nach einem Unfall können gleichzeitig Lahmheit und Lähmung vorhanden sein! Hier ist dann eine Abfolge von Homöopathika indiziert, die mit *Arnica* bzw. *Opium* beginnen sollte, abhängig von der vorliegenden Symptomatik (*Kapitel 3, Seite 82*).

Es gibt so zahlreiche Mittel für die Behandlung neurologischer Erkrankungen bzw. Lähmungen, dass sie hier nicht alle im Einzelnen beschrieben werden können.

In speziellen Fällen bringt ein gutes Repertorium und eine ebensolche Arzneimittellehre aus der Human-Homöopathie zusätzliche Informationen (z. B. 28, 47, 48).

ANAMNESE ZU NEUROLOGISCH BEDINGTEN BEWEGUNGSSTÖRUNGEN

Das passende homöopathische Arzneimittel kann einzig nach einer genauen Anamnese gefunden werden.

Die aufgelisteten Fragen sollen das Aufsuchen der passenden Rubriken im Repertorium erleichtern:

WER?

- Geschlecht, Alter, Haltung
- Krankengeschichte, Vorbehandlung, Operationen, Injektionen
- Aussehen, Allgemeinzustand, Körperhaltung, Bewusstseinslage
- Angeborener Schaden, Geburtstrauma

WAS?

- Schwere, Entwicklung und Fortschreiten der Erkrankung
- Schmerzen, schmerzlos, Fieber
- Motorische oder/und sensible/sensorische Lähmung (z. B. Schwindel)
- Muskelsymmetrie, Muskelatrophie, wie schnell eingetreten
- Lähmung: Paraplegie, Hemiplegie, Tetraplegie, lokale Lähmung
- Inkoordination, Ataxie, schwankender Gang
- Nachschleppen der Hinterbeine, Krallen ungenügend eingezogen, Stolpern
- Zentralnervös oder peripher bedingt
- Trauma, Neuralgie, Infektion

WIE?

- Wie hat sich das Geschehen entwickelt?
- Allmählich, langsam, schnell fortschreitende oder gleichbleibende Erkrankung
- Beginn mit Fieber oder nach Fieber, Infektion
- Reflexe vermindert, erhalten oder gesteigert
- Aufsteigende (von hinten nach vorn), absteigende Lähmung (von vorn nach hinten)
- Koordinationsstörungen, Lähmung, allgemeiner Muskeltonus, Zittern
- Lähmungsartige Schwäche, Steifheit, Muskelkontraktur
- Schmerzhaft, schmerzlos, spastisch oder schlaff
- Äußerung von Schmerzen, wie, wann, bei welcher Gelegenheit?
- Muskelatrophie (Abmagerung erkrankter Teile), schnell oder langsam entwickelt
- Sensibilität, Hyperästhesie, Reflexe, Zuckungen

- Verbunden mit Hitze/Kälte erkrankter Teile
- Mit Gefühllosigkeit, evtl. der gelähmten Teile
- Unwillkürliche Bewegung des gelähmten Gliedes
- Stellung der Gliedmaßen in Ruhe, Gliedmaßenführung in der Bewegung
- Neigung zum Stolpern oder Fallen

WAS bessert, was verschlimmert?

- Bewegung, Aufregung, Ablenkung, Wärme, Kühle, im Freien, Zuwendung

WO?

- Rechts, links, wo begonnen, wohin fortgeschritten
- Paraplegie (Querschnittslähmung), Hemiplegie (halbseitige Lähmung) links, rechts, diagonal
- Lähmung einzelner Muskeln (welcher?)
- Motorische Lähmung (Willkürmuskulatur), Beuger und/oder Strecker betroffen
- Lähmung ausgehend von den Hinter- oder Vorderextremitäten
- Rücken, Hals, Schwanz; welcher Teil der Gliedmaße?
- Verbunden mit der Lähmung innerer Organe, von Sinnesorganen oder Körperöffnungen
- Neuralgie, Parese des Plexus brachialis, des Plexus lumbosacralis (z. B. auch Ischias)

WARUM?

- Traumatisches Geschehen, Unfall, Sturz, Verletzung
- Diskushernie (Bandscheibenvorfall), Wirbelsäulenschaden, Tumor (wo?)
- Infektion, Apoplex, nach Epilepsie
- Verursacht durch oder begleitet von Schmerzen
- Nach Überanstrengung, nach Durchnässung (*Causticum, Dulcamara, Nux vomica*), Kaltwerden
- Vergiftung (z. B. Tabletten, Zigaretten, Quecksilber, Arsen – auch in homöopathischer Form!)
- Schlecht vertragene Pharma-Präparate oder Impfungen
- Psychische Auslöser: Schreck, Panik, Kummer, Ärger

WANN?

- Seit wann, wann schlimmer oder besser
- Jahreszeit, Wetter, Tageszeit
- Nach welcher vorangegangenen Erkrankung, nach welchem Ereignis?
- Lähmung nach schwerer Geburt

WAS begleitet?

- Fieber, Hitze, Frieren, Schüttelfrost
- Opisthotonus, Schwindel, Koma, Krampfanfälle
- Körpertemperatur, Frieren, Hitze, auch einzelner Teile
- Lähmung von inneren Organen oder Körperöffnungen
- Bewusstseinsstörungen, Apathie, Unruhe, Aggressivität, Unruhe, Angst, Hitze
- Körperfunktionen, Schlaf, Futter-, Tränkeaufnahme , Kolik
- andere ZNS-Symptome etc.

KURZ-REPERTORIUM FÜR DIE HÄUFIGSTEN MITTEL FÜR LÄHMUNGSERSCHEINUNGEN

Lähmungen durch chronische Folgen von Verletzungen: Acon, Agar, Arn, Calc, Caust, Con, Helod-c, Hyper, Nat-m, Nat-s, Nit-ac, Phos, Rhus-t, Ruta, Sil, Staph

Erkrankungen/Schmerzen der Wirbelsäule/der Rückenmuskeln: Arn, Bell-p, Berb, Bry, Calc, Calc-f, Calc-p, Caust, Cimic, Con, Dulc, Graph, Helod-c, Hyp, Lyc, Nat-m, Nux-v, Phos, Puls, Rhus-t, Ruta, Sep, Sil, Symph, Thuj

Entzündungen , Meningitis, Enzephalitis, Myelitis: (*Kapitel 7, Abschnitt Meningitis – Enzephalitis – Myelitis, Seite 203*)

Entzündungen von Nerven, Neuralgie: Acon, Bell, Gels, Helod-c, **Hyp**, Led, Mag-p, **Nux-v, Phos,** Plb, Puls, Rhus-t, Sil

Lähmung nach Impfung: Arg-n, Caust, Gels, Lyss, Nux-v, Phos, Sec, (Maland ?), Sil, Thuj

Lähmung mit Fieber: Bell, Gels, Rhus-t

Lähmung mit Hyperästhesie (Überempfindlichkeit gegen Berührung)**:** Nux-v, Plb

Lähmung nach Schwergeburt: Caul, **Caust, Phos, Rhus-t**, Plb

Folgen von Kopfverletzungen: **Arn**, Bell, Bell-p, Calc, Calc-p, Calen, Cic, Con, Cupr, Hell, Hyper, Led, Nat-m, **Nat-s**, Op, Sil, Stram., Sul-ac, Symph

Folgen von Verletzungen der Wirbelsäule: Apis, **Arn.**, Bell-p, Calc, Con, Helod-c, **Hyper**, Led, **Nat-s**, Nit-ac, Rhus-t, Ruta, Sil, Thuj, Zinc

Schmerzen nach Verletzungen der Wirbelsäule: **Arn**, Bamb-a, **Bry**, Calc, Con, Helod-c, **Hyper**, Nat-s, **Rhus-t**, Ruta, Thuj

Folgen von Wirbelerkrankungen oder Diskushernie: Arn, Agar, Bamb-a, **Bry,** Calc, Caust, Con, Helod-c, Hyper, Kali-c, Lyc, Nat-m, Nux-v, Rhus-t, Ruta, Zinc

Opisthotonus nach Kopf- oder Wirbelsäulenverletzung: Bell, Cic, Cupr, Hyos, Hyp, Lach, Nux-v, Op,Stram u. a.

Degeneration des Rückenmarks: Alum, Alum-sil, Arg-n, Aur-m, Bar-m, Carbn-s, **Kali-p**, Lath, Merc, Phos, Plb, Sulf, Zinc

Aufsteigende Lähmung (Beginn an den Hintergliedmaßen, breitet sich nach vorn aus): Alum, Arg-n, Ars, Con, Gels, Lath, Led, Mang, Ox-ac, Phos, Plb, Sec

Schmerzlose, aufsteigende Lähmung: Ars, Con, Gels, Phos

Absteigende Lähmung (von vorn nach hinten verlaufend): Bar-c, Merc, Zinc

Lähmung mit überraschend schnell eintretender Muskelatrophie: Plb, Sec

Lähmung einzelner Teile oder Muskeln: Anac, Ars, Nux-v, Plb

Lähmung der Strecker: Alum, Ars, Calc, Caust, Cocc, Cur, (Hyp), **Plb**

Lähmung der Beuger: Ars, Caust, Gels, Nat-m, Plb

Lähmung nach Sturz in eiskaltes Wasser: Acon, Caust, Rhus-t

Lähmung der Beine nach Apoplex: **Nux-v**, Phos

Lähmung nach mentalem Schock: Apis, Caust, Ign, Nat-m, Nux-v, Stann

Lähmung nach unterdrückten Hautausschlägen: Caust, Dulc, Hep, Lach, Psor, Sulf

Schwieriges Aufstehen vom Sitzen (Besonders bei alten Tieren, siehe auch Bandscheibenprobleme), »die Hinterbeine rutschen auf glattem Boden zur Seite«): Agar, Ars, Bar-c, Calc, Caust, Con, Lyc, Nat-m, Nux-v, Ph-ac, Phos, Plb, Thuj

Lähmungen durch Infektion: (siehe *Kapitel 7, Abschnitt Meningitis – Enzephalitis – Myelitis, Seite 203*)

DIE WICHTIGSTEN HOMÖOPATHIKA FÜR LÄHMUNGEN

Arzneien für überwiegend akute oder neu aufgetretene Lähmungen

Auch in diesen Fällen sollte die Therapie nach dem akuten Zustand immer von einem konstitutionellen Mittel gefolgt werden.

Aconitum napellus – Acon

Indikation

- Plötzlicher, heftiger Beginn einer Lähmung, Kälteschock
- Lähmung durch Kälteexposition, trocken-kaltes Frostwetter, Ostwind
- Berührungsempfindlichkeit, Zittern, Angst!

Dosierung

Einzelgabe der C 200.

Arnica montana – Arn

Indikation

- Erstes Mittel bei allen stumpfen Verletzungen (wenig später *Hypericum*) (siehe *Kapitel 3, Seite 82*)
- Speziell bei Verletzungen von Kopf oder Wirbelsäule, akuter Apoplex
- Führt zu schnellster Resorption von Hämatomen in oder am Hirn oder Rückenmark
- Beugt damit späteren Lähmungen vor!
- Auch geeignet bzw. zu versuchen bei allen Spätfolgen von Verletzungen
- Anschließend passendes Folgemittel oder konstitutionelles Mittel geben!

Dosierung

Je nach Schwere der Verletzung Einzelgabe der C 200, in schweren Fällen auch höhere Potenz, die nur bei Wiederauftreten derselben Beschwerden wiederholt werden darf.

Belladonna – Bell

Indikation

- Erstes Mittel für die akute Lähmung bei Meningitis/Enzephalitis mit hohem Fieber
- Hier erstes Stadium der Ataxie, fehlende Koordination, evtl. Gedächtnisverlust
- Krämpfe, lähmungsartige Schwäche, ruhelos mit Aufschrecken

Hinweis: anschließend passendes akutes oder konstitutionelles Folgemittel geben!

Dosierung

Einzelgabe der C 200 oder einer höheren Potenz, evtl. Folgemittel wählen.

Bryonia – Bry

Indikation

- Lähmungsartige Schwäche beidseitig, steht fast bewegungslos, schlimmer durch jede Bewegung
- Schwäche der Beine, Lumbago, Entzündung der Rückenmuskeln
- Lässt sich nicht berühren, besser durch festes Anfassen bzw. durch starken (Gegen-)Druck

Auslöser

- durch Kälte, Diskushernie, Verletzung, unterdrückte Hautausschläge

Dosierung

Bei starken Schmerzen Einzelgabe der M- oder XM-Potenz.

Gelsemium sempervirens – Gels

Indikation

- Anfangsmittel, evtl. vor der späteren Gabe von *Causticum* (*Argentum nitricum*) indiziert
- Wirkt nicht so tiefgreifend, nicht derart chronisch, daher evtl. Folgemittel: *Causticum*
- Enzephalitis, Meningitis mit Lähmungen bei oder nach Fieber
- Lähmung motorischer Nerven, beginnende Koordinationsstörungen
- Zittern, schlimmer durch Laufen
- Zusätzlich schlimmer durch heißes Wetter, Sonne mit Benommenheit, Schläfrigkeit
- Zufallen der Augen, unwillkürlicher Harnabgang
- Warmer Patient, kein Frieren

Auslöser

- Folge von Infektion Hirn oder Rückenmark, Meningitis

Dosierung

Einzelgabe der C 200, bei sicherer Indikation auch höhere Potenz.

Helodrilus caliginosus – Helod-c

Regenwurm: Neues Mittel für Bandscheibenschäden, Rückenmark- und Wirbelverletzungen

Indikation

- Bewährt beim Menschen, z. B. nach Traumen der Wirbelsäule durch Verkehrsunfall
- Gefühllosigkeit, Neuralgien, Ischias
- Indiziert, wenn im Akutfall *Hypericum*, *Nux vomica*, *Rhus toxicodendron* oder *Bryonia* nicht passen oder nicht bessern
- Schmerzen der Wirbelsäule, Schwere und Unbeweglichkeit der Arme, evtl. mit Stimmlosigkeit

Dosierung

Mangels detaillierter Erfahrung wiederholte Einzelgaben der C 30.

Hypericum perforatum – Hyp

Indikation

- Erstes und wichtigstes Mittel für akute und länger bestehende traumatische Lähmungen
- Durch Verletzung von Nervengewebe, Rückenmark, auch durch Bandscheibenvorfall
- »Klärt den Fall, damit später spezifische Mittel wirken können«

- Anfangs äußerst schmerzhafte Nervenläsionen! Später auch schmerzarm oder schmerzlos
- Anschließend schlaffe, schmerzlose Lähmung im peripheren Bereich
- Bei schwerster Kopfverletzung: Lebensgefahr
- Evtl. mit ruckendem Opisthotonus und Krämpfen der Vordergliedmaßen. *Hypericum* kann hier in höchstmöglicher Potenz das Leben retten.

Dosierung

Bei schwerer Kopf- oder Wirbelsäulenverletzung höchstmögliche Potenz geben (XM, CM), bei bereits vorliegender Lähmung XM-Potenz im Abstand von 5 bis 7 Tagen wiederholen.

Nux vomica – Nux-v

Indikation

- Meist akute, spastische Lähmung
- Durch Übererregung von Nerven, evtl. Inkoordination, mit anschließender Lähmung
- Schmerzhafte, seltener schmerzlose Lähmung mit Hyperästhesie an Rücken oder Bauchseiten
- Anfangs Übererregbarkeit von Reflexen, dann zunehmende Lähmung
- Krallen der Hinterpfoten können dann nicht mehr ganz eingezogen werden
- Beginnende Lähmung evtl. besser durch Aufregung (Adrenalin-Wirkung)
- Gesichtslähmung links
- Lähmungen bei akuten Leberstörungen (Vergiftung, Stoffwechselentgleisungen)
- Lähmung nach Überanstrengung
- Diskushernie, Lumbago

Auslöser

- Folgen von Kälte und Zugluft (nächtliches »Herumtreiben« im Winter), Diskushernie
- Vergiftung, Belastung mit Nebenwirkungen von Pharma-Präparaten

Begleitsymptome

- Schwieriger Kotabsatz von schmalem oder festem Kot
- Oder Obstipation mit viel vergeblichem Drang

Dosierung

Je nach Schwere des Zustands Einzelgabe der C 200, besser höhere Potenz.

Opium – Op

Indikation

- Koma nach Kopfverletzungen, Verkehrsunfall, Apoplex, tiefe Bewusstlosigkeit
- Tiefe, langsame Atmung, Schnarchen besonders beim Ausatmen
- Cheyne-Stokes-Atmung bis Atemstillstand
- Unterstützendes, lebensrettendes Mittel bei Verletzungen des Zentralnervensystems
- Damit auch Vorbeuge gegen Lähmungen
- Im Koma durch Kopfverletzungen vor *Arnica* und *Hypericum* zu geben!

Dosierung

Entweder wiederholte Gaben der C 30 bis zum Wiedererlangen des Bewusstseins, oder Einzelgaben einer höheren Potenz.

Rhus toxicodendron – Rhus-t

Indikation
- Lähmung mit Steifheit durch Kaltwerden, Nass- und Kaltwerden
- »Erkältung« nach warmem Körper, nach vorheriger Erhitzung oder Überanstrengung
- Rückenmarkserkrankungen, Hemi-, Tetraplegie, Gesichtslähmung, Muskelentzündung

Begleitsymptom
Nächtliche Unruhe, kann keine angenehme Stellung zum Schlafen finden

Modalitäten
Besser durch fortgesetzte Bewegung und Zufuhr von Wärme

Dosierung
Je nach Schwere der Erkrankung Einzelgabe der C 200 oder einer höheren Potenz.

Chronische oder fortschreitende Lähmungen

Agaricus – Agar

Indikation
- »Reizung des Rückenmarks« mit generalisierter Steifheit und evtl. mit Zucken, Chorea
- Matt, müde, Schwäche, Stolpern, evtl. Nystagmus
- Schwäche, Parese der Extremitäten durch gestörte motorische Zellen des Rückenmarks
- Rückenschmerzen, Kribbeln, lokale Schmerzen in Extremitäten
- Gestörte Koordination, speziell der diagonalen Fußfolge (Katze hoppelt wie ein Hase)

Auslöser
- Folge von Myelitis oder/und Spätfolge von Verletzung

Modalität
- Beschwerden diagonal, besonders der linken Seite, vorn rechts + hinten links

Dosierung
Bei klarer Indikation Einzelgabe der M- oder XM-Potenz.

Alumina – Alum

Indikation
- Langsam beginnende, degenerative, chronische Krankheit des Nervensystems
- Apathie, allmählicher Verfall, besonders bei alten Patienten, verbunden mit Obstipation

Leitsymptom: Trockenheit mit Lähmung, zähe Schleimhautabsonderungen
- Trockene Schleimhäute, trockener Kot mit Inaktivität des Rektum
- Unfähigkeit, weichen Kot auszutreiben, Kot klebt am After
- Trockenheit der Haut, krustige juckende Hautausschläge
- Verzögerte Reizleitung, Lähmung, Inkoordination, lähmungsartige Schwäche
- Lähmung bei Rückenmarksdegeneration, Ataxie, stolpernder Gang
- Tritt plötzlich einen Schritt neben die beabsichtigte Richtung, Taumeln

- Kann nicht im Dunkeln gehen wegen Koordinationsstörungen
- Lähmung motorischer Muskeln und glatter Muskulatur (Darm, Rektum)
- Plötzliche Zuckungen oder Neuralgien möglich
- Schmerzen in Extremitätenspitzen, Ameisenlaufen, Taubheit

Begleitsymptome

- Verlangen nach trockener Nahrung, nach Unverdaulichem, Kalk
- Evtl. Altersdemenz mit trockenen Hautausschlägen und Juckreiz im Warmen
- Langsam zunehmende Schwäche, Lähmung, Erschöpfung, Demenz

Dosierung

Bei klarerer Indikation M- oder XM-Potenz.

Argentum nitricum – Arg-n

Indikation

- Cerebellare oder spinale Ataxie (ausgehend vom Kleinhirn und/oder Rückenmark)
- Inkoordination, Kontrollverlust über die Extremitäten
- Kann nicht im Dunkeln gehen, schlimmer beim Rückwärtsgehen
- Neigung zum Fallen, Zittern, läuft wie mit Holzbeinen

Modalitäten

- Alles schlimmer, wenn etwas Aufregendes bevorsteht, ausgeprägte Platzangst
- Unverträglichkeit von Hitze, heißblütiger Patient!

Begleitsymptome

- Durchfall, Blähungen, Bauchschmerzen
- Verlangen nach Süßem, das aber nicht vertragen wird

Dosierung

Einzelgabe der C200, bei klarer Indikation auch höhere Potenz.

Arsenicum album – Ars

Indikation

- Schwäche, lähmungsartig, besonders von alten, hinfälligen Katzen
- Krallen können nicht mehr vollständig eingezogen werden
- »Wegrutschen« der Hinterbeine auf glattem Boden
- Frierende Tiere, suchen die Wärme
- Keine aufdringliche »Kuschelkatze«, ungern festgehalten oder getragen
- Lähmung durch Schwäche bei chronischer Nierendegeneration

Dosierung

Einzelgabe der C200, bei klarer Indikation auch höhere Potenz.

Barium carbonicum – Bar-c

Indikation

- Apoplexfolgen alter Tiere, Angst, Zittern
- Lähmungen, mangelnde Koordination
- Körperliche und mentale Schwäche alter Tiere
- Schwierige, langsame Orientierung in bekannter Umgebung, ängstlich, scheu
- Demenz, geistiger Verfall alter Lebewesen

Dosierung

Einzelgabe der M- oder XM-Potenz.

Calcarea carbonica – Calc

Indikation

- Träge, faule, liebe, meist dicke, ungeschickte (Edel-)Katzen, schwache Muskulatur
- Spinale Paralyse, durch Nässe, Überanstrengung, nach zu viel Sex (Kater)
- So müde und faul, dass er nicht laufen kann, Katze legt sich beim Jagen wiederholt nieder
- Ist aber durch Ansporn in gewissem Umfang zu motivieren!
- Alte Patienten: Hinterbeine rutschen seitlich weg auf glattem Boden

Dosierung

Einzelgabe der M- oder XM-Potenz.

Causticum – Caust

Indikation

- Verwechslung mit *Phosphor* möglich: niemals gleichzeitig oder nacheinander geben!
- Schwerpunkt Nerven, Sehnen, Gelenke, Arthrosen, Lähmungen, Inkoordination
- Hauptmittel für chronisch und langsam entstehende neurologische Ausfälle, Schwäche, Zittern
- Lähmung nach Apoplex, nach Kälte, kaltem Wind, nach Sturz ins eiskalte Wasser
- Chronische Folgen von Apoplex
- Auch primäre neurologische aufsteigende Lähmungen, Cauda-equina-Syndrom
- Besonders bei erschöpften, ausgelaugten Patienten (z. B. langjährige Zuchtkatzen)
- Lähmungen, rechtsseitige Hemiplegie oder Gesichtslähmung
- Lähmung nach Schwergeburt
- Angeborene Lähmungen
- Gesichtslähmung rechts
- Verminderter Muskeltonus der Extremitäten, Einknicken, Stolpern, Fallen
- Tendenz zum (auch spastischen) Zusammenziehen der Beugemuskeln
- Tendenz zu allgemeiner Steifheit, langsam zunehmende Muskelatrophie
- Lähmung des Rektum, schwierige oder mangelhafte Kotentleerung
- Lähmung innerer Organe, z. B. Blasenlähmung, Inkontinenz oder fehlende Entleerung
- Stimmbandlähmung, Verlust der Stimme, Katze miaut ohne Ton, schmerzlose Heiserkeit (*Phos*)
- Auch Lähmung einzelner Teile oder einzelner Nerven
- Unsicherheit der Hinterbeine auf glattem Boden
- Sympathischer Patient, Kummerfolgen, widersetzlich und aggressiv gegen Gewaltanwendung

Dosierung

Bei klarer Indikation M- oder XM-Potenz.

Conium maculatum – Con

Indikation

- Langsam zunehmende Schwäche, Lähmungen aufsteigend aus der Hinterhand
- Lähmung durch Rückenverletzung, auch degenerative Rückenmarkserkrankung
- Allmählich zunehmende, chronische Lähmung nach Infektionskrankheiten oder Verletzungen
- Lähmung durch unterdrückten oder exzessiven Sex
- Allgemeine lähmungsartige Schwäche, schleppt die Hinterextremitäten nach
- Hinterbeine rutschen seitlich weg auf glattem Boden
- Schwäche und Zittern im Oberschenkel, »bleischwere Beine«
- Schlimmer durch Aufregung, durch Überanstrengung, durch Schneeluft, im Frühling

Begleitsymptom

- Schwindel, taumelt evtl. wie betrunken bei Bewegung des Kopfes
- Lichtscheu, trockene Augen

Dosierung

Einzelgabe der C 200, bei sicherer Indikation auch höhere Potenz.

Dulcamara – Dulc

Indikation

- Lähmung durch feuchte Kälte und Nasswerden
- Evtl. begleitet von Blasenerkrankung

Dosierung

Einzelgabe der C 200, bei sicherer Indikation auch höhere Potenz.

Hypericum perforatum – Hyp

Indikation

- Auch bei chronischen Lähmungen als Spätfolgen von Trauma zu versuchen

Dosierung

Einzelgabe der XM-Potenz, bei scheinbar aussichtsloser Lähmung frühestens nach 5 Tagen wiederholen.

Ignatia amara – Ign

Indikation

- Lähmung durch psychischen Schock, durch jede Art von psychischem Trauma
- Lähmung durch Kummer (z. B. Trennung von der Mutterkatze)
- Gleichgültig gegen alles, widersprüchliche Zustände (»die Katze spinnt«)
- Z. B. Apathie abwechselnd mit Äußerungen von Lebensfreude

Dosierung

Einzelgabe bei sicherer Indikation XM-Potenz.

Lachesis mutus – Lach

Indikation

- Linksseitige Lähmung, schlimmer beim Erwachen bzw. nach dem Schlafen
- Folge von Apoplex, von unterdrückten Absonderungen oder Ausscheidungen aller Art
- »Geschwätzige« Katzen (selten auch »schweigsam«)

Dosierung

Einzelgabe der C 200, bei sicherer Indikation auch höhere Potenz, nur in Ausnahmefällen wiederholen!

Lathyrus sativus – Lath

Indikation

- Entzündung, Degeneration des Rückenmarks, spastische Lähmung
- Lähmung der Adduktoren an Hinterhand, daher »Aneinanderschlagen der Knie« (wie X-Beine)
- Hinterbeine überkreuzen sich, torkelnder Gang
- Sensibilität erhalten oder Hyperästhesie, keine Atrophie
- Mögliches Folgemittel nach Paraplegie, wenn *Arnica* oder *Hypericum* nicht mehr helfen

Dosierung

Wiederholte Gaben der C 30, bei positiver Reaktion und nach erneuter Verschlimmerung versuchsweise höhere Potenz.

Manganum carbonicum – Mang

Indikation

- Cerebellare Ataxie (Erkrankung des Kleinhirns), Paraplegie
- Muss vorwärts rennen, sonst stürzt er
- Fallen beim Rückwärtsgehen
- Extreme Schwäche

Dosierung

Einzelgabe der C 200, bei sicherer Indikation auch höhere Potenz.

Mercurius solubilis – Merc

Indikation

- Großes, aber eher seltenes Mittel für Lähmungen bei der Katze
- Lähmungen im Rahmen fortschreitender syphilitischer bzw. destruktiver Erkrankung
- Vorher Zittern (wie Parkinson), Unruhe, hektische Eile

Modalität

- Generelle Verschlimmerung nachts

Begleitsymptome

- Stinkender, seifiger Speichelfluss, daher verklebtes Fell
- Überempfindlich gegen jede Abweichung vom Gewohnten

Dosierung

Einzelgabe der C 200, bei sicherer Indikation auch höhere Potenz.

Natrium muriaticum – Nat-m

Indikation

- Lähmung durch malariaähnliche Fieber (*China*) (Vector-borne diseases)
- Lähmung nach Blut- oder Flüssigkeitsverlust
- Oft mit langem, schwerem, stillem Kummer verbunden (Kummer wird nicht gezeigt)

Dosierung

Bei sicherer Indikation M- oder XM-Potenz.

Natrium sulfuricum – Nat-s

Indikation

- Hauptmittel für chronische Folgen von Verletzungen von Kopf und Wirbelsäule
- Chronische Folgen von Meningitis/Enzephalitis/Myelitis
- Intensive Rücken- und Gliederschmerzen, auch mit lokalen Lähmungen
- Depressives Gemüt, wenig Anteilnahme, weniger ausgeprägte Symptome von Lähmung

Modalität

- Schlimmer bei <u>nasskaltem Wetter</u>

Dosierung

Bei sicherer Indikation M- oder XM-Potenz.

Phosphorus – Phos

Häufiges Mittel für die gelähmte Katze

Indikation

- Verwechslungsgefahr mit *Causticum*!
- Beide Mittel passen nicht zusammen, dürfen nie gleichzeitig oder in Abfolge gegeben werden!
- Oft für Spätfolgen von Verletzungen mit Lähmung (z. B. nach der Wirkung von *Arnica* und *Hypericum*)
- Apoplexfolgen, auch mit Ataxie
- Auch unklare, evtl. angeborene Lähmungen von Jungtieren
- Gesichtslähmung rechts
- Lähmung nach Schwergeburt
- Besonders die Hinterbeine treten übereinander (z. B. alte Katzen)
- Hinterbeine rutschen zur Seite auf glattem Boden
- Krallen können nicht mehr ganz eingezogen werden (*Arsenicum*, *Nux vomica*)
- Hemiplegie, Inkoordination
- Auch Lähmung einzelner Muskelgruppen, z. B. Schultergürtel
- Progressive Lähmung des ganzen Rückenmarks (Spinalparalyse), generalisierte Muskelatrophie
- Lähmung des Nervus opticus (Blindheit) oder des Nervus acusticus (Taubheit)
- Stimmbandlähmung oder Heiserkeit, krächzendes oder fehlendes Miauen
- Lähmige Muskelschwäche, brennende Schmerzen (?) entlang der Wirbelsäule
- Meist liebe, anhängliche, oft (ehemals) »geschwätzige« Schmusekatzen

Dosierung

Einzelgabe der C 200, bei sicherer Indikation auch höhere Potenz.

Plumbum metallicum oder aceticum – Plb

Indikation

- Degenerative Erkrankungen, z. B. Lähmung durch Hirntumor
- Wiederherstellung ist in fortgeschrittenen Fällen nicht immer möglich
- Zuerst Zittern und schmerzhafte Spasmen (Muskelkrämpfe), dann Lähmungen
- Chronische Folgen von Vergiftungen (Schwermetall, verdorbener Fisch)
- Betroffen eher die Streckmuskeln als die Beuger (vgl. *Causticum*)
- Beginnend an den Vordergliedmaßen (Radialislähmung – akut: *Hypericum*)
- Schnell eintretende Muskelatrophie, Abmagerung am Rücken, an den gelähmten Teilen
- Schlechter Allgemeinzustand, struppiges Fell
- Begleitsymptom: Knotig-harte Obstipation, evtl. Darmlähmung mit offenem After
- Spasmen der Längsmuskeln am Bauch (M. rectus abdominis)
- Der Bauch wird derart eingezogen, dass er fast bis zur Wirbelsäule reicht
- Beschwerden oft begleitet von heftigen, einschießenden, neuralgischen Schmerzen
- Nicht zu verwechseln mit Bauchschmerzen durch Darmverschluss!!

Dosierung

Einzelgabe der C 200, evtl. wiederholen.

Zincum metallicum – Zinc

Indikationen und Symptome

- Lähmungen, Konvulsionen nach unterdrückten Absonderungen, nach Aufregung, Operationen
- Zittern der Hinterextremitäten, kann nicht stillsitzen oder stehen, ständige Unruhe der Extremitäten
- Schwäche, Zuckungen, auch einzelner Muskelgruppen, dann Lähmung
- Ataxie mit einschießenden Schmerzen

Begleitsymptome

- Lärmempfindlich, trotzdem träge
- Berührungsempfindliche Wirbelsäule, speziell am Ende der Halswirbelsäule und Beginn der Lendenwirbelsäule
- Zuckungen, »Tics«, Stereotypien

Dosierung

Einzelgabe der C 200, bei sicherer Indikation auch höhere Potenz.

UND ANDERE MITTEL!!!!

Konvulsionen – Krampfanfälle – Anfallsleiden – Epilepsie

ALLGEMEINES ZUM THEMA »KRAMPFANFÄLLE«

»Anfallsleiden« treten bei der Katze zwar seltener auf als beim Hund, bereiten dem Besitzer aber genau so viel Kummer.

Der Ausdruck »Konvulsion« bezeichnet wiederholte tonische und/oder klonische Krämpfe der Willkür-Muskulatur, möglicherweise verbunden mit Bewusstlosigkeit .

Der Begriffe **»Konvulsion«** ist heute in der modernen Medizin nicht mehr üblich, kommt jedoch in den homöopathischen Repertorien und zugehörigen Arzneimittelprüfungen noch als Bezeichnung für alle Formen von »Krampfanfällen« vor.

Gemäß heute üblicher Nomenklatur wird die Konvulsion **»tonisch-klonischer Krampfanfall«** genannt.

Unter **»Epilepsie«** versteht man eine spezielle Art von Anfallsleiden: Wiederholte Anfälle durch plötzliche unkoordinierte Erregung von Nervenzellen des Gehirns.

Epilepsie ist bei der Katze die häufigste chronische Krankheit des Zentralnervensystems.

Als **Petit-Mal-Anfall** bezeichnet man Anfälle ohne auffallende motorische Krämpfe, die mit kurzfristigen Absenzen (»vor sich hin Starren«) oder Orientierungslosigkeit, meist bei erhaltenem Bewusstsein, einhergehen.

Das **Grand Mal** ist ein Zustand mit generalisierten tonisch-klonischen Krämpfen, häufig verbunden mit Verlust des Bewusstseins.

Der epileptische Anfall ist für den Tierbesitzer oft schwer zu ertragen, weil er seinem Tier »nichts Gutes tun« kann.

Streicheln kann den Zustand verschlimmern oder bessern. Besondere Vorsicht ist im Fall von Beißen oder Krämpfen der Kaumuskeln angebracht: Unser zwischen die Zähne geklemmte Finger wird schlimmer zerquetscht als z. B. durch eine Autotür und möglicherweise erst nach dem Anfall wieder losgelassen!

Der schulmedizinisch arbeitende Tierarzt behandelt mit Beruhigungsmitteln (Valium, Barbiturate), die im schweren Anfall oder Status epilepticus unbedingt indiziert sind!

Bleibende Hirnschäden durch Epilepsie sind meist nur nach einem sehr schweren Anfall oder Status epilepticus zu erwarten.

Der Grand-Mal-Anfall bedeutet für das Tier meist eine überaus große Anstrengung; daher ist ein gewisser Erschöpfungszustand nach dem Anfall pathognomonisch, daher nicht als Modalität für die Auswahl eines Mittels zu verwerten.

Mögliche Auslöser von Konvulsionen

- Verletzungsfolgen, Schädel-Hirn-Trauma, Apoplexfolgen, Schreck, Schock
- Hirntumore
- Vernarbungen nach Hirnblutungen u. a. Durchblutungsstörungen, Nekrose oder Wurmbefall im Gehirn
- Während hohem Fieber (»Fieberkrampf«, um oder über 40 °C)
- Während oder nach durchgemachter Enzephalitis oder/und Meningitis
- Im Verlauf von schwersten Leberstörungen
- Während schwerer Nierenerkrankungen mit erhöhtem Blutspiegel an harnpflichtigen Stoffen
- Durch andere Erkrankungen des Stoffwechsels
- Störungen der Schilddrüse (z. B. durch mit Jod angereichertes Futter!) u. a. endokrine Störungen
- Durch Unterdrückungsfolgen (im Sinn der Homöopathie) anderer Erkrankungen

- Begünstigt werden Krampfanfälle grundsätzlich durch gehäufte Impfungen und deren Adjuvantien (Aluminium (!), Quecksilber (!))
- Ferner durch neurotoxisch wirkende Pharma-Präparate (»Nervengift«), z. B. Antiparasitika (z. B. Avermectin-Präparate) oder Insektizide
- und schließlich auch durch »Unterdrückungen« aller Art (siehe *Kapitel 2, Abschnitt Medizinverständnis in Homöopathie und Hochschulmedizin, Seite 27* und *Kriterien der Ähnlichkeit: Arten von Erkrankungen, Seite 34*)
- Schließlich auch – besonders bei der Katze – durch Vergiftungen: z. B. Fressen einer kranken oder vergifteten Maus; oder durch verdorbenes Futter (z. B. Botulismus)
- Idiopathische und kryptogene Auslöser (= unbekannte Ursache)

Symptome

- Tonisch-klonische Zuckungen mit langen oder kurzen Intervallen
- Anhaltende Krämpfe ohne Unterbrechungen (Status epilepticus)
- Nicht verwechseln mit »träumenden Tieren«! Schlafstellung beachten!
- (Im Internet findet man viele angeblich witzige Filme von »träumenden« Tieren mit Zuckungen, bei denen es sich jedoch tatsächlich um Krampfanfälle handelt! Andererseits aber ist nicht jeder »Traum« mit Zucken ein Krampfanfall!)

Verlauf

- Wesens- oder Verhaltensänderung kurz **vor dem Anfall** ist möglich, in der Literatur bzw. Homoöopathie als **Aura** bezeichnet.
- Plötzlicher **Beginn des Anfalls**
- Schaum vor dem Maul, unwillkürlicher Urinabgang sind meist als pathognomonisch zu bewerten
- Das Stadium **nach dem Anfall** kann kurz (Minuten, Stunden) oder Tage dauern
- **Status epilepticus:** anhaltender Krampfzustand ohne Unterbrechung, Lebensgefahr!

HOMÖOPATHISCHE THERAPIE VON KONVULSIONEN/EPILEPSIE

Allgemeines

Grundsätzlich ist Epilepsie auch homöopathisch schwierig zu behandeln.

Eine bestehende schulmedizinische Therapie, z. B. mit Barbitursäure-Präparaten oder ähnlichen Mitteln sollte am Anfang der homöopathischen Therapie vorerst beibehalten werden, da allein deren Absetzen einen erneuten Anfall auslösen kann. Diese Medikation kann allmählich reduziert werden, wenn das passende Homöopathikum deutliche Wirkung zu zeigen beginnt:

Der anfängliche Erfolg der Homöopathie zeigt sich nur selten in einem gänzlichen Aufhören der Anfälle.

Als guter Erfolg ist z. B. ein Nachlassen der Schwere der Anfälle, die in vergrößerten Abständen auftreten, zu bewerten. Bei einem solchen Verlauf kann das Barbiturat »ausgeschlichen« werden, d. h. die Dosierung kann allmählich reduziert werden.

Darauf wird der Patient mehr Munterkeit und Lebensfreude zeigen!

Belastungen durch Nebenwirkungen von anderen Pharma-Präparaten (z. B. Impfungen, Antiparasitika, immunschwächende Substanzen) sollten bei Epilepsie-Kranken in jedem Fall vermieden werden.

Weitere Stressfaktoren sollten ebenfalls verhütet und die Lebensbedingungen verbessert werden.

Am Anfang einer Epilepsie-Therapie steht immer eine **gesamte konstitutionelle Anamnese**, die das ganze Tier »von Kopf bis Fuß« umfasst.

Zunächst sollte das gefundene konstitutionelle Mittel verabreicht werden. Die Auswahl der Potenz richtet sich nach Schwere und bisheriger Dauer der Erkrankung: Ein ansonsten gesunder Patient in gutem Ernährungszustand und bei gutem Allgemeinbefinden sollte eine einmalige Gabe einer hohen Potenz (M oder XM) bekommen. Ein darauf folgender (vielleicht letzter) Anfall ist zu erwarten.

Dieses Mittel darf erst dann nochmals gegeben werden, wenn nach Monaten erneute oder schwerere Anfälle auftreten.

Wenn regelmäßig wiederkehrende Anfälle vorliegen, die bereits langfristig mit Barbituraten behandelt wurden, empfiehlt sich eine vorsichtige Therapie mit wiederholten Gaben tiefer Q-Potenzen. Bei Besserung kann die »homöopathische Kur« dann mit hohen C-Potenzen zur endgültigen Heilung gebracht werden.

Nach der Gabe hoher C-Potenzen ist eine Erstreaktion in Form eines akut auftretenden Anfalls durchaus möglich, jedoch kein Grund, die begonnene Therapie abzubrechen.

Das konstitutionelle Mittel sollte nicht während eines akuten Anfalls gegeben werden, sondern erst, nachdem dieser abgeklungen ist.

Häufig indizierte konstitutionelle Mittel für Epileptiker sind z. B.: *Ars*, *Calc*, *Caust*, *Lach*, *Lyc*, *Nat-m*, *Phos*, *Sil* u. a.

Wenn eine eindeutige Ursache für die Anfälle festzustellen ist, sollte diese unbedingt für die Arzneiwahl berücksichtigt werden.

In Einzelfällen kann auch die Nosode der **felinen Herpesviren** oder die *Herpes-simplex-Nosode* **eingesetzt werden, wenn kein anderes Mittel wirkt.**

Während eines akuten Anfalls darf man auf keinen Fall Hals über Kopf unüberlegte Mittel – womöglich eines nach dem anderen – geben; dann besteht die Gefahr, dass sich der Zustand dauerhaft verschlechtert oder in einen lebensgefährlichen Status epilepticus übergeht.

Am sichersten ist es, Ruhe zu bewahren, die Nerven zu behalten, genau beobachten, Symptome notieren, notfalls zur Beruhigung der Tierbesitzer ein Placebo geben und erst nach dem Anfall gewissenhaft ein Homöopathikum zu wählen.

Wenn das konstitutionelle Mittel keine langfristige Besserung bringt oder gebracht hat, ist ein auf den Anfall bezogenes Mittel (klinische Verordnung) zu wählen. In der angefügten Aufstellung sind einige Indikationen aus dem Repertorium angegeben. Der Therapeut sollte jedoch zusätzlich das Repertorium und eine gute Arzneimittellehre des Menschen zu Rate ziehen (Literatur 10, 28, 47, 48, 75, 76)!

Die Symptome des Krampfanfalls gehören in der Hierarchisation bei konstitutioneller Therapie zu den Allgemeinsymptomen, außer wenn sie auffallend und ungewöhnlich sind oder nicht erwartet werden.
Bei akuter, klinischer Verordnung stehen die Symptome des Anfalls im Vordergrund.

KONVULSIONEN ANAMNESE

WER?

- Herkunft des Patienten, erbliche Belastung – soweit bekannt
- Neugeborenes, Jungtier, Zahnung, Pubertät, Kastration, Zyklus, Trächtigkeit
- Nach einer Geburt, in der Laktation, nach einer Verletzung, nach einer Narkose
- Vorgeschichte, Vorbehandlung mit Pharma-Präparaten, Impfungen, wann?
- Homöopathische Vorbehandlung, womit, in welcher Dosierung, welches Ergebnis?

- Haltung, Fütterung, Tränke, mögliche Vergiftung?

WAS?
- Neurologische Untersuchung!
- Epilepsie, epileptiform, andere Krampfzustände, Grand Mal oder Petit Mal
- Status epilepticus
- Schwere und Fortschreiten oder Gleichbleiben der Erkrankung
- Was war **vor dem Anfall (Aura),** (z. B. Unruhe, Schreien, Heißhunger)?
- Was geschieht **während des Anfalls?**
- Was **nach dem Anfall** (z. B. Hunger, Koma, Lebhaftigkeit, Schwindel)?

WIE?
- Tonische, klonische, tetanische Krämpfe, Opisthotonus, Emprosthotonus, Chorea
- Zittern, Zucken, Körperhaltung
- Einzelner Anfall, mehrere aufeinander folgende Anfälle
- Mit oder ohne Bewusstsein, Pupillenreaktion, Körperöffnungen
- Schwindel, Fallen – wohin? Kopf-Schief-Haltung
- Schweiß, Hitze oder Kälte des Körpers, Farbe der Schleimhäute

WO?
- **K**rampf im ganzen Körper oder einzelner Extremitäten
- Krampf einzelner Muskelgruppen, Beuger, Strecker
- Wo beginnt der Anfall? In der Körperperipherie, am Rumpf, im Gesicht

WANN?
- Tageszeit, während des Schlafes, beim Erwachen
- Wetter, Jahreszeit, Mondstellung
- Zyklus, Trächtigkeit, Geburt
- Unter welchen Umständen (z. B. Stress, Aufregung, Ärger, Kummer, Eifersucht)
- Vor oder nach der Futteraufnahme

WARUM?
- Auslöser: psychische, physische? Andere Organerkrankungen?
- Verletzung, wo, wie?
- Vergiftung, Stoffwechselentgleisung oder -belastung, Sepsis
- Nieren-, Leberschaden
- Folgen von Impfung

WAS begleitet?
- Andere organische Veränderungen
- Verändertes Verhalten, Unruhe, Unsauberkeit, Verwirrung, Schläfrigkeit
- Aggressivität, Beißen, Gehorsam, Verhalten zu anderen Tieren
- Bewegungsstörungen, Ataxie, Inkoordination, Spastizität, Schmerzen
- Meningitis, Enzephalitis
- Gemütsverfassung, Ruhelosigkeit, Schläfrigkeit
- Hunger, fehlender Appetit, Tränkeaufnahme
- Sexuelle o. a. Erregung, Apathie, Erschöpfung, Schwäche, Ruhelosigkeit
- Anderweitige Erkrankungen, Folgen von Unterdrückung, unterdrückten Absonderungen?
- Sinneserregbarkeit, Stupor, Koma
- Durchfall, Obstipation
- Wetter, Temperatur

KURZ-REPERTORIUM ZUM THEMA »KRAMPFANFÄLLE«

Die homöopathische Mittelwahl zur Therapie von Krampfanfällen kann sowohl den Tierbesitzer, als auch den Therapeuten »zur Verzweiflung« treiben; daher seien im Folgenden für die Katze – und andere Lebewesen – einige Auszüge von verwertbaren Rubriken des Repertoriums angeführt.

Jedoch nicht sämtliche beschriebenen Syptome müssen im Patienten vorhanden sein. Negativsymptome (»das ... hat er aber nicht«) schließen ein gewähltes Mittel nicht in jedem Fall aus!

Die angegebenen Mittel können hier nicht alle im Einzelnen beschrieben werden, daher sei auf die oben angegebenen Arzneimittellehren verwiesen und der zusätzliche Gebrauch des Repertoriums empfohlen.

Die Prognose von Krampfanfällen ist keineswegs immer gut; der Status epilepticus endet häufig mit dem Tode.

WER?

Während der Zahnung, im Zahnwechsel: Calc, Cham, Cic, Cina, Cupr, Gels, Hyos, Ign, Mag-p, Stram

Krampfanfälle in der Geschlechtsreife, um die Zeit der ersten Rolligkeit: Art-v, Caust, Cupr, Lach, Puls, Zinc

Krampfanfälle nach der Kastration der (weiblichen) **Katze**: Lach

WIE? – ART der Anfälle

Krampfanfälle mit Bewusstsein: Ars, Bell, Calc, Canth, Caust, Cina, Cupr, Hell, Hyos, Ign, Ip, Kali-c, Lyc, Mag-c, Merc, Nat-m, Nit-ac, Nux-m, Nux-v, Phos, Plat, Plb, Sec, Sep, Sil, **Stram,** Stry, Sulf

Ohne Bewusstsein: Acon, Aeth, Agar, Ant-t, **Arg-n,** Arn, Ars, Bell, Bufo, Calc, Calc-p, Camph, Canth, Caust, Cham, Chin, **Cic,** Cina, Cocc, Crot-h, Cupr, Glon, **Hyos,** Ign, Ip, Kali-c, Lach, Lyc, Merc, Nat-m, Nit-ac, Nux-v, Oena, Op, Phos, Plat, Plb, Sep, Sil, Staph, Stram, Sulf, Tarent, Verat, Visc, Zinc

Status epilepticus: Absin, Acon, Aeth, Bell, Bufo, Cocc, Hell, Oena, Plb, Zinc

Häufige Anfälle mit Bewusstlosigkeit: Ars, Art-v, Bapt, Hyos, Ign, Nat-m, Nat-s, Phos

Anfälle mehrmals täglich wiederholt auftretend: Art-v, Cic, Stram

Aktuelle, erstmals aufgetretene Anfälle: Bell, Caust, Cupr, Ign, Op, Plb, Stram

Trismus, Krampf der Kaumuskulatur: Ant-t, Bell, Cic, Cupr-acet, Laur, Lyss, Oena, Plat, Plb, Stram

Tetanische Steifheit mit Trismus: Ant-t, Bell, Cupr-acet, Oena, Stram

Krämpfe abwechselnd tonisch und klonisch: Bell, Cimic, Con, Ign, Mosch, Nicot, Nux-m, Nux-v, Plat, Sep, Stram, Tab

Wiederholte Krämpfe mit wechselnder Erscheinungsform: Bell, Ign, Puls, Stram

Mit Schluckbeschwerden: Bell, Cupr, Lyss

Mit Beißen: Bell, Cupr, Lyss, Tarent

WO?

Krampfanfälle einseitig: Apis, Apoc, Art-v, Bell, Calc-p, Caust, Dulc, Gels, Graph, Hell, Ip, Lach, Onos, Phos, Plb, Stram

Auf der linken Körperseite: Bell, Calc-p, Chin-s, Cupr, Graph, Ip, Nat-m, Nit-ac, Plb, Stram, Sulf

Auf der rechten Körperseite: Art-v, Bell, Caust, Lyc, Nux-v

Beginn im Gesicht: Bufo, Cic, Cina, Dulc, Hyos, Ign, Lach, Sec, Stram

Beginn mit gebeugten vorderen Zehen bzw. eingeschlagenen Pfoten: Cupr, Cupr-acet

Krämpfe der Streckmuskeln: **Cina**

WARUM? – Auslöser von Krampfanfällen

Konvulsionen, Epilepsie nach Impfung (Hauptmittel aus dem Repertorium)**: Cupr, Sil,** Thuj

Konvulsionen nach Impfung (weitere mögliche Mittel)**:** Acon, Ant-t, Apis, Ars, Bac, Bell, Bufo, Crot-h, Cupr, Echi, Graph, Med, Merc, Mez, Phos, Psor, Rhus-t, Sars, Sep, **SIL, Sulf, THUJ**

Konvulsionen nach unterdrücktem Hautausschlag: Acon, Agar, **Bell,** Bry, **Calc, Caust, Cham, Cic, Cupr, Op, Stram,** Sulf, **Zinc**

Konvulsionen nach unterdrückten (Schleimhaut-) Absonderungen: Agar, Ant-c, Ars, Bell, Bry, Bufo, **Calc**, Carb-v, Cupr, Dulc, Graph, Lach, **Lob,** Med, Merc, Mosch, Nux-v, **Plb**, Psor, Puls, Sil, **Stram**, Sulf, Verat, **Zinc**

Durch unterdrückte Milch (Hormonbehandlung z. B. zum »Abstillen«)**:** Agar

Durch Apoplex: Bell, Crot-h, Cupr, Lach, Nux-v, Stram

Durch Gehirnerschütterung, Schädel-Hirn-Trauma: Arn, Art-v, **Cic,** Cupr, Hyper, Led, Nat-s. Op, Rhus-t

Durch Sepsis: Crot-h, Pyrog

Fieberkrämpfe (ab ca. 40 °C)**: Bell,** Cic, Cina, Hyos, **Nux-v,** Op, **Stram**

Übergang anderer Krankheiten aufs Gehirn (»Metastase«): Cupr

Durch Krampfhusten: Calc, Cupr, Ip, **Kali-br, Lach**

Nach Infektionskrankheit: Gels

Durch cerebrospinale Meningitis: Ant-t, Apis, Arg-n, Crot-h, Glon, Hell, Tarent, Verat

Bei Hirndegeneration: Bufo, Caust, Plb

Durch Zugluft: Ars, Cic, Lyss, Nux-v, Stry

Durch Urämie, erhöhter Harnstoffgehalt im Blut: Apis, Apoc, Ars, Bell, **Cupr**, Cupr-acet, Cupr-ar, Dig, **Kali-br,** Kali-s, Merc-c, Mosch, **Nux-v**, Op, Plb, Stram, Ter

Durch schweren Wurmbefall: Art-v, **Cina**, Hyos, Ign, Sabad, Sil, Spig, Stann, Sulf

Psychische Auslöser

Aufregung: Acon, Agar, Art-v, Aster, Bell, Cham, Cic, Cimic, Coff, Cupr, Gels, **Hyos,** Ign, Kali-br, Nux-v, **Op,** Plat, Puls, Tarent, Verat, Zinc

Furcht oder Schreck: Acon, Agar, Arg-n, Art-v, Bell, Bufo, **Calc,** Caust, Cham, Cic, Cina, **Cupr,** Gels, Hyos, **Ign, Kali-br,** Lach, Lyss, Nat-m, Oena, **Op,** Sec, Sil, Stram, Sulf, Zinc

Kummer: Ars, Art-v, Hyos, Ign, Nat-m, Nux-v, Op

Ärger: Ars, Bell, Calc, Cham, Cina, Cham, **Cupr,** Ign, Kali-br, Lyss, **Nux-v**, Staph, Sulf, Zinc

Eifersucht: Hyos, Lach

Enttäuschte Liebe, »Liebeskummer«: Hyos, Ign

Kränkung: Calc, Cham, Ign, Staph

Bestrafung: Acon, Caust, Cham, Cina, Cupr, Hyos, **Ign,** Op, Stram, Zinc

Sexuelle Erregung (evtl. sogar trotz Kastration): Art-v, Bar-c, Bufo, Calc, Hyos, **Kali-br,** Lach, Nux-v, Phos, Plat, Sil, Stram, Sulf

Modalitäten

Schlimmer durch strahlendes Licht: Bell, **Lyss,** Nux-v, Op, **Stram**

Muss zur Erleichterung herumlaufen: Kali-br

Schlimmer durch Wärme: Op

Schlimmer durch den Anblick oder Hören von Wasser: Bell, Canth, **Lyss, Stram**

Schlimmer durch Lärm: Ant-c, Arn, Cic, Ign, Lyss, Mag-p, Nux-v

Besser durch Reiben: Phos, Sec

Schlimmer durch Berührung: Acon, Bell, Canth, **Cic,** Cina, Cocc, Lyss, Nux-v, Stram

Anfälle erneuert durch jede Berührung: Canth, Nux-v, Stram

Mit Kälte des Körpers: Aeth, Bell, Camph, Caust, Cic, Hell, Hyos, Mosch, Oena, Sil, Stram, Verat

WANN?

Krampfanfälle morgens: Arg-n, Art-v, Calc, Caust, Cocc, Crot-h, Lyc, Mag-p, Nux-v, Plat, Sec, Sep, Sulf

Am Abend: Alum, Calc, Caust, Croc, Gels, Laur, Lyss, Op, Stann, Stram, Sulf

In der Nacht: Arg-n, Ars, Art-v, Aur, Bufo, Calc, Calc-ar, Caust, Cic, Cina, Cupr, Hyos, Kali-c, Lach, Lyc, Merc, Nit-ac, Nux-v, Oena, **Op,** Plb, Sec, **Sil,** Stram, Sulf, Zinc

Nach Mitternacht: Kali-br, Nit-ac, Stram

Während des Schlafes oder **beim Erwachen:** Bufo, Calc, Caust, Cham, Cic, Cupr, Hyos, Ign, Kali-c, Lach, Lyss, Merc, Oena, Op, Sec, Sil, Stram

Bei Vollmond: **Calc,** Caust, Kali-br, Nat-m

Bei Neumond: Bufo, Caust, Cupr, Kali-br, Sil

Periodisch alle 5 bis 6 Tage: Lyc

Alle 7 Tage: Agar, Chin-s, Kali-br, Nat-m

Alle 10 Tage: Kali-br

Alle 14 Tage: Cupr, Kali-br, Oena

Alle 3 Wochen: Camph, Cupr, Op, Stram

Beschwerden VOR dem Anfall (Aura)

Übelkeit, Erbrechen: Bell, Cupr, Op, Sulf

Lähmung: Acon, **Caust,** Cupr, Ip, Plb, Sec

Erwartungsangst, ängstliches Verhalten vor dem Anfall, Nervosität: Arg-n, Cic, Cupr, Nat-m

Ruhelos vor dem Anfall: Arg-n, Bufo, Caust, Hyos, Mosch, Nat-m, Oena

Blindheit vor dem Anfall: Cupr

Kalter Körper: Ars, Cina, Cupr, Lach, Sep, Sil

Kauende Maulbewegungen: Calc, Cupr

Sexuelle Erregung mit Masturbation: Bufo

Erweiterte Pupillen: **Arg-n,** Bufo

Heißhunger: Calc, **Hyos**

Schreien: **Cic,** Cupr, Stram

Schwindel: Arg-n, Ars, Art-v, Calc, Calc-ar, Caust, Cupr, **Hyos,** Ign, Lach, Nat-m, Nux-v, Sil, Sulf, Tarent, Thuj

Sehstörungen: Bell, Calc, Hyos, Lach, Sulf

Beschwerden WÄHREND des Anfalls

Zungenbiss: Art-v, Bufo, Camph, Caust, Cocc, Cupr, Oena, Op, Sec, Stram, Tarent

Beißen während Krampfanfall: Art-v, Bufo, Caust, Croc, Cupr, Lyss, Oena, Op, Tarent

Erbrechen: Aeth, Ant-c, Bar-m, **Cupr,** Ip, Oena, Op

Tetanische Steifheit mit Trismus: Ant-t, Bell, Cupr-acet, Oena, Stram

Evtl. **MIT erhaltenem Bewusstsein**: Ars, Bell, Calc, Camph, Canth, Caust, **Cina**, Hell, Hyos, Kali-c, Lyc, Mag-c, Merc, Nat-m, Nit-ac, Nux-m, Nux-v, Phos, Plat, Sep, Sil, **Stram,** Sulf

Blaues Gesicht, Lippen, Nase, Maul: Absin, Agar, Bell, Cic, Cina, **Cupr,** Hyos, Ign, Ip, Nux-v, Oena, **Op,** Plb, Verat

Rotes Gesicht (Nase, Maul oder Ohren der Katze): Aeth, Bell, Bufo, Camph, Caust, **Cic,** Cina, Cocc, Cupr, **Glon,** Ign, Ip, Lyc, Nux-v, Oena, **Op,** Stram

Blasses Gesicht (Nase oder Ohren der Katze): Ars, Bell, Calc, Caust, Chin, Cic, Cina, Cupr, Ip, Lach, Mosch, Nat-m, Plb, Puls, Sil, Stann, Sulf, Verat

Schreien: Bufo, **Cic,** Crot-h, Cupr, **Hyos,** Ign, Ip, Lach, Lyc, Nit-ac, Nux-v, Oena, Op, Sil, Stann, Stram, Sulf

Unwillkürlicher Harnabgang: Art-v, **Bufo**, Caust, Cocc, Cupr, **Hyos,** Lach, Nat-m, Nux-v, Oena, Plb, Zinc

Zähneknirschen: Art-v, Bell, Bufo, Caust, Cic, Cina, Cupr, **Hyos**, Lyss, Nux-v, Oena, Sulf, Tarent, Zinc

Beschwerden NACH dem Anfall

Erbrechen: Acon, Ars, Bell, Calc, Cupr, Glon

Reichlicher Harnabgang: Caust, Cupr, Lach

Ruhelosigkeit: Arg-n, Cupr, Oena, Plb

Heißhunger: Calc

Raserei: Op

Schwindel: Ars, Calc-ar, Caust, **Hyos,** Lach, Plb, Sil, Sulf, Tarent, Visc

Bewusstlos, Koma nach dem Anfall: Art-v, Bell, **Bufo,** Canth, Chin-s, Cic, Cocc, Cupr, Glon, Mosch, Nux-v, Oena, **Op**, Plb, Puls, Sec, Staph, Zinc

DIE WICHTIGSTEN HOMÖOPATHIKA FÜR KRAMPF-ANFÄLLE – KONVULSIONEN – EPILEPSIE

Apis mellifica – Apis

Indikationen

- Konvulsionen im Rahmen von Enzephalitis, Hirnödem
- Ruhelosigkeit, Rollen des Kopfes, Schwellung um die Augen
- Schrilles Aufschreien mit unerträglichen Kopfschmerzen

Dosierung

Bei sicherer Indikation Einzelgabe der C 200.

Arnica montana – Arn

Indikation

- Das erste und wichtigste Mittel für akute Verletzungen und deren chronische Folgen
- Das erste Mittel für die Hirnblutung (Apoplex) mit evtl. folgenden Konvulsionen
- Sorgt für die Resorption von Blutergüssen in Hirn oder Rückenmark

Dosierung

Einzelgabe der C 200, evtl. später Folgemittel wählen.

Arsenicum album – Ars

Indikation
- Wichtiges konstitutionelles Mittel für die Katze
- Krampfanfälle mit oder ohne Bewusstsein
- Wiederholte Anfälle mit Bewusstlosigkeit
- Schwindel vor dem Anfall
- Evtl. Erbrechen nach dem Anfall
- Kalter Körper

Modalität
- Schlimmer nachts bzw. nach Mitternacht

Auslöser
- Nach Impfung, nach unterdrückten Absonderungen o. a. Unterdrückungen
- Durch Kaltwerden oder Zugluft
- Durch Angst, Kummer, Ärger
- Durch Urämie bzw. bei Nierenschaden

Dosierung
Am Tage nach dem Anfall Einzelgabe der M- oder XM-Potenz, bei Nierendegeneration besser C 200, die bei Bedarf wiederholt werden muss.

Artemisia vulgaris – Art-v

Indikation
- Petit-Mal-Anfälle mit »abwesendem« Blick ins Leere, seltener Grand Mal
- Grand Mal, mehrmals am Tage, mehrere Anfälle kurz nacheinander, dann Ruhe
- Konvulsionen bei Neugeborenen, Jungtieren, während erster Rolligkeit bzw. Geschlechtsreife
- Konvulsionen durch starken Wurmbefall, nach intensiven Emotionen
- Durch Schädel-Hirn-Trauma, Aufregung, Schreck, Kummer, Sex
- Einseitige Krämpfe, besonders rechtsseitig
- Schwindel vor dem Anfall
- Während Anfall: Zungenbiss, Zähneknirschen, Um-sich-Beißen
- Dabei unwillkürlicher Harnabgang
- Koma, Bewusstlosigkeit nach dem Anfall möglich

Modalität:
- Schlimmer morgens oder abends

Dosierung
Bei unklarer Indikation Versuch mit wiederholten Einzelgaben der C 30, anderenfalls höhere Potenz.

Belladonna – Bell

Indikation
- Neu aufgetretene Fälle von Epilepsie, frische Apoplexfolgen (erst nach *Arnica* indiziert!)
- Mit oder ohne Bewusstsein
- Heftige Anfälle, auch Status epilepticus
- Tonisch-klonische Anfälle oder tetanischer Zustand, besonders der rechten Seite
- Wiederholte Anfälle wechselnder Art und Intensität
- Schluckkrämpfe, Kieferkrampf
- Um-sich-Beißen bis zur Raserei
- Anfälle beginnen in Vordergliedmaßen
- Evtl. einseitige Krämpfe

Auslöser
- Fieberkrämpfe
- Nach Impfung, nach Apoplex
- Nach unterdrückten Absonderungen oder Hautausschlägen
- Bei Urämie (Nierenversagen)
- durch Aufregung, Schreck, Ärger
- Vor dem Anfall Übelkeit, Erbrechen, Sehstörungen
- Während des Anfall rote, blasse oder bläuliche Schleimhäute
- Nach dem Abfall Erbrechen oder Koma

Modalitäten

- Schlimmer durch Anblick glänzender Objekte, Wasser
- Schlimmer durch Berührung
- Kalter oder sehr heißer Körper

Dosierung

Bei klarer Indikation Einzelgabe der M- oder XM-Potenz.

Barium carbonicum – Bar-c

Indikationen

- Das wichtigste Arzneimittel für alte Tiere mit Bewusstseinstrübungen (»Alzheimer Krankheit«)
- begleitend Schwäche, »kindisches Verhalten« (z. B. Schwanzfangen) alter Tiere
- Krämpfe, Lähmungen, nach Apoplex o. a. Hirnschäden, besonders linke Seite

Modalität

- Schlimmer durch Kälte

Dosierung

Bei sicherer Indikation Einzelgabe der M- oder XM-Potenz, wird bei alten Tieren in der Regel sehr gut vertragen!

Bufo rana – Bufo

Indikation

- Konvulsionen bei »geistig Behinderten« mit sexueller Überreizung, Masturbation (trotz Kastration)
- Bei Hirndegeneration
- Krampfanfälle nach der Kastration (aber häufiger *Staphysagria*!), nach Impfung
- Nach unterdrückten Schleimhautabsonderungen
- Nach Schreck, nach zu viel Sex
- Vor dem Anfall gesteigerte Sexualität mit Ruhelosigkeit
- Krämpfe beginnen im Gesicht
- Im Anfall Zähneknirschen, Schreien, Beißen, Harnabgang
- Nach dem Anfall bewusstlos bis Koma

Modalitäten

- Schlimmer nachts, nach Erwachen, bei Vollmond

Dosierung

Bei sicherer Indikation Einzelgabe der M- oder XM-Potenz.

Calcarea carbonica – Calc

Indikation

- Eines der häufigen konstitutionellen Mittel für Krampfanfälle und Epilepsie!
- Konvulsionen besonders bei Jungtieren, während Zahnwechsel
- Tonisch-klonische Krämpfe mit oder ohne Bewusstsein

Modalitäten

- Konvulsionen beginnen ca. 4 Uhr morgens aus dem Schlaf, morgens oder abends
- Konvulsionen schlimmer bei und um Vollmond

Aura

- Vor dem Anfall lecken oder knabbern an den Vorderbeinen
- Vor dem Anfall Heißhunger, Schwindel, Sehstörungen
- Nach dem Anfall Erbrechen oder Heißhunger

Auslöser

- durch Angst, Schreck, Bestrafung, Ärger, Kränkung, durch zu viel Sex
- Bei oder durch starken Husten

- Nach unterdrücktem Hautausschlag oder unterdrückten Schleimhautabsonderungen
- Als konstitutionelles Mittel an seinen weiteren Symptomen gut zu erkennen

Dosierung

Bei klarer Indikation Einzelgabe der M- oder XM-Potenz, i.a. gute Prognose.

Causticum – Caust

Indikation

- Grand Mal oder Petit Mal
- Auch erstmals aufgetretene Fälle
- Tonisch-klonische Krämpfe, mit oder ohne Bewusstsein, evtl. einseitig rechts
- Konvulsionen durch Schreck, Kummer, Mitleid mit Kranken, durch Kaltwerden
- Vor dem Anfall ruhelos, Schwindel, evtl. Lähmung
- Während des Anfalls Beißen, Zungenbiss, Zähneknirschen, Harnabgang
- Nach dem Anfall reichlich Harnabgang, Schwindel, Lähmung, tiefer Schlaf

Auslöser

- Durch unterdrückte Hautausschläge
- Durch Hirndegeneration

Modalitäten

- Konvulsionen morgens, abends, nachts, beim Erwachen
- Schlimmer oder auftretend bei <u>Voll- und Neumond</u>

Dosierung

Bei klarer Indikation Einzelgabe der M- oder XM-Potenz.

Cicuta virosa – Cic

Indikation

- Leicht zu erkennen an den extremen Verdrehungen der Gliedmaßen
- <u>Extremer</u> Opisthotonus (Kopf extrem nach hinten gebogen), hin- und her werfen
- Wichtig für Epilepsie nach <u>Kopf- oder Wirbelsäulenverletzungen</u>
- Konvulsionen durch verschluckten Fremdkörper im Hals (z. B. Fischgräte)
- Krämpfe gehen vom <u>Kopf oder Gesicht (Trismus) zur Körperperipherie</u>
- Vor dem Anfall: Beginn mit Schrei, will die Wand hochklettern vor dem Anfall
- Klammert vor und nach dem Anfall an den Bezugspersonen, wegen Erwartungsangst vor Anfall
- Dabei kontrahierte Pupillen, Zähneknirschen
- Mehrere Anfälle kurz nacheinander oder lange anhaltend, anschließend schläfrig
- Koma nach dem Anfall

Auslöser

- Nach unterdrückten Hautausschlägen, bei hohem Fieber
- Durch Aufregung, Angst und Schreck, Lärm
- Während Zahnung oder Zahnwechsel

Dosierung

Bei klarer Indikation Einzelgabe der M- oder XM-Potenz.

Cina maritima – Cina

Indikation
- Konvulsionen durch oder nach starkem Wurmbefall, im Zahnwechsel
- Krämpfe bei Fieber, durch Schreck, Furcht, Ärger oder Bestrafung
- Petit Mal, Krämpfe mit oder ohne Bewusstsein
- Krampfanfall beginnt im Gesicht, Zähneknirschen
- Krämpfe der Streckmuskeln
- Dabei kalter Körper

Modalitäten
- Schlimmer durch Berührung und nachts

Dosierung
Je nach Schwere des Zustands Einzelgabe der C 200 oder einer höheren Potenz.

Cuprum metallicum – Cupr oder Cuprum aceticum – Cupr-ac

Indikation
- Eines der häufigsten (meist) nicht-konstitutionellen Epilepsie-Mittel!
- Krämpfe bei Neugeborenen, Jungtieren, im Zahnwechsel, um die erste Rolligkeit
- Auch erstmaliger Anfall
- »Metastase« (Ausbreitung) einer peripheren Infektion oder Infektionskrankheit zum Gehirn
- Anfälle mit oder ohne Bewusstsein
- Anfälle nachts, aus dem Schlaf, besonders bei Neumond
- Vor dem Anfall Erwartungsangst, Erbrechen, Schwindel, Lähmung oder Blindheit
- Dabei kalter Körper
- Krampfanfall beginnt mit heftigem Schrei, Patient fällt nach vorn
- Krämpfe beginnen an den Extremitätenspitzen, breiten sich aus zum Rumpf
- Vorderextremitäten (Pfoten) in Supinationsstellung, verdreht oder eingeschlagen
- Heftigste tonische oder tonisch-klonische Krämpfe, besonders der linken Seite
- Dabei Blauwerden von Gesicht bzw. Zunge, seltener auch rot oder blass
- Kalte Extremitäten, Schluckkrämpfe, Beißen, Erbrechen im Anfall
- Im Anfall Trismus, Krampf der Kaumuskeln, evtl. mit Schrei und Harnabgang
- Nach dem Anfall Erbrechen, Ruhelosigkeit oder Koma
- Frieren nach dem Anfall
- Evtl. Lähmung nach dem Anfall
- Boshaft nach dem Anfall
- Tiefschlaf nach dem Anfall

Auslöser
- Folgen von unterdrückten Hautausschlägen oder Schleimhautabsonderungen
- Folgen von unterdrücktem Zyklus, von Impfungen, von Schädel-Hirn-Trauma
- Folgen von Aufregung, Angst und Schreck, Ärger, Bestrafung
- Folgen von Apoplex, von Nierenschäden, Urämie

Modalitäten
- Regelmäßig wiederkehrende Anfälle, bei Neumond oder alle 2 bis 3 Wochen

Dosierung
Je nach Schwere des Zustands Einzelgabe der C 200 oder einer höheren Potenz.

Hyoscyamus niger – Hyos

Indikation

- Tonisch-klonische Krämpfe mit Grimassieren
- Mit oder ohne Bewusstsein, wiederholte Anfälle mit Bewusstsein
- Übermäßige Sinnesreizbarkeit durch Hören von Wasser oder glitzerndes Licht
- Vor dem Anfall, Schwindel, Heißhunger, Sch störungen
- Während des Anfalls: Schrei, Harnabgang, Zähneknirschen, blaue Schleimhäute
- Nach dem Anfall Schwindel

Modalität:

- Anfälle schlimmer ca. 21 Uhr oder beim Erwachen

Auslöser

- Wiederholte oder anhaltende sexuelle Erregung, auch bei Kastraten, Erektionen
- Schwerer Kummer, besonders »Liebeskummer«
- Folgen von sexueller Eifersucht, Furcht, Schreck, starker Wurmbefall
- Bei hohem Fieber

Dosierung

Je nach Schwere des Zustands Einzelgabe der C 200 oder einer höheren Potenz.

Ignatia amara – Ign

Indikation

- Psychogene Lähmungen oder Konvulsionen, mit oder ohne Bewusstsein
- Starker Wurmbefall
- Frische Fälle von Krampfanfällen
- Wiederholte Anfälle mit wechselhafter Symptomatik, meist tonisch-klonische Krämpfe
- Anfall beginnt im Gesicht, evtl. Schwindel
- Ruhiger, apathischer Zustand mit plötzlichem Umherwerfen oder Schrei
- Lokale Krämpfe in den Extremitäten oder nur einzelner Muskeln

Modalität

- Krämpfe treten täglich zur gleichen Zeit auf

Auslöser

- Konvulsionen durch alle erdenklichen, intensiv empfundenen Emotionen:
- Schock, Schreck, Liebes- u. a. Kummer, Zurechtweisung, Kränkung, Ärger
- Bei Jungtieren, während Zahnwechsel, auch im Schlaf

Dosierung

Einzelgabe der XM-Potenz.

Lachesis mutus – Lach

Indikation

- Konvulsionen im Zusammenhang mit hormoneller Umstellung
- Bei Eintritt der Geschlechtsreife bzw. der ersten Rolligkeit
- Konvulsionen nach der Kastration der weiblichen Katze (Hündin)
- Nach unterdrückten Ausscheidungen/Absonderungen
- Durch sexuelle Erregung, durch Eifersucht, durch Apoplex, Schreck, Angst, Krampfhusten
- Konvulsionen während des Schlafes, beim Erwachen
- Einseitige Konvulsionen oder Beginn links, geht dann nach rechts

- Anfälle beginnen im linken Gesicht
- Hebt das linke Vorderbein wegen Herzbeklemmung vor dem Anfall
- Vor dem Anfall Verwirrung, Schwindel, Lecken oder Knabbern an den Vorderbeinen
- Fällt im Anfall auf die linke Seite
- Tonische und/oder klonische Krämpfe
- Vor dem Anfall Schwindel, Sehstörungen
- Während des Anfalls Schrei, unwillkürlicher Harnabgang
- Nach dem Anfall Tiefschlaf , Schwindel, Harnflut

Dosierung

Je nach Zustand des Patienten Einzelgabe der C 200 oder höherer Potenz.

Lyssinum – Lyss

Indikationen

- Konvulsionen nach Tollwut-Impfung, nach dem Biss eines wütenden Tieres
- Konvulsionen durch Annäherung Fremder, durch Ärger, Schreck, Angst, Lärm
- Durch intensiven Geruch, durch helles, glitzerndes Licht, Anblick von Wasser
- Beim Lautgeben bzw. Miauen
- Krämpfe der Kaumuskeln, Schluck- und Schlundkrämpfe mit Speichelfluss
- Durch reden oder Annäherung anderer – Menschen oder Tiere
- Klonische oder tonische, tetanische Krämpfe, beginnen abends ca. 21 Uhr
- Im Schlaf, beim Erwachen
- Während des Anfalls heftiges Zähneknirschen und Um-sich-Beißen

Modalität

- Schlimmer oder ausgelöst durch Schlucken, durch Berührung

Dosierung

Einzelgabe der aufgelösten C 200 oder höherer Potenz, die man auf die Nase oder in die Augen spritzen sollte; Vorsicht wegen Bissigkeit; evtl. Euthanasie erwägen!

Nux vomica – Nux-v

Indikation

- Heftige tonisch-klonische Konvulsionen
- Vor dem Anfall: Übelkeit, Schwindel
- Während des Anfalls: Krämpfe bevorzugt auf der rechten Seite
- Erneute Krämpfe durch Berührung ausgelöst
- Plötzliches Steifwerden aller Muskeln, Atemnot durch Krämpfe der Brustmuskeln
- Dabei unwillkürlicher Kot- und Urinabgang
- Zittern und Zucken, Schreien, bläuliches Maul, Zähneknirschen
- Schlimmer oder erneut provoziert durch Sinneseindrücke jeder Art
- Opisthotonus rezidivierend oder abwechselnd mit starkem Trismus, Zähneknirschen
- Krämpfe wiederkehrend im Minutentakt, evtl. mit erhaltenem Bewusstsein
- Verdrehte Augen
- Nach dem Anfall Koma und extremes Frieren mit Schüttelfrost
- Krampfanfälle mit oder durch Verdauungsstörungen

Auslöser

- Ausgelöst durch Sinnesreize
- Aufregung, Zorn, Ärger, Kummer, durch sexuelle Erregung
- Durch Vergiftung, Kaltwerden, Apoplex
- Durch hohes Fieber, bei Urämie bzw. Nierenversagen

Modalitäten

- Schlimmer oder ausgelöst durch Rückwärtsbeugen des Kopfes
- Durch Kaltwerden, schlimmer in kühler Luft, im Freien
- Anfälle verschlimmert durch Erschütterung, durch Berührung

Dosierung

Einzelgabe einer M- oder XM-Potenz.

Oenanthe crocata – Oen

Indikation

- Klinisches Mittel ohne konstitutionellen Bezug
- Folgen von Kopfverletzung, Zusammenhang mit dem Zyklus oder nach Kastration
- Folgen von Furcht oder Schreck
- Tonisch-klonische Krämpfe, blaue Zunge oder tetanische Steifheit
- Status epilepticus
- Vor dem Anfall: Ruhelosigkeit, läuft im Kreis
- Während des Anfalls bewusstlos, Trismus, Zungenbiss, Um-sich-Beißen
- Heißer Kopf und Ohren im Anfall bei kaltem Körper
- Lautes Schreien, unwillkürlicher Harnabgang
- Nach dem Anfall ruhelos oder Koma

Dosierung

Einzelgabe einer M- oder XM-Potenz.

Opium – Op

Indikationen und Symptome

- Konvulsionen durch unterdrückten Hautausschlag, nach Verletzungen
- Folgen von Schreck, Kopfverletzung, hohem Fieber, Kummer, Zorn, Aufregung, Ärger
- Konvulsionen bei Neugeborenen oder Jungtieren, auch durch Urämie
- Konvulsionen abends, nachts, während des Schlafs, beim Erwachen
- Kontrahierte Pupillen
- Tonisch-klonische Krämpfe, schlimmer durch strahlendes Licht, schlimmer durch Wärme
- Vor dem Anfall evtl. Übelkeit, Erbrechen oder Wutanfall
- Dann Rückwärtsfallen, mit Schrei
- Während des Anfalls heißer Kopf, heißer Körper, blaue Zunge, blaues oder rotes Gesicht
- Zungenbiss, Um-sich-Beißen, evtl. Erbrechen
- Nach dem Anfall Tiefschlaf, Koma mit Schnarchen und tiefer langsamer Atmung
- Oder nach dem Anfall Raserei mit Wut

Dosierung

Bei sicherer Indikation Einzelgabe der M- oder XM-Potenz.

Plumbum metallicum oder aceticum – Plb

Indikation

- Epilepsie bei fortgeschrittener Zerebralsklerose (Hirndegeneration), Hirntumor
- Nach unterdrückten Absonderungen, bei Urämie
- Begleitet von fortschreitender Muskelatrophie
- Auch neue, erstmalig aufgetretene Fälle
- Innere Konvulsionen, Darmkrämpfe mit schwerster Obstipation
- Konvulsionen bevorzugt am späten Abend oder nachts
- Vor dem Anfall evtl. Lähmung
- Während des Anfalls bläuliche oder blasse Schleimhäute

- Krämpfe besonders einseitig links
- Unwillkürlicher Harnabgang
- Nach dem Anfall ruhelos, Schwindel oder Koma

Dosierung

Je nach Zustand des Patienten Einzelgabe der C 200, keine gute Prognose!

Silicea terra – Sil

Indikation

- Konstitutionelles Mittel für chronische Fälle mit weiteren *Silicea*-Symptomen
- Vor dem Anfall Frieren, Schwindel
- Während des Anfalls blasse Schleimhäute
- Evtl. Schrei
- Nach dem Anfall Schwindel

Auslöser

- Konvulsionen nach schlecht vertragener Impfung, Impfreaktion
- Nach unterdrückten Absonderungen, bei oder nach starkem Wurmbefall
- Nach Furcht oder Schreck, nach übermäßigem Sex

Modalitäten

- Krämpfe nachts, nach Erwachen und/oder bei Neumond

Dosierung

Bei klarer Indikation M- oder XM-Potenz, i. d. R. gute Prognose.

Stramonium – Stram

Indikation

- Heftigste Krampfanfälle, mit oder ohne Bewusstsein
- Auch mehrmals hintereinander
- Abwechselnd tonische und klonische Krämpfe oder tetanische Steifheit
- Auch Anfälle wechselnder Art
- Bevorzugt einseitig, besonders linksseitig
- Dabei kalter Körper
- Vor dem Anfall: gellender Schrei
- Anfall beginnt mit Krämpfen im Gesicht
- Während des Anfalls: Zungenbiss, Um-sich-Beißen
- Tetanische Steifheit mit oder ohne Bewusstsein, Schreien
- Gerötete Schleimhäute
- Krämpfe besonders der Extremitäten
- Evtl. verbunden mit Raserei und Aggressivität, auch zwischen den Anfällen

Auslöser

- Panikzustände, Angst, Schreck, plötzliches Alleinsein, Strafe
- Unterdrückte Hautausschläge oder Absonderungen
- Nach Apoplex, bei hohem Fieber, bei Urämie
- Ausgelöst oder verschlimmert durch den Anblick glänzender Gegenstände oder Wasser

Modalitäten

- Schlimmer abends, nachts, besonders nach Mitternacht, im Dunkeln, besser durch Gesellschaft
- Wiederauftreten evtl. alle 3 Wochen

Dosierung

Bei sicherer Indikation Einzelgabe der XM-Potenz. Vorsicht wegen Aggressiviät und Um-sich-Beißen!

Sulfur – Sulf

Indikation

- Konstitutionelles Mittel für chronische Fälle mit weiteren *Sulfur*-Symptomen (meist Hauterkrankungen)
- Folgen von Schreck, Angst, Ärger, übermäßigem Sex
- Anfälle bevorzugt morgens, abends, nachts
- Vor dem Anfall Übelkeit, Erbrechen, Schwindel, Sehstörungen
- Während des Anfalls blasse Schleimhäute, Schrei, Zähneknirschen
- Nach dem Anfall Schwindel

Auslöser

- Folgen von schlecht vertragener Impfung, schweren chronischen Störungen im Stoffwechsel
- Folgen von unterdrücktem Hautausschlag, von unterdrückten Absonderungen
- Folgen von starkem Wurmbefall

Dosierung

Je nach Vorgeschichte (Kortison!) vorsichtige Einzelgaben der C 30, später Einzelgabe der C 200.

Zincum metallicum – Zinc

Indikation

- Tonische oder klonische Krämpfe ohne Bewusstsein, Status epilepticus
- Konvulsionen nach unterdrückten Hautausschlägen, nach Kastration, nach Impfung
- Allgemeine Erschöpfung mit permanent unruhigen, zuckenden Extremitäten

Auslöser

- Nach Verletzung von Kopf oder Wirbelsäule
- Nach unterdrückten Hautausschlägen oder Absonderungen
- Durch Aufregung, Schreck, Furcht, Ärger, Bestrafung

Modalitäten

- Heißhunger am späten Vormittag
- Konvulsionen schlimmer nachts, gegen Mitternacht
- Vor dem Anfall mürrisch oder traurig
- Während des Anfalls Zähneknirschen, Harnabgang
- Nach dem Anfall Koma

Dosierung

Je nach Zustand des Patienten Einzelgabe der C 200 oder höherer Potenz.

Schwindel

Für das Syndrom »Schwindel« gibt es zahlreiche mögliche Auslöser.

Häufig zeigt sich Schwindel nach Kopfverletzungen, Apoplex oder Enzephalitis/Meningitis (z. B. Neuro-Borelliose). Passende Mittel und Symptome sind z. T. in den *Kapitel 3, Seite 82*, und *Kapitel 7, Abschnitt Meningitis – Enzephalitis – Myelitis, Seite 203* beschrieben.

Bei Hund und Katze kann heftiger Schwindel als Folge von chronischer, eitrig-destruktiver Otitits externa, die zum Mittel- bzw. Innenohr durchgebrochen ist, auftreten – eine ernste Erkrankung mit unsicherer Prognose.

Schwindel kann auch – aber seltener – im Zusammenhang mit schwerem Katzenschnupfen auftreten, wenn neben der Sinusitis die Eustachische Röhre bis zum Innenohr betroffen ist.

Ein besonderes Thema des »Schwindel« ist die **Reisekrankheit –** zwar mehrheitlich ein Problem der Hunde, aber auch Katzen dürfen mitunter mit dem Auto in die Ferien reisen.

ANAMNESE ZUM SYNDROM »SCHWINDEL«

WER?

- Alter, Geschlecht, Allgemeinzustand, Vitalfunktionen
- Vorbehandlung, auch homöopathische Therapie!

WAS?

- Schwindel: Anfallsweise, permanent, plötzlich (vgl. Krampfanfälle!)
- (Anfallsweiser) Innenohr-Schwindel, Bezeichnung im Repertorium: »Meniere«
- Neu aufgetretenes, chronisches Geschehen oder Rezidiv
- Otitis externa, media oder interna (*Kapitel 6, Erkrankungen der Katzen-Ohren, Seite 183*)
- Absonderungen aus dem Gehörgang, seit wann, wie?

WARUM?

- Unfall, Kopf-, Wirbelsäulenverletzung (*Kapitel 3, Seite 82*)
- Ins Innenohr durchgebrochene eitrige oder chronische Otitis externa
- Apoplex, Herz-Kreislauf-Erkrankung (*Kapitel 7,Abschnitt Meningitis – Enzephalitis – Myelitis, Seite 203*)
- Durch Verlust von Körperflüssigkeit, z. B. Blut, Anämie, Durchfall (*Kapitel 19, Notfälle, Seite 548*)
- Durch Hitzschlag, z. B. heißes Auto: *Bell*
- Infektion: Meningitis, Enzephalitis, z. B. Neuro-Borreliose
- Nebenwirkung von Pharma-Präparaten, Vergiftungen
- Nach unterdrückten Hautausschlägen oder anderen Erkrankungen (*Kapitel 14, Hauterkrankungen der Katze, Seite 445*)
- Leber- , Nierenschaden (*Kapitel 11, Erkrankungen von Leber, Stoffwechsel und Endokrinium, Seite 382, Kapitel 12, Erkrankungen der Harnwege, Seite 404*)
- Psychische Auslöser: Kummer, Schreck o. Ä.

WIE?

- Taumeln, Fallen nach rechts, links, vorne, hinten
- Im Kreis gehen, Orientierungslosigkeit, Sehstörungen
- Kopf-Schief-Haltung (*Kapitel 6, Erkrankungen der Katzen-Ohren, Seite 183*)

WANN

- Tageszeit, beim Erwachen bzw. Aufstehen, beim Autofahren, beim Husten
- Beim Bewegen des Kopfes, nach vorn, hinten, zur Seite
- Beim Sehen nach oben, unten, auf bewegte Gegenstände

Begleitsymptome

- Schnupfen u. a. Erkrankungen der Atemwege (*Kapitel 8, Erkrankungen der Atemwege, Seite 246*)
- Stolpern, Inkoordination, Zittern
- Bewusstlosigkeit, auch zeitweilig, Sehstörungen, Erbrechen, Krampfanfall

EINIGE SCHWINDEL-RUBRIKEN DES MAC-REPERTORY MIT DEN WICHTIGSTEN HOMÖOPATHIKA

Schwindel alter Tiere: Alum, Ambr, Arn, Bar-c, Bry, Con, Cupr, Op, Phos, Rhus-t, Sulf

Schwindel bei cerebraler Erkrankung: Alum, Bell, Cocc, Gels, Tab

Menière-Krankheit, (anfallsweiser) Innenohr-Schwindel: Arn, Bar-m, Bell, Bry, Caust, Chin, **Chin-s**, Con, Gels, Lach, Lyc, Petr, Phos. Sil, Tab, Ther

Entzündung im Innenohr mit Schwindel durch Katzenschnupfen: Ars, Bell, Calc, Calc-s, Caust, Con, Graph, Hep, Kali-bi, Kali-i, Lach, Lyc, Merc, Nit-ac, Petr, Phos, Sil, Sulf

Entzündung des Labyrinths: Aur, Kali-i, Merc

Schwindel anfallsweise: Agar, Arg-m, Bell, Bor, Calc, Cupr, Graph, Kali-bi, Nat-m, Nux-v, Phos, Sep, Tab, Ther, Thuj

Schwindel durch Schütteln des Kopfes: Acon, Bry, Calc, Con, Hep, Kali-c, Lyc, Sep

Schwindel mit Zittern: Arg-n, Ars, Bell, Carb-v, Chin, Dulc, Gels, Lach, Nat-m, Op, Phos, Puls, Zinc

Schwindel mit Erbrechen: Arn, Ars, Bry, Calc, Chin, Chin-s, Cimic, **Cocc**, Graph, Ign, Kali-bi, Kali-c, Lach, Merc, Nat-s, Nux-v, Petr, Phos, Puls, Sep, Tell, Ther, **Verat**

Schwindel, durch chronische, eitriger Gehörgangsentzündung, die ins Innenohr durchgebrochen ist: Aur, Bar-c, Bell. **Calc, Calc-s,** Caust, Con, Lach, Kali-j, **Merc,** Petr, Psor, Puls, **Sil**, Sulf (*Kapitel 6, Erkrankungen der Katzen-Ohren, Seite 183*)

Schwindel bei oder nach starkem Wurmbefall: Art-v, Cina, Spig

Schwindel bei Schnupfen: Calc-p, Chin, Gels, Nux-v

Schwindel nach unterdrückten Hautausschlägen: Bell, Calc, Cham, Hep, Lach, Phos, Sulf

BESCHREIBUNG EINIGER HOMÖOPATHIKA FÜR SCHWINDEL

Calcarea carbonica – Calc

Indikationen und Symptome

- Verordnung nach konstitutionellem Gesichtspunkten
- Schwindel, fällt zur Seite, bei plötzlicher und schneller Kopfbewegung (z. B. Kopfschütteln)
- Schwindel mit Übelkeit, durch Anstrengung

Calcarea sulfurica – Calc-s

Indikationen und Symptome

- Chronische, eitrige Gehörgangs-, Mittel- und Innenohrentzündungen
- Gelbliche, schmerzhafte, juckende Absonderungen
- Schwindel mit Übelkeit

Conium maculatum – Con

Indikationen und Symptome

- Folgen von chronischer Gehörgangsentzündung mit Innenohrentzündung
- Bräunlich-rote, juckende Absonderung
- Ohrenschmerzen durch Lärm, beim Schlucken
- Schwindel schlimmer im Liegen, beim Bewegen des Kopfes, im Kreis gehen
- Schwindel mit Fallen, zur Seite nach links, beim Aufstehen vom Liegen, beim Gehen
- Schwindel beim Herumschauen
- Schwindel mit Schwäche der Beine

Mercurius solubilis – Merc

Indikationen und Symptome

- Chronische Innen- und Mittelohrentzündung, Geschwüre im Ohr
- Widerlich stinkende, sehr schmerzhafte, eitrige, wundmachende Absonderungen
- Schmerzen schlimmer nachts, schlimmer durch Wärme
- Schwindel mit Übelkeit, Erbrechen, im Kreis gehen

Phosphorus – Phos

Indikationen und Symptome

- Meist verbunden mit konstitutionellen Merkmalen
- Chronischer oder periodisch wiederkehrender Schwindel
- Schlimmer beim Nach-Oben-Sehen, beim Bewegen des Kopfes
- Schwindel mit Stolpern und Fallen, geht im Kreis
- Evtl. mit Lähmung oder Inkoordination der Beine

Silicea terra – Sil

Indikationen und Symptome

- Chronische Entzündungen im Mittel- und Innenohr
- Ausgelöst durch chronischen schweren Katzenschnupfen oder durchgebrochene Otitis externa
- Tendenz zu Geschwüren, Knochen- und Knorpelnekrose im Ohr
- Stinkende, käsige, eitrig-blutige oder jauchige Absonderungen
- Ohrenschmerzen schlimmer durch Kälte, kalten Wind
- Schwindel mit Fallen, beim Sehen nach oben, beim Gehen, durch Bewegung, beim Fahren
- Schwindel mit Übelkeit

Dosierung der angegebenen Mittel: Bei sicherer Indikation Einzelgabe der C 200 oder einer höheren Potenz.

SCHWINDEL – »REISEKRANKHEIT«

»Schwindel, Übelkeit oder Erbrechen beim Autofahren« ist ein wichtiges Symptom, das zum Komplex einer chronischen Krankheit gehört und nach konstitutionellen Gesichtspunkten behandelt werden sollte.

In der Hierarchisation der Gesamtheit der Symptome gehört die »Verschlimmerung beim Fahren« zu den Allgemeinsymptomen (siehe *Kapitel 2, Abschnitt Chronische Erkrankungen, Seite 35*, und *Die Erste Säule der Homöopathie: Der Patient, Seite 44*).

Die wichtigsten Mittel für eine konstitutionelle Therapie der Reisekrankheit sind:

Calcarea, Calcarea phosphorica, Lycopodium, Natrium muriaticum, Phosphorus, Pulsatilla, Sepia, Silicea, Thuja.

Dennoch sind wir in der Praxis oft verpflichtet, den Tierbesitzern für den akuten Zustand ein organotropes Homöopathikum zu empfehlen. Dafür eignen sich am besten tiefe Potenzstufen (C 6 oder D 12), die jeweils nur bei Bedarf verabreicht werden dürfen, also keine Dauertherapie!

Dosierung: Vor der Reise 2 Gaben, bei Bedarf während der Fahrt wiederholen.

Wenn allerdings der Patient im akuten Zustand mit schwerwiegenden Symptomen – z. B. mit Erbrechen, mit Kollaps o. Ä. – vorgestellt wird, dann sind höhere Potenzen (z. B. C 200) besser und schneller wirksam.

Die wichtigsten Mittel sind – geordnet nach Häufigkeit des Vorkommens:

Cocculus, Nux vomica, Arsenicum album, Tabacum, Petroleum

In jedem Fall ist auch zu erwägen, ob Symptome wie Schwindel durch ein falsch angewandtes homöopathisches Mittel erzeugt worden sind. Wer z. B. seinem Tier wegen Reisekrankheit regelmäßig wiederholt Einzel- oder Komplexmittel verabreicht, kann damit Arzneimittelprüfungen und damit Schwindel erzeugen!

Die wichtigsten Homöopathika für die akute Reisekrankheit

Arsenicum album – Ars

Indikationen und Symptome

- Erbrechen durch Fahren mit *Arsen*-Modalitäten
- Sterbensübelkeit mit überraschend eintretender, überwältigender Schwäche und Frieren
- Im Akutzustand (»Sterbensübelkeit«) wirkt dieses Mittel sehr schnell.

Dosierung

Einzelgabe der C 200 oder einer höheren Potenz.

Cocculus indicus – Cocc

Indikationen und Symptome

- Organotrop, das erste und häufigste Mittel für die Reisekrankheit
- Schwindel, Übelkeit, Erbrechen beim Fahren (Beim Sehen auf bewegte Gegenstände)
- Seekrankheit
- Speichelfluss vor Erbrechen
- Muss sich niederlegen wegen Schwindel oder torkelt im Kreis herum
- Sterbenselend, Übelkeit und Schwindel schlimmer beim Aufstehen
- Kein auffallendes Würgen
- Besser beim Augenschließen, will Ruhe, schlimmer durch jede Bewegung mit Schwäche

Dosierung

Eine Stunde vor Reisebeginn zweimal geben, 3. Dosis nach Reiseantritt (D 4 bis D 12, evtl. während der Fahrt wiederholen).

Nux vomica – Nux-v

Indikationen und Symptome

- Unruhe, Klagen, Miauen, heftiges, quälendes, aber wenig effektives Würgen
- Bleibt stehen, will nicht niedersitzen

Dosierung

Einzelgabe der C 200.

Petroleum – Petr

Indikationen und Symptome

- Übelkeit, nur solange das Auto fährt, anschließend keine Beschwerden
- Patient würde trotz Übelkeit fressen
- Reisekrankheit schlimmer im Winter, besonders, wenn gleichzeitig rissige Hautprobleme vorliegen

Dosierung

Je nach Symptomatik: einzelne Gaben der C 30 oder bei deutlicher Symptomatik höhere Potenz.

Tabacum – Tab

Indikationen und Symptome

- Hochgradige Übelkeit mit Erbrechen und Durchfall, blasse Schleimhäute, eiskalter Körper
- Tendenz zum Kollaps
- Besser in kühler frischer Luft

Dosierung

Einzelgaben der C 30 oder bei deutlicher Symptomatik höhere Potenz.

KAPITEL 8

ERKRANKUNGEN DER ATEMWEGE

Allgemeines

Erkrankungen der Atemwege entstehen wie alle Erkrankungen durch eine Imbalance der Lebenskraft bzw. des Immunsystems, wodurch die Empfänglichkeit für diverse Krankheitserreger, deren Toxine (Giftstoffe) oder für Allergien wächst.

Atemwegserkrankungen können in vielfältigen Formen auftreten: Als fieberhafte Erkrankung mit möglicherweise lebensgefährlichen Komplikationen, als chronische quälender Krankheitszustände (z.B. Katzenschnupfen) oder auch durch gelegentlichen Husten bis hin zu Anfällen von Asthma und Atemnot.

Eine der wichtigsten Maßnahmen zur Vorbeuge von Krankheiten und Erhaltung einer stabilen Lebenskraft ist das Fernhalten von toxischen Einflüssen aller Art – z.B. von Pestiziden, Nebenwirkungen von Pharma-Präparaten und häufigen Impfungen.

Für jeder Therapie von Erkrankungen der Atemwege muss eine genaue homöopathische Anamnese (Fallaufnahme) erhoben werden:

FALLAUFNAHME – ANAMNESE – FÜR ERKRANKUNGEN DER ATEMWEGE

Es kommt nur auf solche Symptome an, die deutlich ausgeprägt sind. Angaben wie »Manchmal" und »Vielleicht" sind nicht zu verwerten.

WER?

- Welpe, junge, erwachsene, alte Katze/Kater, kastriert/nicht kastriert
- Rasse: Kurzhaar, Langhaar, brachygnathe Rasse (kurze Nase), leichter oder schwerer Körperbau
- Aussehen und Allgemeinzustand, Ernährungszustand, Lebenskraft
- Haarkleid, Wachstum (z.B. Kümmerer)
- Anteilnahme: Aufmerksam, Spielverhalten, Mattigkeit, Apathie
- Reaktionsfähigkeit, Temperament: übersensibel, nervös, ängstlich, ausgeglichen, phlegmatisch
- Haltung: Freigänger, reine Wohnungskatze oder mit gelegentlichem Auslauf
- Einzelhaltung, mehrere Katzen, andere Haustiere
- Art der Futter-, Tränkeaufnahme, Atmung, Kot, Urinabsatz, evtl. Besonderheiten
- Schwere der jetzigen Erkrankung, Beginn, Stillstand, Fortschreiten
- Sind noch andere Katzen des Bestandes ähnlich erkrankt?
- Vorerkrankungen, Therapie womit ? Erfolg ?
- Vorbehandlung: Weshalb? Schulmedizinische, homöopathische o.a. Therapien?
- Verträglichkeit von Impfungen, Wurmkuren u.a. Pharma-Präparaten
- Medikamente: Welche, Immunsuppression? Welches Ergebnis?
- Psychische Komponente (z.B. soziale Einbindung, Aufregung, Kummer, Konkurrenz, s.u.)

WAS?

- Medizinische Diagnose?
- Erkrankung in welcher Reihenfolge? Erkrankung von Nase, Augen, Maul, Rachen, obere oder untere Atemwege, Asthma etc.? Andere Erkrankungen?
- Lymphknotenschwellung, wo? Wie groß? Schmerzhaft?

- Atemwegsinfekt, mit oder ohne Fieber; chronisch, akut, wiederkehrend, sporadisches Auftreten
- Bisheriger Verlauf (Intensität: gleichbleibend, fortschreitend, gefährlich, Lebensgefahr, Endstadium)
- Folgeerkrankung von anderen Faktoren, was war vorher?

Nase – Schnupfen Alleinige Erkrankung?
  - Akut, chronisch, wiederkehrend, zunehmende Verschlimmerung
  - Ohne Beeinträchtigung, schwächend, lebensbedrohlich
  - Katarrh, Eiterung, Destruktion, Geschwüre, Gangrän
  - Absonderung: Menge, Farbe, Konsistenz, mild, scharf, wundmachend, Geruch, Nasenbluten
  - Gestörte oder verhinderte Nasenatmung, Schniefen, Schnarchen, Maulatmung
  - Verklebte Nasenlöcher, Reiben der Nase
  - Veränderungen an der äußeren Nase, Oberlippe, an Nasenknochen, Stirn
  - Nasenflügelatmung (ungewöhnliches Blähen der Nasenlöchlein synchron mit der Atmung)
  - Entzündung, Absonderung aus dem hinteren Nasenraum (retronasal, Choanen)

Begleitet von Erkrankung von Augen, Maul, Magen-Darm, Leber, Nieren, Haut, andere Erkrankungen an den Atemwegen etc.

- Geruch aus dem Maul, Geruch der Atemluft, des ganzen Tieres
- Niesen, wie? Anfallsweise, dauernd, wiederkehrend, quälend
- **Atmung**: Unauffällig, beschleunigt, Atemnot, Asthma
  - Schnarchend, Schniefen, »Racksen« (Räuspern), Husten, Würgen
- **Sinusitis**: Schmerzen, Auftreibung der Gesichtsknochen (Empyem)
- **Gesicht:** Berührungsempfindlichkeit im Gesicht, der Nase – wo?
- **Maul:** Speichelfluss, Art, Menge, Farbe, Konsistenz, offenes Maul
- **Rachen, Tonsillen, Angina, lymphatischer Rachenring**
  - Halsschmerzen, wann, wobei, wie?
  - Lymphknotenschwellungen: schmerzhaft – schmerzlos – wo?
- **Stimmäußerung:** Kräftig, laut, leise, heiser, stimmlos, schnurren
- **Kehlkopf, Bronchien, Lungen, Pleuritis**
- **Husten** oberflächlich, tief, Reiz- oder Kitzelhusten, Hustenanfälle
  - Husten verbunden mit Würgen oder Erbrechen?
- **Asthma,** Atemnot, Bauchatmung (auspressen der Luft durch Bauchmuskeln)
  - Asthma permanent oder anfallsweise

WIE?

- Wie oder mit welchen Beschwerden, Symptomen hat die Erkrankung angefangen?
- Wie war der bisherige Verlauf der Erkrankung?
- Plötzlich, schnell, allmählich, langsam im Laufe von wiederkehrenden Erkrankungen
- Schnell fortschreitend in bedrohlichen Zustand
- Oberflächliche, leichte, schwere Erkrankung, was ist zu erwarten ?
- Schmerzen? Berührungsempfindlichkeit, wo?
- Atemnot, Schnarchen, Röcheln
- Wie leidet das Tier? Apathie, Schmerzen, Jammern, Unruhe, Aggressivität
- Suche nach Kontakt, Abneigung oder Verlangen nach Gesellschaft, Verkriechen
- Allgemeinzustand: Ernährungszustand, Abmagerung seit der Erkrankung, derzeitiger Ausdruck
  - Schwäche, Erschöpfung, Endstadium, unbeeinträchtigt
- **Körpertemperatur:** Fieber, wie hoch?
  - Äußerliche Hitze oder Kälte
  - Sucht warme oder eher kühle Plätze? Frische Luft? Zudecken?
- **Kreislaufsituation**: Schock, Kapillarfüllungszeit, Herzerkrankung?
  - Zeichen von Austrocknung (mangelnde Elastizität der Haut), Schock
- **Schleimhäute** (Maul): rosa, rot, blass, bläulich, grauweiß

- (Allergische) Schleimhautschwellung, Anschwellen der Atemwege
- **Absonderung**: Nasenausfluss, Speichelfluss, trockenes Maul
  - Menge, Farbe, Beschaffenheit: flüssig, zäh-klebrig, eitrig, rahmartig, wundmachend, blutig
  - Geruch von Nasenausfluss, Atemluft, Maul
  - Nasenausfluss einseitig, beidseitig, zuerst rechts oder links
- **Husten**: Gelegentlich, anfallsweise, dauernd, Reiz- oder Kitzelhusten
  - Hart, kurz, trocken, feucht, rasselnd, schmerzhaft
  - Oberflächlich, tief, mit Würgen, mit Erbrechen
  - In Ruhe, in Bewegung, anfallsweise – wann?
  - Schlimmer oder besser beim Gehen, beim Lautgeben
  - Beim Fressen, im Freien, bei Wechsel zwischen Zimmer und draußen
  - Bei kaltem oder nassem Wetter
  - Tageszeit: morgens, nachmittags, abends, nachts, vor/nach Mitternacht
  - Leicht, schwierig, gar nicht auslösbar durch Druck auf die Kehle
- **Stimme:** Normal, heiser, stimmlos
- **Atmung:** Unbeeinträchtigt, beschleunigt, behindert
  - Rasseln, Schnarchen, Giemen
  - Atemnot dauernd, wiederholte Zustände, Tageszeit, unter welchen Umständen
  - Atemnot mit oder ohne Husten, oder beim Husten, Luftschnappen
  - Im Ruhezustand bereits Nasenflügelatmung (auffallende Bewegung der Nasenlöchlein)
  - Atemnot (in Ruhe und/oder nur in Bewegung), Gefahr von Ersticken?
  - Bauchatmung (mühsame Ausatmung mit Nachpressen der Bauchmuskeln)
  - Asthma: Wann, wie, wodurch? Status asthmaticus

WAS bessert, was verschlimmert?

- Was möchte der Patient tun oder haben, um sein Leiden zu erleichtern? Körperhaltung, Sitzplatz?
- Was möchte er vermeiden?
- Wärme, warme, kühle, feuchte, trockene Luft, im Freien, Wetterlage
- Zuwendung, Gesellschaft, Streicheln, Reiben, Berührung, Aufregung, Ablenkung
- Ruhe, Bewegung
- Besser oder schlimmer durch kalte oder warme Tränke/Futter/Zudecken

WANN?

- Wann geht es besser oder schlechter?
- Tageszeit, Jahreszeit, Wetterlage; Stress, welcher Art?
- Bei oder nach Fressen, Trinken

WO?

- Auf welcher Körperseite spielt sich das Geschehen ab? Wo begonnen? (soweit feststellbar)
- Seitenbezug des Schnupfens: Links, rechts einseitig, von rechts nach links gehend oder umgekehrt

WARUM?

- Ist ein Auslöser bekannt? Was war los? Gibt es begünstigende Faktoren?
- Psychische Auslöser: Ärger, Kummer, Zorn, Besitzerwechsel, Wohnungswechsel
- Demütigung (z. B. neue ranghöhere Katze), Konkurrenz, Streit etc.
- Tierheimaufenthalt, Abwesenheit von Bezugsperson etc.
- Physische Auslöser: Stress, Krankheit, Verletzung, Kalt- oder Nasswerden
- Schwäche des Immunsystems, Vergiftung, verdorbenes Futter
- Ansteckung durch anderer Katze
- Vorbehandlung mit Kortison, Antibiotika, o. a. schlecht vertragene Medikamente; Reaktion darauf?
- Schlecht vertragene Impfung, Belastung mit Pestiziden
- Sonstige Begleitumstände am Anfang der Erkrankung: Wetter, Temperatur

WAS begleitet?

- **Augen:** Art der Erkrankung, welcher Teil des Auges ist betroffen? (*Kapitel 5, Erkrankungen*

der Augen, Abschnitt Krebserkrankungen am Auge, Seite 182)
  - Absonderung: Menge, Art, Farbe, Konsistenz, verklebt, mild, wundmachend
  - Zugekniffenes, schmerzhaftes Auge, lichtscheu
- **Maul:** Erkrankung von Zähnen, Zahnfleisch, Zunge, Rachen (siehe *Kapitel 10, Abschnitt Erkrankungen von Maulhöhle und Rachen, Seite 320*)
- Gewichtszunahme, Abmagerung
- Schilddrüsenadenom, Hyperthyreose (*Kapitel 11, Erkrankungen von Leber, Stoffwechsel und Endokrinium, Seite 382*)
- Tonsillitis, wo? Erschwertes Schlucken, Fressen, Trinken? Atemnot?
- Husten, Heiserkeit, Stimmlosigkeit, Bronchitis, Pneumonie
- Immunschwächesyndrom (z. B. FeLV, FIV, FIP o. Ä.), septische Erkrankung
- Schwäche, Schmerzen, wo? Bewegungsstörungen
- Verdauungsapparat, Harn- und Geschlechtsorgane, Haut
- **Lebensfunktionen**
  - Appetit, Durst, Kot , Urin , Atmung, Hören, Riechen, Sehen
  - Bewusstseinslage, wache Anteilnahme, Trägheit, apathisch, nervös
  - Kreislauffunktion – Puls schnell , langsam, lokale Hitze – Kälte
- **Gemütsverfassung** – Abweichungen vom Gewohnten, vom Normalen
  - Freude, Traurigkeit, Ärger, Aggression, Reizbarkeit, Eifersucht
  - Vergnügen, Frechheit, Bewegungsdrang, Spielverhalten
  - Angst, Panik, Todesangst, Ruhe, Unruhe
  - Gesellschaft, Streicheln, Zuwendung
  - In Ruhe gelassen werden
- **Verhalten** bei der Untersuchung: duldsam, mit oder ohne Aggressivität
  - Panische Aggression, nicht zu hantieren, will sich entziehen, davonlaufen, verkriechen
  - Auffallendes, überraschendes Wohlbefinden während der Untersuchung
  - Berührungsempfindliche Nase/Maul/Gesicht
  - Verhalten in gewohnter Umgebung: Abweichungen vom Normalen, Gewohnten?
  - Widersprüchliche Symptome (z. B. Fieber ohne Tränkeaufnahme, Husten besser in Bewegung etc.)

Beschreibung der Erkrankungen der Atemwege der Katze

PLÖTZLICH PERAKUT BEGINNENDE INFEKTIONEN DER ATEMWEGE

Solche Erkrankungen können mit heftigen Krankheitssymptomen und hohem Fieber in Erscheinung treten.

Halsschmerzen, Husten oder andere Atemwegsbeschwerden können bereits beobachtet werden oder sind im Begriffe, sich gerade zu entwickeln oder zu lokalisieren.

Infrage kommende Arzneien: *Aconitum*, *Belladonna* oder *Ferrum phosphoricum*

RHINITIS (SCHNUPFEN), SINUSITIS (STIRNHÖHLEN, KIEFERHÖHLEN)

Rhinitis

Rhinitis (Schnupfen, Nasenkatarrh) ist eine Erkrankung der Nasenschleimhaut meist mit beidseitigem Nasenausfluss.

Infrage kommende Arzneien: *Ars*, *Calc*, *Euphr*, *Ferr-p*, *Lach*, *Lyc*, *Nat-m*, *Nux-v*, *Phos*, *Puls*, *Rhus-t*, *Sil*, *Sulf* u.a.

Der **chronische Katzenschnupfen** mit der meist damit verbundenen **Sinusitis** nimmt eine Sonderstellung und einen besonderen Schwerpunkt im Rahmen der Erkrankungen der Atemwege ein. Die Therapie dieser primär chronischen Erkrankung erfordert in vielen Fällen eine besondere Strategie (*Kapitel 8, Erkrankungen der Atemwege,, Der chronische Katzenschnupfen, Seite 259*).

Die **Sinusitis** bezeichnet eine Erkrankung der Stirn- und Kieferhöhlen (Sinus). Die Kopfknochen der Katze bestehen – wie die anderer Säugetiere – aus luftgefüllten Hohlräumen, die innen zum Teil mit Schleimhaut ausgekleidet sind. Diese Hohlräume öffnen sich in den Nasenrachenraum. Sind die Sinus entzündet oder vereitert, so entstehen oft Abflussschwierigkeiten, die Absonderungen stauen sich und verursachen ein schmerzhaftes Empyem oder sogar Auftreibungen der Gesichtsknochen.

Eine Entzündung oder Schwellung des regionalen Lymphknotens (Unterkiefer-, Kehlgangs-Lymphknoten) kann vorhanden sein.

Arzneien für den Katzenschnupfen-Komplex sind im *Kapitel 8, Abschnitt Rhinitis – Arzneien für den akuten oder beginnenden Schnupfen, Seite 255*, angegeben, **Polypen** kommen gelegentlich bei jungen Katzen in Nase oder Nasenrachenraum vor. Es handelt sich hier i. d. R. um gutartige Tumoren, welche die Atmung behindern und möglicherweise mit dem Katzenschnupfen verwechselt werden können.

Das häufigste konstitutionelle Homöopathikum für Polypen ist *Calcarea carbonica* (Calc) und wird – als einmalige Gabe der XM-Potenz sehr wahrscheinlich den Polypen zur Rückbildung bringen – sofern die konstitutionellen Symptome zum Patienten passen.

Polypen im hinteren Nasenraum (Choanen) oder im Bereich der Kieferhöhlen reagieren gut auf eine Einzelgabe der XM-Potenz von *Teucrium marum verum* (Teuc). Teuc ist ein klinisch wirkendes Homöopathikum für Polypen, die mit chronischem Nasenkatarrh, häufigem Kitzeln und Niesen (auch ohne Schnupfen) verbunden sind. Wiederholtes Niesen zeitigt in diesem Fall keine verbessernde Wirkung, um das Schniefen, das Verstopfungsgefühl oder das Fremdkörpergefühl in der Nase zu lindern. Die Katze versucht erfolglos, Nase und Gesicht zu reiben.

Fremdkörper im Nasenraum

Selten gibt es **Fremdkörper**, z. B. Getreidegrannen oder Spelze von Grashalmen, die sich im Nasenraum der Katze festsetzen können.

Je nach Symptomatik kann *Staphysagria*, *Hepar sulfuris* oder *Silicea* zum Austreiben des Fremdkörpers beitragen:

- *Staphysagria:* Absonderung von blutig-wässrigem Sekret ohne übermäßige Schmerzen
- *Hepar sulfuris:* Absonderung von stinkendem Eiter mit heftigen Schmerzen, Berührungs- und Kälteempfindlichkeit
- *Silicea*: Chronische Zustände mit schmieriger grauweiß-schleimiger Absonderung
- *Staphysagria* ist bekannt für seine Wirkung auf Stichwunden, *Hepar* und *Silicea* für ihre Wirkung eingedrungene Fremdkörper austreiben zu können.

Sinusitis durch Zahnwurzelabszess

Der Abszess einer **Zahnwurzel** im Oberkiefer kann in seltenen Fällen eine Absonderung aus der Nase auslösen; dieser kann nach Durchbruch in die Kieferhöhle einen einseitigen eitrigen, blutigen, stinkenden Nasenausfluss auslösen (*Kapitel 10, Abschnitt Erkrankungen von Zahn und Zahnfleisch, Seite 325*).

Als passende Mittel können *Arsenicum, Hepar, Kalium bichromicum, Mercurius, Pyrogenium* (Sepsis) oder *Silicea* infrage kommen.

ANGINA – ENTZÜNDUNG VON RACHEN UND/ODER TUBA EUSTACHICA

Rachenentzündungen und Angina können isoliert oder im Gefolge von Katzenschnupfen oder Stomatitis auftreten; begünstigt werden sie durch die im Abschnitt Infektionen (Seite *250*) erwähnten Immunschwächekrankheiten.

Derartige Erkrankungen erstrecken sich häufig bis in die Eustachische Röhre, welche die Verbindung zwischen Mittelohr und Nasenrachen bildet.

Begleitend kann eine Schwellung des betroffenen Kehlgangs-Lymphknoten beobachtet werden.

Die Symptome äußern sich in Schluckbeschwerden, krächzender, schnarchender o. a. beeinträchtigter Atmung oder sogar Verschlucken. Gelegentlich ist eine Überempfindlichkeit der Kehle festzustellen.

Angina, Tonsillitis: *Acon*, Apis, *Ars*, *Bapt*, *Bell*, *Calc*, *Ferr-p*, *Hep*, *Lach*, *Lyc*, *Merc*, *Phos*, *Phyt*, *Puls*, *Rhus-t*, *Sil* oder *Sulf*

KEHLKOPFENTZÜNDUNG

Kehlkopfentzündungen können durch Bakterien oder Viren (z. B. Herpesviren) ausgelöst werden. Häufig, aber nicht in jedem Fall, sind sie von oberflächlichem **Husten** begleitet, der sich i. d. R. durch Druck auf den Kehlkopf leicht auslösen lässt.

Kehlkopfentzündungen sind oft von Stimmlosigkeit oder Heiserkeit beim Miauen begleitet.

Die wichtigsten Mittel für eine Laryngitis: *Acon*, *Ars*, *Bell*, *Calc*, *Caust*, *Hep*, *Lach*, *Nux-v*, *Phos*, *Rhus-t*, *Spong*, *Sulf*

Chronische Heiserkeit oder Stimmlosigkeit ohne aktuelle Entzündung sind – besonders bei der Katze – wichtige Leitsymptome für den Einsatz folgender konstitutioneller Mittel: *Calcium*, *Causticum* und *Phosphorus*.

Im Zweifelsfall kann auch die *Feline Herpes-* oder *Herpes-simplex-Nosode* (C 200) eingesetzt werden.

BRONCHITIS

Die Bronchitis kann im Akutfall mit Schmerzen, Fieber und Husten auftreten und kann schnell zur Lungenentzündung fortschreiten.

Eine nicht ausgeheilte Bronchitis geht meist in einen chronischen Husten über und kann sich zum Asthma weiterentwickeln. Das geschieht bevorzugt, wenn eine akute Erkrankung immunsuppressiv, z. B. mit Kortison, behandelt wird.

Am Anfang einer akuten Erkrankung kann ein nach klinischen Symptomen gewähltes Mittel stehen (z. B. *Acon*, *Bell*, *Ferr-p*, *Nux-v* etc.), das später von einem nach konstitutionellen Kriterien gewählten Mittel gefolgt sein sollte.

Ein gelegentlich auftretender Husten ohne Beeinträchtigung des Allgemeinbefindens sollte immer konstitutionell therapiert werden.

Auch wiederkehrende Atemwegsinfekte müssen gemäß der »Gesamtheit der Symptome« behandelt werden.

Infrage kommende Arzneien für die akute Bronchitis: *Acon, Ant-t, Ars, Bella, Bry, Carb-v, Dulc, Ferr-p, Hep, Ip, (Kali-bi), Lyc, Nat-m, Nux-v, Puls, Phos, Rhus-t, Sil, Spong* oder *Sulf*

Infrage kommende Arzneien für die chronische Bronchitis: *Ars, Calc, Caust, Dulc, Kali bi, Lach, Lyc, Nat-m, Nux-v, Phos, Puls, Sep, Sil, Sulf* oder *Thuj*

Erkrankungen der Atemwege nach Impfung: *Echi, Sil, Thuj*

LUNGENWÜRMER

Chronischer Husten kann in seltenen Fällen auch durch **Lungenwürmer** entstehen; dann ist zunächst eine passende Wurmkur erforderlich. Die anschließend abgestorbenen Würmer können Zustände auslösen, die einer Lungenembolie ähneln. In diesem Fall ist *Antimonium tartaricum* (Ant-t) das wichtigste Mittel. Im Extremfall bei Erstickungsgefahr mit Luftschnappen kann auch *Carbo vegetabilis* (Carb-v) indiziert sein.

PNEUMONIE

Die Lungenentzündung kommt bei allen Tierarten vor. Sie kann durch Bakterien, Viren oder Pilze ausgelöst werden und wird – wie andere Erkrankungen der Atemwege – begünstigt durch vielerlei Noxen, die das Immunsystem schwächen können: Durch physische Schäden, wie Kalt- oder Nasswerden, Stress in jeder Form oder durch psychischen Stress, wie Tierheimaufenthalt, Urlaubsreisen, Besitzerwechsel etc.

Sie verläuft i. d. R. mit Fieber, Husten, Auswurf und evtl. Nasenausfluss.

Immunsuppressive Therapie (Kortison) der akuten Pneumonie fördert das Entstehen einer chronischen Atemwegserkrankung oder Asthma.

Die häufigsten infrage kommende Arzneien für die Pneumonie: *Acon, Ant-t, Ars, Bell, Bry, Carb-v, Crat, Dulc, Echi, Ferr-p, Lyc, Phos, Pyrog,* u. a.

LUNGENFIBROSE

Die Lungenentzündung kann in seltenen Fällen atypisch verlaufen und primär zur Verhärtung von Lungengewebe führen (**Lungenfibrose).** Diese Erkrankung gilt als unheilbar, kann jedoch durch die angegebenen Mittel wesentlich gebessert werden: *Kalium*-Verbindungen oder *Thiosinaminum* C 6 (über einen längeren Zeitraum verabreicht), evtl. bei intensiver Atemnot unterstützt von *Quebracho* C 6.

ASTHMA

Unter Asthma versteht man gemäß Hochschulmedizin verschiedene Stadien einer entzündlichen oder allergischen Erkrankung, die speziell die kleinen Verästelungen der Bronchien (Bronchioli) und evtl. auch die Lungenbläschen (Alveolen) betrifft. Dabei kommt es zum Spasmus der Bronchioli und zur Ablagerung von Sekreten.

Ein Zustand ähnlich wie Asthma kann auch durch vergrößerte Lymphknoten im Brustraum (Mediastinal-Lymphknoten) oder durch Lungenkrebs hervorgerufen werden.

Die Ursachen von felinem Asthma sind unbekannt; daher bezeichnet man es als »idiopathische Erkrankung« (aus sich selbst heraus entstanden).

Man vermutet ein allergisches Geschehen auf Blütenpollen (»Heuasthma«), Hausstaub, Reinigungsmittel aus dem Haushalt; vielleicht handelt es sich auch auch schlicht um eine Allergie auf die Atmosphäre der Besitzer?

Aus der Sicht der Homöopathie kommen zusätzliche Faktoren durch Unterdrückung vorangegangener Erkrankungen infrage, ferner Folgen von immunsuppressiver Therapie oder schlecht vertragenen, zu häufigen Impfungen mitsamt deren Adjuvantien u.a. Inhaltsstoffen (*Kapitel 4, Abschnitt Reaktionen auf Impfungen, Seite 154*).

- Die Symptome bestehen in trockenem Husten mit plötzlicher anfallsweiser Atemnot mit dazwischenliegenden anfallsfreien Perioden.
- Der akute Asthmaanfall der Katze zeichnet sich aus durch expiratorische Atemnot (beim Ausatmen), meist verbunden mit »Bauchatmung« (Ausatmen unter zu Hilfenahme der Bauchpresse). Durch Ansammlung von Schleim und durch Spasmus der kleinen Bronchien sind im Anfall pfeifende oder keuchende Atemgeräusche zu hören. Mitunter geht es dem Tier nach dem mühsamen, würgenden Auswurf von zähem Schleim etwas besser.

Diese akute asthmatische Phase kann sich zum Dauerzustand, zum Status asthmaticus eskalieren. Dann besteht die Gefahr von Ersticken: Maulatmung, kauernde Körperhaltung und vorgestreckter Kopf kennzeichnen diesen lebensgefährlichen Zustand von Atemnot.

Je nach Dauer bzw. Häufigkeit dieser Erkrankung können organische Schäden an Lunge und Herz auftreten.

Die Symptome können mit einer Herzerkrankung (HCM, *Kapitel 9, Abschnitt Hypertrophe Kardiomyopathie (HCM) der Katze, Seite 301*) oder mit denen eines Lungenwurmbefalls) verwechselt werden. Auch Tumoren im Bereich des Brustfells (Mediastinum) könnten durch Einengung der Lunge Symptome von Atemnot auslösen (Lymphome bei FeLV, *Kapitel 4,Abschnitt Anamnese zu akuten Allgemeininfektionen, Seite 125*).

Je nach Symptomatik und Auslöser der Erkrankung sind unterschiedliche Arzneien erforderlich.

Grundsätzlich infrage kommende Arzneien für das Asthma: *Ant-t, Ars, Ars-i, Calc, Carb-v, Cupr, Dulc, Ip, Kali-c, Lach, Merc, Nat-s, Nux-v, Phos, Puls, Queb, Sil, Spong, Thuj*

Asthma (u.a. Erkrankungen der Atemwege) **nach Impfung**: *Thuj*

LUNGENÖDEM

Das Lungenödem bezeichnet eine Ansammlung von Flüssigkeit in Lunge oder Lungengewebe, welche die Sauerstoffaufnahme behindert. Als Ursache kann bei der Katze eine Herzerkrankung oder ein allergisch-toxisches Geschehen zugrunde liegen.

Die Symptome bestehen in Atemnot mit rasselnder Atmung, Husten und schaumigem Auswurf.

Die wichtigsten Mittel für das Lungenödem bei Herzerkrankung: *Apis, Apoc, Aur, Dig, Phos, Spig*

(*Kapitel 9, Erkrankungen von Herz-Kreislauf, Blut und Lymphorganen, Seite 299*). Die einzelnen »kleinen« Herzmittel können in diesem Rahmen nicht ausführlich beschrieben werden, sie sollten in den angegebenen Arzneimittellehren studiert werden.

Akutes Lungenödem: *Ant-t, Apis* (allergisch), *Ars, Carb-v, Ip, Kali-c, Lach, Phos*

Beschreibung der wichtigsten Homöopathika für Atemwegserkrankungen der Katze

RHINITIS – ARZNEIEN FÜR DEN AKUTEN ODER BEGINNENDEN SCHNUPFEN

Vereinzelt gibt es auch bei der Katze akute Fälle von Rhinitis, von »einfachem« Schnupfen, die nicht primär zum chronischen Katzenschnupfen gehören, die sich jedoch allmählich dazu entwickeln können.

Derartige Erkrankungen finden sich gelegentlich bei Welpen oder Jungkatzen.

Darum seien hier einige der »akuten Schnupfenmittel« angeführt:

All-c. Ars, Euphr, Hep, Lach, Lyc, Merc, Nux-v, Puls, Phos, Samb, Sil, Thuj

(Angaben zu den konstitutionellen Mitteln im Abschnitt: *Der chronische Katzenschnupfen, Seite 259*).

Die Dosierung richtet sich nach der Schwere der Erkrankung. Welpen und Jungkatzen reagieren oft sehr gut auf eine Einzelgabe der C 30, die bei Besserung nicht wiederholt werden darf.

Allium cepa – All-c

Indikationen und Symptome

- Eine Arznei für den akuten Schnupfen, weniger häufig für chronische Formen
- Reichlich flüssiger, scharfer, wundmachender Fließschnupfen
- Häufiges, heftiges »sprühendes« Niesen
- Dabei milder Tränenfluss mit Lichtempfindlichkeit
- Nicht geeignet für schwerwiegende Erkrankungen mit destruktiver Tendenz

Dosierung

Einmalige Gabe der C 30, bei Bedarf wiederholen.

Arsenicum album – Ars

Indikationen und Symptome

- Kann für akuten, allergischen oder chronischen Schnupfen oder konstitutionell indiziert sein
- Heftiges Niesen ohne Erleichterung, Fließschnupfen oder verstopfte Nase
- Wundmachende Absonderungen, evtl. blutig

- Schmerzhafte, brennende Nasenschleimhaut
- Durchgebrochener Zahnwurzelabszess in die Kieferhöhle mit jauchigem Nasenausfluss
- Weitere Angaben im Abschnitt: *Klinische Mittel für den chronischen Katzenschnupfen, Seite 263*

Dosierung

Einzelgaben der C 200 oder einer höheren Potenz, Wiederholung nur bei Wiederauftreten der ursprünglichen Symptome.

Euphrasia officinalis – Euphr

Indikationen und Symptome

- Im Vordergrund stehen reizende, juckende Augenentzündungen, verbunden mit Fließschnupfen
- Nasenausfluss wässrig, nicht reizend
- Dabei Augenausfluss wundmachend, Konjunktivitis: Lidentzündung, Lidschwellung, Lichtscheu
- Augenentzündung kann fortschreiten bis Keratitis, Hornhautgeschwür u. a. Organe des Auges
- Wundheitsschmerz innerhalb der Nase, evtl. Nasenbluten, schlimmer durch Wind
- Evtl. Husten

Modalität

Schlimmer morgens

Dosierung

Je nach Schwere der Erkrankung, Einzelgabe der C 200 oder höherer Potenz.

Hepar sulfuris – Hep

Indikationen und Symptome

- Geeignet für phlegmonöse oder eitrige Prozesse an Nase, Sinus, Rachen, Tonsillen oder Augen
- Akutes, äußerst schmerzhaftes Empyem der Stirn- oder Kieferhöhlen (Eiterstau)
- Empyem der Kieferhöhle durch durchgebrochenen Abszess einer Zahnwurzel
- Dabei stinkender blutig-eitriger Nasenausfluss
- Extrem berührungs- und kälteempfindlich
- Sehr starke Schmerzen mit Aggressivität bei Berührung
- Begleitend evtl. eitrige Entzündung der Bindehaut und der Lider
- Dabei evtl. zugekniffene Augen wegen Schmerzen

Dosierung

I. d. R. reicht eine Einzelgabe der C 200 aus.

Lachesis mutus – Lach

Indikationen und Symptome

- Arznei für den akuten oder subakuten Schnupfen
- Auch evtl. für den chronischen Katzenschnupfen oder konstitutionell indiziert
- Absonderung von wässrigem, evtl. rosa Schleim aus der Nase
- Überraschende Berührungsempfindlichkeit mit heftiger Abwehr beim »Naseputzen«
- Tränenfluss bei Schnupfen
- Häufig verbunden mit Entzündung der Kehlgangs-Lymphknoten und Husten
- Oft eifersüchtige, dominante »Haustyrannen«!

Dosierung

Einzelne Gabe der C 200.

Lycopodium clavatum – Lyc

Indikationen und Symptome

- Kann für die Therapie akuter, chronischer Atemwegsinfekte oder konstitutionell indiziert sein
- Wichtig: Nasenflügelatmung
- Weitere Angaben im Abschnitt: *Der chronische Katzenschnupfen, Seite 259*

Dosierung

Je nach Art, Schwere und Dauer der Erkrankung Einzelgabe einer M- oder XM-Potenz.

Mercurius solubilis – Merc

Indikationen und Symptome

- Schleimhautkatarrhe der Nase mit schmerzhafter Schwellung der Kehlgangs-Lymphknoten
- Schmerzhaft ulzerierende Schleimhäute
- Stinkende, wundmachende Absonderungen aus der Nase
- Wunde Lippen und Nasenspalte bis Mitte der Oberlippe (Philtrum nasi)
- Meist verbunden mit reichlichem Speichelfluss, Rachenentzündung, evtl. ulzerierende Stomatitis

Hinweis: Nicht geeignet für einfachen Schnupfen! Kann bei falscher Anwendung wie ein Antibiotikum wirken und die Symptome scheinbar bessern, aber anschließend verschlimmert sich der Zustand.

Dosierung

Einzelgabe der C 200 oder einer höheren Potenz.

Nux vomica – Nux-v

Indikationen und Symptome

- Akuter oder wiederkehrender Schnupfen durch Kaltwerden oder psychischen Stress
- Schniefende Katzenwelpen mit Verdauungsstörungen
- Lange dauernde Anfälle von Niesen
- Verschlimmert durch schlecht vertragene Pharma-Präparate
- Abwechselnd verstopfte Nase (nachts) mit Fließschnupfen
- Schnupfen schlimmer nachts und morgens
- Tränenfluss bei Schnupfen
- Verbunden mit Verdauungsstörungen, Tendenz zu Obstipation, schwieriger Kotabsatz

Dosierung

Einzelgabe der C 200 oder einer höheren Potenz.

Hinweis: Beim jungen Welpen reicht meist eine Einzelgabe der C 30

Phosphorus – Phos

Indikationen und Symptome

- Bei beginnender Erkrankung wässrig-sprühender Schnupfen
- Evtl. Übergang in eine absteigende Atemwegsinfektion bis zur Pneumonie
- Nasenflügelatmung
- Weitere Angaben siehe *Kapitel 8, Abschnitt Der chronische Katzenschnupfen, Seite 259*

Dosierung

Je nach Schwere, bei konstitutionellem Bezug Einzelgabe der C 200 oder einer höheren Potenz.

Pulsatilla pratensis, nigricans oder vulgaris – Puls

Indikationen und Symptome

- Schnupfen bei lieben, dicken (Edel-)Katzen, Welpen oder Jungkatzen im Zahnwechsel
- Reichlich cremige, weiß-gelbliche-grünliche, milde, rahmartige Absonderungen aus der Nase
- Rhinitis mit Sinusitis, heftiges Niesen besonders morgens
- Häufig verbunden mit derselben Absonderung aus den Augen, Bindehautkatarrh
- Liebes, freundliches Wesen, rangniedrig unter Wurfgeschwistern, nicht dominant
- Häufiges Verlangen nach Zuwendung mit Jammern, »Schmusekatze«
- Wenig Tränkeaufnahme
- Unverträglichkeit von Hitze und warmem Zimmer (»schniefen«), besser im Freien
- Oft verbunden mit Verdauungsstörungen, Durchfall

Dosierung

Einzelgabe der M- oder XM-Potenz.

Sambucus – Samb

Indikationen und Symptome

- Harmloser, milder weißlicher Schnupfen bei schniefenden Saugwelpen
- Die verstopfte Nase verhindert das Saugen an der Zitze, daher lebensgefährlich!

Dosierung

Bei Welpen reicht meist eine Einzelgabe der C 30 aus.

Silicea terra – Sil

Indikationen und Symptome

- Kleine, magere, sanfte Katzen, auch zu früh geborene Welpen
- In der Entwicklung zurückgebliebene Jungkatzen
- Folgen von schlecht vertragener Impfung
- Tendenz zu chronischen oder wiederkehrenden Infekten
- Schnupfen, Sinusitis, evtl. verbunden mit Rachenentzündung und Otitis (media oder externa)

Dosierung

Welpen: Einzelgabe der C 30, nur bei Bedarf wiederholen.

Erwachsene Tiere: Einzelgabe der C 200 oder einer höheren Potenz.

Thuja occidentalis – Thuj

Indikationen und Symptome

- Schnupfensymptome beginnen nach schlecht vertragener Impfung (*Silicea* ist jedoch häufiger)
- Fließschnupfen im Freien, verstopfte Nase im Zimmer
- Nasenausfluss grünlich-schleimig-blutig oder krustig
- Bräunliche Krusten sind schwierig zu entfernen
- Heftiges Niesen
- Wunde, krustige, harte, schorfige äußere Nase, besonders links
- Schnupfen erstreckt sich in die Stirnhöhle
- Beschwerden anderer Lokalisationen nach schulmedizinisch unterdrücktem Schnupfen
- Tendenz zur Entwicklung von Warzen

Dosierung

Einzelgabe der C 200 oder einer höheren Potenz.

DER CHRONISCHE KATZENSCHNUPFEN

Allgemeines

Der chronische Katzenschnupfen ist eine weit verbreitete »Marter« vieler heutiger Katzen!

Diese Erkrankung bezeichnet keine medizinisch genau definierbare Erkrankung, sondern vielmehr ein komplexes Geschehen in Nase und Nebenhöhlen; häufig sind zusätzlich Augen, Rachen und weitere Teile der Atemwege betroffen: Wegen unterschiedlicher Erreger, die oft gleichzeitig vorkommen, wird die Erkrankung »Katzenschnupfen-Komplex« genannt. Diese Erkrankung kann auch im Rahmen einer FIP-, FIV- oder FeLV-Erkrankung auftreten und auf empfängliche Katzen übertragen werden.

Diese vielschichtige Erkrankung tritt in den letzen 30 Jahren zunehmend häufiger auf.

Aus der Sicht der Homöopathie kann der chronische Katzenschnupfen als eine langfristige, Generationen übergreifende Folge von wiederholter antibiotischer oder immunsuppressiver Pharmakotherapie und nach schlecht vertragenen Impfungen angesehen werden (miasmatische Belastung).

Als Auslöser des Katzenschnupfens kommen Einzel- oder Mischinfektionen mit folgenden Erregern infrage:

Virusinfektionen:

- Felines Herpesvirus Typ I (FHV-1)
- Felines Calicivirus (häufiger als Herpes)

Gegen beide Erreger wird mit einem abgeschwächten Lebendimpfstoff geimpft. Der Erfolg der Impfung ist jedoch zweifelhaft. Wenn die Katze bereits an den betreffenden Erregern erkrankt war oder ist, ohne dass bei gesundem Immunsystem bisher markante Symptome in Erscheinung traten, dann kann durch die Impfung ein Krankheitsausbruch oder eine Verschlimmerung latenter Symptome provoziert werden.

Eine Schnupfen-Katze darf daher grundsätzlich nicht geimpft werden!

Ferner gibt es bakterielle Erreger:

- Mycoplasmen (betrifft Nase und Augen)
- Chlamydia felis (Schwerpunkt Augenentzündungen mit Schnupfen, besonders bei Jungkatzen)
- Bordetella bronchoseptica (betrifft Schnupfen, Husten, Augenerkrankungen)

Der Katzenschnupfen-Komplex ist eine primär chronisch verlaufende Krankheit, die sowohl schulmedizinisch als auch homöopathisch nicht einfach zu therapieren ist.

Schulmedizinisch können die Symptome des Katzenschnupfens vorübergehend mit Antibiotika und Kortison gebessert werden oder zeitweilig zum Stillstand kommen, treten aber sehr wahrscheinlich nach gewisser Zeit verstärkt wieder auf oder es entwickelt sich eine Krankheit im Sinn einer homöopathischen Unterdrückung (z. B. Asthma nach unterdrücktem Schnupfen: *Antimonium tartaricum, Arsenicum, Lachesis, Silicea* u. a. Mittel (Abschnitt: *Asthma, Seite 254*).

Die »banalen Schnupfenmittel« – bekannt aus der Human-Homöopathie (*Abschnitt Rhinitis – Arzneien für den akuten oder beginnenden Schnupfen, Seite 255*) – sind beim chronischen Katzenschnupfen meist nicht durchschlagend wirksam – aber Ausnahmen sind immer möglich!

Die Gabe eines **homöopathischen Einzelmittels** reicht für die Heilung des chronischen Katzenschnupfen in den meisten Fällen nicht aus.

Nur in Einzelfällen – besonders am Beginn der Erkrankung – kann die Schnupfenpathologie durch eine Einzelgabe (M- oder XM-Potenz) des konstitutionellen Mittels geheilt werden.

In den meisten Fällen muss die Erkrankung in einzelnen Schritten mit individuell gewählten Mitteln therapiert werden: Für die Wahl des derzeit passenden Mittels sind jeweils diejenigen Symptome ausschlaggebend, unter denen der Patient am meisten leidet. Die anschließend zurückbleibenden, nicht gebesserten Restsymptome weisen den Weg zum passenden Folgemittel.

Dieses Vorgehen erfordert genaue Kenntnisse der Homöopathie. Zu schnelles und unüberlegtes

Vorgehen oder zu schnelle Abfolge der Mittel kann den Patienten kränker werden lassen als je zuvor.

Im Sinne Hahnemanns kann man den Katzenschnupfen-Komplex wie die Krebserkrankungen zu den **»einseitigen Krankheiten**« (ORGANON § 172 ff.) zählen, die mit der erwähnten Abfolge von Homöopathika behandelt werden müssen.

Am Beginn steht häufig eine organotrope bzw. klinische Therapie, die erst nach Besserung der aktuellen Symptome – hier die des Schnupfens – Wochen später von einem konstitutionellen Mittel gefolgt sein sollte. In manchen Fällen kann jedoch auch die primäre Gabe des konstitutionellen Mittel heilend wirken.

Die homöopathische Therapie des chronischen Katzenschnupfens erfordert oft viele Monate. Rückfälle können auch bei homöopathischer Therapie nach Monaten oder Jahren wieder auftreten, wenn das Immunsystem durch irgendwelche Noxen geschwächt wird.

Der Katzenschnupfen-Komplex gehört häufig zu den Erkrankungen, die mit einem »**Mangel an Reaktion** auf gewissenhaft gewählte Mittel« einhergehen und durch eine zugrunde liegende – möglicherweise latente – Erkrankung des Immunsystems (FeLV, FIV, FIP) kompliziert werden.

Hier kann das Immunsystem am Anfang der Therapie durch eine Einzelgabe von *Echinacea* C 30 oder C 200 soweit gestärkt werden, dass ein Folgemittel besser wirken kann.

Nach der Gabe von *Echinacea* kann oft bereits eine Besserung des Schnupfens beobachtet werden. Die alleinige Gabe von *Echinacea* wird jedoch den Schnupfenkomplex nicht ausheilen können!

Als »Zwischenmittel« kann die Einzelgabe einer Nosode, auch eine solche der Erreger des Katzenschnupfens indiziert sein.

Wenn vor Beginn der homöopathischen Therapie wiederholte Gaben von Kortikoiden verabreicht wurden, kann auch am Anfang eine Einzelgabe von *Sulfur* C 30 die Reaktionslage verbessern (*Sulfur* Antidot gegen die (Nach-) Wirkung von Kortison, Literatur 34).

Häufige Fehler: Oftmals verläuft die Therapie des Katzenschnupfens leider etwa folgendermaßen:

Eine Katze mit schniefender Nase und abwechselnd mehr oder weniger zähen Absonderungen wird vorgestellt: Manchmal sind diese Sekrete klebrig, dass sie beim Niesen wie zähe Brocken an der Umgebung kleben bleiben; zwischenzeitlich tropft die Nase mit wässriger oder eitriger Absonderung; später wird wieder mit intensivem und mühsamem Niesen und »Racksen« (Reinigen der Choanen) ein stinkender, visköser Schleimklumpen herausgebracht.

Die konstitutionellen Symptome lassen an *Lycopodium* denken, aber *Lycopodium* hilft nicht.

Wer nur unzureichend mit den Regeln der Homöopathie vertraut ist (siehe *Kapitel 2, Abschnitt Falsche Anwendung der Homöopathie, Seite 70*), wird vielleicht die Gabe von *Lycopodium* mehrfach wiederholen, und nun entstehen zusätzliche Symptome einer Arzneimittelprüfung, die fälschlicherweise für eine Erstverschlimmerung gehalten werden. Auf diese Weise wird die Heilung verhindert und »der Fall« verdorben.

Ein anderer Therapeut denkt bei diesen Bild an *Kalium bichromicum*, bei dessen Patienten wie bei *Lycopodium* klebrige, fadenziehende Absonderungen im Vordergrund einer Rhinitis/Sinusitis stehen.

Aber der Patient reagiert auch auf diese Mittel nicht mit einer Besserung – und die Verzweiflung über den scheinbar nicht heilbaren Patienten schreitet fort.

In diesem speziellen Fall wäre z. B. zunächst an den Einsatz von *Hydrastis* zu denken.

VORSCHLAG FÜR DEN THERAPIEABLAUF DES CHRONISCHEN KATZENSCHNUPFENS

Im Idealfall wirkt die Gabe eines konstitutionellen Mittels in M- oder XM-Potenz.

Der »Katzenschnupfen-Komplex« ist häufiger eine Pathologie, die sich aus verschiedenen Komponenten eines geschwächten Immunsystems zusammensetzt, wie in *Kapitel 4, Abschnitt Spezielle systemische Infektionskrankheiten der Katze, Seite 137*, sowie in *Kapitel 10, Abschnitt Erkrankungen von Maulhöhle und Rachen, Seite 320*, beschrieben wird.

In den letzten Jahren hat sich mehr und mehr herausgestellt, dass Bacillinum (C 200) offensichtlich das Spezifikum für den Katzenschnupfen ist. Für den schweren und lange bestehenden chronischen Katzenschnupfens kann daher folgender Therapieplan angebracht sein:

- Therapiebeginn mit einem Reaktionsmittel wie *Echinacea* oder – bei vorangegangener Kortisontherapie – mit einer Gabe *Sulfur* C 30
- Anschließende Therapie nach einigen Tagen mit einen Mittel, das nach der klinischen Symptomatik des Schnupfens (organotrop) gewählt wird und bei Bedarf wiederholt gegeben werden muss, bis die Schnupfensymptomatik nachgelassen hat
- Wenn das organbezogene Mittel bei der nächsten Verschlimmerung des Schnupfens nicht mehr zufriedenstellend wirkt, kann eine Nosode von Erregern des Katzenschnupfens (z. B. *Felines Herpesvirus, Chlamydien* oder *Calicivirus* in C 30 oder C 200 o. a.) eingesetzt werden.
- Alternativ oder im Wechsel können auch andere Nosoden gegeben werden.
- Wenn sich die Schnupfenpathologie beruhigt hat, sollte in jedem Fall eine konstitutionelle Therapie – gemäß der »Gesamtheit der Symptome« (z. B. *Lycopodium*, *Arsen*, *Phosphor*, *Pulsatilla* oder ein anderes) – den Patienten so weit stabilisieren, dass die Schleimhäute von Atemwegen und Augen ihre Anfälligkeit gegenüber diesen Erregern verlieren.

Entsprechend eigener, jahrzehntelanger Erfahrungen sind die Rubriken des Repertoriums für den Katzenschnupfen-Komplex nur eingeschränkt nutzbar.

Die infrage kommenden Mittel sind allein nach der Schnupfensymptomatik schwierig voneinander zu differenzieren. Rubriken im Repertorium wie »Fließschnupfen«, »Schwellung der Mandibular-Lymphknoten«, »Niesen anfallsweise«, »verstopfte Nase«, »Nase, Absonderung stinkend«, »Schnupfen mit Augenbeschwerden« etc. enthalten so gut wie alle Mittel, die für den Katzenschnupfen-Komplex infrage kommen können.

Die folgenden Angaben sollten nicht als isolierte Teile der Therapie verstanden werden, denn auch die organotrop gewählten Mittel wirken auf den ganzen Organismus und stimulieren das Immunsystem.

Entscheidend für das Vorgehen ist immer die individuelle Reaktion des Patienten.

Kurz-Repertorium für die klinische und konstitutionelle Therapie des chronischen Katzenschnupfens

Nasenausfluss zäh, krustig oder hart: Aur, Ars, **Bac**, Hydr, Kali-bi, Lach, Lyc, Merc, Phos, Puls, Sil, Sulf,

Zugeklebte Nasenlöchlein: Aur, **Bac**, **Lyc,** Phos

Nasenflügelatmung beim Katzenschnupfen: Ars, Kali-bi, Lyc, Phos, Sulf

Husten nach dem Niesen: Lyc, Nat-m, Sulf

Schwellung der Mandibular-Lymphknoten: Ars, Aur, **Bac**, **Calc,** Hep, Hippoz, Kali-j, Kali-m, Lach, **Lyc,** Med, Merc, Nat-m, **Nit-ac**, Nux-v, Phos, Puls, **Sil,** Sulf, Syph, Tub

Schwellung der Mandibular-Lymphknoten, schmerzhaft: Aur, **Calc,** Merc, Nit-ac, **Sil,** Sulf

Schnupfen schlimmer durch Temperaturwechsel zum Kalten: Ars, Hep

Schnupfen besser im Freien: Ars, Aur, **Bac**, Puls, **Tub**

Schnupfen schlimmer im Freien: Ars, Kali-bi, Nit-ac

Durchbruch eines Zahnwurzelabszess in die Kieferhöhle mit eitrigem Nasenausfluss: Ars, Hep, Kali-bi, Merc, Pyrog, Sil

Schnupfenbeschwerden schlimmer nachts: Ars, Aur, Kali bi, Merc, Nit-ac

Empyem der Sinus (Eiterstau in Stirnhöhle oder Kieferhöhle): Arn, Aur, Hep, Hippoz, Pyrog, Sil

Äußere Nase, Risse u. a. Veränderungen bei Schnupfen: Aur, Hipp, Merc, Nit-ac

Neigung zum Verschlucken bei Katzenschnupfen: Lach, Nit-ac

Schnupfen mit Husten: Ars, **Bac,** Calc, Kali-bi, Kali-m, Lach, Lyc, Merc, Phos, Sil, Sulf, **Tub**

Heiserkeit bei Schnupfen: Ars, **Bac,** Kali-bi, Lach, Merc, Nat-m, Phos, Sulf, **Tub**

Gleichzeitige Stomatitis: Ars, Hydr, Hippoz, Kali chlor, Kali-m, Merc

Geschwüre der Zunge: Ars, Aur, Bac, Calc, Carc, Kali-bi, Kali chlor, Kali-jod, Kali-m, Lach, Lyc, Med, Merc, Nat-m, Nit-ac, Nux-v, Sil, Sulf, Tab

Stinkender Speichel: Kreos, Mercur, Nit-ac

Fadenziehender, klebriger, dicker Speichel: Hydr, Kali-bi, Merc

Begleitende Nierenerkrankung: Ars, **Tub**

Schnupfen mit Asthma: Ars, **Tub,** Nux-v, Sil, Sulf

Schnupfen mit Ohrenschmerzen: Lach, Lyc, Merc, Puls

Durchfall bei Schnupfen: Ars, **Tub,** Merc, Puls, Sulf

Augensymptome siehe *Kapitel 5, Erkrankungen der Augen, Seite 158*

Empyem der Sinus (Eiterstau in Stirnhöhle oder Kieferhöhle): Arn, Aur, Hep, Hippoz, Pyrog, Sil

Asthma nach schulmedizinisch unterdrücktem Schnupfen: Ant-t, Ars, Lach, Sil, **Tub**

Anderweitige Beschwerden nach schulmedizinisch unterdrücktem Schnupfen: Ars, Calc, Kali-bi, Lach, Lyc, Nat-m, Nux-v, Phos, Puls, Sil, Sulf, Thuj

Mögliche Zwischenmittel, die im Laufe einer chronischen Schnupfentherapie als einmalige Gabe der C 30 indiziert sein können, um die Reaktion des **Immunsystems** (wieder) anzuregen. Sie können jedoch auch als Simile (dann in C 200) indiziert sein**:** Echi, Hippoz, Med, Sulf, Tub-K

Klinische Homöopathika für den Katzenschnupfen (die wichtigsten Mittel): Ars, Aur-m, **Bac,** Hep, Hippoz, Hydr, Kali-bi, Lach, Merc, Nit-ac, Pyrog, **Tub**

Reaktionsmangel durch begleitende Immunschwächekrankheit: Ars, Bac, Cisplat, Echi, **Tub**

Nosoden der Erreger: Calici, Chlamydien, Herpes simplex, Feline Herpes-Nosode, ferner FIP-, FIV- oder Leukose-Nosode; bei Husten auch die Bordetella bronchoseptica oder Bordetella pertussis-Nosode.

Die wichtigsten **konstitutionellen Homöopathika** für Patienten mit Katzenschnupfen: Ars, Calc, Lach, Lyc, Nat-m, Phos, Sil, Sulf, Thuj (?)

Klinische Mittel für den chronischen Katzenschnupfen

Arsenicum album – Ars

Indikationen und Symptome

- Als klinisches Schnupfenmittel komplementär z. B. zu *Phosphorus*
- Auch für die konstitutionelle Therapie indiziert (siehe unten *Abschnitt Beschreibung der wichtigsten Homöopathika für die Atemwege (außer Schnupfen), Seite 277*)
- Schnupfen mit chronischer schmerzhafter Sinusitis und Augenaffektionen
- Chronischer Fließschnupfen mit wundmachender, wässriger bis jauchiger, stinkender Absonderung
- Daher gerötete Nase, wunde, rote Nase und Oberlippe durch wundmachenden Schnupfen
- Häufiges, heftiges, »sprühendes« Niesen, auch vergebliche Ansätze zum Niesen
- Heftiges Niesen ohne Erleichterung, Schniefen
- Schnupfen häufig verbunden mit Tränenfluss und Lichtscheu
- Schmerzhafte Sinusitis frontalis mit Verlangen die Stirn zu reiben
- Schlimmer beim Übergang aus dem warmen Raum in kalte Luft (wie *Phosphorus*)

Mögliche Begleitsymptome

- Augenentzündungen, verklebte, geschwollene Lider, Hornhautgeschwür, extrem lichtempfindlich
- Reichlich wundmachende Absonderungen
- Langsam zunehmende Schwäche – im chronischen Fall!
- Frierende Patienten, generelle Besserung durch Wärme
- Brennen der Schleimhäute, erleichtert z. B. durch Lecken an kalten Gegenständen
- Ruhelosigkeit nachts, nach Mitternacht
- Dabei Verlangen immer wieder eine kleine Menge zu trinken
- Katze kauert mit dem Maul über dem Trinknapf

Begleitsymptome

Stomatitis, Nierenprobleme (siehe dort)

Dosierung

C 200, bei Bedarf wiederholen.

Mögliche konstitutionelle Folgemittel: *Calc, Lach, Lyc, Phos, Puls, Sep, Sil, Sulf.*

Aurum metallicum oder Aurum muriaticum – Aur – Aur-m

Indikationen und Symptome

- Schwerpunkt: Destruktive Tendenz, Geschwüre in der Nase mit Schwellung
- Zerstörung von Nasenknochen und -knorpel, sehr schmerzhaft
- Empyem der Stirnhöhle mit Ostitis (Knochenentzündung) der Gesichtsknochen
- Schwellung auch der äußeren Nase, evtl. abschuppender Ausschlag
- Widerlich stinkender Nasenausfluss, evtl. stinkender Atem, destruktive Sinusitis
- Fließschnupfen, gelbgrün, verstopfte Nase mit dicken Krusten, Schniefen
- Verklebte Nasenlöcher und Lider
- Besser im Freien, schlimmer im Zimmer

Mögliche Begleitsymptome und Modalitäten

- Destruktive, sehr schmerzhafte Augenerkrankungen
- Extreme Lichtscheu mit permanentem Tränenfluss
- Zahnverfall, Zahnschmerzen schlimmer nachts
- Trockene, verhärtete, evtl. auch geschwollene Zunge mit Geschwüren, Speichelfluss
- Jammern während nächtlicher Schmerzen
- Allgemeine Verschlimmerung nachts
- Schlimmer durch Kälte oder Kaltwerden

Dosierung

Einzelgabe der C 200.

Mögliche konstitutionelle Folgemittel: *Calc, Phos, Sil, Sulf.*

Bacillinum – Bac

- Bacilinum scheint das wichtigste Mittel für alle Formen des chronischen Katzenschnupfens zu sein; es sollte jedoch immer Wochen später ein konstitutionelles Mittel gegeben werden.

Dosierung

Eine Einzelgabe der C 200.

Echinacea angustifolia oder purpurea – Echi

Indikationen und Symptome

- *Unspezifisches »Tonikum für das Immunsystem«*
- Indiziert besonders bei zugrunde liegendem »Immunschwächekomplex«
- Zwischenmittel, wenn gut indizierte Arzneien nicht genügend helfen
- Anschließend nach ca. 8 bis 10 Tagen – je nach Reaktion – Folgemittel wählen

Dosierung

Einzelgabe der C 30 oder C 200, in schweren, auch in septischen Fällen oder bei Immunschwächekrankheiten auch höhere Potenz.

Hinweis: Die Echinacea-Tinktur ist in diesen Fälle unwirksam; außerdem wegen ihres Alkoholgehalts ist sie für Katzen nicht geeignet!

Hepar sulfuris – Hep

Indikationen und Symptome

- Kein spezielles Mittel für den chronischen Katzenschnupfen
- Sondern für akute Zwischenprobleme mit Phlegmone, Abszesse, Eiterung oder Empyem
- Akutes äußerst schmerzhaftes Empyem der Stirn- oder Kieferhöhlen (Eiterstau)
- Empyem der Kieferhöhle durch durchgebrochenen Zahnwurzelabszess
- Dabei stinkender, klebriger, blutig-eitriger, evtl. einseitiger Nasenausfluss, bildet Krusten
- Wundmachende Absonderungen
- Extrem empfindlich gegen Berührung, Kälte und geringen Luftzug
- Sehr starke Schmerzen mit Aggressivität bei Berührung
- Evtl. begleitend: eitrige Entzündung der Bindehaut und der Lider

Dosierung

Einzelgabe der C 200, Wiederholung nur in seltenen Fällen notwendig.

Mögliche konstitutionelle Folgemittel: *Ars, Lach, Lyc, Merc, Sil, Sulf.*

Hippozaeninum – Hippoz

Wahrscheinlich eines der wichtigsten klinischen Homöopathika für den chronischen Katzenschnupfen – für die aktuelle Therapie und als »Zwischenmittel« oder »Reaktionsmittel« während einer langfristigen Therapie; auch dieses Mittel sollte von einem konstitutionellen Mittel gefolgt werden.

Indikationen und Symptome

- Schwere, chronische, fortschreitende Erkrankungen der Atemwege
- Chronischer Nasenkatarrh (bevorzugt und erfolgreich von J.H. Clarke für den Menschen eingesetzt, Literatur 10)
- Langsames Fortschreiten zur Degeneration der Nasenschleimhaut

- Wundmachende, cremige, stinkende, blutige Absonderung
- Absonderungen auch klebrige, krustige Bröckchen
- Absonderung grau, grünlicher Eiter, auch evtl. nur einseitig, evtl. Konsistenz wie Eiweiß
- Verbunden mit Schwellung und Entzündung der Mandibular- und Sublingual-Lymphknoten
- Geschwüre und Nekrose der Nasenknorpel möglich
- Knotige Veränderungen auch an der äußeren Nase möglich
- Schwellung des Nasenknochens, der Nasenwurzel oder der Umgebung der Nase

Mögliche Begleitsymptome

- Ruhelosigkeit nachts
- Ausbreitung in Sinus und Rachen, Tonsillen, bis in die Lungen möglich
- Dann auch schnarchende Atmung möglich
- Stomatitis ulcerosa (ulzerierende Maulschleimhautentzündung)
- Tendenz zu Infektionen der Haut
- Erkrankungen des Verdauungsapparates, der Nieren

Dosierung

Einmalige Gabe der C 200.

Hydrastis – Hydr

Ähnliche Symptomatik wie bei *Kalium bichromicum*, kommt jedoch beim Katzenschnupfen häufiger vor als *Kalium bichromicum!* Schwierig von *Hippozaeninum* zu differenzieren!

Indikationen und Symptome

- Schleimhautkatarrhe mit zäh-klebrigen, gringelben, wundmachenden Absonderungen
- Reichlicher, lange Fäden ziehender Nasenausfluss
- Auch dünner, weißlicher, wundfressender Fließschnupfen, evtl. wechselnder Farbe
- Absonderung in großen, zähen Fetzen, schwierig zu entfernen, klebt an Wand, Nase und Fell
- Daher ständiges Niesen und Reiben der Nase, Schniefen
- Geschwüre am Nasenseptum sind möglich, wunde Oberlippe, evtl. Nasenbluten
- Meist verbunden mit Sinusitis und retronasaler Absonderung (Kauen auf Schleim)

Begleitsymptome

- Augen: Chronische, reichliche grüngelbe Absonderung
- Verklebte oder wunde, geschwollene Lider oder trockene Konjunktivitis
- Maul: Aphthen und schmerzhafte Stomatitis mit dicker zäher Absonderung und wunden Lippen
- Krebs an Lippen oder im Maul

Dosierung

Einmalige Gabe der C 200.

Kalium bichromicum – Kali-bi

Obwohl viele der üblichen Symptome des chronischen Katzenschnupfens in diesem Mittelbild vorkommen und für den Einsatz dieser Arznei sprechen, gehört *Kalium bichromicum* keineswegs zu den häufigsten oder wirksamsten homöopathischen Katzenschnupfen-Mitteln!

Indikationen und Symptome

- Schnupfen, Sinusitis, grüngelb wie geschmolzener Käse oder zäh-klebrige Klumpen, Pfröpfe
- Klebrige, gelblich, gallertige, fadenziehende, stinkende Sekrete
- Membranen auf der Nasenschleimhaut
- Absonderungen kleben wie Klebstoff an Nase, Fell, Futternapf oder an der nahegelegenen Wand

- Schwierige Absonderung mit häufigem, heftigem Niesen, Nasereiben und Schniefen
- Geschwüre in der Nase, Tendenz zu Schäden am Nasenseptum
- Evtl. geschwürige Nasenlöchlein, besonders rechts, wunde Oberlippe, evtl. Nasenbluten

Modalitäten

- Niesen schlimmer morgens
- Alle Symptome schlimmer nachts gegen 2 bis 3 Uhr
- Schlimmer durch Kälte, schlimmer bei heißem Wetter
- Anderweitige Beschwerden nach schulmedizinisch unterdrücktem Schnupfen

Begleitsymptome:

- Auge: Verklebte Lider möglich, klebriger, gallertiger Tränenfluss
- Schmerzarmes Hornhautgeschwür, dichte, weiße Keratitis
- Häufig verbunden mit Katarrh und Schleimhautgeschwüren in Zunge, Kehle und Luftröhre

Dosierung

Einmalige Gabe der C 200.

Mögliche konstitutionelle Folgemittel: *Ars, Calc, Phos, Puls.*

Kalium muriaticum – Kali-m

Indikationen und Symptome

- Eines der wichtigen Mittel für die fibrinöse Schleimhautentzündungen (zäh, klebrig)
- Weiße, zäh-klebrige Absonderungen nasal und retronasal
- Weißliche Geschwüre im Maul

Dosierung

Einmalige Gabe der C 200.

Mögliches konstitutionelles Folgemittel: *Silicea.*

Lachesis mutus – Lach

Typische Symptome, daher gut zu erkennen!

Indikationen und Symptome

- *Lachesis*-Schnupfen-Katzen werden meist wegen hochgradiger Atemnot vorgestellt
- Dabei oft wenig spezifische Schnupfen- und Augensymptome
- Anfangszustand: Schnupfen mit viel Niesen, berührungsempfindliche Nase
- Anschließend oder gleichzeitig auftretende Rachenentzündung (Angina)
- Nasenschleimhaut und Rachen schwellen derart an, dass es zu schnarchender Atemnot kommt
- Lebensgefahr!
- Kann deshalb weder trinken oder fressen oder die Tränke läuft zur Nase heraus
- Dabei druckempfindliche Mandibular-Lymphknoten, überempfindliche Kehle gegen leichten Druck
- Diese Katzen lassen sich nicht im Gesichtsbereich untersuchen wegen »Angst zu ersticken«

Hinweis: Katzen toben, beißen und kratzen dabei, trotz Atemnot

Dosierung

Einmalige Gabe der C 200.

Mögliche konstitutionelle Folgemittel: *Ars, Calc, Lyc, Phos.*

Mercurius solubilis – Merc

Kein häufig vorkommendes Mittel beim Katzenschnupfen!

Indikationen und Symptome

- Breites Spektrum an Katarrhen: Vom Fließschnupfen bis Destruktion der Nase
- Tendenz zu geschwüriger Zerstörung des Nasenseptums
- Wundfressender, zähflüssiger, schleimiger bis jauchiger Nasenausfluss
- Deutliches Schniefen, Nasenausfluss schlägt kleine Bläschen
- Gerötete, geschwollene, juckende Nase, evtl. mit Geschwüren
- Auffallend: reichlicher, stinkender, wässrig-schmieriger Speichelfluss wie Seife
- Nasenausfluss und Speichel kleben am Maul und im Fell, Katze kann das kaum entfernen
- Blasige Absonderung hängt am Maul, läuft nicht herunter
- Heftiges, anfallsweises Niesen, auch verbunden mit Lichtscheu
- Speichel geht auch beim Niesen ab und verklebt (wie mit Eiweiß) jeden Aufenthaltsort der Katze
- Häufiges Verlangen zu schlucken
- Zerfall von Nasenknorpel und -knochen mit jauchig-stinkender Absonderung, evtl. Nasenbluten
- Ausbreitung in Sinusitis und Augenkatarrh, Konjunktivitis, Keratitis (siehe *Kapitel 5, Abschnitt Weitere Erkrankungen am Auge, Seite 166*)
- Verklebte Lider mit derselben Absonderung wie aus der Nase

Modalitäten

- Verschlimmerung nachts
- Schlimmer im Kalten und im Warmen, besser in der »richtigen« Temperatur

Begleitsymptome

- Stomatitis häufig als Begleiterkrankung (*Kapitel 10, Abschnitt Erkrankungen von Zahn und Zahnfleisch, Seite 325*)
- Entzündung und Geschwür, Gangrän der Zunge
- Begleitend auch Ohrenschmerzen oder Durchfall möglich
- Schwammiges, zerfallendes Zahnfleisch
- Schmerzhafte Vergrößerung und Entzündung der Mandibular-Lymphknoten

Mercurius sublimatus corrosivus – Merc-c

Indikationen und Symptome

- Nächst schlimmerer Zustand als *Mercurius solubilis*
- Deutlichere Destruktion von Gewebe

Dosierung

Einmalige Gabe der C 200, bei langwierigen schweren Fällen auch höhere Potenz.

Mögliche konstitutionelle Folgemittel: *Aur, Calc, Phos, Sil, Sulf.*

Nitricum acidum – Nit-ac

Indikationen und Symptome

- Auffallende (Splitter-) Schmerzen bei Berührung der Nase
- Wundmachender, ätzender, jauchiger Nasenausfluss, gelblich, stinkend
- Absonderung schlimmer nachts
- Geschwürige Veränderungen an Nasenlöchern, Lippen, Maulwinkeln, Zunge
- Blutige Geschwüre, wenn Krusten an Nase oder Schleimhaut entfernt sind

- Schwellung und Entzündung der Oberlippe
- Dicke, wundmachende Absonderung aus der Nase
- Neigung zum Verschlucken von Nahrungsbröckchen mit Räuspern und Husten
- Geschwüre der Zunge, verklebte Augenlider
- Besonderer Bezug zu Erkrankungen an Haut-Schleimhaut-Grenzen

Dosierung
Einmalige Gabe der C 200.

Mögliche konstitutionelle Folgemittel: *Ars, Aur, Calc, Lyc, Merc, Phos, Puls, Sil, Sulf.*

Silicea terra – Sil

Indikationen und Symptome
Indiziert für den chronischen Schnupfen und als konstitutionelles Mittel (*Konstitutionelle Mittel für den chronischen Katzenschnupfen, Seite 270*)

Dosierung
Einmalige Gabe der C 200 oder – besser im konstitutionellen Fall: Einmalige Gabe einer höheren Potenz.

Nosoden für den Katzenschnupfen

Nosoden sind in den meisten Fällen kein endgültiges Heilmittel für den chronischen Katzenschnupfen; sie ebnen jedoch den Weg für eine Folgetherapie.

Für die *Calici-Nosode, Chlamydien-Nosode, feline Herpes-* oder *Herpes-simplex-Nosode, FeLV-* oder *FIV-Nosode* gibt es weder Arzneimittelprüfungen, noch eindeutige klinische Symptome. Daher ist es empfehlenswert, diese Nosoden mit den im *Kapitel 2, Testverfahren, Seite 74*, beschriebenen radiästhetischen Methoden auszutesten.

Einige der erwähnten Nosoden sind von Vermeulen (Literatur 74) oder Allen (Literatur 1) beschrieben.

Hippozaeninum – Hippoz

Allgemeines
Nosode aus der Rotz-Krankheit des Pferdes

- Geeignet als »Reaktionsmittel« bei ungenügender Reaktion auf gut gewählte Mittel
- Indiziert auch als Simile, dem ein konstitutionelles Mittel folgen sollte

Symptome
Schwere, chronische, fortschreitende Erkrankungen der Atemwege

- Chronischer Nasenkatarrh, fortschreitend zur Degeneration der Nasenschleimhaut
- Wundmachende, stinkende, blutige Absonderung, wie Eiweiß
- Absonderung grau, grünlicher Eiter, auch evtl. nur einseitig
- Geschwüre und Nekrose der Nasenknorpel möglich
- Knotige Veränderungen auch an der äußeren Nase möglich
- Schwellung des Nasenknochens, der Nasenwurzel, Empyem
- Breitet sich aus auf Sinus und Rachen, Tonsillen, bis in die Lungen
- Dort Schleimhautgeschwüre, wunder roter Rachen
- Schnarchende Atmung

Begleitsymptome
- Entzündung und Schwellung der regionalen Lymphknoten und Parotis
- Erstickungsanfälle wegen reichlicher, retronasaler Absonderung mit Husten
- Chronischer Husten
- Schleimiger Augenkatarrh, geschwürige Konjunktiven, Chorioiditis

- Geschwüre im Maul, Zahnfleisch, evtl. schwarz belegte Zunge, reichlicher Speichel
- Entwicklung zum Krebs möglich

Dosierung

Einmalige Gabe der C 200.

Medorrhinum – Med

Allgemeines

Zwischenmittel oder Simile für die langfristige Therapie des chronischen Katzenschnupfens

Weniger im Sinn einer miasmatischen Behandlung, sondern als Simile eingesetzt!

Symptome

- Kitzeln innen und außen an der Nase, muss die Nase reiben
- Schmerzen im Naseninneren
- Verstopfte Nase, besonders im hinteren Nasenraum (retronasal)
- Ständiges »Racksen«, um die retronasalen Absonderungen zu beseitigen, dabei Kauen auf Schleim
- Chronische Sinusitis, häufiges Schniefen, verklebte Lider
- Dicke, reichliche, cremige, gelb-weiße Absonderung, auch evtl. aus den Augen
- Oder Verstopfung des Retronasalraums durch Sekrete
- Wundheit in der Nase und in den Nasenflügeln
- Geschwür der Zunge
- Antibiotika sind wirkungslos oder helfen nur vorübergehend

Dosierung

Einmalige Gabe der C 200.

Pyrogenium – Pyrog

Allgemeines

Zwischenmittel für septische Zustände, z. B. durch Sinus-Empyem (Eiterstau in der Stirnhöhle) oder Kieferhöhlenvereiterung evtl. mit Empyem durch faule Zahnwurzel

Dosierung

1 bis 2 Gaben der C 30, nur bei schwerer Sepsis C 200, Folgemittel notwendig.

Tuberculinum – Tub

Indikationen und Symptome

- Die Schnupfensymptome von *Tuberculinum K* sind unspezifisch:
- Zäh-gelbgrüne, eitrige, evtl. blutige Absonderung, Lymphknotenschwellungen
- Entzündung der Stirnhöhlen, Schnupfen mit Rachen- und Lungensymptomen
- Evtl. Vergrößerung oder Entzündung der Mediastinal-Lymphknoten (Leukose), daher mögliche Fehldiagnosen, z. B. Lungenkrebs
- Zustand evtl. verbunden mit chronischem Durchfall (siehe *Kapitel 10, Abschnitt Gastroenteritis – Durchfall, Seite 349*)
- Unruhige, hektische, magere Katzen
- Für die Katze hat sich mehrheitlich *Tuberculinum K* als wirksam herausgestellt

Dosierung

Eine Einzelgabe der C 30. Häufigere Gaben können heftige Verschlimmerungen auslösen.

Auch dieses Mittel sollte radiästhetisch am Patienten getestet werden.

Konstitutionelle Mittel für den chronischen Katzenschnupfen

Calcarea carbonica – Calc

Indikation

- Fließschnupfen abwechselnd mit verstopfter Nase
- Chronische Absonderung von dickem, gelblichem, zähem Schleim, läuft auf die Oberlippe
- Evtl. fauliger Gestank der Absonderung
- Schorfige Nasenlöcher
- Niesen auch ohne Schnupfen, besonders morgens, Niesen anfallsweise, Nasenbluten möglich
- Schnupfen schlimmer morgens und nachts
- Schwellung an der Nasenwurzel möglich
- Tränenfluss bei Schnupfen, evtl. verklebte Augenlider
- Schnupfen mit Asthma möglich

Begleitsymptome

- Anderweitige Beschwerden nach schulmedizinisch unterdrücktem Schnupfen
- Konstitutionelle Grundlage, bei lieben, dicken, faulen, gefräßigen Katzen
- Ängstlich, versteckt sich gern

Auslöser

- Häufig durch Verlust der gewohnten Geborgenheit und Sicherheit
- Schnupfen nach unterdrückter Räudemilbenerkrankung

Dosierung

Einzelgabe der M- oder XM-Potenz, die erst nach Monaten bei Wiederauftreten der alten Beschwerden wiederholt werden darf.

Lycopodium clavatum – Lyc

Indikation

- Schnupfen auf konstitutioneller Basis (in diesem Zusammenhang nicht das häufigste Mittel!)
- Nasen- und Stirnhöhlenkatarrh, akut oder chronisch
- Sinusitis und verstopfte Nase sind pathognomonische Symptome beim Katzenschnupfen
- Weiterentwicklung zu Bronchitis oder Pneumonie möglich
- Tags Niesen, nachts eher verstopfte Nase
- Schnupfen und Absonderungen schlimmer am späten Nachmittag
- Verklebte Nasenlöcher morgens und evtl. nachts
- Reste von angeklebtem Nasensekret an den Nasenlöchlein
- Atmung evtl. mit offenem Maul, da Nase verstopft, häufiges Schniefen
- Fließschnupfen oder klebrig-zähe Absonderung mit elastischen Pfröpfen (*Kalium bichromicum, Hydrastis*)
- Absonderungen schlagen Bläschen synchron mit der Atmung
- Trockenheit des hinteren Nasenraums, daher mühsames, heftiges Niesen mit »Racksen«
- Stinkende Absonderung speziell aus dem rechten Nasenloch, später auch links
- Husten nach Niesen

Modalitäten

- Verschlimmerung am späten Nachmittag
- Symptome beginnen rechts und gehen dann nach links; oder einseitig links

Begleitsymptome

- Tränenfluss bei Schnupfen
- Evtl. wundmachend, eitriger Augenausfluss, Augen morgens verklebt
- Geschwollene Lider, evtl. sogar Keratitis
- Entzündung, Geschwür der Zunge

27

Kater Sky leidet unter chronischem Katzenschnupfen. Trotz Maulatmung und lautem Schniefen sitzt er in souveräner Haltung auf seiner Transportkiste. Nach der Gesamtheit seiner Symptome bekommt er eine Einzelgabe Lycopodium M und ist damit von seiner verstopften Nase und Sinusitis befreit. Aber keineswegs jeder Katzenschnupfen ist mit einem einzigen Mittel geheilt. Viele Katzen haben dabei einen langen Weg der Therapie durchzumachen, speziell wenn die Erkrankung mit einer »Immunschwäche« verbunden ist.

- Begleitend Nasenflügelatmung
- Begleitend evtl. Leber-Nierenerkrankungen

Aussehen

- Häufig schmale Brust bei aufgetriebenem Bauch (Blähungsneigung)
- Anderweitige Beschwerden nach schulmedizinisch unterdrücktem Schnupfen

Psyche

- Katzen sitzen am liebsten am höchst möglichem Platz (z. B. auf dem Küchenschrank)
- Souveräne Herrscher oder rangniedrige Mobbingopfer, mit allen Zwischenstadien möglich
- Oder Konkurrenzkämpfe um höheren sozialen Rang
- Erkrankungen durch Demütigung, Verlust seiner sozialen Rangordnung
- Nicht immer, sondern nur gelegentliche »Schmusekatzen«

Dosierung

Einmalige Gabe der M- oder XM-Potenz, die erst nach Monaten bei Wiederauftreten der alten Beschwerden wiederholt werden darf.

Hinweis: Bei vorangegangener immunsuppressiver Therapie empfiehlt sich anfangs die C 200.

Lachesis mutus – Lach

Indikation

- Oft wenig spezifische Schnupfen- und Augensymptome
- Schnupfen mit viel Niesen, berührungsempfindliche Nase und Maul
- Evtl. blutig-wässrige Absonderung mit sehr viel Niesen, auch Nasenbluten
- Anschließend oder gleichzeitig auftretende Rachenentzündung
- Dabei druckempfindliche Mandibular-Lymphknoten, berührungsempfindliche Kehle
- Mit Eiter verstopfte Nase mit röchelnder, giemender Maulatmung
- Hochgradige laut schnarchende Atemnot durch zugeschwollenen Rachen
- Kann deshalb weder trinken noch fressen oder die Tränke läuft zur Nase heraus
- Lebensgefahr!
- Schwierig im Gesichtsbereich zu untersuchen wegen Angst zu ersticken
- Katzen toben, beißen und kratzen dabei, trotz Atemnot

- Oder bereits eingetretene Apathie
- Zustand gebessert durch beginnende Absonderungen: Nasenausfluss oder Tränenfluss

Begleitsymptome

- Schnupfen auch verbunden mit Augensymptomen oder Ohrenschmerzen
- Entzündung, Geschwür bis Gangrän auf der Zunge
- Anderweitige Beschwerden nach schulmedizinisch unterdrücktem Schnupfen
- Alle Symptome schlimmer im Frühling und beim Erwachen, nach dem Schlafen

Weitere Symptome

- Häufig Katzen, die mit Hormonen (»Katzenpille«) vorbehandelt wurden
- Verzweiflung der Besitzer wegen tierärztlichem Rat zur Euthanasie wegen Atemnot

Dosierung

Einzelgabe der C 200 oder einmalige Gabe der M- oder XM-Potenz, die erst nach Monaten bei Wiederauftreten der alten Beschwerden wiederholt werden darf.

Natrium muriaticum – Nat-m

Indikation

- Katzenschnupfen auf konstitutioneller Basis, entscheidend ist das gesamte Bild
- Chronischer Nasenkatarrh mit eiweißähnlicher Absonderung
- Auch allergische Erkrankungen der Atemwege (evtl. wie der Besitzer)
- Jucken in der Nase, Fließschnupfen abwechselnd mit verstopfter Nase
- Krustige Schorfe in der Nase, häufiges Schniefen, evtl. Nasenbluten
- Häufiges, quälendes, Niesen anfallsweise, schlimmer morgens, evtl. Husten nach Niesen
- Tränenfluss bei Schnupfen, evtl. blutig, verklebte Lider, Herpesinfektion

Begleitsymptome

- Herpesähnliche Pickel am Kinn
- Landkartenzunge (rot-fleckige Entzündungen, Geschwüre auf der Zunge)
- Anderweitige Beschwerden nach schulmedizinisch unterdrücktem Schnupfen
- Wenig kontaktfreudige Katzen, Einzelgänger, keine anhängliche »Schmusekatze«
- Vermeidet Blickkontakt, wenig Äußerungen von Lebensfreude
- Häufig vorangegangener Kummer, Heimweh

Dosierung

Einmalige Gabe der M- oder XM-Potenz, die erst nach Monaten bei Wiederauftreten der alten Beschwerden wiederholt werden darf.

Phosphorus – Phos

Indikation

- Betrifft junge und erwachsene Katzen
- Wässriger bis grüngelber, eitriger Nasenausfluss mit wässrigem Tränenfluss
- Verklebte Nasenlöcher, Schniefen und verklebte Augen, schlimmer morgens und abends
- Nase trocken verstopft oder »sprühendes« Niesen
- Verstopfte Nasen nach Niesen
- Niesen häufig und anfallsweise, vergebliche Ansätze zum Niesen
- Evtl. Nasenbluten oder Blut-streifige Absonderung

Begleitsymptome

- Erkrankung greift auf die Kehle mit Heiserkeit oder Stimmlosigkeit über

- Evtl. Fortentwicklung zur Bronchitis oder Pneumonie (»absteigende« Atemwegsinfekte)
- Erkrankungen beginnen rechts, gehen dann auch nach links
- Anderweitige Beschwerden nach schulmedizinisch unterdrücktem Schnupfen
- Meist weitere Symptome des *Phosphorus*-Bildes vorhanden:

Verhalten

- Katze sucht auffallend oder sogar aufdringlich nach Körperkontakt
- »Schmusekatze«, oft verbunden mit plötzlicher, auch spielerischer Aggressivität
- Auffallend empfindliches Sinnessystem, nimmt alles wahr
- Freche Draufgänger, spielt gern, obwohl krank
- Fast immer guter Appetit trotz Krankheit, meist auch viel Durst

Dosierung

Einzelgabe der C 200 oder einmalige Gabe der M- oder XM-Potenz, die erst nach Monaten bei Wiederauftreten der alten Beschwerden wiederholt werden darf.

Silicea terra – Sil

Indikation

- Konstitutionelles Mittel oder »chronisches« Folgemittel zu *Pulsatilla*
- Sanfte, reservierte, »aristokratische« Katzen ohne Aggressivität
- Fröstelige Tiere, schlafen gern unter der Decke
- Chronische Formen von konstantem Schnupfen, Sinusitis, Konjunktivitis
- Vergebliche Ansätze zum Niesen, auch heftiges Niesen
- Grauweiße, schleimige Absonderung aus Nase und Augen
- Abwechselnd verstopfte Nase (morgens) mit Fließschnupfen tagsüber
- Häufiges und chronisches Niesen, anfallsweise
- Krusten in der hinteren Nase reizen zum Niesen, können kaum herausgebracht werden
- Evtl. Nasenbluten
- Entzündung, Geschwür von Nasenseptum, Zunge, evtl. mit verklebten Augenlidern
- Schnupfen, besonders lange bestehender, kann übergehen in Asthma
- Anderweitige Beschwerden entstehen nach schulmedizinisch unterdrücktem Schnupfen

Dosierung

Einmalige Gabe der M- oder XM-Potenz, die erst nach Monaten bei Wiederauftreten der alten Beschwerden wiederholt werden darf.

Bei Katzenwelpen reicht meist eine Einzelgabe der C 30 aus.

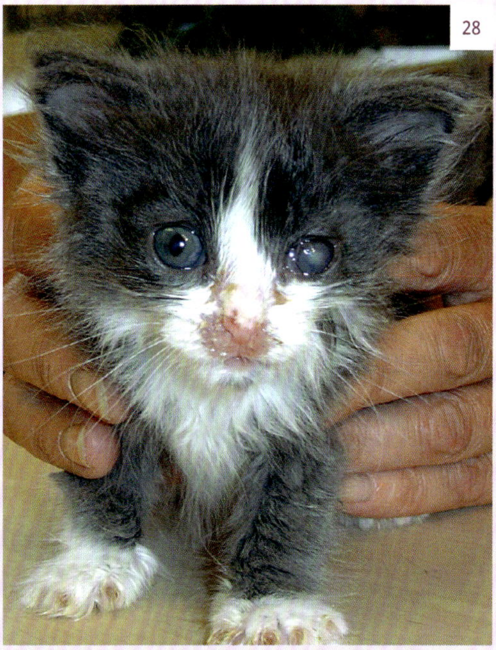

28

Junges Kätzchen, ein »Findelkind« auf einer Wiese, schlimmste Form von Katzenschnupfen, unterernährt, Durchfall, Augenentzündung, bereits eingetretene Linsentrübung links.
Auffallend sind die wundmachenden Absonderungen aus der Nase, die sogar die putzenden Pfötchen »verätzt« haben.
Eine Gabe Silicea C 200 brachte eine Heilung, die Linsentrübung war jedoch nicht zu beeinflussen.

Sulfur – Sulf

Indikation

- Chronischer Schnupfen, auch mit Augenbeteiligung
- Wunde, gerötete Körperöffnungen, auch an der Nase
- Nasenausfluss tropfend-wässrig oder klebrig, widerlich stinkend, wundmachend, evtl. blutig
- Deutliches Schniefen
- Niesen schlimmer morgens und abends, anfallsweise oder vergebliche Ansätze zum Niesen
- Husten nach Niesen, evtl. Nasenbluten

Begleitsymptome

- Schnupfen mit Augenerkrankung möglich, verklebte Lider
- Entzündung, Geschwür der Zunge
- Heiserkeit möglich, begleitender Durchfall möglich
- Anderweitige Beschwerden nach schulmedizinisch unterdrücktem Schnupfen
- Meist gleichzeitig weitere *Sulfur*-Erkrankungen, besonders Hauterkrankungen
- Verlangsamte Ausscheidung von Stoffwechselprodukten
- Unangenehmer Körpergeruch, schmutziges Haarkleid, Juckreiz, Hautausschläge

Dosierung

Einmalige Gabe der C 200, die erst nach Monaten bei Wiederauftreten der alten Beschwerden wiederholt werden darf. Bei vorangegangener immunsuppressiver Therapie mit tiefen Potenzen beginnen!

Thuja occidentalis – Thuj

Indikation

- Fließschnupfen draußen, verstopfte Nase im Zimmer
- Nasenausfluss grünlich-schleimig-blutig oder krustig, verklebte Augenlider
- Bräunliche Krusten sind schwierig heraus zubringen, daher heftiges Niesen
- Wunde, krustige, harte, schorfige äußere Nase, besonders links
- Schnupfen erstreckt sich in die Stirnhöhle
- Schnupfen schlimmer nach schlecht vertragenen Impfungen
- Warze an der Nase (auffallendes Symptom, da Warzen bei Katzen eher selten vorkommen)
- Geschwüre im Inneren der Nase, auf der Zunge
- Anderweitige Beschwerden nach schulmedizinisch unterdrücktem Schnupfen

Dosierung

Einzelgabe der C 200 oder einer höheren Potenz

Thuja ist bei der Katze weitaus seltener indiziert als z. B. bei Hund und Pferd.

WEITERE HOMÖOPATHIKA FÜR ATEMWEGS-ERKRANKUNGEN DER KATZE

Bei chronischen Erkrankungen müssen auch die konstitutionellen Symptome (»Gesamtheit der Symptome«) berücksichtigt werden.

Für die Symptome **»Husten«, »Bronchitis« oder »Pneumonie«** kommt die gesamte Materia medica infrage; die Verordnung kann nur nach auffallenden Symptomen bzw. nach der »Gesamtheit der Symptome« erfolgen.

Übersicht zu den wichtigsten Symptomen der Atemwege (außer Schnupfen)

Hier können nur einzelne Rubriken mit den wichtigsten Mitteln angegeben werden; weitere Symptome sind im Repertorium nachzulesen.

Die wichtigsten konstitutionellen Mittel für chronische Erkrankungen der Atemwege (aber letztlich kann jedes passende Mittel auch »konstitutionell« wirken!)**:** Ars, Calc, (Dulc), Lach, Lyc, (Merc), Nat-m, Phos, Puls, Sep, Sil Sulf

Plötzlich, mit hohem Fieber und heftig beginnende Atemwegserkrankungen: Acon, Bell, Ferr-p

»Absteigende« Erkrankungen der Atemwege (beginnend an den oberen Atemwegen, dann Bronchitis bis Pneumonie): Bry, Dulc, Ferr-p, Lyc, Merc, Phos, Rhus-t, Sep, Tub

Angina, Tonsillitis: Acon, Apis, Ars, Bapt, Bell, Calc, Ferr-p, Hep, Lach, Lyc, Merc, Phos, Phyt, Puls, Rhus-t, Sil oder Sulf

Angina, akut: Acon, Ars, Bar-c, Bell, Bry, Hep, Lach, Merc, Nux-v, Phos, Puls, Phyt, Rhus-t

Angina, chronisch oder wiederkehrend: Bar-c, Calc, Hep, Lach, Lyc, Nux-v, Phos, Sep, Sil, Sulf, Tub

Halsschmerzen erstrecken sich beim Schlucken in die Ohren (Ohren schütteln beim Schlucken): Hep, Nux-v, Phyt

Laryngitis: Acon, Ars, Bell, Calc, Caust, Hep, Lach, Nux-v, Phos, Rhus-t, Spong, Sulf

Schmerzlose Heiserkeit, auch chronisch: Calc, Caust und **Phos**

Pneumonie bei Welpen: Acon, Ant-t, Bac, Bry, Ferr-p, **Ip**, Lyc, Merc, Nux-v, Phos

Pleuritis, Rippenfellentzündung, Pleuropneumonie: Acon, Ars, Ars-i, **Bry,** Dulc, Lach, Kali-c, Phos. Sulf

Verschleppte, nicht ausgeheilte Pneumonie (auch nach Kortison): Ant-t, Carb-v, Lach, **Lyc,** Phos, **Sil,** Sulf, Tub

Asthma: Ant-t, Ars, Ars-i, Calc, Carb-v, **Cupr,** Dulc, Ip, Kali-c, **Lach,** Merc, Nat-s, Nux-v, **Phos**, Puls, Queb, Sil, Spong, **Tub**
Differenzialdiagnose beachten: Schwellung, Entzündung der Mediastinallymphknoten, Lungenkrebs

Vergrößerung der Mediastinallymphknoten: Bar-c, Calc-f, Scroph-n, Sil, Spong, Tub, Tub-K

Lungenkrebs: Ars, Con, Lyc, Phos u. a. (Literatur 45, 48)

Asthma erstickend mit viel Schleim in den Bronchien: Ant-t, Ars, Carb-v, Ip, Phos

Bauchatmung: Ant-t, Ars, Spong, Phos, Thuj

Akute Atemnot, Status asthmaticus: Ant-t, Ant-ars, Carb-v, Cupr, Lach, Phos, Queb, Spong, Tub

Erstickungsgefahr: Acon, Ant-t, Ant-ars, Apis, Ars, Bac, Carb-v, Cupr, Hippoz, Lach, Phos, Spong, Tub

»Asthma nach unterdrückten Hautausschlägen«: Ars, Carb-v, Cupr, Hep, Op, Psor, Puls, Sulf

»Schnupfen mit Asthma«: Ant-t, Ars, **Ars-i**, Bac, Calc, Ip, Nit-ac, Nux-v, Phos, Sil, Sulf, Tub

Niesen bei allergischem Asthma: Lach, Sil

Asthma nach schulmedizinisch unterdrücktem Schnupfen: Ant-t, Ars, Lach, Sil

Lungenfibrose, chronische Atemnot: Queb, Thios

Lungenödem: Ant-t, Adon, Apis, Ars, Carb-v, Ip, Kali-c, Lach, Phos

Lungengangrän (z. B. durch Verschlucken): Ars, Bapt, Carb-v, Lach, Phos, Pyrog, Sulf

Lungenwürmer, Beschwerden nach der Wurmkur: Ant-t, Carb-v

Auslöser

Nasswerden, Nässe, Feuchtigkeit: Calc, Dulc, Lach, Nat-s, Puls, Rhus-t, Sep, Sil , Thuj

Kaltwerden, Kälte: Acon, Ant-t, **Ars**, Bac, Bell, Bry, Carb-v, Caust, **Dulc,** Ferr-p, **Hep, Lyc,** Nat-m, **Nux-v, Phos,** Phyt, **Rhus-t,** Sep, **Sil, Spong,** Tub

Modalitäten

Verschlimmerung von Husten, Atemnot, Asthma nachts: Acon, Ars, Carb-v, Ip, Merc, Spong

Verschlimmerung des Asthma nach 24 Uhr: Ars, Carb-v, Lach, Nat-s, Samb, Spong

Atemnot, schlimmer beim Erwachen: Ant-t, Carb-v, **Lach,** Phos

Schlimmer durch Wetterwechsel zum Warmen, Föhn: Ars (Asthma), Bry, Lach, **Lyc**, Nat-m, Nat-s, **Puls**, Sulf, Tub

Wiederholte krampfartige Hustenanfälle: Cupr, Dros, Ip, Tub

Extrem schmerzhafter Husten: Acon, Bry, Caust, Merc, **Nux-v,** Rhus-t

Rasselnde Atmung: Ant-t, Ars, Bell, Caust, Cupr, Hippoz, Ip, Lyc, Nux-v, Phos, Puls, Sulf

Trockener Husten: Acon, Ars, Ars-i, Bry, Calc, Caust, Dros, Lach, Nat-m, Phos, Spong, Sulf, Tub

Husten, Asthma, Atemnot schlimmer im flachen Liegen, Katze kauert: Ant-t, Apis, Ars, Carb-v, Dros, Kali-c, Lach, Lyc, Phos, Puls, Samb, Sep, Sil, Spong

Husten beim Lautgeben (Miauen): Calc, Carb-v, Dros, Hep, Lach, **Phos,** Phyt, Sil, Spong, Tub

Begleitsymptome bei Erkrankungen der Atemwege

Auffallende Erschöpfung, Schwäche (betrifft nicht das Endstadium): Ars, Bapt, Carb-v, Pyrog

Erbrechen bei Husten (Wer lange und intensiv hustet, kommt irgendwann zum Erbrechen. Hier ist jedoch das auffallende Erbrechen bei relativ geringem Husten gemeint)**:** Ant-t, Ars, Bry, Carb-v, Dros, Hep, Ip, Lach, Puls, Sep, Sil, Sulf

Gereizte, abweisende Stimmung: Ant-t, Bry, Hep, Lach, Nux-v

Nasenflügelatmung: Ant-t, Ant-ars, Bapt, Bry, Cupr, Lach, Lyc, Phos, Pyrog, Spong, Sulf

Unterstützende Arzneien: Crat (Herz)**,** Echi (Reaktionsmangel, Immunschwäche), Queb (Atemnot bei Fibrose), Pyrog (Sepsis), Thios (Fibrose)

Beschreibung der wichtigsten Homöopathika für die Atemwege (außer Schnupfen)

Aconitum napellus – Acon

Allgemeines

- Heftige und plötzlich beginnende Infekte, niemals langsamer Beginn oder chronischer Verlauf!
- Heftige Beschwerden, obwohl der Patient vor wenigen Stunden noch ganz gesund war.
- Beginn der Erkrankung meist abends, bis Mitternacht
- Auftreten besonders bei trockener Kälte, klaren Frostnächten, Ostwind, bei plötzlicher kalter Zugluft

Indikationen und Symptome

- Beginn mit plötzlichem sehr hohem Fieber (40 °C und höher!)
- Dabei Unruhe, Angst und Schreckhaftigkeit, fühlbares Herzklopfen
- Trockene, gerötete Schleimhäute des Kopfes (Augen, Maul)
- Verstärkte, beschleunigte Atmung, entsprechend der Körpertemperatur
- Heißer Körper mit Phasen von heftigem Schüttelfrost
- Evtl. überraschend schnelle Lokalisation der Entzündung an Kehlkopf, Bronchien oder Lunge:
  - Husten: Plötzlich, erschreckend heftig, trocken wie Erstickung oder Verschlucken (Laryngitis)
  - Husten von Blut ist möglich
  - Pfeifende Atmung möglich
  - Bronchitis-Pneumonie: Plötzlich und heftig beginnend, indiziert im Anfangsstadium
- *Aconitum* heilt genauso schnell, wie die Erkrankung gekommen ist

Begleitsymptome

- Ängstlicher Blick, ängstliche Unruhe, leichtes Erschrecken
- Heißer, trockener Körper mit spürbarem, stark pulsierendem Herzschlag

Dosierung

Einzelgabe der C 200.

Antimonium tartaricum – Ant-t

Allgemeines

- Bronchitis – Pneumonie – Asthma – Lungenödem
- Kein Mittel für beginnende Erkrankungen der Atemwege, Ausnahme: Fruchtwasseraspiration Neugeborener

Indikationen und Symptome

- Atemnot, knarrende oder rasselnde Atemgeräusche, erstickende Atmung
- Würgender Husten, auch mit Erbrechen
- Lunge voller Schleim, der nicht ausgehustet werden kann
- Bronchitis – Pneumonie – Lungenödem
  - Schwere *Bronchitis*, langsam, im Lauf von 2 bis 3 Tagen oder länger entstanden
  - Bronchiolitis (Entzündung der kleinen Verästelungen der Bronchien), bedenklicher Zustand
  - Akute Bronchitis mit Asthma
  - Pneumonie neugeborener Welpen durch Einatmen von Fruchtwasser
  - Asthma: Akut oder Dauerzustand (Status asthmaticus) mit keuchender Atemnot, Zyanose
  - Auch für kritische Zustände geeignet

- Spastische (krampfhafte) Verengung der kleinsten Verzweigungen der Atemwege
- Nasenflügelatmung, deutliche krampfhafte, giemende Bauchatmung
- Verträgt keine Berührung der Nase (wie *Lachesis*)
- Lungenödem mit den genannten Symptomen

Auslöser

- Infektion, Allergie, Verschlucken (Aspirationspneumonie), Kaltwerden
- Schlecht vertragene Impfung
- Lungenwürmer: Atembeschwerden wie Lungenembolie nach Wurmkur

Modalitäten und Begleitsymptome

- Will nicht angesehen werden, wendet sich von uns weg
- Husten mit Erbrechen und fehlender Futteraufnahme (*Antimonium tartaricum* = Brechweinstein)
- Kann nicht flach liegen, Katze kauert mit erhöhtem Kopf in Brustlage
- Besser, sobald Auswurf in Gang kommt
- Beschwerden schlimmer bei oder nach Erwachen
- Ähnliche, chronische Zustände ohne Rasseln, Status asthmaticus: *Antimonium arsenicosum!*

Dosierung

Einzelgabe der C 200, in schweren Fällen auch höhere Potenz.

Apis mellifica – Apis

Indikationen und Symptome

- Akute Allergie der Atemwege mit ödematösem Anschwellen der Schleimhäute
- Intensive Schwellungen im Rachen/Kehle, Lungenödem, Erstickungsgefahr
- Verbunden mit Anschwellen der Augenlider bzw. Lidbindehaut
- Häufig allergischer Natur, evtl. auch Schwellung durch Bakterientoxine (-gifte)
- Evtl. verbunden mit Urticaria (Nesselsucht)

Modalitäten

- Besser durch kalte Anwendungen
- Evtl. hohes Fieber
- Abneigung gegen Tränkeaufnahme bzw. vorgehaltenen Trinknapf

Dosierung

Auch im kritischen Fall reicht meist eine Einzelgabe der C 200 aus.

Arsenicum album – Ars

Indikationen und Symptome

- Akute Atemwegsinfekte mit überraschend schnell eintretender körperlicher Schwäche
- Dabei schneller Übergang in Hypothermie (Untertemperatur), kalter Körper trotz Fieber
- Mäßiges bis hohes Fieber, wechselnde Fieberschübe
- Auch fortgeschrittene Stadien von Erkrankungen der Atemwege mit Schwäche
- Oder chronische Atemwegserkrankungen auf konstitutioneller Basis
- Chronische Erkrankungen zeigen weniger auffallende Schwäche

Obere Atemwege

- Schleimig-eitriger, stinkender, wundmachender Nasenausfluss, evtl. nur einseitig
- Chronische Sinusitis, bei Katzenschnupfen, Sinus-Empyem möglich

- Die Sinusitis der Kieferhöhle auch durch einen durchgebrochenen Zahnwurzelabszess
- Angina mit stinkendem Atem bzw. Absonderungen, Laryngitis
- Evtl. gleichzeitig Geschwüre im Maul

Untere Atemwege

- Bronchitis/Rippenfellentzündung/Lungenentzündung schwerster Art

Quälender schmerzhafter Husten

- blutiger, wundmachender, evtl. schaumiger Auswurf
- Stinkender Atem und Kot, Atem riecht evtl. nach Knoblauch

Asthma

- Atemnot mit Bauchatmung, evtl. Nasenflügelatmung
- Asthma schlimmer durch allergische Reaktion auf Staub oder Pollen o. Ä.
- Asthmaanfälle bei heißem Sommerwetter oder durch Kälte
- Zwischen den Asthmaanfällen meist keine auffallende Schwäche
- Kein flaches Liegen möglich wegen Atemnot, liegt mit erhöhtem Kopf in Brustlage
- Kurzer hackender, trockener Husten, giemende Atmung
- Im schlimmsten Fall ist der Husten kaum möglich wegen Atemnot, blaue Zunge
- Lungengangrän (z. B. nach Verschlucken) mit jauchigem Auswurf

Modalitäten

- Asthma auch verschlimmert an heißen, schwülen Sommertagen
- Schlimmer durch Kälte, Zugluft, nach Mitternacht (ca. 1 bis 2 Uhr)
- Trotz evtl. Schwäche wiederholte Aufnahme geringer Menge kaltes Wasser
- Brennen von Schleimhäuten, versucht diese z. B. durch Lecken an kalten Gegenständen zu kühlen
- Nach Mitternacht verstärkter Husten mit ängstlicher Unruhe
- Frieren, sucht warme Plätze

Auslöser

- Kaltwerden, Unterkühlung, eiskalte Tränke, schwere Infektion

Verhalten

- Misstrauisch-reserviert, Angst beim Alleinsein, Neigung zu Angst-Aggression
- Ängstliche, aggressive Abwehr bei der Untersuchung, sofern wegen Schwäche noch möglich

Dosierung

Einzelgabe der C 200, die bei Bedarf wiederholt werden kann.

Arsenicum iodatum – Ars-i

Indikationen und Symptome

Asthma, auch im Gefolge von chronischem Katzenschnupfen

Der warmblütige *Arsenicum*-Patient!

- Flaches Liegen ist unmöglich
- Atmung verbunden mit lautem Giemen
- Gelbgrüne, wundmachende Absonderungen, Nasenflügelatmung
- Aufgeregt und unruhig besonders nachts, nach Mitternacht
- Störungen der Schilddrüse, evtl. Hyperthyreose mit Schilddrüsenadenom

Dosierung

Einmalige Gabe der C 200.

Baptisia tinctoria – Bapt

Indikationen und Symptome

- Ähnliche Akutsymptomatik wie *Arsenicum*, septische, schwerste Zustände
- Somnolenter Zustand (schläfrig), schnell fortschreitende Erschöpfung
- Tonsillitis, Rachenentzündung schwerster Art, erstaunlich schmerzarm oder schmerzlos
- Dunkelrot-violett verfärbter Rachen/Tonsillen, stinkender Atem
- Schlucken unmöglich, schwierige Tränkeaufnahme
- Bronchitis, Broncho-Pneumonie mit Atemnot, fortgeschrittenes septisches Stadium, Nasenflügelatmung

Begleitsymptome

- Fortschreiten zur Meningitis möglich
- Maulfäule, gangränöse Stomatitis möglich
- Fauliger Geruch des ganzen Körpers möglich

Verhalten

Apathie, abwesender Ausdruck mit Schmerzen am ganzen Körper

Dosierung

Einmalige Gabe der C 200, bei Bedarf wiederholen.

Barium carbonicum – Bar-c, Barium muriaticum – Bar-m

Indikationen und Symptome

- Tonsillitis, besonders bei Jungtieren
- Extreme Vergrößerung der Tonsillen (*Barium muriaticum*) mit Entzündung
- Auch wiederkehrende Tonsillitis
- Schmerzen schlimmer beim Leerschlucken (z. B. nach Druck auf die Kehle)
- Stark vergrößerte, meist schmerzhafte Halslymphknoten

Begleitsymptome

- evtl. Zwergwuchs oder mental retardierte Jungtiere (wie behindert)
- Unsinnig erscheinendes Angstverhalten möglich

Dosierung

Einzelgabe der C 200, bei klarer Indikation auch höhere Potenz.

Belladonna – Bell

Indikationen und Symptome

- Eines der ersten Mittel einer heftig beginnenden Erkrankung der Atemwege
- Gewisse Ähnlichkeit mit *Aconitum*, aber es fehlen bei *Belladonna* Angst und Unruhe
- Wiederkehrendes, heftiges, hohes Fieber am späten Nachmittag bis Abend (41 bis 42 °C)
- Temperatur sinkt ab Mitternacht, tagsüber 1 bis 2 °C weniger Temperatur
- Temperatur steigt erneut ab ca. 18 Uhr (intermittierendes Fieber)
- Angina – Bronchitis – Pneumonie
- Erkrankung beginnt sich in Tonsillen, Rachen, Bronchien und Lungen zu lokalisieren
- Trockene, heiße, rote Schleimhäute, insbesondere trockenes, heißes Maul, evtl. Nasenbluten
- Überaus heißer Körper, heiße Nase und Ohren, evtl. kalte Extremitäten, feuchte Pfoten
- Blutfülle erkrankter Teile. deutlich spürbares, stark pulsierendes Herzklopfen
- Keuchender, harter, schmerzhafter Husten schlimmer nachts, Stöhnen bei jedem Atemzug
- Erstes Mittel für die perakute Angina, besonders rechtsseitig

- Äußerer Hals dabei extrem berührungsempfindlich
- Husten möglich wie Fremdkörper im Hals, Laryngitis
- Pneumonie, plötzlicher Beginn

Modalitäten

- Beginn plötzlich abends mit hochfieberhafter Erkrankung (40 bis 42 °C)
- Besser ab Mitternacht und tagsüber
- Schlimmer durch Wärme, besser im Kühlen
- Viel Durst auf kaltes Wasser
- Sehr empfindlich gegen Erschütterung, mag nicht vom Sessel springen

Begleitsymptome

Lichtscheu, überempfindlich gegen Sinnesreizungen

Auslöser

Heftige Infektionen durch Kaltwerden

Dosierung

Bei Welpen reicht eine einmalige Gabe der C 30, bei älteren Katzen einmalige Gabe der C 200.

Hinweis: Möglicherweise ist bei weiter bestehenden, weniger fieberhaften Symptomen ein Folgemittel indiziert.

Bryonia – Bry

Indikationen und Symptome

- Bronchitis – Pneumonie – Pleuritis (Rippenfellentzündung)
- Akute Bronchitis/Lungenentzündung entwickelt sich binnen 2 bis 3 Tagen
- Absteigende Tendenz: Schnupfen, Angina, Rachenentzündung, Bronchitis, Lungenentzündung
- Fieber meist nicht höher als 40 °C
- Extrem schmerzhafter, trockener Husten, möchte Husten vermeiden
- Flache, schmerzhafte Atmung mit Stöhnen
- Extrem schmerzhafte Rachenentzündung
- Husten ausgelöst/verschlimmert durch tiefes Atmen schlimmer durch jegliche Bewegung

Modalitäten

- Ausgeprägtes Verlangen nach Ruhe, will nicht gestreichelt werden, will allein sein
- Schlimmer durch jede Art von Bewegung/Erschütterung
- Schlimmer durch Wärme (strahlende Wärme, Sonne), besser in kühler, frischer Luft
- Verlangen auf der kranken Seite (oft rechts) zu liegen (festzustellen durch Abhören/Auskultation)
- Sucht Gegendruck, drückt sich gegen die Wand, liegt angelehnt an festen Gegenstand
- Schlimmer morgens 9 Uhr und abends 21 Uhr
- Nasenflügelatmung bei starken Atemwegsbeschwerden
- Viel Durst, Katze trinkt, wenn man ihr den Trinknapf vorhält

Auslöser

- Ärger, soziale Zurücksetzung, Wetterwechsel zum Warmen, Infektion
- Stress, Tierheim, Besitzerwechsel, Wohnungswechsel etc.

Dosierung

Einzelgabe der M- oder XM-Potenz.

Bacillinum - Bac

- Bei unklaren Atemwegsinfektionen, wenn kein anderes Mittel infrage kommt. Tage oder Wochen später sollte es von einem konstitutionellen Mittel gefolgt werden. Im chronischen Fall ist Tuberculinum bovinum der Vorzug zu geben.

Dosierung

Eine Einzelgabe der C 200.

Calcarea carbonica – Calc

Allgemeines

- Konstitutionelle Bereitschaft zu Erkrankungen der Atemwegsschleimhäute
- Häufig bei mittelschweren bis schweren, trägen Katzenrassen, ferner im Zahnwechsel

Indikationen und Symptome

- Wiederkehrender Schnupfen, Sinusitis, Tubenkatarrh, Tonsillitis, Laryngitis oder Bronchitis
- Wenig dramatischer, eher chronischer Verlauf
- Nasenausfluss weißlich-gelblich, permanent und vermehrt nach Husten
- Husten besonders beim Fressen
- Schwellung oder chronisch vergrößerte Tonsillen und/oder Kehlgangs-Lymphknoten
- Grau-weißer bis leicht gelblicher Nasenausfluss ohne weitere Symptome
- Gelegentlicher trockener Husten möglich, Laryngitis
- Asthma: gelegentliche Anfälle
- Dabei charakteristische Körperhaltung: Im Kauern werden die breit gestellte Vorderbeine nach hinten, neben und hinter die Hinterpfoten gestellt
- Schlimmer bei feuchtkaltem Wetter, durch Nasswerden
- Mögliche Folgemittel: *Lycopodium, Rhus toxicodendron, Silicea*

Dosierung

Bei sicherer Indikation M- oder XM-Potenz.

Carbo vegetabilis – Carb-v

Indikationen und Symptome

- Endstadium schwerster oder verschleppter Lungenentzündung
- Erschöpfung der Lebenskraft, schlechte Kreislaufsituation
- Kaltes Maul, Ohren, Extremitäten
- Schock, Kollaps, Untertemperatur
- Kurze, schnelle Atmung, Asthma, Atemnot mit Blauwerden (Zyanose) der Schleimhäute
- Kalter Atem, erstickender Krampfhusten mit Würgen oder Erbrechen
- Evtl. braun-blutiger, zäher Auswurf, graugrün oder zäh-klebrig
- Zustand wie beim Ersticken: Schnappen nach Luft, braucht frische Luft, evtl. Ventilator auf Katze richten
- Großes Verlangen tief zu atmen!
- Lungenödem, Status asthmaticus, Lungengangrän

Modalitäten

- Kann nicht flach liegen
- Frieren, will aber nicht zugedeckt werden
- Husten oft mit Rülpsen und Blähungsabgang verbunden, dadurch gebessert
- Schlimmer im Sommer, bei schwülem Wetter
- Schlimmer abends bis Mitternacht

Begleitsymptom

- Blähungen, evtl. Aufgasung (Tympanie), Durchfall möglich

Hinweis: Bevor man sich im Endstadium zur Euthanasie entschließt, sollte man noch *Carbo vegetabilis* versuchen!

Dosierung

Einzelgabe der C 200 entscheidet über Leben oder Sterben!

Causticum – Caust

Allgemeines

- Kein häufiges Mittel für die Katze! Verwechslung mit *Phosphorus* ist möglich

Indikationen und Symptome

- Schwerpunkte: Laryngitis, Tracheitis, Bronchitis, akut oder chronisch
- Heiseres oder stimmloses Miauen (ähnlich dem häufiger vorkommenden *Phosphorus)*
- Husten ist sehr leicht auszulösen durch Druck auf die Kehle
- Oberflächlicher, heftiger Husten, auch »Kitzelhusten«, Hustenanfälle
- Oft quälender, erschöpfender, nicht endender, hackender, trockener Reiz- und Kitzelhusten
- Besser sobald Auswurf in Gang kommt
- Besser durch Trinken! Katze geht von sich aus zum Trinken!
- Heftige Schmerzen in Kehlkopf u. a. Atemwegen durch Husten
- Zwischen Hustenanfällen liegen evtl. längere hustenfreie Intervalle

Auslöser

- Kaltwerden, (trocken) kalte Luft, Herpesviren

Modalitäten

- Schlimmer im Liegen
- Schlimmer durch Temperaturwechsel und kalt-trockene Luft
- Keine auffallende »Schmusekatze«, im Gegensatz zu *Phosphorus*!

Dosierung

Einzelgabe der C 200.

Crataegus oxycantha – Crat

Indikationen und Symptome

- Arznei zur Unterstützung der Herzleistung im Fall von schwerster Pneumonie,bei schwerer, fortgeschrittener Emphysembronchitis oder Asthma
- Vorbeuge gegen Herzerweiterung, Herzinsuffizienz oder Lungenödem in solchen Fällen

Dosierung

Tägliche Gabe von Crat. C 6 kann das »Cor pulmonale« (Herzschaden) verbessern bzw. ihm vorbeugen, bei Besserung seltener geben! Keine Dauertherapie!!

Cuprum metallicum – Cupr

Allgemeines

- Arznei für schwerste Krampfzustände an Atemwegen, Darm, Zentralnervensystem

Indikationen und Symptome

- Spastische Bronchitis, Asthma, Status asthmaticus
- Plötzliche heftige Spasmen mit Erstickungssymptomen, Asphyxie und Zyanose
- Starrer, steifer, kalter Körper, evtl. mit Bewusstlosigkeit
- Extremitäten bzw. Pfoten in eingeschlagener Beugehaltung
- Fehlender oder nur geringer Auswurf oder rasselnde Atmung
- Patient verträgt keine Berührung der Nase

Modalitäten und Begleitsymptome

- Evtl. jeweils 3 Hustenstöße hintereinander (vgl. *Phosphorus*, *Lachesis*!)
- Nasenflügelatmung
- Krampfzustand schlimmer durch Berührung des Körpers
- Schlimmer 3 Uhr nachts
- Schlimmer durch Kälte, durch Einatmen kalter Luft
- Asthma bei Epilepsie
- Je stärker die Atemnot, desto stärkere Tendenz zum krampfhaften Beugen der Pfoten

Auslöser

- Folgen von unterdrückten Hautausschlägen

Hinweis: Indiziert bei bedrohlichem Asthma, wenn das scheinbar gut gewählte Mittel nicht wirkt (Reaktionsmangel)!

Dosierung

Einzelgaben der C 30, evtl. kumuliert alle 10 Minuten für 1 oder 2 Stunden, bis eine Besserung beginnt oder Einzelgabe der C 200.

Drosera – Dros

Indikationen und Symptome

- Husten – wie Keuchhusten oder Zwingerhusten des Hundes
- Hustenanfälle extrem heftig mit Stridor, Atemnot, Würgen und Erbrechen
- Anfälle kurz aufeinander folgend oder wiederkehrend alle paar Stunden

Modalitäten

- Schlimmer nachts, besonders gegen 24 Uhr, tagsüber fast hustenfrei
- Schlimmer durch Lautgeben und im warmen Zimmer

Dosierung

Einzelgabe der C 200.

Dulcamara – Dulc

Indikationen und Symptome

- Schleimhautkatarrhe durch Kalt- und Nasswerden, durch kalte Zugluft, besser im Warmen
- Häufig begleitet von Erkrankungen der Harnwege und/oder Rückenschmerzen
- Schnupfen – Husten – Bronchitis – Asthma
- Rhinitis, Schnupfen mit viel Schniefen, auch allergische Ursache
- Absteigende Atemwegsinfekte, beginnen mit Katarrh der oberen Luftwege
- Dann Bronchitis, Lungenentzündung mit reichlicher Schleimproduktion, Rasseln, dann Asthma
- Schmerzhafter Husten mit Tendenz zu akuter Atemnot
- Husten sofort durch geringen Luftzug
- Asthma durch nasses Wetter, feuchte kühle Luft, Zugluft, Wetterwechsel zum Nasskalten
- Auch chronisch wiederkehrende Erkrankungen durch Einfluss von kalter Nässe/Feuchtigkeit
- Bronchitis bleibt latent bei bei warmem Wetter, schlimmer, sobald es nasskalt wird

Begleitsymptome

- Erkrankung beginnt oft mit weich-krustigem, juckendem Hautausschlag
- Hautausschlag besonders im Gesicht
- Oft begleitet von Harnwegserkrankung, Steifheit im Rücken, evtl. kleine Warzen im Gesicht
- Im chronischen Fall dominierendes, aggressives Revierverhalten

Dosierung

Einzelgabe der C 200, im chronischen Fall auch höhere Potenz.

Echinacea angustifolia oder purpurea – Echi

Indikationen und Symptome

- Unterstützende Therapie von reaktionsarmen Entzündungen/Eiterungen mit Tendenz zur Sepsis, z. B. bei Zahnwurzelentzündungen, die in die Kieferhöhle durchgebrochen sind
- Fördert die Reaktion und die Absonderung von Eiter und damit die Reinigung von unterschwelligen toxischen Belastungen
- Unterstützende Arznei bei reaktionsarm verlaufender Bronchitis/Lungenentzündung mit Gefahr von Sepsis bei Stillstand der Reaktion (nicht besser, nicht schlechter werdend)
- Auch indiziert bei Infektionen mit multiresistenten Erregern

Dosierung

Einzelgabe der C 30 oder C 200.

Ferrum phosphoricum – Ferr-p

Allgemeines

- Arznei für den Anfang fieberhafter Erkrankungen (ohne Symptome von *Aconitum* oder *Belladonna*)
- Ein Mittel »der zweiten Wahl«, bei beginnendem unklarem Fieber, wenn die Symptome weder eindeutig auf *Aconitum*, noch auf *Belladonna* oder ein anderes Mittel deuten.

Indikationen und Symptome

- Unklares Fieber morgens, noch ohne klare Lokalisation einer Erkrankung
- Oder beginnende Angina oder Tubenkatarrh, Rachenentzündung, evtl. hohes Fieber
- Absteigende Atemwegsinfekte, Beginn mit Nasenausfluss, Rachenentzündung
- Dann evtl. Bronchitis, Bronchopneumonie
- Blutfülle in Atemwegen, daher evtl. Neigung zu heftigem, hellrotem Nasenbluten
- Kurzer, hackender, schmerzhafter Husten, schlimmer morgens und abends, besser nachts
- Schlimmer durch Bewegung, kalte Luft
- Weniger akzentuierter Herzschlag als bei *Aconitum* und *Belladonna*

Dosierung

Wiederholte Gabe der C 30 oder einmalige Gabe der C 200.

Hepar sulfuris – Hep

Allgemeines

- Phlegmonöse (Zellgewebs-) Entzündung, anschließender Tendenz zur Eiterung in Rachen, Sinus, Tuba eustachica, Kehlkopf, Bronchien, selten Pneumonie
- Eitrige Bronchitis, eher selten bei Lungenentzündung
- Extrem berührungsempfindlich an der erkrankten Gegend mit heftiger, zorniger Abwehr
- Tendenz zu Eiterung von Schleimhäuten
- Abszessbildung mit stinkendem, reichlich grau-gelbem bis blutigem Eiter
- Bronchitis mit sehr schmerzhaftem Husten, schlimmer in trockener oder kalter Luft

Indikationen und Symptome

- Angina, Laryngitis: Extrem schmerzhafter Zustand, keine Futteraufnahme

Modalitäten

- Schlimmer durch jede Art von Kälte, durch geringste Zugluft, kaltes Wetter

- Besser durch Wärme jeder Form: Warmes Futter oder Tränke
- Besser durch Wärmeanwendung, bei warm-feuchtem Wetter
- Husten schlimmer durch den kleinsten Luftzug, sucht die Wärme, zudecken!
- Reichlich eitriger, stinkender Nasenausfluss nach rasselndem Husten

Auslöser

- Kalt-trockenes Wetter, kalter Wind, bakterielle Infektion

Begleitsymptome

- Halsschmerz erstreckt sich beim Schlucken in die Ohren, d. h. Katze zuckt oder schüttelt dann die Ohren (wie *Nux vomica, Phytolacca*)
- Alles begleitet von permanentem Frieren, Schüttelfrost, Katze sucht extreme Wärme

Verhalten

Gereizte, zornige Stimmung mit extremem Frieren, Aggression bei Berührung

Dosierung

Einzelgabe der C 200.

Ipecacuanha – Ip

Indikationen und Symptome

- Vagusreizung: Erkrankungen der Atemwege verbunden mit Übelkeit und Erbrechen
- Krampfhusten: Anfälle mit sofortigem Würgen und anschließendem Erbrechen
- Trockener Husten mit Atemnot, Übelkeit und Erschöpfung
- Bronchitis – Pneumonie: Keuchende Atemnot, Zyanose
- Zäher blasiger Schleim in den Atemwegen, der nur schwierig ausgehustet werden kann
- Feinblasiges Rasseln ist durch Auskultation hörbar (nicht so laut wie bei *Antimonium tartaricum!*)
- Asthma während Bronchitis oder Pneumonie
- Lungenödem, auch begleitend bei Gastroenteritis

Begleitsymptome und Modalitäten

- Schlimmer bei heiß-schwülem Wetter, Verlangen nach und besser durch frische Luft
- Schwitzige Pfoten
- Hustenanfälle schlimmer durch Bewegung
- Streckkrämpfe nach Hustenanfall mit Atemnot
- Blutiger Auswurf oder Nasenbluten durch Husten
- Schlimmer 19 Uhr bzw. nachts

Dosierung

Einzelgabe der C 200, bei klarer Indikation auch höhere Potenz.

Kalium bichromicum – Kali-bi

Allgemeines

- Erkrankungen der unteren Atemwege oft verbunden mit Rhinitis – Sinusitis

Indikationen und Symptome

- Zähe klebrige, fadenziehende, gummiartige oder pfropfartige Absonderungen
- Grüngelb-graue, evtl. gallertige Absonderung aus der Nase
- Ausgeschnaubte Absonderungen bleiben wie Klebstoff an der Wand kleben (wie bei *Lycopodium, Hydrastis*!)
- Akuter und chronischer Katzenschnupfen, Sinusitis, Sinusempyem
- Kehlkopfentzündung, chronische Bronchitis mit diesen zähen Absonderungen
- Auswurf kann nur mit großer Mühe abgesondert werden, klebt an der Nase oder am Maul

- Quälender Husten wegen schwierigem Auswurf, Atmung besser nach dessen Absonderung
- Asthma mit klebrigem Schleim, keuchende Atmung, schlimmer nachts

Modalitäten
- Schlimmer bei heißem Wetter, im Sommer, schlimmer nachts 1 bis 3 Uhr
- Schlimmer nach dem Fressen

Dosierung
Einzelgabe der C 200.

Kalium carbonicum – Kali-c

Allgemeines
- Ein Mittel für fortgeschrittene Atemwegserkrankungen der unteren Atemwege
- Kein Mittel für den Anfang einer Bronchitis oder Pneumonie
- Chronische Bronchitis, besonders bei Welpen und Jungtieren

Indikationen und Symptome
- Anfallsweiser trockener Husten durch trockenen, zähen Schleim in den Bronchien
- Mühsames Aushusten, Auswurf fliegt aus dem Maul bei starkem Husten
- Quälender Hustenreiz mit reichlichem Auswurf, mit heftigen Brustschmerzen
- Pneumonie mit Atemnot und viel Schleim in den Lungen
- Quälender spastischer Husten mit Atemnot, schlimmer durch Bewegung
- Sehr schmerzhafte Pleuritis (wie *Bryonia*), trockener Husten, schlimmer nachts 3 Uhr

Modalitäten
- Verschlimmerung nachts zwischen 2 und 4 Uhr
- Katze sitzt zusammengekauert und zieht das Kinn nach unten an die Brust

Begleitsymptome
- In chronischen Fällen Schwellung um die Augen, besonders der Oberlider
- Frieren, schlimmer durch Zugluft
- Schwäche durch geringste Anstrengung
- Intensive Rückenschmerzen bei Pneumonie
- Schlimmer bei nasskaltem Wetter

Dosierung
Einzelgabe der C 200.

Lachesis mutus – Lach

Indikationen und Symptome
- Angina, Kehlkopferkrankungen, Bronchitis, Asthma
- Akute Atemwegsinfekte, entwickeln sich in 2 bis 4 Tagen
- Bläulich-violette Schleimhaut am erkrankten Teil
- Berührung der Kehle macht heftige Aggression
- Aber besser durch starken Druck auf die Kehle (z. B. drückt die Kehle gegen die Sesselkante)
- Neigung zum Verschlucken beim Trinken, Flüssigkeit kommt zur Nase heraus
- **Rhinitis:** Eitrige evtl. blutige Entzündung der Nasenschleimhaut, berührungsempfindliche Nase
- **Angina – Laryngitis** mit Tendenz zur Sepsis
- Anschwellen der Schleimhaut im Rachen bis zu schnarchender Atemnot
- Evtl. Schlucklähmung mit Speichelfluss
- Neigung zum Verschlucken: Die Tränke läuft zur Nase heraus, Festes kann geschluckt werden
- **Chronische Bronchitis** verbunden mit anderen konstitutionellen Symptomen

- Tendenz zu wiederkehrenden, schweren Schüben von Atemnot und Asthma
- Leichter Druck auf die Kehle löst heftige Hustenattacken aus
- **Asthma, Emphysembronchitis, Status asthmaticus**, Lungenödem, auch durch Allergien
- Erstickender hackender Husten, Nasenflügelatmung, evtl. bläuliche Zunge
- Schwieriger, zäher oder fehlender Auswurf
- Niesen bei Asthma, Nasenflügelatmung bei Asthma
- Lungengangrän durch Verschlucken

Modalitäten und Begleitsymptome

- Erkrankungen besonders der linken Seite oder beginnen links, gehen dann nach rechts
- Evtl. Störungen der Blutgerinnung durch Bakteriengifte (feine Blutungen in Schleimhäuten)
- Erträgt keine Berührung an Nase oder Maul
- Schlimmer bei Sommerhitze, im engen, warmen Zimmer
- Platzangst: schlimmer in der engen Transportkiste
- Verschlimmert durch die »Katzenpille«
- Verschlucken beim Trinken, Flüssigkeit läuft aus der Nase
- Husten, schlimmer bei feuchter Kälte, schlimmer im warmen Zimmer
- Schlimmer bei schwülem Wetter, schlimmer in Frühling und Herbst (Haarwechsel)
- Atemnot am schlimmsten morgens bzw. beim Erwachen vom Schlafen

Verhalten

- Launische, eifersüchtige, berührungsempfindliche, oft auffallend schöne Katzen
- Platzangst, lässt sich daher ungern auf dem Arm tragen oder umarmen
- Gleichzeitige Störungen der Geschlechtshormone, häufig hypersexuelle Katzen
- Überempfindlich gegen Berührung des Bauches oder der Kehle
- Dabei plötzliche, unerwartete Aggressivität

Ergänzungsmittel: evtl. für konstitutionelle *Natrium muriaticum-, Lycopodium- oder Pulsatilla*-Patienten

Auch alleiniges konstitutionelles Mittel

Dosierung

Im Akutfall Einzelgabe der C 200, im konstitutionellen Fall höhere Potenz.

Lycopodium clavatum – Lyc

Allgemeines

- Akute und chronische Erkrankungen der Atemwege
- Rhinitis, Sinusitis, Angina, Tubenkatarrh, Kehlkopfentzündung, Bronchitis, Pneumonie
- Nasenflügelatmung begleitet schwerere Atemwegserkrankungen

Indikationen und Symptome

- **Rhinitis:** Nasenausfluss: rahmartig gelbweiß oder durchsichtig, evtl. auch wundmachend
- Nasenabsonderung bei Sinusitis auch klumpig, klebrig, zäh (wie *Kalium bichromicum*!), evtl. stinkend
- Nasenausfluss ein- oder beidseitig
- Evtl. Schwellung der Kehlgangs-Lymphknoten
- **Angina:** Rechtsseitig, nach links gehend oder einseitig links
- Verbunden mit Nasenflügelatmung
- **Bronchitis – Pneumonie:** Langsame Entwicklung von Bronchitis bis Lungenentzündung
- Meist auf konstitutioneller Basis (andere *Lycopodium*-Symptome, Verhalten!)
- Wenig charakteristische Symptome der Atemwege! Geringes Fieber
- Absteigende Atemwegserkrankungen, Beginn evtl. mit gelegentlichem Husten
- Evtl. verbunden mit rechtsseitiger Schwellung der Kehlgangs-Lymphknoten
- Husten, Pneumonie mit auffallender Nasenflügelatmung

Modalitäten und Begleitsymptome

- Verschlimmerung am späten Nachmittag und früh morgens
- Besser durch warme Tränke
- Erkrankung beginnt rechts, geht dann nach links oder nur einseitig links
- Verschlimmerung der Symptome am späten Nachmittag bis zum frühen Abend
- Husten schlimmer im warmen Zimmer, besser im Freien
- Schlimmer bei Wetterwechsel zum Warmen
- Begleitend Verdauungsstörungen mit Blähungsneigung
- Die kranke *Lycopodium*-Katze will nicht gern dauernd gestreichelt oder getragen werden, man darf sie nur manchmal streicheln, wenn ihr das gerade passt.

Auslöser

- Ansteckung, Infektion, Kaltwerden. Demütigung, Konkurrenzdruck anderer Katzen, Stress

Ergänzungsmittel bei Asthma, z. B. durch schlecht vertragene Medikamente: *Ars, Nux-v, Phos* oder *Lach*

Dosierung

Einzelgabe der C 200, im konstitutionellen Fall höhere Potenz.

Mercurius solubilis – Merc

Allgemeines

- Kein Mittel für den Anfang oder für banale Atemwegserkrankungen!
- Kein häufig indiziertes Mittel für die Katze!
- Tendenz zu schwerem, destruktivem Verlauf, Schleimhautgeschwüre
- Verbunden mit schmerzhaften Entzündungen der regionalen Lymphknoten
- Dabei extreme Erschöpfung und Hinfälligkeit

Indikationen und Symptome

- Absteigende Atemwegsinfekte:
- Schnupfen – Angina – Laryngitis – Tracheitis – Bronchitis – Pneumonie, starker Wundheitsschmerz
- Begleitend intensiver wundmachender Speichelfluss, besonders nachts
- **Angina:** Purpurroter Rachen, starke, schwammige Schwellung
- Tendenz zu Phlegmone der Zungendrüsen und Tonsillen, deutlich tastbare Vergrößerungen
- Eitrige Auflagerungen, stinkende, scharfe Absonderungen
- Reichlich zäh-seifenartiger Speichelfluss
- Starke Schmerzen, Futteraufnahme und Schlucken sind fast unmöglich
- Tränke läuft daher aus der Nase
- Husten extrem schmerzhaft, verbunden mit Atemnot
- Schwerste Fälle von Pneumonie mit Asthma, Destruktion von Lungengewebe
- Eitriger stinkender, blutiger Auswurf

Modalitäten

- Alle Symptome und Schmerzen schlimmer nachts
- Schlimmer im warmen Zimmer, schlimmer durch strahlende Wärme, schlimmer im Freien
- Alle Absonderungen stinken, sogar stinkender Schweiß an den Pfoten

Mögliche Begleitsymptome

- Konjunktivitis mit scharfen Tränen
- Destruktiver Katzenschnupfen
- Otitis mit dicken stinkenden Absonderungen, destruktive Augenerkrankungen
- Ulzerierende Stomatitis, mit schwammiger Zahnfleischschwellung, Gastroenteritis
- Zittern, besonders bei Schwäche

Dosierung

Einzelgabe der C 200.

Natrium muriaticum – Nat-m

Allgemeines

- Häufig vorkommendes konstitutionelles Mittel für »reservierte« Katzenpersönlichkeiten
- Häufige Arznei für unklare, chronische oder allergische Erkrankungen der Atemwege

Indikationen und Symptome

- **Schnupfen:** Chronischer schleimig-durchsichtiger, evtl. milchiger Nasenausfluss
- Allergischer Schnupfen u. a. allergische Erkrankungen, z. B. der Haut
- Chronischer Nasenausfluss, Tubenkatarrh, Kehlkopfkatarrh (Herpesviren)
- **Husten – Bronchitis:** Gelegentlicher Husten, unterschwellige Bronchitis
- Husten besonders beim Fressen, bei kaltem Wetter
- **Allergien:** Häufige Arznei für Allergiker (Hausstaub, Pollen, Futter, Pharma-Präparate, gegen Besitzer etc.)

Modalitäten

- Schlechte Verträglichkeit von Sonne, Sommerhitze und schwülem Wetter

Verhalten

- Depressive, brave, nervöse, abweisende, reservierte Katzen, keine »Schmusekatze«
- Vermeidet direkten Blickkontakt
- Beschwerden durch Kummer, Heimweh

Ergänzungsmittel: Mögliche Arzneien für den akuten allergischen Zustand von *Nat-m* sind *Lach, Lyc, Nux-v* oder *Phos*

Dosierung

Einzelgabe der M- oder XM-Potenz.

Natrium sulfuricum – Nat-s

Allgemeines

- Wichtiges Mittel für Asthma, insbesondere bei Jungtieren
- Asthma bei *Natrium muriaticum*-Katzen mit Kummer (auch andere Mittel)

Indikationen und Symptome

- Bronchitis mit Asthma bei schwül-feuchtem, nassem Wetter, Nebel
- Auswurf viel grünlicher bis gelbgrüner Schleim
- Husten trocken oder locker

Modalitäten

- Schlimmer 4 bis 5 Uhr nachts
- Schlimmer nach Anstrengung
- Wichtiges Ergänzungsmittel für *Thuja*

Begleitsymptom

Evtl. spritzender Durchfall

Dosierung

Einzelgabe der C 200.

Nux vomica – Nux-v

Allgemeines

- Häufiges Arzneimittel für vielfältige Erkrankungen der Katze, auch für die der Atemwege
- Erkrankungen entwickeln sich allmählich, ohne oder mit mäßigem Fieber

Indikationen und Symptome

- Schnupfen – Sinusitis – Kehlkopfkatarrh mit schleimig-wässrigem wundmachendem Nasenausfluss
- Bronchitis/Pneumonie entwickelt sich allmählich
- Mäßiges Fieber mit auffallend starkem Frieren, mangelnder Appetit
- Husten schlimmer frühmorgens, trocken, mit quälendem Würgen oder Erbrechen kleiner Menge
- Asthma ausgelöst durch toxische Stoffe, verdorbenes Futter

Modalitäten und Begleitsymptome

- Auffallende Empfindlichkeit gegen Kälte bis zum Schüttelfrost
- Alle Symptome schlimmer am Morgen, ab ca. 4 Uhr, abends besser
- Besser durch Ablenkung oder Aufregung
- Tendenz zu reizbarer, aggressiver Stimmung, will in Ruhe gelassen werden
- Atemwegserkrankungen begleitet von Verdauungsstörungen und Tendenz zu Obstipation
- Schlechte Futteraufnahme, mühsames Kotabsetzen, evtl. schmaler Kot wie ein Bleistift
- Schwäche der Hinterhand, ungenügend eingezogene Krallen
- Halsschmerz erstreckt sich beim Schlucken in die Ohren, d. h. Katze zuckt oder schüttelt dann die Ohren (wie *Hepar, Phytolacca*)

Auslöser

- Stress, Kaltwerden
- Vergiftung, Belastung durch Pharma-Präparate, Pestizide u. Ä.

Verhalten

- Reizbare Stimmung, lässt sich nicht gern streicheln
- Oder im fortgeschrittenen Zustand apathisch

Ergänzungsmittel: für *Calc*-, Lyc-, *Nat-m*-, *Phos*-, *Puls*-, *Sep*-, *Sulf*-Patienten

Dosierung

Einzelgabe der C 200, häufig besser höhere Potenz.

Quebracho – Queb (Aspidosperma quebracho)

Indikationen

- Unterstützende Arznei bei schweren Schäden am Lungengewebe mit chronischer Atemnot
- Lungenfibrose
- »Das Digitalis für die Lungen«

Dosierung

Wiederholte, tägliche Gaben der C 4, C 6 oder C 12, bei Besserung der Atemnot seltener geben!

Hinweis: Bei Lungenfibrose evtl. gemeinsam mit *Thiosinaminum* C 6 geben

Phosphorus – Phos

Allgemeines

Phosphor ist wie *Arsen* eines der sehr häufig bei der Katze vorkommendes Homöopathikum

Indikationen und Symptome

- **Atemwegsinfektionen:** Tendenz zu »absteigenden« Atemwegsinfekten bis Lungenentzündung und Asthma
- Beginn mit wässrigem Nasenausfluss mit viel Niesen
- Übergang in Sinusitis oder in Rachenentzündung/Tonsillitis möglich
- Dann Übergang in Bronchitis, Lungenentzündung
- Chronischer Tubenkatarrh

- **Schnupfen:** Nasenausfluss je nach Stadium der Erkrankung: wässrig, eitrig, zäh-klebrig, blutig
- Schubweise Nasenausfluss, »sprühendes Niesen«
- **Angina:** Heftige Halsschmerzen, oft besser durch eiskalte Tränke
- **Kehlkopfentzündung:** Akut oder chronisch, schmerzhaft mit Reizhusten (wie *Causticum*)
- Heftiger, harter Husten, leicht auslösbar durch Druck auf die Kehle
- Husten meist schlimmer am Anfang der Bewegung
- Tendenz zu Heiserkeit, heisere Lautäußerungen oder stimmloses Miauen
- **Akute Bronchitis und Lungenentzündung:** *Phos*: eine der häufigsten Arzneien
- Bronchitis-Husten oft mit Würgen oder Erbrechen, kurz, trocken, hackend, quälend
- Husten schlimmer in Bewegung, beim Lautgeben, bei Aufregung
- Quälender, schmerzhafter Reizhusten
- Husten schlimmer durch Einatmen kalter Luft, dabei evtl. heiser bis stimmlos
- Nasenflügelatmung mit heftigem, hartem, erschütterndem Husten, evtl. mit hellem Nasenbluten
- **Asthma:** durch Staub, Pollenallergie
- Oder Status asthmaticus mit konstanter Atemnot, evtl. auch ohne Husten
- Giemende, mühsame Atmung, Nasenflügelatmung, Bauchatmung, Lungenödem
- Kauert mit erhobenem Kopf

Modalitäten

- Im Anfangsstadium oft Hunger trotz hohem Fieber
- Viel Durst auf Kaltes
- Am Beginn der Erkrankung manchmal noch gutes Allgemeinbefinden trotz Fiebers
- Atemnot schlimmer abends, Auswurf evtl. morgens, beim Aufstehen vom Liegen
- Generell schlimmer während der Dämmerung, d. h. morgens und abends
- Liegt lieber auf der rechten Seite, weniger auf der linken Seite
- Husten anfallsweise, oft zwei aufeinanderfolgende Hustenstöße
- Husten schlimmer durch Lautgeben, schlimmer durch die kleinste Aufregung
- Husten schlimmer beim Fressen
- Husten schlimmer bei Temperaturwechsel von kalt nach warm und umgekehrt
- Husten schlimmer bei kaltem Wetter, durch Kaltwerden
- Brennende Schleimhäute, daher Belecken kalter Gegenstände (wie *Arsenicum*)
- Begleitend im Akutfall oft Schwäche der Hinterhand, Krallen werden nicht mehr ganz eingezogen

Auslöser

- Kaltwerden, psychisches Trauma, Aufregung, Angst, Allergie
- Folgen von nicht ausgeheilter Bronchitis
- Häufig liegt ein konstitutioneller Bezug vor

Verhalten

- Die *Phosphorus*-Katze ist extrovertiert, reagiert auffallend emotional, schreckhaft
- Ausgeprägtes Verlangen nach Gesellschaft und Körperkontakt
- Sie liebt Zuwendung und Streicheln, im schweren Zustand aber apathisch
- Neigt zu hektischer Schreckhaftigkeit und Nervosität, kann schnell aggressiv werden

Folge- oder Ergänzungsmittel

Häufig brauchen folgende Konstitutionstypen im Akutfall *Phosphor*: *Ant-c, Ars, Calc, Graph, Kali-bi, Lach, Lyc, Nat-m, Puls, Sep, Sil, Sulf, Thuj*

Hinweis: *Phosphor* und *Causticum* sind ähnlich, aber unverträglich bzw. heben sich in ihrer Wirkung auf. Sie dürfen nicht gleichzeitig miteinander gegeben werden, evtl. ist ein Zwischenmittel erforderlich.

Dosierung

Im Akutfall Einzelgabe der C 200, die bei schwerster Pneumonie frühestend nach 3 Tagen wiederholt werden darf; im konstitutionellen Fall höhere Potenz.

Phytolacca decandra – Phyt

»Der pflanzliche Mercurius«

Indikationen und Symptome

- Angina, Rachenentzündung schlimmster Art, septische Angina (selten, aber Vorsicht!)
- Futteraufnahme ist wegen Schmerzen am Zungengrund unmöglich (wie *Lach*, *Merc*)
- Stinkender Atem, stinkender Speichelfluss
- Eitrige Zellgewebsentzündung in Tonsillen und Rachen
- Dabei eitrig-geschwürige Zerstörung der Schleimhaut
- Äußerliche Schwellung der Kehle, mit schmerzhafter Schwellung der Kehlgangs-Lymphknoten
- Schlimmer auf der rechten Seite, schlimmer durch Kaltwerden

Begleitsymptom

- Schmerz erstreckt sich beim Schlucken in die Ohren, d. h. Katze zuckt oder schüttelt dann die Ohren (wie *Hep* und *Nux-v*)

Dosierung

Einzelgabe der C 200 oder M-Potenz.

Pulsatilla pratensis, nigricans oder vulgaris – Puls

Allgemeines

»Kinderkrankheiten«: Welpen-Krankheiten, im Zahnwechsel, bei eintretender Geschlechtsreife oder um die Zeit der Geburt – wobei andere Lebensphasen nicht ausgeschlossen sind.

Indikationen und Symptome

- **Erkrankungen der oberen Atemwege:** Rhinitis, Angina, Rachen- oder Tubenkatarrh, Otitis
- **Bronchitis, Husten** begleitend bei Infekten der oberen Atemwege
- Reichliche, rahmartige, milde (nicht reizende oder wundmachende) Absonderung aus den Schleimhäuten von Nase, oberem Rachen, Tuba und/oder Augen
- Weißlich bis hellgelblicher Nasenausfluss
- Evtl. Schwellung der Kehlgangs-Lymphknoten
- Mäßig bis hohes Fieber, oft bereits am Morgen, oder fehlendes Fieber
- Häufig leidender Gesichtsausdruck, meist müdes, apathisches Verhalten, sucht Zuwendung
- Trotz des Fiebers wenig Verlangen zu trinken, Gefahr von Austrocknung
- Oft fehlender oder verminderter Appetit
- Wacherer Ausdruck in frischer Luft und bei langsamer Bewegung im Freien, z. B. auf dem Balkon
- **Asthma** nach unterdrücktem Hautausschlag

Modalitäten

- Häufig unerklärliches, widersprüchliches Verhalten:
- Besser in frischer Luft, tendenziell warmblütige Katzen, aber frieren im warmen Zimmer
- Besserung des Allgemeinbefindens durch Ablenkung, Zuwendung, Gesellschaft
- Schlimmer bei heißem Sommerwetter, bei Wetterwechsel zum Warmen
- Schlimmer im warmen, überheizten Zimmer, durch strahlende Wärme
- Schlimmer während der Rolligkeit oder kurz danach
- Wenig Durst, daher evtl. Gefahr von Austrocknung

Auslöser

Ansteckung, Infektion, Kaltwerden, Nasswerden, eiskaltes Futter oder Tränke

Verhalten

- Liebe, aggressionsfreie, ruhige »Kuschelkatzen«
- Unersättliches Verlangen nach Zuwendung, was uns auf die Nerven gehen kann.

Folgemittel

Chronische Zustände: Häufig *Silicea*: Frierender Patient; sucht die Wärme!

Die schwer oder chronisch lungenkranke *Pulsatilla*-Katze braucht *Kalium sulfuricum*

Dosierung

Einzelgabe der M- oder XM-Potenz.

Pyrogenium – Pyrog

Indikationen und Symptome

- Ein unschätzbares Homöopathikum für schwerste septische Prozesse
- **Chronische Sinusitis** durch septische Fäulnisherde verfaulter Zähne/Zahnwurzeln
- Fäulnis durchgebrochen in die Kieferhöhle, Sinus-Empyem
- Mit gelegentlicher Absonderung von stinkendem, blutigem Eiter aus der Nase
- Schlimmste septische Erkrankungen der Tonsillen (*Baptisia, Mercurius, Phytolacca*), evtl. mit Endokarditis
- *Septische Pneumonie* mit schwerster Störung des Allgemeinbefinden und jauchigem Auswurf
- Pneumonie durch Verschlucken, Lungengangrän
- Aber auch möglicherweise unklare Allgemeinbeschwerden, Schwäche, evtl. kein Fieber
- Schlechtes Blutbild, keine klare Diagnose, unklare septische Situation
- Diskrepanz zwischen Körpertemperatur und Befinden oder Kreislaufsituation möglich
- Schlechtes Befinden bei geringem Fieber und umgekehrt
- Auch bei Infektionen mit multiresistenten Erregern
- Bei Besserung ist ein **Folgemittel** erwägen, z. B. *Ars, Bapt, Carb-v* oder *Lach*

Wichtig: Eine der letzten Therapiemöglichkeiten bei schwerster Sepsis

Dosierung

Im schweren Fall Einzelgabe der C 200, im Verdachtsfall Einzelgabe der C 30.

Rhus toxicodendron – Rhus-t

Allgemeines

- Akute und chronische Erkrankungen
- Weites Spektrum: vom gelegentlichen Husten bis zur Lungenentzündung

Indikationen und Symptome

- Akuter Verlauf: Entwickelt sich langsam binnen 2 bis 3 Tagen
- Tendenz zu absteigenden Atemwegserkrankungen: Angina, Rachen-, Kehlkopfentzündung entwickelt sich zur Bronchitis
- Akute Erkrankung beginnt mit Unruhe, schmerzhafter Steifheit und Rückenschmerzen
- Wundmachender Nasenausfluss, grau-schleimig bis durchsichtig
- Alles schlimmer abends und nachts mit Unruhe (besonders im Akutfall)
- Chronischer Verlauf: Vereinzelte Hustenstöße, überwiegend nach dem Aufstehen vom Liegen

Begleitsymptome

- Steifheit im Bewegungsablauf, speziell am Beginn der Bewegung

Modalitäten

- Unruhe schlimmer abends, nachts wegen Glieder- und Rückenschmerzen, mit Frieren
- Muss häufig die Lage wechseln oder wandert umher wegen Schmerzen
- Glieder- und Rückenschmerzen besser durch fortgesetzte Bewegung
- Schlimmer in kalter Luft, besser durch Wärme
- Husten schlimmer abends, nachts und bei beginnender Bewegung
- Quälender Husten mit Brust- und Rückenschmerzen

Auslöser

- Kaltwerden, besonders nach Erhitzung, kalter Wind oder Zugluft, Nasswerden
- Infektion

Dosierung

Bei sicherer Indikation Einzelgabe der M- oder XM-Potenz.

Sepia officinalis oder succus – Sep

Allgemeines
- Weniger häufig vorkommendes konstitutionelles Mittel bei der Katze als bei anderen Tierarten
- Atemwege sind nur ein Teil der »Gesamtheit der Symptome«
- Schwerpunkt: Erkrankungen im Urogenitalbereich

Indikationen und Symptome
- **Rhinitis – Sinusitis – Angina**
- Unspezifischer Nasenkatarrh, breitet sich in die Stirnhöhlen aus
- Akute oder chronische Sinusitis
- **Bronchitis** nach absteigender Tendenz von oberen Atemwegen, auch chronische Bronchitis
- Gelegentlicher Husten ohne beeinträchtigtes Befinden
- Besser bei Anstrengung und durch Abhusten

Modalitäten und Begleitsymptome
- Symptome besser durch Anstrengung:
- *Sepia*: Die »Rennkatze«: Andere Katzen »schreiten«, die *Sepia*-Katze galoppiert
- Begleitend evtl. Sterilität, Abort oder matte, müde, »verbrauchte« Zuchtkatze

Verhalten
- in der Jugend dominant, eigensinnig, widerspenstig, widersetzlich
- Später, nach vielen Geburten: matt und träge

Auslöser
- Hormonelle Imbalancen, Sterilität, Zustand nach Hormonbehandlung (»Katzenpille«)
- Folgen von Kastration nach Gebärmuttererkrankung (»Unterdrückung«)
- Bei akuter Erkrankung: Kaltwerden, Erschöpfung durch Stress (Leistung als Muttertier)

Dosierung
Einzelgabe der M- oder XM-Potenz.

Silicea terra – Sil

Allgemeines
- Chronische Erkrankungen oder Folge von Eiterungen (evtl. nach *Hepar*)
- Chronische Zustände, nach nicht ausgeheilter Infektionen/Eiterung
- Wichtigstes Katzenmittel für die Folge schlecht vertragener Impfung
- Indiziert auch nach verschleppter Lungenentzündung
- Wichtiges konstitutionelles Katzen-Mittel für sanfte »Engelchen«, frei von Aggressivität
- Aufzuchtschäden von unterernährten, schlecht gehaltenen jungen Tieren – Wurmbefall
- Abgemagerte, zarte Kümmerer oder Frühgeborene
- Evtl. ungenügend behandelte *Pulsatilla*-Patienten (*Silicea* ist das frierende Folgemittel zur eher warmblütigen *Pulsatilla*)

Indikationen und Symptome
- **Sinusitis, Angina, Rachen-Tubenkatarrh** in chronischen oder rezidivierenden Formen
- Auch subklinische oder wiederkehrende Erkrankungen
- Lange bestehender wundmachender Nasenausfluss, wässrig, grau-schleimig, nicht dramatisch
- Chronische Zahnwurzelentzündung mit Durchbruch in die Kieferhöhle ohne dramatische Symptome
- Möglicherweise mit Erkrankung der umliegenden Knochen (Ostitis)
- Fistelbildung oder Empyem möglich durch chronische Sinusitis
- **Bronchitis – Pneumonie:** verschleppter, chronischer Verlauf
- Spärlicher, wundmachender, grau-weißlicher Nasenausfluss

- Tendenz zu chronischer Bronchitis mit Kurzatmigkeit
- Überempfindlich gegen Staub bis zur Allergie
- Erschöpfender Husten schlimmer in kalter Luft, durch Kaltwerden, bei tiefer Atmung
- Besser durch leichte Bewegung
- **Asthma** mit Niesen

Modalitäten

- Generelle Verschlimmerung durch Kälte, nasskaltes Wetter und im Winter
- Schlimmer auch in Sommerhitze wegen mangelhafter körpereigener Temperaturregulation
- Reaktionsmangel, weder Besserung noch zunehmende Verschlimmerung
- Katze sucht die Wärme, liegt gern unter der Decke

Verhalten

- »Vornehm-reserviertes Wesen«, überempfindliche »Mimose«, »Prinzessin auf der Erbse«
- Rangniedrige, nachgiebige Tiere, lassen (fast) alles mit sich geschehen
- Kaum Abwehr bei der klinischen Untersuchung

Auslöser

- Kaltwerden
- Schlecht vertragene Impfungen

Dosierung

Einzelgabe der C 200, im konstitutionellen Fall auch höhere Potenz.

Spongia tosta – Spong

Indikationen und Symptome

- Schwerpunkt Husten, Kehlkopf, Bronchitis, Asthma, Schilddrüse
- Charakteristischer Husten: »trockener Husten, wie eine Säge, die durchs Holz gezogen wird«
- Oder Keuchen »wie ein bellender Seehund«
- D. h. kein »hackender« Husten
- **Bronchitis**, Tendenz zu **Asthma**, bzw. spastischer Bronchitis mit Stridor, evtl. Bauchatmung
- Trockene Schleimhäute
- Häufig heisere Stimme (Laryngitis)
- Status asthmaticus mit Erstickungsgefahr
- Nasenflügelatmung
- Husten schlimmer durch kalte Tränke
- Besser durch Wärme, im warmen Zimmer
- Husten besser durch Aufsitzen und Kopf nach vorne oder sogar nach hinten beugen

Modalitäten

- Husten und Atemnot schlimmer nachts, gegen Mitternacht

Begleitsymptome

Herzerkrankung oder Schilddrüsenstörung möglich

Auslöser

- Kaltwerden, kalter Ostwind, Infektion

Dosierung

Einzelgabe der C 200, bei schweren und deutlichen Symptomen auch höhere Potenz.

Sulfur- Sulf

Allgemeines

- Keine primäre oder spezifische Arznei für Atemwegserkrankungen
- Sondern eher ein »Reaktionsmittel« für chronische Stoffwechselstörungen

Indikationen und Symptome

- Chronische Atemwegserkrankungen, vorbehandelt mit immunsuppressiver Therapie
- Oder durch Antibiotika gestoppte Absonderungen/Entzündungen

- Chronische Atemwegserkrankung ohne Heilungstendenz
- Z. B. Pilzinfektionen nach wiederholter Antibiotika-Therapie
- Folgen von schlecht vertragenen Impfungen
- **Bronchitis, Lungenentzündung** bei eher kräftiger Konstitution in verschleppten Fällen
- Meist gleichzeitig Hauterkrankungen oder Ekzeme

Modalitäten
- Besser in frischer Luft, schlimmer im warmen Zimmer
- Schlimmer abends und nachts

Begleitsymptome
- Hautausschlag, abwechselnd mit Atemwegssymptomen
- Auch allergische Hautausschläge
- Stinkender Körpergeruch, glanzloses Fell bei verlangsamtem Stoffwechsel
- Belastung mit nicht ausgeschiedenen Abbauprodukten des Stoffwechsels
- Allergie äußert sich mehrheitlich über die Haut, juckende Ekzeme, Urticaria
- ist dann das »Reaktionsmittel«, um Immunsystem und Stoffwechsel zu aktivieren

Dosierung
Sulfur C 30 (in Einzelgaben) macht die Pathologie nach Immunsuppression wieder zugänglich für eine Therapie, d. h. es treten wieder für die Homöopathie verwertbare Symptome auf. Dabei vorsichtig dosieren: Einmalige Gabe oder 2-mal im Abstand von 2 bis 4 Tagen, dann beobachten und evtl. Folgemittel wählen (z. B. *Ars, Calc, Caust, Puls*).

Bei klarer Indikation: Einzelgabe der C 200.

Thiosinaminum – Thios

Allgemeines
- Wichtiges klinisches Homöopathikum zur Auflösung von bindegewebigen Verhärtungen der Lunge
- Kurzatmigkeit ohne oder mit geringem Hustenreiz

Dosierung
Einzusetzen bei Lungenfibrose in C 6 in täglichen Gaben über mehrere Wochen. Bei Besserung der Atemnot seltener geben.

Hinweis: Evtl. gemeinsam mit *Quebracho* (siehe Seite 291)

Thuja occidentalis – Thuj

Allgemeines
- Kein typisches »Katzenmittel«
- Am meisten indiziert nach zu häufigen oder schlecht vertragenen Impfungen

Indikationen und Symptome
- **Bronchitis, Husten, Asthma**
- Allergische asthmaähnliche Atmung bei chronischem Husten, Pollen- oder Stauballergie
- Husten krampfhaft, erschöpfend, trocken oder mit Auswurf
- Anfallsweise, oft nur zwei aufeinanderfolgende Hustenstöße

Modalitäten
- Husten vermehrt beim Fressen
- Schlimmer durch Nässe, Nasswerden
- Atemnot schlimmer morgens und nachts
- Schlimmer bei feuchtem oder Regenwetter, durch Nasswerden
- Schlimmer durch Bewegung, beim Liegen auf der linken Seite
- Evtl. begleitet von Warzen (wie *Dulcamara*)

Dosierung
Einzelgabe der M- oder XM-Potenz.

Tuberculinum Koch – Tub-K

Allgemeines

- *Tuberculinum* kann allein nach den Symptomen der Atemwege nicht von anderen Mitteln differenziert werden
- Wichtiges Zwischenmittel in der Langzeittherapie, wenn Atemwegsinfektionen wiederholt zum Asthma eskalieren
- Für die Katze hat sich speziell *Tuberculinum Koch* bewährt, weniger *Tuberculinum bovinum*

Dosierung

Einzelgabe der C 30.

KAPITEL 9

ERKRANKUNGEN VON HERZ-KREISLAUF, BLUT UND LYMPHORGANEN

Herz-Kreislauf-Erkrankungen können als Erkrankungen von Herz, Kreislauf, Blutgefäßen, der Blutverteilung, der Blutbildung und der Blutzellen auftreten.

Herzerkrankungen

Aus der Sicht der Homöopathie – auch der Traditionellen Chinesischen Medizin – gehören Erkrankungen des Herzens nicht zu den primär auftretenden Krankheiten, sondern entstehen erst als Folge von vorangegangenen Schäden anderer wichtiger Organe; ferner können sie als Folge von »Unterdrückungen« auftreten (*Kapitel 2, Abschnitte Kriterien der Ähnlichkeit: Arten von Erkrankungen, Seite 34*, und *Miasmen, Seite 41*).

Krankheiten entwickeln sich grundsätzlich von außen nach innen; das Herz gehört – wie die Nieren – zum »Innersten Yin«, d. h. es erkrankt erst dann, wenn bereits andere Schäden hierarchisch untergeordneter Art (d. h. weniger lebenswichtiger Organe) vorhanden sind oder waren.

Aus diesen Gründen sind chronische langsam entstandene Erkrankungen am Herzen in erster Linie als chronische Erkrankungen des ganzen Organismus anzusehen und entsprechend zu therapieren.

Es gibt jedoch zusätzlich spezielle Auslöser für Herzkrankheiten, die durch Vergiftungen oder Nebenwirkungen von Pharma-Präparaten hervorgerufen werden können.

Pathogene Faktoren, wie Folgen von Überanstrengung, spielen bei der Katzen nur selten eine Rolle.

Zusätzlich zur konstitutionellen Therapie gibt es spezifische und hochwirksame klinische Arzneien für das Herz.

Eine große Zahl weiterer Homöopathika für Herz, Kreislauf und Blutgefäße können hier nicht erwähnt werden, zumal sie bei der Katze nur vereinzelt vorkommen. Weitergehende Auskünfte geben Repertorium und Arzneimittellehren.

Dieses Kapitel lässt sich sinngemäß auch für den Hund und andere Lebewesen anwenden.

KURZ-REPERTORIUM ZU DEN WICHTIGSTEN HERZ-ERKRANKUNGEN MIT DEN HÄUFIGSTEN ARZNEIEN

Herzmuskelschwäche: Adon, Ars, Aur, Calc, Crat, Dig, Phos u. a.

Herzstörungen bei alten Tieren: Ars, Cact, Chin, Con, Crat, Dig, Lach, Nux-v, Visc u. a.

Degeneration des Herzmuskels: Ars, Aur, Cact, Kali-c, Phos u. a.

Herzhypertrophie: Acon, Aur, Cact, Kali-c, Spong u. a.

Hypertrophe Kardiomyopathie (HCM) der Katze: Ars, Iber, Lach, Phos

Herztumult: Acon, Aur, Bell, Cact, Glon, Lyc, Naja, Nat-m

Erkrankungen der Herzklappen: Adon, Ars, Cact, Crat, Dig, Kali-c, Lach, Lyc, Lycps, Naja, Phos, Spong u. a.

Herzerkrankungen mit Zyanose: Ant-t, Apoc, Ars, Carb-v, Dig, Lach, Laur, Lycps, Naja, Phos, Spong

Herzerkrankungen bei Überfunktion der Schilddrüse: Adon, Ars, Lach, Lycps, Spong

Herzerkrankungen mit Lungenödem: Adon, Ant-t, Apis, Apoc, Ars, Aur, Carb-v, Dig, Lach, Lyc, Nat-m, Phos u. a.

Herzhusten: Adon, Ars, Cact, Dig, Lach, Laur, Naja, Phos, Spong

Herzasthma: Acon, Ars, Cact, Dig, Glon, Iber, Lycps

Herzerkrankungen mit Aszites: Adon, Apis, Ars, Aur, Bry, Cact, Dig, Lyc u. a.

Herzerkrankungen, bestehend nach schwerer Infektion oder Sepsis: Adon, Crat, Lach, Lyc, Naja, Pyrog, Phos

Herzgeräusche deuten nicht in jedem Fall auf eine Herzerkrankung hin, sondern können auch momentan durch die Stellung oder Lage des Körpers bedingt sein. Nicht jedes leichte Herzgeräusch ist als schwerwiegender Herzfehler zu bewerten und zu therapieren!

HYPERTROPHE KARDIOMYOPATHIE (HCM) DER KATZE

Die häufigsten Herzerkrankungen der Katze sind solche des hypertrophen Herzmuskels. Sie können angeboren oder »idiopathisch« (»aus sich selbst entstanden«) bei erwachsenen oder älteren Katzen auftreten.

Bei manchen Katzen besteht eine erbliche Veranlagung.

Die beste Prophylaxe für erblich bedingte Erkrankungen besteht in einer passenden konstitutionellen Therapie der Elterntiere, noch besser, wenn auch die vorangegangenen Generationen entsprechend therapiert werden konnten.

Zusätzlich sollte die Mutter während der Trächtigkeit einmal ihr konstitutionelles Homöopathikum bekommen.

Diese Maßnahme gilt für alle Lebewesen und dient zur Prophylaxe aller möglichen erblichen Schäden – nicht nur solche des Herzens (*Kapitel 17, Abschnitt Prophylaxe von erblichen Schäden, Seite 535*).

An erster Stelle steht bei der Katze die Linksherzhypertrophie (Hypertrophe Kardiomyopathie = HCM).

Diese Erkrankung ist gekennzeichnet durch eine Zubildung der Herzmuskulatur mit einer Verdickung der Herzkammer und Herzscheidewand (Septum).

Durch die verdickten Herzwände ist die Kapazität der Herzkammern, sich mit Blut zu füllen, eingeschränkt.

Daher kommt es zu einem Rückstau des Blutes in der Lunge mit Tendenz zum Flüssigkeitserguss in Lungen und Brustraum (Lungenödem, Pleuraerguss), Atemnot und evtl. Bewegungsstörungen oder Anfällen von Bewusstlosigkeit.

Der Herzrhythmus zeigt sich dann oft als »Galopp-Rhythmus«.

Anfangs verläuft die Erkrankung ohne wesentliche Beschwerden und ist in diesem Stadium kaum festzustellen. Als erste Symptome können Mattigkeit und mangelnder Appetit beobachtet werden. Im fortgeschrittenen Zustand kommt es zu Herzrhythmusstörungen, Atemnot mit offenem Maul (Hechelatmung) und später zu bläulichen Schleimhäuten oder Bauchatmung, erstaunlicherweise fast ohne Husten. Ein spontaner Herztod ist möglich.

Eine Wasseransammlung im Bauchraum (Aszites) kann zusätzlich auftreten.

Durch Verwirbelungen des Blutes können sich Thromben entwickeln mit anschließender Embolie (Verschluss eines Blutgefäßes), die sich besonders in einer Oberschenkelarterie lokalisieren kann: Die Katze schreit plötzlich auf und zeigt eine schmerzhafte Lähmung einer Hinterextremität (akuter Notfall!).

Die genaue Ursache der Erkrankung ist unbekannt. Man vermutet einen zu hohen Blutdruck, z. B. ausgelöst durch einen gestörten Renin-Angiotensin-Mechanismus, eine Nierendegeneration oder eine Überfunktion der Schilddrüse.

Die HCM wird aber auch bei Tieren beobachtet, die noch keinen organischen Nieren- oder Schilddrüsenschaden aufweisen.

Diese Erkrankung ist erst seit ca. 20 bis 30 Jahren bekannt. Daher liegt die Vermutung nahe, dass hier eine Ursache in Zusatzstoffen der industriell gefertigten Futtermittel, in Nebenwirkungen von Pestiziden oder Impfstoffen oder anderen toxischen Belastungen besteht.

D. h. für eine Therapie oder Prophylaxe sind in erster Linie verbesserte Haltungsbedingungen, artgemäße Ernährung und das Vermeiden unnötiger toxischer Belastungen notwendig (z. B. keine Wurmkuren ohne Wurmbefall, keine regelmäßige Anwendung von Akariziden, Vorsicht vor hoch dosierten Herzmedikamenten etc.).

Um einer Schilddrüsenüberfunktion zu begegnen, muss Futter ohne künstlichen Jodzusatz gefüttert werden! (*Kapitel 11, Abschnitt Die Schilddrüse, Seite 385*, und *Kapitel 1, Abschnitt Die Katze – Wesen – physiologische Daten, Seite 7*).

Die Schulmedizin behandelt je nach Stadium der Erkrankung mit den auch beim Menschen üblichen Medikamenten: Blutdrucksenker, Betablocker, ACE-Hemmer, Diuretika und/oder gerinnungshemmende Medikamente als Dauertherapie, zusätzlich »Säureblocker« für die durch diese Arzneien geschädigte Magenschleimhaut. Falsch eingesetzte oder zu hoch dosierte Herzmedikamente können Herzerkrankungen vortäuschen oder provozieren!

Aus der Homöopathie können je nach Krankheitsstadium und Symptomen verschiedene Mittel infrage kommen.

Im Anfangsstadium wird eine konstitutionelle Therapie verhindern, dass die Erkrankung weiter fortschreitet.

Zu den wichtigsten konstitutionellen Mitteln zur Vorbeuge und Therapie der HCM gehören in erster Linie die konstitutionellen Mittel *Lachesis* und *Phosphorus*, aber auch *Arsenicum album*.

Lachesis ist ein wichtiges konstitutionelles Homöopathikum für die Katze, wenn auch weniger häufig vorkommend als *Phosphorus* und *Arsenicum*.

Eine *Lachesis*-Herzerkrankung kann – neben der erblichen Disposition – auch durch verschiedene Faktoren erworben werden, z. B. durch Unterdrückung von körperlichen Ausscheidungen oder nach schweren, bakteriellen Infektionen.

Die *Lachesis*-Katze verfügt in gesundem Zustand über übermäßig viel Energie und Aktivität. Umso deutlicher fällt ein Mangel an diesen Eigenschaften auf, wenn sich z. B. eine Herzerkrankung entwickelt. Die *Lachesis*-Katze ist auffallend nachtaktiv, häufig sehr »geschwätzig« (es gibt auch »schweigsame« *Lachesis*-Katzen), auffallend »witzig«, eifersüchtig, besitzergreifend, launisch, hinterlistig und recht aggressiv, wenn es ihr gerade passt.

Die Untersuchung von Maul und Nase löst meist aggressive Abwehr aus, ebenso ein leichter Druck auf die Kehle. *Lachesis*-Patienten neigen zu Erkrankungen von Herz- und Blutgefäßen, daher gilt *Lachesis* als eines der wichtigsten Mittel für Thrombosen.

Eine Tendenz zu Überfunktion der Schilddrüse kann vorhanden sein.

Das rote Fell teilt sie häufig mit der *Phosphorus*-Katze.

Phosphorus ist ein bei Katzen sehr häufig indiziertes Homöopathikum.

Phosphorus gilt als die netteste, liebenswürdigste, temperamentvollste, witzigste und hübscheste »Schmusekatze«, die es gibt! Sie trägt häufig ein rotes, pechschwarzes oder dreifarbiges, glänzendes Haarkleid (aber auch das übliche Grau). Sie legt Wert darauf, im Mittelpunkt zu stehen und setzt sich in entsprechende Positur. Wenn sie gerade dazu gestimmt ist, kann man sich sogar mit ihr (per Miau) unterhalten. Sie empfindet ein schier unersättliches Verlangen nach Körperkontakt, geht manchmal sogar gern zum Tierarzt und schnurrt möglicherweise auch noch genießerisch beim Blutabnehmen.

Daheim kann sie uns durch ihre mangelnde Distanz und Aufdringlichkeit auf »die Nerven« gehen: Sie hockt auf dem Schreibtisch, platziert sich auf der Computertastatur, die wir eigentlich bedienen wollten oder »besitzt« ausdrücklich das Buch oder die Zeitung, die wir gerade zu lesen beabsichtigten. Sie bringt uns mit ihrem Witz zum Lachen, und darum kann man ihr auch den größten Unfug nicht übel nehmen.

Dennoch haben auch *Phosphorus*-Katzen ihre »Schattenseiten«: Übermäßige Angst und Schreckhaftigkeit schwächt ihr ohnehin schon übersensibles »Nervenkostüm« und ihr Sensorium gegenüber allen Informationen, die in der Luft liegen. Sie ist sehr schnell emotional erregbar und kann durchaus – wenn ihr etwas nicht passt – zum aggressiven, kleinen »Teufel« werden.

Diese Eigenschaften machen sie empfänglich für Erkrankungen der Schilddrüse und schaffen eine Bereitschaft zur Entwicklung organischer Erkrankungen.

Ähnliche Symptome finden sind auch im Arzneimittelbild von **Arsenicum album**, speziell die Maulatmung mit vorgesteckter Zunge. Auch die konstitutionelle *Arsenicum*-Katze kann sich nett und liebenswürdig zeigen, aber nur, so lange man nichts gegen ihren Willen verlangt. Die Lebensangst mit Bereitschaft zu aggressivster »Notwehr« kann jederzeit hervorbrechen; auch die psychische Verfassung der Bezugspersonen beeinflusst die *Arsenicum*-Katze ebenso wie die *Phosphorus*-Katze: Speziell die *Arsenicum*-Katze ist überaus empfänglich für die Angst der Besitzer.

Tierärztliche Untersuchungen versetzen die *Arsenicum*-Katze oft in panische Todesangst und lösen die entsprechende »Notwehr-Aggression« aus.

Daheim ist die *Arsenicum*-Katze eher reserviert, man »darf« sie streicheln; wenn ihr das momentan nicht genehm ist, entzieht sie sich oder beißt und kratzt.

Alle drei Mittel können für die HCM als konstitutionelle Mittel, aber auch im Akutzustand oder im Fall einer zusätzlichen Störung der Schilddrüse infrage kommen.

Sollte keine Indikation für eines dieser Mittel bestehen, dann kann für das hypertrophe Herz mit Verdickung von Herzwand und Septum auch die klinisch wirkende Pflanze *Iberis amara, Cactus* oder eines der unten beschriebenen Mittel infrage kommen.

Bei der HCM sind die überwiegend vagoton und bradycard wirkenden Herzmittel (z. B. *Digitalis, Apocynum*) weniger indiziert.

WEITERE HOMÖOPATHIKA FÜR HERZ-KREISLAUF-ERKRANKUNGEN

Aconitum napellus – Acon

Indikationen und Symptome

- Herz-Kreislaufschock (*Kapitel 19, Notfälle, Seite 548*), Herzrasen, Herztumult
- Ausgelöst durch Schreck/Panik, auch deren bereits lange bestehende Folgen
- Heißer Körper, trockene Schleimhäute
- Schlimmer durch Kälte, kalten Wind oder Hitzschlag

Dosierung

Einmalige Gabe der C 200 oder höherer Potenz.

Adonis vernalis – Adon (Adonisröschen)

Indikationen und Symptome

- Kleines, hochwirksames Mittel bei organischen Herzerkrankungen
- Wirkt als Tonikum bei chronischer Herzerkrankung, steigert die Kontraktionskraft des Herzmuskels
- Herzhypertrophie mit Schwäche mit oder ohne Hyperthyreose
- Reguliert die Herzkontraktion, zusätzlich diuretische Wirkung bei Ödemen und Niereninsuffizienz
- Wichtig für das Lungenödem und Hydrothorax bei Herzerkrankungen
- *Adonis* kann diese Ödeme zum Rückgang bringen
- *Adonis* ist auch bei anderen organischen Herzerkrankungen (z. B. Klappeninsuffizienz) häufig als hochwirksames, organotropes Mittel indiziert
- Nach schwerer Infektion, auch mit Nierenschaden

Dosierung

C 3 oder C 4 einmal täglich, bei Besserung Abstände vergrößern bzw. absetzen!

Hinweis: Keine Dauertherapie! Kann auch gemeinsam mit *Crataegus* gegeben werden.

Antimonium tartaricum – Ant-t

Indikationen und Symptome

- Lungenödem durch Herzerkrankung
- Lungenödem mit deutlich hörbaren Rasselgeräuschen, Auswurf kann nicht ausgehustet werden
- Laute Ausatmung
- Schlimmer abends und nachts nach Mitternacht
- Atemnot schlimmer im Liegen, Katze kauert in Brustlage
- Schlimmstenfalls Bauchatmung (auspressen der Atemluft durch die Bauchpresse)
- Tendenz zu Zyanose
- Schlimmer im warmen Zimmer
- Meist größere Schwäche als beim *Arsenicum*-Patienten – außer im Endstadium

Dosierung

Einzelgabe der C 200, bei Bedarf wiederholen.

Apocynum – Apoc

Indikationen und Symptome

- Vagotones »Diuretikum« mit Tendenz zu langsamem Puls, Tendenz zu Zyanose und Frieren
- Zu versuchen bei Aszites oder Pleuraerguss, ausgelöst durch Herz-, Kreislauf- oder Nierenschaden
- Besonders nützlich bei Gastritis mit Inaktivität des Magens
- Durst, Erbrechen sofort nach dem Trinken, evtl. verbunden mit Krämpfen

Dosierung

Einmal tgl. C 4 oder C 6 bis zur Besserung.

Arsenicum album – Ars

Indikationen und Symptome

- *Arsenicum* ist das wichtigste Komplementärmittel zu *Phosphorus*!
- Lungenödem durch Herzerkrankung, evtl. mit Zyanose, evtl. Aszites u. a. Ödemen
- Schlimmer nach Mitternacht mit Ruhelosigkeit, ängstliche Ruhelosigkeit
- Ängstliche, kurze, oberflächliche Atmung, evtl. Bauchatmung
- Überempfindlich gegen die Berührung der Nase (Erstickungsangst)
- Kann bei Herzerkrankung nicht flach liegen, liegt nicht gern auf der linken Seite
- Katze verharrt in Kauerstellung
- Schlimmer bei nasskaltem Wetter oder bei heißem Sommerwetter, Tendenz zum Frieren

Dosierung

Einzelgabe der C 200, bei Bedarf wiederholen.

Aurum metallicum – Aur (Gold)

Indikationen und Symptome

- Organische Erkrankungen des Herzens
- Hoher Blutdruck mit geröteten Schleimhautgefäßen, bevorzugt bei älteren Tieren
- Arteriosklerose, (fettige) Herzmuskeldegeneration
- Herzhypertrophie, Klappeninsuffizienz, schneller, unregelmäßiger Herzschlag, absolute Arrhythmie
- Liegt nicht gern auf der rechten Seite
- Begleitet von reizbarem Temperament bei geringstem Widerspruch

Dosierung

Je nach Schwere der Erkrankung Einzelgaben der C 30 oder C 200.

Cactus grandiflora – Cact (Königin der Nacht)

Indikationen und Symptome

- Herzbeschwerden mit wiederkehrenden krampfartigen Schmerzen
- Ausstrahlung ins linke Vorderbein mit scheinbarer Lahmheit, evtl. Schwellung der Pfote
- Atemnot durch Herzbeklemmung (wie Angina pectoris)
- Im Akutfall verbunden mit Angst und Unruhe
- Heftiges, unregelmäßiges Herzklopfen, verstärkter Herzspitzenstoß
- Herzhusten ist möglich, schlimmer durch leichte Anstrengung
- Patient kann nicht auf der linken Seite liegen, nur Rechtslage oder kauernde Haltung möglich
- Schlimmer nachts, 11 Uhr und/oder 23 Uhr
- Schlimmer durch Wärme und Sonne

Dosierung

Wiederholte Gaben der C 3 oder C 4, im Akutfall Einzelgabe der C 30.

Calcarea carbonica – Calc

Indikationen und Symptome

- Herzschwäche im Rahmen anderer konstitutioneller Merkmale

Dosierung

Einzelgabe der M- oder XM-Potenz.

Carbo vegetabilis – Carb-v

Indikationen und Symptome

- (Fast) kollabierter, eiskalter Patient, sinkende Lebenskraft
- Schlimmste Atemnot mit Luftschnappen und Zyanose, kauernde Haltung
- Reichlich Speichelfluss
- Häufig verbunden mit aufgetriebenem Abdomen und Blähungen
- Endstadium mit drohendem Tod

Dosierung

Einzelgabe der C 200.

China officinalis – Chin

Indikationen und Symptome

- In diesem Zusammenhang Tonikum für Herz und Kreislauf nach schwerer Krankheit
- Wichtig nach Flüssigkeits- oder Blutverlust
- Kann nicht auf der rechten Seite liegen

Dosierung

Einzelgaben der C 30, einmal tgl. für 2 bis 3 Tage.

Crataegus oxycantha – Crat (Weißdorn)

Indikationen und Symptome

- Organotropes hochwirksames Mittel für das geschwächte Altersherz
- Wirkt deutlich stärkend bei allen Erkrankungen des Herzens
- Speziell auf das hypertrophe, dekompensierte oder schwache Herz
- Herzarrhythmie ist möglich, fehlender, schwacher oder verlängerter erster Herzton
- Wirkt diuretisch bei gleichzeitiger Niereninsuffizienz
- Auch geeignet für alte Tiere mit mangelndem Appetit
- Schlimmer durch Anstrengung und im warmen Zimmer
- Besser im Freien
- Überraschende Besserungen der Herzaktion sind durchaus möglich!

Dosierung

Langfristige Gaben von C 3 oder C 4 einmal täglich über einige Wochen – unter klinischer Kontrolle; bei Besserung Abstände vergrößern und dann absetzen.

Digitalis purpurea – Dig (purpurroter Fingerhut)

Indikationen und Symptome

- Herzinsuffizienz bei Leber- und Herzbeschwerden, evtl. Prostataerkrankung
- Schlüsselsymptom: sehr langsamer oder langsam intermittierender Herzschlag (bradykard)
- Beschleunigtes Herz bei der kleinsten Bewegung, Vorhofflimmern, Herzhypertrophie, Herzerweiterung
- Schwäche, unregelmäßige Atmung, evtl. Zyanose
- Übelkeit, Erbrechen beim Geruch oder Anblick von Futter
- Gelbsucht bei Herzerkrankungen
- Farbloser Kot

Dosierung

C 3 oder C 4 in täglichen Gaben, bei Besserung seltener geben.

Iberis amara – Iber (Schleifenblume)

Indikationen und Symptome

- Klinische Indikationen für Herzerkrankung, nicht gut geprüfte, aber klinisch bestätigte Wirkung
- Hauptmittel für das vergrößerte Herz mit verdickter Herzwand
- Tachykardie, heftiges Herzklopfen mit Atemnot bei leichter Anstrengung
- Unregelmäßige intermittierende Herzaktion, Tendenz zu Lungenödem
- Ängstliche Unruhe
- Mangelnder Appetit
- Tendenz zu anfallsweisem Kreislaufversagen, schwacher Puls
- Kalte Extremitäten
- Schlimmer beim Liegen auf der linken Seite, schlimmer durch Wärme

Dosierung

Tägliche Gaben von C 3 oder C 4; bei Besserung Abstände vergrößern.

Kalium carbonicum – Kali-c

Indikationen und Symptome

- Herzerkrankungen bei schweren, organischen, chronischen Krankheiten
- Schwächezustände mit Ödemen; Herzschäden nach hochdosierten Diuretika
- Herzmuskeldegeneration, Herzhypertrophie, Mitralinsuffizienz, Arrhythmie, Herztumult, Lungenödem
- Nierenschaden, Ödeme um die Augen
- Schneller, intermittierender Puls
- Liegt nicht gern auf der linken Seite
- Zusammengekauerte Körperhaltung, Kopf nach vorn unten gezogen

Dosierung

Vorsichtige Gaben der C 30, Wiederholung richtet sich nach der Reaktion des Patienten!

Lachesis mutus – Lach

Indikationen und Symptome

- Besonders agile, nachtaktive Katzen, häufig »geschwätzig«
- Herz-Kreislauf-Beschwerden schlimmer nach dem Schlafen
- Herzhusten, auslösbar durch leichten Druck auf die Kehle
- Herz-Kreislauf-Erkrankungen mit Tendenz zu Gerinnungsstörungen, Embolien oder Thrombose
- Endokarditis nach oder während schwerster Infektionen
- Begleitend evtl. Hyperthyreose
- Begleiterkrankungen der linken Körperseite
- Weitere Symptome des Arzneimittelbildes

Dosierung

Einzelgabe der C 200, bei konstitutioneller Indikation auch höhere Potenzen.

Laurocerasus – Laur (Kirschlorbeer)

Indikationen und Symptome

- Klinisches Mittel für Zyanose durch Herzerkrankung; Lunge und Herz betroffen
- Zyanose Neugeborener, angeborene Herzfehler
- Erkrankungen der Herzklappen
- Spastischer Husten, geleeartiger, blutiger Auswurf
- Extreme Dyspnoe nachts, bis fast zum Ersticken

- Differenzialdiagnose *Carbo vegetabilis*: zuerst Atemnot, anschließend Zyanose
- Differenzialdiagnose *Cuprum*: Zyanose mit heftigen Krämpfen

Dosierung

Frühgeborene mit Lungenfibrose und Herzproblemen mit Zyanose: *Laurocerasus* C 200.

In anderen Fällen: Einzelgaben von C 6 oder C 30, Wiederholung je nach Reaktion des Patienten.

Lycopus virginicus – Lycps

Indikationen und Symptome

- Herztumult oder kräftige, laute, schnelle Herzaktion, ausgeprägte Zyanose
- Begleitet von Hyperthyreose: Schilddrüsenadenom (»Kropf«), evtl. sogar mit Exophthalmus
- Kann nicht gut auf der rechten Seite liegen
- Schlimmer nach Erwachen
- Indiziert auch nach überdosierter oder fehlindizierter Gabe von Schilddrüsenhormonen!

Dosierung

Je nach Indikation; wiederholte Gaben von C 3 oder C 4; oder C 30 als Einzelgabe, nur bei Bedarf wiederholen!

Naja tripudians – Naja (Brillenschlange)

Indikationen und Symptome

- Herzschäden während oder nach schweren Infektionen
- In späteren Krankheitsstadien indiziert als *Lachesis*
- Akute oder chronische Endokarditis durch Sepsis
- Drohender Herzstillstand in septischen Zuständen, Lungenembolie
- Unregelmäßiger, tumultartiger Herzschlag, Herzhusten, Zyanose
- Kann nicht auf der linken Seite liegen
- Zu versuchen in C 30 bei angeborenen Herzfehlern von Welpen (*For. ovale* oder *D. Botalli persistens*)
- Zu versuchen bei Herzwurmbefall (Dirofilaria immitis) bzw. während oder nach dessen Therapie wegen Gefahr von Embolie

Dosierung

Vorsichtige Gabe der C 30, bei Bedarf wiederholen.

Natrium muriaticum – Nat-m

Indikationen und Symptome

- Herzerkrankungen durch alten, lange bestehenden Kummer
- Herzsymptome evtl. begleitet von Schilddrüsenstörungen
- Weitere konstitutionelle Symptome

Dosierung

Einzelgabe der M- oder XM-Potenz.

Nux vomica – Nux-v (Brechnuss)

Indikationen und Symptome

- Eigentlich kein typisches »Herzmittel«, aber wichtig für Nebenwirkungen von Pharmakotherapie!
- Inhaltsstoffe Strychnin und Brucin haben Einfluss auf Erregungsbildung und Reizleitung
- Pharmaka-induzierte Reizleitungsstörungen, z. B. durch überdosierte Herzmedikamente

Dosierung

Einzelgaben der C 30, bei Bedarf evtl. nach einer Woche wiederholen.

Phosphorus – Phos

Indikationen und Symptome

- Herzmuskeldegeneration, Herzvergrößerung (siehe oben)
- Entzündungen am und im Herzen (Endo-, Myo-, Perikarditis), Herzgeräusche
- Erkrankungen der Herzklappen, auch während septischer Zustände
- Liegt nicht gern auf der linken Seite

Dosierung

Bei konstitutionellen Zeichen Einzelgabe der C 200 oder höherer Potenz.

Spongia tosta – Spong (Gerösteter Meerschwamm)

Indikationen und Symptome

- Auflagerungen auf den Herzklappen
- Lungenödem, »Asthma«, Atemnot durch Herzerkrankung, Herzhusten, Tachykardie
- Husten keuchend, sägend, als ob »eine Säge durch Holz gezogen wird«
- Herzasthma durch Rechtsherzhypertrophie
- Oft begleitet von Überfunktion der Schilddrüse (»Kropf«, Schilddrüsenadenom)
- Atemnot schlimmer nachts, gegen Mitternacht, mit Erstickungsanfällen
- Atemnot schlimmer im Liegen, schlimmer mit tiefem Kopf, will den Kopf auf die Sofakante hochlegen
- Oberflächliche, laute, raue Atmung, trockene Schleimhäute
- Schlimmer in kalter Luft, kalter Ostwind, nach Anstrengung
- Überempfindlich gegen Halsband und Berührung der Nase

Begleitsymptome

Heisere Stimme, Zyanose

Dosierung

Einzelgabe der C 200, bei Bedarf wiederholen.

Viscum album – Visc (Mistel)

Indikationen und Symptome

- Herzhypertrophie mit dekompensierter Klappeninsuffizienz, Hypertonie
- Arrhythmie, Atemnot

Dosierung

Vereinzelte Gaben in tiefer Potenz, C 3 oder C 4.

Vorsicht: Mögliche Arzneimittelprüfung durch Langzeitbehandlung mit Mistelpräparaten für Krebserkrankungen!

Erkrankungen von Blut und Blutgefäßen

Erkrankungen von Blut, Blutgefäßen bzw. des Kreislaufs sind besonders bei der Katze meist Begleiterscheinungen anderer Erkrankungen.

Störungen in der Blutzusammensetzung finden sich am häufigsten im Zusammenhang mit schweren Infektionen oder Erkrankungen des Immunsystems (*Kapitel 4, Abschnitt Spezielle systemische Infektionskrankheiten der Katze, Seite 137*).

Gestörte Blutverteilung findet sich besonders im Schock- oder Kollapsgeschehen (*Kapitel 19, Notfälle, Seite 548*).

Auch eine gestörte Blutbildung bzw. Anämie (Mangel an roten Blutkörperchen) gehört in den meisten Fällen zur Symptomatik anderer Erkrankungen (z. B. FelV, FIV, FIP). Sie kann auch im Gefolge von Infektionen, durch Blutverlust oder bei starkem Wurmbefall auftreten.

Eine erhöhte Neigung zu Blutungen – evtl. ausgelöst durch Thrombopenie – kann ebenfalls bei Infektionen, Infektionskrankheiten, insbesondere bei Lebererkrankungen auftreten.

ÜBERSICHT UND BESCHREIBUNG DER HÄUFIGSTEN ARZNEIEN BEI BLUT- UND KREISLAUFERKRANKUNGEN

Anämie (Mangel an roten Blutkörperchen mit blassen Schleimhäuten): Ars, Calc, Carb-v, Chin. Con, Crot-h, Graph, Ign, *Kalium*-Verbindungen, Lach, Nat-m u. a. *Natrium*-Verbindungen, Phos, Puls, Sulf, Staph u. a.

Es gibt zahlreiche weitere Homöopathika für die Anämie; entscheidend für die Auswahl des Mittel sind anderweitige Symptome des Patienten.

Gestörte Blutbildung und Knochenmarkdepression: *Kapitel 4, Abschnitt Spezielle systemische Infektionskrankheiten der Katze, Seite 137*

Kreislaufkollaps: Acon, Arn, Ars, Camph, Carb-v, Chin, Lach, Laur, (Op), Phos, Puls, Pyrog, Verat (*Kapitel 19, Abschnitt Schock, Seite 549*)

Thrombose: Ars, Both-l, Crot-h, Lach, Pyrog

Weitere mögliche Mittel für eine Thrombose: All-c, Arn, Bry, Calc, Chin, Ham, Led, Lyc, Puls, Sep, Sil, Staph, Sulf

Es gibt ebenso wie für die Anämie zahlreiche Homöopathika für Thrombosen; entscheidend sind die übrigen Symptome des Patienten (*Kapitel 3, Seite 82*).

Gerinnungsstörungen, Neigung zu Blutungen, Purpura haemorrhagica: Ars, Both-l, Carb-v, Crot-h, Lach, Naja, Phos, Pyrog, Sec, Sul-ac (*Kapitel 19, Abschnitt Blutungen, Seite 556*)

Aconitum napellus – Acon

Indikationen und Symptome

- Das plötzlichste lebensbedrohlichste Mittel, augenblicklich wirksam
- Schock durch Schreck oder (Verkehrs-) Unfall, panische Unruhe
- Herztumult, Arrhythmie nach Herzoperation (C 30)
- Schreien durch Schreck oder/und Schmerzen
- Trockener, heißer Körper
- Fühlbares Herzklopfen mit Aufregung, dann evtl. Herzkollaps

Auslöser

- Schreck, Todesangst, Trauma am Herzen
- Kaltwerden bei eiskaltem Wetter
- Schock durch Sturz in eiskaltes Wasser oder Hitzschlag (heißes Auto)
- Verletzungsschock, »Adrenalinschock«

Dosierung

Einmalige Gabe der C 200 oder einer höheren Potenz.

Arnica montana – Arn

Indikationen und Symptome

- Verletzungsschock oder Kollaps nach Unfall oder Schlagverletzung (siehe *Kapitel 3, Trauma – Verletzungen und Wunden, Seite 82*)
- Thrombose durch Bluterguss nach stumpfem Trauma

Dosierung

Einzelgabe der C 200 oder einer höheren Potenz, die bei Bedarf (Wiederauftreten von Schmerzen) wiederholt werden kann.

Arsenicum album – Ars

Indikationen und Symptome

- Kollaps, Zusammenbruch bei erschöpfender Erkrankung
- Herz-Kreislaufschwäche während schwerster (Infektions-)Krankheit
- Kontinuierlich zunehmende Schwäche mit ängstlicher Ruhelosigkeit nachts, nach Mitternacht
- Tendenz zu Gerinnungsstörungen, Thrombopenie
- Blutungen unter der Haut in schwersten septischen Zuständen
- Blutungsneigung, Ekchymosen durch gestörte Gerinnung
- Auch bei Überdosierung von gerinnungshemmenden Medikamenten oder nach schweren Infektionen
- Kalter Körper, Tendenz zu Untertemperatur
- Immer wieder Verlangen nach einer Zungenspitze voll Flüssigkeit

Dosierung

Einzelgaben der C 200, evtl. wiederholt alle Stunde bis zu beginnender Besserung des Allgemeinbefindens, dann Abstände vergrößern.

Bothrops lanceolatus – Both-l (Gelbe Grubenotter)

Indikationen und Symptome

- Das wichtigste Mittel für absolut fehlende Blutgerinnung
- Spontane Blutungen aus allen Körperöffnungen, absolute Thrombopenie
- Schwarzes, dünnflüssiges Blut
- Entzündung von Blutgefäßen
- Oft ausgelöst durch Vergiftung mit Gerinnungshemmern (z. B. Rattengift)

Hinweis: Nicht geeignet für kleinere Blutungen! Stärkstes Mittel der Homöopathie für fehlende Gerinnung!

Schlimmere Ausprägung als bei *Crotalus horridus*

Dosierung

Einzelgabe der C 200, bei Bedarf wiederholen. Evtl. zusätzlich Vitamin K geben.

Camphora – Camph

Indikationen und Symptome

- Kreislaufkollaps mit eiskaltem Körper, (beginnende) Bewusstlosigkeit
- Auch bei schwersten Infektionen oder erschöpfendem Durchfall
- Langsame seufzende Atmung
- Untertemperatur, duldet keine Wärmezufuhr

Dosierung

Einzelgaben der C 30 bis zur Besserung.

Carbo vegetabilis – Carb-v

Indikationen und Symptome

- Akuter, bereits eingetretener oder kurz bevorstehender Kollaps
- Endzustand schwerster Krankheiten oder bei schwerstem Unfallschock
- Sauerstoffmangel, Lufthunger, evtl. verstärkte Atmung, evtl. mit Atemnot, Luftschnappen
- Evtl. blaue Zunge, bleiche Schleimhäute, schlechte Kapillarfüllung
- Evtl. aufgetriebener Bauch durch Blähungen (Tympanie)
- Schock bei schwerster Gastroenteritis, evtl. mit Tympanie und Zwerchfellhochstand
- Im Endstadium schwerster Erkrankungen
- Eiskalter Körper, Untertemperatur, Luftschnappen, Tod – oder Auferstehung zum Leben!

Dosierung

Einzelgabe der C 200, die – ausschließlich – bei Rückfall wiederholt werden kann.

China officinalis – Chin

Indikationen und Symptome

- Schwäche und Mangel an roten Blutkörperchen (bleiche Schleimhäute)
- Kollaps nach Verlust großer Mengen an Körperflüssigkeit (z. B. Blut, Durchfall, Wurmbefall)
- Folgen von Lebererkrankungen o. a. erschöpfenden Krankheiten
- Folgen von Dehydration durch ungenügende Tränkeaufnahme (eingesperrte Katze!)
- Dabei gereizte Stimmung und empfindlich gegen leichte Berührung
- Besser durch Gegendruck

Dosierung

Einzelgabe der C 200 oder einer höheren Potenz, Wirkung abwarten!

Crotalus horridus – Crot-h (Klapperschlange)

Indikationen und Symptome

- Dünnflüssige dunkle Blutungen bei fehlender Gerinnung, passive Sickerblutungen
- Blutungen aus allen Körperöffnungen
- Auch klumpiges, fadenziehendes, hellrotes Blut
- Schnell eintretende Veränderungen der Blutzusammensetzung bei schwerster Sepsis
- Thrombose, Embolie
- Ähnlich wie *Lachesis*, aber eher rechtsseitige Erkrankung (*Lachesis* eher linksseitig)

Dosierung

Einzelgabe der C 200.

Echinacea angustifolia oder purpurea – Echi

Indikationen und Symptome

- Normalisiert die Zusammensetzung des Blutes
- Besonders bei Erkrankungen des Immunsystems, bei Sepsis oder Nierenerkrankungen
- Steigert die Aktivität der Leukozyten
- Eliminiert harnpflichtige und andere toxische Substanzen

Dosierung

Einzelgabe der C 30 oder C 200, Wirkung abwarten!

Glonoinum – Glon (Nitroglycerin)

Indikationen und Symptome

- Plötzlicher Blutandrang zum Kopf, mit heißer Nase und Ohren
- Heftiges Herzklopfen mit Atemnot, Zustände ähnlich Angina pectoris
- Ausgelöst durch intensive emotionale Erregung oder Hitzschlag

Dosierung

Einzelgabe der C 30 oder C 200.

Lachesis mutus – Lach

Indikationen und Symptome

- Erkrankungen von Herz, Blutgefäßen, Sepsis, Blutungsneigung, »Blutzersetzung« (Hämolyse)
- Bläulich-rote Verfärbung des erkrankten Gewebes oder der Schleimhäute, Tendenz zum Kollaps
- Schwerste Infektionen mit Blutungsneigung und Gewebezersetzung, Gerinnungsstörungen
- Schwarzwerden von abgestorbenem Gewebe, dunkle (Sicker-) Blutungen
- Gefäßentzündungen, Venenentzündung/Thrombose, besonders linksseitig
- Dunkle Blutungen aus Schleimhäuten bei schwersten Erkrankungen, Sepsis, Thrombopenie
- Schlimmer nach dem Schlafen
- Berührungsempfindlich, schlimmer durch Wärme

Dosierung

Einzelgabe der C 200.

Natrium muriaticum – Nat-m

Indikationen und Symptome

- Konstitutionelle Neigung zu Anämie, blasse Schleimhäute
- Chronische Folgen von Blutverlust, Flüssigkeitsverlust
- Herzerkrankungen durch chronischen Kummer oder durch Kummer der Bezugsperson
- Weitere konstitutionelle Merkmale

Dosierung

Einzelgabe der M- oder XM-Potenz.

Nux vomica – Nux-v (Brechnuss)

Indikationen und Symptome

- Vergiftungen mit Beteiligung von Herz und/oder Kreislauf (nicht primär für Blutungsneigung!)
- Folgen von schlecht vertragenen Pharma-Präparaten (z. B. NSAIDs, zu häufige Wurmkuren)
- Vegetative Störungen der Reizleitung am Herzen, Puls zu schnell, unregelmäßig
- Schwäche der Hinterhand, möglicherweise nicht ganz eingezogene Krallen der Hinterpfoten
- Evtl. Ödeme, gereiztes Wesen, Leberschaden
- Frierender Patient, Hyperästhesie (Überempfindlich gegen Berührung), speziell an Bauch und Rücken
- Anfangs übermäßige Reizbarkeit, später Lähmung

Dosierung

Je nach Schwere der Erkrankung Einzelgabe der C 200, M- oder XM-Potenz.

Opium – Op

Indikationen und Symptome

- Störungen des Zentralnervensystems, Bewusstseinstrübungen
- Reaktionsmangel, mangelnde Reflexe (Pupille, Schließmuskel des Afters)
- Folgen von Schreck mit (evtl. anhaltendem) »Totstellreflex«
- Kollaps im Laufe anderer Erkrankungen
- Folgen von Verletzungen an Kopf oder Wirbelsäule (Schädel-Hirn-Trauma)
- Schläfrigkeit, Kollaps, Hitzschlag, Koma, drohender Atemstillstand
- Bewusstlosigkeit mit schnarchender Atmung
- Warmer bis heißer Kopf und Körper

Dosierung

Wiederholte Gaben der C 30 bis zur Besserung oder Einzelgabe einer höheren Potenz.

Phosphorus – Phos

Indikationen und Symptome

- Funktionelle und organische Herzstörungen, besonders bei gleichzeitigen Atemwegserkrankungen
- Folgen von verschleppter Lungenentzündung bis Lungenemphysem
- Verminderte Blutbildung, Gerinnungsstörungen, z. B. bei Lebererkrankungen, Vergiftungen
- Blutiges Erbrechen, blutiger Kot etc.
- Anämie

> **Hinweis:** Entscheidend für den Einsatz von *Phosphorus* sind die übrigen Symptome des Patienten!

Dosierung

Einzelgabe der C 200, im konstitutionellen Fall auch höhere Potenz.

Pulsatilla vulgaris oder pratensis – Puls (Kühchenschelle)

Indikationen und Symptome

- Kreislaufbeschwerden mit Schwäche, konstitutionelle Kreislaufschwäche
- Kollaps bei sehr heißem Sommerwetter, Hitzschlag im heißen Auto
- Thrombose, speziell nach der Geburt
- Dehydration durch mangelnde Aufnahme von Tränke

Dosierung

Einzelgabe der C 200, M- oder XM-Potenz.

Pyrogenium – Pyrog

Indikationen und Symptome

- Herz-Kreislauf-Beschwerden bei oder nach schweren septischen Erkrankungen
- Zu versuchen bei Herzerkrankung durch chronische Infektion (z. B. Zahnwurzelentzündung)
- Herzerkrankung mit Abgeschlagenheit nach Infektion (Bakterientoxine)
- Septische Thrombose
- Normalisiert die gestörte Blutzusammensetzung während oder nach Sepsis

Dosierung

Einzelgabe der C 30 oder C 200.

Secale cornutum – Sec (Mutterkorn)

Indikationen und Symptome

- Gerinnungsstörungen, Blutungsneigung durch schwerste Lebererkrankung, durch schwere Infektion oder Sepsis
- Purpura haemorrhagica, Tendenz zur Gangrän, auch nach Verletzung
- Passive, schmerzlose Dauerblutung aus kleinen Gefäßen von Nase, Uterus, Blase etc.
- Schlimmer durch Wärme

Dosierung

Wiederholte Gabe der C 30 bis Besserung oder Einzelgabe der C 200.

Sulfuricum acidum – Sul-ac

Indikationen und Symptome

- Purpura haemorrhagica, Tendenz zum Gangrän, speziell nach stumpfen Verletzungen
- Folgemittel in solchen Fällen nach *Arnica*
- Lange bestehende Blutergüsse, auch Blutblasen nach Verkehrsunfall
- Neigung zu dunkle Blutungen
- Besser durch Anwendung von Wärme

Dosierung

Wiederholte Gabe der C 30 bis Besserung oder Einzelgabe der C 200.

Veratrum album – Verat

Indikationen und Symptome

- Gestörte Blut- bzw. Flüssigkeitsverteilung, Schock, Kollaps
- Kreislaufkollaps auch durch Flüssigkeitsverlust, Austrocknung, evtl. mit Bewusstlosigkeit
- Schock nach Verletzung oder nach Operation
- Kollaps mit kaltem Körper und kaltschweißigen Pfoten, extreme Schwäche, Hinfälligkeit
- Bleiche Schleimhäute, schlechte Kapillarfüllungszeit
- Kollaps auch im Verlauf anderer Erkrankungen z. B. Durchfall (siehe *Kapitel 10, Abschnitt Gastroenteritis – Durchfall, Seite 349*)
- *Verat* bessert die Schocksymptome innerhalb von 5 bis15 Minuten

Dosierung

Einzelgabe der C 200.

Lymphsystem

Das Lymphsystem durchzieht den ganzen Körper und ist wesentlich an der körpereigenen Abwehr beteiligt.

Lymphgefäße bilden gleichsam die Flüssigkeitsdrainage des Organismus.

Wichtige Organe des Lymphsystem sind in erster Linie die Lymphozyten, auch Milz, Leber und Knochenmark, bei Jungtieren zusätzlich die Thymusdrüse.

Schwellungen von Lymphknoten sind immer ein wichtiges Alarmzeichen: Eine vereinzelte, lokale Lymphknotenschwellung zeigt an, dass sich in ihrem Einzugsgebiet eine Infektion abspielt.

Eine besondere Rolle spielt der lymphatische Rachenring mit den Tonsillen (Mandeln), der durch seine Reaktion verhindern soll, dass sich Infektionen in die unteren Atemwege ausbreiten.

Die Kehlgangs-Lymphknoten sind üblicherweise bei Erkrankungen in Rachen und Maul entzündlich vergrößert.

Generalisierte Lymphknotenschwellungen zeigen eine Allgemeininfektion an, die bei der Katze am häufigsten auf Leukose (FeLV) oder Lymphosarkome (malignes Lymphom) hindeuten. Letztere sind die häufigsten Tumorerkrankungen der Katze.

Die entsprechenden Therapieempfehlungen sind im *Kapitel 4, Infektionen und Entzündungen, Seite 113*, und im *Kapitel 15, Krebs- und Tumorerkrankungen der Katze, Seite 474*, angegeben.

KAPITEL 10

VERDAUUNGSAPPARAT

Erkrankungen der Lippen: Eosinophiles Ulcus

Das eosinophile Lippengeschwür ist eine der Manifestationen des eosinophilen Granulom-Komplex. Damit bezeichnet man eine Gruppe von Haut- und Schleimhauterkrankungen der Katze, die zu den Erkrankungen des Immunsystems gezählt werden müssen: Die eosinophilen Granulozyten gehören zu den Leukozyten (weißen Blutkörperchen), die maßgeblich für die Immunabwehr verantwortlich sind. Vermehrtes Vorkommen der eosinophilen Zellen ist eine Form der Leukozytose (vermehrte Zahl der Leukozyten). Eine übermäßige Zahl an eosinophilen Granulozyten findet sich häufig bei allergischen und ähnlichen Reaktionen.

Als eosinophiles Ulcus bezeichnet man ein schmerzloses Geschwür am Rand der Oberlippe, lokalisiert an der Grenzen zwischen äußerer Haut und Maulschleimhaut.

Die verdickten Ränder des Geschwürs lassen den deutlich abgegrenzten Defekt erscheinen. Blutige oder andere Absonderungen werden nicht immer beobachtet. Ein Übergang in ein Plattenepithelkarzinom ist möglich.

Die Erkrankung gilt als »idiopathisch«, d. h. Ursache oder Auslöser sind unbekannt; man vermutet eine Zugehörigkeit zu Autoimmunerkrankungen. Ein Zusammenhang mit Quecksilberbelastung ist möglich, auch im Sinn eines ererbten »Quecksilber-Miasmas« (siehe *Kapitel 4, Abschnitt Reaktionen auf Impfungen, Seite 154*).

Die schulmedizinische Therapie ist schwierig und wenig Erfolg versprechend.

Die homöopathische Therapie kann diese Erkrankung allmählich bessern oder sogar langsam zur Abheilung bringen. Ein sofortiger Rückgang des Ulcus darf jedoch nicht erwartet werden.

Die wichtigsten Homöopathika sind: *Arsen*, *Cundurango*, *Phosphor*, *Kalium iodatum*, *Nitricum acidum* seltener auch *Silicea*.

Wenn ein Zusammenhang mit einem Immunschwächekomplex nahe liegt, kann eine Einzelgabe *Carcinosinum* C 200 die Regulation des Immunsystems anregen.

Ebenso kann zur Unterstützung der Heilung im Fall von Immunschwäche oder bei Verdacht auf ein Plattenepithelkarzinom *Artemisia annua* C 3 oder C 4 einmal täglich verabreicht werden.

Im Fall von Verschmutzung oder bei anhaftenden Futterteilen empfiehlt es sich, die Lippen mit verdünntem Calendula-Tee zu spülen.

Arsenicum album – Ars

Indikationen und Symptome

- Konstitutionelles Mittel für widerspenstige Tiere, heftige aggressive Abwehr bei der Untersuchung
- Panische Angst verletzt zu werden, »Notwehrverhalten«
- Unruhe speziell nach Mitternacht

Dosierung

Je nach Schwere der Erkrankung Einzelgabe der C 200 oder – besser – einer höheren Potenz.

Cundurango – Cund

Indikationen und Symptome
- Schwerpunkt: Erkrankungen an der Haut-Schleimhaut-Grenze, speziell der Lippen
- Plattenepithelkarzinom

Dosierung
Wiederholte Gaben der C 4 (z. B. einmal täglich).

Kalium iodatum – Kali-i

Indikationen und Symptome
- Schwerpunkt Maulfäule, Stomatitis (siehe dort), eosinophiles Lippengranulom
- Weißliche Ablagerungen wie Milch, evtl. rote Zungenspitze
- Entzündungen an der Zunge, Tumor bis Krebs an der Zunge
- Oft verbunden mit Katzenschnupfen mit Rachenentzündung, Schmerzen der Zahnwurzeln
- Begleitet evtl. von Augenerkrankungen

Dosierung
Je nach Schwere des Zustands: C 30 bei Wiederauftreten der Symptome wiederholen oder Einzelgabe der C 200.

Nitricum acidum – Nit-ac

Indikationen und Symptome
- Erkrankungen bzw. Geschwüre an Haut-Schleimhaut-Übergängen
- Tiefe, schwammige oder oberflächliche Ulzera
- Auch »fressend«, sich ausbreitend
- Reaktionslose, schmerzlose Ulzera (an anderer Lokalisation auch schmerzhaft)
- Ulzera mit erhabenen oder verhärteten Rändern
- Krebsartige Geschwüre, Plattenepithelkarzinom möglich
- Überempfindlichkeit der kranken Teile gegen Anwendung von kalten Spülungen

Dosierung
Einzelgabe der C 200.

Phosphorus – Phos

Indikationen und Symptome
- Konstitutionelles Mittel für freundliche Katzen, lassen sich gern streicheln
- Lieben Körperkontakt über alles
- Können jedoch auch launisch und aggressiv sein, heftiges Temperament

Dosierung
Einzelgabe der C 200, bei konstitutionellen Symptomen auch höhere Potenz.

Silicea terra – Sil

Indikationen und Symptome
- Konstitutionelles Mittel für sanfte, zurückhaltende Katzen
- Nur geringe und sanfte Abwehr bei der Untersuchung
- Neigung zum Frieren, ruhen gern unter der Zudecke

Dosierung
Einzelgabe der C 200.

Erkrankungen von Maulhöhle und Rachen

Manche der im Folgenden beschriebenen Erkrankungen in der Maulhöhle führen zu grausamen Schmerzen und erfordern oft lebenslang schulmedizinisch-tierärztliche Fürsorge. Wenn solche Erkrankungen im Zusammenhang mit Erkrankungen des Immunsystems oder begleitend bei Leber- und Nierenerkrankungen auftreten, gelten sie als kaum heilbar und enden irgendwann wegen unbeherrschbarer Schmerzen oder Organdegeneration durch Euthanasie.

Die homöopathische Medizin bietet wesentlich aussichtsreichere Therapiemöglichkeiten, die jedoch nicht immer einfach herauszufinden und anzuwenden sind.

In diesem Zusammenhang gilt es noch viele weitergehende Erfahrungen zu sammeln!

Aus der Sicht der Homöopathie könnte auch hier eine Belastung durch Quecksilber (siehe *Kapitel 4, Abschnitt Reaktionen auf Impfungen, Seite 154*) eine Rolle spielen.

Nur selten können derartige Erkrankungen mit einem einzigen Simile geheilt werden. Häufiger muss eine spezielle, streng individuelle Abfolge passender Mittel ausgewählt werden. Dafür ist das Nachlesen in der entsprechenden Literatur (z. B. 56, Rehman) unerlässlich.

Zum Beispiel ist es möglich, dass der scheue und ängstlich-aggressive *Arsenicum*-Patient anschließend *Phosphorus* benötigt. Das zeigt sich in verändertem Verhalten: Der *Phosphorus*-Patient ist weniger aggressiv und verlangt jetzt vermehrt nach Körperkontakt und Streicheleinheiten.

Ferner ist es möglich, dass sich z. B. Stomatitis oder Nierenfunktion unter dem einen Mittel bessern, dass aber anschließend die bis dahin möglicherweise »schlummernde« Augenentzündung oder der Katzenschnupfen in den Vordergrund tritt. Jetzt ist entweder nochmals das frühere Mittel oder ein spezifisch passendes Folgemittel indiziert.

Daher ist es unerlässlich, im Laufe der Behandlung jede Veränderung der Pathologie und des Verhaltens zu registrieren und gegebenenfalls eine »homöopathische Kur« mit aufeinander folgenden Mitteln zu verabreichen.

VERLETZUNGEN DER MAULHÖHLE

Verletzungen von Kiefer, Zunge, Zähnen und Zahnfleisch können durch unterschiedliche Auslöser entstehen:

- Das Zerbeißen von Knochen oder Knorpelteilen kann Verletzungen des Zahnfleischs mit Infektionsgefahr oder Abszessbildung hervorrufen
- Wenn sich ein Knorpelring aus der Luftröhre eines Hühnerhalses, ein Gummiband o. ä. über die Zunge stülpt, kann daraus eine Nekrose (Absterben) der Zunge entwickeln. Hier wäre – nach Entfernen der Strangulation – *Lachesis* das einzige Homöopathikum, das die Zunge bzw. die Katze retten könnte.
- Schlagverletzungen oder Verkehrsunfälle können mit Fraktur von Gesichtsknochen oder Kiefer einhergehen. Eine Knochenfraktur oder Luxation des Kiefergelenks muss zunächst tierärztlich-mechanisch bzw. chirurgisch angegangen werden. Homöopathische Mittel fördern dann die Wiederherstellung.
- Die Fraktur eines Zahnes (z. B. abgebrochener oder gesplitterter Eckzahn) sollte ebenfalls chirurgisch, am besten durch Extraktion des Zahnrestes bzw. der Zahnwurzel behandelt werden. Ohne diese Maßnahme können sich Entzündungen des Dentins (Zahnsubstanz) oder

der Zahnwurzel entwickeln, die oft außerordentlich schmerzhaft sind. Vorbeugend könnte *Echinacea* C 30 verabreicht werden
- Auch Probleme nach tierärztlicher Gebisssanierung, Zahnextraktion u. Ä. können mithilfe homöopathischer Arzneien wesentlich unterstützt werden

Eine gute homöopathische Therapie beschleunigt die Wiederherstellung der Verletzungsfolgen und beugt Komplikationen vor

Die wichtigsten Mittel sind: Acon, Arn, Calc-p, Calen, Echi, Fl-ac, Ham, Hecla, Hyp, Lach, Led, Meny, Mill, Phos, Rhus-t, Ruta, Sil, Staph, Symph

Aconitum napellus – Acon

Indikationen und Symptome
- Erstes Mittel nach einem Unfall mit Schreck und Panik, Folgemittel nötig!
- Schlagverletzung gegen den Kiefer oder Kopf mit Panik und extremen Schmerzen

Dosierung
Einzelgabe der C 30 oder C 200.

Arnica montana – Arn

Indikationen und Symptome
- Stumpfe Traumen von Weichteilen
- Schlagverletzungen, Unfälle , evtl. verbunden mit Nasenbluten oder Gehirnerschütterung
- Schmerzen nach komplizierter Zahnextraktion oder Zahnfraktur
- Starke Abwehr bei Untersuchung der Maulhöhle wegen Schmerzen
- Bringt Blutergüsse und Quetschungen schnell zur Resorption

Vorsicht! Arnica darf niemals vor einem chirurgischen Eingriff gegeben werden, also auch nicht vor einer Gebisssanierung, da sonst schwer beherrschbare Blutungen auftreten können!

Dosierung
Je nach Schwere des Traumas C 200, M- oder XM-Potenz, bei Wiederauftreten von Schmerzen wiederholen.

Calcarea phosphorica – Calc-p

Indikationen und Symptome
- Kieferfraktur, besonders im Bereich der Symphyse (Zusammentreffen der Kieferäste am Kinn)
- Zusätzliche tierärztliche Maßnahmen wie Fixation, Chirurgie etc.

Dosierung
Einzelgabe der C 200, nicht wiederholen.

Calendula officinalis – Calen

Indikationen und Symptome
- Nach dem Zahnziehen, Vorbeuge gegen Infektionen, bessert die Wundheilung
- Einmalige Gabe der C 30 reicht aus
- Calendula-Tee eignet sich hervorragend zum Spülen der verletzten Maulhöhle und zur anschließenden Mundhygiene.

Echinacea angustifolia oder purpurea – Echi

Indikationen und Symptome

- Spezifikum für die Entzündung der Zahnwurzel nach Zahntrauma, gesplittertem Zahn

Dosierung

Einmalige Gabe der C 30, im schlimmeren Fall C 200.

Fluoricum acidum – Fl-ac

Indikationen und Symptome

- Komplizierte, schlecht heilende Kieferfraktur, trotz chirurgischer Fixation
- Chronische Schmerzen in abgebrochenen Zähnen oder Zahnwurzeln

Dosierung

Einzelgabe der C 30, in schwersten Fällen C 200, nicht wiederholen!

Hamamelis – Ham

Indikationen und Symptome

- Dunkle, venöse Blutungen, Sickerblutungen nach Unfall oder Zahnbehandlung

Dosierung

Einzelgabe der C 30 reicht in den meisten Fällen zur Blutstillung aus.
Bei größeren fluktuierenden Hämatomen C 200.

Hekla lava – Hecla

Indikationen und Symptome

- Zahnneuralgie nach Zahnextraktion
- Tendenz zu Entzündung des Kieferknochens mit Exostosen-Bildung
- Arthrose der Kiefergelenks mit Schmerzen beim Kauen oder Gähnen

Dosierung

Je nach Schwere der Erkrankung C 30 einmal pro Woche oder einmalige Gabe der C 200, sehr intensiv und lange wirkendes Mittel, C 200 nicht wiederholen!

Hypericum perforatum – Hyp

Indikationen und Symptome

- Schmerzen durch Verletzung am und im Maul, Lippen und Nase (»nervenreiches Gewebe«)
- Übermäßige, unverhältnismäßig starke Schmerzen nach Zahnextraktion, Zahnfraktur, Zahntrauma
- Schmerzen durch Verletzungen von Zunge (Zungenbiss), Gesicht, Nase, Operationen
- Gesichts- oder Zungenlähmung nach Unfall oder Chirurgie
- Dumpfes Verhalten wegen starker Schmerzen, Wimmern bei Berührung oder Untersuchung
- Verweigerung von Futter

Dosierung

C 200 bis XM-Potenz, bei Wiederauftreten der Schmerzen wiederholen.

Lachesis mutus – Lach

Indikationen und Symptome

- Verletzung der Zunge durch übergestülpten, abschnürenden Fremdkörper (z. B. Knorpelring einer Speiseröhre beim Fressen eines Hühnerhalses, durch einen Ring oder Gummiband)
- Nekrose bis Gangrän der dunkel bis schwärzlich verfärbten Zunge
- Dunkle Sickerblutungen aus Schleimhaut oder Zahnfach bei schwerster Sepsis

Dosierung

Einmalige Gabe der C 200 reicht aus.

Ledum palustre – Led

Indikationen und Symptome

- Verletzungen des Gesichts mit Bluterguss (»blaues Auge«), daher Schmerzen
- Schmerzen besser durch Anwendung von Kälte
- Indiziert bei allen Verletzungen an Stellen, wo die Haut dem Knochen aufliegt

Dosierung

Einzelgabe der C 200, nach *Arnica* indiziert, nicht gleichzeitig geben!

Menyanthes trifoliata – Meny

Indikationen und Symptome

- Neuralgische Schmerzen in einem gebrochenen oder gesplitterten Zahn

Millefolium – Mill

Indikationen und Symptome

- Helle Zahnfleischblutungen nach Zahnextraktion oder anderem Trauma

Dosierung

Einmalige Gabe der C 30 reicht meist aus.

Phosphorus – Phos

Indikationen und Symptome

- Hellrote Blutungen nach Zahnextraktion ohne Gerinnungsneigung
- Bei Gerinnungsstörungen, z. B. im Fall von Leberstörungen

Dosierung

C 30, nicht öfter als maximal 2 Gaben.

Rhus toxicodendron – Rhus-t

Indikationen und Symptome

- Verrenktes Kiefergelenk, z. B. durch Maulspanner oder Unfall
- Schlimmer am Anfang, z. B. des Fressens, besser durch fortgesetztes Kauen und Wärme

Dosierung

Einmalige Gabe der C 200, bei Bedarf wiederholen.

Ruta graveolens – Ruta

Indikationen und Symptome

- Regeneriert das gesplitterte Zahnfach nach komplizierter Zahnextraktion oder Zahnverletzung

Dosierung

Einzelgabe der C 30, höhere Potenz bei schweren Verletzungen, z. B. auch der Augenhöhle, nach *Arnica* indiziert.

Silicea terra – Sil

Indikationen und Symptome

- Chronische Verletzungsfolgen in Maul oder Gesicht
- Bildung von Knochensequestern, Fisteln oder Periostitis nach komplizierter Zahnextraktion besonders bei chronisch vereiterten Zähnen

Dosierung

Einzelgabe der C 200.

Staphysagria – Staph

Indikationen und Symptome

- Kieferbeschwerden, Kieferfraktur, Neuralgien durch Maulspanner (*Rhus toxicodendron*)
- Beschwerden, Entzündungen, Schwellungen nach Zahnextraktion, durch Zahnwurzelabszess
- Nach Zahnstein- oder Zahnfleischbehandlung
- Akuter Schmerz bei Zahnverfall oder an einem »faulen Zahn«
- Deutliche Schwellung der Wange durch Zahnerkrankung (»dicke Backe«)
- Übermäßige Schmerzen durch Kieferfraktur oder Fissur (Knochenriss)

Dosierung

C 30, bei Bedarf wiederholen, in schweren Fällen C 200.

Symphytum officinalis – Symph

Indikationen und Symptome

- Schlecht heilende Kieferfraktur bei mangelnder Kallusbildung

Dosierung

Einzelgaben der C 30 im Abstand von ca. 5 bis 7 Tagen; wenn nach 2 Gaben keine Veränderung der Schmerzen eingetreten ist, dann empfiehlt sich stattdessen die Gabe von *Calcarea phosphorica*.

Infizierte Verletzungen und Wunden der Maulhöhle benötigen Arzneien, die im *Kapitel 4, Infektionen und Entzündungen, Seite 113*, genannt sind oder – im Zweifelsfall – antibiotische Therapie.

ERKRANKUNGEN VON ZAHN UND ZAHNFLEISCH

Zahnstein

Intensive Bildung von Zahnstein ist ein häufiges Problem besonders bei älteren Katzen. Er entsteht durch Verhärtungen (Plaque), die sich am Zahn ablagern, zusammengesetzt aus einer Mischung von Bestandteilen der normalen bakteriellen Besiedlung im Maul, aus Futterresten und Speichelkristallen.

Die Intensität der Zahnsteinbildung ist individuell unterschiedlich sowie abhängig von der Fütterung: Verständlicherweise wird die Katze auf einer gefangenen Maus, aber auch auf rohem Fleisch oder Fisch intensiver kauen – und damit die Zähne reinigen – als auf krümeligem Trockenfutter, das nach einem Zerbeißen im Stück abgeschluckt wird.

Zahnstein »überwächst« oft um ein Vielfaches an Größe die vergleichsweise kleineren Backenzähne.

Wo der Zahnstein das Zahnfleisch »untergräbt«, entwickeln sich Zahnfleischtaschen, die sich infolge bakterieller Besiedlung entzünden und Eiterungen hervorrufen.

Eine Vorbeuge gegen Zahnstein kann erreicht werden durch regelmäßige Maulspülungen mit dem Tee oder eine tiefen Potenz der Pflanze **Fragaria vesca** (Walderdbeere). Auch das homöopathische Präparat **Vermiculite**, auch genannt »**Das Mineral**« (Mineral aus Australien), wird in D 4 empfohlen. Potenzierte Homöopathika – insbesondere solche aus dem Mineralreich – bergen jedoch bei Langzeiteinsatz das Risiko einer Arzneimittelprüfung und damit mögliche Schäden.

Besser ist eine rechtzeitige konstitutionelle Therapie mit Einzelgabe einer hohen Potenz, ferner artgemäßes Futter und – wenn nötig – eine zusätzliche Gebisssanierung.

Als **Vorbeuge für massive Zahnsteinbildung** kommen besonders die konstitutionellen Mittel *Arsenicum*, *Phosphorus* oder *Silicea* infrage.

Für den sinnvollen Einsatz dieser Mittel müssen jedoch konstitutionelle Symptome (homöopathische Anamnese!) vorhanden sein.

»Zahnschmerzen«

Es gibt bekanntlich zahlreiche Auslöser für Zahnschmerzen. Eine Ursache ist gerade bei der Katze nicht immer leicht zu finden: Sie kann in infizierten Zahnfleischentzündungen (Maulfäule, Stomakaze) oder in Entzündungen der Zahnsubstanz (Dentin) oder Zahnwurzel mit Pulpa bestehen. Karies – wie beim Menschen – spielt bei der Katze eine untergeordnete Rolle. Umso schlimmer sind die Beschwerden durch ulzerierende Zahnfleischentzündungen, durch FORL (siehe unten) oder Nekrose der Zahnwurzeln (möglicherweise eine Autoimmunerkrankung).

Es gibt jedoch auch »banale« Zahnschmerzen, die z. B. während der Zahnung oder im Zahnwechsel auftreten können. Gerade diese Stressfaktoren verlaufen bei Jungtieren oft mit gleichzeitigen, anderweitigen Erkrankungen, z. B. Durchfall oder Infekten der Atemwege. Darum spielen die »Beschwerden während Zahnung oder des Zahnwechsels« für den Homöopathen eine wichtige Rolle als wegweisendes Begleitsymptom zum Finden des passenden Simile für eine anderweitige Erkrankung.

Es gibt weitaus mehr Homöopathika für Zahnschmerzen als die hier angeführten Mittel; sie sind in der Arzneimittellehre (Literatur, besonders 7, 10, 25, 28, 38 u.a) bzw. dem Repertorium nachzulesen.

Die wichtigsten Mittel für Zahnschmerzen ohne weitere Klassifizierung sind: *Acon, Arn, Ars, Bell, Cham, Fl-ac, Hep, Hecla, Hyp, Lach, Mag-p, Nux-v, Puls, Staph, Sil*

Es gibt zahlreiche weitere Mittel zum Thema »Zahnschmerzen«.

Zahnwurzelabszess – Zahnfistel

Ein Zahnwurzelabszess oder -**granulom** betrifft bei der Katze in der Regel die Backenzähne. Eine solche Pathologie kann mit scheinbar unerklärlicher Verweigerung des Futters einhergehen; Veränderungen am Zahnfleisch sind dabei nicht in jedem Fall erkennbar. Daher ist die Diagnosestellung nicht immer einfach und auch auf dem Röntgenbild nicht immer deutlich nachzuweisen.

Für eine homöopathische Therapie müssen daher die begleitenden Symptome und Modalitäten genutzt werden, z. B. übermäßige Empfindlichkeit der Zähne gegen jegliches Kauen oder speziell gegen kaltes Futter, allgemeine Abgeschlagenheit, evtl. Zittern des Unterkiefers etc.

In jedem Fall sollte der einzelne betroffene Zahn gezogen werden! Eine vorher verabreichte homöopathische Arznei kann den Krankheitsprozess stoppen und die Heilung erleichtern. Nach der Operation gegeben, kann sie das Fortschreiten der Erkrankung verhindern.

Die **wichtigsten Homöopathika** für den **Zahnwurzelabszess** der Katze sind: *Ars, Echi, Hep, Heda, Pyrog, Sil*

Das am häufigsten indizierte Mittel für den akuten, hochgradig schmerzhaften und nach außen durchbrechenden **Zahn- oder Kieferabszess** ist *Hepar sulfuris*. Bevor sich dieser Abszess eröffnet, kann es zu entstellenden und überaus schmerzhaften, phlegmonösen Schwellungen im Gesicht kommen.

Die **Zahnwurzelnekrose**: Das Absterben der Zahnwurzel benötigt in den meisten Fällen *Arsenicum*.

Ergänzend eine vereinzelte Gabe *Echinacea* C 30 oder C 200 (»Reaktionsmittel« bei Immunschwäche). Auch *Fluoricum acidum*, *Calcarea fluorica* oder *Kalium chloratum* ($KClO_3$) können indiziert sein.

Chronische Entzündungen oder Abszesse der Zahnwurzeln können sich bis zur **Zahnfistel** entwickeln, die sich innerhalb des Mauls zeigt oder nach außen durch die Haut durchbrechen kann.

Wenn der erwähnte *Hepar*-Abszess sich entleert hat, sollte das Krankheitsgeschehen abheilen. Wenn sich jedoch anschließend eine **Zahnfistel** mit chronischer, schmerzarmer Eiterbildung entwickelt, dann ist *Silicea* das am wahrscheinlichsten passende Mittel, welches die endgültige Heilung bewirkt.

Homöopathische Mittel für die **Zahnfistel der Katze** (chronische Eiterung aus dem Zahnfach ins Zahnfleisch oder in die Außenhaut) sind: *Calc, Hep, Lyc, Nat-m, Sil, Staph.*

Maulfäule – Stomatitis ulcerosa – Stomakaze – Geschwüre der Zunge

Diese Erkrankung entwickelt sich häufig auf Basis einer Immunerkrankung (FeLV, FIV, FIP u. Ä., *Kapitel 4, Infektionen und Entzündungen, Seite 113*).

Maulfäule kann auch durch lokale Zahnerkrankungen ausgelöst werden: Eiterung, Folgen von übermäßiger Zahnsteinbildung, durch Zahnverfall, Zahnfachentzündung oder Zahnwurzelerkrankung.

Wenn notwendig, muss zunächst eine Gebisssanierung in Narkose durchgeführt werden – mit Entfernung von Zahnstein und evtl. Extraktion lockerer, eitrig-entzündeter oder anderweitig erkrankter Zähne.

Anschließend durchgeführte Maulspülungen mit Calendula-Tee lindern Schmerzen und fördern das Abheilen der Operationswunden (siehe *Kapitel 10, Abschnitt Verletzungen der Maulhöhle, Seite 320*).

Nach schlecht vertragener Narkose können *Nux vomica* (Injektionsnarkose) oder *Phosphorus* (Inhalationsnarkose) indiziert sein; eine Einzelgaben der C 30 oder – im schweren Fall – C 200 reicht i. d. R. aus.

Das therapeutische Vorgehen für die Stomatitis ist oft schwierig einzuschätzen.

Hinzu kommt, dass die homöopathischen Arzneien für die Stomatitis nicht einfach voneinander zu differenzieren sind.

Außerdem gelingt die genaue Untersuchung der schmerzhaften Maulhöhle wegen Abwehr der Katze oft nur in Narkose. Andererseits können trotz massiver Schmerzäußerungen im Maul gelegentlich kaum sichtbare pathologische Veränderungen erkennbar sein (z. B. in manchen Fällen der FORL).

Die Stomatitis kann Teil eines konstitutionellen Geschehens sein oder kann ein Komplementär- oder Folgemittel zum konstitutionellen Mittel erfordern; aber ebenso kann eine Stomatitis als eine »einseitige Krankheit« im Sinn von Hahnemann (siehe *Kapitel 2, Abschnitt »Einseitige Krankheiten«, Seite 40*, und *Kapitel 15, Seite 474*) aufgefasst werden.

Das homöopathische Vorgehen ist daher recht kompliziert.

Häufig kann das Verhalten des Tieres zusätzliche homöopathisch-diagnostische Hinweise geben.

Zunächst sollte der konstitutionelle Zustand, evtl. Vorerkrankungen und vorangegangene toxische Belastungen (z. B. Impfungen, Pharma-Präparate mit möglicher Immunschwäche u. Ä.) erfasst werden.

Die Prognose für eine Heilung ist natürlich ungünstiger, wenn bekannt ist, dass Elterntiere oder Geschwister in gleicher Weise erkrankt sind oder waren. In diesem Fall wäre als Basis-Therapeutikum oder als Vorbeuge die Gabe von *Carcinosinum* (C 30 oder C 200) für die »miasmatische Belastung« indiziert.

Hier kommen in erster Linie Homöopathika wie *Arsenicum album*, *Kali chloratum* ($KClO_3$), *Nitricum acidum*, *Silicea* oder *Phosphorus* infrage.

Echinacea C 30 oder C 200 kann als Anfangsmittel das Immunsystem aktivieren.

In therapieresistenten Fällen mit Immunschwächesyndrom kann *Artemisia annua* in C 3 oder C 4 für eine Woche einmal täglich gegeben werden.

Der **Arsenicum-Patient** zeigt durch sein panisch-aggressives Verhalten, dass eine genaue Untersuchung der Maulhöhle ohne Sedation so gut wie unmöglich ist. Außerdem fällt der kadaverähnliche Maulgeruch auf.

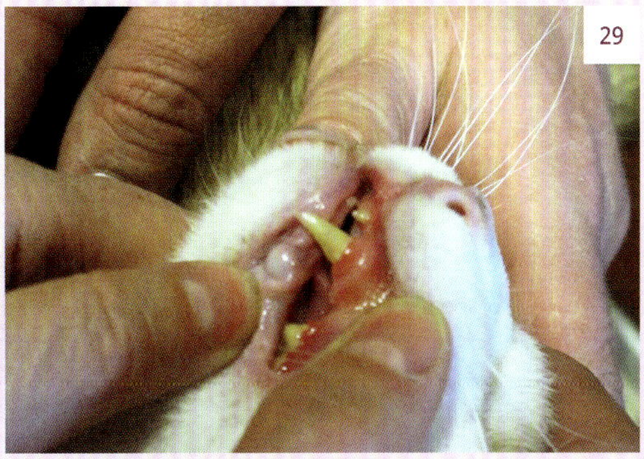

29

Morli, 15-jähriger, beige-weiß, gefleckter, kastrierter Kater, kam im März 2015 in die homöopathische Behandlung wegen einer seit 3 Jahren bestehenden sehr schmerzhaften Stomatitis.

Die homöopathische Therapie war schwierig: Morli war langfristig mit Gebisssanierungen, Kortison und Atopica® (Cyclosporin, Immunsuppressivum gegen allergische Hauterkrankungen) behandelt worden; trotzdem hatte es immer wieder Rückfälle gegeben: Er verweigerte wegen Schmerzen im Maul zeitweilig jede Futteraufnahme, kauerte hungrig vor seinem gefüllten Futternapf und wagte – wegen Angst vor Schmerzen – nicht zu fressen.
Zusätzlich waren Nebenwirkungen in Form einer hartnäckigen Pilzinfektion an der Nase und zeitweiliger Apathie aufgetreten.
Morli wurde regelmäßig geimpft, zuletzt vor 2 Jahren.
Die homöopathische Therapie derartig vorbehandelter Patienten ist nicht einfach:
Im Laufe von 4 Wochen wurde das Atopica® langsam »ausgeschlichen«, begleitet von immunstimulierender Therapie mit seltenen Gaben von Echinacea C 200 sowie zeitweilig einmal täglich Carbonylgruppen C 4 oder Para-Benzochinon C 4 (siehe Kapitel 15,Krebs- und Tumorerkrankungen der Katze, Abschnitt Weitere Möglichkeiten der alternativen Krebstherapie, Seite 490).
Die Schmerzen am Zahnfleisch hielten sich in Grenzen.
Hydrastis C 200 brachte eine deutliche Besserung, die über mehrere Wochen anhielt, aber erst Acidum nitricum C 200 brachte bis zum Spätherbst 2015 eine anhaltende Besserung. Die Gabe von Acidum nitricum bzw. von Hydrastis muss jedoch bei einem erneuten Rückfall wiederholt werden.

Verschiedene Zahnfleischentzündungen bzw. Stomakaze

Bei den drei Abbildungen von Maulfäule (links und unten) war Kalium chloratum C 200 indiziert, bei Bedarf ergänzt von Echinacea – je nach Schwere der Erkrankung als einmalige Zwischengabe in C 30 oder C 200.

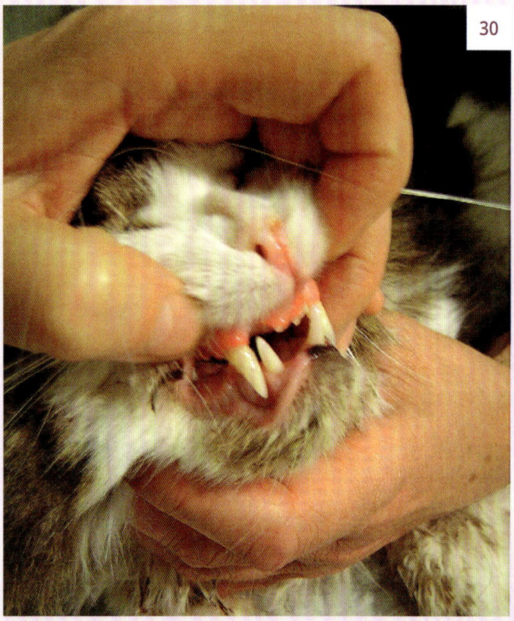

30

Auch diese Katze benötigte Kalium chloratum C 200, 3 Wochen später Tuberculinum Koch C 30

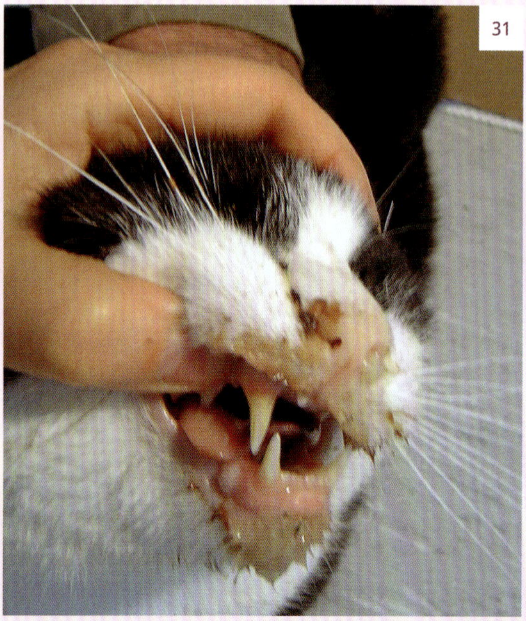

31

Eine seltener vorkommende Form von Maulfäule ist die folgende Mercurius-Stomatitis: Auffallend ist hier der reichliche, klebrige, widerlich stinkende und wundmachende Speichelfluss

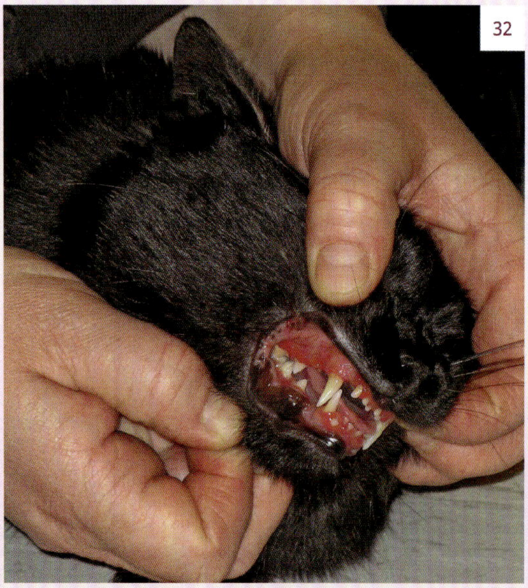

32

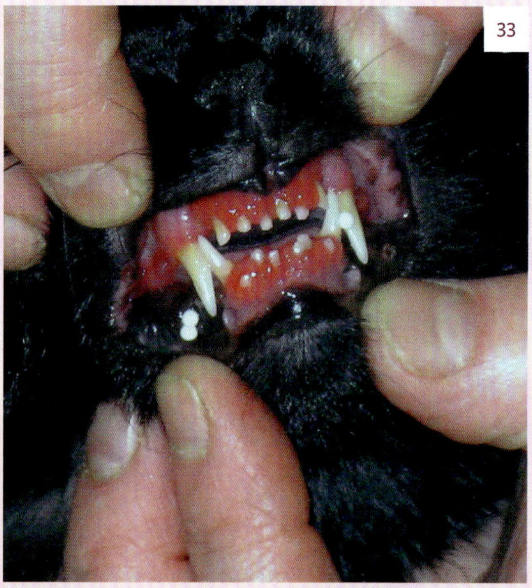

33

Die verschobene Stellung der Schneidezähne derselben Katze könnte an das Mittel Lyssinum erinnern, im Falle dass Kalium chloratum nicht genügend wirkt.

Die *Arsenicum*-Katze leidet zusätzlich häufig unter der CNI (Chronische Niereninsuffizienz). Nach Besserung der aktuellen Symptome empfiehlt sich zur Stabilisierung des Zustands eine Einzelgabe von *Carcinosinum* (C 200).

Kalium chloratum ($KClO_3$) ist ein sehr wichtiges und bisher verkanntes Mittel für die Stomatitis ulcerosa.

Kalium chloratum darf nicht mit (Kali-m, Kaliumchlorid, KCl) verwechselt werden!

Neben *Arsenicum* scheint *Kalium chloratum* das zweitwichtigste Mittel für die gequälten Katzenmäuler zu sein. Die ganze Maulschleimhaut enthält bläulich-rote, geschwürige und gangränöse Veränderungen, die sich auch auf der Zunge lokalisieren können.

Diese Katzen haben häufig rasenden Hunger, sitzen vor dem gefüllten Futternapf und können wegen der Schmerzen am Zahnfleisch oder Zahn nichts fressen; sie laufen schreiend vor Schmerzen davon, wenn Futterteile das Zahnfleisch oder den schmerzhaften Zahn berühren.

Auch die beginnende, noch wenig schmerzhafte Stomatitis, die sich nur im geröteten Zahnfleischsaum zeigt, kann durch *Kalium chloratum* gut beeinflusst werden.

Auch *Kalium chloratum* ist – wie *Arsenicum* – ein Mittel für die evtl. begleitende CNI. Robin Murphy (Literatur 47) erwähnt ausdrücklich die »Nephritis mit Stomatitis«. Als anfängliche Dosis ist die C 200 empfehlenswert, die bei erneuter Verschlimmerung wiederholt oder/und durch *Echinacea* C 30 oder C 200 ergänzt werden kann. Die beiden Mittel *Kalium chloratum* (K Cl O3) und *Kalium muriaticum* (K Cl) sind in der einschlägigen homöopathischen Literatur nicht eindeutig zu differenzieren.

Der **Nitricum-acidum-Patient** zeigt plötzliche, sehr heftig oder blitzartig auftretende Schmerzen, die durch Berührung an Zahnfleischgeschwüren oder Schmerzen an Zahnwurzeln ausgelöst werden. Nit-ac ist ferner eine Arznei für schmerzlose Neubildungen am Zahnfleisch.

Die **Phosphorus-Katze** wird uns als liebenswürdiger »Schmuseteufel« vorgestellt, der evtl. die äußerliche Untersuchung wegen seines Verlangens nach Berührung und Streicheln schnurrend hinnimmt. Die Inspektion des schmerzhaften Mauls wird sie natürlich nicht sehr gern erdulden.

Die Schmerzen sind jedoch nicht derart ausgeprägt wie bei *Ars, Fl-ac, Kali-chl* oder *Nit-ac*.

Die **Silicea-Katze** ist scheu, schüchtern und ängstlich. Sie versucht mit sanftem Pfotenstreichen unsere untersuchende Hand abzuwehren und sich nach rückwärts der Untersuchung zu entziehen. Die *Silicea*-Katze reagiert erfahrungsgemäß nicht derart aggressiv auf mögliche Schmerzen wie die *Arsenicum*-Katze.

Im Fall von Immunerkrankungen sind *Echinacea* und *Carcinosinum* neben den angegebenen Mitteln unverzichtbare Basisarzneien für die Langzeitbehandlung:

Echinacea kann – als klinisches Mittel – das Immunsystem derart stimulieren, dass die Folgearznei besser wirken kann. Je nach Schwere der Erkrankung empfiehlt sich eine einmalige Gabe der C 30 oder der C 200. Die Erfahrung hat gezeigt, dass die Gabe der Echinacea-Tinktur (nicht potenziert) bei diesen Erkrankungen kaum wirksam ist.

Carcinosinum (Nosode aus dem menschlichen Brustkrebs) ist eines der wichtigsten Mittel für die Präkanzerose (Vorstufe von Krebs) und daher ein Mittel zur Regeneration des gesamten Immunsystems.

Allerdings wird *Carcinosinum* allein die Erkrankung wahrscheinlich nicht ausheilen können; es ist anschließend ein passendes Simile erforderlich.

Bacillinum und Tuberculinum sind weitere Mittel, die bei allen Entzündungen im Maul zu erwägen sind.

Mit **Plasmazellgingivitis** bezeichnet man Wucherungen am Zahnfleischrand, die zu Blutungen neigen und teilweise so lokalisiert sind, dass die Katze ihr geöffnetes Maul nicht mehr schließen kann, weil sich Teile dieser Wucherung zwischen Ober- und Unterkiefer bzw. zwischen die Zähne klemmen. Hier ist neben *Kalium chloratum* auch *Tuberculinum Koch* zu erwägen. *Echinacea* C 30 oder in schwersten Fällen C 200 können im Fall einer zugrundeliegenden Immunschwäche die Therapie einleiten.

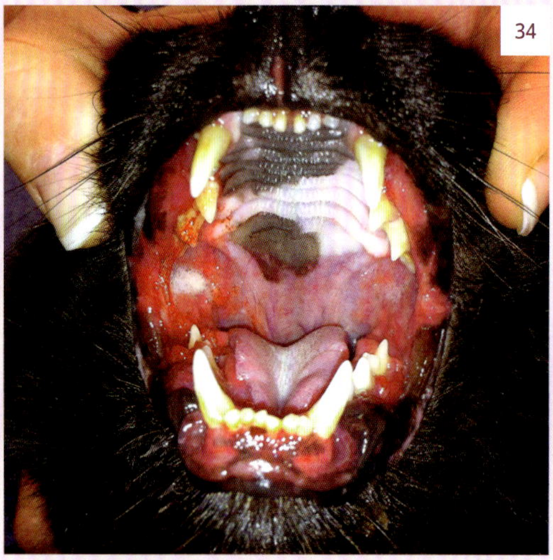

Plasmazelluläre Gingivitis
Wegen infauster Prognose wurde diese Katze – auch auf Wunsch der Besitzer – euthanasiert.

Ein Therapieversuch könnte – wie bei der FIP – beginnen mit einer Gabe Echinacea C 200, gefolgt von Tuberculinum C 30, später könnte man – abhängig von der Reaktion der Katze – Kalium chloratum folgen lassen.
(Foto: Monhart)

Kali-chl gilt in der indischen Human-Homöopathie als Spezifikum für Krebs und Tumoren im Mund (Literatur 33 e).

Weitere Tumoren am Zahnfleisch (Epulis) können *Acidum nitricum*, *Calcarea* oder *Silicea* erfordern.

Calcarea und *Nitricum-acidum*--Tumoren sind in der Regel im Maul schmerzlos (an anderen Lokalisationen schmerzhaft!), verursachen jedoch mechanische Behinderungen, Reizungen oder Infektionen.

Die wichtigsten Mittel für den Komplex von Maulfäule – Stomatitis ulcerosa – Stomakaze – Geschwüre der Zunge – krebsartige Maulerkrankungen sind: Ars, Bapt, Kali-chl, Kreos, Lach, Merc, Nit-ac, Phos, Sil, Tub

Es gibt zahlreiche weitere Mittel, die jedoch erfahrungsgemäß nur einen vorübergehenden Effekt zeigen.

Stabilisierung des Immun- und Hormonsystems: *Carcinosinum, Echinacea, Art-a* (*Artemisia annua*).

Zusätzlich kommen die Nosoden der **Caliciviren, der Felinen Herpes- oder Herpes simplex-Viren, von Chlamydien, FiP** oder **FIV, Tuberculinum-Koch** infrage.

Obwohl diese destruktive Pathologie im Maul der Katze an ein syphilitisches Geschehen denken lässt, hat die Nosode *Lyssinum* (*Syphilinum*) nur selten zu einer Besserung geführt.

Es gibt ferner im Handel Nosoden wie »*ulzerierende Stomatitis*«, »*gangränöse Pulpa*«, »*Kieferostitis*« etc., welche mehrheitlich als vorübergehendes Palliativ wirken: D. h. die Pathologie im Maul wird nach der Gabe vorübergehend besser, kehrt aber nach einigen Tagen zurück. Die wiederholte Verabreichung dieser Präparate wirkt bei jeder Folgegabe weniger positiv; schließlich kann bei Langzeitanwendung eine Verschlimmerung im Sinn einer Arzneimittelprüfung eintreten. Zur vorübergehenden Linderung schwerster Zustände können diese Nosoden durchaus eingesetzt werden – solange kein besser passendes Homöopathikum gefunden werden kann.

Weil die angegebenen Mittel nach ihren Modalitäten nicht leicht zu differenzieren sind, empfiehlt sich ein radiästhetischer Test. Oder wir lassen die Katze selbst »entscheiden«, welches Mittel ihr am besten tut: Wir legen einige Globuli des zu testenden Mittel auf den Sitzplatz unter den Katzenkörper: Wenn es sich um ein passendes Simile handelt, wird die Katze schnurrend darauf sitzen bleiben; wenn das Mittel nicht geeignet ist, wird die Katze aufstehen und sich so dem Einfluss der Arznei bzw. deren Energiefeld entziehen und einen anderen Sitzplatz aufsuchen (siehe *Kapitel 2, Abschnitt Testverfahren, Seite 74*).

FORL – Feline Odontoklastic Resorptive Lesions

Die FORL ist eine heute zunehmend verbreitete Erkrankung der Katzenbackenzähne, die in diesem Ausmaß vor 35 Jahren noch unbekannt war.

Die genaue Ursache dieser Krankheit ist unbekannt. Wahrscheinlich handelt es sich auch hier um eine Autoimmunerkrankung oder – wie oben erwähnt – um eine Belastung mit Quecksilber.

Bei der FORL werden die Odontoklasten-Zellen aktiviert, die normalerweise während des Zahnwechsels die Verankerung der Milchzähne lösen. Bei der erwachsenen Katze greifen sie Zahnzement, Dentin und Zahnschmelz an. Zahnwurzeln werden unterhalb der Zahnfleischgrenze angelöst, was jedoch anfangs ohne erkennbare Krankheitssymptome verläuft, solange sich Zahnschmerzen noch in Grenzen halten.

In manchen Fällen ist ein geröteter Zahnfleischrand erkennbar, der jedoch nicht in jedem Fall durch eine FORL hervorgerufen sein muss.

Möglicherweise liegt zusätzlich ein starker Befall mit Zahnstein vor, der das Geschehen überdeckt und dessen Erkennen ohne Gebisssanierung verhindert.

Oft bemerkt der Katzenbesitzer als erstes Symptom lediglich schlechte Futteraufnahme mit langsam zunehmender Abmagerung. Die Katze sitzt dann oft hungrig vor ihrem Futternapf, frisst wenige Bissen und läuft dann schreiend vor Schmerzen davon – vielleicht aufgrund des Trugschlusses, das Futter »beiße« sie ins Maul?

Auch in diesem Stadium sind Maul, Zunge und Rachen manchmal (noch) frei von äußerlich sichtbaren Veränderungen.

Bei manchen Patienten jedoch zeigt sich im Maul bereits ein erschreckendes Bild: Widerwärtig stinkender Geruch, blutrot geschwollenes, schwammiges Zahnfleisch und wackelnde oder bereits abgebrochene Zähne, deren Reste noch unter Zahnstein versteckt sein können.

Solche Zähne bzw. Zahnwurzeln sollten natürlich entfernt werden.

Durch Röntgen kann möglicherweise eine Auflösung des Dentins, der Pulpa an der Zahnwurzel oder des Zahnfachs nachgewiesen werden; mitunter sind davon sogar mehrere Zähne betroffen. In schwersten Fällen lässt sich sogar durch genaues Röntgen eine Osteoporose am Kieferknochen in der engen Umgebung der erkrankten Zahnwurzel feststellen. Allerdings ist die Röntgendarstellung minimaler Zahnveränderungen äußerst schwierig, weil das Katzenmaul bzw. der Katzenschädel von zahlreichen zarten Knochenstrukturen durchsetzt ist, die einander überlagern.

Entzündetes Dentin und/oder Pulpa verursachen die denkbar schlimmsten Zahnschmerzen.

Die schulmedizinische Therapie besteht in Verabreichung von »Schmerzmitteln« (NSAID) und Kortison. Dadurch werden die Schmerzen gelindert, die Katze wird wieder munter und kann wieder fressen. Das ist jedoch keine Heilung, sondern reine Palliation (Beseitigung von Symptomen, die nach Absetzen der Medikation oft umso schlimmer wiederkehren); eine Dauertherapie dieser Pharma-Präparate verbietet sich wegen deren Nebenwirkungen. Auch Antibiotika können vorübergehend helfen und die zusätzliche Besiedlung mit Bakterien eindämmen. Diese sind jedoch nicht die auslösende Ursache für die FORL, sondern lediglich ein verschlimmernder Begleitumstand.

Eine andere therapeutische Variante besteht im Ziehen aller Zähne, was viele Katzenbesitzer ablehnen. Mancherorts wird diese Maßnahme sogar empfohlen, um einer möglicherweise später auftretenden FORL, z. B. bei erblicher Belastung, vorzubeugen.

Es hat sich jedoch herausgestellt, dass mehrere Monate nach dem Ziehen aller Zähne in vielen Fällen erneut tiefgreifende Zahnfleisch- und Kieferentzündungen auftreten.

Man bedenke in diesem Zusammenhang das Missverhältnis zwischen den zwei- bis dreiwurzeligen, tief verankerten Backenzähnen und den relativ zarten Kieferknochen der Katze, speziell am Unterkiefer.

Die Homöopathie hat einige Erfolg versprechende Arzneien zu bieten:

An erster Stelle stehen *Kalium chloratum* ($KClO_3$) oder *Acidum fluoricum*, aber auch *Calcarea fluorica*,

Arsenicum oder *Tuberculinum* können indiziert sein; die Indikation von *Silicea* erscheint in diesem Zusammenhang fraglich.

Diese Mittel dürfen jedoch auf keinen Fall gleichzeitig gegeben werden!

Es handelt sich hier um sehr tiefgreifende Arzneien, die nur in großen Abständen mehrerer Monate wiederholt werden dürfen (Ausnahme: *Arsenicum*).

Am einfachsten gestaltet sich eine Einzelgabe einer hohen Potenz (je nach Schwere C 200 oder höher).

Entscheidend sind immer die individuellen Symptome.

Im Zweifelsfall empfiehlt sich auch hier die radiästhetische Prüfung oder der beschriebene »Katzentest« (siehe *Kapitel 2, Abschnitt Testverfahren, Seite 74*).

Entzündungen und Geschwüre der Zunge

Erkrankungen der Zunge lösen – wie die des Zahnfleischs – heftigste Schmerzen aus, schränken die Futteraufnahme ein oder verhindern sie gänzlich.

Die Veränderungen der Zunge können sich mitten auf der Zungenoberfläche oder am Rand befinden.

Die genaue Ursache ist unbekannt; man vermutet Herpesviren (FHV1) oder Caliciviren.

Das wichtigste Homöopathikum ist auch in diesem Fall *Kalium chloratum*, evtl. ergänzt durch potenzierte *Echinacea* – im zeitlichen Abstand gegeben..

Als weitere Mittel kommen infrage: Ars, Kreos, Merc, Nit-ac, Tub

Entzündungen und Geschwüre im Rachen

Die Stomatitis kann mitunter auch auf den Rachen übergreifen und heftige Schluckschmerzen auslösen. In vielen Fällen sind dieselben Erreger wie für die Stomatitis verantwortlich; auch eine Immunerkrankung kann zugrunde liegen (FeLV, FIV, FiP u. Ä., auch bei FHV1- oder Calicivirusinfektion en).

Es gibt jedoch auch die bakteriell bedingte Angina, die ohne die vorgenannten Erkrankungen auftreten kann. Solche Infektionen sind im *Kapitel 4, Infektionen und Entzündungen, Seite 113*, beschrieben.

Kennzeichen sind eine mehr oder weniger rote, blaurote oder geschwürig zerfallende Rachenschleimhaut, meist begleitet von schmerzhaften Schwellungen der Mandibular-Lymphknoten.

Die wichtigsten Mittel für Pharyngitis/Angina: Acon , Ars, Bapt, Bar-c, Bell, Calc, Hep, Kali-bi, Kali-chl, Kali-i, Lach, Lyc, Merc, Nat-m, Nit-ac, Phos, Phyt, Sep, Sil, Sulf, Tub

KURZ-REPERTORIUM FÜR ENTZÜNDLICHE UND DEGENERATIVE ERKRANKUNGEN IM KATZENMAUL

Die folgende Auflistung soll die Übersicht erleichtern, nicht aber das Studieren der einzelnen Abschnitte ersetzen. Keines der angegebenen Mittel darf gleichzeitig mit einem anderen gegeben werden, Grundsätzlich müssen auch in diesen Fällen die Gesetzmäßigkeiten der Homöopathie befolgt werden.

Die Angaben zu den homöopathischen Mitteln beruhen auf zahlreichen Erfahrungen, die nicht als absolut bindend angesehen werden sollen, sondern in Einzelfällen nach genauem Studium der Arzneimittellehre auch durch andere Mittel ersetzt oder ergänzt werden können.

Die Erkrankungen im Maul der Katze stehen für eine schwerwiegende Pathologie, für die in schlimmsten therapieresistenten Fällen sogar die Euthanasie empfohlen wird.

Die wichtigsten Mittel für »**Zahnschmerzen**« bei der Katze ohne weitere Klassifizierung sind: Acon, Arn, Ars, Bell, Cham, Hep, Hecla, Hyp, Lach, Mag-p, Meny, Nux-v, Puls, Staph, Sil und andere!

Übermäßige **Zahnsteinbildung**: Arsen, (Merc), Phos oder Sil

Zahnwurzelabszess: Ars, Bac, Echi, Hep, Pyrog, Sil, Tub

Zahnwurzelnekrose: Ars, Calc-f, Echi, Fl-ac, Kali-chl, (Merc), Sil, Tub

Zahnfistel: Calc, (Hep), Lyc, Nat-m, Sil, Staph

Stomatitis ulcerosa: Ars, Bapt, Carc, Echi, Kali-chl, Kali-i, Kreos, Lach, Merc, Nit-ac, Phos, Sil, Tub

FORL: Ars, Calc-f, Fl-ac, Kali-chl, Nit-ac, Tub

Stomatitis, FORL, Zahnwurzelerkrankungen mit gleichzeitiger Niereninsuffizienz: Ars, Kali-chl, Nit-ac, Tub, Tub-K

Stomatitis, FORL, Zahnwurzelerkrankungen mit gleichzeitiger Immunschwäche: Unterstützend als »Reaktionsmittel«: Carc, Echi, Tub

Geschwüre der Zunge bei der Stomatitis: Ars, Kali-chl, Kreos, Merc, Nit-ac, (evtl. weitere Mittel)

Die wichtigsten Mittel für Pharyngitis/Angina (siehe auch *Kapitel 2, Seite 20*)**:** Acon, Ars, Bapt, Bar-c, Bell, Calc, Hep, Kali-bi, Kali-chl, Kali-i, Lach, Lyc, Merc, Nat-m, Nit-ac, Phos, Phyt, Sep, Sil, Sulf, Tub

Septische Zustände bei Erkrankungen im Maul: Ars, Bapt, Echi, Kali-chl, Kreos, Lach, Merc, Nit-ac, Phos, Pyrog

Zahnprobleme während Zahnung/Zahnwechsel: Arn, Ars, Calc, Calc-f, Cham, Ferr-p, Hecla, Ign, Kreos, Lyc, Mag-p, Nux-v, Phyt, Psor, Sil, Staph, Sulf u. a.

Schlimmster Gestank aus dem Maul (nicht zu verwechseln mit dem Gestank des Fertigfutters, z. B. Fischmehl!): Arn, Ars, Bapt, Cham, Kreos, Lach, Kali-i, Merc, Nit-ac, Nux-v, Pyrog, Sulf u. a.

Kadaverähnlicher Gestank aus dem Maul: Ars, Nit-ac, Phos, Pyrog

Übermäßiger Speichelfluss aus dem kranken Maul: Cham, Fl-ac, Kali-chl, Kreos, Lach, Merc, Nit-ac

Plötzliche schlimmste Schmerzen beim Fressen: Ars, Fl-ac, Kali-chl, Kreos, Nit-ac, Tub

Plötzliche rasende Schmerzen am kranken Zahn durch Berührung mit Futter: Fl-ac, Meny, Nit-ac

BESCHREIBUNG DER WICHTIGSTEN ARZNEIEN FÜR ERKRANKUNGEN IN MAUL UND RACHEN DER KATZE

Arsenicum album – Ars

Indikationen und Symptome

Häufiges Mittel für das Katzenmaul(!), oft verbunden mit CNI (Niereninsuffizienz)

Zähne

- Übermäßiger Zahnstein, der die ganzen Backenzähne überdeckt
- Zahnstein auch an den Zahnwurzeln mit schmerzhafter Lockerung der Zähne

- Schwärzlich oder gelblich verfärbte Zähne, krümeln oder brechen ab (FORL)
- Schnell fortschreitender Zahnverfall, Ausfallen lockerer Zähne
- Zahnschmerz in Backenzähnen, auch in der ganzen Zahnreihe
- Zähne empfindlich gegen Druck und Berührung

Zahnschmerzen

- Schlimmste Schmerzen an Zahnfleisch oder Zahn durch Berührung mit dem Futter, beim Kauen
- Besser durch Wärme, warmes Futter oder Tränke
- Zahnschmerzen und alle anderen Beschwerden schlimmer nachts, nach Mitternacht

Stomatitis

- Maulentzündung, evtl. übergehend in eine Sepsis
- Kadaverähnlicher widerwärtiger Gestank aus dem Maul, evtl. stinkt das ganze Tier
- Dunkel-blutiges Sekret aus dem Zahnfleisch
- Schwammiges, geschwüriges Zahnfleisch
- Kein auffallender Speichelfluss! Eher geringer oder zäher Speichel
- Rachenentzündung fortschreitend bis zur Sepsis mit extremer Schwäche
- Zunge: evtl. gefleckt mit roten Inseln
- Rote Zungenspitze oder rote Zungenränder oder silbrige, schwarze, braune oder blasse Zunge

Begleitende Erkrankungen/Symptome

- Immunschwächekrankheiten (siehe *Kapitel 4, Abschnitt Spezielle systemische Infektionskrankheiten der Katze, Seite 137*)
- Niereninsuffizienz (CNI) (siehe *Kapitel 12, Abschnitt Chronische Niereninsuffizienz (CNI), Seite 405*)
- Widerspenstige Patienten, geraten bei der Untersuchung in aggressive Angst!
- Begleitend häufig Schwellung der Mandibular-Lymphknoten

Dosierung

Wiederholte Gaben der C 200 im individuellen Abstand: Z. B. einmal pro Woche bis Besserung, dann Abstände vergrößern. Später bei Bedarf höhere Potenz.

Baptisia tinctoria – Bapt

Indikationen und Symptome

- Äußert schmerzhafte, evtl. septische Maul- und Rachenentzündung (ähnlich *Arsenicum*)
- Evtl. verbunden mit septischer fieberhafter Allgemeinerkrankung mit großer Schwäche
- Purpurfarbene, dunkel verfärbte Maulschleimhaut, Zahnfleisch und evtl. Rachen
- Gangränöse Geschwüre im Maul, an Zahnfleisch, Zunge und Rachen
- Hervorsickern von blutiger Absonderung aus dem Zahnfleisch
- Stinkender Atem
- Kann nur Flüssigkeiten schlucken, festes Futter verursacht Würgereiz
- Halb offenes Maul wegen fehlender Muskelspannung im Kiefer
- Trockenes Maul oder zäher, klebriger Speichel
- Begleitend evtl. Fieber mit Stupor, Schwellung der Mandibular-Lymphknoten
- Indiziert, wenn *Arsenicum* in diesem Zustand nicht wirkt

Dosierung

Einmalige Gabe der C 200, bei erneuter Verschlimmerung wiederholen oder Folgemittel gemäß der Symptomatik wählen.

Belladonna – Bell

Indikationen und Symptome

- Akute, plötzlich aufgetretene Stomatitis mit oder ohne Rachenentzündung
- Auffallend rotes, heißes, trockenes Maul, heiße Ohren und Körper
- Plötzlich auftretende Schmerzen, kommen und gehen plötzlich, schmerzfreie Intervalle

Dosierung

Einzelgabe der C 200, anschließend evtl. passendes Folgemittel wählen.

Bacillinum – Bac

- Bac sollte bei allen Erkrankungen der Maulhöhle erwogen werden, wenn kein anderes Mittel zu wirken scheint.

Dosierung

Eine Einzelgabe der C 200.

Calcarea carbonica – Calc

Konstitutionelles Mittel für die ruhige, träge, dicke Katze

Indikationen und Symptome

- Meist keine derart dramatische Pathologie wie bei *Arsenicum*, *Kalium chloratum* oder *Nitricum acidum*
- Unsichere Katze, ängstlich vor Unbekanntem oder in neuer Umgebung
- Evtl. zusätzliche Symptome von gestörtem *Calcium*-Stoffwechsel (verzögerte Knochenentwicklung, krumme Beine)
- Evtl. leicht offen stehendes Maul, Zunge zwischen den Schneidezähnen sichtbar, wie zu groß
- Zahnungsbeschwerden bei Jungtieren, evtl. mit gleichzeitigen anderweitigen Infektionen
- Eher trockenes Maul und Zunge
- Schmerzlose, eitrig-schmierig-blutige Tumoren am Zahnfleisch
- Geschwüre an der Zungenseite, Schwellung auch unter der Zunge
- Zunge rot, weiß, gelblich, wund
- Parodontose, Entzündung um das Zahnfach mit Rückbildung des Zahnfleischs
- Geschwüriges Absterben des Zahnfleischs
- Schmerzhafte Entzündung bis Zahnfleischeiterung, Fistel
- Zahnfleisch zerfällt rund um den kranken Zahn
- Schnell fortschreitender Zahnverfall bei Jungtieren
- Schwarze, zerkrümelnde Zähne (*Kreosotum*, *Staphysagria*) bei Welpen
- Zahnschmerzen mit »dicker Backe«, schlimmer durch Berührung, schlimmer nachts
- Krebs im Maul
- Angina, Rachenentzündung, auch chronisch
- Begleitend evtl. Schwellung der Mandibular-Lymphknoten
- Der *Calcarea*-Patient erträgt alles, notfalls mit einer Art »Totstellreflex« und Fehlen von erwarteten Abwehr- oder Schmerzreaktionen

Dosierung

Welpen: Einmalige Gabe der C 30, die später wiederholt werden kann; erwachsene Katzen: einmalige Gabe der C 200 oder höherer Potenz.

Hinweis: Sehr tiefgreifend wirksam, daher seltene Gaben, Hochpotenzen frühestens im Bedarfsfall nach 3 Monaten, besser später wiederholen.

Calcarea fluorica – Calc-f

Indikationen und Symptome

- Zahnschmelzdefekt mit Neigung zum Abbrechen oder Ausfallen der Zähne
- Zahnwurzelnekrose, FORL
- Zahnerkrankungen durch gestörten *Calcium*-Stoffwechsel
- Harte Schwellung am Kiefer
- Begleitend Knochenerkrankungen, Arthrosen
- Beschwerden während Zahnung oder Zahnwechsel

Dosierung

Einmalige Gabe der C 200.

Carcinosinum – Carc

Indikationen und Symptome

- »Reaktionsmittel«: wichtig bei begleitendem Immunschwächekomplex
- Wirkt normalisierend auf die Steuerung des Hormon- und Immunsystems, daher wegbereitend für Folgemittel, das 2 bis 3 Wochen später eingesetzt werden kann
- Wichtig zur Vorbeuge von Erkrankungen im Maul bei erblicher Vorbelastung!
- Chronisch rezidivierende Infekte der Atemwege, Sinusitis
- Folgen von Misshandlung, wichtig bei ausgesetzten oder vereinsamten Tierheimkatzen
- Freundlich trotz diverser schwerwiegender »Frustrationserlebnisse«
- Freundliches, sanftes Wesen, aber nicht aufdringlich (ähnlich *Silicea* oder *Natrium muriaticum*)

Dosierung

Einmalige Gabe der C 200.

Chamomilla – Cham

Indikationen und Symptome

- Zahnschmerzen übersensibler Jungtiere während der Zahnung oder im Zahnwechsel
- Launisches, aggressives Verhalten des sonst friedlichen Tieres
- Zahnschmerzen schlimmer nachts
- Niemals indiziert bei freundlichen Patienten!

Dosierung

Einmalige Gabe der C 200.

Echinacea angustifolia oder purpurea – Echi

Indikationen und Symptome

- Unklare Entzündungen oder Eiterungen im Zahn- oder Maulbereich
- »Reaktionsmittel« bei Immunschwächekomplex
- Ermöglicht besseres Ansprechen eines Folgemittels

Dosierung

Einmalige Gabe der C 30, C 200, in schwersten Fällen auch höhere Potenz.

Fluoricum acidum – Fl-ac

Indikationen und Symptome

- Bei Repertorisation viele Gemeinsamkeiten mit *Silicea*, beides sind Antidote, ergänzen einander aber als Folgemittel, wenn im Abstand von mehreren Wochen gegeben
- *Fluoricum acidum* ist warmblütig, *Silicea* neigt zum Frieren
- Wichtig für das FORL: Zahnschmelzdefekte mit möglichem Abbrechen der Zähne
- Zahnwurzelentzündung und -nekrose, Geschwüre, sehr schmerzhaft!
- Sehr schmerzhafter Zerfall der Zahnwurzel
- Mäßiger Speichelfluss, trotzdem stinkendes Maul
- Extrem empfindliche Zähne beim Kauen, schwierige oder fehlende Futteraufnahme
- Plötzlich auftretende, schlimmste Schmerzen beim Fressen

- Kann keinerlei Manipulation am Gebiss ertragen, berührungsempfindliche Zähne
- Überraschend schneller Zahnverfall an vorgeschädigten, dunkel verfärbten Zähnen
- Zahnschmerzen schlimmer durch kaltes und warmes Futter
- Schwellung der Zunge, rote Zungenspitze oder -ränder, geröteter Gaumen
- Fressende, schmerzhafte Geschwüre an der Zunge, am Zahnfleisch möglich
- Blutrotes, eitriges, abgelöstes oder fistelndes Zahnfleisch (*Calcium fluoricum, Kalium chloratum, Silicea*)
- Stomatitis kann auch auf den Rachen übergreifen
- Warmblütiger Patient (Gegensatz zu *Silicea*!)
- *Fluoricum acidum* ist selten das alleinige Mittel!
- Sondern viel häufiger Folgemittel *von Ars, Graph, Kalium-Verbindungen, Nit-ac, Ph-ac, Puls, Sep*

Dosierung

Einzelgabe der C 200.

Hekla lava – Hecla

Indikationen und Symptome

- Knochenerkrankungen, Exostosen, Osteosarkom
- Zahn- und Kieferentzündungen mit Tendenz zur Bildung von Exostosen oder Kiefernekrose
- Lange anhaltende Schmerzen von Zähnen oder Kiefer trotz bzw. nach guter Therapie
- Neuralgie in Zahnnerven durch erkrankte Zähne oder nach Zahnextraktion
- Schmerzempfindliche Zähne mit Kieferschwellung, Kieferabszess
- Arthrose im Kiefergelenk

Dosierung

Einmalige Gabe der C 200, nicht wiederholen!

Hepar sulfuris – Hep

Indikationen und Symptome

- Phlegmone und Zahn- oder Zahnfleischabszesse mit hochgradiger Schmerzempfindlichkeit
- Akuter oder chronisch-wiederkehrender Zustand
- Heftige, zornig-aggressive Abwehr bei Untersuchung der Maulhöhle wegen Schmerzen!
- Evtl. Durchbruch des Zahnabszesses in die Wange, phlegmonöse, hochschmerzhafte Wange, mit drohendem Abszess, der sich auch nach außen durch die Gesichtshaut eröffnen kann
- Diese Zahnabszesse können so groß werden, dass sie das halbe Gesicht entstellen!
- Nach Abszesseröffnung: stinkender Eiter, reichlich, gelblich, schleimig, blutig
- Intensiver Geruch wie alter Käse
- Nach vorangegangener antibiotischer Therapie wird *Hepar*-Eiter geruchlos!
- Phlegmonöse, abszedierende oder eitrige, stinkende Pharyngitis oder Angina mit Frieren
- Entzündung der regionalen Lymphknoten mit schmerzhafter Schwellung
- Schlimmer durch jede Form von Kälte, Tendenz zum Frieren, Patient sucht Wärme

Hinweis: Nach Eröffnung und Entleerung eines Abszesses ist *Hepar* kontraindiziert!

Wenn der *Hepar*-Abszess nicht ausheilt oder fistelt, ist *Silicea* indiziert

Dosierung

Einmalige Gabe der C 200 reicht in der Regel aus.

Kalium chloratum – Kali-chl – $KClO_3$ (nicht gleich Kali-m = Kaliumchlorid = KCl!)

Indikationen und Symptome

- Primär chronische Erkrankungen in Maul und Rachen bis Krebs, evtl. auch Augen und Schnupfen
- Stomatitis, Gingivitis begleitet von Nierenerkrankung (CNI) – wie *Arsenicum*
- Stomatitis ulcerosa in verschiednen Stadien: einfach gerötetes Zahnfleisch bis zum Schleimhautgangrän
- Hochgradig schmerzhaft, Futter- oder Tränkeaufnahme kaum möglich
- Entzündete hellrote oder gangränöse Zahnfleischränder, evtl. leichtes Bluten, Zahnfleischfisteln
- Oder purpurfarbenes oder schwammiges Zahnfleisch oder ganzes Maul betroffen
- Geschwüre mir grauem Grund
- Geschwüre auf der Zunge, äußerst schmerzhaft, im Zentrum oder am Zungenrand
- Evtl. Schwellung der Zunge, die das ganze Maul ausfüllt
- Gefleckte, entzündete Zunge
- Evtl. milchig-weißer Schleim im Maul
- Reichlich stinkender, wundmachender Speichel
- Ähnlichkeit mit *Mercurius*, aber *Kalium chloratum* hat sich bei der Stomatitis als weitaus wirksamer erwiesen
- Häufig vorkommend bei Erkrankungen im Katzenmaul!

Dosierung

Je nach Schwere des Zustands: C 30 bei Wiederauftreten der Schmerzen wiederholen oder seltenere Gaben der C 200, später unterstützt durch *Carcinosinum*.

Kalium iodatum – Kali-i

Indikationen und Symptome

- Stomatitis mit ekelhaftem Gestank, evtl. vermehrter, evtl. blutiger Speichel
- Schmerzhafte Zahnfleischgeschwüre
- Weißliche Ablagerungen wie Milch, evtl. rote Zungenspitze
- Entzündungen an der Zunge, Tumor bis Krebs an der Zunge
- Schmerzen der Zahnwurzeln
- Oft verbunden mit chronischem Katzenschnupfen mit Rachenentzündung
- Begleitend heisere Stimme durch Halsentzündung
- Begleitet evtl. von Augenerkrankungen: Keratitis, Iritis mit Absonderung von eitrigem Schleim – warmblütiger, unruhiger Patient

Dosierung

Je nach Schwere des Zustands: C 30 bei Wiederauftreten der Schmerzen wiederholen oder seltenere Gaben der C 200.

Kreosotum – Kreos

Indikationen und Symptome

- Chronische Stomatitis, Stomakaze (Maulfäule)
- Wundes, schwammiges, blaurotes bis schwärzliches Zahnfleisch
- Vorgewölbtes, geschwüriges Zahnfleisch
- Leicht blutende Geschwüre an Zahnfleisch oder Zunge
- Dunkle bis schwärzliche, gerinnende Sickerblutung
- Starke dunkle Blutung aus dem gezogenen Zahn
- Zahnfleisch vom Zahn abgelöst

- Zunge blass oder trocken, weich wie verwelkt
- Scharfer, evtl. schaumiger, zäh-fadenziehender Speichel, Katze will den abstreifen, ausspucken
- Widerwärtiger, kadaverähnlicher eitriger Gestank aus dem Maul
- Schnell fortschreitender Zahnverfall, schwarze Zähne
- Zahnschmerzen, Abszess der Zahnwurzeln, besonders der Backenzähne im Oberkiefer
- Speziell sehr schmerzhafte Zahnung bzw. Zahnwechsel
- Schwarze, kleine, zerkrümelnde Zähne bei Welpen oder Jungtieren

Dosierung

Einmalige Gabe der C 200, bei Bedarf wiederholen oder Folgemittel geben.

Lachesis mutus – Lach

Obwohl viele Symptome der Stomatitis ulcerosa für *Lachesis* sprechen, ist es dennoch nur selten wirksam – im Gegensatz zu *Arsenicum* oder *Kalium chloratum!*

Indikationen und Symptome

- Ulzerierende Stomatitis, blauschwarze Schleimhaut, hochgradig schmerzhaft
- Septische Zahn-(Wurzel-)entzündungen, bläulich-rotes Zahnfleisch
- Leitsymptom: Heftige Aggression bei Berührung von Maul, Nase und Kehle (*Arsenicum*) , lässt sich kaum dort untersuchen
- Dabei evtl. lautes Miauen oder Schreien
- Schmerzhafte Entzündung und Schwellung der Mandibular-Lymphknoten
- Dunkle Sickerblutungen aus der Schleimhaut bei schwerster Sepsis
- Vorgewölbtes Zahnfleisch (*Kreosotum*)
- Hals-, Rachenentzündung, Tonsillitis links, zuerst links, dann rechts, blauroter Rachen
- Schwierig zu lösender, zäher, stinkender Schleim im Rachen
- Dabei schmerzhafte phlegmonöse Schwellung oder fast zugeschwollener Rachen, Sepsis
- Dabei laut hörbare schnarchende Atmung möglich, wie während Ersticken!
- Offenes Maul (verhinderte Nasenatmung bei gleichzeitigem Katzenschnupfen)
- Verschlucken, Tränke kommt wieder zur Nase heraus
- Feste Nahrung kann besser als Flüssiges geschluckt werden
- Oder evtl. bereits eingetretene Schlucklähmung
- Oder permanenter Schluckzwang durch Fremdkörpergefühl im Schlund
- Verschlimmerung nach dem Schlafen, bzw. beim Erwachen

Dosierung

Einmalige Gabe der C 200, bei konstitutioneller Symptomatik auch höhere Potenz.

Lycopodium clavatum – Lyc

Indikationen und Symptome

- Empfindliche Zähne beim Kauen, gelbe Zähne, kaum Zahnfleischentzündung
- Wiederkehrende Angina, beginnt rechts, geht dann nach links oder einseitig links
- Keine primär dramatische Pathologie wie bei anderen der genannten Mittel
- Konstitutionelle Symptome sind entscheidend für die Mittelwahl von *Lycopodium*

Dosierung

Bei Kortison-vorbehandelten Tieren: C 200

In anderen Fällen einmalige Gabe der M- oder XM-Potenz.

Magnesium phosphoricum – Mag-p

Indikationen und Symptome

- Neuralgische Zahnschmerzen, schlimmer durch jede Art von Kälte
- Besser durch Wärme bzw. heiße Anwendungen
- Beschwerden während des Zahnwechsels
- Zahnfleischgeschwüre, Schwellung der Zunge mit Schwellung der Kieferlymphknoten
- Krämpfe bzw. Krampfschmerzen im Kiefergelenk
- Neuralgische Zahn-, Kiefer- oder Trigeminusschmerzen

Dosierung

Einmalige Gabe der C 200.

Menyanthes trifoliata – Meny

Indikationen und Symptome

- Neuralgische Schmerzen in einem gebrochenen oder gesplitterten Zahn

Mercurius solubilis – Merc

Indikationen und Symptome

- Trotz deutlicher Symptome ist *Mercurius* kein häufiges Mittel für solche Erkrankungen im Maul der Katze!
- Kein Antidot gegen Quecksilberbelastung!
- Extreme Stomatitis, Maulfäule, Rachenentzündung, Angina
- Extreme Zahnschmerzen, z. B. durch Entzündung des Dentins
- Begleitend auffallend reichlicher, stinkender Speichelfluss, schmierig wie Seife
- Schlimmste Formen von Zahnverfall, Wurzelabszessen und Ulzeration der Maulhöhle
- Primär destruktive Prozesse mit kontinuierlicher Verschlimmerung
- Dunkel oder gelb verfärbte Zähne
- Schwerste Formen von Rachenentzündung, Angina mit Unvermögen zu schlucken (*Phytolacca*)
- Schmerzhafte Entzündung und Schwellung der Kehlgangs-Lymphknoten
- Indiziert, bei gleichzeitiger Maulerkrankung mit chronischen Durchfällen mit Tenesmus
- Alle Beschwerden und Schmerzen schlimmer nachts
- Kein häufiges Mittel für die Maulerkrankung

Dosierung

Einmalige Gabe der C 200, evtl. höhere Potenz.

Natrium muriaticum – Nat-m

Indikationen und Symptome

- Zahnfleischentzündung und -schwellung im Rahmen anderer konstitutioneller Symptome
- Keine dramatische Stomatitis

Dosierung

Bei konstitutionellen Symptomen M- oder XM-Potenz.

Nitricum acidum – Nit-ac

Indikationen und Symptome

Immer wieder plötzlich auftretende scharfe Schmerzen, mit schneller Besserung

- Erkrankungen an Haut-Schleimhaut-Übergängen, hier speziell an Lefzen, Maulwinkel, Zahnfleisch leicht blutend, auch ausgelöst durch scharfen, wundmachenden Speichel
- Beißt sich wiederholt beim Fressen in Lippen oder Wange (*Causticum*)
- Stomakaze mit widerwärtigem Kadavergestank aus dem Maul (*Arsenicum*, *Kreosotum*)
- Betroffen sind Nase, oberes Zahnfleisch und Nieren (CNI)
- Stinkender, evtl. blutiger Speichel
- Oder trockene, rissige Zunge, klebt am Gaumen
- Zahnfleisch leicht blutend, rissig, abgelöst vom Zahn, Zahnfleischfisteln
- Schwellung oder Vorwölbung des Zahnfleischs zwischen Zahnfleischrand und Zahn
- Leicht blutende Geschwüre im Maul mit unregelmäßig ausgefransten Rändern
- Tumoren, schmerzarme Epulis (Tumor) am Zahnfleisch, Krebs der Zunge
- Zahnverfall, Lockerwerden besonders der oberen Schneidezähne und Backenzähne
- Zahnschmerzen mit Magenbeschwerden
- Rachenentzündung, Tonsillitis mit Splitterschmerzen, bis zum Gangrän
- Rachenentzündung auch bei Katzenschnupfen
- Extreme Schmerzen (wie ein Splitter) sogar beim Schlucken von Speichel
- Verschlucken, Flüssigkeiten geraten in die Nase (*Lachesis*)
- Begleitend schmerzhaft entzündete Kehl-Lymphknoten
- Mürrisches Wesen, besonders morgens
- Überempfindlichkeit der Zähne und des ganzen Patienten gegen Kälte
- Schlimmer nach falschen Gaben von *Calcarea* oder *Thuja*
- Eines der wichtigen Antidote gegen Quecksilberbelastung

Dosierung

Einmalige Gabe der C 200, evtl. höhere Potenz.

Nux vomica – Nux-v

Indikationen und Symptome

- Schmerzen im Zahn durch abgebrochene Zähne oder nach zahnärztlicher Behandlung
- Schmerzen durch den chemischen bzw. traumatischen Reiz von Zahnnerven (Zahnfüllung)
- Ärgerliches, gereiztes Wesen, evtl. andere Erkrankungen am Verdauungsapparat
- Besser durch Anwendung von Wärme

Dosierung

Einmalige Gabe der C 200, bei intensiven Schmerzen auch höhere Potenz.

Phosphorus – Phos

Indikationen und Symptome

- Subakute bis chronische Eiterungen der Zahnfächer, schwammiges blutiges Zahnfleisch
- Zahnverfall auch durch massiven Zahnstein
- Ulzera (Geschwüre), Periostitis der Zahnalveolen (Zahnfächer)
- Zahnfleisch locker abgehoben vom Zahn, gefüllt mit gelblich-blutigem Eiter
- Evtl. ganzes Maul voll von blutigen Ulzera
- Blutige Erosionen, Aphthen an der Wangeninnenseite
- Im chronischen Fall Entwicklung von Kieferexostosen möglich (*Hecla*)

- Häufiges Mittel für die Stomatitis!
- *Phosphorus* sollte – wie *Arnica* – nie vor einer Zahnextraktion oder Gebisssanierung gegeben werden!

Dosierung

Einzelgabe der C 200, in konstitutionellen Fällen auch höhere Potenz.

Pulsatilla pratensis, nigricans oder vulgaris – Puls

Indikationen und Symptome

- Zahnschmerzen während Zahnung oder Zahnwechsel
- Zahnschmerz schlimmer beim Kauen
- Heftige Beschwerden, intensives Leiden bei zur Zeit sehr lieben Patienten
- Suchen Zuwendung, Körperkontakt und Streicheln
- Wenig oder fehlendes Trinken bei Fieber mit Gefahr der Austrocknung
- Begleitend evtl. von Verdauungsbeschwerden, Entzündung von Ohren, Augen oder Rachen

Dosierung

Einmalige Gabe der C 200, in konstitutionellen Fällen höhere Potenz.

Pyrogenium – Pyrog

Indikationen und Symptome

- Zahnwurzeleiterungen oder -granulome, häufig ohne klare Symptome oder Schmerzen
- Evtl. sogar unbemerkter Durchbruch in die Kieferhöhle, mit jauchigem Nasenausfluss
- Unklare Symptomatik mit gestörtem Allgemeinbefinden durch subklinische Infektion und Schmerzen
- Aber auch schmerzlose Zahnwurzelgranulome mit unklar gestörtem Allgemeinbefinden
- Subfebril oder ohne Fieber, mit oder ohne Sepsis

Dosierung

Je nach Schwere der Sepsis einmalige Gabe der C 30 oder bei bereits vorhandener schwerer allgemeiner Sepsis: C 200.

Silicea terra – Sil

Indikationen und Symptome

- Zahlreiche chronische Zahnsymptome, Maulfäule steht nicht im Vordergrund
- Entzündung, Abszess der Zahnwurzel mit Tendenz zur Zahnfistel, Zahnfleischabszess
- Eiter schleimig bis wässrig, weniger geruchsintensiv als der von *Hepar*
- Periostitis an der Alveole (Zahnfach)
- Kiefernekrose mit Abstoßen von Knochensequestern nach Zahnextraktion
- Bei Kiefernekrose süßlicher Geruch von Knocheneiter
- Fehlender Zahnschmelz, Zahnstein, evtl. Tendenz zum Abbrechen der Zähne
- Ziehende Schmerzen in allen Zähnen, <u>schlimmer durch Berührung mit Kälte</u>
- Schwierige und verzögerte Zahnung/Zahnwechsel bei Jungtieren
- Zahnschmerzen schlimmer nachts, besonders morgens
- Zahnschmerzen u. a. Symptome besser durch Wärmeanwendung
- Der ganze Patient neigt zum Frieren
- Tiefgreifendes und lange wirkendes Mittel, darf nicht häufig wiederholt werden!
- Indiziert anschließend an *Hepar*, wenn der Zahnabszess nicht abheilt oder fistelt
- Antidot und Synergist zu *Fluoricum acidum*, Folgemittel nach *Hepar*

Dosierung
Einmalige Gabe der C 200, in konstitutionellen Fällen auch höher.

Hinweis: Sehr tiefgreifende Arznei, darf erst nach ca. 3 Monaten oder später bei Bedarf wiederholt werden.

Staphysagria – Staph

Indikationen und Symptome
- Berührungsempfindliche »dicke Backe« mit Zahnschmerzen besonders nach Gebisssanierung
- Zahnschmerzen neuralgisch, durch Ärger, Aufregung, schlimmer durch Kauen
- Zahnschmerzen schlimmer im Kalten, im Freien, durch kaltes Futter oder Tränke
- Zahnschmerzen besser durch Wärme
- Frühzeitiger Zahnverfall bei Jungtieren, schwarze Zähne
- Zahnfisteln, -entzündungen, meist auf der Basis von (juvenilem) Zahnverfall (FORL?)
- Konstitutioneller Bezug zur chronischen Erkrankung

Dosierung
Einmalige Gabe der C 200 oder höhere Potenz.

Thuja occidentalis – Thuj

Indikationen und Symptome
- Zahnverfall an Zahnwurzeln, Wurzelabszess
- Zahnfleischwucherungen, Zahnfisteln, Geschwüre der Maulschleimhaut
- Gelb oder dunkel verfärbte Zähne
- Häufig verschlimmert durch schlecht vertragene Impfung(en)
- Viel Zahnstein, Zahnverfall am Zahnhals mit Tendenz zum Abbrechen
- *Thuja* ist ein großes Mittel für Zahn- und Zahnfleischerkrankungen, trotzdem eher selten bei Erkrankungen im Maul der Katze, wesentlich häufiger indiziert beim Hund

Dosierung
Einmalige Gabe der C 200 oder höhere Potenz.

Tubercilinum bovinum – Tub / Tuberculinum Koch – Tub-K
- Tub ist bei allen schweren Erkrankungen in der Maulhöhle zu erwägen.

Dosierung
Eine Einzelgabe der C 200.

Erkrankungen des Magen-Darm-Traktes

Eine »gute Verdauung« gehört zu den Kennzeichen einer gesunden Katze: Der ideale Katzenkot sollte geformt und dennoch weich sein: Man sollte ihn in dieser Form ohne Probleme manuell aus der Katzenkiste entfernen können. Zwischenzeitlich kann er weicher oder härter sein, abhängig davon, was die Katze in den letzten Tagen verspeist hat.

Der gesunde Katzenkot wird 1- bis 3-mal pro Tag abgesetzt. Der Geruch sollte sich in Grenzen halten.

Die Freigängerkatze setzt ihren Kot in der Regel draußen ab und entzieht sich damit unserer Kontrolle.

Bei vermuteten gesundheitlichen Störungen sollte die Katze daher kurzfristig »Hausarrest« erhalten, damit Kot, Harnabsatz, Futter- und Tränkeaufnahme beobachtet werden können.

Für den Homöopathen sind solche Patienten die »schlimmsten«, von denen kein Vorbericht erhoben werden kann. Der Besitzer der kranken, apathischen Katze erzählt dann etwa Folgendes: »Über Kot- und Harnabsatz weiß ich nichts, das macht sie immer draußen. Ob sie etwas gefressen hat, weiß ich auch nicht, sie bekommt immer etwas von verschiedenen Nachbarn…«. Wenn in einem solchen Fall keine klinischen Symptome zu erheben sind, ist eine homöopathische Therapie nicht möglich.

Katzenkot von auffallend harter Konsistenz entspricht ebenso wie weicher, schmieriger oder flüssiger Kot nicht der Norm.

Bei gestressten Katzen kann es vorkommen, dass sie den Kot außerhalb der Katzenkiste absetzen (»Unsauberkeit«). Hier ist es unerlässlich den auslösenden Faktor herauszufinden und diesen soweit als möglich zu ändern (siehe *Kapitel 20, Verhalten – Gemütssymptome, Seite 576*).

Die Angaben zum Kapitel »Erkrankungen des Verdauungsapparats« lassen sich sinngemäß auch auf den Hund und andere Lebewesen anwenden.

SYMPTOMENKOMPLEX »INAPPETENZ, ÜBELKEIT, ERBRECHEN UND GASTRITIS«

Allgemeines

Inappetenz (Fehlender Appetit) ist ein Symptom, keine Krankheit!

Appetitlosigkeit kann durch unterschiedlichste Ursachen ausgelöst werden:

Eine Allgemeininfektion oder eine primäre Erkrankung des Magens (z. B. Gastritis) können ebenso wie Stoffwechselstörungen, z. B. durch Leber- oder Niereninsuffizienz als Auslöser infrage kommen, ebenso die Erkrankungen des Immunsystems wie FeLV, FIV, FIP.

In jedem Fall ist eine genaue klinische und homöopathische Anamnese erforderlich.

Der Appetit muss sich nach der Gabe des passenden Simile dauerhaft einstellen: Wieder eintretende Futteraufnahme dient der Lebenserhaltung und ist daher eine wesentliches Zeichen, um die Richtigkeit der Arzneiwahl zu bestätigen.

Ob eine Art **Übelkeit** vorliegt, ist nicht immer eindeutig festzustellen; viele Katzen äußern dies durch auffallende Kopf- und Halsbewegungen, die uns an »Würgen« oder »Aufstoßen« erinnern; bei manchen Tieren kann auch Speichelfluss mit oder ohne Kaubewegungen beobachtet werden. Diese unterschiedlichen Symptome gehören zu den wichtigen Modalitäten der homöopathischen Anamnese.

Sporadisch auftretendes **Erbrechen** ist bei der Katze in manchen Fällen ein normales Geschehen und darf nicht überbewertet werden: Katzen pflegen Haarballen zu erbrechen, die sie beim Putzen abgeschluckt haben; ebenso werden Teile der gefressenen Maus (Galle oder Zähne) normalerweise wieder erbrochen; das kann auch vereinzelt andere Nahrungsbestandteile betreffen.

Daher ist das gelegentliche Erbrechen bei der Katze nicht so schwerwiegend einzuschätzen wie das des Menschen.

Gehäuft auftretendes Erbrechen muss jedoch als Krankheitssymptom bewertet werden.

Erbrechen kann auch im Verlauf einer septischen Infektion auftreten.

Manche Katzen **regurgitieren**; das ist eine Art maulvolles Aufstoßen von Mageninhalt ohne Übelkeit, meist auch ohne Würgen. Die Katze regurgitiert ihr gerade gefressenes Futter gelegentlich, um es evtl. gleich wieder aufzufressen. Auch diese Art zu »erbrechen« ist nur dann für die homöopathische Anamnese wichtig, wenn es gehäuft auftritt *(Phosphorus)*. Dieses Symptom könnte auch eine Erkrankung der Speiseröhre (z. B. Megaösophagus) anzeigen *(Lachesis)*.

Mit **Gastritis** bezeichnet man eine Entzündung der Magenschleimhaut, die auf verschiedensten Ursachen beruhen kann: Eine einfache Gastritis kann durch Überfressen, durch verdorbenes Futter, durch eine Infektion, durch Futtermittelallergie, starken Wurmbefall, Vergiftung (Zimmerpflanzen, Biozide!) etc. ausgelöst werden.

Eine fortgeschrittene Gastritis kann sich zum chronischen **Geschwür (Ulcus) von Magen- oder Zwölffingerdarm (Ulcus duodeni)** entwickeln.

Die Entwicklung einer Gastritis oder eines Ulcus wird durch eine Vielzahl von oral verabreichten Pharma-Präparaten begünstigt oder verursacht (z. B. »Schmerzmittel« NSAIDs, zu häufige Wurmkuren etc.).

Magenkrebs ist die letzte und schlimmste Form der Magenkrankheiten; er wird früher oder später von schwerstem Erbrechen und zunehmender Abmagerung begleitet sein.

Für Appetitmangel, Übelkeit, Erbrechen und Gastritis gibt es zahlreiche Homöopathika; entscheidend sind die individuellen Symptome des Patienten, von denen einige unten angegeben sind.

Bauchschmerzen können ebenfalls durch verschiedenste Auslöser hervorgebracht werden: Sie können bei einer leichten Indigestion (»verdorbener Magen«), bei Gastritis, Magengeschwür oder Magenkrebs, bei Darmentzündung, Vergiftung, »Erkältung«, Darmgeschwür, Darmkrebs, bei Durchfall, Nieren-Blasen-, Lebererkrankung oder Erkrankung im Genitalbereich etc. auftreten; nicht zu vergessen ist die Bauchfellentzündung (Peritonitis) durch eine septische Erkrankung im Bauchraum; auch Schlagverletzungen oder Unfälle können mit Bauchschmerzen einhergehen. Verwachsungen von Darmteilen und Darmwand nach Operationen können chronisch wiederkehrende Darmkrämpfe nach sich ziehen (*Staphysagria*).

Schließlich können alle Erkrankungen, die mit Erbrechen und Bauchschmerzen verbunden sind, auch durch einen **abgeschluckten Fremdkörper** (z. B. Spielzeug) ausgelöst sein, der unter Umständen so schnell wie möglich operiert werden sollte.

Nicht alle abgeschluckten Fremdkörper lassen sich durch Röntgen feststellen! Z. B. kleine Gummibälle oder Plastikteile geben keinen Röntgenkontrast.

Spielzeug oder Futterteile, die einen Faden nach sich ziehen (z. B. Wurstzipfel) sind besonders verhängnisvolle Auslöser von Darmnekrose: Der Darm schiebt sich durch seine Peristaltik wie eine Ziehharmonika am Faden zusammen. In solchen Fällen ist eine Operation lebensrettend.

Nekrotische, schwarze Darmteile und die damit oft verbundene Peritonitis (Bauchfellentzündung) können durch eine Einzelgabe von *Lachesis* C 200 regeneriert werden, sofern der Darmabschnitt nicht bereits vollends zersetzt ist.

In jedem Fall sollte bei unklaren oder wiederkehrenden Bauchschmerzen eine klinische Diagnose gestellt werden, bevor eine homöopathische Therapie beginnt!

Unstillbares Erbrechen kann auch durch einen Darmverschluss verursacht sein, meist verbunden mit gespannten Bauchdecken oder Schmerzen; auch in einem solchen Fall ist eine Röntgen- oder Ultraschall-Untersuchung notwendig.

Auch eine **Pankreatitis** (Entzündung der Bauchspeicheldrüse) kann mit sporadischem Erbrechen einhergehen – gerade bei der Katze ist die chronische Pankreatitis nicht selten.

Aber keineswegs jedes Erbrechen lässt von vornherein auf die pauschale Diagnose der Pankreatitis schließen!

Die chronische Pankreatitis kann sich nach einer schwerer Infektion oder durch eine Sepsis entwickeln. Sie geht mit chronischen Verdauungsstörungen einher, die durch mangelhaft abgesonderte Enzyme für die Aufbereitung der Nahrung ausgelöst werden. Dabei kommt es zu wiederholt auftretendem anfallsartigem Erbrechen mit oder ohne Durchfall, evtl. verbunden mit hellem bis fettigem Kot; schließlich kommt es zu Abmagerung und struppigem Fell.

Die genaue homöopathische Fallaufnahme führt in der Regel zu dem passenden Mittel, das gleichzeitig eine evtl. vorliegende Pankreatitis zur Heilung bringt.

Die häufigsten Homöopathika sind hier *Phosphorus* und *Pulsatilla*.

Das **Pankreaskarzinom** hat auch bei homöopathischer Therapie eine zweifelhafte Prognose.

Wichtige Mittel für die chronische Pankreatitis sind: *Calcarea* und *Phosphorus*, seltener *Spongia* u. a.

Sämtliche Erkrankungen im Magen-Darmbereich können auch durch Vergiftungen ausgelöst werden. Biozide (z. B. Glyphosat, Roundup®) werden z. B. häufig durch Belecken der exponierten Pfoten aufgenommen!

Erbrechen beim Autofahren (»Reisekrankheit«) spielt bei der Katze eine weniger wichtige Rolle als beim Hund. Dennoch wollen manche Katzenliebhaber ihren »Haustiger« mit in die Ferien nehmen, darum seien auch die wichtigsten Homöopathika für die Reisekrankheit erwähnt.

Die Symptome »Unverträglichkeit beim Fahren« oder »Übelkeit« bzw. »Erbrechen beim Autofahren« gehören zum Komplex einer chronischen Krankheit, sind wertvolle Teilsymptome der konstitutionellen Anamnese und sollten durch diese Therapie anhaltend beseitigt werden.

Dennoch werden wir in der Praxis oft gebeten, den Tierbesitzern für die unmittelbar bevorstehende Reise ein organotrop gewähltes Homöopathikum zu empfehlen (*Cocculus*). Dafür eignen sich tiefe Potenzstufen (C 6 oder D 12), die am Anfang der Reise wiederholt bis zur Besserung gegeben werden können.

Wenn allerdings der Patient bereits im akuten Zustand – z. B. mit heftigem Erbrechen, Kollaps o. ä. – vorgestellt wird, dann ist die Einzelgabe einer höheren Potenz besser geeignet.

Eine scheinbare Reisekrankheit kann auch durch psychisches Trauma – z. B. im Anschluss an einen Verkehrsunfall – ausgelöst sein.

Eine solche Verhaltensstörung (»Angstneurose«) benötigt eines der Arzneien für »Folgen von Schreck«: *Aconitum*, *Ignatia*, *Opium* oder *Stramonium*.

Die wichtigsten Arzneien für die akute **»Reisekrankheit«** sind: Ars, **Cocc**, Nux-v, Petr, Tab

Die häufigsten Mittel für die **konstitutionelle Therapie der Reisekrankheit** sind: Calc, Calc-p, Lyc, Nat-m, Phos, Puls, Sep, Sil, Thuj

Homöopathische Anamnese zum Thema »Inappetenz, Übelkeit, Erbrechen und Gastritis«

Zu diesem Thema gibt es so zahlreiche Modalitäten, dass im speziellen Fall im Repertorium nachgeschlagen werden muss!

Die lebensgefährdenden Symptome müssen nach der Gabe des passenden Simile als erste besser werden!

WER?

- Welpe, Jungtier, erwachsene oder alte Katze
- Allgemeinzustand, Ernährungszustand, Haarkleid, Anteilnahme
- Lebenskraft – wie stark beeinträchtigt im Vergleich zur Dauer der Erkrankung?
- Haltung, Fütterung, Freigänger oder Wohnungskatze
- Vorbehandlung, auch homöopathische, Reaktion?
- Belastung durch Nebenwirkungen von Pharma-Präparaten?

WAS?

- Was ist jetzt zu heilen? Was ist am schlimmsten?
- Leichte Erkrankung, chronischer Zustand
- Lebenskraft: unbeeinträchtigt, erschöpft oder Endstadium der Krankheit
- Schwere, Dauer und Fortschreiten der Erkrankung:

- Ist die vorliegende Pathologie ein Begleitsymptom einer anderen Erkrankung?
- Inappetenz, Übelkeit, Gastritis, Erbrechen, »Bauchschmerzen«, Abmagerung, Austrocknung
- Was wird erbrochen?
  - Futter: verdaut, unverdaut, Haarballen
  - Schleim, Galle, blutiges, schwarzes Material, Kot (Darmverschluss)
  - Scharfes, stinkendes oder zähes, fadenziehendes Material
  - Würmer

WIE?

- Wie leidet der Patient, wie ist der klinische Befund?
  - Z. B. akute Lebensgefahr, Kreislaufsituation, Ileus, Schwäche (wo?), Erschöpfung, Kollaps, Dehydrierung, Schmerzen
  - Speichelfluss
  - Laborparameter
- <u>Futteraufnahme:</u>
  - Appetit fehlt gänzlich
  - Appetit schwindet oder kommt erst nach einigen Bissen
- <u>Aufstoßen, Würgen, Regurgitieren – wie heftig?</u>
- <u>Erbrechen:</u>
  - Besser, unverändert, schlechter nach Erbrechen
  - Was wird erbrochen? Wie lange nach der Futteraufnahme?
  - Brechwürgen, ineffektives Würgen, ohne Würgen
  - Brechwürgen krampfhaft, evtl. mit einem einzelnen, plötzlichen Aufschrei
  - Erbrechen im Schwall, Menge des Erbrochenen
  - Erbrochenes: Futter verdaut, unverdaut, Schleim, Galle, Schaum, Blut, Kot
  - Erbrechen unaufhörlich, plötzlich, heftig
  - Erbrechen bei septischer Erkrankung, bei Krebs
  - Regurgitieren: Erbrechen ohne ersichtliche Übelkeit
- Was bessert, was verschlechtert das Erbrechen?
  - Vor oder nach dem Fressen/Trinken wie lange danach?
  - Besser oder schlechter nach Erbrechen
  - Besser oder schlechter durch Bewegung
  - Schlimmer oder besser durch Fahren
  - Verlangen nach/Abneigungen gegen Futter/Tränke
  - Toleranz bestimmter Futtermittel: Fett, Milch, Trockenfutter etc.

WANN und seit wann?

- Vorgeschichte: Ersterkrankung, chronischer Zustand, Rezidiv
- Morgens, tags, nachmittags, abends, nachts
- Vor/nach, wie lange nach dem Fressen oder Trinken?
- Wetter, Temperatur, im Zimmer, im Freien
- Unter welchen Umständen tritt das Geschehen auf?
  - Psychischer Stress, Futtermittel, Tränke
  - Unter welchen sonstigen Umständen?

WARUM?

- »Verdorbener Magen« (Indigestion), verdorbenes Futter oder Tränke, Überfressen
- Vergiftung (z. B. Biozide, verdorbenes Futter)
- Infektion, Wurmbefall, anderweitige Erkrankung (s.o.), Unterkühlung, Überhitzung
- Schlecht vertragene Pharma-Präparate
- Organische Schäden, Leber, Pankreas, Nieren, Schilddrüse, Husten
- Fremdkörper, Darmverschluss, Blutvergiftung (Sepsis)
- Verletzung, Operation, Narkose etc.
- Erkältungen, kaltes Futter/Tränke
- Fressen von Unverdaulichem
- Psychische Ursache? Aufregung, Kummer, Konkurrenz, »Mobbing« durch andere Katzen
- Wo war das Tier im fraglichen Zeitraum vor der Erkrankung?

WAS BEGLEITET?

- Durchfall – Gastroenteritis – wie ernst ist der Zustand?
- Schwäche, Erschöpfung, Kollaps, Schmerzen

- Zittern, Frieren, Hitze, Hecheln, Fieber
- Unruhe, Apathie, Krämpfe
- Erkrankung von Atemwegen, Nieren, Leber, Genital, Sepsis etc.
- **Verhalten:** Wie unterscheidet sich der Patient vom gesunden Zustand?
- Gereizt, aggressiv, liebenswürdig, sucht Anlehnung oder Zuwendung
- Apathisch, verkriecht sich, aufgeregt, unruhig

Die wichtigsten Mittel für Inappetenz, Übelkeit, Erbrechen und Gastritis

Acon, Alf, Ant-c, Arg-n, Ars, Bism, Bry, Cadm-s, Chin, Cocc, Ign, Ip, Kali-bi, Kreos, Nux-v, Petr, Phos, Plb, Puls, Sil, Sulf, Tab, Verat.

Kurz-Repertorium zum Erbrechen

Erbrechen durch Vergiftung: Ars, Ip, Nux-v, Phos

Erbrechen durch verdorbenes Futter: Ant-c, **Ars**, **Nux-v**, Phos, Puls, Verat u. a.

Erbrechen nach Überfressen: Ant-c, **Nux-v, Puls**

Erbrechen nach Pharma-Präparaten, Narkose: Nux-v

Erbrechen nach Inhalationsnarkose: Phos

Erbrechen nach Trinken von Eiswasser, Fressen von gefrorenem Futter: Ars, Carb-v, Ip, Nux-v, Puls

Erbrechen nach Milch: Aeth, Ant-c, Ars, Calc, Sil

Erbrechen nach (Bauch-) Operation: Bism, Nux-v, Phos, Staph

Erbrechen mit quälendem, heftigem Würgen: Ars, Bism, Ip, Merc, Nux-v

Ineffektives Würgen: Ant-c, Ars, Bry, Chin, Ign, Ip, Nux-v, Phos, Puls, Sulf

Heftiges Erbrechen: Ars, Colch, Croton-t, Ip, Plb, Tab, Verat

Erbrechen bei Obstipation: Nux-v, Op, Plb, Pyrog

Übelkeit und Erbrechen mit sehr viel Speichelfluss: Chin, Ip, Lach, Nux-v, (Puls), Sulf, Verat

Übelkeit nach schlecht vertragener Impfung: Sil, Thuj

Nervöses oder psychisches Erbrechen: Ign

Erschöpfung durch Würgen und Erbrechen: Ars, Chin, Ip, Nux-v, Phos

Keine (auch keine vorübergehende) Besserung nach Erbrechen: Ant-c, Ip

Erbrechen unstillbar: Arg-n, Ars, Cad-s, Ip, Kreos, Merc, Nit-ac, Nux-v, Phos, Plb, Sil

Verlangen nach Fett, Butter, Rahm u. Ä., was schlecht vertragen wird: Ars, Ign, Nux-v, Puls, Sulf

Regurgitieren, Speiseaufstoßen ohne Übelkeit, Erbrochenes wird dann wieder gefressen (das ist bei Hund und Katze keine schwerwiegende Erkrankung, sofern dieser Zustand nicht gehäuft auftritt): Ars, Lyc, (selten Ferr), **Phos**

Regurgitieren durch Lähmung des Ösophagus: Ars, Lach, Op

Erbrechen während septischer Erkrankung: Bapt, Crot-h, Lach, Pyrog

Magen- oder Darmkrebs: Ars, Bism, Cad-s, Cund, Con, Kali-bi, Kreos, Nit-ac, Orni

Erbrechen bei Krebs: Ars, Bism, Cad-s, Carb-ac, Carb-an, Con, Cund, Kali-bi, Kreos, Nit-ac, Phos (siehe *Kapitel 15, Krebs- und Tumorerkrankungen der Katze, Seite 474*)

Qualität und Art des Erbrochenen

Erbrechen unverdaut: Ant-c, Bry, Chin, Ip, Kreos, Nux-v, Phos, Puls, Sulf, Verat

Scharfer Geruch, wundmachend: Ars, Kreos

Galle: Ars, Bry, Cham, Ip, Merc, Nat-s, Nux-v, Op, Phos, Puls, Sep, Verat u. a.

Blut bzw. blutiges Material: Arn, Ars, Carb-v, Chin, Crot-h, Ip, Nux-v, Phos u. a.

Schwarz wie Kaffeesatz: Arg-n, Ars, Cadm-s, Con, Merc-c, Phos, Pyrog

Kot (Ileus – Darmverschluss: **Operation!)**: Nux-v, Op, Plb

Zähes, fadenziehendes Material: Arg-n, Kali-bi, Kreos, Nit-ac, Sil

Würmer: Arg-n, Ars, Calc, Carb-v, Cina, Phyt, Sil u. a.

Wann wird erbrochen?

Erbrechen nach dem Fressen: Ars, Bry, Chin, Gamb, Ign, Ip, Kali-bi, Nat-s, Nit-ac, Nux-v, Puls, Sil, Sulf, Verat

Erbrechen nach dem Trinken: Ant-c, Ars, Bism, Bry, Cadm-s, Cina, Ip, Kreos, Lyc, Nux-v, Phos, Sil, Tab, Verat

Erbrechen (auch) **nachts:** Arg-n, Calc, Chin, Con, Ign, Lyc, Merc, Nux-v, Sil, Sulf, Verat

Erbrechen nach Ärger: Cham, Coloc, Nux-v, Staph

Erbrechen nach Schreck: Op

Erbrechen bei Urämie (Nierenversagen, CNI): Ars, Kreos, Nux-v, Phos, Tub-K

GASTROENTERITIS – DURCHFALL

Auch zu diesem Thema gibt es so zahlreiche Modalitäten, dass im speziellen Fall im Repertorium nachgeschlagen werden muss!

Allgemeines zum Thema »Gastroenteritis und Durchfall«

Der Begriff »Gastroenteritis« bezeichnet eine Entzündung der Magen- und Darmschleimhaut. Die Symptome zeigen sich in Erbrechen mit – seltener ohne – Durchfall.

»Erbrechen« und »Durchfall« sind ursprünglich Reaktionen auf Stoffe, die es aus dem Körper zu entfernen, quasi »auszuwaschen« gilt.

Die Ursachen für Durchfall (Enteritis) sind ebenso vielfältig, wie die für das alleinige Erbrechen.

Verdorbenes oder ungeeignetes Futter, eine Vergiftung oder Infektion können als Ursache infrage kommen.

Die Erkrankung kann milde ablaufen oder sich zu heftigsten Symptomen entwickeln oder sogar zum Tode führen.

Für die homöopathische Therapie geben die medizinische Untersuchung und Diagnose Aufschluss über Schwere und Ernst der Situation.

Die Symptome und Modalitäten des Patienten weisen den Weg zum passenden Simile.

Katzenseuche – Panleukopenie – Feline Parvovirusinfektion – FPV

Die Katzenseuche (Katzenstaupe) ist eine hochgradig ansteckende Infektionskrankheit. Der Erreger ist das feline Parvovirus (FPV), extrem widerstandsfähig und oft jahrelang ansteckungsfähig. Die Erkrankung wird durch direkten Kontakt mit kranken Katzen, durch infizierte Gegenstände oder durch den Menschen übertragen.

Die Sterblichkeit richtet sich nach dem Immunstatus: Immungeschwächte Tiere sterben kurz nach Beginn der Erkrankung.

Die Inkubationszeit (Zeit zwischen Ansteckung und Ausbruch der Erkrankung) beträgt 3 bis 12 Tage.

Der Virus schädigt die Dünndarmschleimhaut, das Lymphgewebe, die weißen Blutkörperchen und das Knochenmark und vermindert damit die körpereigene Abwehr (Immunsystem).

Die Erkrankung beginnt mit Mattigkeit und Erbrechen, dann kommt ein fieberhafter Durchfall hinzu. Da die Patienten keine Tränke aufnehmen oder diese sofort erbrechen, kommt es schnell zur Dehydration (Austrocknung). Das Fieber entwickelt sich schnell zu kalter Körperoberfläche und anschließend zu Untertemperatur (unter 38 °C).

Als Sekundärinfektionen können Entzündungen anderer Schleimhäute (z. B. Schnupfen, Augenentzündungen u. Ä.) hinzukommen.

In der Regel wird gegen diese Erkrankung geimpft. Dennoch kommen schwerste Durchfallerkrankungen mit gleichzeitiger Immunschwäche vor, die homöopathisch mit den Mitteln *Arsenicum, Carbo vegetabilis, Phosphorus* oder *Veratrum* gut und erfolgreich therapiert werden können (ebenso wie die Parvovirusinfektion des Hundes), allerdings unter der Voraussetzung, dass sich der Patient nicht bereits in der Agonie (tödliches Endstadium) befindet.

IBD – Inflammatory Bowel Disease

Als **IBD – Inflammatory Bowel Disease – »chronisch entzündliche Darmerkrankung«** – bezeichnet man eine chronische Schleimhautentzündung von Magen und Darm, die mit wiederkehrendem Erbrechen und Durchfall, evtl. auch zwischenzeitlicher Obstipation einhergeht. Die Ursache dieser Erkrankung ist unbekannt (»idiopathisch«), eine erbliche Belastung und eine Art Immunschwäche werden diskutiert.

Die Erkrankungsformen können auch beim Hund und beim Menschen auftreten, sind jedoch i. d. R. nicht ansteckend.

Unter der Bezeichnung »IBD« werden Erkrankungen zusammengefasst, die man beim Menschen als »Colitis ulcerosa« oder »Morbus Crohn« bezeichnete.

Die Symptome sind – je nach Lokalisation des erkrankten Darmteils – unterschiedlich:

Der Kot kann häufig in kleinen oder seltener in großen Mengen mit oder ohne Schleim- oder Blutbeimengung abgesetzt werden. Schmerzhafter Tenesmus (Kotzwang) kann vorhanden sein.

Im chronischen Verlauf kommt es zum Mangel an essenziellen Nahrungsbestandteilen, zu Degeneration der Darmschleimhaut und fortschreitender Abmagerung.

Differenzialdiagnostisch muss ein starker Wurmbefall, eine Mykose des Darms, eine Pankreas-, Nieren- oder Leberinsuffizienz, eine Hyperthyreose, eine Immunschwäche oder eine Futtermittelallergie erwogen werden.

Therapie und Genesung müssen in jedem Fall durch artgemäße Fütterung (z. B. Fleisch, Fisch, Hüttenkäse etc.) unterstützt werden!

Für die medizinische Diagnostik kann mit großem Aufwand durch eine Ausschlussdiagnose der genannten Faktoren auf eine IBD geschlossen werden. Der Einsatz von Kortison ist keineswegs immer befriedigend, und die »Schmerzmittel« bzw. »Entzündungshemmer« (NSAID) leisten Vorschub für die Erkrankungen der Magen-Darmschleimhaut.

Für die homöopathische Therapie geben das Allgemeinbefinden, die Lebenskraft und die Modalitäten die entscheidenden Hinweise für die Mittelwahl, nicht die medizinische Bezeichnung der Krankheit oder die ihrer Erreger!

Die homöopathische (Arzneimittel-) Diagnose gestaltet sich ebenso wie die Therapie mit dem passenden Mittel recht einfach, wenn die Grundlagen der homöopathischen Medizin beachtet werden.

Eine pauschale oder falsche Mittelwahl oder eine falsche Dosierung kann – wie bei anderen Krankheiten – Schäden anrichten!

Bei bereits eingetretener **Exsikkose** (Dehydration oder Austrocknung) **muss Flüssigkeit zugeführt werden.** Am besten geschieht dies, wenn der Patient kurz nach Verabreichung des passenden Mittel selbständig zu trinken beginnt, ohne die Flüssigkeit zu erbrechen. Wenn das nicht der Fall ist oder wenn das passende Simile noch nicht gefunden ist, muss Flüssigkeit durch eine Infusion ergänzt werden.

Anamnese zur Gastroenteritis

Anamnese und Arzneien für die Gastroenteritis decken sich zum Teil mit den Angaben zum Thema »Gastritis, Erbrechen«.

Darum seien hier nur die zusätzlichen Fragen zum obigen Absatz Homöopathische Anamnese zum Thema »Inappetenz, Übelkeit, Erbrechen und Gastritis (Seite 348) aufgelistet.

WAS ist jetzt zu heilen?

- Medizinische Diagnose, Schwere der Erkrankung und evtl. Prognose
- Intensität der Erkrankung, perakuter, akuter, subakuter Verlauf
- Heftiger Verlauf, destruktiver Prozess, Geschwür (Ulcus), Krebs
- Langwierige, latente (unterschwellige) Erkrankung
- Anfangs- oder Endstadium der Erkrankung
- Aufflammen einer chronischen Erkrankung Rezidiv (wiederkehrende Erkrankung)
- Vorangegangene Krankheiten, Medikamente, Impfung, Infektion
- Entspricht der Zustand dem medizinisch erwarteten Verlauf?
- Was ist am schlimmsten für den Patienten, was ist der schlimmste Befund?
- Schmerzen, Ruhelosigkeit, Kollaps, Austrocknung (Dehydrierung), Flatulenz, Ileus

WODURCH? – Auslöser

- Infektion? Ansteckung durch Artgenossen? Reaktionsschwäche des Immunsystems?
- Verdorbenes, unverdauliches, fettes oder zu kaltes Futter, Vergiftung
- Trockenfutter, Knochenfütterung, »verdorbener« Magen
- Schlecht vertragene Medikamente, Narkose, Operation
- Überfressen, (Fremdkörper-) Ileus
- Was war los? Psychische oder physische Auslöser
- Stress (welcher Art?), Überhitzung, Erkältung, Nässe, Kälte, Unterkühlung
- Befall mit Würmern oder Protozoen

WANN?

- Bisheriger Verlauf: Erst seit wenigen Stunden, seit Tagen, rezidivierend
- Tageszeit – wann besser, wann schlechter?
- Schlimmer nüchtern, vor/nach dem Fressen/Trinken – wie lange danach?
- Bauchschmerzen – wann? Vor, während, nach Kotabsatz?
- Wetter, Jahreszeit; Periodizität

WIE?

- Körperhaltung: rechts, links, auf dem Bauch, Rückenlage, kann nicht liegen
- Kalter Körper, Hypothermie, Fieber, wechselnde Zustände
- Welche Reaktion nach Kotabsatz? Schmerzen, Lecken, Tenesmus?
- Kreislaufsituation:
  - Herz, Gefäße, Kapillarfüllung, Dehydrierung, Kollaps

    - Kälte/Wärme des Körpers, der Nase oder Ohren, der Pfoten
- Bauchschmerzen:
    - Heftig, mit Schreien, anfallsweise; krümmen, strecken, Unruhe; Schmerzlosigkeit
    - Berührung, Druck, reiben?
    - Tages-, Nachtzeit, periodisch wiederkehrend?
- Art der Kotentleerung:
    - Häufigkeit der Entleerung, reichliche, geringe Menge
    - Großer Kot, schmaler Kot (wie ein Bleistift), Schafkot-ähnlich
    - Plötzliche Entleerung, nicht beherrschbar
    - Kot schießt heraus, heftig, gewaltsam oder läuft heraus, spritzt mit Blähungen
    - Unwillkürlich, unbemerkt, offenes Rektum
    - Tenesmus (Zwang) vor, während, nach Kotabsatz; anhaltend nach Kotabsatz
- Kotbeschaffenheit (wichtig nur bei auffallender und anhaltender Veränderung):
    - Farbe – Geruch – Konsistenz – wechselnd – wundmachend
    - Erst fest, dann flüssig; zuerst flüssig, dann geformt; breiig, fest und flüssig gemischt?
    - Schleimüberzogen, blutig, blutstreifig, weiße Körnchen (*Phosphorus*)
    - Schwarze Streifen »wie verbranntes Stroh« (*Lachesis*)
    - Wechselnde Kotbeschaffenheit
- Was bessert oder verschlimmert?
    - Was braucht der Patient zur subjektiven Besserung, zum subjektiven Wohlbefinden?
    - Was kann den Zustand – auch nur vorübergehend – bessern?
    - Gesellschaft, Zuwendung, Ruhe
    - Wärmeanwendung? Warme, kalte Tränke? Abgang von Flatus, Kot, Erbrechen?

WAS BEGLEITET

- Erschöpfung der Lebenskraft, Dehydrierung? Ist eine Infusion lebensnotwendig?
- Fieber (über 39,3 °C) – Hypothermie (unter 38 °C), extremes Frieren, wie geäußert?
- Durst viel, wenig, fehlend; kalte oder warme Tränke? Erbrechen nach Trinken?
- Schmerzen, Muskelkrämpfe, Reflexerregbarkeit
- Hyperästhesie, Anästhesie, Lähmung, Schwäche der Hinterhand
- Speichelfluss, Tympanie, Schmerzen, Juckreiz, Schmerzen am/im After
- Husten, Lungenödem, Lebererkrankungen, Nierenerkrankung
- Spannung des Afterschließmuskels: zugekniffener, schlaffer oder offener After?
- Hautausschläge, Schmerzen am Bewegungsapparat
- Verhalten:
    - Was ist anders als sonst? (Gewohntes Verhalten ist im Akutfall irrelevant!)
    - Apathie – Schwäche – wo? Unbeeinträchtigtes Befinden
    - Reizbarkeit, Aggressivität, meidet Gesellschaft, »will seine Ruhe haben«
    - Zuwendung, Gesellschaft, Streicheln, abweisende Stimmung
    - Ruhelosigkeit, wann? Wie?
    - Stehen Verhalten/Schmerzäußerungen im rechten Verhältnis zur Schwere der Erkrankung?

Kurz-Repertorium zum Thema »Durchfall« und »Gastroenteritis«

In dieser Liste sind nur ein Auszug der wichtigsten und häufigsten Mittel erwähnt; weiterführende Informationen müssen im Repertorium bzw. in der Arzneimittellehre nachgeschlagen werden!

Bei gleichzeitigem Erbrechen müssen die Angaben im Kaptitel »Die wichtigsten Mittel für Inappetenz, Übelkeit, Erbrechen und Gastritis« (Seite 348) beachtet werden.

Art der (Gastro-) Enteritis

Durchfall bei Welpen und Jungtieren: Aeth, Arg-n, Ars, Bac, Bapt, Bar-c, Calc, Carb-v, Carc, Cham, Cina, Coloc, Crot-t, Dulc, Gamb, Ip, Lyc, Mag-c, Merc, Nat-m, Ph-ac, Phos, Podo, Puls, Sil, Staph, Sulph, Tub, Verat

Durchfall bei alten Katzen: Aloe, Ant-c, Ars, Calc, Carb-v, Chin, Gamb, Nat-s, Nit-ac, Phos, Sulph

(Brech-) Durchfall nach schlecht vertragenen Medikamenten: Aloe, Ars, Carb-v, Cham, Echi, Hydr, Nat-m, Nux-v, Puls, Sulf

(Brech-)Durchfall nach Antibiotika: Cand-a (Hefepilz), Nit-ac, Tub

Akuter, lebensgefährlicher Durchfall -Gastroenteritis (z. B. FPV): Ars, Carb-v, Chin, Phos. Puls, Verat

Chronischer Durchfall (z. B. IBD): Arg-n, Ars, Bapt, Calc, Dulc, Gamb, Graph, Hydr, Ign, Ip, Kali-bi, Lyc, Merc, Nat-m, Nit-ac, Ph-ac, Phos, Podo, Puls, Sil, Sulf, Thuj, Tub

Durchfall abwechselnd mit Verstopfung: Ant-c, Arg-n, Ars, Bry, Calc, Card-m, Cina, Gamb, Hydr, Ign, Lyc, Merc, Nat-m, Nat-s, Nit-ac, Nux-v, Op, Phos, Plb, Podo, Puls, Sulf, Tub, Verat

Durchfall mit (Bauch-) Schmerzen: Ant-c, Arg-n, Ars, Cham, Chin, Coloc, Gamb, Mag-c, Merc, Merc-c, Nat-m, Nat-s, Op, Podo, Puls, Sulph, Verat

Durchfall schmerzlos: Aloe, Arg-n, Ars, Bapt, Bism, Bor, Calc, Cham, Chin, Cocc. Crot-t, Dulc, Gamb, Graph, Hep, Ign, Ip, Lach, Lyc, Mag-c, Nat-m, Nat-s, Ph-ac, Phos, Podo, Puls, Pyrog, Rhus-t, Sil, Sulf, Tub, Verat

Durchfall mit lebensgefährlicher Exsikkose (Dehydrierung, Austrocknung): Ars, Carb-v, Chin, Phos, Puls, Verat

Endstadium von Durchfall, Erschöpfung der Lebenskraft: Ars, Carb-v, Phos, Verat

(Gastro-) Enteritis mit Tendenz zu Hypothermie (Untertemperatur, kalter Körper): Ars, Carb-v, Verat

(Gastro-) Enteritis mit Tendenz zum Kreislaufkollaps, Schock (schlechte Kapillarfüllung): Ars, Carb-v, Puls (im Spätstadium), Verat

Art der Kotentleerung

Kot schießt heraus im Strahl (»Hydrantenstuhl«): Arg-n, Ars, Crot-t, Dulc, Gamb, Graph, Lyc, Nat-s, Phos, Podo, Puls, Sulf, Tub, Verat

Kot läuft heraus: Ars, Carb-v, Crot-t, Gamb, Lyc, Nat-s, Ph-ac, Podo, Puls, Sil, Sulf

Kot spritzt mit Blähungen heraus (hörbarer Kotabsatz): Aloe, Arg-n, Cham, Chin, Nat-s, Phos, Podo, Tub

Anhaltendes Drängen (»Kotzwang«) auch nach dem Kotabsatz: Aeth, Aloe, Ign, Merc, Merc-c, Sulf

Pötzlicher Kotabgang, nicht »beherrschbar«: Aloe, Arg-n, Carb-v, Crot-t, Ign, Lach, Nat-s, Podo, Sulf, Verat

Unwillkürlicher, unbemerkter Kotabgang: Aloe, Arg-n, Ars, Ph-ac, Phos, Staph, Verat

Durchfall abwechselnd mit festem Kot: Ant-c, Ars, Lyc, Nat-m, Nux-v, Op, Podo, Puls, Sulf, Tub

Blähungsabgang mit unwillkürlichem Kotabgang: Aloe, Carb-v, Ign, Nat-m, Nat-s, Ph-ac, Podo, Tub

Kotbeschaffenheit

Kot blutig: Arg-n, Ars, Nux-v, Merc, Phos, Podo (Blutwasser), Puls, Rhus-t u. a.

Wundmachender Kot: Ars, Cham, Chin, Coloc, Dulc, Gamb, Graph, Lach, Merc, Merc-c, Nat-m, Nit-ac, Nux-v, Phos, Puls, Sulf, Tub, Verat

Kot gegoren, schaumig: Cham, Chin, Podo, Sulf

Flüssige und feste Bestandteile gemischt: Ant-c, Ars, Kali-bi, Lyc, Mag-c, Nux-v, Sil, Sulf, Tub

Anfangs geformter Kot, dann weich bzw. flüssig: Aloe, Calc, Lyc, Nat-m, Nat-s, Staph

Kot mit unverdauten Bestandteilen: Ant-c, Arg-n, Ars, Bry, Calc, Chin, Gamb, Graph, Lyc, Mag-c, Nit-ac, Podo, Puls, Sil, Sulf, Tub

Geruch wie Aas: Ars, Bism, Carb-v, Chin, Kreos, Lach, Sil

Geruchsarm: Arg-n, Carb-v, Lyc, Ph-ac, Phos, Thuj, Verat u. a.

Auslöser

Immunschwäche (siehe *Kapitel 4, Seite 113*): Die Mittel sind einzusetzen nach der Symptomatik des gesamten Tieres, nicht nur nach der Art des Durchfalls oder der Gastroenteritis: Ars, Calc, Carc, Echi (Folgearznei notwendig), Phos, Sil, Tub

Unverträglichkeit von Trockenfutter: Calc, Chin, Ign, Lyc, Nit-ac, Nux-v, Ph-ac, Puls, Sil, Sulph

Durchfall durch verdorbenes Futter, Fressen von Aas u. Ä.: Ars, Carb-v, Chin, Nux-v, Puls, Verat

(Gastro-) Enteritis durch eiskaltes Futter/Tränke: Ars, Carb-v, Dulc, Ip, Nux-v, Puls

Durchfall durch Futterwechsel: Aloe, Ant-c, Ars, Carb-v, Chin, Gamb, Ip, Nux-v, Ph-ac, Phos, Podo, Puls, Sulf

Durchfall durch Ansteckung: Ip, Phos, Puls, Verat

Durchfall durch Überfressen: Ant-c, Nux-v, Puls

Durchfall nach Süßem, Kuchen, Torte: Arg-n, Lyc, Puls

Durchfall durch Unverträglichkeit von Milch: Aeth, Ars, Calc, Chin, Lyc, Mag-c, Sil, Sulph

Unverträglichkeit von Muttermilch bei Welpen: Calc, Cina, Sil

Durchfall nach Teigwaren (z. B. Nudeln): Ip, Lyc, Nat-s, Ph-ac, Phos, Puls

Durchfall nach Impfung: Ant-t, (Apis), Sil, Thuj

Durchfall durch Kaltwerden, Unterkühlung: Ars, Cham, Dulc, Lyc, Rhus-t

Durchfall durch psychischen Stress, Alleinsein, Kummer, Aufregung: Arg-n, Ign, Puls, Phos

Durchfall durch Angst: Ars, Phos, Sil

Durchfall durch Ärger: Bry, Cham, Staph

Durchfall durch Protozoen, z. B. Giardien: Giardien-Nosode C 200 (einmalige Gabe)

Modalitäten

Durchfall bei warmem Wetter, bei Überhitzung: Ant-c, Ars, Chin, Crot-t, Gamb, Nat-m, Ph-ac, Phos, Podo, (Puls)

Nachts: Arg-n, Ars, Chin, Lach, Podo, Puls, Sulf u. a.

Nachts, nach Mitternacht: Ars, Chin, Nux-v u. a.

Nach dem Schlafen: Lach, Sulf

Auffallend warmer Körper: Bell, Cham, Lyc, Puls

Begleitsymptome

Dehydration, Austrocknung durch Verlust von Körperflüssigkeit: Ars, Carb-v, Chin, Phos, Verat

Bauchschmerzen vor Kotabsatz: Aloe, Arg-n, Chin, Lyc, Mag-c, Nat-s, Phos, Podo, Puls, Sulf u. a.

Rektum-Schmerzen nach dem Kotabsatz (geäußert durch Lecken): Aloe, Ars, Merc, Merc-c, Nit-ac, Podo, Ruta, Sulf u. a.

Durchfall mit Fieber: Arg-n, Ars, Calc, Chin, Merc, Nux-v, Phos, Puls, Pyrog, Sulf, Tub u. a.

Durchfall bei Asthma: Nat-s

Durchfall durch Magen- oder Darmgeschwür: Kali-bi, Merc-c

Durchfall während septischer Erkrankung: Ars, Carb-v, Crot-h, Lach, Pyrog, Sulph

Berührungsempfindlicher Bauch: Arg-n, Cham, Chin, Dulc, Nux-v

Schwäche mit Lähmung der Hinterextremitäten: Ars, Nux-v, Phos

Gelbsucht: Ars, China, Lyc, Nux-v, Podo

Durchfall mit Blasenbeschwerden, ausgelöst durch Kälte und Nässe: Dulc

Auffallende Abmagerung durch Verlust von Körperflüssigkeit (auch bei Durchfall): Chin, Lyc

Durchfall ohne Schwäche: Ph-ac, Phos, Sulf, Tub

Rektumvorfall (Vorsicht, tödliche Komplikationen durch Rektumnekrose möglich! Rechtzeitige Therapie notwendig!):

Bei jungen Katzen: Nux-v, Podo

Bei Tenesmus: Ars, Calc, Gamb, Lyc, Merc-c, Phos, Podo, Ruta

Zuwendung bessert: Phos, Puls, Ign

Zuwendung wird abgewiesen oder ignoriert: Cham, Coloc, Ign, Nux-v

Bauchschmerzen

Bauchschmerzen nach Bauchoperation: Staph

Anfallsweise Schmerzen: Ars, Bell, Cham, Coloc, Ign, Lyc, Nux-v, Plb, Podo, Puls

Schmerzen kommen und gehen plötzlich: Bell, Cham, Coloc, Ign, Lyc, Puls, Rhus-t, Verat

Schmerzen kommen allmählich, verschwinden plötzlich: Bell, Ign, Puls, Rhus-t

Schmerzen kommen plötzlich, verschwinden allmählich: Bell, Coloc, Ign, Puls

Schmerzen kommen und gehen allmählich: Acon, Ars, Coloc, Ign, Op, Puls

Die wichtigsten und häufigsten Mittel für die Gastroenteritis bzw. Enteritis

Arsenicum album – Ars

Eines der wichtigsten und häufigsten Homöopathika für schwerste Magen-Darm-Erkrankungen!

Akut:

- Übermäßig schnell eintretende Schwäche, steht in keinem Verhältnis zur Dauer der Enteritis
- Ohne Therapie: Tod innerhalb weniger Stunden nach Beginn der Erkrankung möglich.

Chronisch: Langsameres Fortschreiten derselben Symptome

- Auch unter schulmedizinischer Therapie langsameres Fortschreiten

Auffallend

- Ängstliche Ruhelosigkeit, schlimmer nach Mitternacht
- Ruhelosigkeit, wechselt die Stellung/den Sitzplatz, wandert umher, schlimmer nach Mitternacht
- Kot oder das ganze Tier stinkt nach Aas (Geruch weniger intensiv nach Antibiotikagabe)

Symptome

- Primär lebensgefährlicher Verlauf im Akutfall, nicht geeignet für leichten Verlauf!
- Erkrankungen ähnlich Cholera oder Ruhr
- Evtl. unstillbares Erbrechen, heftiges Würgen, Erschöpfung durch Erbrechen
- »Sterbensübelkeit« (Lieber sterben als Übelkeit ertragen!)
- Viel Durst auf kleine Mengen kalter Tränke, die aber sofort wieder erbrochen wird
- Erbrechen nach Fressen und/oder Trinken

- (Gastro-) Enteritis anfangs mit Fieber, schneller Übergang in kalten Körper und Untertemperatur
- (Gastro-) Enteritis mit oder ohne quälende Bauchschmerzen, besser durch Wärme
- Scharfer, wundmachender Kot, schießt oder läuft heraus
- Auch unwillkürlicher Kotabgang
- Auch abwechselnd flüssiger und geformter Kot
- Wunder After durch scharfen Kot
- Magenschmerz durch geringste Aufnahme von Futter oder Tränke, danach Erbrechen
- Stuhldrang/Diarrhöe nach dem geringsten Essen oder Trinken

Kotbeschaffenheit

- Dünnflüssig, wässrig, blutig, schleimig, scharf, wundmachend
- Geruch: Ekelhafter Gestank wie Aas – faulig
- Enthält evtl. unverdaute Speisen

Modalitäten

- Anblick und Geruch von Futter macht Erbrechen/Diarrhoe
- Schlimmer nachts, nach Mitternacht, 1 bis 3 Uhr
- Schlimmer durch Kälte, besser durch Wärmeanwendung
- Verlangen nach Butter und Milch, im chronischen Fall

Auslöser

- Akut: Vergiftung, Parvovirus- (FPV) oder andere Infektion
- Schlecht vertragenes oder verdorbenes Futter oder Tränke, Medikamente, Futterwechsel
- Eiskaltes Futter oder gefrorene Tränke
- Unterkühlung oder seltener Überhitzung, Reisekrankheit
- Bei septischen Erkrankungen, Darmverschluss
- Erbrechen bei Urämie/Nierenversagen
- Unverträglichkeit von Milch oder Verlangen nach Milch mit guter Verträglichkeit
- Hepatitis (Leberentzündung) mit oder ohne Gelbsucht
- Psychische Auslöser: Angst, Panik, fremde Umgebung
- Chronisch: IBD und ähnliche Erkrankungen des Immunschwächekomplexes
- Begleitsymptom von Magengeschwür oder Magen- oder Darmkrebs
- Erkrankungen der Milz

Begleitsymptome

- Brennende Schleimhäute, leckt an kalten Gegenständen
- Erschöpfung der Lebenskraft – Mittel für Sterbende
- Kein Mittel für einen beginnenden leichten Durchfall!!!
- Evtl. schmerzhafte Leber-/Milzvergrößerung
- Evtl. Aszites, Tenesmus mit Brennen
- Totale Erschöpfung mit Unruhe bis Schock/Kollaps
- Abmagerung bis Kachexie im chronischen Fall, Endstadium Sterbender
- Evtl. Periodizität der Erkrankung, alle 14 Tage

Gemüt

- Schlimmer beim Alleinsein, aber kein Verlangen nach Zuwendung
- Ruhelosigkeit trotz extremer Erschöpfung

Dosierung

Je nach Stadium der Erkrankung C 200 oder höhere Potenz, die bei Wiederauftreten der Symptome wiederholt werden kann.

Bacillinum – Bac

- Bac sollte bei unklaren Magen-Darm-Infektionen erwogen werden, wenn kein anderes Mittel infrage kommt (siehe Arzneimittellehre). Es sollte Tage oder Wochen später von einem konstitutionellen Mittel gefolgt werden.

Dosierung

Eine Einzelgabe der C 200.

Carbo vegetabilis – Carb-v

Allgemeines

- Fortgeschrittener Krankheitszustand, keine Arznei für den Anfang eines Durchfalls
- Auch für den Endzustand eines Patienten geeignet, wenn es um Leben oder Sterben geht.
- Gestörte Versorgung der Gewebe mit Sauerstoff, Blut mit Kohlensäure überladen
- Der letzte Versuch lohnt, *Carbo vegetabilis* kann auch in scheinbar aussichtslosen Zuständen noch eine überraschende Wende zur Heilung bringen – oder ein rasches, schmerzloses Ende bereiten.

Indikationen und Symptome

- Grau-weiße Schleimhäute, schlechte Kapillarfüllung
- Gärung und Aufgasung im Darm Endstadium von schwerstem Durchfall
- Meist verbunden mit tympanischer Auftreibung des Abdomen
- Dabei evtl. sogar Atemnot
- Krampfschmerzen mit Zusammenkrümmen, besser durch Blähungsabgang
- Viel Abgang stinkender Blähungen oder geruchsarmer Durchfall
- Im Verlauf der Erkrankung zunehmende Schwäche, kann nicht mehr stehen
- Wundmachende Flüssigkeit rinnt aus dem After
- Untertemperatur bis Kollaps
- **Kotbeschaffenheit**: schleimig – wässrig – fadenziehend – wundmachend

Modalitäten

- Schlimmer abends und nachts, durch Kaltwerden, durch feuchtwarmes Wetter
- Verlangen nach frischer Luft, trotzdem schlimmer durch Kälte
- Blähungsabgang bessert
- Beschwerden beginnen evtl. bereits kurz nach der Futteraufnahme

Auslöser

- Schwerste (Gastro-) Enteritis mit Erschöpfung der Lebenskraft
- Schwerste Infektion oder Infektionskrankheit (auch Parvo-Infektion)
- Folgen ungeeignetem, zu fettem oder verdorbenem Futter, Vergiftung
- Folgen von schlecht vertragenen Medikamenten
- Folgen von kaltem oder gefrorenem Futter oder Tränke
- Begleitzustand bei schwerer septischer Infektion, bei Immunschwäche
- Folgen von vorangegangener, nicht überwundener schwerer Krankheit
- Folgemittel, wenn *Arsenicum* nicht (mehr) wirkt

Dosierung

Einzelgabe der C 200 reicht häufig aus.

Nux vomica – Nux-v

Allgemeines

- Arznei überwiegend für Erbrechen, kein Mittel primär für Durchfall
- Eher Verstopfung abwechselnd mit Durchfall

Indikationen und Symptome

- Heftiges, erschöpfendes Würgen, dann Erbrechen von kleiner Menge
- Auch vergebliches, quälendes Würgen
- Plötzlicher unwillkürlicher Schrei während krampfhaften Erbrechens
- Auch unstillbares Erbrechen
- Nur kurze oder geringe Besserung im Befinden nach dem Erbrechen
- Erbrechen von Galle, evtl. mit Blut, auch Koterbrechen
- Erbrechen bei Darmverschluss
- *Nux vomica* reguliert die Peristaltik, aber Vorsicht bei Darmverschluss, evtl. Operation nötig!
- Heftige Erkrankung, viel Anstrengung mit mühsamer Entleerung einer geringen Menge
- Evtl. begleitet von Fieber

- Durchfall abwechselnd mit Verstopfung
- Chronische Entzündung im Dickdarm und/oder Enddarm
- Intensives Drängen zum Kot, Tenesmus und erfolgloser Drang, evtl. Rektumprolaps
- Viel Speichel bei Übelkeit

Modalitäten

- Schlimmer ab 4 Uhr und morgens
- Anfangs Reizbarkeit, Reflexerregbarkeit, Hyperästhesie, dann Lähmung
- Evtl. verbunden mit Krämpfen und Schwäche und Nachschleppen der Hinterhand
- Gereiztes, aggressives Wesen, will nicht gestreichelt werden
- Berührungsempfindlicher Rücken und Bauch
- Neigung zum Frieren, evtl. mit Schüttelfrost
- Zustand bessert sich durch Wärme, durch Liegen auf warmer Unterlage

Auslöser

- Folgen von Infektion, Erkältung, Vergiftung, von schlecht vertragenen Pharmapräparaten
- Folgen besonders von »Schmerzmitteln«, »Entzündungshemmern« (NSAID)
- Folgen von verdorbenem Futter, von Trockenfutter, durch Futterwechsel, durch Überfressen
- Folgen von Operation oder Narkose
- Erbrechen durch Autofahren
- Erbrechen bei Urämie (Nierenversagen) (es gibt andere mögliche Mittel!)

Dosierung

Je nach Schwere Einzelgabe der C 200, M- oder XM-Potenz.

Bei deutlichen Symptomen bringt eine Einzelgabe der XM-Potenz oft eine überraschende Heilung.

Phosphorus – Phos

Allgemeines

- Tendenz zu schwerwiegenden Schleimhauterkrankungen, auch im Sinn von Gastritis oder Durchfall
- Vielerlei Arten von Gastroenteritis, lebensgefährlich, schwer oder leicht, akut oder chronisch
- Oft verbunden mit Immunschwächekomplex
- Chronische Pankreatitis
- Fehlender Appetit bei Nieren-, Lebererkrankung oder Krebs

Indikationen und Symptome

- Regurgitieren von unverdautem Futter kurz nach dem Fressen, evtl. sofort wieder gefressen
- Erbrechen mit erschöpfendem Würgen, auch unstillbar
- Erbrechen von Galle, Blut, schwarz wie Kaffeesatz
- Bauch: berührungsempfindlich mit lauten Darmgeräuschen
- Kot mit übermäßig vielen unverdauten Bestandteilen, »Fettstuhl«
- Durchfall, evtl. mit oder ohne Fieber, trotzdem oft noch anfangs guter Appetit
- Bauchschmerzen mit Abgang von stinkendem Kot und Blähungen
- Evtl. Bauchschmerzen vor Kotabsatz
- Reichliche, schwächende Durchfälle, Drängen, Afterkrämpfe nach dem Kot
- Dabei Gefahr von Rektumvorfall
- Entleerung evtl. plötzlich, mit großer Gewalt, tropfend, herausspritzend mit Blähungen
- Gefahr von Austrocknung
- Evtl. Offenstehen des Afters, Kotabgang unbemerkt
- Schwäche nach Durchfall möglich
- Im fortgeschrittenen Stadium blutiger Kot, Blutungen aus dem After bei/nach Kotabsatz
- Auch unwillkürlich heraustropfender, wässriger Kot ohne Schwäche
- Kot meist geruchsarm
- Evtl. weiße Krümel im Kot

Auslöser

- Magen-Darm-Infektionen, auch schwerster Art, akut oder chronisch (FPV, IBD, Parvo-Infektion)

- Folgen von Kaltwerden, von schlecht vertragenen Medikamenten, Futterwechsel
- Vergiftungen mit Neigung zu Blutungen (*Nux vomica* meist ohne Blutung)
- Folgen von zu viel Aufnahme von Salz (z. B. Fressen oder »Stehlen« von Wurst)
- Erbrechen nach (Inhalations-) Narkose
- Folgen von psychischem Stress, Aufregung, von Angst, Schreck

Modalitäten

- Begleitend Schwäche oder Lähmung der Hinterextremitäten
- Meist viel Durst auf Kaltes, aber meist besser durch warmes Futter oder Tränke

- Durchfall beginnt oder schlimmer morgens früh
- Evtl. Durchfallschübe abwechselnd mit festem Kot
- Schwächende Gastroenteritis, Destruktion von Magen-Darmschleimhaut
- Allmähliches Sinken der Lebenskraft, Abmagerung, Hinfälligkeit, Blutungsneigung
- Zur Differenzierung von anderen Mitteln ist die *Phosphorus*-Psyche wichtig: Verlangen und Besserung durch Zuwendung und Streicheln, aber evtl. sehr schreckhaft
- Unverträglichkeit von Trockenfutter

Dosierung

Einzelgabe der C 200 reicht häufig aus, im chronischen Fall höhere Potenz.

Veratrum album – Verat

Allgemeines

- Eine der häufigen Arzneien für schwere akute und lebensgefährliche Gastroenteritis!
- Gleichzeitiges heftiges Erbrechen mit Durchfall. Menge und Heftigkeit der Ausscheidungen führen schnell zu Austrocknung.
- Die Heftigkeit der Erkrankung ist ähnlich der von *Arsenicum*, jedoch tritt nicht derart schnell – binnen weniger Stunden – der körperliche Verfall ein, der Kot stinkt nicht primär nach Aas.
- Bei Unsicherheit sollte zuerst *Veratrum* verabreicht werden; wenn das nicht hilft und vermehrt *Arsenicum*-Symptome beobachtet werden, sollte dann erst *Arsenicum* gegeben werden.

Indikationen und Symptome

- Heftiges, erschöpfendes Erbrechen großer Mengen
- Heftiges Erbrechen mit Durchfall mit gewaltsamer Entleerung großer Mengen (»Hydrantenstuhl«)
- Dabei elende Übelkeit mit Speichelfluss
- Kot schießt nicht beherrschbar heraus, auch plötzlich unwillkürlich
- Nach jeder Darmentleerung zunehmende Schwäche bis zum Kollaps
- Schnell eintretende, lebensgefährliche Dehydrierung (Austrocknung)
- Kot anfangs: braunes Wasser, dann zunehmend durchsichtig und wässrig
- Mit oder ohne Bauchschmerzen
- Anfangs mit Fieber, dann schnell eintretende Untertemperatur, eiskalter Körper
- Selten chronischer Verlauf: abwechselnd Durchfall und Verstopfung

Modalitäten/Begleitsymptome

- Kot ist geruchsarm – im Gegensatz zu *Arsenicum*!
- Verlangen nach eiskalter Tränke, die aber sofort erbrochen wird
- Warmes wird nicht angenommen!
- Überempfindlich gegen Kälte, Wärmeanwendung bessert
- Schlimmer durch die geringste Bewegung, besser durch Ruhe und Wärme

Auslöser

- Infektion, auch durch Ansteckung, bei Katzen jeden Alters
- Parvovirusinfektion
- Vergiftung durch verdorbenes Futter, Kaltwerden
- Trinken von eiskaltem oder verdorbenem Wasser (z. B. Pflanzenuntersetzer)
- Überfressen an schwer verdaulichem Futter
- Überfressen an kalorienreichem Futter

Dosierung
Einzelgabe der C 200 oder höherer Potenz.

Das erste Zeichen beginnender Heilung ist die freiwillige Aufnahme von (kaltem!) Wasser.

Wenn *Veratrum* bei einem solchen Durchfall nicht durchschlagend hilft, muss *Arsen* gegeben werden. Wenn das nicht hilft, wäre *Phosphor* oder evtl. als letztes Mittel *Carbo vegetabilis* zu erwägen.

Weitere Mittel für Magenbeschwerden, Erbrechen bzw. Gastroenteritis

Aethusa cynapium – Aeth

Indikationen und Symptome
- Durchfall, reichliches Erbrechen bei Saugwelpen, während Zahnung
- Unverträglichkeit von Milch oder Muttermilch, wird im Schwall erbrochen
- Lebensgefahr, weil keine Milch bzw. Tränke behalten wird
- Kot wie geronnene Milch

Dosierung
Einzelgabe der C 30, die bei Bedarf wiederholt werden kann.

Alfalfa – Alf

Indikationen und Symptome
- Potenzierte Luzerne: Unterstützung bei Fehlernährung und mangelndem Appetit
- Regt auch bei schweren Krankheiten (Schwäche, Erschöpfung) den Appetit an
- Jedoch nur unterstützend wirksam, kein Heilmittel für schwere Krankheiten
- Daher Dosierung in täglichen Gaben einer tiefen Potenz (C 4 oder C 6)

Argentum nitricum – Arg-n

Indikationen und Symptome
- Blähungen und Aufstoßen von viel Luft
- Erbrechen, zäh, fadenziehend, wie Kaffeesatz, mit lautem Aufstoßen von Luft
- Evtl. unstillbares Erbrechen auch nachts
- Durchfall durch Stress, Aufregung, durch Kaltwerden, durch Fressen von Süßem
- Durchfall während der Zahnung, nach Absetzen der Welpen von der Mutter
- »Reizdarm«, Dickdarmentzündung mit Tympanie (Aufgasung)
- Durchfall schießt explosionsartig heraus mit Blähungen, schmerzhaft oder schmerzlos
- Unwillkürlich, plötzlich abgehender Durchfall
- Geruchsarmer Kot
- Durchfall chronisch wiederkehrend, mit unverdauten Bestandteilen
- Verlangen nach Süßem, das nicht vertragen wird (Blähungen, Bauchschmerz, Durchfall)
- Warmblütiger Patient

Dosierung
Einzelgabe der C 200, im chronischen Fall auch höhere Potenz.

Baptisia tinctoria – Bapt

Indikationen und Symptome

- Schwerste Zustände, ähnlich *Arsenicu*, mit auffallender Benommenheit
- Schwerste Schleimhautentzündungen mit Phlegmone bis Gangrän
- Durchfall mit Fieber, Schläfrigkeit und Schwäche, keine Unruhe
- Kot extrem stinkend wie Aas

Dosierung

Einzelgabe der C 200.

Bismuthum subnitricum – Bism

Indikationen und Symptome

- Gastritis ähnlich wie *Phosphorus, Arsenicum* oder *Nux vomica*
- Heftige Bauch- und Magenschmerzen und -krämpfe mit Durst
- Quälendes krampfartiges Erbrechen
- Flüssigkeit wird erbrochen, feste Nahrung eher behalten
- Übelkeit sofort nach dem Fressen, besser durch kalt trinken
- Erbrechen gleich nach Trinken (*Arsenicum, Phosphorus, Veratrum*), unmittelbar nach der kleinsten Menge Tränke
- Erbrechen großer Mengen
- Erbrechen nach viel erfolglosem Würgen mit Angst, spastisches Erbrechen
- Erbrechen unverdaut 2 bis 3 Stunden nach dem Fressen
- Verschlucken beim Trinken, Tränke kommt zur Nase heraus (*Laches*)
- Langsame Verdauung, Magenkatarrh wie *Nux vomica*
- Stinkendes Aufstoßen
- Wiederholtes Erbrechen in Intervallen

Modalitäten

- Verlangen nach kalter Tränke
- Schlimmer, sobald das Getrunkene im Magen warm geworden ist (*Phosphorus*)
- Erbrechen von Flüssigkeit, gleich nach Trinken, feste Nahrung wird behalten
- Meist verbunden mit heftigen Bauchschmerzen und Angst (ähnlich *Phosphorus*)
- Heftige Magenkrämpfe bis Bewusstlosigkeit (*Nux vomica*)
- Evtl. begleitet von schmerzlosem Durchfall, auch blutig, Gastroenteritis
- Angst vor Alleinsein, evtl. mit Ruhelosigkeit
- Verlangen nach Gesellschaft (wie *Arsenicum, Phos, Pulsatilla*)
- Kalter Körper

Auslöser

- Speziell Magenstörungen nach Bauchoperationen (*Staphysagria*) o. a. Operationen, Narkose
- Futtermittelvergiftung, Stress, Nervosität
- Gastritis, Magengeschwüre (z. B. Campylobacter), Magenkrebs
- Beschwerden beim Zahnwechsel

Dosierung

Einzelgabe der C 200, bei Bedarf wiederholen.

Bryonia – Bry

Indikationen und Symptome

- Dyspepsie, Übelkeit schlimmer durch die kleinste Bewegung
- Trockenes Maul
- Will absolute Ruhe, liegt an die Wand gedrückt
- Übelkeit im Stehen, muss sich niederlegen oder anlehnen

- Überraschende, aggressive Berührungsempfindlichkeit
- Launenhafter Appetit, satt nach wenigen Bissen

Modalitäten
- Trockene Schleimhäute
- Großer Durst auf Kaltes, trinkt den ganzen vorgehaltenen Napf auf einmal leer
- Trinken größerer Mengen in großen Abständen
- Durchfall am Morgen
- Erbrechen nach dem Fressen
- Allgemeinbefinden schlimmer am späten Abend
- Schlimmer durch strahlende Wärme, besser in kühler Luft
- Alle Beschwerden schlimmer durch geringe Bewegung
- Schlimmer durch leichte Berührung, besser durch kräftigen Gegendruck
- Tendenz zu Verstopfung bzw. sehr hartem Kot (siehe *Kapitel 10, Abschnitt Obstipation, Seite 376*)
- Evtl. hart gespannte Bauchdecken, heftige Abwehr bei leichter Berührung

Auslöser
- Ärger, Demütigung, (z. B. durch Verlust des sozialen Ranges – neuer ranghöherer Hausgenosse)
- Beschwerden durch Verlust der Sicherheit (z. B. Verkauf, Tierheim, neue Umgebung)
- Gastritis durch kaltes Trinken nach Überhitzung
- Erbrechen bei Lebererkrankungen (*Carduus marianus*)

Dosierung
Einzelgabe der C 200 oder höherer Potenz.

Calcarea carbonica – Calc

Indikationen und Symptome
- Erbrechen, Gastroenteritis auf der Basis der *Calcium*-Konstitution (träge, ruhige Katzen)
- Wichtig für Welpen und Jungtiere, ebenso für alte Katzen
- Unverträglichkeit von Muttermilch bzw. Milch möglich – oder Verlangen danach
- Lehmartiger Durchfall bei Welpen, während Zahnung/Zahnwechsel
- Erbrechen auch nachts
- Akuter oder chronischer Durchfall mit oder ohne Bauchschmerzen, evtl. Pankreatitis
- Durchfall abwechselnd mit schmerzloser Obstipation
- Durchfall evtl. mit Fieber
- Verdauungsstörungen durch Unverträglichkeit von Trockenfutter
- Evtl. beginnender Rektumvorfall bei Durchfall mit Tenesmus (Kotzwang)
- Chronischer Durchfall, Appetitlosigkeit bei Immunschwäche

Dosierung
Im konstitutionellen Fall M- oder XM-Potenz als einmalige Gabe, nicht wiederholen!

Carcinosinum – Carc

Indikationen und Symptome
- Zwischenmittel bei chronischen, nicht beherrschbaren Krankheiten mit Immunschwäche
- Unverzichtbar für die Regulation des Immunsystems bei chronischen Katzenkrankheiten wie IBD
- Verbessert das Ansprechen auf das passende Simile
- Wiederkehrendes Erbrechen abwechselnd mit Durchfall
- Verlangen nach Butter
- Indiziert eher bei sanften oder reaktionsarmen Tieren

Dosierung
Einmalige Gabe der C 200, bei erblicher Disposition auch höher.

Chamomilla – Cham

Allgemeines

- Durchfall mit Bauchschmerzen bei reizbaren, ärgerlichen, quietschenden Welpen, im Zahnwechsel
- Kontraindiziert bei freundlichem, liebenswürdigem Gemüt!

Indikationen und Symptome

- Fehlende Futteraufnahme wegen Übelkeit, Erbrechen, auch von Galle
- Durchfall mit heftigen anfallsweisen Schmerzen oder schmerzarm
- Säuerlicher, schleimiger, wundmachender, grünlicher Kot bei Saugwelpen
- Kot spritzt mit Blähungen hervor, gegorener oder schaumiger Kot
- Oder Kot mit auffallend viel unverdauten Bestandteilen
- Heftige Bauchschmerzen, selten auch schmerzfreier Durchfall
- Schlimmer abends und nachts, durch Berührung und Kontakt
- Schlimmer durch Wärme und Kälte
- Begleitet von aggressivem, unleidlichen Verhalten
- Warmer Körper, evtl. Fieber
- Begleitet evtl. von Zahnschmerzen, Hals- und/oder Ohrenschmerzen

Auslöser

- Kaltwerden, kalte Tränke, Zahnung, Zahnwechsel
- Überempfindlichkeit gegen Schmerzen mit Zorn

Dosierung

Bei sehr jungen Welpen reicht evtl. schon eine Einzelgabe der C 30, die bei Bedarf wiederholt werden kann; bei älteren Tieren Einzelgabe der C 200.

China – Chin

Allgemeines

- Wichtigstes Mittel für Folgen von Verlust von Körperflüssigkeit und Austrocknung
- Erbrechen auch nachts

Indikationen und Symptome

- Verdauungsstörungen mit Aufgasung und Gärung, speziell im Oberbauch
- Akute und chronische Entzündung von Dünn- und/oder Dickdarmabschnitten
- Erschöpfendes Würgen und Erbrechen
- Gefährliche Gastroenteritis
- Heftige Tympanie, evtl. mit Kreislaufdepression, nicht besser durch Blähungsabgang
- Mit heftigen Schmerzen vor Kotabsatz oder ohne Bauchschmerzen
- Kot spritzt mit Blähungen hervor
- Gäriger oder schaumiger Kot

Modalitäten

- Schlimmer nachts und nach Mitternacht
- Schlimmer durch leichte Berührung des Bauches, besser durch starken Druck
- Folgezustand nach schwerem Durchfall mit Austrocknung (evtl. zusätzlich zur Infusion geben!)
- Regeneriert die Eigenregulation des Flüssigkeitshaushalts!

Auslöser

- Lebererkrankungen, evtl. mit Gelbsucht
- Folge von unverträglichem, verdorbenem Futter, kalter Tränke, kaltem Futter
- Unverträglichkeit von Trockenfutter oder Milch
- Erkrankungen alter und junger Katzen

Dosierung

Einzelgabe der C 200, bei Bedarf wiederholen.

Cocculus indicus – Cocc

Indikationen und Symptome

- Das häufigste organotrope Akutmittel für Schwindel, Übelkeit, Erbrechen beim Fahren
- Schwindel schlimmer bei Bewegung, beim Aufstehen vom Liegen
- Muss sich niederlegen wegen Schwindel und Schwäche oder torkelt im Kreis herum
- Will absolute Ruhe, kann den Kopf nicht hochhalten
- Eher trockenes Maul, Speichelfluss nur vor Erbrechen, kein auffallendes Würgen
- Aufstoßen von Futter, Übelkeit mit Angst, evtl. Nystagmus

Dosierung

C 6 oder D 12 eine Stunde vor Reisebeginn geben, 2. Dosis nach Reiseantritt, evtl. während der Fahrt wiederholen.

Ignatia amara – Ign

Indikationen und Symptome

- Psychisch bedingte Verdauungsstörungen aller Art, labiles Vegetativum
- Folgen von Aufregung, Kummer, Zurücksetzung (z. B. durch Baby oder neues Haustier)
- Unverträglichkeit von Trockenfutter
- Erbrechen auch nachts
- Wiederkehrender oder chronischer Durchfall
- Schmerzlos oder mit anfallsweisen Bauchschmerzen
- Kotdrang plötzlich, nicht beherrschbar, auch unwillkürlich
- Durchfall abwechselnd mit Verstopfung, Wurmbefall
- Ineffektives Drängen nach dem Kotabsatz, evtl. Tendenz zum Rektumvorfall
- Irrationale, unverständliche, widersprüchliche Symptome:
- Verlangen nach nicht katzengerechtem Futter (z. B. Orangen, Paprika, Gurke)
- Durstlos speziell bei Fütterung von Trockenfutter
- Erbrechen nur nach Trinken
- Verlangen nach oder Abneigung gegen Zuwendung oder beides abwechselnd

Dosierung

Einzelgabe der M- oder XM-Potenz.

Ipecacuanha – Ip

Indikationen und Symptome

- Unstillbares Würgen und Erbrechen
- Erbrechen nach zu kaltem Futter oder Tränke
- Extremes, unaufhörliches Brechwürgen bis zur Erschöpfung, bei relativ langsamem Puls
- Keine Besserung nach Erbrechen, »Sterbensübelkeit« (besser Sterben als Übelkeit ertragen)
- Erbrechen als einzige Erkrankung, evtl. mit Husten, oder gleichzeitig mit Durchfall
- Dabei viel Speichelfluss
- Gastroenteritis bis zum Kollaps
- Neigung zu Blutungen: blutiges Erbrechen, blutiger Kot, evtl. hellrotes Nasenbluten
- Bauchschmerzen mit Streckkrämpfen
- Kot zäh, gegoren blutig
- Beschwerden durch Ärger, Zurücksetzung
- Schlimmer durch die geringste Bewegung
- Erbrechen evtl. ausgelöst durch schulmedizinisch unterdrückte Hautausschläge

Dosierung

Einzelgabe der C 200.

Kreosotum – Kreos

Indikationen und Symptome

- Übelkeit, Erbrechen bei Gastritis, Magenulcus, Magen-Darmkrebs, auch unstillbar
- Aufstoßen von Schaum, Erbrechen scharf, wundmachend, fadenziehend
- Erbrechen nach dem Trinken
- Erbricht Futter Stunden nach Fressen
- Unverdautes Erbrechen, sogar noch nach 4 bis 5 Stunden nach dem Fressen
- Erbrechen bei Urämie (Nierenversagen)
- Durchfall mit kadaverartigem, widerwärtigem, durchdringendem Gestank (schlimmer als *Arsenicum*)
- Kot blutig, unverdaut, mit Krämpfen im Rektum
- Durchfall bei Welpen mit schwarzen Milchzähnen

Dosierung

Bei Krebs oder Ulcus wiederholte Gaben der C 30; im Akutzustand C 200.

Lycopodium clavatum– Lyc

Allgemeines

- Sehr breites Wirkungsspektrum, Erkrankungen aller Organe möglich
- Durchfall eher chronischer oder wiederkehrender Art, häufiger Blähungsabgang
- Akute Verdauungsstörungen sind bei *Lycopodium* zumeist Teil einer chronischen Erkrankung

Indikationen und Symptome

- Magen- oder Darmbeschwerden häufig begleitet von Nieren- und/oder Leberstörungen (Ikterus)
- Appetitstörungen: Appetit schwindet oder beginnt erst nach den ersten Bissen
- Langsam zunehmende Beschwerden, im Laufe einiger Tage; in der Regel nicht perakut
- Magenprobleme, Gastritis, Magengeschwür, Regurgitieren nach dem Fressen
- Blähungen, aufgetriebener Bauch
- Durchfall abwechselnd mit Obstipation
- Durchfall schmerzlos oder mit wiederkehrenden Schüben von Bauchschmerzen
- Bauchschmerzen anfallsweise, kommen und gehen plötzlich, besonders vor dem Kotabsatz
- Neigung zu Blähungen
- Durchfall schießt im Strahl oder läuft heraus
- Häufig Kot zuerst fest, dann weicher werdend, bis Durchfall, evtl. sogar in einer Portion
- Auch abwechselnd Durchfall und harter Kot

Modalitäten

- Schlimmer am späten Nachmittag (z. B. Allgemeinbefinden, Blähungen, Durchfall)
- Erbrechen auch nachts
- Kot meist geruchsarm
- Schlimmer durch Kaltwerden, kaltes Futter oder Tränke
- Schlimmer bei Wetterwechsel zum Warmen (z. B. Föhn)

Auslöser

- Stress, Leistungsdruck, Erwartung, Kaltwerden
- Unverträgliches oder verdorbenes Futter
- Schlecht vertragene Medikamente (z. B. NSAID)
- Unverträglichkeit von Trockenfutter
- Unverträglichkeit von Milch, Teigwaren, von zu viel Süßem (z. B. gestohlene Torte)
- Akutes Aufflammen von chronischen Verdauungsstörungen
- Chronisch wiederkehrende Reisekrankheit

Dosierung

Bei sicherer Indikation Einzelgabe der M- oder XM-Potenz, im Zweifelsfall Reaktion auf zweimalige Gabe der C 30 beobachten, nach Abklingen der Besserung höhere Potenz geben.

Hinweis: Bei zwischenzeitlich akuten Magen-Darm-Erkrankungen kann auch *Nux vomica* indiziert sein (Ergänzungsmittel für den *Lycopodium*-Patienten)

Mercurius solubilis – Merc (Mercurius sublimatus corrosivus – Merc-c)

Allgemeines

Mercurius sublimatus corrosivus für perakut verlaufende, schwerste Zustände

Kein häufiges Mittel für die Katze

Schwerste Enteritis, in 1 bis 3 Tagen fortschreitend

Zerstörung der Darmschleimhaut, Kotkonsistenz wie die der Darmschleimhaut

Indikationen und Symptome

- Erbrechen schlimmer nachts
- Magenschmerzen, empfindlich gegen Berührung
- Schlimmer beim Liegen auf der rechten Seite
- Heftige Bauchschmerzen, evtl. mit Lebererkrankung, evtl. Gelbsucht
- Auffallender Tenesmus (Kotzwang) vor, während und nach Kotabsatz
- Tenesmus nicht besser nach Kotabsatz
- Heftige Schmerzen im After (wiederholtes oder anhaltendes Lecken)
- Wundmachender, scharfer Kot, geröteter, wunder After und Umgebung
- Blutungen, Abszesse, Fisteln mit heftigem Tenesmus
- Kot schleimig, klebrig, eitrig, Schleimfetzen, evtl. mit unverdauten oder blutigen Teilen
- Heftig stinkender Kot

Modalitäten

- Alle Symptome schlimmer nachts
- Stinkender, reichlicher Speichelfluss, Konsistenz wie Seife, besonders bei Übelkeit
- Speichelfluss schlimmer nachts
- Alle Ausscheidungen stinken widerwärtig
- Begleitend Ruhelosigkeit, schlimmer nachts

Auslöser

Darminfektion, Kaltwerden, Autoimmunerkrankung mit destruktiver Tendenz

Dosierung

Bei schwersten Zuständen M- oder XM-Potenz geben, tiefe Potenzen von *Mercurius* sind oft wenig wirksam.

Natrium muriaticum – Nat-m

Indikationen und Symptome

- Dickdarmentzündung, chronische oder rezidivierende Durchfälle, Verdauungsstörungen durch Futterunverträglichkeit
- Futterallergien auf der Basis von Konstitutionsschwäche (siehe *Arzneimittellehre für die Katze,*)
- Schleimiger Kot, evtl. mit Blutspuren
- Unterschiedliche Phasen: Durchfall abwechselnd mit hartem Kot
- Schlimmer durch Milch, Teigwaren
- Reservierte, wie depressive Katzen mit Abneigung gegen Zuwendung
- Chronische Folgen von Kummer und Zurücksetzung

Dosierung

Einzelgabe der M- oder XM-Potenz.

Natrium sulfuricum – Nat-s

Indikationen und Symptome

- Enteritis durch feuchte Kälte und Nässe, nach schlecht vertragenen Medikamenten
- Erbrechen von Galle
- Durchfall vergleichbar dem Zustand nach unserer Einnahme von Glaubersalz!

- Heftig herausschießender, laut und weit spritzender Kot mit Blähungsabgang.
- Auch anfangs geformt, dann immer flüssiger werdend
- Kotdrang plötzlich, unbeherrschbar, unwillkürlich
- Hörbares Kollern im Bauch vor Kotabsatz
- Bauchschmerzen vor Kotabsatz oder völlig schmerzfrei
- Durchfall morgens
- Durchfall gleichzeitig mit Asthma
- Durchfall abwechselnd mit Obstipation

Dosierung

Einzelgabe der C 200.

Nitricum acidum – Nit-ac

Indikationen und Symptome

- Gastritis mit unstillbarem, meist zähem Erbrechen, auch bei Magenkrebs alter Tiere
- Entzündung von Dickdarm, Enddarm und oder Rektum mit chronischem Durchfall
- Plötzliche und heftige Schmerzen (»Splitterschmerzen«), auch nach Kotabsatz
- Durchfall auch abwechselnd mit Verstopfung
- Schlimmer im Kalten
- Blutiger Kot
- Verlangen nach Fett, Butter, Unverdaulichem

Auslöser

- Schlecht vertragene Antibiotika, Krebs, degenerative Erkrankung im Enddarm
- Unverträglichkeit von Trockenfutter

Dosierung

Einzelgabe der C 200 oder höhere Potenz.

Plumbum metallicum oder aceticum – Plb

Indikationen und Symptome

- Erbrechen bei Darmverschluss, auch durch Verstopfung (siehe *Kapitel 10, Abschnitt Obstipation, Seite 376*)
- Erbrechen heftig, unstillbar
- Erbrechen von Kot
- Verbunden mit anfallsweise heftigsten Bauchschmerzen
- Mit Krämpfen, evtl. Zittern in den Hinterextremitäten
- Periodisch wiederkehrende Anfälle schlimmster Bauchschmerzen

Dosierung

Einzelgabe der C 200 oder wiederholte Gaben der C 30.

Podophyllum – Podo

Indikationen und Symptome

- Erschöpfendes Erbrechen (nicht in jedem Fall bei Durchfall vorhanden!)
- Auftreibung des Bauches mit Blähungskolik, dabei massiver Durchfall
- Heftige Bauchschmerzen, schlimmer vor Kotabsatz
- Häufig auch schmerzloser Durchfall
- Laute Darmgeräusche, besonders vor Kotabsatz, evtl. mit Schmerzen
- Heftige, gussartige Entleerung »Hydrantenstuhl«
- Kot schießt gewaltsam heraus, im Strahl oder spritzend mit viel Gas
- Auch unwillkürlicher, plötzlich abgehender Kot

- Während und nach dem Kotabsatz sehr viel anhaltendes Drängen
- Afterschmerz während und nach Kotabsatz
- Kot anfangs braun, evtl. schaumig, später wässerig
- Kot evtl. blutig wie Rotwein oder schaumig
- Oder wechselnde Beschaffenheit, evtl. unverdaute Bestandteile
- Evtl. Durchfall abwechselnd mit Obstipation
- Langsam zunehmende Schwäche bei länger bestehendem Durchfall

Modalitäten

- Schlimmer morgens früh bzw. nachts, speziell 4 oder 5 Uhr
- Evtl. dann abends normaler Kot
- Durchfall evtl. jeden 2. Tag, evtl. abwechselnd mit hartem Kot
- Begleitend evtl. Erkrankungen der Leber, Ikterus möglich

Auslöser

- Darminfektionen (ähnlich Cholera), besonders im Sommer
- Kaltwerden, Nasswerden
- Futterwechsel

Dosierung

Einzelgabe der C 200 oder höhere Potenz.

Pulsatilla pratensis, nigricans oder vulgaris – Puls

Allgemeines

- Konstitutionelles Mittel für ruhige, sehr liebe und anhängliche Katzen
- Akut: »Verdorbener Magen«, Gastroenteritis

Indikationen und Symptome

- »Jämmerlicher« Zustand, sucht Zuwendung, gut zu hantieren
- "Verdorbener Magen", Erbrechen, laute Darmgeräusche
- Durchfall, evtl. mit Bauchschmerzen schlimmer nach dem Fressen
- Durchfall morgens – abends – nachts
- Reichliche oder geringe Menge Kot, wenig oder fehlende Tränkeaufnahme
- Daher Gefahr von Austrocknung
- Konsistenz und Farbe von Kot wechseln, evtl. sogar in einer Kotportion
- Verlangen nach Butter oder Rahm

Modalitäten

- Abwechselnde, widersprüchliche Zustände, Durchfall abwechselnd mit hartem Kot
- Besseres Allgemeinbefinden im Freien
- Grundsätzlich besser in frischer, kühler Luft
- Schlimmer bei heißem Wetter, in heißer Sonne (»Balkonkatze«), bei Föhnwetter
- Meist liebenswürdige Katzen, Verlangen und Besserung nach Zuwendung und Streicheln
- Sobald sich das Allgemeinbefinden bessert, wird der Patient genügend trinken

Auslöser

- Überfressen, Indigestion durch Sahne oder anderes kalorienreiches Futter
- Gefrorenes Futter, Trinken von eiskaltem Wasser (*Arsenicum, Carbo vegetabilis*)
- Magen-Darm-Infektion, evtl. mit Fieber
- Folgen von Futterumstellung, insbesondere auf Trockenfutter
- Erkältung, Nasswerden, Überhitzung, heißes Wetter
- Kummer, Trennung von geliebten Freunden

Dosierung

Einzelgabe der M- oder XM-Potenz.

Pyrogenium – Pyrog

Indikationen und Symptome

- Erbrechen bei septischer Infektion (z. B. Metritis), evtl. mit Fieber
- Schmerzloser Durchfall möglich
- Stinkender Körpergeruch

Auslöser

Futtervergiftung, z. B. nach Fressen von Aas

Septische Symptome (siehe *Kapitel 10, Abschnitt Wurmbefall, Seite 381*)

Dosierung

Einzelgabe der C 30, bei Bedarf wiederholen. Anschließend den Auslöser der Sepsis behandeln, z. B. mit *Lachesis*.

Silicea terra – Sil

Indikationen und Symptome

- Chronische Verdauungsstörungen/Durchfälle auf konstitutioneller Basis
- Verdauungsstörungen nach schlecht vertragener Impfung oder Immunschwäche
- Freundlich reservierte, sanfte, schüchterne Katzen, meist magere Jungtiere, später evtl. adipös
- Rangniedrig, keine Abwehr gegen andere Katzen oder gegen die klinische Untersuchung
- Unverträglichkeit von Milch, besonders von Muttermilch beim Welpen
- Unverträglichkeit von Trockenfutter
- Chronisches Erbrechen oder Durchfall, auch nachts
- Wiederholtes Erbrechen von zähem, fädigem Material
- Durchfall durch Angst oder Aufregung
- Durchfall mehrheitlich schmerzlos
- Kot läuft heraus, evtl. fest und flüssig gemischt
- Durchfall abwechselnd mit schwierigem, hartem Kot
- Verdauungsstörungen, Übelkeit, Durchfall nach schlecht vertragener Impfung
- Konstitutionelles Mittel für die Reisekrankheit
- Sanfte, unauffällige, frierende,»pedantische« Katzen

Dosierung

Einzelgabe der C 200, bei sicherer konstitutioneller Indikation auch höher.

Bei alleiniger Impfreaktion reicht evtl. eine Einzelgabe der C 30.

Staphysagria – Staph

Indikationen und Symptome

- Akute oder chronische Bauchschmerzen nach einer Bauchoperation
- Möglicherweise bedingt durch Verklebungen zwischen Darm und Bauchfell oder anderen Organen
- Durchfall und Magenbeschwerden, akut oder chronisch durch Ärger und Wut
- Ärger und Wut werden zunächst »geschluckt«, d. h. nicht geäußert
- Heftiger Zorn bricht aus, »wenn es zu viel wird«, (»wenn das Fass voll ist«)
- »Beschwerden durch unterdrückten Zorn«, z. B. aus Angst vor dem ranghöheren Kollegen

Dosierung

Je nach Schwere der Erkrankung Einzelgabe der C 200 oder M-Potenz.

Sulfur – Sulf

Allgemeines

- Entscheidend für den Einsatz von *Sulfur* ist das Gesamtbild, weniger die Einzelsymptome!
- Durchfall durch gestörten Stoffwechsel, Ansammlung von Abbauprodukten des Stoffwechsels im Körper

Indikationen und Symptome

- Übelkeit mit Speichelfluss
- Erbrechen auch nachts
- Bauch aufgetrieben durch chronische Blähungen
- Laute Darmgeräusche, besonders nachts und vor dem Kotabsatz
- Bauchschmerz krampfend bei Durchfall vor/während/nach Kotabsatz
- Durchfall früh morgens
- Durchfall schmerzlos, ohne Schwäche, auch unwillkürlich
- Durchfall evtl. chronisch, wiederkehrend, abwechselnd mit hartem Kot
- Oder Kot gemischt aus flüssigen und festen Bestandteilen
- Oder abwechselnd fest und flüssig
- Drängen vor/während/nach Kot
- Kot schießt heraus, auch plötzlich und unbeherrschbar
- Kot von Konsistenz und Farbe jeder Art möglich
- Kot scharf, wundmachend, stinkend
- Durchfall evtl. ohne Schwäche
- Durchfall nach dem Schlaf
- Oft Jucken oder Schmerzen im After nach Kotabsatz mit Verlangen zum Lecken

Modalitäten

- Stumpfes, schmutziges Haarkleid, stinkende Hautausdünstung
- Häufig gleichzeitig stinkende, juckende Hautausschläge
- Häufig vorangegangene intensive Behandlung mit Pharma-Präparaten (Kortison o. a. Hormone)
- Evtl. mager trotz reichlich Futteraufnahme oder sehr dicke Tiere
- Befall mit Würmern, evtl. resistent gegen Wurmkur
- Unsaubere, struppige Katzen, mangelndes Putzverhalten
- »Ekel vor den eigenen Ausscheidungen«, daher fehlendes Putzen

Auslöser

- Aufflammen von subakuten Verdauungsstörungen, Dysbakterie (gestörte Darmflora)
- Mangelhafte oder gestörte Entgiftung, Verdauungsstörungen, Schleimhautkatarrhe
- Darminfektion evtl. mit Fieber
- Folgen von schulmedizinisch unterdrückten Krankheiten oder Ausscheidungen
- Folgen von langfristiger, schlecht vertragener Pharmakotherapie
- Folgen von »ungesunder Lebensweise«, kalorienreiches Futter, wenig Bewegung
- Unverträglichkeit von Trockenfutter!

Dosierung

Hier handelt es sich meist um chronische Durchfälle, zudem ist *Sulfur* ein sehr intensiv auf alle Körpergewebe wirksames Arzneimittel. Daher sollte *Sulfur* nur je einmal am 1., 2. und 5. Tag gegeben werden, anschließend Reaktion abwarten. Je nach Reaktion evtl. nach 10 bis 14 Tagen C 200 geben.

Tuberculinum bovinum – Tub / Tuberculinum Koch – Tub-K

Allgemeines

- Bei der Katze hat sich *Tuberculinum K* eher bewährt als das beim Menschen häufiger indizierte *Tuberculinum bovinum*.
- Chronische, wiederkehrende Gastroenteritis bzw. Durchfall
- Indiziert, wenn trotz gut gewählter Mittel keine Heilung eintritt
- Charakterisch sind wechselnde Schleimhautsymptome (Atemwege, Darm)

Indikationen und Symptome

- Mangelnder Appetit
- Übelkeit mit plötzlichem Durchfall
- Oder Abmagerung trotz guter Futteraufnahme
- Verlangen nach Salzigem, z. B. Schinken
- Sehr viel Durst
- Verstopfung abwechselnd mit Durchfall
- Durchfall nach dem Schlafen bzw. morgens

Modalitäten

- Überaktive Tiere, seltene Ruhepausen, nächtliche »Herumtreiber«
- Neigung zum Frieren
- Evtl. Verhaltensprobleme mit launischer Aggressivität

Dosierung

Einzelgabe der C 30, anschließend spezifisches Simile wählen.

Seltener vorkommende Mittel für Magenbeschwerden, Erbrechen bzw. Gastroenteritis

Aloe socotrina – Aloe

Indikationen und Symptome

- Durchfall mit Blähungen und herausspritzendem Kot
- Unbemerkter, unwillkürlicher, wässriger Kotabgang bei Blähungsabgang durch offenen After
- Auch heftiger Tenesmus nach Kot
- Ausgelöst evtl. durch zu häufige Wurmkuren oder schlecht vertragene Pharma-Präparate

Dosierung

Einzelgabe der C 200.

Antimonium crudum – Ant-c

Indikationen und Symptome

- Kein häufiges Mittel für die Katze!
- (Gastro-)Enteritis durch Überfressen, durch verdorbenes Futter, durch Futterwechsel
- Indigestion »durch kleinste Diätfehler«
- Unaufhörliches Erbrechen ohne anschließende Erleichterung (wie *Ipecacuanha*)
- Durchfall mit Fieber, mit Bauchschmerzen
- Durchfall abwechselnd mit Obstipation
- Nach Verdauungsstörungen krustiger Hautausschlag mit Verdickungen der Haut
- Alle Beschwerden schlimmer bei heißem Wetter und durch Sonnenhitze

Dosierung

Einzelgabe der C 200.

Antimonium tartaricum – Ant-t

Indikationen und Symptome

- Übelkeit und Erbrechen mit quälendem, heftigem Würgen, schwieriges Schlucken
- Erbrechen von Futter gleich nach dem Fressen
- Erbrechen von Schleim und Galle möglich
- Angst durch Übelkeit, »Sterbensübelkeit«
- Auffallende Schwäche durch wiederholtes Erbrechen
- Aber besser nach Erbrechen (Gegensatz zu *Ipecacuanha*)
- Abneigung gegen Fressen wegen Übelkeit
- Verlangen nach kalter Tränke und frischer kühler Luft
- Ungern angefasst, Abneigung gegen Zuwendung

Begleitsymptome
- Rasselnde Atemgeräusche, Husten ohne Auswurf, Asthma
- Erbrechen beim Husten

Dosierung
Einzelgabe der C 200.

Cadmium sulfuricum – Cadm-s

Indikationen und Symptome
- Anhaltendes schwarzes, »Kaffeesatz-Erbrechen« bei Magenkrebs
- Erbrechen schlimmer durch die geringste Bewegung
- Schwerste Gastroenteritis, schnelles Sinken der Lebenskraft
- Ähnlich wie *Arsenicum*, jedoch viel seltener, kein Mittel der Alltagspraxis!
- Erbrechen durch Pharma-Präparate oder Chemotherapie bei Krebs

Dosierung
Vorsichtige Dosierung mit der C 30, bei Bedarf wiederholen.

Candida albicans – Cand-a

Indikationen und Symptome
Nachgewiesene Pilzinfektion des Darmes

Indiziert, wenn ein anderes passendes Homöopathikum nicht gefunden werden kann

Dosierung
Wiederholte Gaben der C 6 oder C 12.

Cina maritima – Cina

Indikationen und Symptome
- Erbrechen von Würmern, evtl. gefolgt von Krampfanfällen (Epilepsie)
- Durchfall mit Abgang von Würmern (Spulwürmer)
- Kann jedoch bei starkem Wurmbefall keine Wurmkur ersetzen
- Optimiert anschließend die Darmflora, dass sich Endoparasiten im Darm nicht mehr »wohlfühlen«
- Ärgerliche, gereizte Stimmung mit Heißhunger

Dosierung
Einzelgabe der C 30, bei Bedarf wiederholen.

Colocynthis – Coloc

Indikationen und Symptome
- Gastroenteritis akut oder chronisch-wiederkehrend, »Reizdarm«
- Verbunden mit quälenden Darmkrämpfen, die den Patienten zum anfallsweise Zusammenkrümmen zwingen
- Besser durch starken Druck gegen den Bauch
- Patient liegt daher zusammengekrümmt auf einem zum Knäuel getretenen Kissen
- Heftige Krampfschmerzen kommen und gehen plötzlich
- Ausgelöst durch Infektion, Pharma-Präparate, Fressen von Früchten oder Pflanzen
- Durch heftigen Ärger und Zorn

Dosierung
Einzelgabe der C 200, bei Bedarf wiederholen.

Cundurango – Cund

Indikationen und Symptome

- Eines der Hauptmittel für Magenkrebs
- Schmerzhafte krebsartige Magen- u. a. Geschwüre
- Kaffeesatz-Erbechen (schwärzliche Massen)
- Begleitsymptom: Wunde Lippen, wunde Maulwinkel
- Leitsymptom: Risse an Haut-Schleimhaut-Grenze

Dosierung

Vorsichtige Gaben der C 30, bei sicherer Indikation wiederholen.

Conium maculatum – Con

Indikationen und Symptome

- Pankreatitis, Magenkrebs
- Magenkrämpfe, besser nach Fressen, Verlangen nach Salzigem
- Quälende Übelkeit, Kaffeesatz-Erbrechen
- Evtl. Schwäche oder beginnende Lähmung der Hinterhand

Dosierung

Vorsichtige Dosierung der C 30, die bei Bedarf wiederholt gegeben werden kann.

Croton tiglium – Crot-t

Croton ist eine giftige Zimmerpflanze, Vergiftung durch Anfressen der Blätter ist möglich!

Indikationen und Symptome

- Sonst eher seltenes Durchfallmittel, aber mit deutlichen und heftigen Symptomen!
- »Hydrantenstuhl« unmittelbar nach dem Fressen, plötzlich und heftig
- Kot schießt unbeherrschbar plötzlich im Strahl hervor
- Schlimmer bei warmem Wetter, nachts und morgens

Dosierung

Einzelgabe der C 200.

Dulcamara – Dulc

Indikationen und Symptome

- Gastroenteritis durch feuchte Kälte, Nasswerden, Unterkühlung mit Nässe, eisiges Futter
- Meist begleitet von Harnwegsentzündung oder Erkrankungen der Atemwege
- Durchfall akut oder chronisch wiederkehrend
- Kot schießt heraus, schmerzlos
- Berührungsempfindlicher Bauch

Dosierung

Einzelgabe der C 200.

Gambogia – Gamb

Indikationen und Symptome

- Homöopathikum »der zweiten Reihe«: Indiziert, wenn andere ähnliche Mittel nicht helfen
- Darmentzündung (Colitis) mit urplötzlich herausschießendem Kot, akut oder chronisch
- Gleichzeitig Erbrechen und Durchfall
- Durchfall mit oder ohne Schmerzen
- Langes Pressen, dann plötzlicher Kot im Schwall, dabei evtl. Tendenz zum Rektumvorfall
- Schlimmer bei warmem Wetter
- Bevorzugt bei alten Patienten

Auslöser

Darminfektion, Futterwechsel o. Ä.

Dosierung

Einzelgabe der C 200.

Graphites – Graph

Indikationen und Symptome

- Konstitutionelles Mittel für chronische Krankheiten, nicht häufig bei der Katze
- Chronischer, herausschießender Durchfall mit stinkenden Blähungen
- Erkrankungen im Afterbereich mit Schmerzen und Drängen nach Kot
- Geformter Kot ist von Schleim, wie von einer Wursthaut überzogen

Dosierung

Einzelgabe der C 200 oder einer höheren Potenz.

Kalium bichromicum – Kali-bi

Indikationen und Symptome

- Gastroenteritis, Dickdarmentzündung, Magen- oder Darmgeschwür oder -krebs
- Erbrechen von zäh-fadenziehendem Material
- Kot zäh oder fest und flüssig gemischt, zähe Schleimfäden im Kot
- Schlimmer morgens und im Sommer

Dosierung

Einzelgaben der C 200, nur bei sicherer Indikation wiederholen.

Magnesium carbonicum – Mag-c

Indikationen und Symptome

- Durchfall bei Welpen und Jungtieren mit säuerlichem Geruch und Krämpfen
- Kot schleimig, schaumig, grünlich, unverdaut mit heftigen Krampfschmerzen oder schmerzlos
- Flüssige und feste Kotbestandteile gemischt
- Unverträglichkeit von Muttermilch

Dosierung

Einzelne Gaben der C 30 oder eine Gabe der C 200.

Ornithogalum – Orni

Indikationen und Symptome

- Schwerpunkt Magen und Duodenum
- Wichtigstes Mittel für den Magenkrebs, speziell am Pylorus, Darmkrebs
- Saubere Zunge ohne Belag (Katze?)
- Aufgetriebener Oberbauch, Magen wie ein »schwappender Wassersack«
- Pylorusstenose durch Geschwüre oder Krebs
- Stinkendes Aufstoßen ohne Besserung
- Starke Lebervergrößerung
- Schlaflos durch nächtliche Magenschmerzen, schlimmer durch kaltes Trinken
- Frieren durch Schmerzen
- Häufiges schwarzes Erbrechen
- Ruhelos wie *Arsenicum*, aber ohne Angst

Dosierung

Einzelgabe der C 30 (!), Wiederholung nur bei genauer Indikationsstellung!

Petroleum – Petr

Indikationen und Symptome

- Reisekrankheit, Übelkeit, solange das Auto fährt, mit reichlich Speichelfluss
- Will trotz Übelkeit fressen, anschließend besser
- Evtl. gleichzeitig Hautprobleme mit Einrissen

Dosierung

C 6 oder D 12 eine Stunde vor Reisebeginn geben, 2. Dosis nach Reiseantritt, evtl. während der Fahrt wiederholen.

Phosphoricum acidum – Ph-ac

Indikationen und Symptome

- Sinken der Lebenskraft durch Verlust von Körperflüssigkeiten
- Unverträglichkeit von Trockenfutter
- Aber auch Durchfall ohne Schwäche (bei jungen Katzen eher *Phosphorus* oder *Tuberculinum*!)
- Unwillkürlicher, heraustropfender, geruchsarmer, wässriger Kot

Auslöser

- Nervöse Ursachen wie Aufregung, Kummer
- Aber weniger widersprüchlich und unverständlich als *Ignatia*

Dosierung

Einzelgabe der C 200 oder höhere Potenz.

Spongia tosta – Spong

Indikationen und Symptome

- Pankreatitis verbunden mit anderen Drüsenerkrankungen
- Speziell Erkrankungen der Schilddrüse, Laryngitis oder Asthma
- Chronische Pankreatitis nach schwerer Infektionskrankheit
- Magengeschwür
- Wenig charakteristische Magen-Darm-Symptome
- Begleitend "sägender" Husten, Atemnot oder Herzbeschwerden

Dosierung

Eine oder zwei Gaben der C 30, dann Reaktion beobachten und bei nachlassender Wirkung höhere Potenz geben.

Tabacum – Tab

Indikationen und Symptome

- Reisekrankheit mit Tendenz zum Kollaps
- Hochgradige Übelkeit mit Erbrechen und Durchfall, blasse Schleimhäute
- Tendenz zum Kollaps, eiskalter Körper, kalte, zittrige Extremitäten
- Tödliche Übelkeit, Speichelfluss
- Erbrechen heftig, bei geringster Bewegung
- Vollkommene Erschöpfung, besser an kühler frischer Luft
- Erbrechen bei der geringsten Bewegung, schlimmer durch Lärm und Licht
- Besser nach Erbrechen

Dosierung

Einzelgabe der C 30, bei Bedarf wiederholen.

OBSTIPATION

Der Symptomenkomplex der Obstipation (Verstopfung) ist bei der Katze – im Gegensatz zum Hund – weniger bedeutsam.

Mit Verstopfung bezeichnet man zu seltenen, zu harten oder fehlenden Kotabsatz.

Obstipation ist wie der »Durchfall« keine Krankheit, sondern ein Symptom verschiedenster Erkrankungen: Z. B. zu wenig Tränkeaufnahme (Trockenfutter) führt häufig zu hartem, knolligem Kot. Die Abhilfe besteht in artgemäßem Futter. Bei der Futterumstellung kann kurzzeitig zu dünner Kot auftreten.

Chronische Obstipation mit verzögerter Ausscheidung kotpflichtiger Substanzen kann die Vorbedingungen für Hauterkrankungen schaffen.

Obstipation kann auch im Laufe einer Schilddrüsenerkrankung oder bei einer Darmerkrankung mit mangelhafter Peristaltik bestehen: Hier sind besonders die Wohnungskatzen mit mangelnder Bewegung bei reichhaltigem Futter betroffen.

Eine Obstipation kann auch durch schlecht vertragene Pharma-Präparate ausgelöst werden.

Einengende Prozesse im Bauchbereich (Krebs, abgeschluckte Fremdkörper oder Haarballen) können den Kotabsatz einschränken oder verhindern (Darmverschluss oder Ileus).

Langfristige Obstipation kann infolge zu langsamer Darmpassage die Vorbedingung für Hauterkrankungen schaffen.

Obstipation und Darmverschluss sind oft klinisch ineinander übergehende Zustände.

Ein **Ileus** kann durch verschluckte Fremdkörper verursacht sein und bedarf unbedingt der chirurgischen Intervention. Die Abheilung solcher Bauchoperationen können jedoch optimal durch homöopathische Medikamente unterstützt werden, insbesondere beim Vorliegen von Peritonitis, Darmnekrosen oder schlechter Heilungstendenz.

Ob auch ein Volvulus (Darmverdrehung) oder eine Invagination (Einstülpung) homöopathisch reponiert werden können, ist nicht sicher, jedoch zu versuchen, wenn keine Operation möglich ist. Die Auswahl des passenden Mittels und das Vorgehen erfordert allerdings einen erfahrenen homöopathischen Therapeuten.

Kurz-Repertorium Obstipation

Obstipation ohne Beschwerden bei adipösen Jungtieren: Calc

Obstipation mit anfallsweise heftigen Schmerzen: Nux-v, Plb, Op, (Calc)

Obstipation durch Autofahren: Ign

Obstipation nach Impfung: Thuj.

Schmerzarme Obstipation: Calc, Op

Bauchschmerzen mit abwechselnd zusammengekrümmter und gestreckter Körperhaltung: Plb

Mangelhafte Darmperistaltik, Darmlähmung: Alum, Carb-v, Nux-v, Op, Plb

Inaktivität des Rektums, Kot kann nicht ausgetrieben werden: Alum, Ign, Op, Plb

Obstipation mit Tenesmus, Zwang zum Kotabsatz: Ign, Nux

Offenstehender After: Alum, Op, Plb

Obstipation mit weichem Kot: Alum,Chin, Ign, Puls

Obstipation nach Bauchoperation: Carb-v, Op

Abdomen berührungsempfindlich: Bry, Nux-v, Plb

Starker Druck auf den Bauch bessert: Bry, Plb

Zittern der Hinterextremitäten beim Gehen bei schmerzhafter Obstipation: Plb

Die wichtigsten Mittel für die Obstipation

Alumina – Alum

Indikationen und Symptome

- Geeignet für Welpen oder träge, ältere Patienten mit verlangsamten Lebensfunktionen
- Folgen von »künstlicher Ernährung« (!!): Trockenfutter, Flaschenaufzucht, reichhaltiges Futter
- Trockene Schleimhäute
- Atonische Verstopfung, weiche Kotansammlung im Enddarm, teilweise fehlender Drang
- Der Defäkationsreflex setzt erst dann ein, wenn der Enddarm gänzlich ausgefüllt ist
- Dann mühsamer oder vergeblicher Drang mit unwillkürlichem Urinabgang
- Anschließend Erschöpfung
- Weicher Kot wie Knetmasse, verklebt und verstopft den After, muss manuell entfernt werden
- Keine perakute Pathologie, eher chronische Erkrankung
- Begleitend Verlangen, Unverdauliches zu fressen (Kalk, Erde)
- Begleitend evtl. Lähmungserscheinungen, Inkoordination der Extremitäten

Dosierung

Einzelgabe der C 200 oder einer höheren Potenz.

Bryonia alba – Bry

Indikationen und Symptome

- Gereizter Patient, Folgen von Ärger, Angst durch Trennung aus der gewohnten Umgebung
- Obstipation durch Bewegungsmangel, Trockenfutter
- Durst in großen Intervallen
- Obstipation durch Trockenheit aller Schleimhäute, auch der Darmschleimhaut
- Akute, chronische oder habituelle (zeitweilige) Obstipation, auch mit Bauchschmerzen
- Trockener, harter, krümeliger Kot, wie verbrannt, evtl. blutig, Kot zu groß fürs Rektum
- Erfolgloser oder fehlender Drang
- Schmerz im Rektum, während des Kotes, Inaktivität des Rektums
- Unwillkürlicher Kotabgang nachts, im Schlaf, bei Bewegung, während des Urinierens
- Kot stinkt wie alter Käse, stinkende Blähungen
- Abdomen empfindlich gegen Berührung, starker Druck bessert
- Patient drückt sich an eine Lehne o.Ä., weil Gegendruck bessert
- Patient schreit aus Angst vor Berührung, evtl. schon bevor man ihn berührt

Dosierung

Einzelgabe der C 200 oder einer höheren Potenz.

Calcarea carbonica – Calc

Indikationen und Symptome

- Obstipation bei Welpen und dicken, trägen Jungtieren schwerer Rassen
- Erstaunliches Wohlbefinden trotz tagelang fehlendem Kotabsatz
- Kot zuerst fest, dann weicher werdend oder klumpige Knollen
- Evtl. Verlangen nach Unverdaulichem, Kalk, Erde
- Unverträglichkeit von Trockenfutter

Dosierung

Im konstitutionellen Fall: Einzelgabe der M- oder XM-Potenz.

Graphites – Graph

Indikationen und Symptome

- Chronische Obstipation bei dicken, gefräßigen, faulen Patienten
- Großer, knotiger Kot mit Schleimfetzen, Kotballen mit Schleim verbunden
- Oder Kot von Schleim überzogen wie von einer Wursthaut
- Schmerzen und Einrisse am After, anhaltend nach Kotabsatz mit Lecken

Dosierung

Bei sicherer Indikation: Einzelgabe der C 200 oder besser einer höheren Potenz.

Ignatia amara – Ign

Indikationen und Symptome

- Irrationale, unverständliche, widersprüchliche Symptome
- Ausgelöst durch psychischen Stress
- Verstopfung durch Autofahren
- Ineffektives Drängen trotz weichen Kotes
- Anhaltender Schmerz im Rektum ohne ersichtlichen Grund
- Durchfall abwechselnd mit Verstopfung
- Unverträglichkeit von Trockenfutter

Dosierung

Einzelgabe einer M- oder XM-Potenz.

Nux vomica – Nux-v

Häufig adipöse und reizbare Wohnungskatzen

Indikationen und Symptome

- Erbrechen bei schwerer Obstipation
- Großer, harter schwieriger Kot
- Schmaler »Bleistift-Kot«
- Viel Drang, quälendes, vergebliches Pressen, evtl. Absonderung eine minimalen Menge Kot
- »Gefühl von nicht fertig sein«, ständiges unangenehmes Gefühl im After
- Patienten drehen sich um, lecken am After, laufen in Kniebeuge und Kotabsatzstellung
- Besser nach Kotabgang
- Inkoordination bis Lähmung der Darmperistaltik
- Neigung zum Frieren, schlechter im Freien, besser durch Wärme
- Abdomen berührungsempfindlich, gesteigerte Bauchdeckenreflexe
- Evtl. abwechselnd Verstopfung und Durchfall

- In protrahierten Fällen Kot oft gemischt mit Schleim und Blut
- Mekoniumverhaltung (erster Kot) der Neugeborenen mit heftigen Krampfschmerzen
- Darmlähmung nach Einsatz von Spasmolytika oder Narkose
- Fehlender Drang ist bei einfacher Obstipation eine Kontraindikation für *Nux vomica*!
- Vorsicht! Verwechslung mit Darmverschluss ist möglich! Lebensgefahr, Operation!

Auslöser

- Bewegungsmangel bei reichem Futter
- Unverträgliche Medikamente, z. B. nach hoch dosierten Spoasmolytika
- Vergiftung, evtl. durch Tabletten der Besitzer
- Gestresster Patient, z. B. durch Konkurrenz, Ärger, Überforderung
- Unverträglichkeit von Trockenfutter

Dosierung

Einzelgabe einer M- oder XM-Potenz.

Opium – Op

Indikationen und Symptome

- Atonische Obstipation (Darmlähmung) oder alle möglichen Formen von Ileus
- Dabei Lebensgefahr durch Ruptur, Darmverletzung, Autointoxikation
- Erbrechen durch Obstipation, Erbrechen von Kot bei Ileus
- Mangelnde Erregbarkeit von Reflexen
- Schmerzlosigkeit von sonst schmerzhaften Erkrankungen, z. B.bei schwerer Obstipation
- Inaktivität des Rektums, fehlender oder vergeblicher Kotdrang oder nur wenige harte Bällchen
- Trockenheit der Darmschleimhaut
- Offenstehender After
- Fehlender Schließmuskelreflex durch äußeren Reiz, z. B. des Fieberthermometers
- Evtl. unverhältnismäßig große Dickdarmanschoppung (nach Röntgenbefund)
- Bauchdecken nur gering verspannt, dabei wenig oder keine Abwehr, (Gegensatz zu *Nux vomica*)
- Evtl. enorm aufgetriebenes Abdomen durch angestaute Kotmassen
- Anfangs evtl. trotzdem noch Futteraufnahme (Empfindungslosigkeit)
- Keine oder nur kurze Anfälle von Bauchschmerzen
- Schläfrigkeit, Augen fallen zu, Pupillen permanent kontrahiert oder starr erweitert
- Schreckhaft auf plötzliche Geräusche
- Warmer Körper, warme Nase, Ohren und Extremitäten, kein Frieren!
- Evtl. Erbrechen von Kot bzw. Dünndarminhalt
- Mekoniumverhaltung (erster Kot) der Neugeborenen mit Schläfrigkeit, ohne Schmerzen
- Evtl. Schlucklähmung, Verschlucken
- *Opium* kann eine solche akute Lebensgefahr abwenden!
- *Opium* passt bei Obstipationsileus gut zu *Plumbum*, beide Mittel ergänzen einander!

Auslöser

- Vergiftung, Folgen von Operation, Narkose, Spasmolytika
- Abschlucken von Tabletten der Besitzer
- Folgen von schwerwiegendem Schreck, Unfall (Gehirnerschütterung)

Dosierung

Einzelgabe einer C 200 oder höherer Potenz.

Plumbum metallicum oder aceticum – Plb – Plb-act

Indikationen und Symptome

- Akute Erkrankung älterer Tiere oder ausgelöst durch Darmlähmung
- Zuerst heftige Darmkrämpfe, dann Inkoordination der Peristaltik, Darmverschluss (Ileus)
- Schlimmste und langwierigste Verstopfung, z. B. nach Fressen von zu hartem Material
- Krümeliger Kot im offen stehenden, gelähmten Rektum
- Im fortgeschrittenen Stadium fäkales Erbrechen (Koterbrechen)
- Begleitend oder vorangehend schmerzhafte Aufgasung
- Heftigste Schmerzen anfallsweise, in Intervallen auftretend
- Abwechselnd Strecken und Zusammenkrümmen, sonderbare Körperstellungen
- Schmerzhafte Spasmen im Rektum, die das Austreiben von Kot verhindern
- Schmerzhaft gespannte Bauchdecken
- Spastisches Zusammenziehen der geraden Bauchmuskeln, »eingegezogener Bauch«, bis zur Wirbelsäule hochgezogener Bauch
- Beständiger Druck aufs Abdomen bessert, kräftiges Reiben bessert
- Aber Berührung verschlechtert (Hyperästhesie), Gehen verschlechtert

Begleitsymptom

Krämpfe oder Lähmung der Hinterextremitäten (wie *Nux vomica*)

In schweren Fällen Kreislaufdepression bis Kollaps

Plumbum- und *Opium*-Symptome können einander abwechseln. Die Mittel dürfen jedoch nur gegeben werden, wenn die Symptome exakt mit dem Mittelbild übereinstimmen.

Achtung! Bei derart lebensgefährlichen Situationen ist streng auf die Dosierung der Arznei zu achten, die niemals in eine beginnende Besserung wiederholt werden darf! Am einfachsten ist die Gabe einer 200. C-Potenz, da diese eine deutliche Wirkung zeigt und deutlich eine eventuelle Wiederverschlimmerung erkennen lässt.

Wenn bereits Nekrosen von Darmteilen vorliegen, Sepsis oder Peritonitis auftreten, sind *Lachesis* und *Pyrogenium* zu erwägen.

Im perakuten Fall wirkt *Plumbum aceticum* intensiver als *Plumbum metallicum*.

Plumbum-Symptome werden häufig beim Fremdkörperileus beobachtet.
Klinische Diagnose durch Röntgen und Ultraschall! Operation notwendig!

Dosierung

Einzelgabe einer C 200, einzig bei Rückfall wiederholen.
Diese Symptome treten häufiger beim Hund nach zu viel Fressen von Knochen auf.

Pulsatilla pratensis oder vulgaris – Puls

Indikationen und Symptome

- Obstipation, träge Darmtätigkeit durch Überfressen ausgelöst durch Trockenfutter mit mangelnder Tränkeaufnahme
- Inaktive Peristaltik, abwechselnd Obstipation und Durchfall
- Mühsamer Kotabgang
- Tiere liegen gern auf dem Rücken, Jammern und Verlangen nach Zuwendung
- Bei Katzen in der Regel nicht lebensbedrohlich. (Im Gegensatz zum Pferd!)
- Dennoch schafft eine chronisch verlangsamte Verdauung die Vorbedingung für Hauterkrankungen

Dosierung

Einzelgabe der XM-Potenz.

WURMBEFALL

Wurmbefall ist ein weit verbreitetes Übel bei allen Haustieren.

Jeglicher Befall mit Parasiten – äußerlichen oder innerlichen – ist, wie jede andere Erkrankung, die Folge eines geschwächten Immunsystems bzw. von nicht optimaler Darmflora.

Eine chemische Wurmkur ist bei starkem Wurmbefall notwendig.

Vor jeder Wurmkur sollte jedoch durch Kotuntersuchungen festgestellt werden, ob überhaupt Endoparasiten bzw. welche Wurmarten vorhanden sind. Die Auswahl des Präparates für die Wurmkur sollte sich dann nach der Art der festgestellten Parasiten richten (selektive Wurmkur). Nicht jeder Patient benötigt das stärkste Präparat, das auf alle Arten von Endoparasiten einwirkt (Breitspektrumwirkung) und die größte Toxizität (»Giftigkeit«) aufweist.

Wurmkuren enthalten spezielle »Nervengifte«, die auf die unterschiedlichen Parasiten abgestimmt sind.

Aber auch die toxische Wirkung auf den Wirt (Katze, Hund, Pferd u. a. Tiere) ist nicht zu unterschätzen!

Wird kein oder nur ein minimaler Befall mit Endoparasiten festgestellt, dann ist keine Wurmkur notwendig!

Freigängerkatzen fangen Mäuse und infizieren sich damit in der Regel mit dem Bandwurm. Bei gesundem Immunsystem können sie mit einem geringen Befall durchaus gut leben. Dagegen würden wiederholte Wurmkuren, die in kurzem Abstand (z. B. alle 4 bis 8 Wochen) verabreicht werden, mehr schaden als ein Bandwurm. Natürlich sollten solche Katzen nicht mit ins Bett genommen werden!

Wenn die Katze nach einer Wurmkur mit Verdauungsstörungen reagiert, empfiehlt sich eine Einzelgabe von *Nux vomica* C 30.

Nach festgestelltem Wurmbefall bzw. nach einer Wurmkur ist es anzuraten, die Darmflora des Patienten zu sanieren, damit einer erneuten Besiedlung mit Endoparasiten vorgebeugt werden kann.

Dafür eignet sich am besten die jeweils individuell ausgewählte konstitutionelle, homöopathische Arznei, die gleichzeitig die Gesundheit des gesamten Organismus stabilisiert.

Es gibt einige Homöopathika, die speziell auf Wurmbefall einwirken bzw. vorbeugend wirken. Es hat sich bewährt, eines dieser Mittel in tiefer Potenz (D 4 oder C 3) anfangs einmal täglich, dann alle 3 bis 7 Tage einmal zu verabreichen; nach gewisser Zeit kann auf ein anderes dieser Mittel übergegangen werden:

Chelone glabra	Ascariden, Fadenwürmer
Chenopodium anthelminticum	Ascariden, Hakenwürmer
Cina maritima	Ascariden, Bandwürmer
Filix mas	Bandwürmer
Granatum	Bandwürmer

Neben »Würmern« gehören auch Einzeller (Giardien, Coccidien) zu den pathogenen Endoparasiten.
Wenn die konstitutionelle Therapie die daraus entstehenden Darmerkrankungen nicht dauerhaft heilt, müssen entsprechende Nosoden (z. B. *Coccidia giardia* C 30 oder C 200) eingesetzt werden.

Wenn bei Befall mit Endoparasiten die genannten Therapiemöglichkeiten zur Zeit nicht möglich ist, können z. B. verdünnte »Effektive Mikroorganismen« (Bokashi®), Zubereitungen von Kräuterhefe (z. B. Anima-Strath®) oder eine passende Darmnosode (Glossar, Arzneimittelverzeichnis und Literatur 60) verabreicht werden.

KAPITEL 11

ERKRANKUNGEN VON LEBER, STOFFWECHSEL UND ENDOKRINIUM

Allgemeines

Das Thema »Stoffwechsel« umfasst so gut wie alle Themen, die mit der Funktionsweise eines lebendigen Organismus zu tun haben. Letztlich könnte man jede gesundheitliche Störung auf eine »Imbalance im Stoffwechsel« (zumindest im Stoffwechsel der Zelle) reduzieren.

Das Thema »Stoffwechsel« betrifft zunächst die Aufnahme und Verarbeitung von Nahrung und Nahrungsbestandteilen zur Gewinnung von Energie, zum zweiten die Ausscheidung von Abbauprodukten.

Eine zentrale Rolle kommt dabei der Leber zu: Die Leber ist die »Drehscheibe des Stoffwechsels« und damit maßgeblich verantwortlich für die Energiegewinnung und den Abbau von Stoffwechselprodukten und toxischen Belastungen aller Art.

Daher gehören sowohl die Art der Aufnahme von Nahrungsbestandteilen (Assimilation), als auch die der Ausscheidung (Dissimilation) zum Thema der Stoffwechselstörungen (*Kapitel 12, Erkrankungen der Harnwege, Seite 404*).

Erstere bezeichnet man als anabole (»aufbauende«, z. B. Fett- oder Muskelansatz) oder katabole (»abbauende«) Stoffwechsellage.

Die Ausscheidung von Stoffwechselabbauprodukten geschieht im gesunden Organismus mehrheitlich über Urin und Kot; nur bei deren Störungen müssen andere Organbereiche einspringen (siehe »Ausscheidungsfolge der chinesischen Medizin, *Kapitel 2, Abschnitt Chronische Erkrankungen, Seite 35*).

Die Aktivität des Stoffwechsels wird vom Endokrinium (Gesamtheit aller Hormondrüsen) gelenkt:

Die wichtigste Rolle spielt dabei die Hypophyse, das zentrale Organ der hormonellen Steuerung im Gehirn. Die Hypophyse ihrerseits wird von übergeordneten Hirnzentren beeinflusst, die mit psychischen Faktoren zusammenhängen.

Die Hypophyse steuert die Aktivität der Schilddrüse, die der Nebennieren und anderer Organe; damit sorgt sie für die ausgeglichene Balance des Stoffwechsels.

Es gibt zahlreiche Faktoren, welche die Aktivität des Endokriniums aus dem Gleichgewicht bringen können: Dazu gehören übermäßiger Stress – z. B. durch ständige Konkurrenz und Rangkämpfe mit anderen Lebewesen – hier der Katzen, oder unaufhörliche Anreize zu Spielen oder anderen Aktivitäten während der notwendigen Ruhepausen.

Ebenso schädliche Folgen hat ein Mangel an Eustress, ein Mangel an angenehmen und freudigen Aktivitäten: Wenn ein Lebewesen keinen Anlass zu Lebensfreude findet, dann »verkümmert« der Organismus, die hormonelle Aktivität »schläft ein«; die Folge ist ein verlangsamter Stoffwechsel mit zunehmender Adipositas (Fettansatz) und den anschließenden Störungen bzw. Erkrankungen.

Die Katze ist ein aktives kleines »Raubtier«. Im bequemen, ruhigen Wohnungsleben mit ständig verfügbarem Futter, das mit speziellen anreizenden Duftstoffen versehen ist, wird eine solche »Sofakatze« ebenso wie wir irgendwann unter »Zivilisationskrankheiten« leiden.

Imbalancen der Aktivität des Endokriniums sind durchaus einer homöopathischen Therapie zugänglich! Ein scheinbarer Mangel an Hormonen muss nicht unbedingt durch pharmazeutische Substitution ersetzt werden (außer bei Fehlen der entsprechenden Hormondrüse). Die passende homöopathische Arznei wird die hormonelle Aktivität zur normalen Funktion regenerieren.

Einen ganz besonders großen Stellenwert genießt in solchen Fällen die Nosode *Carcinosinum*, die speziell die Aktivität der Hypophyse und der hormonellen Steuerung sowie das gesamte Immunsystem aktiviert bzw. normalisiert.

Hormonelle Störungen müssen als chronische Krankheit konstitutionell behandelt werden. Vorausgesetzt sind jedoch verbesserte und artgemäße Lebensbedingungen, die für den Erfolg einer jeden sinnvollen Therapie grundsätzlich unverzichtbar sind.

Eine weitere Erkrankung des Stoffwechsels der Katze ist der Diabetes mellitus, in der alten homöopathischen Literatur auch »Zucker-Harn-Ruhr« genannt: Der erhöhte Zuckergehalt im Blut wird durch die Nieren ausgeschieden.

Die Leber

Die »Drehscheibe« aller Stoffwechselvorgänge ist die Leber. Sie verstoffwechselt die im Verdauungsapparat aufbereiteten Nährstoffe und verteilt sie sinnvoll für die Bedürfnisse im Eiweiß-, Fett- und Zucker- (bzw. Energie-) Stoffwechsel. Ferner ist sie für die Entgiftung toxisch wirkender Substanzen zuständig.

Die gesunde Leber sorgt dafür, dass ein Überschuss an Kohlenhydraten in Form von Glycogen in der Leber gespeichert oder als Depotfett abgelagert wird.

Aus dieser Sicht ist es leicht verständlich, dass sich eine gestörte Leberfunktion auf den gesamten Organismus auswirkt.

Die Leberfunktion kann durch zahlreiche Faktoren beeinträchtigt werden:

- Entzündungen der Leber selbst (Hepatitis, evtl. mit Ikterus)
- Infektionen und Infektionskrankheiten (z. B. Bakterientoxine)
- Wurmbefall und andere Parasiten (siehe *Kapitel 10, Abschnitt Wurmbefall, Seite 381*)
- Verdauungsstörungen, Gastroenteritis, Durchfall (siehe *Kapitel 10, Abschnitt Gastroenteritis – Durchfall, Seite 349*)
- Vergiftungen und überforderte Entgiftungsfunktion, z. B. durch verdorbene Futtermittel, Pestizide (siehe *Kapitel 19, Notfälle, Seite 548*)
- Schlechte Verträglichkeit oder Nebenwirkungen toxischer Parma-Präparate
- Zahlreiche Faktoren durch nicht artgemäße Katzenhaltung, psychischen oder physischen Stress

Die Qualität der Leberfunktion kann ebenso wie bereits eingetretene Schäden durch Laboruntersuchung des Blutes festgestellt werden.

Trotz ihrer vielfältigen Aufgaben und möglichen Schädigungen ist die Leber ein Organ, das über eine sehr gute Regenerationsfähigkeit verfügt (im Gegensatz z. B. zur Niere).

In diesem Zusammenhang sei besonders auf die leberregenerierende Wirkung der Mariendistel, *Carduus marianus*, verwiesen sowie auf *Nux vomica*, das Hauptmittel für Vergiftungen mit toxischen Substanzen und deren Folgen; auch der Schwerpunkt von *Phosphorus* liegt im Bereich der Leber und des Energiestoffwechsels.

Für die Verdauungsvorgänge stellt die Leber die Galle zur Verfügung, den »Emulgator« (Lösungsvermittler) für die Verdauung von Fetten aus der Nahrung.

Bei Schwellung der Leber – z. B. durch Vergiftung oder Hepatitis – kann die Gallenflüssigkeit nicht mehr genügend in Gallenblase und Duodenum (Zwölffingerdarm) abgegeben werden; daher kommt es zum Rückstau der Galle in die Leber, zum Übertritt der Galle ins Blut und damit zum Entstehen eines Ikterus (Gelbsucht).

Schließlich spielt die Leber als Stoffwechselorgan eine entscheidende Rolle in der Phase der Rekonvaleszenz (Erholung) nach schweren Krankheiten, während toxische Bakterienprodukte und evtl. Nebenwirkungen von schulmedizinischer Therapie »entgiftet« werden müssen.

Die wichtigsten Arzneien für Lebererkrankungen, Ikterus und Stoffwechselstörungen: Ars, Bell, Berb, Bry, Carb-v, Card-m, Chel, Chin, Flor-p, Lyc, Nux-v, Phos, Podo, Puls oder Sulf

Zusätzlich zu den genannten »Lebermitteln« seien die wichtigsten Arzneien für die Rekonvaleszenz (Erholung nach schwerer Krankheit) genannt: Card-m, Chin, Kali-c, Ph-ac

Grundsätzlich kann jedoch jedes nach konstitutionellen Gesichtspunkten verordnete Homöopathikum seinen Beitrag für eine Erholung nach schwerer Krankheit leisten.

Die Schilddrüse

Die Schilddrüse ist wesentlich für die Steuerung der Stoffwechselaktivität des Organismus verantwortlich. Sie wird ihrerseits durch übergeordnete Hirnzentren gesteuert.

Erkrankungen der Schilddrüse stellen das häufigste hormonelle Problem der Katze dar.

Die Schilddrüse (Thyreoidea) befindet sich im Bereich der Kehle an der unteren Halsseite. Normalerweise kann dieses Organ nicht ertastet werden. Mitunter geht eine Funktionsstörung der Schilddrüse mit einer tastbaren Vergrößerung eines oder beider Schilddrüsenlappen einher; man spricht dann von einem Schilddrüsenadenom, einem gutartigen Tumor.

In der homöopathischen Literatur wird die vergrößerte Schilddrüse als »Kropf« bezeichnet.

Die Diagnose einer Schilddrüsenerkrankung wird gesichert durch Blutuntersuchung mit Bestimmung der Schilddrüsenwerte.

Eine **übersteigerte Schilddrüsenaktivität** (Überfunktion, Hyperthyreose) führt zu beschleunigtem Stoffwechsel, zu nervösen, übererregbaren, hektischen, mageren Lebewesen, die trotz reichlicher Futteraufnahme schlank bleiben oder sogar abmagern.

Eine Hyperthyreose wird speziell bei einem kleinen Lebewesen wie der Katze durch Zufütterung von Jodsalz erheblich begünstigt. Daher ist jodhaltiges Fertigfutter unbedingt zu vermeiden!

Auch viele für den Menschen bestimmte Lebensmittel, speziell Wurstwaren, sind mit Jodsalz zubereitet und daher ungeeignet für die Katze!

Wiederholte Behandlung mit Jodpräparaten können die Schilddrüsenfunktion stören.

Die an Hyperthyreose erkrankte Katze zeigt besonders folgende Symptome:

- Gesteigerte Erregbarkeit und Schreckhaftigkeit
- Vermehrter oder unersättlicher Appetit ohne Gewichtszunahme oder mit fortschreitender Abmagerung
- Oder auch verminderte Futteraufnahme mit schnell fortschreitender Abmagerung
- Vermehrter Durst
- Beschleunigter, heftiger, evtl. unregelmäßiger Herzschlag
- Möglicherweise schnelle Ermüdbarkeit oder Atemnot
- Möglicherweise Durchfall und Erbrechen, auch Pankreatitis
- Im fortgeschrittenen Zustand Schwäche mit Zittern, Schluckbeschwerden, Husten
- Begleitend können Herz-, Kreislauf- oder/und Nierenerkrankungen auftreten.

Dieselben Symptome können jedoch auch durch andere Erkrankungen beobachtet werden!

Wichtige Homöopathika zur Normalisierung der Hyperthyreose können sein: Ars, Calc, Con, Flor-p, (Ign), Iod, Kali-i, Lach, Lyc, Lycps-v, Nat-m, Phos, Sil, Spong, Sulf, Tub-K

Tiere, die zu **Unterfunktion der Schilddrüse** (Hypothyreose) neigen, tendieren zu langsamem Stoffwechsel, zu übermäßigem Fettansatz, zu ruhigem, trägem oder schläfrigen Temperament und sind schwer zu körperlicher Bewegung oder Übermut zu motivieren; meist ist eine zusätzliche Unterfunktion der Geschlechtshormone vorhanden.

Gelegentlich wird ein starker oder sogar symmetrischer Haarausfall beobachtet.

Einige Arzneien zur Normalisierung von Unterfunktion dieser Hormontätigkeit: Bar-c, Calc, Con, Graph, Nat-m, Phos, Puls, Sep, Sulf, Thuj

Alle Homöopathika für eine gestörte Hormonfunktion – also auch für Schilddrüsenstörungen – müssen nach den Regeln der konstitutionellen Therapie bzw. nach den »auffallenden Symptomen« verordnet werden.

Am besten wirksam ist hier die Einzelgabe einer hohen Potenz, die erst Wochen oder Monate später und nur bei Wiederauftreten der früheren Beschwerden wiederholt werden darf.

Diabetes mellitus

Der Blutzuckerspiegel wird durch die Hormone der Inselzellen in der Bauchspeicheldrüse (Pankreas) gesteuert.

Die Aufgabe eines dieser Hormone, des Insulins, besteht darin, den Blutzuckerspiegel zu senken bzw. in der Norm zu halten und dafür zu sorgen, dass die Körperzellen den Zucker als sinnvolle Energiequelle aus dem Blut aufnehmen können. Wenn diese hormonelle Steuerung aus dem Gleichgewicht gerät, kann die »Zuckerkrankheit«, Diabetes mellitus, entstehen. Durch den erhöhten Zuckergehalt im Blut wird dieser vermehrt über den Urin ausgeschieden.

Gleichzeitig steigt das Verlangen zu trinken und das vermehrte Ausscheiden von Urin. Häufig ist gleichzeitig eine Abmagerung zu beobachten, obwohl das Tier genügend Futter aufnimmt. Der Zustand wird begleitet von auffallend struppigem Fell – trotz aller Pflege.

Diese Symptome können den Beginn eines Diabetes mellitus anzeigen.

Chronische Diabetes-Katzen entwickeln eine besondere Art zu laufen: Sie gehen mit den Hinterbeinen »bärenfüßig«, d. h. sie berühren mit der gesamten »Fußsohle«, von der Pfote bis zum Fersenbein den Boden, als ob die hinteren Oberschenkelmuskeln wie bei einer Lähmung den Mittelfußbereich nicht mehr anheben können.

Diabetes gehört zu den chronischen »Zivilisationskrankheiten«, die durch das bequeme »Wohlstandsleben« sowie durch toxische Belastungen begünstigt werden.

Diabetes kann bei der Katze in jedem Alter auftreten.

Zahlreiche Auslöser können zum Entstehen eines Diabetes mellitus bei der Katze führen:

- Pankreatitis, möglicherweise begleitendes oder Folgesymptom einer schweren Gastroenteritis (Brechdurchfall)
- Chronische Hyperthyreose

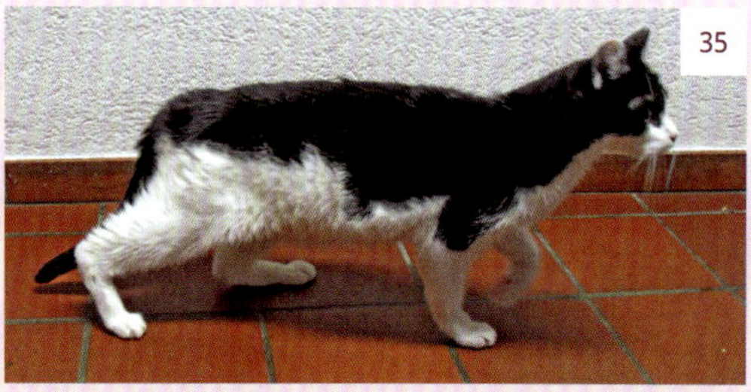

35

6-jährige Katze mit dem typischen Bewegungsablauf bei einem Diabetes nach intensiver Kortisontherapie: Die Hinterbeine fußen auf dem gesamten »Fuß«, hier erkennbar am linken Hinterbein.
Die Katze hatte Acidum phosphoricum C 30 in wiederholter Dosierung bekommen.
Die Besitzer entschlossen sich jedoch für eine Insulintherapie. Wegen des damit verbundenen Aufwands (regelmäßige Blutabnahme und Kontrolle des Blutzuckers) wurde die Katze schließlich euthanasiert.

- Schwere Virusinfektion (z. B. Herpes)
- Autoimmunerkrankung
- Adipositas: Zu viel und zu reichhaltiges Futter bei wenig Bewegung führen zu übermäßigen Fettansatz und zur Einlagerung von Fett in das Organgewebe (z. B. Leber- oder Herzverfettung):

Die Katze ist ein Fleischfresser, d. h. sie benötigt weit weniger Kohlenhydrate als andere Tiere. Die meisten handelsüblichen Katzenfutter enthalten jedoch mehr Kohlenhydrate als der Katze gut tun (Ausnahmen!). Wahrscheinlich besteht hier – wie beim Menschen – ein Faktor, der zum Diabetes der Katze beiträgt.

Katzen sind keine Dauerfresser wie das Pferd. Daher sollte die Katze nicht permanent ihren gefüllten Futternapf zu Verfügung haben und durch künstliche Duftstoffe (in vielen Fertigfuttern enthalten!) zum übermäßigen Fressen animiert werden.

- Ein häufiger Auslöser für den Diabetes der Katze besteht in der Belastung mit schlecht vertragenen oder toxischen Nebenwirkungen von Pharma-Präparaten: Z. B. durch eine intensive Pharmakotherapie eines schweren Brechdurchfalls; auch nach Gaben von hochdosiertem Kortison kann ein Diabetes entstehen.
- Eine erblich bedingte Prädisposition kann das Entstehen eines Diabetes begünstigen.
- In der Regel spielen mehrere dieser Faktoren zusammen.

Erstaunlicherweise kann sich bei der Katze der Diabetes mellitus von selbst regulieren, wenn die zugrunde liegende Krankheit – Gastroenteritis, Virusinfektion o. Ä. – ausgeheilt oder die Kortisontherapie o. a. Pharma-Präparate abgesetzt wurden. Das gilt jedoch weniger für den Hund.

Diabeteskranke Katzen erhalten von der Schulmedizin Diätfutter, das sie in der Regel verschmähen. Zusätzlich benötigen sie ein- bis zweimal pro Tag eine Spritze mit individuell dosiertem Insulin, dessen Menge durch regelmäßige diagnostische Blutabnahme bestimmt wird.

Das bedeutet für die meisten Katzen – und ihre Besitzer – einen unerträglichen Stress; die Therapie kann nicht regelmäßig durchgeführt werden, der Blutzuckerspiegel schwankt, die Erkrankungen schreiten weiter fort und früher oder später wird die Euthanasie empfohlen.

Es gibt jedoch – sehr selten – auch »schlaue« Diabetikerkatzen: Der Kater spürt sein Unwohlsein durch erhöhten Blutzuckerspiegel und setzt sich ostentativ neben die Insulinspritze, lässt sich die Injektion ohne Widerspruch verabreichen und geht anschließend wieder seinen Lebensfreuden nach.

Aus der Homöopathie ist eine Fülle an Mitteln bekannt, die den Diabetes im Anfangsstadium heilen können.

Im fortgeschrittenen Zustand kann das passende Mittel die gesamte Stoffwechselsituation der Katze stabilisieren, das Wohlbefinden steigern, die Lebensqualität verbessern und letztlich das Leben verlängern, in vielen Fällen sogar ohne Substitution von Insulin.

Chronischer Diabetes kann z. B. durch *Arsenicum album*, *Phosphoricum acidum*, *Phosphorus*, seltener auch durch *Jod* oder *Lycopodium* – je nach Symptomatik der Katze – sehr gut beeinflusst werden, sodass die Tiere – evtl. sogar trotz erhöhter Blutzuckerwerte – jahrelang ohne Folgeerkrankung überleben können.

Entscheidend für die Auswahl des passenden Mittels sind die homöopathisch wegweisenden Symptome des Patienten.

Wenn für den akuten Diabetespatienten kein passendes Homöopathikum gefunden werden kann, muss zunächst schulmedizinisch therapiert werden; anschließend kann dann ein individuell ausgewähltes Simile gegeben werden.

Die diabeteskranke Katze ist nicht binnen weniger Tage wieder »gesund«; die Regeneration der Pankreaszellen, welche den Kohlenhydratstoffwechsel regulieren, benötigt Zeit!

Eine Vorbeuge für den Diabetes kann bei gefährdeten Tieren durch die Nosode *Carcinosinum* (Einzelgabe der C 200) erreicht werden. Dazu gehören z. B. Katzen mit chronischem Immunschwächesyndrom – oder Tiere, deren Eltern bereits unter Diabetes litten (siehe *Kapitel 17, Abschnitt Prophylaxe von erblichen Schäden, Seite 535*).

Diese Angaben betreffen speziell die Katze, weniger den Hund!

Vergiftungen

Vergiftungen (siehe *Kapitel 19, Abschnitt Vergiftungen, Seite 561*) sind bei der Katze nicht selten: Sie können unterschwellig und unbemerkt mit gering gestörtem Allgemeinbefinden einhergehen oder mit schwersten Krankheitserscheinungen und tödlichem Ausgang verlaufen. In den meisten Fällen besteht dabei keine erhöhte Körpertemperatur.

Erbrechen bzw. Durchfall können, müssen jedoch nicht immer vorhanden sein.

Gestörte Blutgerinnung oder Blutungsneigung sind wichtige Leitsymptome für die Auswahl des passenden Simile. Die Untersuchung der Maulschleimhaut oder der Lidbindehaut kann in einem solchen Fall kleinste Blutungen (Petechien) anzeigen.

Auch in diesen Fällen sind für die Therapie die individuellen Symptome wegweisend; weiterhin ist es hilfreich, die Art des »Giftes« und seine Wirkungsweise herauszufinden:

- War eine verweste oder vergiftete Maus die Ursache oder ein unüberlegter, übermäßigen Einsatz von Flohmitteln oder anderer Biozide?
- Pflanzendünger, Schneckengift o. a. Pflanzenschutzmittel, die von den Pfoten abgeleckt werden, können ebenso tödliche Auswirkungen haben wie aufgeleckte Haushaltsreinigungsmittel (z. B. Backofenspray).
- Vergiftungen durch zu viel Aufnahme von Salz (z. B. durch »gestohlene« Wurst oder Schinken in der Küche) verlangen meist Gaben von *Phosphor*.
- Bei Vergiftungen durch Fressen von giftigen Zimmerpflanzen soll – laut Literatur – *Echinacea* (»der große Blutreiniger«) unterstützend wirken.
- Vergiftungssymptome können auch durch schlecht vertragene oder hoch dosierte Pharma-Präparate ausgelöst werden.

Hinweis: Übrigens ist das Schmerzmittel Phenacetin (für den Menschen gebräuchlich) für die Katze hochgiftig!

Die wichtigsten Homöopathika für Vergiftungen sind *Nux vomica*, *Phosphorus* und *Arsenicum album*.

Für den Leberschutz können minimale Mengen von *Carduus marianus* (Mariendistel) als pflanzliches Pulver zusätzlich übers Futter gegeben werden. In potenzierter Form eignet sich *Carduus marianus* besonders zur Therapie von bereits eingetretenen Leberschäden.

Sulfur kann bei chronischen Schäden durch schlecht vertragene Pharma-Präparate als Einzelgabe indiziert sein. *Sulfur* ist Antidot gegen Wirkung und Nebenwirkung von Kortison (Literatur 34).

Andere Arzneien müssen nach dem Schwerpunkt der Erkrankung (Lebererkrankung, Blutungsneigung, zentralnervöse Symptome) ausgewählt werden.

Für Vergiftungen mit Rattengift u. a. gerinnungshemmenden Substanzen oder sogar Blutungen aus den Körperöffnungen können besonders folgende Homöopathika infrage kommen (Therapieversuch): *Bothrops lanceolatus*, *Crotalus horridus*, *Lachesis* oder *Phosphorus*.

Einzelheiten siehe *Kapitel 19, Notfälle, Abschnitt Vergiftungen, Seite 561*.

Die Adipositas (Fettsucht)

Übermäßiger Fettansatz hängt entweder mit zu viel Nahrungsaufnahme oder/und einem trägen Stoffwechsel zusammen. Grundsätzlich belastet zu viel Depotfett den Stoffwechsel und die Leber, schließlich auch Herz, Nieren und den Bewegungsapparat.

Bei einer normalgewichtigen Katze sollte man beim Streicheln noch die Konturen der Rippen fühlen können!

Die wichtigsten Arzneien zur Aktivierung des Stoffwechsels der adipösen Katze (zusätzlich zur reduzierten und artgemäßen Fütterung): Ant-c, Calc, Graph, Lach, Lyc, Nat-m, Phos, Puls, Sep, Sil oder Sulf

Beschreibung der wichtigsten Arzneien für Leber- und Stoffwechselerkrankungen

Antimonium crudum – Ant-c

Indikationen und Symptome

- Seltener vorkommend bei der Katze
- Mürrische, sehr verfressene und sehr adipöse Katzen
- Tendenz zu Magen- und Verdauungsstörungen, anschließend oder abwechselnd mit Hauterkrankungen
- Evtl. hypersexuelles Verhalten
- Krustiger Nasenspiegel
- Ausgeprägte Unverträglichkeit von Sonne und Hitze

Dosierung

Einzelgabe der C 200 oder einer höheren Potenz.

Arsenicum album – Ars

Indikationen und Symptome

- Stoffwechselentgleisung oder -zusammenbruch durch schwere Krankheiten oder Vergiftung
- Infektionen mit Leberbeteiligung, Hepatitis, schwere Gelbsucht
- Im Akutfall: Überraschend schnell eintretende Schwäche binnen eines halben Tages
- Physischer Zusammenbruch anfangs oft ohne ersichtliche Symptome (z. B. bei CNI, siehe*Kapitel 12, Erkrankungen der Harnwege, Abschnitt Chronische Niereninsuffizienz (CNI), Seite 405*) (unter gleichzeitiger schulmedizinischer Therapie ist dieser Krankheitsverlauf verzögert!)
- Anfangs evtl. Fieber mit zunehmend kaltem Körper, dann Untertemperatur
- Schwäche mit Tendenz zum Kollaps, kühle, unelastische Haut , evtl. schwerster Durchfall

- Chronischer Verlauf: Symptome weniger schnell fortschreitend
- Dabei eher konstitutionelle Symptome
- Evtl. gleichzeitig destruktive Erkrankungen, wie Nierendegeneration (CNI)
- Klinische Indikationen mit den beschriebenen Modalitäten:
  Zahlreiche Erkrankungen der Leber, Stoffwechselbelastungen auch durch Pharma-Präparate Diabetes mellitus, Hyperthyreose

Modalitäten

- Extreme Erschöpfung (im Akutfall), Schwäche, mühsames Gehen, trotzdem motorische Unruhe
- Zusammenbruch des Stoffwechsels, auch durch Unterkühlung
- Grundsätzliche Besserung durch Wärme (Bettflasche, Heizkissen)
- Schlimmer nachts, nach Mitternacht, mit ängstlicher Unruhe und Umherwandern
- Wiederholte Tränkeaufnahme einer geringen Menge
- Tendenz zu Untertemperatur (Hypothermie) (im Akutfall)
- Abneigung oder Ekel gegen Futter
- Aashaft stinkender Kot und Atem (im fortgeschrittenen Zustand)
- Austrocknung (Exsikkose) bei destruktivem Krankheitsverlauf

Dosierung

Je nach Zustand und Schwere der Erkrankung: Einzelgabe der C 200, die bei Bedarf wiederholt werden kann; im chronischen Fall höhere Potenz.

Barium carbonicum – Bar-c (Baryta carbonica)

Indikationen und Symptome

- Unterfunktion der Schilddrüse bei dicken Patienten, evtl. mit Schilddrüsenadenom
- Ängstliche, reservierte Katzen, häufiges Jammern
- Drüsenschwellungen, besonders der Tonsillen
- Adipositas bei unterentwickelten Jungtieren mit aufgetriebenem Bauch, verzögerte psychische Entwicklung und evtl. Zwergwuchs
- Oder bei sehr dicken, alten Tieren mit verminderter Aufmerksamkeit und Wahrnehmung

Dosierung

Einzelgabe der M- oder XM-Potenz.

Belladonna – Bell

Indikationen und Symptome

- Plötzliche akute Leberentzündung mit sehr hohem Fieber
- Heiße, trockene, rote Schleimhäute

Dosierung

Einzelgabe der C 200.

Berberis – Berb

Indikationen und Symptome

- Leber- und gleichzeitig Nierenerkrankungen
- Verbunden mit quälenden Rückenschmerzen besonders im Lendenbereich
- Schmerzen strahlen überall hin aus, steifer, krummer Gang, häufiger Harndrang und -absatz
- Schmerzen besonders beim Aufstehen vom Liegen und in Bewegung

- *Berberis* ist ein Ergänzungsmittel für den *Lycopodium*-Patienten bei akuten Nieren-Leberproblemen

Dosierung

Je nach Schwere der Erkrankung Einzelgabe der C 200 oder einer höheren Potenz.

Bryonia – Bry

Indikationen und Symptome

- Entzündung der Leber, evtl. verbunden mit Bauchfellentzündung (Peritonitis)
- Intensive Schmerzen bei jeder Bewegung, Erschütterung, besser durch absolute Ruhe
- Begleitend: trockener, harter Kot bzw. Obstipation
- Leichter Druck auf die Lebergegend verschlimmert, starker Gegendruck bessert
- Liegt gern auf der rechten Seite oder drückt sich gegen die Sofalehne
- Schlimmer bei Wetterwechsel zum Warmen

Dosierung

Einzelgabe der M- oder XM-Potenz.

Calcarea carbonica – Calc

Wichtiges konstitutionelles Mittel für liebe, ruhige, träge, meist sehr dicke Katzen

Indikationen und Symptome

- Häufig sehr ängstlich, besonders zu Fremdem, verkriechen sich in fremder Umgebung
- Duldsame Passivität während der Untersuchung, lassen alles über sich ergehen (wie »Totstellreflex«)
- Gern im gewohnten Zuhause, wenn die Familie beisammen ist
- Leidet unter »Mobbing« durch andere Katzen
- Unterfunktion der Schilddrüse, evtl. mit Adenom, ausgeprägte Adipositas
- Selten auch Hyperthyreose mit Schreckhaftigkeit und Abmagerung
- Verzögerte Entwicklung bei Jungtieren mit Erkrankung der Schilddrüse

Dosierung

Einzelgabe der M- oder XM-Potenz.

Carbo vegetabilis – Carb-v

Indikationen und Symptome

- Lebererkrankungen mit auffallender Tympanie (Aufgasung), evtl. Bauchschmerzen
- Folgen von verdorbenem Futter oder Überfressen mit auffallenden Blähungen und Gelbsucht
- Atemnot durch Blähungen
- Oder Endstadium schwerster (Leber-)Erkrankungen
- Kann nicht flach liegen wegen Atemnot und Tympanie
- Schließlich extreme Schwäche, eiskalter Körper
- Großes Verlangen nach frischer Luft, bis hin zum Luftschnappen

Dosierung

Einzelgabe der C 200.

Carcinosinum – Carc

Indikationen und Symptome

- Nosode aus dem Brustkrebs einer Frau
- Wichtiges Mittel für die Präkanzerose (Vorstufe von Krebs)
- Hervorragende Arznei für den »Immunschwächekomplex« der Katze (FIV; chronischer Katzenschnupfen, Augenentzündungen, chronische Niereninsuffizienz, Stomatitis etc.)
- Regeneriert bei solchen Erkrankungen die Aktivität des Hormon- und Immunsystems
- Meist freundliche, sanfte, aber eher reservierte Katzen
- Geeignet für früher misshandelte oder ungewollte, abgelehnte Tiere
- Auch für Tiere kranker Eltern, z. B. wenn diese an Diabetes- oder Krebserkrankung leiden (siehe *Kapitel 17, Abschnitt Prophylaxe von erblichen Schäden, Seite 535*)

Dosierung

Einzelgabe der C 200.

Carduus marianus – Card-m

Indikationen und Symptome

- Leberspezifische Arznei für Therapie oder Vorbeuge von Stoffwechsel- und Leberstörungen
- Breites Spektrum an Lebererkrankungen
- Unterstützend bei jedem Geschehen, das die Leberfunktion beeinträchtigt
- Mit oder ohne Gelbsucht, mit oder (noch?) ohne klinische Lebersymptomatik
- Akute und chronische Hepatitis (Leberentzündung) durch Infektion, Stau im Venenkreislauf
- Erbrechen von Galleflüssigkeit
- Heller oder gelblicher Kot
- Lebererkrankungen durch starken Wurmbefall
- Stauungsikterus: Gelbsucht durch Rückstau von Gallensaft ins Blut durch Leberschwellung
- Tendenz zu fettiger Leberdegeneration bei übermäßig adipösen Katzen
- Leberschaden durch gehäufte Gabe von Wurmkuren (besonders mit dem Wirkstoff Avermectin)
- Leberbelastung durch wiederholte Gaben von »Schmerzmitteln« (NSAID)
- Bei organischen Leberschäden, auch ausgelöst durch Vergiftungen oder in der Rekonvaleszenz
- Unterstützt die Regeneration geschädigter Leberzellen
- Evtl. Tendenz zu Blähungen, harter, evtl. heller Kot

Dosierung

- Im Akutfall: eine Woche lang C 6: einmal täglich eine Gabe
- Bei chronischer Belastung alle 2 Tage, bei Besserung Abstände vergrößern.
- Vorbeuge bei gefährdeter Leberfunktion: Pulver aus Mariendistel-Präparaten der Humanmedizin ins Futter geben in entsprechend verminderter Dosis.

Chelidonium – Chel

Indikationen und Symptome

- Wichtig für die Leberentzündung (Hepatitis) mit Ikterus
- Evtl. sogar hochgradig gelbe Verfärbung der Schleimhäute
- Evtl. verbunden mit Schmerz/Lahmheit der rechten Vordergliedmaße
- Erbrechen von Gallenflüssigkeit
- Erkrankungen der rechten Seite
- Heller oder goldgelber Kot, dunkler Urin
- Mürrische, abweisende oder sogar gereizte Stimmung

Dosierung

C 6: im Akutfall: eine Woche lang einmal täglich eine Gabe.

China officinalis – Chin

Indikationen und Symptome

- Leber- und Stoffwechselstörungen nach Verlust von Körperflüssigkeiten
- Schwäche, Anämie nach Blutverlust oder Bluttransfusion
- Schwäche durch starken Wurmbefall, durch Hämobartonellen-Infektion mit Anämie
- Erkrankungen, die mit Zerstörung roter Blutkörperchen einhergehen (chronisch auch *Natrium muriaticum*)
- Leberentzündung mit oder ohne Gelbsucht, evtl. mit Milzvergrößerung
- Leberstörungen mit wiederkehrender Blähungskolik (Tympanie)
- Verdauungsstörungen, aufgetriebener Bauch, nicht besser durch Blähungsabgang!
- Leberwirksames »Tonikum«, Rekonvaleszenz nach schweren Krankheiten, fördert die Blutbildung
- Rekonvaleszenz nach schwerem Durchfall
- Fördert die Blutbildung, die Verdauung und das Wohlbefinden
- Eingefallene Augen, schlechter Allgemeinzustand

Modalitäten

- Auffallend blasse oder gelbliche Schleimhäute
- Gereiztes, unfreundliches Verhalten, Abneigung gegen Streicheln!
- Berührungsempfindliche Haut und Bauch, besser durch starken Druck
- Neigung zu Blähungen ohne Blähungsabgang, schwieriger Kotabsatz
- Auffallende Futteraufnahme trotz Fieber möglich
- Futteraufnahme besonders nachts mit Hunger
- Evtl. begleitend periodisch wiederkehrende Fieberschübe (siehe *Kapitel 4, Infektionen und Entzündungen, Seite 113*)

Dosierung

Für die Rekonvaleszenz nach schwerer Krankheit: für einige Tage einmal tgl. C 6.

Hinweis: Bei Anämie oder nach Blutverlust Einzelgabe der C 200

Conium maculatum – Con

Indikationen und Symptome

- Geeignet eher für alte Katzen mit Schwäche oder Lähmung der Hinterhand und taumelndem Gang
- Über- oder Unterfunktion der Schilddrüse, Schilddrüsenadenom
- Maligne Tumorerkrankungen
- Folgen von Hirnschlag (Apoplex) mit Lähmung zuerst der Hinterhand, dann Ausbreitung nach vorn
- Schwindel und Taumeln beim Schütteln des Kopfes

Dosierung

Bei Krebserkrankungen vorsichtige Gaben in aufsteigenden Q-Potenzen ab Q 1 oder C-Potenzen ab C 4: Bei Lähmungen wiederholte Gaben der C 30 oder Einzelgaben einer höheren Potenz; die Dosierung richtet sich streng nach der Reaktion des Patienten.

Graphites – Graph

Indikationen und Symptome

- Eher seltenes konstitutionelles Mittel für die Katze
- Dicke, träge, ruhige Tiere, die sich dennoch schnell aufregen können
- Unterfunktion der Schilddrüse

- Tendenz zu Hauterkrankungen mit erhaltenem Haarkleid, nässend mit weicher Kruste im Fell
- Leicht zu verwechseln mit dem Verhalten von *Calcarea carbonica*

Dosierung

Bei klarer Indikation M- oder XM-Potenz.

Flor de Piedra – Flor-p – Lophophytum Leandri

Indikationen und Symptome

- Organotrope Wirkung auf die Leber (auch auf Pankreas, Nieren und Schilddrüse):
- Zuerst funktionelle Regulierung des Stoffwechsels, dann Wiederherstellung des regenerationsfähigen Lebergewebes.
- Evtl. tastbare Vergrößerung der Leber, akute und chronische Leberstörungen
- Verlangsamung aller physiologischen Reaktionen, oft unklare Symptome
- Mattigkeit, fehlender oder wechselnder Appetit, besonders nach Operationen
- Gestreckter Gang, evtl. mit ruckweisem Anziehen der Hintergliedmaßen
- Evtl. geringer Ikterus
- Durchfälle, abwechselnd mit Verstopfung
- Überfunktion der Schilddrüse
- Herz-Kreislaufstörungen bei leichter Hyperthyreose von Tieren, die trotz intensiver Futteraufnahme abmagern, evtl. mit Durchfall.

Dosierung

Indiziert in tiefer Potenz bei allen vermuteten oder unklaren Stoffwechselstörungen (wiederholte Gaben D 4 bis D 6, oder C 4), die sich keinem individuellen Mittel zuordnen lassen.

Bei deutlichen Lebersymptomen: C 30, bei Bedarf wiederholen.

Hinweis: Der Einsatz höherer Potenzen ist schwierig, weil es noch keine genaue Arzneimittelprüfung gibt.

Ignatia amara – Ign

Indikationen und Symptome

- Unerklärliche Verhaltensstörungen durch psychischen Stress, Kummer, Aufregung jeder Art
- Zustände von irrationaler Unruhe, die an Überfunktion der Schilddrüse erinnern
- Unsauberkeit durch psychischen Stress
- Evtl. scheinbar schwere Symptome ohne pathologischen Befund
- Siehe *Kapitel 20, Verhalten – Gemütssymptome, Seite 576*

Dosierung

Einzelgabe der XM-Potenz.

Iodium purum – Iod

Indikationen und Symptome

- Eher selten bei der Katze, besondere Modalitäten sind charakteristisch:
- Überfunktion der Schilddrüse, verbunden mit verhärtetem oder weichem Schilddrüsenadenom
- Schmerz der Schilddrüse beim Bewegen des Kopfes
- Sehr warmblütige Tiere, ertragen kein warmes Zimmer, suchen kühle Plätze
- Ruhelosigkeit, hektische Überaktivität mit Neigung zum Zittern

- Heißhunger mit zunehmender Abmagerung, möglicherweise sehr viel Durst
- Pankreatitis, Diabetes, Milzvergrößerung, andere Drüsenerkrankungen, Schleimhautkatarrhe
- Intensives Herzklopfen durch geringe Anstrengung oder klinische Herzerkrankungen

Dosierung

Einzelgabe der C 200 oder einer höheren Potenz.

Kalium carbonicum – Kali-c

Eher seltenes Mittel für die langfristig erschöpfte, »ausgelaugte« Katze

Indikationen und Symptome

- Langsam, fortgeschrittene, organische Schäden bei inneren Erkrankungen älterer Tiere
- Folgen von erschöpfenden Krankheiten, Verlust von Körperflüssigkeiten, Anämie
- Schlechte, langsame Rekonvaleszenz mit viel Schwäche
- Folgeschäden nach hoch dosierten Diuretika
- Folgen von schwerer Pneumonie, Nierenschaden, Herzerkrankung
- Schwäche und Rückenschmerzen nach Schwerstgeburt

Modalitäten

- Schlimmer nachts, besonders zwischen 3 und 5 Uhr
- Sucht warme Plätze auf
- Unfreundlich, misstrauisch, wenig Anteilnahme, fehlendes Spielverhalten

Dosierung

Einzelne Gaben der C 30 oder höher. Eine Einzelgabe der C 200.

Kalium iodatum – Kali-i

Chronische Schleimhaut- und Drüsenerkrankungen, FIP

Indikationen und Symptome

- Verbunden mit berührungsempfindlichem Schilddrüsenadenom
- Warmblütige Patienten, suchen kühle Plätze

Dosierung

Einzelgabe der C 200.

Lachesis mutus – Lach

Großes und häufiges konstitutionelles Mittel für die Katze mit sehr breitem Spektrum

Indikationen und Symptome

- Evtl. unruhiges, hektisches Verhalten, kommt nur selten zur Ruhe
- Häufig hypersexuelles Verhalten mit viel »Geschwätz«, Ovarzysten links, Metritis
- Evtl. hypersexuelles Verhalten trotz Kastration
- Berührungsempfindliche Kehle, oft verbunden mit aggressiver Abwehr
- Unerklärlicher Wechsel zwischen Verlangen nach und aggressiver Abwehr gegen Streicheln
- Häufig sehr adipöse Katzen
- Verschlimmerung aller Symptome nach dem Schlaf bzw. Erwachen

- Beschwerden beginnen auf der linken Seite, gehen dann evtl. nach rechts
- Häufig ausgeprägte Eifersucht auf Menschen, andere Tieren oder Artgenossen
- Hyperthyreose, Schilddrüsenadenom auf der linken Seite
- Vergiftungen, mit Blutungsneigung und/oder linksseitiger Thrombose
- Linksseitige Phlegmone bzw. Sepsis

Dosierung im Akutfall

Einzelgabe der C 200; im chronischen Fall M- oder XM-Potenz.

Lycopodium clavatum – Lyc

Konstitutionelle Arznei für chronische Stoffwechsel-, Leber- und Nierenerkrankungen

Indikationen und Symptome

- Folgen von Stress in jeder Form, »Zivilisationskrankheiten« (zu gutes Futter, wenig Bewegung)
- Stressgesicht mit eng gestellten Ohren, oft älteres Aussehen
- Akute Hepatitis beim konstitutionellen *Lycopodium*-Patienten, evtl. Gelbsucht
- Magen- und Verdauungsprobleme, überempfindlich gegen bestimmte Futtermittel, daher Blähungen
- Evtl. auch hörbarer Blähungsabgang, evtl. verbunden mit Bauchschmerzen (Kolik)
- Hunger besonders nachts, sonst oft schlechte Fresser
- Trotzdem häufig sehr adipöse Tiere reichlich Depotfett mit dickem Bauch
- Appetit kommt oder verschwindet bei angebotenem Futter, evtl. »satt« nach wenigen Bissen
- Leber-, Nieren- und Stoffwechselstörungen, Diabetes mellitus
- Hyperthyreose, Schilddrüsenadenom rechts

Modalitäten

- Druckempfindlicher Rücken beim Abtasten, oft dicker Bauch
- Erkrankungen beginnen rechts, dann links oder einseitig links
- Verschlimmerung immer wieder am späten Nachmittag

Dosierung

Einzelgabe der M- oder XM-Potenz.

Lycopus virginicus – Lycps

Indikationen und Symptome

- Heftige Herz-Kreislaufbeschwerden bei Hyperthyreose
- Herzrasen durch geringe Anstrengung oder Aufregung
- Herzhusten und Blutungsneigung

Dosierung

Einzelne Gaben der C 8 bis zur Besserung oder eine Gabe der C 200.

Natrium muriaticum – Nat-m

Häufiges Mittel für die reservierte, unpersönliche Einzelgängerkatze, keine »Schmusekatze«

Indikationen und Symptome

- Brave, unauffällige Tiere, leicht zu beeindrucken durch laute Worte
- Folgen von Kummer, Tod des geliebten Besitzers, Tierheimkatzen
- Stoffwechselerkrankungen durch gestörte Aufnahme (Assimilation) und Ausscheidung (Dissimilation) von Nahrungsstoffen
- Daher Tendenz zur Entwicklung von Futtermittel- und anderen Allergien (gegen Besitzer?)
- Allergische Erkrankungen der Atemwege, der Haut, der Darmschleimhaut (Durchfall)
- Abmagerung trotz guter Futteraufnahme
- Oder schwer zu beeinflussende Fettsucht
- Wenig Zeichen von Lebensfreude, wenig Spielverhalten
- Über- oder Unterfunktion der Schilddrüse mit oder ohne Adenom

Dosierung

Einzelgabe der M- oder XM-Potenz.

Nux vomica – Nux-v

Arznei für Leber- und Stoffwechselstörungen speziell durch Vergiftungen oder schlecht vertragene Pharma-Präparate

Indikationen und Symptome

- Besonders nach »Schmerzmitteln« (NSAID), Wurmkuren mit Avermectin u.a. toxischen Stoffen
- Akute Hepatitis unter diesen Voraussetzungen oder bei vorgeschädigter Leber

Modalitäten

Akutfall

- Mangelnder Appetit, harter, schwer zu entleerender Kot, schmaler Kot
- Gereiztes Wesen, reizbar durch alle Sinneseindrücke
- Anfangs erhöhte Reflexerregbarkeit, z. B. verstärktes Zukneifen des Afters beim Fiebermessen, später Lähmung
- Berührungsempfindlicher Bauch, verkrampft die Bauchmuskeln bei Berührung
- Steifer Rücken bis Lumbago (»Hexenschuss«)
- Krallen der Hinterpfoten werden nicht vollständig eingezogen
- Evtl. Nachschleifen der Hinterbeine
- Im fortgeschrittenen Zustand auch apathisches Verhalten, evtl. Gelbsucht
- Lähmung durch schwere Vergiftungen
- Lähmung durch Diskushernie
- Unerwartetes Reagieren auf Stress (z. B. Türklingel), kann durch die Aufregung trotz Lähmung plötzlich laufen, aber anschließend wieder Apathie und Lähmung

Chronischer Fall

- Zustand nach langfristiger Gabe von Pharma-Präparaten, die schlecht vertragen wurden
- Gereiztes, aggressives Verhalten, speziell bei Berührung
- Auch begleitend oder abwechselnd mit Apathie
- Wiederkehrende Bauchschmerzen
- Lähmung der Hinterhand
- Plötzlich auftretende Krämpfe

Dosierung

Am besten XM-Potenz als einmalige Gabe.

Phosphoricum acidum – Ph-ac

Indikationen und Symptome

- Funktionelle Schwäche nervöser Art, weniger organische Schäden
- Schwächezustände durch Kummer, Trennung von Bezugspersonen, Heimweh
- Schwäche durch nervöse Überstimulation, durch Angst, Misshandlung, Alleinsein
- Schwäche nach schwerer Krankheit, Mittel für die Rekonvaleszenz
- Verhalten gleichgültig, apathisch
- Fehlendes Spielen, trotz Anreiz
- Haarausfall durch Kummer
- Durchfall ohne Schwäche, unwillkürlicher Kotabgang
- Diabetes mellitus infolge übermäßiger nervöser Erregung oder Kummer

Modalitäten

- Schlimmer durch geringe Anstrengung, durch jede Aktivität
- Schwäche beim und nach dem Laufen
- Schlimmer durch Erregung von Sinneswahrnehmungen, z. B. Lärm
- Schlimmer während des Wachstums junger Tiere
- Besser nach dem Schlafen

Dosierung

Je nach Schwere der Erkrankung Einzelgabe der M- oder XM-Potenz.

Phosphorus – Phos

Eine der wichtigsten Arzneien der Katze für den Leber- und Energiestoffwechsel

Indikationen und Symptome

- Akute und chronische Stoffwechsel-, Leber-, Nierenerkrankungen
- Akute Vergiftungen mit gestörter Blutgerinnung oder Blutungsneigung (z. B. Farbe, Holz- oder Rostschutzmittel, Insektenmittel, Pflanzenschutzmittel)
- Auch für die klinische Verordnung geeignet, ein konstitutioneller Bezug muss nicht unbedingt vorhanden sein!
- Hepatitis, Gelbsucht, Störungen der Blutgerinnung, Tendenz zu Organdegeneration
- Wichtiger Bezug zum Fett- und Zuckerstoffwechsel
- Gestörte Entgiftung durch die Leber bei toxischen Belastungen oder Organdegeneration
- Lebererkrankungen bei Infektionen mit Blutungsneigung, Gerinnungsstörungen oder Anämie
- z. B. Hämobartonellen, Ehrlichiose und ähnliche Erkrankungen
- Funktionsstörungen der Schilddrüse mit Herzklopfen
- Über- oder seltener Unterfunktion der Schilddrüse, mit oder ohne Adenom
- Leberschäden, auch organischer Art, mit oder ohne Blutgerinnungsstörungen
- Wichtiges Mittel für den Diabetes mellitus mit Schwäche der Hinterhand
- Vergiftungen mit Blutungsneigung
- Übermäßig adipöse oder magere Katzen

Modalitäten

- Liebenswürdiges Wesen, Charme, gern gestreichelt, evtl. sogar aufdringlich
- Oft sehr schreckhaft oder auch aggressiv
- Evtl. begleitende Nierenerkrankungen, Augenerkrankungen
- Oft Appetit bzw. gute Futteraufnahme trotz Fieber
- Appetit/Hunger in der Nacht, frisst nachts das Futter auf oder äußert schreiend den Hunger
- Abmagerung trotz guter Futteraufnahme
- Evtl. lähmige Schwäche, besonders der Hinterbeine, kann die hinteren Krallen nicht gut einziehen
- Patient liegt bevorzugt auf der rechten Seite
- Im fortgeschrittenen schweren Stadium Muskelatrophie besonders am Rücken

Dosierung

Einzelgabe der C 200 oder einer höheren Potenz.

Podophyllum peltatum – Podo

Indikationen und Symptome
- Krampfende Bauchschmerzen mit Beteiligung der Leber, evtl. Ikterus
- Oft verbunden mit heftig herausschießendem Durchfall – schmerzhaft oder schmerzlos
- Heller bis weißer Kot
- Schlimmer morgens und nachts, bei heißem Wetter

Dosierung
Einzelgabe der C 200.

Pulsatilla pratensis, nigricans oder vulgaris – Puls

Indikationen und Symptome
- Häufig sehr dicke, hübsche, liebenswürdige »Sofakatzen«
- Viel unwiderstehliches Betteln nach Leckerli und Zuwendung
- Ruhiges, langweiliges bis faules Verhalten

Modalitäten
- Schlimmer an heißen Sommertagen, durch Sonnenhitze, schlimmer im geheizten Zimmer
- Schlimmer bei Wetterwechsel zum Warmen, bei warmer Fußbodenheizung
- Besser in frischer, kühler Luft, z. B. auf der Fensterbank oder auf dem Balkon
- Wenig Verlangen zu trinken, daher schlimmer durch Trockenfutter
- Unerklärlicher Wechsel im Verhalten: sehr spielfreudig abwechselnd mit Mattigkeit

Dosierung
Einzelgabe der M- oder XM-Potenz.

Spongia tosta – Spong

Indikationen und Symptome
- Hyperthyreose, häufig mit Schwellung oder Verhärtung der Schilddrüse
- Atemprobleme bis zu Erstickungsanfällen oder Asthma, schlimmer in der Nacht bzw. nach dem Schlafen
- Missempfindungen durch Druck der Schilddrüse oder Halsschmerzen beim Schlucken
- Husten anfallsweise, besser durch Fressen oder Trinken
- Heisere Stimme, »sägender« Husten (»wie eine Säge, die durchs Holz gezogen wird«)
- Muss den Kopf hochhalten oder hochlagern, schlimmer bei tiefer Kopflage
- Berührungsempfindliche Kehle, Kehlkopfentzündung
- Heißhunger mit viel Durst
- Husten schlimmer in trocken-kalter Luft, aber allgemein schlimmer im warmen Zimmer
- Herzklopfen, evtl. durch organische Herzerkrankung, Klappeninsuffizienz

Dosierung
Einzelgabe der C 200 (z. B. bei organischer Herzerkrankung), sonst M- oder XM-Potenz.

Sepia officinalis oder succus – Sep

Indikationen und Symptome

- Widerspenstige, bewegungsfreudige, unabhängige, jüngere Katzen, die »Rennkatze«
- Oder träge, apathische, dicke, ältere Tiere nach mehreren (Schwer-) Geburten mit Hypothyreose
- Keine »Schmeichelkatze«!
- Evtl. wiederholte Harnwegsinfekte mit häufigem Harndrang
- Erkrankungen, die im Zusammenhang mit hormoneller Therapie (z. B. »Katzenpille«) auftreten
- Erkrankungen der Gebärmutter, (Endo-) Metritis
- Alle Beschwerden besser durch intensive Bewegung oder Anstrengung

Dosierung

Einmalige Gabe der M- oder XM-Potenz.

Silicea terra – Sil

Indikationen und Symptome

- Sanfte, zarte, reservierte oder schüchterne Katzen, die aber auch sehr dick werden können!
- Wir »dürfen« sie streicheln, verlangt aber nicht dauernde Zuwendung
- Häufig chronische Schleimhautkatarrhe
- Beschwerden im Gefolge von Impfungen

Dosierung

Je nach Schwere der Erkrankung Einzelgabe der C 200 oder einer höheren Potenz.

Sulfur – Sulf

Indikationen und Symptome

- Stoffwechselentgleisungen durch gestörte Entgiftung bei Leber- und/oder Nierenfunktionsstörung
- Träger Stoffwechsel auch durch Unterfunktion der Schilddrüse
- Vergiftung durch körpereigene Abbauprodukte infolge mangelhafter Ausscheidung
- Folge von immunsuppressiver Therapie, z. B. mit Kortison
- Auch Folge von schlecht vertragenen Impfungen
- Meist verbunden mit schlechtem Haarkleid oder juckenden Hautausschlägen
- Allgemeine Trägheit und Faulheit
- Oft schmutziges Fell, wenig Putzverhalten
- Unabhängige Tiere, oft wenig persönliche Bindung an den Menschen

Dosierung

Einzelgabe der C 200.

Thuja occidentalis – Thuj

Indikationen und Symptome

- Unterfunktion der Schilddrüse
- Speziell bei der Katze oft verbunden mit malignen Tumoren
- Begünstigt durch schlecht vertragene bzw. häufige Impfungen

Dosierung

Bei Krebserkrankungen vorsichtige Gaben in aufsteigenden Q-Potenzen ab Q 1 oder C-Potenzen ab C 4: Bei Lähmungen wiederholte Gaben der C 30 oder Einzelgaben einer höheren Potenz; die Dosierung richtet sich streng nach der Reaktion des Patienten.

Tuberculinum K – Tub

Chronische Schleimhautkatarrhe und Drüsenschwellungen unruhiger Katzen

Indikationen und Symptome

- Tiere suchen ständig und unermüdlich nach neuen Stimuli
- Mit oder ohne Hyperthyreose
- Eher schlanke oder magere Tiere

Dosierung

Einzelgabe der C 30, selten ist die C 200 erforderlich.

Spezielle Homöopathika für den Diabetes mellitus bei der Katze

Ausschlaggebend für die Mittelwahl sind immer die individuellen Symptome des Patienten!

Es gibt zahlreiche Literaturangaben zur homöopathischen Therapie des Diabetes; hier sind nur die wichtigsten Mittel, die besonders die Katze betreffen, angegeben.

Arsenicum album – Ars

Indikationen und Symptome

- Diabetes nach schwerster (Gastro-)Enteritis mit weiter bestehender Schwäche
- Diabetes nach oder begleitend bei Leber- und Nierenerkrankung (CNI)
- Diabetes nach schlecht vertragener Impfung
- Subklinischer Diabetes kann durch Stressfaktoren wie Unterkühlung oder Angst klinisch manifest werden!
- Schwäche, Krallen können nicht mehr ganz eingezogen werden
- Fehlendes oder unersättliches Verlangen nach Futter mit zunehmender Abmagerung
- Sehr viel oder unersättlicher Durst mit viel Harnabgang, besonders nachts
- Häufig wiederholtes Trinken einer kleinen Menge (schläft mit der Nase über dem Trinknapf)
- Dabei trockenes Maul
- Evtl. verbunden mit stinkendem Durchfall oder Verstopfung
- Begleitend evtl. asthmaähnliche Atmung oder neuralgische Schmerzen
- *Arsenicum*-Katzen sind schwierig zu untersuchen wegen Angst-Aggression
- Ruhelosigkeit nach Mitternacht

Dosierung

Je nach Schwere der Erkrankung wiederholte Einzelgaben der C 30 oder Einzelgaben einer höheren Potenz, die bei Bedarf wiederholt werden müssen.

Carcinosinum – Carc

Indiziert bei Immunschwäche oder ungenügender Reaktion auf eines der anderen angegebenen Mittel, indiziert auch als Zwischenmittel im Laufe einer langfristigen Therapie von Immunschwächekrankheiten

Indikationen und Symptome

- D. h. bei gleichzeitigem Vorliegen von chronischem Katzenschnupfen, bei chronischer Entzündung an den Augen oder bei ulzerierender Stomatitits (Maulfäule), Leukose, FIV- oder FIP-positiven Katzen
- Oft verbunden mit fehlendem Appetit

Dosierung

Einzelgabe der C 200.

Iodium purum – Iod

Indikationen und Symptome

Viele charakteristische Symptome von Diabetes:

- Unruhe, ständige Hyperaktivität, Schreckhaftigkeit
- Unstillbarer Durst, Hunger, trotzdem Abmagerung
- Auffallend warmblütige Tiere
- Schlimmer im warmen Raum, dann speziell Herzklopfen
- Betrifft speziell die Erkrankungen des Drüsensystems – damit auch den endokrinen Teil des Pankreas

Dosierung

Einzelgabe der C 200 oder einer höheren Potenz.

Lycopodium clavatum – Lyc

Folgen von verlorenen Revierkämpfen
Der »entthronte Pascha«

Indikationen und Symptome

- Zusätzliche bzw. vorangegangene Krankheitsschwerpunkte an Leber und Nieren (CNI oder FLUTD)
- Vermehrter Hunger nachts
- Neigung zu Blähungen, aufgetriebener Bauch, schmale Brust
- Häufiger Drang zum Kot, auch vergeblich oder anfangs hart, dann weich oder flüssig
- Verschlimmerung oder Schlafenszeit am späten Nachmittag, »Ausgang« ab 4 Uhr morgens

Dosierung

Einzelgabe der M- oder XM-Potenz.

Phosphoricum acidum – Ph-ac

Indikationen und Symptome

- Diabetes speziell durch nervösen Stress, nervöse Erschöpfung, nervöser Schock oder Schreck
- Diabetes durch schweren Kummer, nach Trennung von geliebten Bezugspersonen
- Umzug in neue Wohnung bzw. neues Revier mit ungewohnten Katzen-Revierkämpfen
- Durch nervöse Erschöpfung nach längerer, intensiver Aufregung oder Angst (z. B. Reise im Flugzeug)

- Verbunden mit nervöser Unruhe
- Urin wie Milch, gallertig oder wie Wasser
- Unstillbarer Durst
- Ständiger Harndrang, evtl. "mehr Urin als getrunken" wird
- Rücken- und Nierenschmerzen
- Abmagerung, starke Erschöpfung, Schwäche

Dosierung

Einzelgabe der M- oder XM-Potenz.

Phosphorus – Phos

Häufiges Therapeutikum für den Katzen-Diabetes, von mehreren Autoren bestätigt

Indikationen und Symptome

- Beeinflusst und ordnet den gesamten Stoffwechsel
- Besonders indiziert bei Diabetes nach intensiver Kortisontherapie
- Während oder nach Pankreatitis (aber nicht jedes Erbrechen bedeutet eine Pankreatitis!)
- Evtl. begleitende Nierendegeneration
- Heißhunger besonders nachts, evtl. mit zunehmender Abmagerung, Anämie möglich
- Wiederholtes Hochkommen (Regurgitieren) von eben erst gefressenem Futter
- Unstillbarer Durst
- Reichlich wässrig-blasser oder milchiger Urin
- Evtl. Kot so lang und schmal »wie ein Bleistift«
- Kot enthält evtl. unverdautes Futter
- Nachschleppen der Hinterbeine, fehlendes Einziehen der Krallen, schlurfender Gang
- Das wichtigste Mittel für die Schwäche der Hinterbeine, »bärenfüßiger Gang«
- *Phosphorus*-Patienten können sehr adipös werden oder zeigen auffallende Abmagerung trotz Heißhunger
- Häufig übermäßiges Verlangen nach Zuwendung und Körperkontakt
- Nachtaktiv bei Tagesschläfrigkeit

Dosierung

Je nach Schwere der Erkrankung Einzelgabe der C 200 oder einer höheren Potenz.

Syzygium jambolanum – Syzyg

Soll in tiefer Potenz (D 2 bis D 3) bei Diabetes mellitus als Regulator des Zuckerstoffwechsels wirksam sein, hat sich jedoch in der Tierpraxis nicht bewährt, zumal die Katze die alkoholische Tinktur der handelsüblichen Fertigpräparate nicht verträgt.

KAPITEL 12

ERKRANKUNGEN DER HARNWEGE

Allgemeines

Harnwegserkrankungen sind ein häufiges und gefürchtetes Problem der Katzengesellschaft.

Man unterscheidet die Erkrankungen der Niere (CNI = chronische Niereninsuffizienz) und Erkrankungen der ableitenden Harnwege (FLUTD = Feline Lower Urinary Tract Disease), welche Blase und Harnröhre betreffen.

Es gibt jedoch – wie bei allen andere Lebewesen – auch die »einfache« Blasen- oder Nierenentzündung, die z. B. durch Infektionen oder durch Kalt- oder Nasswerden ausgelöst werden können.

Chronische Niereninsuffizienz (CNI)

Hier handelt es sich um ein Problem, das häufig mit schleichenden, langsam zunehmenden Beschwerden bei älteren Katzen beiderlei Geschlechts auftritt.

Diese Erkrankung wird aus der Sicht der Schulmedizin als unheilbar angesehen und bildet die häufigste Ursache für den Tod älterer Katzen.

Die Erkrankung gilt als »idiopathisch«, d. h. Auslöser sind unbekannt. Möglicherweise können latente Infektionen infrage kommen, vielleicht auch eine unterschwellige FIV oder andere Immunerkrankungen.

Inzwischen diskutiert man als Ursache auch die Auswirkungen mangelhafter Tränkeaufnahme bei Fütterung mit Trockenfutter! (siehe *Kapitel 1, Einführung, Abschnitt Die Katze – Wesen – physiologische Daten, Seite 7*).

Wie bereits erwähnt, ist Trockenfutter ungeeignet für die Katze (auch für den Hund), weil die Katze den überwiegenden Teil ihres Wasserbedarfs über die fleischliche Nahrung bestreitet und meist entsprechend wenig Tränke aufnimmt.

Die Fütterung mit Trockenfutter leistet Vorschub für Erkrankungen der Harnwege.

Perser- und Abessinier-Katze haben eine angeborene Prädisposition für destruktive Veränderungen des Nierengewebes.

Die Degeneration von Nierengewebe vermindert die Ausscheidung harnpflichtiger Stoffe, die sich im Blut ansammeln und die Funktion anderer Organe, sowie das Allgemeinbefinden beeinträchtigen. Der Nachweis harnpflichtiger Stoffe erfolgt durch Blutuntersuchungen.

Im Anfangsstadium sind nur Appetit und Futteraufnahme vermindert.

Im fortschreitenden Verlauf kommt es zum Erbrechen, zu Anämie mit weißen oder grauweißen Schleimhäuten an Nase und Maul, das Ganze verbunden mit Schwäche und Mattigkeit. Damit ist ein Verlust an Körpergewicht verbunden.

Im fortgeschrittenen Stadium kommt es zu Austrocknung (Exsikkose), obwohl die Katze dabei oft vermehrt trinkt und vermehrt Urin ausscheidet, möglicherweise sogar unwillkürlich.

Hinzu kommt eine zunehmende Muskelatrophie (Eiweißabbau) und Abmagerung, besonders erkennbar an prominenter Wirbelsäule, deutlich tastbaren Rippen und eingefallenen Flanken – während an der Unterseite des Bauches noch Depotfett vorhanden sein kann. Auch das eingefallene Gesicht deutet auf schwerste Krankheit.

Im schlimmsten Fall strömen Atemluft und Maul der Katze einen unangenehmen Geruch nach Urin (Urämie) aus.

Erhöhte Werte von harnpflichtigen Substanzen können zum Koma oder zu Krampfanfällen führen; das sind zusätzliche Krankheitserscheinungen der CNI, die häufig eine Euthanasie veranlassen.

Ferner können Erkrankungen im Innenauge auftreten, z. B. Degeneration der Retina mit Netzhautablösung, gestörtem Sehvermögen bis hin zur Erblindung.

Auch Erkrankungen in der Maulhöhle können als eines der Begleitsymptome von CNI erscheinen.

Die Schulmedizin behandelt – analog zu ähnlichen Erkrankungen des Menschen – mit eiweißreduziertem Diätfutter (häufig Trockenfutter), welches die meisten Katzen ablehnen und noch mehr abmagern. Inzwischen zweifelt man, ob die eiweißreduzierte Katzendiät bei dem normalerweise hohem Eiweißbedarf der Katze überhaupt sinnvoll ist.

Die Eiweißreduktion resultiert aus der Überlegung, dass Eiweiß zu Harnstoff abgebaut wird, dessen Ausscheidung im Fall einer CNI gestört ist.

Gegen Erbrechen gibt es Medikamente, z. B. Phosphatbinder. Wenn die Katze nicht genügend Flüssigkeit in ihren Körper integrieren kann, bekommt sie Infusionen. Mit einem venösen Dauerkatheter können auch Nährstoffe zugeführt werden.

Die Katze kann bei der CNI also über längere Zeit, sogar über Jahre durch Medikamente am Leben erhalten.

Für jede CNI-Katze ist es notwendig, ihr den »Ausgang« nach draußen nur noch unter Beobachtung zu erlauben oder sie gänzlich unter »Hausarrest« zu stellen. Diese kranken Katzen wollen sich häufig – je nach Schwere ihres Zustands – abseits vom Menschen verstecken und verkriechen, bis sie dort alleine sterben.

Je nach Stadium ist die Erkrankung auch homöopathisch nicht immer heilbar, jedoch in den meisten Fällen wesentlich zu bessern. Unter homöopathischer Medikation konnte sogar in manchen Fällen eine langfristige Normalisierung der Nierenwerte bei gutem Befinden erreicht werden.

Die beste Vorbeuge für derartige Nierenerkrankungen besteht in artgemäßer Ernährung, d. h. wenigstens in Form von konfektioniertem Nassfutter, dem »kleineren Übel« gegenüber dem Trockenfutter. Am besten ist die Fütterung von rohem Fleisch oder Fisch (*Kapitel 1, Einführung, Abschnitt Die Katze – Wesen – physiologische Daten, Seite 7*).

Die homöopathische Therapie gestaltet sich vergleichsweise zur Schulmedizin außerordentlich einfach, effektiv, katzenschonend und kostengünstig.

Die Homöopathie verlangt nicht derart häufig nach Kontrollen der Blutwerte; die homöopathischen Indikationen richten sich vielmehr nach den Symptomen des Allgemenbefindens und den Modalitäten des Patienten.

Das häufigste Mittel am Beginn der Erkrankung ist **Lycopodium**. In diesem Stadium ist die Katze noch munter, spielt und frisst einigermaßen gut. Die erhöhten Nierenwerte (Harnstoff, Kreatinin im Blut, Eiweiß im Urin) werden möglicherweise als Zufallsbefund bei FLUTD oder einer anderen Erkrankung festgestellt. Die Verordnung von *Lycopodium* erfolgt nach konstitutionellen Gesichtspunkten. Der Keulenbärlapp kann in diesem Zustand noch eine Wiederherstellung der Nierenfunktion bzw. den Stillstand der fortschreitenden Erkrankung bewirken – am besten in hoher Potenz, M oder XM gegeben. Natürlich darf kein Trockenfutter mehr gefüttert werden, da bekannterweise speziell die *Lycopodium*-Patienten das Trockenfutter besonders schlecht vertragen.

Arsenicum album ist das häufigste Homöopathikum für die fortgeschrittene CNI-Erkrankung.

In der 200. Potenz kann es fast alle Stadien der CNI günstig beeinflussen.

In schwersten Fällen mit Zusammenbruch des Stoffwechsels kann die C 200 in kurzen Abständen wiederholt gegeben werden, bis sich die Katze zu erholen beginnt und etwas angebotenes Wasser aufnimmt.

In schwersten Fällen kann man der Katze in Papier verpackte Globuli für eine »perkutane« Therapie anbieten: Weil homöopathische Hochpotenzen auch von außen durch die Haut auf den Patienten wirken (*Kapitel 2, Homöopathische Grundlagen, Abschnitt Testverfahren, Seite 74*, Literatur 9,44), kann man der Katze die verpackten Globuli auf ihren Sitzplatz legen; sie wird bei Bedarf diesen Platz suchen und wieder verlassen, wenn sie den Einfluss der Arznei nicht benötigt.

Wenn die C 200 nicht genug wirkt, kann eine höhere Potenz von *Arsen* indiziert sein.

Das organische Geschehen ist – speziell in diesem Fall – kein Argument gegen den Einsatz einer hohen Potenz! *Arsenicum* ist eine »Säure« (arsenige Säure), die weniger tiefgreifend wirkt als manche Homöopathika aus dem Mineralreich.

Ein auffallendes Symptom des *Arsenicum*-Patienten ist die Angst bei der Untersuchung, die sich durch weit offen stehende Pupillen äußert und meist mit heftiger, auch aggressiver Abwehr gegen jede Manipulation verbunden ist – sofern die Katze bei hochgradiger Schwäche dazu noch in der Lage ist.

Oftmals kauert die *Arsenicum*-Katze besonders nachts vor ihrem Trinknapf, die Nasenspitze einen halben Zentimeter über der Wasseroberfläche und nimmt alle paar Minuten eine Zungenspitze voll Flüssigkeit.

Wenn die Schwäche noch nicht allzu weit fortgeschritten ist, kann auch die – für *Arsenicum* fast sprichwörtliche – nächtliche Unruhe beobachtet werden: Die Katze wandert in der Wohnung herum, liegt auf wechselnden warmen Kissen oder Plätzen oder verlangt wiederholt, nach draußen gelassen zu werden.

Symptome für die **CNI-Arsen-Katze** für den fortgeschrittenen Zustand:

- Schlechte Futteraufnahme, nimmt wiederholt nur minimale Mengen auf
- Leckt gern an der Gelatine, die manchmal am Futter klebt
- Leckt gern an Butter, nimmt gern Milch oder Rahm auf und verträgt das gut!
- Stumpfes Fell, oft feinschuppig mit Tendenz zum Verfilzen (auch bei Kurzhaarkatzen)
- Weiße oder sehr blasse Maulschleimhaut
- Muskelatrophie, erkennbar in Gesicht (Kaumuskeln) und neben der Wirbelsäule
- Evtl. chronischer Durchfall als begleitendes Symptom
- Vorliebe für warme Liegeplätze oder für pralle Sonne
- Ineffektives Würgen oder erfolglose Ansätze zum Erbrechen
- Erbrechen gleich nach dem Trinken, Erbrechen nach der geringsten Menge Flüssigkeit
- Urämisches Erbrechen
- Im schlimmsten Fall oder im »akuten Schub« liegt die ausgetrocknete Katze flach auf der Seite, scheint kaum noch zu atmen und gleich zu sterben.

Hier sollte man einige Globuli *Arsenicum* C 200 in einem Esslöffel Wasser auflösen und der Katze alle 5 bis 10 Minuten einen Tropfen auf die Nase geben.

Die Katze wird »selbst entscheiden«, ob sie nun sterben oder wieder »auferstehen« möchte.

Diese Dosierung kann man solange fortsetzen, bis das Tier wieder in Brustlage kommt. Dann sind die Gaben – je nach weiterer Entwicklung – in vergrößerten Abständen zu geben.

Sobald die Erholung eintritt, wird die Katze zu trinken beginnen.

Arsenicum sorgt für eine normale Flüssigkeitsverteilung im Körper.

Eine zusätzliche Infusion kann die Rekonvaleszenz beschleunigen.

Stunden später oder am Folgetag wird die Katze wieder Appetit entwickeln und überraschend gut fressen.

Bei CNI-Katzen mit fortgeschrittener Nierendegeneration ist eine Wiederherstellung der Gesundheit nicht in jedem Fall möglich. Daher muss man den gebesserten Zustand als eine Art Erfolg bewerten und darf das *Arsenicum* C 200 nicht wiederholen!

Arsenicum darf erst bei erneuter Verschlimmerung wiederum gegeben werden!

- Im weniger weit fortgeschrittenen Fall kann *Arsenicum* C 200 anfangs nach wenigen Tagen oder auch später wieder indiziert sein. Die Dosierung richtet sich jedoch strikt nach der Reaktion auf die erste Gabe.
- Zu häufige Gaben können die Lebenskraft überfordern und dem Katzenleben ein Ende bereiten.

- Ist die CNI-Katze einigermaßen wieder zu Kräften gekommen, dann kann in einer der folgenden Wochen – nicht früher! – der **Phosphorus** indiziert sein. Hier ist eine überaus genaue Differenzierung zwischen *Arsenicum* und *Phosphorus* zu erstellen!

- *Phosphorus* könnte in der C 30 – bei sicheren Symptomen auch die C 200 – angebracht sein. Die Dosierung richtet sich wiederum nach der Reaktion der Katze. Im besten Fall bekommt das Tier wieder ein glänzendes Fell und beginnt zu spielen.
- Weil das Nierengewebe nicht regenerationsfähig ist, besteht immer wieder die Möglichkeit eines Rückfalls – besonders unter Stressbedingungen.

- Sowohl *Arsenicum* als auch *Phosphorus* enthalten im Arzneimittelbild auch die Indikationen für die CNI-Erkrankungen am Auge und in der Maulhöhle.

- Als Zwischengabe bei chronisch erhöhten Nierenwerten kann **Echinacea** C 30 im Abstand von ca. 10 Tagen gegeben werden, außer bei gebessertem oder gutem Befinden.
- *Echinacea – purpurea* oder *angustifolia* – gilt als der »große Blutreiniger«, der auch toxische harnpflichtige Substanzen »entgiften« kann.
- *Echinacea* kann in überraschender Weise das Allgemeinbefinden und den Appetit dieser schwer kranken Tiere verbessern.
- Auch die wiederholte Gabe von *Alfalfa* in tiefer Potenz (C 4 oder C 6) kann dazu beitragen, die Nierenfunktion, das Allgemeinbefinden und den Appetit zu verbessern.

Grundsätzlich lässt sich die chronische Niereninsuffizienz durch wiederholte Gaben der *Sarkode Ren* (potenzierts Nierengewebe) unterstützen. Bei schwerster Nierendegeneration sollte anfangs täglich C 3 oder C 4 gegeben werden. Sobald sich eine deutliche Besserung zeigt, muss der Abstand auf 2 oder mehr Tage ausgedehnt werden. Eine alleinige Therapie mit *Ren* reicht i. d. R. jedoch nicht aus. Höhere Potenzen von *Ren* haben sich in diesem Zustand nicht als wirksam erwiesen.

Im Endstadium kann – wie bei allen sterbenden Lebewesen – auch *Carbo vegetabilis* indiziert sein.

Terebinthina oleum soll gemäß Literatur bei Erblindung bei Nierendegeneration indiziert sein. Eigene Erfahrungen dazu fehlen noch.

Plötzliche Krampfanfälle können in schweren Fällen von CNI mit stark erhöhten Kreatininwerten auftreten.

Nux vomica kann bei Vorliegen entsprechender Symptome die Belastung mit harnpflichtigen Stoffen günstig beeinflussen bzw. sogar vorübergehend reduzieren.

Nux vomica ist das wichtigste Mittel bei Krampfanfällen, die während eine CNI auftreten können:

- Die Katze fällt plötzlich um, es kommt zu Verkrampfungen einzelner Muskeln, die Pfoten strecken krampfartig die Krallen hervor. Eine anschließende vorübergehende Lähmung der Hinterhand ist möglich.
- Das Bewusstsein kann erhalten oder getrübt sein
- Ein solcher Krampfanfall kann ausgelöst oder verschlimmert werden durch Sinnesreize aller Art: Licht, Lärm, Kälte oder Berührung

Tuberculinum ist angezeigt, wenn weder Arsen, noch Terebinth oder ein anderes Mittel für diese Symptomatik infrage kommen. *Tuberculinum*-Katzen mit diagnostizierter Niereninsuffizienz zeigen Appetitlosigkeit bzw. Erbrechen mit zunehmender Abmagerung, speziell am Rücken, während am Bauch noch Depotfett vorhanden sein kann.

Cuprum metallicum oder **arsenicosum** sind weitere Homöopathika für Krampfanfälle bei fortgeschrittener CNI: Leitsymptom sind Beugekrämpfe der Extremitäten, die an den (Vorder-) Pfoten beginnen.

Der *Cuprum-arsenicosum*-Patient leidet zusätzlich unter Magen-Darm-Erkrankungen.

in diesen Fällen sollte die C 200 einmalig gegeben werden.

Apis ist in seltenen Fällen von totalem Nierenversagen bei akuter oder chronischer Nephritis indiziert.

Auch nach einer schlecht vertragenen Impfung kann sich eine *Apis*-Nephritis entwickeln.

Das Nierengewebe kann nicht mehr seiner Filtrationsleistung nachkommen, es wird kaum noch Urin produziert. Im Akutfall bestehen rasend machende Nierenschmerzen, bei chronischem Verlauf entstehen Ödeme wie Aszites (Bauchwassersucht) oder Hirnödeme mit Bewusstseinstrübungen. Die Schulmedizin würde eine Dialyse einleiten.

Die Therapie mit *Apis* C 200 kann überraschend schnell eine Besserung bringen. Der Aszites braucht jedoch Wochen für die Rückbildung. Das chirurgische Absaugen von Aszites-Flüssigkeit ist unsinnig, weil diese innerhalb eines Tages wieder nachgebildet wird – unter zusätzlichem Mineralstoff- und Flüssigkeitsverlust.

Eine nicht indizierte Gabe vom *Apis* kann zu schwer beherrschbaren Komplikationen führen.

Erkrankungen der abführenden Harnwege (FLUTD)

Ablagerungen und Steine in den abführenden Harnwegen der Katze sind heute mehr denn je ein Problem.

Die meisten Störungen im diesem Bereich betreffen die Kater, deren enge Harnröhre sich mit Harnsteinen oder Grieß verstopfen kann.

Übergewichtige und speziell Perserkater sollen prädisponiert sein für diese Erkrankung.

Auch in diesem Zusammenhang weiß man inzwischen, dass Trockenfutter die Entstehung von Harnsteinen und Grieß begünstigt. Trotzdem wird in den meisten Tierarztpraxen noch immer Trockenfutter als besonders »ausgewogen und gut verträglich« empfohlen und verkauft; das betrifft sogar zum Teil das Diätfutter für Erkrankungen der Harnwege.

Abhängig von Nierenfunktionsstörungen und Veränderungen im Säuregrad des Urins gibt es unterschiedliche Arten von Konkrementen, d. h. Grieß oder Steine: Am häufigsten sind die Struvit- und Oxalatsteine. Weiterhin gibt es Phosphat- und Ammonium-Ablagerungen.

Als Harngrieß bezeichnet man Vermischungen zwischen verhärteten Ablagerungen mit abgestorbenen Zellen der Blasenschleimhaut.

Die Harnkristalle oder Steine verursachen Reizungen der Blasenschleimhaut, sodass eine »Reizblase« ähnlich einer Blasenentzündung oder Verstopfungen der Harnröhre entstehen können. Bei der Untersuchung des Abdomen lässt sich die Blase dann vielleicht bereits als verhärtete, berührungsempfindliche Kugel tasten.

Derartige Erkrankungen verlangen sofortige medizinische Hilfe.

Die Tiere äußern vermehrten, möglicherweise vergeblichen Harndrang mit teilweise intensivsten Schmerzen. Dabei versuchen manche Kater vermehrt am Penis zu lecken, es kommt dort zu Rötungen und Entzündungen.

Ohne Therapie entsteht zunächst eine chronischer Blasenentzündung, dann Verstopfung der Harnröhre mit fehlender Urinabsonderung, dadurch Schließlich ein Rückstau des Blaseninhalts in die Niere; das Ergebnis ist eine Nierendegeneration mit derselben Pathologie wie bei der CNI.

Der Schulmediziner wird den Kater katheterisieren oder eine Blasenpunktion vornehmen, um durch Urinuntersuchung die Art von Keimen und Konkrementen festzustellen.

Danach werden Antibiotika gegen die Bakterienbesiedlung eingesetzt; Diätfutter soll die Steinbildung vermindern und die Nierenfunktion fördern. Spezielle Futterzusatzstoffe bewirken einen stärkeren Säuregrad des Urins, um Struvit- oder Oxalatablagerungen zu lösen und so einer erneuten Steinbildung vorzubeugen.

Durch Katheterisieren – evtl. auch mit Dauerkatheter – wird die Blase mehrfach gespült, um Gries, Steine oder andere Sedimente zu entfernen. Wenn diese Maßnahmen – z. B. bei Vorliegen von Phosphat- oder Ammonium-Ablagerungen – erfolglos bleiben, muss die Blase operiert werden.

Gegen die heftigen Schmerzen bekommt das Tier zusätzliche »Schmerzmittel« bzw. »Entzündungshemmer« (NSAIDs), bei den chirurgischen Eingriffen wiederholte Sedationen bzw. Narkosen. Diese Stoffe schädigen durch ihre Nebenwirkungen zusätzlich Leber und Nieren.

Wenn trotz aller medizinischer Maßnahmen keine Besserung der Harnabflusstörungen erreicht werden kann, rät die Medizin zur Amputation des Penis. Die häufigste Komplikation danach ist die irreversible Inkontinenz.

Die Homöopathie hat einigen sehr wirksame Alternativen zu bieten:

Das häufigste Homöopathikum für die FLUTD ist ohne Zweifel *Lycopodium* – schon beinahe eine »bewährten Indikation«!

Ein Kollege mit großer Kleintierpraxis berichtete nach einem Katzenseminar, er habe in den ersten drei Folgemonaten 24 Kater mit FLUTD erfolgreich mit je einer Einzelgabe *Lycopodium* C 200 behandelt.

Lycopodium wird – als konstitutionelle Verordnung – die weitere Bildung von Harnkonkrementen verhindern. Der Patient muss jedoch weiterhin unter genauer Kontrolle der Besitzer stehen, damit die Gabe von *Lycopodium* C 200 – oder einer höheren Potenz – gegebenenfalls (nach einigen Wochen oder Monaten) wiederholt werden kann.

Aber wir müssen in jedem Fall auch andere mögliche Arzneien für die FLUTD berücksichtigen, die unten aufgeführt sind. Eine genaue Anamnese ist – auch für jeden *Lycopodium*-Patienten – unerlässlich. Das heißt, auch eine klare Indikation muss durch die Symptome des Patienten gedeckt sein; anderenfalls können spätere Symptome und Modalitäten nicht sinnvoll bewertet werden!

Für die Erkrankungen, die durch wiederholtes Katheterisieren oder Punktieren der Blase ausgelöst werden, ist *Staphysagria* das am besten passende Homöopathikum. Durch den Reiz des Katheters können – zusätzlich zur bestehenden Erkrankung – Schwellungen der Harnröhre und damit weitere Störungen im Harnabfluss provoziert werden.

Durch wiederholtes Katheterisieren wird immer wieder der Schließmuskel erweitert; dieses Trauma führt oft zu dessen Lähmung und damit zu Inkontinenz. Auch das ist eine spezifische Indikation für *Staphysagria*.

Auch die Reizungen der Blase durch Punktion (»Stichverletzung«) gehören zum *Staphysagria*-Arzneimittelbild.

Weitere wichtige Mittel für die chronisch gereizte Blase bei der FLUTD bestehen in *Sarsaparilla* oder *Solidago*.

Nicht alle Harnwegserkrankungen führen zu Steinen oder verstopftem Harnabfluss. Es gibt auch – wie bei anderen Haustieren und beim Menschen – Blasenentzündungen durch Infektionen, die jedoch auch quälende Schmerzen und Nierenschäden verursachen können.

Für Blasenentzündungen mit oder ohne Beteiligung der Nieren gibt es eine Vielzahl an Homöopathika, die durch ihre präzise Fallaufnahme zu differenzieren sind:

Anamnese für Erkrankungen der Harnwege

WER?

- Alter, männlich, weiblich, Kastrat, Sexualverhalten, Zyklus
- Vorgeschichte, frühere Erkrankungen, Vorbehandlung womit? Erfolg?
- Homöopathische Vorbehandlung, mit welchen Mitteln, in welcher Dosierung?
- Gesamteindruck, Allgemeinzustand, Bewusstseinslage, Körpertemperatur
- Futter- und Tränkeaufnahme, Kot- und Urinabsatz
- Bisheriger Verlauf der Erkrankung
- Progredienz: akut, rezidivierend, subakut, chronisch, Lebensgefahr

WAS?

- Klinische Diagnose: Erkrankungen von Niere, Blase, ableitenden Harnwegen
- Krämpfe, Kolik
- Entzündung, Degeneration, Harnsteine, Grieß
- Harnabsonderung
- Wichtigste Beschwerde der Katze, bisheriger Verlauf
- Andere Grunderkrankung? Immunschwächesyndrom
- Beteiligung von Leber, Atemwegen, Verdauungsapparat, Rückenschmerzen

WIE?

- Wie leidet der Patient, Intensität der Schmerzen, Schreien
- Verhalten, Körperhaltung
- Ruhelos, Apathie, Verlangen nach Kontakt, Verkriechen, Zittern
- Appetit – Tränkeaufnahme
- Blase, Harndrang: mit oder ohne Urinabgang, Tenesmus, fehlender Urin
- Lähmung mit/ohne Harndrang, Inkontinenz, tropfender Urin
- Harnstrahl: stark, schwach, tröpfeln, unterbrochen
- Sexuelle Reizung
- Urin: Beschaffenheit, Farbe, Konsistenz, Beimengungen, Sediment, Geruch

WAS bessert, was verschlimmert?

Wärme, Ruhe, Bewegung, Zuwendung

WO?

- Seitenbezug, rechts begonnen, dann links oder umgekehrt
- Begleitende Rückenschmerzen, Schwäche der Hinterhand

WARUM?

- Kaltwerden, Nasswerden, Anstrengung, Stress, Vergiftung
- Infektion, Infektionskrankheit, Organdegeneration
- »Unterdrückung« einer vorangegangenen Erkrankung
- Nieren-, Blasensteine, Grieß
- Schlecht vertragene Pharma-Präparate, Impfung
- Trächtigkeit, Geburt, Rolligkeit

WANN?

- Tageszeit, Jahreszeit, Wetter, Temperatur
- Sexuelle Reizung, Zyklus, Geburt, Trächtigkeit

WAS BEGLEITET?

- Verhalten, Körperhaltung
- Andere Erkrankungen, Operation

Kurz-Repertorium einiger Symptome von Harnwegserkrankungen

Akute Zystitis: Canth, Caust, Dulc, Lyc, Merc, Nux-v, Puls, Rhus-t, Sars, Sep, Staph, Ter

Nierenerkrankungen: Apis, Ars, Berb, Canth, Caust, Dulc, Kali-c, Lyc, Merc, Phos, Puls, Sil, Ter, Tub, Tub-K

Quälende Rückenschmerzen bei Nierenerkrankungen: Apis, **Berb**, Lyc, Merc, Rhus-t, Solid, Ter

Nierenkolik: Berb (linksseitig), Calc, Canth, **Lyc** (rechtsseitig), Nit-ac, **Nux-v** (rechts), Sars, Solid

Nierendegeneration – Nierenversagen: Apis, Ars, Echi, Lyc, Nux-v, Merc, Phos, Ter, Tub-K

Urämie: Apis, Ars, Canth, Echi, Lyc, Phos, Tub-K

Urämisches Erbrechen: Ars, Cupr-ar, Kreos, Nux-v, Tub-K

Exsikkose, Dehydration: Ars, Carb-v, Canth, Lyc, Merc, Phos, Tub-K

Augenerkrankungen bei schwerer CNI, Degeneration der Retina bis Blindheit: Apis, Ars, Merc, Phos, Ter

Aufsteigende Zystitis (Übergang in Nierenerkrankung)**:** Canth, Caust, Nux-v, Puls

Harnsteine (Urolithiasis): Berb, Calc, Lyc, Nux-v, Phos, Sars, Sep, Sil, Solid, Sulf

Oxalatablagerungen: Berb, Caust, **Lyc, Nit-ac,** Ter

Phosphatablagerungen: Calc, Canth, Phos, Solid, Ter

Krebs der Nieren: Calc, Lyc, Phos, Solid

Wärme bessert bei Harnwegserkrankungen: Ars, Canth, Caust, Dulc, Merc, Nux-v, Phos, Rhus-t, Puls, Sars, Sep, Staph

Wärme verschlimmert: Apis, Puls, Sulf

Harnwegserkrankungen durch Kaltwerden: Apis, Calc, Caust, Canth, Dulc, Lyc, Nux-v, Puls, Rhus-t, Sars, Sep, Sulf, Ter

Urin stinkend: Apis, Ars, Calc, Carb-v, Caust, Dulc, Lyc, Merc, Nit-ac, Nux-v, Phos, Puls, Sep, Solid, Sulf, Ter

Unwillkürlicher Harnabgang kann bei allen genannten Mitteln vorkommen, besonders bei: Apis, Ars, Canth, Caust, Dulc, Lyc, Nux-v, Phos, Puls, Rhus-t, Sep, Staph, Ter

Harnabgang unbemerkt: Apis, (Ars), **Caust,** Nux-v, Rhus-t, Sars, Staph

Blasenlähmung durch Überdehnung der Blase: Arn, Ars, Canth, **Caust,** Nux-v, Rhus-t, Ruta, Sulf

Harndrang erfolglos: Apis, Ars, Calc, Canth, Caust, Lyc, Nit-ac, Nux-v, Phos, Puls, Sars, Sep, Staph

Harnwegserkrankungen der weiblichen Katze im Zusammenhang mit dem Zyklus: Canth, Med, Nux-v, Puls, Sars, Sep

Blasenpolypen: Ars, Calc, Con, Lyc, Phos, Puls, Sil, Staph, Thuj

In diesem Rahmen können bei Weitem nicht alle Homöopathika und Modalitäten beschrieben werden. Hier geht es vor allem um die am häufigsten vorkommenden Mittel für Nieren- und Blasenerkrankungen bei der Katze.
Chronisch rezidivierende Harnwegserkrankungen verlangen grundsätzlich eine konstitutionelle Therapie.

Es gibt weitaus mehr Arzneien für die Blasenerkrankungen, als hier genannt sind. Weitere Einzelheiten müssen im Repertorium oder in Arzneimittellehren nachgelesen werden.

Beschreibung der wichtigsten Arzneien für Erkrankungen der Harnwege

Apis mellifica – Apis

Schwerpunkt

- Entzündung der Nieren, Harnleiter, Blase, Harnröhre, Ovar, Eileiter
- Spezifikum für die akute Glomerulonephritis mit rasend machenden Schmerzen
- Nierenbeckenentzündung, Blasenentzündung, Prostataentzündung
- Chronischer Verlauf mit wenig Schmerzen, aber Ödemen: Aszites, Lungenödem

Indikationen und Symptome

- Zu wenig oder fehlender Urin
- Tropfenweiser Abgang trotz großer Anstrengung
- Harndrang häufig, Tenesmus
- Schmerzen: intensive Schmerzen, Jammern, Schreien
- Schlimmste Schmerzen bei akutem Nierenversagen
- Dumpfe, quälende Nierenschmerzen
- Blasenschmerzen am schlimmsten gegen Ende des Urinierens

Begleitsymptome

- Ödeme beginnen plötzlich: um die Augen, an den Pfoten, Hirnödem
- Bei chronischem Verlauf Aszites, Lungenödem
- Degeneration der Retina mit gestörtem Sehvermögen bis zur Blindheit

Modalitäten

- Rechte Seite, von rechts nach links gehend
- Schlimmer durch Wärme, durch Druck, durch Berührung
- Schlimmer nachmittags 16 bis 18 Uhr (wie *Lycopodium*!), nach dem Schlaf (wie *Nux vomica, Lachesis, Opium*)
- Besser im Kühlen, an frischer Luft

Auslöser

- Nephritis bei/nach Infektionskrankheiten (Streptokokken)
- Harnverhaltung bei Neugeborenen
- Allergien, Impfung, Autoimmunerkrankungen
- Unterdrückung von Hautausschlägen
- Unterdrücktes sexuelles Verlangen

Dosierung

Je nach Zustand des Patienten Einzelgaben der C 200 oder bei klarer Indikation höhere Potenz.

Vorsicht, falsch gewähltes *Apis* kann den Zustand heftig verschlimmern!

Arsenicum album – Ars

Schwerpunkt

- Wichtigstes und häufigstes Mittel für die CNI der Katze
- Erschöpfung, Schwäche, Ruhelosigkeit, Angst
- Brennende Schmerzen (Katze sucht vorübergehend lokale Abkühlung)
- Langsam zunehmende oder überraschend schnell erschöpfte Lebenskraft bis zum Sterben
- Nierenentzündung, fettige o. a. Degeneration

Indikationen und Symptome

- Nierendegeneration (als »Morbus Bright« bezeichnet in der alten homöopathischen Literatur)
- Besonders fortgeschrittene Stadien der Nierendegeneration bis Urämie
- Verminderter oder vermehrter Urin
- Hinfälligkeit, blasse Schleimhäute, Eiweiß- bzw. Muskelabbau, Ödeme
- Großer Durst immer wieder auf kleine Schlucke, die evtl. gleich wieder erbrochen werden
- Fehlender oder geringer Harnabgang, eitrige Entzündung der Harnorgane
- Urämie bis Koma
- Erbrechen, keine Futteraufnahme
- Zunehmende Abmagerung, erkennbar besonders am Rücken
- Zunehmende Dehydration, trotz evtl. reichlich Tränkeaufnahme und viel Urinabgang
- Blase: Entleerung häufig, besonders nachts
- Vergeblicher, unbefriedigender, erschwerter, schmerzhafter oder unwillkürlicher Harnabgang, Tenesmus
- Blasenlähmung, auch nach Überdehnung der Blase oder nach Schwergeburt
- Blutung aus der Harnröhre
- Urin: stinkend, faulig, gelbgrün, blutig, schwarz oder braun, hoher Eiweißgehalt

Begleitsymptome

- Unverhältnismäßig große Schwäche und Unruhe
- Brennende Schmerzen (?), z. B. geäußert durch Lecken an kalten Gegenständen
- Diabetes mellitus, evtl. mit Hautreaktionen (Furunkel, Gangrän)
- Degeneration der Retina bis zur Erblindung

Modalitäten

- Schlimmer nach Mitternacht mit Unruhe, »sterbenselend«
- Schlimmer durch Kälte, jede Wärmeanwendung bessert
- Trotzdem Verlangen nach frischer Luft
- Wiederholtes Verlangen nach kleinen Schlückchen kalten Wassers, speziell nachts
- Umhertreibende Unruhe nachts, wandert ziellos umher

Dosierung

Einzelgaben der C 200, die bei Bedarf wiederholt werden müssen.

Berberis – Berb

Schwerpunkt

- Nierenentzündung mit quälenden Rückenschmerzen

Auslöser

- Infektion der Nieren, Pyelitis, Nierensteine, Harngries, Nierenkolik

Indikationen und Symptome

- Quälende Schmerzen in der Nierengegend
- Aufgekrümmter Rücken mit Schwächegefühl und Steifheit
- Nierenschmerzen in jeder Stellung, schlimmer durch Druck, durch Erschütterung

- Quälende Schmerzen ausgehend vom Harnleiter in alle Richtungen ausstrahlend, besonders in die Hinterextremitäten
- Blase: Harndrang vermehrt, langsamer Urinabgang
- Urin: kein Eiweiß, Sediment schleimig, wie roter oder weißlicher grober Sand, Nierensteine

Modalitäten

- Schlimmer durch Bewegung, Erschütterung, Gehen, Stehen
- Schlimmer linke Seite (Nierenkolik)

Dosierung

Einzelgabe der M- oder XM-Potenz.

Calcarea carbonica – Calc

Indikationen und Symptome

- Harnwegserkrankungen, besonders der Blase, auf konstitutioneller Grundlage
- Wegleitend sind die konstitutionellen Symptome

Dosierung

Einzelgabe der M- oder XM-Potenz.

Cantharis – Canth

Schwerpunkt

Schwerste Entzündung von Niere und/oder Blase, selten auch mit sexueller Reizung oder Hirnreizung

Aufsteigende Blasenentzündungen (zuerst Blase, dann Übergang auf die Nieren)

Auslöser

Bakterielle Infektionen (meist Streptokokken) der Harnwege

Nierensteine, Blasensteine, Grieß, verursachen Kolik

Indikationen und Symptome

- Sehr schnell sich entwickelnde schwerste Blasenentzündung
- Schlimmste Schmerzen!!!
- Blase: Harndrang erfolglos oder vergeblich, quälender Harnzwang
- Extremer Harnzwang (Tenesmus) bei Blasenentzündung
- Nierenbeckenentzündung, parenchymatöse Nierenentzündung, Harnsperre, Blasenlähmung

Schmerzen

- Unerträgliche Nierenschmerzen und/oder Blasenschmerzen mit Schreien
- Vor, während und am meisten gegen Ende und nach dem Urinieren

Urin

- Häufig reines Blut, evtl. schleimig-eitrig, Steine, Grieß

Modalitäten

- Besser in Rückenlage, schlimmer beim Gehen
- Schlimmer auf der rechten Seite, schlimmer durch Berührung
- *Cantharis* bessert palliativ Blasenentzündungen, aber heilt nur, wenn es wirklich passt!

Dosierung

Einzelgabe der M- oder XM-Potenz, kann überraschend schnelle Heilung ermöglichen!

Causticum – Caust

Schwerpunkt
- Harnwegserkrankungen bei konstitutioneller *Causticum-*, *Staphysagria-*, oder *Sepia*-Patienten

Auslöser
- Kaltwerden, Sturz ins kalte Wasser o. Ä.: Blasenlähmung o. a. Lähmungserscheinungen
- Nach Blasenoperation, nach Schwergeburt
- Nach Überdehnung der Blase (z. B. durch Gries verstopfte Harnröhre)

Indikationen und Symptome
- Krampfschmerz in der Blase, Niere, anhaltender Harndrang, Tenesmus
- (Brennender) Schmerz in Harnröhre
- Entleerung wird nicht gefühlt: unwillkürlicher Harnabgang oder Harntröpfeln
- Lähmung des Sphinkter (Schließmuskel), daher unwillkürlicher Urinabgang, auch im Schlaf
- Urinabgang nur im Stehen, nur gleichzeitig mit Stuhl
- Blasenlähmung der Detrusor-Muskeln (Zusammenzieher der Blase), daher Harnverhaltung
- Urin: scharf, wundmachend; Sediment: roter Sand, Oxalate

Begleitsymptome
- Wundsein in Hals, Larynx, Reizhusten, heiser bis stimmlos
- Lähmungen durch Kälte

Modalitäten
- Schlimmer rechte Seite
- Schlimmer durch trocken-kaltes Wetter, Lähmungen durch Kaltwerden
- Besser durch Wärme und warm-feuchtes Wetter

Dosierung
Einzelgabe der C 200, bei klarer Indikation höhere Potenz.

Dulcamara – Dulc

Schwerpunkt
- Harnwegserkrankungen durch nasse Kälte, Nasswerden, feuchtes Lager

Auslöser
- Kaltwerden, Nasswerden, Temperaturwechsel von warm nach nasskalt
  - Z. B. Kater, die sich trotz nasskaltem Wetter draußen »herumtreiben«
- Langes Liegen auf kaltem Boden, feuchtes Lager
- Lokale kalte Zugluft an sonst warmen Orten
- Folgen von unterdrückten Hautausschlägen

Indikationen und Symptome
- Blasen- und Harnwegsentzündungen, auch rezidivierend durch Nasswerden
- Blasenkatarrh, Blasenentzündung, Nierenschmerzen
- Anhaltender Harndrang durch Erkältung, vermehrter Harndrang sofort nach Kaltwerden
- Unwillkürlicher oder tröpfelnder Harnabgang, Harnzwang

Begleitsymptome
- Gliederschmerzen durch nasse Kälte
- Evtl. Juckreiz, Urticaria durch Kaltwerden
- Im chronischen Verlauf: Entstehung von stecknadelkopfgroßen Wärzchen besonders im Gesicht

Modalitäten
- Schlimmer durch jede Art von Kälte und Nässe
- Schlimmer, besonders bei vorangegangener Erhitzung (*Rhus toxicodendron*)
- Schlimmer durch Bewegung, besser durch Wärme

Dosierung
Einzelgabe der C 200 oder höherer Potenz.

Echinacea purpurea oder angustifolia – Echi

Schwerpunkt
- Nicht nur das »Tonikum für das Immunsystem«, sondern auch »der große Blutreiniger« von toxischen Stoffen
- Vermindert palliativ die Belastung durch harnpflichtige Substanzen im Blut
- Bessert damit palliativ das Allgemeinbefinden
- Bessert damit das Reaktionsvermögen auf das passende Simile

Dosierung
Einzelgabe der C 30, bei Bedarf wiederholen, bei Urämie auch Einzelgabe einer höheren Potenz.

Equisetum arvense – Equis-a

Schwerpunkt
- Wenig modalisierte Harnwegserkrankungen
- Homöopathikum der zweiten Wahl, wenn kein anderes Mittel gefunden werden kann

Indikationen und Symptome
- Blasenreizung mit Tenesmus, nächtlichem Einnässen, Nierensteine
- Häufiger Harndrang, sobald die Blase etwas gefüllt ist, aber nicht besser nach Urinieren
- Heftige Schmerzen in der Harnröhre beim Urinieren

Dosierung
Wiederholte Gaben der C 4 oder C 6, kann auch als Tee gegeben werden.

Lycopodium clavatum – Lyc

Schwerpunkt
- Häufigstes Mittel für FLUTD der Katze
- Konstitutionelles Mittel mit Schwerpunkt bei Harnwegen, Leber, Verdauungsapparat
- Blasensteine, Nierensteine, Nierenkolik
- Entzündungen der Harnwege akut, chronisch oder rezidivierend

Indikationen und Symptome
- Nierenbeckenentzündung, Blasenentzündung, chronischer Blasenkatarrh
- Blasengrieß, Blasensteine, Nierensteine aller Art
- Nierenkolik, Kolik der Harnwege
- Blasenschmerz schlimmer vor Urinieren, besser nach Urinieren
- Jammern, schreien vor Urinieren
- Schmerzhafte Harnverhaltung
- Harnröhre Absonderung schleimig, eitrig, evtl. braunrotes »Ziegelmehlsediment«
- Unwillkürlicher Harnabgang
- Krebs der Nieren

Begleitsymptome
- Andere konstitutionelle *Lycopodium*-Symptome
- Rückenschmerzen, Lumbago
- Prostataerkrankungen

Modalitäten
- Harndrang häufig nachts
- Schlimmer auf der rechten Seite, von rechts nach links gehend oder einseitig nur links
- Schlimmer am späten Nachmittag, besser nach 24 Uhr
- Unverträglichkeit von Trockenfutter

Dosierung
Einzelgabe der C 200, bei sicherer Indikation später höhere Potenz.

Medorrhinum – Med

Schwerpunkt

- Chronische Urogenitalinfekte

Indikationen und Symptome

- Chronische oder chronisch wiederkehrende Harnwegsentzündungen, wenn kein anderes Mittel wirkt
- Evtl. verbunden mit chronische Erkrankung des Genitals mit chronischem Ausfluss
- Urethritis mit schleimiger Absonderung
- Schwacher Harnstrahl, schwieriger Harnabsatz
- Blasenentzündung nach Operation einer erkrankten Gebärmutter (*Pulsatilla, Lachesis, Sepia*)

Dosierung

Einzelgabe der C 200, bei sicherer Indikation höhere Potenz.

Mercurius solubilis und corrosivus – Merc – Merc-c

Schwerpunkt

Mercurius corrosivus betrifft die schlimmere, destruktivere Form der Pathologie:

- Destruktiver Bezug zu allen Organparenchymen, Drüsen und Schleimhäuten
- Weniger häufig bei der Katze als andere Mittel

Indikationen und Symptome

- Entzündungen von Nierenbecken, Harnblase, Harnröhre
- Eitrige Nephritis, Anurie, Urämie, Blasenlähmung
- Harndrang häufig, plötzlich, Tenesmus, <u>schlimmer nachts</u>
- Schmerzen schlimmer am Beginn des Urinierens
- Urin blutig, schleimig, eitrig, grünlich, stinkend

Modalitäten

- Überempfindlichkeit für Temperaturextreme, schlimmer durch Hitze umd Kälte
- Grundsätzlich schlimmer nachts
- Begleitsymptome:
  Rückenschmerzen
  Evtl. Speichelfluss besonders nachts, im Schlaf

Dosierung

Einzelgabe der C 200, bei sicherer Indikation höhere Potenz.

Nitricum acidum – Nit-ac

Schwerpunkt

- Chronisch kranke, ältere Patienten, abweisend, ängstlich, wenig zugänglich
- Erkrankungen an Haut-Schleimhaut-Grenzen mit <u>stechenden</u> Schmerzen

Auslöser

- Chronische Infektionen, Verätzungen
- Folgen von entfernten Warzen/Tumoren
- Folgen von schlecht vertragenen Pharma-Präparaten

Indikationen und Symptome

- Chronisch-degenerative Nierenerkrankungen, Nierenkolik
- <u>Phosphat- und Oxalatsteine</u>
- <u>Erschwerter Harnabgang</u>, schmerzhafte Harnverhaltung
- Quälender häufiger oder plötzlicher Harndrang oder Inkontinenz
- Scharfer, wundmachender Urin, stinkt nach Ammoniak, Abgang von Blut

Modalitäten
- Frösteliger Patient
- Schlimmer bei kaltem und heißem Wetter

Dosierung
Einzelgabe der C 200.

Nux vomica – Nux-v

Schwerpunkt
- Stressfolgen, ergänzend zu vielen Mitteln, z. B. Akutmittel für *Lycopodium*
- Gemüt: aktiv, nervös, reizbar, zornig-aufbrausend, zwischenzeitlich auch freundlich

Auslöser
- Arzneimittelmissbrauch, Vergiftungen, Stoffwechselbelastung
- Kaltwerden
- Nieren-, Blasensteine

Indikationen und Symptome
- Blasenkatarrh, Nierenbeckenentzündung, Nieren-, Blasensteine, Spasmen
- Nierenkolik durch Steine oder Kaltwerden
- Blase: häufiger Harndrang, besonders morgens und nachts
- Entleerung: tropfenweise, Tenesmus oder Inkontinenz
- Krampfhafte, vergebliche Versuche zu urinieren
- Blasenlähmung nach Überdehnung (wie *Causticum*), nach Schwergeburt
- Schmerzhafte, oder sogar vollständige Lähmung, aber keine Harnsperre
- Schmerzen: Nierenschmerz besser durch Bewegung, schlimmer durch Kälte
- Schmerzen schlimmer <u>vor</u> und während des Urinierens
- Nicht geeignet für Beschwerden durch Steine oder Eiweiß im Urin

Begleitsymptome
- Magen-Darm-Beschwerden, Erbrechen, Kolik
- Lumbago, Schwäche bis Lähmung der Hinterextremitäten
- <u>Krampfanfälle durch erhöhte Kreatininwerte oder Urämie</u>

Modalitäten
- Schlimmer auf der rechten Seite
- Schlimmer morgens und nachts
- Schlimmer durch kaltes, windiges Wetter, kalte Zugluft
- Besser durch Ruhe und Wärme

Dosierung
Einzelgabe der C 200 oder einer höheren Potenz.

Phosphorus – Phos

Schwerpunkt
- Erkrankungen aller Organparenchyme möglich, auch Nephritis bis Nierendegeneration

Auslöser
- Bakterielle Infektionen, Infektionskrankheiten
- Nierensteine, Nierendegeneration, Vergiftungsfolgen, Pharma-Präparate (z. B. NSAID)

Indikationen und Symptome
- Nephritis, Glomerulonephritis, Nierenkrebs
- Schwäche, Müdigkeit schlimmer morgens
- Blase: Harndrang häufig, Blasenpolypen, Blasenbluten
- Lähmungsartige Blasenschwäche: Harndrang fehlt, obwohl Blase gefüllt
- Oder unwillkürlicher Harnabgang
- Heftige Schmerzen beim Urinieren, Nierenkolik
- Harnmenge vermehrt oder vermindert

- Urin wie bräunliche Fleischbrühe, schaumig, milchig oder blutig

Begleitsymptome

- Katze liegt ungern auf der linken Seite
- Evtl. Diabetes mellitus mit Kräfteverfall (*Phosphorus acidum*)
- Diabetes: Katze geht hinten »bärenfüßig« auf den »Sohlen« (Sprunggelenk am Boden)
- Verlangen nach eiskalter Tränke
- Degeneration der Retina bis zur Erblindung
- Andere konstitutionelle *Phosphorus*-Symptome
- Verlangen nach Zuwendung

Hinweis: Unverträglich mit *Causticum*

Dosierung

Je nach Krankheitszustand: Einzelgabe der C 200, später evtl. höhere Potenz.

Pulsatilla pratensis, nigricans oder vulgaris – Puls

Schwerpunkt

- Wechselhafte Symptome, widersprüchliche Zustände
- Milde, rahmige, reichliche Absonderungen
- Liebe, unersättliche »Schmusekatzen«, auch bei Schmerzen!

Auslöser

- Kaltwerden, Wetterwechsel, heißes Wetter, Sonnenhitze
- Nasswerden, Trinken von Eiswasser
- Zyklusstörungen, unterdrückte Genitalfunktionen, Geburt

Indikationen und Symptome

- Blasenkatarrh, akut oder chronisch, Urethritis
- Brennende, krampfende Schmerzen, häufiger, vergeblicher Harndrang
- Tenesmus besser in Rückenlage
- Zwingender, schmerzhafter Harndrang bei unterdrücktem Zyklus (Katzenpille, Chip o. Ä.)
- Blasenschmerz während oder nach dem Urinieren
- Inkontinenz, »Bettnässen«
- Fehlender Urin nach Schwergeburt durch Blasenlähmung
- Harnröhre: Absonderung von grünlichem Schleim

Begleitsymptome

Andere katarrhalische rahmartige Absonderungen

Modalitäten

- Besser durch langsame Bewegung, besser im Freien
- Schlimmer im warmen Zimmer oder bei Sommerhitze
- Besser durch Zuwendung, sucht die »Streicheleinheiten«
- Besser in Rückenlage
- Beschwerden bevorzugt um die Zeit der Rolligkeit oder Geschlechtsreife

Dosierung Einzelgabe der M- oder XM-Potenz.

Rhus toxicodendron – Rhus-t

Schwerpunkt

- Erkrankungen durch Kaltwerden, feuchte Kälte, speziell nach Erhitzung

Auslöser

- Folgen von Kaltwerden, Nasswerden, Überanstrengung

Indikationen und Symptome

- Blasenentzündung, Nierenbeckenentzündung
- Schmerzhafter Harndrang evtl. mit Stuhldrang
- Harnabgang häufig , besonders nachts mit ruhelosem Liegen oder Umhergehen
- Harnabgang tropfenweise, erschwert oder verzögert

- Blasenlähmung nach Überdehnung der Blase, z. B. durch Harnverhaltung
- Urin: Geruch evtl. stechend, evtl. wundmachend

Begleitsymptome
- Heftige Muskel-, Glieder,-Rückenschmerzen, schlimmer abends und nachts mit Unruhe
- Steifheit besser durch fortgesetzte Bewegung

Modalitäten
- Schlimmer durch Nässe, feuchte Kälte (wie *Dulcamara*: ohne Unruhe)
- Schlimmer abends und nachts
- Schmerzen besser durch fortgesetzte Bewegung und durch Wärme

Dosierung
Einzelgabe der M- oder XM-Potenz.

Sarsaparilla – Sars

Schwerpunkt
- "Homöopathischer Blasenkatheter"
- Blasenentzündung und/oder Blasenschmerzen durch Harngrieß oder -steine
- Fördert die Nierenfunktion und eine geordnete Harnabsonderung
- Wenig deutliche Leitsymptome beim Tier

Auslöser
- Kälte, Nässe, Blasensteine

Indikationen und Symptome
- Nierenbeckenentzündung, Blasenentzündung, Blasensteine, -grieß, Nierensteine
- Entleerung unbemerkt, verzögert, tröpfelnd, schmerzhafte Harnverhaltung, Tenesmus
- Urin fließt besser im Stehen (Katze uriniert aufrecht stehend am Rand der Katzenkiste)
- Urin geht ab mit Gasbeimengungen (beim Tier ?)
- Schleimige Absonderung aus der Harnröhre
- Urin: scharf, wundmachend, stinkend
- Sediment enthält Phosphate, dick, schleimig, dunkel

Begleitsymptome
- Prostatahypertrophie
- Unangenehmer Geruch der Genitalien

Modalitäten
- Schmerzen schlimmer nachts, schlimmer nach dem Urinieren
- Schlimmer vor der Rolligkeit

Dosierung
Wiederholte Gaben C 4 oder C 6, bei sicherer Indikation höhere Potenz.

Sepia officinalis oder succus – Sep

Schwerpunkt
- Konstitutionelles Mittel, seltener bei der Katze als bei anderen Tieren
- Sexualorgane, hormonelle Imbalance
- Blasenentzündung, Blasensteine

Auslöser
- Blasenerkrankungen älterer Zuchtkatzen nach vielen Geburten, während der Trächtigkeit
- Erkrankungen junger Katzen, während der (ersten) Rolligkeit

Indikationen und Symptome
- Vermehrter Harndrang, Blasenentzündung
- Zyklusbedingte Blasenbeschwerden
- Blasenentzündung, Nierenschmerzen, Blasen- und Nierensteine, Grieß
- Plötzlicher zwingender, auch anhaltender oder vergeblicher Harndrang mit Pressen
- Unwillkürlicher plötzlicher Harnabgang, Einnässen im Schlaf
- Nachtröpfelnder Urin

- Kater: chronischer Ausfluss aus der Harnröhre, verklebtes Präputium
- Urin wundmachend, verursacht viel Lecken, stinkend, schleimig

Begleitsymptome

- Scheidenausfluss, klebrig, wundmachend, juckend, evtl. blutig (Metritis)
- *Sepia* kann besonders nach der »Katzenpille« indiziert sein (wie *Lachesis, Sulfur* oder *Thuja*)

Modalitäten

- Schlimmer vormittags und abends
- Besser durch intensive Bewegung und Rennen, die »Rennkatze«
- Schlimmer bei nasskaltem Wetter

Dosierung

Bei sicherer Indikation M- oder XM-Potenz.

Solidago virgaurea – Solid

Indikationen und Symptome

- Bewährtes organotropes Mittel bei FORL durch Blasengrieß oder -steine
- Soll nach Vithoulkas den schmerzarmen Abgang von Steinen ermöglichen, hat sich auch bei der Katze als wirksam bestätigt

Dosierung

Wiederholte Gaben der C 4 oder C 6 oder Einzelgabe der C 200.

Staphysagria – Staph

Schwerpunkt

- Schnitt-, Stichwunden und Operationsfolgen speziell im Bereich der Harnwege
- Erkrankungen durch Erweiterung von Schließmuskeln (z. B. Blase, Genital (z. B. durch Katheter)

Indikationen und Symptome

- Probleme während und nach der Kastration von Katzen und Katern
- Inkontinenz nach Kastration, Spezifikum für beide Geschlechter
- Schmerzen u. a. Erkrankungen im Zusammenhang mit Katheterisieren, auch Dauerkatheter
- Erkrankungen nach Punktion der Blase
- Häufiger Harndrang, Schmerzen auch während des Urinierens
- Blasenschmerzen auch zwischen Harnabsatz, daher Lecken an der Harnröhre
- Erfolgloser Harndrang

Ergänzungsmittel

Causticum

Dosierung

Einzelgabe der M- oder XM-Potenz.

Terebinthinae oleum – Ter

Schwerpunkt

- Schleimhautschäden, Entzündung, Bluten von Schleimhäuten
- Besonderer Bezug zu Nieren, Glomerulonephritis, Nierendegeneration
- Das Mittel mit den zweitschlimmsten Blasenschmerzen nach *Cantharis*
- Frühe Stadien von Nierenerkrankungen

Auslöser

Bakterielle Infektionen , Infektionskrankheiten

Indikationen und Symptome

- Blasenentzündung, Nierenbeckenentzündung, akute Glomerulonephritis
- Zu den Nieren aufsteigende Blasenentzündung
- Urethritis (Entzündung der Harnröhre)
- Konstanter Tenesmus (Harnzwang) wie *Cantharis*
- Schwieriger Harnabsatz, schlimmer nachts, auch unwillkürlicher Harnabgang
- Harnverhaltung, Harnsperre, Blasenblutung
- Blasenschmerz während des Urinierens, heftge Krämpfe beginnen beim Urinieren
- Blutiger, schleimiger Urin, ähnlich *Cantharis*

Begleitsymptome

- Neigung zu anderweitigen Schleimhautblutungen
- Viel Durst, Rückenschmerzen
- Schwäche, Hinfälligkeit, Schwindel, Ödeme, Lähmung durch Urämie
- Erkrankungen der Augen, Iritis bei Nierenerkrankung

Modalitäten

- Besser beim Gehen im Freien, schlimmer in Ruhe
- Urin blutig, schleimig
- Geruch stinkend, nach Ammoniak, Sediment wie Kaffeesatz

Dosierung

Einzelgabe der C 200, bei sicherer Indikation höhere Potenz.

Tuberculinum bovinum - Tub / Tuberculinum Koch - Tub-K

- Niereninsuffizienz, fortschreitende Nierendegeneration, Urämie
- mit Appetitlosigkeit bzw. Erbrechen
- Abneigung zu trinken
- zunehmende Abmagerung am Rücken, während am Bauch noch Depotfett vorhanden sein kann
- struppiges Fell
- zunehmende Apathie
- wenn weder Arsen, noch Terebinth oder ein anderes Mittel infrage kommen

Dosierung

Eine Einzelgabe der C 200.

KAPITEL 13

BEWEGUNGSSTÖRUNGEN DER KATZE

Allgemeines zum Thema »Bewegungsstörungen der Katze«

Die Tendenz zu Erkrankungen am Bewegungsapparat sind bei den verschiedenen Tierspezies unterschiedlich ausgeprägt:

Das **Pferd** ist – als Fluchttier – auf schnelle Fortbewegung über größere Strecken spezialisiert und leidet von allen Tierarten am häufigsten unter Erkrankungen am Bewegungsapparat.

Der **Hund** – Gefährte des Menschen – begleitet ihn auf Wanderungen und Spaziergängen. Bei ihm finden sich – abhängig von den Ansprüchen seiner Besitzer, von Rasse und Körperbau – ebenso häufige und ähnliche Bewegungsstörungen wie beim Menschen.

Bei **anderen Tierarten** stehen diese Erkrankungen durch Haltung oder Nutzung eher im Hintergrund.

Die **Katze** ist ein »Leichtathlet«, ein »Sprinter«: Muskulatur und Körperbau sind nicht für das schnelle Zurücklegen großer Strecken geeignet, sondern für kraftvolle und gezielte Sprünge mit kurzer und maximaler Kraftentfaltung angelegt. Der wie eine Sprungfeder gekrümmte Rücken (siehe Abbildung Skelett und Muskelsystem) und die stark gewinkelten Gelenke der Gliedmaßen erlauben einen maximalen Einsatz: Die Katze kann plötzliche, überraschend schnelle Bewegungen ausführen. Ein Nicht-Katzen-Kenner traut ihr das auf den ersten Blick nicht zu, während sie unendlich lange das Mauseloch anstarrt oder gemächlich durchs Gras streift.

Sie kann aus dem Stand und ohne Anlauf auf Gegenstände springen, die ihre eigene Körpergröße um ein Mehrfaches übertreffen; sie versteht es, mit einem blitzschnellen Satz den ahnungslosen Vogel zu packen oder vor dem jagenden Hund auf dem nächsten Baum zu sprinten.

Spaziergänge der Katze beschränken sich üblicherweise auf das gelegentliche Begleiten der Besitzer im Bereich ihres Territoriums. Nur in seltenen Fällen legt die Katze größere Strecken zurück: Z. B. nach Trennung von ihrem Territorium oder von ihren geliebten Bezugspersonen kann sie kilometerlange Märsche zurücklegen, um wieder »nach Hause« zu kommen.

Es gibt zahlreiche Arten und Lokalisationen von Bewegungsstörungen, die jedoch nicht immer für die Auswahl des homöopathischen Mittels ausschlaggebend sind.

Von größerer Bedeutung sind vielmehr die Art und Weise der Lahmheit, ihre pathologische Grundlage oder – speziell im chronischen Fall – die konstitutionellen Symptome des Patienten.

Die häufigste Ursachen für Bewegungsstörungen der Katze beruhen auf Verletzungen und deren Folgen.

Arthrosen finden sich besonders bei älteren Katzen – wahrscheinlich bedingt durch die starke Winkelung der Gliedmaßen.

Die medizinische Diagnose von Bewegungsstörungen durch Gelenkerkrankungen oder solche von Fasergewebe ist bei der Katze nicht immer einfach: Die Katze ist bzgl. ihres Bewegungsablaufs offenbar weniger schmerzempfindlich als andere Tiere. Das entspricht ihrem Naturell: Was unangenehme Empfindungen oder Schmerzen auslöst, vermeidet die Katze. Daher sind allmählich auftretende Bewegungsstörungen oft nur daran zu erkennen, dass die Katze weniger intensiv spielt, vorsichtiger die Krallen wetzt oder nicht mehr in einem eleganten Satz aufs Sofa springen kann.

Lahmheiten (»Hinken«) sind auch wegen der Körpergröße und der Behaarung der Katze besonders für den Laien schwieriger zu erkennen als bei anderen Tieren.

Die Diagnostik von Lahmheiten, ausgelöst durch Erkrankungen an den Zehengelenken der Pfoten, ist schwierig: Die anatomischen Strukturen sind hier so zart, dass hier oftmals weder durch Palpieren noch durch Röntgen eine klare Lokalisation der Lahmheit festgestellt werden kann.

Eine **Lahmheit** ist ohne genaue klinische Diagnostik nicht immer leicht von einer **Lähmung** zu differenzieren. Möglicherweise liegt sogar beides gleichzeitig vor.

Die Modalitäten einer Bewegungsstörung können jedoch Hinweise auf das heilende Homöopathikum geben.

Arten und Ursachen von Bewegungsstörungen der Katze

Verletzungen (siehe *Kapitel 3, Trauma – Verletzungen und Wunden, Seite 82*)
- Folgen von Sturz oder Unfällen
- Verletzungen im Gliedmaßenbereich oder ausgehend von Rücken oder Wirbelsäule
- Akute und chronische Folgen von
  - Verrenkungen, Verstauchungen, Luxation
  - Verletzungen von Gelenken, Muskeln oder Sehnen

Infektionen und Entzündungen (siehe *Kapitel 4, Infektionen und Entzündungen, Seite 113*)
- Meist im Gefolge von Verletzungen oder Wunden
- Hauterkrankungen, Ekzeme (siehe *Kapitel 14, Hauterkrankungen der Katze, Seite 445*)

Neurologische Erkrankungen (siehe *Kapitel 7, Neurologische Erkrankungen, Seite 200*)
- Verletzungsfolgen u. a. Erkrankungen im zentralen Nervensystem oder an peripheren Nerven

Konstitutionsschwächen
- Wachstumsstörungen
- Schwacher Muskeltonus

Begleiterscheinungen von anderweitigen organischen Störungen
- Rückenschmerzen durch Nierenerkrankung
- Diskushernie, Spondylitis, Spondylose
- Folgen von Kalt- oder Nasswerden, z. B. Lumbago

Anamnese für Bewegungsstörungen der Katze

WER?
- Rasse: Hauskatze, Rassekatze, schwerer, leichter Körperbau
- Welpe, junge, erwachsene, alte Katze, kastriert oder nicht kastriert
- Freigänger, Wohnungskatze
- Kontakt mit anderen Katzen, mit Hunden oder anderen Tieren, mit boshaften Menschen
- Ernährungszustand, allgemeines Verhalten
- Vorgeschichte, Vorbehandlung (auch homöopathische), deren Erfolg
- Erkrankung der Elterntiere oder Geschwister (betrifft angeborene Krankheitsdisposition)

WAS?

- Dauer und Schwere der Erkrankung
- Art der Bewegungsstörung: Lokalisierte oder generalisierte Beschwerden
- Periphere neurologische oder zentralnervöse Erkrankung
- Motorische Störung, gestörte Koordination
- Weichteil-, Gelenk-, Sehnen-, Knochenerkrankung
- Wachstumsstörung
- Knochenfraktur, Kapselzerrung, Bänderriss, Luxation
- Arthritis, Arthrose, Weichteilerkrankung, Sehnen- oder Gelenkzerrung
- Entzündung, Phlegmone, Eiterung, Fistel, Geschwür
- Schwellung, wo? Hart, weich, fluktuierend, verschieblich, schmerzhaft, schmerzfrei?
- Lahmheit (»Hinken«), wie stark? Kann die Katze das Bein belasten? (Verdacht auf Fraktur)
- Andere Schmerzen
- Rückenerkrankung: Zerrung, Diskushernie, Spondylitis, Spondylose, Lumbago
- Lähmung, gestörte Koordination, Neigung zum Umfallen
- Erkrankung der Krallen
- Muskelatrophie (lokale Abmagerung), z. B. der Rückenmuskeln
- Befunde von Labor und bildgebender Diagnostik

WO?

- Ist die Bewegungsstörung lokalisierbar?
- An welcher Extremität? Vorn, hinten? Links, rechts? Symmetrie der Gliedmaßen?
- Welche Seite? (Der Patient belastet den gesunden Fuß stärker als den kranken)
- Lokale Druck- oder Schmerzempfindlichkeit, Schwellung o. a. tastbare Veränderungen
- Wo hat es begonnen? Wohin ausgebreitet?
- Rücken, Hals, Vorhand, Hinterhand
- Erkrankung an Pfote, Kralle, Krallenbett

WIE?

- Bewegungsstörung: allmählich oder plötzlich entstanden
- Wie weit ist der Patient beeinträchtigt? Wie stark leidet er?
- Schmerzhaft, schmerzarm, schmerzlos
- Dauerschmerz, anfallsweiser Schmerz, bei welcher Gelegenheit?
- Wie und wann werden Schmerzen geäußert? Lecken, wo?
- Bewegungsablauf, Fallen, Taumeln, Koordinationsstörung
- Fortschreiten der Erkrankung?
- Körperhaltung: Schonhaltung, Kauern, Liegen: Wie und wo? Unruhe
- Berührungsempfindlich, druckempfindlich – wo?
- Bewegung bessert oder verschlimmert?
- Schlimmer oder besser am Beginn der Bewegung?
- Ist das ganze Tier unbeweglich?

WAS bessert, was verschlimmert die Erkrankung?

- Was tut der Patient, um Schmerzen zu lindern?
- Ruhig liegen, Unruhe, Wechsel der Körperstellung, warme, kühle Orte

WARUM?

- Ist ein Auslöser festzustellen oder zu vermuten? (*Kapitel 3, Trauma – Verletzungen und Wunden, Seite 82, Kapitel 4, Infektionen und Entzündungen, Seite 113, Kapitel 7, Neurologische Erkrankungen, Seite 200*)
- Unfall, Verletzung, Wunde, Infektion, Allgemeinerkrankung, Operationsfolge
- Sturz nach Klettern, Hängenbleiben mit einer/mehreren Kralle/n
- Wachstumsstörung, Entwicklungsstörung
- Folge von schlecht vertragener Impfung
- Folge einer Injektion (Stichverletzung)
- Lokale Entzündung durch verlagerten Transponder-Chip (gleichbedeutend mit Fremdkörper)
- Folge von früherer Verletzung, Entzündung, Operation
- Folge von falschen, falsch angewendeten oder überdosierten Homöopathika

WANN?
- Unter welchen Umständen? Jahreszeit, Tageszeit, Temperatur, Wetterlage
- Zusammenhang mit anderen Körperfunktionen oder -störungen

WAS begleitet – WAS NOCH?
- Allgemeinbefinden, andere oder vorangegangene Erkrankungen oder Besonderheiten
- Ungewohnte Auffälligkeiten im Verhalten

Kurz-Repertorium für Bewegungsstörungen der Katze

Voraussetzung für den Einsatz dieser Homöopathika ist eine genaue klinische Untersuchung bzw. Diagnose!

Bei allen chronischen Bewegungsstörungen muss nach der Gabe des passenden lokalen oder klinischen Homöopathikums ein konstitutionelles Mittel gegeben werden.

Bei extremen Schmerzen können immer am Anfang zusätzlich zwei bis dreimal Rescue-Tropfen verabreicht werden. Rescue ist auch in tiefer Potenz (D 4, D 6 oder C 3) sehr gut wirksam.

Erkrankungen der Zehen und Krallen

Verletzungen der Pfoten: Acon, Arn, Bry, Calen, Hyp, Led, Sec, Sil, Sulf-ac

Biss- oder Kratzverletzungen an den Pfoten: Acon, Arn, Calen, Hyp, Led, Sil, Staph

Stichverletzung an der Pfote (Katzenbiss oder Verletzung durch Kralle)**:** Apis, **Hyp, Led**, Sil, Staph

Verletzungen der Krallen: Acon, Calen, **Hyp, Led,** Sil, Sulf-ac

Krallenbettentzündung oder -eiterung: Apis, Ars, Bell, Calc-s, Echi, **Hep,** Hyp, **Lach, Led**, Myris, Sec, Tarent-c

Krallen-(bett-)entzündung, eitrig, nach Impfung: Hep, (Sil?), Thuj

Rissiges Krallenbett mit Tendenz zu Entzündungen: Calc, Graph, Lyc, Nat-m, Sil, Sulf, Thuj

Schlecht oder schief wachsende Krallen (Folgen von Krallenbettverletzung)**:** Ars, Graph, **Hyp, M-aust,** Psor, Sil, Thuj

Geklemmte Pfote (z. B. Tür, Gitter, Fußtritt) **und deren Folgen:** Acon, **Arn**, Calen, **Hyp,** Led, Rhus-t, Ruta, Sec, Sil, Sulf-ac, Symph

Schnittwunde, schmerzhaft und evtl. schlecht heilend: Staph

Gelenk-, Sehnen- und Knochenerkrankungen

Akute Verstauchung, Zerrung: Acon, Arn, **Bry,** Calc, Lyc, Puls, **Rhus-t,** Ruta, Sil

Wachstumsstörungen bei Welpen: Calc, Calc-p, Lyc, Sil

Synovitis, Gelenkentzündung mit Erguss: Acon, Apis, Arn, Bac, Bamb-a, Bell, Bry, Calc, Caust, Lyc, Phyt, Puls, Rhus-t, Ruta, Sil

Degeneration von Gelenkknorpel: Zusätzliche zu den angegebenen Mitteln wiederholte organotrope Gaben von *Glucosamin* C 3, *Ruta* C 3 oder *Symphytum* C 1 bis C 2

Knochenfraktur: Arn, Calc, Calc-p, Calen, Hyp, Ph-ac, Phos, Rhus-t, Ruta, Sil, Symph

Fraktur im Gelenk: Calc-f, Mang, Sil, Symph

Epiphysenabriss oder **-fraktur bei Welpen oder Jungtieren**: Calc, Calc-p, Ph-ac, Sil

Gelenkluxation: nach Reposition: Arn, Bry, Rhus-t, Ruta
Bei anschließend lange anhaltenden Schmerzen auch: Calc, Sil

Arthrosen alter Katzen (Ellbogen, Hüfte, Knie o. a. Gelenke): konstitutionelle Verordnung von Ars, Bar-c, Calc, Calc-f, Caust, Lyc, Nat-m, Puls, Rhus-t, Sil, Tub o. a.

Chronische Entzündung von Knochen; Osteoporose (z. B. schlecht heilende Osteosynthese): Calc, Calc-f, Calc-p, Echi, Sil (kontraindiziert nach Osteosynthese!)

Traumatische Lähmung einzelner Extremitäten: Arn, Hyp, Con, Phos, Plb, Sil, Xan

Lähmung des Schwanzes: Arn, Hyp, Phos, Sil, Xan

Erkrankungen von Rücken, Rückenmark, Wirbelsäule oder Becken: Acon, Arn, Bell, Berb, Bry, Cimic, Dulc, Mag-p, Nux-v, Phos, Rhus-t, Sil

Bewegungsstörungen durch traumatische oder infektiöse Erkrankungen des Rückenmarks (siehe *Kapitel 7, Neurologische Erkrankungen, Seite 200*): Apis, Arn, Bell, Calc, Cimic, Con, Gels, Hyp, Led, Nat-s, Nit-ac, Plb, Rhus-t, Ruta, Sil, Thuj, Xan

Spondylitis, Spondylose: Bamb-a, Calc, Calc-f, Lyc, Nat-m, Nux-v, Rhus-t, Ruta, Sil

Spondylitis, Spondylose mit Lähmung der Hinterextremitäten: Phos

Diskushernie (Bandscheibenvorfall): Arn, Bry, Helod-c, Hyp, Lyc, Nux-v, Rhus-t, Sil

Lähmung nach schlecht vertragener Impfung: Sil, Thuj

Erkrankungen der Knochen

(Zu häufige Gaben können verschlimmern, Homöopathie ist besonders in Problemfällen indiziert!)

Knochenfraktur: Arn, Calc, Calc-p, Calen, Sil, Symph

Zustand nach Beckenfraktur: Arn, Calc-p, Eup-per, Hyp, Sil, Symph

Langsame Frakturheilung: Calc, Merc, Ph-ac, Ruta, Sil, Symph

Knochenfistel (z. B. offene Fraktur, nach Osteosynthese): Calc-f, Echi, Flu-ac, Merc, Sil (kontraindiziert nach Osteosynthese, lockert Implantate oder lässt sie abstoßen)

Schmerzen in alter Knochen- oder Beckenfraktur: Eup-per, Symph

Osteomyelitis (Vorsicht!)**:** Arn, Ars, Carc, Echi, Fl-ac, Phos, Pyrog, Sil

Bewegungsstörungen anderer Ursachen

Starke Rückenschmerzen durch Nierenerkrankung: Berb, Lyc

Gangstörungen der Hinterhand bei Diabetes: Ars, Phos

Nachschleppen der Hinterextremitäten mit mangelhaft eingezogenen Krallen: Ars, Nux-v, Phos

Unklare Bewegungsstörungen mit starken Schmerzen nach Sturz aus dem Fenster: Mill (Acon, Arn u. a. Verletzungsmittel, *Kapitel 3, Trauma – Verletzungen und Wunden, Seite 82*)

Unklare Bewegungsstörungen durch schmerzhafte Verklebungen im Bauch nach Bauchoperation: Staph

Ungeschickte oder mangelnde Beweglichkeit von Katzenwelpen: Bar-c, Calc, Calc-p, Caust, Nat-m, Ph-ac, Phos, Sil

Unklare Bewegungsstörungen alter Katzen: Carbonylgruppen SSR, Para-Benzochinon (siehe *Kapitel 15, Krebs- und Tumorerkrankungen der Katze,*, Seite 490, *Chinone*)

Bei allen chronischen Bewegungsstörungen muss nach Abklingen der aktuellen Schmerzen – in seltenen Fällen auch zusätzlich – das konstitutionelle Homöopathikum als einmalige Gabe in hoher Potenz gegeben werden!

Beschreibung der Arzneien für Bewegungsstörungen der Katze

Konstitutionelle Symptome sind im *Kapitel 20 Verhalten – Gemütssymptome, Seite 576* und im *Kapitel Arzneimittellehre für die Katze, Seite 642* beschrieben.

Aconitum napellus – Acon

Indikationen und Symptome

- Das erste Mittel für den Verletzungsschock, gleichgültig, welcher Art die Verletzung ist
- Schock besonders durch Verletzungen von sehr schmerzempfindlichen Körperteilen
- Lautes Schreien wegen plötzlich aufgetretener, extremer Schmerzen, Unruhe und Panik

Dosierung

Eine Einzelgabe der C 200 reicht aus, anschließend Folgemittel einsetzen.

Apis mellifica – Apis

Indikationen und Symptome

- Starke Schmerzen mit Lahmheit nach Bienen- oder Wespenstich in die Pfote
- Nach Stichverletzung in eine Pfote oder Zehengelenk, Synovitis (z. B. eingetretene Nadel)
- Extrem schmerzhafte Verletzung der Wirbelsäule mit Myelitis
- Entzündetes Krallenbett mit Infektion, extrem berührungsempfindliche, rosafarbene Schwellung
- Septische Gelenkentzündung (Synovitis) mit Gelenkerguss
- Entzündung des Rückenmarks: spinale Meningitis mit Bewegungsstörung, später Lähmung
- Die akuten *Apis*-Erkrankungen sind i. d. R. mit sehr starken Schmerzen verbunden
- Besser durch Kühlen, schlimmer durch Wärme, Berührung und Druck

Dosierung

Einzelgabe der C 200, Wiederholung meist nicht notwendig!

Vorsicht! Nicht indizierte Gabe von *Apis* kann heftige entzündliche Schwellungen provozieren!

Arnica montana – Arn

Indikationen und Symptome

- Das erste Mittel für alle Bewegungsstörungen, wenn ein stumpfes Trauma diagnostiziert oder vermutet wird
- Akute und chronische Verletzungsfolgen, »Nie mehr lahmheitsfrei seit dem Unfall«
- Keine Besserung durch Bewegung, besser durch Ruhe
- Evtl. wiederholtes Belecken der schmerzhaften Gegend, das nach Gabe von *Arnica* aufhören sollte
- Geklemmte oder gequetschte Pfote
- Erstes Mittel für Verrenkung, Verstauchung, anschließend Folgemittel wählen
- Gelenkentzündung, bei einer frischen Knochenfraktur, Beckenfraktur
- Traumatische Lähmung, Diskushernie anschließend, Folgemittel wählen

Dosierung

Je nach Schwere der Verletzung Einzelgabe der C 200, der M- oder XM-Potenz, die bei Wiederauftreten der Schmerzen wiederholt werden können.

Hinweis: Für die Restsymptome ist oft die Gabe eines Folgemittels erforderlich

Arsenicum album – Ars

Indikationen und Symptome

- Kein Mittel für den Anfang von Bewegungsstörungen, sondern fortgeschrittene Zustände!
- Auch für konstitutionelle bedingte Erkrankungen am Bewegungsapparat, wie gestörtes Wachstum der Krallen, brüchiges Krallenhorn oder häufiges Herausreißen oder Ausgehen der Krallen mit großen Schmerzen oder ähnlichen chronischen Bewegungsstörungen
- Destruktive Tendenz von Entzündungen mit absterbendem Gewebe, auch evtl. bei Osteomyelitis
- Gangrän der Zehenspitzen, am Krallenbett
- Katze lässt sich wegen Angst-Aggressivität nicht untersuchen!
- Bewegungsstörungen alter Katzen, welche die hinteren Krallen nicht mehr ganz einziehen können
- Arthrosen bei konstitutionellen *Arsenicum*-Katzen
- Begleitend Unruhe nach Mitternacht, wiederholte Tränkeaufnahme kleiner Mengen

Dosierung

C 200 kann bei Bedarf wiederholt werden, oder Einzelgabe der M- oder XM-Potenz.

Bambusa arundinacea – Bamb-a

Indikationen und Symptome

- Ein neues Mittel, gut bewährt bei Gelenkerkrankungen, Erguss, Rückenschmerzen, auch nach Verletzung
- Besonders geeignet für schmerzhafte Zustände am Schultergelenk oder bei Spondylitis, Diskushernie
- Arthritis mit Gelenkerguss (wenn kein anderes Mittel passt)
- Schmerzen und Steifheit besser durch Ruhe, schlimmer durch Kälte, Feuchtigkeit oder Kaltwerden
- Begleitend evtl. alllgemeine Schwäche

Dosierung

Wiederholte Gaben der C 4 oder C 6, einmal täglich

Oder Einzelgabe der C 200, bei Bedarf wiederholen.

Barium carbonicum – Bar-c

Indikationen und Symptome

- Verordnung als konstitutionelles Mittel
- Bewegungsstörungen bei retardierten Welpen oder alten Katzen
- Verspätetes Laufenlernen von Welpen mit Entwicklungsrückstand
- Ungeschickter Bewegungsablauf bei Welpen
- Unklare Schmerzen in Extremitäten oder Rücken bei sehr alten, senilen Katzen

Dosierung

Einzelgabe der M- oder XM-Potenz, auch bei alten Katzen.

Belladonna – Bell

Indikationen und Symptome

- Plötzlich beginnende, heiße, schmerzhafte Krallenbett- o. a. Entzündung
- Beginnende, heiße, schmerzhafte Synovitis (Gelenkentzündung)
- Meist lokal begrenzt, d. h. anfangs noch ohne Fieber
- Akuter Abszess kurz vor dem Aufbrechen

Dosierung

Einzelgabe der C 200.

Berberis – Berb

Indikationen und Symptome

- Starke Rückenschmerzen im Rahmen von akuter oder chronischer Nierenerkrankung
- Quälende Schmerzen, strahlen aus in alle Richtungen, auch in Extremitäten
- Schlimmer im Stehen, durch Bewegung und Erschütterung (Springen)
- Besser nach Urinieren

Dosierung

Einzelgabe der M- oder XM-Potenz.

Bryonia alba – Bry

Indikationen und Symptome

- Akute oder subakute Gelenk-, Muskel-, Sehnen-, Rückenerkrankungen
- Akute oder chronische Verstauchung, Verrenkung
- Akuter Gelenkerguss, von großen oder kleinen Gelenken
- Häufig traumatisch bedingt
- Sehr schmerzhaft, aber schmerzfrei in Ruhe, schlimmer durch Bewegung und Erschütterung
- Plötzliche, heftige Schmerzen wie »durch falsches Auftreten«
- Im schweren Fall Unruhe im erkrankten Teil, die aber die Schwerzen verschlimmert (im Gegensatz zu *Rhus toxicodendron*)!
- Akuter Lumbago, akute Diskushernie (Folgemittel!)
- Bei Rückenerkrankung: Katze will nicht angefasst werden, schreit bei leichter Berührung
- Katze drückt sich dann gegen harten Gegenstand oder liegt auf hartem Boden (Druck bessert)
- Schlimmer durch Wärmeanwendung

Dosierung

Einzelgabe der M- oder XM-Potenz, bei Bedarf wiederholen.

Calcarea carbonica – Calc

Indikationen und Symptome

- Konstitutionelle Arznei überwiegend für ruhige, träge Katzenrassen mit massivem Körperbau
- Rissiges, evtl. schmerzhaftes Krallenbett
- Gestörtes oder verlangsamtes körperliches Wachstum bei Welpen, evtl. verbunden mit Schmerzen
- Verspätetes Laufenlernen bei Katzenwelpen kräftig gebauter Rassen, ungeschickte Bewegungen
- Epiphysenlösung durch Trauma bei jungen Katzen dieser Konstitution
- Arthritis, Arthrosen bei solchen älteren Katzen, besonders der Hüftgelenke
- Zurückbleibende Schmerzen nach akut behandelter Gelenkverstauchung (Folgemittel nach *Rhus toxicodendron*)
- Arthritis auch nach Gelenkverletzungen
- Spondylose bei schweren Katzenrassen, auch bei Erkrankungen am Rückenmark
- Schlecht heilende Knochenfraktur bei jungen und älteren *Calcarea*-Katzen, z. B. auch nach Osteosynthese
- Folgemittel für *Rhus-toxicodendron*-Patienten

Dosierung

Einzelgabe der M- oder XM-Potenz.

Calcarea fluorica – Calc-f

Indikationen und Symptome

- Seltener bei der Katze als bei anderen Tieren
- Schlecht heilende Knochenfraktur mit Fistelbildung, z. B. nach Osteosynthese
- Chronische Entzündung eines verletzten Knochens (Ostitis), Osteomyelitis
- Schlecht heilende Fraktur, die in ein Gelenk hinein reicht
- Vorsichtige Dosierung, einmalige Gabe der C 200!
- Leicht zu verwechseln mit *Silicea*, konstitutionelle Merkmale entscheiden

Dosierung

Einzelgabe der C 200.

Calcarea phosphorica – Calc-p

Indikationen und Symptome

- Wachstumsstörungen mittelschwerer oder großer, hochbeiniger Katzen
- Bei Knochenfraktur im Wachstumsalter (Symphytum)
- Epiphysenlösungen bei heranwachsenden Katzen (speziell bei der Katze häufiger *Silicea*)
- Luxation o. a. chronische Erkrankungen im Bereich des Iliosakralgelenks, z. B. nach Verkehrsunfall
- Schlecht heilende Frakturen nach Unfall, z. B. Beckenfraktur

Dosierung

Einzelgabe der C 200, bei klarer Indikation auch höhere Potenz.

Calcarea sulfurica – Calc-s

Indikationen und Symptome

- Chronisch oder wiederkehrend entzündetes oder vereitertes Krallenbett mit wiederkehrender Lahmheit
- Nicht derart übermäßig schmerzhaft wie *Hepar*!

Dosierung

Einmalige Gabe der C 200.

Calendula officinalis – Calen

Indikationen und Symptome

- Wunden am Beginn der Entzündung oder mit ungenügender Heilungstendenz
- Offene Wunden, z. B. an der Pfote, an der Kralle
- Offene Knochenfraktur (neben einer Arznei für die Knochenheilung zusätzlich *Calendula* für Wundheilung geben)

Dosierung

Je nach Schwere der Wunde einmalige Gabe der C 30 oder C 200.

Hinweis: Zu häufige Gaben oder nicht angemessene, zu hoch gewählte Potenzen können die Heilung verhindern! Äußerliche Waschung/Umschlag mit verdünntem Tee ist sehr heilsam.

Carbonylgruppen SSR

Indikationen und Symptome

- Arznei der Koch'schen Molekulartherapie
- Indiziert bei alten Katzen mit unklaren Bewegungsstörungen, wenn kein besser passendes Mittel gefunden werden kann
- Geeignet als Palliativ für »rheumatische« Schmerzen, evtl. im Wechsel mit Para-Benzochinon
- Anwendung siehe *Kapitel 15, Krebs- und Tumorerkrankungen der Katze, Seite 474*, sowie *Kapitel Arzneimittellehre, »Chinone«*

Carcinosinum – Carc

Indikationen und Symptome

- Konstitutionelles bzw. Zwischenmittel bei schlechter Reaktion auf gut gewählte Arzneien
- Verordnet nach entsprechenden Erkrankungen der Vorfahren (siehe *Kapitel 17, Erkrankungen junger Katzen, Abschnitt Prophylaxe von erblichen Schäden, Seite 535*)
- Oder bei misshandelten Tieren mit schlimmer Vorgeschichte

Dosierung

Einzelgabe der C 30 oder C 200.

Causticum – Caust

Indikationen und Symptome

- Wichtiges konstitutionelles Mittel, jedoch seltener bei der Katze als bei anderen Tieren
- Folgemittel für chronische *Rhus toxicodendron*-Zustände durch Verrenkung

- Schlimmer am Anfang der Bewegung, besser durch fortgesetzte Bewegung und Wärme
- Schwere Arthrosen älterer Katzen
- Begleitsymptom evtl. unwillkürliches Einnässen, Blasenentzündung

Dosierung

Einzelgabe der C 200, M- oder XM-Potenz.

Cimicifuga racemosa – Cimic

Indikationen und Symptome

- Unklare Schmerzen durch »Spinalirritation«, Reizung des Rückenmarks, Rückenschmerzen
- Gestörte Beweglichkeit, speziell durch Trauma der Halswirbelsäule
- Neuralgien mit heftigen, oft unerklärlichen Schmerzäußerungen
- »Hysterische«, übertriebene Schmerzäußerungen nervöser Katzen
- Widersprüchliche Symptome ähnlich *Ignatia*

Dosierung

Einzelgabe der M- oder XM-Potenz.

Conium maculatum – Con

Indikationen und Symptome

- Beginnende Lähmung der Hinterhand, oft begleitet von taumeln beim Schütteln (Schwindel)
- Langfristige Folgen von Verletzungen der Wirbelsäule (Fußtritt, Verkehrsunfall, Kippfenster)
- Erkrankungen des Rückenmarks, Cauda-equina-Syndrom
- Lähmung bzw. Schwäche betrifft anfangs die Hinterbeine, später auch die Vorderextremitäten
- Mattigkeit, fehlendes Spielverhalten, fehlende Sprungkraft

Dosierung

Einzelgabe der M- oder XM-Potenz.

Dulcamara – Dulc

Indikationen und Symptome

- Lumbago, Rückenschmerzen durch Nass- und Kaltwerden
- Meist verbunden mit akuter, später auch chronischer Blasenentzündung, evtl. mit Inkontinenz

Dosierung

Einzelgabe der C 200.

Echinacea angustifolia oder purpurea – Echi

Indikationen und Symptome

- Schlecht heilende, chronisch infizierte Wunden oder Knochenfrakturen
- Auch auf der Basis von Immunschwäche-Erkrankungen

Dosierung

Je nach Schwere der Erkrankung Einzelgabe der C 30, C 200 oder einer höheren Potenz.

Eupatorium perfoliatum – Eup-per

Indikationen und Symptome

- Intensive Knochenschmerzen in frischer oder alter Fraktur

Dosierung

Einzelgabe der C 200.

Fluoricum acidum – Fl-ac

Indikationen und Symptome

- Indiziert bei fehlender Heilungstendenz mit schmerzhafter Ostitis und Fisteln nach Osteosynthese
- Osteomyelitis
- Schlimmer durch äußere Wärme oder warme Anwendungen

Dosierung

Eine Einzelgabe der C 200 reicht meist aus.

Gelsemium sempervirens – Gels

Indikationen und Symptome

- Lähmungen bei oder nach fieberhafter Infektion, z. B. nach Zeckenbiss (*Kapitel 7, Neurologische Erkrankungen, Seite 200*)
- Anfangs motorische Lähmung, Benommenheit, anschließend langsam zunehmende sensorische Lähmung
- Neigung zum Zittern, fehlende Tränkeaufnahme
- Ausgelöst bzw schlimmer bei heißem Wetter

Dosierung

Einzelgabe der C 200.

Graphites – Graph

Indikationen und Symptome

- Wichtiges konstitutionelles Mittel, jedoch selten bei der Katze
- Verkrüppelte, brüchige oder schief wachsende Krallen
- Oder fehlendes Wachstum der Krallen
- Horniges rissiges Krallenbett
- Langsame, gemächliche Katzen mit weiteren konstitutionellen *Graphites*-Symptomen
- Oft gleichzeitig nässende Hautausschläge mit weichen Krusten im erhaltenen Haar

Dosierung

Einzelgabe der C 200 oder höherer Potenz.

Helodrilus caliginosus – Helod-c

Indikationen und Symptome

- Ein neues Mittel: *Regenwurm*, geprüft und geeignet für den schmerzhaften Bandscheibenvorfall, wenn die anderen Mittel wie *Hypericum, Lycopodium, Nux-vomica* u. ä. nicht helfen
- Auch geeignet bei (noch) symptomloser Degeneration der Bandscheiben

Dosierung

Wegen organotroper Wirkung: C 4 oder C 6 einmal tgl. über mehrere Tage

Nach einer Woche Abstände der Gaben vergrößern

Hepar sulfuris – Hep

Indikationen und Symptome

- Lahmheit durch Phlegmone und anschließender Eiterung, meist durch infizierte Wunden
- Besonders am Krallenbett, Zehe oder Pfote
- Extrem schmerzhaft, deshalb ausgeprägte Aggressivität (Vorsicht!); Katze lässt sich dort nicht untersuchen!
- Eitrige, sehr schmerzhafte Entzündung durch eingedrungenen Fremdkörper, der durch *Hepar* abgestoßen wird (auch evtl. Transponder-Chip!)
- Auffallende Aggressivität durch Berührung, besonders durch kalte Anwendungen, besser durch Wärme
- Bei Allgemeinsymptomen verbunden mit heftigem Frieren

Dosierung

Eine Einzelgabe der C 200 reicht meistens aus.

Hypericum perforatum – Hyp

Indikationen und Symptome

Akut

- Extreme Schmerzen nach Unfall bzw. Verletzung, nach Knochenfraktur, Zerrung
- Betroffen sein kann jeder Körperteil
- Evtl. im Akutfall kurz nach *Arnica* geben
- Extreme Schmerzen nach Verletzungen der Zehen oder der Krallen: herausgerissene Kralle
- Extreme Schmerzen durch Verletzungen an Wirbelsäule oder Schwanz
- Extreme Schmerzen bei Diskushernie
- Beginnende schmerzhafte Lähmung der betroffenen Teile
- Nach Abklingen der akuten Schmerzen sind entsprechende Folgemittel indiziert

Chronisch

- Lähmungen, jetzt evtl. auch schmerzlos, nach Verletzungen
- Querschnittslähmung durch Verletzung der Wirbelsäule (sofern kein irreversibler Schaden am Rückenmark eingetreten ist)
- Schwanz kann nicht mehr gehoben werden
- Auch Lähmung einzelner Teile durch Läsion bestimmter Nerven

Dosierung

Einzelgabe der XM-Potenz, die bei Bedarf wiederholt werden muss.

Hinweis: Bei bestehenden Lähmungen: anfangs alle 5 bis 8 Tage eine Gabe der XM-Potenz bis zur Besserung

Lachesis mutus – Lach

Indikationen und Symptome

- Phlegmonöse oder eitrig-geschwürige Entzündung, Geschwür, Tendenz zu Sepsis
- Entzündung am Krallenbett oder durch anderweitige Verletzung
- Verbunden mit verhärteter, berührungsempfindlicher Schwellung, die sich ausbreitet

- Sehr schmerzhaft, schlimmer durch Berührung, besser durch Kühlen (Gegensatz zu *Hepar*)
- An hellen Hautstellen ist eine bläuliche Verfärbung erkennbar
- Übergang in septische Allgemeininfektion ist möglich

Dosierung

Einzelgabe der C 200 reicht meistens aus.

Ledum palustre – Led

Indikationen und Symptome

- Erstes Mittel für Verletzungen und beginnende Entzündungen am Krallenbett
- Zweites Mittel nach *Hypericum* für die gequetschte Zehe (*Arnica*)
- Sehr schmerzhaft!
- Schmerzen durch Bissverletzungen durch spitze Zähne oder Stich in die Pfote (zusätzlich *Hypericum*)
- Großer, schmerzhafter Bluterguss unter der Haut, wenn *Arnica* nicht mehr bessert
- Besser durch Anwendung von Kälte

Dosierung

Einzelgaben der C 200 oder M-Potenz.

Lycopodium clavatum – Lyc

Indikationen und Symptome

- Arznei für konstitutionelle *Lycopodium*-Patienten!
- Schmerzen und Lahmheit durch Arthrosen, besonders im Hüftgelenk
- Chronische oder wiederkehrende Krallenbettentzündung
- Langsam, im Laufe von Wochen oder Monaten zunehmende Bewegungsstörungen
- Dasselbe gilt für Spondylitis, Spondylose
- Chronischer Lumbago, Diskushernie
- Schlimmer am Anfang der Bewegung, besser durch fortgesetzte Bewegungen
- Wachstumsstörungen bei Welpen einer *Lycopodium*-Mutter
- Verbunden mit weiteren konstitutionellen *Lycopodium*-Symptomen

Dosierung

Einzelgabe der C 200, bei sicherer Indikation höhere Potenz.

Magnetis Polus australis – M-aust

Indikationen und Symptome

- Gestörtes Krallenwachstum mit falscher Richtung nach Verletzungen des Zehenendglieds
- Gleichbedeutend mit eingewachsenen Zehennägeln des Menschen

Dosierung

Einzelgabe der XM-Potenz.

Magnesium phosphoricum – Mag-p

Indikationen und Symptome

- Das homöopathische »Schmerzmittel« für fast alle Arten von Krampfschmerzen und Neuralgien
- Lumbago mit Muskelkrämpfen
- Besser durch Anwendung von Wärme und Hitze und durch Reiben
- Schlimmer durch leichte Berührung und jegliche Form von Kälte

Dosierung

Bei organotroper Therapie: C 4 oder C 6, im Akutzustand stündlich, sonst einmal tgl.

Bei sicherer Indikation höhere Potenz.

Mercurius solubilis – Merc

Indikationen und Symptome

- Schlechte Heilung von Knochenfraktur mit schlimmsten Schmerzen in der Nacht
- Knochenfistel, widerlich stinkender, schmieriger, wundmachender Eiter
- Weitere *Mercurius*-Symptome sind möglich und sollten untersucht werden
- *Mercurius* ist kein häufig gebrauchtes Mittel für die Katze!
- Begleitend Speichelfluss

Dosierung

Einzelgabe der C 200.

Millefolium – Mill

Indikationen und Symptome

- Unklare Bewegungsstörungen nach Sturz aus dem Fenster oder vom Baum
- Gefahr oder bestehende innere Blutungen, auch z. B. durch Lungenverletzung bei Rippenfraktur

Dosierung

Einzelgabe der M- oder XM-Potenz.

Myristica sebifera – Myris

Indikationen und Symptome

- Spezifikum für die eitrig-entzündete Krallenbettentzündung, wenn keine *Hepar*- oder *Lachesis*-Symptome vorhanden sind
- Sehr schmerzhaft
- Erleichtert das Austreten von Eiter und damit die Schmerzen
- Auch indiziert, wenn durch *Hepar*, *Echinacea* oder *Lachesis* keine Besserung eingetreten ist

Dosierung

Einzelgabe der C 30 oder C 200.

Natrium muriaticum – Nat-m

Indikationen und Symptome

- Wichtig für Rückenschmerzen oder Arthrosen älterer konstitutioneller *Natrium-muriaticum*-Katzen
- Rissiges Krallenbett mit abblätternder Haut oder Krallenhorn
- Chronische Rückenschmerzen auch nach Verletzung der Wirbelsäule mit konstitutionellen Symptomen

Dosierung

Einzelgabe der M- oder XM-Potenz.

Natrium sulfuricum – Nat-s

Indikationen und Symptome

- Chronische, quälende Kopf- und Rückenschmerzen nach Kopf- und/oder Rückenverletzung
- Schlimmer bei nasskaltem Wetter
- Depressive Stimmung, anhaltend nach Kopfverletzung

Dosierung

Einzelgabe der M- oder XM-Potenz.

Nitricum acidum – Nit-ac

Indikationen und Symptome

- Chronische Folgen von Verletzungen der Wirbelsäule, schlimmer durch Erschütterung (z. B. Springen, Treppenlaufen)
- Z. B. Katze mag nicht vom Sessel springen
- Plötzliche, heftige Schmerzen bei chronischen Zuständen
- Kein Mittel für den Beginn der Therapie einer Rückenverletzung

Dosierung

Einzelgabe der C 200, bei sicherer Indikation M- oder XM-Potenz.

Nux vomica – Nux-v

Indikationen und Symptome

- Muskelerkrankungen durch Kaltwerden nach »durchwachten« Nächten (Kater!)
- Lumbago mit starken Schmerzen, aggressiver Reizbarkeit und Hyperästhesie der Rückenhaut
- Auch akute Diskushernie (Bandscheibenvorfall)
- Nachschleppen der Hinterextremitäten, Schwäche, Taumeln, später Lähmung
- Die Krallen der Hintergliedmaßen können oft nicht mehr ganz eingezogen werden
- Patient sucht die Wärme, schlimmer durch Kälte

Dosierung

Einzelgabe der M- oder XM-Potenz.

Para-Benzochinon – Benzoq

Indikationen und Symptome

- Indiziert im Wechsel mit Carbonylgruppen SSR bei unklaren Bewegungsstörungen alter Katzen
- Anwendung siehe *Kapitel 15, Krebs- und Tumorerkrankungen der Katze, Seite 474*

Phosphoricum acidum – Ph-ac

Indikationen und Symptome

- Beschwerden und Rückenschmerzen schwacher Tiere
- Folgen von Verletzungen der Halswirbelsäule
- Schlecht heilende Knochenfraktur, auch nach Osteosynthese, komplizierter Frakturen, Beckenfraktur
- Gliederschmerzen, auch chronische Schmerzen nach Knochenfraktur, Epiphysenlösung
- Sensible, nervenschwache Katzen, auch junge Katzen im Wachstum
- Evtl. unwillkürlich abgehender Kot

Dosierung

Einzelgabe der C 200, M- oder XM-Potenz.

Phosphorus – Phos

Indikationen und Symptome

- Verordnung nach konstitutionellen Gesichtspunkten
- Bewegungsstörungen bei Diabetes:
  Katze läuft »bärenfüßig«, belastet des ganzen Hinterfuß bis zum Sprunggelenk, läuft wie im »Sitzen«
- Krallen der Hinterextremitäten können nicht mehr vollständig eingezogen werden
- Chronische Lähmung durch Verletzung der Wirbelsäule (Spätfolgen, nach *Hypericum* einzusetzen)
- Lumbago, auch wiederkehrend bei konstitutionellen *Phosphorus*-Katzen

Dosierung

Einzelgabe der C 200, M- oder XM-Potenz.

Plumbum metallicum oder aceticum – Plb

Indikationen und Symptome

- Fortschreitende Degeneration von Hirn, Rückenmark oder peripheren Nerven
- Anfangs meist mit krampfartigen Schmerzen verbunden
- Lähmung der Strecker, beginnend an den Vorderextremitäten
- Krallen können nicht mehr ganz eingezogen werden (Lähmung der Strecksehnen)
- Langsam zunehmende Bewegungsstörung mit deutlicher, schnell eintretender lokaler Muskelatrophie
- Langsam schlimmer werdende Koordinationsstörungen im Bewegungsablauf bis zur Lähmung

Dosierung

Einzelgabe der C 200, nur bei Bedarf wiederholen.

> **Hinweis:** Die Prognose bei derartiger Erkrankung ist nicht immer gut!

Psorinum – Psor

Indikationen und Symptome

- Schlechtes Wachstum der Krallen, brüchiges Horn
- Rissiges Krallenbett
- Haarausfall, stumpfes Haarkleid
- Weitere Symptome von *Psorinum* sollten für die Verordnung vorhanden sein (z. B. Juckreiz, Ekzeme)

Dosierung

Einzelgabe der C 200, selten ist auch eine höhere Potenz erforderlich.

Rhus toxicodendron – Rhus-t

Indikationen und Symptome

- Folgen von Verrenkungen, Zerrungen von Muskeln, Sehnen, Gelenken oder Rücken (Lumbago)
- Deutliche Steifheit und Lahmheit am Anfang der Bewegung, besser durch fortgesetzte Bewegung
- Besser durch Wärme
- Ausgelöst oder verschlimmert durch Kälte und Nässe

Dosierung

Einzelgabe der M- oder XM-Potenz.

Ruta graveolens – Ruta

Indikationen und Symptome

- Erkrankungen mit Schwerpunkt an Vorderfußwurzel- und Sprunggelenk
- Unklare Lahmheit, z. B. nach Verrenkung der kleinen Zehengelenke
- Schmerzen anfallsweise bei »falscher«, schräger Belastung, aber nicht schlimmer durch Bewegung
- Verletzungen an anderen Gelenkkapseln, nicht deutlich schlimmer durch Bewegung
- Unklare zurückbleibende, generalisierte Schmerzen nach Verkehrsunfall

Dosierung

Einzelgabe der M- oder XM-Potenz.

Secale cornutum – Sec

Indikationen und Symptome

- Verletzungsfolgen: Gangrän nach gequetschten Gewebeteilen, z. B. an der Zehenspitzen
- Fortschreitendes Absterben des verletzten Gewebes, evtl. sogar schmerzfrei
- Schlimmer durch Anwendung von Wärme

Dosierung

Einzelgabe der C 200.

Silicea terra – Sil

Indikationen und Symptome

- Wachstumsstörungen junger Katzen, speziell nach schlecht vertragener Impfung
- Lösung der Epiphysen (Wachstumszone) bei jungen Katzen nach Impfung
- Schlecht heilende Wunden ohne Granulation
- Chronische Folgen von Stichverletzungen an der Pfote mit Verletzung des Knochens
- Ostitis durch eingetretene Splitter
- Chronisch wiederkehrende oder fistelnde Entzündungen am Krallenbett (wichtigstes Mittel)
- Wiederkehrende Fisteln durch eingedrungenen Fremdkörper (Sand, Stachel, Splitter, Transponder etc.)
- Fremdkörper werden schmerzlos ausgetrieben
- Schlecht heilende Knochenfraktur, speziell bei Jungtieren
- Vorsicht mit Implantaten, sie könnten gelockert oder abgestoßen werden!
- Häufig indiziert auf konstitutioneller Grundlage (sanfte, feine, aggressionsfreie Katzen)

Dosierung

Einzelgabe der C 200, M- oder XM-Potenz.

Staphysagria – Staph

Indikationen und Symptome

- Unklare Bewegungsstörungen durch Verwachsungen im Abdomen nach Bauchoperation
- Schmerzen und Lahmheiten durch Schnitt- oder Stichwunden

Dosierung

Einzelgabe der M- oder XM-Potenz.

Dosierung

Einzelgabe der C 30 oder C 200, nicht wiederholen.

Sulfuricum acidum – Sul-ac

Indikationen und Symptome

- Verletzungen besonders an Krallenbett oder Zehen, die schnell in ein sehr schmerzhaftes Gangrän übergehen
- Folgemittel von *Arnica*, besonders bei Quetschungen

Dosierung

Einzelgabe der C 200.

Sulfur – Sulf

Indikationen und Symptome

- Schlechtes Ansprechen der homöopathischen Therapie für Bewegungsstörungen nach der Gabe von Kortikoiden
- Arthrosen u. a. Bewegungsstörungen alter konstitutioneller *Sulfur*-Katzen

Dosierung

Eine Einzelgabe der C 30 als »Reaktionsmittel« nach Kortison- o. ä. Therapie, anschließend spezifisches Mittel wählen; bei sicherer Indikation höhere Potenz geben.

Symphytum – Symph

Indikationen und Symptome

- Eine Gabe der C 200 erleichtert die Schmerzen nach Knochenfraktur
- Fördert die Bildung von gesundem Kallus und glatter Frakturheilung
- Eine Fraktur der winzigen Zehenknochen ist schwierig festzustellen!

Tarentula cubensis – Tarent-c

- Nicht zu verwechseln mit *Tarentula hispanica* – auch *Lycosa* genannt

Indikationen und Symptome

- Bösartige, extrem schmerzhafte Infektionen an Krallenbett oder Pfoten, seltener an anderen Körperteilen
- Evtl. nur kleinste Wundöffnung
- Keine Bildung von Eiter, sondern primär tiefgreifende Zerstörung des Gewebes
- Ausgelöst evtl. durch Anaerobier (Bakterien, die sich ohne Sauerstoff vermehren)

Dosierung

Einzelgabe der C 30, selten ist eine höhere Potenz erforderlich.

Thuja occidentalis – Thuj

Indikationen und Symptome

- Bewegungsstörungen bis Lähmung nach schlecht vertragener Impfung
- Lokalisiert besonders an der linken Körperseite

Dosierung

Einzelgabe der C 200, M- oder XM-Potenz.

Tuberculinum bovinum – Tub / Tuberculinum Koch – Tub-K

- unklare Bewegungsstörungen, Arthrosen, besonders bei alten Katzen

Dosierung

Eine Einzelgabe der C 200.

Xanthoxylon – Xan

Indikationen und Symptome

- Reizleitungsstörungen von Rückenmark und Nerven nach Verletzung (wenn *Hypericum* nicht genügend hilft)
- Lähmung oder lähmungsartige Lahmheiten, schlimmer durch Anstrengung

Dosierung

Einzelgabe der C 200; Wiederholung, wenn notwendig.

KAPITEL 14

HAUTERKRANKUNGEN DER KATZE

Allgemeines

Die Haut nimmt in der homöopathischen Medizin und anderen traditionellen Naturheilverfahren einen ganz besonderen Stellenwert ein, der von der heutigen Hochschulmedizin abweicht:

Die Haut gehört – wie Darm, Niere und Atemwege – zu den Organen, die für die Ausscheidung von Abbauprodukten des Stoffwechsels zuständig ist; eines kann für das andere in seiner Ausscheidungsfunktion einspringen, wenn am anderen Störungen auftreten.

In diesem Zusammenhang sei hier nochmals (wie bereits im *Kapitel 2, Abschnitt Chronische Erkrankungen, Seite 35*, erwähnt) an das uralte Gesetz der Chinesischen Medizin hinsichtlich der Ausscheidungsfolge erinnert.

- Was Darm und Niere nicht genügend ausscheiden können,
- das muss die Lunge tun (z. B. alle Erkrankungen der Atemwege und ihrer Schleimhäute);
- was weder Darm noch Niere noch Lungen ausscheiden können,
- das muss die Haut tun (z. B. Hautausschläge);
- was die Haut nicht mehr ausscheiden kann,
- das führt (zu Organschäden und dann) zum (vorzeitigen) Tode (Anm. der Verf.).

Das heißt, die Haut mit der Vielfalt ihrer Erkrankungsmöglichkeiten ist gleichsam die letzte Instanz, die Abbauprodukte des Stoffwechsel ausscheiden kann, bevor es zu Schäden von z. B. Leber, Niere oder anderen lebenswichtigen Organen kommt.

In der Homöopathie hat sich seit mehr als 200 Jahren ihres Bestehens immer wieder bestätigt, dass »Folgen von unterdrückten Hautausschlägen« (siehe *Kapitel 2, Abschnitte Chronische Erkrankungen, Seite 35*, und *Medizinverständnis in Homöopathie und Hochschulmedizin, Seite 27*) zu schwersten Erkrankungen aus dem Bereich der inneren Medizin führen können.

Es ist zwar einfach, mit Kortison-Präparaten, chemischen Anwendungen oder Operation den unschönen Ausschlag – zumindest vorübergehend – zu beseitigen, aber die Folgekrankheiten können damit bereits programmiert sein; sie werden dann aber in der heutigen Medizin nicht mehr mit der vorangegangenen Hauterkrankung in Zusammenhang gebracht.

Daher schließen sich Homöopathie und gleichzeitige immunsuppressive (unterdrückende) Therapien besonders bei Hauterkrankungen aus.

BESONDERHEITEN ZUM THEMA »HAUTERKRANKUNGEN«

Es gibt zahlreiche Hauterkrankungen, akute wie chronische, ausgelöst durch äußerliche oder innere Ursachen (z. B. Störungen im Stoffwechsel), die allesamt für die homöopathische Therapie beachtet werden müssen. Daher ist besonders in diesem Fall eine gründliche Anamnese – auch der Vorgeschichte des Patienten – äußerst wichtig.

Haut und Darmfunktion stehen – wie allgemein bekannt – in besonders engem Zusammenhang.

Daher ist für die Therapie aller Hauterkrankungen ein wichtiges Augenmerk auf die Fütterung zu legen: Trockenfutter – egal wie gut oder schlecht zubereitet – ist in keinem Fall eine artgemäße Nahrung für den Fleischfresser. Auch die meisten konfektionierten Nassfuttermittel bestehen aus minderwertigen Bestandteilen, schonend bezeichnet als »Nebenerzeugnisse tierischer Herkunft«: Mehl aus Pflanzenfasern, gemahlenenen Hühnerfedern, Füßen von Geflügel oder Rindern, Fischmehl, fleischfarbenen Farbstoffen, katzengerechten Duft- und Geschmacksstoffen und vielleicht großzügig deklariert mit »5 % Rindfleisch« (entspricht etwa einer Teelöffel-Spitze) in einem 100 g-Schälchen.

Dennoch: Es gibt wenige Firmen, die gutes Katzenfutter herstellen!

Das Beste für die Katze sind jedoch noch immer die mit Siegesgefühl selbst gefangenen Mäuse!

Die meisten Katzen mögen zusätzlich gern Fleisch, Fisch oder Hüttenkäse (siehe *Kapitel 1, Abschnitt Die Katze – Wesen – physiologische Daten, Seite 7*).

Bei jedem Katzenfutter sollte beachtet werden, dass unsere »Samtpfoten« kein Futter bekommen, dem Jod zugesetzt ist. Solche Zusätze können Schilddrüsenstörungen nach sich ziehen, die dann vom schulmedizinischen Tierarzt mit Schilddrüsenhormonen behandelt werden.

Auch andere Futterzusätze werden propagiert, die nicht immer so gut vertragen werden, wie sie angepriesen werden.

Übrigens lassen sich mit minderwertigem Futter bei empfindlichen Katze (und Hunden!) in kurzer Zeit Hauterkrankungen hervorrufen – die in einem solchen frischen, künstlich provozierten Fall am besten auf ein bis maximal zwei Gaben *Sulfur* C 30 reagieren.

Auch nicht passende Schüssler Salze oder Homöopathika in zu starker Dosierung können für Schäden verantwortlich sein. Solche Faktoren sollten vor jeder Therapie erfragt und ausgeschlossen werden.

In der Homöopathie ist es – wie bereits mehrfach erklärt – oftmals weniger wichtig, etwas über die Art der Bakterien, über eine definierte Allergie oder eine ähnlich Diagnose zu erfahren. Vielmehr bilden die Modalitäten der Erkrankung und ihre Erscheinungsform die wichtigsten Anhaltspunkte zum Herausfinden der passenden, ähnlichen Arznei.

Die homöopathische Behandlung chronischer Hautausschläge ist auch für den Spezialisten nicht immer einfach. Daher gehört ein solcher Patient, zumal wenn er bereits langfristig mit Kortison o. ä. behandelt worden ist, in die Hand eines erfahrenen homöopathischen Spezialisten, der genau informiert ist über das Vorgehen in derart komplizierten Fällen.

Für die Behandlung speziell von chronischen Hauterkrankungen ist es wichtig, nochmals an *Kapitel 2, Abschnitt Ablauf der Heilung, Seite 67*, zu erinnern (Hering'sche Regel): Die Heilung muss »von innen nach außen« verlaufen:

Zum »Innen« gehören in erster Linie Vitalfunktionen, Allgemeinbefinden, die Funktion innerer Organe und die Gemütsverfassung bzw. das Verhalten. Zum Wohlbefinden gehört auch ein Nachlassen von quälendem Juckreiz.

Zum »Außen« gehört die Körperperipherie und damit auch die Haut.

Bevor also ein chronischer Hautausschlag zur Besserung oder zur Heilung gelangt, **muss** zuvor bzw. gleichzeitig **das Allgemeinbefinden in einen ausgeglichenen Zustand übergehen, Stimmung und Verhalten sollten Wohlbefinden und Lebensfreude signalisieren.**

Im Rahmen dieses Buches können nur die wichtigsten homöopathischen Arzneien beschrieben werden. Für Hauterkrankungen gibt es noch eine Vielzahl weiterer Homöopathika, die hier zum Teil nur beiläufig erwähnt werden.

Ganz besonders für Erkrankungen der Haut gibt es kein homöopathisches Patentrezept!

HAUTERKRANKUNGEN BEI DER KATZE

Fast alle Arzneien der Materia medica zeigen irgendwelche Hautsymptome, jedoch nicht alle verfügen über charakteristische Merkmale an der Haut. Gerade bei chronischen Hauterkrankungen gibt es häufig andere, evtl. sogar wichtigere Symptome, die zum passenden Mittel führen, und die unter anderem auch die Haut in Ordnung bringen.

Homöopathen kennen den fast sprichwörtlichen Ausdruck, »abseits vom Brandherd« finden sich die besten Leitsymptome.

Dennoch gibt es viele charakteristische Symptome der Haut, die wichtig zu erkennen und zu bewerten sind.

Die homöopathische Literatur über Erkrankungen der Haut umfasst lange Kapitel zum Thema »Haut« (Literatur besonders 38 u. a.).

Haarausfall

Haarausfall ist in den meisten Fällen ein Begleitsymptom anderer Erkrankungen, z. B. bei Nieren- oder Leberinsuffizienz; ferner kann es als Begleiterscheinung bei Fütterung minderwertiger Produkte auftreten.

Bei Hormonstörungen (z. B. durch die Schilddrüse oder nach Kastration) kann ein symmetrischer Haarausfall beobachtet werden.

Ein ähnlicher symmetrischer Haarausfall kann durch Leishmaniose (Infektion, übertragen durch Sandmücken) ausgelöst werden, jedoch häufiger beim Hund als bei der Katze.

Auch während der Trächtigkeit, um die Geburt oder während der Laktaton kann Haarausfall beobachtzet werden.

Hier ist es wichtig, die zugrunde liegende Erkrankung zu behandeln.

Bei intensiver Aufregung (z. B. Tierarztbesuch) ist plötzlicher und intensiver Haarausfall nichts Besonderes. Sobald der Stress vorüber ist, klingt auch dieses Symptom wieder ab.

Auch andere plötzliche psychische Faktoren können zum Haarausfall beitrage, so z. B. Kummer, Trennung von Bezugspersonen oder Abgabe ins Tierheim.

Haarbruch

Das Abbrechen der Haare – besonders am Rückenbereich wird oft nach schweren Infektionen beobachtet; dann ist ein Mittel für Rekonvaleszenz oder das passende konstitutionelle Mittel erforderlich.

Andere Auslöser könnten in einem Leberschaden bestehen.

Als eine der wichtigsten Maßnahmen sollte gut verträgliches Nassfutter gegeben werden! Evtl. kann zusätzlich eine Einzelgabe *Flor de Piedra* C 30 das gestörte Stoffwechselgeschehen verbessern, wenn momentan kein konstitutionelles Mittel verfügbar ist.

Verbesserung der Fellqualität:

Die beste Therapie besteht im passenden konstitutionellen Mittel und einer Futterumstellung auf artgemäße Ernährung.

Eine gelegentliche Beifütterung von Schachtelhalm (*Eqisetum arvense*) oder eine gelegentliche (nicht regelmäßige!) Gabe von *Vit-A* C 4 oder *Ubichinon* C 4 kann die Haarqualität verbessern.

Pigmentstörungen

Bei Verlust der ursprünglichen Haarfarbe besteht meist ein Leber- oder anderes Stoffwechselproblem.

Im Repertorium gibt es im Kapitel »Haut« diverse Rubriken zu Verfärbungen der Haut.

Juckreiz

Bei Hunden und Katzen ist das Symptom »Juckreiz« keine Seltenheit. Juckreiz kann in unterschiedlicher Intensität und durch unterschiedlichste Auslöser auftreten.

Fellknabbern, -lecken und -kratzen gehören in gewissem Umfang zum normalen Fellpflege-Verhalten der Katze.

Dem übermäßigen Juckreiz liegen in den meisten Fällen Auslöser zugrunde, die jedoch nicht immer zu diagnostizieren sind. Daher trägt die Rubrik »Haut: Jucken ohne Ausschlag« beim Tier selten zur Auswahl des passenden Mittels bei (Ausnahme: psychogener Juckreiz).

Gerade bei der Katze ist auch an nervösen Juckreiz (psychogener Juckreiz) zu denken, der sich als Übersprungshandlung bei Aufregung, z. B. auch durch die Nervosität der Bezugsperson erklären lässt (siehe *Kapitel 1, Abschnitt Die Katze – Wesen – physiologische Daten, Seite 7*).

Am häufigsten wird Juckreiz durch allergische Reaktionen bzw. durch mangelnde Ausscheidung von Produkten des Stoffwechelabbaus beobachtet.

Für unerträglichen, schlimmsten Juckreiz (mit "Verzweiflung") - allerdings nicht für die akute Allergie! - sind *Psorinum* oder *Mezereum* die am wahrscheinlichsten passenden Mittel. Bei falscher Anwendung können sie jedoch verschlimmern!

Es gibt im Repertorium sehr viele Rubriken zum Thema »Haut«: Es bewährt sich, diese durchzusehen, um das am besten passende Stichwort zu finden.

Solche Rubriken sind z. B.: Jucken bessert oder verschlimmert, tritt nach Kratzen an anderer Stelle auf, Jucken schlimmer bei Wärme bzw. im warmen Zimmer etc.

»Jucken, muss blutig kratzen« – »wund kratzen« ist nur im sehr deutlichen Fall wichtig!

Ein Synonym zum extremen »blutig kratzen« ist die: »Automutilation«, Selbstzerstörung (*Arsenicum*, *Cimicifuga*, *Tarentula hispanica*).

Räudemilben – »Krätze«

Ein Befall mit Räudemilben sollte – als Zugeständnis für Besitzer – anfangs mit einem Akarizid behandelt werden. Kortison und ähnliche Immunsuppressive Präparate sind absolut kontraindiziert, weil sie die Ausbreitung der Milbenerkrankung eher vorantreiben als vermindern!

Natürlich kann auch eine homöopathische Therapie die »Krätze« oder »Räude« heilen, aber im Akutzustand ist die Wahl des passenden Homöopathikums nicht immer einfach. Sie könnte mit *Hepar, Arsenicum, Calcarea sulfurica, Kreosotum, Sulfur, Tuberculinum* versucht werden.

Anschließend ist in jedem Fall eine konstitutionelle Therapie durchzuführen, die das Symptom »Scabies«, »Krätze« (siehe Kapitel »Haut« im Repertorium) mit berücksichtigen muss.

Ein wichtiges Arzneimittel bei extremem Juckreiz durch Räudemilben ist *Psorinum* (»Verzweiflung durch Jucken«).

Floh- und Zeckenbefall

Um einen geringen Flohbefall zu erkennen, empfiehlt es sich, die Katze (oder den Hund) auf einem weißen Tuch mit einem Flohkamm o. ä. zu kämmen; die Flöhe sind dann als schwarze Hüpfer auf dem weißen Grund erkennbar, der ausgekämmte Flohkot als kleine schwarzbraune Krümel.

Flöhe halten sich am liebsten an warmen Körperstellen auf, z. B. an der Unterseite von Hals, Brust Bauch und zwischen den Hinterschenkeln oder an der Schwanzwurzel. Auch dort kann man Flohkot als schwarze, winzige Krümel – im hellen Fell – erkennen.

Flohbefall ist bei Freigängerkatzen nicht selten; Flöhe werden meist durch Mäuse übertragen – der »Preis« für ein glückliches Katzendasein – ebenso die dabei übertragenen Bandwürmer (siehe *Kapitel 10, Abschnitt Wurmbefall, Seite 381*).

Natürlich gehören solche Katzen nicht ins menschliche Bett.

Es gibt eine Vielzahl an Pestiziden gegen Flöhe (und andere Ektoparasiten), meist verwendet wie »Spot-on-Präparate«, die in Form einer Lotion auf die für die Katze unerreichbare Gegend zwischen den

Schulterblättern auf die Haut aufgetragen werden sollen. Diese Präparate dringen sofort durch die Haut in das Tier ein und halten es für mehrere Wochen weitgehend frei von Flöhen, Zecken oder Milben.

Bei dieser Therapie wird jedoch zu selten berücksichtigt, dass es sich dabei um hochgiftige Stoffe (»Nervengifte«) handelt, die nicht nur den Parasiten, sondern auch dem Wirtsorganismus schaden: Diese Stoffe können allergische Ekzeme (Kontaktdermatitis), bei Augenkontakt schwerste Augenerkrankungen auslösen – nicht nur bei der Katze, sondern auch beim Menschen. Auf dem Beipackzettel wird nicht erwähnt, dass gerade Kinder oder Schwangere nicht mit dem Wirkstoff in Berührung kommen sollten, weil er sofort bei Kontakt durch die Haut in den Körper eindringt. Ferner ist es zu wenig bekannt, dass der Wirkstoff die Blut-Hirn-Schranke des Patienten durchlässig macht (Literatur 5) und damit Vorschub leistet für Erkrankungen des Zentralnervensystems. Es sei daher jedem Tierbesitzer empfohlen, sich im Internet über die Nebenwirkungen dieser Pestizide zu informieren.

Ähnliches trifft für die »Flohhalsbänder« zu, die mit ihrer Pestizid-Ausdünstung nicht nur die Katze (oder den Hund) in eine »giftige Wolke« hüllen, sondern auch die Zimmerluft damit erfüllen.

Es gibt jedoch durchaus praktikable Alternativen: Schließlich reizt das permanente Knabbern und Kratzen nicht nur die Katze selbst, sondern auch die zweibeinigen Angehörigen: Sogar ein einziger **Floh** kann empfindliche Katzen zu permanenter Unruhe und unaufhörlichem Knabbern veranlassen.

Wenn die Flöhe innerhalb der Wohnung durch Pestizide von der Katze vertrieben werden, suchen sie stattdessen die menschliche Haut auf.

Grundsätzlich wird ein gesundes Tier weitaus weniger intensiv von Ektoparasiten befallen als ein krankes oder eines, das den Nebenwirkungen regelmäßig verabreichter Pharma-Präparate ausgesetzt ist.

Daher ist eine **passende konstitutionelle homöopathische Therapie nicht nur die beste Maßnahme zur Vorbeuge gegen Krankheiten, sondern auch gegen allzu starken Befall mit Ektoparasiten.**

Für den starken Befall mit Ektoparasiten kommt speziell eines der folgende konstitutionellen Homöopathika infrage: **Arsenicum,** (Carbolicum acidum), **Lachesis, Lycopodium,** (Mercurius), **Natrium muriaticum, Psorinum, Staphysagria, Sulfur.** Entscheidend sind auch hier die übrigen »Zeichen und Symptome« des Patienten. Zu versuchen sind auch einige«kleine Mittel«, wenn kein besser passendes gefunden werden kann: *Ledum, Sabadilla, Vinca minor.*

Zur Prophylaxe gegen Zecken- und Flohbefall hat sich bei allen Tieren besonders gut das Kokosöl bewährt: Eine kleine Menge zwischen den Handflächen verreiben und damit das Fell des Tieres bestreichen.

Eine Flohstichallergie – mit entzündlichen Flohbissstellen – ist am besten durch eine Einzelgabe von *Urtica urens* C 30 zu behandeln, die – nur bei Bedarf – erst nach 5 bis 7 Tagen wiederholt werden kann.

Der Juckreiz oder eine lokale Entzündung nach einem Zeckenbiss sollte mit *Ledum* C 30 behandelt werden; meist reicht auch hier eine Einzelgabe aus.

Vorbeuge gegen Ektoparasiten

Eine Vorbeuge gegen Zeckenbefall kann mit einer Einzelgabe von *Ledum* C 30 erreicht werden, das – je nach Intensität der Beschwerden – nach 8 bis 10 Tagen, dann nach 2 Wochen wiederholt gegeben werden kann. Eine fieberhafte Reaktion nach Zeckenbiss erfordert eine Gabe *Echinacea* C 30 oder andere Mittel, die sich nach den individuellen Symptomen richten (siehe *Kapitel 3, Abschnitt Insektenstiche – Zeckenbisse, Seite 95*, und *Kapitel 4, Abschnitt Anamnese für infizierte Wunden, Seite 116*).

Als weitere Möglichkeit der Vorbeuge gegen Zecken und Flöhe kann eine Einzelgabe von *Psorinum* C 30 verabreicht werden, das frühestens nach 2 Wochen wiederholt werden darf.

Aber weder *Ledum*, noch *Psorinum* dürfen als »Dauertherapie« oder – ohne spezielle Indikation regelmäßig wiederholt oder in Höchstpotenz eingesetzt werden, weil sonst Arzneimittelreaktionen provoziert werden können.

Auch handelsübliche homöopathische Komplexmittel (»gegen Flöhe und Zecken«), die Hochpotenzen von *Psorinum* und anderen Mitteln enthalten und nach Empfehlung des Herstellers mehrere Tage lang mehrmals pro Tag gegeben werden sollen, lösen früher oder später Krankheiten im Sinn einer Arzneimittelprüfung aus!

Auch hier sei es jedem Anwender empfohlen, sich nicht auf die kommerziell orientierte Werbung zu verlassen, sondern sich selbst genau über die homöopathische Anwendung solcher im Handel angebotenen Präparate zu informieren!

Katzen reagieren häufig allergisch auf in Repellentien enthaltene ätherische Öle, besonders auf Teebaumöl.

Leckekzem

Das Leckekzem der Katze resultiert zum Teil aus einem übersteigerten Putzverhalten: Manche Katzen verhalten sich wie menschliche Pedanten mit einer Art manischem Drang zum permanenten »Waschen« und »Putzen«:

Jedes Härchen der Katze sollte parallel zum anderen liegen! Dieses zwanghafte Verhalten kann – wie beim Menschen – auf der Basis einer zwanghaft veranlagten Persönlichkeit entstehen, wie z. B. bei *Arsenicum*, *Sulfur* oder auch bei *Tarentula hispanica* (»manisches Verlangen die Haare zu bürsten«).

Dieses Verhalten wird umso schlimmer, wenn die Haut durch die rauhe Katzenzunge wund geleckt ist; dann steigert sich z. B. die *Arsenicum*-Katze zusätzlich durch ihre »Angst um die Gesundheit« in eine Art manische Wundpflege mit zusätzlich gesteigerten Leckattacken hinein.

Eine andere Form des Leckekzems sehen wir bei *Phosphorus*-Katzen: Ihr häufig übersteigertes Bedürfnis, sich zu reiben, kann zu einer Art Selbstbefriedigung ausarten, indem sie sich selbst bei jeder Gelegenheit beleckt, was früher oder später ebenfalls zu wunder Haut führt.

Eine dritte Version des Leckekzems besteht in Übersprungshandlungen: Das überaus empfindsame Katzenindividuum ist so sensibel für die Ausstrahlung ihrer nervösen oder gestressten Bezugsperson, dass sie deren Ausstrahlung aufnimmt und als Übersprungshandlung zu lecken und zu knabbern beginnt. Häufig äußert sich das als Beknabbern der Pfoten, ähnlich dem Fingernägelbeißen bei übernervösen oder gestressten Kindern.

Eine weitere, seltenere Version des Pfotenleckens kann durch scharfen, wundmachenden Schweiß an den Pfoten ausgelöst werden: Die Katze empfindet ein unangenehmes Gefühl an und zwischen den Pfotenballen, wo sich durch die Feuchtigkeit zusätzlich Sand und andere Fremdkörper anhaften, was sie zum Lecken animiert. In Folge kann sich daraus ein Pfotenekzem entwickeln.

Allergien

Allergische Reaktionen können als akute Reaktion in Erscheinung treten und sogar lebensgefährliche Ausmaße annehmen. Wenn die Atemwege bis zur Erstickungsgefahr anschwellen, ist Kortison die sicherste Therapie. Wenn das nicht sofort zur Verfügung steht, sollte *Apis* oder *Acidum carbolicum* gegeben werden. Für andere Formen des allergischen Schocks (siehe *Kapitel 19, Notfälle, Seite 548*) können *Histamin*, *Rhus toxicodendron* oder *Urtica* indiziert sein.

Manche allergische Reaktionen äußern sich als Nesselsucht (Quaddeln), die als akute oder chronische Urticaria auftreten könnnen – verbunden mit oder ohne Juckreiz.

Eine akute Futtermittelallergie verlangt häufig *Pulsatilla*; unverträgliche Fischprodukte *Lycopodium*, *Pulsatilla*, *Urtica* u. a.

Chronische Ekzeme

Die Ursache bzw. der Auslöser chronischer Ekzeme ist oft nicht festzustellen und wird häufig als »Hausmilbenallergie« oder »idiopathische Erkrankung« (»aus sich selbst heraus entstanden«) bezeichnet.

Allergietests erbringen mitunter Ergebnisse, die für eine gezielte Desensibilisierung genutzt werden, was aber häufig keinen dauerhaften Erfolg bringt.

Dasselbe gilt auch für die Therapie mit potenziertem Eigenblut, die auch zu Unterdrückungsreaktionen führen kann. Dennoch ist sie – wenn gar keine andere Therapiemöglichkeit gefunden werden kann, das »kleinere Übel« als die immunsuppressive Therapie.

Die häufigste schulmedizinische Therapie für chronische-allergische Hauterkrankungen bzw. Ekzeme besteht in der Langzeitverabreichung von Kortison-Präparaten, NSAIDs (»Entzündungshemmer«) und ähnlichen Stoffen sowie zusätzlicher Gabe von »hypoallergenem Diätfutter«. Diese Therapien können zu vorübergehender Besserung oder – wie bereits wiederholt erwähnt wurde – zu einer Verschiebung der Symptome auf ein übergeordnetes Organsystem führen, z. B. zu Asthma oder epileptischen Anfällen.

Die Homöopathie verordnet das passende Homöopathikum und zusätzlich eine Umstellung auf artgemäßes Futter.

Durch Fütterung von minderwertigem und schlecht verträglichem industriell hergestelltem Futter lassen sich oft binnen weniger Wochen Hautausschläge provozieren.

Seborrhoe, Follikulitis, Akne (Entzündungen der Haarbalgdrüsen) und **Furunkel** gehören mit zu den Störungen im Fettstoffwechsel der Haut, bei der Katze wiederum häufig durch Futterunverträglichkeit ausgelöst.

Eosinophiler Granulom-Komplex der Katze

Hier handelt es sich um eine Art Autoimmunkrankheit unbekannter Ursache. Als Auslöser vermutet man die Hautreizung durch intensives Belecken eines Insektenstiches oder Zeckenbisses. Unterstützt wird die Erkrankung durch wiederholte Impfungen (siehe *Kapitel 4, Abschnitt Reaktionen auf Impfungen, Seite 154*).

Der eosinophile Granulom-Komplex kann sich zum Plattenepithelkarzinom entwickeln (siehe *Kapitel 15, Krebs- und Tumorerkrankungen der Katze, Seite 474*).

Beim eosinophilen Granulom an den Lippen handelt es sich um ein meist schmerzloses Geschwür an den Lippen, ein- oder beidseitig, am Übergang zwischen Haut und Maulschleimhaut mit verhärteten Rändern: *Arsenicum, Cundurango, Nitricum acidum, Phosphorus*). Auch diese Erkrankung kann sich zum Krebs entwickeln (*Arsenicum, Cundurango, Kalium chloratum)*.

Eosinophile Granulome im Maul mit gelblichen Knötchen (Granulome) und Geschwüren (siehe *Kapitel 10, Abschnitt Erkrankungen von Zahn und Zahnfleisch, Seite 325*).

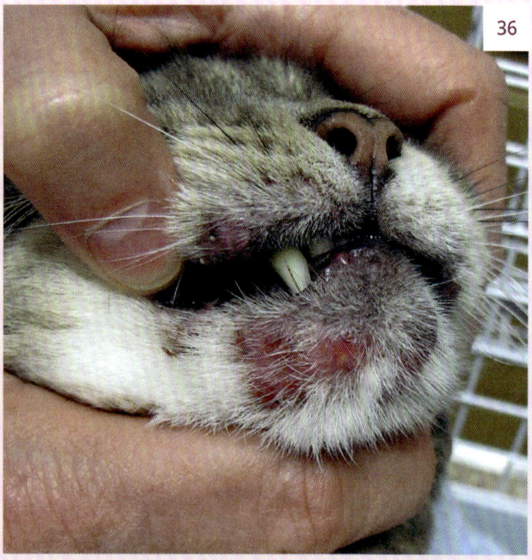

Diese Katze leidet unter eosinophilen Granulomen (eosinophile Plaques) an Maul und Kinn. Gemäß der Gesamtheit der Symptome der Katze wurde Phosphorus M gegeben, was zum langsamen Abheilen dieser Hautstellen führte.

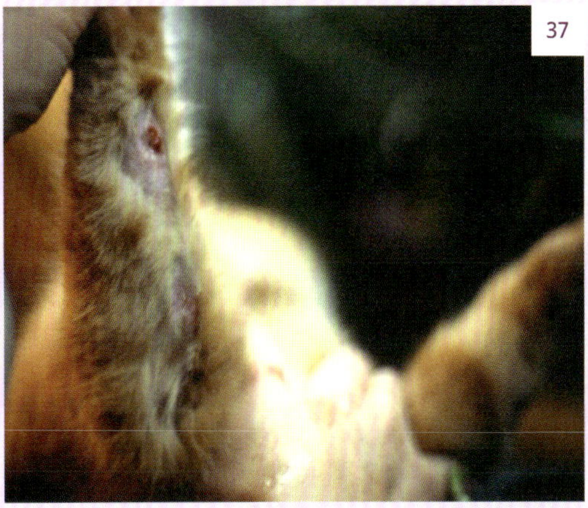

37

	Lach.	Ars.	Sil.	Carb-v.	Sep.	Merc.	Nit-ac.
Total	18	17	17	11	14	13	11
Rubriken	10	9	8	8	7	7	6
Familien							
EXTREMITIES; ULCERS; Upper Limbs (18)	1	1	1	1	1	1	
GENERALITIES; SIDE; left (243)	3	2	2	1	3	2	2
SKIN; CICATRICES; blue (10)	1				2		
SKIN; ULCERS; superficial (29)	3	2	2	1	2	2	2
SKIN; CICATRICES; keloid (32)	1	1	2	1		1	1
SKIN; ULCERS; color; bluish (33)	3	3	3	2		2	1
SKIN; ULCERS; itching (62)	1	2	3	1	2	2	2
SKIN; ULCERS; bleeding; black (4)	1	1					
SKIN; ULCERS; phagedenic (60)	2	3	3	3	2	3	3
SKIN; ULCERS; reopening of old (9)	2	2	1	1	2		

Lineares eosinophiles Granulom

Lineares eosinophiles Granulom an der Innenseite der linken Vorderextremität einer Katze mit diversen, oberflächlichen Ulzerationen, die sich medial vom Ellbogen bis fast zum Karpalgelenk erstrecken. Die Hautfarbe an der Umgebung der Geschwüre und ihrer Narben ist ins Bläuliche verfärbt; die Narben innen am Ellbogen sind verhärtet.

Das rotblond-gestromte Fell wurde abgeknabbert. Durch Lecken sonderte sich aus den Geschwüren zeitweilig geringe Mengen von sehr dunklem Blut ab. Die anfangs schmerzhaften Geschwüre heilen ab und kehren an einer neuen Stelle der lichenifizierten Haut (wie hartes Pergament verändert) erneut auf. Einige der bisher abgeheilten Ulzera waren später nochmals aufgebrochen.

Die Katze ist nicht schwer krank, aber dennoch nicht so munter wie in gesunden Zeiten.

Zwei Wochen nach der Gabe von Lachesis C 200 sind die Geschwüre abgeheilt, das Fell beginnt nachzuwachsen und die Gliedmaße ist schmerzfrei.

Das Abheilen der lichenifizierten Haut erforderte weitere zwei Wochen.

Eosinophile Plaques am Körper äußern sich als nässende, erhabene, bläulich bis rötliche Hautstellen besonders an Bauch und Innenseite Oberschenkel, die stark jucken und sich zu eosinophilen Geschwüren entwickeln können.

Folgende Homöopathika sind zu erwägen: *Ars, Carb-an, Lach, Nit-ac, Phos, Sil*, oder *Thuj*.

Derartige eosinophile Hautgeschwüre können sich auch an anderen Körperstellen ausbreiten, z. B. zwischen den Zehenballen oder im Gesicht. Komplikationen entstehen durch Juckreiz und Kratzen.

Als **Lineares eosinophiles Granulom** bezeichnet man längliche, lichenifizierte Streifen (pergamentartige, leicht hornige Hautveränderungen) an Bauchinnenseite, Vorderbein oder Rückseite der Hinterbeine, ca. 5 bis 10 mm breit; sie bleiben meist nicht stationär, sondern verlängern sich, bilden sich neu oder heilen ab oder sondern zeitweilig hornige Krümel ab.

Die wichtigsten Mittel sind: *Arsenicum, Phosphorus, Silicea* oder *Thuja*.

Das **Lineares Granulom neigt dazu, lokale Geschwüre** zu entwickeln. Diese Ulzera können spontan abheilen und anschließend einige Zentimeter weiter erneut auftreten.

Die wichtigsten Mittel sind: *Arsenicum, Lachesis* oder *Silicea*.

Leishmaniose der Katze

Die im Mittelmeerraum vorkommende parasitäre Erkrankung (intrazellulär lebende Einzeller) wird durch Sandmücken übertragen. Die Erreger breiten sich über das Blut im Körper aus und verursachen Schäden an Leber und blutbildenden Organen.

Die Hautform der Erkrankung äußert sich ähnlich wie beim Hund in knötchenartigen Hautschäden im Gesicht und an den Ohrrändern oder/und in symmetrischem Haarausfall. Das Allgemeinbefinden ist besonders beeinträchtigt, wenn innere Organe betroffen sind (z. B. Milz- und Lebervergrößerung, Ikterus).

Hier gilt es anfangs besonders das Immunsystem mit Gaben von *Echinacea* C 30 oder einer Einzelgabe C 200 zu stärken.

Die Erkrankung muss nach konstitutionellen Kriterien behandelt werden unter Berücksichtigung der auffallenden Hautsymptome.

Zusätzlich sollte in schweren Fällen die Gabe der *Leishmaniose-Nosode* C 30 oder C 200 überlegt werden.

Leishmaniose ist eine lebensgefährliche Infektionskrankheit, die jedoch bei der Katze wesentlich seltener beobachtet wird als beim Hund.

Homöopathische Therapie von Hauterkrankungen der Katze

FALLAUFNAHME – ANAMNESE VON HAUTERKRANKUNGEN

Im Fall chronischer Hauterkrankungen sollte immer eine »konstitutionelle Anamnese« vorangehen (siehe *Kapitel 4, Infektionen und Entzündungen, Abschnitt Anamnese zu akuten Allgemeininfektionen, Seite 125*). In den meisten Fällen wirkt die konstitutionell gewählte Arznei auch heilend auf das chronische Geschehen an der Haut.

Anamnese für Hauterkrankungen

WER?

- Rasse, Alter, Haltung (Wohnungskatze, Freigänger, wilde Katze, Tierheimkatze, Zuchtkatze)
- Katze, Kater, kastriert? In welchem Alter?
- Gab es bereits beim Elterntier eine Hauterkrankung?
- Allgemeinzustand, Anteilnahme
- Reaktionsweise (träge, aufmerksam, nervös, ängstlich)
- Artgemäße Fütterung
- Aussehen: Kurzhaar, Langhaar, groß, klein (entsprechend Rasse)
- Lebensphase: Wachstum, Zahnwechsel, Rolligkeit, Geburt, Aufzucht von Jungen, Laktation, Zustand nach Kastration
- Sexualverhalten, sexuelle Aktivität, Geburten
- Vorerkrankungen, Vorgeschichte
- Vorbehandlung, womit (auch homöopathische Mittel)? Mit welchem Ergebnis
- Fütterung, Zusatzfuttermittel, »Nahrungsergänzungsmittel« mit arzneiwirksamen Substanzen
- Putzverhalten: saubere oder unsaubere Katze

WAS?

- Hautausschlag, Art des Ausschlags (akut – chronisch, wiederkehrend)
- Beschaffenheit des Haarkleids: glatt, glänzend, struppig, verfilzt. Haarausfall
- Infektion (Bakterien, Viren, Pilze, Ektoparasiten, Wurmbefall u. Ä.), Allergie
- Erysipel (bakterielle Infektion der Hautoberfläche), Phlegmone (Zellgewebsentzündung)
- Eiterung (Pyodermie), Abszess, Fistel, Geschwür
- Phlegmone, Abszess, Sepsis, Gangrän
- Ekzem, mit oder ohne zusätzlicher Infektion
- Akute Allergie, anaphylaktische Reaktion, Nesselsucht (Urticaria), Quaddeln
- Arzneimittelexanthem, welche Arznei, Flohhalsband oder Spot-on-Präparat?
- Ektoparasiten, z. B. mit Flohallergie oder Insektenallergie
- Allergie gegen Hausmiben
- Leckekzem
- Verätzung, Verbrennung (siehe *Kapitel 19 Abschnitt Verbrennungen, Seite 568*)
- Mangelnde Wundheilung, deren Folgen
- »Hysterische«, nervöse Reaktion, Übersprungshandlungen
- Hautpilz (Mykose), lokal, am ganzen Körper, einzelne Flecke, evtl. nach Salbenanwendung
- Art des Ekzems: Nässend, wund, schuppig, verhornend, schwartig, Risse, blutend
- Warzen, Neubildungen, eosinophiles Granulom, Geschwür oder Plaque
- Ektoparasiten (Milben, Räude, Hautgeschabsel untersuchen lassen!), Endoparasiten (Würmer)
- Befall eines einzelnen Tieres oder gleichzeitig Erkrankungen anderer Hausgenossen (Ansteckung)

WO?

- Lokalisation: Wo hat es angefangen? Wohin ausgebreitet? Seite, Körperteil
- Am Rumpf, an Extremitäten, am Schwanz
- An warmen Körpergegenden: Schwanzfalte, Ellbogen-Schulterfalte
- Zwischen den Oberschenkeln/Bauch
- An oder zwischen den Zehen, Pfotenballen
- Auf, neben der Nase, an Lidern, Lidrändern, Gesicht, Lefzen, Maulwinkel
- Innerhalb, an oder hinter den Ohren, auf dem Kopf, an der »Schläfe«
- Am Anus, Analdrüsen
- Am Genital
- Hautschäden durch »Daumenlutschen« , und ähnliche nervöse Übersprungshandlungen

WIE? Art und Weise

- Akut, chronisch, rezidivierend, wie lange bestehend?
- Wie hat sich das Geschehen entwickelt: langsam, schnell, sich ausbreitend?
- Gleichbleibender chronischer Verlauf oder fortschreitende Verschlimmerung?
- Mit, ohne oder gelegentlicher, heftiger oder geringer Juckreiz, immer an derselben Stelle?
- Hautbeschaffenheit: Abschürfung, tief, oberflächliche Läsion, Abszess, Geschwür, Fistel
- Schmerzhaft, schmerzlos, empfindlich gegen Berührung
- Jucken bei Berührung
- Beschaffenheit der Haut: trocken, schuppig, mehlig, fettig, Krusten, Verhornung, faltig, dünn, Risse
- Lokaler Haarausfall, evtl. am Ort des Ekzems
- Sofortiger Haarverlust bei beginnendem Ekzem, »zerstört« primär das Fell
- Oder späterer Haarverlust durch gehäuftes Kratzen (ist zu erwarten, also kein homöopathisch brauchbares Symptom)
- Pyodermie (flächige, meist eitrige Hautentzündung)
- Schwellung: warm, heiß, kalt, eindrückbar, hart, Nesselsucht (Urticaria)
- Absonderung – feucht, trocken, krustig, Eiter, Bläschen, blutend, stinkend – wie ?
- Abschuppend, mehlig, krustig, schorfig, Rhagaden, Schorfe, Verfilzung
- Nässend, Absonderung wundmachend oder mild
- Stinkend – wie ? Stinkt die Absonderung oder die ganze Katze?
- Ulcus, Fistel, Sepsis, Gangrän
- Hauttemperatur: warm, heiß, kalt

- Was bessert, was verschlechtert – Wärme, Kälte, Nässe, Umschläge, Berührung, Kratzen, Reiben

WANN?

- Tageszeit, Jahreszeit, Wetter
- Kälte, Wärme (z. B. sitzt an der Heizung), Wetter, Wetterwechsel
- Begleitumstände, z. B. Zahnung, Zahnwechsel, Lebensphase, Aufregung etc.
- Besitzerwechsel, Wohnungswechsel, Tierheim (Ansteckung, Parasiten, Mykose)

WARUM?

- Ist ein Auslöser, eine Ursache bekannt?
- Meist kommen mehrere Auslöser zusammen!
- Verletzung, Bisswunde, Operation, Infektion, infiziertes Ekzem, Bluterguss, Fremdkörper, Fistel
- Sonne, Hitze, Kälte, Nässe
- Futterwechsel, Futterbeschaffenheit
- Allergie o. a. Reaktionen auf Zusatzstoffe im Futter
- Vergiftung (kranke Maus, Dünger, Pestizide)
- Wechsel in der Haltung, Sonnenbrand
- Pharmakotherapie, Einreibungen, Salben, Waschungen (Waschmittel?)
- Schlecht vertragene Impfung, Wurmkur
- Schlecht vertragene Pharma-Präparate (z. B. Repellentien, Akarizide, Flohhalsband)
- Arzneimittelexanthem
- Hormonelle Umstellung: Kastration, Hormontherapie

WAS BEGLEITET?

- Gemütsverfassung, Verhalten – Änderung seit der Erkrankung, psychische Belastung?
- Körpergeruch, Pfotenschweiß
- Zusammenhang mit der Rolligkeit, sexuelle Überreizung
- Andere Erkrankungen, z. B. Verdauungsstörungen
- Wachstum, Zahnung, Zahnwechsel
- Überempfindlichkeit gegen heißes, kaltes oder nasses Wetter/Temperatur
- Klimawechsel (z. B. Ferienreise, Import, Umzug)
- Beziehung zum Besitzer o. a. Kontaktpersonen, Familienprobleme
- Psychische Traumen, auch solche der Kontaktperson

WAS NOCH?

- Hier sollte man überlegen, welche Faktoren sonst noch in das Krankheitsgeschehen hineinspielen könnten (siehe auch Anamnese im *Kapitel 2 Abschnitt Anamnese für die chronisch kranke Katze – »Gesamtheit der Symptome«, Seite 44*, und *Kapitel 20, Verhalten – Gemütssymptome, Seite 576*)

ÜBERSICHT, SCHLÜSSELSYMPTOME UND KURZ-REPERTORIUM

Es gibt besondere und wichtige Schlüsselsymptome, die den Zugang für eine Arzneimittelwahl erleichtern.

Diese Schlüsselsymptome können am Patienten beobachtet werden, müssen aber nicht in jedem Fall gegeben sein.

Bei chronischen Erkrankungen gehören dazu die »konstitutionelle Verfassung« (siehe *Kapitel 2, Abschnitte Medizinverständnis in Homöopathie und Hochschulmedizin, Seite 27*, und *Anamnese für die chronisch kranke Katze – »Gesamtheit der Symptome«, Seite 44*) sowie die Verhaltenssymptome.

Arzneien, die in der Liste zwar erwähnt, aber nicht ausdrücklich beschrieben sind, müssen in einer gesonderten Arzneimittellehre nachgelesen werden.

Die wichtigsten Arzneien für Hauterkrankungen:

Ant-c, Apis, Arn, Ars, Bell-p, Calc, Calc-p, Calen, Canth, Caust, Con, Dulc, Graph, Hep, Hippoz, Lach, Led, Lyc, Maland, Nit-ac, Nat-m, Nux-v, Phos, Puls, Pyrog, Rhus-t, Sep, Sil, Staph, Sulf, (Thuj)

Akute Hauterkrankungen

Wie Verletzungen oder Infektionen (siehe *Kapitel 3, Trauma – Verletzungen und Wunden, Seite 82*, und *Kapitel 4, Infektionen und Entzündungen, Seite 113*)

Haut, chronisches Ekzem: Hier gibt es sehr viele Mittel, die nicht im Einzelnen aufgelistet werden können. Entscheidend ist die »Gesamtheit der Symptome« und die konstitutionelle Verordnung, wenn keine besonderen Leitsymptome für die Hauterkrankung gefunden werden können!

Haut- und Haarkleidschäden

Verbesserte Fellqualität: Einmalige Einzelgabe von Vitamin A C 4, Ubichinon C 4 oder C 6

Haarbruch: Ars, Graph, Lyc, Nat-m, Psor, Sulf, Staph, Thuj u. a.

Haarausfall nach der Kastration: Lyc, Sep

Haarausfall während der Trächtigkeit: Lach

Haarausfall um die Geburt: Calc, Lyc, Nat-m, Sep, Sil, Sulf

Haarausfall während der Laktation: Nat-m

Haarausfall durch großen Kummer: Nat-m, Ph-ac

Haarausfall bei Welpen und jungen Katzen: Bar-c, Nat-m

Haarausfall händevoll oder in Büscheln: Lyc, Mez, Phos, Sulf, Thall

Dünnes, schütteres Fell: Ars, Calc, Graph, Lach, Lyc, Nat-m, Phos, Sep, Sil, Sulf, Thuj

Fettiges Fell: Graph, Nat-m, Maland, Puls, Sulf

Schlechte Wundheilung: Arn, Ars, Bell-p, Calen, Con, Graph, Hep, Lach, Lyc, Nat-m, Nit-ac, Phos, Puls, Rhus-t, Sil, Staph, Sulf

Schlechte Narbenbildung: Calc-f, Caust, Calen, Fl-ac, Graph, Hyp, Nit-ac, Phyt, Sil, Thios

Bissverletzungen von Hunden, Katzen, Ratten u. Ä. und deren Folgen: Bell-p, Calen, Hyp, Lach, Led

Hauterkrankungen mit Absterben von Gewebe (Gangrän): Ars, Canth, Carb-ac, Lach, Phos, Rhus-t, Sec, Sil

Akute Allergien

Allergische Reaktionen, Anaphylaxie: Acon, Apis, Ars, Carb-ac, Caust, Hist, Led, Nat-m, Psor, Rhus-t, Sulf, Urt-u (*Kapitel 19, Notfälle, Abschnitt Schock, Seite 549*)

Akute Arzneimittelreaktion, Arzneimittelexanthem (Allergie, z. B. nach Akarizid-Verabreichung): Ars, Apis, Bell, Dulc, Hist, Nux-v, Puls, Phos, Sulf

Allergische Reaktionen, Nesselausschlag, Quaddeln: Acon, Agar, Ant-c, Apis, Ars, Astac, Bell, Calad, Carb-ac, Dulc, Graph, Hist, Led, Lyc, Mez, Nat-m, Psor, Puls, Rhus-t, Sulf, Urt-u

Allergie u. a. Reaktionen auf Insektenstiche, Floh- oder Zeckenbisse: Acon, Androc, Ant-c, Apis, Arn, Ars, Bell, Calad, Carb-ac, Caust, Echi, Graph, Hippoz, Hyper, Lach, Urt-u

Allergische Ödeme: Arsen, Apis, Carb-ac, Con, Led, Sulf, Vespa u. a.

Akute Allergie nach Impfung: Apis, Echi

Hautentzündungen, Juckreiz nach Zeckenbiss: Led

Andere Allergien auf Insekten: Apis, Led, Carb-ac, Vespa

Flohstichallergie: Urtica, Led

Akute Urticaria: Apis, Ars, Carb-ac, Card-m, Dulc, Led, Nux-v, Phos, Puls, Rhus-t, Sulf, Thuj

Urticaria bei Fieber: Rhus-t

Urticaria nach Impfung: Echi, Maland, Nit-ac, Thuj

Schlüsselsymptome für chronische Ekzeme/Hauterkrankungen

Katzen mit dicker Haut (im Gegensatz zu den zarten, dünnhäutigen): Ant-c, Calc, Graph, Sep, Sulf, Thuj

Hauterkrankungen durch Unverträglichkeit von Trockenfutter: Calc, Chin, Ign, **Lyc,** Nat-c, **Nit-ac,** Nux-v, **Petr, Puls,** Sil, Sulf

Akne, entzündete Haarfollikel: Bell-p, Calc, Graph, Hep, Merc (mit Lymphknotenschwellung), Nat-m, Sep, Sil, Sulf, Thuj

Furunkel (siehe Akne): Echi, evtl. Staphylokokken-Nosode

Chronische Urticaria: Ant-c, Calc, Dulc, Nat-m, Nat-p, Lyc, Puls, Sulf, Thuj (Arzneimittelreaktion?)

Futterallergie und Hausstaubmilbenallergie (»Allergie« gegen Bezugspersonen?):
- Häufigste Mittel bei der Katze: Ars, Calc, Lyc, Mez, Nat-m, Psor, Puls, Sep, Sulf
- Nat-m (Gesicht,Schläfen, Pfoten, Zehen)
- Sep (an Pfoten, Zehen, Genital)

Hautausschläge durch Überhitzung (Langhaarige Tiere!): Ant-c, Graph, Nat-c, **Nat-m, Puls,** Sil

Hautausschlag zerstört primär das Haar (aber nach länger bestehendem Juckreiz mit Kratzen ist Haarausfall zu erwarten und nicht mehr als »auffallend« zu bewerten!): Ars, Bell-p, Kali-bi, Lyc, Med, Merc, Mez, **Nat-m,** Psor, Rhus-t, Sabad

Hautausschläge, Ekzem abwechselnd mit inneren Erkrankungen: Graph

Hormonell bedingte Hautausschläge: Graph, Nat-m, Phos, Puls, Psor, Sil, Sulf, Thuj u. a.

Hautausschläge, Ekzem »im Klimakterium« = nach der Kastration: Sep

Feuchtes, nässendes Ekzem (die wichtigsten Mittel): Ars, Bar-c, Calc, Calc-s, Dulc, Graph, Hep, Lach, Lyc, Merc, Mez, Nat-m, Nit-ac, Olnd, Petr, Phos, Psor, Rhus-t, Sep, Sil, Staph, Sulf, Thuj u. a.

Hauterkrankungen mit Absterben von Gewebe (Gangrän): Ars, Canth, Carb-ac, Lach, Phos, Rhus-t, Sec, Sil

Pigmentverlust, weiße Stellen in dunkel pigmentierter Haut: Ars, Calc, Graph, Lyc, Sep, Sil, Sulf, Thuj

Hautausschlag mit Befall von Maden: Ars, Calc, Sabad, Sil, Staph, Sulf

Juckreiz »unerträglich« (schlimmste Form, mit »Verzweiflung«): Mez, Psor

Juckreiz besser durch Wärme (besonderes auffallendes Symptom, da die meisten Ekzeme durch Kühlen besser werden)**:** Ars, Dulc, Rhus-t, Tub

Berührungsempfindliche Ekzeme: Ant-c, Apis, Ars, Calc, Hep, Lyc, Staph, Sulf

Hautausschläge mit Verhornung: Ant-c, Ars, **Graph**

Stinkende Hautausschläge (gemeint ist nicht der Eiter!)**:** Graph, Psor, Staph, Sulf

Hautausschläge schlimmer im Sommer: Calc, Graph, Kali-bi, Led

Hautausschläge schlimmer im Winter: Ars, Calc, Caust, Dulc, Hep, Rhus-t, Psor, Sep, Sil, Sulf, Thuj

Hautausschläge schlimmer durch Nässe, Nasswerden, kalt waschen: Ant-c, Dulc, Nit-ac, Rhus-t, Thuj

Hautausschläge schlimmer durch Kaltwerden: Ars, Caust, Dulc, Hep, Rhus-t, Sep

Hauterkrankungen im Zusammenhang mit Sexualzyklus: Apis, Con, Dulc, Graph, Lyc, Med, Mez, Nat-m, Petr, Puls, Sep

Hautausschläge nach schlecht vertragener Impfung: Echi, Maland, Mez, Sulf, Thuj (Sil)

Hautpilze (Mykose), auch Neigung, diese immer wieder zu bekommen: Ant-c, Ars, Bac, Calc, Dulc, Graph, Lyc, Maland, Nat-m, Nat-p, Sep, Sil, Sulf, Tell, Thuj, Tub

Intensiver oder wiederkehrender Befall mit Ektoparasiten: Ars, Bac, Carb-ac, Graph, Lach, Led, Lyc, Merc, Nat-m, Psor, Sabad, Staph, Sulf, Tub, Vinca

Empfindlich für Zeckenbisse, Flohbisse, Insektenstiche und deren Folgen: Apis, Arn, Ars, Bell, Carb-ac, Echi, Hyp, Lach, Led, Nat-m, Rhus-t, Urt-u

Lokalisationen von Hauterkrankungen

Hautausschlag am ganzen Körper: Ars, Carb-ac, Dulc, Kali-bi, Psor, Rhus-t, Sil, Tub, Thuj

Maulwinkel wund: Ant-c, Calc, Caust, Graph, **Nat-m,** Nit-ac, Phos, Sep, Sil u. a.

Ekzem an den Lippen: Ars, Bor, Calc, Crot-t, Graph, Hep, Lach, Lyc, Nat-m, Nit-ac, Phos, Rhus-t, Sep, Sil u. a.

Ekzem ums Maul: Ars, Calc, Dulc, Graph, Hep, Kalium-Mittel, Lach, Lyc, Merc, Natrium-Mittel, Nat-m, Nit-ac, Phos, Rhus-t, Sep, Sil, Staph, Sulf u. a.

Ekzem im Bereich der Sinushaare (Schnurrhaare): Calc, Graph, Lach, Nit-ac

Ekzem im Bereich der Nase: Caust, Nat-c, Nat-m, Nit-ac, Ph-ac, Sep, Sil, Sulf u. a.

Ekzem über den Augen (»Augenbrauen«): Caust, Nat-m, Phos u. a.

Ekzem am Kopf, wo beim Menschen der **Haaransatz** liegen würde: Nat-m, Nit-ac, Petr, Sep, Sulf

Ekzem um die Ohren: Ant-c, Caust, Mez, Olnd, Phos, Sulf u. a.

Ekzem an und zwischen den Pfotenballen: Canth, Graph, Lach, Lyc, Nit-ac, Phos, Psor, Puls, Sep, Sulf u. a. (zu differenzieren von Verätzungen und Hautreizungen durch Pestizide!)

Jucken an den Pfoten (nicht psychogen): Nat-m, Psor, Sep

Ekzem im Genitalbereich: Apis, Ars, Calc, Dulc, Graph, Lach, Lyc, Merc, Petr, Rhus-t, Sep, Sil, Staph, Thuj u.a

Hautausschlag an warmen Körperstellen (entspricht den Gelenkbeugen des Menschen): Calc, Graph, Lach, Lyc, Maland, Nat-m, Puls, Rhus-t, Sep, Sil, Sulf

Hautausschlag an Hautfalten: Ars, Calc, Caust, Graph, Lyc, Maland, Nat-m, Rhus-t, Sep, Sil, Staph, Sulf

Spezielle Hauterkrankungen der Katze

Akuter Befall mit Räudemilben: Ars, Calc-s, Hep, Kreos, Psor, Tub u. a.

Leckekzem der Katze, Haare ausreißen:

- **Rubrik: Gemüt, reißt sich an den Haaren:** Ars, Bell, Carc, Cupr, Lach, Med, Mez, Tarent,Tub-K
- **Rubrik: Gemüt; verstümmelt seinen Körper:** Ars, Cimic, Hyos, Med, Stram
- **»Wollüstiges Jucken«, manisch (**entspricht Masturbation): Phos, Lach, Med, Staph, Tub-K

- »**Manisches Lecken**«, schlimmer, sobald Haut wund: Arsen

Knabbern, Lecken an den Pfoten: Ambr, Ars, Bar-c, Calc, Calc-p, Caust, Cimic, Hyp, Ign, Lach, Lyc, Med, Merc, Nat-m, Phos, Puls, Sil, Staph, Sulf, Zinc

Stinkender Schweiß an den Pfoten und -ballen: Calc, Lyc, Nit-ac, Puls, Psor, Sil, Sulf, Thuj

Hautausschlag zwischen den Zehen: Graph, **Nat-m, Sep,** Psor, Sulf, Thuj, Leishmaniose-Nosode, Distemperinum u. a.

Nervöses Fell- oder Pfotenknabbern bei übersensiblen Tieren ist oft eine Reaktion auf die Nervosität der Besitzer: IGNATIA!!

Plattenepithelkarzinom an der Ohrspitze (schwer heilbar!): Ars, Leishmaniose-Nosode! Sol

Eosinophiler Granulom-Komplex:
- **Eosinophiles Granulom der Lippen:** Ars, Cund, Nit-ac, Phos
- **Eosinophile Plaques:** Ars, Carb-an, Lach, Nit-ac, Phos, Sil oder Thuj
- **Lineares eosinophiles Granulom:** Ars, Phos, Sil, oder Thuj
- **Ulzerierendes lineares Granulom:** Ars, Lach oder Sil

Wichtige Zwischenmittel im Laufe der Langzeittherapie chronischer Hauterkrankungen:

- *Distemperinum* (Nosode der Hundestaupe)
- *Hippozaeninum* (Nosode der Rotzkrankheit des Pferdes)
- *Malandrinum* (Nosode der Mauke des Pferdes)
- *Morgan-Gärtner* (Darmnosode komplementär zu *Lycopodium*)
- *Morgan pure* (Darmnosode komplementär zu *Sulfur*)
- *Dysentery compound* (Darmnosode komplementär zu *Arsenicum, Phosphorus, Silicea, Tuberculinum*)
- *Sycotic compound* (Darmnosode komplementär zu *Bacillinum, Pulsatilla, Thuja, Tuberculinum*)
- *Leishmaniose-Nosode*
- *Staphylococcinum* (Nosode aus Staphylokokken, geeignet für infizierte Akne, Follikulitis, Furunkel)
- Literatur zu Nosoden: 1, 12, speziell zu den Darmnosoden: 60.

BESCHREIBUNG DER WICHTIGSTEN HOMÖOPATHIKA FÜR HAUTERKRANKUNGEN DER KATZE

Neben diesen kurzen Beschreibungen muss zusätzlich das gesamte Arzneimittelbild berücksichtigt werden.

Angaben zur Dosierung am Ende des Kapitels.

- Die am häufigsten in der Praxis vorkommenden konstitutionellen Homöopathika für chronische Hautausschläge sind: Ars, Calc, Lach, Lyc, Nat-m, Phos, Psor, Puls, Sulf – das heißt jedoch nicht, dass man die anderen Mittel aus dem Auge verlieren darf!
- Weniger häufig – speziell bei der Katze – sind für chronische Hautausschläge: Ant-c, Borax, Crot-t, Dulc, Graph, Maland, Merc, Olnd, Petr, Rhus-t, Sars, Sep, Thuj, Tub
- Mittel für akute Hauterkrankungen, Allergien: Apis, Bell, Carb-ac, Crot-t, Dulc, Hist, Lach, Led, Mez, Medus, Mez, Rhus-t
- Eitrige oder septisch infizierte Hautausschläge: (Apis), Hep, Lach, Lyc, Lyss, Merc, Psor, Rhus-t, Sulf
- Palliativmittel bei momentan nicht beherrschbarem Juckreiz (z. B. akute Kontaktallergie): Hist
- »Zwischenmittel« bei Therapie chronischer Zustände, wenn das indizierte Mittel nicht mehr wirkt: Echi, Carc, Maland, Med, Medus, Nux-v, Psor, Tub; Darmnosoden (siehe Arzneimittellehre und Literatur 60): Dys-co, Morg-G, Morg

Antimonium crudum – Ant-c

(selten bei der Katze)

Indikationen und Symptome

- Pusteln, dann dicke gelbliche Krusten und schmerzhafte Risse
- Verhornungen, Verdickungen an Pfotenballen und Haut-Schleimhaut-Grenzen
- Schlimmer durch Wasseranwendungen
- Viel schlimmer durch strahlende Wärme und Sonne
- Unverträglichkeit von heißem Wetter
- Wechsel zwischen Hauterkrankungen und Durchfall

Apis mellifica – Apis

Indikationen und Symptome

- Rotlauf (Erysipel), Zellgewebsentzündung mit praller, schmerzhafter, berührungsempfindlicher Schwellung
- Daraus entwickelt sich kein Abszess, sondern ein Geschwür, Tendenz zur Sepsis
- Allergie gegen Insektenstiche (*Ledum*)
- Akute allergische Schwellung nach Insektenstich, sehr schmerzhaft
- Dabei evtl. Tendenz zu Atemnot (Anschwellen der Schleimhäute der Atemwege und Augen)
- Allergische Nesselsucht (Urticaria) mit starker eindrückbarer Schwellung, z. B. nach Insektenstich
- Große Quaddeln durch Kontaktallergie, auch durch Giftpflanzen oder Arzneimittelexanthem
- Hautausschläge mit ödematösen Schwellungen
- Stechend-brennender Schmerz
- Berührungsempfindliche Entzündungen
- Aber allergische Schwellungen sind nicht berührungsempfindlich!
- Besser durch Kälte, schlimmer durch Wärme

Arsenicum album – Ars

Indikationen und Symptome

- Häufiges Mittel für die Katze, auch bei Hauterkrankungen
- Meist chronisch, oft mit konstitutionellen Symptomen verbunden
- Trockene, feinschuppige Ekzeme
- Oft verbunden mit Abbrechen der Rückenhaare, dünnes Fell
- Oder Bläschen, eitrige Ekzeme mit dünnem, stinkendem, scharfem Sekret
- Ekzem zerstört primär das Fell (kahle Stellen)
- Heftiges Brennen und Jucken, schlimmer durch Kratzen und Lecken
- Wichtigstes Mittel für das Leckekzem mit »hysterischen« Anfällen von Lecken
- Schlimmer nachts, nach Mitternacht mit heftigen Kratzanfällen mit Unruhe, mit Durst auf kleine Schlückchen

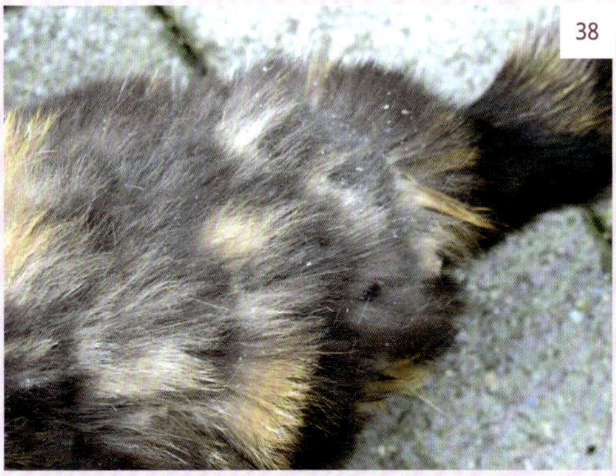

38

Verfilztes, feinschuppiges Fell einer Katze mit chronischer Niereninsuffizienz: eines der typischen Arsenicum-Symptome.
Viele Arsenicum-Patienten verfügen jedoch trotz schwerer Krankheit noch über ein schönes, glänzendes Fell!

- Frösteliger Patient, Haut schlimmer im Kalten
- Haut, Jucken besser durch Wärme (wie *Rhus toxicodendron, Tuberculinum)*
- Generell besser durch warme Anwendungen
- Feine Hautschuppen, die auch bei kurzhaarigen Katzen das Fell verfilzen können
- Ektoparasiten, Tendenz zu Floh- und Zeckenbefall
- Sehr schmerzhafte Krallenbettentzündungen, evtl. mit Ausfallen der Krallen

Belladonna – Bell

Indikationen und Symptome

- Akuter, plötzlicher Beginn, sehr heftige brennende Hitze der Haut bzw. der ganzen Katze
- Allgemeine Hyperästhesie
- Haut trocken und heiß, evtl. Fieber
- Schlimmer durch alle Arten von Sinnesreizen und Wärme

Borax veneta – Bor

(Selten bei der Katze)

Indikationen und Symptome

- Teils trocken, teils nässende Bläschen an Gesicht, Nase mit starkem Juckreiz
- Verfilzendes Fell (nicht ohne andere *Borax*-Symptome indiziert!)
- Schmerzhafte Entzündung, blutige Aphthen im Maul
- Augenentzündungen mit Tendenz zum Entropium (Einrollen der Lider)
- Begleitend evtl. überempfindlich gegen plötzliches Geräusch, Knall
- Angst beim Tragen, speziell wenn die Katze auf den Boden gesetzt wird oder herunterspringen soll
- Tendenz zu Durchfall und Stomatitis

Calcarea carbonica – Calc

Indikationen und Symptome

- Hellfarbene, »blonde«, dicke, träge, faule Katzen mit dickem Bauch
- Versteckt sich, »erträgt alles« wie im »Totstellreflex«
- Feuchte, stark juckende Ekzeme am Kopf, im Gesicht, Impetigo
- Besonders bei jungen, dicken Edelkatzen während Zahnung oder Zahnwechsel
- Evtl. schmerzlose Ekzeme, die erstaunlich wenig jucken
- Bei Eiterung: Schwellung regionaler Lymphknoten
- Schlimmer im Winter, bei Nässe und Kälte
- Schlimmer durch Waschen
- Urticaria besser in trockener, kalter Luft

Weitere Symptome

- Tendenz zu chronischer, schmerzloser Obstipation
- Oft große, mächtige, adipöse Katzen
- Evtl. mangelnde Sozialisation durch mutterlose Aufzucht mit »Breitspektrum-Angst«

Carbolicum acidum – Carb-ac

Indikationen und Symptome

- Allergische Hautreaktionen auf Insektenstiche, evtl. auch Nesselsucht
- Brennender, unerträglicher Juckreiz, kratzt wund und blutig
- Krusten und Schorfe auf den wundgekratzten Bezirken, reißen ein, bluten
- Eiterung möglich durch zusätzliche Infektion
- Haut tendiert allmählich zu Entwicklung von Geschwüren
- Evtl. auch unerträglicher Juckreiz durch Milben oder Haarlinge
- Alle Formen von Hautausschlägen sind möglich!

Carcinosinum – Carc

Indikationen und Symptome

- Chronische Hauterkrankungen im Rahmen von Immunschwäche-Erkrankungen
- Stimuliert tiefgreifend die körpereigene Abwehr
- Folgemittel auswählen

Croton tiglium - Crot-t

(Giftige Zimmerpflanze! Selten bei der Katze)

Indikationen und Symptome

- Extrem heftiges Jucken mit Rötung und starkem Brennen
- Bläschenausschlag, dann gelbliche Krusten
- Schmerzhafte Ekzeme, schlimmer durch Berührung und Kratzen, besser durch leichtes Reiben
- Begleitend explosionsartiger, wässeriger Durchfall, sofort nach Fressen oder Trinken
- Indikation erwägen, wenn die Katze an dieser Zimmerpflanze geknabbert hat!

Dulcamara – Dulc

Indikationen und Symptome

- Ekzeme, Allergien im Zusammenhang mit Nasswerden oder kalt-feuchten Räumen, nasskaltes Wetter
- Hautausschläge aller Formen, auch unklare allergische Hautausschläge durch Nässe und Feuchtigkeit
- Auch für die akute Kontaktallergie möglicherweise indiziert, z. B. durch Flohhalsband o. Ä.
- Hautausschläge besonders im Kopfbereich, krustig, evtl. am ganzen Körper
- Gelbliche, weiche Krusten im Gesicht, Oberlider, Achseln, Schwanzfalte, Genital
- Krustige, schorfige, abschuppende Hautausschläge, Einrisse, stark juckende Schrunden
- Durch Kratzen entstehen wunde, haarlose Stellen, die gelbliche Flüssigkeit absondern
- Diese evtl. mit Schwellung und zusätzlicher Infektion
- Hautausschläge mit auffallend heißer und roter Haut
- Tendenz zum Kratzen, bis zu wunder, blutiger Haut
- Starker Juckreiz sofort schlimmer durch Berührung mit Wasser (*Sulfur*), durch Nässe, Zugluft
- Nesselsucht durch Kaltwerden, durch Zugluft

- Generelle Verschlimmerung durch Nässe und Kälte, Zugluft, schlimmer im Winter
- Evtl. Bezug zur Rolligkeit
- Evtl. kleine Warzen, besonders im Gesicht
- Begleitend evtl. Erkrankungen der Harnwege, Rückenschmerzen
- Erkrankungen nach unterdrücktem Hautausschlag, z. B. Durchfall, Husten, Bewegungsstörungen

Dysentery compound – Dys-co (Darmnosode)

Indikationen und Symptome

- Übererregung des Sympathicus (*Argentum nitricum, Arsenicum*), Unruhe, Erwartungsangst, Platzangst
- Hautausschläge: entwickeln sich langsam, schuppig bis klebrig, in Beugen
- Risse brechen auf, heilen schnell
- Beschwerden durch Aufregung: Herzprobleme, Spasmen, Erbrechen und Verdauungsstörungen

Ergänzungsmittel

für *Ars, Lach, Phos, Sil, Tub*

Echinacea angustifolia oder purpurea – Echi

Indikationen und Symptome

- In potenzierter Form (C 30, C 200 oder höherer Potenz) Stimulans für die Aktivität des Immunsystems
- Indiziert bei schwer beherrschbaren Infektionen, auch der Haut
- Indiziert bei Immunschwäche-Erkrankungen wie FIV, Leukose etc.

Graphites – Graph

Indikationen und Symptome

- Chronische Ekzeme, trocken, rissig, schrundig, leicht blutend, Seborrhoe
- Meist scharfe, leicht stinkende Absonderungen
- Dicke, honiggelbe Sekrete kleben auf der Haut im erhaltenen Fell, darunter wundes, nässendes Ekzem
- Orte: am Kopf, im Gesicht, hinter Ohren, Genital, warme Regionen, Lippen, Lidränder, zwischen den Zehen
- Jucken schlimmer in Bettwärme, durch Waschen, Berührung
- Krusten schlimmer durch Kratzen
- Deformierte, dick, spröde, krümelige Krallen, hornige Pfotenballen, horniger Nasenspiegel
- Rissige Maulwinkel, Lefzenekzem
- Schlimmer im Frühling, Sommer
- Zusammenhang mit der Rolligkeit ist möglich

Allgemeines

- Verfrorener Patient, obwohl häufig adipös
- Verfressen, Schwäche, Schlaffheit, faul, aber erregbar
- Obstipation, harter, knolliger Stuhl
- Stinkender Pfotenschweiß

Hepar sulfuris – Hep

Indikationen und Symptome

- Unheilsame Haut, jede kleine Verletzung entzündet sich, wird **sehr** schmerzhaft, eitert
- Hochgradig schmerzhafte, eitrige Ekzeme, Furunkel, Akne, mit **stinkenden** Absonderungen
- Auch flächige Eiterung (Pyodermie), z. B. infizierte, nässende, eitrige Hautausschläge
- Eitrige, stinkende, flächige, infizierte Schälwunde nach Verkehrsunfall
- Eiter dick-weißlich, gelblich, blutig, scharf-wundmachend, stinkend wie alter Käse
- Sehr berührungsempfindlich, schmerzhaft, dadurch heftige, zornige Abwehr bei Berührung!
- Jede Anwendung von Kälte an erkrankten Stellen erregt aggressive Abwehr
- Katze sucht möglichst heiße Orte, generelle Besserung durch Wärme
- Durch schmerzhafte Eiterung werden eingedrungene Splitter o. a. Fremdkörper abgestoßen (*Silicea*)
- Kein Juckreiz!
- Nach Abklingen der eitrigen Infektion kann ein Folgemittel notwendig sein

Histaminum muriaticum – Hist

Indikationen und Symptome

- Schnell wirksames Palliativ bei akuter Kontaktallergie, oft verbunden mit extremem Juckreiz
- Indiziert, wenn momentan kein besser passendes Mittel gefunden werden kann
- Am besten wirksam in XM-Potenz; anschließend besser passendes Mittel geben!
- Hat keine dauerhaft heilende Wirkung

Lachesis mutus – Lach

Indikationen und Symptome

- Schlechte Wundheilung, Tendenz zu (septischen) Infektionen, Geschwür, Absterben von Gewebe
- Rötung mit Tendenz ins Bläuliche, besonders an Wunden und Wundrändern
- Hautausschläge, allergisch, mit extremem Juckreiz
- Septisch infizierte Ekzeme oder Geschwüre mit bläulicher, livider Verfärbung
- Neigung zu Geschwürbildung und Sepsis, extrem berührungsempfindlich
- Wichtigstes Mittel für das ulzerierende, lineare eosinophile Granulom (**Foto**)
- Schlimmer durch Wärme, bei warmem Wetter, Platzangst in der Transportkiste

Modalitäten

- Bei Sepsis: Blutungsneigung durch Gerinnungsstörung
- Störungen im Sexualzyklus oder der Schilddrüsenfunktion
- Im chronischen Fall berührungsempfindliche Kehle
- Entzündungen, Ekzeme beginnen meist links, gehen dann evtl. auf die rechte Seite
- Allgemeine Verschlimmerung nach dem Schlafen

Ledum palustre – Led

Indikationen und Symptome

- Entzündung von Insektenstichen, Zeckenbiss, mit Juckreiz, mäßige Schwellung
- Evtl. Quaddelbildung nach Insektenstichen
- Erste Arznei für Bisse von Hunden, Katzen, Ratten u. Ä. und eine folgende Entzündung

Lycopodium clavatum – Lyc

Indikationen und Symptome

- Sehr häufiges Mittel bei chronischen Hauterkrankungen (wie *Arsenicum*)
- Trockene oder nässende Ekzeme, häufig berührungsempfindlich
- Primärer Haarausfall an den betroffenen Stellen
- Ekzemstellen mit wundgekratzten haarlosen Hautbezirken, krustig, blutig, Knötchen
- Aus den Hautausschlägen Absonderung von reichlich klebriger Flüssigkeit
- Juckreiz schlimmer durch Wärme, am späten Nachmittag
- Bakteriell bedingte Hautausschläge/-infektionen (ähnlich »Hot-Spot« beim Hund)
- Hautausschläge schlimmer bzw. evtl. im Zusammenhang mit der Rolligkeit (auch trotz Kastration)
- Beschwerden beginnen auf der rechten, gehen dann auf die linke Seite
- stinkender Schweiß der Pfoten
- Neigung zu Ektoparasitenbefall
- Verordnung nach konstitutionellen Gesichtspunkten

Lyssinum – Lyss

Indikationen und Symptome

- Erkrankungen nach Tollwut-Impfung
- Blaurote krebsartige Geschwüre, auch mit Sepsis, nach dem Biss eines wütenden Tieres, ohne Heilungstendenz
- Ähnliches Bild wie *Lachesis*, aber das hilft nicht, auch resistent gegen Antibiotika
- Unerträglicher Juckreiz nachts, schlimmer im Warmen
- Schluckkrämpfe, Speichelfluss, wasserscheu, kann nicht trinken
- Evtl. unbeherrschbare Aggressivität mit Angst

Malandrinum – Maland

(Selten bei der Katze)

Indikationen und Symptome

Nosode aus der Mauke des Pferdes, indiziert, wenn eine konstitutionelle Therapie bei den folgenden Hauterkrankungen unbefriedigend wirkt:

- Nässendes Ekzem, schwammig, wund, fettig, Bläschen, Krusten, Schwielen
- Fettige, verdickte Haut mit verfilztem Fell
- Evtl. verbunden mit Panaritium (Krallenbettentzündung)
- Zusätzlicher Befall mit Pilzen, Milben und/oder Bakterien
- Geschwürbildung evtl. bis zum jauchigen Zerfall von Gewebe
- Schlimmer bei feuchtkaltem Wetter, schlimmer durch Warmwerden
- Entzündungen am und im Maul möglich, Infektion der Scheide
- Besondere Beziehung zu Herpesvirusinfektionen (?)
- Neigung zu stinkendem Schweiß der Pfoten

Medorrhinum – Med

Indikationen und Symptome

- Starker Juckreiz, schlimmer nachts, besser durch Ablenkung
- Hautausschläge durch ständiges Kratzen an Insekten- oder Flohstichen
- Manisches Kratzen, knabbern bis es blutet
- Nervöses Jucken, mit Hektik, Eile, Rastlosigkeit
- Schlimmer, wenn etwas bevorsteht, »Erwartungsangst«
- Besser am Meer
- Wenn gut gewählte Mittel für Juckreiz nur vorübergehend helfen
- Wichtig im Zusammenhang mit (unterdrückten) Genitalerkrankungen (z. B. Kastration bei Endometritis)

Medusa – Medus

(Selten bei der Katze)

Indikationen und Symptome

- Urticaria, Nesselsucht, Bläschenausschlag, wenn *Apis* nicht hilft

Mercurius solubilis – Merc

(Selten bei der Katze)

Indikationen und Symptome

- Starkes Jucken und Brennen der Haut, schlimmer nachts mit Unruhe
- Schlimmer im Warmen, schlimmer durch Schwitzen
- Bläschen oder Pusteln, die zu Eiterung neigen, geringe Rötung der Umgebung
- Übergang der Hautausschläge in schmerzhafte Geschwüre möglich
- Evtl. verbunden mit Schwellung der regionalen Lymphknoten
- Geringe Berührungsempfindlichkeit
- Speichelfluss, besonders nachts, stinkendes Maul, evtl. Stomatitis
- Generell stinkende Absonderungen
- Schlimmer durch Wärme und Kälte oder Temperaturschwankungen
- Alle Symptome schlimmer nachts

Mezereum – Mez

Indikationen und Symptome

- Hautausschläge besonders am Kopf und im Nacken
- Unerträglich heftiger Juckreiz (wie *Psorinum*)
- Mit brennenden, schießenden Schmerzen
- Nässende, vesikulöse (Bläschen) Hautausschläge
- Weiche dicke Krusten, darunter eitriges Sekret
- Ohne Eiter sind die Krusten bräunlich bis schwärzlich
- Schlimmer durch Berührung und Waschen
- Brennen besser durch kalte Anwendungen, aber dann verstärkter Juckreiz
- Juckreiz wechselt beim Kratzen die Stelle
- Periodische Verschlimmerung im Sommer
- Schlimmer im Winter, durch kalte Luft, schlimmer nachts im Warmen
- Lokalisation Kopf, Gesicht, Extremitäten, evtl. mit neuralgischen Schmerzen
- Kältegefühl in betroffenen Regionen, allgemein verfroren

Morgan-Gaertner – Morg-g (Darmnosode)

Indikationen und Symptome

- Chronische Verdauungsstörungen mit Tendenz zu Hautausschlägen
- Haut: Alopezia areata (begrenzter Haarausfall), oder Haarausfall in Büscheln
- Schuppige, nässende, krustige Hautausschläge, auch rote, schuppige Plaques
- Urticaria mit großen Quaddeln

Ergänzungsmittel

zu *Lach*, *Lyc*

Morgan pure Paterson (Morgan Bach) = Proteus morganii pure – Morg (Darmnosode)

Indikationen und Symptome

- An warmen Körperstellen, am Kopf (»Haaransatz«), an der Nase, an Mundwinkel
- Juckreiz schlimmer im Warmen, schlimmer durch Waschen
- Begleitend Atemwegserkrankungen, wiederkehrende Bronchitis, bes. nach Pharmakotherapie
- Chronische Verdauungsstörungen aller Art, Lebererkrankungen
- Muskelrheuma schlimmer am Anfang, besser durch fortgesetzte Bewegung

Ergänzungsmittel zu *Calc, Graph, Petr, Sep, Sulf*

Natrium muriaticum – Nat-m

Indikationen und Symptome

- Bei Mensch und Tier gleichermaßen eines der häufigsten Mittel für allergische und stoffwechselbedingte Ekzeme
- Eines der häufigsten Mittel für Neurodermitis, Hausmilbenallergie und ähnliche Erkrankungen
- Neigung zum wiederholten Befall mit Ektoparasiten
- Häufig fettiges, glanzloses, trockenes oder sprödes Fell, weiße Schuppen, verklebtes Fell
- Hautausschläge aller Art, meist stark juckend, mit der Neigung zum Wundkratzen
- Ekzeme, trocken oder feucht
- Jucken, wunde Haut, dann Nässen, dann Krusten, evtl. blutige Einrisse, Bildung von Schwarten
- Das Fell geht an den betroffenen Stellen zu Beginn der Hauterkrankung aus
- Lokalisationen an warmen Körperstellen: Ellenbeuge-Achsel, Schwanzfalte, Gesicht, um die Augen und Nase, am Bauch, zwischen den Oberschenkeln, zwischen Körperfalten
- Im Gesicht, wo beim Menschen an der Stirn der Haaransatz liegen würde (Foto 39)
- Wunde Lippen, Pickel (Akne) ums Maul mit Haarausfall (auch wie Lippenherpes beim Menschen)
- Hautausschläge an den Pfoten, zwischen den Zehen
- Schlimmer im Winter und Sommer, Unverträglichkeit von Sonne und heißem Wetter
- Im Winter entstehen dann häufig an denselben Stellen therapieresistente Pilzinfektionen
- Besondere Beziehung zu Herpesinfektionen
- Ekzeme kommen besonders bei Langhaarkatzen vor (Überhitzung)
- Häufig Allergie gegen Insekten oder Bienen, Ektoparasiten

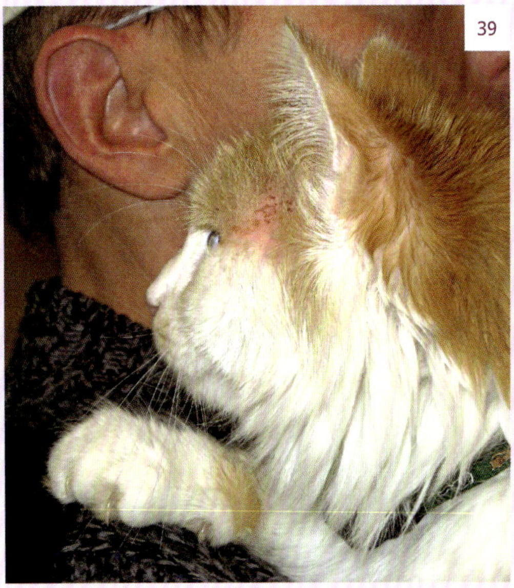

39

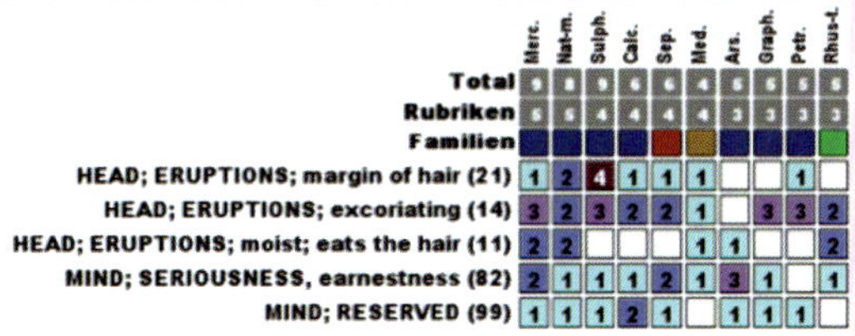

	Merc.	Nat-m.	Sulph.	Calc.	Sep.	Med.	Ars.	Graph.	Petr.	Rhus-t.
Total	9	8	9	6	6	4	5	5	5	5
Rubriken	5	5	4	4	4	4	3	3	3	3
Familien										
HEAD; ERUPTIONS; margin of hair (21)	1	2	4	1	1	1			1	
HEAD; ERUPTIONS; excoriating (14)	3	2	3	2	2	1		3	3	2
HEAD; ERUPTIONS; moist; eats the hair (11)	2	2				1	1			2
MIND; SERIOUSNESS, earnestness (82)	2	1	1	1	2	1	3	1		1
MIND; RESERVED (99)	1	1	1	2	1		1	1	1	

Hautausschlag einer Katze an der Lokalisation, wo beim Menschen der Haaransatz an der Schläfe liegen würde.
Nach der »Gesamtheit der Symptome«, nach der auffallenden Lokalisation des Ekzems sowie nach dem Symptom »Kopf, Hautausschlag am Haarrand" bekam die Katze Natrium muriaticum M. Nach 2 Wochen war die Haut glatt verheilt.

- Haarausfall, evtl. hormonell bedingt, evtl. zyklusbedingt, nach der Geburt, durch Kummer
- Trockene, juckende, chronische oder wiederkehrende Otitis externa, auch mit Ohrmilben
- Unterdrückung dieser Hauterscheinungen führt entweder zu vorübergehender Besserung oder zum Auftreten anderer Erkrankungen (z. B. allergische Atemwegsprobleme)
- Brave reservierte Tiere mit wenig Äußerungen von Lebensfreude oder unwillige Abwehr von Zuwendung
- Keine »Schmusekatze«, eher Bezug zu Einzelmenschen
- Folgen von Kummer mit depressivem Wesen, meidet Blickkontakt
- Beleidigt, wenn die Katze nicht tun darf, was sie will
- Abmagerung bei gutem Appetit oder extreme Adipositas (»Kummerspeck«)
- Verlangen nach oder Abneigung gegen Salz und Fisch
- Häufiger Kamerad von Menschen mit *Natrium-muriaticum*-Konstitution

Nitricum acidum – Nit-ac

Indikationen und Symptome

- Schlechte, verzögerte Wundheilung
- Geschwüre wie ausgestanzt, gezackte Ränder
- Eosinophiles, schmerzfreies Granulom bzw. Ulcus der Lippen
- Eosinophile Plaques mit erhabener Oberfläche, leicht blutend, Tendenz zu Krebs
- Erkrankungen nach unterdrückten (entfernten) Warzen!
- Warzen nach Impfung, wenn *Thuja* versagt
- Empfindlich gegen Kälte und kaltes Abwaschen erkrankter Körperteile
- evtl. Neigung zu wunden Maulwinkeln

Nux vomica – Nux-v

Indikationen und Symptome

- Juckende, schmerzhafte Hautausschläge, Nesselsucht, mit Schwellung
- Speziell nach toxischer Belastung, schlecht vertragene Medikamenten, Stress
- Gleichzeitig bei Magen-Darm-Erkrankungen mit Frieren

Oleander – Olnd

(Mediterrane, giftige Garten- und Topfpflanze! Selten bei der Katze)

Indikationen und Symptome

- Nässende Ausschläge, besonders im Gesicht, wo beim Menschen der Haarrand liegen würde
- Hautausschläge um die Ohren
- Starkes Jucken und Brennen, klebrige, stinkende Absonderungen
- Jucken schlimmer im Warmen
- Kratzen bessert
- Begleitend:
  - Tendenz zu Blähungen mit Kolik, Durchfall
  - Herzbeschwerden, Extrasystolen

Petroleum – Petr

(Selten bei der Katze)

Indikationen und Symptome

- Schmerzhafte, stark juckende Ausschläge, mit der Bildung tiefer Risse
- Schlimmer jeden Winter, besser durch Wärme
- Lokalisationen: Pfoten und -ballen, Kopfhaar, Ohren, Haut-Schleimhautübergang
- Nässende Krusten
- Schmerzempfindliche Haut gegen Druck und Berührung
- An Hautfalten lokale Verhärtungen
- Wundmachende Absonderungen aus den Augen
- Juckende, schmerzhafte, stinkende Otitis externa

Begleitsymptome

- Schwindel, Übelkeit, Erbrechen durch Autofahren, trotzdem Appetit
- Schlimmer durch Schreck, Ärger
- Schlimmer morgens, tagsüber
- Besser bei trockenem Wetter, durch Wärme
- Magenbeschwerden besser nach dem Fressen

Phosphorus – Phos

Indikationen und Symptome

- Neigung zu blutenden Ekzemen, Wunden, gestörte Blutgerinnung
- Ekzemstellen sondern rosa-blutige Absonderung ab
- Für die Auswahl von *Phosphorus* entscheiden andere, auch konstitutionelle Symptome
- Im Akutfall indiziert bei Vergiftung durch Altöl (Motoröl aus der Autowerkstatt) mit pergamentähnlichem Absterben von Hautarealen (siehe *Kapitel 19, Notfälle, Abschnitt Vergiftungen, Seite 561*)

Psorinum – Psor

Indikationen und Symptome

- Chronische Hautausschläge aller Art, zerstören primär das Fell
- Auch Zwischenmittel bei »homöopathischer Kur« bei langwierigen, chronischen Hauterkrankungen
- Wichtig bei Befall mit Räudemilben
- Schmutziges Aussehen, stinkende, trockene Haut
- Neigung zum Frieren
- Trockene, reaktionsarme Haut, Wunden heilen schlecht
- Schmierige, klebrige, stinkende Hautausschläge
- »Verzweiflung durch heftigstes Jucken«
- Juckreiz schlimmer im Warmen, obwohl der Patient die Wärme sucht
- Juckreiz schlimmer nachts, nach Waschungen, im Winter, im Frühling
- Kratzt unaufhörlich, bis es blutet
- Schlimmer durch Wolle (Teppich, Schaffell)
- Wiederkehrender Befall mit Ektoparasiten
- Stinkende Absonderungen: Kot, Haut, Maul
- Chronisch eiternde stinkende Otitis externa
- Physische und psychische Abwehrschwäche
- Viel Angst und Klammern am Besitzer
- Tiefgreifendes Mittel, darf nicht zu häufig wiederholt werden

Pulsatilla pratensis, nigricans oder vulgaris – Puls

Indikationen und Symptome

- Juckreiz schlimmer abends, vor Mitternacht
- Jucken schlimmer bei warmem Wetter, im warmen Zimmer, besser in frischer Luft
- Urticaria bei Hitze, Sonnenbrand, Sonnenallergie
- Heiße Haut

Begleitsymptome

- Liebes, freundliches, ruhiges Wesen, »Kuschelkatze«, nachgiebig, meist rangniedrig
- Selten aggressiv, aber eifersüchtig
- Wenig Durst

Rhus toxicodendron – Rhus-t

Indikationen und Symptome

- Bläschen, Pusteln, feuchte Ekzeme
- Hautausschlag zerstört primär das Fell
- Starkes Jucken, nicht besser durch Kratzen, aber besser durch Wärme (*Arsenicum, Dulcamara*)
- Haut u. a. Symptome schlimmer durch Kälte, feuchte Kälte, kalte Zugluft
- Haut berührungsempfindlich
- Besserung durch Bewegung, schlimmer in Ruhe
- Schlimmer abends und nachts

Sarsaparilla – Sars

(Selten bei Hauterkrankungen der Katze)

Indikationen und Symptome

- Trockene, rissige, pustulöse Hautausschläge an Extremitäten, Genital, After
- Verhornungen an den Pfoten
- Jucken schlimmer nach Waschen, durch Wärme, im Frühling, zyklusbezogen
- Jucken am After, besonders nachts
- Begleitend: schmerzhafter Harnzwang nach Urinieren

Sepia officinalis oder succus – Sep

Indikationen und Symptome

- Ekzeme an warmen Stellen (zwischen Zehen, zwischen Oberschenkeln, am Bauch, in Schwanzfalte u. Ä.)
- Ekzeme im Genital- und Analbereich
- Ekzeme an Vorderpfoten, zwischen und unter den Zehen, besonders an Vorderextremitäten
- Bläschen periodisch mit Nässen und Einrissen, schuppig, evtl. dunkel pigmentiert
- Akne im Gesicht, Lefzenekzem
- Mykosen ringförmig (= »Herpes circinatus«)
- Starker Juckreiz
- Schlimmer durch Kälte, im Winter, nasskaltes Wetter, durch Warmwerden

Begleitsymptome

- Zusammenhang mit Zyklus und dessen Störungen, Sterilität, Genitalerkrankungen
- Manchmal gelb um die Nase, Augen, After u. a. Pigmentstörungen
- Ausgeprägter und bessernder Bewegungsdrang (»Rennkatze«) oder erschöpftes Zuchttier
- Oft widerspenstiges, mürrisches Wesen

Sulfur – Sulf

Indikationen und Symptome

- Schmutziger Patient, wenig Neigung zum Putzen
- Meist stinkende Haut, stinkende Absonderungen
- Folgen von Unterdrückungen, Kortisontherapie
- Starkes Jucken, dann Brennen mit Lecken
- Schlimmer durch Waschen, Baden, Warmwerden, wollene Decke
- Gerötete, heiße Körperöffnungen
- Häufig Haarausfall
- Ungenügende Körperpflege, lässt sich von anderen putzen!

Begleitsymptome

- *Sulfur* steht wie der »Fels in der Brandung«, wenig durch andere zu beeindrucken

Thuja occidentalis – Thuj

Indikationen und Symptome

- Hauterkrankungen, Urticaria, Warzen nach Impfung
- Haarkleidschäden, Haarausfall, Haarbruch, schütteres Fell, Mykosen (Hautpilze)
- Entzündung von Haarfollikeln, seborrhoische Akne
- Hormonell bedingte Haut- und Haarkleidschäden

Tuberculinum – Tub – Bacillinum – Bac

Indikationen und Symptome

- Ruhelose Patienten mit chronischen Ekzemen, Mykose, »Flechten«
- Breit gefächerte Allergien gegen Futtermittel
- Ekzeme an warmen Körperstellen, um die Ohren, Lidrandentzündung
- Jucken besser durch heiße Anwendungen
- Begleitend:
  - Wechsel von Symptomen oder Lokalisationen
  - Vergrößerung, Entzündung von Lymphknoten

HOMÖOPATHISCHES VORGEHEN UND DOSIERUNG DER ARZNEIEN FÜR HAUTERKRANKUNGEN

Chronische Hautausschläge

In den meisten Fällen chronischer Hautausschläge ist eines der großen Polychreste indiziert.

Seltener – und im Vorliegen besonderer Symptome (§ 153 des ORGANON) – kommt eines der anderen Mittel infrage.

Die Dosierung richtet sich individuell nach Zustand und Vorbehandlung des Patienten:

- Wenn der Patient noch nicht immunsuppressiv (Kortison) oder mit entsprechenden Cremes vorbehandelt worden ist, bringt die Einzelgabe einer hohen Potenz (C 200, M oder XM) des passenden Mittels die besten Ergebnisse.
- Wenn vor Beginn der homöopathischen Therapie immunsuppressiv behandelt wurde, sollte die Potenz noch nicht höher als C 200 gegeben werden. Hier ist es möglich, dass die Hauterkrankung nochmals kurz aufflammt (Erstreaktion). Wenn das Mittel richtig gewählt wurde, darf kein zusätzliches Mittel und auch keine zusätzliche Therapie (z. B. Bioresonanz o. Ä.) eingesetzt werden. Die Reaktion wird in Kürze abklingen. In diesem Fall sollte die Potenz noch nicht höher als C 200 gewählt werden.
- Wenn intensiv, wiederholt oder zur Zeit noch immer immunsuppressiv therapiert wurde oder wird, sollte der Patient anfangs mit einer tiefen C-Potenz (C 4 oder C 6) oder einer tiefen Q-Potenz (Q 1 oder 2) in einmal täglichen Gabe behandelt werden. Bei überschießender Reaktion kann die Gabe vorübergehend ausgesetzt werden. Auf diese Weise lässt sich die Wirkung der Arznei steuern. Vorausgesetzt ist hier allerdings der enge Kontakt mit dem Tierbesitzer, der die Reaktionen der Katze (des Tieres) beobachten, notieren und uns berichten muss.
- Wenn sich eine beginnende Besserung des Patienten abzeichnet, kann die Pharmakotherapie reduziert bzw. später abgesetzt werden.
- Anschließend sollte mit der C 30 weiter therapiert werden. Die Abstände der Gabe richten sich nach der Hautreaktion des Patienten. Möglicherweise benötigt er die C 30 alle 2, 7 oder 10 Tage. Die Abstände sollten sich nach jeder Gabe des richtigen Mittels vergrößern.
- Wenn sich nun die Hauterkrankung in Grenzen hält, aber keine weitere Besserung eintritt, dann ist die C 200 indiziert, die nun wenigsten für 4 Wochen – meist länger – die Lebenskraft stabilisieren sollte.
- Zwischenzeitlich kann bei Stillstand der Besserung eines der oben angegebenen »Zwischenmittel« eingesetzt werden, dessen Wirkung jedoch ebenfalls genau registriert werden muss.

Gerade chronische Hauterkrankungen erfordern oft eine langwierige Therapie.

Akute Hautreaktionen – Kontaktallergie – Urticaria u. Ä.

In diesen Fällen ist die Lebenskraft aktuell intensiv aus dem Gleichgewicht geraten. Hier muss – je nach Zustand des Patienten – eine C 200-Potenz eingesetzt werden.

Bei unsicherer Arzneimittelwahl empfiehlt sich ein Test evtl. sollte zunächst nur eine C 30 gegeben werden, die bei Bedarf wiederholt werden kann.

Histamin ist für eine Palliativtherapie bei plötzlichem, heftigem Juckreiz indiziert (z. B. Kontaktallergie), der keinem anderen Mittel zugeordnet werden kann. Hier ist am besten eine XM-Potenz wirksam. Aber diese Medikation wird auch bei wiederholter Anwendung keine Heilung bringen, sondern bestenfalls eine vorübergehende Linderung.

Eitrige oder septisch infizierte Hautausschläge

Diese Erkrankungen sollten mit der C 30 oder C 200 abheilen.

KAPITEL 15

KREBS- UND TUMORERKRANKUNGEN DER KATZE

Allgemeines zu Tumorerkrankungen der Katze

Tumoren entstehen durch ungesteuertes, überschießendes Wachstum von teilweise entarteten Zellen. Das heißt, die regulierende Lebenskraft ist zuvor durch verschiedene Einflüsse aus dem Lot geraten und kann das gesunde Wachstum bestimmter Zellverbände nicht mehr sinnvoll koordinieren.

Man unterscheidet gutartige (benigne) und bösartige (maligne) Tumoren, letztere werden eingeteilt in Karzinome – aus Epithelgewebe gebildet – und Sarkome – bestehend aus Bindegewebe (Mesenchym), z. B. das Fibrosarkom).

In der Regel ist eine Krebserkrankung das Endstadium einer langfristig und tiefgreifend gestörten Gesundheit nach mehreren vorangegangenen Erkrankungen. Auch eine langfristige »psychische Unterdrückung« durch dominante »Vorgesetzte« kann das Entstehen von Krebserkrankungen begünstigen.

Auch bestimmte Viren (onkogene Viren) können Krebs erzeugen.

Vor dem Entstehen des Krebs durchläuft der Organismus das Stadium der Präkanzerose, das grundsätzlich durch das konstitutionelle oder eine Abfolge passender Mittel zu heilen ist.

Dieses Stadium der Erkrankung ist jedoch bei der Katze – und anderen Tieren – nicht immer klar zu diagnostizieren.

Wiederholte Unterdrückungen von Infektionen, Körperabsonderungen oder anderen Ausscheidungen – im Sinn der Homöopathie (*Kapitel 2, Homöopathische Grundlagen, Abschnitte Medizinverständnis in Homöopathie und Hochschulmedizin, Seite 27* und *Kriterien der Ähnlichkeit: Arten von Erkrankungen, Seite 34*) – sowie durch wiederholte immunsuppressive Therapien (z. B. Kortison u. Ä.) wird die selbstregulierende Lebenskraft zunehmend geschwächt bzw. blockiert. Als Ergebnis können sich unkontrolliert wuchernde Zellen an dem individuell anfälligsten Organ entwickeln.

Die Katze ist zwar für maligne Tumoren weniger empfänglich als der Hund, aber sie schreiten häufig sehr schnell in ihrer Malignität fort und neigen dazu, nicht nur über das Blut, sondern auch über Lymphbahnen auf andere Organe zu metastasieren; daher sind sie keineswegs gut zu beherrschen.

Nicht alle Katzen, die an Krebs erkranken, sind durch eine erkennbare Phase schlechter Gesundheit gegangen. Beim Haustier, speziell bei der Katze, gibt es zusätzliche, spezielle krebsauslösende Faktoren, die durchaus auch das beschleunigte Entstehen von Tumoren – scheinbar »aus heiterem Himmel« – begünstigen können:

- **Geschlechtshormone:** Hormonwirksame Implantate oder die wiederholte Applikation von Geschlechtshormonen (z. B. »Katzenpille«)
- **Impfstoffe** bzw. deren Hilfsstoffe (**Adjuvanzien** wie Thiomersal – organisch gebundenes Quecksilber u. a. Stoffe).

Manche Impfviren werden auf Krebszellen gezüchtet, manche werden durch Genmanipulation gewonnen, welche auf die Entstehung von Krebs aus der Sicht der Schulmedizin keinen Einfluss haben sollen.

Es gibt Impfstoffe für Tiere, die mit dem Hilfsstoff **Beta-Propiolakton** versetzt sind. Bei Wikipedia ist nachzulesen, dass dieser Stoff zum Abtöten von Impfviren eingesetzt wird und er »gilt als krebserregend« (http://de.wikipedia.org/wiki/Propiolacton) – siehe auch *Kapitel 4, Infektionen und Entzündungen, Abschnitt Reaktionen auf Impfungen, Seite 154*.

Sogenannte **Impfsarkome** der Katze (Vakzine induzierte Sarkome, Fibrosarkome, Sarkome des

Bindegewebes) sind keine Seltenheit. Sie befinden sich dort, wo sich der Impfstoff unter der lockeren Katzenhaut abgelagert hat. Ein Zusammenhang mit der Impfung wird erst seit Kurzem in Einzelfällen von offizieller Seite anerkannt und soll bei weniger als 1 % der geimpften Katzen liegen. Die Praxis beweist jedoch eine weitaus größere Verbreitung.

Die »Vakzine induzierten Sarkome« werden besonders mit der Tollwut- oder FeLV-Impfung in Zusammenhang gebracht. Wegen der möglichen Entwicklung eines Impfsarkoms wird den impfenden Tierärzten heute sogar empfohlen, die Impfung an einer Stelle vorzunehmen, die für eine evtl. Operation gut erreichbar ist.

Nach der operativen Entfernung neigen die »Vakzine induzierten Sarkome« jedoch zu schneller Entwicklung von Rezidiven mit aggressiver Ulzeration.

Schließlich schwächt **jedes Gift** die Lebenskraft und kann demnach das Entstehen von Tumoren aller Art begünstigen: Dazu gehören nicht nur die **Akarizide** (Zecken- und Flohmittel), sondern auch nicht indizierte Wurmkuren (wenn keine Endoparasiten vorhanden sind) und schließlich **Pestizide,** andere **Biozide** sowie **Düngemitte**l, welche die Katze beim Laufen über Unkraut, über »gespritzte« Gemüse- oder Blumenbeete durch Lecken an den Pfoten aufnimmt. Auf der gleichen Linie rangiert das Fressen von vergifteten Mäusen (siehe *Kapitel 19, Notfälle, Abschnitt Vergiftungen, Seite 561*)

Die **Zusammensetzung des industriell hergestellten Fertigfutters** enthält Zusatzstoffe (z. B. Mineralstoffe, synthetische Vitamine, Jod), die nicht immer dem individuellen Bedarf und den Qualitätsansprüchen der Katze angepasst und biologisch nicht optimal verträglich sind (es gibt seltene Ausnahmen!).

Man vermutet z. B., dass die **Adenome der Schilddrüse bzw. die Hyperthyreose** durch die Jodzusätze im Fertigfutter ausgelöst werden. Vor 40 Jahren waren Schilddrüsenstörungen bei der Katze noch weitgehend unbekannt.

Schließlich und nicht zuletzt gibt es die **Interaktion zwischen Tierbesitzer und Haustier**:

Das Tier übernimmt das Energiefeld des ihm emotional am meisten nahestehenden Menschen und erkrankt entsprechend dessen »Ausstrahlung«.

Krankengeschichte eines Vakzine-induzierten Fibrosarkoms (Impfsarkom), Kater Tapsi

Die erste Manifestation des ca. hühnereigroßen Tumors an der linken Brustwand war im Februar 2009 operativ entfernt worden. An der 15 cm langen Wundnaht entwickelten sich ca. 2 Wochen später zwei schmerzlose, ca. walnussgroße derb-elastische Tumore. Unter der homöopathischen Therapie mit der Katzen-Impfnosode C 30, wiederholten Gaben von Conium, später Carbo animalis (je Q 3 und anschließend Q 4) bildete sich einer der Tumoren zurück, während der zweite sich bis zum August 2009 zu einem tiefen, zerklüfteten, stinkenden, schmerzlosen Geschwür entwickelte.

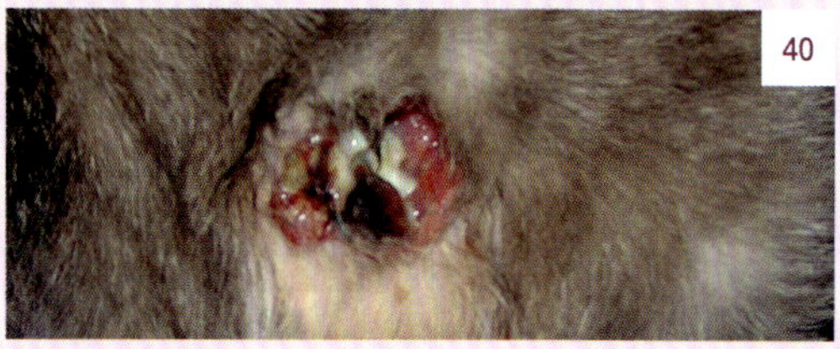
40

Unter der anschließenden Therapie mit Cundurango Q 3 – einmal tgl. – schien sich das Ulcus zurückzubilden, heilte jedoch nicht ab.
Hydrastis C 6 verminderte Eiterung und Gestank. Für zwischenzeitliche Symptome von Sepsis bekam der Kater von der Besitzerin gelegentlich eine Gabe von Echinacea C 30.
Unter wiederholten Gaben von Scrophularia nodosa C 6 ging es dem Kater so gut, dass er regelmäßig zappelnde Mäuse heim brachte.
Das Ulcus war von überhängendem Fell bedeckt, sodass kein Außenstehender die Wunde entdecken konnte und etwa den Tierschutz mobilisieren Könnte!

Im Dezember 2009 sah die Wunde folgendermaßen aus – bei bestem Allgemeinbefinden des Katers:

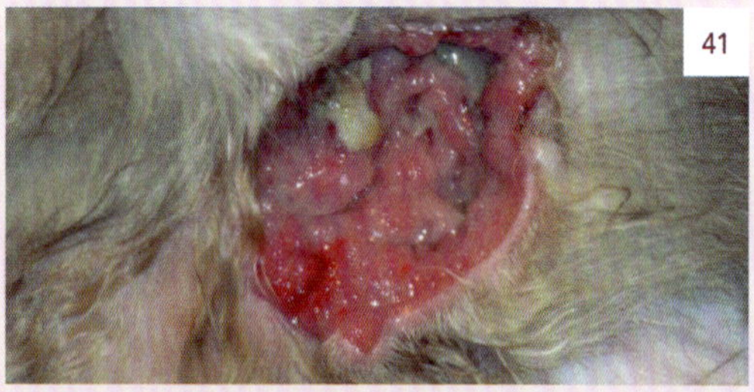
41

Während meiner vorübergehenden Abwesenheit (Umzug) stellte die Besitzerin den Kater erstmals wieder dem schulmedizinischen Tierarzt vor, der Tapsi sofort euthanasierte.

Ein weiteres »Impfsarkom« (Fibrosarkom) bei einem 5-jährigen Kater: Der Tumor ist am Ort der letzten Impfung nahe der Schulterblätter lokalisiert, etwa so groß wie eine Grapefruit

42

Wenige Wochen später brach der Tumor auf; es entleert sich eine Menge serös-klebrig-wässriger Flüssigkeit. Anschließend entwickelten sich an den Rändern und in der Umgebung des aufgebrochenen Geschwürs neue Tumore. Der Kater wurde wenig später in schwerem septischen Zustand bei infauster Prognose euthanasiert.

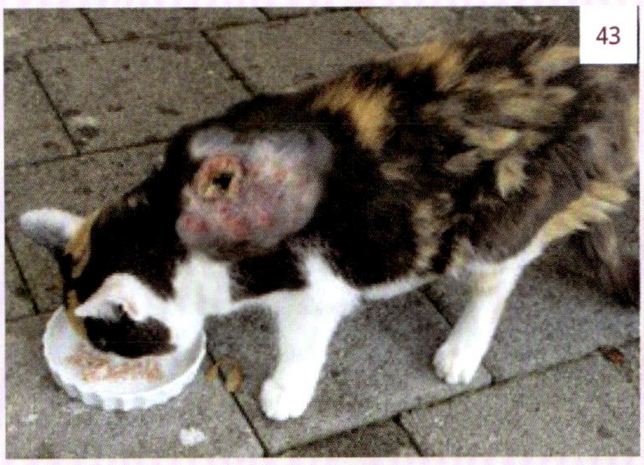

43

Auch stellvertretende Erkrankungen sind bekannt, die das Haustier anstelle seiner Bezugsperson erkranken lassen. Dieser Aspekt lässt übrigens das Thema »Euthanasie« in ganz neuem Licht erscheinen.

Aber auch **gutartige Tumoren** sind keineswegs »harmlos«, wenn sie durch ihre Umfangsvermehrung anderes Gewebe oder Organe einengen können oder wenn sie eine Hormonproduktion beeinflussen, wie z. B. die Adenome der Schilddrüse.

Die **Diagnose** »Krebs« oder »gutartiger Tumor« ist nicht immer leicht zu differenzieren. Die sicherste Diagnose bietet die Biopsie des erkrankten Gewebes mit anschließender histologischer Untersuchung.

Aber jede traumatisierende Einwirkung an einem Tumor kann zur sprunghaften Vermehrung des Tumorgewebes oder zu Metastasen führen.

Das Erscheinungsbild und die Lokalisation einiger Tumoren lassen aus der Erfahrung auf bestimmte Tumorarten schließen.

Tumorarten bei der Katze

Die wichtigsten malignen Tumorerkrankungen der Katze sind:

- Lymphosarkom
- malignes Lymphom
- Mammatumoren
- Vakzine induziertes Sarkom (»Impfsarkom«)
- Plattenepithelkarzinom der Haut

Die wichtigsten benignen Tumorerkrankungen der Katze sind:

- Adenom der Schilddrüse
- Polypen im Nasenrachenraum (siehe *Kapitel 8, Erkrankungen der Atemwege, Abschnitt Rhinitis, Seite 251*)
- Thymusadenom

TUMOREN DES LYMPHSYSTEMS

Tumoren lymphatischer Organe gelten als systemische Erkrankungen, d. h. sie betreffen den gesamten Organismus.

Das Lymphosarkom kann im Brustraum als Mediastinal-Lymphosarkom, im Bauchraum als Lymphom der Mesenteriallymphknoten u. a. Lymphorganen vorkommen.

Die Symptome entsprechen dann der Lokalisation der Erkrankung: Im Brustraum stehen Symptome der Atemwege, im Bauchraum solche des Verdauungsapparates im Vordergrund. Veränderungen im Blutbild und serologische Tests sollten eine Differenzierung zwischen Leukose, FeLV oder FIP ermöglichen. Diese Untersuchungen sollten jeweils von unterschiedlichen Labors durchgeführt werden, weil deren Ergebnisse mitunter differieren.

Solche Patienten dürfen auf keinen Fall gegen diese Erkrankungen geimpft werden!

Auch andere Impfungen sind bei allen Tumor- und Krebserkrankungen kontraindiziert, weil das Immunsystem bzw. die Lebenskraft beeinträchtigt sind.

Schulmedizinische Therapie

Die Schulmedizin bietet folgenden Therapiemöglichkeiten an:

- **Operation:** Operable Tumoren werden in der Regel entfernt; aber gerade bei der Katze kommt es besonders häufig zu Rezidiven, zu deren Ulzeration oder Metastasen, die nicht mehr beherrschbar sind.
- **Immunsuppressive und entzündungshemmende Therapien:** Krebserkrankungen bei Haustieren werden häufig mit Kortison behandelt (Immunsuppression), obwohl die etablierte Medizin jetzt diskutiert, ob man das Immunsystem eher stärken sollte. Zusätzlich werden »Entzündungshemmer« (NSAIDs) gegeben, die eine Vielzahl an unerwünschten Nebenwirkungen nach sich ziehen können. Bei starken Schmerzen des Patienten sind sie jedoch eine probate Medizin, wenn nichts Besseres gefunden werden kann.
- **Bestrahlungen** oder **Chemotherapie** versprechen bei der Katze kaum einen anhaltenden Erfolg und sind zusätzlich mit unangenehmen Nebenwirkungen verbunden.

Probleme alternativer Heilmethoden mit Krebs

Die Verlängerung von Leben und Lebensqualität der Katze gelingt in den meisten Fällen durch Homöopathie bzw. andere alternative Heilverfahren besser als mit schulmedizinischer Therapie.

Aber auch durch alternative Heilverfahren gelingt die echte Heilung von Krebs nur in seltenen Fällen:

- Zum einen ist es schwierig, das passende Mittel in passender Dosierung oder eine optimale

Abfolge verschiedener Mittel zu finden und zu verabreichen.

- Zum zweiten kann unser Patient durchaus längere Zeit ohne Beschwerden leben, bis der Tumor endlich festgestellt oder entdeckt wird, sodass die Erkrankung bereits weit fortgeschritten ist, wenn sie zur homöopathischen Therapie kommt: Dann ist es schwierig, den Wettlauf zwischen Tumorausbreitung und Wirkung der Arznei zugunsten der Lebenskraft zu steuern.
- Der dritte Faktor sind die Tier- oder Katzenbesitzer: Oftmals bringen sie nicht die notwendige Geduld, Aufmerksamkeit und Fürsorge für ihr krebskrankes Tier auf oder lassen sich von materialistisch eingestellten Mitmenschen oder Tierärzten zur vorzeitigen Euthanasie überreden.

Homöopathische Krebstherapie

Die homöopathische Krebstherapie unterscheidet sich in mancher Hinsicht von den bisher dargestellten homöopathischen Gesetzmäßigkeiten (Literatur 33).

Für die Tierhomöopathie gibt es nur vereinzelte Angaben zur Krebstherapie. (Neu: Veröffentlichungen von Sue Armstrong, Narayana-Verlag).

Verschiedene Autoren der Human-Homöopathie behandeln Krebs nach unterschiedlichen Strategien für den Einsatz von Mitteln und Potenzen. Auch hier gibt es keineswegs immer Heilungen.

Einig sind sich jedoch die meisten homöopathischen Krebstherapeuten, dass man hier mit wiederholten Gaben tiefer Potenzen behandeln muss, die anfangs den Tumor mit seinen Modalitäten und die aktuellen Beschwerden des Patienten in den Vordergrund stellen, nicht seine Konstitution bzw. die »Gesamtheit der Symptome« (siehe *Kapitel 2, Homöopathische Grundlagen, Abschnitte Chronische Erkrankungen, Seite 35*, und *Die Erste Säule der Homöopathie: Der Patient, Seite 44*) seines bisherigen Lebens (vereinzelte Ausnahmen!).

Das konstitutionelle Mittel darf erst dann gegeben werden, wenn das Tumorgewebe eindeutig zurückgebildet ist. Eine vorzeitige Gabe des konstitutionellen Mittels bewirkt oft einen vorzeitigen Tod oder eine Explosion des Tumorgewebes.

In der Homöopathie gehören Krebserkrankungen zu den »einseitigen Krankheiten« (nach Hahnemann). Er versteht darunter Erkrankungen, die nicht durch besondere, auffallende Symptome gekennzeichnet sind und nicht generell »nach der Gesamtheit der Symptome« behandelt werden dürfen; Krebstumoren führen vielmehr eine Art Eigenleben und müssen entsprechend bewertet werden (Literatur 24, ORGANON, § 172 ff).

Es gibt in der Homöopathie eine große Anzahl an krebswirksamen Mitteln, deren Auswahl sich nach folgenden Kriterien richtet:

- Nach der Lokalisation, Größe und Konsistenz des Tumors
- nach einem Auslöser, sofern dieser überhaupt zu eruieren ist
- nach der Geschwindigkeit seiner Entstehung
- nach den subjektiven Beschwerden des Patienten (die uns beim Tier jedoch nur selten in ihren Modalitäten offenbar werden)
- nach den objektiven Modalitäten: Form des Tumors und evtl. Absonderungen eines Krebsgeschwürs (Farbe, Konsistenz, Geruch, Form der Ränder des Geschwürs, Schmerzen etc.)
- und nach den Begleitsymptomen, je nach Lokalisation des Tumors oder septischen Reaktionen.

Als tiefe Potenzen eignen sich wiederholte Gaben von niedrigen Q-Potenzen, tiefe C-Potenzen (z. B. C 4 oder C 6) oder auch wiederholte Gaben der C 30.

Mit Q-Potenzen beginnt man gemäß Angaben heutiger Krebstherapeuten aus der Humanmedizin mit der Q 3, einmal täglich, nach 2 Wochen Q 4, dann Q 5 usw. Diese Potenzen sollten jedesmal geringfügig verändert werden: Verdünnen mit Wasser und Umschwenken (nicht Schütteln!) sorgt dafür, dass auch bei langfristiger Anwendung keine Symptome einer Arzneimittelprüfung provoziert werden oder dass eine Art Gewöhnung an die Arznei erzeugt wird (Literatur 33 f).

Bei intensiven Reaktionen muss die Q-Potenz in Wasser verdünnt und damit abgeschwächt gegeben werden.

Der Tumor »verbraucht« die Energie der Potenz schneller als andere Erkrankungen; daher müssen die Arzneien häufiger als bei einem Nicht-Krebskranken gegeben werden.

Hier ist ein besonders häufiger Kontakt zwischen Therapeut und Tierbesitzer bzw. Patient erforderlich:

Die Dosierung der Arznei ist streng individuell und richtet sich genauestens nach der Reaktion des Patienten. Die Arznei darf keine Verschlimmerung zur Folge haben; das wäre ein Indikator, das Mittel oder die Potenz sofort zu wechseln.

Der Besitzer muss angehalten werden, seine Katze täglich genau hinsichtlich Wohlbefinden und Lebensfunktionen zu kontrollieren: Dazu gehören Munterkeit, Futter- und Tränkeaufnahme, Atmung, Kot- und Urinabsatz, Ausdrucksverhalten und das genaue Beobachten des Tumors und der eventuellen tumorbedingten Beschwerden.

Die Homöopathie verfügt über einige Erfolg versprechende Therapeutika, die jedoch bei der Katze – auch bei anderen Lebewesen – teilweise schwierig zu differenzieren sind. Darum empfiehlt sich hier wiederum der radiästhetische Test für Mittelwahl und Dosierung (siehe *Kapitel 2, Homöopathische Grundlagen, Abschnitt Testverfahren, Seite 74*).

Die sicherste Auskunft gibt uns die »Befragung« der Katze selbst, indem wir ihr die in Papier verpackten Globuli auf ihrem Sitzplatz unter den Körper schieben; sie wird uns zeigen, ob ihr deren »Ausstrahlung« gefällt, indem sie darauf lange sitzen bleibt, oder ob sie den Platz verlässt. Anhand dieser Reaktionen erhalten wir Hinweise für die Wahl des Mittels und seine Dosierung.

Kurz-Repertorium der wichtigsten Mittel für Krebserkrankungen der Katze

Arten von Krebs

Lymphosarkom – malignes Lymphom: Ars, Ars-i, Bar-i, Calc-i, Cist, Con, Lach, Phos, Phos-ac, Phyt, Scroph-n

Plattenepithelkarzinom: Ars, Ars-i, Carb-a, Con, Cund, Euph, Hydr, Kali-bi, Kreos, Thuj

Krebs nach Impfung: Aur-m, Ars, Nit-ac, Sil, Thuj u. a.

Vakzine-induziertes Sarkom (»Impfsarkom«): Zu erwägen sind hier auch die anderen Antidote gegen Quecksilber, z. B.: Con, Hydr, Kali-bi, Kali-chl, Kali-m, Nit-ac, Sil

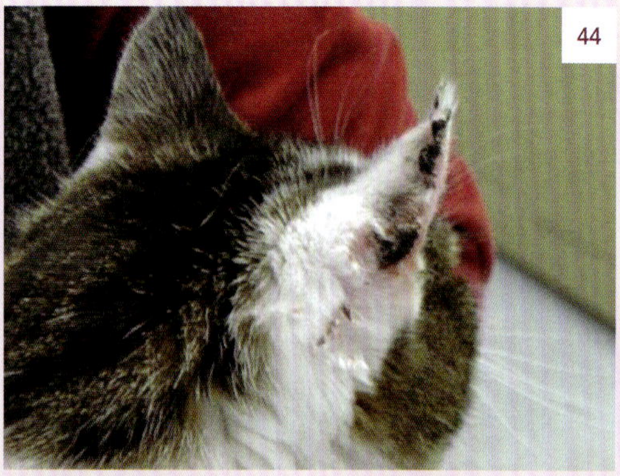
44

Beginnendes Plattenepithelkarzinom am weißen Ohr einer Katze durch Sonnenbrand

Krebs der Hals-Lymphknoten: Cist, Con, Scroph-n

Krebs anderer Lymphknoten: Ars-i, Bar-i, Con, Cist, Hydr, Iod, Lap-a, Phos, Phyt, Scroph-n

Schmerzen durch Krebs: Apis, Ars, Calc-ars, Cad-s, Coloc, Euph, Mag-p, Passi

Appetitlos bei Krebs: Alf, Card-m, Cean, Hydr

Erbrechen bei Krebs: Ars, Bism, Cad-s, Carb-ac, Carb-an, Con, Cund, Kali-bi, Kreos, Nit-ac, Phos

Krebsgeschwüre mit jauchiger Absonderung: Aster, Calen, Ars, Carb-an, Cist, Con, Cund, Echi, Euph, Hydr, Kreos, Phos, Phyt, Pyrog, Sil

Sepsis, ausgehend von Krebsgeschwüren: Echi, Pyrog

Krebskachexie (Hinfälligkeit, Abmagerung in fortgeschrittenem Zustand von Krebs): Alf, Ars, Chin, Hydr, Sil

Lokalisationen von Krebs

Hautkrebs: Ars, Con, Cund, Echi, Euph, Lap-a, Sil, Thuj, X-Ray

Hautkrebs mit Gangrän: Echi, Hydr

Krebs im Maul: Calen, Echi, Hydr, Kali-chl

Krebs der Lippen: Ars, Ars-i, Aur-m, Carb-a, Cund, Cist, Con, Kreos, Lach, Lap-a, Lyc, Phos, Phyt, Sep, Sil

Krebs der Nase: Ars, Aur, Cist, Cund

Krebs am Auge: Ars, Aur-m-n, Calc, Carb-an, Con, Cund, Lach, Lyc, Phos, Sil, Thuj

Krebs am Auge, Plattenepithelkarzinom: Con, Cund, Lach

Krebs am Auge, Tränendrüsen: Carb-an

Krebs an der Ohrspitze (Plattenepithelkarzinom): Cad-s, Leishmaniose-Nosode, Scroph-n, Sol, Sil

Krebsartige Geschwüre im Maul: Echi

Eosinophiles Granulom der Lippen: Ars-i, Cund, Kali-i, Nit-ac, Phos

Mammakarzinom: Aster, Ars, Ars-i, Aur-m, Carb-an, Con, Cund, Hydr, Lach, Phos

Leukose mit Lymphadenopathien: Ars-i, Bar-i, Carb-an, Cean, Phos, Scroph-n

Lymphknotenbefall bei Krebs: Ars-i, Bar-i, Con, Cist, Hydr, Iod, Lap-a, Phos, Phyt, Scroph-n

Mammakarzinom der Katze: Ars-i, Aster, Carb-an, Con, Cund, Hydr, Lach, Lap-a, Phos, Phyt

Schmerzen bei Krebs: Apis, Ars, Cad-s, Coloc, **Euph**, Mag-p

Schwäche bei Krebs: Alf, Cean, Hydr, Ph-ac

Thymusadenom u.a. Adenome im Mediastinum: Brom, Calc, Scroph-n, Spong, Thuj

Schilddrüsenadenom der Katze: Ars, Ars-i, Bar-i, Iod, Lach, Lap-a, Phos

Lungenkrebs: Ars, Con, Kali-bi, Lach, Lyc, Phos, Sil, Tub

Blasenkrebs: Ars, Calc, Con, Ter, Thuj

Darmkrebs: Ars, Cadmium-Verbindungen, Carb-an, Carb-v, Graph, Hydr, Kali-c, Lyc, Nit-ac, Orni

Beschreibung der wichtigsten Homöopathika bei Tumorerkrankungen der Katze

Die Dosierung ist – wenn nicht anders angegeben – streng individuell, ab Q 3 aufsteigende Q-Potenzen oder als versuchsweise höhere Potenzen.

Aflatoxin

Die Ausgangssubstanz ist ein hochgiftiges lebertoxisches Schimmelpilzgift

Indikationen und Symptome

- Soll ein hervorragendes Mittel speziell für Leberkrebs sein
- Erfahrungen bestehen noch nicht

Dosierung

Daher vorsichtige **Dosierung** ab C 30.

Alfalfa – Alf

Indikationen und Symptome

- Tonikum bei schlechtem Appetit, bessert das Allgemeinbefinden
- Kachektischer Zustand, Muskelatrophie

Dosierung

Tägliche Gaben von D 4 oder D 6 oder C 4, evtl. zusätzlich zu der spezifischen Krebstherapie.

Arsenicum album – Ars

Indikationen und Symptome

- Plattenepithelkarzinom der Haut, der Nase
- Anfangs fein-abschuppende Haut, später Geschwüre bis Gangrän
- Andere Krebserkrankungen, auch im Endstadium
- Brennende Schmerzen besser durch Wärme
- Brennen gelindert durch lokales Abkühlen, z. B. Lecken an kalten Gegenständen
- Aashaft stinkende Geschwüre
- In fortgeschrittenen Stadien kachektischer Zustand (»Krebskachexie«)
- Ängstliche Ruhelosigkeit nachts
- Alle Beschwerden schlimmer nach Mitternacht
- Wiederholtes Verlangen nach kleinen Schlückchen kalten Wassers oder Milch

Arsenicum iodatum – Ars-i

Die Indikation von *Arsenicum iodatum* ist zu erwägen, wenn *Arsen* allein trotz guter Symptome zu wenig hilft.

Alle Jodverbindungen haben einen besonderen Bezug zu Erkrankungen der Drüsen und der Schilddrüse!

Indikationen und Symptome

- Vergrößerte Lymphknoten, Schilddrüsenadenom, Leukose
- Eosinophiles Granulom der Lippen mit wundmachender Absonderung oder Lippenkarzinom
- Chronische, stinkende, reizende, wundmachende Absonderungen (intensiver als bei *Arsenicum*)
- Große schuppige Hautabsonderungen
- Mager trotz unersättlichen Appetits
- Viel Durst beim Fressen
- Warmblütiger Patient

Asterias rubens – Aster

Indikationen und Symptome

- Sehr schmerzhaftes ulzeriertes Mammakarzinom mit jauchiger Absonderung
- Mit geschwollenen Lymphknoten und/oder Lymphknotenmetastasen

Aurum metallicum – Aur

Indikationen und Symptome

- Krebs der Nase, Zerstörung von Nasenknorpel und -knochen, Darm , Leber u. a. wie *Aurum muriaticum*

Aurum muriaticum – Aur-m

Indikationen und Symptome

- Wichtiges Antidot gegen Quecksilber
- Karzinom im Gaumen, Gesicht, Nase, Auge, Lippen, Maul, Innere Organe, Genital

Barium iodatum – Bar-i oder Baryta jodata

Indikationen und Symptome

- Empirisch gefundenes Mittel für Leukose mit verhärteten Drüsen
- Schilddrüsenadenom
- Schwerpunkt: retardierte Jungtiere
- Warmblütiger Patient

Cadmium sulfuricum – Cad-s

Indikationen und Symptome

- Das wichtigste Homöopathikum für die Nebenwirkungen von Chemotherapie und Strahlentherapie
- Daher Bezug zu Verbrennungen – beim weißen Katzenohr durch die Sonne
- Ulzeration der Ohrmuschel
- Versuchsweise Anwendung nach entsprechendem Test bei Plattenepithelkarzinom am Ohr

Calendula officinalis – Calen

Indikationen und Symptome

- Krebs der Zunge
- Mammakarzinom mit jauchigem Ulcus
- Ulzerierende (offene Geschwüre) Tumoren sollten täglich mit verdünnten **Calendula-Tee** gereinigt bzw.gespült werden.

Carbo animalis – Carb-an

Tierkohle, hergestellt aus verbrannter Rinderhaut

Indikationen und Symptome

- Krebs der Schilddrüse, Zunge, Lippen, Augenlid, Magen, Pankreas, Mamma, Leukose
- Verhärtete, schmerzhafte Drüsen
- Drüsenkrebs, schwierig vom *Conium*-Tumor zu differenziern, letzterer hat jedoch eine andere
- Vorgeschichte
- Krebs-Ulcus mit Gangrän und fauligem Geruch, reichlich stinkende Absonderungen
- Livide Gefäßzeichnung, an der Oberfläche des Tumors, Aussehen evtl. wie Blutschwamm
- Blaurote Verfärbung der Krebsumgebung
- Neigung zum Bluten wie aus einer Wunde
- Schmerzarme, schwammige Geschwüre mit verhärteten Rändern
- Fortgeschrittenes oder letztes Stadium von Krebs (Lunge, schmerzhaftes Mamma-, Uteruskarzinom)
- Tumoren besonders der rechten Seite
- Brennende Schmerzen (Lecken der betroffenen Stellen)
- Kalter, schwacher Patient, Haarausfall
- Zunehmende Mattigkeit während des Fressens

Carduus marianus – Card-m

Indikationen und Symptome

- Wichtiges Therapeutikum für die Leber bzw. Leberkrebs, Lebermetastasen (wie *Cholesterinum*)
- Es kann die Wiederherstellung der Leber wesentlich begünstigen. Ein möglicherweise vorhandener Ikterus (Gelbsucht) sollte in spätestens 10 Tagen zurückgehen.

Ceanothus americanus – Cean

Indikationen und Symptome

- Leukämie bzw- Leukose, mit Schwäche und Atemnot
- Spezifischer Bezug zur Milz: enorme Milzvergrößerung oder -entzündung
- Anämie, große Schwäche bei Krebs
- Milzbeteiligung bei anderweitigem Krebs
- Linksseitiges Mittel, Schmerzen durch Milzvergrößerung
- Kann nicht auf der linken Seite liegen
- Schlimmer durch Kälte

Cistus canadensis – Cist

Indikationen und Symptome

- Krebs mit Ulcus, Eiterung, Schwellung und Verhärtung der Hals-Lymphknoten
- Krebs im Gesicht, im Halsbereich, leicht blutend
- Krebs im Bereich der Nase mit Lymphknotenschwellungen am Hals, Krebs der Unterlippe
- Kehlkopfkrebs mit harten Lymphknotenschwellungen
- Tonsillitis bei Krebs mit Schwellung der Halslymphknoten
- Kälte in Mund, Nase, Zunge
- Zahnverfall mit Parodontose
- Extreme Empfindlichkeit gegen Kälte

Conium maculatum – Con

Indikationen und Symptome

- Steinharte Tumoren besonders an Drüsen (Lymphknoten, Mamma)
- Speziell nach Verletzungen oder Quetschungen von Drüsen oder Mamma (z. B. »Kippfenster-Katze«)
- Krebs an den Lippen
- Mammakarzinom mit verhärteten regionalen Lymphknoten, stinkende Ulzeration
- Knochenmetastasen möglich
- Evtl. verbunden mit Schwäche/Parese der Hinterhand, Taumeln beim Kopfschütteln
- Mammakarzinom häufig verursacht durch hormonelle Störungen (»Katzen-Pille«)
- Erkrankungen nach »unterdrücktem Sex«, z. B. Zuchtkater darf nicht mehr decken.

Cundurango – Cund

Indikationen und Symptome

- Plattenepithelkarzinom, offene Krebsgeschwüre
- Speziell Fissuren oder Krebs an Haut-Schleimhaut-Grenzen
- Besonders an Unterlid, links der Nase, an Lippen, Kinn, Zunge, Magen, Mamma, Ösophagus
- Schmerzhafte Geschwüre mit harten Rändern
- Tendenz zu jauchigen Geschwüren
- Wirkt schmerzstillend bei Mammakarzinom
- Eosinophiles Granulom der Lippen (*Arsenicum iodatum, Phosphorus*)
- Fissuren an Haut-Schleimhaut-Grenze sind ein Leitsymptom für *Cundurango*, besonders rissige Lippen

Echinacea angustifolia oder purpurea – Echi

Indikationen und Symptome

- Verschlechterung des Allgemeinbefindens durch Sepsis infolge ulzerierter oder infizierter Tumoren
- Ulzeriertes Fibrosarkom (»Impfsarkom«)
- Sepsis durch zersetztes Gewebe, spricht wegen zersetztem, toxischem Eiweiß nur unzureichend auf Antibiotika an
- Stinkender, schmerzhafter Hautkrebs
- Stinkende, sehr schmerzhafte Ulzera im Maul (Spezifisch!)
- Kann den Krebspatienten trotz Ulcus bei gutem Allgemeinbefinden erhalten, sogar mit der Lust, weiterhin Mäuse zu fangen!

Euphorbium resinifera – Euph (nicht zu verwechseln mit Euphr = Euphrasia!)

Indikationen und Symptome

- Wichiges Palliativ für Schmerzen durch Krebs
- Plattenepithelkarzinom mit Ulzeration bis zum Gangrän
- Maligne, schmerzhafte gangränöse, blaurote Ulzera
- Schmerzen bei Krebs, brennend, besser durch Kälte
- Auch Knochenschmerzen schlimmer nachts
- Brennende Schmerzen bei Hautkrebs: Verlangen zu lecken, was die Ulzerierung vorantreibt
- Durst viel auf kalte Tränke

Hydrastis canadensis – Hydr

»Schleim-Arznei«: übermäßige gelb-schleimige Absonderungen

Indikationen und Symptome

- Krebs im Maul an der Zunge, Verdauungsapparat, Leber, Magen, Mamma
- Krebs der Zunge und Mammakarzinom sind sehr schmerzhaft
- Dicke, gelbliche zäh-fadenziehende, wundmachende Absonderung aus Ulcus (wie *Kalium bichromicum*)
- Enorme Schwäche mit fehlendem Appetit, Verstopfung
- Wirkt als Tonikum, bessert Verdauung, Obstipation und Leberfunktion
- Besser durch Wärme

Iodium purum – Iod

Hier müssen nicht immer Symptome einer Hyperthyreose mit auffallender Nervosität im Vordergrund stehen; Jod hat eine besondere Affinität zu vergrößerten Drüsen und Schilddrüse

Indikationen und Symptome

- Schwacher Patient, zunehmende Abmagerung trotz guten Appetits
- Lymphknotenkrebs, harte schmerzlose, auffallende Vergrößerungen
- Harter Krebs von Drüsen (Lymphknoten, Schilddrüse, Mamma) und Bindegewebe

- Warmblütiger Patient
- Hartes Schilddrüsenadenom, evtl. mit begleitender Heiserkeit
- Besser in kühler, frischer Luft, schlimmer durch Wärme
- Komplementär und Antidot zu *Thuja*

Kreosotum – Kreos

Indikationen und Symptome

- Plattenepithelkarzinom verschiedener Lokalisation
- Schnell zerstörtes Gewebe, blutender Tumor
- Absonderung wundmachend, fürchterlich stinkend, heiß
- Brennende Schmerzen
- Besser durch Wärme, schlimmer durch Kälte, schlimmer nachts, aber keine Unruhe
- Nicht mit *Arsenicum* verwechseln!

Lachesis mutus – Lach

Indikationen und Symptome

- Hautkrebs, speziell nach unterdrückten Ausscheidungen oder »Katzenpille«
- Offenes braunrotes, eiterndes Mammakarzinom, evtl. mit Sepsis
- Schilddrüsenadenom, berührungsempfindliche Kehle
- Bezug zur linken Seite
- Beschwerden schlimmer nach dem Schlaf

Lapis albus – Lap-a

Indikationen und Symptome

- Elastische Tumoren wie Hartgummi, besonders an Drüsen im Halsbereich
- Schilddrüsenadenom
- Mammakarzinom, Fibrosarkom, Krebs der Lippen
- Mit brennenden Schmerzen (Lecken!)
- Noch keine Ulzeration
- Soll das Wachstum von Krebstumoren verzögern

Mercurius solubilis – Merc

Indikationen und Symptome

- Krebs, Adenom und Gangrän von Drüsen, Mammakarzinom
- Blutende Geschwüre mit weißlicher Basis, bläulich bis violett
- Erhöhte, zerrissene Ränder, reichlich stinkender, schmieriger, grauweißer Eiter
- Sehr berührungsempfindlich
- Schmerzen und Ruhelosigkeit schlimmer nachts, Speichelfluss im Schlaf
- Neigung zum Zittern

Millefolium – Mill

Indikationen und Symptome

- Intensive helle Blutungen von Tumoren

Dosierung

Einzelgabe(n) der C 30, bei eingetretener Blutstillung auf keinen Fall wiederholen!

Ornithogalum – Orni

Indikationen und Symptome

- Schwerpunkt: (Krebs-)Erkrankungen von Magen und Duodenum
- Übelkeit mit aufgetriebenem Abdomen, Erbrechen von kaffeesatzähnlicher Substanz
- Häufiges stinkendes Aufstoßen
- Magenschmerzen nachts, schlimmer durch kalte Tränke
- Ruhelosigkeit besonders der Extremitäten (beim Tier?)

Dosierung

Sehr intensiv wirkendes Mittel, daher vorsichtige Dosierung, Einzelgaben der C 12 oder C 30

Phosphorus – Phos

Indikationen und Symptome

- Mamma-, Leber- und Pankreaskarzinome, manchmal auf konstitutioneller Basis von *Phosphorus*!
- Blutende Krebsgeschwüre, hellrotes Blut
- Leukose mit Lymphknotenschwellungen
- Liebenswürdige, ehemals witzige, aufdringliche oder schüchterne »Schmuseteufel«

Phytolacca decandra – Phyt

Indikationen und Symptome

- Harte Tumoren der Parotis oder von Lymphknoten dieser Gegend
- Hartes Mammakarzinom, besonders rechts, fistelnd, ulzerierend, violette Farbe, sehr schmerzhaft
- Krebs der Lippen, sich ausbreitend in die Umgebung des Gesichts
- Geschwüre wie ausgestanzt mit jauchiger Absonderung
- Leicht zu verwechseln mit *Mercurius*
- Bevorzugt ist die rechte Seite betroffen

Scrophularia nodosa – Scroph-n

»Breitspektrummittel« für Erkrankungen (auch maligne) des lymphatischen Gewebes

Indikationen und Symptome

- Erkrankungen von Lymphknotenschwellungen bis hin zum Krebs
- Lymphknoten von Hals, Leisten, Mesenterium etc.

- Lymphatische Leukämie, Lymphome, Lymphosarkom
- Hodgkin und ähnliche Tumore
- Wichtig für das Plattenepithelkarzinom an der Ohrmuschel, das an der Ohrspitze beginnt

Silicea terra – Sil

Indikationen und Symptome

- Möglicherweise Krebserkrankungen auf der Basis der *Silicea*-Konstitution
- Krebsgeschwüre breiten sich in die Tiefe aus oder bleiben flach
- Ulzera mit jauchiger Absonderung
- Harte oder schwammige Ränder
- Eines der möglichen Homöopathika für das Plattenepithelkarzinom an der Ohrspitze (*Solidago, Causticum*)
- Nicht zu verwechseln mit chronischen, alten Fremdkörperfisteln

Vorsicht, falsche Anwendung kann das Geschehen verschlimmern - wie jede nicht passende Arznei!

Sol – Sol

Imponderabil: potenzierte Sonnenstrahlen

Indikationen und Symptome

- Sol scheint ein Spezifikum zu sein für das beginnende Plattenepithelkarzinom der Ohrspitze. Dieser Krebs tritt bevorzugt an den Ohrspitzen weißer Katzenohren auf und scheint durch Sonnenbrand bedingt zu sein. Ob hier wieder unverträgliche Zusatzstoffe im Fertigfutter (Photosensibilität) eine Rolle spielen, müsste überprüft werden
- *Sol* ist ein sehr intensiv wirkendes Mittel und sollte daher nur in tiefen Potenzen – z. B. C 3 oder C 4 bei Bedarf nur für wenige Tage einmal tgl. eingesetzt werden
- Als Folgemittel kann *Silicea* oder *Sulfuricum acidum* infrage kommen
- Abtupfen mit verdünntem Calendula-Tee verhindert Superinfektionen und fördert die Heilung

Thuja occidentalis – Thuj

Indikationen und Symptome

- *Thuja* ist mehrheitlich ein Mittel für Impffolgen (Fremdeiweiß) und für benigne Tumoren
- Der Wirkungsschwerpunkt liegt eher in der Präkazerose als in malignen Tumoren
- Krebsartige Erkrankungen bevorzugt im Urogenitalbereich, an der Haut sowie bei Kondylomen und Warzen
- Wichtiges Folgemittel für maligne Erkrankungen, auch durch Quecksilberbelastung (Impfung) ist *Nitricum acidum*

Dosierung

Bei sicherer Indikation M- oder XM-Potenz, bei manifesten malignen Erkrankungen Therapie mit Q-Potenzen, beginnend mit Q 3

Viscum album – Visc

Die Misteltherapie für den Krebs wird besonders von der anthroposophischen Medizin propagiert.

Viscum album soll analog zu ihrer parasitären Vegetation auf Bäumen auch auf den »parasitär« existierenden Krebs einwirken oder ihn sogar zum Stillstand bringen.

Die Mistel hat jedoch ihr eigenes gut geprüftes homöopathisches Arzneimittelbild, was häufig zu wenig berücksichtigt wird. Daher ist die pauschale Indikation der Mistel für Krebs nicht immer gerechtfertigt und keineswegs immer »frei von Nebenwirkungen« für den Patienten.

In der Arzneimittelprüfung gibt es ausgeprägte Herz-Kreislaufsymptome: Hypertonie, Herzhypertrophie mit dekompensierter Klappeninsuffizienz, Herz-Arrhythmie mit Atemnot.

Manche Krebspatienten reagieren gut auf die Mistel, andere bekommen nervöse Beschwerden oder die erwähnten Probleme, ohne deren Ursache zu bedenken.

Im homöopathischen Arzneimittelbild von *Viscum album* stehen besonders folgende Symptome im Vordergrund:

- Neuralgien, Ischias mit schießenden Schmerzen
- Ziehende rheumatische Schmerzen
- Störungen der Herztätigkeit und der Kreislaufregulation
- Epilepsie, Chorea
- Endometritis und Blutungen.

Ob die Misteltherapie auf Krebserkrankungen der Katze einen Einfluss nehmen kann, ist fraglich und bedarf der Untersuchung und Erfahrung.

Artemisia annua – Art-a

Diese Pflanze sollte potenziert werden und für den Einsatz bei Krebs und malariaähnlichen Erkrankungen geprüft werden. Bisher wurde diese Pflanze als Tee innerlich und äußerlich mit guten Erfolgen bei Krebs eingesetzt.

Artemisia annua ist noch nicht als potenziertes Mittel im Handel.

Literatur und Bezugsquelle: www.anamed.net

Weitere Möglichkeiten der alternativen Krebstherapie

Wenn kein passendes Homöopathikum für eine Tumor- oder Krebserkrankung gefunden werden kann, müssen andere Formen der alternativen Krebstherapie aus der Humanmedizin genutzt werden.

Eine sehr wirksame Therapie ist die »Koch'sche Molekulartherapie«.

Von verschiedenen Forschern der Molekularbiologie werden »freie Radikale« für die Blockade des funktionierenden Zellstoffwechsels verantwortlich gemacht.

Freie Radikale sind Teile von Molekülen, die als toxische Nebenprodukte des Stoffwechsels anfallen. Normalerweise werden diese Stoffe durch Enzyme, welche die Zelle selbst bildet, abgebaut.

Die übermäßige Ansammlung freier Radikale begünstigt das Entstehen chronischer Krankheiten.

Nach den Forschungen des Arztes und Biochemikers W.F. Koch (Literatur 33 c) sind bestimmte Moleküle, Carbonylgruppen für die Zellatmung verantwortlich.

Ähnliche Theorien finden sich auch bei H. H. Reckeweg (Literatur 33 g).

Wenn die Wirkung der Carbonylgruppen durch »Verschlackung« oder »Übersäuerung« des Gewebes behindert ist, können Blockaden des Immunsystems und degenerative Zellveränderungen mit nachfolgenden Krebserkrankungen auftreten.

Die Methode der »Koch'schen Molekulartherapie« zielt darauf ab, den Zellstoffwechsel (Intermediärstoffwechsel) für die Energiegewinnung der Zellen wiederherzustellen und degenerative Zellveränderungen rückgängig zu machen.

Diese Methode hat sich bei Krebs, bei vielen Autoimmunerkrankungen, chronischen Virusinfekten, chronischen Allergien etc. als sehr wirksam erwiesen.

»Eumetabolische Katalysatoren« sollen dabei die molekulare Ordnung im Organismus wieder herstellen, indem die »Kumulation freier Radikale« abgebaut wird und eine bessere Sauerstoffnutzung im Zellstoffwechsel wieder hergestellt wird; auf diese Weise wird die Eigenregulation im Mesenchym wieder ermöglicht.

Damit sollen maligne Zellen wieder in den gesunden Stoffwechsel überführt und toxische Krankheitserreger reduziert werden.

Folgende Präparate haben sich bei der Katze als besonders wirksam erwiesen:

Rhodizonsäure comp. (mit Glyoxal und Trichinoyl).

Die Ampulle enthält eine Wirkstoffverdünnung von 10^6 (nicht homöopathisch potenziert).

Indikationen: Virusinfekte, Erkrankungen von Leber, Lunge, Nieren, chronische Hauterkrankungen, unterstützend bei Tumorerkrankungen.

Rhodizonsäure kann im Wechsel mit Carbonylgruppen SSR oder Para-Benzochinon ein- bis zweimal pro Woche oral gegeben werden.

Nach eigenen Erfahrungen wirkt dieses Präparat für uns selbst unter Stress binnen Minuten als »Fitmacher« und beseitigt augenblicklich jede Ermüdung – ohne Doping-Eigenschaften.

Für die Katze sollten dieses Präparat jedoch in einer 20 ml-Spritze mit Wasser als Einglas-Potenz auf die D 4 oder D 6 (oder C 2 oder C 3) aufpotenziert werden (siehe *Kapitel 2, Homöopathische Grundlagen, Abschnitt Potenzieren in eigener Anfertigung, Seite 33*), da der Inhalt der Originalampulle möglicherweise schlecht verträglich ist. Der Katze können dann wenige Tropfen dieser Potenz oral verabreicht werden.

Dasselbe gilt für die folgenden Präparate:

Carbonylgruppen SSR (Carbonylgruppen-Polyketon).

Auch dieses Präparat sollte homöopathisch aufpotenziert werden – am besten wiederum in einer 20 ml Spritze – auf D 6 oder D 8 (C 4 oder C 6).

Die Häufigkeit der Gabe richtet sich nach der Schwere der Krankheit, zwei- bis dreimal pro Woche oder im Wechsel mit den anderen Präparaten hat bei einigen Hunden und Katzen in aussichtslosen Krebsstadien zu erstaunlicher Verbesserung der Lebensqualität und Lebensverlängerung geführt.

Para-Benzochinon (Benzoquinon) scheint neben **Chinhydron** und **Ubichinon** das am besten wirksame Präparat aus der Reihe der Chinone (oder Quinone) für Immunschwäche und Krebserkrankungen der Katze zu sein. Es stimuliert intensiv die gestörte Zellatmung.

Auch Para-Benzochinon ist in der Originalampulle zu stark für die Katze, daher sollte es auf eine D 6 (C 3) aufpotenziert werden. Je nach Schwere der Erkrankung kann es ein- bis zweimal pro Woche gegeben werden – auch im Wechsel mit den anderen Präparaten.

Die Potenzakkorde dieser Mittel können für die (krebs-)kranke Katze zu stark sein und allzu leicht überdosiert werden.

Weitere Chinonpräparate sind im Kapitel *Arzneimittellehre für die Katze, Seite 642* beschrieben.

Welches der angegebenen Präparate am besten zum Patienten passt, sollte im Zweifelsfall radiästhetisch ausgetestet werden.

KAPITEL 16

GYNÄKOLOGIE UND ANDROLOGIE

Gynäkologie – Übersicht zu Geschlechtszyklus, Trächtigkeit und Geburt der Katze

Die Gynäkologie gehört bei allen Lebewesen mit zu den wichtigsten Einsatzgebieten der Homöopathie.

Die Reaktionslage der Katze lässt hier oft destruktive und lebensgefährliche Erkrankungen entstehen, welche mitunter besonders am Beginn der Erkrankung nur undeutlich in Erscheinung treten; sie schreiten oft zu schwersten Erkrankungen fort.

Die richtig angewandte Homöopathie kann viele gynäkologische Probleme souverän lösen!

Die im Folgenden angegebenen homöopathischen Indikationen gelten mehrheitlich auch für den Hund.

Die Steuerung der Geschlechtshormone geschieht hauptsächlich durch die Hypophyse (zentrales Steuerungsorgan im Gehirn für den gesamten Hormonhaushalt) und deren übergeordnete Zentren, durch die Eierstöcke, ferner durch Schilddrüse und Nebennieren.

Die Geschlechtsreife (erste Rolligkeit oder Ranze der jungen Katze) tritt ab einem Alter von 7 bis 9 Monaten ein, bei Edelkatzen – z. B. Perserkatzen – kann die erste Ranze erst im Alter von 12 Monaten oder später auftreten. Die Rolligkeit dauert ca. 8 bis 10 Tage.

Der Sexualzyklus – und damit auch die Rolligkeit – wird vom Stand der Sonne und von der Aktivität des Katers bestimmt: Die aktivste Zeit liegt synchron mit der steigenden Aktivität der Sonne im Februar (Januar bis März). Der zweite Rolligkeitszyklus tritt im Herbst auf. In seltenen Fällen kann die Katze auch drei Würfe im Jahr gebären.

Die Rolligkeit gibt sich durch verstärkte Lautgebung (»Ranzen«), dem Verlangen sich vermehrt an Gegenständen oder Besitzern zu reiben und durch Rollen auf dem Boden zu erkennen. Auch das vermehrte Bedürfnis nach Streicheleinheiten kann den Katzenbesitzern auf die Nerven gehen!

Die nächtlichen »Katzen-Kater-Gesänge« (»Katzenjammer«) besonders im Frühling können uns mitunter unruhigen Schlaf bescheren, lassen sich aber kaum verhindern!

Der Eisprung tritt ca. 24 bis 36 Stunden nach der ersten Paarung ein; in der Zwischenzeit ist die Katze für weitere Paarungen auch mit anderen Katern bereit. Daher kann ein Wurf Welpen von unterschiedlichen Vätern stammen.

Die Tragzeit der Katze beläuft sich auf ca. 9 Wochen (plus/minus 2 Tage, selten bis 68 Tage). Die eingetretene Trächtigkeit macht sich erst ab der 4. Woche bemerkbar, wenn die Zitzen zu wachsen beginnen. Bis zur Geburt nimmt die Katze ca. 1 bis 1,5 kg an Gewicht zu.

Kurz vor dem Geburtstermin sucht sich die Katze ein dunkles, mäßig warmes und möglichst verstecktes Lager – z. B. in einem Schuppen, Keller, Scheune oder auch im Kleiderschrank, seltener auch vor versammelter Familie.

Die Geburt geschieht mehrheitlich in der Nacht und möglichst unbemerkt.

Geburtshilfe ist nur in seltenen Fällen notwendig. Die Geburt eines Welpen dauert in der Regel nur wenige Minuten. Manche Katzen ertragen die Wehen still, manche geben jammernde Laute von sich, manche können sogar laut schreien.

Die durchschnittliche Wurfgröße beläuft sich auf 3 bis 6 Welpen, in Einzelfällen auch mehr.

Wenn der Welpe in noch geschlossenen Eihäuten geboren wird, reißt die Katze diese auf und frisst sie. Der Nabel wird bei ca. 2 bis 3 cm Länge abgebissen. Auch eine später abgestoßene Plazenta wird i. d. R. aufgefressen.

Nach der Geburt werden die Neugeborenen intensiv abgeleckt; diese Art der Massage mit der rauen Katzenzunge regt Atmung und Verdauung des Welpen an; bei der Mutterkatze kommt es damit auch zur Stimulation des Hormons Oxytozin, welches die Milchbildung fördert und die Gebärmutter zum Zusammenziehen bringt.

Zwischen den Geburten des ersten und zweiten Welpen können Minuten oder mehrere Stunden vergehen. Zwischen den folgenden Welpen sollte nicht mehr als 90 Minuten liegen. In jedem Fall sollte die Katze in dieser Zeit nicht gestört werden.

Wenn die Katze nicht befruchtet wird, kann die nächste Rolligkeit bereits wieder nach 3 bis 4 Wochen auftreten.

Auch kastrierte Katzen können noch ein periodisches Rolligkeitsverhalten zeigen; auch das Markieren durch Urinspritzen kann bei der weiblichen Katze auftreten. Homöopathische Therapieempfehlungen zu diesem Thema finden sich im *Kapitel 20, Verhalten – Gemütssymptome, Seite 576*.

Störungen in Geschlechtszyklus, Trächtigkeit und Geburt der Katze

Störungen von Sexualzyklus und Fruchtbarkeit sind ein spezielles Problem der Katzenzüchter, besonders der von Spezialrassen. Dagegen zeugen die meisten unkastrierten Hauskatzen ohne unsere Absicht übermäßig zahlreichen Nachwuchs, der nur durch »flächendeckende« Kastration von Katzen und Katern zu beherrschen ist.

Die Schulmedizin behandelt gynäkologische Probleme meist mit der Verabreichung bestimmter Geschlechtshormone, Antibiotika und/oder »Schmerzmitteln« (NSAID).

Die chirurgische Kastration der Katze kann eine zeitlang durch die »Katzenpille« ersetzt werden.

Hormongaben bergen jedoch immer die Gefahr einer sich früher oder später entwickelnden lebensgefährlichen Gebärmutterentzündung oder Mammatumoren.

Sogar die Nachkommen von hormonbehandelten Katzenmüttern entwickeln häufig gynäkologische Probleme, was auch bei anderen Tieren beobachtet werden kann.

Eine ausbleibende Rolligkeit kann darauf hindeuten, dass die Katze bereits tragend ist!

Ein gestörter Sexualzyklus kann auch durch psychischen Stress bedingt sein, z. B. durch »Mobbing« von ranghöheren oder streitsüchtigen Katzen!

Fast alle Arzneien der homöopathischen Materia medica können für Zyklusstörungen indiziert sein. Im Rahmen dieses Buches können nur die wichtigsten erwähnt werden.

Störungen im Sexualzyklus können, aber müssen nicht mit Sterilität (nicht tragend werden) zu tun haben.

Sie bringen auf jeden Fall Hinweise für ein infrage kommendes Homöopathikum.

Eine genaue tierärztliche Untersuchung von Scheide, Uterus und Eierstöcken durch Ultraschall, Röntgen, mit zytologischer Untersuchung des Vaginalabstrichs, Bestimmung des Hormonstatus kann evtl. das Herausfinden der passenden homöopathischen Arznei erleichtern. Wesentlich hilfreicher sind jedoch die individuellen Symptome des Tieres.

ÜBERSICHT ZU ARZNEIEN FÜR STERILITÄT UND ZYKLUSSTÖRUNGEN

Geschlechtsreife
verzögert: Apis, Calc, Caust, Graph, Lyc, Nat-m, **Puls**, Sep, Sulf
zu früh: **Lach**, Lyc, Puls

Fehlende oder ungenügend ausgeprägte Rolligkeit (die häufigsten Arzneien):
Calc, Con, Graph, Ign, Lyc, **Nat-m,** Puls, Sep, Sil, Thuj

Nymphomanie – Ovarzysten: Apis, Calc, Hyos, **Lach,** Lyc, Sep, Thuj (siehe auch *Kapitel 20, Verhalten – Gemütssymptome, Seite 576*)

Arzneien für Sterilität bzw. deren Vorbeuge: Apis, Arn, Calc, Caust, Con, Graph, Hyos, Ign, Lach, Lyc, Nat-m, Puls, Sep, Sil, Sulf, Thuj

Verhaltensauffälligkeiten während der Rolligkeit: Calc, Hyos, Ign, Lach, Puls, Sep

ARZNEIMITTELBESCHREIBUNGEN FÜR ZYKLUSSTÖRUNGEN, NYMPHOMANIE UND STERILITÄT

Apis mellifica – Apis

Indikationen und Symptome

- Nervöse, unruhige, launische Katzen, evtl. träge und schläfrig – abhängig von der Pathologie
- Evtl. Frühabort in der vorangegangenen Trächtigkeit
- Evtl. verzögerte Geschlechtsreife
- Ovarzysten rechtsseitig (aber wesentlich häufiger ist *Lycopodium*), möglicherweise schmerzhaft
- Heftige Libido, Dauerrolligkeit oder fehlende, unregelmäßige Ranze
- Eierstockentzündung mit starken Schmerzen in Bauch und Rücken
- Bevorzugtes Liegen auf der linken Seite
- Berührungsempfindlich, lässt sich ungern streicheln
- »Warmblütiges« Tier, erträgt kein warmes Wetter, Sonne oder ein zu warmes Zimmer
- Geringe oder fehlende Tränkeaufnahme
- Neigung zu Ödemen (Schwellungen, z. B. im Gesicht, am Bauch) und Allergien
- Symptome beginnen rechts, können dann auch nach links gehen

Hinweis: *Apis* ist nicht immer leicht von anderen Mitteln zu differenzieren!

Dosierung

Einzelgabe der C 200, bei klarer Indikation auch höhere Potenz.

Calcarea carbonica – Calc

Indikationen und Symptome

- Konstitutionelle Arznei für ruhige, phlegmatische, verfressene, dicke, ängstliche (Rasse-) Katzen
- Evtl. verspätete Geschlechtsreife
- Häufig heftige Libido
- Ovarzysten mit Dauerranze und allgemeiner Trägheit
- Tendenz zum Abort
- Reichlich Ausfluss, häufig weiß wie Milch

- Generelle Verschlechterung, Mattigkeit und Schwäche nach dem Decken, besonders beim Kater

Dosierung
Einzelgabe einer M- oder XM-Potenz.

Conium maculatum – Con

Indikationen und Symptome
- Sterilität speziell nach Hormontherapie, nach hormoneller Unterdrückung des Zyklus
- Verhärtungen des Uterus/der Eierstöcke, Mammatumor
- Tendenz zu Tumoren, speziell im Zusammenleben mit unkastriertem Kater, der die Katze nicht decken darf (»unterdrückter Sex«)

Dosierung
Je nach Symptomatik, Einzelgabe der C 200 oder höherer Potenz.

Hyoscyamus niger – Hyos

Indikationen und Symptome
- Hypersexualität, Nymphomanie (siehe *Kapitel 7, Neurologische Erkrankungen, Seite 200*)
- Auslöser: unbefriedigte Libido, Eifersucht auf Nebenbuhler (wie *Lachesis*)
- Heiseres unaufhörliches Lautgeben, Zucken, Zähneknirschen, Raserei
- Boshafte, brutale Aggressivität gegen andere Katzen
- Intensive Eifersuchts- und Konkurrenzkämpfe mit anderen Katern
- Empfindlich gegen das Geräusch von fließendem Wasser
- Verhaltensstörungen mit übermäßigem Markieren

Dosierung
Bei sicherer Indikation M- oder XM-Potenz.

Ignatia amara – Ign

Indikationen und Symptome
- Sterilität durch Kummer, z. B. neue Besitzer, Heimweh, gestorbene Welpen
- Widersprüchliche Symptome: abwechselnd ängstlich, verschmust, widersetzlich, fröhlich, traurig
- Unverständliche, irrationale Verhaltensweisen siehe *Kapitel 20, Verhalten – Gemütssymptome, Seite 576*

Dosierung
Einzelgabe der XM-Potenz.

Lachesis mutus – Lach

Indikationen und Symptome
- Zyklusstörungen durch Aufregung, nach Hormontherapie (z. B. »Katzenpille«)
- Nach vorangegangener Gebärmutterentzündung
- Evtl. Störungen von Seiten der Schilddrüse
- Vorzeitige Geschlechtsreife, zu häufige Rolligkeit bis Nymphomanie
- Schwellung, Entzündung, Verhärtung des (linken) Eierstocks
- Neigung zu Eierstockszysten links, dann auch rechts

- Starke Libido mit aufdringlichem Verhalten, häufiger »Katzengesang«
- Berührungsempfindliche Kehle, evtl. verbunden mit aggressiver Abwehr
- Nymphomanie, Dauerrolligkeit, allmählich schlimmer werdend
- Aggressive Eifersucht auf andere Katzen oder Besitzer, duldet keinen »Nebenbuhler«
- Launisches Verhalten: sehr aufmerksam und interessiert
- Plötzliche Aggressivität bei Berührung
- Alles schlimmer durch Wärme, in Frühling und Herbst (Fellwechsel)
- Liegt bevorzugt auf der rechten Seite, nicht links
- Tendenz zu septischen Infektionen, auch Gebärmutterentzündung

Dosierung

Einzelgabe der C 200. bei sicherer Indikation auch höhere Potenz.

Lycopodium clavatum – Lyc

Indikationen und Symptome

- Häufiges konstitutionelles Mittel bei der Katze
- Zu späte oder zu frühe Geschlechtsreife, oft verzögertes Zyklusgeschehen
- Zysten am rechten Ovar (häufiger als *Apis*!), dann auch am linken, Nymphomanie
- Oder Zysten einseitig links, jedoch nicht so extreme Symptome wie *Lachesis*
- Wundmachender Genitalausfluss
- Mobbingopfer oder – im Gegenteil – ranghohe »Pascha-Katze«, die Rangniedrigere attackiert

Dosierung

Einzelgabe der M- oder XM-Potenz.

Natrium muriaticum – Nat-m

Indikationen und Symptome

- Häufiges konstitutionelles Mittel für die Katze
- Reservierte, brave, unauffällige Katzen, keine »Schmusekatze«, meidet Blickkontakt
- Häufig späte Geschlechtsreife, unauffällige oder fehlende Rolligkeit, inaktive Ovarien
- Folgen von Kummer, z. B. nach dem Tod der Welpen, nach Abgabe ins Tierheim o. Ä.
- Chronische Folgen von Heimweh, leidet still mit depressivem Ausdruck
- Geringe oder fehlende Libido
- Wundmachender, wässrig-eiweißartiger Ausfluss
- *Natrium muriaticum* kann die hormonelle Aktivität der Ovarien wieder herstellen

Dosierung

Bei sicherer Indikation M- oder XM-Potenz.

Phosphorus – Phos

Indikationen und Symptome

- Häufiges konstitutionelles Mittel für die Katze
- Oft auffallend schöne und liebenswürdige Katzen, lebhafter Ausdruck
- Sehr ausgeprägte Libido, trotzdem Sterilität
- Weitere konstitutionelle Merkmale von *Phosphorus* (nervös, schreckhaft, verspielt, witzig)

Dosierung

Bei sicherer Indikation M- oder XM-Potenz.

Pulsatilla pratensis, nigricans oder vulgaris – Puls

Indikationen und Symptome

- Alle erdenklichen Zyklusstörungen bei sehr menschenbezogenen Katzen
- Späte Geschlechtsreife, anfangs schwache Rolligkeit
- Oder Erkrankungen, die seit der ersten Rolligkeit aufgetreten sind
- Unregelmäßige, zu kurze oder zu lange Intervalle der Rolligkeit, evtl. Dauerranze
- Schwieriges erstes Decken, wehrt sich gegen den Kater oder will mit ihm spielen, trotz guter Libido
- Spätabort in der vorangegangenen Trächtigkeit
- Sterilität nach durchgemachter Gebärmutterentzündung
- Ausfluss, Scheidenentzündung junger Katzen vor der Geschlechtsreife
- Zyklusstörungen bei stark ausgeprägter Adipositas (Fettleibigkeit)
- Liebe, freundliche Katze, verlangt nach Zuwendung, unwiderstehliches Betteln!
- Verträgt keine Sommerhitze, alles schlimmer bei heißem Wetter oder in der heißen Sonne
- Zu wenig Tränkeaufnahme (außer bei Pyometra), daher schlimmer durch Trockenfutter
- Sterilität nach der »Katzenpille«

Dosierung

Bei sicherer Indikation M- oder XM-Potenz.

Sepia officinalis oder succus – Sep

Indikationen und Symptome

- Späte Geschlechtsreife, wenig weiblicher Ausdruck, Verhalten und Aussehen wie ein Kater
- Eigenwillige, stolze, widerspenstige Tiere, Abneigung gegen Deckakt
- Fehlende oder schwache Rolligkeit wegen Überschuss an männlichen Hormonen
- Eierstöcke inaktiv oder kleine Zysten
- Zyklusverlauf zu kurz oder fehlend
- Junge *Sepia*-Katzen: Oft ranghoch, schwer zu bändigen, widersetzliche Herumtreiber
- Alte »verbrauchte«, »depressive« Zuchtkatze, mit hängendem Gesäuge
- »Hängebauch« durch erschlaffte Bänder und Muskeln nach einer Geburt oder nach vielen Geburten (nicht zu verwechseln mit dem Depotfett am Bauch)
- Juckende Hautausschläge am Genital, evtl. ausgelöst durch wundmachenden Ausfluss
- Sterilität speziell nach Hormonbehandlung, »Katzenpille« (häufigste Arznei)
- Sterilität nach vorangegangenem verzögertem Abgang der Nachgeburt
- Sterilität nach vorangegangener Gebärmutterentzündung oder Scheidenentzündung
- Generell besseres Befinden durch Anstrengung, unermüdliche Aggressionsspiele

Dosierung

Bei sicherer Indikation M- oder XM-Potenz.

Silicea terra – Sil

Indikationen und Symptome

- Wichtiges konstitutionelles Mittel für nette, schüchterne, sanfte Katzen
- Mangelnde Koordination der körpereigene Regulationsvorgänge
- »Kümmerer«, kleine, magere, evtl. in der Entwicklung zurückgebliebene Katzen
- Fehlender Zyklus mit reichlich Ausfluss oder zu häufige Rolligkeit

- Chronische Entzündung von Eileiter oder Gebärmutter
- Periodisch wiederkehrender, schubweiser, wundmachender Ausfluss
- Sterilität durch allgemeine Schwäche
- Neigung zum Frieren, lässt sich zudecken
- Sterilität nach Einsatz der »Katzenpille«

Dosierung

Einzelgabe der C 200, bei sicherer Indikation Einzelgabe der M- oder XM-Potenz.

Sulfur – Sulf

Indikationen und Symptome

- Zyklusstörungen, Sterilität im Rahmen von Stoffwechselstörungen
- Gestörte Ausscheidungsvorgänge mit geröteten Körperöffnungen
- Rötung und Juckreiz der Scheide
- Unsauberes, stumpfes Haarkleid, mangelndes Putzverhalten
- Evtl. juckende, stinkende Hautausschläge
- Folgen von »unterdrückender« Pharmakotherapie (siehe *Kapitel 2, Abschnitt Medizinverständnis in Homöopathie und Hochschulmedizin, Seite 27*)

Dosierung

Einzelgabe der C 200.

Thuja occidentalis – Thuj

Indikationen und Symptome (selten bei der Katze)

- Unauffällige, reservierte Katzen, meiden den Blickkontakt
- Zyklusstörungen, zu häufige oder zu seltene Rolligkeit
- Chronischer gelblicher Scheidenausfluss
- Ovarzysten, Eierstocksentzündung links, auch chronisch mit Verhärtung
- Evtl. Warzen
- Verschlimmerung im Gefolge von Impfungen (häufiger *Silicea* o. a.)

Dosierung

Bei sicherer Indikation Einzelgabe der M- oder XM-Potenz.

Verhaltensprobleme während der Rolligkeit

Diese Symptome können auch bei anderen Gesundheitsproblemen wichtige Hinweise auf das passende konstitutionelle Mittel geben!

Calcarea carbonica – Calc

Indikationen und Symptome

Nervös oder dumpf, reizbar, schreckhaft, ausgeprägte Libido, Bewegungsunlust

Hyoscyamus niger – Hyos

Indikationen und Symptome

- Unbeherrschbare Libido, Raserei, aggressiv, wild, destruktiv, nicht zu händeln
- Aggressive Eifersucht

Ignatia amara – Ign

Indikationen und Symptome

- Katze »spinnt«, ängstlich, widersetzlich, schreckhaft, traurig, übereilt
- Unverständliches, widersprüchliches Verhalten

Lachesis mutus – Lach

Indikationen und Symptome

- »Geschwätzig«, Eifersucht, reizbar
- Energiegeladen, braucht viel Aktivität, um sich »abzureagieren«
- Berührungsempfindlich, will trotzdem evtl. die Bezugsperson »umschlingen«
- Liebenswürdigkeit abwechselnd mit Aggressivität, Streitsucht

Pulsatilla pratensis, nigricans oder vulgaris – Puls

Indikationen und Symptome

- Reizbar, depressiv, lieb, sucht Zuwendung
- Abneigung gegen Bewegung und Anstrengung
- Sucht evtl. eher die Zuwendung der Bezugspersonen als die des Katers
- Schlimmer bei heißem Wetter

Sepia officinalis oder succus – Sep

Indikationen und Symptome

- Aggressiv, widersetzlich, depressiv
- Viel Bewegungsdrang, der den Zustand bessert
- Lehnt evtl. den Kater ab, »Streitsucht« mit anderen Katzen

Dosierung der genannten Mittel

Bei chronischen Problemen einmalige Gabe der M- oder XM-Potenz.

Trächtigkeit und Geburt

Die Zeit der Trächtigkeit umfasst die Periode von der Bedeckung bis zur Geburt, ca. 63 Tage, bei Rassekatzen evtl. einige Tage länger.

Am häufigsten verlaufen Trächtigkeit, Geburt und Nachgeburtsperiode bei der Katze ohne bemerkenswerte Störungen.

Die normale Geburt eines Welpen dauert i. d. R. nur wenige Minuten.

Bei länger anhaltenden Presswehen besteht der Verdacht auf eine Lageanomalie des Fetus, hier sollte unbedingt ein Tierarzt aufgesucht und notfalls ein Kaiserschnitt durchgeführt werden. Wenn wirklich notwendig, sollte manuelle Geburtshilfe nur vom Tierarzt durchgeführt werden.

Der Einsatz homöopathischer Arzneien ist einzig im Problemfall notwendig!

Nicht angezeigte Arzneien schaden dem Muttertier und den Welpen!

Nach der Geburt tritt für wenige Tage ein gelblicher, rot-bräunlich-klebriger, Ausfluss auf, evtl. verbunden mit kurzfristigem Juckreiz.

ABORT, FRÜHGEBURT

Unter **Abort** versteht man die Fehlgeburt; sie kann jederzeit während der Trächtigkeit auftreten. Eine **Frühgeburt** kann ca. eine Woche vor dem Geburtstermin geschehen.

Eine mögliche Ursache für den Abort kann in einer FeLV- oder anderern Infektion bestehen (siehe *Kapitel 4, Infektionen und Entzündungen, Abschnitt Spezielle systemische Infektionskrankheiten der Katze, Seite 137*).

Durch rechtzeitige Gabe des passenden Mittels kann im besten Fall ein Abort oder eine Frühgeburt verhindert werden. Sollte das nicht möglich sein, so muss das Geschehen in der nächsten Trächtigkeit für die homöopathische Mittelwahl berücksichtigt werden.

In diesen Fällen ist die richtige Mittelwahl und Dosierung besonders wichtig.

Im Zweifelsfall sollte eine tierärztliche Diagnose gestellt werden.

Abort, Frühgeburt: Acon, Apis, Arn, Bell, Calc, Cham, Gels, Ign, Lyc, Op, **Puls,** Pyrog, Ruta, **Sep,** Thuj

Aconitum napellus – Acon

Indikationen und Symptome

- Abort durch Schreck, Angst, Panik, Aufregung

Apis mellifica – Apis

Indikationen und Symptome

- Abort in den ersten Wochen der Trächtigkeit
- Ödeme (Schwellungen) der Scheide, am Gesäuge
- Ruhelose Tiere, ertragen keine Hitze, zu wenig Tränkeaufnahme

Arnica montana – Arn

Indikationen und Symptome

- Drohender Abort nach Sturz, Unfall

Belladonna – Bell

Indikationen und Symptome

- Drohender Abort mit großer äußerlicher Hitze, Fieber
- Beschwerden nach Beruhigungsmitteln

Calcarea carbonica – Calc

Indikationen und Symptome

- Abort nach Überanstrengung

Chamomilla – Cham

Indikationen und Symptome

- Abort mit heftigen Schmerzen und übermäßigem Schreien
- Überempfindlich gegen Schmerzen mit Aggression

Gelsemium sempervirens – Gels

Indikationen und Symptome

- Abort durch Aufregung, Schreck, Stress, mit Zittern und Schwäche

Ignatia amara – Ign

Indikationen und Symptome

- Abort durch Kummer, Trennung von geliebten Menschen, Tierheim, Heimweh

Lycopodium clavatum – Lyc

Indikationen und Symptome

- Abort durch Aufregung, Stress, Konkurrenz, soziale Zurücksetzung, Demütigung

Nux vomica – Nux-v

Indikationen und Symptome

- Vorzeitige Wehen, Frühgeburt
- Durch (schmerzhafte) Verdauungsstörungen, viel mühsamer, ineffektiver Drang zum Kotabsetzen
- Vergiftung, Nebenwirkungen von Arzneien (z. B. Ivermectin-Wurmkur)

Opium – Op

Indikationen und Symptome

- Frühgeburt ausgelöst durch Schreck, mit anschließendem schläfrigem Verhalten

Pulsatilla pratensis, nigricans oder vulgaris – Puls

Indikationen und Symptome

- Abort oder Frühgeburt in den letzten 2 Wochen der Trächtigkeit
- Vorzeitige Wehen freundlicher »Schmusekatzen«
- Angekündigt durch rosaroten schleimigen Ausfluss bei geschwollener Vulva
- Liebenswürdige Katze, viel mütterlicher Ausdruck

Pyrogenium – Pyrog

Indikationen und Symptome

- Abort im Rahmen einer septischen Infektion, z. B. durch abgestorbenen Fötus

Ruta graveolens – Ruta

Indikationen und Symptome

- Abort durch Trauma der Bauchdecke

Sepia officinalis oder succus – Sep

Indikationen und Symptome

- Abort bei widerspenstiger Katze mit vorangegangener Sterilität
- Bei Trächtigkeit, die durch Hormontherapie induziert wurde
- Vorgeschichte von Nachgeburtsverhaltung bei der vorangegangenen Geburt
- Schwäche des Muttermunds

Thuja occidentalis – Thuj

Indikationen und Symptome (selten bei der Katze)

- Abort besonders im ersten Viertel der Trächtigkeit
- Evtl. ausgelöst durch schlecht vertragene Impfung

Dosierung

Einzelgabe der C200 kann in vielen Fällen den Abort verhindern oder zumindest Folgeerkrankungen vorbeugen.

ÜBERTRAGEN, ZU SPÄTER GEBURTSTERMIN

Gelsemium sempervirens – Gels

Indikationen und Symptome

- Schwäche, Zittern, »Erwartungsangst« bei Erstgebärenden
- Krampfhaft zusammengezogener Muttermund am Beginn oder während der Geburt

Lycopodium clavatum – Lyc

Indikationen und Symptome

- Konstitutionelle Gesichtspunkte
- Eher wenig mütterliches Wesen

Pulsatilla pratensis, nigricans oder vulgaris – Puls

Indikationen und Symptome

- Das häufigste Arzneimittel für die überfällige Geburt
- Gute Vorbereitung, gut »durchsaftetes« Genital, viel mütterlicher Gesichtsausdruck
- Gut vorbereitetes Gesäuge, evtl. mit bereits laufender Milch
- Trotzdem noch keine Geburt
- Beschwerden durch zu viele äußere Reize und Ablenkung
- *Pulsatilla*-Tiere fühlen sich während der Geburt durch anwesende Menschen, durch Unruhe in der Umgebung gestört, daher möglicherweise Aufhören von Wehen
- Möglicherweise aber auch ausdrückliches Verlangen nach Gesellschaft!
- Manche *Pulsatilla*-Katzen wollen auf dem Schoß der Besitzer gebären!

Dosierung

Wiederholte Gaben der C 30 oder Einzelgabe der C 200.

GESTÖRTER GEBURTSVERLAUF

Die wichtigsten Mittel: Acon, Ars, Bell, Caul, Cham, Cimic, Gels, Ign, Puls, Sabin, Sep.

Es gibt eine große Zahl weiterer Arzneien für Störungen in und um das Geburtsgeschehen, die in der entsprechenden Literatur (z. B. 12, 18, 38, 59) nachgelesen werden können.

Beschreibung der wichtigsten Mittel

Aconitum napellus – Acon

Indikationen und Symptome

- Angst, Unruhe, schreckhaftes Zusammenfahren, Folgen von Panikreaktion
- Heiße, trockene, hochrote Schleimhäute und Geburtswege
- Kräftiger, harter Herzschlag

Dosierung

Wiederholte Gaben der C 30 bis zu eintretender Ruhe.

Arsenicum album – Ars

Indikationen und Symptome

- Ängstliche Ruhelosigkeit, schlimmer nachts, nach Mitternacht
- Kalter Körper, Tendenz zum Kollaps
- Wiederholtes Verlangen nach kleinen Schlückchen kalter Tränke
- Evtl. Zusammenhang mit Erkrankungen wie Durchfall, Immunschwächesyndrom o. Ä.

Dosierung

Je nach Schwere der Erkrankung wiederholte Gaben der C 30 oder Einzelgabe der C 200.

Belladonna – Bell

Indikationen und Symptome

- Krampfwehen, sehr heißer Körper, warm-feuchte Pfoten, keine Angst oder Unruhe!
- Trockene, heiße Schleimhäute bzw. Geburtswege
- Reizbarkeit durch plötzliche, heftige schmerzhafte Wehen
- Kräftiger, harter Herzschlag

Dosierung

Einzelgaben der C 30 bis zur Besserung.

Caulophyllum – Caul

Indikationen und Symptome

- Erschöpfung durch zu lang anhaltende Wehen
- Dann schwache, unregelmäßige oder aufhörende Wehen und zu langsame Geburt
- Oder ineffektive Krampfwehen

Dosierung

Wiederholte Gaben der C 30 bis zur Besserung.

Chamomilla – Cham

Indikationen und Symptome

- Besonders bei jungen Katzen, Erstgebärenden
- Nervöse, ärgerliche, ängstliche, hysterische Mütter
- Überempfindlich gegen Schmerzen, lautes Schreien
- Aggressive Abwehr, lässt sich nicht untersuchen, ruhelos, tobt, kratzt und beißt
- Trotzdem Schwäche und Erschöpfung

Dosierung

Wiederholte Gaben der C 30 bis zur Besserung oder Einzelgabe der C 200.

Cimicifuga – Cimic

Indikationen und Symptome

- Schmerzhafte Krampfwehen, speziell bei Erstgebärenden
- Übermäßige, »hysterische« Schmerzempfindlichkeit mit lautem Schreien und Unruhe
- Daher Aufhören der Wehen

Dosierung

Wiederholte Gaben der C 30 bis zur Besserung oder Einzelgabe der C 200.

Gelsemium sempervirens – Gels

Indikationen und Symptome

- Schwäche mit Zittern, schwache, unkoordinierte Wehen
- Ungenügende Eröffnung und verkrampfter Muttermund
- Ausgeprägte Neigung zum Zittern

Dosierung

Wiederholte Gaben der C 30 bis zur Besserung oder Einzelgabe der C 200.

Ignatia amara – Ign

Indikationen und Symptome

- »Hysterische« Krämpfe junger oder übersensibler Erstgebärender
- Unverständlicher Stimmungswechsel; freundlich abwechselnd mit Reizbarkeit
- Verstärkte Symptome durch vorangegangenen Kummer, Trennung, Heimweh
- Häufig besser durch Zuwendung und Streicheln oder ausgeprägte Abneigung dagegen

Dosierung

Wiederholte Gaben der C 30 bis zur Besserung oder Einzelgabe der C 200.

Pulsatilla pratensis, nigricans oder vulgaris – Puls

Indikationen und Symptome

- Will auf dem Schoß der Bezugsperson oder mitten im Zimmer gebären
- Oder versteckt sich und schreit nach Zuwendung
- Unersättliches Verlangen nach Streicheleinheiten
- Schwache Wehen, zu große Abstände
- Krampfwehen, aber »tapfer, sie erträgt alles«
- Schlaffe, ineffektive Wehen, vorzeitiges Abfließen der Milch
- Wehen hören auf durch Ablenkung, z. B. durch streichelnde Menschen, trotz guter Vorbereitung
- Freundliches Verhalten, »mütterlicher Blick«
- Besser durch frische Luft, schlimmer im warmen Zimmer und bei heißem Wetter
- Widersprüchliches Verhalten

Dosierung

Einzelgabe der C 200.

Sabina – Sabin

Indikationen und Symptome

- Organotrop für Zurückbleiben der Plazenta, wenn kein besser passendes Mittel gefunden werden kann
- Führt auch zum Abgang von Molen oder toten Föten
- Blutungen, klumpig bei geringster Bewegung, Blutung nach Abort
- Erschlaffter, inaktiver Uterus

Dosierung

Ein bis zwei Gaben der C 30.

Vorsicht, zu häufige, nicht indizierte Gaben können Blutungen auslösen!

Sepia officinalis oder succus – Sep

Indikationen und Symptome

- Verordnung nach konstitutionellen Gesichtspunkten
- Schwäche, Erschöpfung durch lange Geburt, trotzdem widerspenstig und reizbar
- Verkrampfter Muttermund, ungenügende Eröffnung
- Evtl. nach vorangegangener Problemgeburt, Hormonbehandlung oder Gebärmutterentzündung

Dosierung

Einzelgabe der C 200, bei sicherer Indikation auch höhere Potenz.

ABGESTORBENER ODER NICHT AUSGETRIEBENER FÖTUS

Diese Diagnose sollte durch Röntgen oder Ultraschall gestellt werden.

Ein toter Fötus (ungeborener Welpe) in der Gebärmutter kann dieselbe Sepsis auslösen wie eine nicht abgegangene Plazenta. Im Zweifelsfall muss ein Kaiserschnitt durchgeführt werden.

Es gibt jedoch einige Homöopathika, die versuchsweise zum Austreiben dieses Fötus eingesetzt werden können, sofern noch keine Sepsis (Fieber, fehlende Futteraufnahme, Schwäche, grauweiße Schleimhäute) vorliegt:

Cantharis – Canth

Indikationen und Symptome

- Beschwerden wie eine Blasenentzündung: permanenter quälender Harndrang

Dosierung

Bei dieser klaren Symptomatik: Einmalige Gabe der C 200.

Sabina – Sabin

Indikationen und Symptome

- Wiederholte wehenähnliche Schmerzattacken
- Wundmachender, grüngelber, zäher Ausfluss

Dosierung

Ein bis zwei Gaben der C 30.

Vorsicht, zu häufige, nicht indizierte Gaben können Blutungen auslösen!

Pyrogenium – Pyrog

Indikationen und Symptome

- Unterstützend bei beginnender Sepsis: Einmalige Gabe der C 30
- Bei bereits eingetretener Sepsis – evtl. mit jauchigem Ausfluss

Dosierung

Einzelgabe der C 200.

Probleme nach der Geburt

NACHGEBURTSVERHALTUNG (PLAZENTARETENTION)

Die Nachgeburt der Katze sollte spontan nach der Geburt ausgestoßen werden. Normalerweise wird diese von der Katze aufgefressen, sodass eine Retention (Zurückbleiben) übersehen werden kann.

Bei der anhaltenden Nachgeburtsverhaltung (mehr als 12 Stunden) besteht die Gefahr einer sich schnell entwickelnden Sepsis mit Peritonitis (Bauchfellentzündung), einer lebensgefährlichen Erkrankung.

Der Abgang der Nachgeburt wird durch Oxytocin-Freisetzung beim intensiven Ablecken der Welpen gefördert. Daher sollte der Katze auch ein einzelner, tot geborener Welpe zum kurzen Ablecken vorgelegt werden.

Wenn die Nachgeburt trotz eines gut gewählten Homöopathikums nicht abgeht, muss ein Tierarzt zu Rate gezogen werden!

Hinweis: Bis zum Abgang der Plazenta durch eines der angegebenen Mittel kann es 2 bis 3 Stunden dauern!

Belladonna – Bell

Indikationen und Symptome

- Große körperliche Hitze mit deutlich injizierten Schleimhautgefäßen bei Plazentaretention
- Trockene, rote Schleimhäute, trockene, rote, heiße Scheide
- Hohes Fieber ist möglich, speziell abends

Dosierung

Ein bis zwei Gaben der C 30.

Cantharis – Canth

Indikationen und Symptome

- Nachgeburtsverhaltung mit Reizung der Harnblase
- Ständiger quälender Harnzwang mit starkem Drängen

Dosierung

Einzelgabe der C 200.

Caulophyllum – Caul

Indikationen und Symptome

- Erschöpfte Katze durch heftige Wehen, schlimmer nach Geburt vieler Welpen
- Plazentaretention durch erschlafften Uterus

Dosierung

Ein bis zwei Gaben der C 30.

Pulsatilla pratensis, nigricans oder vulgaris – Puls

Indikationen und Symptome

- Erschlaffte Geburtswege, erschöpfte Katze, daher Nachgeburtsverhaltung
- Kümmert sich trotzdem hingebungsvoll um die Welpen
- Lässt die Milch laufen, viel mütterlicher, lieber Ausdruck
- Zu wenig oder fehlende Tränkeaufnahme nach der Geburt

Dosierung

Einzelgabe der C 200, bei sicherer Indikation höhere Potenz.

Pyrogenium – Pyrog

Indikationen und Symptome

- Fortgeschrittenes Stadium einer Plazentaretention mit bereits eingetretener Sepsis
- Fehlende Futteraufnahme
- Grau-blasse Schleimhäute, schlechte Kapillarfüllung, Apathie
- Indiziert bei jedem septischen Zustand nach der Geburt, kann lebensrettend wirken!
- Nach *Pyrogenium* kann ein passendes Folgemittel indiziert sein, z. B. *Ars*, *Lach*, *Puls* oder *Sep*

Dosierung

Einzelgabe der C 30, bei bereits fortgeschrittener Sepsis Einzelgabe der C 200.

Sabina – Sabin

Indikationen und Symptome

- Erschlaffte Gebärmutter, daher zurückgebliebene Nachgeburt

Dosierung

Einzelgaben der C 30. Vorsichtige Dosierung bei der Katze, *Sabina* kann wegen der Form der Katzenplazenta bei zu häufiger Gabe Blutungen auslösen.

Secale cornutum – Sec

Indikationen und Symptome

- Wirkt durch verstärkte Durchblutung und »Durchsaftung« der Gebärmutter
- Daher Abgang der Nachgeburt

Dosierung

Einzelgaben der C 30. Vorsichtige Dosierung bei der Katze, auch *Secale* kann wegen der Form der Katzenplazenta bei zu häufiger Gabe Blutungen auslösen.

Sepia officinalis oder succus – Sep

Indikationen und Symptome

- Bei »konstitutionellen« *Sepia*-Katzen mit den oben erwähnten Genitalsymptomen bzw. Vorgeschichte
- Nachgeburtsverhaltung durch erschlaffte Gebärmutter
- Gebärmutterentzündung/Vereiterung ca. 8 bis 10 Tage nach der Geburt
- Katze zeigt wenig oder fehlendes Mutterverhalten

Dosierung

Einzelgabe der C 200, bei sicherer Indikation auch höhere Potenz.

SEPTISCHE ZUSTÄNDE NACH DER GEBURT MIT ODER OHNE PLAZENTARETENTION

Die homöopathische Therapie der lebensgefährlichen Puerperalsepsis (»Kindbettfieber«) sollte von einem erfahrenen Homöopathen / Tierarzt durchgeführt werden!

Diese Sepsis kann durch nicht abgestoßenes Gewebereste oder durch zurückgebliebene Plazentateile ausgelöst werden. Dieses Gewebe zersetzt sich in der Gebärmutter und erzeugt eine lebensgefährliche Sepsis.

Homöopathische Therapie kann auch zusätzlich zur Pharmakotherapie eingesetzt werden.

Die wichtigsten Arzneien: (Arn), Ars, Echi, **Lach**, **Pyrog**, Sep

Arnica montana – Arn

Indikationen und Symptome

- *Arnica* ist nach der Geburt der Katze nur ausnahmsweise und im Fall von deutlichen Verletzungen durch Gewebequetschung indiziert!

Hinweis: Eine falsche Gabe von *Arnica* kann die Bereitschaft zu Blutungen fördern und evtl. sogar Blutungen aus dem Nabel der Welpen auslösen!

- Andererseits können Quetschungen der Geburtswege zu septischen Entzündungen führen.
- Daher empfiehlt sich im Zweifelsfall bei starken Quetschungen der Geburtswege, z. B. durch zu große Föten oder manuelle Geburtshilfe, eine Gabe von *Bellis perennis* C 30 oder – in schwersten Fällen – C 200.

Arsenicum album – Ars

Indikationen und Symptome

- Fortgeschrittene Fälle von schwerster, lebensgefährlicher Sepsis nach der Geburt, eiskalter Körper
- Stinkender, wundmachender Ausfluss durch abgestorbenes Gewebe in der Gebärmutter oder in den Geburtswegen
- Überraschend schnell zunehmender Verfall, kadaverähnlich stinkender Ausfluss

- Extreme Schwäche, die sehr schnell eintritt, trotzdem Unruhe, auch nur einzelner Körperteile
- Kalte, unelastische Haut, Austrocknung (trotz Infusionen)
- Zustand schlimmer nach Mitternacht mit Unruhe
- Wiederholte Aufnahme kleiner Schlucke Tränke, wenn der Trinknapf in erreichbarer Nähe steht

Dosierung

C 200, einmalige Gabe; aber in schwersten Fällen kann die C 200 sogar zweimal am ersten Tag gegeben werden. Diese Dosierung sollte ausreichen für die Wiederherstellung des Tieres. Notfalls kann diese Therapie durch ein bis zwei Gaben *Pyrogenium* C 30 unterstützt werden.

Echinacea angustifolia oder purpurea – Echi

Indikationen und Symptome

- Spezifikum – neben *Lachesis* und *Pyrogenium* – für die Puerperalsepsis
- Oder wenn eine Immunschwäche der Katze bekannt ist (FeLV, FIV o. Ä.)

Dosierung der C 30

Einzelgabe evtl. unterstützend zu *Pyrogenium*.

Hinweis: Zu häufige Gaben können den Zustand verschlimmern!

Vorsicht: *Echinacea* fördert die Aktivität der weißen Blutkörperchen und damit evtl. Eiterung an anderer Stelle.

Lachesis mutus – Lach

Das erste Mittel für die Puerperalsepsis (»Kindbettfieber«), die an ersten Tagen nach der Geburt auftritt.

Indikationen und Symptome

- Die ersten Symptome zeigen sich meist am Morgen nach der Geburt
- Oder im Laufe der ersten 6 Stunden nach der Geburt
- Bläulich-rot verfärbte, schmerzhaft geschwollene Schleimhaut der Scheide, dann eitriger Ausfluss
- Anfangs möglicherweise noch ohne wesentlich gestörtes Allgemeinbefinden
- In fortgeschrittenen Fällen: Aufschwellen der Scheide, blaurote Farbe, starke Schmerzen
- Symptome von Sepsis, Fieber, keine Futteraufnahme, apathisches Verhalten
- Berührungsempfindliches Abdomen, Flanke (Bauchfellentzündung, Peritonitis)
- Katze liegt auf der rechten Seite
- *Lach* ist nicht primär bei der Plazentaretention indiziert, evtl. erst im septischen Folgezustand

Dosierung

Eine Einzelgabe der C 200 reicht i. d. R. aus, Wiederholung einzig bei Rückfall in die Symptome der Sepsis.

Pyrogenium – Pyrog

Indikationen und Symptome

- Sepsis durch Nachgeburtsverhaltung
- *Pyrogenium* wirkt intensiver als Antibiotika!
- Fieber kann, muss aber nicht vorhanden sein
- Gestresster, verklemmter Gesichtsausdruck, starr nach hinten geklappte Ohren

- Evtl. bereits Nasenflügelatmung, Stöhnen
- Evtl. bereits harter, angespannter Bauch (Bauchfellentzündung)
- Bei weiterem Fortschreiten graurosa oder grauweiße Farbe der (Augen-, Maul-) Schleimhäute
- Diskrepanz zwischen Allgemeinbefinden bzw. Herz-Kreislaufsituation und Fieber: Schlechter Herz-Kreislauf-Zustand bei wenig getrübtem Befinden oder umgekehrt

Dosierung

Eine Einzelgabe der C 30, in schweren Fällen C 200; anschließend sollte das spezifische Mittel (*Arsenicum*, *Lachesis* oder *Sepia*) gegeben werden.

Sepia officinalis oder succus – Sep

Indikationen und Symptome

- Akute oder chronische Gebärmutterentzündung nach der Geburt
- Mit oder ohne Symptome einer Sepsis
- Meist ausgelöst durch Reste der Plazenta oder durch Infektion
- Keine Arznei für die primäre Sepsis nach der Geburt, sondern:
- Gebärmutterentzündung ca. 8 bis 10 Tage nach der Geburt oder in anderem Zeitraum
- Dabei oft ungenügende Fürsorge für die Welpen
- Braunroter, stinkender Ausfluss
- Ausfluss macht die äußere Genitalgegend wund, dort geht das Fell aus
- Juckreiz, beständiges Lecken und Knabbern am Genital
- Bei Sepsis evtl. mit *Pyrogenium* kombinieren, wenn Reste einer Plazenta im Uterus vermutet werden

Dosierung

Einzelgabe der C 200, bei sicherer Indikation auch höhere Potenz.

VERLETZUNGEN – KAISERSCHNITT – KASTRATION

Arnica montana – Arn

Indikationen und Symptome

- *Arnica* ist selten indiziert nach der Geburt der Katze, siehe *Kapitel 16, Abschnitt Probleme nach der Geburt, Seite 509*. Besser ist hier *Bellis-perennis*.

Bellis perennis – Bell-p

Indikationen und Symptome

- »*Arnica* der Gebärmutter« – Verletzungen der Gebärmutter
- Nach Kaiserschnitt, fördert die Rückbildung der Gebärmutter
- Überdehnung der Gebärmutter, z. B. durch zu viele oder zu große Welpen

Dosierung

Einmalige Gabe der C 30, in schweren Fällen auch C 200.

Calendula officinalis – Calen

Indikationen und Symptome

- Rissverletzungen der äußeren Geburtswege durch zu große Welpen oder Geburtshilfe
- Fördert die Wundheilung der Hautnaht nach Kaiserschnitt

Dosierung

Einmalige Gabe der C 30 reicht meist aus.

Millefolium – Mill

Indikationen und Symptome

- Verletzungen u. a. Weichteilverletzungen mit hellen, lebensgefährdenden Blutungen
- Ein unverzichtbares Mittel zur Blutstillung bei Kastration einer rolligen Katze! Kann auch während der Operation indiziert sein.

Dosierung

Eine Einzelgabe der C 30 stillt augenblicklich die Sickerblutungen aus kleinen Blutgefäßen, bei größeren Blutungen Einzelgabe der C 200.

Staphysagria – Staph

Indikationen und Symptome

- Scheidenriss, Riss im Muttermund, durch zu große Welpen oder Geburtshilfe
- Verbessert die Wundheilung nach Kaiserschnitt
- Bei problematischer Kastration, z. B. bei bereits vorhandenen Verwachsungen im Abdomen
- Wichtig nach scheinbar unerklärlichen Bauchschmerzen, auch lange nach Kastration
- Unwillkürlicher Harnabgang (Einnässen) nach Kastration

Dosierung

Einmalige Gabe der C 30, in schweren Fällen auch C 200.

Hinweis: Bei Harninkontinenz nach der Kastration kann auch eine höhere Potenz indiziert sein.

Metritis – Endometritis – Pyometra

Metritis ist die allgemeine Bezeichnung für die Entzündung der Gebärmutter. Diese kann das gesamte Gewebe des Uterus (**Metritis**) oder nur dessen Innenauskleidung (**Endometritis**) betreffen. Bei letzterer bildet sich in der Gebärmutter Eiter (**Pyometra**), der durch den Muttermund abgesondert werden kann und sich in entsprechendem Ausfluss äußert. Ist aber der Muttermund geschlossen, dann kann die Gebärmutter prall bis zum Platzen mit Eiter gefüllt sein.

Die Metritis oder Pyometra kann im Anfangsstadium nur von gestörtem Allgemeinbefinden begleitet sein, im fortgeschrittenen Zustand treten schwerste septische Symptome auf.

Wenn gar die Gebärmutter geplatzt ist, sollte chirurgisch vorgegangen werden. Bei einer solchen septischen Bauchfellentzündung kann *Lachesis*, *Pyrogenium* oder *Echinacea* zur Lebensrettung indiziert sein.

Eine chronische Metritis kann bei der Katze auch zur »Zersetzung« des Uterus führen mit gleichzeitiger Sepsis.

Die angegebenen Indikationen gelten nicht nur für Hund und Katze, sondern auch für andere Lebewesen.

Die im *Abschnitt Septische Zustände nach der Geburt mit oder ohne Plazentaretention, Seite 511*, angegebenen Homöopathika können auch bei Genitalerkrankungen ohne vorangegangene Geburt indiziert sein.

Entscheidend sind die auffallenden, lokalen Merkmale; wenn diese fehlen, muss nach konstitutionellen Gesichtspunkten verordnet oder eine schulmedizinische Therapie eingeleitet werden.

Der Katzenzüchter sollte wissen, dass die Zuchtfähigkeit der Katze durch eine gute homöopathische Therapie dieser Erkrankungen erhalten bzw. wiederhergestellt werden kann!

Für die **Pyometra kommen in erster Linie folgende Mittel infrage:** Lach, Puls, Sep, ergänzend bei Bedarf evtl. Pyrog, Echi

Für andere Erkrankungen der Gebärmutter können auch die folgenden Mittel indiziert sein:

Belladonna – Bell

Indikationen und Symptome

- Metritis mit auffallend roten, trockenen, heißen Schleimhäuten, besonders im Genitalbereich
- Evtl. hohes Fieber, besonders abends, mit vermehrtem Durst
- Nach Abklingen dieser akuten Symptome kann zur Ausheilung ein Folgemittel indiziert sein

Dosierung

C 30: 2 bis 3 kumulierte Gaben oder Einzelgabe der C 200.

Calcarea carbonica – Calc

Indikationen und Symptome

- Chronische Fälle von milchigem, gelblichem, reichlichem, juckendem Ausfluss
- Weitere konstitutionelle Merkmale

Dosierung

Bei sicheren *Calcarea*-Symptomen einmalige Gabe der M- oder XM-Potenz.

Cantharis – Canth

Indikationen und Symptome

- Akute Genitalinfektion mit starkem Drängen (Tenesmus) zum Urinieren
- Begleitende Blasenentzündung oder -reizung mit ausgeprägtem, schmerzhaftem Harnzwang

Dosierung

Wiederholte Gaben der C 30 bis zur Besserung oder einmalige Gabe der C 200.

Lachesis mutus – Lach

Indikationen und Symptome

- Eines der wichtigsten Mittel für den akuten Metritis-/Pyometra-/Endometritis-Komplex
- Auch ausgelöst durch Therapie mit Geschlechtshormonen
- Akute oder subakute septische Infektion, grauweiße Schleimhäute an Augen und Maul
- Schlechte Kapillarfüllung
- Hartes, berührungsempfindliches Abdomen (Peritonitis)
- Fehlender Appetit, aber evtl. viel Durst, dabei evtl. Abneigung zu trinken
- Oft noch kein auffallender Scheidenausfluss
- Aber meist deutliche Schwellung der Vulva mit bläulich verfärbter Schleimhaut
- Nach der Gabe von *Lachesis* wird sich beim Vorliegen einer Pyometra massenhaft Eiter entleeren, anschließend deutlich besseres Allgemeinbefinden
- Bei der *Lachesis*-Metritis liegt eher eine septische Zersetzung der Gebärmutter vor, ohne Eiterbildung, mit auffallend dunkel verfärbtem Blut, evtl. sogar Hämolyse
- *Lachesis* ist in solchen Fällen auch für den Chirurgen ein Homöopathikum, das Katzenleben retten kann!
- Kennzeichnend ist dann die dunkelbraun bis schwarz verfärbte Gebärmutter
- Dieser Zustand kann auch eintreten, wenn ein toter oder sich zersetzender Welpe im Uterus liegt
- Auch indiziert bei eingetretener Peritonitis nach geplatzter Gebärmutter (*Pyrogenium, Echinacea*)

Hinweis: Ein solcher Zustand bedarf jedoch intensiver Überwachung durch einen Tierarzt!

Dosierung

Eine einmalige Gabe der C 200 reicht in der Regel aus!

Lycopodium clavatum – Lyc

Indikationen und Symptome

- Chronischer wundmachender, weißlicher Ausfluss bei weiteren konstitutionelle Merkmalen

Dosierung

Bei sicheren *Lycopodium*-Symptomen einmalige Gabe der C 200 oder einer höheren Potenz.

Natrium muriaticum – Nat-m

Indikationen und Symptome

- Chronischer dick-weißer, reichlicher, wundmachender Ausfluss, oft weiß wie Milch
- Entzündung der Scheide
- Begleitender oder vorangegangener emotionalen Stress, z. B. Kummer, Mobbing
- Weitere konstitutionelle Merkmale

Dosierung

Bei sicheren *Natrium-muriaticum*-Symptomen einmalige Gabe einer M- oder XM-Potenz.

Pulsatilla pratensis, nigricans oder vulgaris – Puls

Indikationen und Symptome

- Akut: Pyometra nach Ende der Rolligkeit oder nach hormonellem Abbruch unerwünschter Trächtigkeit
- Erbrechen, Durst, Fieber, weiches Abdomen bei zunehmend schlechtem Allgemeinbefinden
- Nach der Gabe von *Pulsatilla* kann sich reichlich rahmartiger Eiter entleeren!
- Chronisch: Reichlich rahmartiger, weißlich-gelblicher Ausfluss
- In der Regel liebenswürdige »Schmusekatzen«
- Weitere konstitutionelle Merkmale

Dosierung

Bei sicheren Symptomen einmalige Gabe der M- oder XM-Potenz.

Anderenfalls Therapieversuch mit 2 bis 3 kumulierten Gaben der C 30, weitere Gaben richten sich nach den Symptomen der Patientin.

Sepia officinalis oder succus – Sep

Indikationen und Symptome

- Akut: Metritis/Pyometra nach hormonellem Abbruch unerwünschter Trächtigkeit
- Auch nach Hormontherapie aus anderen Gründen
- Metritis/Pyometra beginnend ca. 1 Woche bis 10 Tage nach der Geburt
- Fieber kann vorhanden sein
- Zeichen einer Sepsis sind möglich – je nach Stadium der Erkrankung
- Blutig-brauner, auch eitriger, stinkender Ausluss, macht die Vulva und die Umgebung wund
- Starker Juckreiz durch eitrigen Vaginalausfluss
- Chronische Endometritis mit chronischem blutig-braunem oder eitrigem und meist klebrigem Ausfluss

Dosierung

Bei sicheren Symptomen einmalige Gabe der M- oder XM-Potenz.

Anderenfalls Therapieversuch mit 2 bis 3 kumulierten Gaben der C 30, weitere Gaben richten sich nach den Symptomen der Patientin.

Silicea terra – Sil

Indikationen und Symptome

- Chronischer Zustand: schubweise milchiger, wundmachender, juckender Ausfluss
- Zarte Konstitution, milde, freundlich zurückhaltende Katze
- Oder chronischer Zustand von *Pulsatilla*-Katzen mit jetzt bestehender Neigung zum Frieren und weiteren *Silicea*-Symptomen

Dosierung

Bei sicheren Symptomen einmalige Gabe der M- oder XM-Potenz.

Anderenfalls Therapieversuch mit 2 bis 3 kumulierten Gaben der C 30, weitere Gaben richten sich nach den Symptomen der Patientin.

Staphysagria – Staph

Indikationen und Symptome

- Entzündung der Scheide nach dem Decken durch brutale Kater, speziell bei Jungkatzen

Dosierung

Einzelgabe der C 200.

Thuja occidentalis – Thuj

Indikationen und Symptome

- Schleimhautreizungen mit grünlich-grau-gelber Absonderung
- Dabei auch grünlich-schleimiger Scheidenausfluss
- Begünstigt durch schlecht vertragene oder zu häufige Impfungen

Dosierung

Bei sicheren Symptomen einmalige Gabe der C 200, M- oder XM-Potenz.

Gestörtes Mutterverhalten

Das Mutterverhalten wird vom Instinkt gesteuert und ist normalerweise bei der Katze intensiv ausgebildet. Katzen sind in der Regel hervorragende und »stolze« Mütter!

Nur in seltenen Fällen kann gestörtes Verhalten zu den Welpen beobachtet werden.

Hier handelt es sich um eine hochrangige Symptomatik, weil sie gegen das instinktive »arterhaltende« Verhalten verstößt. Daher ist eine einmalige Gabe einer hohen Potenz (C 200, M oder XM) gerechtfertigt.

Hyoscyamus niger – Hyos

Indikationen und Symptome

- Zentralnervöse Erregung, greift alles an! **Vorsicht!**
- Extreme Libido, übersteigerte sexuelle Erregung
- Aggressive Ablehnung der Welpen, will sie töten
- Katze kratzt und beißt ohne ersichtlichen Anlass
- Überempfindlichkeit gegen das Geräusch von fließendem Wasser (vgl. *Lyssinum*)

Dosierung bei deutlichen Symptomen

Einmalige Gabe der M- oder XM-Potenz.

Ignatia amara – Ign

Indikationen und Symptome

- Hysterisches Verhalten, wechselhaft, widersprüchlich
- Abwechselnd freundlich und reizbar zu den Welpen

- Nervöse Angst vor den eigenen Welpen (»die Katze spinnt!«)

Dosierung
Einmalige Gabe der C 200 oder höherer Potenz.

Lycopodium clavatum – Lyc

Indikationen und Symptome
- Gleichgültigkeit gegen die Welpen
- Katze geht z. B. lieber auf Mausejagd, anstatt Welpen zu säugen

Dosierung
Bei klarer konstitutioneller Symptomatik: Einzelgabe der M- oder XM-Potenz.

Mercurius solubilis – Merc

Eher seltenes Mittel für die Katze!

Indikationen und Symptome
- Aggressiv gegen die eigenen Welpen
- Tötet sie und frisst sie auf
- Häufig auffallender Speichelfluss, besonders im Schlaf
- Unruhe bzw. allgemeine Verschlimmerung in der Nacht

Dosierung
Einmalige Gabe der C 200 oder einer höheren Potenz.

Phosphorus – Phos

Indikationen und Symptome
- Nervöse, erregbare, ängstliche Katzen
- Ängstlich oder aufgeregt durch die Anwesenheit der Welpen
- Oder übermütiger Spieltrieb, Interesse für alles, "vergisst" dabei die Welpen

Dosierung
Bei deutlichen konstitutionellen Symptomen: Einmalige Gabe der M- oder XM-Potenz.

Sepia officinalis oder succus – Sep

Wichtigstes Homöopathikum für Mütter, die ihre Kinder vernachlässigen oder ablehnen!

Indikationen und Symptome
- Grobes Verhalten zu den Welpen, es wird grob abgeleckt und fortgestoßen oder zerbissen
- Heftig saugende Welpen werden angegriffen
- Ranghohe Katzen mit männlichen Gehabe oder alte, »verbrauchte« Zuchtkatzen
- Häufig Katzen mit gestörter Fruchtbarkeit, die erst nach Hormontherapie zur Ranze kamen

Dosierung
Bei deutlichen konstitutionellen Symptomen: Einmalige Gabe der M- oder XM-Potenz.

Erkrankungen des Gesäuges

Die Mastitis (Gesäugeentzündung) ist bei der Katze weitaus seltener als bei anderen Tieren, aber umso schwieriger ist sie in ihren Folgen zu behandeln.

Entzündung – Mastitis: Acon, Apis, Bell, Bry, Cham, Lach, Phyt, Phos, Puls, Pyrog, Sil

Gesäugeprobleme beim/nach dem Absetzen der Welpen: Bell, Bry, Calc, Phyt, Puls

Milch lange nach Absetzen der Welpen: Con

Aconitum napellus – Acon

Indikationen und Symptome

- Plötzliche und heftig auftretende Mastitis
- Sehr heißes, geschwollenes Gesäuge, hohes Fieber mit Unruhe und Angst, beginnt am Abend
- Auslöser: trockene Kälte, kalter Ostwind, Schreck, Panik, heftige Infektion

Dosierung

Einzelgabe der C 200.

Apis mellifica – Apis

Indikationen und Symptome

- Prall und glänzend geschwollene Milchleiste, meist rechtsseitig
- Sehr schmerzhaft und extrem berührungsempfindlich, evtl. mit Schreien
- Duldet kein Saugen durch die Welpen wegen Schmerzen
- Sucht kalte Plätze

Dosierung

Bei sicherer Indikation Einzelgabe der C 200.

Belladonna – Bell

Indikationen und Symptome

- Plötzliche Mastitis abends mit sehr hohem Fieber
- Heißes, gerötetes, geschwollenes, berührungsempfindliches Gesäuge
- Hohes Fieber mit sehr heißer Nase, Ohren, Maul und Körper, sucht kühle Plätze
- Trockene Schleimhäute, Verlangen nach kühler Tränke
- Akuter, heißer, entzündlicher Milchstau nach Absetzen oder Tod der Welpen
- Schmerzen schlimmer durch Erschütterung und Springen

Dosierung

Einzelgabe der C 200.

Bryonia – Bry

Indikationen und Symptome
- Mastitis nicht so heiß, aber hochgradig berührungsempfindlich
- Katze liegt auf dem kranken Gesäuge
- Vermeidet jede Bewegung, geht langsam und gekrümmt
- Jede Erschütterung verschlimmert die Schmerzen
- Mastitis nach Absetzen oder Tod der Welpen
- Will absolute Ruhe haben
- Milch läuft evtl. unwillkürlich aus den Zitzen

Dosierung
Einzelgabe der C 200.

Chamomilla – Cham

Indikationen und Symptome
- Mastitis oder Reizung des Gesäuges mit übermäßiger Schmerzempfindlichkeit der Katze
- Besonders bei Erstgebärenden, verbunden mit heftiger Aggressivität, auch gegen saugende Welpen
- Niemals indiziert bei lieben, freundlichen Patienten
- Aggressiv durch Schmerzen, die zu intensiv empfunden werden

Dosierung
Einzelgabe der C 200.

Conium maculatum – Con

Indikationen und Symptome
- Mastitis mit auffallend hart geschwollenem Gesäuge, evtl. mit Fieber
- Betroffen ist meist die rechte Seite
- Milch läuft aus dem Gesäuge
- Milch oder wässrige Absonderung aus den Zitzen lange nach Absetzen der Welpen
- Auch chronisch verhärtetes Gesäuge, auch knotig verhärtet

Dosierung
Einzelgabe der C 200.

Lachesis mutus – Lach

Indikationen und Symptome
- Septische Mastitis – **Vorsicht!**
- Betrifft die linke Seite, Beginn morgens bzw. nach dem Schlaf
- Vor der Erkrankung unerklärlicher Rückgang oder Fehlen von Milch
- Kann unbehandelt zu geschwürigen Veränderungen am Gesäuge führen
- Katze lässt die Milch laufen

Dosierung
Einzelgabe der C 200.

Phytolacca decandra – Phyt

Indikationen und Symptome

- Harte Schwellungen der Milchleiste, meist auf der rechten Seite
- Harte Schwellung wie eine lange Wurst, erstreckt sich über die ganze Milchleiste
- Evtl. sehr empfindliche, wunde oder offene Zitzen
- Abszesse, Fisteln, harte, evtl. schmerzhafte Knoten im Gesäuge, schlechte Milch
- Mastitis schlimmstenfalls bis zur Geschwürbildung
- Betroffen ist oft die rechte Milchleiste
- »Breitspektrumwirkung« vom leichten Katarrh der Mamma bis zur septischen Mastitis oder Krebs

Dosierung

Einzelgabe der C 200, im schlimmsten Fall wiederholen.

Phosphorus – Phos

Indikationen und Symptome

- Mastitis in allen Stadien möglich: von symptomfreier Verhärtung bis Sepsis oder Abszess
- Katze lässt die Milch laufen
- Harte Knoten im Gesäuge, die sich zum Abszess entwickeln können
- Mastitis oder Verhärtungen, evtl. noch lange nach Absetzen der Welpen
- Häufig weitere konstitutionelle *Phosphorus*-Symptome

Dosierung

Je nach Art und Schwere der Erkrankung Einzelgabe der C 200 oder einer höheren Potenz.

Pulsatilla pratensis, nigricans oder vulgaris – Puls

Indikationen und Symptome

- Übermäßige Gesäugeschwellung, evtl. laufende Milch vor der Geburt
- Mastitis durch Milchstau nach Absetzen der Welpen
- Lässt bei Milchstau die Milch laufen
- Liebe, fürsorgliche Katze jammert und trauert um die Welpen
- Wässrige Flüssigkeit im Gesäuge vor oder nach der (ersten) Ranze bei jungen Katzen
- Reichliche Milchproduktion, oft schon vor der Geburt, Milch tropft aus dem vollen Gesäuge

Dosierung

Je nach Art und Schwere der Erkrankung Einzelgabe der C 200 oder einer höheren Potenz.

Pyrogenium – Pyrog

Indikationen und Symptome

- Seltene Form der heftigen Mastitis bei der Katze
- Primär septische Mastitis, evtl. Begleitsymptom einer Metritis bzw. Endometritis / Pyometra
- Erreger der Infektion evtl. resistent gegen Antibiotika

Dosierung

Je nach Art und Schwere der Erkrankung Einzelgabe der C 30 oder C 200.

Silicea terra – Sil

Indikationen und Symptome

- Chronische Mastitis, Verhärtungen bestehen trotz antibiotischer Therapie weiterhin
- Betrifft besonders das linke Gesäuge
- Im chronischen Fall Abszess, Eiterung und Fistelbildung

Dosierung

Je nach Art und Schwere der Erkrankung Einzelgabe der C 200 oder einer höheren Potenz.

Sulfur – Sulf

Indikationen und Symptome

- Wiederkehrende Mastitis, besonders nach wiederholter Therapie mit Antibiotika

Dosierung

Einzelgabe der C 200.

Männliches Genital – Andrologie des Katers

Erkrankungen des männlichen Genitals spielen beim Kater eine untergeordnete Rolle. Bei Störungen der Fruchtbarkeit kommen dieselben Mittel wie bei der weiblichen Katze infrage (*Abschnitt Übersicht zu Arzneien für Sterilitätund Zyklusstörungen, Seite 495*).

Die Kastration des Katers verläuft normalerweise ohne klinische Probleme.

Dennoch seien einige wichtige Homöopathika genannt:

Fast alle Beschwerden im Rahmen der Kastration benötigen *Staphysagria*.

Staphysagria ist das wichtigste Homöopathikum für den Chirurgen (Schnittwunden) und für Verletzungen im Genitalbereich. Damit rangiert dieses Mittel auch für den Kater an oberster Stelle für die Kastration.

Diese Indikation gilt auch für andere männliche Tiere.

Bei einer problemlosen Kastration eines jungen Katers reicht eine einmalige Gabe der C 30 aus.

Ältere Kater oder solche, die bereits gedeckt haben, benötigen eine höhere Potenz, z. B. eine Einzelgabe der C 200.

Staphysagria verhindert zuverlässig Schmerzen und sorgt für eine problemlose Wundheilung. Dieselbe Indikation besteht auch für Verletzungen im Genitalbereich des Katers, z. B. ausgelöst durch Kratz-oder Bisswunden im Kater-Konkurrenzkampf.

Sollten nach einer Kastration wider Erwarten Nachblutungen auftreten, so ist eine Gabe *Millefolium* C 30 indiziert.

Weitere Störungen, die durch Fehlen der Geschlechtshormone auftreten können, sind:

Haarausfall nach der Kastration, evtl. symmetrisch auf beiden Seiten: *Lach, Lyc, Sep*

Fettsucht nach der Kastration: *Calc, Graph, Lyc, Sep* oder *Puls*, zusätzlich Futterreduktion!

Diese Mittel müssen nach konstitutionellen Gesichtspunkten verordnet werden, am besten als einmalige Gabe in M- oder XM-Potenz!

KAPITEL 17

ERKRANKUNGEN JUNGER KATZEN

Allgemeine Daten für Katzenwelpen

Die Kenntnis der folgenden Daten sind für den (zukünftigen) Besitzer einer Katzenfamilie die Voraussetzung, um bei Erkrankungen oder Entwicklungsstörungen entsprechend eingreifen zu können:

Katzenwelpen werden im Durchschnitt nach ca. 9 Wochen Tragzeit der Mutterkatze geboren.

Die Freigängerkatze wird sich für ihre Geburt einen ruhigen und versteckten Ort suchen, sodass Geburtsprobleme oder lebensschwache Welpen anfangs nicht bemerkt werden. Spätestens nach 2 Wochen wird sie uns mit großartigem Triumph und Stolz ihre Welpen präsentieren!

Auch die Wohnungskatze wird ihre Welpen an einem möglichst abgelegenen Ort – z. B. im Kleiderschrank – gebären.

Normalerweise verlaufen Geburt und Erstversorgung der Welpen durch das Muttertier ohne Probleme: Die Eihäute werden zerbissen und gefressen, die Nabelschnur wird ca. 2 bis 3 cm lang abgebissen.

Die Welpen sind anfangs blind und taub, können sich nur schlängelnd fortbewegen und erfüllen damit das Leben eines »Nesthockers«. Die Mutterkatze verbleibt in den ersten Tagen nach der Geburt in ihrem »Nest« und versorgt die Jungen mit Milch und ihrer Körperwärme, welche die Welpen selbst noch nicht aufrecht erhalten können.

Die Welpen saugen anfangs alle 2 bis 3 Stunden und verbleiben meist angesaugt an derselben Zitze.

Nach der ersten Lebenswoche haben sie ihr Körpergewicht verdoppelt.

In der 2. Woche beginnen sie zu krabbeln, gleichzeitig entwickelt sich das Gehör.

Im Alter bis zu 10 Tagen öffnen sich die Augen und beginnen auf Licht zu reagieren.

Im Alter von ca. 12 Tagen beginnen die Milchschneidezähne zu wachsen; mit 6 bis 8 Wochen sollte das Milchzahngebiss vollständig sein.

Zwischen 2. und 12. Lebenswoche spielt sich die Prägephase für das zukünftige »Katzenverhalten« ab.

Mit etwa 5 Wochen sind die Sinnesorgane ausgebildet.

Erst ab der 5. Lebenswoche können die Krallen eingezogen werden, d. h. erst dann entwickelt sich ein gewisser Muskeltonus.

Ab der 3. Lebenswoche beginnen die Kätzchen mit selbständiger Futteraufnahme.

Kontakt und spielen mit Geschwistern und Mutter sind für die weitere physische und psychische Entwicklung unverzichtbar.

> Die Katzenwelpen sollten frühestens ab einem Alter von 12 Wochen an die neuen Besitzer abgegeben werden. Anderenfalls besteht die Möglichkeit der Entwicklung von Verhaltensstörungen mangels artgemäßer Sozialisierung.

Neue Umwelt, neue Besitzer und die Trennung von den Geschwistern bedeuten für den Katzenwelpen einen gewaltigen Stress. Dieser sollte nicht zusätzlich durch einen Tierarztbesuch mit Impfung und Wurmkur vergrößert werden. Daher sollte die Impfung – wenn erwünscht – so lange hinausgeschoben werden, bis sich das Kätzchen an seine neue Umgebung gewöhnt hat.

Diese und die folgenden Angaben lassen sich entsprechend auch für den Hundewelpen anwenden!

Kurz-Repertorium für Probleme mit Katzenwelpen

Diese Angaben beziehen sich auf kranke Tiere; die Arzneien dürfen nicht vom überbesorgten Tierhalter ohne deutliche Indikation verabreicht werden!

Asphyxie (Atemstillstand) der Neugeborenen: Ant-t, Cupr, **Op**

Frühgeborene: **Sil**

Zyanose (bläuliche Schleimhäute) Neugeborener (bläuliche Schleimhäute durch Sauerstoffmangel): Camph, Carb-v, Laur

Lebensschwäche: Ant-t, Calc, Camph, Cupr, Laur, **Op, Sil**

Lebensschwäche durch fehlende Aufnahme von Kolostrum: Sil

Fruchtwasseraspiration (einatmen), rasselnde Atmung: Ant-t

Pneumonie als Folge von Fruchtwasseraspiration: Ant-t, Tub

Fehlender oder zu schwacher Saugreflex: Calc, Cina, Ign, Op

Fehlender Kotabsatz Neugeborener (Mekoniumverhaltung): Nux-v, Op

Unverträglichkeit von Muttermilch mit Erbrechen: Aeth, Calc, Cina, Mag-c, Ph-ac, Sil

Schlechtes Gedeihen durch künstlichen Ersatz von Muttermilch: Nat-p, Alum

Zwergwuchs (mangelhaftes Wachstum bis Stillstand des Wachstums): Bac, Bar-c, Calc, Lyc, Sil

Nabelentzündung: Apis (selten), Calc, Echi, Hep, Pyrog

Nabelbruch: Calc, Nux-v

Bauchschmerzen, Verdauungsstörungen bei Welpen: Calc, Cham, Cina, Lyc, Mag-c, Puls, Sil

Verstopfte Nase, Schnupfen: Bac, Echi, Lyc, Nux-v, Puls, Samb, Sil

Unterkühlung: Ars, Carb-v, Sil, Verat

Erkrankungen u. a. Probleme bei der Zahnung/Zahnwechsel: Ars, Bar-c, Calc, Cham, Lyc, Nux-v, Phyt, Puls, Sil, Staph, Sulf u. a. (*Kapitel 10, Abschnitte Erkrankungen von Zahn und Zahnfleisch, Seite 325, Entzündungen und Geschwüre im Rachen, Seite 332*, und *Beschreibung der wichtigsten Arzneien für Erkrankungen in Maul und Rachen der Katze, Seite 333*)

Augenentzündung, eitrig, bei Neugeborenen: Arg-n, Echi, Kali-s

Augenentzündungen älterer Welpen: Bac, Calc, Echi, Lyc, Nux-v, Puls, Rhus-t

Verzögerte Zahnung, Zahnwechsel: Calc, Sil, Tub

Krampfanfälle bei Zahnung, Zahnwechsel oder starkem Wurmbefall: Cina u. a.

Beschwerden durch Kummer (Trennung von Mutter oder Geschwistern): Calc, Ign, Nat-m, Ph-ac

Beschwerden durch Medikamente: Nux-v, Puls, Sulf

Lebensschwäche

Junge Katzenwelpen reagieren am besten auf eine Einzelgabe der C30, die in schweren Fällen auch wiederholt werden kann.

Antimonium tartaricum – Ant-t

Indikationen und Symptome

- Fruchtwasseraspiration (einatmen von Fruchtwasser)
- Hörbar rasselnde Atmung bei Neugeborenen (sie können noch nicht husten!)
- **Wichtig:** Kopf-tief-Lagerung!
- Folgen von Fruchtwasseraspiration mit anschließender Bronchitis oder Pneumonie
- Rasselnde Bronchitis / Pneumonie auch in den ersten Lebenswochen
- **Hinweis:** Nasenflügelatmung – kann man auch schon bei den winzigen Nasenlöchlein der Katzenwelpen beobachten!
- Keuchende Schnappatmung bei Asphyxie

Camphora – Camph

Indikationen und Symptome

- Asphyxie, Koma, bewusstlos: ähnliche Atemstörungen wie *Antimonium tartaricum* oder *Opium*
- Zyanose, eiskalter Körper, schwacher Puls
- Kann genauso lebensrettend wirken wie *Opium*, ist aber weitaus seltener erforderlich als *Opium*. (Der Körper von *Opium*-Patienten ist warm bis heiß!)

Carbo vegetabilis – Carb-v

Indikationen und Symptome

- Atemstörungen Neugeborener, z. B. nach Kaiserschnitt, Schnappatmung
- Eiskalter Körper, kalter Atem, schwache Herzaktion, Kollaps, kurz vor dem Sterben
- Zusätzliche Wärmezufuhr notwendig

Cuprum metallicum – Cupr

Indikationen und Symptome

- Aussetzende Atmung mit Krämpfen ausgehend von den (Vorder-)Pfoten
- Krämpfe breiten sich von dort zum Rumpf aus
- Kalter Körper

Laurocerasus – Laur

Indikationen und Symptome

- Geburtsschock: mangelhafte Atmung mit **Zyanose** bei Neugeborenen
- Keuchende Schnappatmung
- Schwache Vitalität, kalter Körper
- Frühgeborene mit Lungenfibrose und Herzproblemen mit Zyanose: *Laurocerasus* C 200

Opium – Op

Indikationen und Symptome

- Erstes Mittel für lebensschwache Neugeborene
- Wichtig für alle Störungen im Lauf der ersten Lebenswoche
- Lebensrettend bei Atemstillstand oder gestörter Atemfrequenz Neugeborener
- Wichtig, wenn die Eihäute verspätet geöffnet wurden
- Schläfriges Verhalten, fehlende Beweglichkeit, kein Quieken
- Schnarchende oder zu langsame Atmung oder zwischenzeitlicher Atemstillstand
- Unvermögen zu trinken, fehlender Saugreflex oder Schwäche der Zunge
- Darmlähmung, fehlender Kotabsatz, Mekoniumverhaltung
- Warmer Körper, nicht indiziert bei kaltem Körper oder Unterkühlung!

Opium ist bei Neugeborenen häufiger erforderlich als *Laurocerasus* oder *Camphora*!

Silicea terra – Sil

Indikationen und Symptome

- Das wichtigste Mittel für die schwachen, retardierten, frierenden Frühgeborenen oder unreife Welpen
- Auch geeignet bei anderen Entwicklungsstörungen, bei fehlendem Kolostrum
- Erleichtert das Atmen bei noch mangelhafter Entfaltung der Lungen bei Frühgeborenen
- Indiziert bei mangelhafter Gewichtszunahme
- Zu späte Entwicklung von Sinnesorganen, Sinnestätigkeit und/oder Beweglichkeit
- Evtl. Zwergwuchs
- Zu späte Entwicklung des Milchgebisses, später verzögerter Zahnwechsel
- Verzögertes Wachstum, verkrümmte Knochen
- Tränenfluss durch verstopften Tränen-Nasen-Gang
- Wässriger Schnupfen von Welpen, verstopfte Nase
- Unverträglichkeit von Muttermilch: aufstoßen, Erbrechen und Durchfall
- Unter den Geschwistern rangniedrig, kann sich nicht durchsetzen, ängstlicher Außenseiter
- Bei *Silicea*-Kätzchen besteht erhöhtes Risiko für unerwünschte Impfreaktionen!

Arzneien für weitere Erkrankungen bei jungen Katzen

Durchfall (*Kapitel 10, Abschnitt Gastroenteritis – Durchfall, Seite 349*)

Angaben zur Dosierung am Ende des Kapitels

Aconitum napellus – Acon

Indikationen und Symptome

- Folgen von Schreck, Kälteschock oder Überhitzung
- Permanente ängstliche Unruhe und Schreckhaftigkeit mit Schreien
- Trockenes heißes Maul

Aethusa – Aeth

Indikationen und Symptome

- Unstillbares Milcherbrechen Neugeborener
- Auch bei Milchunverträglichkeit von künstlichem Milchersatz – z. B. nach dem Tod der Mutter
- Erschöpfendes Erbrechen, evtl. mit Durchfall Neugeborener

Alumina – Alum

Indikationen und Symptome

- Unverträglichkeit von künstlicher Nahrung bei mutterloser Aufzucht
- Magere Welpen mit trockenen Schleimhäuten, daher Bauchschmerzen und schwieriger Kotabsatz
- Klebriger, knolliger Kot, der nur schwierig vom After zu entfernen ist
- Verlangen nach Unverdaulichem, Welpe frisst Sand, knabbert an der Wand etc.

Apis mellifica – Apis

Indikationen und Symptome

- Folgen von mangelnder Reife der Nieren bei Frühgeborenen
- Ödeme am Kopf mit Harnverhaltung
- Dieser Zustand ist schwierig zu erkennen, da die Mutterkatze anfänglich den Urin ableckt

Argentum nitricum – Arg-n

Indikationen und Symptome

- Augenentzündung Neugeborener (Ophthalmia neonatorum):
- Gerötete, verdickte oder geschwollene, durch Sekrete verkrustete Augenlider
- Bindehautentzündung schmerzhaft, mit reichlicher Eiterbildung, quillt aus dem Tränensack hervor
- Blutrote, vorquellende Schwellung im inneren Augenwinkel
- Ausgeprägte Lichtscheu, schlimmer durch jede Art von Wärme (z. B. Wärmelampe)
- Evtl. verbunden mit Blähungen und wiederkehrendem Durchfall
- Zusätzlich Abtupfen mit verdünntem Augentrosttee (*Kapitel 5, Seite 158*)

Arnica montana – Arn

Arnica ist nur sehr selten für das Neugeborene oder für die Katzenmutter indiziert!

Indikationen und Symptome

- Die neugeborenen Welpen sind so klein, weich und formbar, dass praktisch kaum Geburtsverletzungen bei Mutter oder Neugeborenem vorkommen (im Gegensatz zu anderen Tierarten)
- Ausnahme: Schwerstgeburt mit viel zu großen Welpen: *Arnica* C 30 für die Mutter!
- Falsch gegebene *Arnica* kann Blutungsbereitschaft aus dem Nabel auslösen!
- Indiziert, wenn z. B. ein Welpe die Treppe herunterfällt o. Ä.

Arsenicum album – Ars

Indikationen und Symptome

- Schwächende Krankheiten, z. B. beginnende Immunschwäche
- Ruhelosigkeit nach Mitternacht
- Gestörtes Gedeihen, zunehmende Abmagerung
- Evtl. heftiger, schwerer stinkender Durchfall
- Unterkühlung, Untertemperatur, z. B. wenn der junge Welpe längere Zeit aus dem »Nest« gefallen war

Barium carbonicum – Baryta cabonica – Bar-c

Indikationen und Symptome

- Träge, schwache, dumpfe, reaktionsarme Jungtiere, evtl. dauerndes Jammern
- Ängstlich in gewohnter Umgebung, »geistig behindert«
- Evtl. Zwergwuchs, aufgetriebener Bauch
- Evtl. Haarausfall

Bacillinum – Bac

- Unklare Schleimhautentzümndungen
- Augen, Schnupfen
- Gedeih- und Wachstumsstörungen

Dosierung

Eine Einzelgabe der C 30.

Calcarea carbonica – Calc

Das wichtigste konstitutionelle Mittel für ruhige (Edel-)Katzen mit massivem Körperbau.

Indikationen und Symptome

- Faule, dicke Welpen, schlafen ein beim Saugen
- Evtl. Abneigung gegen oder Unverträglichkeit von Muttermilch
- Sehr große Welpen oder auch Zwergwuchs
- Für zarte, kleine Katzenwelpen passt eher *Silicea*!
- Schlecht heilender Nabel mit Tendenz zu Nabelentzündung (Spezifikum)
- Tendenz zu Nabelbruch bei dicken trägen Welpen
- Verzögerte Zahnung oder Zahnwechsel
- Mangelhafter Kotabsatz, Obstipation mit dickem Bauch, dabei wenig Beschwerden
- Verlangen, Sand oder Kalk zu fressen
- Kummerfolgen durch Trennung von Geschwistern oder Mutter mit Apathie oder Jammern

Chamomilla – Cham

Indikationen und Symptome

- Erkrankungen während der Zahnung oder später im Zahnwechsel
- Krampfkoliken, grüner Durchfall
- Bauchschmerzen schlimmer abends und nachts mit Unruhe
- Will nicht angefasst werden, heftige, aggressive Abwehr, warmer Körper
- Aber besser durch Reiben des Bäuchleins
- Nicht geeignet für friedliche, ruhige Welpen

Cina maritima – Cina

Indikationen und Symptome

- Krämpfe, Zuckungen, Zähneknirschen, Epilepsie, auch ausgelöst durch starken Wurmbefall
- Abmagerung, Saugschwäche
- Ärgerliche Tiere, schreien bei Berührung, lecken viel am After
- Unverträglichkeit von Muttermilch

Echinacea angustifolia oder purpurea – Echi

Indikationen und Symptome

- Immer zu erwägen bei allen Infektionen von Welpen:
- Nabelentzündung, Augenentzündung, Schnupfen u. Ä.
- Besonders indiziert für Welpen eines kranken Muttertiers
- Speziell bei Immunschwächekomplex der Mutter

Hepar sulfuris – Hep

Indikationen und Symptome

- Nabelphlegmone, anschließend Nabelabszess, sehr schmerzhaft
- Sucht die Wärme, zittert durch extremes Frieren, auch bei Fieber

Ignatia amara – Ign

Das wichtigste Mittel für den aktuellen Kummer, z. B. durch Trennung von Mutter oder/und Geschwistern

Indikationen und Symptome

- Jammert deshalb dauernd und/oder verweigert das Saugen bzw. Futter
- Auch evtl. Lähmung durch Kummer
- Widersprüchliche, unverständliche Symptome

Lycopodium clavatum – Lyc

Indikationen und Symptome

- Schnupfen beginnend am rechten Nasenlöchlein, geht dann nach links, Nasenflügelatmung
- Schniefen der Neugeborenen
- Blähungen, aufgetriebener Bauch, speziell am späten Nachmittag
- Evtl. Zwergwuchs

Magnesium carbonicum – Mag-c

Indikationen und Symptome

- Abneigung zu saugen
- Unverträglichkeit, Erbrechen oder Durchfall von Muttermilch
- Verdauungsstörungen, Bauchschmerzen, Jammern
- Evtl. säuerlicher Körpergeruch

Natrium muriaticum – Nat-m

Schlechtes Gedeihen bei mutterloser Aufzucht (Kummer)

Indikationen und Symptome

- Häufig indiziert, wenn *Natrium muriaticum* das konstitutionelle Mittel der Mutter ist
- Abmagerung trotz guter Futteraufnahme
- Abneigung gegen Körperkontakt, sondert sich von den Geschwistern ab

Natrium phosphoricum – Nat-p

Indikationen und Symptome

- Schlechtes Gedeihen bei künstlicher Aufzucht mit Milchersatz
- Abmagerung oder übermäßiger Fettansatz durch Überangebot an Kohlenhydraten in Milchersatz
- Säuerlicher Körpergeruch
- Gelbliche Absonderungen aus Maul oder Nase
- Schnell eintretende Schwäche durch leichte Anstrengung

Nux vomica – Nux-v

Indikationen und Symptome

- Unerwünschte Reaktionen auf Antibiotika, auch solche der Mutter (z. B. nach Kaiserschnitt)
- Verdauungsstörungen, schwieriger Kotabsatz, Obstipation
- Mekoniumverhaltung (erster Kot) mit Bauchschmerzen und Kotdrang
- Schwieriger, mühsamer, harter Kotabsatz
- Schniefen der Neugeborenen durch verstopfte Nase
- Wichtigstes klinisches Mittel für den Nabelbruch – auch ohne weitere Symptome
- Ein Nabelbruch größer als 1 cm beim älteren Welpen sollte operiert werden

Phosphoricum acidum – Ph-ac

Indikationen und Symptome

- Schwäche, Abmagerung, Milchunverträglichkeit oder -abneigung
- Chronischer Durchfall ohne Schwäche, unwillkürlich tropfender Kot
- Folgen von Kummer mit Schwäche und verminderter Anteilnahme

Pulsatilla pratensis, nigricans oder vulgaris – Puls

Indikationen und Symptome

- Reichlicher Schnupfen, oft gleichzeitig Konjunktivitis, Absonderung mild, gelb, schmierig
- Folgen von Überfressen, »verdorbener« Magen, z. B. wenn der Welpe falsches Futter erwischt hat
- Bauchschmerzen, Kolik mit Jammern, besser durch Zuwendung und Streicheln
- Dabei zu wenig Tränkeaufnahme bzw. Saugen, daher Tendenz zu **Exsikkose** (Austrocknung)**!**
- Alle Beschwerden schlimmer im überwärmter Umgebung, besser in frischer Luft

Pyrogenium – Pyrog

Indikationen und Symptome

- Sepsis durch Nabelentzündung, **Lebensgefahr!**
- Evtl. später *Echinacea* oder *Calcarea* als Folgemittel erwägen. Einzelgabe der C 30 reicht meist aus.

Sambucus – Samb

Indikationen und Symptome

- Verstopfte Nase, Schniefen Neugeborener, können daher nicht saugen
- Erstickende Atemnot bei Atemwegsinfektion von Welpen
- Klinisches Mittel, wenn andere Homöopathika hier nicht infrage kommen

Silicea terra – Sil

Indikationen und Symptome

- Der kleinste Welpe des ganzen Wurfes
- Kalt, mager, schreckhaft, aber häufig sehr agil, nicht so träge wie *Calcarea*
- Empfänglich für Infektionen aller Art, speziell für Komplikationen nach Impfung

Sulfur – Sulf

Indikationen und Symptome

- Schlechtes Gedeihen nach Antibiotika oder Kortison
- Auch Medikamente der Mutter, die über die Milch ausgeschieden werden (z. B. nach Kaiserschnitt)
- Juckende Hautausschläge
- Struppiges, stinkendes Fell, wunder After

Dosierung

Bei jungen Katzen bzw. Welpen reicht i. d. R. eine einmalige Gabe der C 30 aus.

Bar-c, *Calc*, *Lyc*, *Nat-m*, *Nat-p* oder *Sil* können bei später (nach Monaten!) noch vorhandenen konstitutionellen Schwächen auch in höherer Potenz (C 200 entsprechend Kent'scher Skala) wiederholt werden.

Prophylaxe von erblichen Schäden

Homöopathie ist eine der wenigen Medizinformen, die eine echte Vorbeuge (Prophylaxe) für spätere Krankheiten bringen kann.

Dieses Kapitel ist besonders interessant für Tier- bzw. Katzenzüchter:

Im Sinn einer Krankheitsprophylaxe wurde eine zeitlang von manchen Humantherapeuten die **»eugenische Kur«** propagiert: Es wurde fälschlicherweise empfohlen, der Mutter während der Schwangerschaft alle »Erbnosoden« in möglichst hoher Potenz zu geben, um ihre Nachkommen von erblichen Belastungen frei zu halten. Dieselbe falsche Medikation wurde auch für die Neugeborenen empfohlen.

Solche völlig unsinnigen Verordnungen haben dazu geführt, dass manche Neugeborenen mit Hautausschlägen (durch *Psorinum*) auf die Welt kamen oder im frühen Kindheitsalter bereits an schwersten, chronischen Krankheiten litten.

Diese Art falsch verstandener Homöopathie ist in jedem Fall abzulehnen!

Eine Nosodentherapie kann jedoch unter bestimmten Voraussetzungen sehr sinnvoll sein. Die folgenden Mittel können dem Jungtier bei klarer Indikation in einmaliger Gabe und nicht in höherer Potenz als der C 30 gegeben werden.

Im Zweifelsfall seien auch diese Mittel vor der Verabreichung radiästhetisch zu testen!

Psorinum C 30 – Psor – Nosode aus einem Krätzebläschen

Eine Einzelgabe von *Psorinum* C 30 kann für den Welpen erwogen werden, wenn ein Elternteil, insbesondere das Muttertier, unter schwerwiegenden chronischen Hauterkrankungen leidet oder gelitten hat, die nicht homöopathisch geheilt wurden.

Dazu gehört z. B. auch die intensive chronische Otitis externa, genauso wie der Befall mit Räudemilben.

Medorrhinum C 30 – Med – Nosode aus der Gonorrhoe

Eine Einzelgabe von *Medorrhinum* C 30 kann für den Welpen erwogen werden, wenn besonders das Muttertier unter einer Erkrankung der Gebärmutter oder Ovarien gelitten hatte oder wenn sie nach der Geburt daran gestorben ist. Auch die wiederholte Geburt toter Welpen ist charakteristisch für dieses Mittel.

Ferner kann auch eine chronische Erkrankung der Harnwege (z. B. wiederkehrende Blasenerkrankungen) der Mutter eine Indikation für dieses Mittel geben.

Dasselbe gilt, wenn die Mutter tote oder missgebildete Geschwister geboren hat.

Syphilinum C 30 – Syph – Nosode der Syphilis

Eine Einzelgabe von *Syphilinum* C 30 kann für den Welpen erwogen werden, wenn Wurfgeschwister mit entstellenden Missbildungen – doppelter Kopf o. Ä., und damit lebensunfähig geboren werden.

Carcinosinum C 30 – Carc – Nosode aus dem Brustkrebs der Frau

Eine Einzelgabe von *Carcinosinum* C 30 kann für den Welpen erwogen werden, wenn das Muttertier früher langfristig die »Katzenpille« bekommen hatte, wenn sie unter Mammatumoren leidet oder wenn ein anderes Krebs- oder krebsähnliches Geschehen vorhanden ist (z. B. auch ein Eosinophiler Granulom-Komplex).

Carcinosinum ist ferner indiziert, wenn Eltern oder Großeltern unter schwerwiegenden Stoffwechselerkrankungen (z. B. Diabetes), unter chronischen Erkrankungen der Atemwege (z. B. Asthma) oder Immunschwächekrankheiten (FIV, FIP, Leukose, Anämie etc.) leiden oder gelitten haben.

Auch langfristige Kortisontherapie eines oder beider Eltern kann für eine Indikation von *Carcinosinum* sprechen. Dasselbe gilt für andere immunsuppressive Therapieformen.

Misshandelte Tiere mit duldsamem, introvertierten Gemüt und mangelnder Selbstbehauptung neigen zur Entstehung von Krebserkrankungen oder Depression der hormonellen Steuerung. Auch hier besteht eine Indikation von *Carcinosinum* für Nachkommen derartiger Eltern.

Und nicht zuletzt ist *Carcinosinum* als einmalige Einzelgabe indiziert bei Katzenrassen – Tierrassen – die in den letzten 50 Jahren neu gezüchtet wurden. Bei der Tierzucht auf bestimmte gewünschte Merkmale kann eine Inzucht nicht vermieden werden. *Carcinosinum* ist eines der wichtigsten Homöopathika für Nachkommen durch Inzest oder Inzucht.

Tuberculinum Koch C 30 – Tub-K – Nosode aus der Tuberkulosekultur

Eine Einzelgabe von *Tuberculinum* C 30 kann für den Welpen erwogen werden, wenn ein Elterntier unter dem Immunschwächekomplex leidet (Leukose, FIV, FIP) oder eine Erkrankung des Lymphgewebes zeigt.

KAPITEL 18

DIE ALTE ODER REKONVALESZENTE KATZE

Allgemeines

Für alte oder genesende Tiere gibt es – neben den bekannten »Konstitutionsmitteln« – diverse Homöopathika, die palliativ oder auch heilend wirken – ohne zusätzliche Schäden durch Nebenwirkungen von Pharma-Präparaten.

Natürlich kann das alte Tier nicht wieder jung und springlebendig werden, aber wir können mit Homöopathie seine Lebensqualität erheblich verbessern und das Lebensende manchmal sogar um Jahre hinauszögern. Andererseits ist es auch möglich dem sterbenden Tier ein ruhiges Ende zu erleichtern – vielleicht sogar ohne medikamentöse Euthanasie.

Im Repertorium findet sich dazu im Kapitel »Allgemeines« die Rubrik »Alte Leute« und »Tod, bevorstehend, Asphyxie«.

Die dort angegebenen homöopathischen Mittel müssen nach den Gesetzen der Homöopathie Hahnemanns ausgewählt werden.

Auch hier ist niemals eine Dauertherapie angebracht! Es geht in jedem Fall um einen passenden Impuls für die Lebenskraft.

Gerade bei den häufig »verschlackten« alten Patienten empfiehlt es sich in manchen Fällen, mit tiefen Potenzen (C 3 bis C 4), anfangs in täglichen Gaben zu arbeiten. Bei Besserung des Befindens müssen die Abstände der Gaben auch in diesem Potenzbereich vergrößert werden.

Bei guter Verfassung können durchaus auch Einzelgaben höherer Potenzen indiziert sein.

Auch hier ist das gebesserte Allgemeinbefinden der wichtigste Parameter für die Dosierung.

Allgemeines, Beschwerden alter Leute: Die wichtigsten Mittel für die alte Katze: Agar, Aloe, Alum, Amb, Ars, Bar-c, Calc, Carb-v, Caust, Con, Crat, Kali-c, Lach, Lyc, Op, Phos, Sil, Sulf, Verat

Wenn kein passendes Mittel gefunden wird, kann das Allgemeinbefinden durch Mittel wie *Alfalfa* oder *Levico aqua* verbessert werden. Auch die im *Kapitel 15, Seite 474*, angegebenen Mittel der Koch'schen-Molekulartherapie steigern die Lebensqualität dieser Patienten.

Beschreibung der wichtigsten Arzneien für alte oder rekonvaleszente Tiere

Agaricus – Agar

Indikationen und Symptome

- Indifferenz, Apathie
- schwache Kreislaufsitaution
- Epilepsie und ähnliche Zustände zeitweiliger Absenzen
- Erkrankungen des Rückenmarks mit Zuckungen, schmerzhafte Paresen
- Mangelnde Koordination im Bewegungsablauf
- Schwankender Gang besonders der diagonal gegenüber liegenden Seiten

- Delirium, Apoplexfolgen
- Niesen mit Husten

Dosierung
Bei eindeutiger Indikation Einzelgabe der M- oder XM-Potenz.

Alfalfa – Alf

Indikationen und Symptome
- Unterstützendes Mittel bei Abmagerung, Schwäche und mangelndem Appetit
- Bessert Allgemeinbefinden und Lebensfreude in allen Schwächezuständen alter oder chronisch kranker Patienten
- Verbessert die Nierenfunktion

Dosierung
Bis zur Besserung tägliche Gaben der C 4 oder C 6, aber keine Dauertherapie!

Allium cepa – All-c

Indikationen und Symptome
- Unwillkürlicher, tropfender Harnabgang »alter Leute«
- Evtl. begleitend wundmachender Schnupfen und schmerzhafter Harnabsatz

Dosierung
Bei Mangel an deutlichen Symptomen: Versuchsweise C 4 in täglich wiederholten Gaben, evtl. anschließend Einzelgabe einer höheren Potenz.

Aloe socotrina – Aloe

Indikationen und Symptome
- Unwillkürlicher Kotabgang bei offenem After oder mangelhaftem Schließmuskel
- Schleim und Schmerz im After nach Kotabgang

Dosierung
Einzelgaben der C 30.

Alumina – Alum

Indikationen und Symptome
- Lähmungen und Inkoordination der Extremitäten
- Plötzliches Taumeln, schwankender Gang
- Chronische Obstipation mit hartem, krümelndem Kot, schwieriger Kotabsatz
- Klebriger Kot haftet am After
- Verlangen nach Unverdaulichem, Katze frisst z. B. die Erde aus dem Blumentopf
- Schlimmer, aber dennoch Verlangen nach synthetisiertem Trockenfutter!

Dosierung
Bei sicherer Indikation einmalige Gabe der C 200, bei Bedarf nach erneuter Verschlimmerung wiederholen.

> Degenerative Erkrankungen des Nervensystem sind meist nicht vollständig regenerationsfähig!

Ambra – Ambr

Indikationen und Symptome

- Vorzeitige Alterung mit psychischen Veränderungen
- Demenz der Alten, lebt und »spinnt« in »seiner eigenen Welt«
- Ängstlich und schlimmer durch die Anwesenheit von fremden Personen oder Katzen
- Neigung sich zu verstecken
- Angst auch in bekannter Umgebung

Dosierung

Bei sicherer Indikation M- oder XM-Potenz.

Arsenicum album – Ars

Sehr häufig bei alten Katzen indiziert!

Indikationen und Symptome

- Aggressive Angst speziell bei der klinischen Untersuchung
- Nächtliche Ruhelosigkeit, wandert von einem Kissen zum anderen
- Wiederholtes Verlangen auf kleine Schlückchen Wasser, besonders nachts
- Hinfällige Schwäche, verkriecht sich im Haus, schlimmer nach Mitternacht
- Langsam zunehmende Abmagerung am Rumpf, besonders am Rücken, obwohl am Bauch noch Depotfett vorhanden ist
- Erkrankungen von Nieren, Atemwegen
- Aashaft stinkender Kot oder Durchfall
- Feinschuppige Haut und Haare
- Krallen der Hinterbeine können oft nicht mehr ganz eingezogen werden
- Unwillkürlicher Urinabgang
- Neigung zum Frieren, sucht warme, aber luftige Plätze
- Abneigung gegen zu viel Zuwendung, gegen Herumgetragen werden
- Bleibt trotzdem gern im Haus, geht evtl. nur noch kurz nach draußen
- Mittel um das Sterben zu erleichtern oder um die Katze wieder vitaler zu machen
- Immunschwächekomplex

Dosierung

Je nach Zustand des Tieres Einzelgabe der C 200 oder höherer Potenz; die Lebenskraft »wählt« zwischen besserer Lebensqualität oder Sterben.

Aurum metallicum – Aur

Indikationen und Symptome

- Seltenes Mittel bei der Katze
- Herz-Kreislaufprobleme mit »Depression« bei dicken alten Katzen
- Degenerative Erkrankungen: Herz, Leber, Nieren, Gelenke, Knochendestruktion
- Herzarrhythmie, Erkrankungen der Herzklappen
- Nächtliche Beschwerden oder Schmerzen, morgens matt
- Empfindlich gegen Kälte
- Apoplexfolgen

Dosierung

Einzelgabe der C 200.

Barium carbonicum – Baryta carbonica – Bar-c

Eines der wichtigsten Mittel für »Kinder und Greise«, vorzeitige Alterung

Indikationen und Symptome

- Fortschreitende Wesensveränderung: Mangel an Interesse
- »Dummer« Ausdruck bis Demenz
- Verzögerte Wahrnehmung, zunehmend »kindisches« Verhalten
- Mangelnde Orientierung in bekannten Räumen
- Ängstlich, verkriecht sich im Haus, am schlimmsten bei Besuchen, sogar von bekannten Personen
- Frostig, mager, Speichelfluss, Zunge aus dem Maul, schwieriges Schlucken
- Folgen von Apoplex: Lähmung, Demenz
- Drüsen- und Rachenentzündung
- Zittern und Schwäche, Parese der Extremitäten

Dosierung

Bei alten, senilen Tieren M- oder XM-Potenz, wirkt oft erstaunlich »verjüngend«!

Carbo vegetabilis – Carb-v

Indikationen und Symptome

- Endstadium vor dem Tode, extreme Schwäche und Hinfälligkeit
- Eiskalter Körper und Atem, kaltes Maul, Extremitäten und Ohren
- Blähungen evtl. mit unwillkürlichem Abgang von Kot
- Homöopathikum, um das Sterben zu erleichtern – oder wieder vital zu werden

Dosierung

Wenn noch eine Genesung möglich ist, Einzelgabe der C 30 oder C 200

Für eine Euthanasie höhere Potenz, aber Überraschungen mit unerwartetem Wohlbefinden sind möglich.

Causticum – Caust

Indikationen und Symptome

- Harninkontinenz alter Patienten, tropfender Urin oder plötzlicher Drang
- Langsam entstehende Lähmungen und Inkoordination, Steifheit, Stolpern, Taumeln
- Bewegungsablauf besser durch fortgesetzte Bewegung
- Weitere konstitutionelle Merkmale

Dosierung

Einzelgabe der C 200 oder höherer Potenz.

Conium maculatum – Con

Indikationen und Symptome

- Vorzeitige Alterung
- Schwindel und Taumeln beim Bewegen des Kopfes oder beim Schütteln
- Langsam fortschreitende Lähmung, ausgehend von den Hinterextremitäten
- Lähmungen speziell bei alten Zuchtkatern, die nicht mehr decken dürfen oder nach deren Kastration

- Lähmungen auch nach langer Anwendung der »Katzenpille« (»Unterdrückter Sex«)
- Apoplexfolgen
- Vergrößerte Lymphknoten, Lymphosarkom, Mammakarzinom u. a. Krebserkrankungen
- Begleitend häufig unerklärliche Lichtscheu mit Tränenfluß im Hellen
- Erkrankungen bevorzugt der rechten Seite

Dosierung

Einzelgabe der C 200, bei klarer Indikation höhere Potenz.

Crataegus oxycantha – Crat

Indikationen und Symptome

- Hervorragendes, häufig indiziertes organotropes Mittel für Herzerkrankungen und Kreislaufschwäche (siehe *Kapitel 9, Seite 299*), besonders alter Patienten

Dosierung

Anfangs tägliche Gaben der C 4, bei Besserung seltenere Gaben.

Kalium carbonicum – Kali-c

Indikationen und Symptome

- Dicke, alte Katzen mit organischen Schäden
- Langsame Erholung nach schwerer Krankheit
- Unfreundlich, gleichgültig, Abneigung gegen Gesellschaft
- Deutliche Schwellungen um die Augen
- Frierend, sucht die Wärme, schreckhaft, besonders gegen Lärm
- Pfoten auffallend berührungsempfindlich
- Chronische Erkrankungen oder deren Folgen
- Folgen von Lungen-, Magen-, Nieren-, Lebererkrankungen
- Wandernde Schmerzen, heftige (»stechende«) Rückenschmerzen
- Schlimmer nachts zwischen 3 und 5 Uhr
- Folgen von schlecht vertragenen Pharmaka (besonders Diuretika, NSAIDs)

Dosierung

Einzelne Gaben der C 30, bei sicherer Arzneimittelwahl auch Einzelgabe der C 200.

> **Vorsicht,** sehr intensiv und tiefgreifend wirksam!

Lachesis mutus – Lach

Indikationen und Symptome

- Häufig sehr dicke, ältere Katzen mit erstaunlich behender Beweglichkeit
- »Alter eifersüchtiger Haustyrann«, »besitzergreifend« gegenüber manchen Familienmitgliedern
- Kann hinterrücks anderen Katzen oder dem Familienhund auflauern und angreifen
- Oft auch noch im Alter »geschwätziges« lautes Miauen mit weit offenem Maul
- Möglicherweise auch heiser, stimmlos oder stumm
- Evtl. schnarchende Atmung durch zugeschwollenen Rachen
- Berührungsempfindliche Kehle, aber kräftiger Druck wird gern ertragen
- Erkrankungen der Schilddrüse, Hyperthyreose

- Evtl. launisches Verhalten: Abwechselnd »Schmusekatze« oder aggressiver »Teufel«
- Alle Symptome schlimmer nach dem Schlafen

Dosierung
Einzelgabe der C 200, bei klarer Indikation ohne organische Schäden höhere Potenz.

Lycopodium clavatum – Lyc

Indikationen und Symptome
- Bei zugrundeliegender *Lycopodium*-Konstitution indiziert
- Vorzeitige Alterung ehemals übermäßig vitaler Katzen (»Herumtreiber«)
- Vorzeitiges Grauwerden der Haare, speziell im Gesicht
- Alterung ausgelöst z. B. durch neuen ranghöheren Nebenbuhler (»soziale Zurücksetzung«)
- Versucht trotzdem – auch hinterrücks – seinen Status zu zeigen, nutzt Schwächen des anderen aus
- Erkrankungen von Leber und Nieren, Harnsteine
- Erkrankungen des Rückens (Spondylitis, Spondylose, Diskushernien)
- Arthrosen, speziell der Hüftgelenke
- Verschlimmerung am späten Nachmittag, ca. 16 Uhr, und morgens ca. 4 Uhr
- Schmerzen am Bewegungsapparat schlimmer am Anfang, besser bei fortgesetzter Bewegung

Dosierung
Einzelgabe der C 200 oder einer höheren Potenz.

Opium – Op

Indikationen und Symptome
- Allgemein schläfriger, wie abwesender oder bewusstloser Zustand, Apoplexfolgen
- Warmer Körper
- Reaktionsmangel
- Obstipation bei offenem After

Dosierung
Im Akutfall (z. B. nach Apoplex – zuerst *Arnica*, dann *Opium* geben): Einzelgaben der C 30 bis zum Wiedererlangen des Bewusstseins; in chronischen Fällen Einzelgabe der C 200.

Phosphorus – Phos

Indikationen und Symptome
- Häufig bei zugrunde liegender *Phosphor*-Konstitution, jedoch keine zwingende Voraussetzung
- Apoplexfolgen, anfangs mit Orientierungslosigkeit
- Sonst sehr liebevolle »Schmusekatzen«, besser durch Streicheln und Herumtragen
- Aber auch gelegentliche »Teufel«, je nach Laune
- Auch im Alter oft noch verspielt und zeitweise lustig
- Schwere Erkrankungen aller Organe möglich, dann apathisch, trotzdem besser durch Gesellschaft
- Heißhunger am späten Vormittag oder nachts
- Krallen können nicht mehr ganz eingezogen werden
- Auch im Alter noch nachtaktive Katzen!

Dosierung
Je nach Zustand der Lebenskraft Einzelgabe der C 30, evtl. höhere Potenz.

Silicea terra – Sil

Indikationen und Symptome

- Indiziert bei zugrundeliegender *Silicea*-Konstitution
- Aggressionsfreie, schüchterne, reservierte »Engelchen«
- Folgen von nicht ausgeheilten, fistelnden Wunden oder chronischen unterschwelligen Erkrankungen
- Immunschwächekomplex

Dosierung

Einzelgaben der C 30 oder einer höheren Potenz.

Sulfur – Sulf

Indikationen und Symptome

- Chronische Stoffwechselstörungen, mangelnde Ausscheidungen
- Folgeerkrankungen nach Kortison- o. a. immunsuppressiver Therapie u. a. Nebenwirkungen von Pharmazeutika
- Unsauberes, struppiges, glanzloses Fell
- Gerötete Lidbindehaut und andere Körperöffnungen
- Stinkender Körpergeruch, mangelndes Putzverhalten
- Trotz schlechtem Allgemeinbefinden gern draußen im Freien, in kühler Luft

Dosierung

Bei massiver immunsuppressiver Vorbehandlung: Beginn mit täglichen Gaben der C 4 oder Q 3 in langsam ansteigender Potenz, dann Übergang auf Einzelgaben der C 30, später evtl. höhere Potenz:

Ohne eine solche Vorbehandlung: Einzelgaben der C 30, bei guter Verträglichkeit später C 200.

Veratrum album – Verat

Indikationen und Symptome

- Schnell sinkende Lebenskraft, besonders bei wiederkehrenden Magen-Darm-Erkrankungen
- Schwache, kalte Patienten mit evtl. feuchtkalten Pfoten, kaltem Maul und Ohren
- Verlangen nach kalter Tränke, die schnell wieder erbrochen wird, Tendenz zum Kollaps
- Wie *Arsenicum* oder *Carbo vegetabilis*: Ein Mittel zum Sterben oder für die »Auferstehung«

Dosierung

Einzelgabe der C 200.

Zusätzliche Möglichkeiten einer Therapie

Weitere Möglichkeiten zur Unterstützung der Vitalität alter oder chronisch kranker Katzen bestehen in den humanmedizinischen Präparaten der **Koch'schen Molekulartherapie** bzw. des **Intermediärstoffwechsels** (siehe *Kapitel 15, Seite 474*) und dem palliativen Einsatz von Sarkoden.

Besonders bewährt haben sich hier die Präparate Carbonylgruppen SSR, Rhodizonsäure und Para-Benzochinon.

Es empfiehlt sich diese Präparate für den Eigenbedarf selbst in einer 20 ml-Spritze mit sauberem Leitungswasser als Einglas-Potenz zu potenzieren (*Kapitel 2, Abschnitt Potenzieren in eigener Anfertigung, Seite 33* und *Kapitel 15, Krebs- und Tumorerkrankungen der Katze, Seite 474*). Katzen reagieren auf die Original-Ampullen sehr empfindlich, zumal manche dieser Präparate mit Benzylakohol stabilisiert sind, der für Katzen unverträglich ist; aber durch die Potenzierung wird dieser Stoff praktisch ungiftig.

Besonders geeignet ist hier die Gabe von D 6 oder D 8, (C 3 oder C 4), Präparate im täglichen Wechsel, 2 bis 4 Tropfen über wenige Tage, dann einmal pro Woche.

Diese Mittel führen in vielen Fällen zu überraschend schnell verbesserter Vitalität.

Apathische oder reaktionsarme Patienten – auch immunsuppressiv vorbehandelte – können mit einzelnen Gabe der **potenzierten** *Hypophyse* (z. B. C 3) »revitalisiert« werden. Die Gabe darf jedoch nur wenige Tage einmal täglich, anschließend in immer größer werdenden Abständen verabreicht werden. Potenzierte Hormondrüsen sind hochwirksame Arzneien, die niemals über einen längeren Zeitraum gegeben werden dürfen!

PRÄPARATE DER KOCH'SCHEN MOLEKULARTHERAPIE

Para-Benzochinon

- Fördert die Zellatmung, auch bei Krebsgeschehen

Carbonylgruppen SSR

- Aktiviert den Zellstoffwechel, auch beim Krebsgeschehen

Rhodizonsäure

- Aktiviert den Stoffwechsel
- Wirkt bei Stress wie ein »Fitmacher«
- Steigert durch Inaktivierung freier Radikale die Vitalität

PRÄPARATE FÜR DEN INTERMEDIÄRSTOFFWECHSEL

Hydrochinon

- Verbessert die Sauerstoffversorgung des Gewebes und lindert damit Schmerzen

Chinhydron

- Aktiviert den Stoffwechsel
- Indiziert bei unklaren Erkrankungen des Immunsystems sowie bei Krebs
- Diese Mittel gibt es auch als Potenzakkord, der jedoch nicht öfter als einmal pro Woche, besser im Abstand von 10 Tagen und nur bei Bedarf wiederholt gegeben werden sollte.

EINSATZ VON SARKODEN

Bei allen Präparaten, besonders bei den Sarkoden ist mit den häufig im Handel erhältlichen Potenzakkorden Vorsicht geboten.

Wie im *Abschnitt Arten der Potenzierung,* (Seite 30) beschrieben, gehören Potenzakkorde zu den

Hochpotenzen, die nur spezifisch und in angemessenen Abständen verabreicht werden dürfen.

Die Therapieanweisungen von Packungsbeilagen oder Patienteninformationen empfehlen oft zu häufige Gaben, die Schäden verursachen können!

Hier gibt es eine Fülle an Präparaten auf dem Markt, die lyophilisierte Frischzellen von Herz, Leber, Milz, Nieren oder Hormondrüsen u. a. – auch in Kombinationspräparaten – enthalten, zumeist von Schafsembryonen stammend.

Auch diese Präparate wirken wesentlich besser, wenn sie in homöopathisch potenzierter Form (C 3, C 4 oder D 6, D 8) angewendet werden, die jeder selbst für den Eigenbedarf in kurzer Zeit mit Leitungswasser herstellen kann (siehe *Kapitel 2, Abschnitt Potenzieren in eigener Anfertigung, Seite 33*).

Die Gabe von hormonwirksamen Substanzen wie *Hypophyse* C 3, *Nebenniere* C 3, *Thymus* C 3, *Cerebrum* C 3 u. a. können ca. eine Woche lang einmal pro Tag, anschließend nur noch alle 3 bis 4 Tage, später einmal pro Woche verabreicht werden.

Damit können sogar sehr alte Katzen wieder zum Spielen kommen – sofern nicht schwere organische Schäden vorliegen.

Die sterbende Katze – homöopathische Sterbehilfe

Tiere haben natürlicherweise keine Angst vor dem Sterben!

Das ist einzig die falsche Vorstellung der Menschen, nach dem Tode sei »alles vorbei«.

Vom Menschen sind Nahtod-Erfahrungen bekannt, bei Tieren dürfte dieses Erleben nicht viel anders sein.

Der Tod eines lieb gewordenen Tierkameraden ist für die Bezugspersonen weitaus schmerzlicher als für das Tier selbst.

Für das Tier – für die Katze – ist es am besten, wenn es von sich aus zum Sterben kommen kann, entweder versteckt an einem ruhigen Ort oder in den Armen einer – möglichst nicht schluchzenden – Bezugsperson.

Das Einschläfern in der tierärztlichen Praxis bringt dem Tier in den meisten Fällen ein weit schlimmeres subjektives Erleben – häufig verbunden mit Todesangst. Die Aufregung durch die Autofahrt, das Sitzen auf dem Untersuchungstisch umgeben von den weinenden Besitzern, und schließlich die Spritze...

Das Haustier spürt die Emotionen seiner Bezugspersonen; umso schlimmer wird dieses Einschläfern empfunden.

Wenn das Tier unter nicht beherrschbaren, unerträglichen Schmerzen leidet, ist natürlich die Euthanasie gerechtfertigt. Es gibt für solche Schmerzen jedoch genügend geeignete Homöopathika.

Das schlimmste Erleben für einen jahrelang geliebten Hausgenossen ist jedoch das vom Menschen gefällte Todesurteil:

»Wir haben jetzt Minzi schon 18 Jahre, sie kann nicht mehr gut laufen, keine Mäuse mehr fangen und nicht mehr spielen. Sie hat nichts mehr vom Leben und leidet darunter, darum wollen wir sie einschläfern lassen.« So lautet oft der Egoismus des Menschen – mit einem tränenden Auge auf die alte Minzi und vielleicht einem freudigen Auge auf die neue junge Katze.

Die alte Katze empfindet das als Vertrauensbruch ihrer Bezugspersonen und als tiefste und schlimmste Enttäuschung, die man sich nur vorstellen kann.

Warum sollte sie nicht noch so lange leben, wie es geht?

Im schlimmsten Fall kann man dem Sterbenden ein paar Globuli des passenden Mittels in sehr hoher Potenz geben, evtl. auch in wiederholten Gaben:

Arsenicum album, *Carbo vegetabilis*, *Tarentula cubensis* oder *Veratrum album*, in XM- oder CM-Potenz.

Es ist jedoch nicht selten, dass diese Medikation das scheinbar sterbende Tier wieder zum fröhlichen Leben bringt! Überrascht erwachen dann nachts die Besitzer, wenn ihnen plötzlich die totgeglaubte Katze ins Bett springt und sich schnurrend über das Wiedersehen mit »ihren« Leuten freut!

Arsenicum album – Ars

Indikationen und Symptome

- Hinfälliger Patient nach langer Krankheit oder wegen hohen Alters
- Ausgelaugt, abgemagert, evtl. exsikkotisch, evtl. Aszites durch FIP oder andere Krankheit
- Auffallende ängstliche nächtliche Unruhe trotz Schwäche, wandert nach Mitternacht ziellos umher
- Muss sich dazwischen wegen Schwäche niederlegen
- Kauert möglicherweise vor dem Trinknapf, um wiederholt ein kleines Schlückchen zu nehmen
- Untertemperatur
- Lässt sich in diesem Zustand widerspruchslos händeln – im Gegensatz zu gesünderen *Arsenicum*-Katzen

Carbo vegetabilis – Carb-v

Indikationen und Symptome

- Erloschene Lebenskraft
- Eiskalter Körper, kaltes Maul, kalter Atem, evtl. bereits beginnende Starre
- Evtl. nach Luft schnappende Atmung
- Häufig geblähtes Abdomen, unwillkürlicher Blähungsabgang, auch mit Kot gemischt
- FIP-Aszites, der nach vorn drängt und dabei Zwerchfell, Atmung und Herz behindert
- Terminalstadium anderer Immunschwäche- oder Krebserkrankungen

Tarentula cubensis – Tarent-c (nicht Lycosa!)

Tarent-cubensis darf nicht mit *Tarentula hispanica* = *Lycosa* verwechselt werden

Indikationen und Symptome

- Indiziert besonders bei Atemnot bei Herz- und/oder Lungenleiden
- Innere Abszesse, fortgeschrittene Zustände von Krebs mit Gangrän
- Verlangsamte Herztätigkeit

Veratrum album – Verat

Indikationen und Symptome

- Terminalstadien von schwersten Krebs- oder Immunschwäche-Erkrankungen
- Eiskalter Körper, evtl. bedeckt von kaltem Schweiß (!), Untertemperatur
- Bereits eingetretene oder bevorstehende Bewusstlosigkeit

KAPITEL 19

NOTFÄLLE

Für dieses Kapitel sei besonders auf das Buch von Dr. M. M. i Ratera verwiesen, Literatur 54.

Die Angaben dieses Kapitels gelten auch für andere Lebewesen, speziell auch für den Hund.

Schock

Unter dem Begriff Schock versteht man in der Medizin einen lebensbedrohlichen Zustand, bei dem die Verteilung des Blutes gestört ist. Als Folge kann es dazu kommen, dass bestimmte Organe mangelhaft mit Sauerstoff versorgt werden, was Stoffwechselstörungen, einen Zusammenbruch der Kreislaufsteuerung bis zu Bewusstlosigkeit und Koma zur Folge haben kann.

Kennzeichen des Schocks sind verzögerte Kapillarfüllung (Glossar), grauweiß bis schmutzig verfärbte Schleimhäute, veränderte Bewusstseinslage, sowie evtl. Hypothermie (Untertemperatur) oder Dehydration.

Hier kann die passende homöopathische Arznei die richtige Blutverteilung wieder herstellen, für eine geordnete Tränkeaufnahme sorgen und wird Allgemeinbefinden und Körpertemperatur normalisieren.

Damit kann sie schwersten Folgeerscheinungen vorbeugen.

Das passende Homöopathikum wirkt in solchen Notfällen so schnell, dass oftmals auf eine Infusion verzichtet werden kann (Ausnahmen: Schwerste Formen von Blut- oder Flüssigkeitsverlust).

Im Zweifelsfall – wenn kein passendes Homöopathikum verfügbar ist – muss schulmedizinisch therapiert werden.

Es gibt unterschiedliche Arten und Ursachen für das Schockgeschehen:

- Beim **Verletzungsschock** treiben **Schmerzen** und **Angst** das Schockgeschehen zusätzlich voran. Das passende Homöopathikum wirkt heilend auf die gesamte Symptomatik; zusätzliche Schmerzmittel sind in den meisten Fällen nicht notwendig.
- Der **psychische Schock** kann durch Aufregung, Schreck oder Panik ausgelöst werden. Das passende Mittel normalisiert die Psyche und beugt späteren psychosomatischen Reaktionen vor.
- Der **septische Schock** kann während einer septischen Entzündung (Blutvergiftung) auftreten (infizierte Wunde, Bakterientoxine) (siehe *Kapitel 3, Seite 82*).
- Der **toxische Schock** kann bei Vergiftungen beobachtet werden; das betrifft sowohl die Aufnahme giftiger Substanzen als auch körpereigene Giftstoffe, z. B. bei Nieren- oder Leberinsuffizienz.
- Bei einem Schock durch **Blutverlust** muss als erste Maßnahme die Blutung gestillt werden.

Hier sei nochmals betont, dass die erwachsene Katze nur etwa über einen halben Liter Blut verfügt; d. h. ein Verlust von 100 ml Blut ist absolut lebensgefährlich!

Das passende Homöopathikum wird die Verteilung des restlichen Blutes normalisieren, die Tränkeaufnahme stimulieren und die Blutbildung fördern.

Hier kann natürlich im schweren Fall ein zusätzlicher Flüssigkeitsersatz durch Infusion lebensrettend wirken.

- Der Schock durch Verlust von Körperflüssigkeit (z. B. durch Erbrechen oder Durchfall) schreitet i. d. R. allmählich voran. Hier wird das passende Mittel gleichzeitig die Ursache und den Schock heilen.
- Der allergische Schock kann binnen kurzer Zeit zum lebensgefährlichen Zustand eskalieren. Er kann durch einen Bienenstich, durch Aufnahme von Gift (z. B. vergiftete Maus, Biozide), durch giftige Pflanzen oder durch unverträgliche Medikamente u. Ä. ausgelöst werden.
- Die gleichen Mittel wirken auch auf den Operationsschock.

Verletzungsschock: Acon, **Arn**, Camph, Carb-v, Cic, **Hyp,** Mill, Op, Verat

Psychischer Schock: Acon, Arg-n, Gels, Hyp, Ign, Op, Verat

Septischer Schock: Ars, Carb-v, Crot-h, Echi, Lach, Pyrog, Verat

Schock durch Blutverlust: Arn, Ars, (Chin), Ph-ac

Schock durch Flüssigkeitsverlust: Ars, Carb-v, (Chin), Ph-ac, Puls, Verat

Allergischer Schock: Apis, Ars, Carb-ac, Lach, Urt-u

BESCHREIBUNG DER ARZNEIEN FÜR DAS SCHOCKGESCHEHEN

Aconitum napellus – Acon

Plötzliches, heftiges, überwältigendes Geschehen mit Angst oder Panik

Indikationen und Symptome

- Verletzungsschock mit Panik, Unruhe, heißer Körper, panisches Schreien und evtl. Um-sich-Beißen
- Schock durch plötzliche überwältigende Schmerzen
- Psychischer Schock bei extremer Aufregung, Schreck, Angst und Panik
- Angst bleibt nach dem Erlebnis bestehen (»Flashback«), verbunden mit Aufregung, »Adrenalinschock«
- Kälteschock durch plötzliche Abkühlung nach Überhitzung (Sturz in eiskaltes Wasser)
- Heißer Körper, trockene Schleimhäute, Angst, Panik, Unruhe, Schreckhaftigkeit

Dosierung

Einzelgabe der C 200, bei chronisch bestehenden und wiederkehrenden Schreckfolgen (»Neurose«) Einzelgabe der XM-Potenz.

Apis mellifica – Apis

Indikationen und Symptome

- Allergischer Schock durch Bienen-, Wespenstich oder Vergiftung o. Ä.
- Auch durch schlecht vertragenes Pharma-Präparat
- Mit lebensbedrohlichem Anschwellen der Atemwege, Erstickungsgefahr
- Ödeme besonders an Gesicht und Schleimhäuten
- Schlimmer durch Wärme

Dosierung

Alle 5 Minuten Gabe der C 30 bis zur beginnenden Besserung, dann aufhören.

Im schweren Akutzustand (z. B. Erstickungsgefahr): Einzelgabe der C 200.

Argentum nitricum – Arg-n

Indikationen und Symptome

- Psychischer Schock, Panik durch Erwartungsangst, z. B. vor oder bei Tierarztbesuch
- Platzangst vor und in der Transportkiste, Zittern bei Angst
- Schlimmer durch Alleinsein
- Hektische, panische Unruhe, rast unsinnig herum ohne Erschöpfung, Stereotypien
- Aufregung evtl. verbunden mit Blähungen und plötzlichem, spritzendem Durchfall

Dosierung

In Akutfall Einzelgabe der C 30, im schweren Fall der C 200.

Arnica montana – Arn

Indikationen und Symptome

- Verletzungsschock, schwere, stumpfe Verletzungen, Schlag, Sturz, Verkehrsunfall, Fußtritt
- Verletzungsschock, evtl. sogar mit Atemstillstand.

Arsenicum album – Ars

Indikationen und Symptome

- Schock mit lebensbedrohlichem Ausmaß
- Psychischer Schock nach Schreck mit Angst und Panik, mit körperlichem Zusammenbruch
- Schnell fortschreitende Erschöpfung mit Schock bei schweren septischen Infektionen
- Septischer Schock im schwersten Stadium
- Allergischer Schock durch verdorbenes Futter oder Vergiftung verbunden mit Gastroenteritis
- Im fortgeschrittenen Stadium: Dehydration (Austrocknung)
- Entwicklung von Untertemperatur, kalter Körper, Unterkühlung
- Trotz zunehmender Schwäche Tendenz zu ängstlicher Unruhe, schlimmer nach Mitternacht

Dosierung

Einzelgabe der C 200 oder höherer Potenz.

Camphora – Camph

Indikationen und Symptome

- Verletzungsschock mit eiskaltem Körper, (beginnende) Bewusstlosigkeit
- Auch Schock bei schwersten Infektionen oder erschöpfendem Durchfall
- Langsame seufzende Atmung
- Untertemperatur, duldet jedoch keine Wärmezufuhr

Dosierung

Wiederholte Gaben der C 30 bis zu beginnender Besserung oder Einzelgabe der C 200.

Carbolicum acidum – Carb-ac

Indikationen und Symptome
- Allergischer Schock, wenn durch *Apis* keine Besserung eintritt und wenn momentan kein lebensrettendes Kortison verfügbar ist.

Dosierung
Dosierung der C 30 oder C 200 wie *Apis*.

Carbo vegetabilis – Carb-v

Indikationen und Symptome
- Endstadium von Schock: durch Austrocknung, Kolik, Durchfall, Tympanie, Sepsis, Operation
- Lebensbedrohlicher Zustand, eiskalter Körper, Endstadium schwerster Infektionen
- Kreislaufzusammenbruch, Puls kaum fühlbar
- Evtl. Atemnot, Luftschnappen wegen Sauerstoffmangel
- Begleitend evtl. Aufgasung (Tympanie), Blähungen

Dosierung
Einzelgabe der C 200.

China – Chin

Indikationen und Symptome
- Schwäche, Schock oder Zustand <u>durch Blut- oder Flüssigkeitsverlust</u>
- Evtl. Infusion notwendig
- Schwäche <u>nach</u> Blutverlust, auch dessen Spätfolgen (z. B. Leberschäden nach Bluttransfusion)
- »Nie wieder gesund seit« einem Blutverlust

Hinweis: Während der bestehenden Blutung ist zunächst ein Mittel für die Blutstillung notwendig!

Dosierung
Je nach Zustand des Patienten Einzelgabe der C 200 oder – im chronischen Fall – XM-Potenz.

Cicuta virosa – Cic

Indikationen und Symptome
- Selteneres Mittel für den Schock durch Fremdkörper in Kehle oder Hals mit Erstickungsgefahr
- Mit Krampf der oberen Halsmuskeln, Kopf nach hinten gezogen, ähnlich Epilepsie

Dosierung
Einzelgabe der C 200 oder höherer Potenz.

Crotalus horridus – Crot-h

Indikationen und Symptome
- Schwerster septischer Schock, ähnlich *Lachesis*, aber betroffen ist eher die rechte Seite
- Gerinnungsstörungen mit Blutungsneigung
- Schock durch z. B. Lungenembolie, Embolie, Thrombus in großen Blutgefäßen
- Blutungen aus Organen oder Körperöffnungen

Dosierung
Einzelgabe der C 200 oder in absolut lebensbedrohlichen Fällen auch höhere Potenz.

Echinacea angustifolia oder purpurea – Echi– Echi

Indikationen und Symptome

- Schock durch Sepsis (Blutvergiftung), wenn kein besser passendes Mittel gefunden werden kann
- Notfallmittel bei Urämie mit sehr hohen Kreatininwerten, wenn momentan kein besseres Simile gefunden werden kann.

Dosierung

Einzelgabe der C 200.

Gelsemium sempervirens – Gels

Indikationen und Symptome

- Psychischer Schock durch Schreck, emotionaler Schock z. B. vor oder bei Tierarztbesuch
- Schock durch Angst vor oder während der Geburt
- Hysterische Ruhelosigkeit mit Verwirrung, Benommenheit und heftigem Zittern

Dosierung

Einzelgabe der C 200.

Histaminum muriaticum – Hist

Indikationen und Symptome

- Palliativ bei akuten allergischen Reaktionen mit unerträglichem Juckreiz
- Indiziert, wenn momentan kein anderes Mittel gefunden werden kann oder wenn kein Kortison verfügbar ist
- Muss in hoher Potenz gegeben werden, da es als Palliativ sonst nicht genügend wirkt
- Eine anhaltende Wirkung ist nicht zu erwarten

Dosierung

Im Akutfall: Einmalige Gabe der M- oder XM-Potenz.. Eine 2. Gabe wird wahrscheinlich weniger wirksam sein – wie es häufig bei Palliativmitteln beobachtet werden kann.

Hypericum perforatum – Hyp

Indikationen und Symptome

- Schock durch Verkehrsunfall, Sturz vom Baum, aus dem Fenster, Schädel-Hirn-Trauma
- Schock durch extreme Schmerzen
- Schock durch extrem schmerzhafte Verletzungen, z. B. von Nerven, Wirbelsäule, Rückenmark
- Verletzung des Rückenmarks bis zur Lähmung, »Kippfensterkatze«
- Die Prognose für Rückenmarksverletzungen ist nicht immer positiv, ein Therapieversuch jedoch lohnend

Dosierung

Wiederholte Gabe der C 200, besser Einzelgabe der XM-Potenz, die bei Bedarf wiederholt werden muss.

Ignatia amara – Ign

Indikationen und Symptome

- Psychischer Schock, Kummer mit unverständlichem, widersprüchlichem Verhalten (»Katze spinnt«)
- Ausgelöst durch emotionale Überempfindlichkeit, Schreck, Aufregung
- Bei Trennung von Mutter oder Geschwistern, Trennung von Bezugspersonen
- Auch evtl. ausgelöst durch Nervosität, Stress oder Schock der Besitzer!
- Evtl. Krämpfe o. a. schwere Symptome ohne klinisch verifizierbaren Befund
- Meist nicht lebensgefährlich, obwohl es den Anschein haben könnte

Dosierung

Einzelgabe der XM-Potenz.

Lachesis mutus – Lach

Indikationen und Symptome

- Allergischer Schock durch Vergiftung, verdorbenes Futter, Pestizide o. Ä.
- Verbunden mit bläulich-blassen Schleimhäuten, evtl. schnarchende Atmung
- Schock durch schwere Sepsis (Blutvergiftung) (siehe *Kapitel 4, Infektionen und Entzündungen, Seite 113*)
- Evtl. dunkle Sickerblutungen aus infizierter Verletzung
- Evtl. gestörte Blutgerinnung

Dosierung

Einzelgabe der C 200.

Ledum palustre – Led

Indikationen und Symptome

- Allergische Hautreaktionen durch Flohbisse
- Juckreiz besser durch Anwendung von Kälte

Dosierung

Einzelgabe der C 30, die bei Bedarf wiederholt werden kann.

Millefolium – Mill

Indikationen und Symptome

- Schock durch Sturz aus dem Fenster, vom Baum, Verkehrsunfall, Fußtritt
- Gefahr von inneren Blutungen oder inneren Verletzungen
- Schock während starker, kaum zu stillender, heller Blutungen (siehe *Kapitel 3, Abschnitt Schnellorientierung für Blutungen, Seite 88*)

Wichtig: Druckverband oder chirurgische Blutstillung notwendig!

- Dabei zunehmende Blässe der Schleimhäute

Dosierung

Wiederholte Gaben der C 30 oder Einzelgabe der C 200; in lebensbedrohlichen Fällen auch höhere Potenz.

Opium – Op

Indikationen und Symptome

- Schock mit Reaktionsstarre, tiefe Bewusstlosigkeit, Koma
- Oder anderweitig gestörte Bewusstseinslage (nicht ansprechbar)
- Speziell nach Kopf- oder Wirbelsäulenverletzung, Schädel-Hirn-Trauma
- Schock oder Atemstillstand während einer Narkose
- Fehlende Atmung oder Atemstillstand von Welpen während oder nach der Geburt
- Psychischer Schock, lange bestehende Folgen von Schreck
- Angst bleibt nach Schreck weiter bestehen (»Flashback«) mit Schläfrigkeit
- Heißer oder warmer Körper, schwache oder fehlende Reflexe
- Evtl. plötzliches Aufschrecken durch plötzliches Geräusch
- Immer warmer Körper

Dosierung

Bei Welpen einmalige Gabe der C 30, in anderen Fällen C 200 oder im tiefen Koma XM-Potenz.

Phosphoricum acidum – Ph-ac

Indikationen und Symptome

- Schock durch Kummer oder Schreck, Heimweh nach Trennung von Bezugspersonen
- Schwäche, Gleichgültigkeit
- Begleitend evtl. massiver Haarausfall

Dosierung

Einzelgabe der C 200 oder höherer Potenz.

Pyrogenium – Pyrog

Indikationen und Symptome

- Schock durch schwerste Sepsis (Blutvergiftung), (siehe *Kapitel 3, Trauma – Verletzungen und Wunden, Seite 82*)

Dosierung

Zwei Gaben der C 30 binnen 30 Minuten reichen aus, dann spezifisches Mittel wählen!

Urtica urens – Urt-u

Indikationen und Symptome

- Allergischer Schock mit Urticaria (Quaddeln auf der Haut)
- Meist durch Futterallergie, Insektenstiche oder Flohbisse mit Nesselsucht
- Allergie nach Fressen von Meeresfrüchten
- Besser durch Kälteanwendung

Dosierung

Wenn nötig, wiederholte Gabe der C 30 oder einmalige Gabe der C 200.

Veratrum album – Verat

Indikationen und Symptome

- Zustand während eines Schocks mit Kreislaufkollaps:
- Mögliche Auslöser: schwerer Durchfall, Flüssigkeitsverlust, Untertemperatur, Unterkühlung
- Schock während/nach Operation, Schwergeburt, Blutverlust
- Kälte des Körpers, kaltschweißige Pfoten, kaltes Maul
- Kurz vor oder während bereits eingetretener Bewusstlosigkeit
- Besserung durch Wärme, Wärmflasche, Wärmelampe

Dosierung

Einzelgabe der C 200.

Blutungen

Aconitum napellus – Acon

Indikationen und Symptome

- Helle, heiße, plötzliche Blutungen durch übermäßige Blutfülle in Blutgefäßen
- Blutung aus den Atemwegen bei sehr hohem Fieber, am Beginn heftiger Erkrankungen
- Begleitet von Angst, Schreckhaftigkeit und Unruhe (siehe *Kapitel 4, Infektionen und Entzündungen, Seite 113*)

Dosierung

Einzelgabe der C 200.

Arnica montana – Arn

Indikationen und Symptome

- Sickerblutungen aus Kapillaren ausgelöst durch stumpfe Verletzungen
- Blutungen können bei Verletzung der Hautoberfläche nach außen sickern
- Können auch als diffuse schmerzhafte Blutergüsse auftreten
- Nasenbluten durch Schlag auf die Nase oder Stirn, Gehirnerschütterung
- Nicht indiziert vor und nach Bauchoperation oder bei stark blutenden Wunden

Dosierung

Einzelgabe der C 200 oder bei schwerem Trauma höhere Potenz. Auch diese kann bei Wiederauftreten der Schmerzen wiederholt gegeben werden.

Arsenicum album – Ars

Indikationen und Symptome

- Blutungen unter die Haut in schwersten septischen Zuständen
- Blutungsneigung, Ekchymosen durch gestörte Gerinnung
- Auch bei Überdosierung von gerinnungshemmenden Medikamenten oder nach schweren Infektionen

Dosierung

Einzelgabe der C 200.

Bellis perennis – Bell-p

Indikationen und Symptome

- Blutungen aus tiefen Fleischwunden oder aus der verletzten Gebärmutter nach der Geburt

Dosierung

Einzelgabe der M- oder XM-Potenz.

Bothrops lanceolatus – Both-l

Indikationen und Symptome

- Das Homöopathikum mit der am meisten ausgeprägten Blutungsneigung
- Fehlende Blutgerinnung, Organblutungen
- Spontane Blutungen aus allen Körperöffnungen, absolute Thrombopenie (Mangel an Blutplättchen)
- Schwarzes, dünnflüssiges Blut
- Entzündung von Blutgefäßen
- Meist durch Vergiftung mit Gerinnungshemmern (z. B. Rattengift)
- Nicht geeignet für kleinere Blutungen! Stärkstes Mittel der Homöopathie für fehlende Gerinnung!
- Schlimmere Ausprägung als bei *Crotalus horridus*

Dosierung

C 30 einmalige Gabe, bei Bedarf wiederholen bis zur Besserung.

Bei sicherer Indikation: Einzelgabe der C 200, bei Bedarf wiederholen.

Evtl. zusätzlich Vitamin K geben.

Crotalus horridus – Crot-h

Indikationen und Symptome

- Dünnflüssige dunkle Blutungen bei fehlender Gerinnung, passive Sickerblutungen
- Vergiftungen mit Blutungen
- Blutungen aus allen Körperöffnungen
- Auch klumpiges, fadenziehendes, hellrotes Blut
- Schnell eintretende Veränderungen der Blutzusammensetzung bei schwerster Sepsis
- Thrombose, (Lungen-)Embolie
- Ähnlich wie *Lachesis*, aber rechtsseitige Betonung (*Lachesis* eher links)

Dosierung

Einzelgabe der C 200.

Ferrum phosphoricum – Ferr-p

Indikationen und Symptome

- Hellrote Schleimhautblutungen bei beginnenden heftigen Infektionen wegen lokaler Blutfülle
- Z. B. bei heftigen Husten mit hohem Fieber (*Aconitum*)
- Blutungen, wenn *Millefolium* oder *Phosphorus* versagen

Dosierung

Einzelgabe der C 30, die evtl. wiederholt werden kann.

Hamamelis – Ham

Indikationen und Symptome

- Verletzungen von Venen, heraussickern oder strömen von dunklem Blut, evtl. mit geronnenen Klumpen
- Druckverband!
- Fluktuierendes Hämatom nach Verletzung einer Vene, z. B. nach Injektion
- Dunkles Nasenbluten, langsame, tropfenweise Absonderung bei Schädeltrauma oder Verletzung der Nase

Dosierung der C 30

Wiederholte Gaben im Abstand von ca. 15 Minuten, dann je nach Schwere ein- bis zweimal pro Tag um die Resorption eines schweren Blutergusses zu fördern oder einmalige Gabe der C 200.

Lachesis mutus – Lach

Indikationen und Symptome

- Dunkle Sickerblutungen aus septisch infizierten Wunden
- Gestörte Blutgerinnung durch Vergiftung mit Blutungen unter die Haut oder Petechien an Schleimhäuten

Dosierung

Eine Einzelgabe der C 200 reicht meistens aus.

Millefolium – Mill

Indikationen und Symptome

- Hellrote Blutungen, z. B. aus Arterien
- Bei Verletzungen großer Arterien oder Schlagadern spritzt das Blut mit dem Pulsschlag hervor.

Vorsicht! Lebensgefahr! Druckverband oder Abbinden der Blutzufuhr! Evtl. Wundnaht!

- Innere Blutungen durch Sturz aus dem Fenster, Schlagverletzung oder Fußtritt
- Erkennbar an zunehmender Blässe der Schleimhäute; Prognose unsicher!
- Stillt zuverlässig Sickerblutungen aus Kapillaren auch während einer Operation
- Wichtig z. B. bei der Kastration einer rolligen Katze
- Oder wenn sie vor der Bauchoperation nicht indiziertes *Arnica* bekommen hat

Dosierung bei Verdacht auf innere Blutung

Einmalige Gabe der XM-Potenz.

Während einer Operation reicht eine einmalige Gabe der C 30, um Sickerblutungen aus Kapillaren binnen einer halben Minute zu stillen!

Phosphorus – Phos

Indikationen und Symptome

- Helle Blutungen mit geringer oder fehlender Gerinnung, evtl. helle Klumpen
- Gestörte Blutgerinnung durch Leberschaden, schwere Infektion, evtl. Ikterus
- Blutungen oder Petechien aus Schleimhäuten
- Wichtiges Mittel für Vergiftungen mit Gerinnungsstörungen oder Blutungen

Dosierung

Eine Einzelgabe der C 200 reicht meist aus.

Staphysagria – Staph

Indikationen und Symptome

- Blutungen aus Schnitt- oder Stichwunden

Dosierung

Einzelgabe der M- oder XM-Potenz führt überraschend schnell zur Blutstillung und zu schneller Heilung.

Austrocknung (Dehydration)

Zustände von Austrocknung werden durch den Verlust körpereigener Flüssigkeit ausgelöst, z. B. durch Blutverlust, bei länger bestehendem schwerem Erbrechen oder Durchfall oder bei mangelnder Tränkeaufnahme.

Auch im Zustand des Schocks ist eine Dehydration möglich (siehe *Kapitel 19, Notfälle, Abschnitt Schock, Seite 549*).

Der Haut des dehydrierten Tieres fehlt es an Elastizität, gekniffene Hautfalten bleiben »stehen« und bilden sich nicht sofort zurück wie beim gesunden Patienten. In schweren Fällen kommt es zum Einsinken der Augen in die Augenhöhle.

Homöopathie sollte in solchen Zuständen zusätzlich zur Infusionstherapie eingesetzt werden. In jedem Fall ist es günstig, eine schulmedizinische durch eine homöopathische Therapie zu unterstützen!

Der beste und schnellste Erfolg besteht natürlich darin, das Tier zum selbständigen Trinken zu bringen und den Flüssigkeitsverlust zu stoppen!

Arsenicum album – Ars

Indikationen und Symptome

- Austrocknung im Laufe schwerer, lebensgefährlicher Erkrankungen
- Schwerer Durchfall mit Erschöpfung der Lebenskraft
- Trotzdem Ruhelosigkeit, besonders nach Mitternacht, mit Angst
- Kalte, teigige Konsistenz der Haut, kaltes Maul, kalte Ohren und Extremitäten
- Oft überraschend schnell eintretende Schwäche des Patienten seit Beginn der Erkrankung
- *Arsenicum* kann in schwersten Fällen das Sterben erleichtern oder den Patienten wieder herstellen.

Dosierung

Einzelgabe der C 200 oder höherer Potenz.

Carbo vegetabilis – Carb-v

Indikationen und Symptome

- Spätstadium von Austrocknung, kurz vor dem Sterben
- Vernachlässigte Fälle von länger bestehendem schweren Durchfall, meist verbunden mit Blähungen
- *Carbo vegetabilis* reguliert die Verteilung von Körperflüssigkeit, sorgt für Tränkeaufnahme
- Sorgt für Abgang von Gasansammlungen, normalisiert die Darmtätigkeit
- Vor der Euthanasie sollte *Carbo vegetabilis* versucht werden, vielleicht erholt sich unser Patient!

Hinweis: *Carbo vegetabilis* kann das Sterben erleichtern oder eine »Auferstehung« bringen! Die Lebenskraft »wählt« selbst!

Dosierung

Einzelgabe der C 200.

China – Chin

Indikationen und Symptome

- Zustand nach Flüssigkeitsverlust:
- Schwäche durch großen Blutverlust
- Schwäche durch starken Flüssigkeitsverlust, z. B. nach schwerem Durchfall oder Erbrechen
- Schwäche bis Zusammenbruch bei fehlender Tränke (z. B. durch Zufall tagelang eingesperrte Katze)
- Regeneriert den Blutverlust durch verstärkte Blutbildung
- Normalisiert die Verteilung von Körperflüssigkeit

Dosierung

Im Akutfall Einzelgabe der C 200, im chronischen Fall auch höhere Potenz.

Pulsatilla pratensis, nigricans oder vulgaris – Puls

Indikationen und Symptome

- Austrocknung durch fehlende oder mangelhafte Tränkeaufnahme (»durstlos« während Erkrankung)
- Durstlosigkeit ist hier ein mögliches Begleitsymptom bei fieberhaften Erkrankungen, besonders bei Welpen
- Verhinderte Möglichkeit zu Saugen bei kranken oder unbeaufsichtigten Welpen
- Schlimmer bei heißem Sommerwetter oder Exposition in Sonnenhitze (z. B. vergessene Balkonkatze)
- Liebebedürftige Tiere, besser durch Zuwendung

Dosierung

Einzelgabe der C 200, in vielen Fällen höhere Potenz.

Veratrum album – Verat

Indikationen und Symptome

- Austrocknung speziell bei schwerstem Durchfall, der aus dem After im Strahl herausschießt, vergleichbar mit Cholera
- Austrocknung durch heftiges Erbrechen großer Mengen
- Austrocknung während oder mit Kollaps, bei schweren Infektionen, Ohnmacht
- Normalisiert die Verteilung von Körperflüssigkeit
- Verbunden mit kaltem Körper, kaltem Maul, kaltschweißigen Pfoten oder Untertemperatur

Dosierung

Je nach Schwere und Aktualität der Erkrankung von der C 30 alle 10 bis 30 Minuten je eine Gabe, bei selbständiger Tränkeaufnahme Abstände vergrößern, bis zur Wiederherstellung des Patienten alle 24 Stunden eine Gabe.

Besser und schneller wirkt eine C 200, die nur bei erneuter Verschlimmerung wiederholt werden darf.

Vergiftungen

Obwohl die Katze hinsichtlich Futter sehr wählerisch veranlagt ist, kann es trotzdem zu Vergiftungen kommen. Gerade die spielenden Jungkatzen neigen dazu, vieles anzuknabbern, was ihnen nicht gut tut.

Manche Vergiftungen entstehen durch Putzen oder Belecken der Pfoten, wenn sie mit Bioziden kontaminiert waren (z. B. Pestizide wie Roundup®).

Vergiftungen können ausgelöst werden durch verschiedenste Agenzien:

Schlecht vertragene oder falsch dosierte **Pharma-Präparate.**

Katzen können z. B. das für den Menschen relativ harmlose Schmerzmittel Paracetamol nicht vertragen, das vielleicht wohlmeinende Patientenbesitzer ihrer verletzten Katze geben.

Manche Katzen reagieren sogar allergisch bzw. mit Vergiftungssymptomen auf ein Flohhalsband oder andere **Repellentien**. Das vom Menschen vielfach eingesetzte **Teebaumöl** ist für die Katze unverträglich.

Auch andere ätherische Öle können allergische Reaktionen bei der Katze auslösen.

Überdosierte oder **falsch angewendete Homöopathika** können Zustände auslösen, die einer Vergiftung ähneln. Eine Reihe von Antidoten ist unten genannt. Weitere Antidote sind in der Literatur (56, 66) nachzulesen. Das am besten passende Antidot ist jedoch das richtige Simile, ausgewählt nach den vorliegenden Symptomen, nicht nur nach den Angaben der Literatur.

In vielen kommerziellen Futtermitteln für die Katze sind Zusatzstoffe, Vitamine oder Mineralstoffe enthalten, die dem Bedarf der Katze nicht immer optimal angepasst sind und damit Krankheiten erzeugen können. Dazu gehören z. B. Zusätze von Jod, die eine Hyperthyreose, eine künstlich induzierte Überfunktion der Schilddrüse, auslösen können, die dann – mangels Verständnis – mit schilddrüsenhemmenden Hormonen therapiert wird. Das wichtigste Homöopathikum ist in solchen Fällen *Phosphorus*.

Viele Katzen knabbern gern an **Zimmer- oder Gartenpflanzen**, die für die Katze z. T. hochgiftig sind: z. B. Ficus-Arten, Dieffenbachia, Weihnachtsstern, Trompetenblume, Oleander, Bambus, Croton etc.

Ein großes Katzenproblem bilden **Pestizide**, welche die Katze zwar nicht aus eigenem Antrieb frisst, die sie aber durch Putzen und Belecken ihrer Pfoten aufnimmt. Dasselbe gilt für **Pflanzenschutzmittel** u. a. Biozide (z. B. wie Roundup®) oder Düngemittel.

Das gierige Verschlingen einer mit **Rattengift vergifteten Maus** (Cumarin oder andere gerinnungshemmende Präparate) kann schwerste Vergiftungen mit unstillbaren Blutungen auslösen.

Das wichtigste Mittel für schwerste Vergiftungen mit **Cumarin** (Rattengift) und ähnlichen Stoffen ist

Bothrops lanceolatus: Blutungen aus allen Körperöffnungen bei fehlender Blutgerinnung. Alternativ kann auch *Crotalus horridus* gegeben werden. Leichte Fälle können auch auf *Lachesis* oder *Phosphorus* gut reagieren. Im Zweifelsfall ist es gerade hier wichtig, das passende Mittel auszutesten.

Es empfiehlt sich, zusätzlich Vitamin K zu geben.

Auch das Fressen einer **kranken, toten oder bereits verwesten Maus** oder eines solchen Vogels o. ä. kann schwerste Leber- oder Darmprobleme auslösen (siehe *Kapitel 10, Abschnitt Erkrankungen des Magen-Darm-Traktes, Seite 343*).

Verätzungen kann sich die Katze durch umgefallene oder beim Spielen umgeworfene **Putzmittel,** z. B. Backofenspray, zuziehen. Die Flüssigkeit erzeugt nicht nur Verätzungen an den Pfoten, sondern gelangt durch Ablecken und Putzen in den Verdauungstrakt.

Eine besondere Vergiftung verursacht der Kontakt mit **Altöl** (Mineralöl), wodurch lebensgefährliche Vergiftungen ausgelöst werden. Hier sind lustige verspielte Kletterkätzchen am meisten gefährdet, die z. B. an einer Tankstelle auf den glitschigen Altölbehältern herumbalancieren, ausrutschen und hineinfallen. Die Katze versucht dann ihr Fell zu reinigen und nimmt dadurch immer mehr von dieser giftigen Substanz auf. Hinzu kommen Verätzungen an der Haut. Das einzige rettende Mittel ist potenzierter *Phosphorus*!

Dieselben Vergiftungen finden wir als »Ölpest« bei Meeresvögeln (Literatur 34).

Das seien nur einige Arten von Vergiftungen.

Der schulmedizinische Aufwand ist nicht immer einfach.

Mit homöopathischen Mitteln konnte schon manche lebensgefährliche Vergiftung souverän geheilt werden.

Die Auswahl der Arznei richtet sich streng nach den vorliegenden Symptomen des Patienten, nicht ausschließlich nach der Art des Giftes.

Je schwerer die Erkrankung, desto häufigere anfängliche Arzneigaben der C 30 sind erforderlich, bei Besserung Abstände vergrößern bzw. abwarten. In manchen Fällen kann eine souveräne Heilung durch eine höhere Potenz erreicht werden.

Hohe Potenzen dürfen jedoch niemals bei unsicherer Arzneimittelwahl gegeben werden!

BESCHREIBUNG DER WICHTIGSTEN ARZNEIEN FÜR VERGIFTUNGEN

Arsenicum album – Ars

Indikationen und Symptome

- Vergiftungen mit »Nervengiften« (organischer Phosphor, Phosphorsäureester)
- Überraschend schnell eintretende Schwäche und Verfall, oft bereits binnen weniger Stunden
- Eiskalter Körper, kaltes Maul, Tendenz zu Untertemperatur

- In diesem Stadium leicht zu verwechseln mit dem teilweise primär schweren Vergiftungsverlauf von *Nux vomica*!
- Neuromuskuläre Erregbarkeit (Zuckungen), schlimmer durch Sinnesreize, mit Angst
- Schnell eintretender, schwächender, stinkender Durchfall, evtl. mit Darmkrämpfen
- Destruktive Entzündung der Magen- und/oder Darmschleimhaut
- Verschlimmerter Zustand nachts, speziell nach Mitternacht mit ängstlicher Unruhe
- Verlangen, immer wieder etwas Tränke aufzunehmen
- Im schlimmsten Fall flache Seitenlage mit gelegentlichem Hochwerfen des Kopfes
- Auch indiziert, wenn *Nux vomica* nicht hilft, z. B. bei Vergiftung mit Paracetamol (Tabletten für Kopfschmerzen)
- Auch Vergiftung durch Kontaktallergen mit auffallender Ruhelosigkeit (z. B. Akarizide, Floh- und Zeckenmittel aus der Humanmedizin)
- Chronische Vergiftung: Hyperthyreose (Schilddrüsenüberfunktion) durch Überangebot an Jod im Futter (häufiger *Phos*)
- Phosphorsäureester sind enthalten in Kunststoffen (Weichmacher), Farben, Bioziden (Pestizide, Insektenmittel, Pflanzenschutzmittel, Zeckenmittel), Haushaltsputzmittel u. a. Reinigungsmitteln.

Dosierung

Einzelgabe der C 200, die im Bedarfsfall wiederholt werden muss.

Hinweis: *Arsenicum* muss in solchen Fällen genau von *Phosphorus* differenziert werden!

Carduus marianus – Card-m

Indikationen und Symptome

- Unklare Vergiftung mit plötzlichem Leberschaden, evtl. Ikterus (Gelbsucht)
- Intensiver Ikterus durch Schwellung oder Stauung der Leber ohne andere verwertbare Symptome
- Im speziellen Fall betrifft *Carduus marianus* eher die linksseitigen Teile der Leber
- Der Ikterus benötigt einige Tage bis zu seinem Verschwinden, ausschlaggebend für die Dosierung ist das Allgemeinbefinden!

Carduus marianus kann auch zerstörte Strukturen der Leber langsam regenerieren

Dosierung

Die Dosierung richtet sich nach dem Allgemeinbefinden der Katze (z. B. C 30 einmal pro Tag für 2 bis 3 Tage).

Chelidonium majus – Chel

Indikationen und Symptome

- *Chelidonium*-Indikationen sind in diesem Fall ähnlich wie die für *Card-m*
- *Chelidonium* betrifft jedoch die rechtsseitigen Teile der Leber mit entsprechenden Schmerzen
- Begleitend evtl. Schmerzen der rechten Vordergliedmaße, mürrisches Wesen
- Auffallend gelber Kot

Dosierung

Einzelgabe der C 30, die bei Bedarf wiederholt werden kann.

Nux vomica – Nux-v

Das wichtigste Arzneimittel für Vergiftungen fast jeder Art

Indikationen und Symptome

- Symptome je nach Art und Menge des aufgenommenen Giftes
- Anfangs Abgeschlagenheit, möglicherweise Krämpfe
- Möglicherweise heftiges, krampfhaftes, quälendes Würgen und Erbrechen geringer Mengen
- Unkoordinierte Darmperistaltik, krampfhafte Kolikerscheinungen sind möglich
- Bei langsamem Fortschreiten mühsamer, harter Kotabsatz geringer Menge oder Verstopfung
- Evtl. Lebersymptome, evtl. Gelbsucht
- Dabei berührungsempfindliches Abdomen oder/und Hyperästhesie der Haut auf dem Rücken
- Möglicherweise Krampfanfälle, auch Krämpfe einzelner Extremitäten
- Nachschleppen der Hinterbeine bis hin zur Lähmung, Krallen werde nicht mehr eingezogen
- Oder im heftigsten Fall schnell eintretende Lähmung mit Reaktionsmangel, Katze scheint wie tot
- Kälte des Körpers, Frieren
- Oder im chronischen Fall Magen-Darmgeschwüre (z. B. nach wiederholter Gabe von NSAID = »Schmerzmittel«, »Entzündungsmittel«)
- Schlecht vertragene Narkose, Sedation (besonders Injektionsnarkose)
- Vergiftung durch Schlaftabletten u. ä. Pharma-Präparate der Besitzer
- Futter- oder Lebensmittelvergiftung, verdorbenes Futter
- Vergiftung durch Fressen von Zigaretten
- Wichtig für die Vergiftung mit Pestiziden und Insektiziden
- Vergiftung mit Phosphaten (Putzmittel, Waschmittel), <u>keine Blutungsneigung!</u>
- Antidot für überdosierte Gaben von *Arsenicum* oder *Phosphorus*
- Begleitsymptom: Gereiztes oder aggressives Wesen
- Im fortgeschrittenen Zustand Apathie bis Lähmung

Vorsicht: Nicht indiziert bei deutlichen Blutungen oder ausgeprägten Gerinnungsstörungen

Dosierung

Dosierung je nach Zustand des Patienten: wiederholte Gaben der C 30 bis zu einmaligen Gaben der XM-Potenz.

Opium – Op

Indikationen und Symptome

- Vergiftung mit Schläfrigkeit bis zum Koma
- Langsame, schnarchende Atmung bis Atemstillstand, Cheyne-Stokes-Atmung
- Mangelhafte Reflexerregbarkeit, z. B. geringes oder fehlendes Kopfschütteln beim Kitzeln im Ohr
- Offen stehender After, evtl. Darmlähmung
- <u>Warmer Körper</u>
- Beschwerden durch überdosierte *Belladonna* mit entsprechenden Symptomen
- Antidot gegen Atropin (z. B. nach Augenuntersuchung)

Dosierung

Je nach Zustand des Patienten: Einzelgabe(n) der C 30 bis zur XM-Potenz in schwersten lebensgefährlichen Zuständen.

Phosphorus – Phos

Indikationen und Symptome

- Hyperthyreose (Schilddrüsenüberfunktion) durch Überangebot an Jod im Futter (*Arsenicum*)
- Vergiftungen mit Phosphaten, *Phosphorsäureester* (siehe oben, *Arsenicum*)
- Toxische Aufnahme von zu viel Salz (z. B. gesalzenes Fleisch, Schinken, gesalzener Fisch)
- Rauchvergiftung (*Lobelia inflata*, wenn *Phosphorus* zu wenig wirkt)
- Vergiftung mit Tee: Verschlucken von mehreren Teebeuteln (mögliches Spielzeug, Vorsicht Faden: Gefahr von Darmverschluss wegen aufspulenden Darm (siehe *Kapitel 10, Abschnitt Verletzungen der Maulhöhle, Seite 320*)
- Vergiftung durch gefressene Zigaretten
- Nach schlecht vertragener Inhalationsnarkose
- Vergiftungen mit gestörter Blutgerinnung, Petechien oder Blutungen aus Darm, Maul oder Nase
- Blutiger Durchfall, blutiges Erbrechen
- Evtl. Ikterus, Leberschaden
- Beschwerden nach überdosiertem *Arsenicum*
- Vergiftung mit Altöl: »Ölpest«, Hautverätzungen, Haarausfall bis lokale Kahlheit, Leberschaden, Lähmungen, Tod

Dosierung

Einzelgabe der C 200 oder höherer Potenz; bei Altölvergiftungen M- oder XM-Potenz.

Veratrum album – Verat

Indikationen und Symptome

- Kollaps, kalter Körper, kaltschweißige Pfoten, Bewusstlosigkeit durch Vergiftung
- Zu erwägen, wenn *Nux vomica, Opium* oder *Carbo vegetabilis* nicht helfen (siehe *Kapitel 19, Abschnitt Schock, Seite 549*)

Dosierung

Einzelgabe der C 200, bei Vergiftung evtl. Folgemittel wählen.

Hitzschlag – Sonnenstich

Hitzschlag oder Sonnenstich scheinen die Katzen auf den ersten Blick weniger zu betreffen.

Dennoch kommt es vor, dass z. B. besondere Katzenliebhaber ihren Liebling in der Transportkiste mit auf die Reise nehmen und ihre Katze im heißen Auto (60 °C) z. B. beim Mittagessen im Restaurant vergessen. Oder die Katze ist im Sommer auf dem sonnenbestrahlten Balkon ungeschützt der Hitze ausgesetzt.

Ein solcher Patient sollte unverzüglich in den Schatten oder an einen kühlen Ort gebracht werden. Zur Linderung können kühlende Umschläge auf die Extremitäten und den Kopf gelegt werden; jedoch das Abkühlen des ganzen überhitzten Körpers (z. B. Eintauchen in einen kalten Brunnen) kann zum tödlichen Kollaps führen; kühle Tränke anbieten!

Aconitum napellus – Acon

Indikationen und Symptome

- Neben *Belladonna* und *Glonoinum* das wichtigste Homöopathikum bei Hitzschlag
- Schock, Panik, Angst mit Aufregung und quälender Unruhe
- Auch indiziert, wenn der überhitzte Patient plötzlich oder allzu intensiv eiskalt abgekühlt wurde (Kälteschock)!

Dosierung

Einzelgabe der C 200.

Belladonna – Bell

Indikationen und Symptome

- Das wichtigste Akutmittel für Sonnenstich und Hitzschlag.
- Gesamter Körper ist heiß, beschleunigte Atmung, Körpertemperatur erhöht, bis 42 °C!
- Weit offen stehende Pupillen
- Blutfülle besonders im Kopfbereich mit roten erweiterten, pulsierenden Blutgefäßen
- Gerötete, trockene Schleimhäute meist mit sichtbaren gefüllten, pulsierenden Blutgefäßen
- Kräftiger Puls, sichtbare Herzaktion
- Evtl. überempfindlich gegen Sinnesreize (z. B. Licht, Lärm)

Dosierung

Einzelgabe der C 200.

Carbo vegetabilis – Carb-v

Indikationen und Symptome

- Endzustand eines Hitzschlags kurz vor dem Sterben
- Schock, Kreislaufkollaps, schnell abkühlender Körper bis Untertemperatur, Luftschnappen
- Evtl. bereits eingetretene Gärungsprozesse im Darm, Aufgasung, unwillkürlicher Kotabgang

Dosierung

Einzelgabe der C 200.

Glonoinum – Glon

Indikationen und Symptome

- Schwerste Fälle von Sonnenstich
- Verwirrung, Schwindel durch Blutfülle im Kopf
- Die schlimmsten, berstenden Kopfschmerzen von *Glonoinum* zeigt uns die Katze leider nicht!
- Evtl. Steifheit oder Krämpfe von Muskeln
- Trotzdem keine übermäßig roten Schleimhäute am Kopf wie *Belladonna*
- Besser durch kühlende Umschläge an Kopf und Extremitäten

Dosierung

Wiederholte Gaben der C 30 bis zur beginnenden Besserung.

Opium – Op

Indikationen und Symptome

- Bewusstlos, Koma oder wie betäubt bei sehr heißem Körper
- Schwache oder fehlende Reflexe (z. B. Pupillenreaktion auf Licht, Kopfschütteln beim Kitzeln im Ohr, offen stehender After)
- Evtl. plötzliches Aufschrecken durch Sinnesreize

Dosierung

Einzelgabe der C 30, die bei Bedarf wiederholt werden kann.

Pulsatilla pratensis, nigricans oder vulgaris – Puls

Indikationen und Symptome

- Schwäche und Mattigkeit bei heißem Wetter oder durch Einfluss intensiver Sonne, z. B. bei der »Balkonkatze«
- *Pulsatilla* trinkt i. d. R. zu wenig, daher Komplikationen durch Dehydration

Dosierung

Einzelgabe der C 200; im konstitutionellen Fall XM-Potenz.

Ertrinken

Auch das Ertrinken scheint auf den ersten Blick ein abwegiger Katzenunfall zu sein. Katzen gehen schließlich nur selten freiwillig ins Wasser!

Dennoch kommt es vor, dass ein spielendes Kätzchen in die gefüllte Badewanne rutscht und nicht wieder heraus kann. Oder mancher Katzenliebhaber hat schon einen Welpen gerettet, der – da unerwünscht – in der Regentonne ertränkt werden sollte.

Antimonium tartaricum – Ant-t

Indikationen und Symptome

- Das wichtigste Arzneimittel für das Einatmen von Flüssigkeiten, z. B. durch Ertrinken
- Drohender Tod durch Ersticken wegen eingeatmeten Wassers
- Deutlich hörbare, laut rasselnde Atmung durch Wasser in der Lunge
- Atemnot, evtl. feuchter, rasselnder Husten oder »Räuspern« ohne Auswurf
- Immer den Kopf tief lagern, damit Wasser aus den Atemwegen abfließen kann!
- Auch geeignet für die evtl. anschließende rasselnde Lungenentzündung.

Dosierung

Wiederholte Einzelgaben der C 30 bis zur beginnenden Besserung; in verschleppten Fällen auch höhere Potenz.

Carbo vegetabilis – Carb-v

Indikationen und Symptome

- Kollaps, Unterkühlung auch durch Ertrinken
- Lebloser, eiskalter Körper, Zustand wie beim Sterben
- Luftschnappen, Herzschlag sehr schnell und kaum fühlbar

Dosierung

Eine Einzelgabe der C 200 kann die endgültige Entscheidung zum Leben oder Sterben treffen.

Opium – Op

Indikationen und Symptome

- Therapieversuch bei Atemstillstand, Herzstillstand, zur Wiederbelebung
- Letzte Hilfemöglichkeit bei noch warmem Körper
- Zusätzlich Herzmassage u.a. Maßnahmen zur Wiederbelebung

Dosierung

C 30 bis zur Besserung oder Einzelgabe einer höheren Potenz.

Verbrennungen

Auch Verbrennungen gehören zu den eher seltenen Notfällen der Katzenmedizin.

Man kann jedoch gerade bei den noch unerfahrenen spielenden Jungkatzen nie voraussehen, welchen Unsinn sie anstellen!

Das Kätzchen springt z.B. in übermütiger Raserei vom Küchenschrank auf die noch heiße Herdplatte.

Es gibt hervorragende homöopathische Mittel für Verbrennungen, mit denen dem Patienten besser und schneller geholfen werden kann als mit Pharma-Präparaten.

Cantharis – Canth

Das erste, wichtigste und sofort wirksame Mittel für die akute Verbrennung

Indikationen und Symptome

- Extreme Schmerzen mit Schreien
- Kurze Zeit nach der Verbrennung entwickeln sich Brandblasen – *Cantharis* lindert augenblicklich die Schmerzen
- Sofortige Gabe von *Cantharis* C 30 kann die Ausbildung von Brandblasen verhindern, was die Heilung erheblich beschleunigt
- Kalte Anwendungen, Eiswasser o.ä. fördern die Entwicklung von Brandblasen und verzögern die Heilung!
- Besser geeignet sind lauwarme bis warme Anwendungen!

- Es ist fast unmöglich, einem solchen vor Schmerzen schreienden Kätzchen etwa Globuli ins Maul geben zu wollen. Hier empfiehlt es sich, die C 200 Globuli in einem Teelöffel Wasser aufzulösen und der Katze auf die Nase zu tupfen. Meist reicht eine Einzelgabe aus, in schweren Fällen (z. B. glühende Herdplatte oder Grill) kann auch sofort eine Gabe der M- oder XM-Potenz gegeben werden.
- Es ist zum Staunen, wie die Schmerzen nach wenigen Minuten nachlassen oder in 15 Minuten bereits vorüber sind!

Die schmerzenden Bezirke können auch zusätzlich mit lauwarmem Wasser besprüht werden, in dem einige Globuli potenzierter *Cantharis* aufgelöst sind.

Bei schwersten Verbrennungen 2. Grades kann frühestens nach 8 bis 10 Tagen *Causticum* indiziert sein.

Arsenicum album – Ars

Indikationen und Symptome

- Verbrennungen 2. und 3. Grades
- Gewebezerstörung, Verkohlung, Schockzustand
- Gefahr von allergischem Schock wegen Zersetzung von körpereigenem Eiweiß

Dosierung

Bei Bedarf wiederholte Gaben der C 200 oder einmalige Gabe einer höheren Potenz.

Carbo vegetabilis – Carb-v

Indikationen und Symptome

- Großflächige Verbrennungen 2. und 3. Grades
- Verkohlungen mit Erstickungsgefahr
- Schock, Kollaps, Atemnot, akute Lebensgefahr

Dosierung

Bei Bedarf wiederholte Gaben der C 200.

Causticum – Caust

Das Mittel nach dem akuten Zustand

Indikationen und Symptome

- Chronische Folgen auch von großflächigen Verbrennungen
- Schlecht heilende Brandwunden bzw. -narben mit sternförmigen Einziehungen
- Starker Juckreiz, daher werden die Narben immer wieder durch Kratzen aufgerissen
- Kann das Anheilen von Hauttransplantaten verbessern oder ermöglichen

Dosierung

Einzelgabe der C 200, die erst bei Bedarf nach mehreren Wochen wiederholt werden darf!

Schmerzen

In der homöopathischen Medizin gibt es eine Fülle an »Schmerzmitteln«, die nach der jeweiligen Ursache und dem Symptomenbild verordnet werden müssen.

Manche Arten von Schmerzen können beim Tier nicht sofort der auslösenden Ursache zugeordnet werden. Auch die subjektiven Schmerzqualitäten des Menschen sind uns beim Tier – speziell bei der Katze – nicht zugänglich.

Darum seien in diesem Kapitel einige »Schmerzmittel« erwähnt, die wir zumindest bei einem »Schmerzsyndrom« erwägen können.

Zu lokalisierten Schmerzsymptomen sollten zusätzlich die entsprechenden Kapitel (*Kapitel 3 bis 19*) zu Rate gezogen werden.

Als Dosierung empfiehlt sich die Gabe der C 30, die im Abstand von 5 bis 10 Minuten bis zur Besserung wiederholt werden kann, bei Besserung warten bzw. Abstände der Gaben vergrößern oder spezifisches Folgemittel wählen.

Aconitum napellus – Acon

Indikationen und Symptome

- Plötzliche, überaus heftige Schmerzen, verbunden mit Angst, Unruhe und heißem Körper
- Ausgelöst durch Einwirkung plötzlicher Kälte, durch heftigen Schreck oder einen plötzlichen Unfall mit extremen Schmerzen

Apis mellifica – Apis

Indikationen und Symptome

- Überaus schmerzhafte Entzündungen, entzündete Stichverletzung in Körperhöhle (Gelenk, Bauch)
- Heftige Schmerzen durch Bienenstich, Wespenstich o. Ä.
- Äußerst berührungsempfindliche Schwellung, besser durch Anwendung von Kälte

Arnica montana – Arn

Indikationen und Symptome

- Verletzungsschock mit starken Schmerzen (siehe *Kapitel 19, Abschnitt Schock, Seite 549*)

Bryonia – Bry

Indikationen und Symptome

- Heftige Schmerzen durch die kleinste Bewegung, liegt oder kauert bewegungslos
- Schmerzen bei Hals-, Lungen- oder Brustfellentzündung
- Neuralgische Schmerzen ausgehend von der Wirbelsäule (Lumbago, Diskushernie)
- Schweres Trauma durch ein verrenktes Gelenk
- Sucht Gegendruck gegen die schmerzhafte Stelle
- Druck bessert, sanftes Streicheln verschlimmert
- Zittern durch Schmerzen
- Schlimmer durch Wärme (im Akutfall)

Cantharis – Canth

Indikationen und Symptome

- Schreien durch Schmerzen gegen Ende des Urinierens und nach dem Urinieren (Blasenentzündung)
- Schreien durch Schmerzen bei einer akuten Verbrennung

Chamomilla – Cham

Indikationen und Symptome

- Überempfindlichkeit gegen Schmerzen bei sensiblen, besonders jungen Tieren
- Schmerzen während der Zahnung oder im Zahnwechsel
- Bauchschmerzen, oft verbunden mit Durchfall bei jungen Kätzchen
- »Verzweiflung durch Schmerzen«
- Aggressive Reizbarkeit, als ob jeder Umstehende Schuld an den Schmerzen wäre!
- Lautes Jammern, aggressiv gegen Streicheln und Annäherung
- Greift auch andere Katzen an, die sich ihr nähern

Hinweis: Niemals indiziert bei liebenswürdigen, freundlichen Patienten!

Cimicifuga racemosa – Cimic

Indikationen und Symptome

- Neuralgien überempfindlicher, »hysterischer« Patienten
- Heftigste lokale Schmerzen, plötzlich einschießend, Muskelkrämpfe
- Wandernde Schmerzen
- Neuralgien ausgehend von der Wirbelsäule (»Spinalirritation«, Schleudertrauma)
- Übermäßige Wehenschmerzen bei der Geburt
- Alles schlimmer durch Angst, Schreck oder Aufregung
- Schmerzen besser durch Wärme, durch langsame, fortgesetzte Bewegung
- Schlimmer in feuchtkalter Umgebung

Coffea cruda – Coff

Indikationen und Symptome

- Eines der wichtigen »Schmerzmittel« der Homöopathie, speziell für die überempfindliche Katze
- Überaktivität, Unruhe, Hektik und überreizte sensible Nerven
- Übermäßige Schmerzäußerungen bei relativ geringem Anlass
- »Verzweiflung durch Schmerzen«, neuralgische Schmerzen
- Auch geeignet für chronische Zahnschmerzen ohne Befund (Neuralgie)
- Übermäßige Schmerzen während der Geburt
- Unerträgliche Bauchschmerzen
- Will nicht herumgetragen werden
- Schmerzen schlimmer abends und nachts
- Schlimmer durch Sinnesreize (Lärm, Licht, Geruch, Berührung) oder Bewegung

Hinweis: Die Hektik des *Coffea*-Patienten darf nicht mit eine Überfunktion der Schilddrüse verwechselt werden! *Coffea* ist wie *Camphora* ein wichtiges Antidot gegen einige Homöopathika wie *Belladonna, Nux vomica, Lycopodium, Chamomilla, Colocynthis, Phosphorus* u. a. Daher sollte anschließend ein besser passendes oder Folgemittel gegeben werden.

Colocynthis – Coloc

Indikationen und Symptome

- Heftige Bauchschmerzen mit Kolik, muss sich zusammenkrümmen
- Besser durch Druck auf den Bauch
- Die Katze tritt sich ihr Kissen zu einem Berg zusammen, dass sie im Liegen damit Druck auf den Bauch ausüben kann

Cuprum metallicum – Cupr

Indikationen und Symptome

- Heftigste Krampfschmerzen der willkürlichen oder unwillkürlichen Muskulatur
- Darmkrämpfe
- Evtl. von den Pfoten sich ausdehnende Krämpfe zum generalisierten Krampfanfall (Epilepsie)
- Je schlimmer die Schmerzen, desto deutlicheres Krampfen mit Zusammenkrümmen der Pfoten!
- Periodisch wiederkehrende Krämpfe
- Beginn auf der linken Seite, schlimmer durch Bewegung und Berührung

Gelsemium sempervirens – Gels

Indikationen und Symptome

- Übermäßige Schmerzen mit Benommenheit und starkem Zittern
- Neuralgische Schmerzen ausgehend von der Wirbelsäule
- Starke Schmerzen während der Geburt wegen verkrampftem Muttermund
- Allmählicher Übergang der Schmerzen in eine Lähmung ist möglich
- Schlimmer bei heißem Wetter

Hepar sulfuris – Hep

Indikationen und Symptome

- Heftige Schmerzen durch Rotlauf (Erysipel) oder Zellgewebsentzündung (Phlegmone)
- Schmerzen durch Abszess, bevor dieser aufbricht (z. B. nach Verletzungen durch Krallen!)
- Extreme Schmerzen mit Aggressivität bei der phlegmonösen oder eitrigen Ohrenentzündung
- Schmerzen mit Zorn und heftiger, überraschender Aggressivität
- Schlimmer durch Kälte, Patient friert bis zum Schüttelfrost, besser durch Wärme

Hypericum perforatum – Hyp

Indikationen und Symptome

- Übermäßige Schmerzen durch Verletzung von Nerven und nervenreichem Gewebe
- Schmerzhafte Verletzung von Kopf, Maul, Zunge, Ohren, Nase, Pfoten, Schwanz etc.
- Verletzung der Wirbelsäule, Diskushernie (Bandscheibenvorfall)
- Lähmung nach Verletzung des Rückenmarks oder peripherer Nerven
- Anfangs sehr schmerzhafter, spastischer Zustand, später schmerzlose Lähmung

Ignatia amara – Ign

Indikationen und Symptome

- Arznei für überempfindliche, launenhafte Patienten
- Überempfindlich für alle Sinnesreize und alle Emotionen, auch für die der Besitzer!
- Unverständlicher Stimmungswechsel, irrationale Symptome
- Besser durch Ablenkung oder Anreiz zum Spielen
- Verzweiflung durch irrationale (?) Schmerzen, evtl. verbunden mit schwerem Kummer
- Schlimmstenfalls verbunden mit Lähmung durch schweren Kummer

Lachesis mutus – Lach

Indikationen und Symptome

- Schmerzen durch Sepsis, Zellgewebsentzündungen, Abszess, infizierte Wunden
- Bauchschmerzen durch Peritonitis (z. B. durch Fremdkörper im Darm, Gebärmutterentzündung, nach Operation)
- Bauchschmerzen durch linksseitige Eileiter- oder Eierstocksentzündung
- Bauchschmerzen durch Erkrankungen der Gebärmutter (Vorsicht, Operation notwendig?)
- Berührungsempfindlich mit aggressiv-knurrender Abwehr, aber besser durch starken Gegendruck
- Besser durch Ablenkung

Vorsicht: Bei Peritonitis ist möglicherweise eine Operation lebensnotwendig!

Magnesium phosphoricum – Mag-p

DAS homöopathische »Schmerzmittel« (auch Schüssler Salz) für Krämpfe

Indikationen und Symptome

- Es heißt, man könne damit fast alle krampfhaften Schmerzzustände günstig beeinflussen (Dr. Alok Pareek)
- Krampfartige Schmerzen speziell der unwillkürlichen Muskulatur
- Bauchkrämpfe, muss sich zusammenkrümmen
- Neuralgische Schmerzen, besonders auf der rechten Seite, schlimmer durch Kälte
- Betroffen sind meist matte, erschöpfte Patienten
- Besser durch Anwendung warmer bis heißer Umschläge, durch Reiben und Druck
- Schlimmer durch leichte Berührung und jegliche Form von Kälte

Nux vomica – Nux-v

Indikationen und Symptome

- Schmerzen mit überreiztem Nervensystem und Krampfbereitschaft
- Krampfhafte Bauchschmerzen, evtl. mit Obstipation
- Krampfhafte Rückenschmerzen, Lumbago oder Diskushernie
- Hyperästhesie der Bauchmuskeln bzw. der Rückenhaut
- Schmerzen besser durch Ablenkung oder Aufregung
- Anfangs heftige Schmerzen, später evtl. Lähmung
- Frieren bis zum Schüttelfrost
- Gereiztes, zu Zorn geneigtes Wesen

Opium – Op

Indikationen und Symptome

- Schmerzlosigkeit bei Zuständen, bei denen normalerweise Schmerzen zu erwarten wären
- Verbunden mit allgemeiner Schläfrigkeit
- Evtl. plötzliches Auffahren wie erschrocken

Pulsatilla pratensis, nigricans oder vulgaris – Puls

Indikationen und Symptome

- Übermäßig schmerzempfindliche »weinerliche«, jammernde – häufig junge – Katzen
- Beschwerden oder Erkrankungen während Zahnung oder Zahnwechsel
- Bauchschmerzen durch Überfressen oder durch zu viel Rahmschlecken
- Schmerzen bei Harnwegsentzündung
- Übermäßig schmerzhafte Wehen um die Geburt
- Unersättliches, jammerndes Verlangen nach Zuwendung und Streicheln, dadurch Besserung
- Unentschlossen, »weiß nicht, was sie will«: rein oder raus? Hunger oder nicht?
- Mangelnde Tränkeaufnahme, Gefahr von Dehydration
- Besser im Freien, durch langsames Laufen, besser durch Ablenkung und Zuwendung
- Schlimmer im warmen Zimmer, bei heißem Wetter oder durch heiße Sonne

Rhus toxicodendron – Rhus-t

Indikationen und Symptome

- Heftige Schmerzen im Rücken (Lumbago) oder in verrenkten Gliedern, Gelenken
- Schmerzen durch Kalt- und Nasswerden, durch feuchtkalte Nächte im Freien
- Verbunden mit Unruhe abends und nachts, wechselt dauernd die Lage
- Heftige, einschießende Schmerzen, schlimmer am Anfang der Bewegung
- Besser durch fortgesetzte Bewegung und durch intensive Wärme

Staphysagria – Staph

Indikationen und Symptome

- Schmerzen nach Operationen, Schnitt- oder Stichverletzungen
- Schmerzen nach der Kastration des Katers
- Schmerzen durch Entzündungen oder Verwachsungen nach Bauchoperation
- Schmerzen nach wiederholtem Katheterisieren der Blase
- Schmerzen beim Kauen nach Einsatz des Maulspanners bei Gebisssanierung (*Rhus toxicodendron*)

KAPITEL 20

VERHALTEN – GEMÜTSSYMPTOME

Allgemeines zum Thema »Verhaltenssymptome« in der Homöopathie

Verhaltensstörungen sind ein großes Problem in der Beziehung zu unseren Haustieren.

Die meisten Verhaltensstörungen entstammen der persönlichen Beurteilung der Menschen, die das Tier – die Katze – mit subjektivem, menschlichem Maßstab bewerten und einteilen, was »normal« und »nicht normal«, was willkommen oder abzulehnen ist.

Diese Wertungen variieren von Mensch zu Mensch: Was dem einen als witzige Eigenschaft der Katze gilt, ist für den anderen ein unhaltbarer Zustand.

Daher soll die Bezeichnung »Verhaltensstörung« weitgehend durch »unerwünschtes Verhalten« ersetzt werden.

Aus der Sicht der Katze sind die meisten der für uns »unerwünschten Verhaltensweisen« normal.

Vielleicht sind wir – aus dem Blickwinkel der Katze – viel öfter »unerträglich« als umgekehrt? Das würde viele vermeintliche Verhaltensstörungen erklären!

Jedes homöopathische Arzneimittelbild bzw. der dazu gehörige Patient verfügt sowohl über besondere positive Fähigkeiten, als auch über bestimmte psychische (und physische) »Schwachpunkte«.

Solche besonderen Verhaltensweisen werden in der Homöopathie als »Geistes- und Gemütssymptome« bezeichnet. Sie geben uns oft unverzichtbare Anhaltspunkte für die Auswahl eines homöopathischen Mittels für alle möglichen Erkrankungen – zusätzlich zu körperlich auffallenden Symptomen.

Die Homöopathie kann in gewissen Grenzen manche Verhaltensweisen berichtigen, die vom Normalen abweichen. Sie kann jedoch weder die Persönlichkeit oder das angeborene Temperament des Patienten verändern, noch »unerwünschtes Verhalten« korrigieren, das durch nicht artgemäße Lebens- oder Haltungsbedingungen ausgelöst wird.

Die Katze ist ein ausgesprochen lustbetontes Lebewesen, sie begegnet uns mit ihren artgemäßen Erwartungen und reagiert mit deutlicher Intoleranz, wenn wir diese nicht erfüllen.

Viele Katzen werden aus egoistischen Zielen (das »süße Kuscheltierchen«) angeschafft, ohne ihre natürlichen Bedürfnisse zu kennen oder zu berücksichtigen. Das Ergebnis sind häufig »spinnende Katzen«, deren Verhalten vom Menschen nicht mehr ertragen werden kann.

Grundsätzlich ist vor einer Therapie von unerwünschtem Verhalten zu klären, was der Katzenbesitzer von seinem Haustier erwartet:

Die Katze kann natürlich nicht die Ansprüche eines Hundeliebhabers erfüllen: Hund und Katze unterscheiden sich grundlegend in ihren Verhaltensweisen, die sich teilweise widersprechen und zu den sprichwörtlichen »Missverständnissen« zwischen Hund und Katze bzw. zwischen Mensch und Katze führen.

Das Sprichwort: »Der Hund ist der einzige Freund, den man kaufen kann« trifft nicht im Entferntesten auf die Katze zu: Die Katze ist nicht »der treue Gefährte des Menschen«; sie kann durchaus ohne den Menschen leben und wir dürfen uns freuen, wenn sie uns ihre Sympathie schenkt; wir sind gleichsam die »Untertanen« der Katze (Ausnahmen gibt es bei bestimmten Katzenrassen), wir müssen für ihren Komfort sorgen und sie gebührend »würdigen«; anderenfalls kann es »unerwünschte Probleme« geben. Katzen lassen sich nicht nach unseren Wünschen formen oder dressieren wie der Hund: Sollten wir das versuchen, so wird sie uns davonlaufen oder mit Aggressionen strafen.

Wer Katzen zu bestimmten Handlungen auffordern will, muss selbst mit seiner Körpersprache »zur Katze« werden und so ihre »Lust« anregen. Doch das verstehen nicht alle Katzenliebhaber.

Das Sozialverhalten der Katze ist ebenfalls eine besondere Sache: Die Katze ist nicht auf ein Rudel angewiesen wie der Hund. Sie kann sich mit Katzenkollegen oder anderen Tieren freundschaftlich arrangieren oder Feindschaften pflegen, wie es ihr beliebt.

Auch zum Menschen kann es durchaus enge, liebevolle Beziehungen geben, doch man muss sie eher als Beziehung zwischen Katze und Mensch betiteln, nicht umgekehrt.

Wie bereits früher erwähnt, hat die Freigängerkatze das Privileg, sich unsympathischen Bezugspersonen entziehen zu können, und um sich als »zugelaufene Katze« angenehmeren Menschen anzuschließen.

Der Wohnungskatze ist das verwehrt, sie wird dann mit »unerwünschtem Verhalten« reagieren. Hier bedarf es der Aufklärung für die Besitzer, möglicherweise einer Verhaltenstherapie und – soweit erforderlich – veränderte Lebensumstände für die Katze und vielleicht sogar für die Bezugsperson.

Die Katze ist und bleibt ein kleines Raubtier, liebt und lebt diese Verhaltensmuster. Damit verbunden ist auch das Einhalten eines gewissen »Jagdreviers«: Das persönliche Territorium wird regelmäßig durch Duftmarken – z. B. urinieren oder koten – gekennzeichnet, um so mehr, wenn es durch stressende Faktoren gefährdet sein könnte. Welches Geschehen nun als Bedrohung empfunden wird, hängt mit der individuellen psychischen Verfassung der Katze zusammen und ist für uns nicht immer nachvollziehbar.

In unseren vier Wänden ist solch ein Verhalten für uns natürlich unerträglich.

Das Markieren der Wohnung gehört zu den am häufigsten beklagten »Verhaltensstörungen«.

Es gibt noch weitere Formen von »unerwünschtem Verhalten«, die mehrheitlich durch »Umprogrammierung« mit einer Verhaltenstherapie zu beheben sind; diese betrifft nicht nur die Katze, sondern – wie erwähnt – möglicherweise auch die Besitzer!

Gestörtes Sozialverhalten – übermäßige Aggression oder fehlendes Durchsetzungsvermögen – kann durch mangelnde Prägung und Sozialisierung im Welpen- oder Jungtieralter entstanden sein. Die jungen Kätzchen lernen von Mutter und Geschwistern, dass sie nicht nach Belieben beißen oder kratzen dürfen, ohne entsprechende schmerzhafte Gegenwehr in Kauf nehmen zu müssen; andererseits lernen sie auch, dass sie ihre Ansprüche gegebenenfalls durchsetzen müssen.

Von Hand und mit Flasche aufgezogenen Kätzchen fehlt solch eine Erziehung. Dasselbe gilt häufig für Jungkatzen, die vor einem Alter von 12 Wochen an ihre neuen Besitzer abgegeben werden.

Auch hier kann die homöopathische Therapie nicht in jedem Fall etwas ändern.

Es ist nur in seltenen Ausnahmen möglich, eine Freigängerkatze zur reinen Wohnungskatze umzuprogrammieren. In den meisten Fällen wird sie die Wohnung demolieren, Gardinen oder Polstermöbel zerkratzen und ihrem Frust mit diversen anderen zerstörerischen Aktivitäten Ausdruck geben. Auch in diesem Fall hilft keine Homöopathie, sondern einzig die Rückkehr in die Freiheit.

Über Einzelheiten zum »unerwünschten« oder »erwünschten« Verhalten der Katze lassen sich lange Bände und persönliche Katzengeschichten schreiben. Das Verhalten steht immer im Kontext zur gesamten Persönlichkeit und ihrer Umgebung; d. h. wir müssen eine komplette »Persönlichkeitsanalyse« durchführen, um aus der Sicht der Katze das Verhalten in Beziehung zu bestimmten homöopathischen Arzneimittelbildern zu stellen.

Die großen konstitutionellen Mittel der Homöopathie lassen regelrechte Strukturen von Persönlichkeiten erkennen. Für den Menschen gibt es zahlreiche Beschreibungen von »Persönlichkeitsportraits« (Literatur 3, 11, 76 u. a.). Für die Tierwelt – speziell für die Katze – gibt es erst wenige genaue Beschreibungen (Literatur 34). Doch es gibt auch »kleine Mittel« die bei unerwünschtem Verhalten indiziert sein können.

Für eine homöopathische Therapie müssen die »Geistes- und Gemütssymptome« des Menschen sinngemäß auf das Verhalten und die Persönlichkeit der Katze angewendet werden. Z. B. markiert der Mensch sein Territorium anders als die Katze (z. B. mit Visitenkarten, parfümierter Kleidung oder Werbegeschenken) und auch das »Töten« genießt bei einem Raubtier einen anderen Stellenwert als in den Arzneimittelbildern des Menschen beschrieben.

Die Geistes- und Gemütssymptome der Arzneimittelbilder sind derart komplex, dass sie nicht isoliert für einzelne Verhaltenssymptome am Tier beschrieben werden können. Sie lassen sich zwar aufzählen, müssen jedoch im jeweiligen Kontext der Katzenpsyche bzw. der Arzneimittelbilder betrachtet werden:

- Gestörtes Sozialverhalten zu anderen Katzen oder zum Menschen
- Übertriebenes Sexualverhalten und Markieren
- Übertriebenes Lust-Unlustverhalten
- Übertriebenes Angstverhalten
- Unruheerscheinungen
- Kummerfolgen

Übersicht über die wichtigsten Homöopathika für unerwünschtes Verhalten

Übermäßige Angst: Ambr, Arg-n, Ars, Bar-c, (Lyc), Lyss, (Nat-m), Ph-ac, Phos, Sil

Übermäßige Neigung zu Ruhelosigkeit: Arg-n, Ars, Coff, Hyos, Lach, Lyss, Phos, Stram, Tub

Übermäßige Aggressivität: Ars, Cham, Coff, Hyos, Lach, Lyc, Lyss, Nux-v, Phos, Staph

Übermäßiges Markieren, Urinspritzen, Unsauberkeit: Ars, (Calc), Coff, Hyos, Ign, Lach, Lyc, Nat-m, Nux-v, Orig, Phos, Puls, Sep, Staph, Stram, Sulf, Thuj

Angst und Unruhe nach oder seit der Impfung: Thuj (!)

Schlafstörungen nach Impfung: Thuj

Verhaltensprobleme nach der Tollwut-Impfung: Lach, Lyss

Gemütssymptome – Verhaltenssymptome und Arzneimittelbild

Um die Gemütssymptome homöopathischer Mittel zu verstehen, ist es interessant, die Beziehungen zwischen dem Ausgangsstoff der Arznei und dem betreffenden Arzneimittelbild zu erkennen.

Wie bereits im *Kapitel 2, Abschnitte Arten der Potenzierung, Seite 30* und *Potenzieren in eigener Anfertigung, Seite 33*, erwähnt, wird der Arzneistoff durch das Potenzieren weitgehend von seinen materiellen Bestandteilen befreit. Übrig bleibt die »Information«, der »Geist«, das Energiefeld oder nach Rupert Sheldrake das morphogenetische Feld

(Morphogenese = Gestalt erzeugen) der Ausgangssubstanz.

Dieses Energiefeld existierte bereits vor der Verdichtung zur Materie im Sinn einer »In-Form-ation« (Literatur 67, 68, 79).

Bereits Aristoteles sagte vor ca. 2300 Jahren: »Der Geist formt die Materie«. Auch Hahnemann spricht von der »geistartigen« Arznei.

Daraus lässt sich folgern, dass die Einzelteile dieses Feldes, also auch die Symptome des Arzneimittelbildes, sinnvoll miteinander verknüpft sind und sich jeweils zu übergeordneten Themen zusammenfassen lassen, die dann auch in der Persönlickeitsstruktur des Arzbeimittelbilds bzw. des zugehörigen Patienten ihren Ausdruck finden.

Diese Zusammenhänge zu erfassen, ermöglicht sowohl das tiefere Verständnis der Arznei, als auch das des Patienten (Literatur 34).

Ganz besonders betrifft dieses Phänomen das Verhalten – die »Gemütssymptome« – der Tiere. Dabei wird uns offenbar, dass sich auch die Tiere entsprechend den Gesetzmäßigkeiten des morphogenetischen Feldes bzw. der morphischen Resonanz verhalten: Das zeigt sich beim Tier in Reaktionen, die wir normalerweise dem logischen Verstand zuschreiben, welche aber dem Tier weitgehend fehlen (z. B. *Kapitel 21, Fall Kasimir – Furcht, verlassen zu werden, Seite 611*).

Die morphische Resonanz – angewandt auf die Mensch-Katze-Beziehung – betrifft unser gutes oder weniger angenehmes Verhältnis zu unseren Haustigern. Ein harmonisches Energiefeld zwischen Mensch und Tier lässt eine angenehme liebevolle Beziehung entstehen. Ist dieses gestört, dann sind Ärger, Missmut und – von Seiten der Katze – Verhaltensstörungen oder Krankheit programmiert.

Die Katze ist – dank ihres »7. Sinns« – äußerst sensibel für diese morphische Resonanz zu ihren Bezugspersonen und ihrer Umgebung.

Diese Zusammenhänge zwischen der homöopathischen Ausgangssubtanz und ihrem Energiefeld – dem Arzneimittebild – sind noch nicht für alle Homöopathika geklärt; aber sie sollen – soweit möglich – für die Verhaltensbilder der Katze hier mit einbezogen werden.

Die folgenden Verhaltensportraits müssen nicht bei jedem zugehörigen Patienten in auffallender Intensität ausgeprägt sein. Wenn die Lebensumstände dem Tier – oder Menschen – gut angepasst sind, können sie im unterschwelligen, kaum wahrnehmbaren Bereich bleiben und erst unter bestimmten Stressbedingungen offensichtlich werden.

Es gehört zur Fähigkeit des homöopathischen Therapeuten, die anamnestischen Fragen an den Besitzer so zu formulieren, dass dieser die Eigenschaften bzw. Verhaltensmuster seines Haustiers – seiner Katze – erinnert bzw. in Worte fassen kann.

Die Ausdrucksweise der folgenden Beschreibungen verzichtet absichtlich auf wissenschaftliche Formulierungen, die den vielfältigen und mehr oder weniger liebenswürdigen Ausdrucksweisen der Katze nicht gerecht wären.

Jeder Katzenfreund bemüht sich, Ausdrucksverhalten und Emotionen seines Hausgenossen zu verstehen und die »Katzensprache« entsprechend in seinen Worten auszudrücken. Diesen Phänomen erleichtert uns das Übertragen des tierischen Verhaltens in die menschlichen »Geistes- und Gemütssymptome« der Arzneimittelbilder.

Darum mögen wissenschaftlich orientierte Leser verzeihen, dass hier die Katzen in gewissem Sinn »vermenschlicht« werden!

Diese Ausdrucksweise müsste man – gemäß der wissenschaftlichen Verhaltenskunde – jedes Mal in Anführungsstriche setzen. Dann würde jedoch der Text unübersichtlich und schwerer lesbar; darum wird hier weitgehend auf die Anführungszeichen verzichtet.

In diesem Kapitel sei nochmals ausdrücklich daran erinnert, dass DIE KATZE zwar ein sprachliches Femininum ist, dass SIE aber gleichermaßen für Katze und Kater gilt!

Es handelt sich hier wiederum – wie bei allen Symptomen – um Möglichkeiten, die auffallend

oder unerwünscht sein können, aber nicht zwangsläufig im Vordergrund stehen müssen.

Negativsymptome (»das ... hat sie aber nicht so sehr...«) dürfen nicht überbewertet werden! Einzelheiten für die Gesamtsymptomatik können im *Kapitel Arzneimittellehre* nachgelesen werden.

Für die homöopathische Therapie von Verhaltensstörungen empfehlen sich hohe Potenzen (M- und XM-Potenzen), in akuten klinischen Fällen reicht möglicherweise die wiederholte Gabe der C 30 oder eine Einzelgabe der C 200 aus.

Einige homöopathische Portraits von Katzen-Persönlichkeiten

DIE ACONITUM-KATZE

Aconitum napellus gehört wie die Mohnblume zur Spezies der Ranunculaceen: Zu dieser Pflanzenfamilie zählen mehrere überaus empfindliche Blumen.

Aconitum jedoch wächst unter denkbar unwirtlichen Bedingungen im Hochgebirge: Frostige Nächte wechseln mit heißer Mittagssonne, der eisige Gewitter-Schneesturm mit warmen Föhnwinden. Diese sensible Pflanze muss also täglich gleichsam in Todesangst um ihr Überleben kämpfen.

Im Arzneimittelbild finden wir dementsprechend auffallende Zustände von Todesangst: Unbeeinflussbare Zustände von Panik mit Zittern, kopflosem Davonrennen oder/und Verstecken.

Ausgelöst wird dieses Verhalten durch ein vorangegangenes, äußerst intensives Angsterlebnis, das sich dem Unbewußten wie eine Prägung verhaftet hat.

Unter ähnlichen äußeren Umständen kommt es wiederholt zu einer Art »Flashback«-Erinnerung, und die frühere Panik bricht wieder durch – eine damals überlebenswichtige Verhaltensweise, jetzt eine Art Angstneurose.

DIE ARSENICUM-KATZE

Arsen – ein tödliches Gift – wurde im Mittelalter von Fürsten und Königshäusern verwendet, um störende Nebenbuhler oder Konkurrenten zu ermorden.

Im *Arsenicum*-Patienten »lebt« dieses morphogenetische Feld von Lebensgefahr weiter (Literatur 34). Je nach Schwellenwert der Angst reagiert er mit Notwehrverhalten, das jede Form von Aggression rechtfertigt: »Angriff ist die beste Verteidigung« – am besten wird der vermutliche Angreifer getötet, bevor er uns selbst umbringen kann; das ist die Überzeugung des psychisch labilen *Arsenicum*-Patienten.

Die *Arsenicum*-Katze ist liebenswürdig, herzlich und bereit zum Schmusen, solange sie nicht den Eindruck gewinnt, dass man ihr nach dem Leben trachten oder dass ihr sonst etwas Schlimmes passieren könnte.

Eine *Arsenicum*-Wohnungskatze, die nie zum Tierarzt muss und immer in ihrer gewohnten Umgebung mit vertrauten Menschen lebt, bringt möglicherweise niemals ihre innere Lebensangst zum Ausdruck. Dann können wir – im Fall einer Krankheit – vielleicht nur ihre körperlichen *Arsenicum*-Beschwerden eruieren.

Doch die *Arsenicum*-Katze unterscheidet sich in ihrem Verhalten von anderen Mitteln: Sie ist bei Weitem nicht so liebesbedürftig wie die *Phosphorus*- oder *Pulsatilla*-Kollegin, aber sie verschmäht unsere Sympathieäußerungen je nach Laune keineswegs immer.

Lieber ist ihr allerdings, wenn man ihr zeitweiliges Verlangen nach Distanz akzeptiert und sie nicht dazu zwingt, unser Bedürfnis zum Streicheln zu ertragen. Das könnte wiederum – je nach Laune – heftiges Kratzen oder Beißen in vermeintlicher Notwehr auslösen.

Jede Beengung durch Auf-dem-Arm-Tragen oder Festhalten kann panische Todesangst wach rufen, verbunden mit unvermuteter Aggressivität und kopfloser Flucht.

Der Tierarztbesuch mit Untersuchung und eventueller Blutabnahme ist für sie ein Horrorerlebnis. Besonders die Berührung an Maul und Nase könnte – nach der Vorstellung von *Arsenicum* – mit einem möglichen Ersticken verbunden sein (ähnlich *Lachesis*). Daher wird sich eine *Arsenicum*-Katze kaum widerspruchslos Maul und Nase untersuchen lassen, sondern mit allen Krallen dagegen wehren. Allein das genaue Anschauen erzeugt schon Misstrauen und Abwehr.

Die Versorgung von Wunden ist für die *Arsenicum*-Katze ein tägliches Drama. Wenn sie kann, wird sie sich solchen Prozeduren entziehen und davonlaufen; oder es tritt ihr aggressives "Notwehrverhalten" zutage.

Argwohn und Misstrauen sind wichtige Themen für die *Arsenicum*-Katze. Neues Futter muss genau berochen werden, vielleicht könnte irgendein verstecktes Gift darin verborgen sein?

Allein die Tatsache, dass der Futterteller (nicht irgendein »Fressnapf«!) nicht an seinem gewohnten Ort steht, löst Unbehagen aus. Oder wenn die Futterzeit nicht eingehalten ist, wird sich die *Arsenicum-K*atze heftig beklagen und umso gieriger fressen, denn man könnte ja sonst vielleicht verhungern! Der Teller muss natürlich täglich peinlich sauber gereinigt sein.

Alle *Arsenicum*-Patienten sind überaus anspruchsvoll und verlangen nur das Allerbeste, möglichst täglich in leckeren Zubereitungen.

Alte Futterreste würde diese Katze nicht anrühren, sie könnten verdorben sein. *Arsenicum* ist schließlich eine der wichtigsten Arzneien für die Lebensmittelvergiftung.

Alles muss vorbeugend in der gewohnten Reihenfolge und im üblichen Ritual ablaufen, sonst könnte etwas Schlimmes, Unvorhergesehenes geschehen; das sind verständliche Zusammenhänge, die normalerweise unserem Verstand entspringen, bei der Katze jedoch einzig durch morphische Resonanz zum *Arsenicum*-Bild erklärlich sind.

Ordnung, Pedanterie und weise Voraussicht können einem möglichen Unglück vorbeugen! So die Idee von *Arsenicum*.

Diese *Arsenicum*-Angst ist am schlimmsten in der Nacht, wenn man im Dunkeln nicht alles überblicken kann: Es ist immerhin möglich, dass jemand mit gezücktem Messer hinter dem Vorgang steht und den Moment abwartet, wann er seinem "Arsen-Opfer" am besten an die Kehle gehen kann. Also Angst, ruheloses Umherwandern und Schlaflosigkeit nachts, speziell nach Mitternacht, wenn alle schlafen, ist ein wichtiges Leitsymptom. Die Schlaflosigkeit passt natürlich auch zur bekannten Nachtaktivität der Katze.

Die Empfindlichkeit an der Kehle ist wiederum ein charakteristisches *Arsenicum*-Symptom: *Arsenicum*-Katzen lassen sich nicht gern ein Halsband anlegen, man könnte ja erhängt werden! (Angst vor dem Tod durch Strangulation bzw. Erhängen, ebenfalls ein *Arsenicum*-Symptom). Dort finden sich häufig feine mehlige Hautausschläge; auch der Druck auf den Kehlkopf wird nicht gern ertragen.

Der *Arsenicum*-Patient hat – wie die einstmals Ermordeten – etwas Elitäres, Aristokratisches an sich. Er ist schließlich nicht irgendeine Katze! Nicht selten sind sogar bei unserem Vierbeiner Arroganz und eine Art Hochmut erkennbar.

Die noch nicht schwerkranke *Arsenicum*-Katze bewegt sich elegant wie eine Ballerina, trägt ein geschmeidiges und glänzendes Haarkleid und ist wahrscheinlich Herrscherin über alle gewöhnlichen Katzen. Sie braucht nur ihren herrischen Blick auszusenden, schon fliehen ihre Untergebenen. Dennoch haben – aus *Arsenicums* Blickwinkel – andere auch ihre Daseinsberechtigung, denn allein wäre man ja wieder gefährdet für schlimme, unvorhergesehene Ereignisse; und man könnte ja schließlich unter Umständen Hilfe brauchen.

Alleinbleiben oder Verlassenwerden lösen schlimme Ängste oder sogar Krankheiten aus. Aber allzu enge Nähe könnte schon wieder Gefahren bergen (*Kapitel 21, Fall Kasimir – Furcht, verlassen zu werden, Seite 611*).

Sauberkeit ist ein weiterer lebenserhaltender Faktor. Die *Arsenicum*-Katze wird sich, solange sie noch bei Kräften ist, putzen, reinigen und in einer Art Waschzwang noch mehr putzen. Sie erhebt in ihrer Pedanterie den Anspruch, das quasi jedes einzelne Härchen genau am passenden Ort liegen muss. Dieses manische Putzen führt gerade bei der *Arsenicum*-Katze häufig zum Leckekzem. Und wenn nun an dieser Stelle wirklich die Haut wund wird, kommt zusätzlich ihre hypochondrische Angst vor Krankheit zum Vorschein: Es wird noch mehr geleckt und geputzt. Diese Manie kann bis zur Selbstverstümmelung (Automutilation) eskalieren.

Die Sauberkeit betrifft auch die Katzentoilette: Diese muss regelmäßig gereinigt und frisch zubereitet werden mit der genau richtigen Katzenstreu. Ein eimal benutztes Katzenklo wird nicht ein zweites Mal begangen, eher platziert die *Arsenicum*-Katze ihr Geschäft aus Rache ins Bett der Besitzer oder auf die frisch gebügelte Wäsche. Auch der Geruch des daneben stehenden Katzenklo der zweiten Katze, das diese gerade belegt hatte, ist ein Grund, sich eine andere Stelle zum Urinieren oder Koten zu suchen.

Die *Arsenicum*-Katze neigt zum Frieren, ihr bevorzugter Platz ist daher das Bett ihrer Menschen. Sie liebt die Bettwärme der Decke, aber der Kopf muss herausschauen, denn sonst könnte ein unvorhergesehenes, schlimmes Ereignis nicht rechtzeitig wahrgenommen werden!

Die Todesangst von *Arsenicum*-Patienten ist allerdings nicht ganz unberechtigt: Schließlich gehört *Arsenicum album* zu den häufigsten Homöopathika für schwerste, oft tödliche Krankheiten.

Trotzdem möchte die *Arsenicum*-Katze in ihrem Misstrauen nicht behütet werden; die Anwesenheit ihrer Menschen reicht aus. Aber anstehende Lebensveränderungen können immer Krankheiten oder zumindest gestörtes Verhalten auslösen.

Die *Arsenicum*-Katze liebt und stiehlt Milch, Rahm und Butter – und verträgt sie gut.

Vielleicht ist nun der Leser über diese Darstellungen ein wenig überrascht, dann möge er all diese genannten Symptome im Repertorium nachschlagen!

DIE CALCAREA-CARBONICA-KATZE

Diese Katze ist leichter verständlich in ihrem Lebensproblem; die *Arsenicum*-Katze dagegen ist in jeder Hinsicht anspruchsvoll und kompliziert.

Calcarae carbonica stammt aus dem Kalk der Austernschale und zeigt im Arzneimittelbild viele Eigenschaften aus dem Energiefeld dieser Muschel:

Die Auster dient zur Herstellung von Perlen und wird dafür in Gruppen an Austernbänken gezüchtet. Auch in freier Natur klebt sie lebenslang gemeinsam mit der ganzen Austernfamilie an denselben Felsen im nicht zu tiefen Wasser. Am liebsten lässt sie sich von sanften Wellen umfließen, um die Muschelschalen ein wenig zu öffnen und sich Plankton hineinspülen zu lassen. Die einzige Tätigkeit im Leben besteht in Öffnen und Schließen dieser Muschelschalen, um Nahrung aufzunehmen. Im Inneren der Schalen ruht das weiche, gestaltlose und verletzliche Muscheltierchen.

Wenn nun aber anstelle des weichen Plankton ein Kieselsteinchen in die Muschelschale gelangt, wird es dem ungeformten Weichtier Schmerzen und Aufregung bereiten. Doch das ist die einzige Möglichkeit, dieses Lebewesen aus seiner Lethargie zu wecken und endlich die Perle – die Vollendung – wachsen zu lassen.

Entsprechende Eigenschaften finden wir häufig bei dicken, phlegmatischen Rassekatzen, die sich am liebsten in der Wohnung gemeinsam mit ihren Bezugspersonen aufhalten; dann ist ihre Welt in Ordnung.

Möglicherweise ist auch eine Unterfunktion der Schilddrüse mit im Spiel; hier ist *Calcarea* eine der wichtigsten regulierenden Arzneien.

Die *Calcarea*-Katze geht nicht übermäßig gern nach draußen, wo Gefahr drohen könnte. Sie liebt eher das gemütliche Spazierengehen vor dem Haus, gemeinsam mit ihren Menschen oder das gemächliche Ruhen auf dem Balkon, am besten in einer Höhle, die wie die Muschelschale das Gefühl von Geborgenheit vermittelt. Auch in unserem Bett fühlt sie sich wohl und steckt bei vermeintlicher Gefahr gern den Kopf unter die Decke.

Mäusefangen ist sicher auch für sie faszinierend, aber viel zu anstrengend. Die Wollmaus reicht aus, sie kann wenigstens nicht zurück beißen!

Aus Faulheit bevorzugt die *Calcarea*-Katze das bequeme Fressen am heimatlichen oder nachbarlichen Futternapf.

Calcarea hat große, hypochondrische Angst vor unklaren, neuen Dingen und Verletzungen. Sicherheit ist das wesentliche Thema, am besten umhüllt von einer sicheren Schale oder beim Tierarztbesuch ringsum eingehüllt in eine Decke.

Auch am Katzenbaum findet man sie nicht etwa in der obersten Etage; das Klettern und Herumspringen findet nicht ihre Begeisterung. Auf dem Katzenbaum liegt sie lieber in der unteren Etage in einer Höhle.

Angenehmer und weicher ist natürlich das kuschelige, eindrückbare Sofakissen, wo sie sich nur widerstrebend vertreiben lässt.

Die *Calcarea*-Katze ist – wie das weiche, gestaltlose Muscheltier – nicht besonders elegant. Ihre Bewegungen erinnern nicht an eine Ballerina wie die von *Arsenicum* oder *Phosphorus*, sondern sind eher langsam und behäbig; ihr fehlt eine gehörige Portion Eleganz.

Dieses langweilige Leben – ohne viel Eustress – und die Vorliebe für regelmäßiges Fressen führt unweigerlich zu übermäßigem Fettansatz, *Calcarea*-Katzen werden – wie *Pulsatilla* – manchmal zur rollenden Kugel!

Die Angst um die Gesundheit hat *Calcarea* gemeinsam mit *Arsenicum* und *Lycopodium*; ihre Reaktion darauf ist jedoch gerade entgegengesetzt: Die *Calcarea*-Katze wagt es nur im größten Notfall, sich zu wehren, Totstellen bedeutet für sie mehr Sicherheit als Aggression und passt zu ihrer passiven, sturen Reaktionsweise.

Sie erträgt die tierärztliche Untersuchung meist ohne Abwehr oder äußert nur ein leises Jammern. Man kann ohne Probleme ins Maul schauen, Spritzen oder Medikamente verabreichen; sie erträgt – fast – alles in einer Art vorübergehendem Totstellreflex. Sie wird nur versuchen, sich den festhaltenden Händen auf dem Untersuchungstisch nach rückwärts zu entziehen, um sich in irgendeiner Ecke am besten unter einer Decke zu verkriechen. Dort kann man sie ohne große Abwehr wieder hervorholen. Sie wird sich dann in verzweifelter Angst mit allen 18 Krallen fest an ihrer Besitzerin anklammern und alles Übrige ertragen.

Calcarea ist eines der Homöopathika für die »Breitspektrum-Angst«: Angst vor allem Fremden, sogar vor Vögeln, Schmetterlingen und vielleicht sogar vor der Maus!

In der Arzneimittellehre heißt es, wenn mehr als drei verschiedene Ängste vorliegen, solle man in erster Linie an *Calcarea* denken!

Die Angstreaktion ist passiv, es ist immer wieder erstaunlich, was diese Katze alles in ihrer Sturheit ohne Reaktion erträgt! Möglicherweise schließt sie sogar die Augen vor Angst, denn wenn man sich totstellt und nichts sieht, wird man vielleicht auch von anderen nicht gesehen!

Die *Calcarea*-Katze ist ein wunderbares Haustier für Menschen mit *Calcarea*- oder *Pulsatilla*-Konstitution, welche dieselben Lebensansprüche stellen: Ruhe, Pausen, möglichst wenig Anstrengung und verreisen im vertrauten Schneckenhaus (Wohnwagen), in welchem sich auch die *Calcarea*-Katze wohlfühlt.

DIE IGNATIA-KATZE

Die Frucht der *Ignatia*-Pflanze (Ignatius-Bohne) enthält dieselben Inhaltsstoffe wie *Nux vomica*, jedoch in anderer Verteilung. Beide Mittel stehen für Erregbarkeit des Nervensystems: *Nux vomica* eher für explosive Reaktionen der nervösen Psyche mit Reizung von Leber, zentralem und peripherem Nervensystem, *Ignatia* mehr für die »emotionale Unordnung« mit unverständlichen psychischen Reaktionen.

Beide Mittel sind hochgradig sensibel: *Nux vomica* für alle Sinnesreize, *Ignatia* eher für emotionale Reize.

Bei *Ignatia* ertappt sich der Therapeut beim Kopfschütteln über derart irrationale Symptome, die es aus der Sicht der Medizin eigentlich nicht geben kann.

Beispiel
Die scheinbar schwer kranke Katze scheint apathisch, schwach und kann sich kaum auf den Pfoten halten, ist aber dennoch wach und sofort bei der Sache, wenn sie mit ihren Besitzern im Quartier spazieren gehen darf. Die Ursache war die Tochter, Hauptbezugsperson der Katze, die gerade aus dem Elternhaus in eine eigene Wohnung gezogen war.

Symptome: »Beschwerden durch Kummer« und »Anstrengung bessert«

Eine Gabe *Ignatia* XM normalisiert die lähmende Kummersymptomatik.

Ignatia reagiert auch auf Einflüsse, die uns banal und unwichtig erscheinen: Der alte Sessel wird durch einen neuen ersetzt, das Wohnzimmer renoviert, die alte Katzenkiste durch eine größere ersetzt, im Katzenklo wird eine neue Sorte Katzenstreu eingesetzt oder es hat einmal Familienstreit gegeben – das alles kann erhebliche Verhaltensstörungen auslösen: Die einfachste Variante ist Unsauberkeit, Urinieren oder Koten ins Bett der Besitzer oder – besonders beim Kater – ausgiebiges Bespritzen des vermeintlich neuen Reviers.

Ignatia gehört zu den häufigsten Mitteln für die Unsauberkeit der Katze.

Ferner ist die *Ignatia*-Katze eine der sensibelsten für alle Emotionen der Bezugspersonen; deren Kummer, Nervosität oder Frustration kann als Übersprungshandlung bei der Katze heftige Kratz- oder Putzattacken auslösen; übermäßige Körperpflege kann wie bei *Arsenicum* ein Leckekzem verursachen.

Eine der bekanntesten Reaktionen von *Ignatia* ist der Kummer durch Zurücksetzung: Ein Baby ist geboren und verlangt die gesamte Aufmerksamkeit der Familie – und die Katze »spinnt« auf ihre Weise und beginnt, sich irrational zu verhalten. Dasselbe kann passieren, wenn ein neues Haustier – sei es auch nur ein Hamster – daheim einzieht oder gar ein neuer Partner bzw. Partnerin der Bezugsperson.

Beispiel
Die übersensible Anna gehört einem älteren Ehepaar, beide sind gleichwertige Bezugspersonen. Frau X geht auf eine zweiwöchige Kur, die Katze wird solange vom Ehemann bestens versorgt.

Anna verweigert nun das gewohnte Futter und nimmt auch nichts, wenn Herr X sein eigenes Essen verspeist, obwohl sie früher dabei immer um Extrahäppchen gebettelt hatte. Sie trauert; er bemüht sich um Trost, aber sie ignoriert ihn. Nach einer viertägigen Fastenzeit bereitet sich Herr X einen Salat mit Paprikastreifen. Plötzlich hat Anna Appetit und verspeist zum ersten Mal in ihrem Leben Teile einer rohen Paprikaschote!

Sie bekam *Ignatia* XM und der psychische Stress war überwunden.

Beispiel
Frau Y ist eine überaus nette, freundliche und sensible Besitzerin zweier ebenso netter, kleiner, liebenswerter Katzen.

Sie arbeitet tageweise im Büro und leidet dort seelisch unter ihrem gereizten Chef.

Sobald ihre Nervosität und ihr Frust ihre Toleranz übersteigt, beginnt Katze Mausi an ihren Pfötchen zu knabbern. Sie hatte sich dort bereits früher wund geleckt und tierärztliche Hilfe mit Kortison erhalten, was aber nichts änderte. Stattdessen bekam sie einen Halskragen und lief dann ganz zufrieden mit diesem unförmigen Trichter um den Kopf herum und konnte damit sogar spielen.

Sie bekam nun anstelle von Kortison und Halskragen ein paar Globuli *Ignatia* XM, worauf das Pfötchen-Knabbern aufhörte.

Beim nächsten Stress der Besitzerin begann das Problem von Neuem: »Ich kann es nicht ertragen, wenn sich dieses Kätzchen an den Pfötchen knabbert!«. Irma bekommt wieder den Halskragen.

Eigentlich wäre zu erwarten, dass für Frau Y der Kragen an der Katze das schlimmere Übel ist als das gelegentliche Pfötchenknabbern!

Nachdem sich Irma durch wiederholte Gaben der *Ignatia* stabilisiert hatte, begann die zweite Katze mit demselben Problem. Aber sie bekam die größte Raserei durch den Halskragen! Schließlich half *Ignatia* auch ihr und endlich auch Frau Y selbst.

Das unermessliche Spektrum der *Ignatia*-Symptome (auch der Katze) lässt sich nicht in Worte fassen, sie sind in jedem Fall übertrieben, unverständlich, unglaubwürdig, widersprüchlich, sehr sonderbar und unglaublich vielfältig...

Man sagt von *Ignatia*, wenn sie in einem Fluss ertrunken ist, solle man ihre Leiche stromaufwärts suchen.

DIE LACHESIS-KATZE

Das homöopathische Arzneimittel *Lachesis* von der hochgiftigen, südamerikanischen Buschmeisterschlange. Im Gegensatz zu anderen Schlangen verfolgt sie ihre Beute und tötet sie mit dem giftigen Biss.

Ihr Gift zersetzt im Akutfall die Blutzusammensetzung und lässt das zuerst betroffene Gewebe absterben, anschließend auch den übrigen Körper.

Im chronischen Fall – beobachtet an erfolgreich behandelten Patienten – zersetzt diese Schlange die Beziehungen der Menschen, indem sie heimliche Intrigen und Eifersuchtsdramen inszeniert. *Lachesis* will ihre Bezugspersonen im wahrsten und übertragenen Sinn "be-sitzen" und bewacht sie eifersüchtig gegen jeden erdenklichen Nebenbuhler.

Die *Lachesis*-Katze versteht es – wie andere *Lachesis*-Patienten auch – sich exklusiv und mit besonderer Grazie in Szene zu setzen und ihre »erotischen Reize« spielen zu lassen.

Lachesis verfügt über eine unglaubliche Energie, sie braucht kaum Schlaf und sprüht trotzdem vor Aktivität, die sich irgendwie entladen muss:

Ein Ventil dafür ist die Sprache: Die meisten *Lachesis*-Katzen können sich in unterschiedlichen Tonlagen mit uns unterhalten und können regelrecht geschwätzig erscheinen. Nachts strapazieren sie unsere Nerven durch ihren orgelnden oder schrillen Katze-Kater-Gesang. Das tönt mitunter wie ein schreiendes Baby.

Gelegentlich gibt es jedoch auch die schweigsame *Lachesis*-Katze, im Repertorium bezeichnet als »stille Natur«.

»Ventile« für *Lachesis*' unermüdliche Aktivität gibt es viele: Anfälle von Herumspringen, Raserei von einem Zimmer ins andere, Kampfspiele im Leerlauf, das Fangen imaginärer Mäuse oder unschuldiger Opfer etc.

Neben der Sprache ist auch die Kehle mit Rachen und Kehlkopf ein Thema der Schlange; sie ist in dieser Region am verletzlichsten. Hier spielen sich bei der Katze oft destruktive, erstickende Erkrankungen ab. Sie lässt sich – wie die *Arsenicum*-Katze – nicht gern Nase und Maul untersuchen aus vermeintlicher Angst zu ersticken. In der Arzneimittelprüfung heißt dieses Symptom: »Erträgt noch nicht einmal Taschentuch vor der Nase ohne Erstickungsangst.«

Die Schlange hat ebenso wie die Katze eine Art seismischen und magnetischen Sinn: Das betrifft Erschütterungen des Bodens ebenso wie das exzessive Verlangen sich zu reiben – im Repertorium bezeichnet als »Verlangen nach Magnetismus«. Reiben und Streicheln kann die *Lachesis*-Katze geradezu in erotische Ekstase bringen, mit Krallen, Beißen und Signalen der Paarungsbereitschaft sowie zugehörigem Gesang. Dabei kann es sogar zu spontanen Ovulationen kommen.

Sexualtität auch in übersteigerter Form kann sich bei der kastrierten und noch viel stärker bei der nicht kastrierten Katze bemerkbar machen: Dauerrolligkeit, Nymphomanie, Eierstockszysten und Gebärmutterentzündungen sind hier nicht selten. Diese Zustände können züchterische Ambitionen zunichte machen, wenn die Katze nicht rechtzeitig eine homöopathische Therapie mit *Lachesis* bekommt.

Mit diesem gesteigerten Sexualverhalten ist auch das lästige Markieren in der Wohnung oder im Garten verbunden. Häufig zeigt sich dabei auch eine – für uns unmotivierte – Aggressionbereitschaft gegen andere Katzen ebenso wie gegen Menschen.

Der seismische Sinn äußert sich nicht nur im unersättlichen Verlangen, sich zu reiben, sondern kann auch mit extremer Hyperästhesie (Überempfindlichkeit gegen Berührung) verbunden sein: Manche *Lachesis*-Katze darf man in bestimmten Situationen nicht berühren, ohne von dieser plötzlich wilden Furie mit Knurren, Kratzen und Beißen angefallen zu werden. Wahrscheinlich behandelt sie dann uns wie einen lästigen, ungewollten Kater-Liebhaber.

Mit dem Schimpfwort »Schlange« belegt man jemanden, der »nicht geradeaus«, unehrlich oder »link« ist. Die *Lachesis*-Symptome finden sich schwerpunktmäßig auf der linken Körperseite.

Der übertragene Bedeutung von »link(s)« zeigt sich bei der *Lachesis*-Katze in hinterhältiger Aggressivität: Sie lauert – versteckt hinter einer Ecke – der Kollegin auf und stürzt sich hinterrücks auf sie, um sie zu beißen. (*Kapitel 21, Minka – chronisches »Erbrechen«, Seite 604*). Diese Form der Aggressivität wendet sie mitunter auch beim Menschen an, der sich dann aber dringend mit entsprechend intensiven Erziehungsmaßnahmen durchsetzen muss.

Homöopathie kann in solchen Fällen wesentlich bessern, eine Art Erziehung muss jedoch hinzukommen: Wir sind schließlich Herr in unserem Hause, nicht die erotische *Lachesis*-Katze.

Lange Rede kurzer Sinn: Die *Lachesis*-Katze erfindet unendlich viele Ausdrucksformen ihrer faszinierenden »Schlangen-Qualität«, die sich in mannigfachen Variationen von unerwünschtem Verhalten äußern können.

DIE LYCOPODIUM-KATZE

Lycopodium ist heute eines der am häufigsten vorkommenden homöopathischen Konstitutionsmittel – bei Tieren ebenso wie beim Menschen. Wahrscheinlich entspricht es weitgehend dem heutigen »Geist der Zeit«:

»Liebe deinen Nächsten wie dich selbst« – heißt es in der Bibel. *Lycopodium* liebt jedoch sich selbst sehr viel mehr als alle anderen.

Die Lycopodium-Pflanzengattung gehört zu den ältesten Spezies, die es gibt. Bereits vor ca. 300 Millionen Jahren soll sie existiert haben und ist auf vielen Versteinerungen des Erdaltertums zu erkennen. Damals jedoch war diese Pflanze ein riesengroßer Baum – wegen des erhöhten CO2-Gehalts in der Luft.

Heute ist davon die »Bodenfichte« übrig geblieben, eine Pflanze mit schuppigen, nadelartigen

45

Die Lycopodium-Katze hält sich gern an »hoch gelegenen Orten« auf, um die »allgemeine Übersicht« zu behalten – hier auf ca. 6 m hoch gestapelten Strohballen.

Blättern, die in alten Hochwäldern ca. 10 bis 20 cm hoch und 10 bis 15 m lang als eine Art Bodendecker wächst.

Lycopodium hat im Laufe der Jahrmillionen eine besonders opportunistische Lebensstrategie entwickelt und es verstanden, den widrigsten Umständen gewachsen zu sein. Das kennzeichnet den unüberwindlichen Willen, möglichst gut zu überleben und trotz schlimmster Rückschläge wieder empor zukommen.

Diese Signatur finden wir beim *Lycopodium*-Patienten wieder – auch bei Katze und Kater:

Wer einstmals so groß war, möchte es auch wieder werden, am liebsten als Pascha, Zorro, Rambo oder Maxe (Maximus = lat. "der Größte").

Lycopodium-Katzen bevorzugen den höchstmöglichen Sitzplatz, der irgendwie erreichbar ist, um das gesamte Geschehen der Umgebung und jeden möglichen Konkurrenten sofort ins Visier zu nehmen.

Der höchste Platz auf dem Katzenbaum ist gerade recht, oder "Lycki" sitzt auf dem Küchenschrank und lässt lässig ein Hinterbein herunterbaumeln, um das Tagesgeschehen vollkommen »im Blick« zu behalten.

Groß, größer und noch größer zu werden, ist *Lycopodiums* Berufung: Jede Form von Konkurrenz ist ein wichtige Herausforderung: *Lycopodium*-Katzen möchten gern Alleinherrscher im Revier sein und markieren das – je nach Konkurrenzdruck – mehr oder weniger häufig, intensiv und »duftend« – möglichst an auffallenden Stellen. Wenn "Lycki" nicht direkt der Größte werden kann, versucht er dem anderen hinterrücks eins auszuwischen – ähnlich wie *Lachesis*.

Wenn das nicht gelingt oder wenn der Nebenbuhler der Stärkere bleibt, dann fühlt sich das gedemütigte *Lycopodium* genötigt, den Frust anders abzulassen: Der zunächst stehende Rangniedrigere wird ohne Warnung im Vorbeigehen gebissen; das kann auch dem rangniedrigsten zweibeinigen Familienmitglied passieren, z. B. einem Kleinkind im Krabbelalter; oder die neue Couch im Wohnzimmer muss zum wütenden Abreagieren mit allen Krallen herhalten.

In der Verhaltenskunde nennt man das »Abreagieren am Ersatzobjekt«, in der homöopathischen Umgangssprache »Radfahrer-Reaktion« des *Lycopodium*-Patienten: Oben ducken, unten treten.

D. h. der momentan am meisten sympathische Hausgenosse – vielleicht die nachgiebige Oma? – wird überaus freundlich hofiert, wenn es um das Erbetteln von Leckerli geht; wer aber den Wünschen des "Lycki" nicht gerecht wird, den straft er mit Missachtung oder gar mit Zähnen und Krallen.

Lycopodium kann sich also genauso zum Haustyrannen entwickeln wie *Lachesis*: Hinter *Lachesis* steckt jedoch eine andere Motivation: Schadenfreude, Böswilligkeit und Eifersucht, hinter *Lycopodium* das gekränkte Selbstwertgefühl, nun doch nicht der Größte zu sein.

Die Kehrseite dieses Verhaltens ist der unterwürfige Feigling, der jeder Auseinandersetzung wohlweislich aus dem Wege geht, sich aber trotzdem gern bei nächster passender Gelegenheit als Sieger darstellt.

Andererseits kann *Lycopodium* auch den unerschütterlichen, wohlwollenden Souverän repräsentieren – wie großartig auch immer sein Selbstwertgefühl ausgeprägt sein mag.

Das Verhaltensspektrum der verschiedenen *Lycopodium*-Patienten reicht vom unterwürfigen Duckmäuser über das »Mobbingopfer«, über den hinterhältigen Feigling, über den unsicheren Gelegenheitssieger bis zum uneingeschränkten Herrscher; seine Intelligenz mit dem notwendigen Maß an Opportunismus, Ehrgeiz und Beharrlichkeit machen ihn vom »Tellerwäscher zum Millionär«!

Die *Lycopodium*-Katze leidet also immens unter den Stressfaktoren von Konkurrenzdruck und dem eigenen Ehrgeiz. Dort liegt die Ursache für eine Vielzahl an körperlichen Krankheiten: Angst und Aggression schädigen Nieren und Leber, und an den Harnwegen entwickeln sich die »Versteinerungen« in Form von Oxalatsteinen.

Für den *Lycopodium*-Patienten wird die Verhaltenstherapie wenig nutzen, denn den Ehrgeiz, der Größte sein zu wollen, lässt sich kaum durch Erziehung verändern; der Kandidat braucht *Lycopodium*: Damit wird sich sein Sozialverhalten bessern und der krankmachende Stress vermindern lassen.

DIE NATRIUM-MURIATICUM-KATZE

Die Ausgangssubstanz für *Natrium muriaticum* ist Kochsalz, nach moderner homöopathischer Nomenklatur auch *Natriumchlorid* genannt. *Natrium muriaticum* gehört wie *Lycopodium* zu den am häufigsten gebrauchten Homöopathika unserer Zeit. Bei der Katze kommt es jedoch seltener vor als beim Hund; vielleicht liegt das am lustbetonten Naturell der Katze?

Salz, das in der Küche liegt, zieht Feuchtigkeit an und erstarrt zum Klumpen. Wirft man diesen Klumpen ins warme Wasser, dann löst er sich auf, wird unsichtbar und kann nur noch geschmeckt werden.

In diesem Spannungsfeld spielt sich das Lebensdrama des *Natrium-muriaticum*-Patienten ab: Zwischen Erstarrung und »sich hingeben«, sich auflösen im »Helfersyndrom« für andere Menschen oder für einen guten Zweck.

Natrium muriaticum lebt nach der Devise: »Liebe deinen Nächsten viel mehr als dich selbst«, denn »Selbstliebe ist negativer Egoismus.«, Wir selbst sind ja nur »wertlose, schuldige Sünder!«, so entspricht es der Weltanschauung von *Natrium muriaticum*.

Eine Art Selbstverleugnung ist also das Thema des potenzierten Salzes, die letztlich in einer Art Erstarrung endet.

Salz ist in allen unseren Körpersäften enthalten, die normalerweise beständig in fließender Bewegung sein sollten.

Die »Säfte« stehen seit je in Beziehung zur Seele; die bewegte Seele äußert sich durch »Emotionen« (lateinisch emovere = herausbewegen, emporwühlen). »Körpersaft« heißt griechisch »Humor«. Erstarrte »Säfte« führen zu »Humorlosigkeit« und strengem Ernst, frei von geäußerten Emotionen.

Selbstverleugnung und Ernst entbehren der Leichtigkeit (easy) und führen zum Erstarren und verursachen »Disease«.

Ein Mensch ohne geäußerte Emotionen gilt als langweilig – ohne Höhen und Tiefen; solche Menschen sind bei anderen meist nicht sehr willkommen, sondern werden oft als »Mobbingopfer« missbraucht.

Salz hat – gemäß Physiologie – auch mit der Sensibilität von Nerven zu tun.

Der *Natrium-muriaticum*-Patient ist überaus sensibel, gefühlvoll und möchte anderen Gutes tun. Aber seine immensen Ansprüche, die er in dieser Hinsicht an sich selbst stellt und die er auch von anderen erwartet, kann kaum ein Mitmensch erfüllen; darum sind Einsamkeit, Frustration und Kummer programmiert.

Wenn sich wirklich eine gute Beziehung entwickelt, dann ist sie einzigartig und gipfelt in einer tiefen seelischen Verbindung.

Aber im morphogenetischen Feld des Salzes sind Erstarrung und Kummer bereits angelegt, in Form von Trennung von der geliebten Person oder anderweitiger Enttäuschung. Diese Emotionen werden ebenso tief und unauslöschlich empfunden wie die Liebe und enden erst mit dem Tode – oder durch Therapie mit homöopathisch zubereitetem Salz.

Die Mentalität des noch nicht homöopathisch behandelten *Natrium-muriaticum*-Patienten entwickelt sich folglich zu einem innerlichen Erstarren durch beständige Hingabe an chronischen Kummer, Verbitterung (daher das Symptom »Verlangen nach bitteren Speisen«), Depression ohne Freude und brave Pflichterfüllung, ohne an das eigene Wohlergehen zu denken.

Natrium-muriaticum gehört zu den tragischsten Homöopathika der Materia medica.

Bei der Katze ist dieses Bild nicht so vielfältig wie beim Menschen, jedoch genauso von Depression geprägt.

Die *Natrium-muriaticum*-Katze zeichnet sich aus durch Unauffälligkeit: Man bemerkt sie kaum, sie kommt, wenn man sie ruft, sie lässt sich streicheln, wenn wir das wollen, sie spielt ein wenig, wenn wir sie dazu auffordern, sie ist eine sanfte, liebe, nette Katze; aber man vermisst das, was eigentlich den Prototyp der Katze auszeichnet: Äußerungen von Lebensfreude sieht man selten, das Verlangen nach Körperkontakt kann sogar gänzlich fehlen, sie entzieht sich gern unseren Sympathiebeweisen.

Direkten Blickkontakt wird man vermissen, sie schaut weg (wie *Thuja*), ebenso wie die Menschen, die sagen würden »Lass mich in Ruh, es geht ja

– wie immer –doch alles schief!« – Oder: »Solch einen Geliebten werde ich ja doch nie wieder finden, meinst du es wirklich ernst? Ich kann es nicht glauben, dass es mit mir jemand gut meint, bei all meinen früheren schlimmen Enttäuschungen!« *Natrium-muriaticum*-Patienten bestehen mit einer sturen Beharrlichkeit auf ihren früheren negativen Erlebnissen.

Wenn *Natrium-muriaticum* lange genug gelitten hat, besonders in fortgeschrittenem Alter, dann kann es auch abweisend und störrisch werden und zornig jede Art von Zuwendung ablehnen.

Ursache der *Natrium-muriaticum*-Pathologie sind Kummer und schwerwiegende deprimierende Erfahrungen: Dieser Kummer kann entstehen bei der abgelehnten und unwillkommenen Katze, die irgendwann im Tierheim landet, durch den Tod einer geliebten Bezugsperson oder durch Ehescheidung der Besitzer.

Eine besondere Variante der *Natrium-muriaticum*-Katze ist die Übernahme der Atmosphäre daheim: Die sensible *Natrium-muriaticum*-Katze übernimmt die Stimmung ihrer *Natrium-muriaticum*-Bezugsperson(en) und wird genauso traurig wie diese (»psychische Osmose«). Wie kann denn auch jemand fröhlich sein, wenn alle andern traurig sind?

Oder der traurige *Natrium-muriaticum*-Mensch geht ins Tierheim und holt sich dort aus Mitleid eine übrig gebliebene, reservierte, traurige *Natrium-muriaticum*-Katze, die von ihm nichts wissen will – was den allgemeinen Kummer fortsetzt und bis er irgendwann im Grabe endet.

Diese Pathologie geht häufig mit allergischen Hautausschlägen (Neurodermitis) einher. Man nennt das dann »Hausstaub-« oder »Hausmilbenallergie«. Oder ist es vielmehr eine Allergie gegen die depressiven Bezugspersonen? Oder eine Allergie gegen Kummer?

Die *Natrium-muriaticum*-Katze ist jedenfalls eine einsame, traurige und reservierte Majestät, oftmals ein erstarrter Schatten des sonst so lebensfrohen kleinen Tigers.

Die Katze Ima gehört den Nachbarn. Sie zeigt das typische Verhalten des Natrium-muriaticum-Patienten, das auch dem ihrer Besitzer ähnelt:
Sie vermeidet es ganz offensichtlich, uns anzusehen, meidet jeglichen Blickkontakt, obwohl sie freundlich angesprochen wird.
Hier erwartet sie ihr Schälchen Milch, aber im Moment ist die Milch bereits in unserem Kaffee gelandet und Ima soll nun warten, bis wir wieder neue Milch haben.

46

47

48

49

Schließlich wendet sie sich ganz ab und wartet vor der Haustür.

DIE PHOSPHORUS-KATZE

Phosphor bedeutet auf griechisch »Lichttbringer« und steht für das Licht, für hellen Glanz, für das Leuchten: »Das Licht vertreibt die Finsternis.« Damit verbunden ist die Assoziation von Schönheit und Wohlbefinden, die jede schlechte Stimmung vertreibt.

Der *Phosphorus*-Patient – speziell die *Phosphorus*-Katze – strahlt häufig einen faszinierenden Liebreiz aus, das häufig rot getönte Haar glänzt hinreißend, während ihrer Ballerina-ähnlichen, graziös geführten Bewegungen.

Licht ist physikalisch definiert als elektromagnetische Welle. Vieles davon gibt es auch bei der *Phosphorus*-Katze: Das Fell knistert beim Streicheln, es sträubt sich in Wellen wie durch elektrischen Strom angeregt. Zusätzlich hat die Katze ihren magnetischen Sinn: Sie spürt sofort, was gut und nicht gut ist, sie spürt die elektrische Gewitterladung in der Luft schon Stunden im Voraus und genießt die magnetische Ausstrahlung unserer streichelnden Hände.

Licht steht auch für Lebensfreude, ungehemmt und sinnlich von der gesunden *Phosphorus*-Katze geäußert. Spiele mit der Maus treiben sie in ausgelassene Ekstase, zwischendurch kann sie vor Übermut in die Luft springen, die Gardine hochgehen oder das neue Ledersofa zum Krallenwetzen einsetzen – alles kein Problem – für die Katze!

Während wir essen, würde sie uns am liebsten Wurst oder Käse vom Brot krallen oder die Spaghetti von der Gabel angeln.

Mit Vorlieben fasst sie uns an – wenn es um besondere Leckereien geht.

Wenn wir heimkommen und erst mal Ruhe haben wollen, beansprucht sie uns als Sitz- und Schmuseplatz, oder sie steht erwartungsvoll krallend auf der Buchseite, die wir gerade lesen wollten oder kauert auf der Computertastatur, die wir gerade bedienen wollen. Sie hockt mit aufgeregt peitschendem Schwanz vor dem Fernseher und untersucht manchmal sogar, ob sich diese bewegten Dinge vielleicht hinter dem Fernseher fangen lassen. Sie rast in gewagten Sprüngen mit unnachahmlicher Geschwindigkeit durch die Wohnung, um anschließend die imaginäre Maus zu packen; wenn dabei die Vase mit der kleinen Rose vom Regal fällt, stimuliert das leise Klirren neuerliche Freudentänze.

Nach einer solchen Show lässt sie sich auf dem möglichst farblich zu ihr passenden Sofakissen nieder, schlingt sorgfältig geführt den Schwanz um den Hinterfuß bis neben die Vorderpfote und fragt: »Hab ich das nicht toll gemacht?« Unser Lob quittiert sie mit lautem Schnurren und reibt sich an unseren Waden.

Vielleicht geht sie nun noch an den Wasserhahn, um Tropfen zu fangen und den Durst auf Kaltes zu stillen. Wenn sich dazu keine Gelegenheit bietet,

Dieses junge Phosphorus-Katerchen genießt die Leberpastete aus der Tube und muss mich dabei »anfassen«, eine der typischen Verhaltensweisen der Phosphorus-Patienten.

Dieses lustige und gesunde Tier sollte übrigens eingeschläfert werden, weil sein Blut als FIP-positiv getestet wurde – ohne die geringsten Krankheitssymptome. Es hiess, er würde später irgendwann an FIP erkranken und andere Katzen anstecken.
Nach der konstitutionell begründeten Gabe von Phosphorus C 200 lebt er nun seit 5 Jahren gesund und krankheitsfrei mit seinen ebenfalls gesunden drei Hausgenossen und den Nachbarskatzen.

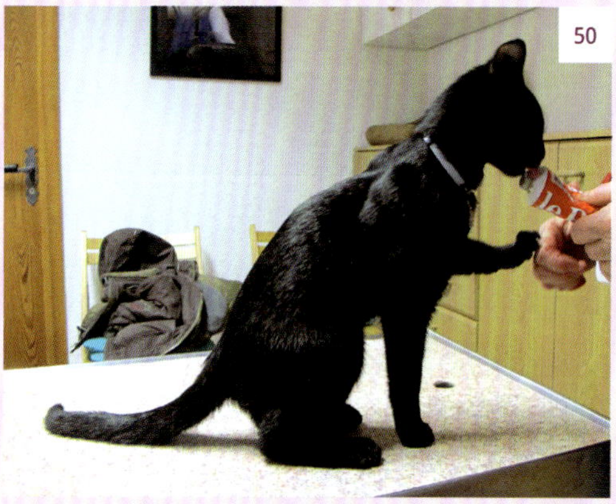

50

nimmt sie auch gern mit dem eisigen Wasser aus der Schneepfütze vorlieb.

Die *Phosphorus*-Katzenstreiche können uns manchmal Nerven kosten, dennoch reizen sie uns eher zum Lachen, als dass wir mit unserem »süßen Panther« schimpfen könnten.

Ihre lustigen Streiche müssen wir ihr verzeihen – trotz gelegentlicher Schäden.

Phosphorus kann sich – ähnlich wie *Silicea* – auch schüchtern, sanft und nachgiebig zeigen oder sich von einem Macho unterjochen lassen!

Das Licht hat auch seine Schattenseiten: »Lichtbringer« heißt auf lateinisch »Luzifer«, der Teufel: Die *Phosphorus*-Katze kann in ihren Launen manchmal fast zu derselben aggressiven Furie werden wie *Lachesis*, *Lyssinum* und *Arsenicum* oder genauso sexy wie *Hyoscyamus*, so panisch wie *Aconitum* oder *Stramonium* oder so herrisch und autoritär wie *Lycopodium*; dennoch überwiegt die Tendenz zu überschwänglichen Liebesbeweisen, Schmusen und Humor. Man sollte sie den »Schmuseteufel« taufen.

51

Die Phosphorus-Katze trinkt gerne eiskaltes Wasser.

DIE PULSATILLA-KATZE

Pulsatilla ist ein liebliches, zartes Frühlingsblümchen, das trotz aller Empfindlichkeit im meist noch recht unwirtlichen April blüht.

Ihre violette Blüte mit den leuchtend gelben Fruchtständen fällt auf – unwillkürlich sagen wir: »Oh, ist die hübsch!« Mit diesem Ausdruck ist schon das Zentrum des *Pulsatilla*-Patienten gekennzeichnet: Wer so auffallend hübsch ist, will auch entsprechend geliebt werden.

Pulsatilla will möglichst von allen und immer ununterbrochen geliebt, gelobt und wegen ihrer Lieblichkeit hofiert werden.

Lycopodium möchte das Gleiche wegen seiner Kraft, Macht und Intelligenz. Jedes Homöopathikum bzw. jedes Lebewesen hat seine persönliche Motivation für sein Lebensziel.

Pulsatilla ist also die Beste, Liebenswerteste und die »Schönste im ganzen Land«.

Sie ist also unglaublich lieb, unersättlich im Bedürfnis nach Streicheleinheiten, lebt am liebsten auf dem Arm oder auf dem Bett der Besitzer. Und sie erwidert alle entgegengebrachte Liebe genauso intensiv.

Aggressionen sind ihr weitgehend fremd, denn dann würde man ja nicht mehr geliebt!

Unser Problem mit *Pulsatilla* besteht oft darin, dass sie allzu anhänglich ist: Sie ist überall, sie steht uns schnurrend im Weg, man stolpert über sie; beim Mittagessen muss sie bei uns auf dem Schoß sitzen – es wird manchmal einfach zu viel »Katze«.

Wenn sie sich nicht genügend gewürdigt fühlt, kann sie beleidigt reagieren und kommt plötzlich eine Zeit lang nicht mehr. Aber das hält sie nicht lange aus.

Sie kann mit ihrer Anhänglichkeit sehr fordernd werden und uns wirklich nerven: überall ist Katze!

Pulsatilla ist also die geborene Wohnungskatze für die Einzelhaltung.

Mit einer zweiten Katze kann es böse Eifersuchtsszenen geben, denn *Pulsatilla* ist schließlich die

Beste und Schönste und die von ihren Menschen einzige geliebte Katze, die es auf der Welt gibt!

Fordernde Eifersucht – sogar ausnahmsweise mit Krallen – kann es auch geben, wenn sich die Bezugsperson mit etwas oder jemand anderem beschäftigt als mit der Katze: *Pulsatilla* ist der Nabel der Welt!

Draußen in frischer Luft fühlt sie sich bei nicht zu warmem Wetter am wohlsten, z. B. auf dem Balkon; im warmen Zimmer liegt sie am liebsten auf einem weichen Kuschelkissen nahe der luftigen Fensterbank.

Wenn wir uns zu ihr setzen, beginnt sie behaglich zu schnurren. Aber diese Vorlieben können wechseln wie das Aprilwetter.

Sie liebt auch oft den Tierarzt, denn dieser lobt sie und berührt sie, das ist alles wichtiger als der Pieks mit der Spritze, sie lässt sich ohne Abwehr ins Maul schauen, oder hebt höchstens ein Samtpfötchen, um die unangenehme, untersuchende Hand am Maul beiseite zu schieben.

Sie geht draußen nur kurz spazieren, denn andere Katzen sind weniger interessant als Menschen.

Die übrigen Katzen finden ihren Spaß daran, die *Pulsatilla* zu foppen und zu ärgern. *Pulsatilla* kann sich nicht wehren, erträgt »weinend« die bösen Kollegen.

Pulsatilla-Persönlichkeiten sind auch unter den Menschen häufig willkommene »Mobbingopfer«!

Arme, bemitleidenswerte *Pulsatilla*! Anschließend beklagt sie sich bei »Mami« und besucht lieber das aggressionfreie Sofakissen.

Die Liebe geht bekanntlich durch den Magen: Daher sind die *Pulsatilla*-Katzen meist frei von Knochenvorsprüngen und neigen dazu, die Gestalt einer Kugel anzunehmen.

Liebe hat natürlich auch mit den Genitalien zu tun:

Der liebste und am besten passende Beruf für die *Pulsatilla*-Katze ist die Mutterschaft, dabei kann sie ihre unendliche Liebe weitergeben – erwidert von ihren Welpen – und wird zusätzlich von uns für ihre wunderbaren Kinder gelobt.

Außerdem sind Welpen frei von bösen Aggressionen! Schließlich muss sie als Kindergärtnerin den Kindern beibringen, wie sanft man als zukünftige *Pulsatilla*-Katze sein muss!

Wenn sie keine eigenen Kinder hat, ist sie auch bereit, andere zu adoptieren – sogar einen kleinen Hund – und hingebungsvoll dafür zu sorgen. Solche Katzen können auch eine Scheinträchtigkeit entwickeln.

Die traurigste Zeit kommt, wenn die Welpen abgegeben werden.

Aber vielleicht hat sie der Kater von nebenan schon für die nächsten Kinder "beglückt"?

Auch der *Pulsatilla*-Kater verhält sich wie die Katze: Er scheint mehr weibliche Hormone zu haben als männliche, lässt sich genauso gern von Kindern herumziehen und genießt es sogar, wenn man ihn am Schwanze rupft. Er verhält sich wie ein Teddybär und trägt manchmal – wie *Calcarea* – den Namen »Bärchen«.

Pulsatilla weiß oft nicht was sie tun soll – wenn sie uns nicht gerade zum Streicheln nötigt: Will sie raus? Oder lieber doch nicht? Vielleicht ist es draußen zu windig? Oder ist vielleicht ein wenig Wind sogar recht angenehm? Oder doch lieber aufs Sofa? Oder aufs Bett? Diese Art von Unentschlossenheit ist oft von jammerndem oder forderndem Miauen begleitet, was uns auf die Nerven gehen kann.

Doch es ist nicht nur die Unentschlossenheit: Die Stimmungen und Launen können von Stunde zu Stunde, Tag zu Tag wechseln wie das Aprilwetter: Heute lieber draußen, den Vögeln zuschauen, morgen überwiegend das Sofakissen kuscheln, übermorgen nach Futter oder Gesellschaft jammern und so immer weiter...

Das *Pulsatilla*-Katzen-Temperament passt eigentlich nicht für die agile Hauskatze, wir finden sie eher bei phlegmatischen Rassekatzen.

Auch temperamentvolle Menschen werden sich nicht über diese Eigenschaften freuen, sondern eine lebhaftere Katze bevorzugen.

Die *Pulsatilla*-Katze passt am besten zu älteren ruhigen *Calcarea*- oder *Pulsatilla*-Menschen, die für ihre Zuwendungsbedürfnis genügend Muße aufbringen, was manchmal zu einer Art Katze-Mensch-Ehe führen kann.

Auch für Kinder eignet sich die *Pulsatilla*-Katze gut, denn sie erträgt unvorsichtigen Umgang

– Drücken, Herumrollen, Ziehen, Knautschen – besser als andere Katzen.

Die *Pulsatilla*-Katze lässt sich leicht mit der *Calcarea*-Katze verwechseln: Die *Calcarea*-Katze ist lieb, ruhig, phlegmatisch, passiv und ein wenig stur – *Pulsatilla* dagegen unendlich verschmust, fordernd, eifersüchtig und anhänglich.

DIE SILICEA-KATZE

Silizium – Quarz – Bergkristall – Kieselstein – Sand – Glas – sind allgegenwärtig auf der Erde; Silizium war das erste Mineral, das den Ur-Einzellern ein zart-strukturiertes Gerüst gab; Silizium ist das formende Element für die Struktur der Erdoberfläche und allen Lebens.

Silicea ist eines der intensivsten und tiefgreifendsten Homöopathika der Materia medica.

Dem *Silicea*-Patienten mangelt es nicht nur an körperlicher, sondern auch an seelischer Struktur.

Dort wurzeln die Verhaltensprobleme der *Silicea*-Patienten bzw. der *Silicea*-Katze:

Wie das Sandkörnchen am Meeresstrand fühlt sich *Silicea* als ein Nichts. Das Selbstwertgefühl fehlt oder ist nur in minimaler Ausprägung vorhanden. Der *Silicea*-Patient spürt diesen Fehler und versucht ihn ehrgeizig mit überraschend großartigen Leistungen zu kompensieren. Doch das Minderwertigkeitsgefühl bremst: »Das kann ich ja doch nicht!«, »Ich habe Angst, das nicht zu schaffen!«. Trotzdem verfügt *Silicea* über ein gewaltiges Potenzial, das dann durch die *Silicea*-Therapie freigesetzt wird.

Die *Silicea*-Katze wird uns natürlich nicht mit intellektuellen Leistungen überraschen, wie es beim zweibeinigen Patienten vorkommen kann. Hier beherrschen katzengemäße *Silicea*-Eigenschaften das Bild.

Die *Silicea*-Katze ist meist klein, zart, schüchtern und verhält sich, als wäre sie durchsichtig – wie der Bergkristall: Sie ist pflegeleicht; man bemerkt kaum ihre Anwesenheit; sie ist ruhig und brav, wenn man es von ihr erwartet. Manchmal tönt ein leises, zartes Miau, das man leicht überhören kann.

Dennoch ist sie ein Frohgemüt, kann hingebungsvoll spielen, aber bei weitem nicht mit der Intensität oder Aggressivität wie etwa der *Phosphorus*.

Aber *Silicea* ist durchaus in der Lage, mit viel Freude kleine Mäuse zu fangen!

Silicea ist im Vergleich zu *Phosphorus* eher introvertiert. Alle Ausdrucksweisen sind fein, zivilisiert, reserviert und beinahe etwas aristokratisch. Dagegen ist die *Lachesis* lasziv und ordinär.

Die *Silicea*-Katze ist natürlich auch ein Schmusetier – aber ein sehr dezentes.

Ursprünglich ist sie schüchtern, furchtsam, taut aber langsam auf, wenn sie Vertrauen gefasst hat. Sie sitzt neben uns auf der Sofalehne und schnurrt. Wir dürfen ihr sanft über den Rücken fahren, am besten, ohne sie zu berühren, das liebt und genießt sie, aber sie wird sich sanft wehren und davonspringen, wenn es ihr zu viel oder zu grob wird.

Von allem immer nur ein wenig, sanft und vorsichtig!

Das betrifft auch das Fressen, Trinken und Spielen.

Silicea wird sicher um die kleine Vase mit der Rose sanft herumschreiten, ohne sie zu zerstören.

In ihrer Feinheit trägt sie oft den Titel »unser Engelchen«.

Sie wird natürlich auch den Kratzbaum bedienen, weniger das Sofa oder die Tapete. Sie scheint sehr gehorsam, als hätte man sie zum dezenten Verhalten erzogen. Aber sie ahnt unsere Gedanken im Voraus, sie ist noch hellfühliger als der übrige Katzendurchschnitt. Sie passt sich an und tut, was wir erwarten. Dabei ist sie keineswegs etwa so träge wie *Pulsatilla*, obwohl beide Mittel miteinander verwandt sind. Catherine Coulter bezeichnet *Silicea* als das »Grillchen«: Fein, zart, sensibel, fix – und weg (Literatur 11).

Mit anderen Katzen tut sich *Silicea* schwer: Sie zieht sich gern zurück, sie ist etwas Feineres als die anderen Katzen. Sie steht meist unbemerkt im Hintergrund und kann sich wegen ihrer Nachgiebigkeit nicht gut gegen die Frechheiten oder rauen Spiele der anderen wehren. Damit haben andere

Katzen mit ihren Mobbing-Attacken leichtes Spiel, aber *Silicea* kann sich dem schnell und geschickt durch ein paar überraschende Sprünge entziehen.

Dann ist sie eben plötzlich nicht mehr da, und die anderen müssen sich für ihren Schabernack ein neues Objekt suchen, vielleicht macht es ihnen nun mehr Spaß, den schlafenden Hund zu foppen?

Silicea ist empfindlich für alles, sie verträgt weder Hitze noch Kälte. Daher bevorzugt sie es zeitweilig, in unserem Bett unter der Decke zu schlafen. Im Winter geht sie nicht gern nach draußen, dort ist es ihr zu kalt. Auf dem Balkon kann sie eine Zeit lang in der Sonne schmoren, aber wiederum nicht zu viel und nicht zu lange – von allem immer nur ein dezentes Bisschen.

Beim Tierarzt ist die *Silicea*-Katze gern gesehen: Sie lässt Untersuchungen ohne große Abwehr über sich ergehen und versucht höchstens, vorsichtig vom Untersuchungstisch zu entkommen. Wenn man ihr ins Maul schaut, dann hebt sie – wie *Pulsatilla* – ein Samtpfötchen ohne Krallen, um die lästige Hand fort zu wischen.

Die *Silicea* ist eine Katze für ebenso zarte und sensible Menschen; den Groben würde sie sich wahrscheinlich unbemerkt entziehen. Man braucht sie nicht mit dem Fuß fort zu schieben, sie geht vorher.

Manche Besitzer von *Silicea*-Katzen wünschen sich eine robustere Natur und beklagen sich über dieses »Prinzesschen auf der Erbse«. Für sie wäre vielleicht eine andere Katzen-Persönlichkeit besser geeignet.

DIE STAPHYSAGRIA-KATZE

Der Rittersporn – englisch Stavesacre – ist eine wunderschöne blau blühende Pflanze – ursprünglich aus dem Mittelmeerraum stammend. Man nennt *Staphysagria* in kultivierter Form auch die »Königin des Blumengartens«.

»To stave« heißt übersetzt: »Dem Fass den Boden ausschlagen«. Jeder kennt diese Redensart für ärgerliche Empörung.

Staphysagria ist ein Mittel mit dem Thema »Würde«: Der »Ritter« ist allgemein ein sozial hochstehender, wohlwollender Mensch, der sich wegen seiner edlen, würdevollen Persönlichkeit nicht so schnell mit jemandem anlegt, der ihn ärgert.

Er erduldet die Beleidigung und "schluckt" seinen Ärger darüber herunter, weil es ihm anfangs die Sprache verschlägt, er sich aber später – in seiner "Würde" gekränkt – sehr darüber empört: »Wie kann man nur... und das mir!«

Erst wenn der Zorn den Schwellenwert seiner Gefühlskontrolle übersteigt, kommt es zum Wutausbruch. Die "Zündschnur" des *Staphysagria*-Patienten ist ausserordentlich lang, bis seine Wut letztendlich überdimensional ausbricht; dann könnte es sogar Verletzte geben!

In der Arzneimittelprüfung kommt auch ein sexueller Aspekt zum Ausdruck: Es ist das erste Mittel für die Beschwerden »frisch verheirateter Frauen« und generell das wichtigste Mittel für die Folgen von Vergewaltigung. Dies schließt auch grundsätzlich die Folgen von Erweiterung von Hohlorganen und Schließmuskeln, wie z. B. die Harninkontinenz nach Katheterisieren ein; ferner ist *Staphysagria* auch indiziert für Schnitt- und Stichverletzungen, sowie nach Operationen.

Als Oberbegriff könnte man den Ausdruck »Eindringen« bestimmen: Bei allem, das ungewollt in den Körper eindringt, ist in erster Linie an *Staphysagria* zu denken.

Das betrifft auch das »emotionale Eindringen«: Wut und Kränkungen werden zuerst einmal »geschluckt«, die »Wut sitzt im Bauch« und verursacht Magen-Darm-Probleme; solche Reaktionen treten auf, wenn dem Ärger kein adäquater Ausdruck verliehen werden kann.

Die *Staphysagria*-Katze bzw. der -Kater kann genauso nett, liebenswürdig, aggressionsfrei und verschmust sein wie *Pulsatilla*, daher werden beide Mittel leicht miteinander verwechselt. (Aber *Pulsatilla* ist sehr empfindlich gegen Hitze, *Staphysagria* nicht). Auch wenn es genügend Grund zum Streiten gibt, wird *Staphysagria* meist anfangs nachgeben und erst dann voller Empörung explodieren, wenn es »dem Fass den Boden ausschlägt«.

Staphysagria ist besonders empfindlich gegen Beleidigungen »unter der Gürtellinie«, zusätzlich gegen Verletzungen und Schnittwunden im Genitalbereich: Hier ist *Staphysagria* das wichtigste Homöopathikum für Probleme im Zusammenhang mit der Kastration. Manche Kater reagieren entgegengesetzt, als man es nach der Kastration erwartet: Sie werden aggressiv, sogar gegen die bisherigen Bezugspersonen und markieren ihr Revier um so nachhaltiger mit intensivem Katerduft.

Staphysagria kann jedoch auch primär aggressiv und streitsüchtig reagieren, dann könnte es Verwechslungen mit *Hyoscyamus* oder sogar mit *Stramonium* geben.
Unterdrückter oder geschluckter Ärger ist oft der Auslöser von vielen *Staphysagria*-Krankheiten: Magenbeschwerden mit dauerndem Erbrechen oder chronischer Durchfall mit IBD (»Inflammatory Bowel Disease«), einer ähnlichen Erkrankung wie die Colitis ulcerosa oder des Morbus Crohn des Menschen. Der »seelische Stuhlgang«, das Äußern von berechtigtem Ärger gehört schließlich zu den normalen Emotionen bei Menschen und Tieren – auch bei der Katze.

Kurzbeschreibung einiger Mittel zum Thema »unerwünschtes« Verhalten

Das Verhalten von *Ars, Calc, Ign, Lach, Lyc, Nat-m, Phos, Puls, Sil* und *Staph* wurde im vorangegangenen Kapitel beschrieben.

Ambra – Ambr

Indikationen und Symptome

- Lebt in »seiner Welt«, für uns teilweise nicht nachvollziehbar
- Möglicherweise ausgelöst durch Kummer, Kränkung oder Misshandlung
- Alles Ungewohnte irritiert die Psyche
- Abneigung, Misstrauen und Furcht vor Fremden
- Verkriecht sich, sobald eine nicht alltägliche Person anwesend ist, auch eine, welche die Katze kannte!
- Kann keine Annäherung ertragen
- Will allein sein, in Ruhe gelassen werden, sehr schüchtern, will allein in der Ecke sitzen
- Abneigung gegen andere Katzen und Menschen
- Will auch nicht angesehen werden
- Gleichgültig gegen alles, auch gegen Spielen
- Überempfindlich gegen den Geruch der Katzenkiste, sogar trotz neuer Einstreu! Daher Unsauberkeit
- Scheinbar unmotiviertes, jammerndes Miauen
- Ruhelos nach Kastration, vorher evtl. hypersexuell
- Panik und Platzangst in der Transportkiste

Dosierung

Bei sicherer Indikation Einzelgabe der M- oder XM-Potenz.

Argentum nitricum – Arg-n

Indikationen und Symptome

- Erwartungsangst, als ob etwas Schreckliches bevorsteht, z. B. vor dem Tierarztbesuch
- Panische Platzangst in der Transportkiste, wenn auf dem Arm festgehalten etc.
- Dabei sofort eintretender explosiver Durchfall mit lauten Darmgeräuschen
- Unruhe mit ziellosem Umherrennen
- Unruhezustände beginnen, sobald das angstmachende Ereignis bemerkt wird
- Oder sobald irgendetwas bevorsteht, evtl. sogar die Fütterung
- Symptome verbunden mit Verdauungsstörungen, schmerzhaftem Kotabsatz, spritzendem Durchfall
- Seltenes Symptom bei der Katze: Verlangen nach Süßem, das aber nicht vertragen wird mit Durchfall

Dosierung

Einzelgabe der C 200, im chronischen Fall auch höhere Potenz.

Barium carbonicum – Baryta carbonica – Bar-c

Indikationen und Symptome

- Ein Mittel für retardierte Kinder oder demenzkranke Greise
- Stumpfe, ängstliche, misstrauische, unentschlossene Jungtiere oder alte, senile Katzen
- Wie geistesabwesend, schwieriges Lernen, speziell von Sozialverhalten
- Abneigung angesehen zu werden, verkriecht sich, wenn man über ihn redet
- Abneigung gegen Gesellschaft, Furcht vor Fremden zieht sich ängstlich in eine Ecke zurück
- Sture Langsamkeit
- Knabbern und Lecken an den Pfoten, evtl. auch wegen wundmachendem Schweiß an den Pfoten
- Schwierigkeiten beim Schlucken, wenig Appetit, dicker Bauch, Schwellung der Rachendrüsen
- Retardierte körperliche und psychische Entwicklung
- Leicht zu verwechseln mit den verlangsamten *Calcarea*-Patienten

Dosierung

Bei sicherer Indikation M- oder XM-Potenz, kann auch alte Tiere wieder erstaunlich mobil machen!

Chamomilla – Cham

Indikationen und Symptome

- Aggressive, streitsüchtige junge Kätzchen während Zahnwechsel, oft mit Bauchschmerzen oder Durchfall
- Aggressivität während und nach der Geburt
- "Zorn über Schmerzen", jeder ist schuld daran und wird dafür angegriffen

Hinweis: Niemals indiziert bei freundlichen Tieren!

Dosierung

Meist reicht eine Einzelgabe der C 200 aus.

Coffea cruda – Coff

Homöopathisches »Schmerzmittel« und »Unruhemittel«

Indikationen und Symptome

- Kein tief wirkendes Homöopathikum, eher für aktuelle Zustände von »Außer-sich-Sein«
- Beschwerden durch akut aufgeregtes Sensorium
- Beschwerden durch übermäßige Aufregung, Ärger, Enttäuschung, Freude bis zur Ekstase
- Wütender cholerischer Ärger mit heftigem Zorn, Streitsucht
- Hastige Eile in allen Dingen, muss dauernd herumrennen
- Evtl. Urinspritzen?
- Ärger durch beruhigende Maßnahmen
- Furcht vor Annäherung, besser, nachdem er angefasst wurde
- Überempfindlich gegen Lärm u. a. Sinnesreize
- Verzweiflung durch heftige Schmerzen (»Schmerzmittel«)
- Alles begleitet von heftigem Herzklopfen

Dosierung

Wiederholte Gaben der C 30 bis zur Besserung.

Hyoscyamus niger – Hyos

Indikationen und Symptome

- Beschwerden durch sexuelle Erregung
- Sexuell betonte Eifersucht, verbunden mit heftigster Aggressivität, »Mörder«!
- Exzessive Hypersexualität bei Kastraten und bei Nichtkastraten
- Beschwerden durch »abgewiesene« Liebe mit Aggression bis zur Raserei
- Z. B. Zuchtkater, muss – eingesperrt – mit anhören, wie ein anderer »seine« Katze deckt
- Kann Objekte seines Zorns totbeißen!
- Übermäßiges Geschrei in seiner Raserei
- Versucht auch menschliche Beine zu decken und zu beißen
- Auch ein Mittel für andere Symptome des Zentralnervensystems (siehe *Kapitel 7, Neurologische Erkrankungen, Seite 200*)

Dosierung

Je nach Intensität der Symptome Einzelgabe der C 200 oder einer höheren Potenz.

Lyssinum – Lyss

Indikationen und Symptome

- Beschwerden nach Tollwut-Impfung, nach Biss eines wütenden Tieres, nach exzessiver Erregung
- Beschwerden durch Verwahrlosung oder brutale Misshandlung
- Panische Ängste, vor dem Alleinbleiben, übermäßige Erregung
- Angstvolle Erwartung von schlimmen Ereignissen, vor dem Verletztwerden
- Verwirrung, Aufregung, heftigster Zorn und Aggressivität, unbeherrschbare Wutanfälle
- Will andere töten, auch die eigenen Bezugspersonen, beißt sogar sich selbst
- Zerstörungssucht, beißt in Gegenstände, zerbeißt z. B. Stuhlbeine und verletzt sich dabei selbst

- Zerbeißt in Raserei z. B. den stabilen Transportkäfig, bis zum blutigen Maul und verletzten Zähnen
- Raserei abwechselnd mit ruhigen Intervallen oder unerwartet lustigem Spielverhalten
- Exzessive sexuelle Reizbarkeit
- Zäher Speichelfluss, Speichel kann wegen Schlingkrampf nicht geschluckt werden, Schluckzwang
- Krämpfe beim Versuch zu schlucken
- Heisere Stimme
- Läuft davon, zielloses Herumstromern
- Verschlimmerung durch glitzernde Gegenstände und das Geräusch von fließendem Wasser
- Panik vor Wasser, wasserscheu
- Evtl. Lahmheit hinten rechts, wegen rechtsseitiger Hüftschmerzen
- Evtl. septisches, nicht heilendes Geschwür durch Biss eines wütenden Tieres (wie *Lachesis*)

Hinweis: Bei derartigen Verhaltensproblemen sollte Euthanasie zum Schutze von Menschen und Tieren erwogen werden!

Dosierung

Einzelgabe der aufgelösten C 200 oder höherer Potenz, wegen Verletzungsgefahr für den Therapeuten bitte dem Tier ins Gesicht spritzen!

Nux vomica – Nux-v

Überreiztes Nervensystem durch vielerlei Stress, komplementär zu *Lycopodium*

Indikationen und Symptome

- Beschwerden durch Ärger, Schreck, Konkurrenz, Widerspruch, Eifersucht, Kummer
- Beschwerden durch nächtliches »Herumtreiben« mit Reizbarkeit
- Beschwerden nach schlecht vertragenen Pharma-Präparaten, z. B. NSAIDs (Leberreizung)
- Wutanfälle mit Zittern, Knurren, Fauchen, Spucken
- Wutanfälle sind meist so plötzlich vorüber, wie sie gekommen sind, keine andauernde Wut!
- Abweisende Stimmung wegen Hyperästhesie der Haut und überreizten Sinnen
- Markiert und spritzt gezielt auf das, was ihn geärgert hat.
- Kratzt ärgerlich Kot oder Urin aus der Katzenkiste in die Umgebung (*Staphysagria*)
- Spritzt sogar an die Beine der Person, die ihn geärgert hat (wie *Lycopodium* oder *Staphysagria*)
- Andererseits kann er zwischendurch ein freundlicher, liebenswerter, kleiner Tiger sein, der sich aber gern abends und nachts draußen herumtreibt und sich dabei eine *Nux-vomica*-Erkältung zuzieht.

Dosierung

Je nach Schwere der Erkrankung Einzelgabe der C 200 oder einer höheren Potenz.

Opium – Op

Indikationen und Symptome

- Folgen von extremem Schreck und Angst durch ein lebensbedrohliches Ereignis
- Danach schläfriges, gleichgültiges Verhalten, Somnolenz, Benommenheit
- Schmerzlosigkeit sonst schmerzhafter Zustände
- Unwillkürlicher Kotabgang oder Darmlähmung mit Obstipation
- Fehlende Reaktionen von Sinnesorganen sind möglich
- »Flashback«-Reaktionen mit jähem Aufschrecken sind zwischenzeitlich möglich

Dosierung

Einzelgabe der C 200, evtl. höhere Potenz.

Origanum majorana – Orig

Indikationen und Symptome

- Organotropes Mittel gegen Urinspritzen, wenn kein besseres gefunden werden kann
- Hypersexualität bei kastrierten oder nicht kastrierten Katern

Dosierung

Einmalige Gabe der XM-Potenz.

Phosphoricum acidum – Ph-ac

Indikationen und Symptome

- Beschwerden durch Kummer mit apathischem, mattem Verhalten, evtl. Haarausfall
- Fehlende Lebensfreude, kein Spielverhalten
- Schwäche, Schläfrigkeit, Abmagerung und Haarausfall durch Kummer

Dosierung

Bei sicherer Indikation M- oder XM-Potenz.

Sepia officinalis oder succus – Sep

Indikationen und Symptome

- Ein Mittel für das überwiegend weibliche Hormonsystem, aber Kater sind nicht ausgeschlossen!
- Autarke, launische Katzen, lieben ihre Unabhängigkeit, keine »Betthupfer-Katze«!
- Im Bereich der Verhaltensstörungen das wichtigste Mittel für das gestörte Mutterverhalten:
  - Kätzin lehnt die Jungen ab oder zerbeißt sie
  - *Lycopodium* kümmert sich nicht um die Jungen, stromert lieber herum
  - *Phosphorus* vergisst sie, will lieber spielen und Spaß haben

Dosierung für die Sepia-Katze

Verhaltensstörungen ohne physische Symptome: Einzelgabe der XM-Potenz.

Stramonium – Stram

Indikationen und Symptome

- Hochgradige Aggressivität ähnlich *Lyssinum*
- Euthanasie erwägen zum Schutz von Menschen und Tieren!
- Folgen von Angst, Panik, Misshandlung, von lebensbedrohlichen Situationen
- Folgen von Verlust der Bezugsperson, Verlassenheit, von unterdrücktem Sex, Eifersucht
- Folgen von zentralnervösen Erkrankungen, Folgen von Tollwut-Impfung, auch langfristige Folgen
- Sehr liebenswürdige, »herzige« Katze mit urplötzlich ausbrechender, heftigster Aggressivität
- Angst, Panik im Dunkeln, Platzangst, mit nicht beherrschbarer Aggressivität
- Auffallende »Geschwätzigkeit«, immer höher werdende Stimme bis zum heiseren Krächzen
- Extreme Angst mit Aggressivität vor Verletzung oder Schmerz
- Plötzliches unsinniges Spielverhalten abwechselnd mit Indifferenz
- Verlangen, davonzulaufen, <u>wasserscheu</u>
- <u>Schmerzlosigkeit sonst schmerzhafter Zustände (*Opium*)</u>
- Schlimmer im Dunkeln, beim Alleinsein, beim Anblick glitzernder Gegenstände

- Schlimmer nach Schlaf, durch Druck, durch Bewegung
- Meist reichlicher Speichelfluss, läuft aus dem Maul
- Besser in Gesellschaft, besser durch liebevolle Behandlung

Dosierung

Bei sicherer Indikation Einzelgabe der XM-Potenz.

Vorsicht bei der Eingabe von Globuli wegen unvermuteter Aggressivität!

Sulfur – Sulf

Indikationen und Symptome

- »Der Felsen in der Brandung«, meist wenig zu beeindrucken
- Autarke Katze, braucht den Menschen nur als Futterspender
- Neigung zu Faulheit, Trägheit wegen verlangsamtem Stoffwechsel trotz kräftigen Aussehens
- Oder Ungeduld, Reizbarkeit, wenn er seine Ruhe haben will
- Zuwendung mag er, wenn es ihm passt, aber nicht zu viel
- Mangelhaftes Putzverhalten, bringt schmutzige Pfoten ins Haus, im Fell kleben Sand oder Laub
- Kot- und Urinabsatz unachtsam, z. T. neben die Kiste, Kot klebt im Fell an den Hinterbeinen
- Oft schmutziges, struppiges Fell
- Haut- und Haarkleidschäden, Hautausschläge, Juckreiz, Allergien
- Schlimmer durch bzw. Folgen nach Pharmakotherapie (Kortison) bzw. Impfungen

Dosierung

Einzelgabe der C 200, bei sicherer Indikation und ohne immunsuppressive Vorbehandlung auch höhere Potenz.

Thuja occidentalis– Thuj

Indikationen und Symptome

Bei der Katze wesentlich seltener als bei Hund und Pferd

- Oft ähnliches, aber noch deutlicher ausgeprägtes Verhalten wie *Natrium muriaticum*:
- Unpersönlich, unauffällig, unnahbar, reserviert, misstrauisch
- Folgen von grober Misshandlung, von Missachtung, von wiederkehrendem Streit in der Familie
- Oft Abneigung gegen Zuwendung, vermeidet Blickkontakt, wendet sich ab
- Reibt sich zwar an unseren Beinen, lässt sich aber nicht gern streicheln, zieht sich zurück
- Kann sehr dominant zu anderen Katzen oder Hausgenossen sein, Urinspritzen
- Zwanghaft in seinen Ansprüchen, gereizt und unsauber, wenn diese nicht erfüllt werden
- Nach schlecht vertragener Impfung: hektisch und unruhig besonders nachts
- **Hinweis:** Verhalten und körperliche Verfassung verschlechtern sich durch zu häufige Impfungen
- Fettiges, stumpfes Fell, evtl. Warzen im Genitalbreich (aber selten bei der Katze)

Dosierung

bei sicherer Indikation M- oder XM-Potenz.

Tuberculinum bovinum – Tub / Tuberculinum Koch – Tub-K

- hektisches, ruheloses Verhalten, siehe Arzneimittellehre

Dosierung

Eine Einzelgabe der C 200.

KAPITEL 21

KATZEN-KASUISTIK

Miezi – Blutungen aus der Harnblase

In einem homöopathischen Supervisionskurs stellte eine Teilnehmerin 1980 ihre Katze Miezi wegen chronischer Blasenblutungen vor.

Die Katze war 3 Monate zuvor wegen »Harnzwang und Harnverhaltung« an der Blase operiert worden. Einzelheiten sind nicht bekannt. Seither ist der Urin rosafarben oder enthält blutige Streifen bei vermehrtem Harndrang – trotz aller schulmedizinischen Therapie.

Wir waren eine Runde von etwa zehn Teilnehmerinnen, saßen im Kreis um den in der Mitte stehenden Katzenkorb, der nach oben geöffnet war.

Die Besitzerin hatte die Katze herausgenommen, sich auf den Schoß gesetzt und ihre Geschichte erzählt.

Dann setzte sie die Katze auf den Boden. Verwirrt schaute sich diese um nach den vielen Miau- und Miez-Miez-Rufen.

Voller Schrecken sprang sie wieder in ihren – sonst gehassten – Transportkorb und tauchte dort unter.

Nun setzte die Besitzerin die Katze ihrer Nachbarin auf den Schoß. Miezi bekam darauf wiederum Panik und sprang schnellstens wieder in ihren Korb, steckte den Kopf unter die Decke und ward nicht mehr gesehen.

Zur Vorgeschichte der Katze berichtet die Besitzerin folgendes:

»Wir haben Miezi als Neugeborenes zu unseren anderen drei Katzen aufgenommen. Die Mutterkatze gehörte der Nachbarin und war kurz nach der Geburt gestorben. Miezi haben wir darum mit der Flasche großgezogen.

Miezi hat einen leichten Persereinschlag und ein wenig längere Haare und kürzere Nase als die anderen. Sie ist die größte, kräftigste und dickste von allen Katzen, aber sie traut sich immer erst an den Fressnapf, wenn die anderen fertig gefressen haben. Wenn wir nicht aufpassen, würden ihr die anderen Katzen das Futter wegfressen; Miezi steht dann passiv daneben und wartet.

Die anderen Katzen greifen Miezi – je nach Laune – an, verjagen sie von ihrem Sitzplatz und treiben allerhand Schabernack mit ihr. Miezi lässt alles mit sich geschehen.

Sie liegt gerne auf dem Sofakissen und geht nicht mit den anderen Katzen auf den Katzenbaum.

Wir müssen sie hin und wieder vor den anderen Katzen beschützen, wenn sie allzu sehr geärgert wird.

Am wohlsten fühlt sich Miezi, wenn wir sie auf den Schoß nehmen und dabei streicheln.

Wahrscheinlich wäre sie am liebsten eine Einzelkatze; sie ist viel mehr auf uns Menschen bezogen als auf andere Katzen.

Mit meinen Eltern fährt sie immer mit in die Ferien: Deren Wohnwagen ist ihr zweites Zuhause. Am Campingplatz bleibt sie immer im Bereich des Vorzelts und läuft niemals davon.

Therapie

Das primäre Problem der Katze ist nicht ihre Harnblase, sondern die Folgen der mutterlosen Aufzucht mit mangelnder Sozialisierung, ihre Passivität und das Angewiesensein auf den Schutz der Besitzer.

Das Verstecken unter der Decke bzw. im Korb ist ein typischen Symptom einer *Calcarea*-Katze.

Miezi bekam also *Calcium carbonicum* in der XM-Potenz als einmalige Gabe.

Vier Wochen später, am nächsten Kursabend, berichtete die Besitzerin: »Miezi hat sich total verändert, sie bestimmt jetzt über alle anderen, frisst den anderen das Futter weg und lässt sich überhaupt nicht mehr vertreiben.

Sie sitzt nicht mehr auf dem Sofa herum und hat keine Angst mehr vor Vögeln und allem, was am Fenster vorbeifliegt, sondern ist jetzt die Chefin über die anderen Katzen. – Ach ja, die Blutungen aus der Blase sind nicht mehr aufgetreten.«

Diese Geschichte wurde über mehr als 4 Jahre verfolgt, es war keine weitere Arznei erforderlich.

Dieser Fall zeigt, dass auch Tiere eine Art psychischer Entwicklung durchmachen können.

Das passende Mittel für eine klinische Verordnung wäre wahrscheinlich *Staphysagria* gewesen: Folgen von Blasenoperation.

Die konstitutionelle Verordnung von *Calcarea* beweist zusätzlich, dass ein nach diesen Gesichtspunkten gewähltes Mittel auch die »untergeodneten« Symptome – hier die Blasenblutung – erfasst. Wäre nach den lokalen Symptomen die *Staphysagria* gegeben worden, dann hätten sich die psychischen Probleme nicht verbessert. (Zur Hierachisation der Symptome siehe *Kapitel 2, Abschnitt Bewertung und Hierarchisation der Symptome, Seite 54*).

Minka – chronisches »Erbrechen«

Frau H. fand zufällig auf ihrem Bauernhof ihre gestorbene Katze neben zwei ebenfalls toten Welpen – versteckt im Stroh. Das einzige überlebende Kätzchen – Minka – zog sie mit der Flasche auf.

Im Alter von 6 Wochen bot sie ihr weiche feste Nahrung an, was sie jedoch ablehnte. Sie wurde weiter mit dem »Milch-Schoppen« gepäppelt. Mit 7 Wochen gab Frau H. wiederum feste Nahrung und reduzierte den Schoppen. Jetzt begann die Katze nach jeder Brei-Mahlzeit zu erbrechen – und magerte zusehends ab. Die Flaschenfütterung wurde fortgesetzt.

Das Kätzchen hatte sich zu einer kleinen Schönheit entwickelt, aber ein homöopathisches Mittel konnte ich damals nicht finden. Außer dem Erbrechen gab es auch keinerlei homöopathisch verwert-

52

Katzenkind Minka: Chronisches Erbrechen

53

Dieselbe Katze »mit gezückter Kralle« ein Jahr später.

baren Symptome für dieses agile, herzige Tierchen. *Phosphorus* C 200 besserte für kurze Zeit, aber es kam wenig später zum Rückfall.

Im Tierspital Zürich wurde – Monate später – ein Megaösophagus (erschlaffte, zu weit gestellte Speiseröhre) festgestellt, das sei ein Geburtsfehler.

Lange hörte ich nichts mehr von dem Kätzchen.

Ein Jahr später kam ich wieder auf diesen Bauernhof und fand auf der Haustreppe dieses inzwischen erwachsene und kastrierte Kätzchen beim Fressen vor.

Frau H. konnte gerade noch rufen: »Fassen Sie sie nur nicht an, sie ist ein kleiner Teufel geworden, beißt und kratzt sofort bei jeder Berührung – außer bei mir!«

Das Erbrechen sei inzwischen besser geworden, aber es trete noch immer gelegentlich nach dem Fressen auf.

Weiter erzählt Frau H. »Minka ist eine kleine Furie. Sie lauert allen anderen Katzen auf dem Hof heimlich auf und stürzt sich mit ausgefahrenen Krallen auf deren Rücken und beißt. Alle Katzen haben Angst vor ihr und trauen sich kaum an ihr Futter, weil sie wissen, dass Minka sie dort anfällt. Minka sitzt gern hinter der Hausecke und wartet solange, bis eine Katze vorbeikommt; sie stürzt sich richtig mit Lust auf sie drauf – andere Katzen fangen Mäuse, sie fängt Katzen! – Minka ist natürlich privilegiert: Sie ist die einzige Katze, die ins Haus darf. Sobald sich etwa eine andere Katze der Haustreppe nähert, wird sie angegriffen.

Ich bin die einzige Person, zu der sie sich anständig benimmt. Meinen Mann hat sie schon ein paarmal gebissen.«

Auf meine Frage, wie Minka das Erbrechen denn früher und wie es jetzt vor sich gehe, erklärt mir Frau H., das sei immer noch dasselbe: »Minka frisst ganz normal, Währenddessen oder wenig später spuckt sie im Schwall alles unverdaut aus – ohne Würgen und offensichtlich ohne Unwohlsein.«

Dieser Vorgang nennt man »Regurgitieren«, d. h. Aufstoßen mundvoll, hier speziell nach dem Essen, die Unverträglichkeit von festem Futter, das Regurgitieren, der »Megaösophagus« (Lähmung der Speiseröhre) und die hinterlistige Aggressivität sind Zeichen für *Lachesis*.

Minka bekommt *Lachesis XM in* ihrer Milch serviert.

Später hörte ich, das Regurgitieren sei wesentlich seltener geworden, Minka könne erstmals auch kleine Fleischbröckchen vertragen; ihre Aggressivität sei nun etwas weniger ausgeprägt, aber Minka ist nach wie vor die Chefin des Bauernhofes.

Dies ist ein typischer Fall von mangelnder Sozialisierung. Minka geht es wie den »No-Frustration-Kindern«, denen in ihrem asozialen Verhalten nie Grenzen gesetzt wurden.

Minka hätte *Lachesis* für eine endgültige Heilung sicher nochmals bekommen sollen, aber Frau H. war so weit zufrieden.

Übrigens brauchte Frau H. für ihre damaligen klimakterischen Beschwerden ebenfalls *Lachesis*.

Eines der häufigen Homöopathika für das Regurgitieren ist *Phosphorus*, speziell beim »Raubtier«: Futter wird unverdaut und ohne Übelkeit aufgestoßen oder hoch gewürgt und häufig anschließend wieder gefressen. Für die Tierbesitzer ist das meist eine widerwärtige Angelegenheit, für die Homöopathie ein wichtiges Leitsymptom, wenn es regelmäßig oder wiederholt beobachtet wird.

Die Wahl von *Lachesis* war im Welpenalter mangels Symptomen noch nicht möglich gewesen. Diese Krankengeschichte zeigt, dass man in manchen Fällen warten mus, bis sich bei jungen Tieren wahlanzeigende Symptome entwickeln – vorausgesetzt, es besteht keine akute Lebensgefahr.

In diesem Fall ist es für den Homöopathen interessant zu verfolgen, wie sich die »*Lachesis*-Krankheit« vom Welpenalten bis in den erwachsenen Zustand entwickelt: Anfangs gab es nur die klinische Symptomatik des »Megaösophagus«; das *Lachesis*-Bild entwickelte sich mit zunehmendem Alter zum »asozialen« Verhalten mit den bekannten *Lachesis*-Modalitäten: Aggression bei leichter Berührung.

Cäsar – aggressives Verhalten

Frau N. fand auf einem Spaziergang ein junges verletztes Kätzchen, nahm es mit nach Hause, gab ihm den Namen Cäsar und sorgte für tierärztliche Therapie. Cäsar gedieh prächtig und beide verstanden sich wunderbar. Cäsar wurde zum liebenswerten, netten Schmusekater. Es durfte regelmäßig in den Garten und in die nähere Umgebung und brachte mit stolz erhobenem Schwanz die ersten kleinen Mäuse.

Ca. 2 Monate später begann er zu markieren, gleichzeitig bekam Frau N. manchmal Besuch von ihrem neuen Freund.

Cäsar wurde kastriert, aber die Wunde heilte schlecht wegen Cäsars dauerndem Lecken – ein ungewöhnliches Geschehen: Die Kastrationswunde beim Kater heilt normalerweise völlig problemlos. Erst nach diversen Antibiotika und Puderbehandlungen – die Cäsar gutmütig über sich ergehen ließ – heilte die Kastrationswunde ab.

Der neue Besuch war kein Katzenfreund, er stieß den schmeichelnden Cäsar mit dem Fuß fort, worauf er sich umso mehr an ihren Schoß und an ihre Brust kuschelte und gar nicht ablassen konnte mit Reiben und Schnurren.

Die Besuche des Freundes wurden häufiger, bei jeder Gelegenheit wurde Cäsar abgewehrt und flog manchmal unsanft beiseite.

Schließlich begann Cäsar auf seine ausgezogenen Schuhe zu urinieren und markierte in der Folgezeit immer öfter an Zimmerecken, Stuhl- und Sofabeinen.

Der Freund warf Cäsar bei Regenwetter vor die Tür. Cäsar kam vorerst nur noch zum Fressen nach Hause. Als ihm währenddessen der Freund begegnete, kauerte er anfangs knurrend vor ihm und sprang dann plötzlich an seine Füße, verbiss sich in den Schuhe und zerkratzte Beine und Hose.

Frau N. war entsetzt über ihren sonst so liebevollen Kater.

Cäsar bekam Prügel mit einer Zeitung, zog sich tagelang nach draußen zurück und würdigte auch seine Besitzerin keines Blickes mehr.

Als er wieder heimkam, nahm das Markieren zu, die Wohnung stank nach wenigen Tagen wie ein Raubtierhaus im Zoo.

Der Freund plädierte für Euthanasie; Frau N. kam mit Cäsar zu mir, um ihn homöopathisch behandeln zu lassen.

Ich erklärte ihr, Cäsars Verhalten sei unter diesen Umständen fast normal.

Der homöopathische Versuch startete mit einer Gabe von *Staphysagria* XM.

Zwei Wochen später hörte ich von ihr, Cäsar sei inzwischen wieder der alte liebenswürdige Kater geworden, er spritze jetzt gar nicht mehr in der Wohnung.

Allerdings habe es mit dem Freund einen heftigen Streit gegeben, und die Beziehung sein nun vorbei.

Die Symptome: Beschwerden durch Kränkung, Demütigung, schlecht heilende Kastrationswunde, die lange »Zündschnur« bis der Ärger ausbrach, und die »Rache des kleinen Mannes« mit Reviermarkierung sind klare Indikationen für *Staphysagria*.

Der Streit zwischen Frau N. und ihrem Freund war vielleicht auch eine Manifestation des morphogenetischen Feldes von *Staphysagria*. *Staphysagria* kann die anstehende Trennung in einer Beziehungskrise beschleunigen, ja, sie wird sogar als »Scheidungsmittel« bezeichnet.

Katzendramen mit Happy End

November 1993: Frau L., eine vitale, temperamentvolle 71-jährige Witwe, lebt in einem geräumigen 2-Familien-Haus zusammen mit ihren 4 Katzen. Sie wird regelmäßig von Töchtern und Enkeln besucht, die alle ihre Freude haben an den bunten Katern und Katzen, die zur Vermeidung von Nachwuchs allesamt kastriert sind.

Die Katzengesellschaft hat ihre festgelegte Sozialstruktur, wer welche Rangordnung bekleidet, wer auf dem Küchenstuhl oder oben auf dem Schrank liegen darf, wer welche der vier Katzenkisten benutzt, wessen Fressnapf an welcher Stelle steht etc.

Eines Tages entschließt sich Frau L., noch ein 5. Kätzchen in die Katzenfamilie aufzunehmen, weil ihr dieses schon seit Wochen im Garten um die Beine streicht. Lina, die Neue, trägt pechschwarzes, glänzendes kurzes Fell und ist geziert von zwei weißen Schnurrhaaren. Sie ist eine scheue Schönheit, die sich trotz ihres Bedürfnisses nach Körperkontakt nicht anfassen lässt.

Doch bevor Lina ins Haus kommen darf, muss sie kastriert werden.

Am Freitag ist morgens der Kastrationstermin. Frau L. bringt das nüchterne Kätzchen, das nur schwer zu bändigen ist.

Üblicherweise fallen die Katzen spätestens 15 Minuten nach der Injektion in einen operationstüchtigen Zustand. Lina jedoch sitzt zwar mit hängendem Kopf, aber sonst kaum beeinträchtigt im Katzenkäfig, zittert mit der Schwanzspitze und quittiert jede Annäherung mit Fauchen und Knurren. Wir warten noch 10 Minuten, aber Lina bleibt weiter bei Bewusstsein.

Nolens volens müssen wir die Dosis der Sedation erhöhen – und endlich, nach einer halben Stunde Wartezeit, lässt sich das Kätzchen in Seitenlage bringen.

Solche Reaktionen beobachtet man gelegentlich bei sehr reizbaren *Phosphorus*- oder *Arsenicum*-Katzen.

Nach der Operation wird das schlafende Kätzchen ihrer Besitzerin übergeben, Lina werde in den nächsten Stunden aufwachen und am nächsten Morgen wieder fit sein.

Am nächsten Morgen, Samstag, früh um 6.30 Uhr läutet mein Telefon:

Das Katzendrama nimmt seinen Anfang:

Ich bin gerade im Aufbruch nach Stuttgart zum Homöopathie-Arbeitskreis, der um 9.30 Uhr beginnt und habe gut 2 Stunden Autofahrt vor mir. Darum kommt mir der Anruf denkbar ungelegen:

Frau L. ruft verzweifelt an und entschuldigt sich wegen der morgendlichen Störung: »Lina liegt bewegungslos da, ich glaube, sie stirbt bald! Sie ist eiskalt und ist noch gar nicht aufgewacht!«

Ich fahre also noch schnell bei Frau L. vorbei. Lina ist in Frau L.'s Schlafzimmer untergebracht, das sonst keine Katze betreten darf.

Vor der Schlafzimmertür sitzen die 4 hauseigenen Katzen schweigend im Halbkreis, in äußerst dekorativer Anordnung und starren die Türritze an; kein Fotograf hätte sie besser platzieren können!

Lina macht tatsächlich keinen guten Eindruck. Sie liegt bewusstlos, eiskalt und mit kaltschweißigen Pfoten auf der warmen Ofenbank. Herz und Atmung sind ohne Befund, Konjunktiven und Maulschleimhaut grauweißlich verfärbt.

Kollaps oder Schock nach Operation verlangt eigentlich *Strontium*; leider habe ich es nicht bei mir. Als Notlösung bekommt Lina *Veratrum album* C 200.

Abends gegen 20.30 Uhr bin ich wieder zurück.

Die übrigen Katzen haben sich auf den Treppenstufen nahe der Schlafzimmertür verteilt und beobachten argwöhnisch das ungewohnte Geschehen.

Linas Zustand ist unverändert, *Veratrum* war also nicht das passende Mittel.

Lina liegt reaktionslos auf Frau L.'s Bett. Die Herzfrequenz ist in Ordnung. Die offenen Augen zeigen keine Pupillenreaktion, aber einen deutlichen Nystagmus, der Konjunktivalreflex ist aber erhalten. Die Muskulatur ist steif, aber beweglich. Frau L.

schildert voll Schrecken: »Ich dachte die ganze Zeit, Lina sei am Sterben. Aber heute war etwas ganz Komisches: Das Tierchen hat sich plötzlich zusammengekrampft und ist dann ganz plötzlich wie von einer Sprungfeder abgeschossen durchs Zimmer geflogen!«

Schlecht vertragene, hoch dosierte Narkose, Verkrampfung mit plötzlicher »Entladung«, Hypothermie, Schockzustand und der Nystagmus ergeben die Indikation für *Nux vomica*, Lina erhält sie in der 1000. Potenz als Injektion von aufgelösten Globuli, weil mir – damals noch – die orale Gabe in diesem Zustand zu unsicher war.

Am Sonntag ist Lina wieder bei Bewusstsein, aber noch sehr schwach. Immerhin trinkt sie ein wenig Fleischbrühe.

Am Montag ist sie wieder fit, frisst wieder und kann ab Dienstag in die übrige Katzenpopulation entlassen werden.

Ab Dienstag »spinnen« nun die anderen Katzen:

Frau L. berichtet:

»Die Katzentoiletten werden nicht mehr benutzt, stattdessen urinieren alle Katzen daneben oder im ganzen Haus verteilt und Mops (graugetigerte dicke Katze) hat es sogar in meiner Handtasche getan!«

Alle Katzen bekommen wegen ihrer Eifersucht auf den Eindringling *Hyoscyamus* C 30 (»bewährte Indikation« für Katzen-Eifersucht – gemäß veterinär-homöopathischer Literatur).

Für 2 Tage wird weniger markiert, der Zustand ist aber bei weitem nicht in Ordnung.

Hyoscyamus ist ein Palliativ und würde bei wiederholter Gabe das Geschehen erfahrungsgemäß verschlimmern.

Ab Freitag geht das Drama weiter:

Frau L. erwacht nachts gegen 3 Uhr durch ein lautes Krachen, begleitet von durchdringendem Kreischen der Katzen.

Entsetzt steht sie auf und schaut, was passiert ist: Sie findet am Hauseingang die umgestürzte, altmodische Kommode (mit schmalen, langen Beinen aus den 50-iger Jahren) vor, in der sie das Trockenfutter und andere Katzenleckerli aufbewahrt. Die Katzen hatten offensichtlich ungewöhnlichen nächtlichen Hunger.

So etwas hat es noch nie gegeben! (Der »Katzenstress« bringt Symptome hervor!)

Tarzan steckt halb im Pappkarton, rutscht damit auf dem Boden herum und kann sich nicht befreien. Die anderen Katzen hatten die übrigen Kartons bereits geleert.

Nur Katze Wilma liegt während dieser Aktivitäten schlafend auf der Couch, eingerollt in ihrem Kissen.

Frau L. legt sich wieder zur Ruhe und schildert das Ereignis am Freitagvormittag.

Um die Szene homöopathisch zu kurieren, brauchen wir genauere Angaben von allen Katzen:

Anamnesen:

Mops, 2½ Jahre alte Katzendame, dreifarbig bunt gefleckt, eine Schönheit, wenn sie nicht viel zu dick wäre, beginnt seit drei Tagen mit sprühendem Katzenschnupfen (10 Tage nach der Impfung!). »Sie niest immer wieder wässeriges Zeug und spritzt damit meinen ganzen Küchentisch voll!«. Mops hat beiderseits geschwollene Mandibular-Lymphknoten, schlimmer auf der linken Seite und bekommt wegen ihres übertriebenen Verlangens nach Körperkontakt und nächtlichem Hunger *Phosphorus* XM.

Pussy – rot-getigerte Eleganz – hustet und niest. »Sie langt immer mit der Vorderpfote nach mir, hakt sich in meinen Strümpfen fest und will so meine ganze Aufmerksamkeit haben. Aber anfassen darf ich sie neuerdings nicht mehr, sonst bekomme ich eine geschmiert, so heftig, dass es blutet! Pussy liegt jetzt immer auf dem Heizkörper. Am Morgen hustet sie so schlimm, als ob sie am ersticken wäre. Sie hat aber keine Rotznase! Und sie miaut ohne Stimme, vielleicht will sie mich deshalb festhalten?« Sie bekommt wegen schmerzloser Heiserkeit und wegen nächtlichen Hungers ebenfalls *Phosphorus* XM.

Tarzan, 7-jähriger, dicker, schwarzer Kater: »Tarzan ist ständig unzufrieden, beansprucht eine Sonderrolle und maunzt mit lauter Stimme – man kann ihn nicht überhören. Er will immer nach draußen, möchte allein nebenan in der Werkstatt sitzen, er ist nämlich der Boss von allen. Als einziger verlangt er auf das Katzenklo nebenan in der Werkstatt zu gehen und schreit solange, bis ich ihn dorthin rauslasse. Anderenfalls uriniert er irgendwo in die Gegend oder in meine Schuhe, aber immer dann, wenn ich es nicht sehe.

Hier im Haus sitzt er am liebsten oben auf dem Küchenschrank und lässt ganz lässig ein Bein und den Schwanz herunterhängen. Von da oben kann er alles kontrollieren und jederzeit eingreifen, wenn die anderen etwas anstellen, was ihm nicht gefällt.

Bei meinem Mittagsschlaf liegt er am Fußende; keine andere Katze darf dorthin.

Wenn ich ihn rufe, kommt er sofort. Er ist ungeheuer liebesbedürftig. Er ist der absolute Chef im Hause und leidet jetzt vielleicht am meisten unter der neuen Katze. Mit Mops hatte er mal eine Keilerei, dabei war er der Unterlegene. Anschließend hat er Mops aufgelauert und ihr aus sicherer Position eine Ohrfeige gehauen und ist dann ganz schnell verschwunden. Der Mops war immer ganz überrascht und konnte sich so schnell nicht wehren. Auf diese Tour hat es Tarzan erreicht, dass er wieder der Chef wurde.«

Er bekommt wegen seiner feigen »Chef-Allüren«, wegen dem Verlangen, allein zu urinieren und wegen nächtlichem Hunger *Lycopodium* XM. (»Kotabsatz nur, wenn allein«: *Lycopodium*, ergänzende Angabe von Vithoukas)

Wilma, grau gestromte, fette, behäbige, 6-jährige Katze:

»Wilma ist die ruhigste und faulste von allen. Wenn ich meinen Mittagsschlaf mache, möchte sie dabei sein und auf meinen Füßen liegen. Sie schafft das aber nur, solange Tarzan das noch nicht gemerkt hat. Wenn er in der Tür auftaucht, nimmt sie reißaus. Sie ist die rangniedrigste von allen Katzen. Sie spielt wenig, sitzt am liebsten am Fenster und beobachtet die Vögel. Sie leidet neuerdings unter Verstopfung und muss immer ungeheuer drücken, bis kleine, weiche Kaffeeböhnli kommen. Auch zum Urinieren muss sie drücken. Weil sie dazu lange neben der Kiste sitzt, erwische ich sie jetzt und setze sie ins Katzenklo. Vielleicht kommt ihre Verstopfung daher, dass sie viel zu wenig trinkt?«

Sie bekommt *Pulsatilla* XM.

In den nächsten Tagen normalisiert sich die Katzensituation: Alle Katzen gehen wieder auf ihre Kisten, die neue Katze Lina wird widerwillig akzeptiert, nur Tarzan verlangt nach wie vor seine extra Katzenkiste in der Werkstatt.

Ein beinahe menschliches Katzen-Missverständnis

03.07.2001: Frau und Herr D. sind vollkommen verzweifelt: Ihre sonst so friedlichen Perserkater – beide kastriert – vertragen sich seit einer Woche nicht mehr, sie müssen jetzt sogar in getrennten Zimmern gehalten werden.

Der rothaarige Lucky, 2 Jahre alt, war zunächst Einzelkatze; vor einem Jahr kam der junge graue Mucki dazu, jetzt ein Jahr alt.

Beide Kater waren bisher ein Herz und eine Seele – zur großen Freude ihrer Besitzer.

Dann begann das Drama:

Frau D. erzählt: »Vor einer Woche hat mein Mann aus Versehen den Mucki auf die Pfote getreten. Mucki schrie laut auf und fauchte furchterregend. Dabei faucht er sonst nie! Er wird niemals böse!

Lucky saß etwa einen Meter daneben und fühlte sich offenbar durch dieses Geschrei angegriffen. Seit diesem Zeitpunkt attackiert Lucky den Mucki dauernd, lauert ihm hinter der Zimmerecke auf, stürzt sich auf ihn, knurrt, beißt und kratzt ihn.

Mucki ist jetzt vollkommen verängstigt, flüchtet unter den Tisch und dann hinters Sofa. Er traut sich kaum noch an den Fressnapf; dabei ist er sowieso mit dem Futter immer etwas mäklig. Wenn wir ihn rufen, kommt er voller Angst angeschlichen, schaut sich um, ob nicht vielleicht Lucky hinter der Türe hockt und ihn angreift; Mucki ist vor lauter Angst immer auf dem Sprung. Ich glaube, er hat schon an Gewicht verloren.

Aber statt dass er sich mal zur Wehr setzt! Dabei ist er ein muskulöses Kraftpaket, sogar größer als

Lucky. Er faucht nicht einmal zurück, wenn Lucky ihn anknurrt. Er hat richtigen Psycho-Stress.«

Können Sie mir sonst noch etwas über ihre Kater-Persönlichkeiten erzählen?

»Mucki ist sehr sensibel, immer lieb. Ich habe ihn noch nie böse gesehen. Er ist sehr auf uns fixiert, eher auf Menschen als auf andere Katzen bezogen. Wenn ich ihn rufe, kommt er sofort, reibt sich und schmust an meinen Beinen oder kommt auf den Schoß. Er will gar nicht mehr aufhören mit Schmusen. Manchmal wird mir das wirklich zu viel!

Lucky tut das gar nicht.«

Wie ist es bei Mucki mit dem Trinken?

»Mucki trinkt recht viel, am liebsten frisches kaltes Wasser aus der Leitung.« (Das ist eine Frage nach *Pulsatilla*, welche i. d. R. wenig trinkt.)

Können Sie noch etwas über Lucky erzählen?

»Lucky ist ganz anders: Er zeigt sich besonders jetzt als richtiger Macho. Er ist weniger sensibel und sentimental, eher hart im Nehmen. Wenn es ihm passt, kann er mal recht abweisend und grätig zu uns sein. Er kommt von sich aus nicht auf den Schoß. Wenn er mag, dürfen wir ihn mal kurz streicheln; wenn nicht, dann schaut er uns nur verachtungsvoll an und geht richtig arrogant davon.

Jetzt läuft er immer mit hoch erhobenem Kopf und steil aufgerichtetem und stolz gesträubtem Schwanz herum. Am stolzesten ist er, wenn er den Mucki mal wieder niedergemacht hat.

Ich glaube, er genießt es ungeheuer, dass er jetzt der große Boss ist!«

Klinisch sind beide Kater o. B.

Therapie: Lucky bekommt eine einmalige Dosis von *Lycopodium* XM, und Mucki *Phosphorus* XM.

Lucky: Der »diktatorische Macho«, dennoch leicht zu »demütigen« durch den Schrei von Mucki; er muss seinem Frust durch Aggressivität auf den rangniedrigeren Mucky abreagieren und »genießt« dann seinen Sieg.

Das sind homöopathische Zeichen für *Lycopodium*.

Mucki: Seine Angst, Nachgiebigkeit und Liebenswürdigkeit sprechen für *Phosphor*.

<u>Fax am 16.07.2001:</u>

»Wir haben das Gefühl, die Medikamente haben sehr gut angeschlagen. Lucky ist anhänglicher, friedlicher und ruhiger geworden und versucht nicht mehr, den Platzhirsch heraushängen zu lassen.

Die Ängstlichkeit von Mucki ist nicht mehr so extrem. Er getraut sich sogar wieder in der Wohnung umherzulaufen und an der Tapete zu kratzen.«

Eine Woche später kommt nochmals eine Nachricht, beide Kater vertragen sich wieder gut. Der Hausfrieden ist wieder hergestellt und bleibt anschließend weiter bestehen.

<u>Drei Jahre später</u> kommt wieder ein Notruf:

Derselbe Psychoterror beginnt von Neuem, aber jetzt mit anderem Hintergrund:

Herr und Frau D. haben sich getrennt. Frau D. muss nun die beiden Kater übernehmen und mit ihnen in eine 2-Zimmer-Wohnung umziehen.

Seitdem die Trennung beschlossene Sache ist, bekommt Lucky wieder Oberwasser und tyrannisiert nun Mucki aufs Neue.

»Ich kann doch mit diesem Giftzwerg von Lucky nicht mit Mucki gemeinsam in der kleinen Wohnung leben! Was kann ich nur tun!«

Beide Katzen bekommen nochmals dieselben Arzneien und leben nun kollegial – aber ohne Liebe – nebeneinander.

Kommentar

Es ist natürlich eine heikle Sache, allein nach Gemütssymptomen ein homöopathisches Mittel zu verordnen. Eigentlich verstößt das gegen homöopathische Grundgesetze.

Wenn aber keine anderen Symptome zur Verfügung stehen, müssen wir das Mittel nach der »Essenz« (Literatur 76) wählen, die ja hier durchaus zu erkennen ist:

Lycopodium, hier der Macho Lucky, nutzt jede Gelegenheit schlau dazu aus, um in der sozialen Rangordnung aufzusteigen; aber damit nicht genug: Er fühlt sich genötigt, sein neu errungenes »Pascha-Dasein« immer wieder aufs Neue zu bestätigen und zur Schau zu tragen!

Mucki zeigt nur den ängstlichen, liebenswürdigen Aspekt von *Phosphorus*: den erschreckten, furchtsamen, »nachgiebigen Hasenfuß«.

Andere *Phosphorus*-Persönlichkeiten können auch das Gegenteil repräsentieren und sich wie reizbare kleine Teufel aufführen.

Feger – Harnwegsbeschwerden

12. Januar 1996, Freitag:

Fax von einer homöopathischen Heilpraktikerin: »Ich brauche dringend eine Information:

Ich habe meinem Kater Feger wegen seiner Blasenbeschwerden 5-mal *Pulsatilla* C 30 gegeben. Er versuchte immer vergeblich zu urinieren.

Darauf hat er am 8. Januar ganz neue Symptome entwickelt.

Der Tierarzt meinte, es sei ein Bronchospasmus und spritzte Euphyllin®, ohne Besserung.

Am 8. Januar bemerkte ich gegen 16 Uhr, dass Feger, wenn er die Treppe hochkommt, total keuchend erst mal stehen bleiben und Pause machen muss.

Nachmittags und abends geht es ihm schlechter, auch mit dem Urinieren.

Der Tierarzt meinte, der Wetterwechsel mit Föhneinbruch wäre die Ursache.

Er wird schlimmer durch Anstrengung und Aufregung.

Er ist jetzt vermehrt aggressiv, mag Wärme, liebt sein Wollfell und Gesellschaft.

Er trinkt sehr wenig, weniger als früher.

Er klettert mir immer auf die Schulter, will unbedingt dort sitzen, und krallt sich fest – verständlicherweise ziemlich unangenehm.

Wenn wir essen oder uns in der Küche aufhalten, sitzt er sonst immer oben auf dem Küchenschrank.

Er hält sich nur unten auf, wenn es ihm nicht gut geht.«

Die Symptome sprechen eindeutig für *Lycopodium*. Er bekommt das Mittel in der C 200 und ein dauerhaftes Verbot für Trockenfutter.

Die Symptome sind:

- Harndrang vergeblich
- Schlimmer ab 16 Uhr
- Schlimmer durch Wetterwechsel zum Warmen
- Unverträglichkeit von Trockenfutter
- Schließlich die Neigung, an hohen Orten zu sitzen (steht nicht im Repertorium)

Daraufhin sind schon am nächsten Tag die Harnbeschwerden besser, stabilisieren sich und sind in der Beobachtungszeit von 4 Jahren nicht mehr aufgetreten, ebenso der Bronchospasmus. Dieser war wahrscheinlich durch zu häufige Gaben der Pulsatilla provoziert worden: "Das falsche Mittel bringt schlummernde Symptome hervor".

Kasimir – Furcht, verlassen zu werden

Kasimir, kastrierter, ca. 12-jähriger schwarzer Kater, wurde zum ersten Mal am im August 1994 vorgestellt. Damals zeigte er einen seit 2 Wochen bestehenden ganz massiven Speichelfluss – ohne andere Symptome. Neben langen schleimigen, blasigen Speichelfäden tropfte ihm auch klare wässrige Flüssigkeit aus dem Maul. Andere Symptome ließen sich nicht eruieren – Maulhöhle o. B., guter Appetit, Kotbeschaffenheit unauffällig, Atem- und Harnwege ebenfalls ohne Befund.

Der Bericht der Besitzerin ergab keinen Hinweis auf Vorlieben für warme oder kalte Liegeplätze...

Vom Wesen her schilderte die Besitzerin Kasimir als ein nicht allzu freundliches, distanziertes Individuum, das sich aber dennoch die gewünschten Streicheleinheiten nach seinem persönlichen Bedürfnis abholt.

Mangels »ordentlicher« homöopathischer Symptome bekam er *Veratrum album* C 30 (ein Mittel, das grundsätzlich für ausgesprochen reichliche Schleimhautabsonderungen – Vagotonie – zuständig ist).

Darauf setzte der Speichelfluss für einige Tage aus, stellte sich aber in der Folgezeit in weit geringerem Ausmaß wieder ein.

Am 15.01.1995 wird Kasimir wiederum vorgestellt, jetzt wegen einer schon länger bestehenden Verdauungsstörung mit Durchfall.

Sein langes schwarzes Fell ist struppig und glanzlos (offensichtlich gab es in seinen Ahnen einen Perserkatzen-Anteil). Bemerkenswert an seinem Körperbau ist seine außerordentlich kräftige Muskulatur bei normaler Katerstatur. Während andere Katzen eher über eine schmiegsame und weiche Textur verfügen, ist Kasimir ein ausgesprochen stabiler, drahtiger »Muskelprotz«.

Seitdem sich die Durchfallerscheinungen verstärken, magert er zunehmend ab.

Die Besitzerin berichtet: »Kasimir hat immer wieder Durchfall. Machmal ist sein Kot fester, aber er stinkt immer in übelster Art, hat einen richtig stechenden Geruch, der mich beim Reinigen seiner Katzenkiste in der Nase beißt. Meist ist die erste Portion seines Kotes fest, dann wird er immer breiiger, bis zum Schluss nur noch flüssiges Zeug kommt. Beim Koten jammert er laut und muss anfangs wahnsinnig drücken. – Und in letzter Zeit ist er unterm Schwanz ganz verkrustet und verklebt, weil er sich wohl nicht mehr sauber putzt.

Kann es sein, dass er sich diese Darmgeschichte durch eine Erkältung geholt hat? Vor 2 oder 3 Wochen war er mal in einer kalten Nacht unterwegs und ist vollkommen verdreckt und stinkend zurückgekommen.

Seit dieser Zeit hustet er, dumpf, tief und trocken. Oft würgt er dabei, aber es kommt nichts raus. Oder würgt er vor dem Husten? Ich kann es nicht genau sagen. Manchmal kommt es dabei auch zum Erbrechen. Dabei läuft ihm jede Menge weiß-schleimiger Speichel aus dem Maul.

Jetzt hat er seit 3 Tagen nichts mehr gefressen, Wasser rührt er nicht mehr an; er mag bestenfalls noch ein wenig Milch trinken.

Aber ich finde es erstaunlich, dass man ihm von seiner Krankheit nichts anmerkt! Er ist weder auffallend schwach, noch liegt er nur noch zu Hause herum! Er hat seine regelmäßigen Zeiten, zu denen er nach draußen will und streicht mir liebevoll um die Beine, wenn er wieder heimkommt. Aber vielleicht ist er jetzt doch etwas ruhiger und friedlicher als sonst.

Ach – komisch ist es – er stibitzt jetzt gern mal ein kleines Stückchen Butter.

Bevor es so schlimm wurde, hat er auch beim Fressen gewürgt und gehustet.«

Zu Kasimirs Persönlichkeit und Charakter berichtet die Besitzerin nach entsprechenden Fragen:

»Kasimir ist der Souverän über alle anderen Katzen. Wenn er von seiner Fensterbank aus hört, dass andere Katzen draußen schreien, dann will er raus. Er schreitet dann stolz und gemessen zur Tür hinaus, setzt sich unter der Birke langsam und bedächtig in Positur und schaut um sich – und alle anderen Katzen verschwinden. Alle haben Angst vor ihm. Wenn etwa eine Katze sich seinen Blicken widersetzt, so verfolgt er sie bis weit aus unserem Garten hinaus. – Ich habe Kasimir noch nie kämpfen sehen, seine Drohgebärden und sein diktatorischer Blick reichen offenbar aus, um sich Respekt zu verschaffen und um seine Stellung als Katzenboss klarzustellen.

Er ist auch sonst eine besondere Persönlichkeit: Andere Katzen kommen regelmäßig zum Schmusen, bei ihm wechseln je nach Laune Freundlichkeit und Aggressivität. Er kann mich manchmal richtig böse angreifen.«

Die klinische Untersuchung daheim auf dem Küchentisch duldet Kasimir nicht, erst recht keine Injektion. Seine Besitzerin versucht zwar, ihn mit gekonntem Griff festzuhalten, aber Kasimir knurrt in bösesten Tönen, krallt und beißt und verschwindet schließlich fauchend und schreiend hinter dem Heizkörper.

Wir beschließen, die Prozedur mit Hilfe eines Beruhigungsmittels am nächsten Tage fortzusetzen.

Trotz Sedation ist Kasimir kaum zu hantieren. An den Atemwegen sind geringe Rasselgeräusche zu hören, die sich aber kaum durch sein böses Knurren erkennen lassen. Das Abdomen ist weich, die Körpertemperatur normal.

Nach Repertorisation bekommt Kasimir *Lycopodium* C 1000.

Die wichtigen Symptome sind
- Diktatorisch
- Machtliebend
- Angst um die Gesundheit
- Reserviert
- Ärger durch Kleinigkeiten
- Kot zuerst fest, dann flüssig
- Husten beim Fressen
- Der scharfe Geruch des Kotes ist nicht von *Lycopodium* gedeckt

Daraufhin stellt sich im Laufe einer Woche keine Veränderung im Krankheitsgeschehen ein. Der stinkende Durchfall besteht nach wie vor. Kasimir hustet mit Würgereiz, frisst und trinkt nichts. Vielleicht ist er ein wenig netter als bisher? Er sitzt täglich stundenlang auf der warmen Fensterbank, wo es einerseits von Fenster her etwas zieht, aber von unten doch warm ist. Oder er liegt am Haustürspalt und wartet, was da kommen mag.

Also war *Lycopodium* das falsche Mittel – die Anamnese nicht genügend genau?

Was ist Kasimirs Problem?

Die Besitzerin erzählt: »Ich lebe zur Zeit hier allein in meinem kleinen Reihenhausanteil. Kasimir wurde vor ca. 10 Jahren von meinem jüngeren Sohn auf der Straße aufgelesen. Thomas war immer seine erste und bevorzugte Kontaktperson. Thomas ist jetzt erwachsen, hat das Abitur hinter sich und ist zur Zeit mit dem Fahrrad auf Weltreise.

Neulich schickte Thomas mir ein kleines Päckchen aus Portugal, an das sich Kasimir gleich liebevoll schnurrend heranschmiegte. Als ich es ausgepackt hatte, quetschte sich Kasimir hinein und wollte nicht wieder heraus, obwohl es viel zu klein war für ihn! – Dabei setzt er sich sonst nie in Kartons oder Kisten!

Jetzt will ich gerade zum Arzt gehen, weil Kasimir mich gebissen hat: Sehen Sie nur!« – Sie zeigt mir ihre Bissverletzungen; über der Ferse sind mehrere tiefe Kratzwunden sowie Biss- und Gegenbissstellen seiner Eckzähne erkennbar.

»Ja, wissen Sie, ich möchte Kasimir gern fortgeben. Das kann ich aber solange nicht tun, wie er krank ist. Ich muss nach T. (ca. 80 Km entfernt) in eine kleine Etagenwohnung umziehen, um dort meine kranke Mutter zu pflegen. Kasimir kann ich nicht mitnehmen.«

»Und wie ist es zu dem Biss gekommen?«

»Kasimir ist ein lieber, netter Kater, solange ich zu Hause bin. Wenn er aber merkt, dass ich für einige Tage nach T. fahre, sitzt er nur noch auf dem Treppenabsatz vor der Haustür und wartet, dass ich fortgehe. Sowie ich die Treppe mit meinen Sachen in der Hand herunterkomme, greift er mich knurrend an, kratzt und beißt. Es ist so, als wolle er mich auf keinen Fall fortlassen! – Wenn ich aber nur hier im Dorf zum Einkaufen gehe, macht er gar nichts, das interessiert ihn nicht.

Während meiner Abwesenheit wird er immer von meiner Nachbarin versorgt; dann ist er ausgesprochen sauer, nimmt nur sein Lieblingsfutter, Fischstäbchen oder gebratenes Fleisch, alles andere lässt er stehen. Die Nachbarin behandelt er wie Luft. Sie lässt ihn morgens nach draußen und füttert ihn, und abends kommt er wieder heim.

Zu Hause oder bei Regenwetter liegt er dann immer auf der Fensterbank und schaut in Richtung Garage, aus der ich zurückkomme. Wenn ich wieder zu Hause bin, freut sich Kasimir riesig, kann nicht genug bekommen, mir um die Beine zu streichen. Aber auf den Arm nehmen lässt er sich nie. Er sitzt zwar mal hinter mir auf dem Stuhl und besonders gern neben mir auf der Couch, aber er ist noch nie ein Schmuser gewesen wie andere Katzen.«

»Was können Sie tun, damit er nicht wieder beißt?«

»Ich habe schon einiges probiert. Wenn ich ihn anschreie, geht er in die Knie und verzieht sich; aber wenn ich ihm den Rücken zudrehe, greift er mich wieder mit Krallen und Zähnen an.

Jetzt nehme ich eine Zeitung in die Hand, und er bekommt mit einem lauten Knall eins drauf, wenn ich fortgehen will. Darauf flüchtet er ins Zimmer und ich schließe die Tür hinter ihm; und so kann ich ungehindert fortgehen.

Kasimir ist extrem empfindlich gegen Lärm, z. B. bei Gewitterdonner kriecht er hinter die Heizung, ebenso beim Geräusch des Staubsaugers oder beim Knallen an Silvester.

Wenn ich doch nur jemanden hätte, der Kasimir liebevoll aufnimmt!«

Kasimir bekommt am 03.02.1995 *Arsenicum album* C 200.

Wenige Tage später ist Kasimirs Durchfall verschwunden.

In diesen Tagen hat Frau A. eine neue Familie für Kasimir gefunden, die nur wenige Straßen weiter wohnt. Dennoch findet sie Kasimir vor ihrer Haustüre sitzen, sobald sie aus T. zurückkommt. Kasimir nutzt alle Vorteile des neuen Zuhause, genießt bestes Futter und Zuwendung, kehrt aber immer wieder vor seine alte Haustüre zurück. Von dort holen ihn seine neuen Besitzer regelmäßig wieder ab.

Im April meldet sich Frau A. wiederum: »Kasimir mag nicht bei seiner neuen Familie bleiben. Er sitzt noch immer vor meiner alten Haustüre. Jetzt hat er auch wieder Durchfall«.

Kasimir bekommt eine 2. Dosis *Arsenicum album*, diesmal in der XM.

Der Durchfall verschwindet wieder und im Laufe der nächsten Wochen bürgert sich Kasimir tatsächlich bei seiner neuen Familie ein und sucht nun nur noch ganz selten seine frühere Behausung auf.

Wahrscheinlich war die C 200 zu schwach für dieses tief sitzende psychische Imbalance.

Was ist Kasimirs Problem?

Kasimir »spürt« ganz offensichtlich, dass er von seiner Bezugsperson »verlassen«, gleichsam verstoßen werden soll.

Dasselbe hatte sich schon einmal ereignet, als sein erster »Lebensgefährte«, der junge Thomas, auf Weltreise ging. Kasimir bringt die intensive »Sehnsucht« nach Thomas dadurch zum Ausdruck, dass er Thomas Päckchen schnurrend freudig begrüßt und sich schließlich hineinlegt – was er sonst nie zu tun pflegte.

In der Sprache des Repertoriums heißt das: »Furcht vor dem Alleinsein«, eine sehr große Rubrik mit 80 Mitteln. Die Bezeichnung »Angst vor dem Alleinsein« trifft nicht zu, weil Kasimir keine unbestimmte Angst vor dem Alleinsein äußert; denn sonst würde er diese auch zeigen, wenn Frau A. zum Einkaufen ins Dorf geht. Es handelt sich vielmehr um eine Furcht vor dem Verlassenwerden.

Um in der Homöopathie den Einsatz des Repertoriums erfolgreich zu handhaben, sollten die ausgewählten Rubriken so genau wie irgend möglich zum Geschehen des Patienten passen: Für diesen Fall gibt es eine bessere Rubrik: »Gemüt, verlassenes Gefühl, glaubt, er sei von Eltern, Frau und Freunden nicht geliebt«. Hier sind nur 7 Mittel vertreten, unter anderem *Arsenicum* 2-wertig und *Lycopodium* 1-wertig.

Andere Bezeichnungen, die den Gemütszustand des Katers kennzeichnen, sind »Beschwerden durch Erwartung, Vorgefühl« und »Beschwerden durch Enttäuschung«.

Diese drei Rubriken sind der »Einstieg« in den Fall, bilden den emotionalen Auslöser des Krankheitsgeschehens und nehmen damit in der Hierarchie der Symptome den höchsten Rang ein. Diese »Essenz« des Problems des Patienten muss hochgradig von dem infrage kommenden Mittel gedeckt sein.

Als nächsten Punkt gilt es zu betrachten, wie bzw. mit welchem Verhalten der Patient auf dieses Trauma reagiert: Er versucht seine Besitzerin massiv daran zu hindern, ihn zu verlassen. Bereits hier sind klar die infrage kommenden Mittel voneinander zu differenzieren.

Kasimir reagiert aggressiv mit Beißen und Kratzen, weil seine Bezugsperson nicht so handelt, wie er will: »Widerspruch, erträgt nicht«, heißt die Rubrik. Oder besser: »Zorn durch Widerspruch«.

»Beißen« und »Kratzen« sind Ausdrucksweisen von »heftigem Zorn«: »Beißen«, »Gewalttätigkeit, Raserei führt zu«, »Schlagen« – All das sind Rubriken, in denen *Arsenicum* vorkommt, sogar 3-wertig im »Beißen«!

Einzig der Kot, der anfangs fest, später flüssig war, ist von *Arsenicum* nicht gedeckt.

Auch der beißend-scharfe Kotgeruch passt zum *Arsenicum*.

In diesem Fall geht es um die Essenz, den tiefen Sinn der Lebensgefahr durch Verlassenwerden, eine Todesangst, die dieses Tier zur Aggression gegen seine geliebte Kontaktperson führt.

Kater Clinton – Fieber

Februar 2004: Clinton ist ein 11 Monate alter Kartäuserkater.

Er leidet seit ca. 12 Wochen unter wiederkehrenden Fieberschüben und Gewichtsabnahme.

Vorbericht:

Mit 6 Monaten wurde er kastriert, weil er zu markieren begann.

Er lebt als reine Wohnungskatze zusammen mit dem gleichaltrigen roten Kennedy, der schwarzen Perserin Hillary und einer zweiten Kartäuserin, die bei meinem Besuch im anderen Stockwerk weilt.

Die Besitzerin pflegt ihre 4 Katzen jeden Monat in der Küche zu wiegen, was die Katzen wegen der anschließenden Belohnungsleckerli gern geschehen lassen. Dabei fiel ihr seit Ende Oktober Clintons Gewichtsverlust auf – bis 500 g.

Die Tierklinik untersuchte Clinton, konnte aber keine Ursache feststellen.

Im Laufe des November erschien Clinton etwas matt. Die Besitzerin kam auf die Idee, Fieber zu messen und stellte 39,8 °C fest.

Clinton bekam Antibiotika. Das Fieber sank, er fraß mäßig und nahm nicht an Gewicht zu. Nach Absetzen der Antibiotika trat wieder unklares Fieber auf. Keine weiteren klinischen Symptome. Eine tierärztliche Diagnose konnte nie gestellt werden.

Clinton hatte inzwischen 4 verschiedene Antibiotika bekommen, die seine Temperatur immer nur so lange senkten, wie sie verabreicht wurden.

Ein ersichtlicher Zusammenhang mit der Grundimmunisierung besteht nicht.

Untersuchung und homöopathische Anamnese:
Ich finde Clinton neben Hillary sitzend im mittleren Stockwerk des Katzenbaumes vor, während Kennedy mir aufdringlich um die Beine streicht. Kennedy sei der Chef der Gruppe – oder scheint es nur so, weil er so kommunikativ ist?

Während ich Clinton begrüße, kriecht er rückwärts und ergreift dann gemeinsam mit Hillary die Flucht ins Nebenzimmer.

Ich packe mein Schreibpapier und den Mac-PC mit dem Repertorium aus. Kennedy sitzt sofort auf meinem Schreibblock; von Clinton ist nichts zu sehen.

Die Besitzerin berichtet, Clinton sei immer zurückhaltend und komme auch nie auf den Schoß. »Er ist ein neugieriger Angsthase. Schnurren und schmusen tut er nur, wenn er in unserer Augenhöhe sitzt, z. B. auf dem Küchentisch. Und gegen Morgen kommt er schnurrend aufs Bett, um zu zeigen, dass er noch da ist, und reibt sich an meiner Wange. Er sitzt dann neben mir oder meinem Mann auf dem Kopfkissen, bis wir aufstehen.

Clinton war der Kleinste und Zarteste unter seinen Wurfgeschwistern.«

Clinton wird aus der Küche geholt und auf den Wohnzimmertisch gesetzt: Dort hockt er zusammengekauert und schaut mit zitterndem Schwanz verunsichert um sich, denn freiwillig gehe er nie auf den Tisch:

Er ist von zarter Statur und nicht im besten Ernährungszustand, wenig bemuskelt, aber auch nicht übertrieben mager.

Die klinische Untersuchung bringt keinen Befund. Clinton lässt alles über sich ergehen, lässt sich sogar widerspruchslos ins Maul schauen. Die erste Gelegenheit nutzt er, um davon zu springen und sitzt nun verunsichert zwischen den geschwungenen Tischbeinen unter einem anderen Tisch, auf dessen Tischplatte Kennedy groß und mächtig posiert.

»Beim ersten Fieberschub hatte Clinton 25 000 Leukozyten (5 500 bis 19 500 sind normal). Wenn ich ihn nicht gewogen hätte, wäre nichts von seiner Krankheit aufgefallen. Gestern Morgen hatte er wieder 39,9 °C Temperatur. Er war etwas matter als sonst, aber nicht auffallend heiß.

Am Nachmittag hat er dann gefressen, er hatte dann nur noch 39,1 °C Temperatur. Heute hat er kein Fieber.

Mit dem Fressen ist er sehr wählerisch: Er frisst sehr gern Quark und das übliche Katzenfutter, mal trocken, mal nass. Er hat noch nie erbrochen. Er trinkt fast gar nichts, wir sehen ihn nur trinken, wenn es Tockenfutter gibt.

Er ist schon immer ein ruhiger Kater gewesen, richtig phlegmatisch. Er spielt nur mal 10 Minuten, dann legt er sich wieder hin.

Er bringt sich nie in den Vordergrund, schmust aber oft mit Kennedy.

Er ist weder seinen Frauen, noch dem Kennedy unterlegen, er arrangiert sich immer mit allen. Kämpfe hat es noch nie gegeben.

Beim Züchter war er damals noch auffallend schreckhaft, jetzt hat sich das gegeben.

Wenn man sich ihm zu schnell nähert, läuft er weg. Aber meistens bewegt er sich langsam und ein bisschen ungeschickt. Auch beim Spielen hat er nicht die elegante Motorik der anderen Katzen: Er fällt beim Spielen mit dem Wollfaden vom Stuhl oder rutscht in die Spüle oder fällt sogar vom Küchentisch. Er guckt einfach nicht hin!

Er ist immer brav und freundlich-distanziert, kommt selten auf den Schoß.

Anfangs frass er mit den Pfoten, angelte sich die Brocken aus dem Napf, machte eine Riesensauerei und frass dann erst vom Boden. Das habe ich mir mal mit einem scharfen ›Nein‹ verbeten. Darauf ist er so erschrocken, dass er seitdem ganz manierlich aus dem Napf frisst. Aber er nimmt so etwas nicht übel. – Er hält sich immer mit etwas Distanz dort auf, wo wir sind.

Er lässt sich nicht gern kämmen.

Er liegt gern auf oder unter der Heizung. Ein Lieblingsplatz ist auf dem Fensterbrett, wo es von oben frische Luft gibt und von untern heizt. Sein zweiter Lieblingsplatz ist in der Küche: Dort liegt er manchmal auf dem abgedeckten Heizkörper und schaut mir zu.

Dort ist er nicht schreckhaft. Wenn ein Löffel zum Boden scheppert, schaut er interessiert zu.

Beim Tierarzt hat er große Angst: Er schnurrt zwar bei der Untersuchung, schreit aber bei einer Spritze furchtbar laut, zeigt aber dabei nie Krallen oder Zähne!

Ich habe ihn überhaupt noch nie böse gesehen.

Wenn wir Besuch haben, auch alte Freunde, die er schon kennt, hält er sich immer in einem anderen Zimmer auf oder wartet in der Küche auf mich. Von Fremden lässt er sich gar nicht gern anfassen. Er ist wie ein schüchternes Kind.«

Clinton bekommt eine Einzelgabe *Pulsatilla* XM, eine Prise Globuli per os.

Die Besitzerin berichtet 4 Tage später, Clinton sei wie ausgewechselt, munter und lustig. Er spiele viel mehr. Ob er wieder etwas Fiebersenkendes bekommen habe?

Am nächsten Tag erklärt sie betrübt, er habe wieder 39,5 °C Temperatur und sei etwas matter (Erstreaktion).

Aber anschließend stellt sich wieder Munterkeit ein. Er trinke jetzt auch mehr.

Kein Rezidiv – letzter Bericht im Juni 2004.

Wahlanzeigende Symptome und Repertorisation:

- Gemüt, reserviert
- Gemüt, furchtsam, schüchtern
- Gemüt, Furcht vor Fremden
- Gemüt, nachgiebig
- Fieber, remittierend
- Magen, durstlos
- Extremitäten, Ungeschicklichkeit
- Gemüt, Schreien durch Schmerzen

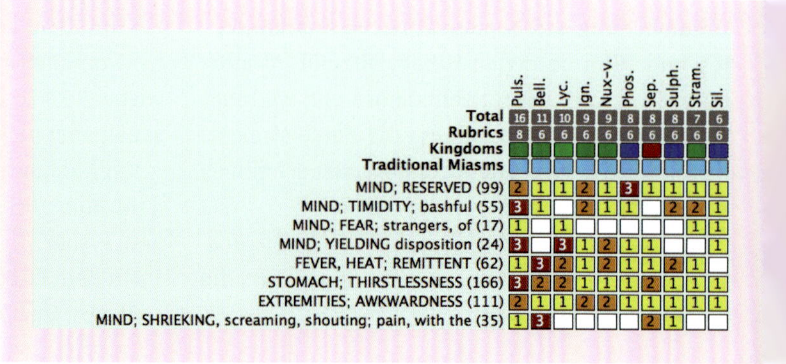

	Puls.	Bell.	Lyc.	Ign.	Nux-v.	Phos.	Sep.	Sulph.	Stram.	Sil.
Total	16	11	10	9	9	8	8	8	7	6
Rubrics	8	6	6	6	6	6	6	6	6	6
Kingdoms										
Traditional Miasms										
MIND; RESERVED (99)	2	1	1	2	1	3	1	1	1	1
MIND; TIMIDITY; bashful (55)	3	1		2	1	1		2	2	1
MIND; FEAR; strangers, of (17)	1		1						1	1
MIND; YIELDING disposition (24)	3		3	1	2	1	1			1
FEVER, HEAT; REMITTENT (62)	1	3	2	1	2	1	1	2	1	
STOMACH; THIRSTLESSNESS (166)	3	2	2	1	1	1	2	1	1	1
EXTREMITIES; AWKWARDNESS (111)	2	1	1	2	2	1	1	1	1	1
MIND; SHRIEKING, screaming, shouting; pain, with the (35)	1	3					2	1		

Wiggy – Schnupfen und röchelnde Atmung

Wiggy, schwarz-weiß gefleckter, kastrierter Kater, hat seit Monaten Katzenschnupfen, der trotz aller Tierarztbesuche nicht bessert. Im Gegenteil, der Kater röchelt jetzt mehr denn je. Der behandelnde Tierarzt wollte ihn einschläfern.

Darum entscheiden sich die Besitzer für eine homöopathische Therapie:

02.06.2001 – Praxisbesuch und Untersuchung

Das Allgemeinbefinden des Katers ist reduziert, er frisst und trinkt jetzt kaum, Vitalität ist aber noch vorhanden.

In den Nasenlöchern sitzt gelbliches Sekret, das beim Atmen hin und her fluktuiert. Wenn man die Nase näher untersucht, fällt ein penetranter, widerlicher Geruch des Nasensekrets auf.

Durch die Aufregung der Autofahrt geht die frequente Atmung teilweise in Maulatmung über, was mit lautem Krächzen verbunden ist, sowohl bei Inspiration als auch bei Exspiration.

Der Blick in Maulhöhle und Rachen ist kaum möglich, ruft allerdings heftige Abwehr des sonst ruhigen Katers hervor. Die Berührung der Kehle und des äusseren Halses ist dem Tier äußerst unangenehm.

Vermutete Diagnose: Gaumensegellähmung oder starke Rachenentzündung.

Therapie

Die Mittelwahl ist klar, der Kater bekommt eine Dosis *Lachesis* C 200.

Darauf geht es ihm 4 ½ Wochen lang gut. Die röchelnde Atmung hört auf. Er frisst wieder ordentlich, nimmt wieder etwas an Gewicht zu. Allerdings geringe Nasensekrete bleiben erhalten.

Am 08.07.2001 meldet sich die Besitzerin, der Kater keuche seit 4 Tagen wieder.

Die Untersuchung ergibt denselben Befund wie beim ersten Krankenbesuch – stinkendes Nasensekret, manchmal sogar etwas blutig tingiert, zeitweilig gänzlich verstopfte Nase und auffallend laut schnarchende Atmung.

Allerdings sind jetzt der äußere Hals und Kopf nicht mehr berührungsempfindlich. Der Kater erträgt die Untersuchung mit geringer Abwehr.

Lediglich die Berührung der Ohren ruft krallenbewehrte Aggression hervor.

In den leicht geröteten Gehörgängen befindet sich reichlich dunkelbraunes, schmieriges Sekret. Die Untersuchung regt den Kater dermaßen auf, dass er Zustände von Atemnot bekommt.

Darum wird diese abgebrochen und auf einen späteren Zeitpunkt vertagt.

Er bekommt nun dasselbe Mittel, *Lachesis*, jetzt in der M-Potenz.

Nach 2 Monaten meldet sich die Besitzerin wieder: Die Atmung sei nun gut, aber das Niesen und der alte Schnupfen seien noch immer vorhanden.

Aber jetzt meldet sie zunehmende Beschwerden mit den Ohren.

In der Praxis bestätigen sich die berichteten Befunde:

In den Ohren klebt jetzt massenhaft das schwarze Sekret mit Befall von Ohrmilben.

Die Untersuchung der Gehörgänge, besonders des rechten, löst intensiven Kratzreflex aus.

Das Mittel ist klar, der Kater bekommt jetzt *Lycopodium* XM, wichtiges Folgemittel von *Lachesis* und eines der Mittel für »reichliches Ohrenschmalz« und Ohrmilben (Ohrmilben gehören zu der Repertoriumsrubrik »Kopf, Läuse«).

Die Ohren werden mit einer Schüttelmixtur aus einer Hautlotion mit Calendula-Tinktur, Johanniskrautöl und Propolis behandelt, welche die Besitzerin selbst zusammenstellt; damit wird das Tier weitgehend von den schwarzen Sekreten befreit.

Die Besitzerin soll anschließend bis zur Heilung der Ohren diese mit frisch zubereitetem und filtriertem Ringelblumentee reinigen und die Katze dann draußen schütteln lassen.

Nach 4 Wochen kommt der Bericht, Wiggy gehe es sehr gut, Niesen gebe es nur noch gelegentlich alle paar Tage, die Ohren seien gut, ihr Fell habe noch nie so geglänzt wie jetzt!

Jule – septische Peritonitis

Frau F., Oberhaupt einer langjährig homöopathisch betreuten Familie, ruft an wegen ihrer Katze Jule:

Jule, die Familienkatze, hatte eine Magen-Darm-Erkrankung: Wochenlang hatte sie immer wieder erbrochen.

Vom ortsansässigen Tierarzt wurde vor 4 Tagen eine Laparatomie (Bauchoperation) wegen Verdacht auf einen verschluckten Fremdkörper vorgenommen.

Es konnte aber lediglich eine verdickte Damwand im Sinn einer IBD (**I**nflammatory **B**owel **D**isease) feststellen, keinen Fremdkörper.

Anschließend bekam Jule Antibiotika.

Trotzdem sind nun Bauchdecken und Bauchnaht extrem schmerzhaft, die Maulschleimhaut grauweiß.

Jule hat jetzt trotz der Antibiotika 39,5 °C Fieber, welches am Abend auf 40 °C ansteigt.

Die letzte Dosis der Antibiotika war heute Vormittag um 11 Uhr gegeben worden.

Die Besitzerin berichtet am Telefon:

»In den letzten 2 Tagen hat Jule, nachdem zusätzliche Schmerzmittel gespritzt waren, eine geringe Menge gefressen, aber heute hat sie weder Futter noch Tränke angerührt.

Gestern und vorgestern war sie schon sehr müde, aber heute schläft sie den ganzen Tag. Sie reagiert nicht auf Ansprache und beim Anfassen wird sie aggressiv.

Dabei will sie sonst immer gestreichelt werden! Stattdessen verkriecht sie sich nun unter der Couch.«

Diagnose

Septische Peritonitis (Bauchfellentzündung) nach Bauchoperation – trotz der Antibiotika und »Entzündungsmittel« bzw. »Schmerzmittel«!

Die gespannten und berührungsempfindlichen Bauchdecken nach der Operation sowie die septische Peritonitis sind wegweisend für die Indikation von *Lachesis*. (Auch *Lachesis* kann »durstlos im Fieber« sein!)

Frau F. hat eine homöopathische Hausapotheke und gibt ihrer Katze zwei Stunden lang *Lachesis* C 30: Ca. 5 Globuli werden in einem Trinkglas in Wasser aufgelöst; davon bekommt Jule alle 10 bis 15 Minuten ein paar Tropfen ins Maul.

Am nächsten Morgen ist Jule munterer, hat kein Fieber mehr und nach zwei Tagen will sie wieder auf Mäusejagd gehen, was jedoch erst einige Tage nach dem Entfernen der Fäden erlaubt wird.

Fando – Epileptische Anfälle

08.12.2006: Fando – geboren im April 2006, also 8 Monate alt, grau gestromt, kräftiges, lustiges Katerchen.

Frau K. hat ihn im Alter von ca. 8 Wochen von der Züchterin geholt, um diese Zeit hat er die erste der üblichen Katzenimpfungen, 4 Wochen später die Zweitimpfungen erhalten.

Am ersten Tag in seinem neuen Zuhause bekam Fando den ersten epileptischen Anfall.

Weitere Anfälle traten anfangs täglich auf, jetzt nur noch drei- bis viermal pro Woche.

Seit ca. 2 Monaten bekommt er Aphenylbarbit® (Barbiturat) morgens eine halbe, abends eine viertel Tablette.

Vor einem Monat wurde er kastriert, darauf keine Änderung der epileptischen Anfälle.

Frau K. schildert den Ablauf der Anfälle folgendermaßen:

»Vor einem Anfall ist Fando etwas matt. Dann fällt er plötzlich auf den Rücken, wird steif und schäumt aus den Maul. Manchmal geht auch Urin ab.

Dieser Anfall dauert ca. 3 bis 5 Minuten. Danach ist er müde, schläft mindestens eine Stunde, dann hat er Hunger und alles ist wie immer.«

Fando zeigt sich in der Praxis wenig interessiert an mir, untersucht vielmehr interessiert die Praxis. Er sei überaus frech und witzig, könne sehr ausgelassen spielen. Er lasse sich – je nach Laune – manchmal gern streicheln, meist will er lieber spielen und mit seinem Spielzeug kämpfen.

Nachts schlafe er auf dem Bett; wenn er sich dort gestört fühlt, könne er auch kratzen oder beißen, alles mehr spielerisch als aggressiv.

Gegen die älteren Katzen draußen kann er sich nicht durchsetzen, sondern flüchtet nach Hause.

Nach diesen Angaben ist die Arzneiwahl nicht sicher.

Fando wurde bereits dreimal (Juli, September und Anfang November 06) vergeblich homöopathisch behandelt mit *Phosphorus* M, *Silicea* M und *Thuja* M – Folgen von zu früher Impfung.

Am 08.12.2006 erhielt Fando nach radiästhetischem Test die *Feline Herpes-Nosode* C 200.

Aphenylbarbit® soll um die Hälfte reduziert werden.

Seither sind keine Anfälle mehr aufgetreten.

22.01.2007: Fando geht es gut, keine Anfälle mehr.

Die Besitzerin soll das Barbiturat fortlassen.

22.02.2007: weiterhin gut.

Im Juli 2009 hatte er akutes Erbrechen mit extremem Würgen und bekam *Nux vomica* XM.

Epikrise

Viele Fälle von epileptischen Anfällen werden im Gefolge von Impfungen beobachtet, werden jedoch zeitlich nur selten damit in Zusammenhang gebracht. Daher lohnt es sich immer, die Nosoden der einzelnen Inhaltsstoffe der Impfungen zu testen, wenn keines der Mittel für Impfkomplikationen hilft.

Beim Hund kann z. B. auch die Nosode der Hundestaupe (Distemperinum) manche epileptische Anfälle heilen.

Max – Erkrankung der Harnwege

04.06.2007, Praxisbesuch am Montagabend:

Max – grauer Perser-Mix, kastriert, Freigänger, 4 Jahre alt.

Der Besitzer, Herr G., berichtet:

»Wir haben unseren Kater am Pfingstmontag (28.05.2007) vollkommen durchnässt und völlig fertig im Garten liegend gefunden. Normalerweise kommt er nach Hause bei so miesem Wetter.

Uns fiel auf, dass er andauernd Harndrang hatte. Wir gingen sofort zum Tierarzt. Diagnose: Harnwegsinfekt wegen Blasensteinen und überdehnter Blase.

Max' Blase wurde ausgedrückt, er bekam Antibiotika und ein Mittel, das den Urin sauer machen soll. Am nächsten Tag ging es Max nicht besser, er hatte weiterhin andauernden Harndrang, konnte aber keinen Urin absondern.

Wir waren wieder beim Tierarzt, der Max für 4 Tage in seiner Klinik behielt. Dort bekam er jeden Tag eine Narkose, wurde täglich katheterisiert, um die Blase zu spülen und zu entleeren. Im Urin sei Blut enthalten.

Samstag holten wir ihn wieder heim. Wir sollten ihm mehrmals am Tage die Blase ausdrücken, aber es kommt kein Urin, und ich weiß auch nicht genau, wie ich das machen soll.

Heute Vormittag (Montag, 04.06.) waren wir nochmals bei dem Tierarzt, der ihm die Blase ausdrückte und wieder eine Spritze gab. Aber es bessert sich überhaupt nichts.

Und das wird teuer! Ohne jede Besserung! Wir haben inzwischen schon 320 € bezahlt!«

Der Tierarzt sagte, die letzte Möglichkeit sei die Operation, eine Amputation des Penis, damit der Urin besser abfließen kann; das wollen wir aber nicht.«

Untersuchung und Anamnese

Max lässt sich ohne Probleme aus seiner Transportkiste nehmen. Sein Kissen ist trocken. Es schaut sich interessiert auf dem Praxisboden um und geht ganz unbefangen umher, keine Angst oder Aggression, keine Schmerzäußerungen.

Auch auf dem Untersuchungstisch gibt er sich ganz gelassen, ja er schnurrt sogar laut und genießt die Streicheleinheiten während der Untersuchung.

Weiches Abdomen, keine Verschmutzung an After oder Genital, klinisch ganz und gar ohne Befund. Die Blase ist nicht zu tasten, kein Harndrang. Mit einiger Mühe lassen sich aus der Blase wenige Tropfen blutigen Urins auspressen, dabei keine Schmerzäußerungen.

»Jetzt hat er seit Samstag auch keinen Kot mehr abgesetzt, er geht auch nicht mehr aufs Katzenklo.«, erklärt der Besitzer. »Letzten Montag saß er dauernd und wollte urinieren, aber es kam nichts.«

Ich vermute eine Harnabflussstörung durch Harngrieß und geben *Solidago* M, eine Dosis.

Max bekommt strikten Hausarrest, damit der Urinabsatz kontrolliert werden kann.

05.06.2007, Dienstag: Keine Besserung, kein Harndrang, kein Urin abgesetzt. Max ist munter, frisst und trinkt.

Zweiter Besuch: Keinerlei Krankheitssymptome – ein erstaunliches Phänomen bei dieser Erkrankung. Urin lässt sich nicht ausdrücken.

Max habe noch immer keinen Kot abgesetzt!

Nach den vorliegenden Symptomen können folgende Mittel infrage kommen:

- *Dulcamara*: Harnwegsinfekt als Folge von Kalt- und Nasswerden
- *Staphysagria*: Harnabsatzstörungen durch wiederholtes Katheterisieren
- *Causticum*: Blasenlähmung nach Überdehnung
- *Nux vomica*: Toxische Belastung bzw. Lähmung nach mehreren »Narkosen«

Ich entscheide mich für *Staphysagria*, einmalige Gabe der XM.

Vielleicht ist die Harnröhre zugeschwollen durch das wiederholte Katheterisieren?

War der blutige Urin verursacht durch das Katheterisieren?

06.06.2007, Mittwoch:

Noch immer kein Harnabgang, aber Max habe zwei riesige Haufen Kot abgesetzt!

Harndrang wurde nicht beobachtet, obwohl die Besitzer ihn genauestens unter Kontrolle halten.

Es sei munter und habe gut gefressen.

Diese Symptomatik ist verwunderlich: Normalerweise wäre bei derart langer Harnverhaltung zumindest ein schlechtes Befinden zu erwarten. Aber die gewissenhaften Besitzer schließen einen unbemerkten Harnabsatz aus.

Max bekommt das nächste Mittel, *Causticum* XM, indiziert für eine vermutetete Blasenlähmung nach Überdehnung der Blase.

07.06., Donnerstag:

Endlich kommt die Nachricht, am Morgen habe man in Maxens Katzenkiste eine große Pfütze Urin entdeckt, nochmals am Abend und am Folgetag.

Anschließend sind in den nächsten Jahren keine Harnwegsbeschwerden mehr aufgetreten.

Fazit

Bei unklaren Symptomen bleibt nur der Einsatz des wahrscheinlichsten Mittels.

Wäre Max zu Anfang seiner Blasenerkrankung in homöopathische Behandlung gekommen, dann hätte ihn eine einzige Gabe *Dulcamara* C 200, M oder XM innerhalb eines Tages gesund gemacht.

Dulcamara ist das wichtigste Homöopathikum für Harnwegserkrankungen durch Kalt- und Nasswerden, *Causticum* ist indiziert für eine Lähmung des Musculus detrusor der Blase (Zusammenzieher der Blasenmuskeln zum Entleeren der Blase).

Minchen – Metritis

Frühjahr 1997: Minchen ist jetzt 2 Jahre alt, eine kleine, rot gestromte Eleganz von ca. 3 kg Körpergewicht.

Minchen ist zur Kastration angemeldet, weil sie ihren Besitzern mit ihrer Dauerrolligkeit auf die Nerven geht:

»Minchen miaut uns dauernd an. Wenn man mit ihr spricht, maunzt sie sofort zurück. Je länger man mit ihr redet, desto lauter antwortet sie. Es ist ja ganz nett, sich mal mit ihr zu unterhalten, aber sie gibt dann keine Ruhe mehr. Am schlimmsten ist es, wenn ich telefoniere. Dann muss ich Minchen aus dem Zimmer jagen, sonst kann ich am Telefon nichts verstehen.

Wenn man sie streichelt und auf dem Hinterteil krault, dann beginnt sie zu singen wie die anderen Katzen im Frühling. Das klingt dann wie ein schreiendes Kind.

Nachts müssen wir Minchen immer in der Garage einsperren, da hört sie niemand. Wenn wir sie nachts rauslassen, treibt sie es die ganze Nacht mit den Katern, auch mit den kastrierten. Wir können dann gar nicht schlafen vor lauter Katzengesang. Unser ganzer Garten stinkt schon nach Kater! Und dabei ist sie so eine Hübsche!«

Hat sie Ihnen noch keine Katzenkinder gebracht? – »Nein, Gott sei dank! Bloß nicht noch mehr schreiende Katzen!«

Minchen sitzt währenddessen in einem Katzen-Gitterkäfig, reibt sich unaufhörlich Kopf und Hals und miaut immer lauter in allen denkbaren Tonarten.

Auf die Sedation reagiert sie erstaunlich schnell.

Bei Eröffnung der Bauchhöhle fällt eine starke Hyperämie auf: Aus allen, selbst den kleinsten Kapillaren sickert dunkles Blut in unerwarteter Menge. Wir müssen ungewöhnlich viele kleine Gefäße abklemmen und ligieren (abbinden), weil sie nach Lösen der Klemme weiter bluten.

Ovarien und Uterus sind enorm vergrößert, die Uterushörner liegen fast unter dem Bauchdeckenfett. Die Ovarien sind ca. 2 cm groß und tragen beide mehrere 1 mm große knallrote Zysten, auffallend groß besonders am linken Ovar.

Die Uterushörner sind etwa kleinfingerdick, haben Farbe und Konsistenz von Lebergewebe. Entsprechend schwierig gestaltet sich die Ligatur: Der übliche resorbierbare Faden durchschneidet das mürbe Gewebe wie Butter. Die Folge ist eine massive passive Sickerblutung aus dem offenen Gebärmutterstumpf.

Wir beginnen, Blut und Wasser zu schwitzen: Wird das Minchen die Operation überleben?

Schnell wird der Thermokauter* angerüstet und die Wunde kauterisiert.

Nun muss das dickere Fadenmaterial helfen, das sonst nur für große Hunde eingesetzt wird. Auch dieses durchschneidet den Uterus wie Butter.

Der Rest des Uterus wird nun in Achtertouren vorsichtig umschlungen und nicht zu fest verknotet.

Dank nochmaliger Kauterisation kommt die Blutung – zumindest jetzt – zum Stillstand.

Nach der Operation bekommt die Katze eine Gabe *Lachesis* C 200; wir hoffen, dass Minchen damit überlebt.

Wir machen den erschrockenen Besitzer auf die Sepsis durch chronische Metritis aufmerksam und erklären ihm einen möglicherweise letalen Ausgang.

Aber Dank *Lachesis* hat Minchen diese Prozedur ohne Probleme überlebt und war erstaunlicherweise nach zwei Tagen wieder fit.

Epikrise und Erklärungen

Minchen litt unter Zysten der Eierstöcke mit Nymphomanie und einer noch unterschwelligen, septischen Gebärmutterentzündung. Die Farbe und Konsistenz des Uterus zeigen an, dass der Uterus bereits in septischer »Zersetzung« begriffen war. Wenn der Operationstermin erst später vereinbart worden wäre, hätte sich die Katze wahrscheinlich draußen verkrochen und wäre gestorben.

Lachesis ist ein hervorragendes Heilmittel für solche septischen Zustände«.

* Der Thermokauter ist eine Art chirurgischer Lötkolben, dessen glühende Spitze im Notfall unstillbare Blutungen durch »Verbrennung« (Kauterisation) des Gefäßes zum Stillstand bringen kann.

Anna – 25-jährige Katze mit erstickender Atmung

Am 10.07.2000 bringt ein älteres Ehepaar seine uralte Katze (25 Jahre alt!) zum Einschläfern: Sie sei schon so lange krank und nun so schwach, dass sie kaum noch schnaufen könne.

Die grau getigerte Katze sitzt zusammengekauert mit schnarchender Atemnot auf dem Untersuchungstisch.

Sie sei schon immer eine Freilaufkatze gewesen und kam nur zum Fressen ins Haus.

Die Augen sind von grauweißem Eiter verschmiert; derselbe Eiter rinnt mit Speichel gemischt aus dem Maul. Der kadaverähnliche Gestank ist unerträglich. Auch vor den Nasenlöchern steht grauweißer Eiter, der das Tier zum gelegentlichen Schniefen oder Niesen bringt.

Die Katze ist in sehr schlechtem Allgemeinzustand: mäßiger Ernährungszustand, struppiges, stumpfes Fell, vorgefallene Nickhaut.

»Seit 3 Tagen frisst und trinkt sie nichts mehr – bitte, machen Sie ihrem Leiden ein Ende!«

Dem Blick in die Maulhöhle versucht sich das Tier heftig zu entziehen, ebenso dem Palpieren der Mandibular-Lymphknoten; sie zieht dabei den Kopf so weit an den Rumpf, dass sie fast keinen Hals zu haben scheint, und will mit einem Satz vom Tisch springen. Sogar meinem beruhigenden Streicheln über den Rücken versucht sie auszuweichen.

An der linken Bauchwand ist neben der Milchleiste ein schmerzloser, walnussgroßer Tumor mit unebener Oberfläche zu tasten.

Schließlich gelingt es doch, in der Untersuchung weiterzukommen: Die Mandibular-Lymphknoten sind ca. haselnussgroß geschwollen und deutlich druckdolent. Ein kurzer Blick in die Maulhöhle, bei dem sich das Tier heftig wehrt, zeigt, dass die Tonsillen bis auf einen minimalen Spalt den ganzen Rachen ausfüllen. Das erklärt also die schnarchende Atmung.

»Kann denn Ihre Katze überhaupt noch fressen oder trinken?«

»Vor 3 Tagen hat sie noch ein wenig Hackfleisch und Brekkies genommen.«

»Trinken?« – Die Besitzer antworten: »Das haben wir nie gesehen, sie hat wohl immer draußen getrunken.« Über Kot- und Urinabsatz können die Besitzer ebenfalls nichts sagen, das erledige die Katze immer draußen.

»Was hat es sonst noch gegeben, war ihre Katze mal krank?«

Die Besitzerin antwortet lächelnd: »Nein, aber sie war trotzdem eine sehr teure Katze: Sie hat jahrelang die Katzenpille bekommen, weil sie uns früher so viele Junge gebracht hat, 3 Würfe im Jahr! Und sie war so eine gute Mutter!«

»Geht sie noch immer raus oder ist sie jetzt im Haus?« – »Nein, in den letzten Tagen möchte sie im Haus bleiben, das hat es noch nie gegeben. Wir haben ihr im Abstellraum ein Lager gemacht, weil sie so furchtbar stinkt. Dort bleibt sie auch über Nacht.«

»Also – Ihre Katze wird nicht eingeschläfert, sondern sie wird wieder gesund!«

Ungläubig schauen die Besitzer zu, wie ihre Katze mit einer Spritze ein paar Tropfen aufgelöster Globuli von *Lachesis* C 200 ins Maul bekommt.

»Aber wenn es nicht besser wird, dürfen wir nochmals kommen?«

Die Katze kam vorerst nicht wieder, sondern wurde im Laufe von 4 Tagen wieder fit, fraß wieder und ging wie in besten Zeiten auf Mäusejagd.

Am 20. Dezember 2000, fast ein halbes Jahr später, bringt Frau W. ihre Katze wiederum. Anna ist fast in demselben Zustand wie im Juli, nur hatte die Krankheit jetzt noch nicht so lange bestanden.

Die Katze bekam diesmal ca. 4 Globuli *Lachesis* C 200 direkt ins Maul.

2 Tage später geht es ihr wieder gut.

Im Sommer 2001 wurde sie tot unter einem Busch gefunden – im Alter von 26 Jahren.

Eiterung und Gestank finden wir häufig bei eitrig-destruktivem Geschehen an Maul und Nasenschleimhaut, ebenso die geschwollenen Mandibular-Lymphknoten. Auch der schlechte Allgemeinzustand ist in diesem fortgeschrittenen Krankheitsstadium nicht verwunderlich.

Die schnarchende Atmung durch zugeschwollenen Rachen sowie die Berührungeempfindlichkeit an der Kehle sind Schlüsselsymptome für *Lachesis*.

Hinzu kommt der langjährige Einsatz der Katzenpille: Hier ist eines der Mittel indiziert, die einen Bezug zu einer Hormontherapie aufweisen. Bei der Katze ist in solchen Fällen häufiger *Lachesis* indiziert, bei der Hündin eher *Sepia*.

Mia – Leukose

2 Jahre alte, grau gestromte Bauernhof-Katze:

Vor 2 Wochen Tierarztbesuch wegen Erbrechens: Therapie mit einer unbekannten Injektion, zusätzlich Wurmkur und Profender® (Repellens gegen Flöhe und Zecken), eingerieben zwischen den Schulterblättern.

Darauf keine Besserung, die Katze erbricht das aufgenommene Futter und wird zunehmend schwächer.

Vorgestern zweiter Tierarztbesuch: Wiederum eine Injektion und gegen Flohbefall »Program®. Tierärzliche Diagnose: Leukose.

06.11.2012 Homöopathische Anamnese und Untersuchung

Sehr schlechter Allgemeinzustand, die Katze kann kaum stehen, struppiges Fell, geringe Exsikkose, keine Aufnahme von Futter; über Kot, Urin und Tränkeaufnahme können die Besitzer keine Auskunft geben, weil die Katze draußen und im Stall lebe.

Mias Zustand werde seit 2 bis 3 Wochen zunehmend schlechter, jetzt könne sie keine einzige Treppenstufe mehr gehen.

Die Katze sitzt apathisch auf dem Untersuchungstisch und lässt sich ohne die geringste Abwehr ins Maul schauen und abtasten. Die Schleimhäute sind grauweiß mit einer Spur ins Gelbliche, die Zunge graubraun, aashafter Gestank aus dem Maul, leicht vorgefallene Nickhäute, graublaue Ulzera am Zahnfleisch, Mandibular- und Kniekehl-Lymphknoten sind auf Haselnussgröße angeschwollen, weiches Abdomen, saubere Körperöffnungen, keine weiteren auffallenden Befunde.

Die Prognose ist zweifelhaft.

Daher eine Einzelgabe *Arsenicum album* M.

12.11.2012: Keine Besserung, weiter zunehmende Schwäche.

»Mia hat gestern nur unterm Bett gelegen. Vorgestern habe ich sie in die Wiese gesetzt, dort ist sie auf einer Stelle sitzen geblieben. Heute kann sie gar nicht mehr laufen, aber ich darf sie anfassen.«

Therapie: Eine Gabe *Cisplatinum* C 30.

13.11.2012: Keine Änderung: 2. Gabe *Cisplatinum* C 30.

16.11.2012: Mia ist etwas munterer, hat eine kleine Portion gefressen und kommt wieder zum Streicheln.

21.11.2012: »Mia ist es bis jetzt täglich besser gegangen. Heute hat sie sehr gut gefressen, sie spielt wieder und geht wieder raus. Die Zunge ist rosa!«

Keine weitere Therapie, Mia geht es gut.

Ein Zusammenbruch des Immunsystems z. B. bei Leukose sollte auch an die Indikation von *Cisplatinum* denken lassen!

Aber keineswegs jede Leukose-Katze kann erfolgreich homöopathisch therapiert werden!

Chiko – Leukose

Oktober 1996: Der 5-jährige grau getigerte Kater Chiko zeigt seit zwei Tagen eine hochgradige Apathie und Inappetenz.

Der Besitzer war mit seinem Tier vor zwei Tagen bei einem schulmedizinisch arbeitenden Tierarzt, der nach Blutuntersuchung eine Leukose diagnostizierte und zu Euthanasie riet.

Der Besitzer, ein wenig homöopathisch versiert, wollte sich damit nicht abfinden, zumal der Kater vor wenigen Tagen noch munter und fröhlich gewesen war, und sucht nun – Mittwoch – homöopathische Hilfe:

Vorbericht

»Chiko ist seit vorgestern träge und apathisch, er kann sich kaum auf den Beinen halten. Am Montagabend gab ich ihm auf eigene Faust *Arsenicum album* C 30. Daraufhin schien er mir etwas besser zu werden, hat sogar einen Bissen gefressen und ein Schlückchen getrunken. Besonders in der Nacht ist er in der Wohnung herumgetigert und immer wieder an seinen Trinknapf gegangen. Am Dienstag ging es ihm wieder ein wenig schlechter als am Abend zuvor. Er ist jetzt sehr schwach, will aber trotzdem immer wieder ein wenig trinken. Er vermeidet den Kontakt zu uns und verkriecht sich an dunkle Plätze. Sonst möchte er bei jeder Gelegenheit auf meiner Schulter sitzen.«

Anamnese und klinische Untersuchung

Beidseitig deutlich knotig geschwollene, haselnusskerngroße Mandibular-Lymphknoten, blasse graurosa Schleimhäute.

Der Kater bekommt 3 Globuli *Arsenicum album* C 200 per os. Die erste Gabe *Arsenicum* C 30 war zu schwach gewesen.

Bereits am nächsten Tag geht es Chiko besser, er frisst und trinkt normal. Im Laufe der folgenden Tage geht die Schwellung der Lymphknoten zurück, und das Tier zeigt keinerlei Krankheitssymptome mehr.

Fünf Wochen später erfolgt ein Rezidiv.

Der Kater bekommt nochmals eine Dosis *Arsenicum album* C 200.

Anschließend »strotzt er vor Gesundheit« – sagen die Besitzer, er gebe sich wie früher als »Macho« und vertreibe erfolgreich alle fremden Kater aus seinem Revier.

Seit 10 Monaten geht es ihm nun uneingeschränkt gut.

Die wegweisenden Symptome des Katers sind die plötzlich auftretende übermäßige Schwäche, das wiederholte Verlangen nach kleinen Schlückchen Wasser, die »Ruhelosigkeit nachts«, die ihn »von einem Platz zum anderen treibt« und schließlich auch die »Leukämie«.

Wenn Chiko nochmals einen Rückfall erleiden sollte, braucht er lediglich erneut eine Dosis hochpotenzierter *Arsenicum*-Kügelchen.

Dieser Fall steht für viele ähnliche. Auch das sogenannte Immunschwächesyndrom der Katzen kann in vielen Fällen ähnlich erfolgreich nach den Regeln der Homöopathie therapiert werden, wenn die Erkrankung nicht schon allzu weit fortgeschritten ist.

Paddy – Verdacht auf FIP

Familie Ö. liebt ihr Katerchen Paddy über alles, nachdem sein Vorgänger vor der Haustür überfahren wurde.

Paddy ist nun 8 Monate alt, ein beige-meliertes langhaariges Wollknäuel mit stellenweise schwarzen Haarspitzen. Vor 6 Wochen wurde er kastriert und geimpft.

Hinterm Haus in der Scheune ist er ein leidenschaftlicher Mäusefänger. Im Haus amüsiert er die ganze Familie mit seinen unermüdlichen, neckischen Sprüngen, um Fliegen oder hochgeworfene Fleischbröckchen zu fangen.

Zwischendurch genießt er es, auf dem Schoß oder im Bett zu liegen und erwidert umgehend alle Streicheleinheiten, begleitet von lautem, unermüdlichem Schnurren.

Am Freitag kommt die Familie mit Paddy in die Praxis, er habe 40 °C Fieber, sei matt und fresse und trinke nichts mehr; er wolle nicht nach draußen gehen und habe keinen Kot abgesetzt.

Paddy kauert apathisch auf dem Untersuchungstisch, lässt sich widerspruchslos untersuchen und ins Maul schauen. Die Schleimhäute sind graurosa mit einem leichten Stich ins Gelbliche, Körperöffnungen o. B., weiches Abdomen, Herz, Kreislauf und Atemwege o. B., Nase, Maul, Ohren und Pfoten sind trotz des Fiebers kühl.

Das herzige Katerchen bekommt eine Prise *Phosphorus* C 200 ins Maul.

Phosphorus wurde nach seinem bisherigen Verhalten und nach den gelblich tingierten Schleimhäuten gewählt.

Samstagnachmittag: Keine Besserung, eher verschlechterter Zustand: Die Körpertemperatur habe heute früh schon 40,3 °C betragen, jetzt liegt sie bei 40,2 °C. Paddy kauert wieder apathisch und reaktionslos auf dem Untersuchungstisch. Auf den Boden gesetzt, bricht er augenblicklich zusammen und bleibt liegen. Die Schleimhäute sind jetzt grauweiß, der Körper fühlt sich kühl an trotz des Fiebers. Aus dem Maul dringt widerlicher Geruch. Das Abdomen erscheint weich, jedoch etwas aufgetrieben gegenüber dem Vortag.

Paddy habe eine geringe Menge Wasser getrunken, habe sich aber »wie angeekelt« vom Futter abgewendet.

Er habe eine minimale Portion Kot abgesetzt, »wie ein Schafskökeli«.

Angesichts dieser Befunde bekommt er eine Gabe *Arsenicum* C 200.

Sonntag, früher Nachmittag: Paddys Zustand ist unverändert, eher noch schlechter als gestern. »Ich glaube, er wird heute noch sterben« – meint die Besitzerin.

Körpertemperatur heute morgen und jetzt gleichbleibend bei 40,2 °C; das Abdomen weich und leicht aufgetrieben, keine neuen Befunde.

Kann sich Paddy an einer anderen Katze angesteckt haben? – »Vielleicht? In den letzten Tagen strich manchmal so ein heruntergekommener, magerer struppigen Kater um die Scheune.« »Reaktionsmangel« bei einem bis dahin gesunden Tier mit derart plötzlich aufgetretenen schweren Symptomen ohne Antwort auf die Homöopathika lässt auf eine »Immunschwächekrankheit« – möglicherweise auf den Beginn einer FIP – schließen.

Er bekommt eine Prise *Echinacea* C 200 ins Maul.

Daheim legt sich Paddy nieder und schläft für 3 bis 4 Stunden tief und fest.

Anschließend steht er auf, verlangt nach Futter, das er gierig verschlingt und fordert »seine Familie« zu deren größten Erstaunen zum Spielen auf – als wäre nichts gewesen.

Keine weitere Erkrankung innerhalb der letzten 2 Jahre.

Echinacea hat sich in vielen ähnlichen Erkrankungen bewährt und sollte auch in höheren Potenzen bei unklaren Infektionen eingesetzt werden.

Die häufig propagierte Verwendung der Echinacea-Tinktur ist dagegen nahezu wirkungslos und bei der Katze wegen des Alkoholgehalts kontraindiziert. Auch die Globuli in der D 6-Potenz wären in einem solchen Fall zu schwach.

Bonny – Katzenschnupfen

April 2001:

Bonny ist 7 Monate alt, der kleinste und magerste unter seinen Geschwistern, wiegt knapp 2 kg, dicker Bauch trotz rechtzeitiger Wurmkur, grau gestromtes, struppiges Fell, noch keine Geschlechtsreife.

Er hatte bereits Schnupfen, als die Besitzerin ihn im Alter von 8 Wochen bekam.

Sie bezeichnet ihr Katerchen liebevoll als ‚Engelchen', er sei so lieb und sanft, habe noch nie die Krallen gezeigt!

Nasen- und Augensekrete wechseln in Menge und Konsistenz. Die Absonderung aus den Augen ist eher wässrig, meist gelblich, manchmal auch etwas bräunlich. Die linke Kornea ist leicht milchig getrübt, ein kleines Ulcus ist gerade schon erkennbar.

Aus der Nase läuft ständig gelblich-wässriges Sekret, mehr oder weniger flüssig und bildet Krusten an den Nasenlöchern, nach deren Entfernen wunde Haut erscheint.

Beim Niesen spritzt das Sekret herum und verbreitet einen widerwärtigen Geruch.

Der Kater sitzt ruhig zusammengekauert auf dem Untersuchungstisch und lässt sich ohne Abwehr untersuchen.

Die Besitzerin erwähnt noch gelegentlichen Husten, der manchmal von Niesen unterbrochen wird.

Futter- und Tränkeaufnahme seien gut.

Er bevorzuge warme Liegeplätze, liege am liebsten auf der heißen Ofenbank; nach draußen gehe er nur selten bzw. nur für einen kurzen Moment.

Sein Verlangen nach Streicheleinheiten wechsle, mal könne er gar nicht genug bekommen und manchmal wolle er einfach nur am Ofen liegen und reagiere auf Streicheln gar nicht.

Er sei nicht übermäßig schreckhaft wie Bonnys Vorgängerin.

Therapie

Der liebe, aggressionsfreie und wärmebedürftige »Kümmerling« bekommt eine Einzelgabe *Silicea* M.

Darauf macht Bonny noch einen erstaunlichen Wachstumsschub, er beginnt ‚katerhaft' zu spritzen und verliert sein ‚engelhaftes Wesen'. In der Folgezeit entwickelt er sich zu einem ganz normalen Freigänger, aber nicht zum Raufbold.

Im darauf folgenden Dezember 2001 kam er nochmals wegen zähem, gelbem Schnupfen, der immer die Nasenlöcher verklebte; zusätzlich litt er heftig unter parasitärer Otitis mit reichlich schwarzbraunem, schmierigem Sekret, schlimmer am rechten Ohr.

Aber er hatte sich zu einem richtig stattlichen Kater entwickelt, war inzwischen auch kastriert worden.

Die »verklebten Nasenlöcher« und der Befall mit Läusen (Synonym für Ohrmilben, die es beim Menschen nicht gibt) führen zu *Lycopodium*, einem Folgemittel von *Silicea*.

Er bekommt jetzt eine Gabe *Lycopodium* XM und eine Calendula-Tee-Lösung zum Spülen der Ohren.

Nach 6 Wochen wird er nochmals vorgestellt, Ohren und Nase sind nun sauber, der Schnupfen – zumindest für die nächsten Monate – vorüber.

Pussy – chronischer Durchfall

Graugetigerte Katze, Alter, Herkunft und Besitzer unbekannt – allgemein Pussy genannt.

Pussy lebt als leidenschaftliche Mäusefängerin in einem Reitstall.

Nach Spielverhalten und Aussehen der Zähne, dürfte das Tier noch nicht älter als 3 bis 4 Jahre sein.

Weil sie schon mehrfach Junge hatte, hat sie ein Pferdebesitzer kurzerhand kastrieren lassen.

Jetzt hat sie schon lange immer wieder Durchfall, in wechselnder Intensität.

Dabei ist das Tier munter, lustig und spielt sogar mit harten Rossäpfeln.

Die Katze ist lieb, nett, recht »aufdringlich« und begrüßt jeden mit intensivem Reiben an den Beinen. Im Reiterstübchen steigt sie jedem auf den Schoß – egal, ob sie im Moment erwünscht ist oder nicht.

Aber in letzter Zeit tropft ihr überall Kot heraus. Anscheinend bemerkt sie das gar nicht. Seitdem sie nun im Reiterstübchen diverse feine Reithosen betropft hat, soll nun etwas gegen diesen Durchfall geschehen: Die Spritze von dem schulmedizinischen Tierarzt hatte nur 4 Tage gewirkt, vor dem Anblick seiner Tabletten ergreift Pussy die Flucht.

Nun entdeckt man auch, dass überall die Kottropfen am Boden kleben – im Stall wie im Stübchen, ja sogar auf dem Tisch zwischen den herumstehenden Gläsern.

Weil die Schulmedizin keine Besserung brachte, soll nun die Homöopathie für »Sauberkeit« sorgen:

Untersuchung

Das Abdomen ist berührungsempfindlich, die sonst so liebe Katze beginnt zu knurren. Der After ist unauffällig; der After scheint mit geringem Tonus des Schließmuskels beinahe offen zu stehen, der Kot ist hell bis weißlich, kein auffallender Geruch.

Die Katze steht noch während des heraustropfenden Kotes auf und geht fort.

Die Symptome »weißer Kot«, der unbemerkt abgeht, geruchloser Kot, der geringe Tonus des Afterschließmuskels, Durchfall ohne Schwäche und das aufdringliche Verhalten führen zu *Phosphorus*.

Das Kätzchen bekommt eine Gabe *Phosphorus* XM, verpackt in einem Krümchen Wurst – und damit ist der lästige Spuk vorüber, die Katze weiterhin fröhlich, aber jetzt sauber.

Übrigens hat sich die Indikation von *Phosphorus* in allen ähnlichen Fällen von »Durchfall ohne Schwäche« bei der Katze immer wieder bestätigt, obwohl für dieses Symptom im Repertorium *Acidum phosphoricum* – und nicht der elementare *Phosphorus* – genannt ist.

Lucky – Eosinophiler Granulom-Komplex und Durchfälle

Kater Lucky (Foto: Weik)

Rot-weißer Maine-Coon-Perserkater, geboren im Januar 2000.

Erst-Anamnese am 10.05.2001

Die Besitzer haben Lucky im Alter von 8 Wochen bekommen.

Lucky ist sein Leben lang pausenlos beim Tierarzt in Behandlung wegen chronisch rezidivierenden Durchfällen und wegen eosinophilem Granulomen an den Hinterbeinen und an der Unterlippe.

Schulmedizinisch ist er schon lange ‚austherapiert'.

Luckys Mutter war eine dreifarbige Maine-Coon-Katze, der Vater ein roter Perser.

Die Mutter hatte ein eosinophiles Granulom an der Lippe. Unter Luckys 3 Wurfgeschwistern gab es zwei tote Welpen und einen lebendigen Bruder, der von Anfang an etwa um ein Drittel größer war als Lucky. Lucky ist auch jetzt noch mit 3,7 kg ein sehr kleiner Kater.

»Lucky hatte schon immer ein sehr schönes glänzendes Fell, obwohl er immer krank war und schon unzählige starke Medikamente bekommen hat. Er wurde regelmäßig mit Vetisept und Chlorhexidin behandelt. Die Tierärztin hat auch einen Versuch mit Homöopathie gemacht, gab mehrmals Engystol® und Cutis compositum, was aber nicht half.

Lucky kann in den Garten gehen, ist aber keine ausgesprochene Freilaufkatze.

Aktuell sind zur Zeit wieder sein Durchfall und die Geschwüre am Maul; dabei hat er noch nie an Gewicht verloren.«

Im Sommer 2000 wurde er kastriert.

Die Ulzera befinden sich an der rechten Unterlippe, am Übergang zwischen Haut und Schleimhaut; sie sehen aus wie ovale Löcher mit scharf begrenzten, weißlichen Rändern, innen rot und roh; ca. 0,5 und 0,6 mm Durchmesser. Im linken Maulwinkel befindet sich ein kleinerer, aber tiefer Krater. Die Ulzera sind schmerzfrei.

Das cutane, lineare eosinophile Granulom findet sich an der Rückseite des linken Hinterfußes als knotiger, ca. 8 cm langer und 0,5 cm breiter verhärteter Strang. Ein weiteres am rechten Hinterfuß.

»Angefangen hatte die Sache vor etwa einem Jahr mit Durchfall, den wohl eine der anderen 3 Katzen eingeschleppt hatte. Damals hatte Lucky Spulwürmer, bekam eine Wurmkur und wurde trotz des Durchfalls geimpft**(!)**. Der Durchfall nahm kein Ende trotz aller Medikamente, aber trotzdem hat Lucky immer gut gefressen und wollte mit den anderen spielen. Dann bekam er hohes Fieber und war ziemlich matt. Seine Medizin nahm er immer ohne Zwang ein.«

Wie war der akute Zustand mit dem Durchfall?

»Am ersten Tag geht sehr geräuschvoll mit viel Luft spritzend oder auch im Strahl eine Portion Kot ab. Das kommt ohne Pressen ziemlich schnell heraus. Manchmal tropfte breiiger bis flüssiger Kot im Gehen aus dem After. Dann kann es auch sein, dass der Kot mal fester breiig ist oder sogar an seinem Po kleben bleibt. Aber das macht ihn nicht wund. Während all der Durchfälle hatte Lucky nie Schmerzen.

Anfangs, in den ersten Durchfall-Monaten, musste er oft 12-mal pro Tag aufs Katzenklo; jetzt nur noch 3- bis 5-mal. In schlimmen Phasen muss er zusätzlich etwa ein- bis zweimal pro Tag erbrechen – alles ohne erkennbare Schwäche. Die erste Portion Durchfall kommt immer morgens nach dem Fressen. Dann putzt er sich immer sehr intensiv. Er ist eine sehr saubere Katze.

Im letzten halben Jahr gab es immer mal wieder ein paar Wochen lang Durchfall-Pausen.

Allmählich traten dann die Geschwüre am Maul auf und ungefähr gleichzeitig die linearen Granulome. Anfangs hielt ich die Krusten für Dreck: Die erste lineare Kruste war am rechten Hinterbein.

Ganz selten gab es mal etwas Juckreiz.

Lucky konnte trotz der Geschwüre an den Lippen immer gut fressen. Er frisst lieber Trockenfutter als Nassfutter.

Die Narkose für die Untersuchungen hat er gut vertragen.«

Erzählen Sie etwas über Luckys Charakter!

»Lucky ist sehr umgänglich. Von sich aus kommt er nicht auf den Schoß, dafür lässt er sich umso lieber hoch nehmen.

Beim Kämmen schmeißt er sich auf den Rücken und lässt alles widerspruchslos über sich ergehen. Er wurde auch beim Tierarzt nie aggressiv. Sogar die ganze Prozedur an der Universitätsklinik in Gießen hat er über sich ergehen lassen.

Lucky hat eine ganz zarte Stimme: Er konnte noch nie richtig miauen, er haucht sein ‚Miau' immer ganz leise und zart.

Wenn wir Besuch bekommen, ist Lucky fort. Nach einer Weile lässt er sich dann wieder blicken, hält aber großen Abstand zu Fremden. Er ist nie aufdringlich gewesen.

Bevor wir ihn kastrieren ließen, war er sexuell ziemlich aufmüpfig und ist auf seinen großen kastrierten Kollegen gestiegen, hat aber nie in der Wohnung gespritzt.

Nach der Kastration war er dann in Höchstform, die einzige Zeit, in der es ihm mal 2 bis 3 Monate gut ging. Er war ein richtiger Draufgänger, ungeheuer verspielt. Wenn er allein sein musste, wurde er immer traurig.

Eifersucht gegen die anderen Katzen hat er nie gezeigt. Er hat es gern, wenn man zu ihm kommt, aber es muss nicht sein.

Er wurde erst sehr spät erwachsen. Jetzt hängt er gern mal den Chef raus und verjagt alle anderen vom Fressnapf. Abends ist er meistens sehr aufgedreht, er geht immer als letzter schlafen. Früher traute er sich an die Großen nicht heran.

Aber die Rangordnung wechselt: Manchmal ist auch der große Graue der Chef und alle anderen rennen vor ihm davon.

Auf jeden Fall ist Lucky sehr, sehr brav. Es gibt nie einen Anlass zum Schimpfen, und wenn man ihn behandeln muss, lässt er alles über sich ergehen.

Angst gibt es praktisch nicht – im Gegenteil, Lucky ist enorm neugierig, inspiziert Einkaufstüten und -kisten, steigt hinein und lässt sich gar nicht verscheuchen.«

Zorn?

»Nein, Lucky wird nie ärgerlich.«

Vorbehandlung

Lucky wurde von Dezember 2000 bis Anfang April 2001 homöopathisch behandelt mit täglichen Gaben von *Phosphorus* in aufsteigenden Q-Potenzen (Q 3, dann Q 4 und Q 5, dann Q 6) im Abstand von 2 Tagen.

Seit Beginn dieser Therapie war er frei von Durchfall, aber die Ulzera am Maul und die linearen Granulome blieben unverändert.

Lucky hatte früher lange Zeit schlechte Leber- und Cholesterinwerte, die sich unter dieser Therapie deutlich besserten.

Insgesamt hatte sich eine geringe, aber keine deutliche Besserung eingestellt.

Therapie

Ich übernahm die Therapie von Lucky ab Mai 2001 und setzte fälschlicherweise voraus, dass *Phosphorus* nicht das passende Mittel war.

Ursächlich vermutete ich als Auslöser die Impfung während der Durchfallerkrankung und gab deshalb die Nosode der Katzenimpfungen in C 30, zweimal im Abstand von einer Woche.

Weil keine Veränderung eintrat, bekam er wegen vermuteter syphilitischer Belastung eine Gabe *Luesinum* C 30.

23.05.2001: Lucky geht es eigentlich gut, aber noch keine Veränderung an den pathologischen Befunden.

Jetzt wieder hellbrauner, geruchsarmer Durchfall, zuerst fest, dann weicher, ohne Schleim.

Die Besitzerin registriert auffallende, laute gurgelnde Geräusche im Bauch der Katze vor dem Kotabsatz. Aus der Nase sondert sich schwärzliches Sekret ab.

Lucky bekommt nun doch wieder *Phosphorus*, jetzt in der C 200.

01.06.2001: Die Ulzera am Maul sind deutlich besser, Lucky ist fit und munter.

27.07.2001: Seit 3 Tagen wieder Durchfall wie braunes Wasser.

Die Besitzerin hatte das Futter umgestellt auf ein angepriesenes Magen-Darm-Diätfutter. Lycky frisst schlecht und ist recht schwach.

Die Besitzerin soll jetzt – nur heute – *Phosphorus* C 100 4-mal im Abstand von einer Stunde geben (*Phosphorus* war momentan in keiner anderen Potenz verfügbar). Futter: Lammfleisch mit etwas Reis.

Darauf geht es ihm bedeutend besser, die Besitzerin berichtet danach noch, Lucky habe 40 °C Fieber gehabt und trotzdem noch gut gefressen! (»Guter Appetit bei Fieber« ist ein Schlüsselsymptom für *Phosphorus*).

21.08.2001: Lucky hatte wieder 2 Tage lang Durchfall, jetzt ist er wieder vorbei.

Gespräch mit der ortsansässigen Kollegin. Die schmerzlosen Ulzera am Maul kommen und gehen. Lucky habe eine Futtermittelallergie, die zu den rezidivierenden Durchfällen führen.

Die linearen Granulome seien unverändert. Lucky sei bei den Untersuchungen immer extrem lieb!

An der Pfote habe er inzwischen eine oberflächliche Erosion gehabt, die aber wieder abgeheilt sei.

09.10.2001: Neues lineares Granulom am Bauch, etwa so lang wie ein kleiner Finger. Der Zustand schwankt, aber Lucky sei ausnahmslos munter. Zwischenzeitlich habe er mal einen Tag lang Durchfall.

Luesinum C 30 eine Gabe.

30.11.2001: Lucky geht es sehr gut. Alle Laborwerte seien in der Norm mit Ausnahme der zu geringen Thrombozytenzahl.

28.12.2001: Erneuter, langsam zunehmender Durchfall, Einzelgabe von *Phosphorus* M.

Darauf kommt der Durchfall sofort zum Stillstand.

07.02.2002: Lucky hat plötzlich wieder Durchfall. Plötzlich? Sonst begannen die Darmsymptome sich immer allmählich zu verstärken.

Die Ulzera am Maul sind kaum noch zu erkennen.

Die linearen Granulome sind inzwischen deutlich kleiner und schmaler geworden.

Lucky ist nach wie vor munter, aber neuerdings hustet er, wenn er auf den Arm genommen wird.

Lucky kann noch immer nicht miauen, hat noch diese »zarte Stimme«.

Ich möchte noch abwarten, wie sich das Geschehen weiter entwickelt.

Der Durchfall sistiert in den nächsten Tagen ohne Therapie.

19.02.2002: Das lineare Granulom wächst wieder, Durchfall ist allmählich wieder aufgetreten.

Phosphorus XM 1. Gabe.

19.05.2002: Bisher war alles gut: Kein Durchfall, die Granulome alle erheblich kleiner geworden bzw. am Maul kaum noch erkennbar.

Jetzt kommt am Unterkiefer eine neue Granulomstelle, die rechte Unterlippe ist geschwollen, das Ulcus mit weißlichem Grund.

Durchfall ist bisher nicht mehr aufgetreten.

Phosphorus XM, 2. Gabe.

13.08.2002 Der letzte Durchfall war vor 5 bis 6 Wochen, währenddessen verschwanden alle Granulome, die linearen und die letzten Reste der Ulzera am Maul. Dieser Durchfall trat aber nur 3-mal am Tage auf, Lucky war dabei wie immer guter Dinge. Lucky bekommt noch immer Lammfleisch mit Reis.

Jetzt sind zum ersten Mal alle Granulome abgeheilt!

16.08.2002: Lucky hat verschärfte Atemgeräusche und hustet gelegentlich, besonders bei Druck auf den Thorax beim Hochnehmen. Der Appetit ist vermindert, Lucky ist aber munter.

Abwarten.

19.08.2002: Durch Futterwechsel ist wieder Durchfall aufgetreten. Infolge Zahnfleischentzündung frisst Lucky schlechter als sonst.

Phosphorus D 12 einmal pro Tag für 3 Tage, darauf gutes Befinden.

17.09.2002: Jetzt sind Ulzera im Maul, am Zahnfleischrand aufgetreten, die früher in dieser Art noch nie vorhanden waren. Auf der linken Oberkieferseite findet sich ein ca. 1 cm langes, 0,3 cm breites, flächiges Ulcus. Lucky sei aber trotzdem »rotzfrech«!

Dabei keine anderen Symptome, die linearen und anderen Ulzera sind abgeheilt.

Er bekommt nun *Arsenicum album* Q 18.

23.09.2002: Diese neuen Ulzera waren nach einer einzigen Gabe abgeheilt, kehren nun aber wieder. Die Besitzerin soll die zweite Dosis *Arsenicum.* Q 18 geben.

Darauf heilen auch diese Ulzera ohne Rezidiv ab. Lucky geht es seither (zumindest bis 2006) gut.

Arsenicum wurde gegeben, weil es eines der wichtigsten Ergänzungsmittel zum *Phosphorus* ist und weil neue Symptome aufgetreten sind, die keinen Hinweis auf ein anderes Mittel geben.

Epikrise

Die Geschichte von Lucky zeigt, wie sich homöopathische Erfahrungen entwickeln.

> Hätte Lucky von Anfang an hohe C-Potenzen von *Phosphorus* bekommen, dann wäre die Heilung wesentlich schneller erfolgt!

Q-Potenzen bringen gerade beim chronisch kranken Tierpatienten oft keine wirklich deutlich erkennbare Effekte, wie es die Vorbehandlung der ersten 5 Monate (Dezember 2000 bis Mai 2001) gezeigt hat.

Luckys sanftes Verhalten rechtfertigt die Indikation von *Phosphorus*.

Chronisch kranke *Arsenicum*-Patienten zeigen bei der klinischen Untersuchung angstbedingte Aggressionen.

Eine Zwischengabe von *Carcinosinum* hätte – aus heutiger Sicht – die Heilung beschleunigen können.

Murrlis Panikattacke

Frau F. ruft am Sonntagabend aufgeregt an: »Meine Katze spinnt. Sie ist plötzlich so aggressiv geworden, ich habe richtig Angst vor ihr. Sonst ist Murrli extrem lieb und nett.«

Frau F. kommt am nächsten Mittag in die Praxis.

Murrli ist eine einzeln gehaltene, weibliche Wohnungskatze, 4 Jahre alt, kastriert.

Frau F. berichtet in eigenen Worten: »Murrli sitzt und schläft sonst immer auf ihrem eigenen Sofa. Sie hat noch einen zweiten Lieblingssitzplatz auf dem Sessel.

Ich habe dieses Sofa am letzten Mittwoch mit Polstermöbelschaum gereinigt. Den müsste Murrli eigentlich kennen, weil ich ihn auch manchmal zum Reinigen von Teppichboden benutze.

Aber seitdem ist Murrli wie umgedreht: Sie knurrt böse, sobald sie mich sieht und fällt mich mit Krallen und Zähnen an. Sie lauert mir hinter der Ecke auf und stürzt sich auf mich. Ich habe schon einige Kratz- und Bisswunden. Ich habe jetzt richtig Angst vor ihr, habe mir eine Lederhose und Lederjacke angezogen und mit einer Wasserspritze bewaffnet. So kann ich wenigstens in die Küche gehen, wo Murrli eingesperrt ist.

Wenn ich Murrli laut beschimpfe oder sie mit einem Handtuch davonjage, bekommt sie Panik, rast davon und kauert dann stundenlang im Dunkeln unter der Eckbank. Sobald ich mich nähere, knurrt sie böse vor sich hin.

Am Freitag war ich bei meinem Pferdetierarzt, der mir für Murrli ein Pheromon-Wohlfühlspray gab. Das hat Murrli vorübergehend etwas besänftigt, sodass sie wenigstens mal auf ihrem zweiten Platz geschlafen hat.

Nachts hatte ich Angst, mit der Katze ins Bett zu gehen. Sie schläft sonst nämlich bei mir im Bett.

Jetzt kam sie zögerlich zu mir ins Schlafzimmer, ich hatte große Angst.

Zuerst lag Murrli eine Weile unter meinem Bett, dann kam sie wie sonst, aber sehr vorsichtig zu mir auf die Decke. Sie blieb aber nicht die ganze Nacht, sondern ging dann weg, das tat sie sonst nie.

Am Abend gab ich ihr *Ignatia* D 30, das hat sie etwas beruhigt, in der Nacht hat sie zeitweilig wieder bei mir im Bett geschlafen.

Heute früh gab ich ihr nochmal *Ignatia*, aber sie ist heute noch schreckhafter, beim leisesten, ungewohnten Geräusch rast sie panisch davon und kauert irgendwo an verstecktem Platz. Angegriffen hat sie mich jetzt noch nicht, stattdessen hat sie viel mehr Angst.

Was kann ich nur machen!?«

Therapeutische Überlegungen und Arzneimittelwahl

Ignatia war offensichtlich nicht das passende Mittel.

Murrli hat sich anscheinend durch den Geruch des Reinigungsmittels auf ihrem höchst persönlichen Sofa in ihrer »Existenz« bedroht gefühlt. Darauf reagierte sie mit Angst und einer Art Notwehr-Aggression. Möglicherweise spielte hier auch eine latente Vergiftung durch das verdunstende Reinigungsmittel eine Rolle.

Das Homöopathikum für solche Zustände ist *Arsenicum abum*.

Murrli bekam *Arsenicum* als einmalige Gabe in der 1000. C-Potenz.

Darauf fiel sie in einen stundenlangen Schlaf und war danach wie früher, freundlich, lieb und nett. Das behandelte Sofa vermied sie für die Zukunft und schlief fortan nur noch auf ihrem Sessel bzw. im Bett der Besitzerin.

Ignatia ist ebenfalls eine Arznei für »spinnende« Katzen bzw. Tiere: *Ignatia* zeigt jedoch nicht primär Aggressionen, sondern eher andere, für uns unverständliche Verhaltensstörungen; auch der Aspekt einer eventuellen Vergiftung ist durch dieses Mittel nicht abgedeckt.

Mimi – verhärtete Mamma

September 2001: Frau K. 70-jährige, alleinstehende ehemalige Bauersfrau, ruft mich zum Hausbesuch für ihre Katze.

Schon an der Tür begrüßt sie mich weinend: »Sie müssen Mimi doch nicht etwa wegen Krebs einschläfern? Mimi ist nämlich das einzige was ich noch habe. Mein Mann ist vor 9 Jahren gestorben und er hat mir dieses Kätzchen damals noch geschenkt!«

Mimi ist eine 10 Jahre alte, grau getigerte Hauskatze. Frau K. hält sie wie eine Zeitung unterm Arm geklemmt, was sich das Tier widerspruchslos gefallen läßt.

»Setzen Sie sie doch mal auf den Tisch!«

Mimi sitzt verunsichert auf dem abgeschabten Resopaltisch in der dunklen einfachen Küche und schnuppert auf der – sonst verbotenen – Tischplatte herum. Sie macht einen müden, aber nicht gänzlich teilnahmslosen Eindruck, läßt sich widerspruchslos untersuchen und auch ins Maul schauen. Am Bauch fallen knotige, schmerzlose Gebilde in beiden hinteren Gesäugeabschnitten auf, haselnuss- bis walnussgroß, auf einer Fläche von ca. 2 Handtellern. Stellenweise sind sie mit der Haut verwachsen und teilweise verschieblich; auch mit den Bauchdecken sind diese Neubildungen stellenweise verwachsen, breiten sich teilweise als verhärtete Bezirke in die Umgebung aus. Die Idee an ein Mammacarzinom liegt nahe, zumal die Besitzerin erzählt, sie habe dem Tier in den letzten 8 Jahren regemäßig die ‚Katzenpille' gegen dauernde Trächtigkeiten gegeben, die letzte vor ca. 4 Wochen.

Diese Knoten habe Mimi schon seit Jahren!

Zum Trost für die aufregende Untersuchung füttert die Besitzerin kleine Bröcken des Lieblingsfutters, was die Katze recht gierig annimmt.

Zum Schluß kommt noch das obligatorische Fiebermessen. Mit Erleichterung stelle ich 39,8 °C Körpertemperatur fest; also ist die Erkrankung vielleicht nicht primär durch maligne Tumoren begründet.

Die übrige klinische Untersuchung ergibt keinen weiteren besonderen Befund.

Mimi kann – wie sie will – in den Garten gehen. Mit anderen Katzen gibt sie sich nicht viel ab, sie sei sehr intensiv auf ihre Besitzerin bezogen: »Solch ein liebes Kätzchen habe ich noch nie gehabt!« – Sie füttert weiterhin das Lieblingsfutter; Mimi hat nun schon die halbe Dose leergefressen.

Für die Mittelwahl kommen die Rubriken ›Brust, Knoten in der Mamma‹, ›Brust, Tumoren in der Mamma‹ und ›Weibliches Genital, Menses unterdrückt‹ infrage; das ergibt 48 mögliche Mittel, die zu differenzieren wären.

Nun gibt es noch die Rubrik »Tumoren der Mammae im Klimakterium«:

Erfahrungsgemäß rangieren die Folge der »Pille« beim Tier – also Hemmung der Ovulation – vergleichbar mit dem Klimakterium der Frau. Im Repertorium ist für den »Mammatumor im Klimakterium« als einziges Mittel *Conium* im zweiten Grad angegeben.

Hat diese Katze etwas von *Conium*?

Haben die Mammatumoren überhaupt etwas mit dem derzeitigen Krankheitszustand zu tun?

Für eine genaue Diagnose müßte eine Biopsie durchgeführt werden, aber das ist der Besitzerin zu aufwendig.

Aber die Katze hat noch ein auffallendes Symptom (gemäß § 153 in Hahnemanns ORGANON): Sie hat guten Appetit bei fast 40 °C Fieber!

Im Repertorium heißt das ‚Heißhunger im Fieber' und gilt als ein Schlüsselsymptom für *Phosphor*us (oder *China*, was jedoch hier nicht infrage kommt).

Hinzu kommt das liebenswürdige Wesen der Katze, ein weiterer Punkt für *Phosphorus*.

Die Katze erhält also mit dem nächsten Bröckchen Futter ein paar Globuli *Phosphorus* C 200 als einmalige Gabe.

Der nächste Hausbesuch 3 Tage später bringt zu meiner Überraschung ein ganz neues Bild: Die

Katze ist munterer, Frau K. muß sie erst aus dem Garten holen.

Allerdings fällt an den ehemals knotigen Mammakomplexen eine hochgradig schmerzhafte, fluktuierende Schwellung auf, ca. 2 Handteller groß. Knotige Veränderungen sind nicht mehr tastbar. Die Katze liegt auf der Seite und leckt intensiv an einer bereits blutigen Stelle.

Hatte die Katze eine chronische, subklinische Mastitis? Nach dem Befund vor 3 Tagen waren keine Zeichen einer Mastitis vorhanden gewesen.

Frau K. wird erklärt, daß sich dieser riesige Abszeß in den nächsten Stunden eröffnen und abfließen werde.

Leider konnte ich das Tier wegen Abwesenheit erst eine Woche später wieder kontrollieren.

Frau K. schränkte bei meinem nächsten Besuch ein – »Ich weiß nicht, ob ich Mimi jetzt finden kann, es geht ihr ja so gut! Sie ist wieder ganz die Alte! Nach Ihrem letzten Besuch hat sich eine Riesenmenge blutiger Eiter entleert und gleich danach war Mimi wieder fit!«

Plötzlich knarrt die Küchentür und Mimi schaut herein.

Im Abszeßbereich an den Mammae sind noch zwei trockene, schmerzlose Verschorfungen zu tasten. An der Mamma selbst ist keine Verhärtung mehr tastbar.

Frau K. ist glücklich.

Bis zum April 2003 trat keine weitere Erkrankung auf.

Felix – Eosinophiles Lippengranulom und Stomatitis

Felix ist ein kastrierter Kater, weiß mit grau gestromten Abzeichen, geboren 2006, Freigänger.

Er wird erstmals im August 2012 vorgestellt wegen einer schlecht verheilenden, schmerzlosen Bisswunde am rechten Oberschenkel, die nach der Wundnaht durch einen schulmedizinischen Tierarzt vor drei Wochen noch immer nässt und eitert.

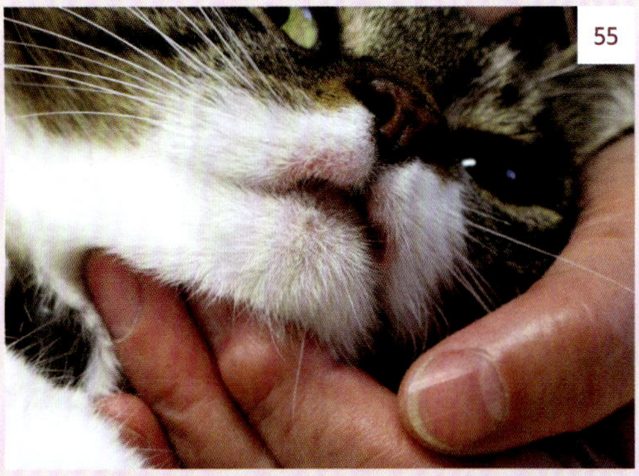

Eosinophile Granulome an der Oberlippe, August 2013

Felix hatte bereits mehrere ähnlicher Wunden von Katerkämpfen davongetragen, die jedesmal in Sedation chirurgisch und anschließend mit Antibiotika versorgt werden mussten.

Felix ist bisher »vorschriftsmäßig« geimpft worden.

Die Besitzerin beschreibt Felix für die homöopathische Behandlung folgendermaßen: »Felix ist nicht ängstlich, aber er lässt sich von anderen Katzen prügeln und unterwirft sich. Draußen ist er immer sehr aufgeregt, daheim muss er sich immer zuerst entspannen.

Streicheln duldet er, mag es aber nicht sehr gern. Er beknabbert mich dabei manchmal und oft kneift er anschließend. Aber er ist gar kein Böser – eben keine Kuschelkatze!

Aber wenn er nicht beachtet wird, kann er mich auch mal ein bisschen in die Waden zwicken. Er hat so seine Launen! Meinen Mann akzeptiert er, aber ich bin seine bevorzugte Bezugsperson.

Seine Stimme ist sehr zart, wie ein Katzenjunges, zusätzlich häufig etwas heiser. Aber knurren kann er dafür umso lauter, wenn ihn etwas ärgert.

Daheim ist sein Lieblingsplatz auf dem Bett. Er will nie zugedeckt werden.

Wenn ich heimkomme, will er raus.

Vor 3 Jahren hatte Felix eine Blasenentzündung.

Seit 2 Wochen hat er eine geschwollene Oberlippe.«

Letzteres stellt sich als eosinophiles Lippengranulom heraus, ca. 8-mal 5 mm groß.

Felix liegt während unserer Besprechung gelassen auf dem Untersuchungstisch und schnurrt leise vor sich hin. Bei der Untersuchung zeigt er keine Abwehr, lässt sich sogar widerspruchslos ins Maul schauen.

Keine weiteren klinischen Befunde.

Er bekommt eine Einzelgabe *Silicea* C 200 ins Maul.

Nach einer Woche ist die Wunde verschlossen und trocken, aber das eosinophile Granulom besteht weiterhin unverändert ohne Beschwerden.

Ein Jahr später, August 2013, ist sein nächster Praxisbesuch (siehe Foto 55).

Felix räkelt sich wieder genießerisch auf dem Untersuchungstisch und lässt sich streicheln – er zeigt sich als rechter »Schmusekater«! Das Granulom an der Lippe ist geringfügig größer geworden.

Er bekommt nun als konstitutionelle Therapie wegen folgender Symptome eine Gabe *Phosphorus* M:

- Verlangen nach Streicheln
- Angstloses, vertrauendes, launisches Verhalten
- Schmerzlose Heiserkeit (schwache, kaum hörbare Stimme)
- Nachgiebig (lässt sich von anderen Katzen beißen)
- Schmerzloses Lippengeschwür mit Verdacht auf krebsartige Entwicklung

Darauf keine Besserung des Ulcus, aber Felix zeigt mehr »Selbstbewusstsein«, er lässt sich nicht mehr von anderen Katzen beißen oder vertreiben.

Dieser Verlauf deutet an, dass dieser Fall nicht mit einer konstitutionellen Verordnung zu lösen ist; wahrscheinlich handelt es sich um eine »einseitige Erkrankung« im Sinn der Homöopathie (siehe *Kapitel 2, Abschnitt »Einseitige Krankheiten«, Seite 40*).

Felix bekommt im September 2013 *Para-Benzochinon* C 4, dreimal pro Woche und alle 2 Wochen eine Gabe *Echinacea* C 30:

Im November berichtet die Besitzerin, Felix Zustand sei stabil, er frisst gut und fühlt sich offensichtlich durch das Lippengeschwür nicht beeinträchtigt.

Im März 2015 wird er wieder vorgestellt: Jetzt leidet er zusätzlich unter einer stinkenden Zahnfleischentzündung; er verweigert wegen Schmerzen das Futter und kauert hungrig vor seinem gefüllten Futternapf.

Wiederum räkelt er sich genussvoll auf dem Untersuchungstisch, lässt sich aber sehr ungern ins Maul schauen – wie die meisten Katzen mit dieser Erkrankung.

Das Lippengranulom ist größer geworden (ca. 10-mal 5 mm), aber nach wie vor schmerzfrei, das Zahnfleisch gerötet mit einzelnen rosa oder weißlich belegten Geschwüren, am Zungenrand sind kleine Einrisse zu erkennen, aus dem Maul dringt ein widerlicher Gestank.

Felix sucht jetzt ausdrücklich kühle Plätze auf und vermeidet die warmen Stellen der Bodenheizung.

Nach diesen Befunden bekommt er im April 2015 *Kalium jodatum* C 200.

Danach geht es Felix schnell besser, er kann wieder schmerzfrei fressen.

Sogar das Lippengranulom verkleinert sich in den nächsten Wochen.

Bis zum November 2015 hat sich das Lippengeschwür geschlossen, Felix geht es seither gut.

Kater Gismo: „Immunschwäche“

Schwarz-weißer Kater Gismo, 10 Jahre alt, kastriert, Freigänger, Einzelkatze.

Gismo wird im Februar wegen eines wiederkehrenden Durchfalls vorgestellt, der nun schon seit sechs Wochen besteht. Die schulmedizinische Therapie hatte jeweils nur kurze Besserung gebracht. Zusätzlich war eine Niereninsuffizienz diagnostiziert worden.

Das Schlimmste: Gismo nimmt kaum noch Futter zu sich.

Er ist jetzt deutlich abgemagert, wiegt nur noch zweieinhalb Kilogramm. Lidbindehäute und Maulschleimhaut sind blass-gelblich verfärbt, keine Schäden an Zahnfleisch oder Zähnen, weiches, unauffälliges Abdomen, glänzendes Fell, keine weiteren, brauchbaren Symptome.

„Gismo frisst nur noch sehr wenig. Das angebotene Futter streut er in der Küche herum, aber frisst es kaum. Er trinkt nur noch die Tropfen aus dem Wasserhahn. Aber Gismo war schon immer etwas knauserig mit dem Fressen!

Früher war er nachts immer sehr aktiv unterwegs; jetzt schläft er zu Hause und liegt mit Vorliebe die ganze Nacht in meinem Bett. Auch am Tage liegt er jetzt überwiegend auf dem Sofa und spielt nur noch ganz selten. Seinen früher so geliebten Katzenbaum verschmäht er jetzt. Ich glaube, er kann nicht mehr hochspringen. Früher war er ein lustiger Quirl, der kaum einmal Ruhe fand.

Wenn jetzt morgens die Kinder aus dem Hause sind, kommt er sogar mal zu mir, sitzt anfangs neben mir und kommt dann sogar auf den Schoß, das hat er früher nie getan! Er war noch nie ein Schmusekater.“

Die am Rücken hochstehenden Haare verraten die Abmagerung entlang der Wirbelsäule.

Hier in der Praxis springt er auf den Stuhl, sitzt dort eine Weile ruhig zusammengekauert und steigt schließlich auf den Schoß der Besitzerin.

Bei der Untersuchung zeigt er weder Angst noch Abwehr.

Was gab es am Anfang der Erkrankung?

„Gismo hatte Silvester undefinierbares stinkendes Zeug erbrochen und einen breiigen Kot, der mit lauten Blähungen herauslief. Nach dem Tierarztbesuch war es zuerst etwas besser, aber seitdem hat er häufig breiigen Kot; manchmal ist er auch normal. Er bekommt immer das gleiche Dosenfutter. Komisch: Gismo leckt jetzt mit Vorliebe an Kunststoffverpackungen und an meinem Haarspray.“

- Das ist wieder einer der Fälle, die keine für die Homöopathie nutzbaren Symptome zeigen. Darum bekam Gismo am 22. Februar *Echinacea* C 200.

Eine Woche später geht es ihm ein wenig besser, er frisst etwas mehr und scheint auch etwas munterer zu sein.

3. März: Keine weitere Besserung, auffallend wenig Urin. Seine Tränkeaufnahme kann nicht kontrolliert werden, weil er nur aus dem Wasserhahn trinkt.

Nach dem „Katzensitz-Test“ (siehe *Kapitel 2, Abschnitt Testverfahren, Seite 74*) bekommt er **Tuberculinum Rest** C 30 (milde Version dieser Nosode). 3 Tage später scheint es ihm etwas besser zu gehen: Gismo frisst ein wenig und trinkt jetzt sogar frisches Wasser aus dem Trinknapf.

Nach einer Woche ist jedoch kein weiterer Fortschritt eingetreten. Darum bekommt er im Abstand von 3 Tagen 2 weitere Gaben *Tuberculinum Rest* C 30.

Anschließend hörte ich lange nichts mehr von ihm – bis am 25. Mai überraschend die Nachricht kam, Gismo sei schon lange wieder fit, lustig und „ganz der Alte".

Epikrise:

In solchen unklaren Fällen ist die Mittelwahl einzig nach den vorliegenden Symptomen nahezu unmöglich! Einzig durch das Symptom „Verlangen nach Unverdaulichem" (Haarspray) könnte *Tuberculinum* gerechtfertigt werden, das in diesem Fall jedoch nicht von anderen Mitteln dieser Repertoriumsrubrik differenziert werden kann.

Das Katerchen Hallo – Ohrmilben-Otitis

11. November: Das 5 Monate alte schwarz-weiße Katerchen mit Namen „Hallo" wird vorgestellt wegen Kopfschütteln und Kratzen an den Ohren.

„Hallo" lässt sich nicht gern untersuchen, schüttelt bei Berührung der Ohren sofort mit dem Kopf. Er wird jedoch nicht aggressiv, sondern drängt nur vom Untersuchungstisch herunter.

Die Gehörgänge, besonders die des rechten Ohrs, sind angefüllt von massenhaft dunkel-schmierigem Sekret, in dem sich Ohrmilben erkennen lassen.

„Hallo" sei bisher noch nie krank gewesen und habe mit Ausnahme einer Wurmkur noch keine Medikamente gebraucht.

Die Gehörgänge werden – soweit es das Tier zuläßt – mit verdünnter Calendula-Tinktur, gemischt mit etwas Johanniskrautöl – von den gröbsten Sekreten gereinigt. Die Besitzerin soll das Einspritzen dieser Lösung in die Ohren mit anschließender Massage und Schütteln-Lassen noch 3 Tage fortsetzen.

Während wir das weitere Vorgehen besprechen, turnt „Hallo" frei in der Praxis umher, springt auf den Tisch, beschnuppert das Mikroskop, inspiziert die Fensterbank mit den Lamellenvorhängen und springt mit einem Riesensatz vom Schrank aufs Bücherregal. Dort läßt er sich nieder und beobachtet uns mit aufmerksamem Blick und ringelndem Schwanz.

„Hallo" scheint gar nicht ängstlich zu sein. Das bestätigt auch die Besitzerin: „Wenn der 3 Monate ältere Nachbarskater zu uns zu Besuch kommt, verscheucht „Hallo" ihn von „seinem" Katzenbaum. Er sitzt dann wie ein Pascha an der höchsten Stelle und beobachtet den anderen. Wenn es ihm einfällt, stürzt er sich in einem schaurigen Satz auf ihn und tobt dann spielend mit ihm durch die ganze Wohnung.

Übermäßig verschmust ist er nicht, er sitzt gern mal auf dem Schoß, kaut an meinen Fingern, will spielen und beissen."

Keine weiteren klinischen Symptome oder Befunde.

Mittelwahl:

Wenn die beiden Rubriken „Ohr, Ohrenschmalz vermehrt" und „Haut, Läuse" oder „Kopf, Läuse" zusammen repertorisiert werden, so kommen die Mittel *Lachesis*, *Lycopodium*, *Mercurius*, *Natrium muriaticum*, *Nitricum acidum* und *Sulfur* infrage.

„Hallos" Verhalten deutet am ehesten auf *Lycopodium*; für die anderen Mittel wären noch andersartige Symptome vorhanden. Wer ist schon im Alter von 5 Monaten derart „respektlos" zu seinem Nachbarn?

Erfahrungsgemäß zeigen Lycopodium-Katzen dieses beschriebene Verhalten, sind frech, wenig verschmust und sitzen am liebsten an hohen Orten.

Therapie:

„Hallo" bekommt eine Gabe **Lycopodium M** per os, die er nach kurzem Zuhalten des Mauls ohne Probleme „lutscht" und dann schluckt.

Bei der Nachkontrolle 3 Wochen später sind beide Gehörgänge reizfrei, sauber, porzellanfarben und frei von Ohrmilben.

Epikrise:

Dieser Fall steht für viele andere ähnliche Otitiden, die sich auch beim Hund in dieser Art äussern.

Bei der Katze kommt für diese Erkrankung gelegentlich auch *Arsenicum album* infrage.

Übrigens die Rubrik „Kopf, Läuse" oder „Haut, Läuse" enthält die wichtigsten Mittel, die für starken Befall mit allen Ektoparasiten zuständig sind. Natürlich müssen auch hier die Gesetzmäßigkeiten der Homöopathie eingehalten werden. Die Homöopathie kann nicht als Biozid eingesetzt werden!

Sektion

3

ARZNEIMITTELLEHRE FÜR DIE KATZE

Allgemeines zur Arzneimittellehre für die Katze

Die hier vorliegenden homöopathischen Arzneimittel enthalten vorwiegend die Aspekte, welche für die Katze – vereinzelt auch für den Hund – wichtig sind.

Für das gesamtheitliche Studium der homöopathischen Arzneimittellehre möge sich der Leser an Hand der Literaturangaben informieren.

Vor dem Studium der einzelnen Arzneimittel ist es empfehlenswert, die einführenden Kapitel A und B genau zu studieren – nebst anderer Basis-Literatur.

Zusätzlich möge sich der Leser erinnern, dass in einem Patienten niemals das gesamte Arzneimittelbild wiedergefunden wird; vielmehr gilt es, »Sonderliches«, auffallende Charakteristika und Leitsymptome im Zusammenhang mit Pathologie bzw. Persönlichkeit des Patienten zu erkennen (§ 153 aus dem ORGANON von Hahnemann).

Dieses Lernen der Arzneimittellehre muss stets vom Studium der entsprechenden Literatur begleitet werden:

Am Anfang steht Hahnemann's ORGANON (Literatur 24, 23 und 22) sowie die zugehörigen Vorlesungen von Kent (Literatur 31). Die Werke von Vithoulkas, z. B. »Energiemedizin« (Literatur 77) ergänzen und vertiefen dieses Verständnis, ebenfalls das Buch von Mohinder Jus, »Weg einer Krankheit« (Literatur 29).

Der beginnende Tierhomöopath ist – mit wenigen Ausnahmen – auf das Studium der humanmedizinischen Literatur angewiesen. Fortan muss er die Symptome des Menschen auf das Tier übertragen.

Als humanmedizinische Basisliteratur für den Einsteiger seien Nashs und Kents Arzneimittelbilder empfohlen, ferner die Essenzen von Vithoulkas, z. B.auch in Form eines Hörbuches zu haben (Literatur 49, 32, 75, 76).

Zum tieferen Verständnis trägt Cathrin Coulters »Portraits homöopathischer Arzneimittel« (Literatur 11) bei, für die Tierhomöopathie speziell mein »Praxisleitfaden Tierhomöopathie«. Letzterer behandelt auch die Beziehungen zwischen der Ausgangssubstanz und Arzneimittelbild, was in kurzen Worten auch in manchen der beschriebenen Arzneimittelbilder kurz angesprochen wird sowie die wichtigsten Charakteristika für verschiedene Tierspezies.

Zum schnellen Nachschlagen in der Praxis ist der »Boericke« (Literatur 7) unverzichtbar.

Eine besonders übersichtliches und trotzdem ausführliches Nachschlagewerk ist die »Klinische Arzneimittellehre« von Robert Murphy (Literatur 48).

Natürlich gibt es viele umfassende weitere Bände und hervorragende homöopathische Literatur, die meterweise die Bücherschränke füllen können.

Die Tierhomöopathie bietet weit weniger Informatives im Sinn der Homöopathie Hahnemanns.

Die zahlreiche tierhomöopathische Literatur für Laien bietet oft nur oberflächliche Informationen, die nicht immer den Regeln der Homöopathie entsprechen (»Rezeptangaben«).

Gute Anleitungen für die Tierhomöopathie bieten nach meiner Erfahrung besonders Christopher Day, John Saxton, A. Schmidt's »Grundkurs«, Steingassner und das »Handbuch zur homöopathischen Stallapotheke« (Literatur 12, 59, 60, 64, 18).

Auch im »Deutschen Journal für Homöopathie« (Literatur 13) finden sich zahlreiche gute Fallstudien zum Tierpatienten.

Diese Angaben sind bei weitem nicht vollständig. Es empfiehlt sich, eine der großen homöopathischen Buchhandlungen aufzusuchen und selbst Einsicht zu nehmen in die entsprechenden Werke. Wer sich speziell für die Zusammenhänge zwischen den Ausgangssubstanzen und ihren Arzneimittelbildern interessiert, sei an meinen „Leitfaden Tierhomöopathie (Literatur 34) verwiesen.

Verzeichnis der beschriebenen Arzneimittel

Aconitum napellus
Adonis vernalis
Alfalfa
Allium cepa
Alumina
Ambra grisea
Antimonium crudum
Antimonium tartaricum
Apis mellifica
Argentum nitricum
Arnica montana
Arsenicum album
Aurum metallicum
Baptisia
Barium carbonicum
Barium jodatum
Belladonna
Bellis perennis
Berberis vulgaris
Bismuthum subnitricum
Bothrops lanceolatus
Bryonia alba – dioica
Calcarea carbonica
Calcarea fluorica
Calcarea phosphorica
Calcarea sulfurica
Calendula officinalis
Camphora
Cantharis vesicatoria
Carbolicum acidum
Carbo vegetabilis
Carcinosinum
Carduus marianus
Caulophyllum thalictroides
Causticum Hahnemannii
Chamomilla vulgaris
Chelidonium majus
China officinalis
Chinone
Cicuta virosa
Cimicifuga racemosa
Cisplatinum
Cocculus indicus
Colocynthis
Conium maculatum
Crataegus oxycantha
Crotalus horridus
Cundurango
Cuprum metallicum
Dulcamara
Echinacea angustifolia – pupurea
Euphrasia officinalis
Ferrum phosphoricum
Flor de Piedra
Fluoricum acidum
Gelsemium sempervirens
Graphites
Gunpowder
Hamamelis virginiana
Hekla lava
Helleborus niger
Helodrilus caliginosus
Hepar sulfuris
Hydrastis
Hyoscyamus
Hypericum perfoliatum
Ignatia amara
Iodium purum
Iepcacuanha
Kalium bichromicum
Kalium carbonicum
Kalium chloratum
Kalium iodatum
Kalium muriaticum
Kreosotum
Lachesis mutus
Ledum palustre
Lycopodium clavatum
Lyssinum
Magnesium phosphoricum
Medorrhinum
Mercurius solubilis
Mercurius sublimatus corrosivus
Mezereum
Millefolium
Myristica sebifera
Naja tripudians
Natrium carbonicum
Natrium muriaticum
Natrium sulfuricum
Nitricum acidum
Nux vomica
Opium
Origanum vulgare
Ornithogalum umbellatum
Phosphoricum acidum
Phosphorus
Phytolaccca decandra
Plumbum metallicum
Podophyllum peltatum
Propolis
Psorinum
Pulsatilla vulgaris – nigricans – pratensis
Pyrogenium
Rhus toxicodendron
Ruta graveolans
Sabina officinalis
Sarsaparilla officinalis
Scrophularia nodosa
Secale cornutum
Sepia succus – officinalis
Silicea terra
Solidago virgauerea
Spongia tosta
Staphysagria
Stramonium
Sulfuricum acidum
Sulfur

Symphytum officinalis
Syphilinum
Tarentula hispanica
Terebinthina oleum
Thuja occidentalis
Tuberculinum
Uncaria tomentosa
Urtica urens
Veratrum album

Weitere Nosoden speziell für die Katzen

Aconitum napellus – blauer Eisenhut – Sturmhut – Acon

Allgemeines

Aconitum ist die giftigste Pflanze in Europa; sie wirkt schnell und heftig und ist homöopathisch für ebensolche Erkrankungen angebracht.

- Der Krankheitszustand kann sich in kurzer Zeit (»wie im Sturm«) bis zu Lebensgefahr entwickeln und kann durch diese Arznei genauso schnell geheilt werden, wie er entstanden ist
- Dasselbe gilt für heftigste Schmerzen
- *Aconitum* ist niemals angebracht bei langsam verlaufenden Entzündungen, Schmerzzuständen oder Erkrankungen
- Ausnahme: Chronische Folgen von Schreck und Angst mit wiederkehrenden akuten Panikattacken

Indikationen und Symptome

Verhalten siehe auch *Kapitel 20,*

Schwerpunkt, Infekte

- Kurz wirkendes Arzneimittel für heftige und plötzliche Erkrankungen
- Plötzliche übermäßig heftige Erkrankungen, oft mit sehr hohem Fieber, besonders abends und nachts
- Verbunden mit Unruhe, Todesangst und Panik
- Heftige Erkrankungen lebenswichtiger Organe, z. B. Sinnesorgane, Zentralnervensystem, Atemwege, Herz
- Alle Kennzeichen einer Entzündung: Rötung, Schmerz, trockene Hitze, Schwellung, gestörte Funktion
- Im Anfang möglicherweise noch ohne Lokalisation
- Oder bereits lokalisiert, kann sich schnell zu Lebensgefahr mit heftigen Schmerzen entwickeln
- Große trockene Hitze des ganzen Körpers oder der erkrankten Gegend
- Mit Blutfülle und klopfenden Blutgefäßen, dabei heftiger, harter Herzschlag, evtl. Hechelatmung
- Deutliche Rötung der Schleimhäute des Kopfes (Augen, Maul)
- Verbunden mit Aufregung, Unruhe, Schreck und Angst
- Quälende Angstzustände, unerträgliche Schmerzen mit Schreien

Auge

- Verletzung durch einen Fremdkörper im Anfangsstadium, mit Angst, Unruhe und heftigstem Schmerz
- Plötzlich beginnende Augenentzündung durch kalten Wind o. a. Kälteexposition

Herz-Kreislauf

- Plötzliche lebensbedrohliche Erkrankungen, z. B. Hitzschlag mit Todesangst

Atemwege

- Plötzlicher heftiger Husten wie verschluckt, z. B. durch Flucht vor einem Hund bei eiskaltem Wetter
- Plötzliche hoch fieberhafte Bronchitis/Lungenentzündung

Verdauungsapparat

- Beschwerden bei Zahnung oder Zahnwechsel
- Plötzliche neuralgische Verdauungsbeschwerden
- Auslöser: Schreck, Panik, trockene Kälte (Frostnacht), eisige Zugluft

Schmerzen
- Heftige Schmerzattacken, Neuralgien, Nervenschmerzen mit unerträglichen Schmerzen
- Erstes Mittel nach sehr schmerzhaften Verletzungen mit Schreck und Panik (anschließend evtl. gefolgt von *Arnica* und *Hypericum*)
- Übermäßige Schmerzen mit Angstzuständen bei der Geburt (aber seltener bei der Katze)

Chronische Folgen von Schreck, Schock
- Schreck- oder Panikreaktionen, die immer wieder in ähnlichen Situationen auftreten. (»Nie wieder ohne Panik »seit diesem Schreck-Erlebnis«, »Angst-Neurosen«)

Modalitäten
- Besser im Freien, in frischer Luft, durch Ruhe
- Schlimmer durch Aufregung, Schreck, Angst, Ärger, plötzliche Geräusche
- Schlimmer oder ausgelöst durch Abkühlung, trockene Kälte, (eis-)kalten Wind, kalte Zugluft
- Schlimmer durch Sonnenhitze, heißes Wetter (Hitzschlag)
- Schlimmer durch Lärm und Sinnesreize
- Bevorzugtes Auftreten während des Zahnwechsels, während der Rolligkeit
- Ausgeprägtes Verlangen zu trinken

Auslöser
- Sehr aggressive Krankheitserreger
- Kaltwerden bei eisiger trockener Kälte (»Erkältung«)
- Sehr plötzliche Erkrankungen mit anderweitig geschwächter Immunität bei sonst kräftigen Tieren, begleitet von Schreck, Todesangst oder Panik
- Heftige, plötzliche Verletzungen mit überaus heftigen, unerträglichen Schmerzen oder Angst, z. B. Augenverletzungen, Hitzschlag, Verletzungsschock
- Folgen von unterdrückten Absonderungen, z. B. Katzenschnupfen
- Intensive Furcht- oder Schreckerlebnisse, die als lebensbedrohlich empfunden werden auch deren chronische Folgen (wie *Opium* – das ist jedoch schläfrig)

Aconitum-Entzündungen gehen häufig in ein *Belladonna*-Stadium über; dann besteht große, feuchte, »dampfende Hitze«, aber keine Angst oder Panik.

Adonis vernalis – Adonisröschen – Adon Ranunculaceae

Allgemeines
Adonis ist ein »kleines«, aber hochwirksames Herzmittel – »klein« vom Wirkspektrum gesehen.

Die Inhaltsstoffe bestehen aus Adonisglycosiden, mit ähnlicher Wirkung wie Digitalisglycoside.

Indikationen
- Herzinsuffizienz mit beginnender Dekompensation
- Mittelschwere bis schwere Herzinsuffizienz, auch nach Endokarditis
- Organische Schäden der Herzklappen, auch nach Infektionserkrankungen
- Herzklappendefekte mit oder ohne Stenose
- Herzarrhythmie, Tachykardie, evtl. mit Atemnot mit schwachem, schnellem Puls
- Degeneration des hypertrophen Herzmuskels
- »Herzasthma«, Herzhusten, Lungenödem
- Herzbeschwerden durch Hyperthyreose

Begleitsymptome

Allgemeinzustand mit großer Schwäche oder Erschöpfung
- Nierenerkrankungen mit Eiweiß im Urin
- Schwindel meist mit Herzklopfen: schlimmer bei Bewegung, beim Kopfdrehen
- Evtl. Ödeme an Bauch oder Pfoten oder bereits Aszites (nicht für FIP geeignet!)

Psychischer Effekt

- Beruhigt Angst und Unruhe während Herzerkrankung
- Daher auch indiziert bei Hyperthyreose mit Herzbeschwerden

Wirkung

Stärkt Myocard, zusätzlich diuretischer Effekt

Wirkung tritt schneller ein als bei sorgfältigster Digitalis-Dosierung

Keine Dauertherapie! Bei Überdosierung kann ein Lungenödem entstehen!

Alfalfa – Medicago sativa – Alf – Luzerne – Leguminose

Allgemeines

Alfalfa wurde ursprünglich in Arabien als schmackhaftes und nahrhaftes Pferdefutter eingesetzt und später wurde es in Amerika zum Kulturgetreide. Wegen seiner breit gefächerten und wohltuenden Wirkung auf den Ackerboden sowie auf Menschen und Tiere wurde es zum »Vater aller Nahrungsmittel« erklärt.

Am besten geeignet als organotropes Mittel in tiefer Potenz, zusätzlich zum passenden Simile.

Organotrope homöopathische Indikationen

- Allgemeines Tonikum, steigert Appetit und Wohlbefinden, verbessert die Stimmung
- Bei allen Immunschwäche- oder Autoimmunkrankheiten und nach immunsuppressiver Therapie
- Bessert die physische Kraft, optimiert die Lebensqualität
- Reguliert den Stoffwechsel, bessert den Zustand bei Diabetes mellitus und insipidus
- Regt den Appetit an, speziell in kachektischen Zuständen
- Wichtig bei allen Arten von Erkrankungen im Verdauungsapparat
- Regt den Appetit an, besonders bei Inappetenz
- Verbessert sogar die Situation bei Störungen in der Blutgerinnung
- Normalisiert die Nierenfunktion, sorgt für Ausscheidung harnpflichtiger Substanzen
- Sorgt für gesunden und erholsamen Schlaf

Dosierung

Alf sollte in tiefer Potenz (z. B. C 4) für ca. eine Woche täglich gegeben werden. Bei längerer Anwendung tritt eine Art Gewöhnung ein. Die periodisch wiederholte Gabe hat sich nach eigenen Erfahrungen bei den angegebenen Indikationen hervorragend bewährt.

Allium cepa – Küchenzwiebel – All-c

Allgemeines

Die Zwiebel wirkt auf alle Schleimhäute, speziell bei akutem Katarrh, evtl. verbunden mit allergischen Reaktionen, aber selten beim (akutem) Katzenschnupfen.

Indikationen

Nase

- <u>Scharfer, wundmachender Schnupfen, auch allergisch (»Heuschnupfen«)</u>
- <u>Auffallend rote oder schmerzhaft-wunde Nase</u>
- Niesen mit Tränenfluss, auch anhaltendes Niesen

Augen

- Reichlicher, <u>milder</u> Tränenfluss, rote Augen, lichtscheu

Kehlkopf, Bronchien

- Kitzelhusten, <u>keine Atemnot</u>
- Absteigende Infekte der Atemwege

Nervenschmerzen nach Verletzung, Operation

- Amputationsschmerz (z. B. Schwanzbeißen nach Schwanz-Amputation)

Modalitäten
- Besser im Freien, im kühlen Zimmer
- Schlimmer im Warmen, abends
- Symptome gehen von der linken zur rechten Seite

Alumina – Tonerde – Alumina oxydata – Alum

Allgemeines
Aluminium – Tonerde – ist das dritthäufigste Element der Erdoberfläche und für den lebendigen Organismus ein wichtiges Spurenelement.

Im Normalfall nimmt ein Lebewesen nur minimale Mengen dieser Substanz auf. Durch die heute üblichen Nahrungsmittelverpackungen, durch Zusatzstoffe in den meisten Impfstoffen und manchen anderen Medikamenten kommt es im Organismus zum vermehrten Kontakt mit dieser toxischen Substanz.

Vergiftungen sind bei Arbeitern aus der Aluminium verarbeitenden Industrie bekannt und sogar der langfristige Einsatz von Aluminium-Kochgeschirr soll zu Schäden führen.

Derartige Vergiftungen führen zu neurologischen Ausfällen, die sich – je nach Exposition – mehr oder weniger langsam zu Bewusstseinstrübungen und Lähmungen entwickeln, ferner zu trockener Haut und Schleimhaut.

Alumina ist ein sehr gut geprüftes Homöopathikum, intensiv und tiefgreifend wirksam mit dem Schwerpunkt in Neurologie und Schleimhäuten.

Aussehen
- Vorzeitiges Altern, vorzeitige Zustände von Demenz, allgemein trockene Haut und Schleimhaut
- Alte Patienten: gestörte motorische Koordination, spastische Zuckungen
- Jungtiere: Zarte, kümmernde Jungtiere, ernährt mit <u>künstlicher Nahrung</u> sowie Beschwerden dadurch
- Bewegungsstörungen wie Ataxie, Inkoordination, torkelndes Gehen, Schwäche bis Lähmung der Extremitäten

Verhalten
- Physisch und mental verlangsamt
- Apathisch, Gedächtnisverlust, verzögerte Reaktionen
- Abneigung gegen Gesellschaft
- Fehlende Zeichen von Lebensfreude

Indikationen und Symptome
<u>Zentralnervensystem</u>
- Myelitis, einschießende Rückenschmerzen
- Verzögerte Reizleitung durch Hemmung der Übertragungszentren, kribbeln, Gefühllosigkeit
- Lähmung »alter Leute«, Paraplegie, Hemiplegie, schmerzlos, Krämpfe, Zittern
- Vasomotorenlähmung
- Schwindel, Inkoordination im Dunkeln, beim Augenschließen, muss sich anlehnen
- Zuckungen, Werfen einzelner Teile, auch generalisierte Konvulsionen (Krampfanfälle)
- Blitzartige Schmerzen, ausgehend vom Rückenmark (»Spinalirritation«)
- Reflexverzögerung oder -verlust

<u>Augen/Ohren</u>
- Chronische Katarrhe, Konjunktivitis, Herabfallen der Augenlider
- Chronischer Katarrh der Tuba eustachica

<u>Atemwege</u>
- Fließschnupfen, Auswurf mit <u>reichlicher, zäher</u> Absonderung
- Oder Trockenheit mit harten Krusten
- Chronischer Nasenkatarrh (Katzenschnupfen <u>mit</u> Lähmung)
- Wunde Kehle, Räuspern, Folgen von überanstrengter Stimme, Stimmverlust
- Morgens trockener Husten, besser nach Auswurf von etwas zähem Schleim
- Trockener, hackender Husten, auch durch Verschlucken
- Obstruktive Lungenerkrankungen, Lungenfibrose, Asthma

Verdauungsapparat

- Vermehrter Speichel, Zusammenschnüren des Ösophagus, Räuspern, Neigung zum Verschlucken
- Schwieriges Schlucken harter Nahrung durch trockenen Rachen
- Verlangen nach Unverdaulichem (Kalk)
- Verlangen nach trockenem Futter (mit anderen *Alumina*-Symptomen!) oder fehlender Appetit
- Darmlähmung, Verstopfung durch inaktives Rektum, schwieriger Kotabsatz
- Kotabsatz gleichzeitig mit Urin
- Kot in kleinen, oft schwarzen Ballen
- Kotballen mit Blut oder Schleim überzogen
- Harter, trockener, knotiger Kot ohne Drang, Entleerung nur mit extremer Anstrengung
- Klebriger Kot, verklebt den After, sammelt sich zu dicken Krusten, wenn die Katze sich nicht sauber putzt
- Quälender Kotdrang vor Kotabsatz, danach Schmerzen
- Jucken, Entzündung, Wundheit, Bluten aus dem After
- Chronische Darmerkrankungen, Schmerzen, Krämpfe, Kolik durch Verstopfung
- Klumpige, dunkle Blutungen aus dem Rektum bei schwersten Darminfektionen

Extremitäten

- Lähmungsartige Schwäche, alle Muskeln wie gelähmt, Schwäche der Strecker, Stolpern, Inkoordination
- Lähmung mit Hitze im gelähmten Teil
- Erschöpfung, kann die Füße nicht heben, stolpert, muss nach wenigen Schritten sitzen oder liegen
- Unwillkürliches Werfen einzelner Glieder, ruhelose Beine im Liegen, Konvulsionen

Haut

- Trocken, rissig, verdickt
- Jucken im Warmen, kratzt blutig
- Ekzeme im Winter

Modalitäten

- Müdigkeit, Schwäche im ganzen Körper, schlimmer nach leichter Anstrengung
- Schlimmer morgens nach dem Liegen: Steifheit, Verwirrung, Frieren
- Schlimmer im warmen Zimmer, bei kaltem trockenem Wetter
- Besser im Freien (aber auch schlimmer wegen Kälte)
- Schlimmer bei Voll- und Neumond
- Periodizität täglich oder alle 2 Tage schlechter

Auslöser

- Vergiftungen mit Aluminium oder Blei
- Degeneration des Zentralnervensystems, Apoplex, Hirnverletzung, Myelitis
- Künstliche Ernährung von Welpen, Ernährungsstörungen in der Aufzucht
- Folgen von Enttäuschung, heftigem Ärger
- Physische Überanstrengung
- Folgen von unterdrückten Hautausschlägen

Ambra grisea – Ambr – Sekret des Pottwals

Allgemeines

Amber ist eine wachsartige Ausscheidung des Pottwals, die in Klumpen im Meer schwimmt.

Der für manche Menschen angenehme Duft dieser Substanz wird als mildes Aphrodisiakum in einzelnen Parfüms eingesetzt.

Hahnemann selbst prüfte diese Substanz. Ihr homöopathischer Einsatz bezieht sich auf ein übersensibles Nervensystem mit hysterischen Reaktionen.

Für die Katze ist es indiziert für besondere Arten von Verhaltensstörungen: Der Patient lebt »in seiner Welt«, gerät durch jeden ungewohnte oder neue Situation aus dem psychischen Gleichgewicht und »spinnt«.

Indikationen

- Psychische Symptome schlimmer durch die Anwesenheit Fremder oder durch ungewohnten Besuch
- Schlimmer in jeder ungewohnten Situation (schlimmer als *Ignatia* oder *Natrium muriaticum*!)
- Versteckt das Gesicht, will nicht angesehen werden
- Verkriecht sich z. B.im Keller bei Besuch (sogar bei Besuch derselben Personen, welche die Katze kennt!)
- Das schüchternste Mittel der Materia medica (mehr als *Barium carbonicum*!)
- Kann in dieser Situation weder Urin noch Kot absetzen
- Hysterische Anfälle beim Alleinsein
- Hysterisches Asthma oder Krampfhusten
- Diverse hysterische Reaktionen, auch Kratzen, Knabbern
- Schlimmer durch Musik
- Ausgelöst durch Schreck, Schock, Abgabe ins Tierheim

Antimonium crudum – Grauspießglanz – Ant-c

Allgemeines

Antimon kommt in natürlicher Form als Schwefelantimon vor, gemischt mit Spuren anderer Elemente, Daher erhielt es den Beinamen »crudum« – »roh«, »unbearbeitet«. Den Namen »Grauspießglanz« bekam es wegen seiner grauen, in schmalen Spitzen angeordneten Kristallstruktur.

Antimonium crudum ist eine Arznei für chronische Erkrankungen und ein konstitutionelles Mittel, wirksam für

- akute Erkrankungen, die sich aus der konstitutionellen Verfassung von *Antimonium crudum* entwickeln können
- mit überbetonter (sexueller) Empfindsamkeit (auch bei Kastraten) mit Auswirkung auf Magen, Verdauung und Haut
- und ist sehr tiefgreifend wirksam, darf nicht oft wiederholt werden.
- Bei der Katze kommt es relativ selten vor.
- Gemüt, Darm-, Hauterkrankungen
  Ekzeme mit Magen-Darm-Beschwerden

Aussehen

- Meist dunkel pigmentierte Tiere, das Haar neigt zum Verfilzen
- Dicke und futtergierige Katzen
- Dicke Haut mit Neigung zu Faltenbildung (ähnlich *Graphites*, *Calcarea carbonica*)
- Neigung zu Hautausschlägen, krustig, rissig, speziell nahe an Körperöffnungen
- Tendenz zu Warzen, Verhärtungen der Haut
- Verhornungsstörungen der Krallen

Verhalten

- Sehr emotional, launisch, freundlich, abwechselnd mürrisch
- Will nicht angesehen oder angesprochen werden, unfreundlich, abweisend, ungern gestreichelt
- »Verfressen« und eigensinnig, schnell ärgerlich, z. B. wenn man ihn am Fressen hindert
- Sexuell betonte Tiere, auch Kastraten
- Überempfindlich gegen Lärm
- Unverträglichkeit von heißem Wetter und Kälte

Indikationen und Symptome

Atemwege

- Schnupfen, Sinusitis, Nasenausfluss wundmachend, krümelig bis wässrig

Verdauungsapparat

Akute Erkrankungen:

- Verdauungsstörungen:
  - durch wahlloses Verschlingen jeglicher Nahrung, Überfressen, Übelkeit
  - durch Stress, Aufregung, Kummer, Hypersex mit »Liebeskummer«
  - durch Überhitzung oder Abkühlung

Chronische Erkrankungen

- Verdauungsstörungen chronisch oder wiederkehrend
- Übelkeit, ungenügende Futteraufnahme

- Abwechselnd Durchfall mit hartem Kot, anschließend Hauterkrankungen
- Fehlender Appetit mit dick-weiß belegter Zunge

Haut
- Hauterkrankungen, ausgelöst oder begleitet von Verdauungsstörungen
- Verfilztes Haar
- Schmerzhafte Verhornungen (*Graphites*), Eiterpickel, Furunkel
- Hautpilze, Risse, wunde Maulwinkel, krustiger Hautausschlag um das Maul
- Klebrige Krusten im Fell (*Graphites*) mit schwielig-verdickter Haut, hornige Warzen
- Juckende Ekzeme an den Pfoten
- Juckreiz, kratzt, bis es wund ist
- Orte: hinter Ohren, rissige, schorfige Nase (*Graphites*), Augenlider, um das Maul
- Wachstumsstörungen der Krallen, verdickte oder gespaltene Krallen

Genital
- Gesteigertes sexuelles Verlangen
- Hautausschläge im Genitalbereich mit starkem Juckreiz

Modalitäten
- Lässt sich ungern anfassen, berühren oder ansehen
- Berührungsempfindliche Zähne, Probleme bei der Gebisskontrolle bzw. -sanierung
- Berührungsempfindliche Extremitäten
- Möglicherweise weiß belegte Zunge
- Unverträglichkeit von Sonnenhitze, Überhitzung und Kälte
- Schlimmer bei Vollmond
- Schlimmer auf der linken Seite, vorn rechts und hinten links
- Besser durch Ausscheidungen, z. B. bei Durchfall, Nasenausfluss
- Besser durch ruhiges Liegen
- Trotz ekelhafter Hautausschläge wenig auffallender Körpergeruch!

Auslöser
- Beschwerden durch Enttäuschung, Kummer, Zurückweisung, Ärger, »Liebeskummer«
- Zahnung, Zahnwechsel
- Unterdrückter Hautausschlag oder Schleimhautabsonderung (z. B. durch Kortison)
- Kontakt mit oder Sturz in kaltes Wasser, dadurch evtl. Hautausschläge
- Heißes Sommerwetter, Sonnenhitze
- Beschwerden durch Hitze und Kälte, durch Abkühlung bei Überhitzung
- Fehlendes Trinken Neugeborener (aber häufiger *Calcarea, Opium*)

Antimonium tartaricum – Tartarus emeticus – Brechweinstein – Ant-t

Allgemeines
Antimonium tartaricum wirkt auf das vegetative Nervensystem, speziell auf die Steuerung von Brust- und Bauchorganen.

Die Bezeichnung »Brechweinstein« deutet auf das Auslösen von Übelkeit, ein häufiges Begleitsymptom von *Antimonium-tartaricum*-Krankheiten.

Antimonium tartaricum ist eine Arznei für akute und chronische Erkrankungen, besonders bei Erkrankungen der Atemwege.

Indikationen und Symptome
Schwerpunkt
- Laut rasselnde Atemgeräusche, keuchende Atmung
- Man erwartet dabei den Auswurf von Schleim durch Husten, der jedoch nicht herausgebracht werden kann
- Übelkeit und Erbrechen bei Husten

Atemwege
- Deutlich hörbares Schleimrasseln in den Atemwegen, Schleim kann nicht ausgehustet werden

- Deutlich hörbare Atemgeräusche wie Fiepen, Knarren, Brodeln; wie Ersticken am Schleim in Bronchien
- Bronchitis, Lungenentzündung speziell bei Jungtieren: Atemnot mit Bauchatmung
- Emphysembronchitis, allergisch oder nach nicht ausgeheilter Bronchitis/Lungenentzündung
- Akute Atemnot mit Nasenflügelbewegung, sowie Bauchatmung
- Husten mit Übelkeit, Brechwürgen und Erbrechen, sogar bei geringem Hustenreiz
- Futterverweigerung oder Übelkeit nach dem Fressen
- Zu erwägen im letzten Stadium von verschleppter Lungenentzündung, z. B. Folgen von Kortisonbehandlung
- Lungenatelektase (Zusammenfallen von Lungenbläschen), z. B. beim zu früh geborenen Welpen
- Fortgeschrittenes Stadium von Lungenemphysem, Atemnot *(Antimonium arsenicosum)*
- Neugeborene Welpen: Einatmen (Aspiration) von Fruchtwasser, oft mit Asphyxie (Atemstillstand)
- Katzenschnupfen mit Asthma
- Oder Asthma nach unterdrücktem Schnupfen (z. B. durch Kortison)

Verdauungsapparat
- Quälende Übelkeit, evtl. mit Angst
- Erbrechen gleich nach dem Fressen, Futter, Galle, Schleim
- Fehlender Appetit wegen dauernder Übelkeit
- Verlangen nach kalter Tränke und frischer Luft
- Verwechslung mit *Arsenicum* ist möglich

Herz-Kreislauf
- Begleitende Schwäche im Kreislaufsystem, Herzinsuffizienz
- Herzerweiterung mit Lungenödem und »brodelnder« Atmung
- Herzinsuffizienz bei chronischer Bronchitis mit Asthma (Cor pulmonale)
- Herzschlag unregelmäßig, schwach bei Atemwegsproblemen

Modalitäten
- Schläfrigkeit begleitet fast alle Beschwerden
- Husten oder Atemnot werden besser, sobald Schleim ausgehustet werden kann
- Besser durch Wärme, bei warmem Wetter, aber nicht derart hitzeempfindlich wie *Antimonium crudum!*
- Schlimmer durch Kälte und Feuchtigkeit, im Winter
- Schlimmer generell durch Liegen, Katze verharrt in kauernder Stellung
- Schlimmer beim Anblick von Futter
- Wenig Durst bzw. Tränkeaufnahme
- Schlimmer nachts, speziell 4 Uhr
- Jährlich wiederkehrende Beschwerden
- Ungern angefasst, Abneigung gegen Zuwendung

Auslöser
- Atemwegsinfekte: Bronchitis, Lungenentzündung speziell bei jungen Tieren
- chronische Bronchitis
- Welpen: Aspiration (Einatmen) von Fruchtwasser während der Geburt, evtl. mit anschließender Lungenentzündung und lautem Rasseln
- Folgen von Ertrinken mit Einatmen von Wasser
- Verschlucken von eingegebener Flüssigkeit
- Beschwerden durch Nasswerden, durch Leben in feuchter Umgebung
- Beschwerden durch Verschlucken, Fremdkörper in Kehle oder Trachea
- Lungenemphysem, Lungenödem, Rechtsherzschaden
- Solche Zustände können auch ausgelöst werden durch schlecht vertragene Impfung

Verwechslung
Ipecacuanha: *Ipecacuanha* hat nicht derart lautes Rasseln, langsamer Herzschlag, ansonsten sehr ähnlich zu *Antimonium tartaricum*.

Apis mellifica – Honigbiene – Apis

Allgemeines

Das Arzneimittelbild von *Apis* zeigt deutliche Analogien zu den Symptomen eines Bienenstichs:

Nach dem Stich einer Biene in die Haut tritt sofort ein stechender Schmerz auf, gefolgt von einer weiß-glänzenden, schmerzhaften Schwellung (durch Wassereinlagerung) mit rosa Zentrum.

Im *Apis*-Patienten finden wir eine vermehrte Durchlässigkeit des Gewebes für Lymphe, gestörte Verteilung von Gewebeflüssigkeit, örtliche Schwellungen, obwohl der Patient zu wenig trinkt.

Apis ist häufig bei plötzlichen allergischen, lebensgefährlichen Erkrankungen indiziert!

Der Wirkungseintritt von Apis ist im sehr akuten Fall (Allergie) überraschend schnell (binnen weniger Minuten), bei chronischen Erkrankungen oft überraschend langsam, man darf es dann nicht zu früh wiederholen!

Nach falscher Gabe treten schnell harte, pralle Ödeme auf! Antidot: *Ledum*.

Akuter Verlauf

- Sehr plötzliche Erkrankung, z. B. allergische Reaktion
  - Allergische Reaktionen können sich binnen Minuten entwickeln
  - Entzündungen entstehen in einem Tag, anfangs extrem schmerzhaft mit Ödem (Erguss)
  - Wassergefüllter, praller Erguss mit oder ohne Schmerzen, kann sich zum chronischen Erguss entwickeln
  - Entzündung, Infektion mit prall-glänzender Schwellung
  - Erysipel (Rotlauf) und Phlegmone (Zellgewebsentzündung)

Chronischer Verlauf

- Allergischer Hautausschlag, chronische Nesselsucht mit glänzender Schwellung
- Chronischer praller, wassergefüllter Erguss, z. B. in einem Gelenk
- Langsame Entwicklung von chronischen hormonellen Störungen, Nierenerkrankungen

Indikationen und Symptome

Schwerpunkt Allergien

- Akute oder subakute allergische Erkrankungen:
- Allergischer Schock, evtl. mit Anschwellen der oberen Atemwege, Erstickungsgefahr!
- Z.B allergisches Ödem in Schlund und Kehle (z. B. Glottisödem, Kehldeckel) mit schnarchender Atmung
- Akute Kontaktallergie
- Akute Allergie z. B. gegen Insektenstiche, Bienen-, Wespenstiche, nach Impfung
- Besonders mit Schwellung unter den Augen (Quinke-Ödem) und im Gesicht, in Atemwegen
- Intensive Nesselsucht (*Urtica urens*)
- Urticaria auch nach Anstrengung mit Juckreiz

Schwerpunkt Schwellungen (Ödeme)

- Allergische Schwellungen, z. B. der Pfoten
- Warme Schwellungen bei »Rotlauf« (Erysipel), Infektionen, berührungsempfindlich, eindrückbare Dellen
- Pralle, entzündliche, eindrückbare, schmerzhafte Schwellungen
- Pralle Ödeme bei Nierenschäden (Pfoten, Unterbauch)

Atemwege

- Asthma mit hochgradiger Atemnot, schlimmer im Liegen, mit Ruhelosigkeit (selten)
- Asthma nach unterdrücktem Hautausschlag oder Nesselsucht (durch Pharma-Präparate unterdrückt)
- Asthma bei kaltem Wetter (selten)
- Rachenentzündung mit starker Schwellung in der Kehle, starken Schmerzen, evtl. Atemnot (häufiger *Lachesis*)

Verletzungen

- Stichverletzungen in Körperhöhlen (Vorsicht!)
- Gelenkentzündung nach Injektion in ein Gelenk oder nach Gelenkpunktion
- Verletzungen mit praller wassergefüllter Zyste (Gewebewasser in Körperhöhlen)

- Akut: sehr schmerzhaft
- Chronisch: auch schmerzarm oder schmerzlos!

Entzündungen
- Akut: extrem schmerzhaft, berührungsempfindlich, besser durch Kälteanwendung
- Kein Abszess! Stattdessen langwierige Entzündung, Tendenz zu Geschwürbildung
- Zentralnervöse Entzündungen (Hirnhautentzündung), rasende Kopfschmerzen, Benommenheit
- Meningitis, Enzephalitis mit schrillem Schreien, »bohrt den Kopf ins Kissen«
- Selten auch Otitis mit Schrei
- Rotlauf (Erysipel), Zellgewebsentzündung (Phlegmone), besonders durch Kratzwunden
- Septische Infektionen schwerer Art, Angina, Pharyngitis, Nierenentzündung
- Schlimmste Halsschmerzen
- Entzündungen von Körperhöhlen, mit Gewebewasser gefüllt (z. B. Gelenke, Rippen-, Bauchfell)
- Entzündungen von Gelenk, Sehnenscheide auf dem Blutweg verbreitet, z. B. bei Nabelentzündung
- Geschwüre durch schwersten Sonnenbrand an weißen, wenig behaarten Stellen (z. B. Nase, Ohren)
- Gesäugeentzündung mit praller, glänzender Schwellung, hochschmerzhaft, besonders rechtsseitig
- Sehr schmerzhaftes Panaritium (Krallenbettentzündung) mit deutlicher Schwellung am Krallensaum

Hormonstörungen
- Eierstockserkrankungen rechts, Nymphomanie (Hypersex)
- Meist verbunden mit Eifersucht oder dadurch ausgelöst
- Haarausfall durch hormonelle Störungen (*Pulsatilla*, *Sepia*, *Natrium muriaticum*)
- Abort oder Fruchtresorption in den ersten Monaten

Harnwege
- Nierenerkrankungen, Nierendegeneration, Nierenversagen (Tierarzt)

Modalitäten
- Warmer Körper, jede Art von Wärme verschlechtert
- Kälte und Kälteanwendung bessern
- Berührung verschlimmert, sehr stark ausgeprägt im Akutfall!
- Schwellung um die Augen, Schwellung der Lippen
- Beschwerden eher der rechten Seite, Symptome beginnen rechts, gehen dann nach links oder einseitig links, oder wechselnde Seiten
- Kann nicht rechts liegen (Herzklopfen)
- Ödeme, trotzdem durstlos, Tränkeaufnahme fehlt auch bei anderen Erkrankungen
- Evtl. ungeschickte Vorderbeine, Neigung zum Stolpern
- Zu wenig oder keine Tränkeaufnahme – besonders im Fieber

Auslöser
- Infektionen mit schmerzhaften Entzündungen mit prallen Schwellungen, eitrige Geschwüre ohne Abszess
- Akuter Bienenstich o. a. schmerzhafte Insektenstiche mit Überreaktion
- Allergien verschiedenster Herkunft, z. B. durch Futter, Insektenstiche, Pharma-Präparate
- Verletzungen mit septischen Infektionen, besonders Stichverletzungen in Körperhöhlen
- Erkrankungen dieser Art nach schulmedizinisch beseitigten Hautausschlägen (Unterdrückung)
- Hormonelle Imbalancen, Hormontherapie
- Beschwerden durch Eifersucht, Schreck, dann evtl. sogar »erotische Raserei«
- Folgen von unterdrückten Hautausschlägen

Apis ist ein sehr intensiv wirkendes Arzneimittel, daher ist eine vorsichtige Dosierung wichtig (wenige Einzelgaben der C 30, oder EINE Gabe der C 200, dann beobachten)!

Apis-Erkrankungen treten besonders bei *Natrium muriaticum*-, *Arsenicum*- und *Pulsatilla*-Konstitutionen auf.

Apis ist Antidot gegen *Ledum* und umgekehrt!

Apis kann Folgemittel von *Hepar sulfuris* sein.

Argentum nitricum – Höllenstein – Arg-n

Allgemeines

Der Höllenstein wird in der Medizin noch immer verwandt zum Zerstören und Verätzen von überschüssigem oder abgestorbenem Gewebe.

Entsprechend »ätzende« Eigenschaften entwickelt er im Arzneimittelbild: Geschwüre wie verätzt und unruhiges, hektisches Verhalten, als ob etwas Schreckliches, Zerstörerisches bevorsteht.

Schwerpunkt: Schleimhäute, Nervensystem, Verhaltensstörungen

Akute Erkrankungen: plötzliche Erwartungsangst oder Platzangst mit plötzlichem Durchfall

Chronische Erkrankungen: psychische Probleme, Schleimhauterkrankungen mit hektischer Unruhe

Aussehen im chronischen Fall

- Gestresste Tiere, oft eng stehende Ohren durch angespannte Kopf- und Ohrmuskeln
- Angespannte Psyche und Muskeln, selten lässig entspannt
- Mager durch permanenten Stress
- Haarkleid wie schmutzig
- Warmblütiger Patient, heißester Patient der Materia medica!

Verhalten

- Verhalten mit Angst und Unruhe, Erwartungsangst, z. B. vor Alleinbleiben
- Platzangst an engen, geschlossenen Orten (z. B. Transportkiste)
- »Hysterie«, wenn eine Freigängerkatze zur »Wohnungskatze« umprogrammiert werden soll
- Hektische, eilige Unruhe, die auf uns »ansteckend« wirkt
- Ängstlich, dabei wie explosiv geladen, am schlimmsten in engem Raum
- Abwehr, wenn festgehalten oder auf dem Arm getragen (Platzangst)
- Unsinniges Hin- und her-Rennen in der Wohnung, Stereotypien (*Tarentula hispanica*)
- Erwartungsangst, »Lampenfieber« vor irgendeinem Ereignis (Reise, Tierarztbesuch)
- Ruhe nur am freien, übersichtlichen Platz
- Sucht kühle Plätze, bleibt z. B. bei kaltem Wetter gern auf dem Balkon

Schwerpunkt von Erkrankungen

Verhaltensstörungen (siehe *Kapitel 20,*)

Schleimhautentzündungen

- Neigung zur Bildung von sehr schmerzhaften Geschwüren

Auge

- Bindehautentzündung mit reichlicher, weißer Eiterabsonderung und verkrusteten Lidern
- Erkrankungen an allen Organen des Auges möglich
- Hornhautgeschwüre, Hornhauttrübung, Warzen am Auge, an der Hornhaut
- Chemosis (Anschwellen und Überquellen der Bindehaut über dem Augapfel), Ektropium
- Ausgeprägte Lichtscheu
- Augenschmerzen besser in kühler Luft, im Freien, durch Kühlen
- Meist verbunden mit Magen-Darm-Beschwerden

Herz

- Herzklopfen bei Aufregung, deutlich von außen fühlbar
- Schlimmer beim Liegen auf der rechten Seite

Kehle

- Heiserkeit, Kehlkopfentzündung durch überanstrengte Stimme (»Katzengesang«)

Nervensystem

- Krampfanfälle, Zähneknirschen bei Erregung
- Kleinhirn-, Rückenmarkerkrankung mit Schwäche der Hinterhand, Inkoordination
- Aufsteigende Lähmung (von hinten nach vorn sich ausbreitend)
- Dabei unsicherer Gang im Dunkeln

Verdauungsapparat

- Heißhunger oder Appetitlosigkeit, kann evtl. wegen Unruhe nur wenig auf einmal fressen

- Abmagerung trotz guter und reichlicher Futteraufnahme
- Magen-Darmgeschwüre
- Nervöse Krämpfe der Speiseröhre, schlimmer nach Aufnahme von Süßem
- Ausgeprägte Neigung zu Blähungen und lautem Blähungsabgang
- Auffallend laute Darmgeräusche, speziell bei Erregung
- Aufgetriebener Bauch, empfindlich gegen Erschütterung, z. B. beim Herunterspringen vom Sofa
- Verlangen nach Aufstoßen, Rülpsen, mit entsprechenden Bewegungen des Halses wie Würgen
- Schnell eintretender Durchfall durch Aufregung, evtl. mit Bauchschmerzen
- Kot wie unverdaut, schleimig, klebrig (bei Magen- oder Darmgeschwür)
- Große Mengen Kot
- Durchfall heftig spritzend, reichlich, schmerzlos
- Durchfall gleich nach dem Fressen
- Verstopfung, evtl. abwechselnd mit Durchfall
- Evtl. schwieriger, schmerzhafter Kotabsatz

Harnwege

- Vermehrter Harndrang durch Aufregung
- Harnabsatz besser, wenn allein (*Natrium muriaticum*)

Modalitäten

- Alle Äußerungen oder Symptome sind heftig
- Plötzlich oder allmählich auftretende Schmerzen
- Alles schlimmer durch jede Art von Wärme, warmes Wetter, warmes Zimmer, Bodenheizung
- Schlimmer nachts
- Schlimmer nach dem Fressen, speziell von eiskaltem Futter (Tiefkühlfleisch)
- Unverträglichkeit von Süßem (»gestohlene« Torte)
- Trotzdem ausgeprägtes Verlangen nach Süßem und Salz
- Liegt bevorzugt auf der linken Seite
- Schlimmer im geschlossenen Raum, besser im Freien und in frischer Luft
- Besser durch Kälte und Abkühlung
- Besser durch Druck

Auslöser

- Aufregung, Stress, Furcht, Schreck, Erwartungsspannung, Einsperren in Käfig
- Folgen von Misshandlung, Neurose durch Prügel ohne Fluchtmöglichkeit
- Fressen von Süßem

Arnica montana – Bergwohlverleih – Arn

Allgemeines

Die altbekannte medizinische Wirkung von *Arnica* drückt sich bereits in ihrem Namen »Bergwohlverleih« aus: *Arnica* verleiht dem Bergsteiger wieder sein Wohlbefinden, nachdem er – wahrscheinlich sehr schmerzhaft – vom Berg gestürzt war.

Äußerliche Anwendung der Arnica-Tinktur, -Salbe oder -Gel:

- Vorsicht! Auch in verdünnter Tinktur kann *Arnica* entzündliche Hautreaktionen auslösen, besonders an pigmentarmen Stellen. Solche *Arnica*-Zubereitungen dürfen grundsätzlich nicht auf offene Wunden aufgetragen werden, weil damit eine Wundheilung verzögert oder sogar verhindert werden kann.

Die Homöopathische Verwendung ist bei allen Tieren häufig indiziert:

Arnica wirkt auf die Durchlässigkeit der Kapillaren (die kleinsten Blutgefäße), die besonders nach Gewebequetschungen diffuse Blutergüsse entstehen lassen.

Arnica ist daher das wichtigste Arzneimittel für STUMPFE Verletzungen, wie Verkehrsunfall, Schlag, Stoß, auch wenn diese anfangs bluten; *Arnica* ist nicht geeignet für tiefe, stark blutende Wunden!

Arnica ist erfahrungsgemäß nicht indiziert für die Anwendung vor oder nach einer Operation, obwohl das fälschlicherweise in der homöopathischen Literatur häufig so beschrieben ist!

Arnica – vor während oder nach der Operation gegeben – führt zu stark erhöhter Blutungsbereitschaft aus den Kapillaren (Antidot: Eine Gabe *Millefolium* C 30)!

Bei den meisten Operationen wird geschnitten, weniger gequetscht; für solche Schnittverletzungen ist *Arnica* nicht »zuständig«, daher sind dort andere Verletzungsmittel angebracht (z. B. *Staphysagria, Calendula*).

Auch nach zu häufigen Gaben potenzierter *Arnica* können äußerliche oder innerliche Sickerblutungen entstehen, die sich mit Schmerzen und Blutergüssen äußern können. Das gilt auch für Komplexmittel, in denen neben anderen Mitteln auch *Arnica* enthalten ist.

Indikationen

- Stumpfe Verletzungen und deren Folgen
- Geschlossene oder leicht blutende Wunden, Blutergüsse (Gefühl »wie zerschlagen«)
- Prellungen, Abschürfungen, Schlagverletzungen, Verkehrsunfälle, Sturz, Gehirnerschütterung
- Quetschwunden
- *Arnica* verhindert, beseitigt oder lindert Wundschmerzen und Infektionen (Bei Wirkungseintritt von *Arnica* bessern sich die Schmerzen und der Tierpatient hört auf, an der schmerzhaften Stelle zu lecken.)
- Nicht angebracht bei starken äußeren Blutungen, bei Verletzungen großer Blutgefäße!
- Nicht indiziert bei tiefen Fleischwunden
- Langfristige Folgen von Verletzungen (»nicht mehr gesund seit…«)
- Folgen von körperlicher Überanstrengung (selten bei der Katze)

Spezielle Indikationen

- Bewusstlosigkeit, Koma, Schock nach Verletzung, Unfall, Sturz (*Hypericum, Opium*)
- Atemstillstand (Asphyxie) nach schwerer Verletzung (anschließend evtl. *Hypericum* oder *Opium*)
- Schmerzen nach komplizierten Zahnextraktionen
- Kippfensterverletzung mit Nierenquetschung und blutigem Urin
- Fieber nach schweren Verletzungen, »Wundfieber«, z. B. nach Verkehrsunfall
- Abort (Fehlgeburt) nach Bauchverletzung, z. B. Tritt oder Schlag gegen den Bauch der tragenden Katze
- Geburtstrauma: Quetschungen der Geburtswege nach Schwergeburt (selten bei der Katze) oder zu großen Föten
- Schlaganfall, Hirnblutung, Schädel-Hirn-Trauma – das erste und wichtigste Mittel (neben *Hypericum, Opium*)!
- Zellgewebsentzündung (Phlegmone) bis Blutvergiftung nach infizierter Quetsch- oder Bisswunde
- Fördert oder verhindert die Eiterung von Wunden – je nach Stadium der Erkrankung

Spätfolgen von Verletzungen

- Chronische Folgen von Wunden, Verletzungen
- Sogar bei traumatisch bedingte Bewegungsstörungen
- Epilepsie nach Verletzungen (u. a. Mittel)
- Auch Folgen von solchen Verletzungen, die lange zurückliegen (»nie wieder gesund seit…«)
- Ruhelosigkeit nach schwerem Verkehrsunfall (z. B. bei Quetschungen am ganzen Körper)
- Schwindel nach Gehirnerschütterung (wie *Cicuta, Natrium sulfuricum, Opium, Ruta*)
- Angst bleibt nach Verletzung bestehen (*Aconitum, Opium, Natrium muriaticum*)
- »Angst, von Vorbeigehenden geschlagen zu werden«
- Ruhelosigkeit, Nervosität, bleibt lange bestehen nach Verletzung

Modalitäten

- Berührungsempfindlich nach oder seit einer Verletzung, will dort nicht angefasst werden
- Ruhelosigkeit nach schwersten Verletzungen, weiß nicht, wie liegen (als ob das Bett zu hart wäre)
- Unverträglichkeit von Autofahren

Kontraindikation

Verletzungen großer Blutgefäße

Nach dem Einsatz von Arnica können noch andere »Verletzungsmittel« erforderlich werden wie: *Bell-p, Hyp, Led, Rhus-t, Calen, Symph, Con, Calc, Sil* u. a.

Arsenicum album – Arsenige Säure – Ars

Allgemeines

Das chemische Element *Arsenicum* ist ein tödliches Gift, zerstört Körpergewebe, lässt es gleichsam bei lebendigem Leibe verfaulen.

Im homöopathischen Arzneimittelbild können genau solche Erkrankungen durch potenziertes *Arsenicum* geheilt werden.

Arsenicum ist eines der wichtigsten und häufigsten Homöopathika für akute und chronische, schwerste, oft nicht klar zu diagnostizierende, »austherapierte« oder »unheilbare« Erkrankungen, ferner ein wichtiges »Konstitutionsmittel«:

- Akute Krankheiten mit überraschend schnell fortschreitender Schwäche und Lebensgefahr!
- Der »konstitutionelle« *Arsenicum*-Patient (nicht schwer krank) verfügt dagegen meist über große körperliche Leistungsfähigkeit, jedoch mit langsam zunehmender Tendenz zur Entwicklung schwerste Erkrankungen.

Arsenicum ist besonders häufig bei der Katze indiziert.

Aussehen des chronisch kranken Arsenicum-Patienten

- Meist sehr wach und aufmerksam, meist auffallend schönes Haarkleid – außer bei schwerster Krankheit
- Feines Fell, sogar oft noch bei schwerer Krankheit
- Leichtes Frieren
- Bei fortgeschrittenen Krankheiten auch schmutzig, struppig und extrem stinkend
- Hautausschläge feinschuppig, mehlig, verfilzend (**FOTO**)
- Bei schwerster Erkrankung penetranter, aashafter Geruch von Ausscheidungen

Verhalten (siehe auch *Kapitel 20, Verhalten*)

- Freundlich, liebenswürdig in vertrauter Umgebung mit vertrauter Bezugsperson
- Keine aufdringliche »Schmusekatze«
- Unsicheres Wesen, misstrauisch zurückweichend, ständige Bereitschaft zu Flucht
- Neigung zu Angst-Aggression (»Zorn mit Angst«), sobald sich die Katze irgendwie bedroht fühlt
- Todesangst mit aggressivem »Notwehrverhalten«, Angst, als ob man das Tier töten wollte!
- Aggressiv bei der Untersuchung, speziell der Maulhöhle (wichtig für die Differenzialdiagnose!)
- Dominant, ernsthaft, anspruchsvoll, wählerisch, pedantisch
- Oft Zeichen von Unruhe, Herumwandern, besonders nach Mitternacht
- Kann nicht allein sein, sonst Unruhe und Panik mit Destruktivität oder Selbstzerstörung
- Meist niedrige Aggressionsschwelle, »wesensschwache«, unzuverlässige Tiere
- Besteht darauf, Rituale einzuhalten, z. B. immer denselben Tagesablauf, derselbe Fressplatz und Futternapf
- Ausgeprägtes Zittern durch Angst
- Auch die noch gesunde konstitutionelle *Arsenicum*-Katze pflegt ihre nächtliche Unruhe durch Herumtreiben zu befriedigen, ausgeprägte Nachtaktivität, Schlafbedürfnis evtl. ab 4 Uhr morgens

Indikationen

Schwerpunkt

- Erkrankungen mit destruktiver Tendenz (Zerstörung von Gewebe)
- Im schweren Akutfall mit ängstlicher Unruhe und aashaftem Geruch verbunden
- Stoffwechsel-Zusammenbruch, überraschend schnell eintretende Erschöpfung
- Leber und/oder Nierenversagen
- Erkrankungen des Immunschwächekomplexes, auch nach immunsuppressiver Therapie
- Erkrankungen aller Organsysteme möglich

Atemwege

- Erkrankungen aller Art mit überraschend schnell fortschreitender Schwäche
- Wundmachender Nasenausfluss, Katzenschnupfen

- Rachenentzündung, Angina, Bronchitis, Pneumonie
- Asthma mit hochgradiger Atemnot (*Phosphorus*), evtl. mit Bauchatmung
- Asthma nach unterdrücktem Schnupfen
- Asthma schlimmer bei heißem Sommerwetter
- Legt sich dabei ungern nieder, verharrt in Kauerstellung
- Trotz Schwäche ruheloses Umherwandern, besonders nach Mitternacht
- Verlangen immer wieder ein wenig zu trinken, kauert mit dem Maul über dem Trinknapf
- Dabei wenig Reaktion auf Zuwendung

Stoffwechsel

- Zusammenbruch bei Stress, bei Infektionen, Infektionskrankheiten, Sepsis
- Bei Leber- und/oder Nierenschaden, Hepatitis (Leberentzündung) mit oder ohne Gelbsucht
- Ruhelosigkeit bei Überfunktion der Schilddrüse, evtl. mi Abmagerung trotz guter Futteraufnahme
- Wichtig bei verschiedenen Krebserkrankungen
- Diabetes nach immunsuppressiver Therapie u.a. schlecht vertragenen Pharma-Präparaten

Verdauungsapparat

- Maulgeschwüre, Stomatitis, Magen-Darmgeschwüre, Colitis (IBD)
- Eines der wichtigsten und häufigsten Homöopathika für schwerste Magen-Darm-Erkrankungen akuter und chronischer Art!
- Kein Mittel für einen beginnenden leichten Durchfall!!!
- Ohne Therapie: Der Tod kann bereits wenige Stunden nach Beginn der Erkrankung eintreten
- Unter schulmedizinischer Therapie: langsameres Fortschreiten, schwierige, langwierige Therapie
- Unter homöopathischer Therapie ist schnelle Heilung zu erwarten, abhängig von Schwere und Dauer der Erkrankung:
- »Sterbensübelkeit« (lieber sterben als Übelkeit ertragen) mit Erbrechen jeglicher Nahrung oder Tränke
- Erbrechen, chronisch oder wiederkehrend, häufig resistent gegen schulmedizinische Therapie
- Gastroenteritis (Magen-Darm-Entzündung, Brechdurchfall) schwerster Form
- Anfangs mit Fieber, schneller Übergang in kalten Körper, anschließend Untertemperatur
- Lebensgefährlicher Durchfall mit aashaft stinkendem Kot, mit oder ohne Bauchschmerzen
- Schnell eintretende Austrockung durch Verlust von Körperflüssigkeit oder Schock
- Durchfallerkrankungen mit überraschend schnellem Kräfteverfall binnen weniger Stunden
- Trotzdem anfangs zeitweilig Unruhe mit ziellosem Wandern (besonders nach Mitternacht)
- Liegt schließlich ruhig und apathisch flach auf der Seite mit gelegentlicher Unruhe
- Schließlich nur noch Unruhe einer Extremität
- Später nur noch unruhiger Blick mit Bewegung der Augen
- Tendenz zu Schock, Untertemperatur und Austrocknung

Kotbeschaffenheit

- Scharfer, wundmachender Kot, schießt oder läuft heraus, auch unwillkürlicher Kotabgang
- Dünnflüssig, wässrig, blutig, schleimig
- Auch abwechselnd flüssiger und geformter Kot
- Geruch: Ekelhafter, penetranter Gestank, verfault wie Aas
- Enthält evtl. unverdautes Futter
- Wunder After durch scharfen Kot

Haut

- Ausschläge, trocken, mehlig, krustig, Tendenz zu feinschuppigem Verfilzen der Haare (**FOTO**)
- Geschwürige, jauchige Wunden, Gangrän (Absterben von Gewebe), Schwarzwerden von Gewebe
- Brüchige, abblätternde, krümelnde Krallen, Panaritium

Harnwege

- Eines der häufigsten und wichtigsten Mittel für Nierenerkrankungen bis Nierenversagen (CNI)

- Verbunden mit extremer Schwäche und Austrocknung
- Oft gleichzeitig Maulfäule, äußerst schmerzhafte Stomatitis, Zahnverfall

Endstadium verschiedener schwerer Erkrankungen (*Carbo vegetabilis*)

- Erleichtert evtl. im Endstadium ein schmerzfreies Sterben (*Carbo vegetabilis*)

Modalitäten

- Akute, überraschend schnell lebensgefährlich werdende Erkrankungen mit extremer Schwäche
- Anblick und Geruch von Futter macht Erbrechen oder Inappetenz, überempfindlich gegen Gerüche
- Auffallend aashaft stinkende, wundmachende Absonderungen
- Tendenz zu Untertemperatur (unter 37,5 °C), oft schon wenige Stunden nach Krankheitsbeginn
- Mehlige, trockene oder krustige, juckende Hautausschläge, evtl. am ganzen Körper;
- Alles besser durch Wärme (außer Asthma) oder Wärmeanwendung
- Ruhelosigkeit, treibt umher, speziell nach Mitternacht, generell Tendenz zu Unruhe und Erregbarkeit
- Alles schlimmer nach 24 Uhr, besonders 1 bis 2 Uhr nachts
- Grundsätzlich besser durch anwesende Gesellschaft, aber nicht durch intensive Zuwendung
- Viel schlimmer, wenn allein
- Abmagerung trotz Heißhungers
- Wiederholtes Verlangen nach kleinen Schlucken kalten Wassers
- Häufig Verlangen nach Butter, Verlangen oder Unverträglichkeit von Milch
- Verlangen während des Fressens zu trinken
- Kollaps bei Magen-Darm-Erkrankungen, Austrocknung, schnell eintretender Tod
- »Brenner-Mittel« – aber brennende Schmerzen sind beim Tier nicht erkennbar; eine brennende Zunge könnte evtl. durch Ablecken kalter Gegenstände geäußert werden
- Abmagerung bis Kachexie im chronischen Fall
- Endstadium Sterbender (*Carbo vegetabilis*)
- Evtl. Periodizität der Erkrankung, alle 14 Tage
- Mögliche Begleitsymptome: schmerzhafte Leber-/Milzvergrößerung, Aszites

Auslöser

- Akute schwere Infektionen, Sepsis, Kollaps, Allergie, Kaltwerden, Unterkühlung
- Autoimmunerkrankungen
- Folgen von Unterdrückungen, besonders von unterdrückten Hautausschlägen
- Folgen von unterdrücktem Schnupfen
- Akute und chronische Folgen von Vergiftungen, z. B. durch verdorbenes Futter oder Tränke
- »Neurosen«, Verhaltensprobleme in neuer Umgebung, nach Wohnungsrenovierung etc.
- Fressen von gefrorenem Futter (Tiefkühlkost) oder Trinken von eiskaltem Wasser
- Vergiftungen (Zusammenbruch des Stoffwechsels)
- Schlecht vertragene oder hoch dosierte Pharma-Präparate (z. B. Colitis durch NSAIDs)
- Fremde, neue Umgebung, Alleinsein, fehlende Sicherheit
- Beschwerden durch Angst und Schreck, nach kopfloser Panik

Wichtigstes Komplementärmittel zu *Phosphorus*

Aurum metallicum – Gold – Aur

Allgemeines

Das Gold ordnet man – gemäß Philosophie und Sprichworten – der Sonne zu: »Hab Sonne im Herzen«. *Aurum* steht für strahlendes Licht, für Wärme, Wert, Wohlbefinden, Schönheit, für das Herz – kurz: Für das gesunde, freudige Leben schlechthin.

Wenn dieses »Gold« im Menschen aus dem Gleichgewicht gerät – wie bei der Arzneimittelprüfung oder im »Gold-kranken« Menschen, so leidet dieser unter fehlendem Lebensmut bis zum Suizid, unter Depressionen, Herzerkrankungen und schließlich unter Degeneration lebenswichtiger Organe und Strukturen.

Aurum gehört zu den »großen« und sehr gut geprüften Homöopathika; es ist besonders tiefgreifend wirksam und darf daher nicht zu häufig eingesetzt werden.

Aurum ist bei chronischen Krankheiten indiziert.

Bei der Katze werden wir außer den unten genannten Angaben die Indikation von *Aurum* seltener finden als die von anderen Mitteln.

Speziell der Katzenschnupfen lässt an *Aurum* denken, wenn er mit der Zersetzung der Nasenschleimhaut und Nasenknochen einhergeht. Es lässt sich i. d. R. aber bei FIP kein Heilungserfolg erzielen.

Verhalten

- Mangel an Lebensfreude, wenig Spielverhalten
- Eigenwillig, Tendenz zu Reizbarkeit oder heftiger Aggressivität
- Speziell aggressiv, wenn man etwas gegen den Willen des Patienten tut
- Jedoch nicht primär aggressiv!
- Verträgt nicht den geringsten »Widerspruch«
- Zorn bei Schmerzen
- Heftiger Zorn mit Zittern, Streitsucht
- Keine »Schmusekatze«, wenig Zeichen von Zuneigung
- Meist Abneigung gegen Gesellschaft

Indikationen und Symptome

Katzenschnupfen

- Schwellung und Geschwüre der Nase und Nasenschleimhaut
- Wunde, rissige Nase
- Eitrig, widerwärtig-faulig stinkender Geruch aus der Nase
- Grüngelber stinkender Nasenausfluss
- Fließschnupfen, grüngelb, verstopfte Nase mit dicken Krusten, Schniefen
- Verklebte Nasenlöcher und Lider
- Veränderungen, Destruktion am Nasenknorpel, der Nasenschleimhaut und der Nasenknochen
- Krebsartige Veränderungen außen und innerhalb der Nase
- Zustand und Schmerzen schlimmer in der Nacht
- Besser im Freien, schlimmer im Zimmer

Augen

- Sehr schmerzhafte, destruktive Augenerkrankungen bei Katzenschnupfen
- Extreme Lichtscheu mit permanentem Tränenfluss

Mögliche Begleitsymptome

- Zahnverfall, Zahnschmerzen schlimmer nachts
- Trockene, verhärtete, evtl. auch geschwollene Zunge mit Geschwüren
- Schmerzhafte Schwellung der Mandibular-Lymphknoten

Modalitäten

- Schlimmer durch Kälte oder Kaltwerden
- Besser an frischer Luft
- Alle Beschwerden schlimmer nachts, Erschöpfung am Morgen
- Jammern während nächtlicher Schmerzen

Auslöser

- Quecksilberbelastung durch Impfungen
- Beschwerden durch Kummer, Ärger

Weitere Symptome von *Aurum* siehe Arzneimittellehren der homöopathischen Literatur – siehe Literaturverzeichnis.

Bacillinum – Bac

siehe *Tuberculinum*

Baptisia tinctoria – Wilder Indigo – Bapt

Allgemeines

Baptisia ist ein Mittel für septische Zustände im fortgeschrittenen Stadium. Gewisse Ähnlichkeiten mit dem Zustand von *Arsenicum* können vorliegen.

Wenn bei entsprechender akuter Symptomatik keine Besserung durch *Arsenicum* erreicht werden kann, sollte die mögliche Indikation von *Baptisia* studiert werden. Beide Mittel – *Arsenicum* und *Baptisia* können einander ergänzen.

Baptisia ist kein konstitutionelles Mittel, sondern für akute bis subakute septische Zustände geeignet.

Verhalten

- Apathie, Benommenheit während septischer Erkrankungen (Delirium, »Wahnvorstellungen«)
- Schmerzen am ganzen Körper mit Ruhelosigkeit und Erschöpfung
- Fauliger Geruch des ganzen Körpers

Indikationen und Symptome

- Heftige, meist fieberhafte Infektionen mit Tendenz zu Sepsis und Erschöpfung
- »Blutzersetzung« mit bläulichen Flecken, Nasenbluten bei Fieber
- Schnell fortschreitende Erschöpfung
- Eitrige stinkende Absonderungen

Verdauungsapparat

- Stomatitis und Rachenentzündung, Maulfäule mit quälenden Schmerzen
- Geschwürige Zunge und Zahnfleisch mit Symptomen von Sepsis
- Bei der schweren Stomatitis ist meist die Gabe eines Folgemittels nötig!
- Tonsillitis, Rachenentzündung schwerster Art, evtl. sogar schmerzlos, Meningitis
- Dunkel-blaurot verfärbter, geschwollener Rachen bzw. Tonsillen
- Kann nichts Festes schlucken, kann kaum Flüssigkeiten schlucken
- Schwerste Gastroenteritis, stinkender blutiger Durchfall

Weitere septische Erkrankungen

- Bronchitis, Pneumonie mit Atemnot, fortgeschrittenes septisches Stadium
- Puerperalfieber, im septischer Zustand
- Anhaltendes oder wiederkehrendes Fieber

Modalitäten

- Besser in frischer Luft
- Schlimmer im Herbst, schlimmer durch kaltes und heißes Wetter
- Hohes Fieber, plötzlicher Anstieg
- Schlimmer morgens bzw. nach dem Schlaf
- Muskelschmerzen möglich am ganzen Körper

Auslöser

- Infektionen mit schwerstem septischem Verlauf und Lebensgefahr
- Immunschwächekrankheiten

Barium carbonicum – Baryta carbonica – Bar-c

Allgemeines

Barium ist ein Homöopathikum für »Kinder und Greise«: Zwergenhafte, mental und körperlich zurückgebliebene Jungtiere; alte Tiere mit physischer und mentaler Schwäche, die möglicherweise »kindisches« Verhalten annehmen.

Aussehen und Verhalten

- Retardierung – »Zwergwuchs« in allen Bereichen, geistig und körperlich, bei jungen und alten Lebewesen
- »Kindisch«, ängstlich, sitzt in der Ecke, scheu und schüchtern
- Erwartungsangst vor Unbekanntem
- »Geistig behindert«, mentaler und körperlicher Entwicklungsrückstand
- Melancholisches bis phlegmatisches Temperament, kaum Spielverhalten
- Furcht vor Fremden, versteckt sich (*Ambra, Calcarea*), intensiver Kontakt nur zur bekannten Bezugsperson
- »Klammert« und folgt ihr auf Schritt und Tritt, kann nicht allein sein
- Ausgeprägte Furcht vor Fremden (*Ambra*)
- Zwergwuchs, unbeholfen, linkisch, schwerfällig; spätes, evtl. ungeschicktes Laufen
- Neigung zum Frieren, mager, dicker Bauch, sabbern, Zunge zwischen den vorderen Zähnen

- Verzögerte oder fehlende geschlechtliche Entwicklung
- Entwicklungsstillstand nach einer Erkrankung, evtl. nach Impfung?

Indikationen und Symptome

Drüsen

- Drüsenschwellungen und Verhärtungen, chronische Tonsillenhypertrophie und Tonsillitis
- Wiederkehrende schmerzlose oder schmerzhafte Tonsillitis
- Schwerhörig nach Tonsillitis

Atemwege

- Wiederholte Katarrhe durch Kaltwerden, Heiserkeit durch Erkältung
- Viel Schleimhautabsonderungen, rasselnde Atmung, bellender Husten
- Auswurf fehlt bei Husten (ähnlich *Antimonium tartaricum*)

Verdauungsapparat

- Viel Sabbern, Maul nicht ganz geschlossen
- Kann wegen Halsschmerzen nur Flüssiges schlucken
- Spasmen im Ösophagus, schwieriges Schlucken
- Häufig Verdauungsstörungen, Koliken, Obstipation

Haut

- Juckende Hautausschläge, schlimmer nach Abwaschen
- Stinkender Pfotenschweiß, wundmachend (*Psorinum, Graphites, Silicea, Sanicula*) mit Pfotenknabbern
- Lipome, zystische Tumoren, Haarbalgzysten (Talgzysten)

Augen

- **Knötchen** in den Lidern, Oberlider hängen, Hornhauttrübung

»Greise«, alte Tiere

- Vorzeitiges »Altern«, Verhalten wie Welpen
- Gedächtnisverlust, Altersverfall
- Lähmung nach Apoplex
- Zungenlähmung, Zunge hängt aus dem Maul
- Zittern der Extremitäten bei alten Tieren
- Alte Zuchtkater mit Hypertrophie von Prostata und Hoden

Modalitäten

- Alles schlimmer nach dem Fressen
- Schlimmer durch Kaltwerden, aber auch Wärme verschlimmert
- Abmagerung mit Heißhunger
- Folgen schlecht vertragener Impfungen

Barium iodatum – Bar-i

- Bewährtes, organotropes Spezifikum für vergrößerte Drüsen im Halsbereich, z. B. bei Leukose
- Indiziert, wenn kein besser passendes Mittel gefunden werden kann
- Warmblütiger Patient

Belladonna – Tollkirsche – Bell

Allgemeines

Die Tollkirsche wächst in sonnigen Lichtungen unserer Wälder.

Wer wiederholt im Sommer die schwarzen giftigen Früchte, die Tollkirschen, einnimmt, erlebt eine Art Arzneimittelprüfung: *Belladonna* wirkt auf das vegetative Nervensystem: Erweiterte Pupillen mit übermäßiger Lichtempfindlichkeit, gesteigerte Herzfrequenz, Krampf oder Erschlaffung der unwillkürlichen Muskulatur und der Blutgefäße, gestaute, heiße und pulsierende Blutgefäße zunächst am Kopf, dann im ganzen Körper, anschließend entwickelt sich hohes Fieber.

Belladonna ist ein häufig gebrauchtes homöopathisches Arzneimittel für heftige akute, hochfieberhafte Infektionen und Entzündungen, verbunden mit den fünf Merkmalen der Entzündung: Rötung, Wärme, Schmerz, Schwellung und gestörte Funktion des erkrankten Organs.

Belladonna kann im heftigen Krankheitszustand eine erste Besserung erreichen:

Verbessertes Allgemeinbefinden und Sinken der Körpertemperatur.

Häufig ist – je nach weiter bestehender Symptomatik – ein passendes Folgemittel erforderlich, um den Patienten endgültig zu heilen.

Belladonna ist i. d. R. kein konstitutionelles Mittel und nur selten bei chronischen Krankheiten indiziert.

Aussehen des Patienten

- Übermäßige Hitze mit pulsierender Blutfülle
- Meist hohes Fieber (über 40 °C, sogar bis 42 °C), speziell abends und nachts
- Heiße Körperoberfläche mit trockenen Schleimhäuten
- Daher schwieriges Fiebermessen wegen trockenem After
- Rote, heiße Maulschleimhaut, rote Bindehaut am Auge, heiße Ohren und Nase
- Dabei kalte Extremitäten manchmal möglich

Indikationen und Symptome

Entzündungen – Infekte

- Akut bis perakut beginnende, plötzliche Entzündungserscheinungen
- Oft noch ohne erkennbare Lokalisation der Erkrankung
- Harter, schneller Puls bzw. Herzschlag, stark akzentuierte Herztöne
- Heiße Nase, heiße Ohren, dabei evtl. heiße oder eiskalte Extremitäten
- Meist sehr hohes Fieber, besonders vor Mitternacht, besser gegen Morgen
- Fieber kann aber bei einer abgegrenzter, lokalisierter Erkrankung fehlen, dann aber lokale Hitze
- Bei sehr hohem Fieber evtl. Zeichen von zentralnervöser Erkrankung: Streckkrampf des Halses nach hinten, Krampf der Kaumuskeln, selten bis zu Raserei (Fieberkrampf)
- Überempfindlichkeit der Sinnesorgane (Licht, Lärm, Berührung)

Nervensystem

- Meningitis, Enzephalitis
- Fieber evtl. mit zentralnervöse Erregung mit gesteigerter Erregbarkeit der Sinne oder Schläfrigkeit
- Zähneknirschen, Kaumuskelkrampf bei Erregung des Zentralnervensystems
- Delirium bis zur Raserei, Angst im Dunkeln, besser durch Licht

Atemwege

- Rachenentzündung, Angina, beginnende Erkrankungen der unteren Atemwege

Verdauungsapparat

- Erschlaffung der Darmmuskulatur mit Bereitschaft zu anfallsweisen Krämpfen
- Heftige, plötzliche Bauchschmerzen mit Neigung zu gestreckter Haltung (!), mit auffallender äußerer Hitze

Haut

- Beginnender »Rotlauf« oder Phlegmone (Zellgewebsentzündung) mit großer lokaler Hitze
- Gereifter, sehr schmerzhafter Abszess kurz vor dem Aufbrechen

Genital

- Alle gynäkologischen, plötzlichen fieberhaften Erkrankungen
- Trockene, heiße Schleimhäute
- Plötzliche, heftige Mastitis, beginnend am Abend

Modalitäten

- Plötzliches Auftreten heftiger Symptome!
- Heftige Erkrankungen mit großer Hitze, kaum Ödem
- Hitze evtl. abwechselnd mit Schüttelfrost, sehr hohes Fieber, 40 bis 42 °C!

- Unterbrochenes (intermittierendes) Fieber (Morgentemperatur um 1 bis 1,5 °C niedriger als abends)
- Kein kontinuierliches Fieber!
- Fieberanstieg ab späten Nachmittag bis Abend, dann ab 24 Uhr langsamer Rückgang der Temperatur
- Warme, heiße Absonderungen, trockene Schleimhäute
- Schmerzen kommen und gehen plötzlich, Beschwerden kommen in schneller Abfolge
- Zustand besser durch Abkühlung oder kühlende Umschläge
- Generelle Verschlechterung durch Wärme
- Durst, Verlangen nach kalter Tränke

Auslöser

- Entzündungen, Kaltwerden, Infektionen, Abszesse, Hitzschlag, Sonnenstich etc.
- Akute Gebärmutterentzündung nach der Geburt mit trockener Hitze
- Akute Infektionen jeglicher Art und Organsystems, Allgemein- oder Lokalinfektion
- Erkrankungen junger Tiere während Zahnung oder Zahnwechsel
- Folge von unterdrückten Hautausschlägen
- Folgen von unterdrücktem Schnupfen
- Futtermittelvergiftung, Kohlenmonoxidvergiftung, Folgen von Beruhigungsmitteln oder Narkose
- Überdosierung von homöopathischen Komplexmitteln, die *Belladonna* in Tiefpotenz enthalten!!!

Folgemittel

Häufig kann die Gabe von *Belladonna* (ca. 3-mal C 30 im Abstand von 15 Minuten) den überschnellen Verlauf einer akut beginnenden Erkrankung abblocken. Danach benötigt es nicht selten noch ein Folgemittel, z. B. *Bryonia, Phosphorus, Pulsatilla* oder andere.

Belladonna ist eines der wichtigsten Komplementärmittel für akute Zustände von konstitutionellen *Calcium-carbonicum*-Patienten, *Natrium-muriaticum*- oder *Sulfur*-Patienten

Bellis perennis – Gänseblümchen – Bell-p

Allgemeines

Das Gänseblümchen (Wundwurzel) wird zu wenig geschätzt, zu viel »zertreten« und gedeiht dennoch überall: Eine der wichtigen »kleinen« Arzneien für Verletzungen, die unter ähnlichen Bedingungen entstehen.

Verwendung:

Äußerlich als verdünnte (5 %-) Tinktur oder als verdünnte Teezubereitung: Als Umschlag oder in Form von Brei von frischen Blüten zur Linderung von Hautentzündungen, Akne u. ä. Hauterkrankungen

Homöopathisch: Wunden von stark durchblutetem Gewebe, tiefe Fleischwunden, Weichteilprellungen

Indikationen

- Verletzungen von stark durchblutetem, weichem Gewebe
- Tiefe Fleischwunden, Muskelwunden, Muskelprellungen (z. B. Verkehrsunfall)
- Tiefer Hunde- oder Marderbiss u. Ä.
- Überempfindlichkeit der verletzten Teile
- Operationsfolgen von tiefliegendem Gewebe (wichtiges Mittel), mit Schmerzen z. B. nach Kaiserschnitt
- »*Arnica* der Gebärmutter« – fördert die Rückbildung nach der Geburt, speziell nach großen Föten
- Schmerzen in der Bauchdecke während der letzen Wochen der Trächtigkeit vieler Welpen
- Schmerzen nach Bauchoperation mit Berührungsempfindlichkeit
- Folgen von Kaltwerden während oder nach Verletzungen
- Aktuelle Unterkühlung, z. B. nach Sturz in eiskaltes Wasser vorbeugend gegen Folgeerkrankungen, z. B. Lungenentzündung

Berberis vulgaris – Sauerdorn – Berberitze – Berb

Allgemeines

Berberis, Sauerdorn, ist eine bei uns heimische Pflanze, die bereits im Altertum medizinisch verwendet wurde.

In der Homöopathie nutzt man die sauren Beeren mit Wirkungsschwerpunkt auf Harnwege, Schleimhäute und rheumaähnliche Erkrankungen.

Leitsymptom: Rückenschmerzen mit Nierenbeteiligung

Berberis ist eine Arznei für akute und subakute Erkrankungen

Indikationen und Symptome

Harnwege

- Nierenerkrankungen, Nieren- und Rückenschmerzen stehen im Vordergrund
- Tendenz zu aufgekrümmtem Rücken
- Nierenerkrankungen mit quälenden ausstrahlenden Rückenschmerzen, Lumbago
- Nierenschmerzen, können Symptome einer Darmerkrankung simulieren!
- Evtl. häufiger Harndrang
- Urin schleimig, rötlich oder blutig
- Meist keine primär auftretenden Schmerzen der Blase

Rücken

- Quälende, berührungsempfindliche Rückenschmerzen, besonders der langen Rückenmuskeln (*Nux vomica*)
- Rückenschmerzen strahlen aus in die Hinterbeine

Extremitäten

- Chronische Bewegungsstörungen im Zusammenhang mit Nierenerkrankungen
- Lebererkrankungen begleiten Nierenerkrankungen, evtl. verbunden mit Gelbsucht

Haut

- Hautausschläge, kleine umschriebene krustige Pusteln mit Juckreiz, die auch dann auftreten können, wenn *Berberis* zu häufig gegeben wird

Modalitäten

- Mattigkeit, Müdigkeit, Schmerzen wechseln die Stelle
- Schmerzen schlimmer durch Bewegung, im Stehen, durch Erschütterung
- Schlimmer am Anfang der Bewegung und während Anstrengung

Auslöser

- Nierenerkrankungen, gestörter Nierenstoffwechsel und Entgiftung durch die Niere
- Möglicherweise auf der Basis einer *Lycopodium*-Konstitution
- Fischvergiftung

Bismuthum subnitricum – Wismut trinitrat – Bism

Allgemeines

Der Schwerpunkt dieses Mittels liegt im Verdauungsapparat.

Im Arzneimittelbild finden sich zahlreiche Beschwerden von Magen und Darm; die wichtigste Indikation in der Tierpraxis ist das quälende Würgen und Erbrechen, speziell nach einer Bauchoperation.

Indikationen und Symptome

- Magenschleimhautentzündung, Magengeschwür
- Schlimmste Bauch- und Magenschmerzen und -krämpfe mit Durst
- Quälendes krampfartiges Erbrechen
- Flüssigkeit wird erbrochen, feste Nahrung eher behalten

- Übelkeit sofort nach dem Fressen, besser durch kalt Trinken
- Erbrechen gleich nach Trinken (*Arsenicum, Phosphorus, Veratrum*), unmittelbar nach der kleinsten Menge Tränke
- Erbrechen großer Mengen
- Erbrechen nach viel erfolglosem Würgen mit Angst, spastisches Erbrechen
- Erbrechen unverdaut 2 bis 3 Stunden nach dem Fressen
- Verschlucken beim Trinken, Tränke kommt zur Nase heraus (*Lachesis*)
- Langsame Verdauung. Magenkatarrh
- Stinkendes Aufstoßen, kadaverartiger Kotgeruch
- Wiederholtes Erbrechen in Intervallen
- Evtl. begleitet von schmerzlosem Durchfall, auch blutig, Gastroenteritis

Modalitäten

- Verlangen nach kalter Tränke, die jedoch verschlimmert
- Schlimmer, sobald das Getrunkene im Magen warm geworden ist (wie *Phosphorus*)
- Erbrechen von Flüssigkeit, gleich nach Trinken, feste Nahrung wird behalten
- Dabei heftige, quälende Bauchschmerzen und Krämpfe (wie *Nux vomica*)
- Verlangen nach Gesellschaft, Angst vor Alleinsein
- Kalter Körper

Auslöser

- Überfressen, verdorbenes Futter, Futtermittelvergiftung
- Folgen von Bauchoperation oder anderer Operation, nach Narkose
- Gastritis durch Stress, Magengeschwür, Magenkrebs

Verwechslung mit *Arsenicum, Phosphorus* oder *Nux vomica* ist möglich.

Bothrops lanceolatus – Grubenotter – Both-l

Das Homöopathikum *Bothrops lanceolatus* wird hergestellt aus dem Gift der hochgiftigen gelben Grubenotter aus der Familie der Lanzenottern. Der Biss dieser Giftschlange kann schnell zum Tode führen.

Bothrops gehört zu den selten gebrauchten Mitteln, kann aber in einzelnen Notfällen Leben retten. Für die Katze ist es eine der wichtigsten Indikationen bei schwersten Vergiftungen mit dunklen Blutungen ohne Blutgerinnung indiziert. Zusätzlich ist eine Schlucklähmung möglich.

Bryonia alba – Bryonia dioica – Zaunrübe – Bry

Allgemeines

Bryonia ist eine rankende Kletterpflanze, die sich an jedem »greifbaren« Gegenstand mit ihren sensiblen, 15 bis 20 cm langen Tentakeln anklammert – so auch am hässlichen Stacheldrahtzaun. Diese Eigenschaft gab der Pflanze den ersten Teil ihres Namens.

Die »Rübe«, ihre Wurzel, drainiert den Boden und versorgt die meterlangen Ranken mit Flüssigkeit. Sobald aber der Boden im Sommer austrocknet, so vertrocknet auch diese Pflanze: Der Wasserhaushalt ist ein wesentliches »Thema«.

Im Arzneimittelbild zeigen sich ähnliche Eigenschaften: *Bryonia* ist eine Arznei mit sehr breitem Wirkspektrum für Entzündungen mit örtlicher Austrocknung oder Flüssigkeitsansammlung (Erguss), die weder Wärme, noch Bewegung vertragen und die sich nur durch starken Gegendruck bessern.

Die betroffenen Organe haben einen zusätzlichen Bezug zum Thema »Bewegung« und zu gleitfähigen

Oberflächen: Brust- und Bauchraum, Innenauskleidung von Gelenken, Sehnenscheiden, Hirn- und Rückenmarkshäute sowie zu Gewebe, wie Muskeln, Sehnen, Knorpelgewebe, Gelenkkapsel und Auge.

Bryonia ist eine Arznei überwiegend für akute und subakute, seltener auch für chronische Erkrankungen.

Physiognomie und Verhalten im Akutfall

- Der Patient sucht Ruhe und vermeidet jede Bewegung
- Verhalten ist eher gereizt, abweisend bis mürrisch
- Abneigung gegen Streicheln und angefasst werden, evtl. mit überraschender Aggressivität
- Patient sucht Gegendruck, drückt sich an die Wand o. a. harte Gegenstände
- Im schweren Akutfall ausgeprägtes Schmerzgesicht und leidender Ausdruck
- Patient vermeidet Wärme (Sonne oder strahlende Wärme)
- Dennoch kann im schweren Fall Unruhe im erkrankten Teil beobachtet werden, welche die Schmerzen nicht bessert

Indikationen und Symptome

Erkrankungen

- Symptome oder Infektionen entstehen im Laufe von 1 bis 2 Tagen
- Verletzungsfolgen können sich innerhalb von Stunden oder einem Tag äußern
- Akuter Fall: Schmerzen schlimmer durch jede Bewegung und durch Wärme
  Berührung verschlimmert, aber kräftiger Gegendruck bessert
  Unruhe im erkrankten Teil kann vorhanden sein trotz starker Schmerzen
- Chronischer Fall: Selten und schwierig zu erkennen, da z. T. entgegengesetzte Modalitäten wie im Akutfall!

Zentralnervensystem

- Entzündung von Hirn- oder Rückenmarkshäuten (Meningitis), evtl. mit Koodinationsstörungen
- Drückt den Kopf ins Kissen oder an die Wand

Augen

- Wiederholt auftretende Augenentzündung, blutige, eitrige oder wässrige Absonderung
- Übermäßige Schmerzen nach Augenverletzung mit *Bryonia*-Modalitäten
- Sehr schmerzhaft bei jeder Bewegung des Auges, besser durch Gegendruck (drückt es aufs Kissen)
- Schlimmer durch jegliche leichte Berührung, große Lichtscheu mit Tränenfluss

Atemwege

Akute, sehr schmerzhafte Entzündungen, beginnen im Lauf von 2 bis 3 Tagen:

- Evtl. absteigende Atemwegserkrankungen, beginnen in oberen Atemwegen, dann Pneumonie
- Angina, Rachenentzündung, Kehlkopfentzündung, Bronchitis, Lungenentzündung, Rippenfellentzündung
- Husten trocken, hackend, sehr schmerzhaft, vermehrt oder ausgelöst durch tiefes Atmen
- Evtl. schmerzhafter Husten mit Erbrechen
- Betroffen ist bevorzugt die rechte Seite
- Atemwegserkrankungen auch bei Welpen
- Patient will Ruhe, schlimmer durch Bewegung, durch Husten, durch Erschütterung
- Patient sucht Gegendruck, lehnt sich z. B. gegen die Lehne des Sofas oder gegen die Wand
- Evtl. Nasenflügelatmung

Verdauungsapparat und Baucherkrankungen

Auslöser: Ärger, Demütigung, Schreck

Maul: Zahnschmerzen durch Zahnverfall

- Zahnschmerzen mit zusammengebissenen Zähnen (Druck bessert)
- Trockenes Maul

Magen: fehlender Appetit

- Übelkeit, ineffektives Würgen, trockenes Maul
- Erbrechen gleich nach Fressen oder Trinken
- Bauchfellentzündung (Peritonitis), speziell nach Bauchoperation, jedoch ohne Sepsis
- Bei Lebererkrankungen, Leberabszess, evtl. Gelbsucht
- Neigung zu Verstopfung mit hartem Kot oder Verstopfung abwechselnd mit Durchfall

Fieber: intermittierend mit Bewegungsstörungen

- Fieber begleitet von hartem, mühsam abzusetzendem Kot, harte, kleine Brocken

Genital

- Mastitis (Gesäugeentzündung), speziell nach der Geburt oder nach dem Absetzen der Welpen
- Harte, pralle Schwellung, sehr schmerzhaft, schlimmer durch leichte Berührung, besser durch Daraufliegen

Bewegungsapparat

- Akute Verstauchungen, Zerrungen, Arthritis meist mit Gelenkerguss, Synovitis
- Sehr schmerzhafte akute Gelenkerkrankungen mit beständiger Unruhe in dem betroffenen Teil

Muskelerkrankungen, Neuralgien

- Schmerzen und Entzündungen der langen Rücken- o. a. Muskeln, Lumbago, steifer Hals
- Mit Steifheit, Bewegungsunlust
- Aggression durch Streicheln, sucht Gegendruck

Modalitäten

- Erkrankungen besonders auf der rechten Körperseite
- Schlimmer durch jede Art von Bewegung, will nicht gestreichelt werden
- Schlimmer durch leichte Berührung, besser durch kräftigen Gegendruck oder Massage
- Besser durch Liegen auf der schmerzhaften Seite
- Akut: schlimmer durch Wärme, Sonnenbestrahlung, besser durch kühle, frische Luft
- Schlimmer oder ausgelöst bei warmem Wetter nach kalten Tagen
- Schlimmer durch Wetterwechsel von kalt nach warm (wie *Pulsatilla, Lycopodium* u. a.)
- Schlimmer nach dem Fressen
- Meist viel Durst auf eine größere Menge, meist trockene Schleimhäute
- Schlimmer gegen 21 Uhr
- Chronischer Zustand (selten): Besser durch Wärme und heiße Anwendungen
- Dann evtl. sogar leichte Besserung durch geringe Bewegung

Auslöser

- Infektionen
- Unterdrückter Hautausschlag
- Folgen von unterdrücktem Schnupfen
- Verletzungen, Verstauchung, Überanstrengung
- Beschwerden durch Ärger, Verlust der Sicherheit, ungewisse Zukunft (Verkauf, Tierheim), Schreck
- Eiskalte Tränke bei Überhitzung (*Arsenicum, Rhus toxicodendron, Pulsatilla*)
- Folgen von kaltem Wind
- Überfressen mit nahrhaftem Futter (häufiger: *Pulsatilla, Nux vomica*)
- Wetterwechsel von kalt nach warm

Komplementärmittel

Bei Bewegungsstörungen: *Rhus toxicodendron,* (Antidot und Synergist)

Bei schwerwiegender Obstipation: *Alumina*

Calcarea carbonica – Calcium carbonicum – Austernschalenkalk – Calc

Allgemeines

Calcium carbonicum wird durch Verreibung aus dem Muschelkalk der Auster hergestellt, nicht aus chemischem Calciumcarbonat.

Zwischen der Herkunft der Arznei und dem Arzneimittelbild finden sich viele Parallelen und deutlich ersichtliche Beziehungen:

Die im flachen Wasser lebende Auster verbringt ihr Leben in ihrer Muschelschale und im Familienverband, sesshaft »angeklebt« an »ihrem« Felsen. Ihre einzige Tätigkeit besteht im Öffnen und Schließen der Muschelschalen, um Plankton und ähnliches als Futter herein zu lassen.

Jede Abweichung in ihrem »Lebenswandel« oder jedes heran schwimmende Körnchen kann das weiche, empfindliche Muscheltier verletzen, dabei Angst und Unbehagen auslösen.

Auch der *Calcium*-Patient bzw. die *Calcarea*-Katze liebt das ungestörte, sesshafte Familienleben und fürchtet alles Ungewohnte und Neue. Beim Tierarzt versteckt sie sich gern unter ihrer Decke in der Transportkiste oder hinter einem Schrank.

Passives Genießen des bequemen Lebens ist ein wichtiger Charakterzug der *Calcium*-Katzen.

Calcarea carbonica ist ein häufiges Konstitutionsmittel für ruhige und gewichtige Katzenrassen,

Häufig wird auch ein problematischer Schilddrüsen- und *Calcium*-Stoffwechsel beobachtet.

Calcium carbonicum ist eine häufig gebrauchte, besonders tiefgreifende Arznei und darf daher nicht zu häufig gegeben werden.

Leitsymptom

»Alles ist langsam, schwach und schwer« (E. Tyler, Literatur 73).

Aussehen

- Häufig blonde Katzen, aber auch dunkles Fell
- Bevorzugt kräftiger Körperbau, Neigung zum Dickwerden, meist reichliche Fettablagerungen
- Seltener mager, evtl. bei Ernährungsstörungen während der Aufzucht
- Groß gewachsene Tiere oder »Zwergwuchs«
- Häufig phlegmatische Spätentwickler, oft »langweiliges« Temperament, ungeschickt, stur, aber errregbar
- Dicker, aufgetriebener, weicher Bauch, reichliche Ablagerungen von Depotfett am Bauch
- Oft plumpe ungeschickte Bewegungen (fällt vom Stuhl), mangelhafter Muskeltonus
- Schwache Muskeln, daher Abneigung zu springen oder zu klettern

Verhalten (siehe auch *Kapitel 20,*)

- Meist ruhiges, faules, phlegmatisches Temperament, kein leidenschaftlicher Mäusefänger!
- Liebt Bequemlichkeit, liegt gern auf weichen Kissen oder im Bett
- Freundlich, indifferent – außer zu Leckerli und Futter!
- Oft schüchternes, kindliches Verhalten, am schlimmsten in fremder Umgebung
- Manche Katzen »suckeln« am Zipfel des Kissens
- Braucht Schutz, Sicherheit und vertraute Umgebung, sonst Unsicherheit und Angst
- Versteckt sich gern in ungewohnter Umgebung, z. B. hinter dem Vorhang oder unter einer Decke
- Freundlich, bemüht, alles richtig zu machen, aber oft stur und eigensinnig
- Meist extrem verfressen, erreicht mit gewisser Sturheit fast jedes Leckerli, auch Gestohlenes vom Tisch
- Sehr empfindlich für Ermahnungen, Angst vor Grobheit, dann hektische Nervosität
- Angst, wenn Familienmitglieder miteinander streiten
- Meist rangniedrig, wenig Interesse an Rangkämpfen mit Artgenossen
- Wenig »Führungsqualitäten«, Fressen ist wichtiger
- Kann aber dennoch evtl. andere *Calcium*- oder *Pulsatilla*-Kollegen dominieren
- Rangordnung wächst in »Gefolgschaft« eines dominanten Kollegen, der ihn beschützt
- Angst vor Neuem, Unbekanntem, im Dunkeln, Angst vor neuen Gegenständen
- Angst vor groben Menschen oder groben Katzen
- Vergisst nie einen Schrecken, kann so unsinnige »Angstneurosen« entwickeln (wie *Barium carbonicum*)
- Tierärztliche Maßnahmen erträgt die *Calcarea*-Katze in einer Art Totstellreflex, wenig Krallenabwehr
- Langsame Bewegungen
- Schnell hektisch und kopflos, aufgeregt durch Erziehungsmaßnahmen, Grobheit oder Strafe
- Knabbern an Fell oder Pfoten als Übersprungshandlung bei Aufregung
- Lässt sich gern streicheln und massieren (»Magnetismus« bessert), aber kein aufdringlicher »Schmuser«
- Neigung zum Knabbern und Lecken, zum Fressen von Sand und anderen unverdaulichen Dingen

Indikationen und Symptome

Wachstum

- Wachstumsprobleme, Schwäche, Stellungsanomalien der Gliedmaßen, Rückenprobleme
- Entwicklungsstillstand
- Schwacher Muskeltonus mit Neigung zum Stolpern
- Ungeschicklichkeit, fällt z.B. vom Stuhl oder vom Katzenbaum u.Ä.
- Nabelentzündung der Neugeborenen, Lebensschwäche Neugeborener (*Silicea*)
- Verspätetes Krabbeln und Laufen bei Welpen
- Optimiert und stabilisiert den Mineralstoffhaushalt
- Indiziert für Störungen der Verkalkung speziell nach Knochenfraktur von Jungkatzen (*Calcarea phosphorica, Calcarea fluorica, Silicea*)

Augen

- Bindehaut- u.a. Augenentzündungen, chronisch oder wiederkehrend

Atemwege

- Chronische Katarrhe mit Nasenausfluss
- Schnupfen und Sinusitis mit schubweise auftretendem Nasenausfluss
- Folgen von unterdrücktem Schnupfen (z.B. durch Antibiotika, Kortison o.Ä.)

Drüsen

- Schwellungen, speziell im Kehlgangsbereich, auch chronische schmerzlose Drüsenschwellungen
- Vergrößerung, Funktionsstörungen der Schilddrüse, Tendenz zu Unterfunktion (Hypothyreose)

Verdauungsapparat

- Zahnverfall vorzeitig, auch am Zahnfleischrand beginnend
- Schwarzwerden der Zähne, übermäßiger Zahnstein
- Zahnwurzelentzündungen, Entkalkungszonen an Zahnwurzeln
- Erkrankungen während der Zahnung oder des Zahnwechsels
- Evtl. Abneigung oder Unverträglichkeit von Muttermilch beim Welpen
- Verlangen nach Unverdaulichem (z.B. Sand oder Holz fressen), Lecksucht, Knabbern
- Heißhunger, besonders nach nahrhaftem Futter (wie *Lycopodium, Nux vomica, Pulsatilla*)
- Unverträglichkeit von Trockenfutter
- Möglicherweise Abmagerung trotz guter Futteraufnahme, aber häufiger: Neigung zum Fettansatz
- Meist viel Durst
- Durchfall, säuerlich, lehmartig speziell bei Welpen und Jungkatzen

Bewegungsapparat

- Neigung zu Verstauchungen, Verrenkungen durch Überanstrengung *(Rhus toxicodendron)*
- Arthritis, Arthrosen, besonders der Hüftgelenke, Erkrankungen der Wirbelsäule
- Entzündung oder aufgetriebene Epiphysenfugen (*Calcarea phosphorica*), »Wachstumsschmerzen«
- Neigung zu Knochenfraktur, besonders bei Jungtieren mit schlechter Heilungstendenz
- Schwäche der vorderen Oberschenkelmuskulatur
- Daher Störungen in der Funktion der Kniescheibe mit zeitweiligem Festhängen (habituelle Patella-Luxation)

Harnwege

- Harngrieß, Blasensteine, Blasenblutung, Einnässen auch im Schlaf

Geschlechtsorgane

- Verzögerter Eintritt der Geschlechtsreife, weibliche Katze: unregelmäßiger Zyklus
- Eingebildete Trächtigkeit
- Gesäugeentzündung nach Absetzen der Welpen (u.a. Mittel!)
- Fettsucht, zunehmend nach der Kastration

Haut

- Hautausschläge mit weichen Krusten
- Unheilsame Haut, Eiterungsneigung, Pickel, Befall mit Milben u.a. Ektoparasiten
- Juckreiz schlimmer im Kalten, Feuchten
- Trockenes Fell mit Haarbruch im Winter

- Ekzem an den Ohren, im Gehörgang
- Hormoneller Haarausfall, nach Geburt, nach Kastration
- Warzen an den Lippen, fleischige, schmerzlose Neubildungen am Zahnfleisch (Epulis)
- Fleischige, rundliche Warzen

Modalitäten

- Erkrankungen besonders der rechten Seite, auch links
- Verschlimmerung während Wachstumsschüben, während des Zahnwechsels
- Schlimmer bei feuchtkaltem Wetter, weder Kälte noch Hitze werden gut vertragen
- Schlimmer morgens früh, schlimmer bei Vollmond und bei zunehmendem Mond
- Kommt langsam in Gang, besser durch »Einlaufen« und fortgesetzte Bewegung
- Unverträglichkeit von Autofahren mit Erwartungsangst
- Alles schlimmer durch Anstrengung
- Auffallende Schwäche nach dem Decken (Kater)

Auslöser

- Unverträglichkeit von Trockenfutter
- Folgen von unterdrückten Hautausschlägen
- Folgen von unterdrücktem Schnupfen (z. B. durch Antibiotika, Kortison o. Ä.)
- Folgen von Überanstrengung, Stress, »Leistungsdruck« (z. B. durch andere Katzen)
- Krank durch Verlust der Sicherheit, Tierheim, unbekannte Zukunft, neue Situationen ohne Bezugsperson
- Folgen von Kaltwerden
- Fehlernährung, zu kalorienreiches Futter
- Aufzuchtschäden, Trockenfutter, Wachstumsstörungen
- Mögliche Überdosierung durch Komplexmittel?

Calcarea fluorica – Flußspat – Calc-f

Allgemeines

Wie die übrigen *Calcarea*-Präparate, und andere Mittel aus dem Mineralreich hat auch *Calcarea fluorica* einen sehr tiefgreifenden Einfluß auf den Organismus. Bei nicht indiziertem oder zu häufigem Einsatz können unerwünschte Reaktionen provoziert werden.

Calcarea fluorica ist einMittel, das bei der Katze meist bei klinischer Indikation angewendet wird. Sein Schwerpunkt liegt im Bereich von Erkrankungen der Knochen sowie in Verhärtungen von Sehnen oder Gelenken, die sich langsam und fast unmerklich entwickeln.

Indikationen und Symptome

- Verletzungsfolgen mit chronischen Gelenkveränderungen
- Exostosen mit Tendenz zu Gelenkversteifung
- Schlecht heilende Knochenfraktur mit Fistelbildung, z. B. nach Osteosynthese
- Chronische Entzündung eines verletzten Knochens (Ostitis), Osteomyelitis
- Schlecht heilende Knochenfraktur, die in ein Gelenk hineinreicht
- Arthrosen bei sehr alten Katzen
- Exostosen an der Wirbelsäule, Spondylitis, Spondylose
- Osteomyelitis sehr schmerzhaft, z. B. nach Osteosynthese
- Schwartige Gewebeverwachsungen
- Angeborene Überbeweglichkeit der Gelenke
- Bindegewebsschwäche

Modalitäten

- Schlimmer bei beginnender Bewegung, besser durch „Einlaufen" bei fortgesetzter Bewegung
- Schlimmer durch Nässe, Kälte, Zugluft
- Besser durch Wärme, aber schlimmer bei heißem, schwülem Wetter
- Besser durch lokale warme Anwendungen

Auslöser

- Folgen von Knochen-, Sehnen-, Gelenkverletzungen
- Angeborene Gelenk- oder Knochenschäden

Calcarea phosphorica – Calcium phosphoricum – Calciumhydrogenphosphat – Calc-p

Allgemeines

Calcium phosphoricum ist ein wichtiges konstitutionelles Arzneimittel für heranwachsende Tiere.

Dieses Mittel ist imstande, den Mineralstoffhaushalt zu optimieren und zu stabilisieren.

Im Arzneimittelbild von *Calcarea phosphorica* finden sich viele Symptome von *Calcium carbonicum*, von *Phosphorus* und einige von *Calcarea phosphorica*!

Daher können Erscheinungsbild und Verhalten des Patienten mehr in Richtung der einen oder anderen Komponente differieren.

Bei der Katze ist dieses Mittel jedoch weitaus seltener indiziert als bei anderen Tieren, bei denen Größenwachstum und Zunahme der Körpermasse bei gleichzeitiger körperliche Anstrengung stärker im Vordergrund stehen (z. B. große Hunderassen, Pferde).

Aussehen und Verhalten

- Groß, schmal, schlank, <u>schnell groß gewachsen</u>
- <u>Oder auffallender Zwergwuchs</u> (*Barium carbonicum, Calarea carbonica, Silicea, Sulfur* u. a.)
- Eines der Mittel für <u>Tiere mit rotem Fell</u> (*Lachesis, Phosphorus, Sepia, Sulfur*)
- Temperamentvoll, verspielt, schnell Langeweile und unzufrieden, »Herumtreiber«
- Evtl. schreckhaft, besonders im Dunkeln, Durchfall durch Angst
- Also keine wesentlich auffallenden Verhaltenssymptome bei der Katze!

Indikationen und Symptome

<u>Leitsymptome:</u>

- Mineralstoffimbalancen, die nicht immer abhängig sind von der Futterqualität!
- Erkrankungen des Bewegungsapparat, speziell während des Wachstums oder durch Überanstrengung
- Verspätetes Laufenlernen beim Welpen
- Erkrankungen von »Knochennähten« (z. B. Epiphysenfugen, auch *Phosphorus acidum, Silicea*)
- Prozesse von ungenügender Verkalkung (Osteoporose)
- Wachstumsstörungen, schnelles Größenwachstum
- Aber auch »Zwergwuchs« trotz großer Eltern, besonders bei gleichzeitigem chronischem Durchfall
- Aufgetriebene, evtl. entzündete Epiphysenfugen (Wachstumsfugen)
- <u>Knochenfrakturen</u> mit schlechter Kallusbildung und Schmerzen, besonders bei Jungtieren
- Erkrankungen der Wirbelsäule, speziell der Halswirbelsäule
- Zu späte oder zu frühe Geschlechtsreife

<u>Verdauungsapparat</u>

- Erkrankungen während Zahnung/Zahnwechsel, verzögerte(r) Zahnung/Zahnwechsel
- Möglicherweise schnell eintretender Zahnverfall
- Magenprobleme nach zu kaltem Trinken
- Tendenz zu chronischem oder wiederkehrendem Durchfall
- Welpen: Unverträglichkeit der Muttermilch mit spritzendem Durchfall

<u>Gynäkologie</u>

- Vorbeugen gegen Eklampsie (*Calcarea hypophosphorosa*)

Modalitäten

- Schlimmer durch Nässe und Kälte (Gelenkschmerzen)
- Besser im Sommer, bei trockenem, warmem Wetter
- Steifheit und Bewegungsstörungen schlimmer am Morgen bzw. nach der Ruhe
- Gelegentlich »seufzende« Atmung
- Verlangen nach Salzigem (*Phosphorus, Natrium muriaticum*), nach Unverdaulichem
- Hunger 4 Uhr nachts (*Lycopodium*)
- Von rechts nach links gehende Beschwerden
- Schlimmer durch physische und psychische Anstrengung
- <u>Bewegungsstörungen oder Lahmheiten nicht besser durch fortgesetzte Bewegung</u>

Auslöser

- Mineralstoffimbalancen
- Zu schnelles Wachstum (*Phosphorus, Calcarea*) – im Verhältnis zum Alter
- Knochenfraktur, Knochenanriss (*Calcarea, Silicea*)
- Kummer, Trennung von der »Familie«
- Überdosierung von Mineralstoffmischungen oder Schüssler Salz!

Calcarea sulfurica – Calcium sulfuricum – Calcium-sulfid – Gips – Calc-s

Allgemeines

Calcium sulfuricum besteht aus denselben Inhaltsstoffen wie *Hepar sulfuris: Calcarea sulfurica* ist die chemische Verbindung »Calcium-Sulfat«, Gips.

Dagegen wurde *Hepar sulfuris* aus den Bestandteilen von Austernschalenkalk und Schwefel im Schmelztiegel glühend erhitzt und so als explosive mineralische Verbindung hergestellt.

Hepar sulfuris erscheint in der Arzneimittelprüfung als »explosiv-zornig«, aggressiv-reizbar und verfroren, *Calcium sulfuricum* eher als ruhiger und warmblütiger Patient.

Hepar ist zuständig für heftige, schmerzhafte Entzündungen mit Tendenz zur akuten Eiterung; *Calcarea sulfurica* ist indiziert bei chronischen, schmerzarmen und wiederkehrenden Eiterungen.

Calcarea sulfurica ist ein lange und tiefgreifend wirkendes Homöopathikum für subakute und chronische Krankheiten.

Indikationen und Symptome

- Eiterungen mit dickem, weiß-gelblichem oder klumpigem Eiter, stinkend
- Eitrige, schmerzarme Hautausschläge mit Beteiligung der regionalen Lymphknoten
- Eiternde, schmerzarme, vernachlässigte Wunden, auch mit chronischem Verlauf oder Fisteln
- Abszesse kommen nicht zum Stillstand nach Eröffnung und Entleerung (*Silicea*)
- Wiederkehrende Abszesse mit mangelhafter Reaktion
- Chronisch wiederkehrende Abszesse an Krallen, Pfoten (Panaritium)
- Schmerzarme Abszesse, Eiterungen am After (Spezifikum)
- Eiterungen am Auge, mit wolkig getrübter Hornhaut
- Zu erwägen auch beim chronisch eitrigen Katzenschnupfen, Rachenentzündung oder Stomatitis

Modalitäten

- Warmblütiger Patient, schlimmer im warmen Raum oder durch Überhitzung
- Aber besser durch lokale Wärme
- Besser im Freien
- Schlimmer durch Kälte und Nasswerden
- Schlimmer durch Berührung

Auslöser

- Bei der Katze meist alte, vernachlässigte Wunden
- Reaktionsmangel des Immunsystems

Calendula officinalis – Ringelblume – Calen

Allgemeines

Calendula ist ein traditionelle Heilpflanze für die Regeneration und Heilung von Wunden.

In homöopathischer Anwendung entfaltet sie bei genauer Indikation eine überraschende Heilkraft!

Anfangs fördert sie an der Wunde die Absonderung von Gewebeflüssigkeit und reinigt damit die verletzte Stelle; sie sorgt für das Abstoßen von oberflächlicher Verschmutzung, z. B. Sand oder Staub.

Anschließend ermöglicht sie eine schnelle Wundheilung, sowohl von chirurgischen Wunden als auch von Wunden mit Substanzverlust.

Calendula bringt evtl. vorhandenen Eiter zum Zusammenziehen und Reifen, fördert damit die Abgrenzung einer Entzündung und verhindert so den Übergang einer lokalen Infektion in eine allgemeine Sepsis.

Aus diesen Gründen gab man der Ringelblume auch den Namen »homöopathisches Antiseptikum«.

Verwendung

Äußerliche Anwendung:

- »Homöopathisches Antiseptikum«:
- Als Abkochung (Tee) verdünnt mit doppelter Menge Wasser
- Oder als 3- bis 5 %ige Tinktur (Vorsicht wegen Alkoholgehalts)
- Geeignet für einen warm angelegten Verband
- Oder mit einem satt getränkten Wattebausch zur Wundreinigung
- Auch zur Spülung und Reinigung von Wunden oder Abszesshöhlen
- Hervorragend geeignet zur Spülung der Ohren bei Gehörgangsentzündung
- Warme bis heiße Anwendung wirkt besser als kalte!!!
- Sehr selten gibt es allergische Reaktionen (Allergie gegen Korbblütler)

Indikationen der äußerlichen Anwendung

- Frische, flächig blutende Wunden betupfen oder besprühen
- Warmer Umschlag bei Panaritium oder entzündeten Verletzungen der Pfote (wird ohne Abwehr ertragen!)
- Viele Katzen dulden auch ein warmes Baden der kranken Pfote in einer Tasse mit Calendula-Tee
- *Calendula*-Salbe oder -Gel zum Aufweichen von Krusten bei Hautausschlägen
- Ansprühen von Hautentzündungen, Hautausschlägen zum Verhindern von Superinfektionen
- Ansprühen von Schürfwunden, Operationswunden
- Ansprühen von großflächigen Schälwunden (z. B. Verkehrsunfall)
- *Calendula*-Puder für schlecht heilende, nässende Wunden
- Nabelschnur vor dem Zerreißen mit Calendula-Tinktur betupfen
- Händedesinfektion beim Reinigen von Wunden
- Salbe zur Narbenpflege

Homöopathische Anwendung von potenzierter Calendula

- Stellt Vitalität im Gewebe zur Wundheilung (wieder) her
- Stimuliert die Aktivität der Leukozyten (der weißen Blutkörperchen) bei Entzündungen
- Regeneriert alte, reaktionslose Wunden und bringt sie zur Heilung
- Wichtig für Wunden mit Substanzverlust, die nicht genäht werden können (z. B. an den Extremitäten)
- Großflächige Abschürfungen (einmalige Gabe C 30), großflächige Schälwunden (C 200)
- Muskelrisse, Faszienrisse
- Verhindert zuverlässig Gewebezersetzung und Eiterung, wenn rechtzeitig, in angemessener Potenz und Dosierung gegeben
- Verhindert Allgemeininfektion oder Sepsis, grenzt evtl. vorhandene Wundinfektion auf lokalem Raum ein
- Fördert die Heilung von schlecht heilenden, auch alten Wunden
- Kann sogar eine kleine Wundnaht ersparen
- Fördert insbesondere die Heilung von Verletzungen im Extremitätenbereich

Vorsicht: Zu häufige Gaben können die Wundheilung verzögern oder verhindern!

Camphora – Kampferbaum – Camph

Allgemeines

Der homöopathisch genutzte Stoff »*Camphora*« stammt aus dem Harz des Kampferbaumes, eines immergrünen Baumes aus dem südlichen Asien, verwandt mit den Lorbeergewächsen.

Die Wirkung des Camphers bezieht sich in erster Linie auf das Zentralnerven- und Atemsystem.

In hoher Dosierung kann er Zustände von Verwirrtheit auslösen.

In der Homöopathie gehört er zu den »Notfallmitteln«.

Indikationen

- Schock, Kollaps mit eiskaltem Körper bei innerem Brennen (beim Tier nicht erkennbar)
- Daher Unverträglichkeit von Wärme oder warmen Anwendungen, trotzdem Frieren
- Evtl. verbunden mit Angst, will nicht allein sein
- Schnell eintretende Erschöpfung mit Untertemperatur
- Schwacher Herzschlag, bläuliche Schleimhäute
- Kollaps möglich durch verschiedenste überwältigende Einflüsse
- Evtl. Krämpfe oder epileptiforme Krampfanfälle
- Evtl. Begleiterscheinung bei schwerstem Durchfall mit Erschöpfung der Lebenskraft
- Vorsicht, *Camphora* gehört – wie andere ätherischen Öle – zu den Antidoten gegen die meisten Homöopathika – sowohl als Öl als auch in potenzierter Zubereitung. Keine Anwendung der Kampfer-Tinktur bei der Katze!

Cantharis – Lytta vesicatoria – Spanische Fliege – Canth

Allgemeines

Cantharis – die spanische Fliege – wirkt als ein Reizstoff für Haut und Schleimhaut.

Die Leitsymptome von *Cantharis* lassen sich am besten mit dem folgenden Wortspiel zusammenfassen:

Cantharis verursacht brennende Schmerzen der (Harn-) Blase und Verbrennungen mit Bildung von Blasen.

Die Erkrankungen beginnen schnell, sind ausgesprochen heftig, sehr schmerzhaft und schreiten sehr schnell fort.

Cantharis ist i. d. R. eine Arznei für akute Erkrankungen und deren Folgen.

Indikationen und Symptome

Harnwege

- Blasenentzündung schwerster Art, extrem schmerzhaft
- Schnell beginnend, kann sich innerhalb eines Tages zu schwersten Zuständen entwickeln
- Harnzwang: andauernder Harndrang und extreme Schmerzen, schlimmer nach jedem Urinieren
- Vergeblicher, anhaltender Harnzwang, wenig blutiger Urin oder Absonderung von reinem Blut
- Das Tier steht permanent mit krummem Rücken und versucht mit Bauchpresse zu urinieren!
- Aus der Blasenentzündung kann sich eine Nierenentzündung entwickeln, evtl. mit anschließender Nierendegeneration

Genital

- Beschwerden nach der Geburt: permanente Nachwehen mit Drängen und quälendem Harndrang
- Ausgelöst z. B. durch Quetschung der Blasennerven bei Schwergeburt
- Zurückhalten der Nachgeburt mit diesen Symptomen
- Dabei Gefahr von Gebärmuttervorfall durch permanentes Drängen
- Abort (Fehlgeburt) durch Blasenentzündung mit diesen Symptomen

- Entzündung, Zysten von Eierstöcken, Eileiter, Uterus (selten), evtl. Nymphomanie (selten), Sterilität
- Entzündungen der männlichen Harnröhre mit diesen Symptomen (selten)

Verbrennungen
- Das wichtigste Arzneimittel für die akute Verbrennung ersten und zweiten Grades
- Akute, heftigste Verbrennungsschmerzen
- Beseitigt bei kumulierter Gabe der C 30 in wenigen Minuten die Schmerzen
- Verhindert die Entstehung von Brandblasen, wenn rechtzeitig gegeben
- Für schwerste Verbrennungen und Verkohlungen sind andere homöopathische Mittel indiziert!

Haut
- Sehr schmerzhafte Bläschen bei Hautinfektion (Erysipel, Rotlauf)
- Haarausfall nach der Geburt mit anderen *Cantharis*-Symptomen

Zentralnervensystem
- Selten Enzephalitis mit Zuständen von Raserei, evtl. verbunden mit Nymphomanie
- Schlimmer durch den Anblick oder Geräusch von Wasser (*Lyssinum*)

Modalitäten
- Schlimmer nachts
- Schlimmer gegen Ende und nach dem Urinieren
- Besser durch Reiben
- Besser durch Wärmeanwendung (!), auch bei Verbrennungen!
- Indiziert bei allen Erkrankungen, die mit heftigstem Harnzwang und brennenden Blasenschmerzen einhergehen!

Auslöser
- Blasen- und Niereninfektionen, evtl. Nierendegeneration
- Akute, sehr schmerzhafte Verbrennungen ersten und zweiten Grades, besser durch Anwendung von leichter Wärme

Carbolicum acidum – Karbolsäure oder Phenol – Carb-ac

Allgemeines
Die Karbolsäure wird durch Destillation von Steinkohlenteer gewonnen.

Noch heute wird sie gelegentlich als Desinfektionsmittel verwendet.

Phenol ist giftig und wirkt reizend auf Haut und Schleimhäute. Auf der Hautoberfläche erzeugt es Verätzungen ähnlich einer Verbrennung, die sich als Ekzem oder bis zum Gangrän (Absterben der Haut) entwickeln können.

Eine Vergiftung mit Phenol erzeugt Schäden an den Atemwege bis zum Kollaps, Nierenschäden und Lähmungen.

Selten ist es bei akuter allergischer Reaktion auf Bienen- oder Wespenstiche indiziert, wenn die Symptome nicht auf *Apis* oder *Ledum* ansprechen.

Carbolicum acidum ist bei der Katze selten indiziert; weitere Symptome des Arzneimittelbildes siehe Literaturangaben (7,10, 28, 48 u. a.).

Acidum carbolicum darf nicht mit *Acidum carbonicum*, der Kohlensäure, verwechselt werden.

Indikationen und Symptome
- Schwäche, Erschöpfung bei Sepsis, Schock
- Allergischer Schock schweren Ausmaßes, wenn andere Mittel nicht helfen und wenn momentan kein Kortison verfügbar ist.
- Allergie gegen Insektenstiche
- Anaphylaktischer Schock, Zittern, Kollaps, kalter Körper, lähmungsartige Erschöpfung
- Plötzlich auftretende Schmerzen

Modalitäten
- Schmerzhafte, brennende, allergisch bedingte Hautausschläge
- Extremer Juckreiz, kratzt wund und blutig mit brennenden Schmerzen
- Eiterung durch aufgekratzte wunde Hautbezirke
- Besser im Freien, besser durch Abkühlung

Carbo vegetabilis – Holzkohle – Carb-v

Allgemeines

Carbo vegetabilis ist ein Produkt aus verkohltem Holz, hergestellt durch unvollständige Verbrennung ohne Sauerstoffzufuhr (Verkohlung); im Arzneimittelbild findet sich ein ähnlicher Bezug zu Sauerstoffmangel im Gewebe und im (dunklen) Blut.

Ein solcher Sauerstoffmangel führt zur Erschlaffung von Blutgefäßen, zum Stillstand der Durchblutung, zu Sickerblutungen, schließlich zu Herz-Kreislaufkollaps, dann evtl. zu Sepsis und Tod.

Im Darm kommt es dabei unter Entwicklung von Fäulnis zur Aufgasung von Darmteilen, die das Zwerchfell und die Atmung einengen und damit eine Tendenz zum Kreislaufkollaps nach sich ziehen können.

Carbo vegetabilis ist eine Arznei für das (drohende) Endstadium von unterschiedlichen Krankheiten mit Kollaps und Erschöpfung der Lebenskraft.

Carbo vegetabilis kann aber sogar in scheinbar aussichtslosen Fällen noch eine positiven Wende herbeiführen! Die Lebenskraft »entscheidet sich selbst« zum Leben oder Sterben.

Damit bildet dieses Mittel auch eine wichtige Alternative zur Euthanasie bei aussichtslosen Fällen!

Indikationen und Symptome

Verdauungsapparat

- Futtervergiftung, Fressen von verdorbenem Fleisch oder Fisch
- Verdauungsstörungen mit extremer Aufgasung (Tympanie) und Auftreibung des Bauches, Kollapsgefahr!
- Heftige, anfallsweise Bauchschmerzen, Zusammenkrümmen, begleitend Kälte des Körpers
- Besser durch Aufstoßen von Gas und durch Abgang stinkender Blähungen
- Magen-Darm-Infektion mit Blähungen und heftigem, erschöpfendem Durchfall, laute Darmgeräusche
- Chronische Verdauungsstörungen: Langsame Verdauung mit wiederkehrenden, intensiven Blähungen
- Auch IBD (chronische Darmentzündung), wenn diese mit starken Blähungen einhergeht
- Tendenz zu Untertemperatur im Akutfall, Kollaps, Dehydration (Austrocknung)
- Schmerzhafter Durchfall, mit Blähungsabgang, Kadavergeruch

Endstadium lebensgefährlicher Erkrankungen:

- Erschöpfung, extreme Schwäche, evtl. Bewusstlosigkeit mit kaum spürbarem, sehr schnellem Herzschlag
- Patienten versuchen sich – wegen Atemnot – noch möglichst lange in Brustlage zu halten
- Kaltschweißige Pfoten, Untertemperatur, eiskalter Körper und Atem
- Dabei unwillkürlicher Abgang von flüssigem Kot und Gas aus dem After
- Mühsame Atmung mit weit geblähten Nasenlöchlein (Sauerstoffmangel)

Notfallmittel

- Kollaps während anderer schwerster lebensgefährlicher Erkrankungen, nach Operationen
- Kollaps bei hochgradiger Atemnot
- Drohender Kollaps mit Kälte des Körpers im Gefolge schwerster Infektionen oder Stoffwechselstörungen
- Drohender Kollaps bei Herz-Kreislauf-Erkrankungen, akutem Blutverlust, Austrocknung
- Vergiftung mit Kohlenmonoxid (Auspuffgas)

Selten

- Schlecht durchblutete, dunkle bis graue Wunden ohne Heilungstendenz

Modalitäten

- Eiskalter Atem
- Extremes Verlangen nach frischer Luft, evtl. Luftschnappen, beginnende Atemlähmung
- Atemnot, kann nicht flach auf der Seite liegen, aber evtl. zu schwach, um sich in Kauerstellung zu halten

- Besser in kühler, frischer Luft, trotz Untertemperatur
- Kälte des Körpers, Untertemperatur, kalte Beine, Nase, Maul und Ohren, Kälte auch im Fieber
- Blasse, grauweiße Schleimhäute
- Bläuliche Venen, erkennbar an der Maul- und Augenschleimhaut, evtl. Schleimhautblutungen
- Generell besser durch Blähungsabgang
- Schlimmer abends, nachts
- Schlimmer durch Kaltwerden, bei schwülem Wetter

Auslöser

- Endstadium von vorangegangener, nicht überwundener schwerer Krankheit (Kollapsneigung)
- Magen-Darm-Infektionen, Futtermittelvergiftung
- Fressen von verdorbenem Fisch u. a. verdorbenem Futter
- Folgen von allzu kalorienreichem Futter, Fressen von zu viel fetthaltigem Futter
- Folgen von kaltem oder gefrorenem Futter oder Tränke (*Dulcamara, Pulsatilla, Arsenicum*)
- Verdauungsstörungen beginnen evtl. schon 30 Minuten nach Aufnahme des verdorbenen Futters
- Folgen von Quecksilberbelastung, von schlecht vertragenen Pharma-Präparaten
- Kollaps, Schock durch akuten Blutverlust, Verletzungsschock
- Verlust von Körperflüssigkeit, z. B. Durchfall mit zu geringer Tränkeaufnahme (Austrocknung)
- Spätzustände von Hitzschlag, Kollaps mit kaltem Körper, z. B. bei fehlender Tränke
- Erstickungszustände durch Kohlenmonoxid (Auspuffgase in der Garage)

Carcinosinum – Krebsnosode – Carc

Allgemeines

Carcinosinum ist eine Nosode, hergestellt aus dem Brustkrebs einer Frau, eingeführt und geprüft von Foubister in 1954.

Carcinosinum trägt im Arzneimittelbild die Signatur einer Krebszelle: wenig differenziert, keine Identität, wenig Abgrenzung.

Eine Therapie von »Krebs« mit der Nosode des erkrankten Gewebes ist nicht sinnvoll; denn gerade die Krebszelle verfügt nur über einen geringen antigenen Charakter. Nosoden-Präparate aus Krebsgewebe können die Situation des krebskranken Organismus verschlimmern.

Daher sind solche Nosoden, auch *Carcinosinum*, nicht bei manifestem Krebs indiziert!

Carcinosinum wirkt umso besser, je weiter das Krebsgeschehen »entfernt« ist. Das heißt *Carcinosinum* ist am ehesten in einer Phase der Disposition zu Krebserkrankungen (Präkanzerose) indiziert, z. B. bei erblicher Belastung durch einen oder beide Elternteile.

Es gibt auch bestimmte Verhaltensmuster (siehe unten), welche eine Prädisposition zu Krebs bilden.

Carcinosinum ist das indizierte Mittel, wenn wir uns in der Anamnese »im Kreis drehen«: Immer wieder begegnen uns wunderbare Leitsymptome von Mitteln wie *Ignatia, Staphysagria, Natrium muriaticum, Lycopodium, Phosphorus, Thuja* oder *Arsenicum* – und keines davon scheint richtig zu passen.

Grundsätzliches – Vorbedingungen für die Therapie mit Carcinosinum

- Polymiasmatisches Mittel, Multimorbidität, gut gewählte Mittel wirken nicht (»Reaktionsmangel«)
- Erbliche Belastung durch Elterntieren, die an Krebs, Immunschwäche, Diabetes, Blutkrankheiten o. ä. erkrankt waren
- Eltern oder Patienten selbst, die langsfristig mit Corticoiden, NSAR, Immunsuppressiva oder mit Geschlechtshormonen behandelt wurden.
- Folgen von Misshandlung, von chronischer Demütigung, »abgestellte«, »ausrangierte« Tierheimtiere
- Stark ingezüchtete Tierrassen (*Thuja*)

- Cushing-Patienten, chronische Stoffwechselstörungen, Autoimmunerkrankungen, Immunschwäche, Atopien
- Schwierige Differenzialdiagnose zu anderen Mitteln (z. B. *Staphysagria, Natrium muriaticum, Causticum, Ignatia, Thuja*)

Physiognomie und Verhalten

- Unauffällige Tiere, nicht aufdringlich oder schon »seelisch tote« Tiere (wie *Natrium muriaticum, Thuja*)
- Keine »Schmusekatze«, reserviert und immer »brav«, unauffällig, wenig Spielverhalten
- Oft ältere Tiere oder solche, die wie gealtert erscheinen
- Tendenziell eher deprimiert, nachgiebig, ohne Emotionen
- Übersensibel für alle Regungen der Besitzer, besonders für solche, die unter Kummer, Mangel an Emotionen oder Lebensfreude leiden
- Wenig Kontaktaufnahme zu Artgenossen
- Nachgiebig, wenig Durchsetzungsvermögen, leicht zu »unterdrücken«, lässt sich von anderen Katzen »mobben«
- Fehlendes oder sehr gering ausgeprägtes Aggressionsverhalten
- Stattdessen Entwicklung von Tics oder Stereotypien, z. B. Fellrupfen

Indikationen

- Chronische Krankheiten oder Zwischenmittel bei chronischen Krankheiten, besonders Immunschwäche
- Aktiviert das Immunsystem über die Steuerung durch die Hypophyse
- Intensiviert damit die Reaktionsfähigkeit auf das passende Mittel
- Chronischer Verlauf von sonst akuten Erkrankungen

Präkanzerose

- Erkrankungen von Eltern, Vorfahren, »Krebsmiasma«
- Krebs, Diabetes, Mammatumor, Lymphknotenschwellungen, Allergien
- Zahreiche, schlecht vertragene Impfungen
- Allg. Immunschwäche, chronisches Fieber oder subfebril unklarer Herkunft
- Atypischer Krankheitsverlauf

Endokrinium

- Schilddrüsen- u. a. Stoffwechselerkrankungen, Zyklusstörungen, Cushing-Syndrom
- Autoimmunerkrankungen vielfältiger Art

Atemwege

- Zwischenmittel in der Therapie von chronischem Katzenschnupfen, Sinusitis, Husten, Asthma
- Atypischer Verlauf von Atemwegserkrankungen, wiederkehrende Bronchitis, Rachenentzündungen
- Verlangen tief zu atmen (»Seufzen«)

Verdauungsapparat

- Zwischenmittel bei chronischer, ulzerierender Stomatitis u. Ä.
- Zwischenmittel bei chronischer Colitis (IBD), Autoimmunerkrankungen, Atopien, Allergien
- Chronische Obstipation

Genital

- Zyklusstörungen, zyklusabhängige Erkrankungen der Mamma
- Ovarzysten u. ä. Erkrankungen

Harnwege

- Nierenerkrankungen, Einnässen

Haut

- Akne, Furunkel, allergische Ekzeme, Juckreiz, Leckekzem

Modalitäten

- Schlimmer 16 bis 18 Uhr, schlimmer abends
- Besser oder schlimmer am Meer, vor Gewitter
- Ausgeprägtes Verlangen nach oder Abneigung gegen Butter, fetten Schinken, Salz, Milch
- Symptomenwechsel

Auslöser

- Beschwerden durch Kummer, schlechte Behandlung, Grobheit, Angst, Schreck

- Beschwerden durch schlechte, deprimierende Situation in der Bezugsfamilie, Streit, auch mit Artgenossen
- Beschwerden durch Impfungen, Immunsuppression, Behandlung mit Hormonen u. a. Unterdrückungen
- Indiziert, wenn wirklich gut gewählte Mittel nicht wirken
- oder wenn zu viele gute Symptome vorhanden sind, die jeweils für ein anderes Mittel sprechen

Vergleichsmittel bei Krebs

Ars, Hydr, Bufo, Con, Phyt, Scirr, Phos, Sep, Ars, Med, Thuj

Vergleichsmittel der Präkanzerose

Nat-m, *Phos, Lyc., Staph, Ign, Calc, Puls, Sep, Thuj*

Carduus marianus – Mariendistel – Card-m

Allgemeines

Carduus marianus ist ein organotropes (organbezogenes) Arzneimittel für die Leber.

Die Mariendistel kann sowohl geschädigte Leberzellen als auch die gesamte Leberfunktion wieder herstellen, soweit dies in fortgeschrittenen Fällen möglich ist.

Diese Arznei wird besonders dann eingesetzt, wenn keine speziellen Symptome für eine individuelle Mittelwahl bei einer Leberbelastung vorhanden sind; sie kann auch in Einzelfällen unterstützend zu anderer Therapie gegeben werden (tiefe Potenz: C 3 oder C 4 in täglichen Gaben).

Indikationen und Symptome

Leber

- Alle Lebererkrankungen akuter und chronischer Art, Hepatitis, Leberdegeneration, Gelbsucht
- Stoffwechselstörungen durch gestörte Leberfunktion
- Stau der Pfortader mit Tendenz zu Ödemen am Bauch oder der hinteren Pfoten
- Leberschutztherapie bei anderweitigen Erkrankungen oder Belastungen
- Leberbelastung durch Pharma-Präparate, z. B. häufige Wurmkuren, NSAIDs u. ä. (*Nux vomica*)

Spezielle Symptome

- Futterverweigerung bei Gelbsucht oder Leberbelastung
- Gelbsucht durch gestaute, geschwollene Leber, durch Infektion
- Leberbelastung mit konzentriertem, dunkelgelbem Urin
- Infektionskrankheiten mit Leberbeteiligung oder -belastung
- Lebererkrankungen mit Beteiligung der Lungen
- Lebererkrankungen mit Rückenschmerzen
- Lahmheit durch Schmerzen im Bereich der rechten Schulter (Reflexzone der Leber)
- Schulterschmerz rechts schlimmer durch Bewegung

Modalitäten

- *Carduus* betrifft besonders den linken Leberlappen, aber auch unspezifische Leberwirkung
- Beschwerden schlimmer durch Bewegung
- Patient liegt bevorzugt auf der linken Seite, Leberbeschwerden schlimmer in Rechtslage
- Schlimmer durch Kälteeinwirkung
- Schlimmer nach der Futteraufnahme
- Schlimmer durch übermäßig energiereiches Futter (z. B. Kohlenhydrat-Fütterung bei der Katze)

Caulophyllum thalictroides – blauer Hahnenfuß – Caul

Allgemeines

Caulophyllum ist ein hevorragendes Homöopathikum aus dem Pflanzenreich für die Gynäkologie mit wichtiger Indikation während und nach der Geburt.

Hier ist es wesentlich von *Pulsatilla* zu differenezieren

Indikationen

Während der Geburt

- Störungen der Wehentätigkeit während der Geburt
- Krampfhaft kontrahierter Muttermund (häufiger *Gelsemium*!)
- Unregelmäßige Krampfwehen mit Tendenz zu Erschöpfung (Vorsicht bei Lageanomalien des Fötus!)
- Erschlaffter Uterus, Wehenstillstand
- Stundenlange Pausen zwischen den Geburten (bei Erstgebärenden in gewissem Umfang normal!)
- Evtl. begleitend von Spasmen der Bauchmuskulatur wie Vibrieren
- Wehenstillstand durch Erschöpfung bei lange dauernder Geburt

Nach der Geburt

- Mangelnde Rückbildung der erschlafften Gebärmutter mit Zurückbleiben der Plazenta
- Passives und anhaltendes Hervorsickern von wenig Blut durch erschlaffte Blutgefäße
- Zu lange bestehender Ausfluss

Differenzierung zu Pulsatilla

Die *Pulsatilla*-Patientin neigt zum Jammern, lässt sich gern streicheln und loben, sucht eher die Nähe ihrer Bezugspersonen; als Hauskatze zeigt sie weniger das Bedürfnis, sich vor oder während der Geburt zu verkriechen.

Die *Caulophyllum*-Katze ist um die Geburt weit weniger auf den Menschen bezogen als *Pulsatilla*.

Causticum Hahnemannii – Ätzstoff – Caust

Allgemeines

- *Causticum* ist ein speziell von Hahnemann entwickeltes Arzneimittel: Er wollte damit das »Prinzip der Lauge« in seine Materia medica einbringen. Die Herstellung dieses Mittel durchläuft einen komplizierten Vorgang: Ungelöschter Kalk (Marmor) wird mit Wasser gelöscht, anschließend mit Kalilauge verätzt (»Ätzstoff«) und destilliert.
- *Causticum* ist ein sehr tiefgreifend wirksames konstitutionelles Arzneimittel aus dem Mineralreich; es darf nicht zu oft wiederholt werden. Es ist in erster Linie eine Arznei für chronische Krankheiten, die auch als akute Zustände aufflammen können.
- *Causticum* gehört bei der Katze nicht zu den häufig indizierten Mitteln.

Aussehen und Verhalten

- Je nach Krankheitsstadium: Kraftvolle Katze mit »Führungsqualitäten«
- Oder durch lange Krankheit erschöpfte, »ausgelaugte« Tiere
- Evtl. von Kummer geprägt (wie *Natrium muriaticum*), »melancholische Hysterie«
- Evtl. ungeschickte Bewegungen bzw. Grobmotorik, Stolpern
- Leicht zufallende Augenlider
- Selten bei der Katze: hornige Warzen an den Körperspitzen (z. B. Ohren, Gesicht)
- Selten vereinzelte Warzen an der Körperfläche
- Evtl. heiseres oder stimmloses Miauen (Kehlkopferkrankungen)
- Evtl. reichlich schmierige Absonderung aus den Ohren
- Freundlich, distanziert, aber nicht primär abweisend, eher ernsthaft, wenig verspielt

- Möglicherweise widerspenstig, speziell nach psychischem Trauma
- Keine »Schmusekatze«
- Mitfühlend, rücksichtsvoll, sympathisch, sensibel für das Leiden anderer, auch der Besitzer
- Hohe »soziale Kompetenz«, kümmert sich um kranke oder schwache Tiere, säugt z. B. Hundewelpen
- Nachtragend, widersetzlich und aggressiv nach – auch nur vermeintlicher – Misshandlung
- Kann sehr schnell aggressiv werden, duldet keine »ungerechte« Autorität (»Tierarzt-Trauma«)
- Evtl. Rangprobleme mit einem dominanten Besitzer oder anderem »Nebenbuhler«
- Dieses Verhalten kann aber bei verständnisvollem Umgang gänzlich fehlen!
- Ängstlich, Erwartungsangst, schnell erschrocken, besonders durch Lärm
- Beißt sich beim Fressen evtl. in Lippen oder Wangen

Indikationen und Symptome

Schwerpunkt

- Erkrankungen des Nerven-Muskelsystems
- Koordinationsstörungen, Lähmungen, Stereotypien, Übersprungshandlungen
- Schleimhäute von Atemwegen und Harnblase
- Bindegewebe, Extremitäten mit Neigung zum Verkürzen und Zusammenziehen von Beugesehnen
- Folgen von schweren Verbrennungen

Nervensystem

- Langsam entstehende und fortschreitende Schwäche und Lähmungen
- Koordinationsstörungen
- Besonders rechtsseitig
- Lähmungen durch trockene Kälte, durch unterdrückte Hautausschläge
- Lähmung der Oberlider mit Zufallen der Augen, einseitigen Gesichtslähmung, besonders links
- Lähmung von Kehlkopf, Stimmband, Zunge, Speiseröhre, Schließmuskeln von Blase, After
- Lähmung durch heftigen Schreck, durch trockene Kälte
- Zuckungen, Tics, Muskelkrämpfe, Nystagmus
- Epilepsie durch Schreck oder psychisches Trauma

Atemwege

- Kehlkopfentzündung mit quälendem Reizhusten wie verschluckt
- Dabei sehr leicht auslösbarer Husten durch Druck auf den Kehlkopf
- Bronchitis schmerzhaft, mit Schleim, der schwierig auszuhusten ist oder Anfälle von trockenem Reizhusten
- Neigung zum Verschlucken beim Fressen
- Husten besser durch Trinken

Bewegungsapparat

- Schlechte Motorik möglich, ungeschickt, fällt z. B. vom Stuhl
- Eine der Arzneien mit Tendenz zu Steifheit, deformierenden Arthrosen
- Verkürzung der Zehenbeuger o. a. Beugemuskeln, daher erschwertes Klettern
- Schmerzen im Bewegungsapparat besser durch fortgesetzte Bewegung

Harnwege

- Blasenerkrankungen durch Kaltwerden, nach Blasenoperation, nach Schwergeburt
- Akute oder chronische Blasenentzündung, Reizblase, Blasenlähmung
- Unwillkürlicher Harnabgang, tröpfelnder Urin
- Fehlender Harnabsatz nach Überdehnung der Blase (z. B. nach Abgang oder Entfernung von Grieß)
- Fehlender, ineffektiver oder sehr häufiger Harndrang
- Einnässen während des Schlafes

Haut

- Verbrennungen 2. bis 3.Grades im Spätstadium
- Mit schlechter Heilung mit anschließenden sternförmigen, juckenden Narben und Einziehungen der Haut

Modalitäten

- Mehrheitlich für Erkrankungen der rechten Seite
- Schlimmer am Nachmittag
- Verschlimmerung oder ausgelöst durch extreme Aufregung, Schreck, Kummer o. a. psychisches Trauma

- Epilepsie, Lähmung, Tics, Stereotypien
- Neigung zum Frieren, schlimmer durch trocken-kaltes Wetter, eisigen Wind, durch Zugluft
- Lähmung nach Sturz in eiskaltes Wasser
- Besser durch feuchte Wärme
- Verlangen nach Salzigem
- Steifheit oder Bewegungsstörungen, besser durch fortgesetzte Bewegung (*Rhus toxicodendron*)
- Beißt sich beim Fressen in die Lippen oder in die Wange

Auslöser

- Folgen von Leid und Kummer, von Schreck, Misshandlung, Aufregung, Ärger, Apoplex
- Chronische Zustände und Folgen von Verbrennungen
- Folgen von Überanstrengung, Zerrung, Verstauchung (*Rhus toxicodendron*)
- Langsame Entwicklung von Schwäche und Lähmungen besonders alter Tiere
- Folgen von kaltem, trockenem Wind
- Lähmungen durch Einwirkung von eiskaltem Wasser oder Nasswerden
- Lähmungen durch unterdrückte Hautausschläge (z. B. durch Pharma-Präparate)

Arzneimittelbeziehungen

- Indiziert für chronische Zustände, die am Anfang *Rhus toxicodendron* gebraucht hätten
- Unverträglich mit *Phosphorus*, obwohl *Phosphorus*- und *Causticum*-Patienten sehr ähnlich sein können
- *Phosphorus* ist jedoch eher eine »Kuschelkatze« im Gegensatz zu *Causticum*

Chamomilla – Matricaria Chamomilla – Echte Kamille – Cham

Allgemeines

Die Kamille wirkt auf die nervöse Empfindlichkeit, speziell bei sehr schmerzempfindlichen Patienten. *Chamomilla* gehört zu den wichtigsten homöopathischen »Schmerzmitteln« (wie *Coffea, Magnesium phosphoricum*).

Die menschlichen *Chamomilla*-Patienten empfinden solche Schmerzen als eine Art Ungerechtigkeit, als wäre jeder Umstehende schuld an diesen überdimensionalen Beschwerden! Daher reagiert der *Chamomilla*-Patient mit Ärger und Aggressivität auf jeden und alles.

Chamomilla ist eine der zornigsten Arzneien der Materia medica!!!

Auf diese Arznei sprechen speziell Jungtiere an, insbesondere während Zahnung oder Zahnwechsel, selten auch junge, unerfahrene Katzenmütter um die erste Geburt.

Kamille wird zu Unrecht so häufig in der Medizin verwendet. Wer zu viel Kamille zu sich nimmt, verspürt umso heftigere Schmerzen und wird darüber wütend.

Chamomilla ist i. d. R. eine Arznei für akute Krankheitszustände.

Verhalten

- Akut auftretende schlechte Laune, unmotivierte Reizbarkeit, Folge von Ärger und Aufregung
- Überempfindlichkeit gegen Schmerzen mit Aggressivität und Ruhelosigkeit
- Will nicht angefasst, angesehen werden, dann heftiger Zorn mit Beißen und Kratzen, Vorsicht!
- Ungeduld, unzufrieden mit allem, nichts ist ihm recht, Streitsucht
- Raserei bei relativ geringen Schmerzen, Ruhelosigkeit
- Besser durch Erschütterung, heftiges »Getragenwerden«

Nach der Gabe von *Chamomilla* bessern sich die Schmerzen und die Aggressivität überraschend schnell.

Das *Chamomilla*-Verhalten darf nicht mit einer Erkrankung des Zentralnervensystems verwechselt werden!

Indikationen und Symptome

- Heftige, akute Symptome plötzliche, unerträgliche Schmerzen
- Ohrenschmerzen bei Welpen

Verdauungsapparat

- Zahnschmerzen beim Zahnwechsel mit Aggressivität
- Heftige Bauchschmerzen mit oder ohne wundmachendem Durchfall
- Durchfall schleimig, Geruch wie faule Eier
- Äußerliche Hitze, besonders am Bauch, heiße Ohren
- Schlimmer durch Wärmeanwendung
- Schlimmer abends 21 bis 22 Uhr oder/und morgens gegen 9 Uhr

Genital

- Unerträglich schmerzhafte Wehen mit Zorn bei jungen Katzenmüttern

Modalitäten

- Schlechter durch Wärmeanwendung
- Hitze abwechselnd mit Frieren, heiße Extremitäten, besser durch Abkühlung
- Schlimmer abends und nachts
- Schlimmer durch kalten Wind, Kälte, Zugluft

Auslöser

- Überempfindlichkeit, Unzufriedenheit mit allem, speziell bei Welpen
- Folgen von Missbrauch von Beruhigungsmitteln und schlecht vertragenen Narkotika
- »Verdorbener Magen«, Verdauungsstörungen jeder Art
- Folgen von Ärger
- Folgen von unterdrückten Hautausschlägen

Kontraindikation

Chamomilla darf nicht bei ruhigen, ausgeglichenen, lieben, sanften Patienten gegeben werden!

Keine innerliche oder äußerliche Anwendung von Kamillentee!

Chelidonium majus – Schöllkraut – Chel

Allgemeines

Chelidonium gehört in der Katzenpraxis nicht zu den alltäglichen Mitteln.

In dem Arzneimittelbild liegt sein Schwerpunkt im Bereich von Leber und Galle; das Schöllkraut passt aber für eine ganze Reihe anderer rechtsseitiger Erkrankungen.

Für die Katze hat es sich für die organotrope Anwendung bei rechtsseitigen Lebererkrankungen bewährt – auf gleicher Stufe wie *Carduus* – (linksseitig) und *Flor de Piedra*.

Die Wirkung von *Chelidonium* tritt bei passender Indikation schnell ein und lindert Leberbeschwerden und Schmerzen.

Aussehen und Verhalten

- Zusammengezogene Stirn (»Stirnfalten« wie *Lycopodium*), eng stehende Ohren
- Unfreundliche Stimmung, ärgerlich-reizbar (ähnlich *Nux vomica*)
- Schweigsam, introvertiert, faul, verwirrt
- Evtl. Zittern durch Ärger
- Verfrorener Patient

Indikationen und Symptome

- Rechtsseitige Erkrankungen
- Meist mit Beteiligung der Leber, Hepatitis, Ikterus, gelbe Zunge mit Zahneindrücken
- Schmerzen am rechten Rippenbogen
- Verdauungsstörungen, Aufstoßen, Übelkeit, Flatulenz
- Bauchschmerz besser durch Liegen auf der linken Seite oder auf dem Bauch, durch Strecken
- Bauchschmerzen mit eingezogenem Bauch, dabei Rückenschmerzen
- Verdauungsbeschwerden, Bauchschmerzen besser durch Futteraufnahme (warmes Futter!)
- Besser durch Wärmeanwendung, besser nach Kotabsatz
- Durchfall abwechselnd mit Verstopfung
- Kot weiß, breiig, klebrig, schaumig oder wie Schafkot, After juckt nach Kotabsatz

- Atemwegsbeschwerden mit Nasenflügelatmung
- Rechtsseitige Pneumonie mit Rückenschmerzen
- Nierenentzündung rechts mit dunklem Urin

Modalitäten

- Beschwerden der rechten Seite
- Schmerzen strahlen in die rechte Schulter aus, daher dort scheinbare Lahmheit
- Schlimmer am späten Nachmittag, 16 Uhr und früh am Morgen
- Schlimmer durch Bewegung
- Verfrorener Patient, schlimmer durch Kälte, kalten Wind, Wetterwechsel
- Besser durch warmes Futter, warme Tränke
- Schlimmer durch Liegen auf der schmerzhaften Seite
- Eiskalte Pfoten
- Schwerhörig bei Leberbeschwerden
- Ergänzungsmittel zu *Lycopodium*

Auslöser

- Hepatitis u. a. Lebererkrankungen
- Fressen von sehr fetthaltigem, schwerverdaulichem Futter
- Folgen von Ärger
- Vergiftungen, schlecht vertragene Medikamente

China – Cinchona officinalis – Chinarinde – Chin

Allgemeines

Hahnemann fand durch seinen bekannten Selbstversuch mit der Chinarinde das Ähnlichkeitsgesetz für die homöopathische Medizin bestätigt.

Wie vor über 200 Jahren wird *China* noch heute in der Therapie von Malaria eingesetzt, welche mit Zerstörung der roten Blutkörperchen einhergeht.

China ist eines der wichtigsten homöopathischen Arzneien für Folgen von Blut- und Flüssigkeitsverlusten.

Ein Blutverlust kann durch äußerliche oder innerliche blutende Wunden entstehen, auch durch Zerstörung von roten Blutkörperchen bei Infektion mit Blutparasiten oder bei starkem Wurmbefall.

Flüssigkeitsverlust kann z. B. eintreten durch starken Durchfall oder auch bei anhaltendem Erbrechen.

Generell wirkt *China* auch als Tonikum, in der Erholungsphase nach schwächenden Erkrankungen.

China ist eine Arznei für akute und chronische Zustände. Aus der Chinasäure leitet sich eine Reihe von hochwirksamen, organotropen Präparaten ab, Chinone genannt (siehe dort).

Aussehen und Verhalten (im schweren Krankheitsfall)

- Hochgradige Schwäche bis Lähmung
- Blasse Schleimhäute, eingefallene Augen, lichtscheu
- In schweren Fällen kalte Körperoberfläche, evtl. kalter Schweiß an den Pfoten
- Tendenz zu Ödemen
- Häufig aufgetriebener Bauch durch Blähungen, mit Bauchschmerzen
- Reizbar, unfreundlich, abweisend, apathisch, Erschöpfung mit Reizbarkeit
- Berührungsempfindlich, will nicht angefasst werden, aber starker Gegendruck bessert
- Empfindlich gegen Lärm, gegen Gerüche

Indikationen und Symptome

- Rekonvaleszenz (Erholungsphase) nach schweren Krankheiten (hier organotrop, daher tiefe Potenz)
- Schwäche durch Verlust von Körperflüssigkeiten, z. B. nach schwerem Durchfall
- Erkrankungen mit Anämie, Leber-, Milzvergrößerung (manche Formen von Leukose, Hämobartonellen)
- Schleimhauterkrankungen
- Erkrankungen mit Zerstörung von Blutzellen
- Leukose

Fieber

- Fieber bei Erkrankungen mit Zerstörung roter Blutkörperchen
- Fieber anfallsweise, Anfälle von Schüttelfrost, mit Gliederschmerzen

- Fieberintervalle abwechselnd mit fieberfreien Perioden
- Fieber wiederkehrend in periodischen Abständen (Periodizität nach Stunden oder Tagen)
- Periodisch wiederkehrende Erkrankungen
- Berührungsempfindliche Haut, besonders während Fieber

Atemwege
- Bronchitis mit anderen *China*-Symptomen

Verdauungsapparat
- Vermehrte Bildung von Zahnstein
- Erkrankungen im Oberbauch, Lebererkrankungen, evtl. mit Gelbsucht
- Geringe oder keine Futteraufnahme oder gutes Fressen trotz hohem Fieber (wie *Phosphorus*)
- Appetitlos, gutes Fressen erst nach den ersten Bissen oder umgekehrt
- Evtl. nachts vermehrter Appetit, verlangt nachts nach Futter (wie *Phosphorus*)
- Fressen nur geringer Menge auf einmal
- Aufgetriebener Bauch, sehr empfindlich gegen Berührung, aber Druck bessert (*Bryonia*)
- Blähungen mit Aufgasung, nicht besser durch Blähungsabgang
- Evtl. schaumige Gärung (»schäumende« Darmgeräusche)
- Bauchschmerzen besser durch Zusammenkrümmen, mit Frieren
- Verdauungsstörungen nach Aufnahme von zu viel Fett (z. B. Rahm, Sahnetorte, Speck)
- Periodisch wiederkehrende Verdauungsstörungen mit Blähungen
- Durchfall schmerzlos, auch nachts, stinkend, unverdaut
- Oder schwieriger Kotabsatz
- Magenschleimhautentzündung, Leberentzündung, evtl. mit (chronischer) Gelbsucht

Milzvergrößerung
- Dabei evtl. Neigung zu lokalen (Haut-)Blutungen

Extremitäten
- Muskel-, Gelenkschmerzen, schlimmer durch Berührung – gleichzeitig mit anderen *China*-Symptomen
- Eine Extremität kalt, andere warm

Modalitäten
- Berührung wird ungern ertragen, aber starker Druck bessert
- Beschwerden bevorzugt der linken Seite
- Periodisch wiederkehrende Beschwerden, z. B. an jedem 2. oder 7. Tag
- Schlimmer durch Zugluft, schlimmer im Freien, schlimmer bei feuchtkaltem Wetter
- Besser durch Wärme
- Schlimmer nach dem Fressen
- Scharfe, wundmachende Absonderungen

Auslöser
- Folgen von Verlust von Körperflüssigkeiten (Blut, Durchfall, Säugen vieler Welpen, Austrocknung)
- Zustände durch Verdursten (z. B. im Keller eingesperrte Katze)
- Unverträglichkeit von Trockenfutter (Flüssigkeitsverlust!)
- Zustände oder Folgen von malariaähnlichen Erkrankungen, Fieber, Leukose u. ä.
- Folgen von sehr starkem Wurmbefall
- Folgen von Futtermittelvergiftung, von verdorbenem Wasser
- Folgen von unterdrücktem Schnupfen
- Erschöpfung nach schwerer Krankheit
- Beschwerden durch Ärger, Kummer

Verwechslung mit *Natrium muriaticum* möglich, beide Mittel passen gut zueinander.

Natrium muriaticum kann man nach *China* geben in malariaähnlichen Fällen, wenn *China* nicht genügend wirkt – und umgekehrt!

Bei exsikkotischen Katzen kann die aktuelle Indikation von *China* durch eine Infusion ersetzt werden, stattdessen ist ein passendes Folgemittel indiziert, z. B. *Arsenicum, Natrium muriaticum, Phosphorus* o. a.

Chinone – Quinone

Chinone sind chemische Verbindungen, die sich aus der Chinasäure herleiten.

Chinone wurden erstmals 1954 von dem Nobelpreisträger Domagk in der Krebstherapie mit überraschendem Erfolg eingesetzt.

Es gibt eine Vielzahl von *Chinon*-Verbindungen, wie *Chinhydron, Naphthochinon, Ubichinon, Hydrochinon, Benzochinon* u. a.

Der therapeutische Einsatz dieser Mittel wird besonders von Reckeweg (Literatur 33 g) und von der Koch'schen Molekulartherapie (Literatur 33 c) beschrieben.

Die *Chinon*-Präparate spielen in der Atmungskette bzw. oxydativer Energiegewinnung eine wichtige Rolle. Sie werden vielfach als »Radikal-Fänger« zur Bindung »Freier Radikale« eingesetzt. Einige Präparate sind giftig und sollten daher nur in potenzierter Form angewendet werden.

Weil keine homöopathischen Arzneimittelprüfungen (außer *Anthrachinon*) vorliegen, sollten diese Mittel in tiefen Potenzen (C 4 bis C 6) und nicht öfter als einmal täglich für begrenzte Zeit eingesetzt werden. Zu häufige Gaben höherer Potenzen könnten Schäden auslösen oder unterschwellige Erkrankungen aktivieren.

Für die Homöoathie genießen *Chinon*-Präparate den Stellenwert einer organotropen oder palliativen Therapie, weil mit diesen Präparaten i. d. R. keine vollständige Heilung erreicht werden kann.

Besser ist in jedem Fall der Einsatz eines individuell passenden homöopathischen Mittels.

Wenn dieses jedoch (noch) nicht gefunden werden kann, ist es mit diesen Arzneien

immerhin möglich, besonders bei Krebspatienten, eine deutliche Verlängerung des Lebens bei guter Lebensqualität zu erzielen.

Bei Patienten mit vorangegangener Immunsuppression kann eine besseres Ansprechen auf eine gezielte Therapie erreicht werden.

Dosierung: C 3 oder C 4 einmal täglich für wenige Tage, je nach Reaktion

Benzochinon – Para-Benzochinon – Benzoq

Para-Benzochinon wird von der Koch'schen Molekulartherapie empfohlen (Literatur 33 c).

Die Ausgangssubstanz ist giftig, sollte daher, besonders bei der empfindlichen Katze, nur in potenzierter Form der Handelspräparate oral verabreicht werden (ab C 3 oder C 4).

Para-Benzochinon wirkt speziell auf das Blut, kann bei Leukose unterstützend zur homöopathischen Therapie für einige Tage eingesetzt werden.

Zusätzlich wirkt es intensiv stimulierend auf Zellstoffwechsel und Wohlbefinden.

Als Indikationen kommen besonders Erkrankungen wie Leukose, Asthma, Präkanzerose und manifester Krebs infrage.

Para-Benzochinon kann sogar das Befinden von Patienten bessern, die mit zu häufigen Gaben falscher Homöopathika behandelt wurden und sich in einer Art Reaktionsstarre befinden; nach einiger Wartezeit werden sie wieder zugänglich für eine zielgerichtete homöopathischen Therapie.

In manchen Fällen empfiehlt es sich, dieses Präparat im täglichen Wechsel mit »*Carbonyl-Gruppen SSR*« einzusetzen: Das betrifft besonders Krebspatienten im fortgeschrittenen Stadium.

Hydrochinon – Hydroq

Hydrochinon ist giftig; im Tierversuch wirkte es krebserzeugend.

Reckeweg empfiehlt es in potenzierter Form bei Asthma, Leberschäden und toxischen Belastungen durch immunsuppressive Medikamente.

Ubichinon – Coenzym Q 10

Ubichinon ist eine körpereigene Substanz, die normalerweise mit roher Nahrung aufgenommen wird.

In therapeutischer Form, auch in tiefer Potenz, wirkt es über die Atmungskette stimulierend auf den Zellstoffwechsel, auf Muskulatur und besonders auf den Herzmuskel, ferner unterstützt es die zelluläre Immunität und gibt Schutz vor Freien Radikalen (»Schlacken«).

Naphthochinon – Naphtq

Naphthochinon wird empfohlen bei chronischen Viruserkrankungen und bei manifestem Krebs im Verdauungsapparat und Genitalbereich.

Chinhydron – Quinh

Chinhydron ist ein intensives und lange wirkendes Stimulans für die Zellatmung. Es kann auch mit zwischenzeitlichen Gaben von *Hydrochinon* im Wechsel mit *Para-Benzochinon* kombiniert werden. Besondere Indikationen sind Krebs und chronische Viruserkrankungen, ferner Schleimhauterkrankungen der Atemwege und des Verdauungsapparates, Erkrankungen von Sinnesorganen (Auge, Ohr), Gefäß-, Nieren- und Gelenkerkrankungen.

Cicuta virosa – Wasserschierling – Cic

Allgemeines

Cicuta ist ein Mittel für nervöse und zentralnervöse Störungen, die mit heftigen, tonischen Muskelkrämpfen einhergehen: Heftige Krämpfe der Hals- und Rückenmuskulatur mit extremem Rückwärts- oder Seitwärtsbeugen wie kein anderes Mittel.

Verhalten und Symptome

- Abneigung gegen Gesellschaft, gegen den Anblick von Leuten, gegen Anwesenheit Fremder
- Apathie oder unerklärliche Heiterkeit, evtl. abwechselnd
- Krampfanfälle mit tonischen Krämpfen, starr verdrehte Gliedmaßen u. a. Muskeln
- Krämpfe breiten sich vom Kopf zur Körperperipherie aus
- Oder beginnen vorn, breiten sich aus zur Hinterhand, evtl. verbunden mit Schreien
- Zucken verschiedener Körperteile
- Krämpfe der Nackenmuskeln: Kopf z. B. derart nach hinten gezogen, dass die Nase den Rücken berührt
- Oder Kopf krampfhaft zur Seite gedreht
- Gliedmaßen: tonische Krämpfe der Streckmuskeln oder schlaffes Herunterhängen
- Spasmen erneuert durch Berührung, Lärm
- Epilepsie, Kieferklemme, Krämpfe im Zwerchfell, Schluckauf, Schreien, Bewusstlosigkeit, Koma
- Epilepsie beginnt mit starren Blick, nach oben verdrehten Augen

Auslöser

- Cerebrale oder spinale Meningitis, Gehirnerschütterung
- Schwere Verletzungen von Kopf oder Wirbelsäule mit Krämpfen

- Krämpfe nach Schlundverstopfung, durch Fremdkörper im Hals (z. B. Fischgräte, Angelhaken)

Modalitäten

- Schlimmer durch Berührung, Zugluft, Erschütterung

Cimicifuga – Actaea racemosa – Wanzenkraut – Cimic

Allgemeines

Der Schwerpunkt von *Cimicifuga*-Krankheiten liegt im Nerven-Muskelsystem, und weiblichen Genital und betrifft übersensible (»hysterische«), meist weibliche Lebewesen. Körperliche Beschwerden können im Wechsel mit Verhaltenssymptomen auftreten.

Cimicifuga kann leicht mit *Ignatia* verwechselt werden, daher ist eine genaue Differenzierung notwendig.

Verhalten, Indikationen und Symptome

- Widersprüchliche, unregelmäßige, wechselhafte Symptome, besonders der linken Seite (wie *Lachesis*)
- Symptome möglicherweise nicht klinisch erklärbar (»Hysterie«)
- Heftige Schmerzen, Neuralgien, wandern, wechseln die Seite
- Nervös, ruhelos, »geschwätzig«, ängstlicher oder panischer Gesichtsausdruck
- »Hysterisches« Herzklopfen bis zur Arrhythmie, Atemnot bis zu Erstickungsanfällen
- Zittern, nervöse Krämpfe, Zuckungen der Extremitäten
- Nervöser Krampfanfall, evtl. durch unerträgliche Schmerzen (z. B. unter der Geburt) oder durch Erregung
- Nervöser Husten beim Schnurren oder Miauen

Genital

- Verlängerte Rolligkeit »spinnender«, »singender« Katzen
- Gestörter Geburtsvorgang, vorzeitige, fehlende oder ineffektive Wehen mit epileptiformen Krämpfen

Modalitäten

- Schlimmer auf der linken Seite, schlimmer nachts
- Schlimmer durch Kälte, besser durch frische Luft
- Besser durch fortgesetzte Bewegung, besser durch Gegendruck
- Wechsel zwischen körperlichen und Verhaltenssymptomen
- Schmerzen kommen plötzlich
- Verhaltenssymptome abwechselnd mit körperlichen Symptomen

Auslöser

- Verletzung der Halswirbelsäule (wie Schleudertrauma)
- »Spinalirritation« (unerklärliche Schmerzen) nach Erschütterung des Rückenmarks durch Unfall
- »Hysterie« im wahrsten Sinne (hystéra – griechisch = Gebärmutter)
- »Liebeskummer«, Misshandlung u. a. emotionaler Stress, daher körperliche Krankheiten
- Reaktionen auf Stresssituationen der Besitzer (wie *Ignatia*)

Cisplatinum– Cis-Diaminodichloroplatin – CDDP – Cisplat

Cisplatinum ist ein Chemotherapeutikum und wird beim Menschen besonders beim Hodenkarzinom als Zytostatikum eingesetzt.

Die bekannten Nebenwirkungen dieses pharmazeutischen Präparates legten den Einsatz als potenziertes homöopathisches Mittel nahe.

Es gibt keine homöopathische Arzneimittelprüfung.

Die homöopathischen Indikationen leiten sich aus den Nebenwirkungen beim medizinischen Einsatz als Zytostatilum her, ähnlich wie bei anderen potenzierten Präparaten der Schulmedizin.

Schulmedizinischer Einsatz

- Immunsuppression
- Tumoren der Keimzellen
- Lebertumoren
- Osteosarkom
- Neuroblastom
- Hirntumor
- Plattenepithelkarzinom
- Bronchialkarzinom, Lungentumor

Häufigste Nebenwirkungen im schulmedizinischen Einsatz

- Erhöht die Häufigkeit von Metastasen
- Übelkeit, Erbrechen auch ohne Übelkeit, besonders morgens
- Toxisch für Nieren und Gehör, Innenohr-Schwindel
- Mäßige Knochenmarksdepression
- Seltener epileptische Anfälle, Sehstörungen, Polyneuropathie

Weitere Nebenwirkungen bei Langzeitanwendung

- Haarausfall
- Blindheit, Neuritis des N. opticus, Netzhautablösung
- Taubheit
- Nieren: Tubulusnekrose, Dilatation der Nierentubuli, tubuläre Proteinurie, Anstieg Serumkreatinin
- Hyperurikämie
- Herz: Koronargefäße, Arrhythmie, Hyper- oder Hypotension
- Durchblutungsstörungen, Mikroangiopathie
- Thrombozytopenische Purpura, Leukämie
- Leukopenie, Thrombozytopenie
- Hämolytische Anämie (Coombs-Test positiv)
- Hypokalzämie, Hypomagnesiämie
- Chronische Entzündung der Schleimhäute
- Allergische Reaktionen

(Quelle: Dr. med. Thomas Quak, Hauptstr 8 82256 Fürstenfeldbruck)

Bei der Katze hat sich dieses Mittel bei vielen Zuständen von Immunsuppression als »Zwischenmittel« oder als Therapeutikum bewährt. Es gelingt oft, das Ansprechen auf ein passendes anderes Homöopathikum damit zu verbessern.

Cocculus indicus – Anamirta coculus – Kockelskörner – Cocc

Allgemeines

Cocculus ist eine Kletterpflanze aus dem Fernen Osten. Die Samen dieser Pflanze, die Kockelskörner, dienen als Ausgangstoff für die potenzierte Arznei.

Bereits im Altertum wurden Kockelskörner in die Fischteiche geworfen, worauf die Fische bäuchlings nach oben, gelähmt oder bereits gestorben an der Wasseroberfläche schwammen. Das wurde bis vor ca. 40 Jahren auch noch an den bayerischen Karpfenteichen praktiziert, ist aber heute verboten, weil diese Karpfen nach dem Verzehr Schwindel und Übelkeit erzeugten.

Cocculus ist beim Tier, speziell bei der Katze ein »kleines Mittel«, besonders indiziert bei Unverträglichkeit von Autofahren.

Indikationen und Symptome

- Schwindel mit Verwirrung, mit heftiger Übelkeit und Erbrechen
- »Seekrankheit«, besonders beim Autofahren
- Drehschwindel, muss sich niederlegen, kann den Kopf nicht oben halten
- Übelkeit schlimmer durch jede Bewegung, evtl. mit Durchfall
- Keine Besserung nach dem Erbrechen
- Besser in frischer Luft, im Freien
- Schlimmer durch Sehen auf bewegte Gegenstände
- Schlimmer beim Bewegen des Kopfes
- Besser durch Ruhighalten des Kopfes (wie *Conium*)

- Begleitend: Schwäche durch die kleinste Anstrengung
- Begleitend: Übelkeit durch den Geruch von Futter
- Epileptiforme Krämpfe

Weitere Auslöser:

- Degenerative Erkrankungen des Nervensystems mit verlangsamten Reaktionen
- Folgen von »durchwachten Nächten«, Schlafmangel
- Folgen von Apoplex

Colocynthis officinalis – Coloquinthe – Kürbis – Coloc

Allgemeines

Der Name von *Colocynthis* beschreibt die Wirkung dieser Arznei:

Kolon (griechisch) bedeutet »Darm«; kinein (griechisch) bedeutet »bewegen«; den gesamten Begriff könnte man mit »Bewegung der Därme« bezeichnen.

Colocynthis war bereits im Altertum bekannt als Arznei für heftigste Bauchschmerzen!

Hinzu kommt die Verwendung dieses Wortes im Griechischen als Verbum, das »jemanden veralbern« bedeutet, was verständlicherweise Ärger auslöst. In diesem Sinn hat *Colocynthis* auch einen Bezug zu Bauchschmerzen, die durch Ärger ausgelöst wurden.

Colocynthis ist i. d. R. eine Arznei für akute Zustände, jedoch eher selten bei der Katze.

Indikationen und Symptome

Schwerpunkt

- Krampfschmerzen an Hohlorganen des Bauches (Magen, Darm, Harnwege)
- Nervenschmerzen am Gesicht (N. trigeminus) oder Ischias
- in jedem Fall Schmerzen, die den Patienten zum Zusammenkrümmen zwingen

Verdauungsapparat

- Krampfende Bauchschmerzen mit Blähungen bis spastischer (krampfhafter) Darmverschluss
- Anfallsweise heftigste Krampfschmerzen mit intensiver Unruhe
- Besser durch Reiben, durch Wärme, durch Zusammenkrümmen
- Nach Bauchschmerzen evtl. Durchfall mit schleimigem, gelbem, schaumigem, wässrigem, stinkendem Kot

Seltene Indikation

- Gliederschmerzen, Ischias, Hüftschmerzen:
- Neuralgische, krampfartige Schmerzen, von Hüfte bis Kniekehle, besonders links
- Auch diese besser durch Zusammenkrümmen und Liegen auf der schmerzenden Seite

Modalitäten

- Besser durch Wärme, besser durch starken Druck, besser durch Zusammenkrümmen
- Schmerzen schlimmer bei Ruhe, daher Ruhelosigkeit
- Schlimmer nachmittags, ab 16 Uhr, abends, nachts
- Begleitsymptom: Neigung zum Frieren während der Schmerzintervalle

Auslöser

- Folgen von Ärger, Kummer mit Ärger
- Folgen von Überfressen, nach kaltem oder gefrorenem Futter oder Tränke
- Folgen von Kaltwerden

Conium maculatum – gefleckter Schierling – Con

Allgemeines

Conium ist eine Giftpflanze, bekannt durch die Todesstrafe des griechischen Philosophen Sokrates: Er musste den »Schierlingsbecher« austrinken, erlitt von den Beinen aufsteigende Lähmungserscheinungen, bis schließlich der Tod durch Atemlähmung eintrat.

Conium hat jedoch in der Homöopathie noch eine Fülle weiterer Indikationen.

Conium ist eine Arznei für akute, aber häufiger für chronische Erkrankungen, die sich langsam entwickeln.

Aussehen und Verhalten

- Häufig Erkrankungen älterer Tiere – außer bei Verletzungsfolgen
- Wenig Äußerungen von Lebensfreude, Abneigung gegen Gesellschaft, Gleichgültigkeit
- Heftiger Sexualtrieb, der trotz Anwesenheit von gegengeschlechtlichen Tieren nicht ausgelebt werden kann
- Daraus resultieren Schwäche, Krebs oder Lähmungen durch »unterdrückten Sex«

Indikationen und Symptome

Schwerpunkte

- Nervensystem, speziell Hirn und Rückenmark, Lähmungen, Schwindel
- Verletzungsfolgen, speziell der Wirbelsäule mit aufsteigenden Lähmungen (ausgehend von der Hinterhand)
- Verhärtungen nach Verletzungen
- Erkrankungen durch »unterdrücktes Sexualverlangen«
- Krebs, große, meist harte Tumoren, Krebs von Drüsen
- Mammatumoren nach Gesäugeverletzung
- Augenerkrankungen mit Lichtscheu

Nervensystem

- Folgen von Verletzungen der Wirbelsäule
- Verletzungen, Infektionen u. a. Erkrankungen des Rückenmarks, Inkoordination (*Alumina*)
- Schwäche und Lähmung besonders der Hinterextremitäten, schmerzlose Lähmung
- Lähmung einzelner Nerven, evtl. Neigung zum Stolpern wegen Muskelschwäche
- Trotzdem kaum Atrophie der betroffenen Muskeln
- Lähmung innerer Organe möglich
- Generelle lähmungsartige Schwäche, Bewegungsunlust
- Lähmungen als Folgen von unterdrücktem (nicht ausgelebtem) Sexualtrieb
- Schwindel, Taumeln durch schnelle Kopfbewegung (z. B. beim Schütteln)

Verletzungen

- Verhärtungen nach (Weichteil-)Verletzungen (*Calcarea fluorica*: Eher von straffem Fasergewebe)
- Schwindel nach Kopfverletzung
- Sich von den hinteren zu den Vorderextremitäten ausbreitende Lähmungen nach Wirbelsäulentrauma

Augenerkrankungen

- Ausgeprägte Lichtscheu mit Tränenfluss, ohne ersichtlichen Grund
- Sehstörungen, grauer Star nach stumpfer Augenverletzung (*Symphytum*)
- Bindehaut- und Hornhautentzündung, wenn noch andere *Conium*-Symptome vorhanden sind
- Tumoren an den Lidern (*Nitricum acidum*)

Haut

- Fettige Haut, Talgdrüsenzysten

Tumorerkrankungen

- Gut- oder bösartige Tumoren
- Verhärtete Tumoren von Haut (Epitheliom), Unterhaut, Genital, Knochen
- Mammakarzinom durch Quetschung der Mamma (z. B. Kippfenster-Verletzung)

Harnwege
- Verzögerter Harnabgang, schlimmer bei Aufregung, besser durch Entspannung
- Inkontinenz, besonders alter Tiere, tröpfelnder Harnabgang
- Stoßweise Harnentleerung

Genital
Kater: Zuchtkater: Impotenz trotz guter Libido
- Genitalerkrankungen durch »unterdrückten Sex«
- Chronische Entzündung der Prostata
- Komplikationen nach der Kastration von ehemaligen Zuchtkatern, auch nach »hormoneller Kastration«

Katze: chronische Entzündung der Eierstöcke, Krebs
- Mastitis (Gesäugeentzündung) mit steinhartem Gesäuge und evtl. hohem Fieber (*Phosphorus*)
- Lange bestehende Gesäugeverhärtung nach Mastitis, evtl. Entwicklung von Tumoren und Geschwüren
- Milchproduktion anhaltend nach Absetzen der Welpen (u. a. Arzneien)

Modalitäten
- Beschwerden überwiegend der rechten Seite
- Abneigung gegen Bewegung
- Unverträglichkeit von Autofahren
- Besser durch fortgesetztes, langsames Gehen
- Besser im Freien an frischer Luft, besser durch Ruhe
- Schlimmer im Winter, durch Kälte, alles besser durch Wärme
- Schwarze Zähne
- Verlangen nach Unverdaulichem
- Begleitender Schwindel, Taumeln durch schnelle Kopfbewegung, Schütteln
- Verhaltenssymptome abwechselnd mit körperlichen Symptomen

Auslöser
- Folgen von Verletzungen der Wirbelsäule (Lähmung, Koodinationsstörungen)
- Weichteilverhärtungen nach Verletzungen, speziell von Drüsengewebe
- Infektionen u. a. Erkrankungen des Rückenmarks mit Tendenz zu schmerzloser Lähmung
- Erkrankungen nach »unterdrücktem Sex«, dabei häufig leicht erregbarer Sex, auch evtl. bei Kastraten
- Erkrankungen nach Kastration von älterem Kater oder nach »hormoneller Kastration«
- Erkrankungen der Katze im Gefolge von Störungen der Sexualhormone oder »Katzenpille«
- Unverträglichkeit von Autofahren mit Schwindel
- Folgen von unterdrückten Hautausschlägen
- Folge von überdosierten Komplexmitteln, die Conium enthalten

Crataegus – Weissdorn – Crat

Allgemeines
Crataegus ist ein wichtiges klinisches, organbezogenes Arzneimittel für das Herz, homöopathisch jedoch nicht vollständig geprüft. Es wird häufig als Phytotherapeutikum (in pflanzlicher Tinktur) verabreicht, entfaltet jedoch in potenzierter Form eine wesentlich intensivere Wirkung mit breiterem Wirkungsspektrum.

Crataegus steht an erster Stelle unter den organotropen Herzmitteln.

Es wirkt stärkend auf alle Teile des Herzen: Auf Endocard (Innenauskleidung), Myocard (Herzmuskel) sowie auf das Reizleitungssystem, ferner kann es – langfristig gegeben – Ablagerungen von Cholesterin lösen.

Es gibt keine klaren Symptome oder Modalitäten.

Crataegus kann immer bei Herzinsuffizienz gegeben werden, evtl. in Verbindung mit Adonis (Lungenödem).

Rein organotrope Arzneien sollten nur in tiefer Potenz und bei Bedarf in täglicher Dosierung bis zur Besserung gegeben werden.

Empfehlenswert ist zusätzlich die Gabe eines spezifischen, individuellen Simile.

Indikationen

- Stärkung der gesamten Kreislaufsituation
- indiziert bei jeder Art von Herzschwäche
- Vorbeuge für sekundäre Herzerkrankungen bei schweren oder septischen Infektionen
- Tonikum (Kräftigung) bei chronischer Herzerkrankung, erhält die Herzaktion aufrecht
- Indiziert bei allen Erkrankungen der Herzklappen mit Herzinsuffizienz (mangelnde Herzleistung)
- Auch bei Reizleitungsstörungen (*Nux vomica*)
- Tonisiert den Spannungszustand von Gefäßwänden
- Besonders indiziert bei der Herzschwäche alter Katzen mit Bewegungsunlust
- Kann Herzschäden bei schweren Infektionskrankheiten vorbeugen, zusätzlich zur Arznei für die Krankheit
- Steigert oft überraschend die Vitalität alter Tiere ohne unerwünschte Nebenwirkungen!
- Keine Dauertherapie! Bei Besserung Abstände der Gaben vergrößern!
- Ist i. Allg. mindestens genauso gut wirksam wie schulmedizinische Herztherapie und kann diese evtl. ersetzen.

Crotalus horridus – Klapperschlange – Crot-h

Allgemeines

Homöopathika, die aus Schlangengift hergestellt werden, wirken auf Herz, Kreislauf, Blut und/ oder septische Zustände. Allen gemeinsam ist die Überempfindlichkeit gegen Einengung, speziell im Bereich der Kehle.

Der Schwerpunkt von *Crotalus* liegt in der Auskleidung von Blut- und Lymphgefäßen sowie im Bereich der Blutgerinnung.

Viele Symptome ähneln dem Bild von *Lachesis*; *Crotalus* ist jedoch ein Mittel für Erkrankungen, die besondern die rechte Körperhälfte betreffen.

Bei der Katze ist *Crotalus* bei Gerinnungsstörungen durch Trauma (z. B. schwere Thrombose durch Venenpunktion) oder in Fällen von Sepsis oder Vergiftungen mit Tendenz zu Blutungen indiziert.

Indikationen und Symptome

Blut, Blutgefäße, Blutungen

- Blutungsmittel, insbesondere bei fortgeschrittenen Erkrankungen
- Ausgedehnte Thromben
- Thrombose nach Venenpunktion oder Venenkatheter auf der rechten Seite (*Lachesis* links)
- Blutungen aus allen Körperöffnungen (*Bothrops*)
- Vollständiger Kollaps, bei Sepsis, mit Blutungen
- Septische Erkrankungen, septischer Schock
- Hämolytischer Ikterus, hämolytische Anämie (Zerfall der roten Blutkörperchen mit Gelbsucht)
- Blutunterlaufene Hautstellen
- Nasenbluten, schwarz, zäh, fadenziehend

Atemwege

- Krämpfe im Kehlkopf, kann nichts Festes schlucken
- Asthma durch Herzerkrankung
- Lungengangrän, Lungenembolie (*Lachesis, Naja*)
- Kehlkopfgangrän, septische Laryngitis, Lungengangrän, Retrotonsillarabszess rechts

Sepsis

- Sepsis mit Blutungsneigung, Gerinnungsstörungen, Thrombosen
- Wiederkehrende Fieberschübe (Ehrlichiose, Anaplasmose, u. a. Blutparasiten), remittierendes Fieber

Weitere mögliche Symptome

- Rechtsseitige Lähmung
- Schwerste Sepsis bei Gebärmuttererkrankungen
- Schwarz-blutige Absonderungen bei Krebs mit Sepsis

Modalitäten

- Schlimmer durch Wärme, bei warmem Wetter
- Schlimmer durch Erschütterung
- Schlimmer morgens, nach dem Schlafen und abends
- Schlimmer im Frühling, jährliche Periodizität
- Überempfindliche Kehle gegen Druck, Abneigung gegen Einengung
- Schwarz-blutige Absonderungen

Auslöser

- Schwerste septische Infektionen im fortgeschrittenen Zustand mit Blutungsneigung und Thrombosen
- Thrombose nach intravenöser Injektion oder Katheter (in leichten Fällen zuerst *Ledum* oder *Hamamelis*!)
- Vergiftungen, Futtermittelvergiftung, speziell Fleischvergiftung
- Seltener auch Apoplexfolgen

Cundurango – Schwalbenwurz – Cund

Allgemeines

Diese alte südamerikanische Heilpflanze wurde bereits bei den Eingeborenen für Magenbeschwerden eingesetzt.

Für die Homöopathie ist es ein »kleines«, aber sehr wichtiges Mittel für krebsartige Neubildungen im fortgeschrittenen Stadium.

Indikationen und Symptome

- Leitsymptom: Einrisse und Geschwüre an Haut-Schleimhaut-Grenzen
- Speziell an Körperöffnungen, besonders an der Maul-Lippen-Grenze
- Plattenepithelkarzinom
- Flaches Epithelkarzinom am unteren Augenlid, Nase, Lippe oder Kinn (Eosinophile Plaques bzw. Granulom, vgl. *Nitricum acidum*)

Verdauungsapparat

- Wichig für Magengeschwür, Magenkrebs mit kaffeesatzähnlichem Erbrechen und wunden Maulwinkeln
- Magenschmerzen, Appetitlosigkeit, Erbrechen

Vergleiche *Ornithogalum*!

Cuprum metallicum – Kupfer – Cupr

Allgemeines

Cuprum ist eine Arznei für Krampfzustände vielfältiger Art, ausgelöst durch oder verbunden mit Erregung des vegetativen Nervensystems: Muskelkrämpfe, Asthma, Konvulsionen (Krampfzustände) und Epilepsie.

Grundsätzlich gibt es heftige Symptome: heftige Krämpfe, heftiges Erbrechen, heftiges Asthma oder Krampfanfälle (Epilepsie) mit anschließender Erschöpfung.

Indikationen und Symptome

Muskelkrämpfe

- Krämpfe und Zuckungen beginnen in der Körperperipherie, an den Pfoten, besonders Zehenbeuger
- Krämpfe verlaufen von der Körperperipherie zum Rumpf
- Häufiges Mittel für Krampfanfälle bzw. Epilepsie bei Katze und Hund, auch im Gefolge von Impfungen

Zentralnervensystem – Epilepsie

- Beginn mit Zuckungen und Verrenkungen der distalen Gliedmaßen

- Umfallen mit Schrei, verdrehten Augen, anschließend Zyanose
- Konvulsionen speziell schlimmer bei Neumond
- Krämpfe schlimmer durch Berührung (*Belladonna, Cicuta, Cina, Nux vomica, Strychninum*)

Atemwege

- Asthma: asthmatische Bronchitis, erstickender, spastischer Husten, evtl. mit Stridor
- Schlimmer gegen 3 Uhr nachts
- Asthma mit Zyanose (Blauwerden im Gesicht) und Erbrechen
- Verbunden mit Krämpfen in Extremitäten
- Besser durch Trinken von etwas Wasser
- Unterbrochene Hustenanfälle, möglicherweise drei Hustenstöße hintereinander
- Husten mit Zittern
- Kann bei Husten bzw. Asthma nicht das Geringste vor Maul oder Nase haben (wie *Lachesis, Arsenicum*)
- Je stärkere Atemnot, desto stärkere Tendenz zum Beugen der Pfoten
- Asthmaattacken bei Epileptikern

Verdauungsapparat

- Vorherrschend Magen-Darmkrämpfe, schlimmer durch Berührung, weniger Durchfall
- Krampfhaftes Erbrechen
- Tendenz zu Kollaps und Zyanose, evtl. verbunden mit Atemnot
- Symptome besser durch Wärme und harten Druck
- Schlimmer nachts

Modalitäten

- Periodisches Wiederkehren der Symptome, z. B. alle 3 Wochen
- Schmerzen kommen und gehen plötzlich
- Schlimmer auf der linken Körperseite
- Schmerzen schlimmer durch Sinnesreize
- Schlimmer durch leichte Berührung
- Schlimmer vor der Rolligkeit
- Eiskalter Körper im schlimmsten Zustand
- Krämpfe begleitet von sensorieller Überempfindlichkeit

Auslöser

- Folgen von Unterdrückungen aller Art, speziell nach unterdrückten Hautausschlägen
- Krampfzustände nach Impfungen
- Schlimmer durch intensive Emotionen, Schreck
- Epilepsie durch Nasswerden

Dulcamara – Bittersüßer Nachtschatten – Dulc

Allgemeines

Dulcamara ist eine wunderhübsche, rankende, bunt blühende Pflanze. Sie wächst bevorzugt an Bachläufen und in Feuchtgebieten.

Dulcamara-Erkrankungen entstehen speziell durch Feuchtigkeit und Nässe mit gleichzeitiger Kälte.

Dulcamara ist ein Arzneimittel für akute Erkrankungen, seltener auch für chronische Zustände.

Im Vordergrund stehen meist Erkrankungen der Harnwege und der Muskulatur.

Aussehen und Verhalten

- Im chronischen Fall: dominierende, streitsüchtige, reizbare Tiere, im Akutfall nicht ausgeprägt
- Alle *Dulcamara*-Patienten meiden kalte, zugige Plätze und tendieren zum Frieren
- Evtl. sofortige verschlimmernde Reaktion auf Kälte, Verdunstungskälte oder kalte Zugluft
- Evtl. kleine Warzen, besonders im Gesicht, in Gruppen angeordnet

Schwerpunkte

Atemwege

- Akute Erkrankungen, beginnen evtl. gleichzeitig mit einem Hautausschlag, evtl. Fieber
- Absteigende Atemwegsinfekte: Erkrankungen der oberen Atemwege, dann Bronchitis, die übergeht in Zustände von spastischer Atemnot (Asthma)

- Allergische Atemwegserkrankungen, meist mit Atemnot ausgelöst durch feuchte Luft, feuchte Umgebung
- Schmerzhafter, quälender Husten, evtl. mit Rasselgeräuschen, schlimmer durch feuchte Kälte
- Husten schlimmer beim tiefen Atmen

Bewegungsapparat
- Muskelschmerzen jeder Lokalisation möglich: Steifer Nacken, Torticollis (steifer Hals)
- Rückenschmerzen, Lumbago, Steifheit der Extremitäten, durch Kalt- und Nasswerden
- Besser durch Bewegung

Verdauungsapparat
- Durchfall durch feuchte Kälte, gefrorenes Futter (*Arsenicum, Carbo vegetabilis, Pulsatilla*)
- Schlimmer vor Kotabsatz, meist verbunden mit Harnwegserkrankung
- Durchfall abwechselnd mit Hautausschlägen, abwechselnd mit Glieder- oder Rückenschmerzen

Harnwege
- Spezieller Schwerpunkt – als Haupt- oder Begleitsymptom
- Entzündungen der Harnwege durch Nässe, Kälte, akut, chronisch oder wiederkehrend
- Chronisch auch mit verdickter Blasenwand
- Häufiger, schmerzhafter Harndrang oder unwillkürlicher Harnabgang durch Blasenlähmung
- Speziell im Winter, besser durch Wärmeanwendung

Haut
- Hautausschläge aller Formen, unklare allergische Hautausschläge
- Auch Kontaktallergie, z. B. auf Repellentien (gegen Ektoparasiten), Hauteinreibungen etc.
- Hautausschläge krustig, am ganzen Körper (*Arsenicum, Psorinum*), besonders im Kopfbereich
- Gelbliche, weiche Krusten an Gesicht, Augen, Achseln, Kniefalte, Schwanzfalte
- Durch Kratzen entstehen wunde, haarlose Stellen mit zusätzlicher Infektionsgefahr
- Hautausschläge mit heißer, geröteter Haut
- Nesselsucht (Urticaria) durch Kaltwerden, durch Zugluft
- Warzen durch Nässe und Feuchtigkeit, feuchte Liegeplätze
- Warzen fleischig, dick, gestielt, stecknadelkopfgroß oder groß, hart; flache Warzen
- Warzen auch in Gruppen angeordnet, besonders im Gesicht

Modalitäten
- Schlimmer durch Kälte und Feuchtigkeit, Nasswerden, kalte Zugluft
- Schlimmer bei Wechsel zwischen warmer Wohnung und nasskaltem Aufenthalt im Freien
- Besser durch Bewegung, durch Wärme, besser durch trockenes Wetter
- Schlimmer durch kaltes Futter oder Tränke
- Beschwerden bevorzugt der linken Seite
- Schlimmer im Winter

Auslöser
- Folgen von Kalt- und Nasswerden jeder Art, durch Leben »in feuchter Wohnung«
- Folgen von Temperaturwechsel: z. B. warme Wohnung und nasskalter Garten
- Folgeerkrankungen nach unterdrückten Absonderungen, unterdrückten Hautausschlägen

Echinacea angustifolia oder purpurea – Kegelblume – Echi

Echinacea ist eine nicht giftiges Kraut aus der Familie der Korbblütler. Die Ausgangssubstanz wird aus der gesamten Pflanze mit Wurzel hergestellt.

In westlichen Ländern verwendet man überwiegend *Echinacea angustifolia*, in Indien eher *Echinacea purpurea*. Beide Pflanzen haben eine annähernd gleiche Wirkung.

Echinacea wird häufig als Urtinktur (Alkoholische Zubereitung) zum unspezifischen Stimulieren der körpereigenen Abwehr empfohlen.

Der Effekt der Tinktur lässt – zumindest hierzulande – zu wünschen übrig, obwohl in der alten homöopathischen Literatur und von der heutigen indischen Homöopathie die reinsten Wunderdinge der Echinacea-Tinktur berichtet werden.

Speziell bei der Katze hat sich die potenzierte Form hervorragend bewährt, von der C 30 bis zur XM-Potenz.

Die potenzierte *Echinacea* kann bei allen Formen der Immunschwächekrankheiten indiziert sein, häufig mit überraschend schnell eintretender Besserung oder Heilung.

Echinacea normalisiert die Zusammensetzung von Körperflüssigkeiten, aktiviert Blutzellen, insbesondere die Phagozytose und reduziert damit die Keimbesiedlung, auch eine solche von multiresistenten Erregern. Daher gilt *Echinacea* auch als der »große Blutreiniger«, speziell bei »Zersetzung des Blutes« verschiedener Ursache.

Echinacea eliminiert toxische Substanzen:

- Endotoxine (Produkte von abgestorbenem Gewebe oder Zellen, Abbauprodukte des Stoffwechsels)
- Bakterientoxine
- die Effekte von Giftpflanzen
- Toxine von Insektenstichen (Zeckenbiss) und von Schlangenbissen

Echinacea kann das Wohlbefinden unglaublich schnell wieder herstellen oder trotz schwerster Erkrankung (z. B. Krebsgeschwür) aufrecht erhalten.

Speziell für die Katze ist schon allein die unspezifische Steigerung der gesamten Immunreaktion wichtig, da sie bei vielen Erkrankungen unter »Abwehrschwäche« und »Reaktionsmangel« leidet, die damit einer erfolgreichen Therapie zugänglich werden.

Dazu gehören z. B. FIP/FIV (»Katzen-AIDS«), chronische Formen des FPV (Parvovirus), FeLV (Leukose), der Katzenschnupfen-Komplex u. Ä.

Echinacea kann bei solchen Erkrankungen als Einzelmittel erfolgreich wirken – insbesondere bei dem »Immunschwächekomplex«. Mitunter stimuliert sie die Reaktion, sodass spezifisch ausgewählte Mittel anschließend besser wirken können.

In der Literatur finden sich auch Angaben, die einen Wechsel zwischen dem jeweils indizierten Simile und *Echinacea* empfehlen.

Im Rahmen dieser Wirkungen ist zu bedenken, dass *Echinacea* zwar eine lokale Eiterung fördern kann, sie aber eingrenzt und damit einer Septikämie vorbeugt.

Indikationen

Septische Erkrankungen

- Erkrankungen mit »malignen« Tendenzen:
- Geeignet für Epidemien, lokalisierte oder Allgemeinerkrankungen
- Septisch infizierte, zerfetzte Wunden, von »giftigen Tieren«, Bisse »böser« Hunde (*Lyssinum*)
- Stinkende faulige Absonderungen jeder Lokalisation
- Septischer Zerfall, Gangrän von Körpergewebe
- Neutralisiert septische und toxische Substanzen im Blut, auch solche aus Krebsgewebe
- Fieber ist möglich, muss aber (noch) nicht vorhanden sein
- Schlangenbisse, Insektenstiche
- Borreliose? Ehrlichiose, Anaplasmose (Vector-borne diseases)
- Sepsis mit Haarausfall, Ausfallen der Krallen
- Erkrankungen von Lymphknoten
- Essenziell bei allen Erkrankungen des Immunsystems, FeLV, FIV, FIP u. Ä.
- Rekonvaleszenz nach schweren Krankheiten
- Folgen von schlecht vertragenen Impfungen (häufiger indiziert als andere Mittel)

Fieber

- Hohes Fieber oder wiederkehrende Fieberschübe sind möglich
- Intermittierndes oder remittierendes Fieber, oszilierendes Fieber (schnell wechselnde Höhe des Fiebers)
- Vector-borne diseases (»Mittelmeer-Krankheiten«, Tropenkrankheiten)
- Dumpfheit, Benommenheit bei septischem Fieber
- Dabei stinkender Körpergeruch, Atem und Ausscheidungen (z. B. wenn *Arsenicum* nicht hilft)
- Evtl. verminderter Urin, Urämie

Herz- Kreislauf

- Funktionelle und strukturelle Veränderungen der Blutzellen
- Verminderung der Erythrozyten
- Stase (Stillstand) in Blut- und Lymphgefäßen, Entzündungen von Arterien
- Maligne Endokarditis bei Sepsis
- Hämatogene Infektionen (z. B. Nabelinfektionen)

Auge

- Entzündung der Iris oder Kornea

Atemwege

- Verstopfte Nase, häufiges Niesen ohne Erleichterung
- Chronischer Katzenschnupfen (Folgemittel notwendig!)
- Absonderung stinkend, blutig, Membranbildung auf Schleimhäuten
- Fauliger Retronasalkatarrh (Katzenschnupfen)
- Bakterielle oder Virusinfektionen des Nasenrachenraums
- Septische, phlegmonöse Tonsillitis
- Schleimabsonderung mit viel Räuspern aus Rachen und Kehle
- Gangrän im Rachen, Geschwüre, auch an Tonsillen
- Schmerzen in der Lunge, besonders rechts, Lungengangrän

Verdauungsapparat

Maul:

- Stomatitis ulcerosa, Maulfäule (zusätzlich Calendula-Tee zum Spülen mit einem Tropfen *Echinacea* Ø)
- Hautausschläge ums Maul, im Gesicht
- Geschwüre, entzündetes, blutendes, ablösendes Zahnfleisch
- Zahnschmerzen
- Zunge geschwollen, weiß mit roten Rändern, braun oder rot
- Stinkender, klebriger Schleim in Maul und Rachen

Magen:

- Fehlender Appetit, Übelkeit, Erbrechen
- Magenschmerzen, Aufstoßen von Gas
- Verlangen nach kaltem Wasser

Abdomen:

- Peritonitis, Lymphknotenerkrankungen, Leberabszess
- Coli- u. a. Infektionen
- Bauchschmerzen, Enteritis, Blähungen, Durchfall
- Sepsis nach Chirurgie, z. B. nach Operation einer erkrankten Gebärmutter, Peritonitis (*Lachesis*)

Harnwege

- Unwillkürlicher Urinabgang
- Urin vermehrt oder vermindert, Nierenschaden mit Eiweiß im Urin
- Häufiger Harndrang bei unspezifischen Reizungen oder Entzündungen
- Allgemeine Vergiftung durch Retention harnpflichtiger Stoffe bis Urämie
- Bei Urämie: Verhindert die schädigende, toxische Wirkung von harnpflichtigen Substanzen im Blut

Gynäkologie

- Puerperalsepsis evtl. mit Peritonitis (spezifisch: XM-Potenz)
- Wundmachender Ausfluss, eitrige oder unterdrückte Lochien (»Wochenfluss«), Endometritis

Bewegungsapparat

- »Rheuma nach Tonsillitis« (Fokalinfektionen)
- Muskelschwäche, Muskel- und Gelenkschmerzen
- Wandernde Schmerzen wie *Pulsatilla*
- Krallenbettentzündung, evtl. mit Phlegmone, ohne Reaktion auf passende Arzneien

Haut

- Hautentzündungen, Pyodermie, Infektionen der Haut, Hot Spot, Furunkel
- Abszesse mit oder ohne Beteiligung der regionalen Lymphknoten
- Infizierte Bissverletzungen, Schlangenbisse
- Hautreizung durch Giftpflanzen
- Infizierter Decubitus (wie »Durchliegen«: großflächige Abschürfungen, infizierte Schälwunden nach Verkehrsunfall)
- Gangrän (Schwarzwerden äußerer Teile)

- Erysipel, Phlegmone mit Neigung zur Bildung von Abszessen
- Chronische Geschwüre
- Offene Krebsgeschwüre mit zerfallendem Gewebe (erhält gutes Allgemeinbefinden, heilt aber nicht den Krebs)
- Infizierte Quetschwunden
- Sepsis mit Haarausfall, Ausfallen der Krallen
- Abszesse mit scharfem Eiter, wiederkehrende Abszesse

Modalitäten

- Besser durch Ruhe und Liegen wegen Erschöpfung durch Sepsis
- Schmerzen kommen und gehen plötzlich
- Schlimmer durch kalte Luft

Zusammenfassung spezieller Indikationen bei der Katze

- Unterstützend beim Katzenschnupfen-Komplex, zusätzlich spezifische Arzneien
- Beginnende FIP, Peritonitis, erste Erfahrungen sind sehr Erfolg versprechend, FIV
- Ergänzend bei chronischem Nierenversagen (CNI), Urämie
- Leukose der Katze, deren Komplikationen (Entzündung und Vergrößerung von Lymphknoten)
- Zahnfleischentzündungen, Stomatitis ulcerosa
- Meningitis cerebrospinalis
- Infektion, Sepsis durch zersetztes, nekrotisches Gewebe (z. B. ulzerierendes Fibrosarkom)
- Krebs, letztes Stadium, um Schmerzen zu erleichtern

Bei den meisten dieser Erkrankungen ist eine Abfolge speziell indizierter Mittel erforderlich. Mit *Echinacea* gelingt es oft, zunächst das Allgemeinbefinden und die Reaktionslage des Patienten zu verbessern. Anschließend sollte ein individuell gewähltes Simile folgen.

Vergleichsmittel

Bapt, Ars, Rhus-t, Hep, Calc-s u. a.

- *Echinacea* hat keine derart intensive Apathie und Stupor wie *Baptisia*
- *Echinacea* hat mehr unregelmäßiges Fieber
- *Echinacea* stimuliert Eiterbildung wie *Mercurius* und *Silicea*, grenzt sie ein, verhindert allgemeine Sepsis
- *Echinacea* ist daher gefährlich beim Leberabszess, bei geschlossener Pyometra, eitrigen Prozessen im Bauchraum (Farrington, Literatur 17)
- Komplementär zu *Hepar*
- Antidot gegen Vergiftungen

Euphrasia – Augentrost – Euphr

Allgemeines

Euphrasia ist eine seit dem Altertum bekannte Arznei für Erkrankungen der Augen.

Äußerliche Anwendung am Auge:

- Euphrasia-Tee eignet sich hervorragend zum Abtupfen/Auswaschen von Augenabsonderungen bei allen möglichen Augenerkrankungen.
- Im Gegensatz zu vielen Augensalben und -tropfen dulden die Patienten sehr gern den Wattebausch, der satt mit verdünntem Euphrasia-Tee durchtränkt ist.

Der homöopathische Einsatz betrifft vielfältige, spezielle Augenerkrankungen, verfügt über ein sehr breites Spektrum der Indikation: vom leichten Katarrh (»schwimmendes Auge«) bis zur schweren Hornhautentzündung sowie Erkrankungen am Innenauge. Er erfordert jedoch – im Gegensatz zur Teeanwendung – das Beachten der speziellen **Modalitäten.** Potenziertes *Euphrasia* eignet sich nur für die unten beschriebenen Indikationen.

Indikationen und Symptome

Akute und chronische Erkrankungen der Augen

- Allergische, bakterielle oder Virusinfektionen am Auge
- Evtl. verbunden mit allergischem Schnupfen

- Reichlicher, wundmachender, beißender, juckender Tränenfluss oder Eiter aus dem Auge
- Häufig begleitet von mildem Fließschnupfen
- Verklebte Lider, Neigung zum Blinzeln
- Starker Juckreiz veranlasst zum Reiben der Augen, was aber anschließend die Schmerzen verschlimmert
- Reichlich wundmachender Eiter, grau, wässrig-gelblich, evtl. klebrig
- Bindehautentzündung, Hornhautentzündung mit Pusteln
- Hornhautgeschwüre, oberflächliche, auch tiefe (*Kalium bichromicum, Mercurius, Silicea, Arsenicum*)
- Entzündung der Iris, hochgradig schmerzhaft!! (*Rhus toxicodendron*)
- Hornhauttrübung, Hornhautnarbe nach Verletzung oder Keratitis (*Cadmium sulfuricum*)
- Folgen von äußeren Verletzungen
- Augenentzündung als Folge von Verletzung (nicht sofort nach der Verletzung geben!)
- Verengung oder Verstopfung des Tränen-Nasen-Gangs (u.a. Mittel)

Modalitäten

- Besser im Freien, aber schlechter durch Wind
- Neigung zum Blinzeln und Bewegen der Augen
- Meist ausgeprägte Lichtscheu, besser im Dunkeln
- Neigung zum Reiben oder Kratzen am Auge, was aber den Schmerz verschlimmert
- Schlimmer eher auf der linken Seite, rechts aber nicht ausgeschlossen

Auslöser

- Verschiedenste Infektionen der Augen, Bindehaut, Hornhaut (Kornea), Nasenschleimhaut
- Kaltwerden, Erkältung
- Folgen von Augen- bzw. Hornhautverletzungen
- Pollenallergie (»Heuschnupfen«)
- Beschwerden durch warmen Südwind

Staphysagria ist das wichtigste Mittel, das sofort nach Hornhautverletzung zu geben ist!

> **Hinweis:** *Euphrasia – Euphr,* darf in der Literatur nicht verwechselt werden mit *Euphorbium – Euph*!

Ferrum phosphoricum – Eisenoxydphosphat – Ferr-p

Allgemeines

Ferrum phosphoricum gehört zu den Schüssler Salzen, hat aber in homöopathischer Anwendung intensivere Wirkungskraft.

Als zusammengesetztes Mittel, bestehend aus *Ferrum* (Eisen) und *Phosphorus*, vereint es die Wirkung beider Arzneien zu einer neuen Wirkungsweise: intensiver Blutandrang zum erkrankten Gewebe.

Verwendung: Indiziert bei unklaren beginnenden, heftigen Fieberzuständen, (wenn weder *Belladonna* noch *Aconitum* passen), meist verbunden mit Schwäche, Schleimhautentzündungen meist an den Atemwegen.

Eine Arznei mehrheitlich für akute Beschwerden

Indikationen und Symptome

Fieber

- Schnell beginnend, erstes Stadium einer Infektion, noch ohne Absonderungen
- Fieber über 40 °C, jedoch nicht so plötzlich wie *Aconitum* und *Belladonna*, ohne Angst und Unruhe
- Im Gegensatz zu *Aconitum* und *Belladonna* hat *Ferrum phosphoricum* keinen auffallend harten, prägnanten Herzschlag
- Evtl. noch keine erkennbare Lokalisation einer Erkrankung
- Fieber begleitet von Erschöpfung, Muskelschmerzen am ganzen Körper
- Verbunden mit dem Verlangen, sich zu strecken

Atemwege

- Fieber im Anfangsstadium von Virus- oder bakteriellen Infektionen
- Rachenentzündung, Angina, Kehlkopfentzündung, Bronchitis, heftiger Husten
- Beginnende Lungenentzündung, bei Welpen bzw. Zahnwechsel

- Erstes Stadium bei Mittelohrentzündungen bei Jungtieren

Blut
- Blutungen: Helles, kaum gerinnendes Blut, wenn andere Mittel versagen
- Nasenbluten, bei hohem Fieber, oder durch Verletzung mit stark blutende Wunden
- Anämie durch Mangel an Eisen

Modalitäten
- Besonders geeignet für Jungtiere
- Häufig (noch) keine schwerwiegenden Äußerungen von Unwohlsein
- Große Empfindlichkeit für kalte Luft
- Schlimmer abends und nachts, frühmorgens
- Besser durch Ruhe
- Anämie mit ausgeprägter Schwäche

Auslöser
- Kaltwerden, »Erkältung«, beginnende Infektion
- Verletzungsfolgen mit starker Blutung bzw. mit Blutverlust (aber andere Mittel sind häufiger)

Flor de Piedra – Lophophytum Leandri – Steinblüte – Flor-p

Allgemeines
Flor de Piedra wurde 1964 von Willmar Schwabe in die Homöopathie eingeführt und von dem Tierarzt Dr. Wolter für die Veterinärhomöopathie als organotropes Lebertherapeutikum empfohlen.

Die homöopathische Arzneimittelprüfung ist nicht vollständig und gestattet bisher nur organotropen Einsatz in tiefer Potenz bis zur C 30.

Eine ausführliche Prüfung soll demnächst von dem kanadischen Homöopathen Andre Saine veröffentlicht werden.

Indikationen bei der Katze
- Arznei der zweiten Wahl, wenn keine Hinweise auf ein anderes Homöopathikum vorliegen
- Störungen der Leberfunktion, Gelbsucht, evtl. verbunden mit Pankreasinsuffizienz
- Appetitmangel bei Stoffwechselstörungen
- Regeneriert ähnlich wie *Carduus marianus* die geschädigten Leberzellen
- Belastung durch Medikamente oder Vergiftungen, wenn keine Symptome von *Nux vomica* vorliegen
- Unklare Verdauungsstörungen, Gastritis mit gelegentlichem Erbrechen
- Folgen von Überfressen
- Mögliches Begleitsymptom: Überfunktion der Schilddrüse

Fluoricum acidum – Flusssäure – Fl-ac

Allgemeines
Die Flusssäure ist ein sehr reaktionfreudiges Element, reagiert explosiv, äußerst aggressiv und stark ätzend. Seine Urtinktur muss daher in Gummiflaschen (Guttapercha) aufbewahrt werden, weil es Glas verätzt und zerstört.

Diese Eigenschaften zerstören gemäß Arzneimittelprüfung »die Ordnung« im Organismus, die *Silicea* (Synonym für »Glas«) im Organismus aufrecht erhält: Daher ist *Silicea* ein Antidot gegen *Fluoricum acidum*, jedoch gleichzeitig ein (seltener) Synergist.

Fluoricum acidum ist – wie *Silicea* – ein sehr intensiv und tiefgreifend auf den Organismus wirkendes Mittel und darf daher nicht häufig wiederholt werden

Fluoricum acidum ist eher ein seltenes Mittel, Fluor-Verbindungen sind in der Homöopathie weitaus häufiger indiziert.

Fluoricum acidum kann bei langsam entstehenden chronischer Krankheiten indiziert sein.

Die Kernidee besteht in der »Lösung von ordentlichen Verbindungen« auf psychischer und physischer Ebene:

Der *Fluoricum acidum*-Patient hat das Bedürfnis, familiäre oder freundschaftliche Beziehungen aufzulösen.

Auf körperlicher Ebene finden wir eine tiefgreifende Zerstörung von Gewebe, speziell bei der Katze (und anderen Tieren) Probleme am Gebiss: *Fluoricum acidum* ist das wichtigste Homöopathikum für die FORL mit Nekrose der Zahnwurzeln. *Fluoricum acidum* wirkt hier offenbar auf die Osteoklasten, die ein Lockerwerden der normalerweise fest verankerten Backenzähne auslösen.

Dasselbe Phänomen gibt es auch bei Hasen bzw. Kaninchen (Meerschweinchen?). Beim Pferd (EOTRH) sind hier jedoch eher die vorderen Schneidezähne betroffen (*Staphysagria*).

Katze

- Heißblütige Patienten mit fast unermüdlicher Muskelkraft
- Ruhelose Patienten, wandern umher, wollen immer beschäftigt sein
- Leicht aggressiv bis asozial
- Gier nach Futter
- Besser im Kühlen, schlimmer durch Wärme

Gelsemium sempervirens – wilder Jasmin – Gels

Allgemeines

Gelsemium, der giftige Jasmin, strömt einen betörend angenehmen, lähmenden Duft aus!

Im Arzneimittelbild erscheinen lähmungsartige Symptome: schläfrige Benommenheit bis zur Lähmung.

Gelsemium ist eine Arznei für akute Krankheitszustände, für deren langfristige Folgen, auch für chronische Krankheiten.

Aussehen und Verhalten

- Müder, schläfriger Ausdruck
- Auffallend ruhiges Verhalten, apathischer Ausdruck, schlaffer Tonus der Ohren (»Hängeohren«)
- Verminderte Anteilnahme an der Umgebung (wie *Opium*), zufallende Augen
- Zuerst Schwäche, dann langsam beginnende Lähmung der Motorik (Muskeln), verbunden mit Zittern
- Schließlich auch Lähmung des Sensoriums (Sinnesorgane)
- Zuerst Lähmung der willkürlichen, dann der unwillkürlichen Muskulatur
- Im Spätstadium Atemlähmung, Herz und Hirnlähmung
- Will allein sein, in Ruhe gelassen werden, wenig Zeichen von Lebensfreude
- Neigung zum Muskelzittern, z. B. bei der geringsten Aufregung
- Heftige Aufregung durch jede Gefühlserregung möglich, Erwartungsangst (z. B. vor Tierarztbesuch)
- Furcht vor Fremden, Furcht verletzt zu werden (»Erwartungsangst«)

Indikationen und Symptome

Infektionen

- Erkrankungen entwickeln sich langsam innerhalb von wenigen Tagen, bei warmem Wetter
- Infektionen mit Hirn(haut-)entzündung und Tendenz zu Lähmung bis Koma (wie FSME)
- Infektionen durch Insektenstiche, Zeckenbisse
- Fieber mit zunehmender Benommenheit, Schwäche und heftiges Zittern am ganzen Körper
- Heißes Gesicht, Ohren, Nase, hängende Lider, zufallende Augen
- Intermittierendes (unterbrochenes) Fieber ohne Verlangen zu trinken, trockenes Maul
- Frieren abwechselnd mit Hitze
- Enorme Schwäche, muss nach wenigen Schritten stehenbleiben, stolpert beim Gehen
- Lähmung mit Fieber, mit Infektionskrankheit
- Ataxie, Inkoordination durch Hirn- oder Rückenmarksentzündung oder deren Folgen

- Lähmung von Schließmuskeln (Blase, After)
- Weicher, langsamer Puls – bzw. Herzschlag, Atemnot bis Ersticken
- Hirn(haut-)entzündung mit Querschnittslähmung (fortgeschrittenes Stadium)
- Katarrh der Atemwege

Zentralnervöse Erkrankungen
- Folgen von Hirn-Rückenmarks-(haut-)entzündung (Meningitis, Myelitis)
- Selten langsam entstehende Folgen von Trauma von Hirn oder Rückenmark mit diesen Modalitäten
- Verbunden mit Schläfrigkeit, Reaktionsmangel, Koordinationsstörungen

Augen
- Erkrankungen der Netzhaut (Retina)

Geburt
- Stillstand der Geburt wegen krampfhaftem Verschluss des Muttermundes bei Erstgebärenden
- Dabei Schwäche mit Zittern

Harnwege
- Harnverhaltung oder dauernder Harndrang mit unwillkürlichem Urinabgang
- Bei schweren Infektionen oder durch Aufregung mit Schwäche und Zittern

Bewegungsapparat
- Schwäche und Schlaffheit im Bewegungsablauf mit häufigem Einbrechen vorn und hinten
- Schmerzlose Lähmung
- Das Nachgeben in der Hinterhand erinnert an Erkrankungen der Kniescheibe

Andere Symptome
- Beschwerden durch Aufregung, Erwartungsspannung vor einem besonderen Ereignis
- Durchfall durch Aufregung, Herzklopfen, Erwartungsangst mit Zittern und Schwäche
- Folgen von Hitzschlag

Modalitäten
- Keine Tränkeaufnahme trotz Fiebers, auch in anderen Fällen nur geringe Tränkeaufnahme
- Schlimmer durch Wärme oder Sonne, bei schwülem Wetter, schlimmer im heißen Sommer
- Besser durch reichlichen Harnabgang
- Besser durch Anregung, Stimulation, besonders in frischer, kühler Luft

Auslöser
- Schreck, Aufregung, Erwartung, Kummer, Überanstrengung, Apoplex
- Chronische Folgen von Influenza (»nie wieder gesund seit…«)
- Erkrankungen während des Zahnwechsels
- Sonnenhitze, Sonnenstich, Hitzschlag, »Sommergrippe«, keine Winterkrankheit!
- Infektionen, Insektenstiche oder Zeckenbisse
- Chronische Folgen von Infektionen des Zentralnervensystems
- Toxische Lähmung, z. B. durch schlecht vertragene Beruhigungsmittel, Narkose
- Folgen von unterdrückten Hautausschlägen

Graphites – Kohlenstoff – Graph.

Allgemeines

Der homöopathisch genutzte *Graphites* wird »aus feinstem englischem Bleistift« hergestellt.

Graphit besteht aus reinem Kohlenstoff, einem lebenswichtigen Bestandteil der Eiweißgrundstruktur des Organismus.

Der *Graphites*-Patient kann leicht mit dem *Calcarea*-Patienten verwechselt werden; darum sollte vor der Entscheidung für die Indikation von *Graphites* das Arzneimittelbild von *Calcarea* studiert werden.

Graphites ist eine konstitutionell wirksame Arznei mit besonders tiefgreifender und lange anhaltender Wirkung, darf daher nicht zu häufig wiederholt werden (Vorsicht mit entsprechenden Komplexmitteln).

Graphites ist kein häufig gebrauchtes Mittel für die Katze.

Aussehen

- Meist Tiere mit schwerem, kräftigem Körperbau mit dicker Haut, Neigung zu Bildung von Hautfalten
- Meist kräftiger Haarwuchs oder hormonell bedingter Haarausfall
- Träger Stoffwechsel, Neigung zum Dickwerden
- Phlegmatisch, schwerfällig, verfressen, Frieren (obwohl dick!)
- Tendenz zu wunden oder verdickten Hautfalten
- Das Haar neigt zum Verfilzen

Verhalten

- Ruhig, faul, freundlich, indifferent oder mürrisch, kein aufdringlicher »Schmuser«!
- Phlegma, durch Anregung langsames »Aufwachen« aus seiner Trägheit
- Aber dennoch durch Aufregung schnell hektisch und schreckhaft
- Leichtes Frieren, was aber wegen des meist dichten Haarkleids nicht immer auffällt

Indikationen und Symptome

Leitsymptome

- Langsam entstehende chronische Krankheiten
- Verlangsamter Stoffwechsel, speziell verlangsamte Ausscheidungsprozesse
- Neigung zum Fettansatz
- Tendenz zu Unterfunktion der Hormonsteuerung (Schilddrüse, Sexualhormone)
- Tendenz zu Anämie, blasse Schleimhäute, Drüsenschwellungen
- Tendenz zu Hauterkrankungen

Auge

- Lidrandentzündungen mit Lichtscheu, krustige, wie verhornte Verdickungen der Lidränder
- Hornhautentzündung und -geschwür,
- periodisch wiederkehrende Augenentzündung

Atemwege

- Krustige, rissige Verhärtungen (*Antimonium crudum*) an Nase und Maul
- Schleimhautkatarrh an Atem- und Verdauungsapparat
- Mit gelblichen, wässerigen, wundmachenden Absonderungen, z. B. Fließschnupfen

Verdauungsapparat

- Verdauungsstörungen, Gastritis, Magengeschwür
- Neigung zu langsamer Verdauung, harte, feste Kotballen, geringe Kotmenge
- Schwieriger, mühsamer Kotabsatz, evtl. vergeblicher Drang
- Kot: fest und flüssig gemischt, evtl. mit Schleim bedeckt, wie von einer Wursthülle
- Erkrankungen im Enddarmbereich, wunder After
- Durchfall nach beseitigtem (unterdücktem) Hautausschlag

Haut

- Verdickt, trocken, evtl. rissig mit blutigen oder hornigen Schrunden
- Hautausschläge besonders an Hautfalten, Körperöffnungen, hinter den Ohren, Schwanzfalte

- Bei Hautausschlägen bleibt das Haarkleid erhalten
- Hautausschläge wie schmutzig, mit klebriger Absonderung wie Honig, die zu elastischen Krusten verklebt
- Unter den Krusten wunde, absondernde Hautbezirke im erhaltenen Fell
- Weich-krustige, oft schmierige Hautausschläge, speziell hinterm Ohr
- Hautausschläge jucken heftig, häufig Wundkratzen
- Seborrhoische Ekzeme (u.a. Mittel) mit Verhornungstendenz
- Talgdrüsenentzündung, evtl. mit horniger oder krustiger Oberfläche
- Schlechte Wundheilung mit Tendenz zum Verhornen, verhornendes Narbengewebe

Geschlechtsorgane
- Wenig ausgeprägtes Geschlechtsverhalten
- Unauffällige und zu seltene Brunst durch Unterfunktion der Ovarien, mit Neigung zu festem Kot
- Späte Geschlechtsreife (wie *Calcarea* und *Pulsatilla*)
- Abneigung gegen das Bedecken (wie *Sepia*)
- Sterilität durch Verhärtungen an Uterus/Ovar, chronische Gebärmutterentzündung
- Dabei reichlich dünnflüssig-schleimiger, auch weißlicher (wie *Natrium muriaticum*) wundmachender Ausfluss
- Verhärtungen der Hoden
- Eines der wichtigen Mittel für Impotenz bzw. Sterilität
- Gesäugeverhärtungen, besonders nach durchgemachter Mastitis (*Conium* ist noch härter)

Extremitäten
- Neigung zu wiederkehrenden Zellgewebsentzündungen, »Rotlauf« (Erysipel)
- Brüchige, evtl. verformte, verdickte Krallen (wie *Antimonium crudum, Calcarea, Silicea, Thuja*)

Modalitäten
- Allgemeine Verschlimmerung im Winter, aber Hautausschläge schlimmer im Sommer
- Symptome besonders der linken Seite
- Hautausschläge abwechselnd mit Durchfall, abwechselnd mit inneren Krankheiten
- Empfindlich gegen kalte Luft, aber besser im Freien
- Beschwerden durch Wärme und Kälte, verfroren, aber Wärme verschlimmert
- Hautausschläge zyklusabhängig, Juckreiz schlimmer im Warmen
- Stinkende Absonderungen
- Wiederkehrendes Erysipel (»Rotlauf«), von rechts nach links gehend

Auslöser
- Kaltwerden
- Überanstrengung, zu wenig Bewegung
- Wohnungskatzen mit Langeweile, zu wenig »Eustress«
- Unterfunktion der Hormonsteuerung, speziell nach der Kastration
- Erkrankungen durch unterdrückte Absonderungen (z.B. durch Antibiotika, Kortison)
- Folgen von unterdrückten Hautausschlägen
- Mögliche Überdosierung durch Komplexmittel

Verwechslung mit *Calcarea: Calcarea* hat nicht diese Neigung zum Verhornen der Haut

Gutes Folgemittel nach *Pulsatilla*

Gunpowder – schwarzes Schießpulver – Gunp

Allgemeines
Gunpowder – Schießpulver – hat seine Bedeutung im Krieg erworben: Zum Töten und zum Heilen von Schusswunden.

Seit seiner Entdeckung wurde Schießpulver zur Vorbeuge und Therapie von infizierten Wunden eingesetzt: In den Schützengräben der Kriege nahm man reines Schießpulver als Einreibung für verschmutzte oder bereits infizierte Schusswunden, sogar für Osteomyelitis; englische Schafhirten pflegten damit die Wunden der Schafe nach der Schur einzureiben, um Infektionen der Wunden durch das Scheren vorzubeugen und sogar die englische Polizei verwendete Schießpulver – mit genauer Dosierungsangabe – zur Behandlung von eitrigen Hautaffektionen.

Schießpulver oder **»Salpeter mit Schwefel und Kohle«** enthält drei wichtige und tiefgreifende homöopathisch bekannte Bestandteile: Stickstoff, Schwefel und Kohlenstoff. Daher ist es kein Wunder, dass dieses Mittel auch in homöopathischer Form eingesetzt wurde, erstmals 1914 beschrieben von John Henry Clarke (Literatur 10).

Indikationen

- Schlecht heilende oder mit Sand und Erde verschmutzte Wunden
- Septische Zustände nach Verletzungen, Schusswunden (nicht selten wird gerade auf Katzen geschossen!)
- Auch für allgemeine Sepsis nach infizierten Wunden
- Akute Infektionen der Haut, Abszesse, Furunkel
- Zahnfisteln, eitrige Zahnfächer, Tonsillitis
- Vergiftungen, Infektionen durch verdorbenes Futter oder Wasser
- *Gunpowder* soll sogar bei schlecht vertragenen Impfungen wirken
- Anaerobier-Infektionen durch tiefe Wunden oder Schusswunden mit Gasbildung (*Pyrogenium*)
- Trümmerfraktur durch Fuchsfalle

Hamamelis virginiana – Virginischer Zauberhasel – Ham

Allgemeines

Die Wirkung von *Hamamelis* bezieht sich in erster Linie auf Verletzungen und Blutungen größerer Venen.

Solche dauernd sickernden oder strömenden Blutungen verlangen zuerst einen Druckverband, um Blutstillung zu erreichen. Oft setzt sich dann die Blutung unter der Haut fort, sodass sich bis zur endgültigen Wundversorgung bereits ein blutgefüllter (fluktuierender) Sack (Hämatom) entwickelt hat.

Dieser wird in überraschend kurzer Zeit durch *Hamamelis* resorbiert und heilt ohne Infektion oder Thrombose aus.

Hamamelis ist eine Arznei für akute Erkrankungen.

Indikationen

- Verletzungen von Venen mit starker, dunkler Blutung
- Fluktuierender Bluterguss unter der Haut (wie ein mit Blut gefüllter Sack)
- Langsame, anhaltende, dunkle Sickerblutung
- Dunkle Blutungen aus tiefen Wunden (*Bellis perennis*)
- Großer, fluktuierender venöser Erguss, z. B. nach fehlgeschlagener intravenöser Injektion oder nach verschobenem Venenkatheter (diffuser Erguss: *Ledum*)
- Fluktuierender Bluterguss nach Wundnaht im Genitalbereich oder nach Schwergeburt
- Vorbeuge und Therapie von Thrombose und Venenentzündung
- Schwer stillbares, dunkel-tropfendes Nasenbluten nach Verletzung der Nase
- Antidot gegen Sickerblutungen nach falschem Einsatz von *Arnica*

Andere Arzneien für Blutergüsse

- Diffuse, flach verlaufene Ergüsse (»grün-gelb-schillernd«) brauchen eher *Ledum*
- Entzündete Blutergüsse brauchen *Lachesis* (links) oder *Crotalus* (rechts)
- Helle (arterielle) Blutungen, auch bei gestörter Gerinnung: *Millefolium*
- Blutungen aus allen Körperöffnungen ohne Gerinnung: *Bothrops lanceolatus*

Hekla lava – Hecla

Allgemeines

Das homöopathische Mittel *Hecla* wird aus der Lava des Vulkans Hekla in Island hergestellt.

Man beobachtet bei den Tieren, die am Fuße dieses Vulkanberges weiden, die Entwicklung von schmerzhaften Knochenauftreibungen an den Extremitätenspitzen, an Kiefer, Zähnen und Nase. Die homöopathischen Indikationen leiten sich von diesen Beobachtungen her.

Hecla ist ein Mittel für klinische Erkrankungen im Knochenstoffwechsel.

Indikationen

- Exostosen und Arthrosen im Bereich der distalen Gliedmaßen spielen bei der Katze – im Vergleich zum Pferd – eine untergeordnete Rolle.
- Zu erwägen bei der Stomatitis mit Veränderungen an Kieferknochen und Zahnalveolen
- Abszesse am Kiefer, die auf die Kiefer- und Gesichtsknochen übergreifen
- Folgen von Zahnverfall, von Extraktion erkrankter Zähne
- Neuralgien durch Zahnverfall und Ostitis im Kiefer (*Staphysagria*)
- Schmerzhafte Knochenschwellungen mit erkennbaren Auftreibungen
- Knochennekrose, Ostitis, Osteosarkom (u. a. Mittel!)

Helleborus niger – Christrose – Schwarzer Nieswurz – Hell

Allgemeines

Die Christrose gehört zu den giftigen Hahnenfußgewächsen.

Bereits im Altertum wurde der Extrakt dieser Pflanze für Zustände von Wahnsinn und Epilepsie verwendet.

Für die Homöopathie wird der getrocknete Wurzelstock potenziert. Die Inhaltsstoffe – Glycoside – wirken als starke Nervengifte und erzeugen Ödeme, besonders ein Hirnödem.

Der homöopathische Wirkungsschwerpunkt liegt bevorzugt im Zentralnervensystem, aber auch bei Herz-Kreislauf, Nieren (Ödeme) und Magen-Darm (Durchfall, Erbrechen).

Für die Katze ist es ein seltenes Mittel für Hirnerkrankungen.

Die Wirkung von *Helleborus* niger muss mit den Mitteln *Bryonia, Opium, Zincum* verglichen werden.

Indikationen und Symptome

- Bewusstseinstrübungen, Gleichgültigkeit, <u>keine Erregungszustände, keine Angst</u>
- Gestörte Wahrnehmung, leerer Blick
- Halb geschlossene Augen
- Zuckungen im Gesicht, evtl. Speichelfluss
- Evtl. unwillkürliche Bewegungen des Kopfes
- Krampfartige Konvulsionen mit diagonalen, automatischen Bewegungen der Extremitäten
- Evtl. plötzliches Schreien wegen Kopfschmerzen

<u>Mögliche Begleitsymptome</u>

- Großer Durst, Übelkeit, Erbrechen, Kollaps
- Schleimiger Durchfall – evtl. abwechselnd mit Obstipation
- Reihenfolge: zuerst Durchfall, dann reichlich Schweiß, dann Erbrechen

Modalitäten

- Schlimmer abends und nachts, vom Abend bis zum Morgen
- Schlimmer 16 bis 20 Uhr
- Schlimmer in kühler Luft
- Besser <u>durch Ablenkung</u>
- Besser durch Ruhe

Auslöser

- Infektion – Enzephalitis – Meningitis – gesteigerter Hirndruck
- Kopfverletzung mit Hirnödem und Betäubungszustand (*Opium*)
- Nephritis mit Hirnödem, z. B. nach bakterieller Infektion

Helodrilus caliginosus – Regenwurm – Helod-c

Allgemeines

Helodrilus wurde 1998 von Louis Klein geprüft (Klein's Earthworm Proving, Reference Works, Literatur 39).

Die Signatur des Regenwurms zeigt Hinweise auf seinen Wirkungsbereich:

Der Regenwurm gehört zu den wirbellosen Lebewesen; seine zirkulären Ringe bilden frei bewegliche Segmente; damit ist eine Analogie zur Wirbelsäule der Wirbeltiere gegeben.

In der Chinesischen Medizin wird der Regenwurm gegen überschießende »Wind-Energie« eingesetzt und wirkt z. B. bei vom Nervensystem ausgelöste schmerzhafte Spasmen.

In der homöpathischen Prüfung und im klinischen Einsatz stellt sich seine Wirkung auf Muskelspasmen, Verletzungen der Wirbelsäule, Diskushernien mit Gefühllosigkeit und Nervenschmerzen heraus, ferner auf traumatisch bedingte Lähmungen. Weitere Schwerpunkte liegen bei Brust und Atmung, Sinusitis und Kehle.

In der eigenen Praxis hat sich *Helodrilus* in wiederholten Gaben der C 6 bei therapieresistenten Rückenschmerzen und Bandscheibenschäden von Menschen und Hunden bewährt, die weder auf die nach den aktuellen Modalitäten gewählten Mittel *Bryonia*, noch auf *Hypericum* ansprachen.

Auch bei der Katze dürfte der Regenwurm für entsprechende Erkrankungen indiziert sein. Eigene Erfahrungen bei der Katze bestehen zur Zeit noch nicht.

Hepar sulfuris calcareum ostrearum – Kalk-Schwefel-Leber – Hep

Allgemeines

Die homöopathische Arznei *Hepar sulfuris* wird durch Glühen von Austernschalenkalk und Schwefelblüten im abgeschlossenen Schmelztiegel hergestellt. Daraus entsteht eine »explosive Mischung« mit heftiger Reaktionsfähigkeit.

Eine ähnliche »Explosivität« findet sich im Arzneimittelbild: Das Temperament des *Hepar*-Patienten ist wahrlich »geladen«, auch die Entzündungen sind brisant.

Hepar ist eines der zornigsten und aggressivsten Mittel der Materia medica!

Der Name »Hepar« hat nichts mit dem medizinischen Bezeichnung für die Leber zu tun (z. B. Hepatitis = Leberentzündung), sondern ist eine Bezeichnung aus der Gesteinskunde.

Hepar sulfuris ist eines der häufigsten Mittel für akute Entzündungen, Abszesse und Eiterungen, speziell bei der Katze ausgelöst durch infizierte Kratzwunden.

Seltener ist es für chronische Krankheiten – meist der Haut – angebracht, insbesondere für Folgen von unterdrückten Hautausschlägen.

Hepar gehört gemeinsam mit *Nux vomica* zu den am schlimmsten frierenden Patienten!

Aussehen und Verhalten

- Erniedrigte Schwelle für Schmerzempfindungen, daher Aggressivität
- Daher schwierige Untersuchung des beißenden und kratzenden Patienten (wie *Arsenicum, Chamomilla, Lachesis*)
- Zellgewebsentzündung, Drüsenentzündung, Tendenz zur Bildung von Abszess oder Eiterung
- Immer hochgradige Berührungsempfindlickeit der erkrankten Region mit heftigem Zorn!

- Symptome begleitet von heftigem Frieren bis zum Schüttelfrost, besser durch Wärme
- Heftig und durchdringend stinkender Eiter!

Indikationen und Symptome

Schwerpunkt

- Wunden neigen zu Entzündungen und zum Eitern bzw. Abszessbildung
- Alle Arten von Entzündungen, Zellgewebsentzündung (Phlegmone) bis zu Eiterung und Abszess
- In fortgeschrittenen Stadium auch septische Zustände möglich (vgl. *Lachesis*)
- Lokale und allgemeine Erkrankungen von Haut, Schleimhäuten oder Drüsengewebe
- *Hepar* wirkt i. d. R. schnell und kann eine Eiterung verhindern, wenn rechtzeitig gegeben
- In späterem Stadium bewirkt *Hepar* eine lokale Abgrenzung der Eiterung, verhindert so eine allgemeine Sepsis

Augen

- Eitrige Entzündungen aller Organe am oder im Auge möglich, auch der Augenhöhle (Orbitalphlegmone)
- Entzündungen: Lidrandentzündungen, Konjunktivitis, Keratitis, Innenauge
- Phlegmonöse oder bereits eitrige, stinkende Entzündungen
- Absonderung, Eiter macht die Lider und die Umgebung des Auges wund
- Extrem berührungsempfindlich, Augensalbe kann nicht angebracht werden!

Atemwege

- Katzenschnupfen, Sinusitis, Angina, Rachenentzündung mit äußerst schmerzhafter Phlegmone
- Intensiv stinkende Absonderung
- Begleitend Entzündung bis zur Abszedierung von Kehlgangs-Lymphknoten
- Berührungsempfindlich mit heftiger Aggressivität durch Schmerzen
- Heftigstes Frieren, Schüttelfrost, schlimmer durch den geringsten Luftzug
- Husten u. a. akute Atemwegserkrankungen mit *Hepar*-Modalitäten (seltener)

Ohren

- Phlegmonöse oder bereits eitrige Otitis externa oder media, stinkender Eiter
- Hochgradige Schmerzen, keine genaue Untersuchung möglich wegen Aggressivität

Verdauungsapparat

- Stinkende Zahnfleischentzündungen und -eiterungen, Zahnwurzelabszesse, Zahnfacheiterungen
- Nach außen ins Gesicht durchgebrochener Zahnabszess oder Zahnfistel
- Verdauungsbeschwerden vieler Art mit *Hepar*-Symptomen
- Innere Abszesse (*Lachesis, Pyrogenium*), z. B. Leberabszess (Vorsicht!)

Haut

- Unheilsame Haut, schlecht heilende Wunden mit Entzündungs- und Eiterungstendenz
- Hochgradig schmerzhafte, eitrig infizierte Ekzeme, Pickel, Furunkel, Akne
- Eiter: dick-weißlich, gelblich, blutig, scharf-wundmachend, faulig, stinkend »wie alter Käse«
- Superinfektionen auf Hautausschlägen, auch großflächig, mit stinkender Eiterbildung (Pyodermie)
- Eingedrungene Fremdkörper (z. B. Splitter) werden durch schmerzhafte Eiterung ausgetrieben
- Entzündungen besonders im Bereich der distalen (äußeren) Extremitäten
- Krallenbettentzündung, Panaritium (*Myristica*)

Genitalien

- Abszesse, Zellgewebsentzündung im Beckenbereich nach der Geburt (häufiger *Lachesis, Pyrogenium*)
- Gesäuge: Mastitis mit schmerzhafter Zellgewebsentzündung, dann Abszessbildung

Welpen

- Nabelabszess bzw. Phlegmone, hochschmerzhaft, Vorsicht! (vgl. *Apis, Calcarea, Pyrogenium*)

Modalitäten

- Wundmachender Eiter
- Schlimmer durch jede Art von Kälte, schlimmer bei trocken-kaltem Wetter
- Schlimmer durch kalte Umschläge oder andere kühlende Anwendungen, dann zornige Abwehr
- Alles besser durch Wärme (z. B. heiße Umschläge mit Calendula-Tee!)
- Hochgradige Berührungsempfindlichkeit erkrankter Teile mit aggressiver Abwehr
- Schlimmer durch Sinneseindrücke: Geräusche, Lärm, Gerüche
- Unverträglichkeit von Autofahren

Auslöser

- Kalter trockener Wind, Ostwind, kalte Zugluft, Kaltwerden
- Bakterielle Infektionen nach Wunden, Verletzungen, Operationen (»homöopathisches Antibiotikum«)
- Infektionen, die auf dem Blutwege verschleppt werden (hämatogene Infektionen)
- Folgen von unterdrückten Hautausschlägen (*Sulfur*)
- Mögliche Überdosierung durch Komplexmittel, die *Hepar* enthalten

Wichtig

- *Hepar* antidotiert Abszesse, die durch falschen Gebrauch von *Silicea* ausgelöst wurden!
- Aber: *Silicea* ist ein wichtiges Folgemittel von *Hepar*, z. B. wenn Abszesse nach Entleerung des Eiters nicht abheilen, sondern chronisch nässen oder Fisteln bilden.
- Wenn der *Hepar*-Abszess aufgebrochen ist und entleert ist, darf *Hepar* nicht nochmals gegeben werden. Stattdessen sollte man die Abszesshöhle mit verdünntem Calendula-Tee spülen und die Heilung abwarten.

Unterscheidung zu Lachesis-Infektionen

- Der *Hepar*-Patient duldet keine kalten Anwendungen (z. B. kaltes Abwaschen), der *Lachesis*-Patient hat das gern, ist jedoch genauso berührungsempfindlich oder zornig durch Schmerzen wie *Hepar*.
- *Hepar* entwickelt Abszesse mit reichlich Eiter, *Lachesis* neigt eher zur Bildung von Geschwüren, weniger lokalisierter, abgegrenzter Abszess, Tendenz zur allgemeinen Sepsis.

Die **Nabelentzündung** beim Welpen erfordert häufiger *Calcarea*. Wenn jedoch bereits eine hoch schmerzhafte, phlegmonöse Schwellung bzw. ein Abszess vorliegt, ist *Hepar* indiziert, bei bereits eingetretener Sepsis auch *Pyrogenium*. *Apis*: pralle, glänzende, schmerzhafte Schwellung.

Hydrastis – Kanadische Gelbwurz – Familie Berberitzen – Hydr

Allgemeines

Hydrastis war ein altes Heilmittel der Cherokee-Indianer, die den Gelbwurz bereits gegen Schleimhautkatarrhe, Krebs und seine Vorstufen genutzt haben sollen. Hier war bereits seine Wirkung auf derartige Erkrankungen bekannt.

Auch in der Homöopathie ist *Hydrastis* speziell für Erkrankungen der Schleimhäute, Drüsen und Krebs wirksam. Es heißt sogar, man habe mit *Hydrastis* mehr Fälle mit Krebs geheilt, als mit jedem anderen Mittel.

Ob sich das auch bei der Katze bestätigt, ist nicht sicher.

Aber gerade bei der Katze befinden sich viele Krankheiten, besonders solche des Immunsystems, im Bereich der Präkanzerose, die durchaus mit *Hydrastis* erfolgreich therapiert werden kann.

Für die Homöopathie nutzt man den Extrakt aus der frischen, intensiv gelben Wurzel.

Hydrastis ist mehrheitlich für chronische und degenerative Erkrankungen geeignet.

Indikationen und Symptome

Schwerpunkt

- Wirkung auf alle Schleimhäute und Drüsen, Geschwüre, Abszesse, Fisteln
- Zäh-gelbliche, fadenziehende, auch ätzende, stinkende Absonderungen
- Faulige Absonderungen machen das umgebende Gewebe wund
- Kann das Gewebe bei richtiger Anwendung vor dem Zerfall bzw. Gangrän bewahren
- Indiziert besonders bei älteren oder geschwächten Patienten
- Immunschwäche – Präkanzerosen – manifester Krebs bis zum Endstadium mit Abmagerung
- *Hydrastis* bessert das Allgemeinbefinden, Verdauung, Leberfunktion, Appetit, Kotabsatz

Nase – Sinus – Retronasalraum

- Chronischer Katzenschnupfen
- Ozaena (»Stinknase«) und chronische Sinusitis
- Ständiger Nasenausfluss, dick, zäh, fädig, gelblich, stinkend, wundmachend (wie *Kalium bichromicum*)
- Daher Tendenz zu wunder Nase
- Dicke, zähe, haftende Absonderungen, retronasal bis zum Rachen
- In fortgeschrittenen Fällen mit Ulzeration der Nasenscheidewand
- Erstreckt sich in die Tuba Eustachica
- Besser im Freien, schlimmer im Zimmer

Maul – Rachen

- Stomatitis und Rachenentzündung mit zähem, gelblichem Schleim (wie *Kalium bichromicum*)
- Wundes Maul, Aphthen, Ulzera, Risse an Schleimhaut und Zunge
- Geschwüre im Maul und auf der Zunge bis zum Gangrän möglich (*Kalium chloratum*)
- Zungenkrebs, Gaumenkrebs (*Kalium chloratum*)

Atemwege

- Entzündungen mit zähem gelblichem Schleim

Verdauungsapparat

- Magen- und/oder Darmschleimhautentzündung, Geschwüre bis Krebs
- Tendenz zu Obstipation
- Extrem schmerzhaftes Rektumkarzinom

Urogenital

- Stinkender, jauchiger, zäher Genitalausfluss bis Scheidengangrän
- Maligne Genitalerkrankungen
- Steinhartes Mammakarzinom (wie *Conium*)
- Schleimige, stinkend-zersetzter Urin

Haut

- Geschwüre bis Krebs

Krebs

- »Kein anderes Mittel hat so viel Krebs geheilt« (Clarke)
- Krebsmittel für alle Stadien
- Krebs im Maul, an Zunge, Mamma, Lungen, Magen, Leber, Darm, Rektum, Genital
- Bei Krebs der Drüsen haftet die Haut direkt am Tumor
- Mit stechenden, brennenden Schmerzen (Katze?)
- Bringt deutliche Linderung von Krebsschmerzen, ohne Pharma-Analgetika
- Gibt dem Patienten wie ein Tonikum mehr Energie und Appetit
- Krebs auch im letzten Stadium mit Abmagerung
- Auch nach Krebs: »nie wieder gesund seit... Krebs«
- Auch geeignet nach Strahlen- oder Chemotherapie (*Cadmium sulfuricum, Phosphorus*)

Modalitäten

- Besser durch Wärme und Ruhe
- Schlimmer durch kalte Luft oder kalten Wind, im Freien

Vergleichsmittel

Kalium bichromicum, aber allein aufgrund der Lokalsymptome ist *Hydrastis* schwierig von *Kalium bichromicum* zu differenzieren

Antidot

Sulfur

Hyoscyamus niger – Schwarzes Bilsenkraut – Hyos

Allgemeines

Hyoscyamus gehört wie *Belladonna* zu den Nachtschattengewächsen und enthält ähnliche Inhaltsstoffe, jedoch in anderer Verteilung.

Wirkungsschwerpunkte sind akute und chronische Erkrankungen des Zentralnervensystems, meist verbunden mit sexueller Erregung.

Aussehen und Verhalten

Bei zentralnervöser Erkrankung

- Bewusstseins- und Wahrnehmungsstörungen
- Starrer Blick, eingesunkene Augen, erweiterte Pupillen
- Unwillkürliche Bewegungen, Zucken der Augenmuskeln, vorübergehende Blindheit
- Heftiges Delirium, unterbrochen von Apathie und Reaktionsmangel
- Krämpfe auch einzelner Muskelgruppen oder allgemeine Krämpfe, oft gleichzeitig mit sexueller Erregung

Bei anderen Erkrankungen/Verhaltensstörungen

- Schwerpunkt sexuelle Erregung, sexuell betonte Eifersucht – auch bei Kastraten!
- Das kann der einzige Grund für eine Therapie sein, möglicherweise auch ein auffallendes Begleitsymptom anderer Erkrankungen

Indikationen und Symptome

Verhaltensstörungen

- Exzessive, sexuell betonte Eifersucht, oft begleitet von boshaftem, aggressivem Verhalten
- Sexuelle Erregung mit nicht beherrschbarem Sexualverhalten
- Boshaftes, aggressives, hinterhältiges Sozialverhalten (*Lachesis*)
- Erregungszustände schlimmer durch Sehen oder Hören von Wasser (*Lyssinum*)
- Sexuelle Erregbarkeit beim Kater, der nicht decken darf oder nach Kastration eines Zuchtkaters (*Staphysagria*)
- Verbunden mit Selbstzerstörung, Selbstzerfleischung, Onanie
- Verbunden mit Wut, Ärger, boshafte, gefährliche Aggressivität, wegen (sexueller) Eifersucht
- Nicht beherrschbares Markieren der Wohnung
- Kann wichtig sein für kryptorchide, hypersexuelle männliche Tiere
- Angst vor Alleinsein, Isolation, daher Ersatzbefriedigung durch exzessive Onanie

Zenralnervöse Erkrankungen

- Bewusstseinsstörungen, unkoordinierte spontane Bewegungen der Extremitäten, Desorientierung
- Kopfrollen, Kopfwerfen, auch nach Kopfverletzung, anhaltende Krämpfe
- Angst vor Wasser, vor dem Geräusch von fließendem Wasser (z. B. WC-Spülung) (wie *Lyssinum*)
- Lähmung von Zunge, Schlund, Rachen, kann nicht trinken wegen Schlundkrämpfen (*Lachesis, Lyssinum*)
- Misstrauen gegen alles und jeden

Andere Erkrankungen

- Andere Erkrankungen, begleitet von sexueller Erregung, auch bei Kastraten
- Erregung schlimmer durch Wahrnehmung von Wasser, von laufendem Wasserhahn, Dusche, WC
- Schwieriger Kotabsatz, Lähmung von Schließmuskeln, Harnverhaltung oder unwillkürlicher Harnabgang
- Krämpfe der Zehenbeuger (»Fußeln« wie ausgeprägter »Milchtritt«)
- Berührungsempfindliche Bauchdecken
- Husten, Atemnot mit sexueller Erregung

Modalitäten

- Sexuelle Erregung als unerklärliches auffallendes Begleitsymptom von anderweitiger Erkrankung
- Besser in gewohnter Umgebung
- Besser durch Wärme, durch Ruhe
- Schlimmer nach Schlaf, durch intensive Gerüche, Sehen oder Hören von Wasser

Auslöser

- Hirnerkrankungen, Kopfverletzungen, Folgen von schlecht vertragener Narkose
- Krämpfe nach »unterdrücktem« sexuellem Verlangen, nach (auch hormoneller) Kastration
- Exzessive Erektionen, Masturbation, Aufregung
- Eifersucht, mit boshafter Aggressivität gegen andere Lebewesen
- Beschwerden nach Schreck, (Liebes-)Kummer, durch sexuelle Eifersucht
- Nach der Geburt, Nymphomanie
- Nach Überdosierung von *Plumbum* oder *Belladonna*

Wenn bei exzessiver sexueller Erregung *Hyoscyamus* versagt, sollte man *Phosphorus, Platinum, Origanum* oder *Tarentula hispanica* erwägen.

Hypericum perforatum – Johanniskraut – Hyp

Allgemeines

Hypericum wurde bereits im Altertum durch Hippokrates, später von Paracelsus für »Melancholie und Nervenschmerzen« verwandt.

In homöopathischer Form ist es die wichtigste Arznei für Verletzungen von sensiblen Nerven und nervenreichem Gewebe und wirkt zusätzlich aufhellend für die Stimmung.

Eine hervorragende Arznei für Verletzungen von Nerven und intensiven (unerklärlichen) Wundschmerzen sowie evtl. anschließenden Lähmungserscheinungen.

Indikationen und Symptome

Nervenverletzungen

- Nervenverletzungen mit schlimmsten Schmerzen, »Punktschmerz« (beim Tier kaum zu erkennen)
- Übermäßige Schmerzempfindlichkeit von Verletzungen, Wunden, auch nach Operationen
- Übermäßige Schmerzen nach Zahnbehandlung, nach Zahnoperation
- Verletzungen von Hirn und Rückenmark, Folgen von Sturz, Verkehrsunfall
- Gehirnerschütterung, Schädel-Hirn-Trauma
- Äußerst schmerzhafte Verletzung der Pfote, z. B. herausgerissene Kralle
- Schmerzen nach eingetretener Nadel oder ähnlichem Fremdkörper
- Verletzungen am und im Maul, Nase, Ohren, After, Genital
- Wichtig nach Schwergeburt oder Geburtshilfe (selten bei der Katze)

Nervenschmerzen

- Lumbago durch »eingeklemmten Nerv«, »Hexenschuss«, Neuralgie
- Bandscheibenvorfall (*Helodrilus*)
- Eingetretener Fremdkörper (Nadel, Splitter) in die Pfote, mit großen Schmerzen
- Andere schmerzhafte Stichverletzungen (wie *Ledum*)
- *Hypericum* soll Tetanusinfektion vorbeugen (bereits Erfahrungen von Tierärzten aus dem 19. Jh.)

Lähmungen

- Lähmungen nach Nervenverletzungen, mit Sensibilitätsstörungen, Schweregefühl
- Gestörte Koordination im Bewegungsablauf durch Verletzung des Rückenmarks bzw. der Wirbelsäule
- Ataxie
- Radialislähmung am Vorderbein (Zehenstrecker) nach Verkehrsunfall

Rückenmarkverletzung

- Schock, Lähmung oder lebensbedrohliche Krämpfe nach Verletzung des Genicks, z. B. Hängenbleiben im Halsband (»Gebrochenes Genick«)
- Hier kann *Hypericum* lebensrettend wirken, wenn es sofort gegeben wird – und wenn man Glück hat!

Modalitäten

- Besser durch Ruhe, ruhiges Liegen

- Schlimmer durch Bewegung, durch Erschütterung
- Schlimmer durch Berührung oder Druck (*Arnica*)
- Schlimmer bei kalt-feuchtem Wetter
- Schlimmer nachts
- Gemeinsam mit *Ledum*: Vorbeuge gegen Tetanusinfektion (Katzen sind dagegen kaum gefährdet)

Auslöser

- Folgen von Verletzungen der Nerven und von nervenreichem Gewebe
- Nerventrauma mit intensiven Schmerzen und evtl. Lähmung
- Verletzungen des Rückens, des Rückenmarks, Schädel-Hirn-Trauma
- Lähmung nach Nerventrauma, Diskushernie
- Übermäßige, auch unerklärliche Schmerzen nach Operation
- Schmerzen und evtl. Lähmung nach Schwergeburt
- Schmerzen bzw. Lähmung nach (perforierender) Stichverletzung oder Injektion

Ignatia amara – Ignatius-Bohne – Ign

Allgemeines

Ignatia enthält dieselben Inhaltsstoffe wie *Nux vomica*, jedoch in anderer Konzentration und Verteilung.

Was *Nux vomica* mit seiner Erregbarkeit auf körperlicher Ebene mit Zorn ausdrückt, das erleidet *Ignatia* auf der Gefühlsebene mit widersprüchlichen körperlichen und Verhaltenssymptomen.

Ignatia ist die widersprüchlichste Arznei der Homöopathie:

- Z. B. scheinbar schwere Symptome ohne klinisch verifizierbare Befunde;
- irrationale körperliche Beschwerden durch überwältigende Emotionen
- alle denkbaren ungewöhnlichen, unerklärlichen Symptome
- *Ignatia* ist oft nur am eigenen Kopfschütteln über die sonderbaren Symptom zu erkennen.

Ignatia ist eine Arznei für langsam oder plötzlich auftretende Erkrankungen, auch für chronischen Verlauf geeignet.

Aussehen

- Meist auffallend hübsche und geschmeidige Katzen
- Übermäßig sensibles bis hysterische Katze, häufig »Mimosen« mit »seelischer Unordnung«
- Sehr wach, nimmt jede Regung der Umgebung, alles Auffallende wahr (wie *Phosphorus*)
- Man nennt sie auch »unsere verrückte Süße«

Verhaltenssymptome (siehe auch *Kapitel 20,*)

- Erregbarkeit durch übermäßig wahrgenommene Sinneseindrücke, besonders durch Kummer
- Wechselhaft, widersprüchlich, launisch, hysterisch, vegetativ extrem labil
- Stimmung nie vorauszusehen, abwechselnd ängstlich, abweisend, liebenswürdig oder freundlich, fröhlich, dann total depressiv, hysterische Unruhe
- Evtl. unerklärliches Verlangen, tief zu atmen (»Seufzen«)
- Äußerst mitfühlend, bekommt dieselbe Krankheit wie der Besitzer, aber ohne verifizierbaren Befund
- Symptome steigern sich durch ihr Ausleben in eine hochdrehende Spirale, werden immer schlimmer

Indikationen

- Viele Erkrankungen werden ausgelöst durch Kummer oder Aufregung
- Kummer, z. B. nach Absetzen von Welpen oder (vorübergehende) Trennung von Besitzer
- Kummer durch »Heimweh«, Trennung vom Revier oder Heim, Abgabe ins Tierheim u. Ä.
- Wiederholtes scheinbares Kranksein ohne verifizierbaren Befund
- Symptome, die der Krankheit widersprechen
- Wechsel zwischen körperlichen und Verhaltenssymptomen

- Krampfzustände aller Organe möglich, möglicherweise wie Epilepsie oder Schmerzen
- Perverser Appetit bei Magen-Darm-Störungen
- Überempfindlich gegen bestimmte Gerüche, Verlangen nach nicht artgemäßem Futter
- Lähmung durch Kummer
- Hautausschläge, Fellknabbern, Pfotenkauen, Leckekzem
- Unsinnige, widersprüchliche Angstzustände (z. B. Angst vor Lärm, aber besser durch laute Musik)
- Stereotypien, durch Aufregung oder Kummer
- Unsauberkeit, Koten oder Urinieren, willentlich oder unwillkürlich

Modalitäten

- Besserung aller Symptome durch körperliche Anstrengung, z. B. durch unermüdliches Spiel
- Schlimmer durch Tabak- oder Kaffeegeruch u. ä. starke Gerüche
- Schlimmer durch jede Art von psychischer Erregung, besser oder schlechter durch Zuwendung
- Schlimmer durch Zurechtweisung
- Besser durch Druck, besser durch Wärme
- Symptome evtl. immer um die gleiche Zeit auftretend
- Verlangen nach Unverdaulichem
- Unverträglichkeit von Trockenfutter
- Unverträglichkeit von Autofahren
- Verhaltenssymptome abwechselnd mit körperlichen Symptomen

Auslöser

- übermäßige Sensibilität auf Sinnesreize und Emotionen, auch solche der Bezugspersonen:
- Folgen von Kummer durch schwerwiegenden oder unbedeutenden Anlass
- Liebeskummer, Eifersucht, Zurücksetzung
- Verlust geliebter Personen, befreundeter Tiere, Tod oder Absetzen der Welpen von der Mutterkatze
- Beschwerden durch Kränkung, Demütigung, dominante Behandlung
- Beschwerden durch Erziehungsmaßnahmen, Streit der Bezugspersonen
- Beschwerden durch zu viel »Eustress«, durch übersteigerte Freude, durch zu viel Spielen

Iodium purum – Jod – Iod

Allgemeines

Jod wird allgemein mit der Schilddrüse assoziiert. Die Schilddrüse spielt eine entscheidende Rolle in der Steuerung der Stoffwechselintensität und – an dieser Stelle – in der Überfunktion der Schilddrüse.

Indikationen

Die Indikation von *Iodium* ist in diesem Zusammenhang an wenigen essentiellen Symptomen leicht zu erkennen:

- Hektische Unruhe und Überaktivität
- Unersättlicher Heißhunger, trotzdem zunehmende Abmagerung
- Heißhunger mit vermehrtem Durst
- Heißblütige Patienten, bevorzugen kühle Aufenthaltsorte
- Schwäche durch geringe Anstrengung mit warmem Körper

Zusätzliche Schwerpunkte

- Vergrößerung, Atrophie oder Entzündung von Drüsen
- Schilddrüsenadenom
- Bezug zum Kehlkopf: schmerzhafte Kehlkopfentzündung mit Heiserkeit

Modalitäten

- Schlimmer in der Ruhe, im warmen Zimmer
- Schlimmer auf der rechten Seite
- Schlimmer bei Hunger
- Besser in kühler Luft
- Besser durch Bewegung
- Schlimmer durch Anstrengung

Auslöser

- Nervöser Schock
- Überdosiertes Jod im Futter

Ipecacuanha – Brasilianische Brechwurzel – Ip

Allgemeines

Ipecacuanha ist eine alte Heilpflanze der Eingeborenen aus Brasilien für Magen-Darm-Störungen.

Die Inhaltsstoffe – Alkaloide – wirken intensiv auf das Brechzentrum im Gehirn und auf Organe, die vom Nervus vagus versorgt werden (vagotone Wirkung).

Homöopathie: Fast alle *Ipecacuanha*-Erkrankungen sind durch heftiges Erbrechen gekennzeichnet. Obwohl dieses Geschehen sehr anstrengend ist, beobachtet man einen relativ langsamen Herzschlag – eine Folge der Vagotonie.

Ipecacuanha ist ein Homöopathikum für akute und subakute Erkrankungen.

Indikationen und Symptome

Schwerpunkt

- Fast alle Beschwerden sind verbunden mit Übelkeit, Erbrechen, Durchfall und Vagotonie
- (Vagotonie: Langsames Herz, Schwäche, Aktivität der Verdauung, Erbrechen, Übelkeit, Durchfall)
- Häufig zusätzlich verbunden mit Blutungsneigung
- Die Übelkeit wird nicht besser nach Erbrechen!
- Würgen und Erbrechen bis zur letzten Erschöpfung möglich
- Schleimhautreizungen mit Blutungsneigung (helles Blut)
- Schleimhäute von Atemwegen, Verdauungsapparat, Geschlechtsorganen
- *Ipecacuanha*-Erkrankungen beginnen oft mit Speichelfluss

Atemwege

- Beginn mit wässrigem Schnupfen, evtl. mit Heiserkeit
- Oft begleitet von Konjunktivitis mit Lichtscheu (später eitrig bis ulzerierend)
- Evtl. hellrotes Nasenbluten
- Wiederholte oder lange anhaltende, schwächende Hustenanfälle
- Auch einfacher Husten mit sofortigem Würgen oder Erbrechen (*Drosera*)
- Krampfhusten mit quälendem Würgen und Erbrechen, auch unaufhörlich anhaltend
- Husten anhaltend bis zum Ersticken, Zyanose oder Atemstillstand
- Atemwege angefüllt von Sekreten, die nicht abgehustet werden können (*Antimonium tartaricum*)
- Feinblasige Rasselgeräusche beim Auskultieren der Lunge (wie Lungenödem)
- Oder trockener Husten, erstickend, krampfhaft
- Evtl. begleitend Streckkrämpfe bis zum Krampfanfall
- Husten mit Blutauswurf, reichlich, hellrot und evtl. schaumig
- Asthma, Atemnot mit Erstickungsanfällen und Husten mit Würgen

Verdauungsapparat

- Ekel vor Futter, fehlender Appetit
- Übelkeit durch Geruch von Speisen bzw. Futter
- Anfangs Speichelfluss
- Brechdurchfall, Gastroenteritis
- Quälende »Sterbensübelkeit« (wie *Arsenicum*) (»lieber sterben, als die Übelkeit ertragen«)
- Anhaltendes Würgen und Erbrechen bis zur letzten Erschöpfung
- Keine Besserung nach Erbrechen!
- Erbrechen von Futter, Galle, Schleim oder Blut
- Evtl. begleitend mit Schluckauf oder Zwerchfellkrampf
- Brechdurchfall, schleimiger oder schaumiger Kot, evtl. wie gegoren (*China*), sogar blutig
- Dabei steifer Körper, Muskelkrämpfe, Rücken gestreckt oder gekrümmt
- Durchfall schlimmer nachts

Herz-Kreislauf

- Herzrhythmusstörungen, Blutdruckabfall, langsamer, schwacher Herzschlag

Genital

- Gebärmutterblutungen mit Übelkeit
- Absonderung von blutiger Milch während der Laktation

Begleitsymptome

- Muskelsteifigkeit, Muskelschmerzen
- Fieber kann Gastroenteritis begleiten
- Ausgeprägtes Verlangen nach frischer Luft
- Kaltschweißige Pfoten möglich

Modalitäten

- Keine Besserung durch oder nach Erbrechen
- Schlimmer durch Bewegung, im Liegen
- Schlimmer durch Zigarettenrauch
- Schlimmer bei kaltem Wetter, im Winter
- Husten schlimmer durch feuchtwarmes oder nasskaltes Wetter
- Asthma schlimmer bei warm-schwülem Wetter
- Husten besser im Freien
- Husten periodisch wiederkehrend
- Husten mit Übelkeit oder Erbrechen
- Schlimmer durch Durcheinanderfressen, nach zu viel Scheinefleisch
- Unverträglichkeit von Trockenfutter
- Periodizität: Rezidive jeden 2. Tag möglich

Auslöser

- Infektionen, Folgen von Opiaten
- Futtermittelvergiftung, verdorbenes Futter, Fressen von bereits zersetzter Maus
- Folgen von Überfresssen
- Umstellung von Nass- auf Trockenfutter
- Darminfektion mit Einzellern
- Anhaltendes Würgen nach Verschlucken von Fremdkörper, der im Hals steckt (*Cicuta*)
- Beschwerden durch Ärger

Vergleiche

Übelkeit: *Nux-v, Tab, Verat, Ant-c*

Krampfhusten mit Erbrechen: *Cupr, Coc, Dros, Bell*

Rasselnde Bronchitis mit Erbrechen: *Ant-t, Carb-v*

Kalium bichromicum – Bichromat der Pottasche – Kali-bi

Allgemeines

Kalium bichromicum ist ein sehr gut geprüftes homöopathisches Arzneimittel, das durch besonders deutlich ausgeprägte Leitsymptome gekennzeichnet ist:

Alle Absonderungen sind klebrig, gallertig, klumpig oder zäh-fadenziehend und wundmachend. Sie können sich an Schleimhäuten als eine Art Membran (Auflagerung) verfestigen, nach deren Entfernung kleine Blutungen oder Geschwüre entstehen, die rund abgegrenzt, wie ausgestanzt, aussehen.

Solche Geschwüre können an Schleimhäuten der Atemwege, im Magen-Darm-Trakt, am Genital oder am Auge auftreten.

Weitere Schwerpunkte sind Schnupfen, Erkrankungen der Nebenhöhlen, Kiefer- und Stirnhöhlen (Sinusitis), das straffe Fasergewebe (z. B. Sehnen, Muskeln), Haut, Leber, Niere. Auch solche Erkrankungen sind begleitet von zäh-gallertigen oder fadenziehenden Absonderungen, die im Inneren zu Gewebeverklebungen führen können.

Das beim Menschen häufig beobachtete Leitsymptom von *Kalium bichromicum*, »Schmerzen an kleinen, eng umschriebenen Stellen«, kann beim Tier kaum verifiziert werden.

Kalium bichromicum ist mehrheitlich für subakute und chronische Krankheitszustände geeignet.

Indikationen und Symptome

Schleimhautentzündungen mit Tendenz zu schmerzarmen Geschwüren (rund, wie ausgestanzt)

Schmerzen wechseln schnell die Lokalisation

Auge

- Abgegrenztes Hornhautgeschwür, schmerzarm, mit gallertiger, klebriger Absonderung
- Mit dichter, weißer Trübung der Hornhaut, geringe oder fehlende Lichtscheu!

Atemwege

- Erkrankungen der Schleimhäute der oberen Luftwege
- Eine der möglichen Arzneien für den chronischen Katzenschnupfen
- Herausniesen von zäh-klebrigem Material (wie *Hydrastis*)

- Schmerzhafte, eitrige Sinusitis, evtl. mit Rachen-, Kehlkopfentzündung
- Erkrankungen der unteren Atemwege: Entzündung von Bronchien, chronische Bronchitis
- Mit grünlichen oder gelben Absonderungen wie geschmolzener Käse oder zäh-klebrige Klumpen (*Lycopodium*)
- Absonderung auch evtl. blutig-klebrig, stinkend, klumpige Pfropfen
- Evtl. mühsamer quälender Hustenreiz durch klebriges Sekret in Kehlkopf, Luftröhre oder Bronchien
- Geschwüre in der inneren Nasenschleimhaut möglich, bei der Katze jedoch kaum erkennbar

Verdauungsapparat

- Magen: verlangsamte Magenverdauung, Appetit fehlt, Magen-Darmgeschwüre (Endoskopie)
- Klebrig-gallertiger Speichelfluss
- Übelkeit schlimmer nach der Futteraufnahme
- Dabei gelegentliche Bauchschmerzen mit Tendenz zu Blähungen
- Magen-Darmgeschwüre mit Abmagerung
- Schmerzhafter Kotabsatz, Kot geleeartig, klebrig oder klumpig und flüssig gemischt
- Durchfall speziell morgens

Bewegungsapparat

- Magenbeschwerden abwechselnd mit »Rheuma«, abwechselnd mit Durchfall
- Schnell wandernde, abwechselnd lokalisierte Schmerzen, Lahmheiten, Rückenschmerzen

Haut

- Hautausschläge im Sommer, Pusteln, bilden dann wie ausgestanzte Geschwüre mit zäher Absonderung

Genital

- Zäh-klebriger Ausfluss, evtl. Geschwüre

Harnwege

- Nierenentzündung mit zäh-schleimiger, klebriger Absonderung aus der Blase

Modalitäten

- Schlimmer bei heißem Sommerwetter (Haut, Bewegungsstörungen, Darmbeschwerden)
- Die meisten anderen Beschwerden besser durch Wärme, schlimmer durch Kälte
- Schlimmer 2 bis 3 Uhr nachts, z. B. Bauchschmerzen bei Magen-Darmgeschwüren
- Periodisch wiederkehrende Schmerzen täglich zur gleichen Stunde
- Schnell wandernde Beschwerden, plötzlich wechselnde Lokalisationen

Auslöser

- Kaltwerden, nasskaltes Wetter
- Chronische Schleimhautentzündungen und deren Unterdrückungen
- Magen-Darmgeschwüre

Kalium carbonicum – Pottasche – Kali-c

Allgemeines

Pottasche wird durch Auslaugen und Eindampfen von Pflanzenasche gewonnen.

Kalium wirkt auf den Quellungszustand von Pflanzenzellen und hält die Osmose im Gleichgewicht. Für den Pflanzen- und Ackerbau ist es ein essenzielles Düngemittel und gibt der Pflanze Kraft und Widerstandsfähigkeit.

Im Gewebe von Säugetieren ist es neben anderen Ionen zuständig für die Reizbildung, Reizleitung von Nerven und insbesondere für die Phase der Erholung nach Erregung von Nervenfasern oder körperlicher Anstrengung.

In der Homöopathie ist *Kalium carbonicum* eine Arznei für die ‚Innere Medizin', für langsam fortgeschrittene chronische Krankheitszustände meist älterer Patienten, sowie für bereits eingetretene Organschäden. Außerdem kann es für Folgeerscheinungen verschleppter akuter Krankheiten indiziert sein.

Aussehen und Verhalten

Das Aussehen des *Kalium-carbonicum*-Patienten wird erst im fortgeschrittenen Krankheitsstadium erkennbar:

- Meist dicke, träge und schwache Tiere
- Die charakteristischen Schwellungen um die Augen sind bei der Katze nur schwer erkennbar
- Wenig sympathische Tiere, ungern gestreichelt, unfreundlich bis gleichgültig
- Trägheit, schnell erschöpft
- Abneigung gegen Gesellschaft, trotzdem Angst vor Alleinsein
- Schreckhaft durch plötzlichen Lärm
- Verfroren, sucht warme Plätze

Indikationen und Smptome

- Schwäche: schlechte, langsame Erholung von schweren Krankheiten, Tendenz zu Anämie
- Lähmungsartige Schwäche aller Muskeln (wie *Conium*), oft mit Rückenschmerzen
- Schwäche, zurückbleibend nach Überanstrengung, besonders nach der (Schwer-)Geburt

Atemwege

- Bronchitis, Lungenentzündung mit langwierigem oder chronischem Verlauf, Pleuropneumonie
- Verschleppte Lungenentzündung
- Schmerzhafter Husten, mit Brust- und Rückenschmerzen und Erschöpfung (*Carbo vegetabilis*)
- Husten und Atemnot am schlimmsten nachts gegen 3 Uhr
- Katze liegt nicht in Seitenlage, sondern eher kauernde Stellung, Kinn an die Brust gezogen
- Schleimhautkatarrhe, gelbliche Absonderung (wie alle *Kalium*-Mittel)

Harnwege

- Gestörte Nierenfunktion, Nierenentzündung bis Anurie, auch in der Trächtigkeit

Ödeme

- Schwellungen um die Augen (bei der Katze schwierig zu erkennen), am Unterbauch
- Ödeme evtl. sogar an den Pfoten
- Bauchwassersucht (Aszites), Diuretika wirken nicht oder nicht mehr (nicht bei FIP indiziert!)
- Schwäche durch langfristige Gaben oder Überdosierung von Diuretika (*Kalium*-Mangel)

Herz

- Herzschwäche: unregelmäßig, schwach
- Herzmuskeldegeneration, bakteriell bedingte Herzentzündungen, evtl. durch Lungenentzündung

Verdauungsapparat

- Blähungen schlimmer nach dem Fressen mit aufgetriebenem Bauch
- Tendenz zu wiederkehrenden Bauchschmerzen, harter Kot
- Durchfall abwechselnd mit hartem Kot, schwieriger Kotabsatz

Extremitäten und Rücken

- Rückenschmerzen mit schleppenden Bewegungen der Hinterhand
- Heftige Rückenschmerzen, ausstrahlend in die Hinterbeine
- Rückenschmerzen mit Schwäche, nach der Geburt

Schmerzen

- Wandernde, starke Schmerzen, unterschiedlicher Lokalisation, nicht erklärbar
- Rückenschmerzen bei Lungenentzündung

Modalitäten

- Schlimmer durch Kaltwerden, besonders nach Anstrengung, schlimmer im Winter
- Schlimmer nachts 2 bis 3 bis 5 Uhr
- Schmerzen besser durch Zusammenkrümmen
- ein Ohr warm, das andere kalt

Auslöser

- Kaltwerden, besonders, wenn erhitzt
- Überanstrengung, erschöpfende Krankheiten, Verlust von Körperflüssigkeiten
- Folgen von nicht ausgeheilter Bronchitis oder Lungenentzündung
- Schwäche nach der Geburt

- Schlecht vertragene Pharmakotherapie (z. B. Digitalis, Diuretika)
- Folgen von Unterdrückungen, von unterdrückten Hautausschlägen
- Mögliche Überdosierung durch Komplexmittel, in denen *Kalium carbonicum* enthalten ist

Kalium chloratum – $KClO_3$ – Kali-chl

Allgemeines

Das *Kalium chloratum*-Arzneimittelbild gehört zu einem homöopathischen Wissensstoff, der wegen der Unübersichtlichkeit der *Kalium*-Gruppe oft nicht genügend erfasst wird.

Gerade *Kalium chloratum* ist ein wichtiges Mittel für einige Krankheiten der Katze, die dem Immunschwächekomplex zugeordnet werden und erfolgreich bei therapieresistenten Erkrankungen in der Maulhöhle eingesetzt werden können.

Kalium chloratum ($KClO_3$) darf nicht mit *Kalium muriaticum* (KCl, Kaliumchlorid) verwechselt werden!

Alle *Kalium*-Mittel haben einen sehr tiefgreifenden Einfluss auf die Lebenskraft und dürfen daher nicht zu häufig eingesetzt werden.

Gerade die Schmerzen im Katzenmaul verführen zu verfrühter Wiederholung dieser Mittel, was die Erkrankung endgültig ins Unheilbare abgleiten lassen kann.

Chronische Immunschwächekrankheiten heilen nicht in kurzer Zeit, sondern benötigen oft Monate der Regeneration!

Als bestwirksame Potenz hat sich die Gabe der C 200 herausgestellt.

Indikationen und Symptome

Erkrankungen in Maul, Nase, Rachen

- Primär chronische Erkrankungen in Maul, Nase und Rachen bis Krebs, evtl. auch Augen und Schnupfen
- Stomatitis mit gleichzeitigem Katzenschnupfen
- Stadien der Stomatitis: einfach gerötetes Zahnfleisch bis zum Schleimhautgangrän
- Bläulich-rote, geschwürige und gangränöse Veränderungen im gesamten Maul möglich
- Entzündete hellrote oder gangränöse Zahnfleischränder, evtl. leichtes Bluten, Zahnfleischfisteln
- Oder purpurfarbenes oder schwammiges Zahnfleisch oder ganzes Maul betroffen
- Geschwüre mir grauem Grund
- Geschwüre auf der Zunge, äußerst schmerzhaft, im Zentrum oder am Zungenrand
- Evtl. Schwellung der Zunge, die das ganze Maul ausfüllt
- Gefleckte, entzündete Zunge
- Evtl. milchig-weißer Schleim im Maul
- Reichlich stinkender, wundmachender Speichel
- Zahnwurzelnekrose (FORL)
- Plasmazellgingivitis
- Schwierige oder fehlende Futteraufnahme wegen intensiver Schmerzen im Maul trotz Hungers
- Schlimmste Schmerzen, sobald Futterteile das Zahnfleisch oder den schmerzhaften Zahn berühren
- Stomatitis, Zahnerkrankungen mit gleichzeitiger schwerer, chronischer Niereninsuffizienz (CNI) – wie *Arsenicum*
- Evtl. auch Ausdehnung auf Rachen und Tonsillen

Fortschreitende oder begleitende Symptome

- Krebsartige Geschwüre am Maul, Epitheliom
- Gleichzeitig Schwellungen der Mandibular-Lymphknoten
- Evtl. Übergang in krebsartige Erkrankungen mit jauchigen Absonderungen
- Heftiges und evtl. wiederholtes Erbrechen
- Reichlich schleimiger Durchfall mit Bauschmerzen und Blähungen
- Neigung zum Frieren

Modalitäten
- Schlimmer durch Kälte
- Antibiotische oder immunschwächende schulmedizinische Therapie hilft vorübergehend

Auslöser
- Quecksilberbelastung (Impfungen)
- Immunschwächekrankheiten mit Infektionen

Die beiden Mittel Kalium chloratum (K Cl O3) und Kalium muriaticum (K Cl) sind in der einschlägigen homöopathischen Literatur nicht eindeutig zu differenzieren.

Kalium iodatum – Kali-i

Allgemeines
Kalium iodatum ist gerade bei der Katze ein bisher zu wenig eingesetztes Homöopathikum, speziell bei den schulmedizinisch als unheilbar geltenden Erkrankungen des Immunsystems.

Kalium iodatum zeichnet sich aus durch seinen Jodanteil: Dieser bezieht sich natürlich auf die Schilddrüse, aber nicht jeder *Kalium-iodatum*-Patient muss zwangsläufig unter erkennbaren Störungen dieser Drüse leiden.

Wie alle Jod-Salze hat auch *Kalium iodatum* eine Wirkung im Sinn einer Resorption von Exsudaten (Ausschwitzungen), wo es in vielen organotropen Komplexmitteln seine Anwendung findet.

Entscheidend für eine wirksame Mittelwahl für die Heilung sind jedoch immer die individuellen Symptome und Modalitäten des Patienten.

Im Arzneimittelbild ist eine Tendenz vermerkt, dass dieses Mittel Tumoren entwickeln kann: *Kalium iodatum* soll auf krebsartige Tumoren einwirken und deren Entwicklung verzögern, sofern die Symptome zu diesem Mittel passen. Daher liegt der versuchsweise Einsatz für das sogenannte Impfsarkom der Katze (Quecksilberbelastung) nahe.

Ferner wird es für den Einsatz bei beginnender Tuberkulose des Menschen empfohlen: Entwicklung und Verlauf der Felinen Infektiösen Peritonitis (FIP) kommen am ehesten den Symptomen der »Tabes mesenterica« nahe, einem alten Ausdruck der Medizin für Erkrankungen der Mesenterialdrüsen mit Aszites und fortschreitendem Gewichtsverlust.

Die Symptome der FIP weisen den Weg zum Einsatz von *Kalium iodatum* für solche Katzen mit beginnendem oder bereits eingetretenem Aszites oder Pleuraerguss.

Kalium iodatum gehört mit zu den wichtigen Antidoten gegen Quecksilbervergiftung, deren Belastung wir bei allen häufig geimpften Tieren finden. Eine solche Disposition kann auch bei nicht-geimpften Tieren mit einer miasmatischen Belastung durch wiederholt geimpfte Eltern bzw. Vorfahren erklärbar sein.

Verhalten
im chronischen Zustand bei noch nicht fortgeschrittener Pathologie:
- Heißblütige Patienten, vertragen keine warmen Räume (Jod-Anteil)
- Extremes Verlangen nach frischer, kühler Luft
- Häufiges »geschwätziges« Lautgeben (beim noch nicht schwer kranken Patienten!)
- Schnell erregbar, auch evtl.streitsüchtig, abweisende Stimmung
- Überempfindlich gegen Lärm

Indikationen und Symptome
- Chronische, fortschreitende Krankheiten mit zunehmender Abmagerung
- Drüsenvergrößerungen, Leukose
- »Vakzine induziertes Sarkom« (Impfsarkom) (?)

Atemwege
- Katzenschnupfen mit chronischer Sinusitis und dicker grünlicher Absonderung
- Schnupfen, besser im warmen Raum, obwohl insgesamt dort schlechter
- Quälende Niesanfälle, auch allergischer Schnupfen
- Gelbe, grüne oder dunkle Absonderungen, nicht wundmachend, besonders rechtsseitig

- Evtl. Nasenbluten
- Sinusitis mit Schmerzen an der Nasenwurzel, Degeneration von Nasen- bzw. Gesichtsknochen
- Rachenentzündung, Laryngitis, wiederkehrende Lungenentzündung, Pleuritis (FIP)
- Atemnot und Husten speziell gegen 5 Uhr morgens
- Auswurf schaumig, schmierig wie Seife
- Katzenschnupfen, evtl. mit Beteiligung der Augen, Iritis, Keratitis

Maul
- Stomatitis mit widerlichem Gestank
- Zahnfleischgeschwüre mit weißlichen Auflagerungen
- Zahnverfall, Schmerzen an Zahnwurzeln, schlimmer nachts ca. 5 Uhr
- Schmerzen schlimmer durch kaltes Futter
- Abdomen
- Schmerzen im Bereich der Leber, Leberdegeneration
- Erkrankungen von Milz, Pankreas, chronische Nierenentzündung
- Aufgetriebenes Abdomen, Peritonitis, Aszites, evtl. Ikterus, mit fortschreitender Abmagerung
- Wiederkehrendes Fieber ist möglich
- Bei nicht-geimpften Tieren evtl. vergrößerte oder entzündete Mesenterialdrüsen
- Mangelnder Appetit mit viel Durst

Abdomen
- Schmerzen im Bereich der Leber, Leberdegeneration
- Erkrankungen von Milz, Pankreas, chronische Nierenentzündung
- Aufgetriebenes Abdomen, Peritonitis, Aszites, evtl. Ikterus, mit fortschreitender Abmagerung
- Wiederkehrendes Fieber ist möglich
- Evtl. vergrößerte oder entzündete Mesenterialdrüsen

Extremitäten
- Entzündliche Gelenkerkrankungen mit Gelenkerguss speziell am Knie

Schilddrüsenprobleme
- Vergrößerung der Schilddrüse. Schilddrüsenadenom

Haut
- Symmetrischer Haarausfall oder Hautausschlag (?)

Modalitäten
- Verschlimmerung nachts, Knochenschmerzen nachts
- Warmblütiger Patient, schlimmer durch Wärme (*Kalium bichromicum* und *Kalium carbonicum* schlimmer durch Kälte)
- Schlimmer nachts, 2 bis 5 Uhr
- Schlimmer durch Berührung, Erschütterung
- Schlimmer durch eiskaltes Futter
- Abmagerung mit Heißhunger (bei rapider Abmagerung mit an *Jodum* oder Jod-Salze denken)
- Schwellung der Unterlider
- Besser durch Herumlaufen im Freien
- Begleitsymptom: fortschreitender Gewichtsverlust
- Juckreiz im Warmen, schlimmer im Kalten
- Unverträglichkeit von Trockenfutter
- Mangelnder Appetit mit viel Durst

Auslöser
- Quecksilbervergiftung (Impfstoffe!), Bleivergiftung
- Infektion, Immunschwäche

Kalium muriaticum – Kalium chlorid – KCl

Allgemeines
Kaliumchlorid darf nicht mit *Kalium chloratum* verwechselt werden (siehe dort).

Dieses Mittel hat einen besonderen Bezug zu fibrinösen Ausschwitzungen, plastischen Absonderungen und membranähnlichen Auflagerungen auf Schleimhäuten.

In diesem Stadium haben sich die katarrhalischen Absonderungen (wässrig-schleimig) zu zähen Ausschwitzungen verändert, die jedoch nicht die lange fadenziehende oder gallertige Konsistenz von *Kalium bichromicum* annehmen.

Kalium muriaticum ist wie *Kalium bichromicum* und *Kalium chloratum* ein Mittel, das bei Katzenschnupfen und Stomatitis indiziert sein kann.

Indikationen und Symptome

Katzenschnupfen

- Husten mit Schnupfen, Sinusitis und evtl. gleichzeitiger Stomatitis und/oder Tonsillitis
- Sinusitis: Zähe, milchige, weiße, dicke oder klumpige Absonderungen, teilweise wie Pudding
- Schwellung der Mandibular-Lymphknoten

Ohr

- Chronischer Mittelohr- oder Tubenkatarrh mit Taubheit (Spezifikum)

Modalitäten

- Schlimmer durch Kälte

Auslöser

- Infektionen
- Folgen von schlecht vertragenen Impfungen

Kreosotum – Buchenholzteerdestillat – Kreos

Allgemeines

Kreosotum ist in der Homöopathie der aktivste Stoff der Kohlenstoff-Verbindungen.

Sein Thema ist »Zersetzung« von Gewebe, Geschwüre, Desorgansisation des Blutes, Gangrän, zersetzende reichliche, faulige Absonderungen bis zum Krebs.

Die Fäulnis von Gewebe ist mit penetrantem, ekelhaftem Gestank nach Aas (wie *Arsenicum* oder *Pyrogenium*) verbunden sowie mit scharfen, brennenden Schmerzen an allen betroffenen Organen. Charakteristisch für *Kreosotum* ist der widerwärtige Gestank aller Absonderungen, kein Mittel stinkt schlimmer!

Kreosotum ist ein Mittel für fortgeschrittene Stadien bzw. für chronische Krankheiten.

Indikationen und Symptome

Entzündungen

- Alle Absonderungen sind ätzend, scharf, wundmachend, gelb, grün, penetrant stinkend
- Betroffen sind besonders Wunden, Schleimhäute von Atemwegen, Magen-Darm, Genital
- Beginnende Eiterung mit wundmachendem, stinkendem, blutig-grünlich-gelbem Eiter, Tendenz zum Gangrän
- Kadaverähnlicher Gestank des Eiters
- Jauchige, stinkende, alte, vernachlässigte Wunden, Tendenz zum Gangrän, zu Krebs
- Wunden mit fehlender Granulation, Wunden heilen nicht oder öffnen sich wieder
- Eiterung von Blutgefäßen, von Drüsen, Venenentzündung

Ohr

- Vernachlässigte, eitrig-jauchige Otitis mit schlimmstem Gestank

Atemwege

- Chronischer Katzenschnupfen schlimmster Art, Sinusitis, Nasenflügelatmung
- Reichlicher, widerlich stinkender Nasenausfluss oder seltener trockene Nase, viel Niesen
- Rohe, wunde Nasenschleimhäute
- Lungengangrän mit reichlich eitrigem stinkendem Auswurf

Verdauungsapparat

- Stomatitis mit Geschwüren bis zum Gangrän, stinkend, extrem schmerzhaft
- Schmerzhafte Zahnung/Zahnwechsel, vorzeitiger Zahnverfall
- Schwarze Zähne krümeln bereits während oder kurz nach der Zahnung
- Erbrechen, schaumiges Aufstoßen, Magengeschwür bis Magenkrebs
- Erbrechen von unverdauter Nahrung, wie gerade geschluckt, obwohl vor 4 bis 5 Stunden gefressen wurde

- Darmentzündung, Durchfall kadaverartig stinkend, blutig, unverdaut

Genital
- Gangrän der Gebärmutter mit stinkendem, stechendem Geruch bzw. Ausfluss, Tendenz zu Krebs
- Intermittierende Blutungen, wundmachend nach der Geburt, scharfer Geruch
- Stinkende, jauchige Lochien, bis Scheidengangrän mit Juckreiz
- Absonderung macht wunde, schmerzhafte Schwellung der Vulva

Modalitäten
- Besser durch Wärme, durch warmes Futter
- Schlimmer während Zahnung/Zahnwechsel

Dosierung
Bei schweren Krankheiten muss *Kreosotum* evtl. wiederholt gegeben werden. Meist ist ein Folgemittel notwendig. Nach der Gabe von Antibiotika ist der Gestank des kranken Tieres vermindert.

Lachesis mutus – Buschmeisterschlange – Lach

Allgemeines
»Láchesis« ist eine griechische Schicksalsgöttin; ihr Name wird auf dem »a« betont!

In der die Zoologie ist sie eine der giftigsten Schlangen Südamerikas, die sogar ihre Beute verfolgt.

Im Arzneimittelbild von *Lachesis* finden sich zahlreiche Eigenschaften, welche eine Schlange auszeichnen: »Zersetzende« Eigenschaften – intrigant, hinterhältig – septische Erkrankungen mit »Blutzersetzung« – berührungsempfindlich – empfindliche Kehle – »Häuten« von zu enger Haut – überempfindlich gegen Enge – sexuelle Betonung – sexuelle Konkurrenz und Eifersucht.

Akute Erkrankungen: *Lachesis* ist eine unentbehrliche Arznei für akute septische Zustände: Schnell und heftig fortschreitende akute Infektionen, die ohne Therapie mit Lebensgefahr verlaufen. Ferner ist sie indiziert bei schweren allergischen Krankheitsschüben, bei diversen Autoimmunerkrankungen etc.

Lachesis ist ferner ein wichtiges und häufig gebrauchtes Arzneimittel für chronische Krankheiten und ein tiefgreifendes konstitutionelles Mittel

Aussehen und Verhalten im chronischen Fall (siehe auch *Kapitel 20,*)
- Häufig »rothaarige«, schöne, faszinierend-elegante, attraktive Katze, steht gern im Mitelpunkt
- Häufig überaktiv mit Schilddrüsenstörungen, vortretende Augen (*Phosphorus*)
- Häufig sexuell betont, sogar aufdringlich, Streicheln, Reiben, aber urplötzliche Aggression möglich
- Sehr häufig launischer, sogar hinterhältiger Charakter
- Unerklärlicher plötzlicher Wechsel zwischen aufdringlicher Freundlichkeit und heftiger Aggression
- Voll von witzigen Ideen, kann uns mit ihrer »Spinnerei« regelrecht unterhalten
- Manchmal boshaftes »Spiel« mit Artgenossen oder anderen Lebewesen, genießt den »Sieg« (wie *Lycopodium*)
- »Sarkasmus«, Freude, andere Katzen zu ärgern oder herauszufordern mit anschließendem Triumphieren
- Eifersucht, will als einzige(r) geliebt sein, sehr possessiv und launisch, auch sexuell betonte Eifersucht
- Eifersucht, kann Nebenbuhler töten (*Hyoscyamus*)
- Misstrauisch, besonders gegen Fremde oder andere Tiere, die ihrer Bezugsperson zu nahe kommen
- Kann »ihre« Menschen »umschlingen«, aber plötzlicher Zorn bei Berührung der Katze oder des Besitzers
- Oft »geschwätzige« Katzen, Lautgeben bei jeder Gelegenheit, in allen Tonlagen und Lautstärken
- Auch weniger »gesprächige« Katzen (»stille Natur«)

- Meist dominante Tiere, versuchen andere zu beherrschen, auffallendes Imponiergehabe
- Steht gern im Mittelpunkt, tut sich freiwillig hervor mit skurrilen Spielereien
- »Besitzgier«, haben einen Freund (Freundin), dem sich kein anderes Lebewesen nähern darf
- Nimmt z. B. den Welpen einer anderen Katze in Besitz, lässt die Mutter nicht mehr heran
- »Hysterische« Katzen mit Nymphomanie wegen Eierstockszysten
- Nächtliche Paarungsrituale: Kreischen, »singen«, »orgeln«, bereiten uns möglicherweise schlaflose Nächte
- Manchmal auffallende Bewegungen mit der Zunge, Lecken der Lippen
- Übersprungshandlungen bei Erregung mit plötzlichem Belecken von Pfoten o. a. Körperteilen
- Für uns unerklärlicher Zwang zum Schlucken oder Aufstoßen (»Kloßgefühl« im Hals)
- Dabei Kopfbewegungen »wie ein Huhn«, nach vorn und hinten, auch evtl. beim Fressen

Indikationen und Symptome

Im Akutfall

- Heftiger Verlauf von Erkrankungen mit schnellem Beginn am Morgen
- Schnelle Entwicklung zur Sepsis

Allergien

- Schwere akute und chronische allergische Erkrankungen bis zum Schock

Autoimmunerkrankungen

- Eosinophiler Granulom-Komplex, eosinophiles Ulcus u. Ä.

Schilddrüse

- Tendenz zu Überfunktion mit hyperaktivem Verhalten

Infektionen

- Septische Stomatitis, Stomakaze
- Infektionen mit Tendenz zu generalisierter Sepsis
- Evtl. mit spontanen Blutungen unter die Haut (Purpura haemorrhagica)
- Gerinnungsstörungen (*Bothrops lanceolatus, Crotalus horridus, Sulfuricum acidum*)

Sepsis

- Schnell fortschreitende septische Infektionen oder Infektionskrankheiten mit bläulicher Verfärbung
- Zellgewebsentzündung (Phlegmone) besonders linke Seite, auch nach Verletzung
- Schnelles Fortschreiten zur Sepsis, möglicherweise bis zu Lebensgefahr!
- Tendenz zur Entwicklung von (auch chronischen) Geschwüren bei Phlegmone
- Tendenz zu Entzündungen mit schmerzhaftem Absterben von Gewebe, mit Schwarzverfärbung (Gangrän)
- Septische Venenentzündung, z. B. nach intravenöser Injektion/Infusion, speziell der linken Seite
- Septischer Verlauf des Katzenschnupfens mit schnarchender, erstickender Atmung (Leitsymptom)
- Blutige Absonderungen mit dunklem, zersetzten Blut, Sickerblutungen
- Septische Stomatitis mit bläulichen Zahnfleischgeschwüren
- Septische Angina, extrem schmerzhaft, mit blauroten zuschwellendem Rachen

Haut

- Tendenz zu Zellgewebsentzündungen (Phlegmone) mit evtl. anschließenden bläulichen Geschwüren
- Eosinophiles lineares Ulcus mit bläulichen Rändern, schlimmer nach dessen chirurgischer Unterdrückung
- Andere Fomen eosinophiler Plaques
- Haarausfall bei hormonellen Imbalancen oder in der Trächtigkeit

Atemwege

- Rachenentzündung, Angina mit septischen Symptomen, erstickende, schnarchende Atemnot
- Hustensalve durch Berührung der Kehle
- Allergische Atemwegserkrankungen (»Asthma«)

- Atemnot durch verstopfte Nase bei Katzenschnupfen mit Tendenz zu schnarchender Atmung
- Asthma mit hochgradiger Atemnot und Bauchatmung, speziell aus dem Schlaf heraus
- Neigung zum Verschlucken beim Trinken, Flüssigkeit kommt aus der Nase wieder heraus
- Schlucklähmung bei Infektionen, Kehlkopflähmung, Lähmung des Ösophagus
- Atemnot während des Schlafes oder beim Erwachen
- Husten durch Berührung der Kehle oder durch Druck des Halsbands

Herz- Kreislauf-Erkrankung
- Herz-Kreislauf-Erkrankungen während oder nach septischen Infektionen (*Crataegus*)
- Gestörte Blutgerinnung, Hämolyse, besonders in septischen Zuständen
- Verletzungen, Wunden mit dunklen Blutungen oder Sickerblutungen
- Bläuliche, blutunterlaufene Stellen in der Haut (Purpura haemorrhagica)
- Blutungen aus allen Körperöffnungen (*Bothrops lanceolata, Crotalus horridus, Phosphorus* u. a.)

Bewegungsapparat
- Bewegungsstörungen »Rheuma«, Steifheiten nach chronischen oder verschleppten Infektionen

Genital
- Sepsis kurz nach der Geburt, verschwollene, bläulich verfärbte Scheidenschleimhaut (Lebensgefahr!)
- Venenentzündung nach der Geburt
- Septische Metritis, Endometritis, besseres Befinden, sobald Ausfluss eintritt
- Septisch »zersetzte« Gebärmutter, Pyometra (Vorsicht, Lebensgefahr!)
- Ausfluss (Leukorrhoe) eitrig, dunkel-blutig, dunkel, wundmachend
- Zysten, speziell am linken Eierstock, Nymphomanie, Dauerrolligkeit, Sterilität
- Haarausfall bei Hormonstörungen
- Septische linksseitige Gesäugeentzündung
- Folgen von Kastration einer entzündeten Gebärmutter

Wunden
- Vernachlässigte Wunden, mit Neigung zu Sepsis mit dunkler Blutung, schmerzhafte Entzündung
- Schlechte Wundheilung mit *Lachesis*-Modalitäten

Vergiftungen
- Schwerste Formen von Vergiftungen, mit Tendenz zu Hämolyse (Blutzersetzung)

Modalitäten
- Symptome der linken Seite oder sie beginnen links, gehen dann nach rechts
- Aber seltener auch rechtsseitige Entzündungen, die *Lachesis* nicht in jedem Fall ausschließen
- Bläuliche Verfärbung erkrankter Teile mit Berührungsempfindlichkeit
- Mangelhafte oder fehlende Blutgerinnung
- Evtl. blutunterlaufene Stellen in der Haut/Schleimhaut (Purpura haemorrhagica)
- Wundmachende, oft stinkende Absonderungen
- Schlimmer durch leichte Berührung, dagegen bessert starker Druck
- Berührungsempfindlicher Kehlkopf, Hals und evtl. Bauchhaut, evtl. verbunden mit Aggressivität
- Berührungsempfindlich gegen ein Geschirr oder Halsband (Einengung)
- Einengung wird nicht vertragen (z. B. Tragen auf dem Arm, Festhalten, geschlossene Transportkiste)
- Unverträglichkeit von Autofahren
- Verhaltenssymptome abwechselnd mit körperlichen Symptomen
- Leichtes Verschlucken beim Trinken, Tränke kommt zur Nase heraus, aber gutes Schlucken fester Nahrung
- Atemwegsaffektionen abwechselnd mit Hautausschlägen
- Generelle Verschlimmerung nach dem Schlafen
- Schlimmer durch jede Art von Konkurrenz, auch sexueller Konkurrenz

- Schlimmer jegliche Form von unterdrückte Absonderungen
- Sofortige Besserung durch eintretende Absonderungen
- Kleine Wunden neigen zum unerklärlichen, dunklen Bluten
- Liegt ungern auf der linken Seite
- Schlimmer besonders vor der Rolligkeit, auch während oder nach der Rolligkeit
- Schlimmer nach der Kastration (»unterdrückte Menses«, »Klimakterium«)
- Derartige Symptome zyklisch wiederkehrend bei kastrierten Katzen durch Aktivität der sexuellen Steuerung durch die Hypophyse
- Schlimmer bei warmem, besonders schwül-warmem Wetter, im überhitzen Zimmer oder Raum
- Schlimmer zur Zeit des Haarwechsels, d. h. im Frühling und Herbst
- Schlimmer durch jegliche Einengung, »Platzangst«
- Verlangen nach Unverdaulichem
- Wechsel zwischen Verhaltensauffälligkeiten und körperlichen Symptomen

Auslöser

- Folgen von unterdrückten Absonderungen oder Hautausschlägen aller Art
- Folgen von (hormonellem) Abstillen (»unterdrückte Milch«)
- Folgen von unterdrücktem Schnupfen
- Sepsis, septische Infektionen, mit Blutgerinnungsstörungen
- Imbalancen der Sexualhormone, Folgen von Hormontherapie, Folgen von Kastration
- Folgen von Quecksilberbelastung (Impfungen)
- Folgen von unterdrücktem Schnupfen
- Folgen von schlecht vertragener Narkose
- Folgen von Bissen giftiger Tiere
- Beschwerden durch Hitze, Sonnenbestrahlung, Hitzschlag
- Folgen von Eifersucht, Konkurrenz, Kränkung, Kummer, Enttäuschung, »Liebeskummer«
- Zysten anfangs am linken Eierstock, später auch am rechten, evtl. mit Nymphomanie
- Mögliche Überdosierung durch Komplexmittel, in denen *Lachesis* enthalten ist

Ledum palustre – Sumpfporst – wilder Rosmarin – Led

Allgemeines

Der Sumpfporst wächst in kalten Sümpfen Sibiriens: In homöopathischer Anwendung passt er zu Beschwerden, die durch Kälte gebessert werden.

Daher bekam *Ledum* die Bezeichnung: »Homöopathischer Eisbeutel«.

Für die Katze handelt es sich mehrheitlich um ein Mittel für akute Zustände, es gehört mit zu den wichtigen »Verletzungsmitteln«.

Indikationen, Symptome und Auslöser

Verletzungen

- Geschlossene Verletzungen durch Quetschung oder Stich
- Prellung von Gewebe, das direkt dem Knochen aufliegt (Gesicht und Kopf)
- Bluterguss, der evtl. nach der Gabe von *Arnica* bestehen bleibt
- Diffuser Bluterguss nach intravenöser Injektion oder Blutabnahme (*Hamamelis* für das fluktuierende Hämatom)
- Verschmutzte Stichverletzungen, z. B. an Extremitäten mit Kaltwerden der erkrankten Gegend
- Schmerzen nach Injektion (gemeinsam mit *Hypericum*)
- Entzündung von Insektenstichen mit schmerzhafter Schwellung, ohne allergische Reaktion!
- Juckreiz, z. B. nach Insektenstichen, schlimmer durch Wärme (*Rhus toxicodendron, Pulsatilla* u. a.)
- Stichverletzungen, besonders an den Extremitäten
- Bissverletzungen von spitzen Zähnen von Katzen, Hunden, Ratten u. Ä.
- Kratzverletzungen durch andere Katzen
- Stumpfe Verletzung am Auge (»blaues Auge«)

- Quetschungen der Extremitäten (nach *Arnica*, evtl. gemeinsam mit *Hypericum*)
- Krallenbettentzündung, Panaritium nach Zehen- oder Krallenverletzung
- Intermittierendes Fieber durch Zeckenbiss o. ä. (selten bei der Katze)

Modalitäten

- In jedem Fall besser durch Kälte bzw. äußerliche Kälteanwendung, schlimmer durch Wärme
- Schmerzen schlimmer durch Bewegung
- Objektiv feststellbare Kälte erkrankter Teile (aber entzündete Insektenstiche sind lauwarm)
- Frieren – nur bei generalisierter *Ledum*-Erkrankung (selten bei der Katze)
- Beschwerden, die von den Extremitäten zum Rumpf aufsteigen mit Kältegefühl (Tetanus)
- Vorbeuge gegen Tetanusinfektion (gemeinsam mit *Hypericum*) durch verschmutzte Verletzungen, die nicht bluten, z. B. eingetretener rostiger Nagel. Die Katze ist jedoch nicht derart empfänglich für Tetanusinfektionen wie das Pferd. Tetanusinfektionen bei der Katze kommen äußerst selten vor.

Beziehungen zu anderen Arzneien

Folgemittel bei Hämatomen nach *Arnica*, kann bei falscher Anwendung die Wirkung der *Arnica* aufheben

Antidot gegen *Apis, China*

Lycopodium clavatum – Keulenbärlapp – Lyc

Allgemeines

Lycopodium clavatum gehört zu der ca. 300 Millionen Jahre alten Pflanzengattung der Bärlappgewächse. Im Erdaltertum waren sie riesengroße Bäume, heute existiert *Lycopodium clavatum* noch als »Bodenfichte«, als ein horizontal in die Länge gewachsener Bodendecker, der im Alpenraum in Höhen ab ca. 1000 m vorkommt.

Diese Pflanzengattung hat sich wie ein Überlebenskünstler an die unterschiedlichsten Lebensbedingungen der Jahrtausende angepasst.

Ähnliche Charakteristika haben sich in seinem Arzneimittelbild und in der Anwendung am Patienten herausgestellt:

Der *Lycopodium*-Patient strebt nach hohem Rang, nutzt als ebensolcher intelligenter und opportunistischer Lebenskünstler alle Möglichkeiten zu seinen Gunsten und stellt sich gern als »der Größte« dar – auch die *Lycopodium*-Katze!

Andererseits kann der *Lycopodium*-Patient sehr unter Minderwertigkeitsgefühlen leiden, wenn er diese »Größe« nicht erreichen kann. Mangelnder Selbstwert kann ihn zum »Prügelknaben« werden lassen; er könnte andere in hinterhältiger Weise angreifen und sich so in eine Siegerposition bringen; oder er wird krank als Folge von Demütigung und Erniedrigung.

Lycopodium ist eine der wichtigsten und häufigsten konstitutionellen Arzneien, die zum heutigen »Geist der Zeit« passen.

- Viele chronische körperliche Erkrankungen bringen gerade bei der Katze keine klaren Anhaltspunkte für die Auswahl dieses Mittels. Doch die besonderen Verhaltenssymptome im *Lycopodium*-Bild können entscheidende Hinweise für die Indikation dieses Mittels geben (siehe auch *Kapitel 20,*).
- Auch akute *Lycopodium*-Krankheiten treten bevorzugt auf der Basis der chronischen Krankheitsbereitschaft einer *Lycopodium*-Konstitution auf.

Aussehen – im chronischen Fall

- Stressgesicht, oft eng stehende Ohren, daher wie faltige Stirn, oft vorzeitig altes Aussehen
- Graue (Schnurr-)Haare früher als erwartet, evtl. schon im Alter von 4 Jahren
- Evtl. auffallend frühreifes, erwachsenes Aussehen oder spätreif oder sogar Kümmerer
- Häufig schmale Brust, dicker Bauch (»Abmagerung von oben nach unten«)
- Häufig »siegesbewusster« Ausdruck mit senkrecht gestelltem Schwanz und »Imponiergehabe«

Verhaltenssymptome im chronischen Fall

- Verhalten siehe auch *Kapitel 20,*
- Meist freundlich entgegenkommend, »will gefallen«
- Häufig »ehrgeizige« Einzelkatze, »genießt« Beifall und Lob
- Steht gern im Mittelpunkt des Interesses, zeigt das mit »stolzem« Ausdruck
- Mitunter frech und unverschämt, aber auch scheu und schüchtern
- Misstrauen gegenüber Fremden oder in ungewohnter Umgebung, ungern allein
- Sehr breites Verhaltensspektrum – vom »hinterhältigen Opportunisten«, über den »souveränen Führer« bis zum rangniedrigsten »Mobbingopfer« der Katzenpopulation
- Thema »Konkurrenz«: Streben nach höherem Rang, aber zu feige, sich gegen Ranghöhere durchzusetzen
- Auffallendes »Triumphieren« nach dem Vertreiben von Konkurrenten
- Erwartungsangst in unbekannter Situation, evtl. mit Durchfall, Stressanfälligkeit
- »Radfahrer: oben ducken, unten treten«: freundlich zu Dominanten, aggressiv zu Schwächeren
- Tyrannisch gegenüber Rangniedrigeren, besonders im »Mehr-Katzen-Haushalt«
- Evtl. fehlende Aggressionshemmung; z. B. gegen junge oder rangniedrige Katzen
- Kann den Konkurrenten ebenso hinterhältig auflauern wie *Lachesis*!
- Aber keine spontane Aggressivität zum Menschen, außer wenn in die Enge getrieben
- Feiges Angstbeißen möglich, besonders in kritischen, unsicheren Situationen (z. B. Tierarzt)
- Stressanfällig durch in der Nähe »wohnende« unsympathische Kollegen
- Daher Magen-Darm-Erkrankungen
- Stress kann Verhaltensstörungen, z. B. Harnspritzen, Zerkratzen von Möbeln, auslösen
- Evtl. Hypersex trotz Kastration
- Liebt als Aufenthaltsort möglichst hoch gelegene Orte (z. B. auf dem Oberschrank in der Küche)
- Liebt es, seine Anwesenheit durch lautes Miauen kundzugeben
- Keine aufdringliche Schmusekatze, Verlangen nach Streicheln hängt von der momentanen Stimmung ab

Indikationen und Symptome

Alle Erkrankungen, die durch Stress bzw. Konkurrenzdruck ausgelöst sein können

Atemwegsinfekte

- Erkrankungen der oberen Luftwege: Schnupfen mit Schniefen, Stirnhöhlenerkrankungen
- Absonderung weißgelb-rahmartig bis zäh-klebrig, im Akutfall mit *Pulsatilla* zu verwechseln
- Schnupfen, Angina (rechts beginnend) mit Lymphknotenentzündungen und gelb-weißem Nasenausfluss
- Auch »einfach nur Husten« ohne weitere Symptome
- Bronchitis, Lungenentzündung, chronische Bronchitis, seltener auch Asthma
- Auffallend: Nasenflügelatmung bei Atemwegserkrankungen (auffallende Bewegung der Nasenlöchlein)
- Schlechtes Allgemeinbefinden nach verschleppten Atemwegsinfekten, kümmernde Tiere

Ohren

- Eines der wichtigsten Mittel für die juckende Otitis externa, auch mit Befall von Ohrmilben
- Dabei reichliche, meist dunkel-schmierige Absonderung mit heftigem Juckreiz

Verdauungsapparat

- Magenprobleme, Magenschleimhautentzündung, Magengeschwür durch Stress
- Neigung zu Blähungen, Darmentzündung, Durchfall, speziell durch Stress
- Überwiegend rechtsseitige Auftreibung des Bauches (so weit erkennbar)
- Appetit auf kleine Portionen, oft schlechte Fresser, aber Appetit kommt beim Fressen
- Oder der Appetit »schwindet nach den ersten Bissen« (nicht zu verwechseln mit Schmerzen im Maul!)

- Frisst evtl. erst in der Nacht das Futter auf oder stiehlt speziell in der Nacht das Futter von Kollegen
- Bauchbeschwerden durch kalte Tränke, durch Kaltwerden
- Auffallend müde nach dem Fressen
- Abmagerung trotz guter Futteraufnahme
- Gestörter, zu geringer, evtl. mühsamer Kotabsatz bei Stress, bei Ferien in der Tierpension

Leber
- Wichtiger Schwerpunkt im gestressten Leben des *Lycopodium*-Patienten
- Chronische Lebererkrankungen, evtl. mit Gelbsucht

Harnwege
- Erkrankungen der Harnwege, in schweren Fällen bis zur Nierendegeneration
- Wichtigstes Mittel für Blasengrieß oder -steine beim Kater mit Verstopfung der Harnröhre (*Solidago, Sarsaparilla*)
- Chronische Blasenentzündung
- Schreien vor dem Urinieren
- Kann die Bildung weiterer Konkremente verhindern
- Wichtig: Kein Trockenfutter mehr geben!

Genitalerkrankungen
- Zyklusstörungen, Sterilität
- Mutterkatze gleichgültig gegenüber ihren Jungen, »berufliches Engagement (= Mäusefangen) ist wichtiger«

Bewegungsapparat
- Zahlreiche Formen von Lahmheiten, schlimmer am Anfang, besser durch fortgesetzte Bewegung
- Rückenprobleme, »Verspannungen«, krummer, steifer Rücken, besser durch fortgesetztes Gehen
- Speziell Erkrankungen der Hüftgelenke

Haut
- Verschiedenartige Hautausschläge, zerstören primär das Fell, haarlose Hautausschläge
- Schuppen, seborrhoische Hauterkrankungen, Hautentzündungen, Haarausfall
- Akne nahe am Maul
- Neigung zum Befall mit Ektoparasiten (Flöhe)
- Wundwerden zwischen den Pfotenballen mit Knabbern
- Haarausfall nach der Kastration
- Warzen verschiedener Art und Form, um das Maul oder anderweitig isoliert stehende Warzen
- Häufig Hautverletzungen durch Konkurrenzkämpfe mit anderen Katzen, besonders nahe der Schwanzwurzel (*Ledum, Hepar, Lachesis*)

Modalitäten
- Rechtsseitiges Mittel; Erkrankungen beginnen rechts, gehen dann nach links oder einseitig links
- Erkrankungen, Beschwerden schlimmer am späten Nachmittag bis Abend, besser nach Mitternacht
- Schlimmer nachts gegen 4 Uhr
- Schlechter morgens (»Morgenmuffel«, »Vormittagsschläfer«)
- Schlimmer bei Wetterwechsel von kalt nach warm (z. B. Föhn) (wie *Pulsatilla, Bryonia*)
- Ein Bein warm, das andere kalt
- Extremitäten- und Rückenschmerzen schlimmer am Anfang, besser durch fortgesetzte Bewegung
- Evtl. Verlangen nach süßen Leckerli
- Schlafsucht nach dem Fressen
- Liegt gern auf der rechten Seite
- Häufig Unverträglichkeit von Autofahren – abgesehen von Angst im unbekannten Käfig
- Halboffene Augen im Schlaf möglich

Auslöser
- Alle Arten von psychischem und körperlichem Stress
- Kaltwerden
- Konkurrenz, Eifersucht, unterdrückter (nicht gezeigter) Zorn, Schreck
- Kränkung, Demütigung, soziale Abstufung durch (neue) ranghöhere Artgenossen oder Menschen
- Unsicherheit in neuer, unbekannter Umgebung
- Unverträglichkeit von Trockenfutter
- Folgen von unterdrücktem Schnupfen

- Belastung mit Quecksilber
- »Nie wieder gesund seit« einer Erkrankung
- »Kümmerer«, schlecht gedeihende Welpen oder Jungtiere (*Calcarea, Silicea, Sulfur*)
- Chronische Folgen von schlecht vertragenen Pharma-Präparaten (wie *Nux vomica*)
- Blähendes oder verdorbenes Futter
- Mögliche Überdosierung durch Komplexmittel?

Beziehungen

Bei Stoffwechselerkrankungen, Folgen von schlecht vertragenen Medikamenten: *Nux vomica*

Ferner wichtiges Ergänzungsmittel für den *Calcarea*-Patienten

Lyssinum – Hydrophobium – Tollwut-Nosode – Lyss

Allgemeines

Lyssinum ist die Nosode aus dem Speichel eines tollwütigen Hundes. Sie wurde 1833 von Constantin Hering im Selbstexperiment geprüft und in die Homöopathie eingeführt. Die Indikationen stammen nicht nur aus der Arzneimittelprüfung, sondern zusätzlich aus klinischen Beobachtungen an Menschen, die mit Tollwut infiziert waren.

Die *Tollwut-Nosode* wurde nicht, wie andere Nosoden, aus infektiösem Material hergestellt, sondern aus einem sterilisierten Präparat; es besteht daher keine Infektionsgefahr. Die Auswahl dieser Arznei unterscheidet sich nicht in der von anderen homöopathischen Mitteln.

Der zweite Bezeichnung von *Lyssinum*, »*Hydrophobium*«, leitet sich her aus der »Wasserscheu« (viele Beschwerden durch Wasser) der *Lyssinum*-Patienten.

Die Kernidee von *Lyssinum* ist »WUT«: Beschwerden durch die Wut anderer, durch eigene übermäßige Wut (z. B. bei Enzephalitis) oder durch die Folgen von Tollwut-Impfung.

Schwerpunkte

- Krämpfe in Maul, Zunge, Rachen, Kehle, Krämpfe der mimischen Muskulatur
- Reichlich schaumiger Speichelfluss, da der Speichel nicht geschluckt werden kann
- Verzerrte Lautäußerung, heiser, schrill, »geschwätzig«
- ÄNGSTE vielfältigster Art, z. B. vor Alleinsein, »als ob etwas Schlimmes passiert« etc.
- Beschwerden in der Trächtigkeit, besonders nach Tollwut-Impfung
- WASSER – Hören oder Sehen löst Krämpfe aus

Verhalten

- Aufgeregter oder angeregter Gemütszustand, scharfe, wache Sinne
- Gefühl, als ob er angegriffen werde und müsse sich in Notwehr verteidigen (*Arsenicum*)
- »Geschwätziges Delirium«, besonders nachts, schnelle Abfolge schriller Laute (*Stramonium*)
- Beisst nachts auf dem Kissen herum
- Ungeduld, heftige Wutanfälle, beißt – Vorsicht!
- Unerträgliche Angst
- Heiterkeit, fehlende Hemmung, abwechselnd mit Ängsten, Depression
- Mürrisch und ärgerlich gegen andere
- Abneigung gegen Wasser oder Verlangen zu baden (kann es auch bei der Katze geben!)
- Häufiges Gähnen, besonders, wenn andere Gähnen
- Selbstzerstörung, zerbeißt sich selbst (*Hyoscyamus, Tarentula*)

Indikationen

- Enzephalitis, Meningitis
- Effekte von Bissen wütender Tiere (!) (ohne oder mit Tollwut-Infektion!)
- Dabei Wundinfektion mit schlechter Heilung (wie *Lachesis*), bläuliche Wundränder, resistent gegen Antibiotika
- Oder sonderbar schnell heilende Wunden mit den erwähnten Symptomen
- Krampfanfälle (Konvulsionen) durch helles Licht (*Stramonium, Hyoscyamus*), glitzernde Gegenstände
  - durch Hören oder Sehen von laufendes Wasser
  - durch leichteste Berührung
  - durch leichte Zugluft

- Spasmen in Rachen, Ösophagus mit Unvermögen zu schlucken, daher schaumiger Speichelfluss
- Abnormer Juckreiz in den Ohren, Ekzeme, Juckreiz am ganzen Körper
- Erbrechen durch Trinken, Schlucklähmung, Durst, kann nicht trinken
- Oder Abscheu vor der Tränke, Abneigung gegen Trinken
- Halsentzündung mit Schmerzen u.a. Atemwegserkrankungen, Asthma
- Außergewöhnliches unbeherrschbares sexuelles Verlangen (*Hyoscyamus*), auch beim Kastraten
- Rückenschmerzen mit Muskelspasmen und Hyperästhesie
- Steife Gliedmaßen, Lähmungen, Inkoordination
- Schmerzen der rechten Hüfte nach Tollwut-Impfung (nicht bedingt durch den Injektionsstich)

Modalitäten

- Schlimmer durch Hören oder Sehen von Wasser
- Schlimmer durch Sehen glänzender Gegenstände (*Belladonna, Cantharis, Hyoscyamus, Stramonium*)
- Übermäßig empfindliche Sinne, gegen Geräusche, Licht, Gerüche u.Ä.
- Kann keine Sonne ertragen (*Gelsemium, Glonoinum, Lachesis, Natrium*-Mittel)
- Schwäche nach dem Urinieren
- Unverträglichkeit von Autofahren (verbunden mit anderen *Lyssinum*-Symptomen)
- Besser durch Rückwärtsbeugen
- Besser durchsanftes Reiben
- Besser durch Baden im heißem Wasser (fraglich bei der Katze)
- Alles besser durch Warmwerden (Schwitzen)
- Bisswunde warm abspülen

Auslöser

- Vorangegangene oder mehrfache, schlecht vertragene Tollwut-Impfung
- Erkrankte Jungtiere, deren Mütter während der Trächtigkeit geimpft wurden
- Folgen von Schreck und Angst
- Folgen von Bissen exzessiv wütender Tiere

Vergleichsmittel

Canth, Bell, Hyos, Stram, Lach, Nat-m

Gegenmittel bei Überdosierung

Bell, Hyos, Stram.

Magnesium phosphoricum – Magnesium phosphat – Mag-p

Allgemeines

Magnesium phosphoricum ist als Schüssler Salz Nr.7 bekannt: Als »heiße Sieben« wird es in D 6 oder D 12 – in heißem Wasser aufgelöst – empfohlen zur Beruhigung des überreizten Nervensystems und gegen Schmerzen. Hier wirkt es organotrop, als Palliativ oder als Placebo.

Homöopathische Anwendung

In höher potenzierter Form wirkt es sofort und eindrucksvoll bei akuten und chronischen Schmerzen, wenn die Modalitäten stimmen; das betrifft besonders heftige Krampfschmerzen und Neuralgien.

Homöopathische Mittel dürfen übrigens nicht in heißer Flüssigkeit aufgelöst und verabreicht werden!

Indikationen und Symptome

- Betroffen sind meist matte, erschöpfte Patienten
- Plötzlich beginnende, krampfartige Schmerzen
- Schmerzen speziell der unwillkürlichen Muskulatur und von Nerven (Neuralgien)
- Bauchkrämpfe, muss sich zusammenkrümmen
- Neuralgische Schmerzen, besonders auf der rechten Seite
- Alle Schmerzen schlimmer durch Kälte
- Besser durch Anwendung warmer bis heißer Umschläge, durch Reiben und Druck
- Schlimmer durch leichte Berührung und jegliche Form von Kälte
- Krampfschmerzen während der Zahnung/Zahnwechsel

Medorrhinum – Nosode aus der Gonorrhoe – Med

Allgemeines

Medorrhinum ist die Nosode aus Harnröhrenabstrichen, entnommen in der akuten und chronischen Phase einer Gonorrhoe.

Bedeutung des Namens: Med = Mitte, Rhin = fließen = das aus der Mitte Herausgeflossene: Übrig bleiben Extreme: *Medorrhinum* ist eine Arznei für »Extreme«, es fehlt quasi die ausgleichende Mitte.

Der Patient kann extreme destruktive oder sympathische Charakterzüge aufweisen – oder beide abwechselnd.

Medorrhinum ist ein wichtiger Repräsentant des sykotischen Miasmas: Ausufernde Erkrankungen, deren Disposition sich über mehrere Generationen fortpflanzen kann.

Medorrhinum ist bei vielen chronischen Krankheiten als klärendes Zwischenmittel indiziert, ohne dass auffallende Symptome des Verhaltens vorliegen müssen.

Bei der Katze liegt der Schwerpunkt der Indikationen im Bereich der Schleimhäute, besonders der des Urogenitalbereichs.

Aussehen und Verhalten

- Charakteristisches Aussehen oder Verhalten können in einzelnen Fällen beobachtet werden, sind jedoch keineswegs in jedem Fall festzustellen.
- Tendenz zu Unruhe und Hektik möglich, Stimmungswechsel (*Ignatia*)
- Große Zunge, evtl. struppiges Fell, Juckreiz, Tumoren, Warzen
- Schleimhautkatarrhe mit reichlich eitriger, grünlicher Absonderung
- Evtl. Entwicklungsstörungen, Zwergwuchs
- Übermäßig emotional-sympathisch oder destruktiv, auch primär aggressiv
- Betont sexuelles Verhalten
- Angst im Dunkeln, Platzangst, Angst, wenn jemand hinter ihm ist
- Nervöse Reizbarkeit, nervöses Pfotenbeißen, auch blutig

Indikationen

Schleimhäute

- Reichliche grünlich bis gelbliche Absonderungen, evtl. unbeeinflusst von Antibiotika

Atemwege

- Wichtiges Zwischenmittel beim Katzenschnupfen-Komplex mit reichlicher Absonderung und Schniefen
- Asthma, schlimmer bei feuchtem Wetter, gleichzeitig evtl. Ekzeme, Otitis externa
- Asthma, expiratorische Dyspnoe, zäher Schleim mit Abmagerung
- Dabei Kauern in zusammengekrümmter Stellung, evtl. mit hochgestreckter Hinterhand
- Katzenschnupfen, Ozaena gleichzeitig mit Genitalinfektionen

Verdauungsapparat

- Zwischenmittel bei Stomatitis, schlechte, bröckelnde, dunkle Zähne, Karies, Zahnausfall
- Obstipation chronisch, schmerzhafte Afterkrämpfe, schmerzhaft entzündeter After, unwillkürlicher Kot
- Unersättlicher Wolfshunger mit viel Durst, exzessives Verlangen nach Salz, Saurem, Fett, Milch, Süßem
- Hautausschläge am After, juckend, Nässen aus dem After
- Schwieriger, zäher Kot, sehr schwierig auszutreiben mit quälendem Drang (*Silicea, Sepia* u.a.)

Herz

- Organische Herzerkrankungen, Spätfolge von langfristigen Unterdrückungen von Schleimhautabsonderungen

Extremitäte

- Chronisches Rheuma, Steifheit am ganzen Körper, Muskelkrämpfe
- Beständige Unruhe der Extremitäten, Verlangen zum Strecken

- Schmerzempfindliche Pfoten, schlimmer beim Gehen, z. B. auf unebenem, hartem Boden
- Neigung zu Verrenkungen, Verstauchungen

Urogenital

- Chronische, rezidivierende Urogenitalinfektionen mit eitriger Absonderung
- Urethritis, Zystitis, Nephritis, Prostatitis, Orchitis, Vaginitis, Metritis
- Therapieresistente Sterilität, wiederholte Aborte, Totgeburten, Missbildungen an Welpen
- Nymphomanie, Satyriasis, Masturbation, Zyklusstörungen, Krebs
- Ausfluss chronisch, wundmachend mit Fischgeruch
- Chronische Metritis mit gleichzeitiger oder anschließender Arthritis
- Jungtiere, deren Elterntier an chronischer Erkrankung der Harnwege oder im Genital gelitten hat.

Haut

- Juckreiz, kratzt blutig, Warzen, scharf begrenztes Hautrötungen (Erythem)

Modalitäten

- Besser nachts, ausgeprägte Nachtaktvität, Schläfrjgkeit am Morgen und am Tage
- Unstillbarer Heißhunger, Verlangen nach Fett, Saurem, Salz
- Besser am Meer
- Schlimmer im Warmen, besser im Freien
- Aber schlimmer durch Zugluft und Kälte, speziell feuchte Kälte
- Besser durch kräftiges Reiben
- Absonderungen reichlich, riechen nach Fisch
- Neigung zum Zufallen der Augen
- Beschwerden durch Erwartung, als ob etwas Schlimmes passieren könnte
- Schlimmer 3 bis 4 Uhr morgens

Auslöser

- Erkrankungen nach unterdrückten Schleimhautabsonderungen
- Genitalerkrankungen nach Herpes-Impfung
- Chronische oder wiederkehrende Genitalerkrankungen der Eltern

Mercurius solubilis Hahnemannii – Quecksilberoxid – Merc

Allgemeines

Der mythologische Merkur oder Hermes – einer der Götter des Altertums – stand für Vollkommenheit und höchste Weisheit. In der Chemie ist Quecksilber ein hochgiftiges Schwermetall, und in der Homöopathie ist *Mercurius* indiziert für die Heilung von zerstörerischen Krankheiten von Körper, Seele und Geist.

Hier wird besonders deutlich: Was auf der geistigen Ebene (wie auch bei der Homöopathie) heilsam ist, entfaltet im Materiellen zerstörerische Eigenschaften.

Quecksilber ist für jedes Lebewesen in all seinen Verbindungen hochgiftig und kann vom Organismus weder abgebaut noch ausgeschieden werden, ausgenommen durch das passende Homöopathikum.

Besonders giftig sind organische Quecksilberverbindungen, die noch heute in vielen Impfstoffen enthalten sind.

Gerade für kleine Lebewesen wie die Katze findet mit jeder Verabreichung eines Impfstoffes, der eine Quecksilberverbindung enthält, eine gewaltige Belastung mit diesem Stoff statt: Bei der Katze übersteigt er den Grenzwert der maximal zulässigen Belastung pro Kilogramm Körpergewicht des Menschen um ein Mehrfaches (siehe *Kapitel 4, Seite 113*).

Aus diesem Grunde finden wir heute kaum eine Katze oder einen Hund, der dank mehrfacher Impfungen frei von Quecksilberbelastung ist, die letztlich zum Entstehen schwerster Pathologien beiträgt!

Viele heutige Krankheiten der geimpften Haustiere gab es nicht, bevor regelmäßig und wiederholt geimpft wurde!

Aus diesem Grunde sind gerade bei schweren Krankheiten besonders häufig die Antidote gegen *Mercurius* indiziert (siehe unten).

Hier ist es weiterhin wichtig zu bedenken, dass eine Quecksilberbelastung nicht durch potenzierten *Mercurius* ausgeleitet werden kann, sondern einzig durch ein individuell passendes Simile!

In der Homöopathie ist *Mercurius* für destruktive Erkrankungen angezeigt, nicht für banale Infekte!

Mit tiefen Potenzen kann bei Entzündungen eine vorübergehende, palliative Besserung erzeugt werden, wobei anschließende Unterdrückungsreaktionen folgen können (siehe *Kapitel 2, Abschnitte Chronische Erkrankungen, Seite 35* und *Miasmen, Seite 41*); daher bezeichnet man *Mercurius* in der Homöopathie auch als »Pseudo-Antibiotikum«.

Für die Katze ist *Mercurius* ein eher selten indiziertes Mittel, obwohl man bei den folgenden Erkrankungen auch an die Indikation von *Mercurius* denken könnte: Schwerwiegende Entzündungen, Phlegmone, stinkende Eiterungen, Erkrankungen des Lymphsystems, Geschwüre, Sepsis, Nekrose, Degeneration von Organen oder Nervensystem und andere destruktive Prozesse. Jedes Gewebe kann in diesem Sinn erkrankt sein, erfordert aber keineswegs so häufig *Mercurius*, als es den Anschein haben könnte! Die individuellen Symptome sind ausschlaggebend.

Die Entwicklung einer *Mercurius*-Erkrankung kann im Akutfall binnen weniger Tagen geschehen; außerdem ist *Mercurius* ein wichtiges Mittel für schwere, chronisch fortschreitende Krankheiten.

Aussehen (im chronischen oder länger bestehenden Fall)

- Wenig sympathische Tiere, reserviert, unruhig bes. nachts, hektisch, eilig, misstrauisch
- Stinkende, wundmachende Absonderungen
- Übermäßiger stinkender, seifenartiger Speichelfluss, der möglicherweise das ganze Fell der Katze verschmiert und verklebt

Verhaltenssymptome (im chronischen Fall)

- Überempfindlich gegen jegliche Veränderung, alles muss dem Patienten gerade genau »passen«
- Wenig emotional, eher misstrauisch, ängstlich, reserviert, oft auch brav und unauffällig
- Reizbar bis schüchtern
- Schnell aufflammende Aggressivität aus geringem Anlass, evtl. bissige Tiere
- Hektische Eile, besonders im Laufen
- Ruhelosigkeit speziell nachts
- Auffallend frühe Geschlechtsreife

Indikationen und Symptome

- Infektanfälligkeit auf jeder Ebene: Schleimhäute, Lymphknoten und Lymphgefäße, Hautausschläge
- Tendenz zu Schwäche und Sepsis
- Wundmachende Absonderungen

Atemwege

- Katzenschnupfen mit Geschwüren, Absterben und Zerfall von Schleimhaut
- Häufiges Niesen mit wunder Nase
- Eitrige, schmierige, stinkende, wundmachende, graue bis grünliche Absonderung
- Entzündung und Nekrose der Nasenknorpel und -knochen
- Pneumonie u. a. Katarrhe der Atemwege
- Kann dabei nicht auf der rechten Seite liegen

Ohren

- Otitis externa und media, chronisch und akut
- Reichlich stinkender, schmieriger, grauweißer, wundmachender Eiter

Augen

- Reichliche, wundmachende schleimige Absonderung
- Schmerzhafte Hornhautentzündung, Hornhautgeschwür
- Eiterung der vorderen Augenkammer
- Entzündung und Eiterung der ganzen Augenhöhle möglich (Orbitalphlegmone)

Verdauungsapparat

- Stomatitis jeder Art (selten! Häufiger andere Mittel!)
- Mit reichlich zäh-schleimigem, stinkendem Speichel, der das ganze Maul ausfüllt
- Speichelfluss besonders nachts oder während des Schlafes

- Nekrotisierende, ulzerierende, eitrige, stinkende Stomatitis sehr schmerzhaft!
- Dabei blasiger Speichelfluss, der durch Lecken das Haarkleid verklebt
- Eiterungen und Abszesse der Zahnfächer
- Massive Bildung von Zahnstein
- Möglicherweise perforierende Geschwüre in der Wangenschleimhaut
- Evtl. fleckige, entzündete oder geschwürige Zunge
- Hochgradig schmerzhafte, phlegmonöse Angina/Pharyngitis, mit Abszessbildung oder Geschwüren
- Blauroter schmerzhafter Rachen, mit <u>Unvermögen zu schlucken</u>
- Schmerzhafte oder eiternde Entzündungen der Rachen- und Mandibular-Lymphknoten
- Schmerzhafte destruktive Magen-Darm-Entzündungen schlimmster Art mit Degeneration der Schleimhäute
- Viel Durst auf Kaltes
- Begleitend Erkrankungen der Leber
- Schleimiger, stinkender, auch blutiger, mühsamer Durchfall
- Mühsame und schmerzhafte Ausscheidung von Schleimmembranen wie Teile der Darmschleimhaut
- Durchfall mit <u>anhaltendem starkem Drängen auch nach Kotabsatz</u> (<u>*Mercurius corrosivus*</u> siehe unten)
- Durchfall schlimmer nachts

<u>Urogenital</u>

- Quälender Harndrang mit schleimiger Absonderung und Geschwüren in den Geschlechtsorganen

<u>Haut</u>

- Hautausschläge flächig bis ulzerierend, stinkend, sich ausbreitend, zerstören primär das Fell
- Jucken schlimmer im Warmen
- Hautausschläge entwickeln sich zu speckigen Geschwüren mit Tendenz, sich in die Tiefe zu fressen
- Hautausschläge, evtl. mit Madenbefall

<u>Bewegungsapparat</u>

- Arthritis, Periostitis, Destruktion der Knochen mit Ruhelosigkeit
- Quälende Gelenkschmerzen nachts

<u>Destruktive Erkrankungen des Nervensystems</u>

- Lähmungen, Zittern, zentralnevöse Störungen, Nervendegeneration

Modalitäten

- <u>Alle Symptome schlimmer nachts</u>
- <u>Wundmachende, scharfe Absonderungen</u>
- Schlimmer durch Hitze und Kälte, schlimmer durch strahlende Wärme und Nässe
- Besser durch Ruhe und Niederlegen
- Begleitend: Reichlicher Speichelfluss
- Tendenz zum Zittern
- Reichlich kalter Schweiß an den Pfoten
- Frieren beim kleinsten Luftzug, beim Aufstehen vom Liegen
- Schlimmer auf der rechten Seite
- Schmerzen treiben nachts umher

Auslöser

- Veränderte Lebensbedingungen, Nässe, Kälte, Infektionen
- Mögliche Überdosierung durch Komplexmittel?
- Evtl. »Quecksilber-Miasma«, seit mehreren Generationen durch Impfungen ererbt (siehe *Kapitel 4, Abschnitt Reaktionen auf Impfungen, Seite 154*)

Die wichtigsten Homöopathischen Mittel für Quecksilberbelastung:

<u>Ant-c</u>, <u>Arg-n</u>, Ars, <u>Asaf</u>, Aur, <u>Bell</u>, <u>Bor</u>, <u>Calc</u>, <u>Chel</u>, <u>Chin</u>, Con, <u>Cupr</u>, Dulc, Hep, <u>Hydr</u>, <u>Iod</u>, Kali-bi, <u>Kali-chl</u>, Kali-i, Lach, <u>Led</u>, <u>Lyc</u>, <u>Mez</u>, <u>Nat-m</u>, Nat-s, Nit-ac, Ph-ac, Phyt, Puls, Sars, Sil, Staph, Sulph, Zinc.

Mercurius sublimatus corrosivus – Sublimat – Merc-c

Dieses Mittel ist für dieselben Erkrankungen wie *Mercurius solubilis* indiziert, jedoch diese in noch stärkerer Ausprägung.

Man sollte also an dieses Mittel denken, wenn der indizierte *Mercurius solubilis* nicht genügend wirkt.

Eine spezielle Indikation ist schwerster Durchfall mit Degeneration der Darmschleimhaut und anhaltendem Drängen nach dem Kotabsatz bis zum Darmvorfall (Herausstülpen der Darmschleimhaut).

Mezereum – Seidelbast – Mez

Algemeines

Mezereum ist eine gut geprüfte Arznei mit weitem Wirkspektrum. Schwerpunkte liegen in Erkrankungen der Haut, im Bewegungsapparat (Knochen, Sehnen), in denen der Nerven (plötzliche Neuralgien) und der Schleimhäute.

Für die Katze sind speziell die heftig juckenden Hauterkrankungen relevant.

Indikationen und Symptome

- Unerträglicher Juckreiz durch nässende oder trockene Hautausschläge
- Hautausschläge bilden Krusten mit weißlichen Schuppen, Neigung zum Bluten
- Hautausschläge sondern eine klebrige, eitrige Flüssigkeit ab, die Krusten bilden (*Graphites*)
- Unter den Krusten bleibt die klebrige, wundmachende Absonderung
- Hautausschläge können sich zu Geschwüren entwickeln mit schmerzhafter geröteter Umgebung
- Geschwüre mit weißlicher Auflagerung
- Urticaria (Nesselsucht) nach Kratzen
- Augen: Äußerst schmerzhafte Entzündungen mit unerträglichen neuralgischen Schmerzen (Katze?)

Modalitäten

- Geschwüre besonders an Knochenvorsprüngen
- Besser im Freien
- Schlimmer nachts, vor Mitternacht
- Schlimmer im Winter
- Juckreiz schlimmer durch Wärme bzw. Warmwerden und Berührung
- Juckreiz schlimmer durch Kratzen
- Juckreiz wechselt die Stelle nach Kratzen
- Schlimmer durch Berührung
- Neigung zum Frieren

Auslöser

- Unterdrückte Hautausschläge
- Schlecht vertragene Impfung
- Belastung mit Quecksilber

Millefolium – Schafgarbe – Mill

Allgemeines

Die Schafgarbe enthält den Wirkstoff Dicumarol, welcher die Blutgerinnung vermindert.

In der Homöopathie wird *Millefolium* zum Stillen von hellroten Blutungen eingesetzt.

Millefolium ist ein wichtiges »kleines Mittel« mit wenigen speziellen Indikationen.

Indikationen

- Hellrote Blutungen, reichlich, schmerzlos, ohne oder nur geringe Tendenz zur Gerinnung
- Helle Blutungen nach mechanischen Verletzungen
- Notfallmittel für innere Blutungen, z. B. durch Schlagverletzung oder schwersten Sturz
- z. B. Lungenblutung durch Schlagverletzung gegen die Brust, durch Rippenfraktur

- Notfallmittel bei hellrotem, unstillbarem Nasenbluten durch Verletzung von Nase oder Kopf
- Notfallmittel bei hellroten Blutungen während/nach der Geburt
- Notfallmittel während Operationen, stillt zuverlässig Sickerblutungen aus Kapillaren
- Folgen von Sturz aus dem Fenster, kann sich nicht mehr bewegen
- Antidot gegen Sickerblutungen während chirurgischer Maßnahmen durch falschen Gebrauch von *Arnica*!

Äußerliche Anwendung im Notfall

Umschlag mit dem Kraut vom Wegrand auf eine frische, stark blutende Wunde (Empfehlung vom Deutschen Zentralverein homöopathischer Ärzte)

Myristica sebifera – Talgmuskatnussbaum – Myris

Allgemeines

Myristica ist ein klinisches Homöopathikum und wirkt schwerpunktmäßig auf entzündetes Gewebe, das kurz vor der Eiterung steht oder bereits einen Abszess gebildet hat (ähnlich *Belladonna*). Aus diesem Grunde bedachte man dieses Mittel auch mit der Bezeichnung »homöopathisches Messer« für die Eröffnung von Abszessen.

Nach vielen Erfahrungen hat es sich jedoch nicht für alle Abszesse bewährt, sondern speziell für Entzündungen am Krallenbett (Panaritium), die mit diesem Mittel oft schnell zur schmerzfreien Heilung gelangen.

Indikationen

- Drohender Abszess mit oder noch ohne Eiterung speziell an der Pfote bzw. Krallenbett (*Hepar*)
- Eiterung nach herausgerissener Kralle (*Hypericum*!)
- Infektion nach Trauma einer Pfote oder Zehe (*Ledum, Hepar*)
- Beschleunigt Eiterung mit anschließender Heilung

Naja tripudians – Indische Kobra – Brillenschlange – Naja

Allgemeines

Das hochtoxische Gift dieser Schlange tötet bereits in minimaler Menge (15 mg) einen Menschen durch Atemlähmung.

Naja ist ein homöopathisch sehr gut geprüftes Mittel.

Sein Schwerpunkt liegt in Bereich von Herzkrankheiten und Blutgerinnungsstörungen.

Indikationen und Symptome

Herz-Kreislauf

- In späteren Krankheitsstadien indiziert als *Lachesis*
- Arznei für Herzerkrankungen, Lungenembolie, Thrombose, Gerinnungsstörungen
- Herzschäden während oder nach schwersten Infektionen
- Akute oder chronische Endokarditis, auch Schäden der Herzklappen durch schwere Sepsis
- Drohender Herzstillstand in septischen Zuständen, Lungenembolie
- Oder extrem kräftiger, lauter Herzschlag
- Unregelmäßiger, tumultartiger Herzschlag, Herzhusten, Zyanose
- Kann nicht auf der linken Seite liegen (wie *Lachesis*)
- Zu versuchen in C 30 bei angeborenen Herzfehlern von Welpen (For. ovale oder D. Botalli persistens)
- Zu versuchen bei Herzwurmbefall (Dirofilaria immitis) bzw. während oder nach dessen Therapie wegen Gefahr von Embolie

Atemwege
- Asthma, Erstickungsgefühl, schnappende Atmung mit Herzsymptomen bis zum Atemstillstand
- Herzasthma
- Kalter Körper
- Besser durch frische Luft

Modalitäten
- Besser im Freien
- Besser durch Liegen auf der rechten Seite
- Schlimmer nach dem Schlaf
- Schlimmer in kalter Luft, durch Berührung
- Schlimmer durch jede Einengung (z. B. auf dem Arm tragen)

Natrium carbonicum – Soda, Natron – $Na_2CO_3*H_2O$ – Nat-c

Allgemeines
Natriumcarbonat – Soda – hat eine ausgleichende Wirkung auf das Säure-Basen-Gleichgewicht und wirkt hier wie eine Puffersubstanz auf den gestörten Stoffwechsel.

Die grundlegende Idee dieses Mittels ist ein Mangel an Anpassungsfähigkeit, eine Art »Überempfindlichkeit«.

Natrium carbonicum ist wie *Natrium muriaticum* ein tiefgreifend wirksames, konstitutionelles Mittel, jedoch seltener vorkommend und schwieriger zu erkennen als *Natrium muriaticum*, was besonders für die Katze gilt.

Aussehen und Verhalten
- Verfrorene Patienten, kalte Extremitäten, trotzdem extrem überempfindlich für Sonne und Hitze
- Übersensibel, zart, verfeinert, sanft, harmoniebedürftig, ähnlich wie *Silicea*
- Mild, freundlich, aber distanziert (*Natrium muriaticum, Silicea*)
- Wenig anpassungsfähig, überempfindlich gegen jede Art von Disharmonie (»Mimosen«)
- Abneigung gegen Gesellschaft, evtl. sogar gegen die eigene Familie
- Zurückhaltend, reserviert, depressiv, zeigt kaum Emotionen, wie *Natrium muriaticum*
- Aber kooperativ, nett, freundlich, sehr feinfühlig
- Leidet unter familiärem Unfrieden, wird zum Einzelgänger, zieht sich zurück
- Überempfindlich gegen alle Sinneseindrücke
- Versteckt sich voller Angst bei Sturm oder Gewitter
- Unerklärliche Abneigung gegen bestimmte Menschen oder Artgenossen

Indikationen und Symptome
- Unverträglichkeit von heißem Wetter, Neigung zu Hitzschlag oder Sonnenstich
- Schleimhautkatarrhe, besonders chronischer Schnupfen, stinkende Absonderung

Augen
- Hornhautgeschwür, Photophobie (wie viele andere Mittel)

Verdauungsapparat
- Schlechte Futterverwerter, eher magere Tiere
- Chronische Verdauungsstörungen, Futtermittelallergien (wie Natrium muriaticum)
- Durchfall durch den kleinsten Futterwechsel
- Unverträglichkeit von Trockenfutter
- Verlangen immer wieder nach kleinen Mengen Futter
- Magenbeschwerden, Sodbrennen, saures Aufstoßen (erkennbar an vorstreckenden Kopf-Hals-Bewegungen)
- Magenbeschwerden schlimmer durch kaltes Futter, kalte Tränke
- Neigung zu Blähungen und aufgetriebenem Bauch mit Bauchschmerzen
- Bauchbeschwerden schlimmer durch kaltes Trinken, wenn zuvor erhitzt
- Welpen, Jungtiere: Unverträglichkeit von Muttermilch (*Calcarea, Cina, Magnesium muriaticum, Silicea*)
- Durchfall durch Einzeller: Coccidien, Lamblien (Darmnosoden)
- Kot mit gelblich-orangen Bestandteilen

Extremitäten
- Neigung zu Verstauchungen, Schwäche der Gelenke
- Evtl. ungeschickte Bewegungen, stolpert, stürzt

Haut
- Wenig charakteristische Hautausschläge, außer am Maul
- Hautausschläge wie *Natrium muriaticum*, Lefzenekzem, wunde Lippen
- Ekzeme an den Streckseiten der Extremitäten (*Natrium muriaticum* an den Beugeseiten)

Modalitäten
- Überempfindlich gegen frische Luft, gegen Lärm
- Unverträglichkeit von Trockenfutter, Milch, Fett, Gemüse, Futterwechsel
- Besser generell durch Futteraufnahme
- Schlimmer durch Sonne, Hitze, Sturmwetter, Gewitter, Wetterwechsel, Temperaturwechsel, Vollmond
- Schlimmer durch körperliche Anstrengung
- Besser durch Anwesenheit bestimmter, sympathischer »Personen« (Menschen oder Artgenossen)

Auslöser
- Chronische Folgen von Sonnenstich, Hitzschlag
- Folgen von Erwartungsangst
- Folgen von genereller Überempfindlichkeit
- Was gibt es überhaupt, das *Natrium carbonicum* gut verträgt? – Es braucht als »Puffersubstanz« das Soda!

Natrium muriaticum – Natrium chloratum – Kochsalz – Nat-chl – Nat-m

Allgemeines
Natrium muriaticum – oder nach neuer Bezeichnung: *Natrium chloratum* – ist die lateinische Bezeichnung für das Kochsalz.

Dieses homöopathische Arzneimittel war lange umstritten, weil wir täglich mit der Nahrung genügend Salz aufnehmen. Dennoch ist das potenzierte Salz heute eines der wichtigsten und häufigsten Arzneien für Menschen und Tiere.

Im Arzneimittelbild von *Natrium muriaticum* kommt das Thema »Wasserbindung« bzw. »Feuchtigkeit« (lat. Humor) zum Ausdruck: Die Spannung im »Salz« zwischen Erstarren – durch Feuchtigkeitsaufnahme aus der Luft – und Auflösung – z. B. im heißen Wasser – äußert sich beim Patienten folgendermaßen:
- Erstarrte, humorlose Emotionen (meist durch Kummer)
- reservierte Unnahbarkeit, aber dennoch rücksichtsvolles Wesen
- er gibt sich auf, opfert sich »brav« für andere
- leistet mehr, als es seiner körperlichen Fähigkeit entspricht.

Natrium muriaticum ist eine sehr häufig vorkommende, konstitutionell wirksame Arznei, wirkt lange und tiefgreifend und bringt verlorene Lebensfreude und Lebenskraft zurück.

Schwerpunkte sind
- der Stoffwechsel, die Verwertung von Nahrung sowie die Ausscheidung von Abbauprodukten
- der Hormonhaushalt und die Stoffwechselaktivität
- die Zusammensetzung der Blutes und
- die Sensibilität von Nerven und Gemüt.

Aussehen
- Unauffällige, anspruchslose, wenig kontaktfreudige Katzen
- Trauriger, gestresster oder abweisender Gesichtsausdruck
- Evtl. fettiges, stumpfes Haar, Haarbruch, Haarausfall besonders an Ekzemstellen
- Dünnes Haar speziell an den Schläfen – wie *Phosphorus* (»Geheimratsecken« beim Menschen siehe Foto Seite 48 Nr. 12)

- Abmagerung trotz guter Futteraufnahme, »schlechte Futterverwerter«
- Oder extremer Fettansatz, reichliches »Depotfett« hängt am Bauch
- Abmagerung von »oben nach unten«: schmaler Hals und Brustkorb, dicker Bauch
- Oft weibliche Katzen mit männlichem Ausdruck
- Brave, distanzierte, reservierte Tiere, wirken wie erstarrt
- Wenig kontaktfreudig, keine »Schmusetiere«!!, vermeiden Blickkontakt (siehe Foto Seite 590 Nr. 46-49)

Verhaltenssymptome

- Verhalten siehe auch *Kapitel 20,*
- Ein-Mann-, Ein-Frau- oder Ein-Kind-Katzen, Einzelbeziehungen – auch zu anderen Tieren
- Oft Abneigung gegen andere Artgenossen, Neigung zum Einzelgänger (außer einem einzigen Freund)
- Stiller und trostloser Kummer, wenn diese Einzelbeziehung endet (z. B. Tod, Trennung, Tierheim o. Ä.)
- Katze zieht sich zurück oder wendet den Kopf ab, wenn man sich freundlich nähert
- Verweigert die Annahme von Leckerli, die ihr von Fremden gereicht werden
- Wenig Äußerung von Lebensfreude, brav und traurig, wenig Spielverhalten
- Patienten bleiben reserviert trotz liebevoller Behandlung
- Hektische Aufregung bei Zwang (z. B. Transportkiste), »Nervenbündel«
- Tendenz zu Störungen der Schilddrüse, Über- oder Unterfunktion, träges oder nervöses Verhalten
- Urinieren oft nur unbeobachtet, wenn es niemand sieht
- Furcht, z. B. vor Annäherung von Insekten
- Wenn aber das Krankheitsgeschehen noch nicht fortgeschritten ist, bzw. wenn das Tier noch keine Enttäuschungen, Kummer oder Misshandlungen erlebt hat, kann möglicherweise das geschilderte reservierte Verhalten noch nicht im Vordergrund stehen

Indikationen und Symptome

- Allergische Reaktionen gegen alles Mögliche, auch gegen die Bezugsperson?
- Anämie mit blassen Schleimhäuten, evtl. nach Blutverlust (*China*)

Fieber

- Fieberschübe, wiederkehrend, nach Insektenkrankheiten (»Tick-borne diseases«) (*China*!!)
- Intermittierendes Fieber, mit Anämie und Milzschwellung

Hormonstörungen

- Gestörte Hormonsteuerung von Seiten der Hypophyse
- Schilddrüse: Über- oder Unterfunktion, fett oder mager u. a. Stoffwechselstörungen
- Gestörte Regulation der Geschlechtshormone, z. B. Zyklusstörungen, Sterilität (Zuchtkatze)

Augen

- Trockene oder schleimige, eiweißartige Absonderung, Tränenfluss bei Wind, lichtscheu

Atemwege

- Neigung zu allergischen Erkrankungen vielfältiger Art
- Diese können durch Allergene oder Infekte aktiviert werden
- Chronische Allergien (z. B. Stauballergie, Hausstauballergie)
- Fließschnupfen, Niesen abwechselnd mit verstopfter Nase
- Eines der Mittel für chronische Bronchitis, Asthma
- Giemende Atmung, chronische Atemnot
- Durchsichtiger bis weiß-gelblicher, schleimiger Nasenausfluss
- Verstopfter Tränen-Nasen-Gang mit Tränenfluss (bei kurznasigen (brachygnathen) Rassen normal)

Verdauungsapparat

- Entzündung der Maulschleimhaut, Herpesbläschen (evtl. Nebenbefund), auch an Lippen
- Selten gefleckte Zunge (»Landkartenzunge«)

- Futtermittelallergien, chronischer Durchfall, häufiger Blähungsabgang
- Neigung zu wiederkehrenden Blähungen, Bauchschmerzen, harter Kot
- Schlechte oder übermäßig gute Futterverwerter (magere oder fette Tiere)
- Verweigert Futter wegen Kummer
- Magen- und Darm-Beschwerden besser durch »Fasten«
- Verlangen oder Abneigung gegen Salziges
- Evtl. Abneigung gegen Fisch, den die meisten Katzen gern fressen

Harnwege
- Nieren, Blaseninfektionen, Niereninsuffizienz
- Urinieren, nur wenn unbeobachtet

Genital, weiblich
- Evtl. verzögerte Geschlechtsreife
- Eiweißartiger oder milchiger Ausfluss
- Sterilität, Rolligkeit fehlt durch Kummer
- Weibliche Katze: evtl. Überschuss männlicher Hormone, Verhalten wie ein Kater

Haut
- Trockenheit: trockene Schleimhäute, mit Unverträglichkeit von Hitze bzw. heißem Wetter
- Hautausschläge vielfältiger Art, auch allergisch, akuter und chronischer Verlauf
- Ekzeme zerstören primär das Fell, d. h. haarlos an den Ekzemstellen, starker Juckreiz, kratzt wund
- Hautausschläge nässend oder trocken, klebrig, krustig
- Hautausschläge dort, wo sich beim Menschen am Kopf der Haarrand befindet (siehe Foto Seite 469 Nr 39)
- Hautausschläge besonders an warmen Stellen des Körpers, z. B. am Bauch, Ellenbeuge
- Eine der Arzneien für Hauterkrankungen an den Pfoten
- Überempfindlich gegen Insektenstiche, Allergie gegen Bienen-, Wespenstiche (akut: *Apis*)
- Urticaria (Nesselausschlag), allergisch, chronisch, bei Fieber, nach Warmwerden
- Neigung zu Sonnenbrand an unpigmentierten Stellen (z. B. Nase, Ohren)
- Tendenz zum Befall mit Ektoparasiten, Hautpilzen (besonders an früheren Ekzemstellen)
- Herpesbläschen am oder um das Maul, an den Lippen
- Haarausfall, evtl. sehr dünnes bis fehlendes Haar, Haarausfall an begrenzten Stellen, am Kopf
- Haarausfall nach der Geburt, in der Laktation
- Fettiges, stumpfes, schuppiges Haarkleid (*Arsenicum, Thuja, Graphites, Sulfur*), Seborrhoe

Ohren
- Eines der wichtigsten Mittel für die intensiv juckende Otitis externa
- Häufig Befall mit Ohrmilben
- Gehörgang trocken, schuppig, gerötet, starker Juckreiz

Bewegungsapparat
- Rücken-, Gliederschmerzen, Arthritis, Muskelsteifheiten
- Bewegungsstörungen infolge von Verletzungen der Wirbelsäule, von Gehirnerschütterung
- Welpen: Ungeschicktes oder zu spätes Laufen (*Calcarea, Silicea, Causticum*)
- Trockene, spröde, abblätternde Krallen

Modalitäten
- Periodisch wiederkehrende Beschwerden (z. B. Fieber, Allergien)
- Allgemein besser durch anstrengende Bewegung
- Matt oder hungrig am späten Vormittag
- Verlangen nach Unverdaulichem
- Schlimmer durch Wetterwechsel, speziell von kalt nach warm (*Lycopodium, Pulsatilla, Bryonia, Sulfur, Gelsemium*)
- Viele Beschwerden schlimmer durch Überwärmung, bei heißem Wetter
- Empfindlich gegen Sonne (Sonnenbrand, Sonnenstich), gegen heißes, schwüles Wetter
- Schlechter durch fettreiches Futter, Unverträglichkeit von zugefüttertem Öl
- Absonderungen wie rohes Eiweiß, milchig
- Liegt gern auf harter Unterlage

Auslöser

- Kummer, Alleinsein, Tod von Bezugspersonen oder tierischen Freunden
- Folgen von Misshandlung, Zurücksetzung oder Vernachlässigung
- Folgen von Kopfverletzung, Rückenverletzung
- Folgen von Verlust von Körperflüssigkeiten, z. B. Blut, Durchfall, Milch (wie *China*!!)
- Daher Schwäche mit Anämie (*China*)
- Infektionen durch stechende bzw. beißende Insekten (Zecken)
- Folgen von Nässe
- Folgen von zu viel Salzaufnahme (z. B. gestohlene Wurst oder Schinken)
- Verdauungs- und Stoffwechselstörungen durch reichhaltiges Futter, besser bei knapper Fütterung
- Belastung mit Quecksilber (Impfungen)

Ergänzungsmittel

- Bei akutem Kummer: *Ignatia*
- Bei allergischen Erkrankungen, besonders der Atemwege, vergleiche: *Arsenicum, Lachesis, Nux vomica, Phosphorus*
- Bei allergischen Schwellungen: *Apis*
- Bei nachlassender Wirkung ist oft *Thuja* ein passende Folgemittel (nach mehreren Monaten)
- Bei Sterilität oder Gebärmuttererkrankungen, vergleiche: *Sepia, Lachesis*

Natrium sulfuricum – Glaubersalz – Nat-s

Allgemeines

Glaubersalz hat bekannterweise einen Bezug zum Wasserhaushalt: Seine Wirkung als »salinisches Abführmittel« führt, wenn es im Wasser aufgelöst oral eingenommen wird, in wenigen Stunden zu reichlichen, wässrigen, zumeist schmerzlosen Durchfällen. Dieser Effekt tritt durch Osmose ein, indem das getrunkene Wasser im Darm nicht resorbiert und in Form von Durchfall ausgeschieden wird.

Reines pulverisiertes Natriumsulfat dient im Labor zum Trocknen von Lösungsmitteln.

Auch in der Homöopathie ist es für eine Konstitution geeignet, die empfänglich ist für Schäden durch äußere Feuchigkeit und Nässe, und für solche, die im Körper zu Flüssigkeitsretention neigt (»Hydrogenoide Konstitution«). Diese gibt es jedoch selten bei der Katze.

Häufiger findet *Natrium sulfuricum* Verwendung bei Durchfällen, Asthma bei Leberstörungen und besonders für Folgeerkrankungen von Gehirnerschütterungen.

Indikationen

Aussehen

- Nur im chronischen Fall: Ödeme, Schwellungen um die Augen

Verhalten im chronischen Fall

- Zurückhaltend, reserviert wie alle *Natrium*-Mittel
- Lässt sich nicht gern am Bauch oder Brust aufheben

Zentralnervensystem

- Chronische depressive Gemütsveränderungen nach Verletzungen von Kopf oder Rückenmark
- Traumatische Meningitis
- Epilepsie nach Schädel-Hirn-Trauma

Atemwege

- Asthma, besonders bei Jungtieren, speziell nach Exposition von nasser Kälte
- Asthma (auch allergisch), Atemnot oder Pneumonie schlimmer durch Feuchtigkeit
- Schnupfen mit Katarrh der Augen, grüne, dicke Absonderung
- Grünliche Absonderungen (Nase, Augen, Auswurf)

Verdauungsapparat

- Verdauungsstörungen durch Knabbern an Pflanzen, die am Wasser wachsen
- Großer Kot bzw. Kotmengen

- Durchfall abwechselnd mit Verstopfung, weicher Kot geht schwer ab
- Spritzender, meist schmerzloser Durchfall mit viel Flatulenz (ähnlich *Podophyllum*)
- Kot schießt oder spritzt hervor mit großen Druck
- Evtl. gleichzeitig Lebererkrankung

Modalitäten

- Neigung zum Frieren, besser durch Wärme, aber Hitze verschlimmert
- Schlimmer durch feuchte Aufenthaltsorte
- Schlimmer durch Wetterwechsel zum Feuchten, besser bei trockenem Wetter
- Neigung zum Frieren, aber Wärme verschlimmert
- Generelle Besserung nach Kotabsatz mit Freude
- Generell überempfindlich gegen Berührung, Schmerz, Druck
- Schlimmer durch Wetterwechsel von trocken nach feucht, besser grundsätzlich an trockenen Tagen

Auslöser

- Chronische Folgen von Kopf- oder Rückenverletzungen, durch Verletzungen, Unfälle
- Folgen von feuchter Kälte und Nässe, Leben in feuchter Umgebung (*Dulcamara*)
- Verdauungsstörungen durch Pflanzen, die am Wasser wachsen, durch Mehlspeisen, Fisch
- Beschwerden durch Ärger, Erwartungsangst

Nitricum acidum – Salpetersäure – Nit-ac

Allgemeines

Salpetersäure ist eine sehr giftige, ätzend und zerstörend wirkende Säure.

In der Tierhomöopathie ist sie selten konstitutionell, häufiger nach klinischen Gesichtspunkten indiziert.

Wichtiger Schwerpunkt sind »Immunschwäche-Erkrankungen« und »einseitige Erkrankungen« (z. B. Krebs), die homöopathisch schwierig zu behandeln sind.

Erkrankungen schreiten langsam fort und werden schlimmer durch jegliche toxische Einwirkung (z. B. Impfungen, NSAIDs, Antiparasitika). *Nitricum-acidum*-Krankheiten betreffen besonders die Schleimhäute, die wie nach einer Verätzung reagieren.

Nitricum acidum ist ein Homöopathikum für chronische Erkrankungen, selten auch für akute Verätzungen.

Indikationen und Symptome

Schwerpunkt

- Haut und Schleimhaut:
- Erkrankungen an oder nahe den Körperöffnungen (Maul, Nase, Auge, Ohr, After, Genital)
- Eosinophiler Granulom-Komplex am oder im Maul
- Warzen/Risse/Tumoren am/im Maul, an Nase, an Augenlidern, Ohren
- Warzen, häufig blutend, Neubildungen an der Haut jeglicher Art (wie *Thuja*)
- Blumenkohl-ähnliche Feigwarzen am Urogenital (aber selten bei der Katze)
- Diese oft mit Neigung zum Bluten, besonders bei leichter Berührung
- Schlimmer durch Kälteanwendung, z. B. kalt Abwaschen
- Wunde Pfoten mit Neigung daran zu knabbern

Verletzungsfolgen

- Folgen von Verletzung der Wirbelsäule
- Schlecht heilende Wunden, Geschwüre mit ausgefransten Rändern und heftigen Schmerzen

Atemwege

- Wundmachender Nasenausfluss, chronischer Schnupfen, Sinusitis

Ohren

- Schmerzhafte Otitis externa, evtl. blutig-eitrige Absonderung, evtl. Warzen im Gehörgang
- Heftige und plötzlich auftretende Schmerzen
- Ohrenschmerzen beim Schlucken (schüttelt dabei den Kopf)

Verdauungsapparat

- Maulgeschwüre, Stomatitis, äußerst schmerzhaft, stinkend
- Wunde Maulwinkel
- Schwammiges, entzündetes, sehr schmerzhaftes Zahnfleisch, Granulationen zwischen den Zähnen
- Zahnfleischwucherungen am Zahnfleischrand, schmerzhaft oder schmerzlos
- Entzündung innen an den Lippen, am Gaumen, an der Zunge, am Zahnfleisch, evtl. blutiger Speichel
- Evtl. schmerzhafte Wucherungen, weil sie sich beim Schließen des Mauls zwischen den Zähnen einklemmen (*Tuberculinum*)
- Verhalten, als ob die Katze diese ausspucken wollte, greift mit der Pfote ins Maul
- Beißt sich beim Fressen in Lippen, Wange oder Zunge
- Schwarzwerden der Zähne
- Entzündung und Geschwüre im Rachen
- Geschwüre im Verdauungsapparat mit unklaren Bauchschmerzen, mangelnde Futteraufnahme
- Schmerzhafte Erkrankungen in After oder Enddarm mit schwierigem Kotabsatz
- Fressen von Sand, Blumenerde und anderen unverdaulichen Gegenständen

Genital

- Entzündung der Harnröhre bzw. an der Scheide, wundmachender, übelriechender Ausfluss
- Geschwüre bis Krebs

Modalitäten

- Plötzlich auftretende heftige Schmerzen (»Splitterschmerzen«) an Geschwüren, z. B. beim Kotabsatz
- Stinkende, scharfe Absonderungen
- Neigung zu hellen Blutungen aus Geschwüren oder Neubildungen
- Schlimmer durch Berührung
- Auch besser durch Erschütterung, z. B. durch Autofahren
- Schlimmer durch Anwendung von Kälte, kaltem Abwaschen kranker Teile und bei heißem Wetter
- Jeder 4. Herzschlag setzt aus (Begleitsymptom)
- Verlangen nach Unverdaulichem

Auslöser

- Verätzung, z. B. durch Haushaltsputzmittel oder medizinische Verätzungen
- Schlecht vertragene Pharma-Präparate
- Folgen von Belastung mit Quecksilber (Impfungen!), besonders Erkrankungen der Schleimhäute

Nux vomica – Brechnuss – Nux-v

Allgemeines

Das homöopathische Mittel *Nux vomica* wird aus den Samen hergestellt, die aus der Frucht eines kräftigen indischen Baumes stammen. *Nux vomica* wird auch als »Strychnos Nux vomicae« bezeichnet

Die Inhaltsstoffe der *Nux vomica* sind Krampfgifte, z. B. Strychnin und Brucin. Diese steigern anfangs die Erregbarkeit von Nerven, dann folgt eine Überreaktion mit schmerzhaften Muskelkrämpfen und gestörter Koordination, schließlich Lähmung.

In kurzen Worten lässt sich die Wirkung zusammenfassen: »Viel Anstrengung, wenig Effekt«;

Nux vomica harmonisiert die Reizaufnahme, deren Beantwortung und koordiniert den Bewegungsablauf am entsprechenden Erfolgsorgan.

Nux vomica gehört mit zu den homöopathischen Mitteln mit breitestem Wirkungsspektrum. Sie ist eine Arznei für akute und chronische Erkrankungen, jedoch kein konstitutionelles Mittel für die Heilung einer grundlegenden Krankheitsbereitschaft (Hahnemann, Kent); dafür gibt es eine Vielzahl anderer Mittel, die in »freundschaftlichem« Verhältnis zu *Nux vomica* stehen.

Daher gibt es keinen »*Nux-vomica*-Typ«, sondern lediglich »Krankheitszustände«, bei denen *Nux vomica* indiziert sind.

Aussehen

- Bevorzugt kräftige, heftig reagierende Tiere, häufig dunkel pigmentiert, straffer Körperbau

- Bei akuten *Nux vomica*-Erkrankungen, z. B. Vergiftungen, kann jedoch jeder Konstitutionstyp *Nux vomica* benötigen
- Häufig gestresster Gesichtsausdruck mit eng stehenden Ohren (entsprechend gerunzelter Stirn beim Menschen)
- Häufig überempfindliche Haut gegen Berührung, speziell an Bauch und Rücken
- Bei akuter Krankheit oft Schwäche der Hinterhand mit Nachschleppen der Hinterbeine

Verhalten – im akuten und chronischen Zustand

- Tendenz zu Wutausbrüchen, besonders gegen »Widerspruch« und bei Rangstreitigkeiten
- Das viel beschriebene gereizte bis aggressive Wesen kann, aber muss nicht in jedem Fall vorhanden sein!
- Kann durchaus freundlich und herzlich auftreten!
- »Diktatorisches« und Konkurrenzverhalten
- Oft abrupter Stimmungswechsel zwischen freundlich und zornig
- Zorn kann plötzlich auftreten und genauso schnell abflauen
- Duldet ungern medizinische Untersuchung, meist deutliches zorniges Abwehrverhalten
- Sensibel für Sinnesreize aller Art, will Ruhe haben, nicht gestört sein, anderenfalls Zorn
- Bei fortgeschrittener Erkrankung apathische Teilnahmslosigkeit bis Lähmung
- Aber im apathischen Zustand häufig wieder »wach« durch neue Sinnesreize!
- Sehr verfroren, eines der verfrorensten Mittel der Materia medica

Indikationen

Schwerpunkte

- Arznei für Folgen von Stress aller Art, Reizüberflutung
- Hauptmittel für Vergiftungen fast jeder Art
- Folgen von schlecht vertragenen oder hoch dosierten Medikamenten
- Schwerpunkt: Magen-Darm-Trakt, Leber, Stoffwechsel, Nervensystem
- Krämpfe wie Epilepsie bei Nierenschäden (Urämie)
- Krämpfe nach Narkose

Allgemeininfektionen

- »Erkältungen«, langsamer entstehend als die von *Aconitum* und *Belladonna*
- Im Akufall evtl. sehr intensiver Schüttelfrost
- Deutliches und intensives Verlangen nach Wärme
- Bei »Erkältungen« Glieder- und Rückenschmerzen, mit Nachschleppen der Hinterhand

Atemwege

- Erkrankungen der oberen und tieferen Luftwege, Husten, Bronchitis bis Lungenentzündung
- Wässriger, grau-schleimiger, wundmachender, evtl. reichlicher Nasenausfluss
- Katarrh der oberen Luftwege, evtl. bei akutem Schnupfen, Rachenentzündung
- Bronchitis, Asthma, Lungenentzündung
- Verschlimmerung auch durch schlecht vertragene Medikamente
- Begleitet von intensivem Frieren und Reizbarkeit

Herz

- Reizleitungs-, Reizbildungsstörungen durch Stress, Vergiftung, Folgen von Medikamenten u. Ä.
- Wichtig für die Nebenwirkungen von hoch dosierten Digitalis- o. ä. Herz-Präparaten

Verdauungsapparat

- Magen-, Darm-Entzündungen, und -geschwüre (z. B. durch »Schmerzmittel«, NSAIDs)
- Kramphaftes, heftiges Würgen einer geringen Menge, anschließend kurze Besserung der Übelkeit
- Verdauungsstörungen durch unverträgliches oder verdorbenes Futter
- Verdauungsstörungen durch schlecht vertragene Pharma-Präparate, durch Vergiftung
- Evtl. wechselnde Kotbeschaffenheit, »Reizdarm«
- Kot trocken, hart, spärlich, mühsamer Kotabsatz mit Drängen, schmaler Kot (wie *Phosphorus*)

- Kot auch unverdaut, schleimig, fest und flüssig gemischt oder blut-streifig
- Bauchschmerzen aller Art möglich: Krämpfe, Blähungen, Verstopfung, anfallsweise Schmerzen
- Durchfall abwechselnd mit Verstopfung
- Quälender auch vergeblicher Zwang zum Kot-Absetzen
- Gestörte Peristaltik, Tendenz zu Darmverlagerungen, Darmverschluss
- Anfangs berührungsempfindliche Bauchdecken
- Darmlähmung nach Arzneien oder Bauchoperation, nach schlecht vertragener Narkose
- *Nux vomica* bringt die gestörte Darmperistaltik wieder zu regelrechter Koordination!
- Mekoniumverhaltung neugeborener Welpen mit intensiven Bauchschmerzen und Drängen

Lebererkrankungen
- Leberentzündung, Gelbsucht
- Leberstörungen durch toxische Belastungen, z. B. zu häufige Wurmkuren, NSAR (»Schmerzmittel«)

Harnwege
- Erfolgloser, krampfhafter, schmerzhafter Harndrang, z. B. durch Kaltwerden
- Blasen- und/oder Nierenentzündung mit weiteren *Nux-vomica*-Symptomen
- Nierenschäden durch hoch dosierte Medikamente

Bewegungsapparat
- Rückenprobleme durch Kaltwerden, Lumbago (»Hexenschuss«)
- Schwäche, Nachschleppen bis Lähmung der Hinterextremitäten, auch begleitendes Symptom anderer Erkrankungen
- Bewegungsstörungen, Lähmungen durch Folgen von Verletzungen der Wirbelsäule
- Folgen von Bandscheibenerkrankung: Schmerzen, Lähmung mit weiteren *Nux-vomica*-Symptomen
- Rückenschmerzen, Lumbago mit zornig-gereiztem Wesen
- Lähmung durch Vergiftung
- Lähmungen schmerzhaft, mit Krämpfen oder schmerzlos, Hemiplegie, Paraplegie

Jungtiere
- Eines der wichtigen Mittel für männliche Jungtiere mit verzögertem Hodenabstieg
- Eines der wichtigsten Mittel für den Nabelbruch

Modalitäten
- Alle Erkrankungen schlimmer durch toxische Belastung jeder Art (Verdorbenes Futter, Pharma-Präparate)
- Schwäche, Nachschleppen bis Lähmung der Hinterextremitäten (häufiges Begleitsymptom)
- Schlimmer durch Wetterwechsel von warm nach kalt, durch Kaltwerden, Zugluft
- Scharfe, wundmachende Absonderungen
- Verlangen nach Unverdaulichem
- Schlimmer morgens, ab 4 Uhr morgens, eher besser und wacher am Abend
- Schwäche besser durch Sinnesreize, Aufregung und Ablenkung
- Gern lauwarme Tränke, schlimmer durch kalte Tränke oder eiskaltes Futter
- Anfangs erhöhte Erregbarkeit von Reflexen (After übermäßig zugekniffen beim Fiebermessen, sofortiges übermäßiges Kopfschütteln beim Griff ins Ohr)

Auslöser
- Alle intensiven psychischen und/oder körperlichen Belastungen bzw. Reize:
- Beschwerden durch Stress, Ärger, Zurücksetzung, Kränkung, Dominierung, Widerspruch, Erwartung
- Durch Kummer, Streit, Schreck, Eifersucht, grobe Behandlung
- Folgen von schlecht vertragener Narkose
- Imbalancen des Stoffwechsels, Schwerpunkt Leber, Nieren
- Folgen von unterdrücktem Schnupfen
- (Futtermittel-)Vergiftung, Überfressen, »verdorbener Magen« (z. B. verdorbene Maus)
- Magen-Darmgeschwüre und andere Beschwerden durch schlecht vertragene Pharma-Präparate, in langer oder hoch dosierter Anwendung

- Folgen von toxischen Belastungen aller Art, evtl. auch durch Resttoxine nach schweren Krankheiten
- Kaltwerden – Zugluft!
- »Sitzende Lebensweise«: Bewegungsmangel, Wohnungskatzen mit reichlichem Futterangebot
- Mögliche Überdosierung durch Komplexmittel, die *Nux vomica* enthalten

Opium – Papaver somniferum – Schlafmohn – Op

Allgemeines

Opium ist eine bekannte betäubende Droge, welche die Empfänglichkeit für Reize an bestimmten Nervenrezeptoren lähmt und einen schlafähnlichen Zustand herbeiführt.

In homöopathischer Form ist *Opium* indiziert bei verminderter Reaktion auf psychische und physische Reize, insbesondere im Zusammenhang oder Gefolge von Hirntrauma, Schreck und Schock.

Opium ist häufig bei lebensgefährlichen Erkrankungen angezeigt, die auf Pharma-Präparate nicht mehr reagieren.

Akutes Geschehen

Verletzungen, Gehirnerschütterung, Apoplex, Schreckfolgen, Hitzschlag, Sonnenstich, Kollaps, Koma, Meningitis, Enzephalitis, Betäubungszustand im hohen Fieber oder bei schweren Stoffwechselstörungen

Chronisches Geschehen

Chronische Folgen von Schreck

Aussehen und Verhalten

- Schläfrigkeit begleitet alle Beschwerden, Gleichgültigkeit gegen alles, bis Bewusstlosigkeit, Koma
- Ausdrucksloser Blick, zufallende Augen, hängende Ohren
- Dauernd kontrahierte oder reaktionslos offene Pupillen möglich
- Offenes Maul, Zunge hängt teilweise heraus, taumelnder Gang
- Der Kopf kann nicht gehoben werden
- Fehlende oder verzögerte Reflexreaktion (kein Schütteln nach Kitzeln im Ohr, erschlaffter After, fehlender Saugreflex beim Welpen)
- Trotzdem Erschrecken durch plötzliches Geräusch möglich
- Mangel an Reaktion, Schmerzlosigkeit von eigentlich schmerzhaften Prozessen
- Bewusstlosigkeit mit schnarchende Atmung, dabei Lebensgefahr durch Atemstillstand
- Warmer bis heißer Körper, warme Ohren, Maul und Nase
- Warmes Gesicht, warme Ohren, aber kalte Extremitäten möglich

Indikationen und Symptome

Betäubungszustand

- Koma nach Kopfverletzung, Gehirnerschütterung, schwerem Unfall, Apoplex, Vergiftung
- Langsames Erwachen aus einer Narkose (besonders nach verabreichten Opiaten)
- Auch nach hoch dosierten Beruhigungsmitteln
- Tiefe, schnarchende Atmung
- Atemlähmung, Atemstillstand, »Scheintod« bei Neugeborenen (wichtigste Arznei!)
- Schmerzlosigkeit, z. B. bei Schreck, Schock, wenn man eigentlich Schmerzen erwarten würde

Verdauungsapparat

- Lähmung der Zunge bei neugeborenen Welpen, fehlender Saugreflex
- Atonische Verstopfung, Darmlähmung, Darmverschluss (Ileus), evtl. mit Erbrechen von Kot
- Darmlähmung nach krampflösenden Medikamenten, nach Narkose (vgl. *Plumbum*)
- Darmlähmung oder Blasenlähmung nach Bauchoperation
- Evtl. steinharte Kotballen im schlaffen Darm, evtl. sogar äußerlich tastbar
- Fehlender Reflex des Afterschließmuskels, offen stehender After
- Durchfall, evtl. abwechselnd mit Verstopfung

- Verhaltung des Darmpechs (Mekonium) beim Neugeborenen

Modalitäten

- Schläfrigkeit bei allen Beschwerden
- Schnarchende Atmung, besonders bei Bewusstlosigkeit
- Evtl. taumelnder Gang
- Warmer Körper
- Schlimmer durch Wärme, besser durch Abkühlung
- Schlimmer nach dem Schlaf

Auslöser

- Folgen von »außer sich sein« bei Schreck mit »Totstellreflex«, Reaktionsmangel, Schläfrigkeit
- Furcht bleibt nach Schreck zurück, auch langfristige Folgen von Schreck mit Schläfrigkeit
- Enttäuschung, Kränkung, Demütigung, Zorn mit Angst, mit Schreck
- Vergiftung, Medikamente (Narkose, speziell mit Opiaten)
- Sonnenstich, Hitzschlag
- Koma nach Kopfverletzung, Lähmung, z. B. nach Apoplex
- Schwere Infektionen, z. B. des Zentralnervensystems
- Schwerste Vergiftungen mit Koma

Origanum majorana – Orig

Origanum ist eine Pflanze, die in der Feinschmecker-Küche zum Würzen verwandt wird. Wie die meisten der Küchenkräuter hat es eine mild stimulierende Wirkung auf die Sexualsphäre.

In hoch potenzierter Form kann es beim Kater eingesetzt werden, wenn er trotz Kastration seinen intensiven sexuellen Gelüsten unterliegt. Das kann sich auch durch unbeherrschbares Markieren der Wohnung durch Urinspritzen äußern.

Ornithogalum umbellatum (Bach) – Star of Bethlehem – Doldenmilchstern – Orni

Allgemeines

Ornithogalum ist eine im südlichen Mitteleuropa heimische Giftpflanze.

Die homöopathische Verwendung darf nicht verwechselt werden mit dem Einsatz der Bachblüte!

Die folgenden Indikationen entstanden durch den Erfahrungen bei der Heilung von Magenkrebs durch den Arzt Dr. Cooper.

Es gibt keine differenzierenden Modalitäten.

Indikationen

- Schwerpunkt: Magen-Darm-Trakt, speziell Magenkrebs
- Blutendes Geschwür, Verhärtungen der Magenschleimhaut bis hin zum Krebs
- Magenkrebs mit Schmerzen nach dem Essen
- Kaffeesatz-ähnliches Erbrechen
- Verbunden mit Erschöpfung und permanentem Gefühl von Übelkeit

Empfohlen werden Einzelgaben niedriger Potenzen (C 4 oder seltene Gaben der C 30)

Phosphoricum acidum – Phosphorsäure – H_3PO_4 – Ph-ac

Allgemeines

Wie alle Säuren, so ist auch die Phosphorsäure ein ausgeprägtes Schwächemittel.

Das Element Phosphor steht für das »Licht« und damit für den Energiestoffwechsel: schnelle Erschöpfung mit häufig überraschend schneller Erholung.

Bei der Phosphorsäure ist das anders: Die Energievorräte sind erschöpft: Der Patient ist schwach und wird zunehmend schwächer – auf körperlicher und emotionaler Ebene. Daher bezeichnet man die Phosphorsäure auch als den »erloschenen *Phosphorus*«.

Häufig stehen auch beim *Phosphoricum acidum*-Patienten einige *Phosphorus*-Symptome im Vordergrund. Dennoch muss man bei vorherrschender und intensiver Schwäche die Phosphorsäure berücksichtigen – auch wenn möglicherweise die vorliegenden Symptome im Repertorium eher für *Phosphorus* sprechen.

Phosphoricum-acidum-Zustände gehören besonders bei der Katze nicht zum Praxisalltag, dennoch darf man dieses Mittel nicht vernachlässigen.

Indikationen und Symptome

- Ruhige, dumpfe, erschöpfte, apathische Tiere
- Gleichgültig gegen alles
- Beschwerden von erschöpfenden Emotionen, mit Schwäche (Kummer, Schreck, Aufregung)
- Schlimmer durch jegliche Anstrengung
- Steht oder liegt abseits und macht gar nichts mehr, einzige Besserung durch Ruhe und Schlafen
- Diabetes mellitus durch Erschöpfung oder Kummer
- Haarausfall durch Kummer, fettiges, verfilzendes Haar

Auslöser

- Schwäche durch Kummer mit stillen Kummer, brütet still vor sich hin
- Kummer nach Absetzen oder Tod von Welpen
- Heimweh
- Kummer von ausgesetzten oder Tierheimtieren
- Schwäche durch Verlust von Körperflüssigkeiten (*China, Natrium muriaticum*)
- Beschwerden nach (unterdrücktem) Durchfall
- Folge von Erkältungen, Unterkühlung (*Arsenicum*)
- Zu langsame Erholung nach schweren Krankheiten, nach schwerer Operation
- Zu schnelles Wachstum (Katze?)

Modalitäten

- Schlimmer am Morgen, obwohl grundsätzlich besser durch Schlafen
- Schlimmer durch Alleinsein
- Gleichgültig mit auffallender Schwäche bei Fieber (auch viele andere Mittel!)
- Gleichgültig gegen Zuwendung
- Besser durch Wärme

Phosphorus – Phosphor, das chemische Element – Phos

Allgemeines

Das chemische Element *Phosphorus* spielt im Organismus als Spurenelement eine essenzielle Rolle im Energiestoffwechsel.

Phosphorus (griech.) steht für »das Licht«; Licht leuchtet ohne Grenzen; dafür braucht es Energie, ohne die das Licht erlöschen würde.

Phosphorus hat eine Beziehung zu jedem Körpergewebe und zu jedem Organ, insbesondere zur Leber.

Homöopathisch zubereiteter *Phosphorus* gehört mit seiner breit gefächerten Wirkung zu den Polychresten.

Er ist indiziert bei heftigen, schweren akuten Krankheiten, ebenso bei chronischen Krankheiten bis hin zum Krebs, sowie als konstitutionelles Mittel.

Phosphorus gehört gerade bei der Katze zu den häufig indizierten Mitteln.

Aussehen – im chronischen oder konstitutionellen Fall

- Meist auffallend schöne Katzen mit glänzendem Fell, solange sie nicht schwer krank sind
- Aber oft noch schönes Haarkleid trotz schwerer Krankheit – wie manche *Arsenicum*-Katzen
- Häufig auffallende Farben, aber auch die übliche grau gestromte Katze
- Rote, blonde oder blond-gestromte, Schildpatt- oder anderweitig »bunte« Katzen
- Wacher, aufmerksamer Blick, wache Sinne, nimmt alles voller Aufmerksamkeit wahr
- Wache, lebhafte Mimik, ausgeprägtes Ohrenspiel, überempfindlich für alle äußeren Eindrücke
- Auffallend lange und bewegliche Schnurrhaare mit ausgeprägter Mimik
- Häufig auffallend dünne Behaarung im Bereich der »Schläfen« (wie *Natrium muriaticum* und *Silicea*), zwischen äußeren Augenwinkeln und Ohren (»Geheimratsecken« siehe Foto Seite 48 Nr. 12)
- Evtl. auffallend große oder etwas vorstehende Augen

Verhaltenssymptome im chronischen Fall

- Verhalten siehe auch *Kapitel 20,*
- Auffallend extrovertierte Katzen
- Fröhlich, ungestüm, unbesonnen, ungezügeltes, reizbares, launisches Temperament
- Oder scheu, schüchtern, ängstlich, bis die Katze Vertrauen gefasst hat, zittert evtl. vor Angst
- Zittern durch Angst
- Meist sehr freundlich, herzlich, frech und aufdringlich
- Aber auch wild oder aggressiv – je nach Laune und Stimmung
- Katze sucht sofort unseren Kontakt oder schaut uns angstvoll aus sicherer Entfernung an
- Viel Lebensfreude, schnell zum Spielen zu animieren
- Verlangen nach »Magnetismus«: Streicheln, Reiben, kitzlig bei leichter Berührung
- Aufdringliches Verlangen nach Körperkontakt, versucht immer wieder auf uns zu sitzen
- Oder nimmt das in »Besitz«, womit wir gerade umgehen wollen: Die PC-Tastatur, das Buch, die Zeitung...
- Intensives Streicheln kann ekstatische Zustände bis zu unvermuteter, heftiger Agressivität auslösen (wie *Lachesis*)
- Sucht ständig nach neuen Reizen, »ängstlicher Draufgänger«
- Langeweile verleitet zu »Unsinn«, zerstörerische Aktivitäten
- Manchmal überraschende Aggressivität der sonst so lieben Katze, exzessive Wut mit Beißen und Kratzen
- Angst beim Alleinsein, Unruhe, schlimmer im Dunkeln
- Angst bei Gewitter, Blitz, Knall
- Sehr zu beeindrucken, leidet unter Streit, Stress, harter Behandlung, wird davon krank oder aggressiv
- Überaus empfänglich für die Stimmung der Bezugspersonen
- Wenn krank, kann es auch gleichgültig gegen alles werden, dann ist alle Energie zusammengebrochen

Indikationen und Symptome

Nervensystem

- Motorische Lähmungen, Nachschleppen der Beine bei akuten und chronischen Erkrankungen
- Neurologische Bewegungsstörungen, Inkoordination
- Folgen von Verletzungen mit Lähmung (erst nach *Arnica* und *Hypericum* indiziert)
- Häufiges Mittel für alte Tiere mit Inkoordination im Bewegungsapparat
- Apoplexfolgen alter Katzen, z. B. Gesichtslähmung besonders rechtsseitig
- Schwäche, Neigung zum Fallen durch Schäden am Rückenmark
- Nervenerkrankungen im Rahmen von Herpesvirusinfektionen

Auge

- Alle Arten von Augenerkrankungen bis zu Blindheit (Verordnung nach anderen homöopathisch nutzbaren Symptomen)

Herz, Blut

- Organische Herzerkrankungen
- Blutungsneigung, Blutgerinnungsstörungen auch während/nach bakteriellen o. a. Infektionen
- Störungen der Blutgerinnung durch Vergiftungen, Bakteriengifte, Infektionen, Leberschaden

Atemwege

- Katzenschnupfen mit wässrig-sprühender Absonderung
- Chronische Sinusitis
- Chronischer durchsichtiger bis weißlich-schleimiger Nasenausfluss
- Absteigender Atemwegsinfekt: Zuerst obere Luftwege, dann Bronchitis oder Pneumonie
- Rachen- oder Kehlkopfentzündung mit Reizhusten, evtl. heiseres oder stimmloses Miauen
- Heftige Halsschmerzen bei Angina, kann nicht schlucken
- Evtl. mit Schwellung der Mandibular-Lymphknoten
- Kehlkopfentzündung nach Inhalationsnarkose, Reizhusten nach Intubation
- Husten beim Miauen, beim Fressen oder Trinken, durch Druck des Halsbands, durch Aufregung
- Husten schlimmer bei Temperaturwechsel, vom warmen Zimmer ins Kalte oder umgekehrt
- Bronchitis akut oder chronisch, Asthma
- Quälender Husten mit Brechwürgen
- Akute Lungenentzündung, auch chronischer Verlauf, speziell nach Antibiotika und Kortison
- Nasenflügelatmung kann bei allen Erkrankungen der Atemwege beobachtet werden
- Meist Verlangen nach eiskalter Tränke bei Atemwegserkrankungen
- unstillbares Nasenbluten mit hellem Blut

Stoffwechsel

- Fettstoffwechselstörungen, sehr dicke oder sehr magere Katzen
- Abmagerung trotz reichlicher Futteraufnahme
- Abmagerung im schweren Krankheitsfall am Rücken, während am Bauch noch Depotfett hängt (*Arsenicum*)
- Neben *Arsenicum* das wichtigste Mittel für den Diabetes mellitus

Organdegeneration von Leber, Nieren, Milz, Pankreas, Lungen, Herz

- Chronische Pankreatitis
- Hepatitis (Leberentzündung) mit Blutungsneigung, Gelbsucht
- Gestörte Blutbildung, Anämie, Thrombopenie (mangelnde Gerinnung)

Verdauungsapparat

- Erkrankungen der Kieferknochen, Unterkiefer, Geschwüre im Maul
- Magen-, Darmgeschwüre bis Krebs
- Eitrige Parodontose, Geschwüre im Maul
- Gastroenteritis, auch lebensgefährliche, blutiger Durchfall mit langsamer zunehmender Erschöpfung
- Dabei Austrocknung (*Arsenicum*)
- Erbrechen nach kalter Tränke, »sobald sie im Magen warm geworden ist«
- Aufstoßen, Regurgitieren von unverdautem Mageninhalt (ohne Übelkeit)
- Appetit vermehrt nachts
- Appetit kehrt wieder gleich nach dem Fressen
- Erbrechen nach Inhalationsnarkose
- Chronische Darmentzündung (IBD)
- Evtl. unbemerkter oder unwillkürlich heraustropfender Kot
- Durchfall schleimig, wässrig, unwillkürlich, auch blutig, offener After
- Wenig auffallender Kotgeruch
- Durchfall durch Aufregung, Erwartungsspannung
- Kot geformt wie ein Bleistift, schmal und lang
- Meist viel Durst, spielt gern mit den Tropfen aus dem Wasserhahn

Harnwege

- Nierenerkrankungen, Nierenversagen, Nierendegeneration, Bluthamen

Bewegungsapparat

- Gelenkentzündungen, Arthritis, »Rheuma« nach bakteriellen Infektionen
- Rückenschmerzen, Lähmungen

Genital

- Erkrankungen der Gebärmutter, Gesäugeentzündungen, -verhärtungen, Zyklusstörungen
- Mangelhafter oder fehlender Mutterinstinkt, gleichgültig gegen Welpen, Spielen ist wichtiger!
- Milch im Gesäuge ohne Welpen (Imbalance der Hypophyse)

Haut

- Haarausfall fleckweise oder generalisiert
- Ekzem zwischen den Pfotenballen
- »Sommersprossen«: dunkle Punkte an der hellen Nase oder an hellen Lidrändern (siehe Foto Seite 48 Nr. 11)

Modalitäten

- Brennende Schmerzen, die wir jedoch beim Tier kaum feststellen können
- Nachtaktive Tiere, eher schläfrig am Tage
- Verlangen und Besserung durch »Magnetismus« (Streicheln, Massieren), durch freundlichen Zuspruch
- Schlimmer morgens und abends, im Zwielicht
- Besser durch Fressen, schlimmer durch Hunger
- Guter Appetit bei Fieber, bei Krankheit
- Evtl. durstlos im Fieber
- Appetit häufig nachts, verlangt nachts nach Futter
- Nase überempfindlich gegen Gerüche
- Trotz beginnender, schwerer Krankheit oft noch erstaunlich munteres Verhalten
- Müde, schlafen am späten Vormittag oder tagsüber, nachts aktiver
- Schmerzlosigkeit von eigentlich schmerzhaften Prozessen
- Erkrankungen beginnen rechts, gehen dann nach links (soweit erkennbar)
- Oft noch schönes glänzendes Fell trotz schwerer Krankheit
- Liegt häufiger auf der rechten Seite, weniger gern auf der linken Seite
- Schlimmer im Kalten
- Schlimmer durch Wetterwechsel, bei Sturm, Gewitter
- Schlimmer durch heftige Sinneseindrücke und Emotionen
- Tendenz zu blutigen Absonderungen

Auslöser

- Kummer, Aufregung, Schreck, Misshandlung, Erwartungsangst, alle intensiven Emotionen
- Vergiftung mit toxischen Stoffen, welche Leberfunktion und Blutgerinnung beeinträchtigen
- Vergiftung durch Fressen von zu viel Salz (z. B. Wurstwaren)
- Verlust von Körperflüssigkeit
- Stoffwechselentgleisungen, Organdegeneration
- Erkältung, Kaltwerden, Zugluft
- Infektionen aller Arten
- Folgen von (Inhalations-)Narkose
- Mögliche Überdosierung durch Komplexmittel, die *Phosphorus* enthalten

Phytolacca decandra – Kermesbeere – Phyt

Allgemeines

Die Pflanze *Phytolacca* stammt ursprünglich aus Südamerika; sie kommt heute weltweit vor, bevorzugt in warmen Ländern.

Phytolacca wird in der Homöopathie auch als der »pflanzliche *Mercurius*« bezeichnet: Beide Mittel ähneln einander in mancher Hinsicht, besonders hinsichtlich Schwere und Art des Fortschreitens von Erkrankungen. Dennoch kann nicht das eine Mittel durch das andere ersetzt werden.

Phytolacca ist bei der Katze ein Arzneimittel mit eher »kleinem Wirkungsspektrum«, geeignet überwiegend für akute und subakute Erkrankungen, die jedoch einen schweren Verlauf nehmen können.

Indikationen und Symptome

Gesäuge

- Eine der wichtigsten Arzneien für die akute Mastitis
- Harte, strangartige Schwellung, evtl. schmerzhaft, Fieber ist möglich
- Mastitis nach der Geburt oder nach Absetzen der Welpen (Milchstau)
- Gesäugeabszess, sehr schmerzhaft, auch Entzündung der Zitzen
- Milch: fehlend, zu reichlich, krümelig, blutig, fließt von allein
- Knoten, Geschwüre oder Krebs im Gesäuge
- Mammatumor mit blutiger Absonderung
- Hier leicht mit *Phosphorus* zu verwechseln

Atemwege

- Schwerste Formen von Angina, Tonsillitis, Rachenentzündung, evtl. mit Sepsis
- Zugeschwollener Rachen, Futter- oder Tränkeaufnahme sind nicht mehr möglich
- Futteraufnahme zusätzlich erschwert durch Schmerzen im Zungengrund (wie *Lachesis, Mercurius*)
- Stinkender Atem, stinkender Speichelfluss
- Tendenz zu eitriger Zellgewebsentzündung in Tonsillen und Rachen mit Schleimhautgeschwüren
- Evtl. auch äußerliche Schwellung der Kehle, mit schmerzhafter Schwellung der Kehlgangs-Lymphknoten
- Schlimmer auf der rechten Seite, schlimmer durch Kaltwerden
- Halsschmerz erstreckt sich beim Schlucken in die Ohren, d. h. Katze zuckt oder schüttelt dann die Ohren (wie *Hepar* und *Nux vomica*)
- Erschöpfung mit permanent hohem Fieber

Bewegungsapparat

- Selten Muskelschmerzen nach schwerer bakterieller Infektion (»Rheuma«)
- Gliederschmerzen, Arthritis ohne Besserung (eher schlimmer) durch fortgesetzte Bewegung
- Plötzlich einschießende Nervenschmerzen

Modalitäten

- Schlimmer in feuchtkaltem Wetter, besser durch Wärme und Ruhe
- Schlimmer auf der rechten Seite
- Zahnschmerzen während Zahnung/Zahnwechsel mit Verlangen, auf harten Gegenständen zu beißen

Auslöser

- Kaltwerden, feuchte Kälte
- Folgen von Quecksilberbelastung
- Milchstau
- Rheumaähnliche Gliederschmerzen

Plumbum metallicum – Blei – Plb

Allgemeines

Blei ist ein giftiges Schwermetall, das im akuten Vegiftungsfall – wie die meisten Schwermetalle – Erkrankungen im Magen-Darm-Bereich auslöst. Bei chronischen Vergiftungen kommt es zu gestörter Zellatmung, Schäden an Blutgefäßen und Blutbildung, daraus folgen Degeneration der Körperorgane, Abmagerung der Muskulatur (Muskelatrophie) und schließlich Schäden am Nervensystem mit Lähmungen.

In der Homöopathie ist *Plumbum* eine Arznei für akute und chronische Erkrankungen.

- Zu den akuten Erkrankungen zählt die schwere, lebensgefährliche Darmlähmung mit schwerwiegender Verstopfung, die allerdings bei der Katze seltener auftritt – im Gegensatz zu Hund und Pferd.
- Das chronische *Plumbum*-Geschehen betrifft langsam entstehende Lähmungen, deren Prognose auch mit homöopathischer Arznei nicht immer von vornherein als gut bezeichnet werden können.

Aussehen und Verhalten des Patienten

Neurologische Erkrankungen (Lähmungen)

- Schwäche, Reaktionsmangel, Abmagerung, häufiger bei älteren Tieren
- Lähmung mit überraschend schnell eintretender Muskelatrophie
- Neigung zum Zittern (z. B. am Maul)
- Zittern besonders durch leichte Anstrengung, z. B. beim Klettern
- Blitzartige wiederkehrende Schmerzreaktionen (Nervenschmerzen), verbunden mit Krämpfen und Muskelzittern
- Evtl. plötzliches Aufschreien durch blitzartige Schmerzen

Indikationen und Symptome

Nervensystem

- Langsam fortschreitende Erkrankungen des Nervensystems
- Hirn(haut-)entzündung, Rückenmarkentzündung (Meningoenzephalitis), langsam entstehend
- Degeneration des Rückenmarks mit Lähmungen
- Lähmungen durch Vergiftungen, Hirnschlag (Apoplex), Infektion oder nach Verletzungen von Nerven
- Lähmungen, speziell der Strecker, Beginn oft mit Radialislähmung (Lähmung der Strecker am Vorderbein)
- Lähmung auch einzelner Muskelgruppen, erkennbar an lokalisierter Muskelatrophie (Muskelabmagerung)
- Auch evtl. Schlucklähmung
- Lähmungen einseitig, evtl. mit Krämpfen der anderen Seite
- Vor oder im Beginn einer Lähmung: plötzliche, schmerzhafte Muskelkrämpfe
- Dann Lähmung, spastisch (krampfartig), schlaff oder schmerzlos
- Lähmungen mit Koordinationsstörungen, auch Lähmung innerer Organe (z. B. Darm)
- Lähmung häufig verbunden mit (anfänglicher) Hyperästhesie (Überempfindlichkeit der Haut)
- Auch evtl. anhaltende Nervenschmerzen
- Epilepsie bei fortgeschrittener Zerebralsklerose (Hirndegeneration), Hirntumor (*Plumbum iodatum*)
- Nach unterdrückten Absonderungen, bei Urämie
- Begleitet von fortschreitender Muskelatrophie
- Innere Konvulsionen, Darmkrämpfe mit schwerster Obstipation
- Konvulsionen, Krämpfe bevorzugt am späten Abend oder nachts

Organdegeneration

- Nierendegeneration
- Erkrankungen des Knochenmarks, beides verbunden mit weiteren *Plumbum*-Symptomen

Verdauungsapparat

- Langsame Entwicklung einer Verstopfung binnen 1 bis 3 Tagen
- Stark gespannte, berührungsempfindliche Bauchdecken
- Krampfhaft eingezogener Bauch durch Krampf der Längsmuskeln (M. rectus abdominis)
- Schmerzhafte Blähungen, mit anfallsartigen sehr schmerzhaften Krämpfen, evtl. Darmverschluss
- Schwerste Verstopfung (häufiger beim Hund) durch Fressen von zu viel Knochen oder Knorpel
- Dabei Krämpfe und Zittern der hinteren Extremitäten
- Evtl. offen stehender After, darin tastbar harter, krümeliger Kot
- Ähnliche Symptome können bei Darmverschluss durch einem verschluckten Fremdkörper (z. B. kleiner Gummiball oder Spielkugel) auftreten, Vorsicht! Indikation für eine Operation!

Vergiftungen

- Urämie mit Koma
- Folgen von Futtermittel- oder Fischvergiftung

Modalitäten

- Bauchschmerzen besser durch intensives Reiben des Bauches, besser durch starken Druck
- Schlimmer abends und nachts, schlimmer durch Herumgehen und Bewegung
- Kälte erkrankter Teile
- Neigung zu Kontraktur der Beugemuskeln bei Lähmung
- Überraschend schnell eintretende Muskelatrophie bei Lähmung

- Krämpfe und Zittern der Hinterextremitäten während Bauchschmerzen

Auslöser

- Folgen von überdosiertem *Arsenicum* oder *China* (Chinin).
- Folgen von schlecht vertragener Narkose, besonders nach Einsatz von Opiaten (*Nux vomica*, *Opium* u. a.)
- Apoplexfolgen, Nervendegeneration, Neuritis, Neuralgien
- Bleivergiftung, Fischvergiftung u. a. Vergiftungen
- Infektion
- Überanstrengung, Kaltwerden
- Futtermittelvergiftung
- Folgen von unterdrückten Hautausschlägen

Podophyllum peltatum – Entenfuß – Podo

Allgemeines

Podophyllum ist eine altbekannte Heilpflanze aus Nordamerika. Von den Indianerstämmen wurde sie als Brech- und Abführmittel, sowie gegen Wurmbefall eingesetzt.

Auch als homöopathische Arznei liegt ihr Wirkungsschwerpunkt im Verdauungsapparat, ferner im Lebersystem.

Eine Arznei überwiegend für akute Krankheitszustände

Indikationen und Symptome

Verdauungsapparat

- Durchfall mit heftigen Bauchschmerzen oder schmerzloser Durchfall bei anfangs gutem Befinden
- Kot/Durchfall schießt mit großem Druck aus dem After (»Hydrantenstuhl«)
- Oder Durchfall spritzt mit stinkendem Blähungsabgang hervor
- Grünlicher, wässriger, evtl. dunkelrot-blutiger Durchfall (z. B. wie Rotwein)
- In manchen Fällen dabei heftigste Bauchschmerzen mit Zusammenkrümmen und Aufgasung
- Aber ebenso schmerzloser Durchfall möglich
- Schmerzen und hörbare Darmgeräusche schlimmer vor Kotabsatz
- Bauchschmerzen evtl. 2 bis 4 Uhr morgens, dann einsetzender Durchfall
- Heftiges, schmerzhaftes Pressen vor, während und nach Kotabsatz
- Im schlimmsten Fall bis zum Aftervorfall (Lebensgefahr wegen Absterben des vorgefallenen Enddarms)
- Unwillkürlicher Kotabgang beim Abgang von Blähungen
- Auch Durchfall abwechselnd mit Obstipation
- Erschöpfung nach Kotabsatz
- Begleitsymptom: Ikterus (Gelbsucht) möglich, durch gestaute Leber
- Evtl. weißer Kot oder wechselnder Farbe
- Durst auf große Mengen Wasser

Modalitäten

- Durchfall schlimmer morgens bzw. beim Erwachen, 2 bis 4 Uhr morgens
- Durchfall im Sommer, bei heißem Wetter
- Schlimmer vor, während und nach Kotabsatz
- Schlimmer durch Bewegung, schlimmer im Freien
- Schlimmer im Sommer
- Verlangen die Zähne zusammenzubeißen
- Besser durch Wärmeanwendung, durch Gegendruck und Reiben, speziell der Lebergegend
- Appetitlos, Verlangen nach großen Mengen Wassers auf einmal, was aber verschlimmert

Auslöser

- Erkrankungen der Leber, evtl. mit Gelbsucht, Hepatitis
- Verdauungsstörungen durch »Diätfehler«, d. h. ungewohntes Futter
- Überfressen besonders mit Früchten (Manche Katzen fressen Kirschen oder Pflaumen!)
- Durchfall bei Welpen, während Zahnung oder Zahnwechsel

Propolis – Propo

Allgemeines

Propolis, das Kittharz zwischen den Bienenwaben, dient zum Befestigen, zum Abdecken und auch zur Reparatur von zerstörten Teilen der Waben.

Ferner dient es der Hygiene im Bienenstock: Hier herrschen ca. 40 °C bei einer hohen Luftfeuchtigkeit. Dieses Millieu wäre ideal für das Angehen von Infektionen oder für die Ausbreitung von Mykosen. *Propolis* verhindert derartige Erkrankungen; in seiner Wirkung ähnelt es beinahe der Wirkung eines Antibiotikums.

Propolis entstammt der Ausscheidung aus der ersten Phase der Blütenpollenverdauung.

Diese klebrige Masse wird im Bienenstock nahe am Flugloch abgelegt: Dort werden z. B. eingedrungene Insekten mit *Propolis* »einbalsamiert« und unschädlich gemacht.

Die Zusammensetzung des *Propolis* richtet sich nach der Bienenart und der Herkunft der Pollen; daher gibt es keine konstante chemisch nachvollziehbare Zusammensetzung.

Propolis kann als Urtinktur, homöopathisch potenziert, als 15 %ige Salbe oder Öl oder als Aufschwemmung verwendet werden.

Die wichtigsten Erfahrungen mit dem homöopathischen Einsatz von *Propolis* stammen von dem Tierarzt Dr. Borschel (Deutsches Journal für Homöopathie 1991, Band 10 /2)

Indikationen in homöopathischer Form (C 30)

Herz und Kreislauf

- Ruhelosigkeit nachts bzw. schlaflos wegen Herzklopfen
- Herzmuskelschwäche, Herzarrhythmie, Atem- und Herzstillstand mit Schock
- Bei chronischer Herzschwäche verbessert es die Herzkontraktion
- Hier besteht jedoch – mangels Erfahrung – die Gefahr der Überdosierung, daher ist *Crataegus* hier einfacher und sicherer anzuwenden.

Haut

- Hautausschläge, Allergie, Nesselsucht auch ausgelöst durch Ektoparasiten
- Aber Vorsicht bei Bienenallergie! Kann in Urtinktur verschlimmernd wirken

Zentralnervensystem

- **Lähmungen** – Schwäche der Hinterhand, z. B. nach Rückenverletzung, Bandscheibenschaden
- Bei Apoplexfolgen (?)
- Krampfanfälle, Epilepsie

Beginnende Virusinfektionen

- Gute eigene Erfahrungen mit der C 6 einmal tgl., als Vorbeuge gegen weiteres Fortschreiten
- Virusdurchfall, wenn am Beginn der Erkrankung kein anderes Mittel gefunden werden kann

Äußerliche Anwendung

Als **Salbe** 15 %ig, z. B. in warmes Melkfett einrühren (nicht über 40 °C erhitzen!)

- Wirkt wie ein Lokalanästhetikum!
- Zum Auftragen auf Wunden, Verletzungen, Geschwüre, auch auf schlecht heilende Wunden

Propolis-Öl wirkt wie die Salbe

- Gut einzusetzen bei der Gehörgangsentzündung von Hund und Katze

Psorinum – Nosode aus der Krätzmilbe – Psor

Allgemeines

Psorinum ist eine Nosode, die aus dem Bläschen eines Krätzeausschlags – Sarcoptes scabiei – hergestellt wird.

»Krätze« oder »Räude« wird mit der Idee von Schmutz, Gestank, Hautausschlag und Juckreiz in Verbindung gebracht und genau diese Symptome finden sich im Arzneimittelbild wieder.

Psorinum ist ein tiefgreifend wirksames Arzneimittel für chronische Krankheiten, meist gekennzeichnet durch quälenden Juckreiz.

Psorinum kann auch als Zwischenmittel im Verlauf der Therapie eines chronischen Hautausschlags indiziert sein.

Nicht indiziertes oder zu häufig gegebenes *Psorinum* kann wie *Sulfur* starke Hautreaktionen auslösen.

Aussehen im chronischen Fall

- Heruntergekommene, schmutzige, stinkende Tiere
- Häufig auffallender, unaufhörlicher Juckreiz
- Struppiges, verfilzendes, graues Haar, Räudemilben u. a. Ektoparasiten, Haarausfall
- Häufig auffallend unangenehmer und durchdringender Körpergeruch

Verhalten im chronischen Fall

- Nervös, unruhig, auch wegen quälendem Juckreiz, »Verzweiflung durch Jucken«!!!
- »Angst vor Armut«: Heißhunger, Tendenz zum Stehlen von Futter, Futterneid
- Verlassenheitsgefühl, kann nicht ohne Probleme allein bleiben, Erwartungsangst
- Schwächende Angst
- Depression – Passivität = »inneres Krätzesiechtum« (Hahnemann)
- Eigensinnig, dickköpfig
- Jammern, überempfindlich gegen Schmerzen, »quält jeden mit seinen Beschwerden«
- »Waschzwang« = Lecken, Putzen, Knabbern
- Sucht warme Aufenthaltsorte, neigt zum Frieren
- Gutes Wohlbefinden vor Beginn einer Erkrankung

Indikationen und Symptome

- Das verfrorenste Mittel (»Pelzmantel im Sommer«) der Materia medica
- Stinkende Absonderungen, Körpergestank, fischige Absonderungen
- Wohlbefinden vor akuter Erkrankung
- Abmagerung von oben nach unten, Abmagerung bei Heißhunger

Haut (Prädilektionsstelle!)

- Alle möglichen Arten von Hautausschlägen: Juckreiz, Akne, Furunkel, krustige Hautausschläge, Eiter
- Ektoparasiten, besonders Milbenbefall (Räude), Flöhe, Mykosen
- Folgen von unterdrücktem Hautausschlag, Folgen von Immunsuppression
- Fettiges, schmutziges Fell, zieht Staub und Verunreinigungen an
- Hautausschläge besonders an Hautfalten, an warmen Hautstellen
- Lokaler Haarausfall (Alopezia areata), Urticaria
- Jucken schlimmer nachts, macht Verzweiflung, schlimmer in »Bettwärme«
- Muss kratzen bis es blutet

Kopf

- Stinkender Schnupfen, stinkende Absonderungen aus den Ohren
- Gehörgangsentzündung (auch Mittel- und Innenohr), Ohrmilben (u. a. Mittel), unerträglicher Juckreiz
- Dauerndes »Bohren« mit den Pfoten in den Ohren
- Hautausschläge um die Ohren (*Graphites, Mezereum*), im Gesicht, rissige Maulwinkel, Lefzenakne

Augen

- Chronische oder rezidivierende Augenentzündungen
- Lid-(rand)-Entzündung, verklebte Augen

Zentralnervensystem

- Konvulsionen, Lähmungen nach unterdrückten Hautausschlägen

Atemwege

- Häufig rezidivierende oder chronische Infekte
- Rezidivierende Tonsillitis, Rachenentzündungen
- Bronchitis, Asthma schlimmer beim Aufsitzen
- Besser im flachen Liegen (»mit ausgestreckten Armen«?)
- Asthma nach unterdrückten Hautausschlägen

Verdauungsapparat

- Vereiterte Zähne, Stomatitis
- Beständiger Hunger, auch nachts, schlimmer ohne Futter oder vor der Futterzeit
- Verlangen nach Unverdaulichem (Blumenerde, Holz, Sand)
- Wohlbefinden sogar bei Verstopfung (*Calcarea*)
- Schwieriger Kotabsatz, Blähungen, aufgetriebenes Abdomen
- Ekelhaft stinkender Kot/Durchfall mit Schleim
- Durchfall speziell frühmorgens, unwillkürlicher Kot, auch im Schlaf
- Abneigung gegen Essen trotz Hunger
- Juckreiz, Lecken und Knabbern am After

Harnwege

- Inkontinenz im Schlaf
- Häufiges Urinieren kleiner Mengen, nicht wie Markieren!

Genital

- Reichlicher, stinkender Ausfluss

Bewegungsapparat

- Rückenschmerz besser im Liegen
- Spröde, rissige Krallen
- Hautausschläge um Krallen, stinkender Schweiß der Pfoten

Modalitäten

- Reaktionsmangel (»nie mehr gesund seit…«)
- Schlimmer im Kalten, durch Nasswerden
- Schlimmer an frischer Luft, durch Zugluft, vor Sturm, durch Wärme bzw. Warmwerden, in der Sonne
- Schlimmer bei Wetterwechsel zum Warmen (*Lycopodium, Pulsatilla*)
- Schlimmer im Winter
- Tagsüber besser, schlimmer vom Abend bis zum Morgen
- Schlimmer bei Vollmond
- Abszesse stinkender Eiter, wiederkehrende Eiterungen, Krebs
- Beschwerden, bzw. zu langsame Rekonvaleszenz nach schwerer Krankheit (Zwischenmittel)
- Beschwerden nach der Kastration (Synonym zu Klimakterium)
- Verlangen nach Unverdaulichem
- Folgen unterdrückter Schleimhautabsonderungen
- Erkrankungen nach unterdrückten Hautausschlägen
- Unverträglichkeit von Autofahren

Auslöser

- Reaktionsmangel auf gewissenhaft gewählte Homöopathika
- Konstitutionelle Schwäche nach Krankheit, in der Rekonvaleszenz
- Folgen von unterdrückten Hautausschlägen oder Absonderungen
- Folgen von Überanstrengung, da schnell erschöpft
- Folgen von unhygienischer o. a. schlechten Haltungsbedingungen, Aufzuchtschäden
- Mögliche Überdosierung durch Komplexmittel, die *Psorinum* enthalten!!! Hautausschläge?

Pulsatilla pratensis – nigricans oder vulgaris – Anemone Pulsatilla – Kuhschelle – Puls

Allgemeines

Pulsatilla, die zarte, empfindliche Anemone, blüht im oft noch recht unwirtlichen April.

Im Arzneimittelbild präsentiert sie sich genauso wechselhaft und widersprüchlich wie das Aprilwetter.

Die violett blühende kleine Pflanze fällt uns um diese Jahreszeit als besonders hübsch ins Auge.

Auch der/die *Pulsatilla*-Patient/in möchte auffallen, im Mittelpunkt stehen und liebkost werden – oder vielleicht im Moment wegen ihrer Schüchternheit doch nicht so gern?

Pulsatilla verfügt meist über ein unersättliches Verlangen nach liebevoller Zuwendung, kann davon nie genug bekommen, aber man muss manchmal ihr Wohlwollen oft zuerst »erobern«: Ob sie nun aus unerfindlichen Gründen beleidigt ist oder gleich »auf Händen getragen« werden will, vermag niemand im Voraus zu erkennen. Es ist oft schwierig, der *Pulsatilla* alles recht zu machen. Aber im Ganzen ist sie für liebevollen Zuwendung – fast – immer zu haben. Der »April« ist eben widersprüchlich.

Das Thema »Liebe« spricht auch die Verdauung an (»Liebe geht durch den Magen«), ferner sexuelle Themen, wichtige Schwerpunkte im Arzneimittelbild.

Pulsatilla ist eine Arznei für akute und chronische Erkrankungen, sowie ein wichtiges und häufig gebrauchtes Konstitutionsmittel.

Akute *Pulsatilla*-Erkrankungen entwickeln sich i. d. R. innerhalb von 1 bis 3 Tagen.

Auch im akuten Krankheitszustand zeigt sich häufig das nette, freundliche *Pulsatilla*-Verhalten, das möglicherweise ganz im Gegensatz zum Verhalten in gesundem Zustand steht.

Pulsatilla ist eine Arznei, die am chronisch kranken Patienten manchmal schwierig zu erkennen ist: Die Symptome können von Tag zu Tag oder bei jedem Wetter wechseln, sodass es schwer fällt, ein bestimmtes Symptom als besonders markant zu erkennen oder zu kennzeichnen. Der Beobachter ist versucht, zu allem »ja« zu sagen, »auch das trifft zu…« Dieses Phänomen ist ein Leitsymptom des *Pulsatilla*-Patienten.

Aussehen im chronischen Fall

- Viel weiblicher, mütterlicher Ausdruck und Charme auch beim Kater
- Häufig blonde oder hellfarbene Katzen, aber auch dunkles Fell
- Meist hübsche Katzen, schönes Fell, sauberes und gepflegtes Aussehen
- Ausgeprägte Neigung, viel zu fressen, daher meist übergewichtige, fette Katzen
- Hübsch, weich, lieblich, bettelt und sucht Zuwendung, dabei eher wenig bewegungsfreudig
- Typische »Sofakatze«, liebt die ruhige Bequemlichkeit auf weichen Kissen und die parat stehenden Leckerli
- Warmblütige Tiere, leiden unter heißem Zimmer oder Sommerhitze, aber ebenso unter zu viel Kälte
- Leidender Ausdruck bei Krankheit, lässt sich dabei gern streicheln und liebkosen

Verhaltenssymptome:

- Freundlich bis aufdringlich, brav, gern gestreichelt, bettelt nach leckeren Häppchen
- Sanft, aber nachhaltig geäußerte Wünsche, strapaziert damit unsere Nerven
- Oder scheu und schüchtern, aber schnell zugänglich bei freundlicher Ansprache
- Langsam, brav, friedlich und ruhig
- Häufig Furcht vor dem anderen »Geschlecht«: Furcht vor Männern oder Frauen
- Steht gern im Mittelpunkt, eifersüchtig, dann sogar manchmal Drohgebärden
- In der Regel aggressionsfreie Katzen
- Reagiert sehr empfindlich auf Ermahnungen, nachgiebig und leicht zu beeinflussen
- Immer bemüht, es den »Ranghöheren« (Menschen oder Tieren) recht zu machen
- Meist rangniedrig, passt sich an, selten in Führungsposition
- Häufig wechselnde Stimmung: schnell beleidigt, schnell versöhnt
- Trotzdem wählerisch und anspruchsvoll, nichts ist gut genug
- Sehr gute Mutterkatze, leidet deutlich, wenn die Welpen abgesetzt werden
- Intensives Leiden bei Krankheit, lässt sich gern herumtragen
- Bei Krankheit gut zu hantieren und zu untersuchen, lässt sich z. B. widerspruchslos ins Maul schauen
- Jammern bei Unzufriedenheit

Indikationen uns Symptome

Augen
- Weißlich-rahmige, eitrige Bindehautentzündung, begleitet meist dieselbe Absonderung aus der Nase

Atemwege
- Rahmartiger, milder weiß-gelblicher bis grünlicher, reichlicher Nasenausfluss
- Katzenschnupfen mit diesen Modalitäten, aber andere Mittel sind für den Katzenschnupfen-Komplex häufiger
- Entzündung der Ohren mit Schmerzen, besonders bei Jungtieren
- Rachenentzündung, Angina mit fehlender Tränkeaufnahme (»Fieber ohne Durst«)

Kreislauf
- Ausgeprägte Schwäche bei heißem Wetter

Verdauungsapparat
- Eine der wichtigsten Arzneien für akute und chronische Verdauungsstörungen:
- Übelkeit, Erbrechen, Bauchschmerzen, Durchfall
- Folgen von Überfressen, besonders mit Trockenfutter (Austrocknung!)
- Schlimmer durch reichhaltiges Futter: durch Fütterung von zu viel Kohlenhydraten (z. B. Teigwaren)
- Schlimmer durch fettreiches Futter (z. B. Wurstwaren, Hackfleisch vom Schwein)
- Durchfall schlimmer nachts, besonders nach reichhaltigem Futter
- Durchfall nach gefrorenem Futter (z. B. Tiefkühlfleisch) oder eiskalter Tränke (*Arsenicum, Carbo vegetabilis*)
- Besser durch Ablenkung und Zuwendung

Stoffwechsel
- Neigung zum Dickwerden (»die liebe 10-Kilo-Katze«)
- Folgen von Mangel an Bewegung, Faulheit, Bequemlichkeit

Harnwege
- **Blasenentzündung** mit häufigem Harndrang
- Blasenentzündung durch Kalt- und Nasswerden, während der Rolligkeit
- Reizblase, uriniert neben die Katzenkiste, wegen nicht beherrschbarem Harndrang

Genital, weiblich
- Meist hervorragende Katzenmütter, sorgen hingebungsvoll und stolz für ihre Katzenkinder
- Störungen in der Steuerung der Geschlechtshormone durch die Hypophyse
- Verzögerte Geschlechtsreife, Zyklusstörungen
- Tendenz zum Abort mit Blutung gegen Ende der Trächtigkeit (mit *Pulsatilla*-Verhalten)
- Tendenz zum Übertragen (Überschreiten des Geburtstermins)
- Eingebildete Trächtigkeit, evtl. mit Milch oder lange Laktation noch nach dem Absetzen der Welpen

Schwerpunkt Geburt
- Wehenschwäche, Nachgeburtsverhaltung, begleitet von ungenügender Tränkeaufnahme
- Mastitis, besonders nach der Geburt oder durch Abstillen, schlimmer bei heißem Sommerwetter
- Gebärmutterentzündung mit reichlich rahmigem, gelb-weißem, evtl. blutigem, evtl. scharfem Ausfluss

Genital, männlich
- Entzündung von Prostata, Hoden
- Probleme oder Schwellungen nach Kastration (häufiger *Staphysagria*)

Bewegungsapparat
- Lahmheiten, Arthritis, Rückenbeschwerden, wechseln Ort und Seiten, unklare Diagnose
- Wechselnde Lahmheitssymptome, je nach »Tagesform« oder Wetter schlimmer oder besser
- Lahmheiten besser durch langsame Bewegung
- Schlimmer bei heißem Sommerwetter, besser durch Abkühlung

Haut
- Diverse Hautausschläge, besonders im Sommer, Sonnenbrand an unpigmentierter Haut
- Hauterkrankungen bei Beginn oder während der Rolligkeit
- Nesselsucht, Krusten, Risse, schlimmer nach Kratzen
- Schmerzarme Abszesse mit reichlich rahmartigem Eiter, entwickeln sich überraschend schnell
- Hormonell bedingter Haarausfall

Jungtier-Erkrankungen
- Erkrankungen während Zahnung/Zahnwechsel: Atemwegsinfekte, Verdauungsstörungen

Modalitäten
- Häufig widersprüchliche Symptome, z. B. Fieber ohne Durst
- Friert im warmen Zimmer, aber Unverträglichkeit von Wärme
- Besser im Freien oder Körper im Warmen und Nase im Freien (z. B. Fensterbank)
- Alles schlimmer bei heißem Sommerwetter
- Schmerzen schlimmer durch Wärme
- Viel besser in kühler, frischer Luft; besser durch Abkühlung
- Schlimmer bei Wetterwechsel, besonders von kalt nach warm (Föhn) (wie *Lycopodium*)
- Häufig Krankheiten im Zusammenhang mit dem Geschlechtszyklus
- Schlimmer seit der Geschlechtsreife, während der Rolligkeit
- Viel besser durch langsame Bewegung im Freien
- Schlimmer durch Anstrengung
- Hohes Fieber oft schon am Morgen bzw. Vormittag
- Generell Tendenz zu wenig Tränkeaufnahme
- Wandernde Schmerzen und Beschwerden
- Häufiger Symptomenwechsel
- Generell besser durch Zuwendung, erwidert Zuwendung!! (wie *Phosphorus*)
- Schlimmer durch Ruhe, z. B. Wohnungskatzen mit zu wenig Bewegung
- Schlimmer im allzu warmen Zimmer
- Beschwerden der weiblichen Katze nach Kastration
- Besser durch Liegen auf kühlem Boden, aber nicht zu lange, anderenfalls sind Blasenentzündungen möglich
- Besser durch Ablenkung und Gesellschaft
- Liegt gern auf dem Rücken, was den Zustand bessert
- Unverträglichkeit von Trockenfutter
- Wechselhafte und widersprüchliche Zustände

Auslöser
- Beschwerden durch Eifersucht, Entäuschung, Beleidigung, Demütigung, Kummer, Schreck
- Heißes Sommerwetter, Hitzschlag auf dem sonnigen Balkon oder im heißen Auto
- Wetterwechsel, Föhn
- Kaltes Wetter, Kalt- und Nasswerden, Erkältungen
- Beschwerden nach unterdrücktem Schnupfen
- Mangel an Bewegung, träge Wohnungekatzen
- Mangel an Zuwendung
- Verdauungsstörungen:
  - Durch Überfressen, durch verdorbenes Futter
  - Durch allzu nährstoffreiches Futter
  - Durch Futterwechsel, z. B. Umstellung auf Trockenfutter
  - Durch eiskalte Tränke oder gefrorenes Futter (*Arsenicum, Carbo vegetabilis, Rhus toxicodendron*)
  - Durch Mangel an Bewegung
  - Durch Kummer, Misshandlung und Mobbing
- Folgen von Hormontherapie, Kastration, hormonelle Schwankungen und Imbalancen
- Folgen von Kummer, Zurücksetzung, nicht erwiderte Liebe, Eifersucht, Mobbing, Verlassenwerden
- Mögliche Überdosierung durch Komplexmittel, die *Pulsatilla* enthalten

Pyrogenium – Sepsinum – Pyrog

Allgemeines

Pyrogenium ist eine Nosode, hergestellt aus verfaultem Rindfleisch.

Pyrogenium ist eine der wenigen Arzneien, die am Tier ihre erste Arzneimittelprüfung erfahren haben. Mit dieser Prüfung wurde bewiesen, dass septische Prozesse nicht nur durch Bakterien, sondern auch durch zersetztes (»verfaultes«) Eiweiß ausgelöst werden können.

Der Wortstamm »*Pyr*« bedeutet »Feuer« oder »Entzündung«, der Wortstamm »gen« bedeutet »entstehen«; »*Pyrogenium*« bezeichnet also einen Stoff, der das »Entstehen einer Entzündung« fördert.

»Sepsinum« ist ein anderer Ausdruck für diesen Stoff; der Name deutet den Bezug zur »Sepsis«, zur Blutvergiftung an.

Demnach ist *Pyrogenium* die Nosode, welche für septische Entzündungen und deren Folgen indiziert ist – auch für solche, die ungenügend oder gar nicht auf antibiotische und entzündungshemmende Therapie reagieren oder die nach Absetzen dieser Therapie erneut in septische Zustände zurückfallen.

Pyrogenium ist für akute und subakute Sepsis – lokaler oder allgemeiner Art – indiziert.

Pyrogenium-Erkrankungen können sich zu schwersten, lebensgefährlichen Zuständen entwickeln, die auch mit Antibiotika schwer zu kontrollieren sind.

Indikationen und Symptome

Entzündungen, Sepsis

- Akute, schwere septische Zustände aufgrund heftiger Infektionen, bei mangelnder Abwehr
- Oft verbunden mit »Blutzersetzung« (Zerstörung von roten Blutkörperchen, Hämolyse)
- Indiziert, wenn »gut gewählte Mittel« während oder nach einer Sepsis nicht genügend wirken
- Leitsymptome:
- Septische Prozesse
- Herzfrequenz nicht passend zum Fieber:
  - Schneller Herzschlag bei wenig Fieber
  - Normaler Herzschlag bei sehr hohem Fieber
- Schwere Infektionen mit wenig ausgeprägten Symptomen
- Oder Sepsis mit schlechtem Allgemeinbefinden bei geringem oder fehlendem Fieber
- Folgen oder Resterkrankungen nach septischen Infektionen (‚nie wieder gesund seit...‘)
- Schwerste *Pyrogenium*-Erkrankungen verlaufen evtl. mit Schmerzen im ganzen Körper
- Allgemeiner Erschöpfungszustand, im schwersten Fall trotzdem oft Unruhe, Stöhnen, Schmerzen
- Evtl. Naselflügelatmung bei schweren Infektionen
- Kadavergeruch aller Ausscheidungen (in schwersten Fällen)
- Drohendes Herzversagen oder Herzmuskel-, Herzklappenentzündung bei septischen Prozessen
- Großer Durst auf große Mengen
- Evtl. Krampfanfälle während schwerster Blutvergiftung

Spezielle Indikationen

- Schwere Sepsis speziell bei Resistenz gegen Antibiotika (auch *Lachesis*, *Echinacea* u. a.)
- Septisch infizierte Wunden mit jauchiger Gewebezerstörung (nicht bei einfachen Infektionen indiziert!)
- Abszesse mit Tendenz zu jauchiger Geschwürbildung (Ulzeration) (*Lachesis*, *Tarentula cubensis* u. a.), z. B. verschleppte, nicht erkannte Wunden, z. B. nach Verkehrsunfall
- Angina mit schwerstem, septischem Verlauf
- Septische Entzündung der Darmlymphknoten bei Peritonitis
- Septische Gebärmutterentzündung, z. B. nach der Geburt (wie *Lachesis, Sepia, Echinacea*)
- Gebärmutterentzündung speziell bei Zurückbleiben einer Nachgeburt, eines toten Welpen oder nach Abort
- Bauchfellentzündung mit Sepsis, z. B. nach Bauchoperation (*Lachesis*)

- Septische Nabelentzündung beim neugeborenen Welpen (am Beginn: *Calcarea*)
- Entzündung von Knochen oder Knochenmark, z. B. nach offener Knochenfraktur oder Osteosynthese (häufig resistent gegen Antibiotika, auch *Gunpowder* erwägen)
- Septische Infektionen durch Verletzungen von Körperhöhlen oder Gelenken
- Septische Venenentzündung (Phlebitis) z. B. nach paravenöser (neben die Vene) Injektion (*Lachesis, Crotalus horridus*)
- Septische Lungenentzündung, z. B. durch Verschlucken
- Unklare unterschwellige Sepsis durch Zahneiterung oder chronische Zahnwurzelentzündung (einmalige Gabe der C 30)
- Septische Infektionen von allen möglichen Organen
- Kreislaufkollaps bei septischen Infektionen (wie *Lachesis*)
- Unklare Herzbeschwerden; Herzmuskelschwäche (Myokardinsuffizienz) nach Sepsis (*Crataegus*)
- Septische, jauchige Infektionen, Schmerzen in jauchigen Abszessen oder Phlegmonen

Modalitäten

- Schlimmer durch Kälte, Feuchtigkeit, Neigung zum Frieren, besser durch Wärme
- Blutungsneigung, Blutzersetzung (Hämolyse) bei Sepsis
- Eher flüssiger Eiter als bei *Hepar*, aber ähnlicher Geruch, Absonderung von Eiter oder Blut bessert
- Schlimmer abends und nachts

Auslöser

- Sepsis jeder Art, nicht für einfache Infektionen geeignet!
- Faulgas-Vergiftung (z. B. nach Sturz in die Jauchegrube)
- Nie wieder gesund seit einer Sepsis, deren chronische Folgen

Rhus toxicodendron – Giftsumach – Rhus-t

Allgemeines

Rhus toxicodendron gehört zur Familie der giftigen Sumachgewächse. Diese nordamerikanische Pflanze verbreitet in feuchten Nächten eine Ausdünstung, welche Haut- und Schleimhäute reizt und rheumaähnliche Muskelschmerzen auslöst. Denselben Schwerpunkt finden wir im Arzneimittelbild.

Rhus toxicodendron ist eine sehr häufig gebrauchte Arznei für akute und chronische Krankheiten, insbesondere für Verletzungen und deren Folgen sowie für Infektionen und Entzündungen.

Rhus-toxicodendron-Erkrankungen können plötzlich beginnen; Infektionen, bei denen *Rhus toxicodendron* indiziert ist, entwickeln sich meist erst im Laufe von 1 bis 2 Tagen.

Indikationen und Symptome

Auge

- Eine der wichtigsten, großartigen Arzneien für viele Arten von Augenentzündungen, bei der Katze jedoch seltener als bei anderen Tierarten
- Allergische Augenentzündungen
- Entzündungen durch Verletzung, Zugluft, Kälte, Feuchtigkeit, auch durch Bakterien, Herpesviren o. Ä.
- Entzündung der Lider/Lidränder, evtl. mit Juckreiz
- Im Akutfall hochgradig schmerzhaft, schlimmer abends und nachts
- Schlimmer durch jede Bewegung der Augen, Lider krampfhaft zugekniffen, sehr lichtscheu
- Dabei Berührungsempfindlichkeit der Umgebung des Auges, das Tier lässt das Auge nicht untersuchen!
- Sobald die Lider für die Untersuchung geöffnet werden, kommt gussartiger Tränenfluss hervor

- Wundmachender Tränenfluss, der nach Trocknen auf dem Fell glänzt wie lackiert
- Tränenfluss schlimmer im Freien, im Wind, im Kalten, in Zugluft
- Verengung des Tränen-Nasen-Gangs mit diesen Symptomen

Atemwege
- Katarrh der Luftwege, akute Bronchitis bis Lungenentzündung
- Erkrankungen im Rachen, Angina, Kehlkopfentzündung (Laryngitis) mit Heiserkeit
- Wundmachender Nasenausfluss
- Folgen von Kalt- und Nasswerden, von feuchter Kälte, speziell nach vorheriger Erhitzung
- Beginn auf der linken Seite, dann rechtsseitig

Bewegungsapparat
- Aktuelle oder chronische Erkrankungen:
- Steifheit und Schmerzen schlimmer am Anfang der Bewegung
- Besser durch fortgesetzte Bewegung (»Einlaufen«), aber schlimmer durch weitere Anstrengung
- Verrenkungen, Verstauchungen, Zerrungen von Sehnen, Gelenken, Bändern
- Rückenschmerzen durch Sturz, Verstauchung, Zerrung, Überanstrengung
- Rückenschmerzen durch Kalt- und Nasswerden (u.a. Mittel)
- Einwirkung von Zugluft, Kaltwerden speziell nach Erhitzung
- Bei schwerer Erkrankung auch schmerzlose Lähmung, mit Kälte des gelähmten Teils
- Schwäche der Extremitäten nach Überanstrengung
- Wichtig zur Nachbehandlung nach reponierter Gelenkluxation (z.B. Schulter- oder Hüftgelenk)

Verdauungsapparat
- Verrenkung des Kiefergelenks, z.B. durch Maulspanner bei Gebisssanierung (*Staphysagria*)

Harnwege
- Blasen- und/oder Nierenbeckenentzündung durch feuchte Kälte, Nasswerden (*Dulcamara* u.a.)
- Schlimmer nachts mit häufigem Harndrang
- Verbunden mit Unruhe – besonders in Ruhe oder beim Schlafen, mit Rückenschmerzen (*Dulcamara*: keine Unruhe)
- Blasenlähmung nach Überdehnung (*Causticum*), z.B. bei Harnverhalten in fremder Umgebung

Haut
- Hautausschläge besonders im Winter bzw. bei kalten Temperaturen, bei Nässe, Zugluft
- Intensiv juckende Ausschläge, auch allergische Hautausschläge
- Verbunden mit Unruhe und starkem Juckreiz, besonders an warmen Körperstellen
- Nesselsucht mit Juckreiz, Nesselsucht bei Fieber
- Juckreiz besser durch Wärme (*Arsenicum*)
- Evtl. wunde, krustige oder geschwürige Maulwinkel
- »Rotlauf« (Erysipel), bakterielle Hauterkrankungen (Streptokokken)
- Wundmachende Absonderung bzw. Hautausschläge, zerstören das Fell

Modalitäten
- Alle Symptome schlimmer durch Kälte, Kaltwerden, feuchte Kälte, Nasswerden
- Speziell durch Kaltwerden nach Erhitzung
- Generelle Besserung durch Wärmeanwendung
- Speziell Bewegungsstörungen besser durch Warmwerden oder Wärmeanwendung
- Schlimmer bei beginnender Bewegung mit Steifheit, besser bei fortgesetzter Bewegung
- Schlimmer abends, nachts (Unruhe, Schmerzen)
- Beschwerden beginnen oft linksseitig, gehen dann nach rechts
- Beschwerden sind begleitet von nervöser oder motorischer Unruhe
- Unruhe kann bei sehr starken Schmerzen fehlen (»Angst vor kleinster Bewegung«)
- Meist aber: je schwerer die Erkrankung, desto mehr Unruhe
- Unruhe ist nicht erkennbar bei leichten oder lokalen Erkrankungen
- Der chronisch kranke *Rhus-toxicodendron*-Patient trinkt auffallend gern Milch

- Selten bei der Katze erkennbares Leitsymptom von *Rhus toxicodendron*: Rote Zungenspitze

Auslöser

- Nasswerden, Kaltwerden, nasskaltes oder feuchtes Wetter, kalter Wind, Zugluft
- Kaltwerden nach vorheriger Erhitzung
- Wetterwechsel von warm nach (nass-) kalt
- Beschwerden bei feuchtkalter Haltung (feuchter Liegeplatz)
- Folgen von Überanstrengung, Verstauchung, Verrenkung
- Folgen eiskalter Tränke, gefrorenem Futter (*Arsenicum, Pulsatilla, Carbo vegetabilis*), besonders wenn zuvor erhitzt
- Bakterielle Infektion und Virusinfektionen

Wichtiges Ergänzungs- oder Folgemittel für den *Calcarea*-Patienten

Ruta graveolans – Gartenraute – Ruta

Allgemeines

Ruta ist bei der Katze eher eine seltene Arznei, indiziert bei akuten oder chronischen Erkrankungen im Bewegungsapparat. Häufig ist es ein Mittel der »zweiten Wahl«, weil diese Symptome bei der Katze oft nicht einfach zu erkennen sind.

Ruta ist kein Konstitutionsmittel.

Indikationen und Symptome

- Hauptmittel für schmerzhafte, überanstrengte oder gezerrte Muskeln, Sehnen, Gelenke
- Unklare Lahmheit, starke Schmerzen nach Sturz (*Arnica*)
- Knochenhautentzündung
- Verhärtungen von Sehnen im Anfangsstadium, evtl. mit knotigen Verhärtungen
- Schwäche und Erkrankungen des Karpalgelenks (Vorderknie), des Sprunggelenks
- Erkrankungen der Kniescheibe, deren Knorpel und Bänderapparat
- Zerrungen einer Gelenkkapsel, z. B. der Zehengelenke, z. B. eingeklemmt auf Gitterrost
- Bewegungsstörungen wie Ischias nach Verletzung der Wirbelsäule
- Unterstützung der Heilung von Knochenfraktur oder Knochenriss (*Symphytum, Calcarea phophorica, Calcarea*)
- Unklare Schmerzen bei Folgen von Verkehrsunfall (nach *Arnica* zu erwägen)

Modalitäten

- Im Ganzen ähnlich *Rhus toxicodendron*, aber weit weniger deutliche Modalitäten
- Nur geringe Besserung durch »Einlaufen«
- Schlimmer durch Anstrengung
- In schwersten Fällen diffuse (Muskel-)Schmerzen wie *Arnica*

Auslöser

- Folgen von Verletzungen von Bändern, Sehnen, Gelenkkapseln
- Periostitis, Knochenfraktur, z. B. der Zehenknöchelchen
- Schlecht heilende Knochenfraktur (*Symphytum, Calcarea phosphorica*)

Sabina officinalis – Sadebaum – Sabin

Allgemeines

Sabina gehört wie *Thuja* zu den Zypressengewächsen.

Der Schwerpunkt von *Sabina* liegt im Bereich der weiblichen Genitalorgane.

Hier ist *Sabina* ein organbezogenes Mittel für akute und subakute Erkrankungen.

In der Volksmedizin wurde *Sabina* eingesetzt, um durch verstärkte Durchblutung der Gebärmutter

Aborte auszulösen; allerdings können dabei unstillbare Blutungen hervorgerufen werden.

Daher ist auch in der Homöopathie eine vorsichtige Dosierung anzuraten, da auch bei der Katze (im Gegensatz zur Kuh) bei Überdosierung derartige Blutungen auftreten könnten.

Sabina wird am besten in tiefen Potenzen (C 4 bis C 30) angewendet.

Indikationen und Symptome

Geburt

- Erschlaffte Gebärmutter nach oder während der Geburten
- Daher Zurückbleiben der Nachgeburt oder eines (toten) Fötus (*Cantharis* mit Harndrang)
- *Sabina* führt zu koordinierten Nachwehen und damit zum Abgang der Nachgeburt
- Hellrote, aktive Blutungen mit Klumpen nach der Geburt bei mangelhafter Rückbildung des Uterus
- Schmerzhafter Frühabort im ersten Drittel der Trächtigkeit mit Blutungen

Modalitäten

- Schlimmer nachts
- Schlimmer durch leichte Berührung, aber besser durch Druck
- Schlimmer durch leichte Bewegung
- Schlimmer durch Wärme, warmes Zimmer
- Besser durch frische Luft, Kühle
- Übermäßige Wehenschmerzen kommen plötzlich, lassen langsam nach

Sarsaparilla officinalis – Smilax officinalis – Sars

Allgemeines

Das homöopathische Mittel *Sarsaparilla* wird aus der Wurzel der Smilax-Pflanze – aus Mittelamerika – hergestellt.

Der Wirkungschwerpunkt liegt im Bereich der Harnwege.

Sarsaparilla stellt die Nierenfunktion und eine geordnete Harnabsonderung wieder her. Daher bezeichnet man dieses Mittel in der Humanmedizin auch als »Homöopathischer Blasenkatheter«.

Gerade für die Blasenerkrankungen der Katze (FLUTD) genießt *Sarsaparilla* einen hohen Stellenwert.

Hinzu kommt seine Wirkung auf den durch Quecksiber (Impfungen) oder Trockenfutter vorgeschädigten Organismus.

Indikationen und Symptome

- Nierenbeckenentzündung, Blasenentzündung und Schmerzen durch Blasengrieß oder -steine
- Sehr schmerzhafter Harnabgang
- Schreien, besonders vor, während und/oder gegen Ende des Urinierens, besser nach dem Urinieren
- Unwillkürlicher oder/und verzögerter Harnabgang, tröpfelnder Urin, auch Harnzwang
- Urinabgang besser »im Stehen«: Katze uriniert stehend am Rand der Katzenkiste
- Evtl. Blutung aus der Harnröhre
- Urin: scharf, wundmachend, stinkend
- Harnsediment enthält Phosphate, dicke, schleimige, dunkle Ablagerung, möglicherweise Krustenbildung
- Begleitend evtl. vergeblicher Drang zum Kotabsatz
- Begleitend evtl. juckende Hautausschläge, Ekzem an den Pfoten

Modalitäten

- Schmerzen schlimmer nachts
- Schlimmer nach dem Urinieren
- Schlimmer durch Kälte und Nässe
- Schlimmer vor der Rolligkeit
- Unangenehmer Geruch der Genitalien (durch Urinreste?)

Auslöser

- Kälte, Nässe
- Nieren-, Blasensteine, Blasengrieß
- Unverträglichkeit von Trockenfutter – daher wichtig für Erkrankungen der Harnblase

- Schlimmer oder ausgelöst durch Quecksilberbelastung (Impfungen)
- Mögliche Überdosierung durch Komplexmittel, die *Sarsaparilla* enthalten

Scrophularia nodosa – knotige Braunwurz – Scroph-n

Allgemeines

Scrophularia nodosa ist eine Arznei für die klinische Homöopathie: Der Schwerpunkt liegt speziell bei der Katze in Erkrankungen der Lymphorgane und Drüsen, sowohl gutartiger als auch maligner Art sowie bei Krebserkrankungen der Haut.

Indikationen und Symptome

- Erkrankungen von Lymphknoten und Drüsen, gutartige und bösartige
- Verhärtungen können mit *Scrophularia nodosa* gemäß Pareek (Literatur 33 e) zum Rückgang gebracht werden
- Lymphknoten von Hals, Leisten, Mesenterium, Mediastinum (Atemnot) etc.
- (Lymphatische) Leukämie, Leukose, Lymphome, Lymphosarkom
- Schilddrüsenadenom – ohne Überfunktion
- Plattenepithelkarzinom, z. B. am Ohr
- Bösartige Mammatumoren (selten bei der Katze)
- Bei Krebs gut wirksam, wenn *Conium* keine Besserung bringt

Modalitäten

- Mattigkeit speziell am Morgen
- Schlimmer im Kalten, besser im Warmen

Dosierung

Am besten in tiefer Potenz (z. B. C 4 bis C 6) in wiederholten Gaben einmal pro Tag.

Secale cornutum – Mutterkorn – Sec

Allgemeines

Secale ist ein Pilz, der als Parasit am häufigsten in den Getreideähren des Roggens wächst. Er produziert dort an den Körnern schwarze, hornartige Auswüchse.

Vergiftungen mit *Secale* sind aus früheren Zeiten vielfach bekannt, wenn mutterkornhaltiges Getreide zum Backen von Brot verwendet wurde.

Menschen, die unter dessen Wirkung Zustände von Raserei (»Sankt-Antonius-Feuer«) entwickelten, wurde häufig als angebliche Hexen verbrannt.

Secale wird in der Tierhomöopathie hauptsächlich zur Regeneration absterbender Blutgefäße verwendet, was bei Gangrän von alten Wunden (Absterben mit Schwarzwerden) von Gewebe vorkommt.

Eine weitere Indikation ist das Zusammenziehen der erschlafften Gebärmutter nach der Geburt, was erfahrungsgemäß im Kuhstall (Literatur 18) den Abgang der Nachgeburt fördert.

Bei der Katze sollte jedoch *Secale* in solchen Fällen vorsichtig angewandt werden, weil durch die Art der Plazentaanheftung eher Blutungen auftreten können als bei einer Kuh.

Indikationen

Wunden

- Absterben und Schwarzwerden von Gewebe bei lokal gestörter Blutversorgung (Gangrän)
- Absterbendes Gewebe bei Quetschwunden, bei Schälwunden nach Verkehrsunfall
- Unterstützend bei der Gangrän nach schwerster Verbrennung
- Eher bei älteren, auch bei vernachlässigten Wunden mit schwarzem Gewebe
- Gangrän nach gequetschter Pfote oder Schwanz
- Kaltes oder warmes, trockenes oder feuchtes Gangrän

Gynäkologie

- Stillstand der Wehen während Geburt
- Nachgeburtsverhaltung bei schlaffer Gebärmutter

- Anhaltende, schmerzlose Blutungen nach der Geburt: dunkles, kaum gerinnendes Blut, Lebensgefahr!
- Rotbraun-sickernder Gebärmutterausfluss bei Endometritis

Modalitäten

- Beim Menschen: Brennende Schmerzen besser durch Kälte, beim Tier leider nicht zu erfahren!
- Leitsymptom: schlimmer durch jede Anwendung von Wärme, schlimmer bei heißem Wetter
- Kühle oder kalte Körperoberfläche bzw. am erkrankten Gebiet, trotzdem schlimmer durch Wärmezufuhr

Sepia succus – Sepia officinalis – Tintenfisch – Sep

Allgemeines

Das dunkelbraune Sekret des Tintenfischs (Succus) ist die Ausgangssubstanz für das homöopathische Mittel *Sepia*.

Sepia kommt bevorzugt für das weibliche Geschlecht zur Anwendung, männliche Patienten sind seltener, aber nicht ausgeschlossen.

Die Symptome können jedes Organsystem betreffen; der therapeutische Schwerpunkt liegt hauptsächlich im Bereich der hormonellen Steuerung und im Genitalbereich.

Diese Arznei ist sehr wichtig für vielfältige akute und chronische Erkrankungen, ferner ein häufig gebrauchtes Konstitutionsmittel.

Bei der Katze ist es jedoch seltener indiziert als bei anderen Tierarten, jedoch besonders bei der Zuchtkatze beachtenswert.

Aussehen

- Überwiegend weibliche Tiere mit männlichem Körperbau und stolzem Gehabe
- Kater mit weiblichem Ausdruck (ausgenommen Frühkastraten)
- Häufig dunkel pigmentiert, oft Pigmentstörungen, evtl. lokale Gelbfärbungen (um die Nase, Augen, After)
- In jugendlichem Alter schöne, kräftige, muskulöse Tiere
- Nach einer oder mehreren Geburten älterer Zuchtkatzen: Schwäche im Bindegewebe (z. B. Hängebauch)
- Pigmentstörungen, lokale Überpigmentierung oder/und lokaler Pigmentverlust

Verhaltenssymptome

- Oft widerspenstige, eigenständige Tiere, keine »Schmusekatze«, nicht gut geeignet als Wohnungskatze
- In jungen Jahren meist ranghoch und dominant (wie *Lycopodium*, *Lycopodium* ist jedoch feige – im Gegensatz zu *Sepia*)
- Ausgeprägter Bewegungsdrang, die »Rennkatze«
- Tendiert zu Ungehorsam, trotzig, herausfordernd
- Markieren durch Zurechtweisung, Erziehungsmaßnahmen oder einfach aus Protest gegen alles
- Evtl. Abneigung gegen eigene Welpen, stößt die Neugeborenen fort, lässt sie nicht saugen
- Häufig Abneigung gegen Deckakt, unauffällige oder fehlende Rolligkeit

Indikationen und Symptome

Atemwege

- Sinusitis, Entzündung des lymphatischen Rachenrings (Angina)
- Bronchitis, u. a. Atemwegserkrankungen durch emotionalen Stress

Verdauungsapparat

- Erkrankungen im Enddarm, meist gleichzeitig mit genitaler Erkrankung;
- Schwieriger, mühsamer Kotabsatz

Harnwege

- Blasenentzündung während der Rolligkeit, nach Bedeckung

- Blasenentzündung durch Nasswerden oder feuchte Kälte (*Dulcamara*)

Genital

- Genitalerkrankungen betreffen besonders die Zuchtkatze:
- Genitalerkrankungen aller Art, Sepsis durch Gebärmutterentzündung (*Lachesis*)
- Probleme der hormonellen Steuerung
- Abneigung gegen Decken
- Sterilität, fehlender, unregelmäßiger Zyklus, unauffällige Rolligkeit
- Evtl. späte Geschlechtsreife
- Folgen von Hormonbehandlungen (Gebärmutterentzündung, Verhaltensstörungen, Trägheit)
- Gestörtes Geburtsgeschehen und/oder Nachgeburtsgeschehen
- Gebärmutterentzündung, ca. ab 6. Tag nach der Geburt
- Nachgeburtsverhaltung bei konstitutionellen Merkmalen (*Pyrogenium*!)
- Stinkender Scheidenausfluss, braun-blutig, wundmachend, auch chronisch, evtl. juckend
- Verlagerungen des Uterus

Haut

- Hautausschläge vielfältiger Art, Akne, Mykose
- Hautausschläge speziell an den Vorderpfoten
- Hautausschläge schlimmer im Winter, schlimmer durch Nasswerden
- Hautausschläge oft im Zusammenhang mit hormonellen Imbalancen
- Hormonell bedingter Haarausfall, bes. im Genitalbereich mit Juckreiz
- Haarausfall nach der Kastration (*Lycopodium*)
- Hautveränderungen: Überpigmentierung oder Weißverfärbung (ähnlich Vitiligo)
- Braune oder gelbe Flecke an weißen Abzeichen, speziell am Bauch
- Gelbliche Verfärbung um Maul, Augen, After oder Genital (nur an weißen Abzeichen sichtbar)

Modalitäten

- Trägheit, Schwäche, schlimmer morgens, schlimmer am Anfang der Bewegung
- Generelle Besserung durch Anstrengung und intensive Bewegung
- Schlimmer durch Mangel an Bewegung, bei Wohnungshaltung
- Erkrankungen seit der Geschlechtsreife
- Schlimmer nach mehreren Geburten bzw. Welpenaufzucht
- Schlimmer bei Schneewetter, nasser Kälte
- Schlimmer bei warmem, schwülem Wetter
- Schlimmer am späten Nachmittag
- Unverträglichkeit von Autofahren

Auslöser

- Störungen in der hormonellen Steuerung durch die Hypophyse
- Folgen von Überforderung durch Geburten bzw. Welpenaufzucht
- Folgen von gestörtem Geburtsgeschehen, Nachgeburtsverhaltung, Endometritis
- Folgen von Hormonbehandlungen, »Katzenpille«
- Folgen von hormoneller Umstellung, Kastration (*Lachesis, Staphysagria,* u. a.)
- Folgen von unterdrückten Hautausschlägen
- Beschwerden durch Mangel an Bewegung
- Folgen von Kränkung, Verachtung, durch dominierende, autoritäre Katzen oder Bezugspersonen

Silicea terra – Kieselerde – Sil

Allgemeines

Die kristallisierte Kieselerde – Quarz oder Bergkristall – gehört zu den wichtigsten Bestandteilen der Erdoberfläche, entstanden aus erstarrtem Magma. Es dringt durch Vulkane wie durch Fisteln in der Erdkruste hervor und formt Landschaften und Gebirge.

Der Begriff »Kristall« ist ein Ausdruck höchster Organisation und Ordnung: Diese Eigenschaften von *Silicea* sorgen im lebendigen Organismus für

Formgebung und elastische Anpassung an die Lebensumstände.

Silizium findet sich überall dort im Gewebe, wo Festigkeit, Widerstand und Regeneration gefordert sind: im Bindegewebe, in der Haut, in Knochen, Gelenken, Sehnen, Bändern und Organkapseln. Auch andere Aufgaben der Lebenserhaltung hat *Silicea* im Organismus zu erfüllen: »Der Kiesel-Prozess« steuert die Anpassung der Körpertemperatur an die äußeren Umstände, die Aktivität der Phagozytose und der Immunabwehr sowie Kraft und Ausdauer des Organismus.

Dementsprechend leidet der *Silicea*-Patient unter psychischer und körperlicher Instabilität, welche durch die Kieselerde wieder ins Lot gebracht wird.

Diese Aufgaben machen das Homöopathikum *Silicea* zu einem der tiefgreifendsten Mittel der Materia medica. Die Kieselerde ist ein – auch bei der Katze – häufig indiziertes Mittel, das jedoch nur in seltenen Gaben eingesetzt werden darf. Zu häufige Dosierung kann Abszesse und Eiterungen provozieren!

Silicea ist indiziert bei bestimmten akuten oder subakuten Krankheitsformen, zumeist aber als konstitutionelles Mittel.

Aussehen

- Oft wenig oder schwach pigmentierte Tiere
- Zarte, feingliedrige Katzen, häufig Zwergwuchs
- Evtl. zu klein gebliebene Kümmerer, Frühgeborene, Folgen von Mangelernährung o. a. Aufzuchtschäden
- I. d. R.schlanke Tiere, oft mit dickem Bauch
- Mager trotz guter Futteraufnahme, selten dick!
- Wirken unnahbar, schüchtern, scheu, ziehen sich schnell zurück
- Sehr verfeinert, strahlt keinerlei Aggressivität aus, grazil und vorsichtig (»Engelchen«)
- Wirken wie aristokratisch, vornehm, man geht auch so mit ihnen um!
- Zuwendung wird »huldvoll« ertragen, aber nicht gefordert
- Dünnes, weiches, sauberes Haarkleid
- Neigung zum Frieren, lässt sich gern zudecken
- Evtl. feuchte, riechende Schweißpfoten

Verhaltenssymptome

- Verhalten siehe auch *Kapitel 20,*
- Besitzer können nicht mehr sagen als »meine Katze ist immer lieb und brav«
- Scheu, schüchtern, aber freundlich, zieht sich zurück bei Annäherung
- Brav, unauffällig, tut alles was sie soll, nachgiebig, meist rangniedrig
- Lässt sich widerspruchslos beißen, fast immer bereit, sich zu unterwerfen
- Zuwendung wird nicht ausdrücklich verlangt (z. B. im Gegensatz zur *Phosphorus*-Katze!)
- Reiben und Massage (»Magnetismus«) werden trotzdem als angenehm empfunden
- Entzieht sich unangenehmen Situationen oder Familienstreit
- Sucht Sicherheit und Geborgenheit, gern gestreichelt (= Magnetismus)
- Will aber keine überschwängliche Zuwendung
- Liegt gern im Bett unter der Decke (Frieren)
- Angst vor Neuem, in fremder Umgebung
- Nervöse Reizbarkeit, daher zeitweilig Unruhe, Hektik, Angst, braucht »stressfreie« Umgebung
- Bei Stress Neigung zum nervösen Knabbern an Haut oder Pfoten
- Keine Jedermanns-Katze, wird krank im Tierheim oder bei schlechter Behandlung
- Keine aggressive Abwehr bei der Untersuchung, lässt sich z. B. widerspruchslos ins Maul schauen
- Anspruchsvoll: Katzenkiste muss glatt und sauber vorbereitet sein
- Immer ordentliches und sauberes Erscheinungsbild
- Sauberes Fressverhalten

Indikationen und Symptome

Entwicklung der Pathologie

- Akut bis subakute Erkrankungen:
- Nach schlecht vertragenen Impfungen (s. u.)
- Bei schlecht heilenden Verletzungen
- Subakute Erkrankungen:
  - Entzündungen, mangelnde Regenerationsvorgänge, mangelnde Immunabwehr
  - Entzündungen oder Fisteln durch eingedrungene Fremdkörper (z. B. Stachel, Glasscherbe)

- Chronische Krankheiten:
  - Chronische Eiterung oder Fistel, chronische Verletzungsfolgen
  - Konstitutionelles Mittel

Welpen und Jungtiere

- Wachstumsstörungen, oft Frühgeborene, lebensuntüchtige, zarte Wesen
- Können z. B. nach der Geburt den Kopf nicht heben, nicht saugen, verzögertes Krabbeln oder Laufen
- Kümmerer (*Lycopodium, Calcarea*), evtl. großer Kopf, schmale Brust, dicker Bauch

Augen

- Lidentzündungen oder Eiterungen, Gerstenkörner
- Verengter oder verstopfter Tränengang (Ausnahme: Kurznasige (brachygnathe) Rassen)
- Erkrankungen am oder im Auge: Konjunktivitis, Keratitis, Chorioiditis, Retinitis, Iritis, Katarakt
- Entzündungen nach Verletzungen, Folgen von Fremdkörper im Auge
- Entzündung der Augenhöhle (Orbitalphlegmone)
- Chemosis (Aufschwellen der Bindehaut), wundmachende Tränen
- Neubildungen, Warzen, rissige Lidwinkel, Fisteln, Glaukom

Atemwege

- Infekte durch Kaltwerden, durch schlecht vertragene Impfung
- Chronischer Katzenschnupfen mit Sinusitis, verstopfte Nase abwechselnd mit Fließschnupfen
- Chronischer Katarrh der oberen Luftwege, Rhinitis, Sinusitis, chronische Bronchitis, Husten
- Verschleppte, nicht ausgeheilte Bronchitis oder Pneumonie, anschließend Kümmerer
- Chronische Lymphknoten- oder/und Tonsillenschwellungen
- Folgen von unterdrücktem Schnupfen
- Schnupfen nach unterdrückten, juckenden Hautausschlägen

Verdauungsapparat

- Wunde Maulwinkel
- Stomatitis aggressionsfreier Katzen (z. B. die *Arsenicum*-Katze lässt sich nicht ins Maul schauen, kratzt, beißt!)
- Zahnwurzelabszesse, Zahnfisteln, Zähne wie durchsichtig, grauweiß oder gelblich
- Schlechte Futteraufnahme, hört auf nach den ersten Bissen, Abneigung gegen Futter trotz Hunger
- Abmagerung trotz guter Futteraufnahme
- Schwieriger, mühsamer, lang dauernder Kotabsatz, auch bei weichem Kot, Analfisteln
- Durchfall im Zahnwechsel
- Frisst Sand, Kalk und anderes Unverdauliche
- Therapieresistenter oder wiederkehrender Wurmbefall

Genital

- Zyklusstörungen aller Art, späte Geschlechtsreife
- Reichlicher, wundmachender Ausfluss
- Verhärtungen im Gesäuge

Bewegungsapparat

- Knochen-, Gelenk-, Wirbelsäulenerkrankungen
- Schlecht heilende Knochenfraktur, Ostitis, Osteomyelitis
- Lahmheiten aller Art, chronische Verrenkungsfolgen, Arthritis, Arthrose
- Bewegungsstörungen besser durch fortgesetzte Bewegung
- Krümelige, splitternde Krallen
- Wundmachender Schweiß der Pfoten, daher Knabbern und Lecken

Haut

- Verletzliche Haut, Wunden heilen schlecht, können sich zu Geschwüren oder Fisteln entwickeln
- Tendenz zu Pickeln, Furunkeln
- Haarausfall nach der Geburt
- Hautausschlag am Kopf und im Nacken
- Chronische oder wiederkehrende Krallenbettentzündung, Panaritium
- Fremdkörperwunden, Fremdkörper können ausgetrieben werden (z. B. Transponder-Chips)
- Aufbrechen alter Wunden oder Narben

- Fistelbildung an Wunden, Fäden der Wundnaht können fisteln
- Wiederkehrende Abszesse
- Tendenz zum Gangrän von Wunden
- Chronische Entzündung der Gehörgänge (Otitis externa), besonders linksseitig

Krebs
- An Haut, Auge, Gesicht, Lippen, Mamma, Genital

Impffolgen
- Abszess, Husten, Konvulsionen/Epilepsie
- Übelkeit, Durchfall
- Gelenkerkrankungen, Synovitis, Epiphysenlösung beim Jungtier (*Phosphoricum acidum*)
- Rotlauf (Erysipel, Phlegmone)
- Juckende Hautausschläge (*Sulfur*)

Modalitäten
- Wundmachende, grau-schleimige bis wässrige Absonderungen
- Beschwerden überwiegend der linken Seite
- Unverträglichkeit von Hitze und Kälte, von Zugluft, von Wetterwechsel zum Kalten
- Schmerzen schlimmer durch Kalt- und Nasswerden
- Schlimmer bei Voll- und Neumond (z. B. Konvulsionen)
- Wässriger, wundmachender Eiter, Abwehrschwäche
- Schlimmer durch Autofahren
- Verlangen nach Unverdaulichem
- Unverträglichkeit von Trockenfutter

Auslöser
- Kaltwerden, Überanstrengung, Schreck, Kummer, Alleinsein, Verlassenwerden
- Folgen von Verletzungen
- Folgen von Impfungen
- Folgen von Mangelernährung
- Folgen von unterdrücktem Schnupfen
- Beschwerden durch Erwartungsspannung
- Beschwerden im Zahnwechsel/Zahnung
- Unverträglichkeit von Trockenfutter
- Belastung mit Quecksilber (Impfungen)
- Vorsicht vor Überdosierung, speziell bei Komplexmitteln!

Silicea ist kontraindiziert bei allen Arten von vorliegenden Implantaten, z. B. auch nach Osteosynthese! *Silicea* treibt Fremdkörper aus dem Organismus heraus.

Solidago virgaurea – Goldrute – Solid

Allgemeines
Solidago gehört zu den »kleinen«, aber dennoch wichtigen homöopathischen Mitteln.

Sein Schwerpunkt bei der Katze liegt im Bereich der Harnwege.

Häufig ist es beim Kater im Zusammenhang mit Blasensteinen oder Grieß indiziert und kann – evtl. nach anderen indizierten Mitteln gegeben – den Abgang von Blasensteinen oder Harngrieß erleichtern und eine anstehende Amputation des Penis überflüssig machen.

Hier ist *Solidago* von *Sarsaparilla* zu differenzieren.

Indikationen
- Schwieriger Harnabsatz durch Grieß oder andere Blasenkonkremente
- Stinkender Urin
- Urin wasserklar, dunkel oder mit Beimengungen von Grieß o. a. Sedimenten
- Blut im Urin ohne Beschwerden
- Möglicherweise Nierenschmerzen, Nierendegeneration
- Mögliche Überdosierung durch Komplexmittel?

Spongia tosta – Meerschwamm – Spong

Allgemeines

Spongia lebt quasi als Mittelding zwischen Tier und Pflanze im Mittelmeer. In seiner schwammartigen Struktur weist er eine gewisse Analogie zu Lungenbläschen oder Drüsengewebe auf.

Für die homöopathische Zubereitung wird er so weit mazeriert bzw. geröstet, das er eine pulverartige Konsistenz annimmt.

Durch seinen Gehalt an Jodverbindungen ist er ein wichtiges Homöopathikum für Erkrankungen der Schilddrüse. Weitere Schwerpunkte im Arzneimittelbild liegen im Bereich von Erkrankungen des Herzens und der Drüsen.

Indikationen und Schwerpunkte

- Hyperthyreose, häufig mit Schwellung oder Verhärtung der Schilddrüse (Schilddrüsenadenom)

Atemwege

- Missempfindungen durch Druck der Schilddrüse auf die Trachea (Luftröhre)
- Halsschmerzen beim Schlucken
- Atemprobleme bis zu Erstickungsanfällen oder Asthma, schlimmer in der Nacht bzw. nach dem Schlafen
- Husten anfallsweise, besser durch Fressen oder Trinken
- Heisere Stimme, „sägender" Husten („wie eine Säge, die durchs Holz gezogen wird")
- Oder bellender Husten wie ein Seehund
- Husten wie Pseudokruppanfall der Kinder
- Berührungsempfindliche Kehle, Kehlkopfentzündung
- Asthma durch Kaltwerden
- Atemnot schlimmer nachts, gegen Mitternacht, mit Erstickungsanfällen
- Atemnot schlimmer im Liegen, will den Kopf auf die Sofakante hochlegen
- Oberflächliche, laute, raue Atmung, Stridor, trockene Schleimhäute

Herzerkrankungen

- Herzklopfen, evtl. durch organische Herzerkrankung, Mitralklappeninsuffizienz, Herzgeräusche
- Auflagerungen auf den Herzklappen
- Lungenödem, „Asthma", Atemnot durch Herzerkrankung, Herzhusten, Tachykardie
- Herzarrhythmie, Herzhypertrophie, Herzasthma durch Rechtsherzhypertrophie
- Oft begleitet von Überfunktion der Schilddrüse
- Hodenentzündung

Modalitäten

- Heißhunger mit viel Durst
- Husten schlimmer in trocken-kalter Luft, aber allgemein schlimmer im warmen Zimmer
- Schlechter nachts, vor Mitternacht
- Schlimmer während des Schlafes, weckt aus Schlaf
- Muss den Kopf hochhalten oder hochlagern, schlimmer bei tiefer Kopflage
- Schlechter oder ausgelöst durch eiskalten Wind, Ostwind
- Husten besser durch Trinken oder Essen, warme Tränke
- Schlimmer durch kalte Tränke
- Besser durch Wärme, im warmen Raum
- Besser durch Aufsitzen, Rückwärtsbeugen des Kopfes
- Schlimmer durch Anstrengung
- Überempfindlich gegen des Druck des Halsbands und Berührung der Nase
- Begleitend: heisere Stimme, Zyanose

Auslöser

- Erkältungen, kalter Ostwind
- Herzhusten
- Rheumatische Endokarditis

Staphysagria – Stephanskraut – Läusesamen – Staph

Allgemeines

Staphysagria ist eine Arznei, deren Thema mit dem »Schwellenwert« von Reizen zu tun hat:

Die Nerven reagieren erst nach Überschreiten einer gewissen Reizschwelle, die beim *Staphysagria*-Patienten nicht genau festzulegen ist: Manchmal reagiert er gar nicht, manchmal heftig überschießend oder zu spät.

Das betrifft besonders den »psychischen Schwellenwert«:

Jeder Organismus hat seine »Individualsphäre«: Der *Staphysagria*-Patient empfindet es in manchen Fällen als unangenehm, wenn ihm jemand allzu nahe kommt und diese Distanzschwelle unterschreitet.

Eine solche unwillkommene Annäherung kann auch durch sexuelle Aktivitäten entstehen bis hin zur Vergewaltigung. Dieses Geschehen führt zu Emotionen wie Zorn, Demütigung und Ärger, der – auch im Sinn von nicht angemessenem Schwellenwert – entweder gar nicht, zu spät oder überdimensioniert geäußert wird.

Beim Menschen kann sich diese Reaktion in unerklärlichen Beschimpfungen mit gleichzeitigem Werfen von Gegenständen nach der betreffenden Person äußern.

Wenn solche »Wut« nicht ausgedrückt werden kann (»Wut im Bauch«), kommt es häufig zu (auch chronischen) Darmerkrankungen mit Durchfall.

Sogar der chirurgische Eingriff und dessen mögliche Folgeerkrankungen gehören zum Bereich des »Überschreiten der persönlichen Grenze«, bzw. zum »Eindringen« in die individuellle Sphäre.

Aus dieser Sicht ist *Staphysagria* eine wichtige Arznei für überdimensionierte oder fehlende Äußerungen von Zorn, für Probleme in der Sexualsphäre und im Urogenitalbereich sowie durch Verletzungen und chirurgische Eingriffe.

Staphysagria ist geeignet für akute und chronische Krankheiten, sowie als konstitutionelles Mittel.

Aussehen im chronischen Fall

- Meist unauffälliges Erscheinungsbild, keine äußerlich erkennbaren Auffälligkeiten
- Selten bei der Katze Gerstenkörner oder Warzen an Lidrändern, Genital, After (*Thuja, Nitricum acidum*)
- Möglicherweise schnelle sexuelle Erregung und Reizbarkeit, auch beim Kastraten

Verhaltenssymptome im chronischen Fall

- Verhalten siehe auch *Kapitel 20,*
- Häufig auffallend liebenswürdig mit schneller sexueller Erregbarkeit, sogar beim Kastraten
- Oder schüchtern, sanft, einfühlsam, rangniedrig, frei von Aggression
- Oder heftige Aggressivität, Streitsucht, auch möglicherweise abwechselnd mit Liebenswürdigkeit
- Oder langes Ertragen von Aggressionen anderer, bis zu einem gewissen Schwellenwert, dann unerwartet heftiger Ausbruch von Aggression, sogar bis zum Töten!
- Evtl. heftiger Zorn bei Annäherung bestimmter Artgenossen, Nebenbuhler, anderer Tiere oder Menschen
- Evtl. sexuelle Erregung beim Kater mit nicht beherrschbarer Aggressivität (wie *Lachesis, Hyoscyamus, Tarentula hispanica*)
- Beschwerden durch unterdrückten (nicht ausgelebten) Ärger, z. B. durch dominante Behandlung
- Beschwerden durch nicht ausgelebten Sex, z. B. Wohnungskater, der in Anwesenheit einer rolligen Katze nicht decken darf (wie *Conium*, das jedoch ohne Zorn)
- Heftige Aggression, Beißen, Kratzen durch (vermeintliche) ungerechte Behandlung oder Kränkung
- »Kampfkater«, der entweder siegesbewusst oder mit »stiller Wut« heimkehrt und diese zerstörerisch an den Möbeln auslässt
- Oder stilles, depressives Leiden durch Demütigung, Kummer mit Tendenz zu (chronischem) Durchfall

- Auffälligkeiten im Verhalten speziell nach der Kastration des Katers
- Wichtig für Markieren der Wohnung durch Demütigung, Ärger, ungewollte Hausgenossen etc.
- Evtl. auffallend nachtaktiv, schläfrig am Tage

Indikationen und Symptome

Verletzungen

- Das wichtigste Arzneimittel nach chirurgischen Eingriffen, für schnelle Wundheilung von Schnittwunden
- (Schmerzhafte) Schnittverletzungen (z. B. Glasscherbe)
- Verletzungen durch spitze, scharfe Gegenstände, anschließende Nerven- oder Narbenschmerzen
- Bisswunden durch Konkurrenzkämpfe mit anderen Katzen, verbunden mit sozialer Abstufung (Demütigung)
- Bauchschmerzen nach Bauchoperation mit Darmlähmung
- Chronische Folgen nach Operation, z. B. Verklebungen, Verwachsungen innerer Organe
- Erweiterung von Körperöffnungen: Katheterisieren, Maulspanner u. Ä.
- Alle Verletzungen im männlichen und weiblichen Genitalbereich
- Chronische Folgen von Verletzungen, besonders wenn diese mit Ärger oder Demütigung verbunden waren

Auge

- Wichtigstes und erstes Mittel für Verletzungen der Hornhaut am Auge (Kratzwunden)
- Gerstenkörner, besonders wiederkehrende
- Warzen am Lidrand (*Nitricum acidum, Sepia, Silicea*)
- Bindehautentzündung u. a. Augenerkrankungen in Begleitung anderer *Staphysagria*-Symptome

Verdauungsapparat

- Beschwerden, Schmerzen nach Anwendung des Maulspanners (Verrenkung des Kiefers: *Rhus toxicodendron, Ruta*)
- Frühzeitiger Zahnverfall, dunkle Verfärbung, bei jungen oder auch bei älteren Katzen
- Betroffen sind besonders die Schneidezähne
- Schmerzen in faulen Zähnen, nach Zahnbehandlung, Zahnextraktion, Zahnwurzelabszess
- Zahnbeschwerden mit Schwellung, »dicke Backe«
- Magen- und Verdauungsstörungen nach Demütigung, Kränkung, nach nicht geäußertem Ärger
- Magen-Darmgeschwüre, chronischer Durchfall durch Ärger, Demütigung
- Darmlähmung nach Operation

Genital, weiblich

- Erkrankungen nach dem Decken
- Blasenentzündung, Reizblase nach dem Decken oder Untersuchung der weiblichen Katze (*Sepia*)
- Verletzungen des äußeren Genital, Verletzungen durch perverse Menschen

Genital, männlich

- Alle Urogenitalerkrankungen können *Staphysagria* erfordern (außer Sepsis)!
- Tendenz zu Onanie, zu sexueller Aktivität auch des kastrierten Katers
- Verletzungen, Kratz- oder Bisswunden am Genital (*Arnica, Bellis, Conium*)
- Alle Beschwerden, Erkrankungen möglich durch nicht ausgelebten Sex des unkastrierten Katers
- Entzündungen, Schwellung, Eiterungen in der Vorhaut des Katers
- Spezifikum nach der Kastration: Störungen der Wundheilung, Verhaltensstörungen, Aggressivität
- Alle Probleme, Schmerzen nach Kastration, Schwellungen, verhärtete, schmerzhafte Narben
- Hodenerkrankungen beim Zuchtkater (Entzündung, Verhärtung, Verkleinerung, Tumor – wie *Conium*)

Harnwege

- Spezifikum für Beschwerden nach (wiederholter) Katheterisierung, speziell beim Kater
- Gestörter Harnabsatz, Harnabflussstörungen, vergeblicher anhaltender Harndrang
- Beschwerden nach Punktion der Blase o. a. Blasenoperation (Steine, Grieß)
- Harnwegserkrankungen im Gefolge der Kastration

Haut

- Übermäßige Berührungsempfindlichkeit, evtl. ungern gestreichelt
- Schlechte Wundheilung, speziell von Schnitt-, Stich- oder glatten Kratzwunden (*Ledum*)
- Hautausschläge durch Ärger, Stress mit den anderen *Staphysagria*-Symptomen
- Hautausschläge mit heftigem Juckreiz, nässend, wundmachend, breiten sich aus, bilden dicke Krusten
- Empfänglichkeit für Ektoparasiten, Milben, Haarlinge, Zecken u. Ä.
- Warzen, Auswüchse, berührungsempfindlich, im Genitalbereich, am After, am Augenlid

Modalitäten

- Generell schlimmer nach emotionaler oder sexueller Erregung, nach Zorn
- Schlimmer nach unterdrücktem (nicht geäußertem) Ärger, nach »unterdrücktem« Sex
- Zittern nach Wut, Aufregung oder vermeintlicher Ungerechtigkeit
- Empfindlich gegen Berührung, besonders an Warzen
- Besser durch Wärme
- Markieren, Harnspritzen durch Ärger, Eifersucht, Demütigung, Kummer u. a. Emotionen

Auslöser

- Beschwerden nach unterdrücktem (nicht geäußertem) Ärger oder Sex
- Beschwerden nach Kastration des Katers (z. B. Blase, Aggressivität)
- Beschwerden nach Kummer, Demütigung, Kränkung, Zurücksetzung, Bestrafung, Ungerechtigkeit
- Durch emotionale Aufregung, Schreck, Angst, Eifersucht
- Durch Dominierung von Seiten anderer Katzen, Tiere oder Menschen
- Durch überdimensionale Wut, besonders wenn sie nicht geäußert werden kann oder darf
- Erkrankungen, wenn sich zusammen lebende Wohungskatzen nicht vertragen mit ständigem Ärger
- Erkrankungen nach entfernten Warzen o. a. Auswüchsen (*Thuja, Nitricum acidum*)
- Belastung durch Quecksilber (Impfungen)
- Mögliche Überdosierung durch Komplexmittel, die *Staphysagria* enthalten

Ergänzungsmittel

Causticum (»Ungerechtigkeit«, »Anarchist«)
Colocynthis (Bauchschmerzen durch Ärger)

Stramonium – Datura stramonium – Stechapfel – Stram

Allgemeines

Stramonium gehört zu den Nachtschattengewächsen und wirkt als halluzinogenes Rauschmittel.

Der Stechapfel gehört zur Familie der Engelstrompetengewächse und ist wie diese ist eine beliebte, aber giftige Zierpflanze.

Unkultiviert wächst *Stramonium* auf Schutt- und Müllhalden. Der menschliche Patient fühlt sich so schmutzig und wertlos wie »Müll«, bemüht sich aber eindringlich, lieb und nett zu sein; aber er wird plötzlich unwillkürlich und gegen seinen Willen von destruktiv-aggressiven Kräften überwältigt.

Stramonium entfaltet seine Wirkung speziell im Bereich des Zentralnervensystems. Hier ist es indiziert für zwei Arten von Erkrankungen: Für die akute oder subakute Enzephalitis oder für chronische Folgen von lebensbedrohlichem Schreck- und Paniksituationen.

Die Symptome äußern sich häufig in Form von nicht beherrschbarer, boshafter Aggression.

VORSICHT! Auch Katzen können gefährlich beißen und kratzen!

Vergleiche *Belladonna, Hyoscyamus, Lyssinum*.

Aussehen im Akutfall einer Enzephalitis

- Verwirrter Blick, verkrampftes Grimassieren mit Trismus (Krampf der Kaumuskeln)
- Heftigste Krampfanfälle, mit oder ohne Bewusstsein

- Abwechselnd tonische und klonische Krämpfe oder tetanische Steifheit mit Opisthotonus
- Schluckkrämpfe, lichtempfindliche weite Pupillen
- Vor dem Krampfanfall: gellender Schrei
- Anfall beginnt mit Krämpfen im Gesicht, breitet sich dann auf den Körper aus
- Während des Anfalls: Zungenbiss, Um-sich-Beißen (Vorsicht!)
- Tetanische Steifheit mit oder ohne Bewusstsein, Schreien

Verhalten im chronischen Zustand

- Sehr liebenswürdig, sucht Zuwendung, aber plötzlich hervorbrechende aggressive Gewalttätigkeit
- Urplötzliche Aggressivität, z. B. durch Wahrnehmung von Wasser, Glitzern, im Dunkeln
- Durch Alleinsein, »Gefühl von Verlassenheit«, durch Eifersucht
- Angst, Panik im Dunkeln, Platzangst (Transportkiste) mit nicht beherrschbarer Aggressivität
- Auffallende »Geschwätzigkeit«, exzessives Miauen mit immer höher werdender Stimme bis zum heiseren Krächzen
- Plötzliches unsinniges Spielverhalten abwechselnd mit Indifferenz oder Aggressivität
- Sonderbares Stupsen mit der Schnauze bzw. Nase
- Extreme Angst vor Verletzung oder Schmerz mit Aggressivität – Vorsicht bei der Untersuchung!
- Verlangen, davonzulaufen, ohne erkennbares Ziel
- Wasserscheu, Panik, wenn der Patient gewaschen oder gebadet werden soll
- Evtl. sexuelle Erregung
- Selbstzerstörung, verletzt sich selbst (Automutilation) (wie *Arsenicum, Belladonna, Hyoscyamus*)

> VORSICHT mit der Therapie solcher Tiere! Auch Katzen können lebensgefährliche Verletzungen zufügen, insbesondere bei Kleinkindern. Euthanasie erwägen!

Indikationen und Symptome

- Heftige, gewalttätige Zustände bei sonst liebenswürdigen Patienten (im chronischen Fall)
- Zentralnervöse Erkrankungen: Enzephalitis, Meningitis, Epilepsie, Chorea (unwillkürliche, sinnlose Bewegungen)
- Rollen des Kopfes, Zucken, tonisch-klonische oder rein tonische Krämpfe
- Delirium im Fieber (»Fieberkrampf«)
- Krämpfe nach der Geburt
- Krämpfe im Zwerchfell, Schluckauf ohne Ende, unerklärliche Niesanfälle
- »Psychotische Zustände« nach Schreck oder Panik, Verlassenheitsgefühl
- Klinisch schwere Erkrankungen ohne subjektive Symptome, z. B. Asthma, Pneumonie
- Schmerzlosigkeit bei sonst schmerzhaften Prozessen
- Schmerz im linken Hüftgelenk = Lahmheit hinten links, z. B. nach Tollwut-Impfung
- Schwankender, stolpernder Gang
- Erbrechen, sobald er den Kopf hebt

Modalitäten

- Chronischer Zustand: Schmerzlosigkeit sonst schmerzhafter Zustände (wie *Opium*)
- Schlimmer abends, nachts, besonders nach Mitternacht, im Dunkeln
- Schlimmer beim Alleinsein, besser durch Gesellschaft und durch liebevolle Behandlung
- Schlimmer oder ausgelöst durch den Anblick glitzernder Gegenstände (*Lyssinum*)
- Schlimmer nach Schlafen, schlimmer durch Druck oder durch Bewegung
- Meist reichlicher Speichelfluß, läuft aus dem Maul
- Wiederauftreten dieser Zustände evtl. alle 3 Wochen

Auslöser

- Panikzustände, Angst, Schreck, plötzliches Alleinsein, Strafe, Zurechtweisung oder Aggression anderer Tiere
- Unterdrückte Hautausschläge oder Absonderungen, anschließend Enzephalitis
- Apoplexfolgen

- Hohes Fieber, schwerste Urämie mit Hirnreizung
- Ausgelöst oder verschlimmert durch den Anblick glänzender Gegenstände oder Wasser
- Folgen von lebensbedrohlichem Schreckerlebnis, Kopfverletzung, Misshandlung
- Folgen von durchgemachter Enzephalitis
- Folgen von Verlust der Bezugsperson, Verlassenheit
- Folgen von unterdrücktem Sex, Eifersucht
- Folgen von Impfung, auch langfristige, z. B. Tollwut, Tetanus, Staupe (beim Hund)
- Folgen von Quecksilberbelastung (Impfungen)

Sulfuricum acidum – Schwefelsäure – Sul-ac

Allgemeines

Sulfuricum acidum gehört zu den am meisten schwächenden Säuren der Homöopathie. Die Schwäche betrifft den ganzen Organismus.

Wie der Schwefel hat auch die Schwefelsäure einen wesentlichen Einfluss auf das Stoffwechselgeschehen: Abbauprodukte werden in der Leber an Schwefelsäure gebunden und zur Ausscheidung gebracht. Ist dieser Vorgang gestört, dann kommt es zur Bildung von toxischen Substanzen, zu Schwäche und Reizbarkeit. Derartige *Sulfuricum-acidum*-Erkrankungen sind jedoch selten bei der Katze.

Für die Therapie der Katze eignet sich *Sulfuricum acidum* am ehesten für Wunden, die sich schwarz verfärben und zum Gangrän (Absterben des Gewebes) entwickeln, ferner für fluktuierende Blutergüsse, die nicht resorbiert werden. Hier kann *Sulfuricum acidum* ein wichtiges Folgemittel für Zustände sein, die sich trotz indizierter *Arnica* nicht zurückbilden.

Sulfuricum acidum muss unterschieden werden von

- *Arnica*: Quetschwunden mit Wundschmerz »wie geschlagen«
- *Calendula*: schlecht heilende Wunden mit Tendenz zu Entzündung
- *Ledum*: diffuser Bluterguss mit Besserung durch Kälte, besonders bei Verletzung der Zehen und Krallen
- *Secale*: absterbendes, schwarzes Gewebe oder Geschwür nach Quetsch- oder Schälwunde, schlimmer durch Anwendung von Wärme.

Sulfuricum acidum ist ein Mittel, das eher für Verletzungsfolgen, weniger für den Beginn einer akuten Wunde indiziert ist.

Indikationen und Symptome

Akute und subakute Zustände

- Wunden und Wundheit – bläuliche, blutunterlaufene Stellen (Gerinnungsstörung)
- Entwicklung von schmerzhaften Blutblasen
- **Verletzungen** mit Austritt von dunklem Blut:
  - Weichteilverletzungen, Schnittwunden (*Staphysagria*)
  - Kleine Wunden bluten stark
  - Blutohr (indiziert nach *Hamamelis*)
- Knochenverletzungen, verzögerte Frakturheilung mit lange bestehendem Bluterguss
- Verletzungen, die sich überraschend schnell zum kalten Gangrän entwickeln (z. B. Quetschungen am Schwanz)
- Wundgangrän ausgehend von diffusen Blutergüssen, Schwäche, Erschöpfung
- Leicht blutende Geschwüre mit dunklem Blut

Chronischer Zustand

- Wiederkehrende Blutergüsse, Ekchymosen bei Gerinnungsstörungen (wie Schlangengifte)
- Schwäche der Blutgefäße, Bluterguss durch kleinste Stöße
- Blutungsneigung – dunkles, dünnflüssiges Blut
- Begleitet von ruhelosem, eiligem Verhalten trotz Schwäche

Modalitäten

- Möglicherweise Schwäche – in keinem Verhältnis zur Schwere der Erkrankung (*Arsenicum*)
- Besser durch mäßige Wärme
- Besser durch Liegen auf der kranken Seite
- Schlimmer durch Kälte und Hitze

- Schlimmer abends (nachts)
- Schlimmer durch Berührung
- Besser durch Ruhe, schlimmer durch Bewegung

Auslöser

- Wunden, Prellungen, Quetschungen, auch Operationswunden, Verbrennungen
- Stoffwechselstörungen, Blutungsbereitschaft

Sulfur lotum – Schwefel – Sulf

Allgemeines

Sulfur ist in der Homöopathie eines der am besten geprüften Arzneimittel mit einem sehr weiten Spektrum an Indikationen.

Beim ausführlichen Repertorisieren wird *Sulfur* sehr häufig mit an der Spitze der Wertigkeiten stehen, ohne dass er als Simile für den Patienten infrage kommt.

Der Schwefel ist durch seine Fülle an Prüfungssymptomen im Repertorium überrepräsentiert. Gerade deshalb muss er gewissenhaft und vorsichtig ausgewählt und eingesetzt werden.

Sulfur wirkt in der Homöopathie als »der große Reiniger«.

Der *Sulfur*-Patient leidet i. d. R. unter gestörter Assimilation (Auswertung der Nahrung) und/oder ungenügender Dissimilation (Ausscheidung von Abbauprodukten). Das Ergebnis sind Stoffwechselstörungen und »Verschlackung«, die einer »Reinigung« bedürfen.

Sulfur »reinigt« diesen Organismus, bringt Reaktionen und Ausscheidungen in Gang, z. B. auch akute oder chronische Folgen von Pharma-Präparaten, die das Immunsystem unterdrücken (wie Kortison u. Ä.)

Sulfur kann allmählich das Immunsystem oder einen verlangsamten, ungenügenden Stoffwechsel aktivieren, aber auch unerwünschte Überreaktionen erzeugen oder »schlummernde« Erkrankungen zum Ausbruch bringen, wenn er nicht indiziert oder in zu häufiger Dosierung gegeben wird.

Sulfur ist eine sehr intensiv wirksame Arznei für akute, chronische und konstitutionelle Zustände.

Aussehen des chronischen Sulfur-Patienten

- Oft intensiv pigmentierte Tiere von robuster Statur
- Schmutziges, stumpfes Fell, das Haar zieht Staub und Schmutz an – sogar bei der Katze!
- Evtl. wunde oder gerötete Körperöffnungen
- Fast bei jedem *Sulfur*-Patienten besteht eine Tendenz zu juckenden Hautausschlägen oder zu Pilzinfektionen
- Häufig intensiver, unangenehmer Körpergeruch, wie »ungewaschen«
- Häufig Befall mit Ekto- und/oder Endoparasiten, auch wiederholter Befall trotz entsprechender Therapie
- Oft Neigung zu Fettsucht (wie *Calcarea, Pulsatilla, Graphites* u. a. Mittel), manchmal auch mager
- Meist sehr warmblütige Tiere, selten auch Neigung zum Frieren
- Halten sich gern an kühlen Plätzen auf

Verhaltenssymptome des chronischen *Sulfur*-Patienten

- »Fels in der Brandung«, wenig zu erschüttern, nicht übermäßig freundlich, nicht übermäßig ängstlich
- Indifferent, wenig interessiert an unserer Zuwendung, aber umso mehr an Leckerli
- Keine »Schmusekatze«, kommt und geht, wann sie will
- Ranghoch, ohne das zur Schau zu stellen, man achtet ihn oder unauffällige Rangordnung
- Eher reserviertes, dumpfes Verhalten, umso deutlicher, je weiter die Krankheit fortgeschritten ist
- Wenig zu beeindrucken, geht eigensinnig seinen Weg
- Evtl. Dominanzprobleme mit Besitzern, ungehorsam, Neigung zum Markieren mit Kot oder Urin
- Vorherrschend faul und träge, macht aber Unsinn, wenn es ihm gefällt, Langeweile
- Stiehlt Futter, wenn es ihm passt, Verbote oder Strafe interessieren nicht, Allesfresser
- Mangelndes Putzverhalten, bringt Laub oder Schmutz in die Wohnung

Indikationen und Symptome

Alle Arten von Gesundheitsstörungen

- Nach unterdrückten Symptomen oder Ausscheidungen
- Speziell indiziert, wenn akute Erkrankungen neben Antibiotika zusätzlich immunsuppressiv (NSAIDs, Kortison) behandelt wurden, mit verzögerter Rekonvaleszenz
- Akute und chronische Erkrankungen nach schlecht vertragener Impfung (*Echinacea, Silicea, Thuja*)
- Chronische Erkrankungen, die nicht genügend auf gut gewählte Arzneien reagieren (eine Einzelgabe!), anschließend das passende Simile geben
- Indiziert zur Klärung der Situation nach zu vielen, nicht passenden homöopathischen Mitteln (Einzelgabe)
- Einmalige Zwischengabe (C 30) im Lauf langfristiger Therapie chronischer Krankheiten

Augen

- Hornhautentzündung speziell durch Nebenwirkung von (Depot-)Kortison
- Geschwüre der Lidränder, Gerstenkörner

Atemwege

- Alle Arten von Katarrhen, Entzündungen, chronisch, auch nach oder trotz Pharmakotherapie
- Chronische Atemwegserkrankungen, speziell nach Therapie der akuten Phase mit Kortison

Verdauungsapparat

- Gerötete Maulschleimhaut und After
- Heißhunger, speziell vor der Fütterung, trotzdem evtl. mager, aber auch Fettsucht möglich
- Minderwertiges Futter wird erstaunlich gut vertragen, aber später Stoffwechselstörungen
- Futtermittel- u. a. Allergien vielfältiger Art
- Unverträglichkeit von Trockenfutter
- Tendenz zu verlangsamter Darmfunktion mit Hauterkrankungen
- Kot stinkt, Blähungen stinken, evtl. mühsamer Kotabsatz
- Durchfall mit abwechselnd dünnem und festem Kot

Bewegungsapparat

- Rückenschmerzen, Steifheit, kalte oder zu warme Extremitäten
- Vermeidet Bodenheizung

Haut

- Intensiver Körpergeruch, schmutzig wie »ungewaschen«
- Struppiges, glanzloses Haarkleid, Hautausschläge jeglicher Art möglich
- Gereizte Haut, besonders um Körperöffnungen, evtl. heiße Haut
- Evtl. extremer Juckreiz, kratzt wund und blutig
- Schlimmer im Warmen, schlimmer im Winter
- Schlimmer nach Baden o. a. feuchten Anwendungen
- Pickel, Eiterungstendenz, schlechte Heilungstendenz der Haut
- Ausschlag mit erhaltenem Haarkleid, aber fleckweiser Haarausfall möglich
- Hautpilzerkrankungen, speziell nach Anwendung von Antibiotika, Antimykotika oder Kortison (u. ä. Mittel)
- Hormonell bedingter Haarausfall
- Wundmachende Absonderungen

Modalitäten

- Unverträglichkeit von Autofahren
- Heißhunger vor der Fütterung (Markieren mit Kot oder Urin bei Hunger)
- Verlangen nach Unverdaulichem, frisst »jeden Dreck«
- Juckreiz schlimmer im Warmen, beim Warmwerden, z. B. im Bett
- Sucht Abkühlung, besser durch frische Luft, aber Hitze stört ihn nicht
- Besser durch wenig Bewegung, aber meist faul und träge
- Schläfrig am Morgen und am späten Vormittag
- Besseres Befinden durch (Wieder-)Auftreten von Absonderungen oder Ausscheidungen
- »Asthma«, Atemnot im Wechsel mit Hautausschlägen (gleichzeitiges Auftreten: *Natrium muriaticum*)
- Beschwerden beginnen rechts, gehen dann auch nach links

- Kein chronischer *Sulfur*-Patient ohne – zumindest vorangegangene – Hauterkrankung oder Unterdrückung!!
- *Sulfur* bringt Reaktion in Gang, kann vorübergehend die Symptome verstärken (siehe *Kapitel 2, Seite 20*)

Auslöser

- *Sulfur*-Erkrankungen sind meist bedingt durch toxische Belastungen, Mangel an Reaktion oder Ausscheidungsfunktionen des Organismus
- Meist Folgen von unterdrückten Absonderungen oder Erkrankungen (z. B. durch Pharmakotherapie)
- Folgen von unterdrücktem Schnupfen
- Folgen von schlecht vertragener Impfung (z. B. Fieber, Eiterung, Hautausschlag)
- Folgen von (wiederholtem) Einsatz von Therapien, die das Immunsystem blockieren (NSAIDs, Kortison)
- Folgeerkrankungen nach Kortison
- Folgeerkrankungen durch Unverträglichkeit von Pharma-Präparaten o. a. toxischen Substanzen (*Nux vomica*)
- Folgen von »Katzenpille« (*Lachesis, Staphysagria, Conium* u. a.)
- Folgen von reichlichem Futterangebot bei wenig Bewegung
- »Reaktionsmangel«, – d. h. träger Stoffwechsel, der nicht die erwarteten Reaktionen auf Homöopathika zeigt
- »Verschlackter« Stoffwechsel: Mangelhafte Ausscheidungen schaffen sich Absonderung durch die Haut
- Folgen von toxisch wirkenden Stoffen (z. B. Futtermittel, Medikamente u. Ä.)
- Unverträglichkeit von Trockenfutter
- Folgen von Quecksiberbelastung (Impfungen)
- Nach- oder Nebenwirkungen von Depotkortison
- Mögliche Überdosierung durch Komplexmittel, die *Sulfur* enthalten

Symphytum officinalis – Beinwell – Wallwurz – Symph

Allgemeines

Der Name dieser Pflanze leitet sich aus dem Griechischen her: »symphyein« bedeutet »zusammenwachsen«. *Symphytum* ist eine uralte Heilpflanze, bekannt als »*Arnica* der Knochen«.

Symphytum ist ein wichtiges Mittel für schlecht heilende Knochenfrakturen. Es kann organbezogen eingesetzt werden zu Regeneration von Knorpel (Meniscus, Bandscheibe), ferner ist es indiziert bei allen Arten von Knochenschmerzen.

Indikationen und Symptome

Knochen – Periost (Knochenhaut)

- Beschleunigt die Heilung von Knochenfrakturen und Knochenrissen (wie *Ruta* oder speziell bei Jungtieren: *Calarea, Calcarea phosphorica*)
- Vermindert Komplikationen, macht einen glatten Knochenkallus (Knochennarbe)
- Speziell angebracht bei komplizierten Knochenfrakturen (wie *Calcarea, Calcarea phosphorica, Silicea, Calcarea fluorica*)
- Fördert die Verfestigung bei chirurgischer Fixation gebrochener Knochen
- Aber Vorsicht: Zu häufige Gaben hoher Potenzen können die Frakturheilung verhindern!

Auge

- Schmerzen nach Prellung des Augapfels, mit Gefahr von Verklebung von Innenorganen des Auges
- Beugt dabei der Gefahr einer späteren Linsentrübung (Grauer Star) vor (*Conium*)
- Verletzung der Hornhaut am Auge (Erstes Mittel: *Staphysagria*!)
- Verletzung der knöchernen Augenhöhle (*Ruta, Silicea*)

Syphilinum – Luesinum – Nosode aus der Syphilis – Syph

Allgemeines

Syphilinum oder *Luesinum* gehört wie *Psorinum*, *Medorrhinum* und *Carcinosinum* zu den »Erbnosoden«:

Syphilinum kann Elterntieren gegeben werden, deren Vorfahren, Geschwister oder Nachkommen mit schweren Missbildungen behaftet waren oder unter denen bevorzugt Totgeburten vorkamen.

Syphilinum kann ferner als Zwischenmittel bei schwersten destruktiven Erkrankungen verabreicht werden, die auf kein anderes Mittel reagiert haben. *Syphilinum* ist also kein Mittel für den Beginn einer homöopathischen Therapie!

Der generelle Konstitutionstyp der Katze neigt zwar zu »destruktiven« Krankheiten; dennoch ist *Syphilinum* hier ein ausgesprochen selten indiziertes Mittel.

Vorsichtige Dosierung! Falsche Gaben hoher Potenzen können therapieresistente Zustände hervorrufen.

Indikationen

- Zwergwuchs
- Abmagerung trotz guter Futteraufnahme
- Übertriebener Putzzwang – seltenes Zwischenmittel beim schweren Leckekzem
- Destruktive Erkrankungen der Augen, Iritis
- Extremer Speichelfluss, speziell im Schlaf (wie *Mercurius*)
- Zahnverfall am geschwürigen Zahnfleisch (trotzdem sehr selten bei der Stomatitis der Katze)
- Destruktiver Schnupfen mit Zersetzung der Nasenknochen und extrem stinkendem Knocheneiter
- Tief sitzende Ohrenerkrankungen mit eitrigem Zerfall des Innenohrs
- Destruktive Erkrankungen der Lungen
- Quälende neuralgische Schmerzen
- Schmerzen in Extremitäten, Panaritium
- Flächige, chronisch eitrige Hautausschläge
- Wiederkehrende Abszesse mit anschließenden tiefen Geschwüren
- Erkrankungen im Genitalbereich

Modalitäten

- <u>Verschlimmerung aller Beschwerden/aller Schmerzen in der Nacht</u>
- Schlimmer von Sonnenuntergang bis Sonnenaufgang
- Schlimmer bei Vollmond
- Schlimmer durch Bewegung
- Begleitend: Haarausfall

Tarentula hispanica – Lycosa tarentula – Spanische Tarantel – Wolfsspinne – Tarent

Allgemeines

Die spanische Tarantel ist eine giftige Spinne, die in Spanien und im südlichen Italien beheimatet ist.

Ihr Biss bringt den Menschen zu psychischer Erregung und hektischer, unbeherrschbarer Unruhe bis zu laszivem Verhalten oder epileptiformen Krampfanfällen (Tarantismus). Einzig Tanzen zu monotoner, intensiv rhythmischer Musik (Tarantella) mit intensivem Schwitzen kann diese Zustände allmählich bessern.

In der Homöopathie ist *Lycosa* ein Mittel für psychische Störungen bzw. Verhaltensprobleme mit manischer Unruhe und boshafter Aggressivität.

Tarentula hispanica bzw. *Lycosa* darf nicht mit *Tarentula cubensis* (*Tarent-c*, Kuba-Spinne) verwechselt werden; diese ist indiziert für destruktive Infektionen und Entzündungen, die sich ohne Eiterung tief ins Gewebe hineinfressen.

Indikationen und Symptome

- Zustände von Nervosität mit unbezähmbarer Unruhe, plötzlich auftretend
- Katze ist in beständiger Ruhelosigkeit, wie getrieben
- Bewegungen, Chorea mit rhythmischen Bewegungen
- Verhalten auch wie übertriebene Rolligkeit oder Nymphomanie, wälzt sich auf dem Boden
- Exzessives, übertriebenes Spielverhalten, Luftsprünge abwechselnd mit Zorn und Reizbarkeit
- Überreizte Nerven mit Zuckungen oder Stereotypien, überempfindlich gegen Berührung
- Unruhe schlimmer, wenn man das Tier beobachtet oder zu beruhigen versucht
- Zerstört seinen Körper durch Lecken oder Knabbern, Ausreissen der Haare

Modalitäten

- Besser im Freien, besser durch Wärme
- Besser durch intensives Streichen und Reiben, aber schlimmer durch Berührung
- Schlimmer durch sexuelle Erregung auch beim Kastraten
- Schlimmer durch Lärm
- Verlangen nach Unverdaulichem

Auslöser

- Katzen mit Tendenz zu Überempfindlichkeit, »Hysterie«
- Evtl. Reaktion auf übermäßige Emotionen der Besitzer
- Überreiztes Sensorium durch Aufregung oder intensive Sinneseindrücke

Terebinthinae oleum – Terpentinöl – Ter

Allgemeines

Terpentin ist ein in Wasser unlösliches Harz aus Nadelbäumen, genutzt als bekanntes Lösungsmittel für Farben und Lacke.

Terpentin ist giftig und schädigt in erster Linie das Nierengewebe und die Schleimhäute.

Homöopathisch ist es gut geprüft: Seine wichtigste Indikation liegt in Erkrankungen der Harnwege.

Neben *Cantharis* ist es eines der wichtigsten Mittel für akute Harnwegserkrankungen – indiziert besonders bei unerwarteter, mangelnder Wirkung von *Cantharis*, das Mittel mit den zweitschlimmsten Blasenschmerzen nach *Cantharis*.

Indikationen und Symptome

Harnwege

- Nierenbeckenentzündung, akute Glomerulonephritis, Blasenentzündung, Harnröhrenentzündung
- Frühe Stadien von Nierenerkrankungen, zu den Nieren aufsteigende Blasenentzündung
- Ausgeprägte Nierenschmerzen, begleitet von Rückenschmerzen
- Konstanter Tenesmus (Harnzwang), Blasenschmerzen wie *Cantharis*
- Blasenschmerzen während des Urinierens, heftige Krämpfe, beginnen beim Urinieren
- Schwieriger Harnabsatz, schlimmer nachts, auch unwillkürlicher Harnabgang
- Harnverhaltung, Harnsperre, Blasenblutung
- Blutiger, schleimiger Urin, ähnlich *Cantharis*

Mögliche Begleitsymptome

- Neigung zu Ödemen, bei der Katze jedoch schwierig zu erkennen
- Neigung zu Schleimhaut- und anderen Blutungen
- Viel Durst, Rückenschmerzen
- Schwäche, Hinfälligkeit, Schwindel, Ödeme, Lähmung durch Urämie
- Erkrankungen der Augen, Iritis bei Nierenerkrankung

Modalitäten

- Blasenschmerzen besser durch Bewegung, beim Gehen
- Schlimmer in Ruhe

- Schlimmer durch feuchte Kälte
- Schlimmer nachts 1 bis 3 Uhr
- Schlimmer durch äußeren Druck auf die Blase
- Uringeruch stinkend, nach Ammoniak, Sediment wie Kaffeesatz

Auslöser

- Folgen von schweren bakteriellen Infektionen, besonders Streptokokken

Thuja occidentalis – Lebensbaum – Thuj

Allgemeines

Thuja ist eine Zypressenpflanze, die häufig als undurchsichtige Hecke und als Sichtschutz gepflanzt wird, z. B. um einen Garten oder Friedhof vor fremden Blicken zu isolieren.

Im Arzneimittelbild verhält sich mancher *Thuja*-Patient ebenfalls oft wie »isoliert«, kann äußere Einflüsse und Zuwendung nicht adäquat verarbeiten. Er kann weder eine freundlich entgegengebrachte Sympathie annehmen, noch erwidern; er kann auch andere, ihm fremde Einflüsse nicht verarbeiten; dazu gehört z. B. die Unverträglichkeit von körperfremdem Eiweiß, wie es z. B. bei Impfungen verabreicht wird. Andererseits kann sich der *Thuja*-Patient auch distanzlos, als „Jedermanns-Tier" zeigen, ohne eine persönliche, enge Bindung einzugehen.

Der *Thuja*-Baum wächst bevorzugt auf feuchten Böden; auch der Patient weist einen Bezug zur »Feuchtigkeit« – zu Einflüssen von Nässe und Feuchtigkeit – auf.

Die *Thuja*-Pflanze bildet warzenähnliche Früchte, ähnliche Gebilde kann der *Thuja*-Patient auf seiner Haut produzieren – allerdings bei der Katze seltener als z. B. bei Hund, Rind oder Pferd.

Thuja ist eines der am häufigsten verkannten und schwierigsten Mittel der homöopathischen Materia medica: Es passt z. B. für Krankheiten, die sich häufig mit undeutlichen Symptomen zeigen, gewissenhaft ausgewählte homöopathische Mittel helfen nicht; *Thuja* steht wegen seiner häufig versteckten Zeichen oft erst »in der zweiten Linie« der Arzneimittelwahl, nachdem das erste Mittel keine Wirkung gezeigt hat.

Dazu gehören auch Tumorerkrankungen oder Krebs.

Thuja ist eine Arznei für chronische Erkrankungen und »konstitutionelle« Zustände. In der Regel entwickeln sich *Thuja*-Erkrankungen langsam und kaum merklich – Ausnahme: Impfreaktionen.

Thuja-Erkrankungen bzw. *Thuja*-Symptome können durch Impfungen erworben werden, unabhängig von der zugrunde liegenden Konstitution. Hahnemann beschreibt das Vorkommen von zwei, voneinander »unähnlichen« Krankheiten in ein und demselben Organismus. *Thuja* als Impffolge ist eine Form dieses Phänomens, wodurch diese Patienten mitunter schwierig zu behandeln sind. *Thuja* ist bei der Katze **ein selten** vorkommendes Mittel – im Gegensatz zu Hund und Pferd.

Aussehen im chronischen Fall

- Fast jedes Lebewesen kann *Thuja* benötigen, insbesondere nach schlecht vertragenen bzw. zu häufigen Impfungen, oft unabhängig von der ursprünglichen Konstitution
- Viele *Thuja*-Patienten neigen zum Dickwerden und Wassereinlagerungen im Gewebe
- Gelbe, dunkle, schwarze Zähne, viel Zahnstein, schwammiges, schlechtes Zahnfleisch
- Evtl. Epulis (warzenähnliche Zahnfleischwucherungen)
- Warzen aller möglicher Konfiguration (*Nitricum acidum*), aber nicht jeder *Thuja*-Patient muss viele Warzen aufweisen!
- Oft fettiges, stumpfes Haarkleid, voller weißlicher Schuppen
- Neigung zu Akne mit tiefen Narben
- Unangenehmer, manchmal wie süßlicher Hautgeruch
- Evtl. Pigmentstörungen: Hyperpigmentation oder/und Pigmentmangel
- Tendenz zu Tumoren/Krebs der Haut und Unterhaut
- Schlechte, brüchige Krallen

Verhaltenssymptome – im chronischen Fall

- *Thuja*-Tiere verstehen es, sich an äußere Umstände und Erwartungen anzupassen
- Pflegeleicht, unauffällig, wenig Eigenständigkeit, i. d. R. gut zu dressieren (Hund, Pferd), zu manipulieren
- Oder indifferent, reserviert, unauffällig, seltener auch aggressiv zur Bezugsperson
- Abneigung gegen die Anwesenheit fremder Menschen oder Tiere
- Oder manipuliert, tyrannisiert andere Tiere oder Menschen
- Misstrauisch, Abneigung gegen Fremde, evtl. abweisendes Verhalten (*Natrium muriaticum*)
- Meidet Blickkontakt (*Natrium muriaticum*), sucht keinen Kontakt zu Menschen
- Evtl. auch Eifersucht, will alles für sich haben, »Konkurrenzdenken«, seltener auch Streitsucht
- Eher verfrorene Katzen, meiden Nässe und Regen
- Evtl. motorische Ungeschicklichkeit
- Angst und Unruhe, Umherwandern speziell wenige Stunden oder lange anhaltend nach einer Impfung
- Nächtliche Angst und Ruhelosigkeit durch Impfung
- Anhaltende Ängstlichkeit durch Impfungen

Indikationen

Schleimhäute

- Grünliche, gelbliche, graue, schleimige Absonderung, oft chronisch, aus Urogenital, Atemwegen, Augen

Nervensystem, Hormonhaushalt

- Krampfanfälle durch schlecht vertragene Impfungen, Nervenschmerzen
- Lähmung nach Impfung
- Hormonelle Imbalancen: Zwitter (Missbildung, auch bei Geschwistern oder Eltern)
- Folgen von »Inzest« (Tierzucht neuer Rassen oder Eigenschaften, wie *Medorrhinum, Carcinosinum*)

Augen

- Warzen am Lidrand, chronische Bindehautentzündung, Gerstenkorn
- Augenentzündung speziell nach schlecht vertragener Impfung

Atemwege

- Chronische Katarrhe, Sinusitis, Erkrankungen im Rachen
- Heiserkeit (*Phosphorus*), Auswüchse (Polypen), z. B. an den Stimmbändern (Endoskopie) mit heiserer Stimme
- Husten und Asthma, Atemnot besonders nach – oder verschlimmert durch – Nebenwirkung von Impfung

Verdauungsapparat

- Maul: gelb oder braun verfärbte Zähne, übermäßige Bildung von Zahnstein
- Schneller Zahnverfall bis tief in die Wurzeln
- Zahnfleischwucherungen, Geschwüre im Maul
- Neigung zu Blähungen und Blähungsabgang, evtl. chronischer Durchfall
- Aftererkrankungen, ineffektiver Drang, Warzen, Entzündungen, Fisteln
- Schwieriger Kotabsatz, Schmerzen nach Kotabsatz
- Durchfall nach Impfung, durch Aufregung
- Durchfall durch Aufregung

Urogenital

- Meist chronische Harnwegserkrankungen aller Art, speziell beim Kater (aber häufiger: *Lycopodium, Pulsatilla, Staphysagria*)
- Grünlich-schleimiger Ausfluss aus der Harnröhre
- Zuchtkatze: chronische Ovar- und Uteruserkrankungen, Zyklusstörungen, graugrüner Ausfluss
- Tendenz zum Abort im ersten Drittel der Trächtigkeit, besonders ausgelöst durch Impfung
- Warzen, Auswüchse jeglicher Form (*Nitricum acidum*)

Bewegungsapparat

- Schmerz durch Arthritis, Arthrosen, steifer Gang, schlimmer bei feuchtem Wetter

- Beschwerden durch Leben in feuchter Umgebung (*Dulcamara, Natrium sulfuricum*)
- Bewegungsstörungen, Krämpfe nach schlecht vertragener Impfung

Haut

- Häufig fettiges, glanzloses, talgiges Fell, süßlicher Geruch, abschuppend, juckend, feucht, Haarbruch
- Hautausschläge, Hautpilze schlimmer im Winter, bei feuchtem Wetter
- Pickel, Akne, Krusten, Infektionen, Mykosen (Hautpilze), Talgdrüsenzysten
- Warzen, Auswüchse aller Art, neigen zum Bluten

Modalitäten

- Schlimmer bei nassem Wetter, durch Nasswerden, bei nahendem Tiefdruckwetter, im Winter
- Besser während Absonderungen aus der Schleimhaut
- Wundmachende, oft stinkende Absonderungen
- Verschlimmerung der Symptome nach (wiederholten) Impfungen

Auslöser

- Folgen von schlecht vertragenen oder zu häufigen Impfungen
- Angstzustände nach oder seit Impfung, daher evtl. Unruhe nachts
- Feucht-kaltes Wetter, Nasswerden verursacht/verschlimmert Schleimhautentzündungen aller Art
- Unterdrückte Ausscheidungen aller Art, besonders im Bereich des Genital
- Folgen von Entfernung von Warzen, Hauttumoren (*Staphysagria, Nitricum acidum*)
- Beschwerden durch mutterlose Aufzucht oder zu frühes Absetzen von Welpen (*Natrium muriaticum, Silicea, Magnesium*)
- Beschwerden durch Misshandlung, Vernachlässigung (*Natrium muriaticum*)
- Überreaktion auf Pharma-Präparate (bei *Thuja*-Konstitution)
- Beschwerden schlimmer durch Belastung mit Quecksilber (Impfungen)
- Mögliche Überdosierung durch Komplexmittel?

Arzneibeziehungen

Natrium muriaticum und *Thuja* ergänzen einander

Tuberculinum – Tub – Tuberculinum Koch – Tub-k – Tuberculinum aviaire – Tub-av – Bacillinum – Bac – Bacillinum testium – Bac-ts

Allgemeines

Alle Variationen der Tuberculinum-Nosoden sind, weder vom Arzneimittelbild, noch am Patienten, eindeutig zu differenzieren. Es gibt jedoch Empfehlungen, die aus der Erfahrung am Patienten gewonnen wurden.

Tuberculinum bovinum (Tub) bezeichnet die Nosode, die von Kent aus den Lymphknoten von Tuberkulose-kranken Rindern hergestellt wurde; daher auch die Bezeichnung „Tuberculinum bovinum Kent“. Tub wird am häufigsten angewendet.

Tub sollte nicht im hoch fieberhaften Zustand gegeben werden.

Tuberculinum Koch (Tub-K) wird aus einer Bakterienkultur der humanen Tuberkulose hergestellt. Es heißt in der Literatur, Tub-k sei intensiver, „schärfer“ wirksam als Tuberculinum bovinum.

Weder Tub noch Tub-k sollten im akuten, fieberhaften Zustand gegeben werden.

Im Allgemeinen wird dem Therapeuten Tuberculinum bovinum empfohlen.

Tuberculinum aviaire (Tub-av) stammt aus der Vogel-Tuberculose. Es wird speziell in therapieresistenten Fällen der akuten oder chronischen Bronchitis/Bronchopneumonie bei Kindern empfohlen.

Bacillinum (Bac) bezeichnet den Extrakt aus dem Sputum eines Tuberkulose-kranken Menschen.

Es wirkt „milder“ als Tub und kann auch im subakuten Geschehen angewendet werden.

Bacillinum testium (Bac-ts) wird aus der Hodentuberkulose hergestellt; es wirkt besonders auf Erkrankungen in Bauch und Becken.

Alle Nosoden werden heute aus hoch erhitzten, lyophilisierten Ausgangsstoffen hergestellt, in denen also keine virulenten Erreger mehr vorhanden sind.

Tuberculinum bei der Katze

In den letzten Jahren praktischer Erfahrung an kranken Katzen haben sich die Tuberculinum-Nosoden als besonders wirksame Therapeutika erwiesen.

Erstaunlich dabei ist die Tatsache, dass gerade die Katze nicht an Tuberkulose erkrankt.

Vielmehr scheint die Katze eine spezielle Disposition zum tuberculinischen Miasma („Muster“ einer Krankheit) zu haben:

Katzen erkranken häufig heftig und lebensbedrohlich; viele Krankheiten verlaufen primär chronisch oder schreiten schnell zum Tode fort (FIP, FIV, Infektionen der Atemwege oder des Verdauungsapparates (IBD), Erkrankungen im Maul, degenerative Nierenerkrankungen etc.).

Hinzu kommt die psychische Verfassung der meisten Katzen:

- Sie sind unersättlich neugierig und launisch,
- oft getrieben von nicht vorhersehbaren Gemütsschwankungen (extrem liebevoll abwechselnd mit Aggressivität),
- von wechselhaften Gelüsten hinsichtlich des Futters,
- Verbote oder Widerspruch lösen oft „rachsüchtiges“ Verhalten aus (Urin-spritzen, Einkoten der Wohnung),
- weiterhin das ausgeprägte Bedürfnis, sich im Freien herumzutreiben,
- „Erotische Gelüste“, sofern nicht kastriert.
- Kurz: Katzen sind extrem lustbetonte, spontane und wenig gehemmte Lebewesen.

Die häuslichen „Sofa-Katzen“ gehören jedoch weniger in diese Kategorie.

Entwicklung der Pathologie von Tuberculinum-Nosoden

- Langsam, chronisches oder schnelles Fortschreiten der Pathologie trotz des gewissenhaft gewählten Simile
- Erkrankungen, die sich jederzeit und wiederholt heftig verschlimmern können – bis zur Lebensgefahr
- Periodisch sich wiederholende Erkrankungen oder Verschlimmerungen
- Wechselnde Symptome, evtl. sogar wechselnder Lokalisation

Physiognomie

- Zarter Körperbau, schmale Brust, edles Aussehen, dünnes Haarkleid (wie Phos),
- Verfilzendes Fell möglich,
- Blasse Schleimhäute möglich,
- Wach, aufmerksam, agil, temperamentvoll überschäumend, hyperaktiv,
- Schnell erschöpft und schnell erholt (wie Phos)
- Im fortgeschrittenen Stadium auch matt und erschöpft (wie Ars)
- Meist verfrorener Patient, sucht aber trotzdem frische Luft
- Sucht Wärme und Sonne

Verhalten

- Emotionell, extrovertiert, unruhig, unbeständig, jähzornig, launisch, aggressiv,
  - Unruhig, häufig nachtaktiv,
  - „Redselig“, „geschwätzig“ oder still,
  - Unzufrieden, sucht ständig neue Reize, schreckhaft,
  - Heftiger Zorn möglich, auch über Kleinigkeiten.
- Wechselnde Gemütszustände zwischen Liebenswürdigkeit, Aggressivität und Destruktivität,
- Wechsel zwischen Verhaltensauffälligkeiten und körperlichen Symptomen,
- Treibt sich draußen herum, sucht nach emotioneller Stimulation und Sex

Atemwege:

- Rezidivierende Atemwegsinfekte speziell bei Jungtieren (Tub, Tub-av)

- Chronischer Katzenschnupfen (Bac), auch mit Beteiligung der Augen
- chronischer, trockener Husten, evtl. mit Atemnot
- allergische Atemwegserkrankungen, Asthma (Tub)

Augen
- Chronische Augenentzündungen, oft verbunden mit Katzenschnupfen

Fieber
- Intermittierend, chronisch subfebrile Temperaturen (Sulfur),
- Chronische Tonsillitis o.a. Lymphknoten-Entzündungen

Immunsystem
- Immunschwäche.Komplex (Tub)
- Lymphknotenschwellungen
  - Immunschwäche als chronische Folge von „Unterdrückungen" oder Impfungen
  - Reaktionsmangel, oft ohne äußerlich erkennbare Pathologie (z.B. Leukose) (Ars, Phos)

Maul / Zähne
- Entzündungen, Schwellung, Ulcera an Zahnfleisch und Zunge (Bac, Tub)
  - Zahnverfall , übermässiger Zahnstein
  - Zwergenhafte Zähne
  - Zahnschmerzen, auch an Zahnwurzeln (Bac, Tub)

Darmerkrankungen, Durchfall
- Rezidivierend oder chronisch,
- Plötzlich, ohne erkennbaren Anlass,
  - Periodisch wiederkehrend

Hauterkrankungen, Atopien
- Evtl. mit Atemwegserkrankungen,
  - Alopezie, Mycosen (Bacillinum), Seborrhoe,
  - heftiger Juckreiz, schlimmer nachts, besser im Freien
  - Juckreiz besser durch Wärme (Ars, Rhus-t)
  - feuchte Hautausschläge, besser durch Baden

Bewegungsapparat
- Arthritis, Rheuma, Gelenkerguss wechselnder Lokalisation (nicht immer traumatisch)
  - speziell nach Verletzung am Knie , wenn kein anderes Mittel gefunden werden kann,
  - schlimmer am Anfang, besser bei fortgesetzter Bewegung
- Abmagerung an Hals oder Rücken (Bac)

Nieren
- Chronische, degenerative Nierenerkrankungen (Bac-ts, Tub-k)
- meist verbunden mit Appetitverlust, Übelkeit oder Erbrechen

Modalitäten
- Verlangen und besser an frischer Luft / im Freien
- Abmagerung bei gutem Fressen, extreme Fressgier, aber extrem wählerisch im Futter
  - Schlimmer vor Wetterwechsel, besser im Freien, besser bei warmem Wetter
  - Schlimmer durch Nasswerden
  - Verlangen nach kalter Milch, Abneigung gegen Fleisch
  - Verlangen nach „Delikatessen", nach Butter, nach Sahne, nach Salzigem, nach Eiscreme
  - Viel Durst auf Kaltes, besonders nachts (Phos)
- Heißhunger nachts (Phos, China, Lyc, Psor)

Indikationen
Die in der Literatur angegebenen Symptome des Arzneimittelbildes sind zum großen Teil der Art unspezifisch, dass kaum eine individuelle Arzneimittelwal möglich ist. Hier ist das „Miasma" der Katze entscheidend.

Katzenschnupfen:

Bacillinum: Das erste und am häufigsten wirksame Mittel (Einmalige Gabe der C 200)

Oft gefolgt von Silicea (für die sanften, lieben Katzen)

Frühestens nach ca. 2 Wochen kann eines der konstitutionellen Mittel gegeben werden .

Chronische Augenentzündungen
Tub, Tub-K, Bac

Erkrankungen der übrigen Atemwege
Tub sollte nicht bei Pneumonie im Fieberstadium gegeben werden.

Tub-av – geeignet für akute Bronchitis/Bronchopneumonie

Erkrankungen der Maulhöhle:
Tub: Zahnfleisch-Entzündungen, FORL (Silicea)

Chronische Darmerkrankungen, Durchfall:
Tub oder Bac-ts (Einmalige Gabe der C 200)

Chronische Nierendegeneration
Bac-ts (Einmalige Gabe der C 200)

FIP
Versuchsweise Bac-ts oder Tub-K (im Anfangsstadium Echi)

Leukose und andere Immunschwäche-Erkrankungen:
Bac im akuten und Tub im chronischen Zustand

Differenzierung der Mittel notfalls durch eine der beschriebenen Test-Methoden

Dosierung

Einmalige Gabe der C 200.

Uncaria tomentosa – Uña de Gato – Katzenkralle – Krallendorn – Unc-t

Allgemeines

Uncaria tomentosa ist eine wuchernde Liane aus dem peruanischen Regenwald. Ihre Rinde und Wurzeln wurden seit langer Zeit von den Einheimischen als heilende Abkochung gegen Infektionen, für Magen-Darm-Erkrankungen, Arthritis, zur Erleichterung der Geburt und vieles andere eingesetzt.

Heute gewinnt diese Pflanze zunehmend medizinisches Interesse: Nach neuesten Forschungen sollen die Inhaltsstoffe dieser Pflanze – Alkaloide und Glycoside – intensiv das Immunsystem stimulieren, soll die Makrophagen und T-Lymphozyten aktivieren, die Ausbreitung von Viren eindämmen und ein Tumorwachstum vermindern.

Eine homöopathische Arzneimittelprüfung ist noch nicht bekannt.

Jan Scholten (»Wonderful Plants«, Narayana Verlag) und Robert Murphy erwähnen *Uncaria* (Murphy: Literatur Nr. 39 und 48). Letzterer beschreibt die überraschend schnelle Heilung einer Prostataerkrankung durch das Trinken von Uncaria-Tee.

Eigene Erfahrungen mit potenzierter Uncaria-Rinde liegen noch nicht vor.

Die Pflanze bietet sich gerade für die Katze für die Immunschwächekrankheiten an.

Urtica urens – Brennnessel – Urt-u

Allgemeines

Die Brennnessel erzeugt nach Kontakt auf der Haut juckende Quaddeln – genannt »Urticaria«.

Im Arzneimittelbid zeigt sich schwerpunktmäßig ein ähnliches Bild: *Urtica* ist ein »kleines«, aber wichtiges Mittel für solche allergische Hautreaktionen.

Weitere Reaktionen sind Anämie, Stoffwechselstörungen von Seiten der Niere (»harnsaure Diathese«) und rheumatische Beschwerden. Letztere spielen jedoch für die klinische Anwendung bei der Katze kaum eine Rolle.

Urtica ist kein Mittel für tiefgreifende Heilungen.

Indikationen für die Katze:

- Allergische Urticaria durch Kontaktallergie

- Wichtigstes Mittel für die Allergie mit Juckreiz durch Flohbisse oder Insektenstiche
- Besser durch Kühlen, schlimmer durch Berührung
- Schlimmer nach dem Schlafen

Veratrum album – weißer Nieswurz – weißer Germer – Verat

Allgemeines

Der weiße Nieswurz wirkt auf den Teil des vegetativen Nervensystems, der für die Steuerung der inneren Organe, für die Aktivität des Verdauungsapparats und des Kreislaufsystems zuständig ist.

Veratrum wurde z. B. bei der Wahl von Indianerhäuptlingen als Niespulver (»Nieswurz«) eingesetzt: Wer am längsten dem Niesreiz widerstehen konnte, wurde zum Häuptling gekürt.

Veratrum ist ein häufig gebrauchtes Arzneimittel für akute Reizungen im Verdauungsapparat und Problemen der Kreislaufsteuerung; *Veratrum* gehört mit diesen Symptomen zu den akuten »Notfallmitteln«, die in jeder homöopathischen Apotheke enthalten sein sollten.

Selten ist *Veratrum* auch als konstitutionelles Mittel indiziert bei diktatorischen und destruktivem Verhalten.

Hier handelt es sich um einen Ausschnitt aus dem Arzneimittelbild, der beim Tier eine wichtige Rolle spielt.

Indikationen und Symptome:

Schock

- Schock, Kollaps durch Flüssigkeitsverlust bei schwerem Durchfall, Gastroenteritis
- Schock, Kollaps nach Operation, nach Schwergeburt
- Schock, Kollaps durch akute Vergiftung, auch durch verdorbenes Futter oder Wasser
- Psychischer Schock, Kollaps durch Schreck, Panik

Kreislaufkollaps

- Kollaps mit kaltem Schweiß, speziell an den Pfoten, kalte Nase, Maul und Ohren
- Tendenz zu Untertemperatur
- Kollaps mit Tendenz zu Bewusstlosigkeit
- Kollaps während Infektionskrankheiten, bei Fieber
- Kollaps während schwerster Atemnot, bei schwerstem Asthma
- Kollaps durch Verletzungsschock mit eiskaltem Körper
- Kollaps bei schwerem Durchfall
- Kollaps mit Schock nach Operation, Folgen von Hitzschlag, Sonnenstich mit eiskaltem Körper
- Kollaps durch Unterkühlung (wie *Arsenicum*)

Verdauungsapparat

- Speichelfluss, Übelkeit, Entzündung des Magen-Darm-Trakts (Gastroenteritis)
- Gequälter Ausdruck wegen Übelkeit, wegen Schmerzen
- Durchfall mit kaltem Körper und Tendenz zu Untertemperatur (unter 37,5 °C)
- Durchfall mit unterschiedlich starken Bauchschmerzen, meist aufgetriebener Bauch
- Dabei evtl. ausgeprägte Blähungen, evtl. Gefahr von Darmverschluss
- Durchfall gewaltsam, schießt im Strahl hervor (»Hydrantenstuhl«)
- Kot bei jeder Entleerung flüssiger werdend, anfangs braun-breiig, später hell-wässrig
- »Reis-Wasser-Durchfall« (wie das Wasser von gekochtem Reis)
- Zunehmende Schwäche nach jedem Kotabsatz bis zum Kollaps
- Kälte der Haut, evtl. kalter Schweiß der Pfoten, eiskaltes Maul und Ohren
- Tendenz zu Austrocknung (Dehydration, Exsikkose) durch Flüssigkeitsverlust und fehlende Tränkeaufnahme
- Dabei extremer Durst auf kalte Tränke, die aber wegen Übelkeit nicht aufgenommen werden kann oder sofort erbrochen wird
- Kot geruchsarm (im Gegensatz zu *Arsenicum*!)

- Verstopfung möglich (sehr selten) mit schwierigem, mühsamem Kotabsatz

Psychische Störungen des konstitutionellen Veratrum-Patienten

- Selten vorkommende Verhaltensstörungen mit extrem »diktatorischem« Verhalten
- Verhaltensstörungen schlimmer durch Aufregung
- Aggressivität bis zum Töten von Konkurrenten

Modalitäten

- Heftiger Verlauf, meist schnell beginnend und fortschreitend in lebensbedrohlichen Zustand
- Schlimmer nachts, bei feuchtkaltem Wetter, durch kalte Luft, Kaltwerden
- Lebensgefährliche Unterkühlung (*Arsenicum*)
- Schlimmer durch die geringste Bewegung
- Extreme Schwäche
- Besser durch Ruhe, im Liegen, durch äußere Wärme
- Durst auf kalte Tränke, trotz kalten Körpers und Frierens
- Abneigung gegen warme Tränke
- Sommer- und Herbstdurchfall
- Kot eher geruchsarm – im entscheidenden Gegensatz zu *Arsenicum*!
- Schlimmer im Frühling, Herbst oder Winter

Auslöser

- Kreislaufkollaps und/oder Austrocknung unterschiedlicher Ursachen
- Schock durch Verletzung oder andere lebensgefährdende Ursache (Notfallmittel!)
- Durchfall, Kolik durch Magen-Darm-Infektion, Futtermittelvergiftung, Überfressen mit Früchten
- Kaltwerden, Unterkühlung, Folgen von eiskalter Tränke
- Folgen von Hitzschlag mit anschließendem kalten Körper
- Folgen von überdosiertem *Arsenicum*

Folgemittel

evtl. *Arsenicum, Carbo vegetabilis*

Zincum metallicum - Zinc - Zink

Zincum ist ein Mittel für nervöse und zentralnervöse Erkrankungen.
Für die Katze ist es speziell indiziert für Krampfzustände (Konvulsionen) mit Zittern, Zuckungen und Lähmungen.
Diese Zustände können durch unterdrückte Hautausschläge, Schock, Schreck oder nach Verletzungen des Zentralnervensystems auftreten.

Nosoden

ALLGEMEINES ZUR VERORDNUNG VON NOSODEN

Nosoden werden aus sterilisierten Krankheitserregern, krankem Organgewebe oder Krankheitsprodukten hergestellt.

Es gibt mehrere 100 verschiedene Nosoden. Die wichtigsten Hersteller in Deutschland sind Fa. WALA, Bad Boll und Remedia.at in Österreich..

Nosoden sind nur zum kleinen Teil homöopathisch geprüft. Zahlreiche Indikationen von Nosoden resultieren aus den betreffenden Krankheitsbildern, die in den medizinischen Lehrbüchern dargestellt sind.

Die umfangreichste Beschreibung von Nosoden bzw. Krankheitserregern findet sich bei Frans Vermeulen (»Monera«, englische Sprache, Literatur 74) und H.C. Allen (Literatur 1); leider beziehen sich die in der Literatur erwähnten Nosoden überwiegend auf den Menschen, sodass wir wiederum gezwungen sind, »menschliche« Symptome zu verwenden. Nosoden aus Krankheitserregern der Tiere sind bei Vermeulen nur zum kleinsten Teil erwähnt.

Nosoden können in der Homöopathie nach verschiedenen Kriterien mit unterschiedlichen Aussichten auf Heilung bzw. Besserung oder Prophylaxe verordnet werden.

Grundsätzlich sollte eine akute Krankheit nicht primär mit der Nosode des Erregers behandelt werden, sondern mit einem homöopathisch gewählten Simile!

Für Potenzwahl und Dosierung gelten dieselben Kriterien wie für andere homöopathische Zubereitungen. Allerdings sollten Nosoden nie unter D 12 bzw. C 8 – besser noch ab C 30 – eingesetzt werden, weil sie in niedrigeren Potenzen in seltenen Fällen unerwünschte Reaktionen auslösen können.

Auch falsche oder zu häufige Gaben von Nosoden können verschlimmernd wirken!

KRITERIEN ZUR VERORDNUNG VON NOSODEN

1. Verordnung nach dem Simile-Prinzip

Dies ist die am meisten effiziente Anwendung der Nosoden; nach der Gesamtheit der Symptome oder gemäß der momentanen Pathologie wird die Nosode – unter Beachtung der vorliegenden Modalitäten – ausgewählt.

Beispiel

Psorinum für den rangniedrigen, frierenden Patienten mit stinkendem Körper und Hautausschlag sowie quälendem Juckreiz, spezielle Verschlimmerung im Winter.

Auch diese Art der Verordnung muss häufig von einem passenden Simile gefolgt werden.

2. Verordnung nach Schwerpunkt der aktuellen Erkrankung, nach Modalitäten, Art und Lokalisation der Erkrankung

Beispiel

Hippozaeninum für den chronischen Katzenschnupfen, mit Rhinitis, Sinusitis, Schniefen, mit zäh-eitriger, stinkender, mitunter blutiger Absonderung und evtl. Destruktion der Nasen- und Sinusschleimhaut.

Auch diese Art der Verordnung wirkt nicht in jedem Fall dauerhaft heilend; meist muss sie durch ein passendes Folgemittel bzw. konstitutionelles Mittel ergänzt werden.

3. Verordnung nach dem Prinzip der Isopathie

Als Isopathie bezeichnet man die Therapie mit demselben (potenzierten) Erreger, der die Krankheit ausgelöst hat (Isos – griech. "Derselbe").

Beispiel

Calici-Nosode gegen den durch Caliciviren ausgelösten Katzenschnupfen, Erkrankung von Augen oder Maulhöhle.

Eine isopathische Therapie erzielt in der Regel keine durchgreifende Heilung, in zu tiefer Potenz ist eine massive Verschlimmerung zu erwarten.

Sie kann vorübergehend bessern und damit den Leidensdruck für den Patienten lindern; sie kann jedoch auch im Sinn einer Unterdrückung wirken.

Zumindest kann diese Methode uns ermöglichen, Zeit zu gewinnen, um ein passendes Simile zu finden.

Beispiel

Nosode eines krebskranken Gewebes gegen den dort lokalisierten Krebs.

Dieses Vorgehen wird entweder keinen oder einen verschlimmernden Effekt auslösen.

Daher sollte die Nosode *Carcinosinum* nie unter der C 30 und nicht während einer manifesten Krebserkrankung verabreicht werden.

4. Verordnung von Autovakzinen (Autonosoden)

Autovakzine können aus jedem Gewebe oder aus jeder Absonderung des Patienten hergestellt werden.

Autovakzine erreichen wie die Isopathie in der Regel nicht die durchgreifende Heilung, wie die Anwendung des passenden homöopathischen Simile.

Wenn im Fall von chronischen oder chronisch allergischen Krankheiten kein passendes Homöopathikum gefunden werden kann, ist es möglich, den Zustand des Patienten durch potenzierte Gaben von **Eigenblut** zu verbessern. Dieses Eigenblut sollte möglichst im Stadium des kranken Patienten entnommen werden, der dann nicht unter dem Einfluss einer energetischen Therapie stehen darf.

Diese Art der Autonosodentherapie kann auch in verzweifelten Fällen der Stomatitis ulcerosa hilfreich sein, wenn der potenzierte Speichel der kranken Katze in aufsteigenden Potenzen verabreicht wird.

Beispiel zur Dosierung

Zwei Wochen lang einmal täglich *Speichel* C 3, dann C 4 usw.; bei Besserung müssen die Abstände vergrößert werden (Herstellung eines potenzierten Präparates siehe *Kapitel 2, Abschnitt Arten der Potenzierung, Seite 30*).

Der Einsatz von Autovakzinen kann auch durch die Tatsache gerechtfertigt werden, dass viele Katzenkrankheiten durch äußere Faktoren (z. B. zu häufige Impfungen, Trockenfutter etc.) ausgelöst werden.

5. Verordnung nach einer früher durchgemachten Erkrankung

Die endgültige Heilung einer chronischen Krankheit kann manchmal erreicht werden, wenn nach der Gabe der passenden Mittel die Nosode einer zurückliegenden, scheinbar ausgeheilten Krankheit gegeben wird.

Auf diese Weise kann eine Art »Energieblockade«, welche den Fortschritt der Heilung verhindert, gelöst werden.

Beispiel

Pertussinum (Nosode des Keuchhustens) nach zurückliegendem Zwingerhusten (Hund) oder entsprechendem asthmatischem Husten der Katze.

6. Verordnung nach der Beziehung zum indizierten Homöopathikum

Diese Methode betrifft besonders die Anwendung der Darmnosoden (Bowel-Nosoden) – siehe dort.

7. Prophylaxe für Krankheiten durch Nosoden

Nosoden können auch zur Vorbeuge gegen Erkrankungen verabreicht werden. Wiederholte Gaben der C 30 (z. B. einmal pro Woche, anschließend in größeren Abständen) sollen trotz Exposition den Ausbruch der betreffenden Erkrankung verhindern (siehe *Kapitel 4, Abschnitt Reaktionen auf Impfungen, Seite 154* und Literatur 12 und 59).

8. Nosoden für erbliche Belastungen (miasmatische Belastung) durch Eltern

Für diese Therapie eignen sich besonders die »Erbnosoden« *Psorinum, Medorrhinum, Syphilinum, Carcinosinum* oder *Tuberculinum*. Genauere Angaben zu diesem Thema finden sich in *Kapitel 17, Abschnitt Prophylaxe von erblichen Schäden, Seite 535*.

DARMNOSODEN – BOWEL-NOSODEN

Die Bowel-Nosoden (Darmnosoden) wurden von den Ärzten John Paterson (1890-1955) und Edward Bach (1886-1936) entwickelt; um 1950 wurden die Arzneimittelprüfungen und Ergebnisse der klinischen Anwendung veröffentlicht. Daher sind diese Mittel in den klassischen Arzneimittellehren älterer Herkunft und in den meisten Repertorien noch nicht enthalten.

Die Ausgangssubstanzen der Darmnosoden bestanden aus nicht-Laktose fermentierenden (NLF) Darmbakterien, die aus Stuhlproben des Menschen isoliert und sterilisiert wurden.

Bei chronischen Krankheiten und nach der Einnahme homöopathischer Mittel hatte man eine spezifische Veränderung der Darmflora beobachtet, die einen Bezug zu bestimmten klinischen Mustern erlauben.

Daher haben die Darmnosoden nicht nur eine spezifische Relation zu bestimmten Erkrankungsbildern, sondern auch zu bestimmten homöopathischen Mitteln.

Die Wirkungsdauer dieser Mittel ist genauso zu bemessen wie die anderer Homöopathika.

Der englische Homöopath und Tierarzt John Saxton (Literatur Nr. 60) beschreibt ausführlich die Anwendung der Bowel-Nosoden.

Anwendung dieser Nosoden

Der Einsatz von Darmnosoden empfiehlt sich z. B. dann, wenn ein gut gewähltes Homöopathikum in angemessener Potenz in seiner Heilwirkung nicht genügend wirkt und wenn es vor dem »Wirkungsablauf« (siehe *Kapitel 2, Abschnitt Arten der Potenzierung, Seite 30*) noch nicht wiederholt werden darf. Solche Probleme können z. B. durch anderweitige Maßnahmen, zusätzliche Pharmakotherapie oder krank machende äußere Einflüsse verursacht werden.

Beispiel

Angenommen, unser Patient hat wegen einer chronischen Gehörgangsentzündung *Lycopodium* C 1000 bekommen. Die Besitzer sind nicht bereit, eine Umstellung von Trockenfutter auf natürliches Nassfutter vorzunehmen und gehen stattdessen zur Bioresonanztherapie über. Nun kann der Verlauf der Reaktion auf das homöopathische Mittel nicht klar beurteilt werden.

Der Juckreiz besteht 3 Wochen nach der Gabe der Hochpotenz in verminderter Form weiterhin.

Lycopodium C 1000 beeinflusst den Patienten noch immer und darf daher jetzt noch nicht wiederholt werden.

In einem solchen Fall kann als Ergänzungsmittel von *Lycopodium* die Bowel-Nosode *Morgan-Gärtner*, z. B. als einmalige Gabe in der C 200 oder einer höheren Potenz verabreicht werden, um einen zusätzlichen Heilimpuls zu setzen.

Eine andere Indikation für eine Darmnosode kann erwogen werden, wenn diffuse und nicht genau spezifische Symptome des Patienten vorliegen (z. B. Tierheimtier), die (noch) keine spezifische Arzneiwahl ermöglichen. Die im folgenden angegebenen Symptome beziehen sich auf den Menschen, müssen also für das Tier – wie bekannt – sinngemäß umgedeutet werden.

Die häufigsten Darmnosoden

Dysentery compound – Compositum Dysenteriae Bacillus – Dys-co

- Ängstlicher, aufgeregter Gesichtsausdruck
- Übererregung des Sympathicus (*Argentum nitricum, Arsenicum*)
- Allgemeine Stresssymptome: Unruhe, Erwartungsangst, Platzangst, Chorea
- Mangel an Selbstwertgefühl
- Angst in der Magengegend bzw. Solarplexus
- Unverträglichkeit von Autofahren: Urinieren, Koten im Auto
- Symptome können jedes Körpergewebe betreffen:
- Herzprobleme durch Aufregung, Hyperthyreose
- Wiederkehrende Erkrankungen der Atemwege, auch allergischer Natur

- Tonsillitis, Pharyngitis
- Chronische Magenstörungen, speziell nach Mitternacht
- Spasmen, Erbrechen, Blähungen
- Verdauungsstörungen durch Aufregung
- Unverträglichkeit von Süßigkeiten
- Obstipation oder Durchfall mit heftiger Entleerung
- Oder mühsamer knotiger Kot mit Schleim
- Magen- oder Darmgeschwüre
- Hautausschläge: entwickeln sich langsam, besonders an warmen Stellen
- Haut schuppig, klebrig, rissig, speziell der Pfotenballen
- Ergänzungsmittel für den erregbaren Patienten
- Verwandt mit *Arg-n*, *Ars*, *Nux-v*, *Lyc*, *Phos*, *Sil*, *Tub*

Bacillus Gaertner – Gaertner-Bach – Salmonella enteritidis – Gaert

- Erstmals isoliert aus dem Stuhl eines Patienten mit Lebensmittelvergiftung
- Hauptwirkung für Verdauungsstörungen
- Wichtig für Jungtiere mit Abmagerung durch Ernährungsstörungen
- Jungtiere mit »künstlicher« Ernährung
- Übererregung, Angst mit Abmagerung (*Phosphorus, Silicea, Mercurius*)
- Gestörte Fettverdauung, Glutenallergie (*Carcinosinum*)
- Folgen von künstlicher Ernährung (*Alumina*)
- Neigung zum Erbrechen, Übersäuerung (Kot, Magen)
- Chronische Gastroenteritis, stinkender, chronischer oder rezidivierender Durchfall
- Hartnäckige Wurmbefall
- Gut geeignet bei Problemen nach dem Einsatz von Antibiotika
- Verwandt mit *Phos*, *Sil*, *Merc*

Morgan pure Paterson (Morgan Bach) = Proteus morganii – Morg

- Schwerpunkt Haut, Leber, Kreislauf, Kongestionen (*Sulfur* und viele andere)
- Reizbar und weinerlich, Furcht vor Neuem
- Schnupfen, Sinusitis, Laryngitis, Bronchitis, Husten
- Ulzerierende Stomatitis
- Atemwege, rezdivierende Bronchitis, besonders nach Pharmakotherapie
- Chronische Otitis externa
- Hyperthyreose, Schilddrüsenadenom
- Magenprobleme, Oberbauchprobleme
- Leberstau mit allen Konsequenzen
- Obstipation mit Afterproblemen
- Muskelrheuma, schlimmer am Anfang, besser durch fortgesetzte Bewegung
- Arthrosen, Rheuma
- **Hautausschläge:** an warmen Stellen, am Haaransatz (beim Menschen), Nase, Mundwinkel
- Jucken schlimmer im Warmen, schlimmer durch Waschen, schlimmer während Zahnung
- Haarausfall
- Genitalerkrankungen
- Nabelabsonderung
- Gut geeignet bei Problemen nach dem Einsatz von Antibiotika
- Verwandt mit *Sulfur*, *Calcium*-Verbindungen, *Psor, Graph*

Morgan-Gaertner (Proteus morganii) – Morg-g

- Pessimist, Nervosität, Ungeduld. Platzangst
- Otitis externa et interna, Furunkel im Gehörgang

- Chronische Augenentzündungen, Lidentzündungen, Gerstenkörner
- Hornhautgeschwüre
- Herzbeschwerden, Myocarditis
- Atemwege, Asthma, Sinusitis
- Flatulenz im Oberbauch, Dyspepsie, Obstipation
- Schulter-, Knieerkrankungen, Hitze der Extremitäten
- Blasen- und Nierenerkrankungen
- Verdauungsstörungen, Obstipation oder Durchfälle
- Haut: Alopezia areata (lokaler Haarausfall), Urticaria, verkrüppelte Nägel
- Hautausschläge: Urticaria, Ekzeme, Herpes
- Allgemein besser durch Bewegung
- Besser durch Blähungsabgang
- Schlimmer nachts, schlimmer auf der rechten Seite
- Gut geeignet bei Problemen nach dem Einsatz von Antibiotika
- Ergänzungsmittel: *Lyc*, auch: *Chel, Puls, Sil, Kali-bi, Nat-m, Nux-v, Sulf, Sep, Graph, Calc*

Bacillus Sycoccus – Bacillus Streptococcus faecalis – Syc-co

- Zustand von psychischer und physischer Erregbarkeit
- Nervös, ruhelos, ängstlich
- Reizung besonders der Schleimhäute (sykotische Erkrankungen)
- Katarrhe, rezidivierende Tonsillitis, Bronchitis, Asthma
- Gelenkentzündungen (Synovitis)
- Magen-Darm: Nahrungsmittelallergien, Durchfall nachts, (chronische) Gastroenteritis
- Kondylome an Genital und After
- Fibromyalgie, Myositis, besonders im Lumbalbereich
- Lahmheiten der Vordergliedmaßen
- Urogenitalerkrankungen, Tumoren, Enzündungen der Scheide, Ovarzysten
- Fettiges Haar, Ekzeme, bläschenähnliche Ekzeme
- Schlimmer durch nasse Kälte, feuchtes Wetter
- Verwandt mit *Thuj, Rhus-t, Puls, Nit-ac, Nat-s, Bac, Tub*

Bacillus Proteus – Prot

- Magen-Darm-Trakt: Plötzliche Symptome
- Ausgelöst durch Stress, Anspannung und heftige Erregung
- Allergien ausgehend vom Verdauugstrakt mit nervöser Spannung
- Verbunden mit zentralnervöser Erregung, Meningitis, Epilepsie u. a. Konvulsionen
- Plötzlich auftretende Aggressivität, heftige zornige Ausbrüche, schlimmer durch Widerspruch
- Krämpfe, Muskelzucken, Gefäßspasmen, Muskelspasmen
- Schlimmer morgens, bei Sturm, durch Sonne, im Winter, nachts
- Verwandt mit *Ign, Nat-m, Apis, Cupr, Sulf*

NOSODEN FÜR SPEZIELLE KATZENKRANKHEITEN

Herpesvirus

Das Feline Herpes Virus gilt als der häufigste Erreger des Katzenschnupfen, meist verbunden mit Erkrankungen der Augen und Erkrankungen der oberen Atemwege.

Weil dieser Symptomenkomplex von verschiedenen, oft gleichzeitig vorkommenden Erregern, ausgelöst wird, ist ein erfolgreicher Einsatz der Nosode eines einzelnen Erregers fraglich.

Eine Therapie dieser Erkrankungen mit Herpes-Nosoden (Isopathie) bringt nur selten einen dauerhaften Erfolg.

Eine Prophylaxe von solchen Erkrankungen kann versucht werden.

Folgende Nosoden-Zubereitungen (C 30 oder C 200) können verabreicht werden, gemäß der erwähnten Dosierung homöopathischer Arzneien:

- Nosode des Felinen Herpesvirus
- Nosode des Herpes simplex
- Nosode der bovinen Rhinotracheitis

Calicivirus

Caliciviren gehören häufig mit zu den Erregern des Symptomenkomplexes »Katzenschnupfen« und anderer Erkrankungen der Atemwege sowie zu den Erregern der Stomatitis. Die Symptome des Patienten erlauben keine klaren Hinweise auf die speziellen Erreger.

Die Calicivirus-Nosode kann wie die des Felinen Herpesvirus eingesetzt werden.

Chlamydien-Nosode

Chlamydien-Infektionen verursachen bei der Katze am häufigsten follikuläre und andere Entzündungen der Lidbindehaut, ferner möglicherweise Rachen- und Lungenentzündung.

Die Nosode der Chlamydia pneumoniae kann versuchsweise eingesetzt werden.

Die Nosode von Chlamydia psitacci (Ornithose) hat sich hier nicht bewährt.

Bordetella bronchiseptica-Nosode

Dieser Erreger löst Infektionen der oberen Atemwege aus, die sich als Schnupfen und Husten mit mehr oder weniger intensiven rasselnden Atemgeräuschen äußern.

Hierfür kann die entsprechende Nosode eingesetzt werden, wenn kein besser passendes Homöopathikum gefunden werden kann.

Bei ausgeprägtem Krampfhusten oder dessen Folgen sollte man auch die Nosode des menschlichen Keuchhustens, **Pertussinum**, erwägen.

Hippozaeninum – Malleinum – Nosode aus der Rotzkrankheit der Pferde – Hippoz

Allgemeines

Die Rotzkrankheit der Pferde war eine tödliche Seuche. Heute kommt sie in Europa nicht mehr vor, zählt aber noch zu den anzeigepflichtigen Seuchen; wenn diese vermutet oder festgestellt wird, muss der betroffene Pferdebestand unter Quarantäne gestellt bzw. getötet werden.

Der »Rotz« kann in verschiedenen Manifestationen auftreten: als Nasen- oder Lungenrotz, als Hautrotz oder als destruktive Erkrankung innerer Organe.

Hippozaeninum ist eine tiefgreifend wirksame Arznei. Literaturangaben und Erfahrungen aus der Human-Homöopathie belegen Heilungen schwerster Erkrankungen.

Für die Katze ist diese gut geprüfte Nosode ein nützliches Simile für den Katzenschnupfen-Komplex.

Hippozaeninum kann als Zwischenmittel im Laufe der homöopathischen Kur eingesetzt werden, um die Reaktionsbereitschaft auf ein passendes Mittel anzuregen; es kann auch als Simile für den gesamten Krankheitskomplex indiziert sein.

Indikationen für ein Folgemittel richten sich nach den Symptomen, die nach den Einsatz von *Hippozaenium* übrig bleiben bzw. erneut auftreten.

Es gibt für *Hippozaenium* weder leitende auffallende Symptome noch Modalitäten. Die Verordnung kann einzig nach den Symptomen eines schweren, chronischen Katzenschnupfens erfolgen.

Indikationen und Symptome

- Schmerzhafter chronischer Schnupfen mit der Tendenz zu Geschwürbildung der Nasenschleimhaut
- Begleitend meist chronische Sinusitis
- In Spätstadien auch Zerstörung von Nasenknorpel und -knochen
- Verbunden mit Entzündung und Schwellung der Hals- und Kehlgangs-Lymphknoten
- Übergang der geschwürigen Entzündung auf den Rachen, obere Luftwege und evtl. sogar Lungen
- Nasenausfluss: wie Eiweiß, zäh, klumpig, grün, stinkend, blutig, wundmachend
- Verklebte Nasenlöcher
- Laut schniefende Atmung, stinkender Atem
- Atemnot durch Schwellung und Verengung der inneren Nase
- Heisere Stimme möglich

Mögliche Begleitsymptome

- Zahnfleischschwellung, blutige Geschwüre im Maul
- Schleimiger Augenausfluss
- Maul gefüllt mit zähem Schleim
- Fehlender Appetit mit viel Durst
- Darmkatarrh mit Durchfall oder Verstopfung
- Milzvergrößerung möglich
- Abszesse an den Nieren
- Geschwüre an der Haut
- Zunehmende Abmagerung möglich

Nosode des Felinen Immunschwäche-Virus (FIV) und des Felinen Peritonitis-Virus (FIP)

Die Nosoden dieser Erreger können als Prophylaxe bei bevorstehender Exposition (z. B. Aufnahme neuer Katzen) eingesetzt werden.

Für die Therapie bieten sie in der C 200 eine vorübergehende Besserung im Allgemeinzustand des kranken Patienten, jedoch keine Heilung.

Giardien- und Coccidien-Nosode

Diese Erreger sind einzellige Darmparasiten. Bei schwerem Befall können sie hartnäckigen Durchfall bei Menschen und Tieren hervorrufen.

Diese Protozoen werden nicht durch die üblichen Wurmkuren erfasst. Einzig durch Kotuntersuchung können sie festgestellt werden.

Bei therapieresistentem Befall kann mit guten Aussichten auf Erfolg die Nosode »Giardia« oder »Coccidia« in einmaliger Gabe der C 200 verabreicht werden.

Diese Therapie kann auch für eine Bestandsbehandlung, z. B. Katzenzüchter (o. a. Tierzüchter), eingesetzt werden.

Anschließend sollte eine Darmsanierung oder das passende konstitutionelle Mittel folgen.

Colibacillinum – Eschericia Coli-Nosode – Coli

Coli-Bakterien gehören zur normalen Darmflora; es gibt aber auch eine Fülle an pathogenen (krankmachenden) Untertypen, die besonders bei Neugeborenen oder immungeschwächten Patienten schwere Schäden bzw. tödliche Erkrankungen auslösen können.

Betroffen sind bevorzugt Haltungsformen von vielen Tieren (z. B. Katzenzucht), deren Jungtiere bereits in den ersten Lebenstagen an Durchfall oder anderen unklaren Erkrankungen sterben. In einem solchen Bestand (jeder Tierspezies) kann vorbeugend am ersten Lebenstag eine Gabe *Coli bacillinum* C 200 gegeben werden, was im Allgemeinen die Sterblichkeit der Neugeborenen deutlich vermindert bzw. verhindert.

Auch bei anderen therapieresistenten Durchfallerkrankungen kann *Coli bacillinum* C 200 eingesetzt werden.

Histaminum muriaticum – Hist

Histaminum ist ein Gewebshormon, eine Neurotransmittersubstanz, die vom Körper bei allergischen und entzündlichen Reaktionen gebildet wird; *Histaminum* löst eine Schwellung des betroffenen Gewebes aus, evtl. verbunden mit heftigem oder unerträglichem Juckreiz.

Schulmedizinische »Antihistaminika« werden bei banalen (nicht lebensgefährlichen) allergischen Reaktionen verabreicht, um als Palliativ die Allergie und den Juckreiz abzublocken. Eine unangenehme Nebenwirkung dieser Therapie besteht in auffallender Müdigkeit.

In homöopathischer Zubereitung dient *Histaminum* ebenfalls als Palliativ für verschiedenste Arten von allergischen Reaktionen, mit rein organotroper Wirkung.

Für diese Palliation ist eine Potenz oberhalb der C 30 wirksam. Jedoch eine langfristige Therapie mit potenziertem *Histaminum* ist in der Regel wirkungslos.

Potenziertes *Histaminum* ist einzig dann indiziert, wenn im Moment bei unerträglichen allergischen Symptomen weder ein passendes Homöopathikum gefunden werden kann, noch Kortison zur Verfügung steht.

Homöopathisch eingesetztes *Histaminum* kann ebenso wie schulmedizinische Antihistaminika, Kortison oder ähnliche Pharma-Präparate zu Unterdückungen führen: D. h. es können sich anstelle der ursprünglichen Erkrankung entsprechende pathologische Reaktionen an einem anderen Organsystem entwickeln.

Therapieempfehlungen aus der Literatur für den Einsatz von potenziertem *Histaminum* sind daher mit Vorsicht zu betrachten.

Andere krankheitsspezifische Nosoden

Bei Fa. Staufen-Pharma gibt es eine Fülle an Nosoden, z. B. für verschiedene Varianten der Leukose, Stomatitis, für zahlreiche entzündliche und degenerative Erkrankungen.

Sie können durch radiästhetischen Test oder »Befragen« der Katze selbst (siehe *Kapitel 1, Abschnitt Die Katze – Wesen – physiologische Daten, Seite 7*, und *Kapitel 2, Abschnitt Testverfahren, Seite 74*) herausgefunden werden.

All diese Präparate können – im Sinn der Isopathie – Symptome lindern, aber meist nicht endgültig heilen, schlimmstenfalls aber auch Unterdrückungsreaktionen auslösen.

Aber allein mit einer Besserung der Symptome ist dem teilweise schwerem Leiden der Katze schon ein wenig geholfen!

VERZEICHNISSE

Glossar medizinischer und homöopathischer Fachbegriffe

Abort Fehlgeburt, auch Frühgeburt

Absteigende Atemwegserkrankung Erkrankung beginnt in den oberen Luftwegen, schreitet fort in die tieferen Luftwege zur Bronchitis bzw. Lungenentzündung.

Abszess Begrenzte Ansammlung von Eiter in einem abgekapselten Raum

Adenom Gutartiger Tumor, ausgehend von einer Drüse oder von einer Schleimhaut

Adjuvantien, Adjuvanzien „Hilfsstoffe" oder Zusatzstoffe zu Impfstoffen wie Merthiolat (organische Quecksilberverbindung), Formaldehyd, Aluminiumhydroxid oder andere Stoffe, die nicht deklariert sind

Agranulozytose Mangel an weißen Blutkörperchen

Akarizid Pharma-Präparat, das Milben abtötet

Akute Erkrankungen Plötzlich und heftig auftretende Erkrankung

Allgemeininfektion Eine Infektion, die den gesamten Organismus betrifft

Allergen Ein Stoff, der eine allergische Reaktion auslöst (z. B. Blütenpollen)

Alveolen Lungenbläschen, in welche die Bronchioli einmünden: Dort wird das Blut mit Sauerstoff angereichert

Alveole-Zahn Zahnfach im Kiefer, beherbergt die Zahnwurzel

Anaphylaktischer Schock Lebensgefährliche Überreaktion des Immunsystems auf eine zugeführte Substanz (Allergie)

Anaplasmose Häufig lebensgefährliche, bakterielle Erkrankung; der Erreger lebt in den weißen Blutkörperchen und zerstört diese. Eine Übertragung erfolgt durch Zecken oder Insekten

Anämie Mangel an roten Blutkörperchen

Anaerobier Bakterien, die sich ohne Sauerstoffzufuhr vermehren können, z. B. Gasbildner

Antibiotikum Ein Pharma-Präparat, das Bakterien abtöten soll, unwirksam gegen Viren

Antidot Gegenmittel

Antimykotikum Ein Pharma-Präparat, das Pilzbefall (Mykose) beseitigen soll

Antiphlogistisch Entzündungshemmend

Anurie Fehlende Harnbildung bei schweren Nierenschäden oder fehlende Urinabsonderung trotz voller Blase (Blasenlähmung)

Apathie, apathisch Verminderte Anteilnahme an der Umwelt, gleichgültig gegen äußere Reize

Aplastische Anämie Mangel an der Bildung roter Blutkörperchen durch unzureichende Blutbildung im Knochenmark

Apoplex Schlaganfall/Hirnschlag; plötzliche Störung in der Durchblutung des Gehirns, meist durch Zerreißen eines Blutgefäßes im Gehirn oder durch plötzlich unterbrochene Blutzufuhr eines Hirnabschnitts

Arthritis Akute Gelenkentzündung

Arthrose Chronische Gelenkentzündung mit Veränderungen am Knochen und evtl. mit verkalkter Gelenkkapsel bzw. Versteifung

Aszites Erguss, Flüssigkeitsansammlung im Bauchraum, Bauchwassersucht

Asphyxie Atemstillstand

Aspiration Einatmen von körperfremdem Stoff

Aspirationspneumonie Lungenentzündung durch Verschlucken; Ertrinken mit Einatmen von Wasser; Folgen von verkehrter Eingabe von Flüssigkeit/von Einatmen von Fruchtwasser beim Neugeborenen

Assimilation „Aneignen"; Aufnahme und Verwertung von Nahrung, im Gegensatz zur „Dissimilation": Ausscheidung von Abbauprodukten

Ataxie Gestörte Koordination der Bewegungen der Extremitäten, ausgehend von Störungen in Kleinhirn oder Rückenmark

Atrophie Abmagerung im Sinn von Gewebeschwund, z. B. Muskelatrophie = Abnahme von Muskelgewebe

Aura Symptome im Vorfeld eines Krampfanfalls

Autoimmunerkrankung Erkrankung, bei der sich die Abwehrreaktion nicht gegen fremde, sondern gegen körpereigene Stoffe richtet.

Auswurf Ausgehustete Absonderung durch Husten

Avermectin Wirkstoff von hochwirksamen Präparaten gegen Parasitenbefall.Schwere Nebenwirkungen dieser Mittel sind jedoch besonders bei wiederholtem Einsatz möglich: Avermectine sind neurotoxische Substanzen, welche die Blut-Hirn-Schranke durchdringen bzw. durchlässiger machen. (Literatur 5) und damit Vorschub leisten für Erkrankungen von Hirn oder Hirnhäuten. Der Wirkstoff heißt auch „Ivermectin ®"

Bauchatmung Normalerweise atmet die Katze überwiegend mit dem Brustkorb und geringfügig mit dem Bauch (kostoabdominale Atmung: Rippen-Bauchatmung). Bei Atembeschwerden, die sich bei „Asthma" in erschwerter Ausatmung äußern, kann die Bauchmuskulatur zum Auspressen der Restluft aus den Lungen zu Hilfe genommen werden

Bauchpresse Einsatz der Bauchmuskulatur, um Kot, Urin oder Atemluft auszupressen

Benigner Tumor Gutartiger Tumor im Gegensatz zum malignen = bösartigen Tumor

Bioresonanztherapie Eine Therapieform, die bestimmte Schwingungsimpulse auf den Organismus abgibt, die eine Heilung bewirken sollen. Es ist jedoch keineswegs sicher, was diese Schwingungen bewirken bzw. ob sie nicht sogar Unterdrückungsreaktionen oder neue energetische Störungen auslösen können. Hier sollte man sich für eine einzige Therapieform entscheiden: Bioresonanz stört die Homöopathie und umgekehrt.

Biozid Alle toxischen Substanzen, die „Leben" (Bios) zerstören und nicht im landwirtschaftlichen Bereich eingesetzt werden: z. B. Schädlingsbekämpfungsmittel, Desinfektionsmittel, Rattengift, Pflanzenschutzmittel etc.

Blepharospasmus Krampfhaft zusammengekniffene Augenlider, z. B. nach Augenverletzung

Blut-Hirn-Schranke Eine Art immunologische Sperre zwischen Blutkreislauf und Gehirn; dadurch werden Hirnzellen gegen das Eindringen von im Blut zirkulierenden Erregern oder Giften geschützt.

Blutohr siehe Othämatom

Brachygnathe Rasse Verkürzter Kiefer, „Stupsnase", z. B. bei der Perserkatze

Bradycardie Verlangsamte Herztätigkeit

Bright Morbus siehe Morbus Bright

Bronchioli Die kleinen Verästelungen der Bronchien in den Lungen

Bronchospasmus Krampf in den Bronchien und Bronchioli, führt zu Atemnot, Asthma oder deren Vorstufen

Bulbus oculi Augapfel

Canthus Augenwinkel

Cauda equina Ende des Rückenmarks ab Lendenwirbelsäule. Das Rückenmark spaltet sich in einzelne Nervenstränge, aus denen z. B. der Nervus ischiadicus hervorgeht. Diese Aufspaltung erinnert an die Form eines Pferdeschwanzes (lateinisch: Cauda equina)

Cerebellar Zum Cerebellum gehörig; Cerebellum = Kleinhirn

Cerebrospinal Hirn und Rückenmark betreffend

Chemosis Schwellung, Ödem der Lidbindehaut, die so intensiv sein kann, dass der Augapfel davon überdeckt wird

Cheyne-Stokes-Atmung Krankhafte Form der Atmung mit wechselnder Atemtiefe und unregelmäßiger Atemfrequenz bis zum vorübergehenden oder endgültigen Atemstillstand. Cheyne-Stokes-Atmung kann z. B. in tiefer Narkose, bei einem Schädel-Hirn-Trauma oder während eines epileptischen Anfalls auftreten.

Chirurgie Operation, operativer Eingriff

Chorea Motorische Störung von Gehirnbezirken mit unwillkürlichen, unregelmäßigen, nicht sinnvollen Bewegungen von Körperteilen

Chorioidea Aderhaut, zwischen Retina und Sklera (Außenhaut des Augapfels) gelegen

Chronische Erkrankung Lange bestehende und langsam kontinuierlich fortschreitende Erkrankung – im Unterschied zu „akut" = plötzlich und heftig beginnend

Darmnosoden oder Bowel-Nosoden Bestehen aus bestimmten potenzierten Darmbakterien oder Darmpilzen. Sie wurden von Edward Bach (Bachblüten) und Paterson um 1920 bis 1930 entwickelt. Nach seinen Beobachtungen besteht ein Zusammenhang zwischen der Erkrankung des Patienten und seiner Darmflora. Eine passende Darmnosode

kann die Darmflora normalisieren und damit auch unterstützend auf die betreffende Erkrankung einwirken (Literatur Nr. 34)
Delirium Verwirrung von Bewusstseinslage, Wahrnehmung und Aufmerksamkeit
Dehydration Austrocknung durch Flüssigkeitsverlust oder gestörte Flüssigkeitsverteilung im Schock
Defäkation Kotabsatz
Dekompensiert Ein Organ kann seiner Funktion durch einen Schaden nicht gerecht werden, z. B. dekompensierter Herzschaden: Das Herz kann seine Leistung nicht mehr erfüllen
Dentin Die knöcherne Substanz des Zahns, unterhalb des Zahnschmelz gelegen
Dermatitis Hautentzündung, häufig bei Ekzem, entzündlicher oder allergischer Hauterkrankung
Destruktive Erkrankung Erkrankung mit einer Tendenz zur Zerstörung von Gewebe
Detrusor Musculus detrusor vesicae, der unwillkürliche Muskel, der die Blase zum Zusammenziehen bringt und damit die Harnentleerung ermöglicht
Disposition Angeborene oder erworbene Anfälligkeit für Krankheiten. Diese Anfälligkeit nimmt bei geschwächtem Immunsystem zu: z. B. nach durchgemachten oder (noch) nicht ausgeheilten Erkrankungen, durch immunsuppressive Therapie (Kortison u. Ä.) und schließlich durch Kontakt mit allen möglichen gesundheitsschädlichen Einflüssen und Substanzen
Diskushernie Bandscheibenvorfall, quetscht das Rückenmark und kann zu Lähmungserscheinungen, meist beginnend an den Hinterextremitäten, führen
Dissimilation Ausscheidung von Abbauprodukten des Stoffwechsels
Distal Distal von… = unterhalb von… gelegen oder: zur Körperperipherie gerichtet, Gegenteil zu „proximal“
Diurese Harnausscheidung durch die Nieren
Diuretikum Ein Arzneistoff, der die Ausscheidung von Körperflüssigkeit über die Nieren anregt, führt zu vermehrter Ausscheidung von Urin. Nebenwirkung: Mangel oder gestörte Balance von Mineralstoffen
Duodenum Zwölffingerdarm
Dyspepsie Verdauungsstörung
Ekchymose Austritt von Blut in die Unterhaut
Ektoparasiten Parasiten der äußeren Haut, z. B. Läuse, Milben, Zecken, Haarlinge
Embolie Verschluss eines Blutgefässes durch einen (gewanderten) Pfropf, bestehend aus geronnenem Blut oder Wurmlarven
Embryo Noch nicht geborenes, in der Frühphase befindliches Lebewesen
Emprosthotonus Krampfzustand: Kopf krampfhaft an die Brust gezogen, Wirbelsäule nach vorn gekrümmt, Gegensatz zum Opisthotonus
Empyem Eiteransammlung in einer abgeschlossenen Körperhöhle oder einem Organ
Endometritis, Metritis Entzündung der Gebärmutter
Endoparasiten Parasiten im Körperinneren, z. B. Würmer, Einzeller (z. B. Coccidien)
Endotoxine Körpereigene Giftstoffe, die nicht über Urin und Kot ausgeschieden worden sind
Enteritis Darmentzündung
Entropium „Roll-Lid“, Einstülpen des Lidrands, die eingerollten Wimpern erzeugen meist eine Entzündung der Hornhaut
Enzephalitis Entzündung im Gehirn
Epigenetik Äußere Einflüsse auf die Entwicklung eines Lebewesens, die nicht durch Gene gesteuert werden
Epiphysen Wachstumszonen oder -fugen in der Nähe der Gelenke. Dort findet bei jungen Lebewesen das Längenwachstum der Knochen statt
Epiphysenlösung Abriss der Wachstumszonen am jungen Röhrenknochen
Epulis Warzenartige, fleischige Geschwulst am Zahnfleischrand
Erosion Zahn = Abbau von Zahnschmelz
Erysipel/Rotlauf/Wundrose Ist eine lokalisierte, durch Bakterien ausgelöste, oberflächliche Entzündung der Haut, evtl. verbunden mit einer Entzündung von Lymphgefäßen. Der Übergang in eine Phlegmone (Zellgewebsentzündung) ist möglich
Eustress Eine Form von angenehmem, anregendem Stress oder Aufregung, der Freude bereitet
Euthanasie „Todesurteil“ durch Einschläfern, nur in quälenden aussichtslosen Fällen oder bei Aggressivität mit Lebensgefahr für andere Lebewesen angebracht

Exanthem Akuter Hautausschlag, meist in Verbindung mit akuter fieberhafter Allgemeinerkrankung

Exophthalmus Hervortreten des Augapfels, besonders bei Erkrankungen der Schilddrüse (Basedow), durch Tumor in der Augenhöhle oder bei stark erhöhtem Augeninnendruck. Ein gewisser Exophthalmus bei kurznasigen (brachygnathen) Katzenrassen ist normal

Exostose Zubildung von Knochensubstanz

Expiration Ausatmung

Exsikkose Austrocknung oder Dehydration, durch Mangel oder gestörte Verteilung von Körperflüssigkeit

Exsudat „Ausschwitzung", Absonderung einer Schleimhaut

Facies hippocratica Besonderer Gesichtsausdruck eines Sterbenden, leerer Gesichtsausdruck, eingefallene Augen

Feline, Felis Felin = zur Katze gehörig, Felis = lat.: die Katze

Fibrosarkom Bösartiger Tumor von Bindegewebe, bei der Katze meist als „Vakzine induziertes Sarkom" („Impfsarkom") auftretend, in den meisten Fällen keine gute Prognose

Fieber, intermittierend oder remittierend Fieber, das in seinem Verlauf wechselt: Z. B. morgens Normaltemperatur, abends Fieber oder Fieberschübe, die in gewissen Zeitabständen wiederkehren. Die Körpertemperatur kann bei bestimmten Krankheiten auch binnen Stunden zum Fieber steigen und zur Normaltemperatur absinken. Das kommt besonders bei den "Vector-borne diseases", bei Tropenkrankheiten vor

Fiebermessen Fieber wird auch bei der Katze mit dem Fieberthermometer im After gemessen

Fissur Knochenanriss

Fistel Absondernde, nicht endgültig verheilende Wundöffnung, z. B. durch einen eingedrungenen Fremdkörper, kann sich abwechselnd eröffnen und verheilen

Flatulenz Neigung zu Blähungen im Verdauungsapparat

Fluktuierender Erguss Abgegrenzte Schwellung, mit beweglicher Flüssigkeit gefüllt (siehe Zyste)

Fötus Ungeborenes Lebewesen; Embryo mit bereits entwickelten Organen

Folgemittel Wenn eine Erkrankung nicht durch ein einziges Homöopathikum geheilt werden kann, ist ein dazu passendes Folgemittel indiziert, damit der Prozess ausheilt (Komplementär- oder Ergänzungsmittel)

Follikel Z. B. an der Bindehaut oder an der Nickhaut des Auges: punktförmige Ansammlungen von Entzündungszellen; auch Eibläschen am Eierstock; ferner Haarfollikel: Umhüllung der Haarwurzel; Lymphfollikel sind kleinste Lymphknötchen etc.

Follikulitis Entzündung dieser Organe

FSME Frühsommer-Meningitisenzephalitis; Viruserkrankung, durch Zecken oder Stechmücken übertragen, mit Entzündung des Gehirns oder/und der Hirn- und Rückenmarkshäute, Bewusstseinsstörungen, Schläfrigkeit, Lähmungen oder mit gestörter Koordination der Bewegung

Gangrän Absterben mit Schwarzwerden von Gewebe; trockenes Gangrän: Das schwarze abgestorbene Gewebe schrumpft; feuchtes Gangrän: verbunden mit eitrig-schmierigem Gewebezerfall oder „fressendes Geschwür", „Wundbrand"

Gasbrand Infektion verschmutzter Wunden mit gasbildenden Bakterien

Gastritis Entzündung der Magenschleimhaut

Gastroenteritis Magen-Darm-Entzündung, Brechdurchfall

Gesamtheit der Symptome Ein Ausdruck der homöopathischen Medizin für die Fallaufnahme einer chronischen Erkrankung, die konstitutionell therapiert werden soll

Geschwür Defekt in Haut oder Schleimhaut ohne Heilungstendenz

Glaukom „Grüner Star", erhöhter Augeninnendruck durch mangelnde Regulation des Kammerwassers, führt zur Erblindung

Glottisödem Schwellung des Gaumensegels, meist verbunden mit Störungen der Atmung bis zum Ersticken

Granulom Knotige Verdickung der Oberhaut durch Entzündung oder Infektion

Granulationsgewebe Die erste Heilreaktion einer Wunde; das Granulationsgewebe füllt zunächst den Defekt im Gewebe einer Wunde auf, dann kommt es vom Wundrand her zum allmählichen Zuwachsen der Hautoberfläche, bis die Wunde gänzlich von neuer Haut überzogen ist

Hämatom Bluterguss
Hämobartonellen Bakterien, die auf der Oberfläche der Erythrozyten der Katze parasitieren und diese zerstören. Als Folge treten Blutarmut (Anämie) auf, Gelbsucht, Leber- und Milzschwellung sowie intermittierendes Fieber
Hämorrhagie Neigung zu Blutungen an verschiedenen Stellen
Hämolyse Zersetzung/Auflösung von Blutzellen, speziell roter Blutkörperchen
Hemiplegie Halbseitige Lähmung
Hepatitis Entzündung der Leber
Herpesviren kommen häufig bei der Katze vor; können z. B. Augenentzündungen, Atemwegserkrankungen (Schnupfen), Entzündungen im Maul, Lähmungserscheinungen, Herzschäden, Herzmuskelschwäche, den Abort der Katze auslösen
Herztumult Absolut unregelmäßige Herztätigkeit
Herzwurm Dirofilaria immitis, Parasit aus dem Mittelmeerraum oder USA, kommt häufiger beim Hund als bei der Katze vor („Ferienerkrankung"), Der Herzwurm kann 2 bis 5 cm lang und 5 mm breit sein, parasitiert im Rechtsherz und den großen herznahen Blutgefässen. Er kann schwerste Thrombosen und Embolien auslösen und zum Tode führen
Hormonelle Kastration Verabreichen eines hormonell wirksamen Pharma-Präparates, um vorübergehend die sexuelle Aktivität zu vermindern
Hyperästhesie Erhöhte Sensibilität der Hautoberfläche für geringe Reize
Hyperthyreose Überfunktion der Schilddrüse
Hypophyse Hirnanhangsdrüse, steuert den gesamten Hormonhaushalt und die Aktivität des Stoffwechsels, ihrerseits gesteuert durch übergeordnete Hirnzentren, auch durch psychische Einflüsse
Hypopyon Eiteransammlung in der vorderen Augenkammer
Hypothyreose Unterfunktion der Schilddrüse

Idiopathisch „aus sich selbst entstanden", unklare Krankheitsursache
Ileus Darmverschluss
Immunitätslage Situation der körpereigenen Abwehr
Immunsuppression Unterdrückung der körpereigenen Immunabwehr, z. B. um allergische Prozesse abzublocken, meist mit Kortisonpräparaten, z. B. Atopica® oder Zytostatika (Krebstherapie); damit ist jedoch eine erhöhte Anfälligkeit für Infektionen aller Art sowie für mögliche Nieren- und Leberschäden verbunden
Impetigo Bakterielle Infektion der Hautoberfläche mit lokaler Eiterbildung
Inappetenz Appetitmangel
Indigestion Verdauungsstörung
Indikation Anzeige für die Heilung: Eine Arznei ist indiziert (angebracht) bei einer ...-Krankheit.
Infektionsdruck Gefährdung für eine Infektion, abhängig von dem krankmachenden Potential (Virulenz) der Erreger im Umfeld
Inkontinenz Unwillkürlicher Abgang von Urin
Inkoordination Der Bewegungsablauf ist durch Gehirn und Rückenmark gesteuert. Dazu gehört z. B. eine bestimmte Abfolge in der Führung der Gliedmaßen. Ist diese gestört, d. h. Fußfolge und Bewegungsablauf geraten durcheinander (evtl. mit Taumeln), dann spricht man von gestörter Koordination oder Inkoordination
Inspiration Einatmung
Insuffizienz Ungenügende Funktion eines Organs
Insulin Hormon der Bauchspeicheldrüse, steuert den Blutzuckerspiegel
Intermittierendes Fieber Stark schwankende Fieberschübe mit 1 bis 2 Grad Unterschied, wiederkehrender schneller Temperaturanstieg; typisch für „Tropenfieber" (malariaähnliche Erkrankungen)
Intubation Einführen eines Tubus (Hohlsonde) durch das Maul des Patienten in die Luftröhre (Trachea), damit das Narkosegas eingeatmet werden kann
Iritis Entzündung der Iris (Regenbogenhaut), bei der Katze meist gelb oder gelbgrün, seltener bläulich gefärbt; die Iris umgibt die Pupille
Iris-Heterochromie Unterschiedliche Färbung der Iris, z. B. ein Auge gelb, das andere hellbraun

Kachexie Körperlicher Verfall bei schwer chronisch Kranken mit Abbau von Gewebe
Kallus Neu gebildetes Knochengewebe, das einen Knochenbruch verschließt

Kapillaren Kleinste Blutgefäße (Haargefäße). Sie ermöglichen den Austausch von Blut zwischen kleinsten Arterien und Venen, versorgen die Organe und Zellen mit Sauerstoff und Nährstoffen und bringen Stoffwechselabbauprodukte zur Ausscheidung

Kapillarfüllung Untersuchungsmethode, um die Kreislaufsituation zu testen: Durch mäßigen Druck mit dem Finger auf die Maulschleimhaut oder Zunge wird das Blut aus den dortigen Kapillaren ausgedrückt. Es entsteht für kurze Zeit ein weißer Fleck, der im Normalfall binnen spätestens 1 bis 2 Sekunden wieder eine rosa, gut durchblutete Farbe annehmen muss. Im Schock, bei Kreislaufstörungen, bei Flüssigkeitsverlust oder schweren Allgemeininfektionen ist die Kapillarfüllungszeit verlängert

Karpalgelenk Vorderfußwurzelgelenk, entspricht dem Handgelenk des Menschen

Kastration Operative Entfernung der Geschlechtsorgane; beim Kater: Entfernung der Hoden; bei der Katze: Entfernung der Eierstöcke und/oder Gebärmutter; "Hormonelle Kastration": Verhindern der Geschlechtsaktivität für einen begrenzten Zeitraum durch bestimmte hormonwirksame Pharma-Präparate

Katabole Reaktion Abbau von Körpersubstanz

Katarakt Grauer Star, Trübung der normalerweise durchsichtigen Augenlinse, führt zu Sehschwäche bis zur Erblindung, häufig bei alten Hunden und Katzen

Katarrh Entzündung von Schleimhaut mit wässrig-schleimiger Absonderung

Katheter In diesem Zusammenhang ist ein Instrument gemeint, das in die Harnröhre eingeführt wird, um Urin zu gewinnen. Katheter können auch in andere Körperteile eingeführt werden

Keratitis Entzündung der Hornhaut (Cornea) am Auge, das ist der durchsichtige Teil des Augapfels Im Fall einer Entzündung (Keratitis) ist diese Hornhaut nicht mehr durchsichtig, sondern verfärbt sich weißlich bis rosa. Allerdings bleibt auch eine Narbe der Hornhaut weiß bis milchig, wenn die Entzündung abgeklungen ist, sofern sie nicht rechtzeitig behandelt wird

Klinische Indikation Anwendung der Homöopathie für einen bestimmten Krankheitsvorgang, nicht für den gesamten Patienten

Klonische Krämpfe Wiederholte oder anhaltende Muskelzuckungen, siehe tonische Krämpfe

Kolostrum Erste Milch der Mutter bzw. des Muttertieres für das Neugeborene

Koma Tiefe, lange anhaltende Bewusstlosigkeit

Kompensierter Schaden eines Organs D. h., das Organ kann seinen Schaden durch gesteigerte Leistung ausgleichen, z. B. kompensierte Herzinsuffizienz

Komplementär-, Ergänzungs- oder Folgemittel Sind notwendig, wenn eine Erkrankung nicht durch eine einzige homöopathische Arznei geheilt werden kann; z. B. im Fall von Verletzungen ist oft eine Abfolge von einander ergänzenden Mitteln nötig

Konstitution In der Homöopathie: Die Summe von angeborener und erworbener Bereitschaft, Krankheiten zu entwickeln

Konstitutionelle Therapie Die einzigartige Möglichkeit der homöopathischen Medizin, einen Patienten in seiner Gesamtheit gesund zu machen und die Gesundheit für die Zukunft zu erhalten

Kontraindikation Gegenanzeige; eine Arznei ist nicht indiziert (angebracht), ist hier fehl am Platze oder verschlimmert den Zustand

Körperhöhle Z. B. Brustraum, Bauchraum, Innenraum von Gelenken oder Sehnenscheiden

Kreatinin Harnpflichtiges Abbauprodukt des Stoffwechsels, sollte mit dem Urin ausgeschieden werden. Erhöhte Kreatininwerte zeigen eine Niereninsuffzienz an

Kryptorchide Die Hoden des kryptorchiden Katers befinden sich nicht wie normalerweise außen im Hodensack, sondern in der Bauchhöhle oder im Leistenkanal, oft mit sexueller Hyperaktivität verbunden

Kumulierte Arzneigabe Auflösen von ca. 5 Globuli in einem Glas Wasser; davon werden dem Patienten alle 5 bis 10 Minuten einige Tropfen mittels einer Spritze oder eines Löffels ins Maul gegeben

Lähmung, aufsteigende Lähmung beginnt an den Hinterbeinen, anschließend Ausbreitung der Lähmung über den Rücken zu den Vorderbeinen

Laktation Phase der Milchproduktion der Mutterkatze oder anderer Lebewesen

Larynx Kehlkopf, Laryngitis = Kehlkopfentzündung

Leitsymptom Ein in der Homöopathie gebräuchlicher Ausdruck für ein auffallendes Symptom, das für eine oder einzelne homöopathische Arzneien besonders charakteristisch ist

Leukozyten Weiße Blutkörperchen
Leukopenie Mangel an weißen Blutkörperchen
Leukämie Unkontrollierte Vermehrung weißer Blutzellen, häufig nicht ausgereifter Leukozyten
Leukose Durch Virusinfektion hervorgerufene Vermehrung weißer Blutzellen bei der Katze; nicht gleichbedeutend mit der Leukämie des Menschen
Lumbago (Meist akute) Rückenschmerzen im Bereich von Lende und Kreuz
Lumbal bezogen auf die Lendengegend
Lungenemphysem Medizinische Definition: Irreversibler Verlust der Elastizität der Lungenbläschen, wobei die Restluft in der Lunge nur erschwert ausgeatmet werden kann; bei Katze und Pferd anfangs reversibel
Lungengangrän Meist septisch oder toxisch bedingter Zerfall von Lungengewebe, schlechte Prognose
Lungenödem Flüssigkeitsansammlung in der Lunge, meist verbunden mit rasselnden Atemgeräuschen; ausgelöst durch vermehrte Schleimabsonderung in den Lungenverästelungen, z. B. durch Allergie oder Herzerkrankung
Lungenfibrose Verhärtung der Lunge nach interstitieller Pneumonie
Luxation Verschiebung von Knochenenden eines Gelenks, schwere Verrenkung
Lymphangitis Entzündung eines Lymphgefäßes
Lymphatischer Rachenring Lymphorgane des Immunsystems, speziell Tonsillen (Mandeln). Der lymphatische Rachenring verhindert, dass eine Infektion sich von vornherein in den tieferen Atemwegen lokalisiert
Lymphom, Lymphosarkom Tumoren der Lymphorgane bzw. von Lymphknoten

Malaria Gefährliche Tropenkrankheit des Menschen, übertragen durch Stechmücken; der Erreger lebt in den roten Blutkörperchen und zerstört diese. Malaria geht mit wiederkehrenden Fieberschüben, fortschreitender Anämie und Milzschwellung einher, ferner können Gelenkbeschwerden, neurologische Ausfälle, Krämpfe und Nierenschäden auftreten; Fortschreiten bis zum Tode ist möglich. Bei Tieren gibt es malariaähnliche Erkrankungen
Malassezien Hefepilzinfektion, führt zu schwärzlicher Hautverdickung, kommt besonders beim Immunschwächesyndrom vor, jedoch bei der Katze weitaus seltener als beim Hund
Maligner Tumor Bösartiger Tumor (Krebs)
Mandibular-Lymphknoten Lymphknoten im Winkel des Unterkiefers: Sie sollten im gesunden Zustand nicht zu tasten sein. Bei Erkrankungen in Maul, Gesicht, Ohren oder bei Lymphom können sie zur Größe einer Walnuss oder größer anschwellen.
Mastitis Gesäugeentzündung
Mediastinum „Mittelfell“, Raummitte in der Brusthöhle zwischen den Lungenflügeln
Menière-Krankheit Schwindel durch Erkrankung im Innenohr (Bezeichnung der Homöopathie bzw. des Repertoriums)
Meningitis Hirnhautentzündung
Mesenchym Undifferenziertes Bindegewebe
Mesenterium Gekröse. Gewebe, mit dem die Därme an der Innenseite des oberen Bauchraums befestigt sind
Mesenterialdrüsen Darmlymphknoten, deren Entzündungen zu wiederkehrenden Bauchschmerzen, zu schwerster Bauchfellentzündung oder Sepsis führen können
Metastasen Unter Metastasen versteht man nicht nur die Entwicklung von Tochtergeschwülsten beim Krebs; in der Homöopathie meint man damit zusätzlich den Übergang einer Krankheit auf ein anderes Organsystem
Miasma, chronisches Bezeichnung in der homöopathischen Medizin für chronische Krankheiten oder Krankheitsbereitschaft, die von Eltern oder Vorfahren übernommen oder durch Ansteckung erworben wurden; beim Tier auch zu verstehen als eine Art Reaktionsmuster für Entwicklung und Verlauf von chronischen Krankheiten
Mitralklappe Auch Valvula bicuspidalis genannt, trennt den linken Herzvorhof von der linken Herzkammer; bei Insuffizienz kann ein Lungenödem entstehen
Modalität Die Art und Weise einer Beschwerde: Gekennzeichnet durch das "Was, Wo, Wann, Wie, Warum": z. B. Rückenschmerzen durch Kaltwerden, Durchfall mit starkem Nachpressen, Gliederschmerzen besser durch fortgesetzte Bewegung

Morbus Bright Alter Ausdruck (in der homöopathischen Literatur noch üblich) für die chronische Nierenentzündung, die zu Nierendegeneration und zu Ödemen führt

Morphogenetisches Feld Sheldrake (Literatur 67, 68): Formgebende Ursache, „in-Form-ation“, Informationsfeld für materielle oder nicht materielle Strukturen in Naturwissenschaft, Gesellschaft und Persönlichkeit

Morphische Resonanz Sheldrake: Resonanz zwischen ähnlichen oder entsprechenden Energiefeldern, von Handlungsmustern auf nachfolgende ähnliche Handlungsmuster; je größer die Ähnlichkeit, desto stärker die Wirkung der morphischen Resonanz. In Zusammenhang mit diesem Buch: Zwischen Tier und Bezugsperson entsteht bei optimalem Einvernehmen eine tiefe emotionale Beziehung im Sinn einer morphischen Resonanz. Auch die Simile-Beziehung der Homöopathie zwischen Patient und „seinem“ passenden Mittel ist ein Pänomen der morphischen Resonanz

MRI Magnetic resonance imaging: Moderne bildgebende Methode, um inneres Körpergewebe, auch feine Strukturen, sichtbar zu machen

Multiresistente Keime Bakterien, die nicht auf Antibiotika reagieren; sie gelten in der Schulmedizin als lebensgefährdend; für die Homöopathie ist das irrelevant, da sie nicht die Bakterien bekämpft, sondern die Lebenskraft stärkt, sodass Erreger nicht mehr krankmachend (pathogen) wirken

Muskelatrophie Abnahme/Abbau/Abmagerung/Auflösung von Muskelsubstanz/Muskulatur/Muskelmasse, z. B. bei fehlendem Gebrauch des Muskels oder bei Lähmung

Muskeltonus Spannungszustand der normalen, kraftvollen willkürlichen Muskulatur

Myelitis Entzündung im Rückenmark

Nasenflügelatmung Auffallende, übermäßige Bewegung der Nasenflügel synchron mit der Atmung, ohne vorangegangene körperliche Anstrengung. Sie tritt meist auf bei Erkrankungen der Atemwege und ist ein wichtiges homöopathisches Leitsymptom

Nasenseptum Nasenscheidewand, besteht zum größten Teil aus Knorpel, im hinteren Bereich der Nase auch aus Knochen

Nekrose, nekrotisches Gewebe Absterben von Gewebe durch Zerfall

Neuralgie Nervenschmerzen, Nervenentzündung

Neutropenie Mangel an neutrophilen Granulozyten (weiße Blutkörperchen)

Nickhaut Drittes Augenlid, wird beim Lidschlag vom inneren Augenwinkel über den Augapfel gezogen, wirkt reinigend wie ein „Scheibenwischer“

Nickhautvorfall Das dritte Augenlid ist dann bei geöffnetem Auge auf der Hornhaut im Bereich des inneren Augenwinkels sichtbar, z. B. bei starkem Wurmbefall, bei sehr schwerer Allgemeinerkrankung oder bei Augenerkrankung

Nosode Homöopathische Zubereitung aus krankem oder zersetztem Körpergewebe oder aus Krankheitserregern

Noxe „Schaden“, jeder schädigende Einfluss ist eine Noxe

NSAR oder **NSAID** „Schmerzmittel“ Nicht-steroidale Antirheumatika oder „non-steroidal anti-inflammatory drug“ wie Phenylbutazon, Meloxicam, Vedaprofenum u. a.; sie sind hochwirksame „Entzündungshemmer“, haben aber toxische Nebenwirkungen auf die Magenschleimhaut, auf Leber, Nieren und Nervensystem. „Nicht-steroidal“ bedeutet: Kein Kortison enthaltend. Der für diese Präparate weit verbreitete Ausdruck „Schmerzmittel" bedeutet eine grobe Verharmlosung!

Nymphomanie Exzessiv gesteigertes, anhaltendes, hypersexuelles Verhalten beim weiblichen Lebewesen, häufig mit Zysten am Eierstock verbunden

Nystagmus Pendelnde Bewegung der Augen bei Schwindel oder zentralnervösen Erkrankungen

Obstipation „Verstopfung“, fehlender oder zu seltener Kotabsatz

Ödem Schwellung, diffuse Ansammlung von Flüssigkeit im Gewebe

Ösophagus Speiseröhre

Opiat Opium-ähnliche Betäubungsmittel oder Präparate, die isolierte Inhaltsstoffe von Opium enthalten

Opisthotonus Krampf der Streckmuskeln des Halses und der Rückenmuskulatur, vorkommend bei Erkrankungen des Zentralnervensystems

Oral, per os „Durch das Maul“ eingegebene Arznei

Orbitalphlegmone Zellgewebsentzündung in der Augenhöhle
Organotrop Ausdruck aus der Homöopathie: „auf ein Organ bezogen", „auf eine Krankheit bezogen", nicht auf den ganzen Patienten
Organsysteme Sind rangmäßig geordnet: An hierarchisch oberster Stelle stehen die lebensnotwendigen Vitalfunktionen und die Bewusstseinslage. Andere Organfunktionen sind dem nachgeordnet, z. B. Organe, die nicht unmittelbar eine lebenserhaltende Funktion ausüben
Osteomyelitis Entzündung des Knochenmarks durch Infektion, oft verbunden mit Entzündung des Knochens selbst: Ostitis. Vorsicht, lebensgefährliches Krankheitsgeschehen!
Osteoporose Knochenerweichung, Abnahme der Knochendichte, Entkalkung, Knochenauflösung, auch lokal begrenzt
Osteosynthese Chirurgisches Vorgehen, um gebrochene Knochenanteile in richtiger Position zu fixieren – mit Schrauben, Draht oder Stahlplatten
Ostitis Entzündung von Knochengewebe
Otitis Entzündung der Ohren
Otitis externa: Entzündung des Gehörgangs
Otitis media: Mittelohrentzündung
Otitis interna: Entzündung des Innenohrs, evtl. verbunden mit Schwindel, Gefahr von Übergang in Hirnentzündung (Enzephalitis)
Othämatom Blutohr, fluktuierender Bluterguss zwischen Innen- und Außenseite der Ohrmuschel
Ovar Eierstock

Palliativtherapie Behandelt und beseitigt das Symptom, lässt den Patienten und seine Lebenskraft dabei aber weitgehend unbeeinflusst; daher werden die Symptome früher oder später wiederkehren oder sich an einem anderen Organ manifestieren („Unterdrückung" im Sinn der Homöopathie)
Panaritium Phlegmonöse oder eitrige, meist sehr schmerzhafte Entzündung der Pfoten nahe Krallenbett; Krallenbettentzündung
Pankreas Bauchspeicheldrüse
Pannus Bindegewebige, stark durchblutete Wucherung auf der Hornhaut des Auges
Paralyse Lähmung
Paraplegie Querschnittslähmung
Parenchym Organgewebe; z. B. Leberparenchym: Lebergewebe
Parese Keine Lähmung, sondern eine Verminderung der Kraft an dem betreffenden Körperteil, evtl. verbunden mit lokaler Verminderung der Sensibilität
Parodontose, Parodontitis Bakteriell bedingte Entzündung am Rand des Zahnfachs, im Zahnfach oder an der Zahnwurzelspitze,führt zur Lockerung der Zähne; kann fortschreiten zur Entzündung des Zahnfachs oder der Zahnsubstanz; bei der Katze ist diese Erkrankung häufig mit einer Pharyngitis verbunden. Als Erreger können diejenigen des Katzenschnupfens, der felinen Immunschwäche, der Leukose und andere infrage kommen
Parotis Ohrspeicheldrüse (Lage unterhalb des Ohres hinter dem Kieferwinkel)
Pathogen Krankheit verursachend
Pathogenese Der Weg der Entstehung von Krankheit
Pathognomonische Symptome Sind solche, die normalerweise bei einem bestimmten Krankheitsgeschehen auftreten; z. B. unwillkürlicher Harnabgang bei Epilepsie, vermehrter Durst bei hohem Fieber. Sie dürfen zum Finden des passenden Simile nicht überbewertet werden
Pathologie Krankheitslehre, krankhafter Vorgang
Patella Kniescheibe
Pemphigus Durch Störung im Immunsystem bedingte Erkrankung von Haut und/oder Schleimhaut mit Bildung von Blasen
Perforation Durchbruch, Durchstechen
Periost Knochenhaut, sehr schmerzempfindlich
Peritonitis Entzündung des Bauchfells, Innenauskleidung der Bauchhöhle, sehr schmerzhafte und lebensgefährliche Erkrankung
Pestizid Dient zur Bekämpfung oder Vertreibung tierischer Schädlinge
Petechien Minimale Blutungen aus Kapillaren in die Schleimhaut, z. B. erkennbar an Zunge, Augen- oder Maulschleimhaut
Pfortaderstau Die Pfortader ist die größte Vene des Körpers, welche das sauerstoffarme Blut, das durch den Verdauungsapparat mit Nährstoffen angereichert ist, zur Entgiftung und Verwertung an die Leber führt. Ist nun die Leber durch Funktionsstö-

rung, durch Belastung mit Giftstoffen oder Entzündung geschwollen, so kommt es zum Rückstau des venösen Blutes im unteren bzw. hinteren Bauchbereich, evtl. mit Bildung von Schwellungen an Unterbauch oder Hinterextremitäten

Phagozytose Weiße Blutkörperchen (Phagozyten: „Fresszellen") nehmen Krankheitserreger oder andere Partikel in sich auf und „verdauen" sie. Dabei sterben sie ab und werden als Eiter ausgeschieden

Pharynx Schlund, Rachen; Pharyngitis: Entzündung im Rachen

Phlebitis Venenentzündung

Phlegmone Zellgewebsentzündung, kann in eine lebensgefährliche Sepsis (Blutvergiftung) übergehen; weniger gefährlich, wenn sich daraus ein lokalisierter Abszess bzw. eine lokale Eiterung entwickelt

Plattenepithelkarzinom Krebs von Haut oder Schleimhaut; Plattenepithel bildet die oberste Schicht von Haut und Schleimhaut

Pleuraerguss Flüssigkeitsansammlung im Brustraum zwischen Lungen und Rippenfell

Plexus brachialis Nervengeflecht für die Nervenversorgung der Vordergliedmaße

Plexus lumbosacralis Nervengeflecht zur Versorgung der Hinterextremitäten und Beckenorgane

Pneumonie Lungenentzündung

Prognose Voraussichtlicher Krankheitsverlauf

Protozoen Einzeller; in diesem Zusammenhang einzellige Krankheitserreger, z. B. Darmparasiten wie z. B. Coccidien, Kryptosporidien, Giardien

Proximal in Richtung Rumpf, bzw. oberhalb von... gelegen, Gegensatz zu „distal"= peripher

Pterygium „Flügelfell", Wucherung der Lidbindehaut, welche die Hornhaut überwachsen kann

Puerperalsepsis Puerperium: „Kindbett", bezeichnet den Zeitraum von ca. einer Woche nach der Geburt. Sepsis: Blutvergiftung. Puerperalsepsis bedeutet „Kindbettfieber"

Pulpa, Zahnpulpa Das „Weichteilgewebe" im Zahn, füllt die Kanäle der Zahnwurzel aus, in der Nerven, Blut- und Lymphgefäße verlaufen

Punktion, punktieren Einstich in Körperhöhle, um Untersuchungsmaterial zu gewinnen

Pulsfrequenz Sie liegt bei der erwachsenen Katze bei 120 bis 140 Schlägen/Minute

Purpura haemorrhagica Kann während oder nach einer septischen Infektion auftreten, ausgelöst durch die Toxine (Gifte) von Bakterien oder anderen toxischen Produkten. Es kommt zum Durchlässigwerden von kleinsten Blutgefäßen und damit zum Austritt von Blut, das als örtlich begrenzter, bläulicher Bluterguss in Haut und Schleimhaut zu erkennen ist

Pyelitis Nierenbeckenentzündung

Pylorus Magenausgang

Pyodermie Bakterielle Hautentzündung mit flächiger Eiterung

Radialislähmung Nervenlähmung am Vorderbein, das dabei nicht nach vorn geführt werden kann; vergleichbar mit der „Fallhand" des Menschen – Unvermögen, die Hand zu heben

Rangordnung Es gibt auch in manchen Katzenpopulationen eine hierarchische Rangordnung: Es gibt die „Chef-Katzen" und solche, die einen mittleren Rang einnehmen. rangniedrige Katzen (schwache, junge, kranke oder alte Tiere) nehmen häufig die Position von „Prügelknaben" ein und können sich gegen andere nicht zur Wehr setzen. Die Stellung in der sozialen Rangordnung ist ein wichtiges Leitsymptom für die konstitutionelle Therapie

Reaktionsmangel Im Normalfall reagiert ein Lebewesen auf eine Vielzahl von äußeren Reizen. In Einzelfällen kann eine solche Reaktion verzögert oder aufgehoben sein, ein wichtiges homöopathisch nutzbares Symptom und Ausdruck einer Erkrankung, jedoch nicht die Ursache der Erkrankung. In der Homöopathie steht dieser Ausdruck auch für mangelhaftes Ansprechen auf sorgfältig ausgewählte Arzneien

Regurgitieren Unwillkürliches oder beabsichtigtes Aufstoßen von Speisen ohne Übelkeit oder Erbrechen. Regurgitiertes Futter wird manchmal von der Katze nochmals gefressen. Regurgitieren ist ein häufiges Merkmal z. B. von Raubtieren, die auf diese Weise ihre Welpen füttern. Häufig auftretendes Regurgitieren nach der Futteraufnahme ist jedoch ein Zeichen von Krankheit (z. B. Lähmung des Ösophagus)

Rekonvaleszenz Erholungsphase nach einer schweren Erkrankung

Rektum Letzter Abschnitt des Mastdarms, dazu gehört auch der After

Renin-Angiotensin-Mechanismus reguliert Blutdruck, Zusammensetzung und Volumen der Körperflüssigkeiten
Repellens, Repellentien Stoffe, um Befall mit Insekten oder Ektoparasiten zu verhindern
Resistenz gegen Antibiotika Manche Krankheitserreger reagieren nicht auf Antibiotika, die diese in ihrer Vermehrung hemmen oder abtöten sollen. Im Fall einer Resistenz bleiben die Erreger durch das Antibiotikum unbeeinflusst
Resorbieren, Resorption Aufsaugen/Auflösen von Stoffen, Gewebe oder Flüssigkeiten durch körpereigene Reaktion
Restitutio (ad integrum) Wiederherstellung (der ursprünglichen Vollkommenheit)
Retronasaler Katarrh Schnupfen im hinteren Nasenraum
Rezidiv, rezidivierend Wiederkehrende Erkrankung
Rhinitis Schnupfen, Entzündung der Nasenschleimhaut
Repertorium Lateinisch: "reperire" = Wiederfinden: Das Repertorium ist ein Instrument der Homöopathie zum Wiederfinden von Symptomen und den zugehörigen Mitteln, ein Lexikon-ähnliches, nach Körperregionen sortiertes Verzeichnis von fast allen möglichen Erkrankungen und Beschwerden sowie ihrer Modalitäten mit den dazu aufgelisteten homöopathischen Arzneimitteln
Rotlauf Siehe Erysipel

Schilddrüsenadenom Gutartige Vergrößerung der Schilddrüse
Schlüsselsymptom Ein homöopathisches Symptom, das wie ein Schlüssel auf das jeweilige Arzneimittel hinweist
Schmerzmittel Bedeutet eine verharmlosende Bezeichnung für NSAR (NSAID = Nicht-steroidale Antirheumatika; siehe dort). Es handelt sich dabei um entzündungshemmende Präparate, die besonders bei längerem Einsatz schwere Leber- und Nierenschäden sowie Magen-Darmgeschwüre auslösen können. Sie sind umso toxischer (giftiger), wenn sie gemeinsam mit anderen Pharma-Präparaten eingesetzt werden
Seborrhoe Überproduktion von Fett oder Talg in der Haut, häufig verbunden mit Pickeln, Furunkeln, verstopften Talgdrüsen oder kleinen Abszessen (z. B. Akne)
Sedation Verabreichung von pharmazeutischem Beruhigungsmittel
Sepsis Blutvergiftung
Seröse Absonderung Wässrige bis zähflüssige Absonderung, Konsistenz wie Blutserum
Sequester Abgesprengter Knochenteil bei Knochenfraktur
Sinus Mit Schleimhaut ausgekleidete Hohlräume im Gesichtsschädel, z. B. Kieferhöhle, Stirnhöhle, Siebbeinhöhle; sie öffnen sich in den Nasen- bzw. Rachenraum
Sinusitis Entzündung der Stirn- oder Kieferhöhlen (Sinus), meist verbunden mit Eiterung, d. h. schubweise auftretendem Nasenausfluss, häufiges Begleitsymptom des chronischen Katzenschnupfens
Sklera Das „Weiße" am Augapfel, im Gegensatz zur „Hornhaut", die den vorderen durchsichtigen Teil des Augapfels bezeichnet. Die Sklera bildet die äußere, recht stabile Umhüllung des Augapfels
Somnolenz Schläfrigkeit
Spasmus, spastisch Krampf, krampfartig
Spasmolytikum Krampflösende Arznei
Spinal Das Rückenmark betreffend
„Spinalirritation" Heute in der Medizin ungebräuchliche Bezeichnung; in der homöopathischen Literatur und im Repertorium noch vorkommende Bezeichnung für eine funktionelle Störung des Rückenmarks, evtl. auch verbunden mit Neuralgien nach einer Verletzung
Sphinkter Schließmuskel
Spondylose/Spondylitis Chronische bzw. akute Entzündung der Gelenke der Wirbelsäule, im chronischen Fall sogar verbunden mit Verwachsungen der Wirbel untereinander; oder mit Abflachung der Zwischenwirbelscheiben (Bandscheiben, Diskus)
Status epilepticus Zustand von anhaltenden oder in kurzen Abständen wiederholten Krampfanfällen
Stereotypie Unwillkürliche, nicht auf ein Ziel gerichtete, wiederholte automatische Bewegung
Sterilität Hier: Unfruchtbarkeit, nicht Zustandekommen einer Trächtigkeit. Allgemeinmedizinische Bezeichnung für die Abwesenheit von Krankheitserregern
Stoffwechsel Ausdruck für die Energiegewinnung aus der Nahrung, deren Aufnahme, Ausnutzung, Abbau und Ausscheidung

Stomatitis Entzündung der Maulschleimhaut bzw. des Zahnfleisches
Stomakaze Maulfäule
Stridor Pfeifendes Atemgeräusch beim Ein- oder Ausatmen durch Einengung an einem Teil der Atemwege
Striktur Narbige Verengung eines Hohlorgans oder eines röhrenförmigen Organs; auch „Zusammenziehung“ einer Narbe
Stupor Starre des Körpers bei erhaltenem Bewusstsein, langsame Bewegungen, Zustand wie betäubt
Subakut Unterschwellig vorhandene oder verlaufende Erkrankung
Superinfektion oder **Sekundärinfektion** Infektion mit Bakterien, die sich zusätzlich zur vorhandenen Erkrankung oder Entzündung an der betroffenen Stelle entwickelt hat
Supination Stellung der Hand mit der Handfläche nach innen oben (Katze, Vorderpfoten)
Substitution Künstlicher Ersatz, speziell: Ersatz einer körpereigenen Substanz durch ein Pharma-Präparat, z. B. Schilddrüsenpräparat, zum Ausgleichen eines Mangels an Schilddrüsenhormon. Substitution gehört zur Palliativtherapie (siehe dort)
Synblepharon Zusammenwachsen von Augenlid und Lidbindehaut oder der Lider selbst
Synovia Innenauskleidung von Körperhöhlen, z. B. Brust, Bauch, Gelenke, Sehnenscheiden; die Synovia produziert einen Flüssigkeitsfilm, der das Gleiten der Gelenke, Sehnen oder der Organe in Brust- und Bauchraum ermöglicht
Synovitis Entzündung der Innenauskleidung von Körperhöhlen, meist mit einem Erguss von Gewebeflüssigkeit in Gelenk, Sehnenscheide oder eine andere Körperhöhle verbunden, meist sehr schmerzhaft, im chronischen Fall evtl. auch schmerzlos

Trockene Synovitis bei Mangel an Synovia, führt häufig zu Verklebungen des betroffenen Gewebes
Tachykardie Beschleunigter Herzschlag
Tenesmus Zwanghafter Drang zum Kot- oder Urinabsetzen
Tetanus Wundstarrkrampf; eine häufig tödliche Infektionskrankheit, für die eine Katze nur gering empfänglich ist. Die Giftstoffe des Bakteriums verursachen sehr schmerzhafte Muskelkrämpfe, Krämpfe im Gesicht mit Kieferklemme und nach rückwärts verkrampftem, überstrecktem Genick. Schließlich entstehen Lähmungen von Herz und Atmung; Tetanusinfektionen entwickeln sich in Wunden, die nicht oder ungenügend bluten, z. B. Stich in die Pfote. Eine Tetanus-Impfung ist bei der Katze i. d. R. nicht erforderlich
Tetraplegie Lähmung aller vier Gliedmaßen
Thiomersal Organische, giftige Quecksilberverbindung, häufig verwendeter Zusatz in Impfstoffen (ähnlich Thiomerfonat)
Thorax Brustkorb
Thrombopenie Mangel an Thrombozyten (s. u.), dadurch verminderte Blutgerinnung
Thrombophlebitis Venenentzündung mit Verstopfung der Vene durch geronnenes Blut
Thrombose Verstopfung von Venen durch Blutgerinnsel oder Wurmlarven
Thrombozyten „Blutplättchen“, spezielle Blutzellen, die für die Blutgerinnung zuständig sind
Tonische Krämpfe Steifer Muskelkrampf im Gegensatz zu klonischen Krämpfen: wiederholte Zuckungen
Tonisch-klonische Krämpfe Beide Zustände treten abwechselnd auf, wie „Strampeln“
Tonsillen, Tonsillitis Gaumenmandeln, Mandelentzündung, Angina
Toxin Giftstoff, toxische Stoffe; können bestehen:

1) aus toxisch wirkenden Substanzen von Pharma-Präparaten oder Zusatzstoffen von Impfungen, verantwortlich für unerwünschte Nebenwirkungen
2) aus Giftstoffen, die von Bakterien, Viren oder Pilzen abgesondert werden
3) aus giftigen Pflanzen
4) aus „Endotoxinen“; das sind Abbauprodukte des körpereigenen Stoffwechsels („Schlacken“), die vom Körper nicht genügend ausgeschieden werden

Trauma, traumatisch Verletzung; zur Verletzung gehörend
Triggerpunkte Schmerzpunkte/Reflexpunkte in Haut oder darunter liegender Muskulatur, die mit bestimmten Organen verknüpft sind
Trismus Krampf der Kaumuskeln, zusammengebissene Zähne

Übersprungshandlungen Bei Nervosität, Langeweile oder in Konfliktsituationen auftretende irrationale Reaktionen, auch „Verlegenheitsreaktionen", z. B. plötzliches übermäßiges Putzen, Kratzen oder unsinniges Knabbern an den Pfoten, Fliegenfangen, obwohl keine Fliegen vorhanden sind etc.
Ulcus, Ulzeration Geschwür, tiefer Verlust der Oberfläche von Haut oder Schleimhaut ohne Heilungstendenz
„Unterdrückung" Das ist eine spezielle Erfahrung der homöopathischen Medizin: Wenn einzig die Symptome einer Erkrankung ohne Berücksichtigung der Lebenskraft beseitigt werden (Palliativmedizin), ist der Patient anschließend nicht „geheilt". Die körpereigenen Regulationsvorgänge wurden somit nicht zur Norm gebracht. Infolgedessen tritt dieselbe Erkrankung wahrscheinlich später wieder auf. Wenn nun deren Symptome wiederholt beseitigt werden, kann sich die Krankheit anschließend an einem anderen, meist übergeordneten Organsystem manifestieren. Es entsteht also anstelle der vorigen Erkrankung ein scheinbar neues Geschehen: Z. B. nach einem beseitigten Hautausschlag kann eine Epilepsie oder Asthma entstehen. Hier ist das Asthma keine „neue Erkrankung", sondern eine Variation der vorangegangenen. Eine solche "Unterdrückungsreaktion" muss für die homöopathische Therapie zwingend berücksichtigt werden. Unterdrückte Absonderungen, z. B. Milch, Schnupfen: Durch äußere Maßnahmen (z. B. Pharmakotherapie) oder andere äußere Faktoren beseitigte Absonderungen. Dasselbe gilt z. B. auch für „unterdrückte" Infektionen
Urämie Bei organischen Nierenschäden (z. B. Nierendegeneration) verbleiben harnpflichtige Abbauprodukte in der Blutbahn, weil sie nicht mehr durch die Niere filtriert und damit nicht mit dem Urin ausgeschieden werden können. Keine gute Prognose bei chronischer Nierendegeneration!
Urethritis Entzündung der Harnröhre
Urogenitalsystem Sammelbezeichnung für Harnwege (Uro-) und Geschlechtsorgane (Genital)
Urticaria Nesselsucht; Quaddeln in der Haut, häufig mit Juckreiz verbunden
Vagina Scheide = weibliches Genital
Vagusnerv Nerv des parasympathischen Nervensystems, zuständig z. B. für die Verdauung: Speichelfluss, Absonderung von Verdauungssäften im Darm, Aktivität der Därme, ruhiges Verhalten; er ist Antagonist des Sympathikus, der bei Aufregung aktiv wird
Vagotonie Verstärkte Aktivität des parasympathischen Nervensystems mit langsamem Herzschlag und Aktivität im Verdauungssystem
Vaskularisation Durchsetzung mit Blutgefäßen, z. B. an der Hornhaut des Auges
Vasomotorik Eng- oder Weitstellung von Blutgefäßen durch unwillkürliche Muskulatur
Vector-borne diseases Krankheiten, die durch Zeckenbiss (Tick-borne diseases) oder Insektenstich übertragen werden, z. B. Borreliose, Anaplasmose, Ehrlichiose, Malaria, FSME
Vegetatives Nervensystem, Vegetativum Der Teil des Nervensystems, welcher nicht vom Willen gesteuert ist; z. B. die Herz- oder Darmfunktion (Parasympathikus)
Virulenz von Erregern bezeichnet ihr Potenzial, krankmachend zu wirken, ihre „Infektionskraft"
Vorderhornzellen des Rückenmarks Teil der Leitbahnen des Rückenmarks, die für die Funktion der motorischen Muskeln zuständig ist
Vitalfunktionen Zusammenfassende Bezeichnung für körperliche Funktionen, die zur Lebenserhaltung notwendig sind (z. B. Herz-Kreislauf, Atmung, Körpertemperatur etc.)

Zellgewebsentzündung siehe Phlegmone
Ziegelmehlsediment Rötlich-bräunlicher Bodensatz im Urin, sichtbar in weißer Katzenstreu
Zyanose Bläuliche Verfärbung von Schleimhäuten oder Haut durch Sauerstoffmangel
Zyste Sackähnliche begrenzte Ansammlung von Flüssigkeit im Gewebe
Zystitis Entzündung der Harnblase
Zytostatikum Ein Stoff aus der Krebstherapie, der Wachstum und Vermehrung von körpereigenen Zellen vermindert. (Dadurch z. B. schlechte Wundheilung)

Arzneimittelverzeichnis mit Abkürzungen

Verzeichnis der beschriebenen Katzenkrankheiten

Sachverzeichnis der homöopathischen Grundlagen (Kapitel 2)

Abbildungsverzeichnis

Sektion 1

Sektion 2

Urheber der Fotos bzw. Zeichnungen:

Ch. P. Krüger mit Ausnahme von:

Abb Hintergrund zu „Ode an die Katze” Zeichnung von Ina P. Krüger

Abb. 2 Zeichnung von Ina P. Krüger (Skelettsystem der Katze)

Abb. 17 Dr. Monhart (Katze mit FIP- AScites)

Abb. 24 und 25. K. Dollmeyer (Orbitalphlegmone)

Abb. 34 Dr. Monhart (unheilbare Plasmazell-Gingivitis)

Abb. 54 R. Weik (Katze Lucky)

Literaturverzeichnis

1 Allen, H.C.: Allen´s Keynote with Nosodes, Reprint Edition, B. Jain, New Delhi 1992

2 Askew, Henry R.: Behandlung von Verhaltensproblemen bei Hund und Katze, Parey Buchverlag 1997

3 Bailey, Philip M.: Psychologische Homöopathie, Knaur, München 2000

4 Barthel, Horst: Charakteristika homöopathischer Arzneimittel, Barthel & Barthel-Verlag, 1993

5 Becker, Andreas: Vom Agens zur Krankheit – Vom makrozyklischen Lakton zur transmissiblen spongiformen Enzephalopathie? s: http://www.inter-uni.net/static/download/publication/masterthesen/VT_Becker_Vom_Agens_zur_Krankheit_BSE_.pdf

6 Bleul, Gerhard (Hrsg.): Deutscher Zentralverein Homöopathischer Ärzte, Weiterbildung Homöopathie, Band A bis E, Sonntag Verlag 1999, Stuttgart (DE)

7 Boericke, William: Handbuch der homöopathischen Materia Medica, Haug Verlag, Stuttgart (DE), 1992

8 Boger, C.M.: Synoptic Key, Similimum-Verlag, A.Stefanovic, Ruppichteroth 2002, (DE)

9 Chikramane PS, Suresh AK, Bellare JR, Kane SG: Extreme homeopathic Dilutions retain starting materials: A nanoparticulate perspective. Homeopathy, 99: 231-242; 2010

10 Clarke, John Henry: Dictionary of Practical Materia Medica, Volume 1-3, Jain Publishers, New Delhi India,1986

11 Coulter, Catherine R.: Portraits homöopathischer Arzneimittel I bis III, Haug, Stuttgart, 2002

12 Day, Christopher: Homöopathie in der Kleintierpraxis, Sonntag Verlag, Stuttgart, 2004

13 Deutsches Journal für Homöopathie, Jahrgänge 1986 bis 2000, Verlag Dr. Barthel

14 Dittmer, Dr. H.O.: Apotheke der Zukunft, in: Rauer (Hrsg.): Das Radionik Praxishandbuch, Anima Mundi Verlag 1999

15 Ellenberger/Baum: Handbuch der vergleichenden Anatomie der Haustiere, 18. Auflage, Springer Verlag 1974

16 Emoto, Masaru; I.H.M. General Research Institute: Messages from Water (Deutsche Übersetzung von Jörg Schweitzer), 6. Auflage, Hado, Tokyo, Japan

17 Farrington, E. A.: Klinische Arzneimittellehre, 2. Auflage, Burgdorf, Göttingen, 1985

18 Flury/Gisler/Schmidt/Knüsel/Krüger/Luder/Vincenz: Handbuch zur homöopathischen Stallapotheke, camvet, 5. Auflage, 2012

19 Fraefel, Dominique N.: Homöopathische Anamnese und Repertorisation bei Hund und Katze, Sonntag Verlag, Stuttgart (DE), 2007

20 Genneper, Th., Wegener, A. (Hrsg.): Lehrbuch der Homöopathie, 2. Auflage, Haug Verlag, 2004

21 Grimm, Hans-Ulrich: Katzen würden Mäuse kaufen: Deuticke im Verlag Pauk Zsolnay, Wien, Au, 2007

22 Hahnemann, Samuel: Die chronischen Krankheiten, Reprint, Haug, Ulm, Heidelberg, 1835

23 Hahnemann, Samuel: Reine Arzneimittellehre, 2. Nachdruck, Haug, Heidelberg, 1979

24 Hahnemann, Samuel: ORGANON Original. 6. Auflage, Barthel & Barthel Verlag, Starnberg (DE), 1985

25 Hering, Constantin, M.D.: The Guiding Symptoms of our Materia Medica, Reprint, B. Jain, New Delhi, 1989

26 Impfungen – Literatur:

- 26 a Bachmair Andreas: Leitfaden zur Impfentscheidung, 30 Fakten, www.Impfschaden.info 2014
- 26 b Buchwald, Gerhard: Impfen: Das Geschäft mit der Angst«, EMU Verlag 2008
- 26 c Graf, Friedrich P.: Nicht impfen – was dann?, Sprangsrade Verlag 2012
- 26 d Graf, Friedrich P.: Die Impfentscheidung: Ansichten, Überlegungen und Informationen, Sprangsrade Verlag 2013

26 e Hirte, Martin: Impfen – Pro & Contra, Droemer-Knaur 2012

26 f Petek-Dimmer, Anita: Kritische Analyse der Impfproblematik, Band I und II, Aegis Verlag, CH 2006

27 Wasser und Information, Institut für Strukturelle Medizinische Forschung e.V. und Physiologisches Institut de Universität Graz, Haug Verlag Stuttgart (DE), 1993

28 Jus, Mohinder Singh: Praktische Materia Medica, Band 1 bis 3, Homöosana Verlag, Zug (CH), 2003

29 Jus, Mohinder Singh: Reise einer Krankheit, Homöosana-Verlag, Zug (CH), 2007

30 Kaviraj, Vaukunthanath Das: Homöopathie für Garten und Landwirtschaft, Narayana-Verlag, Kandern, 2009

31 Kent, J.T.: Prinzipien der Homöopathie, Barthel & Barthel Verlag, Starnberg (DE), 1996

32 Kent, J.T.: Kent's Arzneimittelbilder, 2. Auflage, Haug, Heidelberg, 1977

33 Krebs – Literatur

33 a Artemisia annua – Literatur: www.anamed.net

33 b Kessler, Dr. Martin: Vakzine-assoziierte Fibrosarkome bei der Katze, Tierklinik Hofheim, http://www.tierklinik-hofheim.de

33 c Koch, W.F.: Das Überleben bei Krebs- und Viruskrankheiten – Das Schlüsselprinzip ihrer Heilbarkeit. Haug Verlag, Heidelberg 1981.

33 d Master, Farokh: Tumours and Homeopathy, B.Jain Publishers, New Delhi, 1995

33 e Pareek, R.S., Alok Pareek: Krebs: Heilbar durch Homöopathie, Kai Kröger Verlag, D 24361 Gross-Wittensee, 2007

33 f Ramakrishnan, A.U., C.R. Coulter: A Homeopathic Approach to Cancer; Quality Medical Publishing St.Louis, USA, 2001

33 g Reckeweg, Dr. Hans-Heinrich (Hrsg.): Krebsprobleme, Aurelia Verlag, Baden-Baden, 1978

33 h Spinedi, Dario: Die Krebsbehandlung in der Homöopathie, Seminarmitschriften Band I bis III, Cheiron Verlag D, Kempten, 1998 bis 2003

33 i Wurster, Jens: Die homöopathische Behandlung und Heilung von Krebs und metastasierter Tumore, Verlag Peter Irl, D 82321 Buchendorf, 2007

34 Krüger, Christiane P.: Praxisleitfaden Tierhomöopathie, Sonntag Verlag, Stuttgart (DE), 2. Auflage 2010

35 Koch, Dr. Daniel, Schweizerische Vereinigung für Kleintiermedizin: Zahnerkrankungen der Katze, 2006

36 Lathoud, J.-A.: Materia Medica, Band 1-3, Barthel & Barthel Verlag, Starnberg 2000

37 Leyhausen, Paul: Katzenseele, Franckh Kosmos Verlag, Stuttgart, 2005

38 Lilienthal, Samuel: Homöopathische Therapeutika, Band I bis V, Similimum Verlag für homöopathische Literatur, Ruppichteroth 1993

39 Mac Repertory Pro, Complete Repertory/Reference Works, Kent Homeopathic Associates, D. Warkentin, Hourigan/Warkentin, CA 94901 USA 1992-2013

40 Master Farokh J.: Homeopathic Bedside Clinical Tips, B. Jain Publishers, New Delhi, 2004

41 Mathur, Kailash N.: Prinzipien der homöopathischen Verschreibung, Sonntag, Stuttgart, 2003

42 Maute, Christiane: Homöopathie für Pflanzen, Narayana-Verlag, Kandern, 2011

43 Merckvetmanual: http://www.merckvetmanual.com/mvm/index.jsp

44 Montagnier, Luc: http://de.wikipedia.org/wiki/Luc_Montagnier

45 Morrison, Roger: Handbuch der Pathologie zur homöopathischen Differenzialdiagnose, Kai Kröger Verlag, Groß Wittensee, 1999

46 Morrison, Roger: Handbuch der homöopathischen Leitsymptome und Bestätigungssymptome, Kai Kröger, Groß Wittensee, 1995

47 Murphy, Robin: Klinisches Repertorium der Homöopathie, Narayana Verlag, Kandern,2007

48 Murphy, Robin: Klinische Materia medica, Narayana Verlag Kandern, 2014

49 Nash, E.B.: Leitsymptome in der homöopathischen Therapie, Haug Verlag, Stuttgart (DE), 14. Auflage, 1986

50 Ortega,Proceso S.: Die Lehre der Homöopathie, Sonntag Verlag, Stuttgart, 2002

51 Patel, Ramanlal P.: Die Kunst der Fallaufnahme, Verlag Müller& Steinicke, München (DE), 2000
52 Pischinger, A.: Das System der Grundregulation, 8. erweiterte Auflage, Haug Verlag, Stuttgart, 1990
53 Popp, F.A.: Biologie des Lichts, Verlag Paul Parey, 1984
54 Ratera, Dr. Manuel Mateu i: Erste Hilfe durch Homöopathie, Hahnemann Institut, Greiffenberg,1997
55 Rauer, Harald (Hrsg.): Das Radionik Praxishandbuch, Anima Mundi Verlag, München (DE), 1999
56 Rehman, Abdur: Handbuch der homöopathischen Arzneimittelbeziehungen, Haug Verlag, Stuttgart (DE), 2002
57 Resch, G., Gutmann, V.: Wissenschaftliche Grundlagen der Homöopathie, Barthel & Barthel Verlag, Starnberg (DE), 1994
58 Rost, Jutta: Quintessenzen der Naturheilverfahren, Quintessenz Verlag Berlin (DE), 1990
59 Saxton, J., Peter Gregory: Lehrbuch der Veterinärhomöopathie, Sonntag Verlag Stuttgart (DE), 2006
60 Saxton, John: Die Darmnosoden in der homöopathischen Praxis, Narayana Verlag, Kandern, 2009
61 Schaepper, Luc de: Der Weg zum Similimum, Narayana Verlag, Kandern 2006
62 Schmidt, Andreas: Grundkurs in klassischer Homöopathie für Tierärzte, Sonntag Verlag, 2003
63 Schmidt, Vera, M.Ch. Horzinek: Krankheiten der Katze, 2. Aufl., Ferdinand Enke Verlag, Stuttgart (DE), 1997
64 Schmidt, Pierre: The Art of Interrogation, B. Jain Publishers, New Delhi
65 Schroyens, Frederik: Synthesis, Repertorium homoeopathicum syntheticum 9.1, Hahnemann Institut 2005
66 Seider, Ilse: Das kleine Buch der Arzneimittel-Beziehungen, Barthel & Barthel Verlag, Starnberg, 2010
67 Sheldrake, Rupert: Sieben Experimente, die die Welt verändern könnten, Goldmann Verlag, München, 1997
68 Sheldrake, Rupert: Der siebte Sinn der Tiere, 1. Auflage, Scherz, München, 1999
69 Steingassner, H.M. Homöopathie verstehen, 2. Auflage, Verlag Wilhelm Maudrich, Wien (A), 2009
70 Steingassner, H.M.: Homöopathische Materia Medica für Tierärzte,Wilhelm Maudrich Verlag Wien (A),2001
71 Stefanovic, Aleksandar: Didaktische Materia medica, Similimum Verlag, Ruppichteroth, 2011
72 Tomsa, Kamil, Dr. med. vet, in: http://www.kleintiermedizin.ch/katze/fip/fip5.htm
73 Tyler, M.: Homeopathic Drug Pictures, Jain Publishing, New Delhi – India, 1988
74 Vermeulen, Frans: Monera, Emryss Publishers, Haarlem (NL), 2005
75 Vithoulkas, Georgos: Materia medica viva, Band I bis X, Ulrich Burgdorf Verlag, Göttingen, 1992
76 Vithoulkas, Georgos: Essenzen homöopathischer Arzneimittel, Sylvia Faust Verlag, 2002
77 Vithoulkas, Georgos: Energiemedizin, Verlag Peter Irl, 2011
78 Warnke, Ulrich: Quantenphysik und Interwelt, Scorpio Verlag, 2013
79 Wright-Hubbard, Elisabeth: Kurzlehrgang Homöopathie, Barthel & Barthel Verlag, Starnberg (DE), 1983
80 Wright-Hubbart, Elisabeth: Das Studium der klassischen Homöopathie, Haug Verlag, Heidelberg, 1982-89 –
81 Zandvoort, Roger van: Complete Repertory, Deutsche Ausgabe, Similimum-Verlag, Ruppichteroth, 2000
82 Ziegler, Jutta: Hunde würden länger leben, wenn..., Verlag BoD, (DE), 2011

ÜBER DIE AUTORIN

CHRISTIANE P. KRÜGER

Als Heilpraktikerin und prakt. Tierärztin für Homöopathie beschäftigt sie sich seit 1976 mit Klassischer Homöopathie bei Menschen und Tieren. Sie ist Verfasserin zahlreicher Veröffentlichungen und Fachvorträge, unter anderem der Bücher „Praxisleitfaden Tierhomöopathie" (Sonntag Verlag) und „Handbuch zur homöopathischen Pferdeapotheke" (Eigenverlag). Seit nun über 28 Jahren ist sie intensiv als Dozentin mit bewährten Lehrkonzepten in Deutschland und der Schweiz tätig und vertritt die Richtung von G. Vithoulkas auf der Grundlage der „Reinen Klassischen Lehre" nach Samuel Hahnemann, J.T. Kent und Dr. Künzli

Christiane P. Krüger

Homöopathie bei Katzen - Katzenseminar - 8 DVDs

Intensiv-Seminar zur Behandlung von Erkrankungen und Verletzungen bei Katzen, mit Konstitutionstypen, Materia medica und vielen Fallbeispielen

8 DVD`s, € 149,-

Die 8 DVDs enthalten die Aufzeichnung des Seminars vom 5. und 6. Februar 2011. Die Tierärztin und Heilpraktikerin Christiane Krüger schöpft in diesem Seminar aus mehr als 30 Jahren Erfahrung in der homöopathischen Behandlung von Katzen. In lebendiger und kurzweiliger Manier gelingt es ihr, die homöopathische Behandlung einer Vielzahl von bei Katzen häufig auftretenden Erkrankungen darzustellen, wobei die zahlreichen Fallbeispiele besonders einprägsam sind. Einen weiteren Schwerpunkt legt Christiane Krüger auf die Beschreibung der häufigsten Konstitutionstypen bei der Katze, wobei auch die Grundlagen der Homöopathie nicht zu kurz kommen.Tag 1 – Grundlagen und Konstitutionstypen:

DVD 1: Grundlagen der Homöopathie, Konstitutionstypen: Phosphor

DVD 2: Konstitutionstypen: Phosphor (Fortsetzung), Arsenicum album, Lycopodium, Ignatia

DVD 3: Konstitutionstypen: Silicea, Lachesis, Natrium muriaticum, Nux vomica, Sulfur, Mercurius, Calcium carbonicum

DVD 4: Konstitutionstypen: Pulsatilla, Tuberculinum

Tag 2 – Krankheiten und ihre Behandlung:

DVD 5: Verletzungen und verletzungsbedingte Infektionen;

Augenerkrankungen und -verletzungen; Katzenschnupfen

DVD 6: Erkrankungen der Atemwege; Ohrenerkrankungen; Stomatitis; Magen-Darm-Erkrankungen; Gastroenteritis und Enteritis

DVD 7: Obstipation; Nierenerkrankungen; Verletzungen im Genitalbereich; Meningitis/Enzephalitis; Epilepsie;Lähmungen

DVD 8: Herzinsuffizienz; Leber- und Stoffwechselstörungen; Diabetes; Jungtierkrankheiten; Gynäkologische Erkrankungen; Mastitis; Krebs

Christiane P. Krüger

Das Auffallende finden - Die Kunst der homöopathischen Anamnese bei Tieren

Christiane Krüger im Interview mit Heidi Brand, 2. Tierhomöopathie-Kongress Badenweiler, April 2013

1 DVD, Spieldauer ca. 50 min., € 9,80

Im Interview mit Heidi Brand entsteht ein lebendiges Bild dieser erfahrenen Homöopathin. Sie berichtet über ihren Werdegang und ihre Motivation, sowohl dem Tierbesitzer als auch dem Tier gleichermaßen helfen zu können.

Ein zentraler Punkt ist die homöopathische Anamnese bei Tieren. Worauf ist zu achten? Welche Punkte müssen erfragt/beobachtet werden - beim Tier und beim Besitzer - um ein passendes Mittel für das Tier zu finden? Nur mit genauer Kenntnis des tierartspezifischen Verhaltens ist es möglich, auffallende Symptome herauszufiltern. Besonders häufig zeigen sich mineralische Mittel bei den tierischen Patienten.

Artgerechte Ernährung ist für Christiane Krüger ein wichtiger Baustein zur Gesundheit des Tieres. So sieht sie z.B. Trockenfutter und viel zu geringen Fleischanteil bei Katzen und Hunden, neben der hohen Verseuchung durch Nervengifte aus Impfungen, prophylaktischen Wurmkuren und Zeckenmitteln, als grundlegende Ursache für die zunehmenden schweren Erkrankungen bei Tieren.

Das Interview gibt Einblicke in das tiefe Wissen der Homöopathin und überzeugt: sie ist es mit Leib und Seele.

Christiane P. Krüger

Handbuch zur homöopathischen Pferdeapotheke

Ein praktisches Handbuch zur Behandlung der wichtigsten Krankheiten und Verletzungen

640 Seiten, geb., € 79,-

Die homöopathische Apotheke für den Pferdestall enthält eine Anleitung zur Therapie zahlreicher Pferdekrankheiten. Sie wendet sich besonders an die „Professionals“ der Pferdewelt, an Reiter, Fahrer und Pferdezüchter, aber auch mancher Therapeut oder Tierarzt wird zahlreiche interessante z.T. neue Anregungen für die homöopathische Behandlung von Pferden finden.

Die 64 ausführlich beschriebenen homöopathischen Arzneien können einen grossen Teil der Pferdemedizin abdecken und sogar bei solchen Pferden angebracht sein, die schulmedizinisch nur schwierig therapiert werden können.

Das Buch gibt keine „Rezeptanweisungen“, sondern will dem Leser die Grundlagen der homöopathischen Verordnung nahe bringen, um damit einen sicheren Zugang zur Anwendung homöopathische Arzneien zu erleichtern.

Die folgenden Kapitel zu den einzelnen Krankheitsschwerpunkten enthalten jeweils Angaben zur Fallaufnahme und Tabellen, die einen ersten Überblick der in Frage kommenden Homöopathika liefern. Anschliessend werden diese Arzneien im Detail beschrieben. Entsprechende Vorschläge zur Dosierung erleichtern den Weg zur praktischen Anwendung. Die Einzelheiten finden ihre Ergänzung in einer umfangreichen Pferde-spezifischen Arzneimittellehre.

Ein ausführliches Glossar erklärt homöopathische und Pferde-medizinische Fachbezeichnungen. Anhand eines detaillierten Index können spezielle Themen nachgeschlagen werden.

Die „Homöopathische Pferdeapotheke“ entstand aus jahrzehntelanger praktischer Erfahrung in der homöopathischen Medizin und zahlreichen bestätigenden Rückmeldungen von Seminarteilnehmern/innen.

Peter Gregory

Praxisbuch Tierhomöopathie

Grundlagen, Miasmen, Fallaufnahme und Mittelbilder

568 Seiten, geb., € 69,-

Peter Gregory zählt zu den erfahrensten homöopathisch arbeitenden Tierärzten Großbritanniens. Sein besonderes Engagement gilt dabei der homöopathischen Ausbildung.

Dieses Werk gibt eine fundierte Einführung in die veterinärhomöopathische Praxis. Dabei sind die Erklärungen äußerst originell und basieren auf der großen Erfahrung Gregorys. So schildert er die Miasmen aus einem neuen Blickwinkel und erklärt, warum z.B. Jagdhunde tuberkulinisch sind.

Besonders wertvoll ist der große Materia-Medica-Teil, der fast die Hälfte des Buches ausmacht. Dabei geht er über die in der Tierhomöopathie oft noch üblichen Mitteleinzelbeschreibungen hinaus und erklärt viele der Polychreste anhand ihrer Familienzugehörigkeit. So vermittelt er z.B. das Mittelbild Sepia in Bezug auf die Meeresmittel sowie Pulsatilla und die Hahnenfußgewächse. Die Mittelbilder sind originell und durch die Beziehung zur Mittelfamilie leichter zu verstehen und zu verinnerlichen.

Weitere Themen sind u.a. die Konstitution, Fallaufnahme mit Übungen zur Entwicklung der Achtsamkeit, Erst- und Folgeverschreibungen, Potenzwahl, Supervision, Betreuung von sterbenden Tieren und die Zukunft der Tierhomöopathie. Ein erfrischend neuer Leitfaden, der kaum einen Wunsch offen lässt.

Sue Armstrong

Grundlagen der homöopathischen Krebstherapie bei Tieren

Schriftenreihe Homöopathische Onkologie in der Tiermedizin · Band 1

208 Seiten, geb., € 49,-

Homöopathie hat sich auch bei Tieren in der Krebstherapie schon seit vielen Jahren bewährt. Die britische Tierärztin Sue Armstrong konnte in über 30 Jahren umfangreiche klinische Erfahrungen bei der homöopathischen Behandlung von tierischen Krebspatienten sammeln.

Im ersten Band ihrer Schriftenreihe erläutert die erfahrene Tierärztin umfassend die Möglichkeiten der Homöopathie. Zunächst geht sie auf die Grundlagen der Krebsentstehung ein, genetische Ursachen und beschreibt die Rolle von entzündlichen Prozessen und von Sauerstoff.

Im Hauptteil bespricht die Autorin die Entwicklung der homöopathischen Krebsbehandlung – von Hahnemann bis heute – und zeigt erfolgreiche Ansätze berühmter Therapeuten wie Kent, Grimmer, Ramakrishnan und Burnett auf.

Ausführlich beschreibt Sue Armstrong ihren bewährten Ansatz. Dabei unterscheidet sie verschiedene Stadien. So kann bei stark gefährdeten Tieren mit noch keiner augenscheinlichen Krebserkrankung bereits prophylaktisch durch Ernährungsumstellung und miasmatische Behandlung viel erreicht werden. Bei bestätigtem Tumor wird die Therapie abhängig vom Krebsstadium differenziert und erwogen, ob z.B. ein chirurgischer Eingriff nötig ist.

Organotrope Mittel, ausleitende Verfahren und Schüßlersalze kommen unterstützend zum Einsatz sowie die großen Krebsnosoden Carcinosinum und Scirrhinum. Klare Anleitungen gibt es auch bei Folgen der Krebserkrankungen wie Kachexie, Störungen der Blutbildung oder Erbrechen. Eindrückliche Fallbeispiele dokumentieren ihr Vorgehen. Das Werk wird abgerundet von einer übersichtlichen Materia Medica der Krebsmittel.

Sue Armstrong

Schriftenreihe „Homöopathische Onkologie in der Tiermedizin“ in 5 Bänden

952 Seiten, geb., € 180,-

Die Schriftenreihe von Sue Armstrong besteht aus folgenden 5 Bänden:

Band 1: Grundlagen der homöopathischen Krebstherapie bei Tieren - im April 2016 erschienen

Band 2: Ernährung und Zusatzstoffe - erscheint in 2017

Band 3: Krebs und Tumore beim Hund

Band 4: Krebs und Tumore bei der Katze

Band 5: Krebs und Tumore beim Pferd

Die britische Tierärztin Sue Armstrong konnte in über 30 Jahren umfangreiche klinische Erfahrungen bei der homöopathischen Behandlung von tierischen Krebspatienten sammeln. In ihrer 5-bändigen Schriftenreihe geht sie zunächst auf die allgemeine homöopathische Krebstherapie bei Tieren ein und bespricht dann gesondert die Rolle der Ernährung. In den letzten 3 Bänden behandelt sie dann detailliert die spezifische homöopathische Therapie beim Hund, Katze und Pferd.

Richard H. Pitcairn / Wendy F. Jensen

Das große Repertorium der Tierheilkunde

Zur homöopathischen Behandlung nach Bönninghausen und Kent und vielen weiteren Autoren - neu aufbereitet für Veterinäre

752 Seiten, geb., € 118,-

Endlich gibt es das erste Repertorium in dieser Vollständigkeit ausschließlich für Veterinäre. Von den mehr als 110 Repertorien, die in den letzten beiden Jahrhunderten herausgegeben wurden, ist dies das erste, das mit großer Sorgfalt speziell für die Verwendung in der Tierearztpraxis zusammengestellt wurde.

Bis jetzt mussten Tierärzte und Tierheilpraktiker, die mit Hahnemanns Homöopathie arbeiteten, die Repertorien für Menschen verwenden: den Kent, Bönninghausens Therapeutisches Taschenbuch, Bogers Ausgabe von Bönninghausens Repertorium, das Synthesis usw. Für Menschen sind das hervorragende Repertorien – für Veterinäre jedoch stellen sie aus zwei Gründen eine Herausforderung dar:

1. Sie enthalten eine ungeheure Informationsfülle, wie Empfindungen, Schmerzarten und dessen spezifische Lokalisierung, die nur Menschen mitteilen können.

2. Einige der häufigsten nichtmenschlichen Tiererkrankungen sind in den bisherigen Repertorien entweder nur in äußerster Kürze präsent oder fehlen vollständig.

Dieses Werk, das erste seiner Art, wird die praktische Arbeit jedes homöopathischen Tierarztes befriedigender und erfolgreicher gestalten.

Richard H. Pitcairn / Susan Pitcairn

Natürliche Gesundheit für Hund und Katze

Mit Homöopathie und Naturheilkunde

616 Seiten, geb., € 39,-

Dieser Leitfaden liefert eine unglaubliche Fülle an wertvollen Hinweisen zur Gesunderhaltung von Haustieren in ihren unterschiedlichen Lebensphasen. Die englische Ausgabe ist mit über 500.000 verkauften Exemplaren bereits ein Bestseller.

Richard Pitcairn ist der wohl bekannteste homöopathische Tierarzt in den USA. Auf 600 Seiten gibt er wichtige Empfehlungen zur homöopathischen Behandlung und zu naturheilkundlichen Maßnahmen bei den häufigsten Erkrankungen von Hund und Katze.

Die Gesundheit fängt bereits beim Tierfutter an. Kritisch hinterfragt Dr. Pitcairn dessen Zusammensetzung und gibt einfache Rezepte für selbstgemachte Tiernahrung sowie spezielle Hinweise für kranke Tiere.

Dr. Pitcairn gibt Antworten auf viele Fragen: Wie wähle ich ein gesundes Tier? Wie pflege ich ein krankes Tier? Wie erfolgt die Sterbebegleitung?

Die praktischen Behandlungshinweise reichen von Beschwerden wie Allergien, Haarausfall, Hauterkrankungen, Würmern, Appetitverlust, Durchfall, Husten und Augenerkrankungen über Vergiftungen und Notfälle, Epilepsie, Probleme nach Impfungen und Kastration bis zur Hüftgelenksdysplasie, Arthrose, Tumoren, feliner Leukämie, Toxoplasmose, Staupe und Verhaltensproblemen. Ein Ratgeber, der sowohl Tierhaltern als auch Therapeuten eine unglaubliche Fülle an wertvollen Tipps gibt.

Narayana Verlag

Blumenplatz 2, 79400 Kandern

Tel: 07626-974970-0, Fax: 07626-974970-999

info@narayana-verlag.com